지반공학 특별간행물 5

지반기술자를 위한
지질 및 암반공학 2

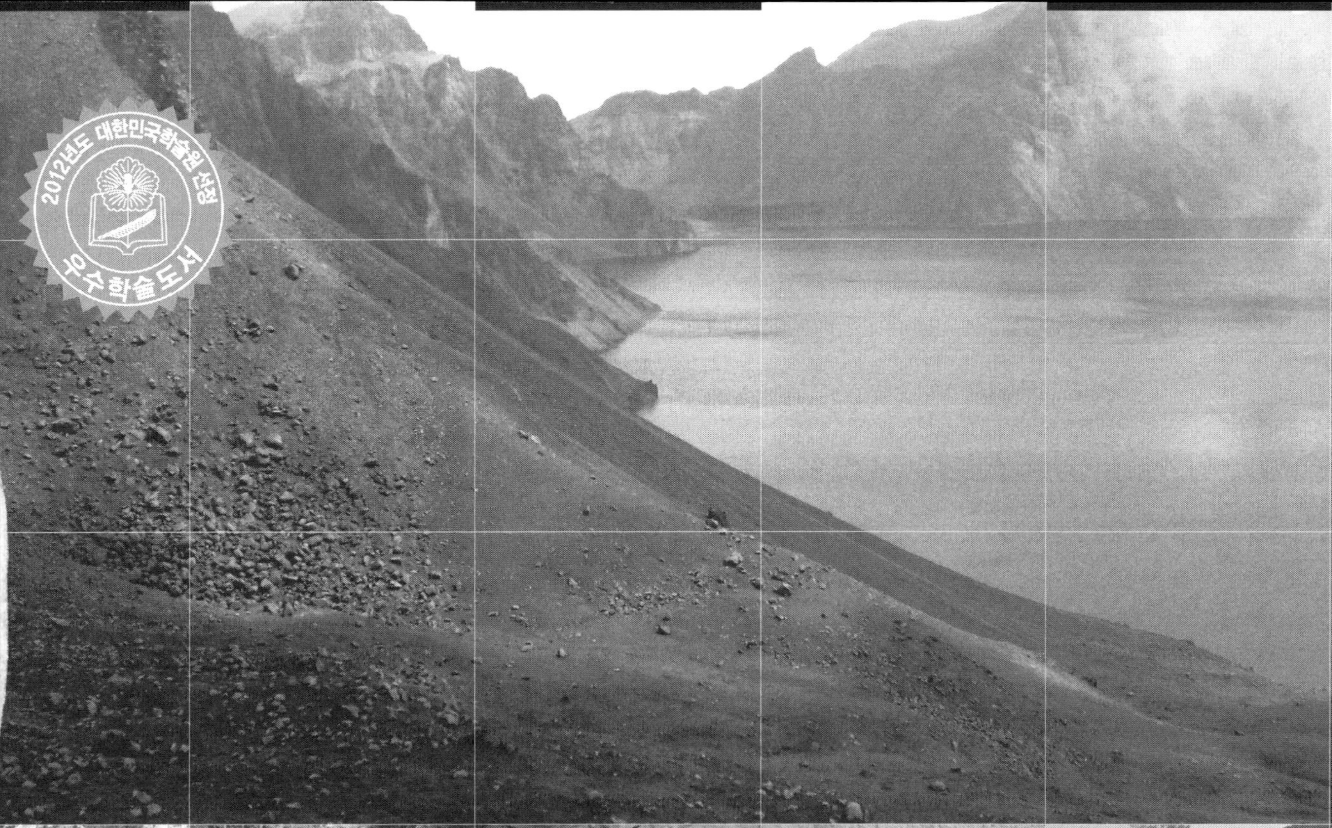

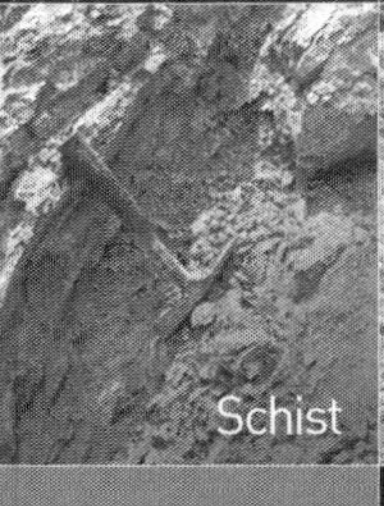

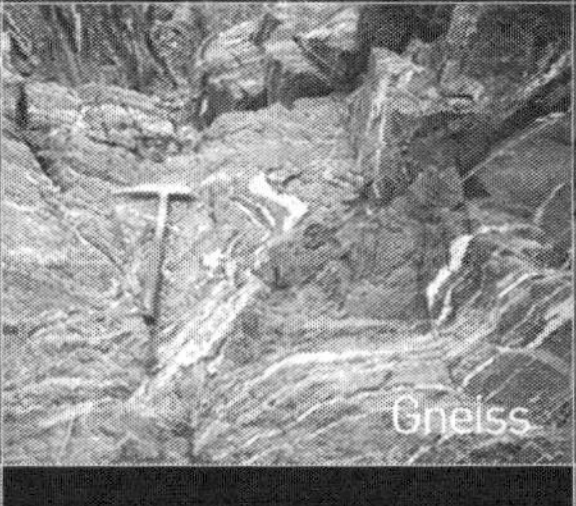

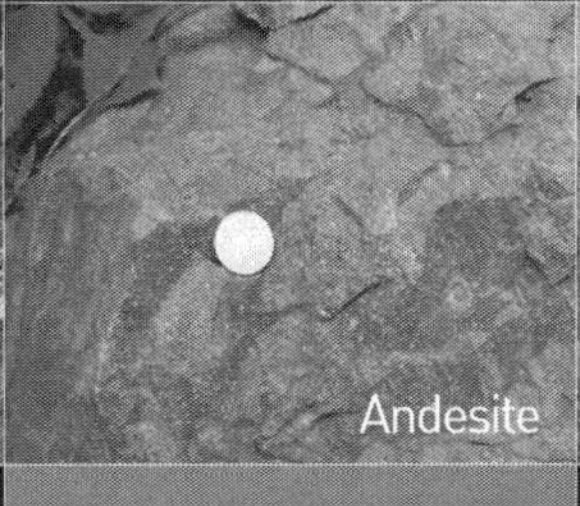

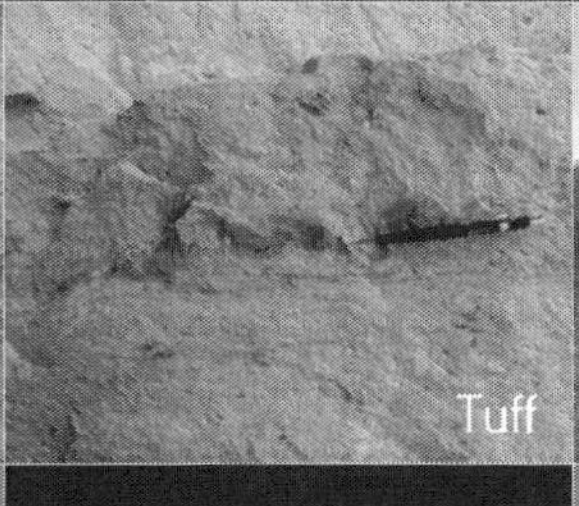

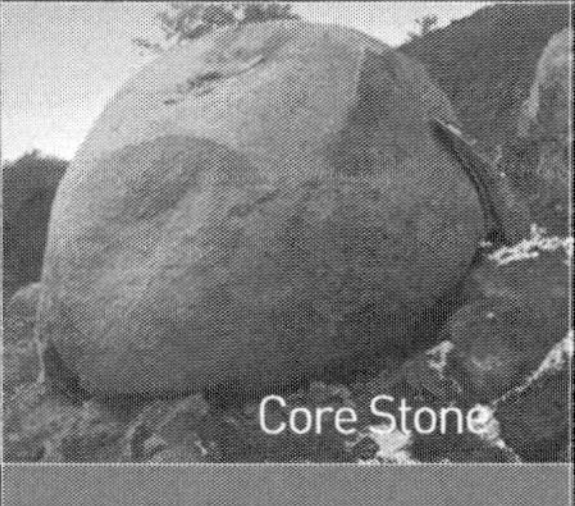

지반공학 특별간행물 5

지반기술자를 위한
지질 및 암반공학 II

한국지반공학회
암반지질기술위원회

발 간 사

　　최근 전국토의 균형발전과 원활한 물류의 수송 그리고 국가경제의 발전 등을 달성하기 위하여 지반 및 지하공간에 대한 개발이 증가하고 있으며, 보다 효율적 국토의 활용과 사회기반시설의 확충에 따른 고속철도, 지하철, 고속도로 등의 건설로 인하여 지반공학의 중요성은 더욱 커지고 있습니다.

　　우리 학회에서는 이러한 추세에 맞추어 학회 내에 전문분야에 대한 기술위원회를 신설하고, 기술위원회를 중심으로 다양한 지반공학분야에서의 기술활동을 지속적으로 수행하여 학회발전에 기여하여 왔습니다. 특히 암반역학분야는 지반기술자들이 경험하지 못한 지질 및 암반분야에 대하여 기술적 경험을 공유하고 교류할 수 있는 기술위원회라고 할 수 있습니다.

　　암반역학기술위원회는 지난 14년 동안 특별세미나 개최, 현장지질답사 및 현장견학을 꾸준히 진행하여 왔으며, 화산암, 편암, 편마암 등의 지질주제와 풍화, 암반분류, 암반응력 등에 대한 주제에 대한 학습의 장을 형성함으로서 지질, 암반, 토질 등의 지반기술자들이 함께할 수 있는 자리를 활성화하는 등 학회 내 적극적인 활동을 훌륭하게 수행하여 왔습니다.

　　지금까지의 기술적 성과를 하나로 묶어 지반기술자들에게 지질 및 암반분야를 소개하고 조사·설계·시공에 대한 기술도서로서 활용할 수 있도록, 특별세미나 및 지질실습 등의 내용을 수정·보완하여, 지난번에 발간된 「지반기술자를 위한 지질 및 암반공학 I」에 이어 「지반기술자를 위한 지질 및 암반공학

II」를 발간하게 되었습니다.

본 책자는 암반역학기술위원회의 노력의 결과라고 할 수 있으며, 지반공학을 전문으로 하는 많은 기술자 및 우리 학회 회원들에게 매우 중요한 참고자료로서 활용될 수 있을 것입니다. 또한 앞으로 계속적인 활동과 노력을 통하여 지속적으로 관련책자가 발간되어 우리나라 지질 및 암반에 대한 소중한 기술자료가 되었으면 하는 바램입니다.

끝으로 본 책자의 발간에 많은 노력을 기울여 주신 암반역학기술위원회 선우 춘 위원장을 비롯한 집필위원과 운영위원들의 노고에 깊은 감사의 말씀을 드립니다.

2011년 2월

(사)한국지반공학회

회 장 김 홍 택

권 두 언

　　한국지반공학회 암반역학기술위원회와 오랜 인연을 맺어오면서 2010년 3월 위원장을 맡았지만 한 일 없이 2년이란 시간이 흘렀습니다. 그렇지만 그나마 이렇게 작은 족적이라도 남길 수 있는 기회가 저에게 주어진 것에 대해 무한한 영광으로 생각합니다. 본 기술위원회에서는 전임 암반역학기술위원장, 간사 및 위원들의 노력으로 매년 주제를 달리하면서 세미나 개최, 야외답사와 현장견학들이 이루어졌습니다. 이러한 각고의 노력들에 의해 매년 주제를 달리하면서 특별세미나 논문집이 발간되었고, 이러한 논문집들은 많은 회원님들에게 중요한 자료가 될 수 있었습니다. 그러나 이런 논문들이 개별적으로 존재하여 막상 필요한 자료를 참조하기 위해서는 여러 권의 논문집들을 뒤져야 하는 어려움들이 있었습니다. 위원회에서는 논문집을 편집하여 몇 권의 책자로 발간함으로써 자료로서의 가치 제고와 회원 여러분의 불편함을 들어드리기 위해 2009년 제1권을 발행하였습니다. 제1권이 발간된 후 회원 여러분의 좋은 반응과 많은 성원에 힘입어 올해 다시 제2권을 발행하게 되었습니다.

　　학문의 발전에 있어서 항상 분야간에 서로 공통분모의 분야가 생기기 마련이고, 특히 지질 및 암반공학분야가 토목, 지질 및 자원 분야에 걸쳐 일어날 수 있는 공통 분야 중에 하나입니다. 토목공사의 기초가 되는 이 분야의 학문적인 이해와 공학적인 응용력이 설계 및 시공의 성공과 밀접한 관계가 있습니다. 이 분야에 익숙하지 않은 토목기술자들이 현장에서 경험하지 못했던 지질과 암반의 상황을 접하게 됨으로서 이러한 것들에 대한 문제처리로 애를 태는 경우가 많이 있을 수 있습니다. 이 책이 그러한 문제들을 해결할 길을 알려주는 나침반으로서의 역할을 수행할 수 있으리라 믿습니다. 이 책은 1장 및 2장에서 편암 및 편마암과 주로 경상계 지역의 화산암의 특성과 이들 암반에서의 조사, 설계 및 시공사례에 대해 설명하고 있으며, 3장에서는 암석의 풍화 문제, 4장은 암반분류법에 대한 고찰과 적용에 대해 그리고 5장에서는 암반에서 발생되는 응력에 대한 측정법과 측정 및 적응사례 등에 대해 기술하고 있습니다. 마지막으로 6장에서는

터널시공의 심도가 깊어짐에 따라 마주치게 되는 조사, 해석, 설계 및 과지압의
문제 등에 대해 다루고 있습니다.

　본 책자를 발간함에 있어 격려와 지원을 아끼지 않으신 한국지반공학회 김홍택
회장님과 학회 관련 이사님들께 진심으로 감사드리며, 지금이 있기까지 한국지반
공학회 암반역학기술위원회를 발전시켜 주신 전임 위원장님들을 비롯하여 모든
간사님들의 노고에 감사드립니다. 특히 바쁘신 업무 중에도 책의 발간을 위해 혼
신의 노력을 기울여 주신 본 위원회 주무간사이신 김영근 박사와 또한 간사로서
편집위원이신 윤운상 박사 그리고 아낌없이 위원회의 발전을 위해 애써주신 암반
역학기술위원회 운영위원 여러분들께도 이 지면을 통해 감사의 마음을 전합니다.

　마지막으로 본 책자는 앞에서 말씀드린 바와 같이 기술위원회의 기존 세미나논
문집들을 주제별로 모아 편집한 것으로 내용 중 일부는 인용부분이 누락되어 있을
수 있습니다. 또한 책자 내용이 우리 학회에서 검증된 공식의견이 아니기 때문에
인용에 있어서는 유의하시기 바랍니다. 아무쪼록 본 책자가 지반공학분야에 관심
이 있는 학생이나 현장실무자 모두에게 도움이 될 수 있기를 기원하고, 또한 이
책을 통하여 지질 및 암반공학분야에 대한 이해가 깊어지는 계기가 될 수 있었으면
합니다. 끝으로 편집과정에서 다소 잘못될 수 있었던 부분에 대해서는 독자 여러
분들의 애정 어린 조언과 함께 너그러운 마음으로 헤아려 주실 것을 부탁드립니다.

2011년 2월

(사)한국지반공학회 암반역학기술위원회

위원장　선우 춘

>> CONTENTS

Part. 01 편암·편마암

>> CONTENTS

Part. 02 화산암

>> CONTENTS

>> CONTENTS

CONTENTS

Part. 04   암반분류

1. 암반분류의 역사와 공학적 의미

2. 합리적인 시추주상도 작성에 관한 소고

>> CONTENTS

>> CONTENTS

>> CONTENTS

>> CONTENTS

Part. 06　대심도암반

1. 대심도에서의 암반역학적 문제

>> CONTENTS

Part.

01

편암·편마암

01 편암 및 편마암의 지질 및 지질공학적 특성

| 이 병 주

1.1 서 론

암석이 생성 당시와 다른 환경하에 즉 온도, 압력 및 화학 성분의 변화 등에 놓이게 되면 원래의 암석은 변화를 받게 된다. 암석에 이런 변화를 일으키는 작용을 변성작용(metamorphism)이라한다. 암석학자들은 암석이 풍화작용으로 변하는 것을 변질(alteration)이라고 하여 이를 구별하고 변성작용이란 말은 풍화가 미치지 못하는 지하 깊은 곳에서 암석을 변하게 하는 물리적 및 화학적 작용에만 국한하여 사용한다. 변성작용은 암석에 큰 압력이나 높은 온도가 가해질 때, 화학성분의 가감이나 교대가 일어날 때, 또는 이들의 둘 이상의 작용이 합작할 때에 일어나는 현상으로서, 기존 암석에 대한 변성작용으로 새로운 암석, 즉 변성암(metamorphic rocks)이 생성된다.

본 논문은 최근 토목현장에서 시공 중 많은 문제를 야기시키고 있는 편암 및 편마암류들의 지질학적, 특히 암석학적 특성을 알고 이 문제에 대처하기 위해 작성되었으며, 수원 부근 편암 지대에서 터널 시공 중 터널 갱구부 사면에서의 사면붕괴 원인 분석에 대한 현장 사례를 기술하였다.

1.2 지질환경과 변성작용

암석의 현미경적 연구로 이루어진 가장 중요한 발견은 굳고 변함없어 보이는 암석도 환경이변하면 그 환경에 적응하도록 변화한다는 사실이다. 어떤 환경하에서 안전하던 암석도 환경이달라지면 불안정해지고 나중에는 새로운 환경에서 안정한 상태로 변해 버린다.

지각 내부에서 암석 중의 광물들 사이에 변화를 일으키게 하는 요인은 압력·온도·화학 성분의 변화이다. 이들 중의 하나만이라도 변하면 암석 중의 광물들은 그 영향을 받게 된다. 예를들면 퇴적암은 지표 부근의 상온·상압에 가까운 환경하에서 생성된 암석이다. 이런 암석이습곡작용을 받거나 지하 깊은 곳에 들어가면 압력과 온도의 증가로 그중 다수의 광물들은 불안정하게 되어 서로 반응하면서 그곳에서 안정된 새로운 광물로 변하게 되고, 새로운 조직과구조를 가진 암석으로 변한다. 광물들은 고체 상태에서도 서로 반응하여 성분을 교환할 수있으며 액화할 필요가 없음이 밝혀져 있다. 그러나 그 반응 속도는 완만하며 특히 규산염 광물들 사이의 반응은 더욱 완만하게 진행되어 조건에 따라서는 장기간 후에도 반응이 종료되지 않는다. 변성암은 퇴적암과 화성암으로부터 만들어짐은 물론, 이미 만들어진 변성암으로부터도 새로운 변성암이 만들어진다. 지금 압력·온도·화학 성분의 각자를 먼저 알아보기로 한다.

- **압력**(pressure) : 지하의 물질이 받는 압력에는 모든 방향으로 균일하게 가해지는 지압력(confining pressure)과 어떤 한 방향에 대하여 더 크게 작용하는 편압(differential pressure)의 두 가지가 있다. 변성작용에서는 강한 지압력이 작용하는 곳에 가해지는 편압이 변성암의 구조 변화에 중요한 역할을 한다.

  얼음은 깨지기 쉬운 고체이나 큰 지압력 밑에서 편압을 가해주면 깨지지 않고 가소성(plasticity)을 가지고 유동을 일으킨다. 암염도 큰 지압력 밑에서 편압을 받으면 유동을 일으킨다. 예를 들면 이란에서는 지하의 암염층이 큰 압력으로 밀려 지표로 유출되어 암염류(salt glacier)를 이루는 곳이 있다. 루마니아·독일·네덜란드·미국의 텍사스주에서는 지하에 암염돔이 발견된다. 이는 지하 깊은 곳에 있던 암염층이 유동하여 지표로 나오다가 지중에서 멎은 것들이다.

  석회암도 같은 모양으로 큰 압력 밑에서는 유동을 일으킨다. 석회암 중에 생겼던 공동이 압력으로 눌려서 없어지고 봉합선 모양의 선만 남기게 된 것이다. 광물이나 암석 같은 깨지기 쉬운 물질도 큰 압력 밑에서는 가소성을 가지게 되며 온도가 높아지면 가소성은 더 커진다. 암석이 가소성을 가지고 천천히 유동할 수 있는 곳은 대륙지각의 하반부라고 생각된다. 대륙지각의 상반부에서는 유동을 일으키는 암석도 있으나 전혀 그렇지 못하고 압력 밑에 파쇄만을 일으키는 암석이 많다.

  높은 압력 밑에서 새로이 생겨나는 광물은 될 수 있는 대로 작은 공간을 점령하는 광물, 즉 밀도가 높은 광물로 변하려 한다. 석류석은 큰 압력 밑에서 만들어지는 광물 중 가장 잘 알려진 것이다. 고압하에서 만들어진 변성암은 보통 밀도가 크다.

- **온도**(temperature) : 온도가 높아지면 화학 반응이 촉진된다. 더욱 중요한 것은 저온에서 일어나지 않는 반응이 고온에서는 일어날 수 있다는 사실이다. 이론적으로 광물 중에 들어있는 어떤 원자가 다른 원자와 위치를 바꾸려면 일정한 정도 이상의 진폭을 가지고 진동해야 한다. 그런데 원자의 진폭은 온도가 높아질수록 커진다. 그 좋은 예로서 백운모는 녹니석과 어떤 온도 이상에서 서로 반응하여 흑운모로 변하지만 그 온도에 달하지 못하는 경우에는 백운모와 녹니석은 서로 접하여 있어도 영원히 합하지 못한다. 온도는 광물의 가소성을 증가시키는 데 영향이 크다. 온도가 10℃ 상승하면 유동성은 거의 2배로 증가된다.

- **화학 성분(chemical composition)** : 압력과 온도만으로는 암석의 전체적인 화학 성분을 거의 변하게 하지 못한다. 그러므로 외부로부터 어떤 성분이 가해지는 것이 화학 성분변화의 가장 빠른 길이 된다. 마그마로부터 발산되어 주위 암석으로 공급되는 액체 및 가스는 암석의 화학 성분을 변화시키는 데 가장 좋은 물질이다.

1.3 변성암의 분류와 기재

지구는 크게 지각과 맨틀 그리고 핵으로 구성되어 있다. 지각은 암석으로 구성된 지구의 표면으로 비교적 밀도가 낮은(밀도 2.7) 산성암인 화강암질암으로 구성된 대륙지각과 밀도가 3.0 정도의 염기성 내지는 초염기성암으로 구성된 해양지각으로 나눌 수 있다. 지각의 구성물질인 암석은 한 종류 이상의 광물의 집합체로 기원과 조직, 산상과 변성의 정도에 따라 분류의 기준이 된다. 즉 마그마(Magma)가 지하에서 냉각되거나 지표에 분출하여 형성된 화성암, 침식 및 풍화작용에 의해 강이나 바다 혹은 호수에 퇴적되어 고화된 퇴적암과 이들 두 종류의 암석들이 온도와 압력에 의해 변성된 변성암으로 크게 구분된다.

변성암이란 기존의 암석이 생성 당시와 다른 환경하에 놓이게 되면 그 환경에 적응하기 위한 변화를 겪는다. 암석이 이러한 변화에 의해 성질이 다르게 변화하는 것을 변성작용이라 하는데 주된 환경 변화란 온도 및 압력이 가해지는 것이다. 변성작용은 암석에 큰 압력이나 높은 온도가 가해질 때, 화학 성분의 가감이나 교대작용이 일어나거나 이들 둘 이상의 작용이 합작할 때에 일어나는 현상으로 그 결과 변성암이 생성된다. 변성작용을 일으키는 중요한 요인으로는 온도, 압력, 화학 성분, 지하수 등이 있으며 이들 중 하나 혹은 둘 이상이 서로 작용하여 변성작용이 행해진다. 마그마의 관입 등에 의해 그 주위에 온도가 높아지므로 해서 일어난 변성작용을 접촉변성작용이라 하고, 주로 압력에 의해 형성된 변성작용은 동력변성작용(dynamic metamorphism)이라 부르며, 열과 압력이 서로 조합하여 형성된 변성작용을 광역변성작용(regional metamorphism)이라 한다.

접촉변성작용에 의해 형성된 변성암은 대부분 호온펠스(hornfels)로 대표된다. 동력변성암은 압력이 가해진 지질환경, 즉 지표하의 심도에 따라 분류가 가능한데 지표 가까이에서 압력을 받아 기존의 암석이 변형된 것을 파쇄암 혹은 단층 각력암이라 하고, 지하 10km 이하에서 기존의 암석이 압력이 집중되면 압쇄암(mylonite)이 형성된다.

광역변성암은 변성암에 나타나는 고유한 조직인 엽리(foliation)가 발달하며 광물구성 입자의 크기 및 변성강도에 따라 점판암[[State], 천매암], 편암 및 편마암으로 분류할 수 있다(표 1-1). 광역변성암은 변성작용이 증가함에 따른 변성 정도에 따라 구조, 성분, 원암의 종류에 따라 수식어가 붙으며, 변성광물로는 남정석, 십자석, 녹염석, 녹니석, 양기석 등이 있다. 그 외 석영입자를 주성분으로 하는 사암이 접촉변성작용이나 광역변성작용을 받으면 규암이 되고, 석회암이나 고회암이 접촉변성작용이나 광역변성작용을 받으면 대리암이 되며, 석탄이 접촉변성작용이나 광역변성작용을 받으면 무연탄이 되고, 더 심하게 압력을 받으면 흑연을 거쳐 금강석으로 된다. 염기성 화산암류가 접촉변성작용이나 광역변성작용을 받으면 각섬암이 되고, 초염기성암이 열수의 도움을 받아 접촉변성작용이나 광역변성작용을 받으면 사문암이 된다.

조산운동(orogeny)과 같은 지각변동은 암석에 큰 편압을 가하여서 암류대의 암석에 유동을 일으키고 재결정작용(recrystallization)을 일으켜 암석을 변성케 한다. 이렇게 압력에 의하여 일어나는 변성작용을 동력변성작용이라고 한다. 동력변성작용은 광의로는 동력열변성작용(dynamothermal metamorphism)이며 압력과 열(열은 압력이 가해질 때에 자연히 생김)이 같이 작용한 변성작용이다. 동력변성작용으로 만들어진 암석을 동력변성암(dynamo-metamorphism)이라고도 한다.

- **편마암(gneiss)** : 입도가 큰 두 종류 이상의 광물들이 불완전하고 불규칙한 호층을 이루며 편마구조를 보여주는 변성암이다. 편마암에는 화성암에서 유도된 것 및 퇴적암에서 유도된 것이 있다. 후자에는 평행구조가 잘 발달된 것도 있다. 편마암은 장석을 가장 많이 포함하여 다음으로 석영·운모·각섬석·휘석·석류석을 포함한다. 그 구조와 구성 광물 및 원암의 종류에 따라 다음과 같은 명칭으로 분류된다.
  (1) 조직에 의한 분류; 안구상편마암(augen gneiss), 호상편마암(banded gneiss), 반상변정질편마암(porphyroblastic gneiss) 등

표 1-1 변성암의 분류

원래의 암석	접촉변성암	광역변성암
셰일, 사암 ⟶	호온펠스 ⟶	슬레이트→천매암→편암→편마암
석회암 ⟶	결정질 석회암(대리암) ⟶	결정질 석회암(대리암)
석영질 사암 ⟶	규암 ⟶	규암 및 규질편암
석회질 셰일, 응회암, 현무암 ⟶	녹염석 호온펠스 ⟶	각섬암 및 각섬석편암
화강암 ⟶		화강편마암

  (2) 광물 성분에 의한 분류; 화강편마암(granite gneiss), 흑운모편마암(biotite gneiss), 각섬석편마암(hornblende gneiss), 휘석편마암(augite gneiss)
  (3) 기원의 종류에 의한 분류; 정편마암(ortho-gneiss), 준편마암(para-gneiss)

편마구조를 가진 암석 중에는 변성작용에 의한 2차적 편마암(secondary gneiss)과 마그마가 유동 중에 고결되어 편마구조와 비슷한 유동구조를 가지게 된 일차적 편마암(primary gneiss)이 있다. 후자는 변성암이 아니고 화성암으로 흔히 엽리상화강암으로 불리며 현미경하에서 구별이 가능하다.

- **편암(schist)** : 가장 분포가 넓은 변성암으로서 육안으로 결정이 구별되나 편마암보다는 작은 결정들로 되어 있는 변성암이다. 엽리조직은 편마암보다 뚜렷하고 더 얇다. 편리에 따라 비교적 잘 쪼개지나 그 면은 완전히 평탄치 못하고 파상을 이루는 일도 있다. 무색광물들로서는 석영·백운모·견운모가 가장 많고 장석은 적다. 유색광물로서는 흑운모, 각섬석, 녹니석, 흑연, 휘석, 녹렴석 등이 있다.

  상기한 광물들 외에 재결정작용으로 만들어진 변성광물로서 석류석, 십자석, 옷트렐라이트(ottrelite), 남정석, 홍주석, 전기석, 근청석, 흑운모 등의 광물이 나타난다.

  편암의 암석명은 대체로 석영편암, 운모편암, 견운모편암, 각섬편암과 같이 편암 중에 많이 나타나는 광물명을 편암 앞에 붙여서 이름을 짓는다. 두 종류의 광물이 많이 들어 있을 때에는, 한 예로 석영견운모편암과 같이 두 광물의 이름을 다 붙이되, 석영보다 견운모가 더 많을 때에 견운모를 편암 바로 앞에 놓는다.

- **변성암의 조직** : 암석이 변성작용을 받으면 압력의 방향과 관계있는 평행구조가 생겨난다. 이런 구조에는 쪼개짐(cleavage), 편리(schistosity), 엽리(foliation), 편마구조(gneissosity), 광물배열선구조(mineral lineation) 등이 있다.

  쪼개짐은 세일이 약간 변성되어서 슬레이트로 변하면 일정한 두께를 가진 얇은 판(板)으로 쪼개지는 성질이 생긴다. 이렇게 세립질인 암석에 틈이 발달되어 쪼개지는 성질을 쪼개짐이라고 한다. 쪼개짐은 슬레이트를 구성하는 광물 입자들이 어떤 일정한 방향으로 배열되어서 일어나는 성질이 아니고 이와는 관계없이 생긴 틈에 기인한다.

  엽리는 암석이 재결정작용을 받아 운모와 같은 판상(板狀)의 광물이 평행하게 배열되면 변성암은 평행구조를 나타내게 되며, 이런 구조를 엽리(葉理 : foliation)라고 한다.

  편리는 재결정되어 만들어진 변성암의 광물들이 세립질이지만 육안으로 구별이 가능하고 엽리를 가졌으면 이런 암석을 편암(schist)이라 하고 편암이 가지는 엽리를 편리(schistosity)라고 한다.

  편마구조는 엽리를 가진 변성암의 입자가 크면 그 암석의 평행구조를 편마구조라고 하며, 이런 변성암을 편마암(gneiss)이라고 한다.

광물배열 선구조는 변성암에 바늘 모양의 광물이나 주상(柱狀)의 광물이 한 방향으로 평행하게 배열되면 이런 특징을 선구조라고 한다. 선구조는 엽리의 발달이 없는 암석에도 나타날 수 있으며, 또 엽리를 가진 변성암에도 나타나서 바늘 모양의 광물이 대체로 엽리면에 집중된다. 선구조에는 이밖에 습곡축, 주름 같은 작은 습곡, 긁힌 줄, 거의 직교하는 두 방향의 쪼개짐이나 엽리의 교차로 생기는 줄을 포함한다. 변성암에 선구조와 평행구조가 생기는 성인에 관하여는 아직 완전히 밝혀져 있지 않다. 광물들이 한 방향을 취하는 것은 아마도 압력이나 전단력에 따른 물질의 유동(flowage)과 광물 입자의 회전과 관계가 있는 것으로 생각된다.

1.4 편암의 지질공학적 특성 ; 경부고속철 00구간 사면을 예로 하여

운모편암이 분포하는 지역 중에서 실지로 경부고속철 건설시 운모편암이 분포하는 지역에서의 절토사면에서 발생한 문제점의 예를 알아본다. 이 지역의 암반의 상태가 매우 불량한 것은 이미 인지되어 00터널 종점부의 보강에 대한 조사가 실시된 바 있다(1999, 신희순 외).

1.4.1 절토부의 지질

이 지역의 편암류는 한반도 서해안 즉 충남 보령시 일대에서 북북동 방향으로 화성군을 거쳐 경기도 안양시 일대까지 연속되어 분포하며, 이 편암류는 화강편마암 및 쥐라기의 화강암에 의해 곳곳에서 관입당하기도 한다. 이 편암류는 백운모편암, 흑운모-견운모편암, 석영-견운모편암, 석영-장석질편암 등으로 이루어져 있으며 규암과 석회암이 협재함이 특징이다. 본 조사구역에서도 운모편암 및 석영-견운모편암이 우세하게 분포하며 간혹 규암을 협재하기도 한다. 편암류의 엽리는 몇 차례의 중복변형작용에 의해 매우 교란되어 있으며, 습곡 및 스러스트의

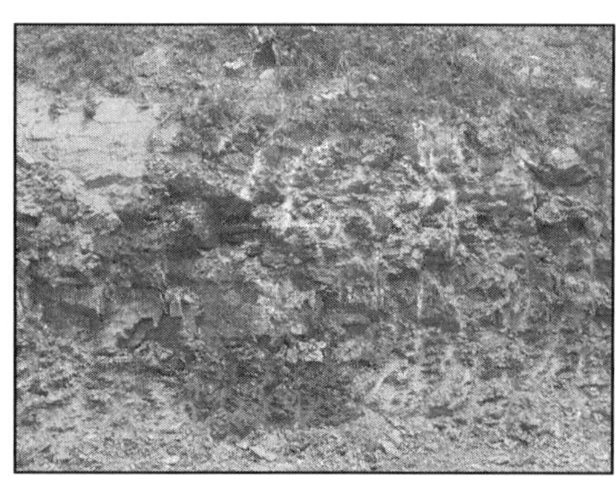 

그림 1-1. 엽리가 잘 발달하며 풍화에 연약한 운모편암의 노두사진

발달이 관찰된다. 대부분의 편암류는 퇴적기원의 암석으로, 미약한 변성분화(metamorphic segregation) 작용을 받았지만 일부 편암류는 화강암질 물질의 유입에 의한 부분적인 호상구조가 나타나기도 한다. 또한 일부 석영-장석질 편암의 경우 화강암질 관입체가 강한 구조적 운동을 받아 형성된 것으로 생각된다. 이 운모편암은 엽리가 발달하며 풍화에 매우 약한 특징을 갖는다(그림 1-1).

1.4.2 절토부의 지질구조

이 지역의 운모편암은 오랜 지질 시대를 거치면서 수차례의 습곡 및 단층작용을 받아 매우

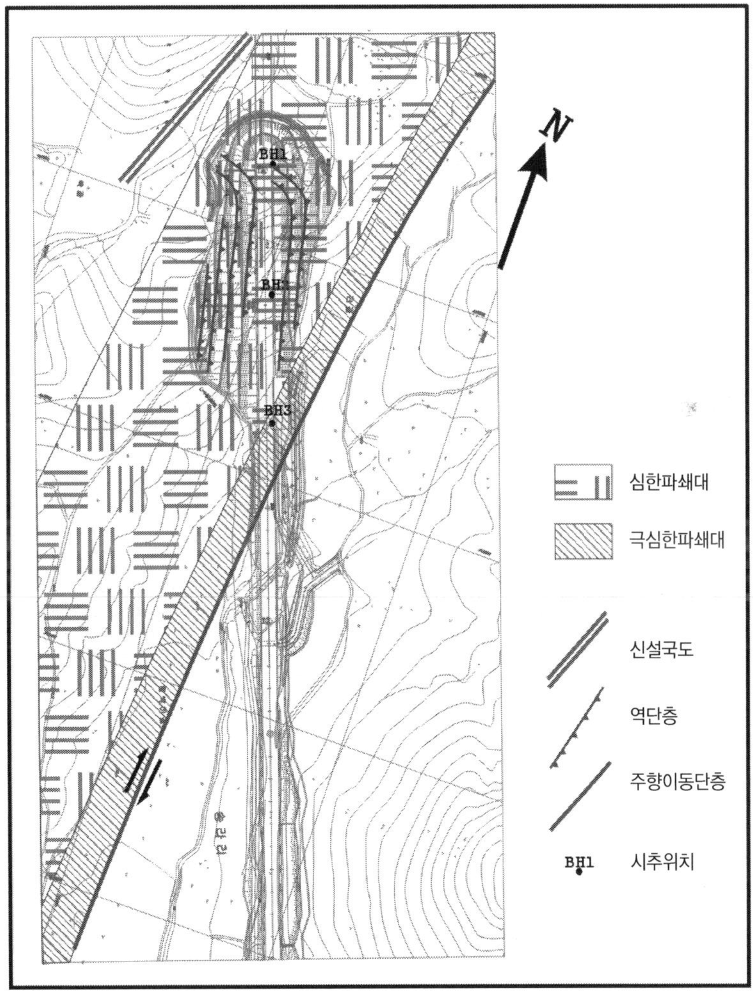

그림 1-2. 조사구역 내 단층 및 파쇄 정도를 표시한 그림

복잡한 지질구조를 가진다. 그러나 본 연구 지역에 나타난 현상은 고기에 형성된 습곡작용들은 후에 이 지역에 강력히 작용한 단층 파쇄작용에 의해 그 현상들의 관찰이 또렷하지 않으며 후기의 취성변형작용(brittle deformation)의 산물들만이 뚜렷이 발달된다. 이 조사구간은 그림 1-2에서 보여주는 바와 같이 북북동 방향의 우수향 주향이동 단층과 북북서에서 서북서 방향의 저각의 역단층 즉 스러스트가 발달한다. 이와 같은 지질구조의 특성과 관련하여 조사 지역의 사면에 대한 엽리, 절리 및 단층에 대한 특성을 차례로 고찰한다.

- **엽리** : 조사 지역의 사면은 그림 1-4에서 보여주는 바와 같이 전체적으로 파쇄 영역에 속하여 엽리가 비교적 교란되어 있으며(그림 1-3), 극심하게 파쇄된 지역은 단층의 끌림에 의해 경우에 따라서는 습곡형태를 보이기도 한다(그림 1-3). 이들 엽리들은 다음에 기술할 단층 및 절리들과 함께 불연속면을 이루어 불안정한 암반 사면을 형성하고 있다. 엽리면들의 발달 방향은 북북동에서 북북서 방향의 주향을 가지고 발달하며 경사는 대개 30도에서 40도 정도로 동쪽으로 경사진다. 이들 엽리면들은 2개의 그룹으로 나누어지는데 북북서 방향의 주향에 30-40도 북동경하는 그룹과 북북동 방향의 주향에 30-40도 남동경하는 그룹으로 나뉘어진다(표 1-2).

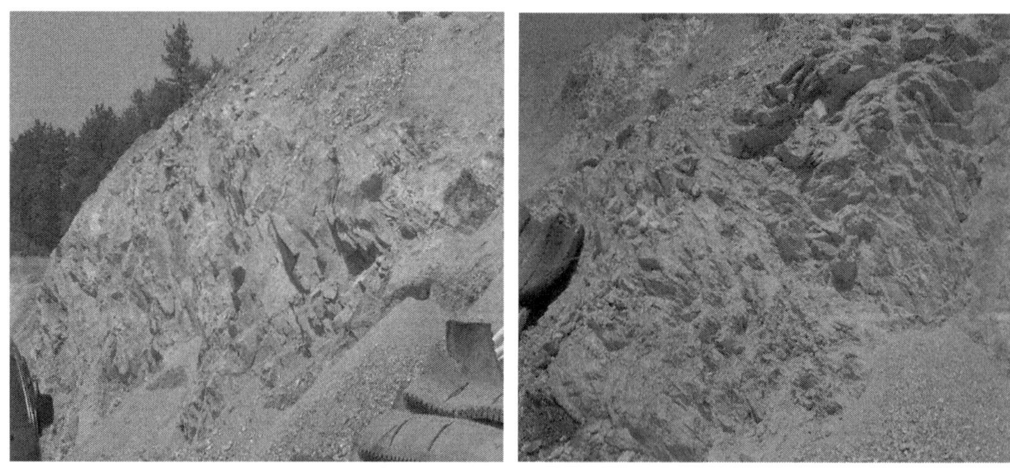

그림 1-3. 단층 작용에 의해 편암들의 엽리면이 교란되고 파쇄현상을 보이는 노두사진

- **단층** : 본 조사구역은 그림 1-4에서 나타난 바와 같이 북북동 방향으로 발달하는 단층대가 지나는 곳으로 파쇄가 매우 심한 곳이다. 이 북북동 방향의 단층은 우수향의 주향이동성 단층으로 이 지역을 포함하여 한반도 중서부에 잘 발달하는 단층들이다. 이들 북북동 방향

표 1-2. OO터널 종점부 절토사면 내의 주요 불연속면의 방향성

a. 불연속면(극점)	b. 주향 및 경사방향	c. 단층분포현황

중장부 절도사면

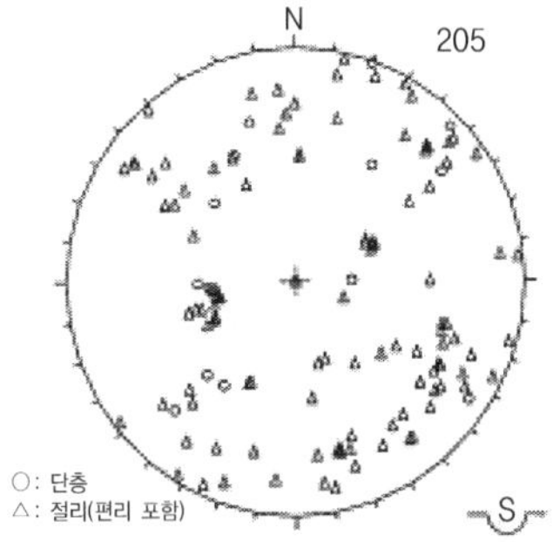

터널 중장부 절도사면

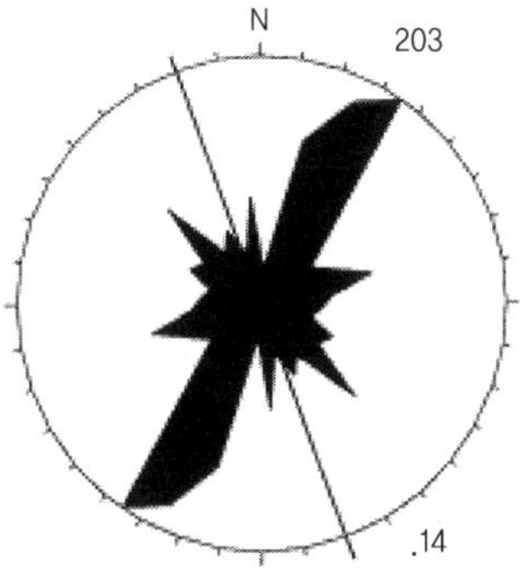

사면 내 단층분포현황

○ : 단층
△ : 절리(편리 포함)

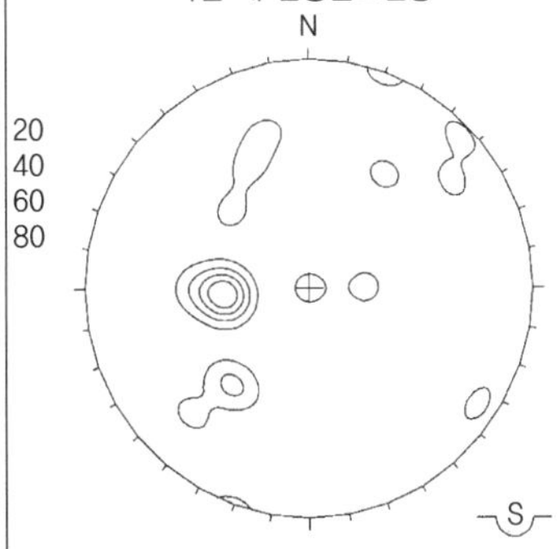

터널 중장부 절도사면

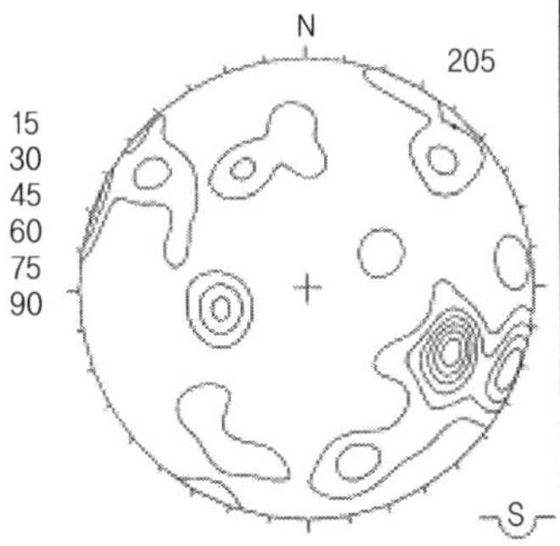

터널 중장부 절도사면

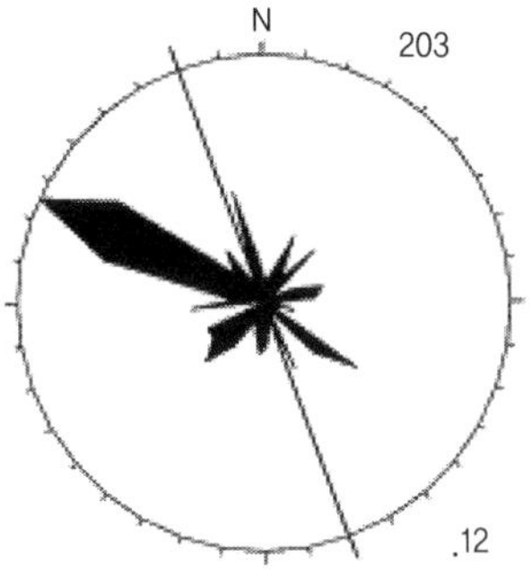

사면 내 단층분포현황

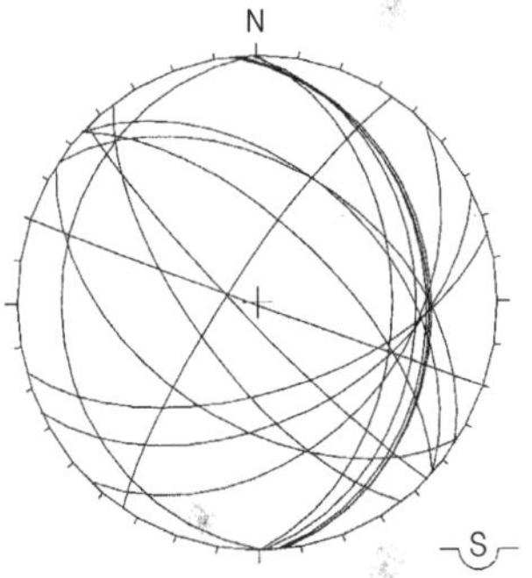

	주요 불연속면 그룹			기타 불연속면 그룹			
	set 1	set 2	set 3	set 4	set 5	set 6	set 7
경사방향	299	292	078	228	127	346	153
경 사	57	85	33	72	72	68	49

d. 사면 내 불연속면 분포사진

의 단층뿐 아니라 엽리와 거의 평행한 역단층이 이 지역에서 특징적으로 발달하여(그림 1-3) 파쇄 정도를 더욱 심화시키고 있다. 그림 1-4는 터널 종점부 동측과 서측 사면에서 발달하는 역단층과 그 주위의 파쇄대 사진이다. 이들 주향이동단층과 역단층들이 이 지역의 암반을 심하게 파쇄시키고 있다.

그림 1-4. 터널동측사면에 발달한 역단층과 그 주위의 단층파쇄대

1.4.3 불연속면의 현황 및 암반평가

- **불연속면의 분포현황** : 불연속면들에 대한 조사는 암반의 평가를 위해 현장조사로 이루어졌다. 암반역학에서 불연속면은 암반에서 나타나는 모든 연약면을 총괄적으로 나타내며, 크기 면에서 작은 단열에서 큰 단층까지 다양하다. 불연속면이 반드시 분리면은 아니지만, 실제로 대부분 분리면이고, 매우 작은 인장강도를 갖거나 인장강도가 없다. 암반의 공학적 거동에 영향을 주는 불연속면의 중요한 요소들은 방향성, 간격, 연속성, 거칠기, 벽면강도, 간극, 충전물, 누수, 불연속면의 수, 암괴의 크기 등이 있다. 그러나 본 보고서에서는 사면의 안전성과 관련하여 방향성을 중심으로 분석을 실시하였다. 불연속면의 특성 중 가장 중요한 요소들 중의 하나인 방향성은 공간에서의 불연속면의 분포 경향을 나타내는 것이다. 암반구조물과 관계가 있는 불연속면의 방향성은 불안정한 조건이나 과대한 변형이 일어날 수 있는 가능성을 지배하며, 사면굴착에서 있어서는 불연속면의 방향성은 불연속면을 따라 일어날

수 있는 사면파괴의 원인이 되는 불안정의 가능성을 지닐 수 있다. 또한 불연속면들 상호간의 방향들은 사면암반에 나타나는 각각의 암괴의 형태와 크기도 결정하게 된다.

대체로 OO터널 종점부 절토사면 지역에서 발달하는 불연속면들은 표 1-2(a)와 (b)에서 보여주는 바와 같이 3개 set의 주요 불연속면군과 기타 4개 set의 불연속면군이 발달하고 있다. 전체적으로 불연속면의 주향이 사면과 사교(50~60°와 20~30°)하는 불연속면이 가장 두드러지게 발달하고 있고 사면의 안정성과 문제가 되는 사면과 평행한 불연속면들도 분포하고 있다 (표 1-2(b)). 가장 현저하게 발달하고 있는 3개 set의 불연속면들의 방향성을 살펴보면 첫 번째 불연속면군은 경사방향/경사가 299°/57°로 북동 방향의 주향에 남동쪽으로 경사지며, 두 번째 불연속면군은 292°/85°로 대략 북동 방향의 주향을 가지고 수직에 가까운 경사를 보이며, 세 번째 불연속면군은 078°/33°로서 북북서 방향의 주향을 가지며 경사가 33° 정도로서 동쪽으로 경사지기 때문에 사면조사 지역에서 안정성면에서 사면에 가장 불리하게 작용하는 불연속면 그룹이다.

상기의 단층작용에 의해 이 조사지역에는 절리가 많이 발달하는데 이들 절리들은 단층대 부근에서는 그 간격이 1~5cm 정도로 매우 조밀한 간격등급을 나타내고, 그 외 지역에서는 10~20cm 정도로 조밀한 간격 등급을 나타내고 있다. 불연속면의 연속성도 파쇄대 부근에서는 1m 내로 매우 낮은 연속성을 보이지만, 단층에 의해 교란되지 않는 편리나 절리는 10m 전후로 보통에서 높은 연속성을 나타내고 있다. 불연속면의 거칠기는 단층면이나 엽리를 따라 slickenside가 발달하고 있어 불연속면의 전단강도면에서 상당히 불리하게 작용될 수 있다.

- **RQD 값** : OO터널 종점부 사면지역 내 3개소(STA 34K+590, 34K+480, 34K+730, 그림 1-2 참조)에서 시추된 3개의 시추공에서 회수된 암석코어를 중심으로 현지조사를 참조하여 RMR에 의한 암반평가를 실시하였고 그 결과는 표 1-3과 같다. 표 1-3은 시추공별 그리고 심도별 RQD 값을 표시한 것이다. 시추공별로 BH-1공의 RQD 값이 최소 0%, 최대 72% 그리고 평균 32%를 나타내며, BH-2공의 RQD 값은 18%~100%까지 변화하며 평균 56%로 가장 높은 값을 보이고 있다. 반면에 BH-3공은 0%에서 53%까지의 값을 보이며 평균값 이 13%로 가장 낮은 값을 나타낸다. Deere(1988)가 제안한 RQD 값과 암질과의 관계에 의하면 시추공 BH-1은 매우 불량한 암질이고, BH-2는 불량 그리고 BH-3은 보통으로서 이 지역 사면 암반의 암질이 매우불량에서 보통까지의 등급을 나타내고 있다(표 1-4).

그림 1-5는 OO터널구간과 터널종점부 사면지역에서 설계단계에서부터 지금까지 시추자료를 토대로 위치별로 RQD 값을 도식한 것으로 전체적으로 대략 34K+620지역 30%를 제외하고는 0에서 25%값으로 조사지역이 매우 불량한 암반임을 나타내고 있음을 볼 수 있다.

표 1-3. 시추공별 RQD 값 현황

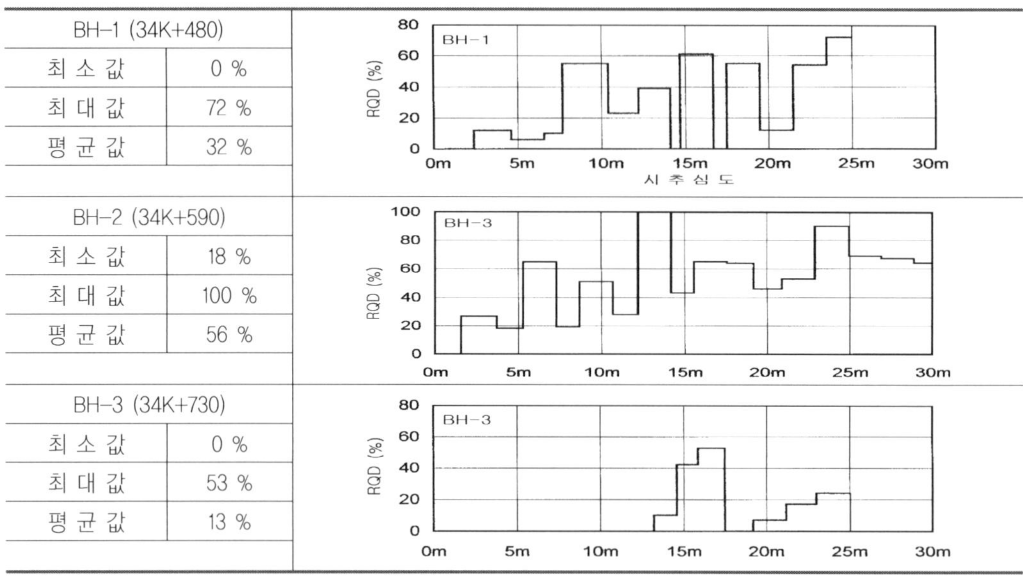

BH-1 (34K+480)	
최 소 값	0 %
최 대 값	72 %
평 균 값	32 %

BH-2 (34K+590)	
최 소 값	18 %
최 대 값	100 %
평 균 값	56 %

BH-3 (34K+730)	
최 소 값	0 %
최 대 값	53 %
평 균 값	13 %

표 1-4. R.Q.D. 값과 암질과의 관계

R.Q.D. (%)	암 질	
0 ~ 25	매우 불량	(very poor)
25 ~ 50	불 량	(poor)
50 ~ 75	보 통	(fair)
75 ~ 90	양 호	(good)
90 ~100	매우 양호	(excellent)

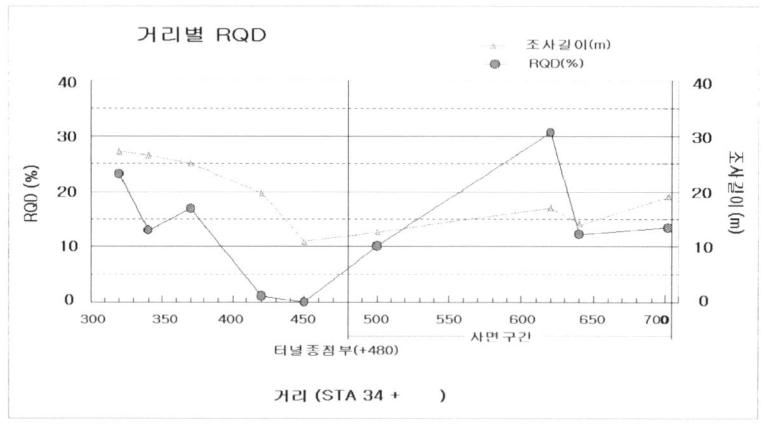

그림 1-5. 터널부 종점부를 중심으로 터널 내부와 터널 밖 사면지역의 RQD 변화표

● **RMR에 의한 암반평가** : 시추코어 조사를 중심으로 하는 암반분류에서는 불연속면 상태를 나타내는 연속성, 간극, 거칠기, 충전물 및 풍화 정도의 5개 요소 중 하나인 불연속면의 연속성은 시추코어에서는 알 수 없는 요소로서 현장 사면에서 관찰할 수 있는 불연속면의 연속성 3~10m을 근거로 결정하였고 또한 지하수와 관련된 요소는 시추조사에 의해 측정된 지하수위를 기준으로 하여 지하수위 밑에 위치함으로서 젖음으로 간주하여 RMR 값을 구하였다.

표 1-5는 3개의 시추공별로 지표로부터의 심도별 RMR의 기본 요소에 대한 값과 요소들의 값을 합한 기본 RMR의 값과 암반등급을 나타낸 것이다. 시추공 BH-1의 평균 RMR 값은 약 40이고, 시추공 BH-3은 평균 RMR 값이 40 이하로 두 시추공 모두 IV등급으로 불량 암반임을 나타낸다. 반면에 시추공 BH-2는 평균 RMR 값이 약 49로 III 등급인 보통 암반임을 나타내고 있다.

표 1-5. OO터널 종점부 절토사면부의 시추공별 RMR 값 분포

시추공	시추심도 (m)	압축 강도	RQD		간격	지하수	불연속면 상태	RMR 값	가중치 평균값 등급
BH-1 34K+480	0.7~7.7	4	4.8	3	5	7	15	34	39.8 IV, 불량
	7.7~12.2	7	42	8	8	7	12	42	
	12.2~14.7	4	30	8	5	7	7	31	
	14.7~19.5	7	48	8	8	7	17	47	
	19.5~25.0	7	44	8	8	7	13	43	
BH-2 34K+590	1.6~5.3	7	23	3	8	7	15	40	48.7 III, 보통
	5.3~10.7	7	48	8	8	7	16	46	
	10.7~12.2	7	28	8	8	7	9	39	
	12.2~19.2	7	70	13	8	7	16	51	
	19.2~30.0	7	65	13	10	7	16	53	
BH-3 34K+730	6.1~13.2	4	0	3	5	7	13	32	34.0 IV, 불량
	13.2~17.5	7	36	8	8	7	13	43	
	17.5~21.2	2	4	3	5	7	4	21	
	21.2~25.0	7	21	3	8	7	15	40	

시추공 모든 전체 심도에 대한 총 평균 RMR 값은 약 42의 값을 갖는다. 따라서 기본 RMR의 값으로부터 추정식에 의해 내부마찰각을 계산하면 현지 암반의 내부마찰각은 26°가 된다. 이 값은 실험식에서 구한 절리면의 내부마찰각 28.4~32.6보다는 낮은 값을 갖는다. 평사투영에 의한 안정성 해석에서는 안정성을 고려하여 내부마찰각 26°를 사용한다.

현장에서 측정한 점하중강도 등 현지시험에 암반의 강도에 따르면 암석의 강도등급은 연암~풍화암의 등급을 나타낸다. 따라서 심도구간별 RMR 값 중에서 연암의 강도를 갖는 구간(표 1-5 중에서 압축강도 값이 4인 구간)만의 RMR 값을 취하여 평균 RMR 값을 구하면 32의 값을 갖는다. 실제로 사면에서의 안정성 문제는 가장 낮은 값을 갖는 암반의 물성에 의해 크게 좌우되기 때문에 낮은 값으로 해석을 실시하는 것이 타당할 수 있다.

1.5 결 론

편마암 및 편암은 변성암으로 모암이 온도, 압력의 증가와 함께 암석 내 화학 성분의 변화 등에 의한 변성작용을 받아 형성된 것이다. 특히 편암류들이 분포하는 지역에서는 토목시공시 사면붕괴나 터널 굴착시 여굴 발생 등의 문제점이 자주 발생한다.

실지로 운모편암으로 구성된 OO터널의 경우, 단층작용에 의해 절리가 많이 발달하는데 이들 절리들은 단층대 부근에서는 그 간격이 1~5cm 정도로 매우 조밀한 간격등급을 나타내고, 그 외 지역에서는 10~20cm 정도로 조밀한 간격등급을 나타내고 있다. 불연속면의 연속성도 파쇄대 부근에서는 1m 내로 매우 낮은 연속성을 보이지만, 단층에 의해 교란되지 않는 편리나 절리는 10m 전후로 보통에서 높은 연속성을 나타내고 있다. 불연속면의 거칠기는 단층면이나 엽리를 따라 slickenside가 발달하고 있어 불연속면의 전단강도면에서 상당히 불리하게 작용될 수 있다. 시추 자료에 의한 암반평가에서도 연구지역의 사면은 RQD 값이 0~20% 값으로 매우 불량한 암반임을 알 수 있다.

02 편암 엽리구조의 생성원리 및 편암에서의 공학적 문제점

박 영 도

2.1 서 론

편암은 퇴적물들이 암석화작용을 받은 다음 광역변성작용을 받아 형성되는 암석으로서 우리나라의 경우 주로 옥천대를 따라 분포하고 있거나 경기육괴의 편마암 내에 협재되어 나타나는 흔한 암석이다. 일반적으로 광역변성작용시 축차응력이 수반되는데 축차응력에 의하여 엽리가 형성되며, 이러한 엽리구조는 물성의 이방성을 만들게 되므로 이와 관련한 지공학적 문제들이 발생하게 된다(예: 사면 암반의 파괴). 이 소고에서는 편암 내의 엽리 또는 암석벽개의 생성원리와 엽리가 잘 발달된 암반에서의 공사시 주의할 사항에 대해 논하고자 한다.

2.2 암석의 변형 메커니즘

보통의 대륙지각의 두께는 30Km 정도이다. 이러한 두께의 대륙지각은 맨틀의 대류에 의한 판구조운동에 의해 상대적 위치를 바꾸는 이동을 하며 때로는 내부적인 변형과정을 겪기도 한다(예: 조산대). 지각에서 암석의 변형은 취성변형(brittle deformation)과 연성변형(ductile deformation)으로 나누어 생각할 수 있다. 취성변형은 암석 내에 균열과 같은 새로운 면들이 형성되면 이 면을 따라 암석이 미끄러지며 일어나는 변형이다. 암석 내의 균열의 성장은 주어진 연직응력(normal stress)에 의해 억제되므로 암석하중에 의한 수직응력($\sigma_V = \rho g h$)이 높은 지중으로 갈수록 균열의 열림, 성장, 연결작용이 일어나기 어렵게 되어 궁극적으로 취성강도가 증가하게 된다. 이와 같이 암석의 취성강도가 지중의 압력의 영향을 받으므로 이러한 심도구간에 대하여 강도가 압력의 영향을 받는 지역(pressure-sensitive regime)이라 부른다. 한편, 암석의 연성변형은 암석을 구성하는 광물의 연성변형에 의하여 일어나게 되는데, 대표적인 광물의 변형 메커니즘은 광물 내의 연약면을 따라 일어나는 미끄러짐현상(slip process)과 연직응력이 높은 면에 붙어 있는 광물 내 원자가 용해되어 다른 곳으로 이동하는 압력용해(pressure solution)현상을 들 수 있다. 이러한 현상들의 본질은 암석 내 원자의 이동과 관련된 원자의 확산작용이다. 원자의 확산계수는 압력보다는 온도의 영향을 받으므로 이러한 영역을 강도가 압력의 영향을 받지 않는 지역(pressure-insensitive regime)이라 부른다.

위의 설명은 그림 2-1과 같이 요약된다. 즉, 지각의 강도가 압력의 영향을 받는 영역과 지각의 강도가 압력보다는 온도의 영향을 받는 지역 둘로 나뉜다. 지각의 강도가 압력의 영향을 받는 영역에서는 강도가 압력이 올라갈수록(또는 지하 심부로 갈수록) 거의 선형으로 증가하지만, 심부의 지각의 경우 강도가 압력보다는 온도의 영향을 받으므로 심부로 갈수록 오히려 강도가 감소하게 된다(식, $\dot{\epsilon} = A(\sigma_1 - \sigma_2)^n \exp(-Q/RT)$에서 지질학적 변형율($\dot{\epsilon}$)을 판구조 운동의 속도에서 구하고 실험실에서 구한 물성과 관련된 상수들 A, n, Q를 식에 대입하여 강도를 구함). 이는 심부로 들어갈수록 지온구배에 의한 온도가 증가하여 암석의 연성변형이 수월히 일어나기 때문이다. 이를 요약하면 지각은 상부에서는 취성변형, 하부에서는 연성변형에 의하여 변형되며 그 중간인 12~15Km 깊이에는 강도가 가장 높은 취성-연성 전이대 (brittle-ductile transition zone)가 있다. 이러한, 지각의 강도에 대한 모델은 여러 지질현상을 설명함에 두루 쓰인다. 예를 들면 지각에서 지진이 일어날 때 보통은 12~15Km 깊이에서 일어나는데 이는 취성-연성 전이대와 일치한다. 이러한 심도에서의 지진의 발생은 취성-연성 전이대의 강도가 가장 높기 때문에 판구조운동에 의한 움직임에 대한 저항이 취성-연성전이대에서 가장 높다가 이 지역에서 변형이 일어나면 지진현상이 된다. 또 한 가지 잘 알려진 예로는 마그마의 정치(emplacement)이다. 마그마의 지각 상부방향으로의 이동은 마그마의 부력이 주변 암석의 강도보다 높아야 가능한데 취성-연성전이대는 지각에서 강도가 가장 높은 영역이므로 마그마의 부력이 취성-연성전이대의 강도를 넘지 못해 이 깊이에서 더 이상 상부로 이동을 하지 못하고 정치하는 경우가 많다. 우리나라의 경우 현재 중생대 쥐라기의 많은 화강암들이 지표에 노출되어 있는데, 여러 지질학적 증거들은 이들 화강암의 정치심도가 대략 15km임을

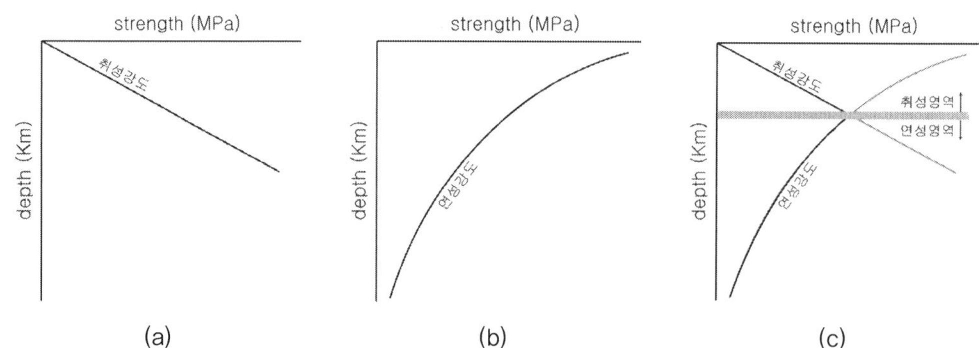

그림 2-1. 지각의 강도 단면. (a) 최성강도(brittle strength), (b) 연성강도(ductile strength), (c) 취성강도와 연성강도의 강도 중 낮은 강도만 선택한 지각의 강도 단면. 그림 (c)의 강도가 가장 높은 지역은 심도 12~15km 정도이며 강도는 150~250MPa에 해당됨.

지시한다. 즉, 이는 우리나라의 현재 지표면이 약 2억 년 전에는 15km의 심도에 있었던 것을 의미하며 풍화 및 침식작용에 의한 평균 융기 속도는 1년에 약 0.1mm($15km/2.0 \times 10^8 yr. = 1.5 \times 10^7 mm/2.0 \times 10^8 yr. = 0.075\, mm/yr.$) 정도이다.

2.3 편암 내 엽리구조의 생성

편암 내에 발달해 있는 엽리는 파랑습곡, 압력용해, 균열 작용 등 여러 미시적 변형 메커니즘에 의하여 형성되지만 이 소고에서는 가장 흔하게 관찰되는 압력용해에 관하여만 논하고자 한다.

압력용해작용(pressure solution)은 19세기 말 독일의 지질학자 Sorby에 의해 처음 인지되었다. Sorby 등 당대의 지질학자들이 야외에서 역암을 관찰하던 중, 역과 역이 맞닿고 있는 경우 하나의 역이 다른 역을 뚫고 있는 모양을 관찰하였고, 석회암 내 화석의 일부가 사라져 있음을 관찰한 바 있다. Sorby는 이를 가능하게 하는 작용으로서 암석이 높은 압력을 받을 때 역의 일부와 화석의 일부가 용해되어 다른 곳으로 이동했다고 여겨 압력용해로 명명하였다. 그림 2-2에 나타난 바와 같이, 압력용해를 예를 들어 설명하자면, 포화된 소금용액에 소금결정이 있을 때, 수직방향으로 하중이 가해질 때 소금결정의 수직면(용액과 맞닿고 있는 면)과 수평면(하중을 일으키는 물체와 바닥의 용기에 접하는 면)의 연직응력(normal stress)이 달라지게 되는데, 이때 연직응력의 크기에 따라 용해도 또한 다르게 된다. 즉, 연직응력의 크기가 큰 수평면의 경우 그 면의 용해도가 높아져서 용해현상이 일어나게 되고, 용액은 이미 포화용액

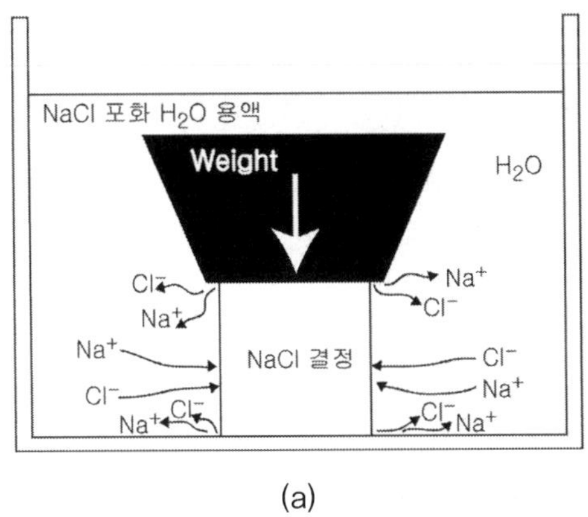

(a)

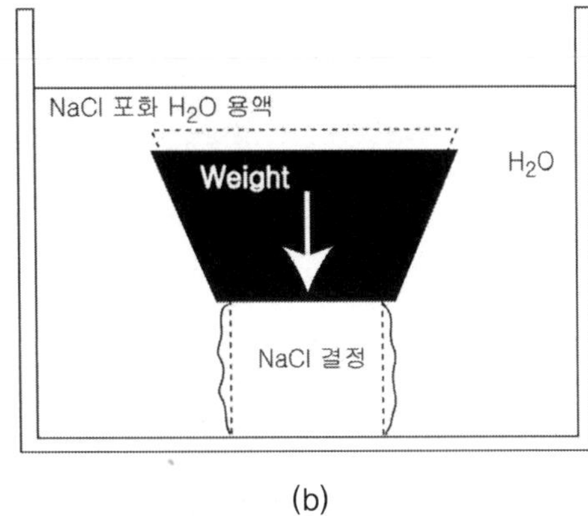

(b)

그림 2-2. 압력용해작용의 모식도. (a) 압력용해작용 이전의 상태, (b) 압력용해작용 이후의 상태(점선은 이전의 위치를 나타냄)

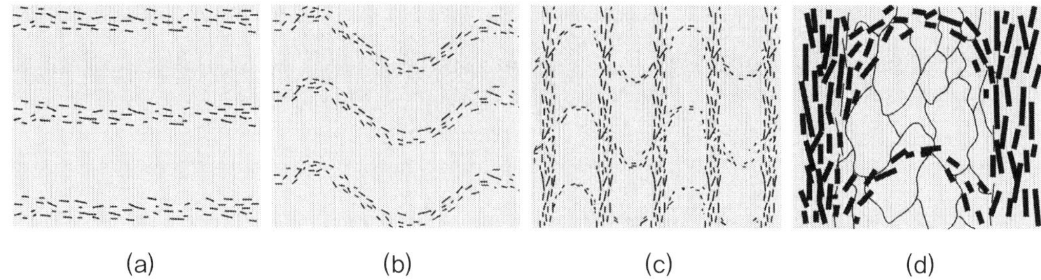

(a)　　　　　　(b)　　　　　　(c)　　　　　　(d)

그림 2-3. 편암 내 엽리발달과정을 나타내는 모식도(선과 바탕은 각각 운모와 석영을 나타냄. 그림의 폭은 수mm 정도임). (a) 퇴적암 내 운모의 수평방향으로의 정향배열만 있는 상태. (b) 습곡작용에 의해 습곡 구조가 만들어진 상태. (c) 습곡작용이 진행되며 습곡의 날개부에 새로운 엽리(파랑벽개)가 발달된 상태. (d) 그림 c의 확대도. 엽리가 발달된 곳에는 석영이 압력용해로 많이 빠져나가 거의 운모로 구성되어 있으며 퇴적층 단계의 운모가 농집된 부분보다 운모의 상대적인 양이 훨씬 높음

상태이므로 과포화 상태가 되는데 과포화된 만큼의 용질이 다른 곳, 즉 수직면에서 침전하게 된다는 원리이다. 이러한 이유로 Sorby 등 19세기 말의 학자들이 명명한 압력용해는 현상을 정확히 기술하는 용어가 아니므로 일부 지질학자들의 경우 '응력용해현상'(stress dissolution)이라는 새로운 용어로 부르기도 하지만 관행적인 이유로 압력용해가 널리 사용된다.

지각의 심부에서도 물 성분이 주인 유체가 암석의 공극에 존재하게 된다. 이러한 유체들은 보통 암석을 구성하는 광물에 대하여 포화용액의 성분을 가지게 되는데 여러 조암광물 중 석영이 가장 압력용해 작용에 민감히 반응을 하게 된다. 석영과 백운모로 구성된 운모편암의 경우 백운모는 석영에 비하여 압력용해작용이 일어나지 않으므로 거의 유체에 녹지 않고 오직

그림 2-4. 습곡의 노두 사진(Park, 1997)

석영만이 유체에 용해되어 암석 내에서 자유롭게 이동할 수 있다.

그림 2-3은 운모편암이 횡압력을 받으며 변형될 때의 일련의 모식도이다. 원래 수평이었던 퇴적물의 층리가 횡압력을 받으며 습곡이 될 때(그림 2-3(a)와 3(b)), 파랑습곡(작은습곡)의 날개부분에서 압력용해작용이 활발히 일어나게 되어 최종적으로는 그림 2-3(c)와 같은 엽리가 발달되어 있는 형태가 만들어진다. 그림 2-4는 야외에서 관찰되는 퇴적 당시의 지층(S_0)이 습곡을 받은 노두사진이다. 이 사진은 습곡의 축부를 보여주는데 새롭게 형성된 엽리면(S_1 또는 F_1)이 S_0에 수직하게 발달하고 있음을 보여준다. 그림 2-5는 편암의 박편사진으로서 전술한 운모의 농집에 의해 새로이 형성된 엽리면(또는 파랑습곡 벽개면)이 나타나 있다.

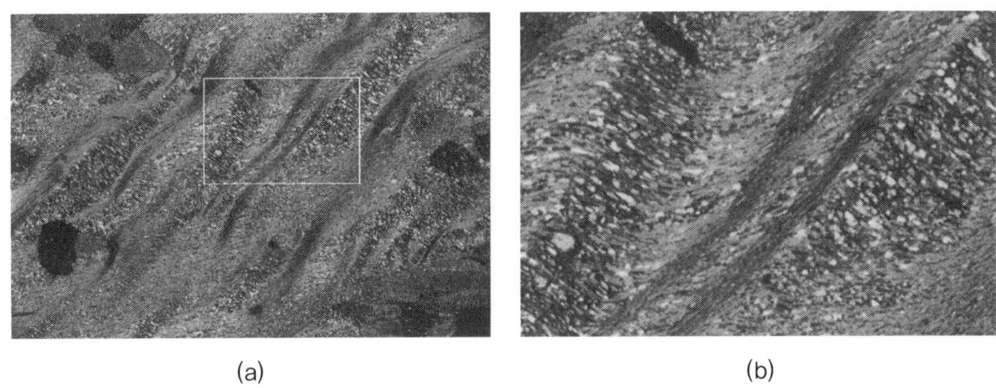

(a)   (b)

그림 2-5. 편암 내 엽리의 박편사진. (a) 원래 있던 저각의 엽리를 백운모가 농집된 새로운 엽리가 끊으며 발달하고 있음(사진 폭:1.8cm). (b) 그림 (a)의 백색 사각형의 확대사진(Vernon, 2004)

2.4 편암의 엽리구조와 암반공학적 특성

편암의 지질공학적, 암석역학적 특성 중 다중변형(polyphase deformation)시 편암 내에 형성되는 엽리와 이와 관련된 전단파괴(shear failure)에 대해서만 논하고자 한다. 암반공학에서 다루는 응력-변위관계는 일반적으로 작은 변형에 국한되지만 지질학의 경우에는 암석이 많은 변형을 받으므로(예: 전단변형률이 100인 경우) 응력과 변위 또는 응력과 기존에 발달된 구조 사이의 방향성 관계가 계속 바뀌게 된다. 주응력 방향이 일정할 때 형성된 엽리가 습곡작용시 회전하면서 또 다른 새 엽리가 형성되기도 한다.

앞에서는 비교적 간단한 주응력 방향이 일정한 경우를 예로 들었지만 지질학적인 변형에서는 주응력의 방향이 흔히 바뀌게 되는데(예: Choi et al., 1999) 이는 판운동 방향의 변화, 즉 경계조건의 변화에 기인할 수도 있으며, 또한 오랜 시간의 큰 변형작용 동안에 새로운 구조들이 형성되면서 응력-구조간의 상호작용(stress-structure interaction)에 의할 수도 있다. 그림 2-6에는 이와 같은 다중변형에 의한 습곡의 양상이 나타나 있는데 이들 습곡은 모두 습곡축면에 거의 평행한 엽리를 가지고 있으므로 여러 방향의 엽리가 하나의 암석에서 관찰된다. 실제로 우리나라의 옥천대에서 나타나는 천매암, 편암 등의 암석의 경우 보통 2~3개 조 이상의 엽리를 가지고 있으며 때로는 4~5 방향의 엽리 구조를 보이기도 한다. 여러 방향의 편암 내 엽리구조에 의한 쐐기파괴의 예는 그림 2-7에 나타나 있다.

　여러 매의 엽리가 잘 발달되어 있는 암석의 경우 이들 엽리의 방향으로 전단파괴가 일어나

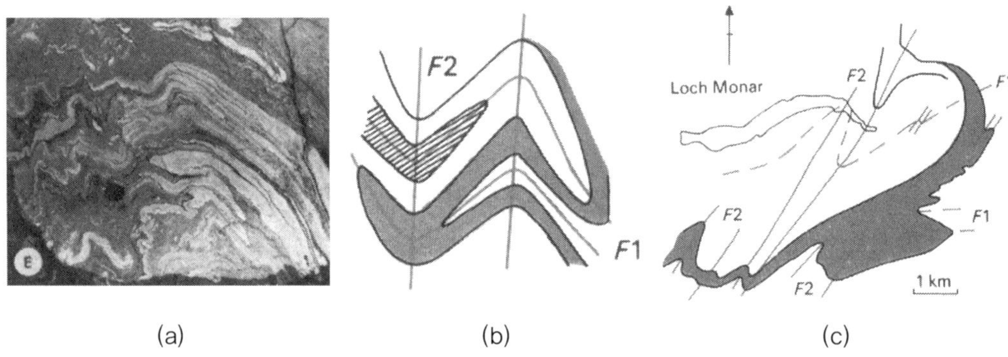

그림 2-6. 다중변형작용에 의한 습곡의 중첩 예. (a) 두 습곡축이 서로 평행한 다중 습곡 작용에 의해 형성된 습곡. (b) 그림 a의 간단한 도시. (c) 스코틀랜드 Loch Monar 지역의 구조도. 그림 (a)와 (b)의 지질구조가 광역적으로 나타남(Park, 1997)

그림 2-7. 다중변형작용에 의한 습곡 지역에서의 사면의 쐐기파괴의 예(Goodman, 1993)

므로 이들 엽리는 공학적으로 절리와 같은 파괴면의 역할을 하게 된다. 이들 엽리면이 암반 내 절리면과 가장 다른 점은 이들의 공간적 반복성(spacing)이 밀리미터 스케일이라는 점이다. 따라서 엽리가 발달된 암석은 겉보기에는 무결암(intact rock)처럼 보여 높은 RQD를 가지고 있을 수 있지만 실제로는 많은 잠재 파쇄면을 가지고 있는 암석으로 여겨져야 한다. 또한 편암의 원래 퇴적물인 셰일 등이 퇴적될 때 퇴적환경(퇴적상)의 변화로 사암이 같이 퇴적되는데, 사암은 변성작용을 받으면 규암으로 되어 TBM 커터 마모 등의 시공 중 어려움이 많은 암석이다. 실제로 우리나라 옥천대 편암의 경우 많은 규암이 협재되어 있다. 엽리면의 방향의 변화 그리고 이에 따르는 규암의 분포에 대한 정확한 파악을 위해서는 정밀 맵핑이 필요하다. 이러한 맵핑을 통하여 사면과 터널 등 암반 절개면을 형성하는 토목공사의 경우 많은 리스크를 줄일 수 있을 것으로 여겨진다.

2.5 결 론

편암 내의 엽리구조는 수 밀리미터의 공간적 반복성을 갖는 운모가 많은 영역과 석영이 많은 영역의 반복성에 의해 만들어지는 지질구조이다. 엽리구조는 주로 석영의 압력용해 작용에 의해 형성되는데 보통의 지질 변형작용이 다중의 중첩변형작용이므로 편암 내에 여러 방향의 엽리가 존재할 수 있으며, 퇴적 당시에 같이 퇴적된 규암의 반복적 출현도 흔하다. 엽리면의 방향은 습곡의 위치에 따라 다르게 나타나고 규암의 반복성 또한 습곡에 의해 정해지므로, 사면과 터널 등 암반 절개면을 형성하는 토목공사의 경우 습곡의 기하학적인 특징에 대한 정확한 파악이 중요하다.

03 편암의 지질공학적 특성

▎노 병 돈

3.1 서 론

변성암은 기존의 모암에 열과 압력이 가해져 새로운 조직과 구조, 새로운 광물의 생성이 수반된 암석군을 말한다. 따라서 기존 모암의 물리. 화학적 특성의 변화가 수반된 것이다. 이러한 변화의 과정은 고체 상태에서 일어나는 점진적인 변화이다. 역시 변성의 메커니즘은 열과(혹은) 압력이다. 각각의 광물들은 특정 온도/압력 조건에서 안정적이며 그러한 조건을 벗어나면 새로운 환경에 적응하기 위한 새로운 변화의 과정이 진행된다.

열에 의한 변성은 관입 화성암체 주변에서 발생하며 이러한 반응을 규제하는 기본 요인은 온도이고 이때의 전단응력은 무시할 만하다. 열변성작용 동안 일어나는 화학적 반응의 비율은 매우 느리며 이는 암종과 작용 온도의 정도에 의존적이다. 반응률은 10℃ 증가에 2배가 되는 것으로 추측되며 반면 100℃ 증가에 수천 배 증가하고 200℃ 증가에 수백만 배가 증가한다. 그러므로 변성암에서의 평형은 반응이 보다 급속히 증가하므로 저변성일 때보다 고변성일 때 더욱 신속히 도달한다.

접촉변성대의 크기는 온도와 관입암의 규모, 휘발성가스의 양 등에 의존적이다. 예로 이질 퇴적암에서 발달한 접촉변성대는 사질 혹은 석회질 퇴적암에서의 그것보다 훨씬 광범위하게 일어난다. 또 동일 암종의 동일 층준 내에서도 접촉변성대의 특성이 달라지기 때문에 열변성의 복잡한 현상은 늘 난제로 남아 있다.

접촉변성처럼 동력변성작용도 통상 매우 국지적인데, 예로 이들의 영향은 대규모 단층과 충상단층과 관계있다. 또 저온에서의 재결정작용은 최소한이며 암석의 특성은 이들의 역학적 과정에 규제된다. 동력변성작용은 brecciation, cataclasis, granulation, mylonization, pressure solution, partial melting, slight recrystallization 등을 포함한다.

변성암의 노두가 수백~수천km에 달하는 경우 광역(regional)이란 용어를 사용하며 광역변성작용은 온도와 압력의 변화과정을 모두 포함한다. 기본 인자는 역시 온도인데 광역변성작용 시 작용하는 온도는 통상 800℃이다. 광역변성작용은 한계압력이 3kBar를 초과할 때 발생하며 반면 그 이하, 즉 2kBar 정도이면 접촉변성의 영역에 해당된다. 광역변성작용은 점진적이어서 초기에 유사한 조성의 암석으로 형성된 지역에서 변성도가 증가하면 또 다른 광물집합체가 생성된다.

3.2 변성암의 종류와 특성

3.2.1 변성작용과 변성암

변성작용은 기존의 암석을 변화시켜 변성암(metamorphic rock)을 만든다. 이때 기존의 암석은 고체상태에서 변화한다. 만약 액체로 바뀐 후 결정작용이 일어나 암석이 만들어진다면 이것은 변성작용이 아닌 화강암화 작용이며 생성 암석은 화성암이다.

변성작용은 저온에서부터 고온, 저압에서부터 고압까지 여러 상황에서 일어나기에 암석의 종류를 다양하게 만든다. 셰일이 약한 변성작용을 받으면 점판암이 되는데 셰일보다 조직이 치밀해지지만 때론 구별이 쉽지 않다. 반대로 강한 변성작용을 받으면 암석에 있던 원래의 조직과 형태는 알 수 없게 바뀐다.

변성작용은 주로 두 가지 상황에서 만들어진다. 조산운동의 결과로 높은 압력과 열을 받는 광역변성작용(regional metamorphism)과 마그마의 관입에 의한 접촉변성작용(contact metamorphism)이 있다. 광역변성작용은 조산운동에서 나타나기에 넓은 변성암 지대를 만들게 된다. 이러한 변성작용은 광물의 배열을 바꿔 엽리조직(foliated texture)을 만들기도 한다.

가. 접촉변성작용(contact metamorphism)

지표에 가까운 기존의 암석에 관입한 마그마의 열에 의하여 변성되는 작용으로 광역변성작용과는 달라서, 암석에 현저한 변형이 일어나지 않는 것이 보통이다.

지각의 일부에 마그마가 관입하면 그 열을 받은 주위의 암석은 온도가 상승하여 조직과 광물 조성이 변하게 된다. 열변성작용이라고도 하는데, 그렇게 생긴 변성암을 접촉변성암이라고 한다. 주로 온도가 영향을 미치며, 압력은 중요한 구실을 하지 않기 때문에 생성되는 광물은 일반적으로 저압형(低壓型)이다. 홍주석(紅柱石)이나 근청석(菫靑石) 등이 이에 속한다.

광역변성작용과는 달라서, 암석에 뚜렷한 변형이 일어나지 않으며 접촉변성작용은 온도는 약 800℃, 1~2km의 심도에서 일어난다. 편리(片理) 등 특수한 구조를 수반하지 않는 무구조(無構造)의 변성암이 생기는데 이를 혼펠스라고 한다.

나. 파쇄변성작용(cataclastic metamorphism)

역학적 변형작용에 의한 변성작용의 하나이다. 조립질의 암석은 강한 응력을 받게 되면 잘게 부서지는데, 이러한 작용을 파쇄변성작용이라고 한다. 그리고 이로 인해 생성된 암석을 파쇄암이라 한다. 파쇄암은 단층각력암, 압쇄암, 천매압쇄암 등이 있고, 지표 근처와 단층지역에서 많이 볼 수 있다.

압쇄암은 지름 0.01~0.1mm의 작은 가루로 부서진 채 굳어진 암석이며, 재결정작용은 일어나지 않은 상태이다. 반면에 천매압쇄암은 파쇄된 입자가 평균 1mm로 큰 편이며, 이미 재결정작용이 진행된 암석을 말한다.

파쇄변성작용은 온도와 압력의 변화에 따라 발생하는 변성작용의 한 종류인데, 화학적 재결정작용보다는 역학적 변형작용에 의한 것이 대부분이다. 파쇄변성작용이 진행될수록 광물입자와 암석조각들은 길게 늘어나고 엽상구조(葉狀構造)가 발달하게 된다.

다. 광역변성작용(regional metamorphism)

조산운동으로 압력과 온도가 변하여, 넓은 지역에 걸쳐 기존의 암석이 변성암이 되는 작용이다. 편리와 줄무늬 모양의 구조가 형성된다.

조산운동과 밀접한 관계가 있다. 광역변성작용에 의해서 생성되는 암석은 결정편암이나 편마암이며, 일반적으로 현저한 편리(片理)나 줄무늬의 구조가 특징이다. 광역변성작용에 있어서 가장 중요한 소인(素因)은 온도와 압력이다.

따라서, 일부에서 말하는 동력변성작용이란 말은 부정확한 표현이다. 지각 내의 넓은 범위에서 온도와 압력이 상승하면 암석을 구성하는 광물 사이의 평형이 깨져 광물 사이에 반응이 일어나서 새로운 광물의 조합이 생긴다. 그 과정에서 암석에 작용하는 차동(差動)에 의해서 편리나 줄무늬 모양의 구조가 형성된다. 그러나 이러한 온도의 상승이 어떻게 넓은 범위에 걸쳐 일어나는 것인지는 아직 자세히 알려지지 않고 있다.

라. 매몰변성작용(burial metamorphism)

지층이나 암석이 단순히 매몰되어 생기는 변성작용이다. 대륙붕과 대륙사면의 퇴적물 아래쪽에서 일어난다. 화성암 마그마가 흘러들거나 조산운동과 같은 지각변동을 동반하지 않고 지층이나 암석이 단순히 매몰됨으로서 생기는 변성작용을 말한다.

매몰된 퇴적물은 많은 양의 공극수(空隙水)를 함유하며, 이 공극수는 화학적 재결정작용을 촉진시켜 새로운 광물을 만든다. 그러나 온도나 압력이 크게 상승하지 않고 변형작용도 일어나지 않아서 암석 원래의 조직이나 광물이 그대로 남아 있는 경우도 많다. 제올라이트(zeolite)나 프리나이트(prehnite)처럼 저온에서 안정한 광물이 주로 생성된다.

매몰변성작용은 대륙붕과 대륙사면(大陸斜面)에 쌓인 퇴적물 아래쪽에서 일어나며, 온도와 압력이 증가함에 따라 차츰 광역변성작용으로 변하게 된다.

마. 남섬변성작용(glaucophanitic metamorphism)

보통의 화학물질을 가지는 암석에서 남섬석을 만드는 변성작용을 말하고 남섬석의 화학적인 조성은 조장석과 녹니석을 합친 것과 같다. 비취휘석과 로소나이트, 아라고나이트 등이 남섬변성작용을 받은 암석이다.

남섬석은 각섬석의 일종으로, 나트륨을 함유하고 칼슘을 함유하지 않는 것이 특징이다. 남섬석의 화학조성은 조장석(曹長石)과 녹니석(綠泥石)을 합친 것과 같다. 그래서 어떤 조건하에서 조장석과 녹니석을 함유하는 암석은 다른 조건하에서는 남섬석을 함유하는 것으로 생각된다. 남섬석을 다량으로 산출하는 변성암 지역에서는 암석 속에 고압조건을 보이는 다른 광물이나 광물 복합체도 동시에 널리 산출된다.

예를 들면, 비취휘석과 석영의 복합, 로소나이트(lawsonite)·아라고나이트(aragonite) 등은 고압을 보이는 광물로서 남섬변성작용의 특징이 있다. 이밖에 남섬변성작용 지역에서는 펌펠라이트(pumpellyte)·스틸프노멜레인(stilpnomelane)·석류석 등도 널리 산출된다. 남섬변성작용은 비교적 새로운 조산대(造山帶)의 광역변성대의 특징적인 현상이라고 한다. 알프스–히말라야 조산대나 환태평양 조산대가 남섬변성작용이 이루어진 곳이다.

바. 변성교대작용(metasomatism)

용액에 의하여 암석의 이온이 추가가 되거나 제거됨으로서 암석의 화학 조성을 변화시키는 작용이다. 이 작용을 통해서 석회암은 석류석, 투휘석, 방해석 등을 포함하는 암석으로 변한다.

암석이 파손되어 그곳으로 용액이 흘러들 경우, 이 용액에 새로운 이온이 첨가되거나 일부 물질이 용액에 의해 제거되면서 파손 부위의 암석 성분이 변하게 된다. 이처럼 용액에 의하여 이온이 추가되거나 제거됨으로서 암석의 화학 조성을 뚜렷하게 변화시키는 작용을 변성교대작용이라 한다.

변성교대작용을 일으키는 용액은 대부분 마그마가 냉각될 때 생성되는데, H_2O가 풍부하며 온도는 250℃ 이상으로 높은 편이다. 이러한 용액을 열수용액(hydrothermal solution)이라 한다.

변성교대작용을 통해 석회암은 석류석·투휘석·방해석 등을 포함하는 암석으로 변한다. 에메랄드는 변성교대작용을 받은 석회암이나 운모편암에서 발견된다.

사. 변성암의 종류

슬레이트(slate)는 세일의 광역변성작용에 의해 생성된 매우 잘 쪼개지는 세립질암이다. 이는 불투수성 및 방화용 지붕 등으로 이용하기에 충분히 강하고 내구성이 좋으며 쉽게 판상으로 쪼개진다. 만일 암반이 더 이상 쪼개질 수 없을 만큼 자연적으로 판상화 한다면 이는 벽개가 미세광물의 방향성에 규제되지 않음에 기인한 것이다. 이런 경향의 암석을 argillite(규질점토암)이라 부른다.

신선한 슬레이트는 암색을 띠나 녹색 혹은 철분의 존재 여부에 따라서 적색을 띠기도 한다. 철의 성상에 따라 반점상이 나타나기도 한다. 이러한 특성과 층이면과 벽개면간의 방향 차이가 세일 기원의 슬레이트를 구분하게 해준다.

점판암(spotted slate)은 고온 저압 환경에서의 입상광물의 조립질 반상변정과 관계있다. 즉 이는 접촉변성대를 형성한다. 반상변정은 전형적으로 사각주상을 갖는 결정으로 황색 내지 회색을 띠는 홍주석(andalusite)이나 슬레이트에서 청회색 란형부를 형성하는 근청석(cordierite)이다.

천매암(phyllite)은 슬레이트의 더욱 변성으로 생성되며 거의 대부분 육안으로 볼 수 있는 백운모 결정을 생성시킨다. 각각의 결정이 육안으로 보이지는 않지만 세립운모의 판상의 평행면(sericite라 불리는)이 은빛의 엽리 표면에서 미광을 일으킨다. 천매암은 특정 방향성이 우세한 녹리석, 흑연, 탈크 등과 함께 생성될 수 있다. 녹리석은 암석을 녹색으로, 탈크는 엽리면에 부드러운 감촉을, 흑연은 금속광택을 준다. 천매암은 점문상슬레이트처럼 접촉변성 산물이며 홍주석과 근청석의 반상변정을 포함하기도 한다.

편암(schist)은 역시 세일의 변성작용으로 기인한 것이나 점토물질로부터의 새로운 광물의 성장을 볼 수 있다. 이들은 주로 mica이지만 녹리석, 각섬석, 탈크 등과 같은 보다 신종광물은 제외된다. 운모편암에서는 운무의 벽개면이 엽리면에 평행하게 놓임으로서 이를 schistosity라 부른다. 이들 암석은 엽리면 방향을 따라서 활동하려는 경향이 있고 따라서 이 방향이 보다 경사져 있고, 연속적이라면 대규모 사면붕괴가 유발된다. 이 때문에 편암은 건설 프로젝트에서 잠재적인 난해 암종으로 분류된다.

편마암(gneiss)은 강한 엽리성암으로 화강암의 변성작용에 유래한다. 편마암은 운모와 장석과 같은 서로 다른 광물의 띠로 분리된다. 이러한 암석은 신선할 경우 매우 견고하지만 극단적으로 방향 의존적 거동을 한다는 점에서 심성 화성암류와는 구분된다. 이질(泥質) 또는 사질

(砂質)의 퇴적암이 높은 온도하에서 광역변성작용을 받은 경우에 생성된다. 화학 성분은 화강암 또는 화강섬록암과 비슷하다. 석영·장석·운모 등 입상광물이 많아 편상구조는 뚜렷하지 않지만 줄무늬상 구조가 있다. 암석 전체의 화학조성에 따라서 석류석·근청석·규선석(硅線石) 등을 함유한다. 많은 경우, 이질(泥質) 또는 사질(砂質)의 퇴적암이 높은 온도하에서 광역변성작용(廣域變成作用)을 받은 경우에 생성되는데, 때로는 접촉변성작용에 의하여 형성되는 것도 있다. 어떤 종의 편마암에서는 호상구조의 백색부(흰 무늬)가 화강암과 같은 양상을 나타내며 마치 화강암과 마그마가 줄무늬에 따라 주입된 것처럼 보이는데 이를 주입편마암이라고 한다.

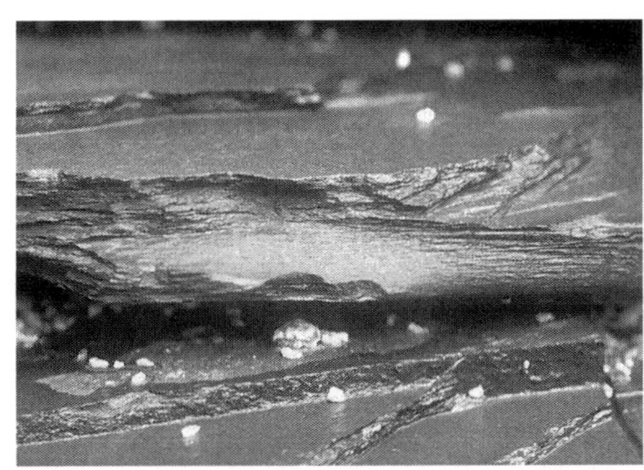

그림 3-1. 점판암 노두

그림 3-2. 천매암~편암 노두

그림 3-3. 운모편암 노두

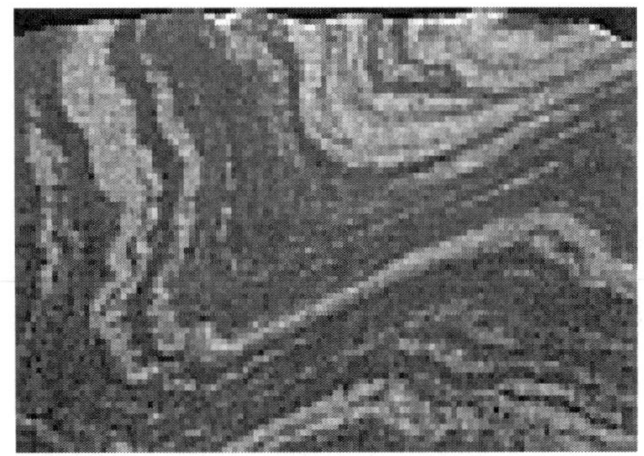

그림 3-4. 편마암 노두

3.2.2 편암의 특성과 종류

가. 편암의 생성

변성암은 지표면의 암석 중 약 17%를 차지한다. 그러나 지표보다 깊은 곳은 대부분이 변성암으로 되어 있다. 이는 지각 외에 나머지 부분은 높은 압력과 온도를 갖기 때문에 암석의 조직과 광물이 변할 수밖에 없기 때문이다.

변성작용은 암석을 이루고 있는 광물의 배열을 바꾸기도 한다. 이때 층상이나 호상의 엽리를 만들어내기도 하는데 암석 내의 광물들이 평행하게 배열할 때 만들어진다. 변성암은 이러한 엽리가 있는지 없는지에 따라 크게 엽리가 있는 암석과 엽리가 보이지 않는 암석으로 나누기도 한다. 엽리가 있는 암석으로는 편암과 편마암이 대표적이고, 엽리가 없는 암석으로는 석회암이 변성된 대리암과 사암이 변성된 규암이 대표적이다.

즉, 셰일과 이암이 저변성작용을 받으면 점판암이 되고, 점판암이 변성작용이 지속되어 중변성작용을 받게 되면 천매암이 되며, 천매암을 생성하는 조건보다 더욱 높은 변성작용을 받게 되면 편리를 보여주는 편암이 생성되는 것이다.

천매암과 편암의 가장 뚜렷한 차이는 입자크기가 더 크게 변화한다는 것이다. 편암이 나타나는 고변성작용에서는 광물들이 분리되어 띠 형태로 나타나기도 한다. 조립질 입자로 구성되어 뚜렷한 엽리를 보여주면서, 운모류 광물들로 이루어진 층이 석영과 장석들로 이루어진 층과 분리되는 경우 이때 고변성작용을 받은 암석을 편마암(gneiss)이라고 한다.

한편 현무암이나 안산암 등 염기성 화산암으로부터는, 저온에서는 녹니석·녹렴석·녹섬석 등으로 이루어진 <u>녹색편암</u>이 생기고, 고온에서는 각섬석이나 사장석을 주성분으로 하는 각섬암이 생긴다. 편암 중에도 구성광물의 존재량의 다소에 따라 <u>흑운모편암</u>, <u>각섬석편암</u> 등으로 이름이 붙여진다. 흑운모편암은 대표적인 변성암으로 엽리 구조가 잘 발달한 결정질 암석이며, 흑운모와 각섬석이 방향성을 잘 나타낸다. 이밖에 편암 중 변성 광물로 각섬석 광물이 다량 함유된 경우, 각섬석편암이라 한다. 주상 결정의 각섬석은 엽리 구조가 잘 발달되어 있다.

압력이 높은 경우에는 비취휘석·남섬석·로소나이트 등의 고압광물을 함유하는 조성(組成)이 생긴다. <u>결정편암</u>은 광역변성작용의 산물이어서, 변성대(變成帶)라는 광대한 띠 모양의 지역에 분포한다. 스칸디나비아반도에서 스코틀랜드에 이르는 지대(칼레도니아 조산대), 중부 프랑스에서 중부 독일에 이르는 지대, 미국의 애팔래치아 산지, 알프스·히말라야(알프스 조산대) 등을 대표적인 지역으로 꼽을 수 있으며, 모두 복잡한 습곡 구조를 볼 수 있는 조산대이다.

나. 편암의 특성

가장 특징적인 점은 퇴적암의 층리면과 유사한 분리면을 갖는다는 점이다. 이를 엽리(foliation)라 하는데 어떤 엽리성변성암일지라도 다른 방향에 비하여 엽리면을 따른 방향으로 쉽게 분리된다. 따라서 엽리성 암석은 매우 강한 방향 의존적인 물리적 특성을 가지고 있다.

<u>엽상구조(foliation)</u>는 결정편암(結晶片岩) 등에서 흔히 볼 수 있는 엷게 벗겨지기 쉬운 구

조로서 흔히 엽리(葉理)라고도 한다. 결정조각에는 운모나 녹니석 등과 같이 편상(片狀)이나 인상(鱗狀) 광물이 일정한 방향으로 배열되어 편리(片理)를 이루고 있는데, 이것을 따라 암석이 벗겨지는 경향이 있다. 또한 편리면과 일치되지 않는 경우도 있다.

편리(schistosity)는 변성암의 조직에서 면 모양의 평행구조를 말한다. 광물이 일정한 방향으로 규칙적으로 배열되기 때문에 쪼개지기 쉬우며, 이를 편리면이라고 한다. 판상·인편상(鱗片狀)·주상(柱狀)·침상(針狀) 결정이 일정한 방향으로 배열하여 생긴 선상(線狀) 또는 면상(面狀) 구조이다. 1932년 A.하커는 선상 구조를 선상편리(線狀片理), 면상 구조를 면상편리(面狀片理)라고 정의하였다. 그러나 현재는 면상편리만을 편리에 포함시킨다. 광물이 일정한 방향으로 규칙적으로 배열하기 때문에 암석이 박판상(薄板狀)으로 쪼개지기 쉬운데, 이를 편리면이라고 한다. 편리는 결정편암과 천매암에서 가장 뚜렷하며, 암석에 편리를 주는 판상광물로서는 운모류나 녹니석류, 주상 또는 침상의 광물로서는 각섬석류가 있다.

다. 편암의 종류

편암은 강한 엽리상을 보이며 가끔 조립결정으로 띠상의 변성암을 형성하기도 한다. schistosity는 통상 흑운모와 백운모에 의해 형성되나 녹리석편암(green schist)이 일반적이다. 흑연질 혹은 탈크질 편암이 중요하긴 하나 드물다. 석영과 장석은 매우 흔한 성분이며 통산 불연속적인 대상으로 분리되어진다. schistosity는 완전한 평면을 보이기는 드물지만 흔히 재습곡 과정에서 kinking이나 buckling에 의해 형성된 crenulation을 보인다. 일부 편암에서 schistosity는 매우 강력하게 습곡화되어 신규 엽리방향이 최후 습곡의 축면에 평행하는 방향으로 재배열하는 조직을 지워버리기도 한다. 이전의 습곡된 암석을 재습곡화함은 매우 복잡한 형태를 만들어낸다.

특히 편암은 육안으로 광물 입자를 알 수 있을 정도로 거친 모양의 것을 가리킨다. 그러나 실제로는 아주 세립(細粒)의 것을 포함하여, 엷은 판 모양으로 쪼개지는 성질(片理 또는 劈開)을 가진 변성암을 총칭하기도 한다. 광물조성은 변성작용 때의 온도 및 압력과 원암의 화학적 성분비에 따라 결정된다. 이질(泥質) 또는 사질(砂質)인 퇴적암이 저온에서 변성작용을 받으면 백운모·녹니석·조장석 등을 포함한 사질편암이 생기고, 고온에서는 흑운모·남정석·석류석 등을 주성분으로 하는 결정편암이 된다.

사질편암(schist arenite)은 광역변성암으로부터 유래한 20% 이상의 암편을 갖는 담색조의 사암으로, 특히 풍부한 편암 암편을 갖는 lithic arenite이다. 평균적으로 40%의 석영, 15%의 장석, 35~40%의 편암과 천매암 암편, 5~10%의 수반광물로 구성된다.

녹색편암(green schist)은 300~500℃의 중저온 및 중저압의 광역변성작용, 변위변성작용을 받아 만들어진 편암류의 변성암이다. 녹니석, 녹렴석, 녹섬석 등의 녹색 광물을 풍부하게 함유하였고, 편리가 발달되어 있다. 또 녹색을 띤다. 광역변성대의 최저온도 부분을 구성하고 있다.

<u>각섬편암</u>(amphibole schist)은 주로 각섬석과 사장석으로 이루어지는 염기성 결정편암으로 사장석은 회장석분자(灰長石分子)가 30% 이상인 경우가 많으며, 이밖에 소량의 석영투휘석(石英透輝石) 등을 함유하는 경우도 있다. 녹흑색 암석이며, 편상조직(片狀組織)이 뚜렷하여 박리가 잘된다. 각섬석이 선구조를 이루어, 색이 엷은 부분(휘석이나 사장석이 많은 부분)과 교대로 줄무늬를 보인다. 비교적 염기성인 화산암이나 응회암이 변성작용을 받아 생긴 것이 많다.

<u>견운모편암</u>(sericite shist)는 주성분이 견운모이고, 여기에 자철석과 석영이 함유된 결정편암이다. 백색 또는 담녹색이며, 편상조직이 발달되어 있어 박리(剝離)가 잘된다. 비교적 저온에서 장석질(長石質) 암석으로부터 변성된 것으로 생각된다.

<u>운모편암</u>(mica schist)은 운모류를 함유한 결정편암으로서, 주로 흑운모·백운모·석영·칼륨장석·사장석 등으로 이루어진다. 점토질 암석이 지하의 온도·압력을 받아 변성된 것이다. 운모류는 결정의 밑면이 최대 편압(偏壓) 방향으로 향한 평행구조를 가지며, 편상(片狀) 조직이 뚜렷하다. 흑운모를 많이 함유한 것은 암적갈색인데, 백운모의 함유량이 많아질수록 색이 엷어진다. 흑운모와 백운모를 거의 같은 양으로 함유한 것을 복운모편암(複雲母片岩) 또는 양운모편암(兩雲母片岩)이라고 한다.

그림 3-5. 백운모편암-엽리표면에 백운모 집적

그림 3-6. 백운모편암-엽리면 풍화로 활동

<u>석영편암</u>(quartz schist)은 석영을 주성분으로 하는 결정편암이다. 이는 석영이 주성분으로 되어 있으며, 사암 등이 고변성작용을 받아 생성되는 변성암이다. 변성작용이 일어날 때에

암석의 화학조성은 사실상 변화하지 않는다. 따라서 변성암의 화학조성은 화성암이나 퇴적암과 기본적으로는 같게 된다. 즉, 이산화규소가 풍부한 암석이 변성작용을 받게 되면 대부분 석영으로 이루어진 변성암이 생기는데 이를 규질변성암이라고 하며, 석영편암은 이러한 종류의 대표적인 변성암이다.

그림 3-7. 석영편암-규질화된 견고한 노두

그림 3-8. 석영편암 시추암추

라. 편마암의 종류

편마암은 편암보다 광역변성으로 생성되며 편암의 특성을 폭넓게 이해하기 위해서는 편마암의 특성을 파악하는 것이 필수적이므로 간략히 편마암의 특성에 대하여 기술한다.

화강암이 변성작용을 받은 일반적인 편마암을 정편마암(orthogneiss)이라 부르고, 퇴적암이 변성작용을 받아 편마암이 되었을 경우 구별할 수 있도록 준편마암(paragneiss)이라고 한다. 최근 암석학에서 통상적으로 편마암이라고 하면 준편마암을 가리킨다.

준편마암의 예는 셰일의 변성을 들 수 있다. 셰일이 접촉 변성작용을 받으면 혼펠스가 되지만, 광역 변성작용을 지속적으로 받게 되면 점판암 – 천매암 – 편암 – 편마암 등으로 변성암이 된다. 이러한 퇴적 기원의 변성암을 준편마암으로 구별해 부른다.

준편마암류 암석에는 호상편마암, 반상변정 편마암, 미그마타이트질 편마암 등이 있다.

각섬석편마암(hornblende gneiss)은 주로 각섬석과 흑운모로 이루어진 편마암으로 주요성분은 정장석, 석영, 각섬석, 사정석이며 경기, 강원, 충남, 경북 등지에 분포한다. 각섬석과 흑운모 외에 석영·사장석·칼리장석 등도 함유되어 있는데, 석영은 있는 경우와 없는 경우가 있으나, 사장석은 반드시 함유되어 있다. 또 부성분 광물로서 자철석·인회석·지르콘·금홍석(金紅石) 등도 함유한다. 각섬석·흑운모는 편상조직(片狀組織)을 보이지만, 석영·장석은 입상(粒狀)이어서 편상조직을 보이지 않아, 암석 전체가 잘 박리되지 않는다. 염기성이나 석회질 암석이 광역변성작용을 받아 생긴 것이다.

안구상편마암(augen gneiss)은 거정질 편마암의 일종으로 화성암이 변성작용을 받아 생겼을 것으로 생각된다. 타원 모양 또는 렌즈 모양의 장석, 주로 미사장석으로 된 반상의 광물 덩어리가 석영, 흑운모, 자철석 등으로 된 호(縞, band) 사이에 군데군데 박혀 있는 특징적인 형태를 가진다. 영어명 Augen gneiss의 Augen은 '눈'을 의미하는 독일어 'Augen'에서 유래했다고 한다.

비교적 균일한 입도의 기지 안에 렌즈 모양의 큰 결정을 가진 것이다. 대형 결정은 렌즈 모양으로 편리(片理) 방향에 뻗치고 있으므로, '안구'라는 이름이 붙었다. 대형 결정은 석영·사장석·정장석 등이며, 때로는 하나의 결정이 아니라 작은 결정의 집합일 경우도 있다. 칼륨장석은 담홍색을 나타내는 미사장석(微斜長石)이다.

그 외에 대표적인 광역변성암으로는 규암(quartzite)을 들 수 있는데 사암(砂岩), 규질암(硅質巖) 등이 변성작용을 받아 형성된 것으로 매우 단단한 입상암석이다. 석영질 사암이 치밀하게 결합된 퇴적암에 속하는 정규암(正硅岩)과는 현미경을 통해 구별한다. 색은 백색·회색·홍색·적색·갈색·흑색 등을 띠며, 일반적으로 담색이다. 유리광택도 있다. 백운모·규선석·남정석·녹렴석·석묵 등의 광물을 함유하고 있는데 이는 원래의 사암에 함유되었던 점토질 물질이나 석회질 물질 등이 변성도에 따라 생성된 것이다.

3.3 변성암에서의 풍화와 결함

3.3.1 풍화특성

변성암 그룹의 암석은 그 조성과 조직에 있어 매우 광범위하여 풍화특성과 풍화단면 역시 매우 다양하다. 편마암처럼 입상질, 그리고 석영이 풍부한 암석들, 또한 매우 넓은 간격의 절리를 갖는 암석들은 마치 화강암질 암석처럼 많은 핵석을 포함하는 사질의 잔류토양을 갖는 풍화단면을 보인다. 슬레이트와 천매암은 운모암질이 풍부한 실트질 잔류토를 형성한다. 석회암 처럼 대리암은 경질의 신선한 대리암질 역암을 갖는 적색점토로 풍화된다.

강한 엽리상암석은 엽리면에 나란한 날이 선 노두를 형성하면서 풍화된다. 이러한 신장성의 신선한 노두는 지표근처 암석의 경도와 competency에 대한 그릇된 해석을 낳게 한다. 실재적인 암석노두는 불규칙하며 노두 암판(slab)는 완전 풍화물질로 와해될 것이다.

풍화는 종종 엽리면을 따라서 진행되며 암반 내의 고유의 취약성을 더욱 악화시키기도 한다. 신선한 환경인 대심도에서 엽리면은 완전히 결속해 있으며 암석은 매우 견고했을 것이다. 그러나 풍화대에서는 엽리면에 직각인 절리간격이 수mm 정도로 작을 수 있고, 엽리면은 점토

물질로 피복되어 있을 수 있다.

풍화심도는 암석에서의 초기 절리간격에 의존적이며 그리고 풍화심도의 변동은 절리간격의 초기 변동성에 의존적이다. Sower(1963)는 변성암에서의 잔류토양 두께를 6~24m로 설정하고 노년기 지형에서는 언덕 정상부에서, 신기의 산악지형에서는 언덕 중턱에서 최대심도를 보인다고 하였다.

운모가 밴드상으로 집적한 편마암의 풍화는 대상의 saprolite로 변하거나 입자 모양으로 붕괴되며 결국 토양입자로 변한다. 수평·수직 절리(節理)가 뚜렷한 암석이 땅속에서 화학적 풍화를 받을 때 지하수와 접하는 부분이 더 빨리 풍화하게 되는데 이때 풍화작용의 영향을 가장 많이 받는 부분은 절리로 분리된 블록의 모서리이다. 풍화작용이 가속화됨에 따라 블록들은 둥근 모양의 암석 덩어리로 변하고 주변부는 암석의 형체를 유지하고 있으나 푸석푸석하여 약한 충격에 의해서도 잘 파이는 풍화층이 되는데 이를 saprolite라 칭한다.

이러한 형식의 풍화작용이 구상풍화이다. 암석이 풍화작용을 받으면 뽀족한 모서리부터 부드럽게 깎이고 결국은 둥근 모양의 암석이 남게 된다. 이처럼 둥글게 변한 암괴를 핵석(核石, core stone)이라고 한다. 핵석은 구상풍화의 전형적인 형태이며, 풍화작용이 더욱 진행되어 암석이 핵석화 될 경우 풍화층은 마치 양파껍질 같은 형상을 띠게 된다.

운모가 풍부한 saprolite는 높은 공극율을 보이는데 평균 50~67%까지이다. 이러한 토양은 한 지점이 건조하면서 수축하여 모세관 현상의 부족으로 더욱 건조면적을 확대해 나가서 결국 석영–운모 조직에 압력을 가하게 된다. 이러한 최종 팽창은 토양을 부드럽고 느슨하게 만들어서 구조물 기초 등에서 문제를 야기한다.

그림 3-9. 운모편암의 지표풍화

그림 3-10. 운모편암에서의 평면파괴

3.3.2 절리

낮은 등급의 엽리성변성암은 4개 혹은 그 이상의 절리군(인장절리)을 갖는다. 전형적으로 하나는 고유의 층리면(paleo-bedding) 방향에 평행한 우세절리군, 다른 하나는 엽리면에 평행한 절리군, 그리고 둘 혹은 그 이상의 절리군이 또 다른 방향을 갖는다. 풍화는 이들을 더욱 개구화 하고 연약점토 혹은 실트로 피복한다. 지표 혹은 굴착표면에서의 모든 절리의 단면은 암반을 분리시키고 잠재적으로는 제거 가능한 블록으로 분리된다.

3.3.3 엽리성전단

엽리상변성암의 주요 절리시스템에 덧붙여, 엽리면에 평행한 매우 연장성이 양호한 전단대가 있다. 이는 엽리면이 인장 혹은 전단강도가 다른 어떤 방향보다 현저히 낮은 방향을 따라 형성되기 때문이다. 실험실 시험 결과는 slate와 다른 강한 엽리상암석에 대한 강도 이방성으로 잘 보여준다. 암반에서의 파괴는 엽리면을 따라서 더욱 쉽게 발생하므로 엽리상암반이 지각에서의 자연 응력상태에서 파괴되는 이러한 파괴면을 따르는 것이다. 그리고 지하수 및 지표수는 이러한 개구성 균열을 따라 이동하면서 암석을 변질시키고 녹리석, 카올린, 제올라이트, 방해석, 석영 등을 생성시킨다. 또한 누적된 전단변위는 암석 접촉면을 압쇄하고 암편화한다.

단일 개소에 수 개의 엽리성 전단대가 통과할 경우 암석이 조밀하게 균열화되는 간격 범위 내에서 각각은 수cm에서 수m로 분대하여 특성 파악이 수행되어야 한다. 전단대는 수분이나 연속적인 박층의 소성점토를 포함하기도 한다. 한편 충전물이 불완전하여 전단대는 투수성이 매우 좋을 수도 있다. 벽면암석은 양면이 장석과 흑운모를 치환한 녹리석, 카올린 등으로 상당히 변질되어 있을 수도 있다. 엽리면전단은 모든 엽리성 암석-슬레이트, 천매암, 편암, 편리성편마암과 편리성각섬암-등에서 나타날 수 있다.

그림 3-11. 흑운모편암에서의 엽리상단층

그림 3-12. 흑운모편암에서의 엽리상전단

3.4 편암의 공학적 특성

3.4.1 편암 지역에서의 탐사

모든 경암으로서의 변성암에 대하여 최대의 관심은 풍화대 물질에 대한 기술, 분류, 맵핑 등에 집중되는데 이는 신선할 때 암석은 거의 모든 공학적 목적에 적합하기 때문이다. 그러나 어떤 변성암은 비록 신선할지라도 근원적으로 문제점을 내포한다. 이들은 기본적으로 편리를 형성하는 연약한 판상광물을 갖는 편리가 잘 발달한 암석이다.

암종의 차이를 인지하는 일은 매우 난해한데 이는 변성형태의 다양성과 복잡성, 그리고 층리면에 대한 mapping 자료의 부족 등에 기인한다. 다른 암석의 접촉은 엽리를 절단하고 암석의 모양은 휘감겨 3차원적 형태를 갖는 강력한 습곡에 의해 복잡해진다. 지구물리학적 방법은 특정 암석단위의 경계를 mapping하는 데 유용할 수 있다.

굴절법탄성파탐사 및 전기비저항탐사는 주요전단대의 위치와 풍화심도에 대한 정보를 줄 수 있다. 자력 및 전자력탐사는 이종의 암석간의 경계를 구분 짓는 데 이용될 수 있는데 이는 변성암이 흔히 수반광물로서 마그네타이트를 다량 함유하기 때문이다.

부지 탐사를 위한 시추작업은 풍화에 민감한 saprolite를 제외하고는 거의 모든 변성암에서 유효하다. 단 규암의 천공과 시료채취에서만 크게 차이가 나는데 이는 극단적인 고경도 때문이며 만일 규암에 균열이 많이 발달해 있으면 이러한 문제는 해소될 수 있다.

엽리면을 따른 활동 가능성 때문에 탐사시 엽리면 방향성 결정이 필수적이다. 연약한 엽리면 박층과 엽리성전단의 방향에 대한 판단오류는 클레임 유발 소지가 있다. 그러나 엽리면 방향은 급격히 변화할 수 있고, 특히 낮은 등급의 편리성암석에서 더욱 흔하다. 이러한 정보를 보다 정확하고 완전히 취득하는 것은 탐사에서 가장 우선시되는 것이다.

3.4.2 산사태

자연사면을 형성하는 변성암 지역에서 자연사면 아래에 풍화된 표층은 가끔 매우 느리게 언덕 아래로 이동하는데 이를 creep라 한다. creep의 경향은 반대방향의 편리를 가진 강한 엽리성암석에 의해 구분되는 지역에서 특히 우세하다. 안전성이라는 견지에서 반대의 방향성은 능선에 평행한 엽리의 주향을 가지면서 언덕 중턱으로 급경사하거나 계곡 쪽으로 완만히 경사하는 경사각을 갖는 것이다. creep와 sliding은 침식으로 지형을 변화시키기 때문에 종종 능선이 엽리의 주향에 평행함은 우연이 아니다. creep는 조사에서의 오류를 유발할 수도 있고 지표면에 직접 관계된 도로와 개량공사를 훼손할 수도 있다. creep는 더 크고 강력한 산사태 유발 가능성이 있는데 이는 누적된 creep가 암석의 강도를 저하시켜 대규모 파괴를 촉진할 수 있기 때문이다. creep는 sliding과 topple mode 둘 다에서 일어난다.

편암으로 구성된 자연지형에서 모든 규모의 산사태는 가능하다. 그들은 일반적으로 편리의 방향성, 암석의 분리된 slab, 운모질 표면을 따른 미끄러짐 등에 규제되며 아마도 이는 엽리성 전단대에 국한될 것이다. 탈크와 흑연 같은 매끄러운 광물의 출현은 편리가 10° 정도의 완만한 경사일 때도 sliding이 일어난다. sliding은 천매암과 슬레이트에서도 발생하는데 이때는 slaty cleavage를 따라서가 아니라 잔존 층리면을 따라서 발생한다. 또 계곡 경사의 비대칭성은 재해의 경고를 주기도 하는데 계곡바닥을 향하는 편리경사가 통상 20~30°로 상대적으로 완만한 편리경사를 갖는 반면 계곡의 반대편은 산중턱으로 완만히 경사하는 편리를 가짐으로서 이는 slide나 creep가 발생하지도 않고 보다 급경사면을 유지하고 있다.

전도파괴는 엽리경사가 급경사인 경우 편리성 암반에서 발생한다. 이는 기본적으로 풍화의 진행이 조밀한 간격의 엽리면을 개구화시키고 암반을 얇고 유연한 판상으로 분할하기 때문에 풍화표면에서 발생한다. 그러나 전도파괴는 운동학적 조건이 일치한다면 무결암에서 발생한다. 전도파괴는 $\alpha \geq 90° - \delta + \varphi$ 의 조건일 때 발생한다. 여기서 α 는 계곡의 경사, δ 는 편리면 경사, φ 는 암판의 마찰각이다.

엽리면을 따른 sliding에서 운동학적 조건은 sliding surface가(엽리면 혹은 층리면) 사면 방향에 평행하고 경사각도는 사면의 그것보다 더 고각이어야 한다. toppling이나 sliding이 최초 발생한 이후 엽리면 혹은 층리면을 따라 우선적으로 닫힌 sliding surface상에 해당 거칠기면의 맞물림 효과 감소로부터 마찰각이 감소한다. 그러므로 언덕중턱은 sliding이 발생하여 그 경사는 엽리면 각도에 근접해갈 것이다. 그리고 만일 전도파괴가 발생한다면 자연사면은 엽리면에 직각인 각도까지 근접해갈 것이다.

그림 3-13. 엽리면을 따른 평면파괴

그림 3-14. 굴착사면에서의 엽리상 평면파괴

3.4.3 지표면 굴착

엽리면상의 slab의 slide는 강한 엽리성변성암에서의 모든 굴착시 명백한 위협요소이다. 이러한 경고는 특히 편리와 벽개들이 개구화하고 연약화되어 암석강도가 현격히 감소하는 풍화대에서 더욱 타당하다.

자연사면에 노출되어 있는 slaty cleavage와 편리면상에서의 slab sliding과 topple에 대한 가능성에 추가하여 엽리성변성암에서의 지표면굴착은 잠재적으로 불안정절리 블록을 취급하지 않을 수 없다. 이미 언급한 바와 같이 변성암은 3~4개조의 분리면군을 갖고 굴착과 함께 이들 면의 교호는 많은 다양한 다면체를 형성한다. 이들 블록 중 일부는 굴착면과 관련하여 위험한 방향성을 갖기도 한다. 변성암에서 통상 절리는 광범위하고 연속적인데, 이들은 탈크, 녹리석, 흑연 등과 같은 연약한 광물들로 피복되어 있으며 또 이들은 매끈하고 반질거리기까지 한다. 그러므로 무지보 상태로 방치된다면 불안정 블록이 활동할 수도 있다는 것이다. 하나의 블록이 활동을 시작하면 배면 블록의 활동을 촉발하게 되고, 따라서 대규모 붕괴로 진전되는 것이다. Block Theory는 점진적인 블록 이동이 일어나지 않는 굴착현장에서 기본적인 설계안을 제공한다.

굴착시 암반파괴의 리스크를 유발하는 블록유형 중에는 쐐기가 있는데 이는 절리간의 교호선이 굴착면상에 daylight를 형성하는 굴착면과 두 개의 교호절리로 형성된다.

3.4.4 구조물 기초

풍화된 변성암에서의 기초는 깊은 기초가 요구되는 가축성의 사질 혹은 실트질 토질로 취급되기도 한다. 석영질 역이나 블록 때문에 파일 설치가 어려울 수 있고, 신선암에 깊은 교각 설치를 위한 대구경 천공이 어려울 수 있다. 선택적으로 마찰형 파일이나 교각이 이용될 수 있으며 이는 선단지지보다 주면 마찰에 의한 하중동원이라는 기초원리이다. 또 다른 선택으로는 표면에서의 mat라 불리는 넓은 기초로 하중을 동원하는 것이다.

운모질이 풍부하거나 석영이 풍부한 saprolite에서의 기초는 조직을 느슨하게 할 수 있는 건조 상태를 방지하는 것이 필요하다. Sowers(1963)에 의하면, 고온 건조지역에서 일단 기초 굴착면이 노출되면 본 기초용 콘크리트 타설 이전에 토양의 건조를 방지하기 위하여 박층의 콘크리트(버림 콘크리트) 타설이 필요하다고 하였다.

엽리면이 자유면으로 경사져 있을 때, 기술자는 언덕에서의 기초가 엽리면상에서의 slide에 의해 위협받음에 유의해야 한다. 자유면상에 노출되어진 모든 잠재활동면을 차단하기 위해 구조물기초면에 탐사시추공이 천공된다. 만일 엽리면이 기초하부 지표면상에서 daylight 상태의 방향성을 갖는다면 기술자는 다음 세 가지 경우 중 하나를 선택해야 할 것이다. 기초가 물가(강, 호수 바다)의 언덕에 있는 경우 언덕사면에 대한 단면이 수위 아래까지 연장되어야 하는데 이는 daylight condition이 검토되어야 하기 때문이다. 엽리상암반에 기초를 앉힌 구조물에 대한 침하계산은 등방성 물질에 적합한 이론으로부터 수립된 spread-of-load 개념에 근거할 수는 없다. 즉 이러한 암석은 기본적으로 매우 비등방질이기 때문이다. 균일하게 확산되는 대신 하중은 엽리면에 평행하고 직각인 방향에서 암석 내로 깊이 전달되어 기초하부에서 또 다른 반경방향으로 비교적 가볍게 잔류한다. 이러한 암석 비등방성의 영향 때문에 암석은 재래의 경험에 의해 인용되는 것보다 훨씬 더 깊은 심도까지 이러한 방향에서 재하되어진다.

초경암인 규암은 flysch(플리시—성장 중인 조산대나 그 전신으로 여겨지는 지대의 해역(海域)에서 볼 수 있는 해성(海成) 퇴적물 전체. 사암과 이암이 번갈아 층을 이루고 있는 것이 특징) 내의 사암과 세일처럼 퇴적물 변성이질암의 층간에 협재하기도 한다. 풍화대에서 규암 층준은 댐 기초에서처럼 암반의 competence에 대한 그릇된 확신을 줄 수 있는 노두의 출현을 지배하게 될 것이다. 엽리성 층간이 풍화에 의해 연약화된다면 암반은 규암의 강성에도 불구하고 댐에 의해 하중전이하에서 상당히 압축될 것이다. 어떤 경우는, 층간 접촉면 혹은 풍화암의 삭박을 따르는 이전의 전단은 규암 층간 사이의 절리들을 개구화시킬 것이다. 설계를 위한 그러한 암석의 변형특성 확인은 초대형 시료를 제외하고는 실험실 시험에 의해서는 수행될 수 없다.

3.4.5 지하굴착

괴상의 비엽리성 편마암은 대규모 지하공동에 대해서는 양호한 조건일 수 있다. 스칸디나비아에서의 수많은 지하공간개발은 이러한 암석에서 수행되었다. 수영장, 극장, 하키링크, 산업창고, 제조공장 등이 이러한 암종에서 굴착된 대형 공동에서 안전하고도 성공적으로 수행되었다. 반면 호상편마암과 강한 엽리성 암석은 지하공간에서 안정성 문제를 초래할 수 있다. 풍화된 편암과 천매암에 굴착된 소규모 터널조차도 천단붕락과 막장 불안정을 경험했다.

이미 언급한 바와 같이 엽리성변성암은 절리가 많아서 굴착시 암석블럭의 자유로운 이완을 허용한다. 이 경우 블록은 댐 부지에 대한 지표면 mapping으로부터 알려진 단층면을 다른 두터운 점토 협재물을 따라 활동한다. 이러한 암석은 block theory의 적용에 대한 이상적인 재료를 보여준다. key block의 출현을 최소화하기 위한 대규모 공동에 대한 최적의 방향 선택은 시공상의 어려움과 지보 요구량을 현격히 줄일 수 있다.

터널이 엽리면에 소각의 이격으로 건설될 때 엽리면에 대한 특별한 문제가 야기된다. 엽리면의 낮은 마찰각은 이러한 표면으로부터 천공 비트를 왜곡되게 하고 터널굴진도 원하는 방향으로부터 왜곡되게 할 수 있다. 각 단계별 굴진 이후 다음 단계 굴진방향을 재조정함으로서 어긋난 방향을 교정할 수 있는데 이는 상당한 과굴착으로 이어질 수 있다. 더구나 엽리성 전단이 어떤 엽리상암반에서 예견되어지기 때문에 엽리면에 소각의 이격으로 계획된 터널은 바람직하지 않다. 왜냐하면 이는 각각의 전단대와 관계된 연약암석에 영향을 받는 터널연장이 길어지며 과다지보가 요구되는 터널구간이 증가하게 된다.

규암과 규질편마암은 과도한 굴착비트 소모를 유발한다. 규암은 마찰에 매우 강한 암석이다. 이러한 암석에서 TBM을 이용한 터널 굴착은 불가능하다. 반면 엽리성암석에서 TBM을 이용하고자 계획을 세울 때는 규암 층준과 규암 포획물, 혹은 규질 안구상의 출현가능성으로 인한 절삭기의 마모 등을 중요하게 고려해야 한다. 노두상에서 보여진 암석의 겉보기 연약성에 의해 혼란스러워져서는 안 된다. 신선한 비풍화암석은 아주 다르게 보이고 또 거동하는 것처럼 보인다.

통상 편암은 대심도에서 터널의 압출현상을 보이는 것으로 알려져 있다. 문제는 녹리석편암, 흑연질편암, 탈크질편암 등에서 민감할 수 있으며 이들은 매우 낮은 암반강도를 보인다. squeezing은 엽리면에 직각인 방향에서 최악의 상황을 만든다.

고각으로 경사하는 엽리면을 갖는 암석에서의 수갱은 심도가 깊어지면서 쐐기들이 연속적으로 보강되어짐을 확인하기 위한 특별한 건설공정이 요구된다. 그러나 통상의 원형지보는 성공적이지 않는데, 지보에 하중을 전이하는 역할이 내부보다는 하향으로 작용하고 비대칭이기보다는 한 방향으로 작용한다는 점 때문이다. 이 때문에 변성암에서 수갱의 심각한 붕괴가 발생하는 것이다.

3.4.6 건설재료

엽리성변성암은 이상적인 암석재료로는 부적합하다. 애초부터 취약성과 블록의 잠재적 활동방향의 패턴변화 때문에 채석장과는 다르다. 암석블록은 편리면에 규제되어 편평하다. 암석성토시 박층의 모서리는 균열이 발생하고 자유배수 특성을 저해하는 세립분을 생성시키고 침하를 유발한다.

콘크리트 재료로서의 엽리성변성암은 역시 잠재적으로 결함이 있다. 취급과 저탄작업에서의 운모편들의 벽개면은 세립분의 비율을 변화시켜 점진적인 집합을 조절하기 어렵다. 운모의 연속적인 벽개는 자유운모편을 생성시켜 작업효율을 저하시키고 추가의 시멘트를 필요로 하게 된다.

이러한 어려움에도 불구하고 엽리성변성암들은 콘크리트 골재로 또 암성토재료로 성공적으로 이용되어진다. 그러나 각 경우 재료 적합성에 대한 연구가 필요하다.

3.5 결 론

　　건설재료 혹은 직접 건설대상으로서의 암석과 암반을 취급함은 건설공학에서 불가피한 행위이다. 이러한 현실을 반영하듯 최근 암석과 암반, 특히 이들의 성인과 산상 및 특성에 대한 관심이 고조되고 있다. 우리가 마주하는 모든 암석이 그러하지만 그중 특히 변성암이야말로 모암의 특성, 변성 정도, 변성작용 후의 풍화조건 등에 따라 그 산상이 천차만별이니 이들의 특성을 일갈하기에는 지면의 한계, 집필 수준의 한계를 시인하지 않을 수 없다.

　　금번에 소개한 편암은 편마암과 더불어 변성암의 대표암 격이며 특히 변성도에 있어서도 중−고변성도로 일반적인 변성암의 공학적 특성을 대변하기에 적절했던 것 같다. 하지만 터널 굴착면은 물론 갱구부 사면, 도로 및 부지사면 등에서의 이들 암종에 의한 공학적 난제들은 여전히 많은 부담으로 남아 있다.

　　부지 특성에 적합한 조사 및 시험방법의 선정, 설계상 고려되어져야 하는 분명한 차이점들에 대한 인식, 시공상 내재된 각종 위험요소들에 대한 사전 조치 등 변성암 특히 편암과 관련한 지반 불확실성(ground uncertainty)에 대한 리스크 관리(risk management), 혹은 리스크 해지(risk hedge)를 위한 노력과 지혜가 각 전문분야별 전문가로부터 집대성되기를 기대한다.

04 편암의 암석역학적 특성

▎박 찬

4.1 서 론

암석은 본래 재료적으로 인공적인 물질이 아니고, 자연적인 물질이기 때문에 불균질하고 방향에 따라 성질이 다른 이방성을 가지며, 암석 자체에 여러 종류의 균열, 절리, 층리 등의 불연속면이 존재한다. 그러므로 정밀한 시험에 의해 시험상의 오차를 모두 제거한다고 하더라도 암석의 물리적, 역학적 시험결과는 그 편차가 심하여 ±30%의 오차는 인정될 뿐만 아니라 불연속면의 유무에 따라 그 이상의 오차를 보일 때도 있다. 이러한 암석의 역학적 특성으로 인하여 조건에 따른 시험결과의 변화를 측정하기 위해서는 많은 수의 시료가 요구되나 실제 시험에 있어서는 비교적 균질한 시료의 확보에 어려움으로 인하여 보통 조건별로 3~5개의 시료에 대하여 시험이 수행되고 있다.

이방성이 있는 암석의 경우 그 특성을 측정하기 위한 방법의 하나로 송무영과 황인선 (1993), 박형동(1995) 등은 탄성파속도를 이용하며 연구를 수행하였다. 층리나 엽리가 발달된 암석에 대한 연구는 Deklotz(1966), McCabe and Koerner(1975), Crampin et al.(1980), Ramamurthy et al.(1993) 등에 의한 연구결과가 보고되어 있다. 균질하고 연속적이고 등방성을 갖고 있는 것으로 취급되고 있는 화강암에 대해서 Birch(1960, 1961), McWilliams(1966), Douglass and Voigt(1969), Peng(1972) 등의 수행한 연구에 의하면 암석 내부에 발달한 미세균열이나 마그마가 암석으로 고결될 때 입자의 배열 등에 의해 이방성이 나타나는 것으로 보고되고 있다.

본 연구에서도 각 편암의 엽리 방향에 따른 역학적 특성 변화를 측정하고 그 결과를 비교·검토하였다.

4.2 시험 시료

본 시험에 사용하기 위한 시료는 엽리가 비교적 육안으로 파악하기 쉽고 전체 암반이 균질하다고 판단되는 암괴에서 그림 4-1과 같이 엽리면의 경사가 암석의 가압면에 대하여 0, 15,

30, 45, 60, 75, 90°가 되도록 직경 54mm가 되도록 코어로 성형한 후 다이아몬드 톱으로
길이가 직경의 약 2배가 되도록 절단하고 이를 100~400mesh의 금강사로 연마하여 편평도가
5/1000을 넘지 않도록 ASTM D4543-04에 따라 성형하였다.

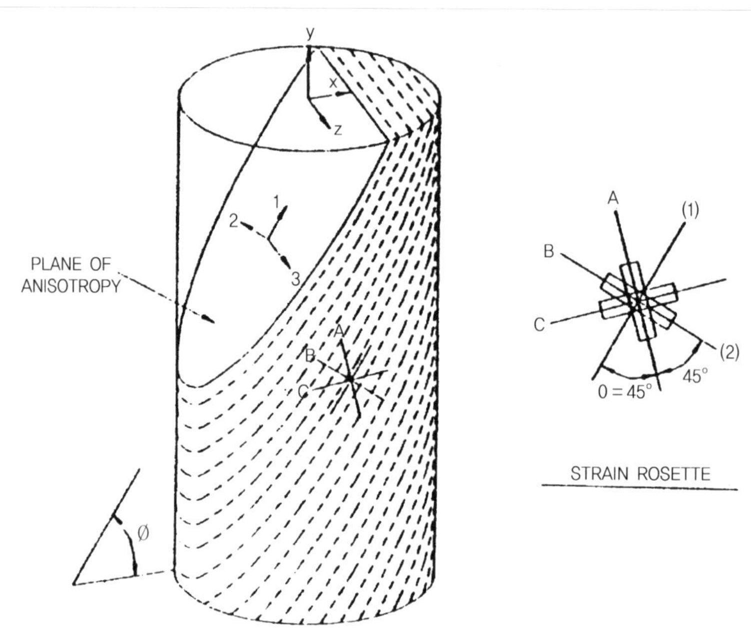

그림 4-1. 이방성 축과 strain gage rosette

4.3 시험방법

4.3.1 탄성파속도 측정

본 시험은 탄성파가 시험편을 통과하는데 소요된 시간을 측정하여 탄성파인 P파와 S파의
전파속도를 구하는 비파괴시험이다. 여기에 사용된 측정기기는 Sonic Velocity Measuring
System(Sonic Viewer Model-5217A, OYO, Japan, 그림 4-2)로 시험편을 본체와 연결된
송신자와 수신자(Transmitter and Receiver, P-500kHz, S-100kHz, Model 5224, OYO,
Japan) 사이에 끼우고 적당한 힘으로 가압하여 탄성파가 송신자로부터 시험편을 거쳐 수신자
에 이르는데 소요된 시간을 오실로스코프상의 파형으로부터 10^{-7}초 단위로 계측하여 시험편의
길이를 소요된 시간으로 나눔으로서 탄성파속도를 결정하였다. 탄성파속도 측정은 일축압축
시험용 시료를 이용하여 측정하였다.

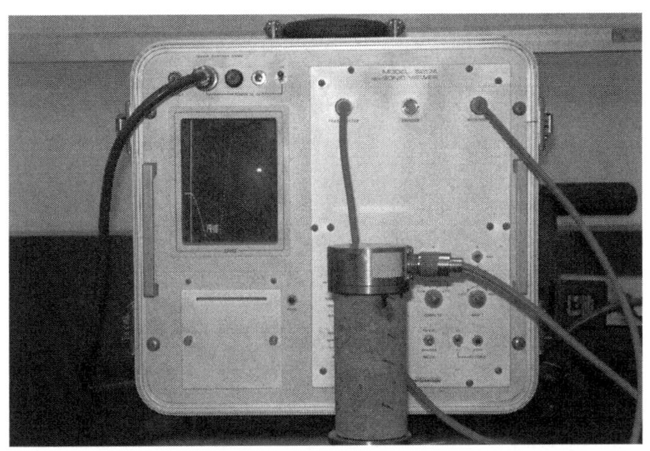

그림 4-2. Sonic Viewer를 이용한 탄성파속도 측정

4.3.2 일축압축강도

일축압축강도시험은 ASTM D 7012-07에 따라 수행하였으며, 탄성성계수를 측정하기 위한 변형률은 스트레인게이지를 이용하여 측정하였다. 탄성계수는 약 50%의 응력수준(40~60% 평균탄성계수)에서 구하였다. 시험에 사용된 본 시험장치는 미국 M.T.S(Material Test System)사의 암석시험용 압축기(Model No. MTS 815, 그림 4-3)이며 최대 가압용량을 160톤이다. 본 시험기는 제어변수로 종변위(Stroke), 횡방향 변형률(Circumferential strain) 및 가압하중(Load) 등을 사용할 수 있는데 본 시험에서는 종변위를 제어변수로 하여 수행하였으며 가압속도를 5.5×10^{-3} mm/sec로 하여 시험을 수행하였다.

그림 4-3. 시험에 사용된 주가압장치인 M.T.S. 815

4.3.3 이방성시험

본 시험은 일축압축강도시험에서 전술한 가압장치를 사용하여 일축압축시험과 같은 방법으로 시험을 수행하였으며, 그림 4-1에 표시된 바와 같이 strain gage rosette를 이용하여 시료 표면의 엽리가 중간 높이가 되는 시료의 양 측면에 엽리의 rosette의 한축이 시료의 축방향이 되도록 부착하여 각각의 rosette의 게이지 방향이 축방향, 횡방향, 45° 방향으로 배열되도록 하였다. 또한, 시료 표면에서 엽리면의 높이가 최고, 최저가 되는 부분에서 횡방향의 변형률을 측정할 수 있는 게이지를 부착하여 시험을 수행하였다(그림 4-4).

그림 4-4. 이방성시험 장면

4.4 시험결과

4.4.1 탄성파속도 측정

그림 4-5와 4-6에서 보는 바와 같이 P-wave의 경우 엽리의 경사가 클수록 전파속도가 증가하여 약 7%까지 증가하였으며, S-wave의 경우에도 P-wave와 마찬가지로 엽리의 경사가 클수록 전파속도가 증가하여 약 10%까지 증가하는 양상을 나타내었다.

4.4.2 일축압축강도

일축압축강도는 그림 4-7에서 보는 바와 같이 엽리의 경사가 45°가 될 때가지는 큰 변화 양상이 없다가 60°에서 최저값을 나타내고 75°에서 다시 강도 값이 회복되다가 90°에서 큰 폭으로 증가하는 경향이 나타났다. 탄성계수(그림 4-8)는 60°까지는 큰 변화가 없다가 75°와

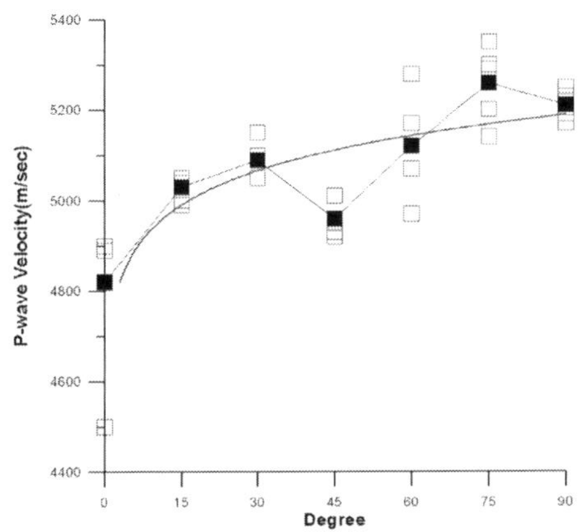

그림 4-5. 엽리의 경사에 따른 P-wave 속도

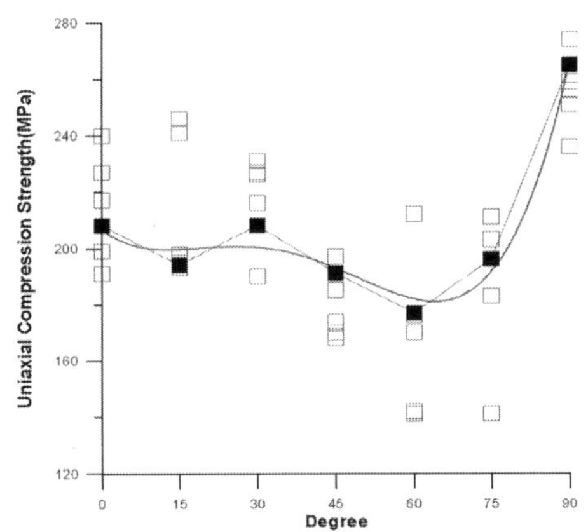

그림 4-6. 엽리의 경사에 따른 S-wave 속도

그림 4-7. 엽리의 경사에 따른 일축압축강도

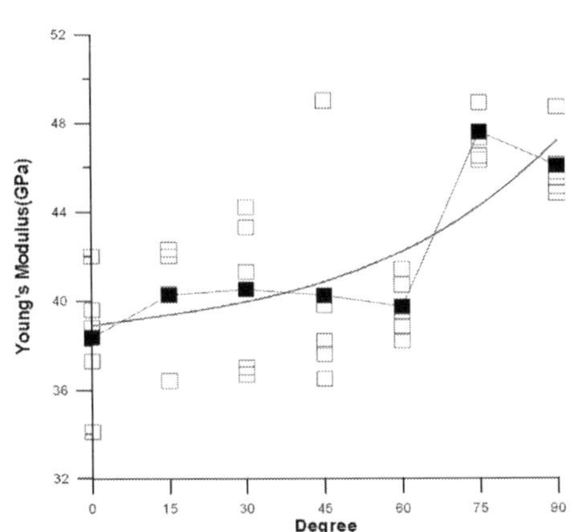

그림 4-8. 엽리의 경사에 따른 탄성계수

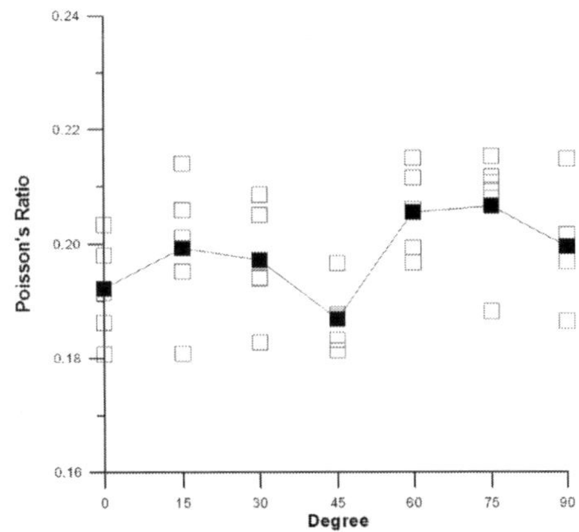

그림 4-9. 엽리의 경사에 따른 포아송비

90°에서 약 20% 증가하는 경향이 나타났지만 포아송비(그림 4-9)는 엽리에 경사에 따른 변화 양상을 찾기는 어려웠다.

4.4.3 이방성시험

이방성시험에서는 그림 4-10과 같이 각 시료에 부착된 8개의 스트레인 게이지로부터 응력-변형률 곡선을 구하였으며 이 곡선으로부터 탄성계수 E_1, E_2와 포아송비 (ν_1, ν_{13}), (ν_2, ν_{21}) 및 전단강성 G_2 등을 구하였다.

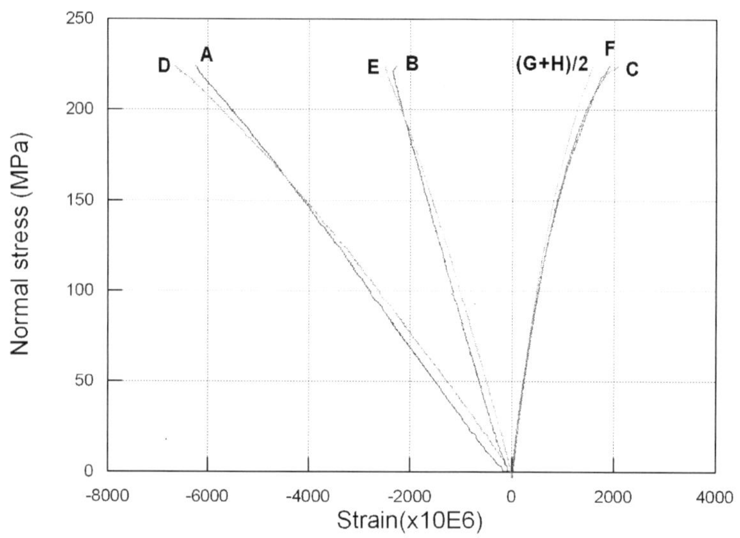

그림 4-10. 이방성시험에서 측정된 응력-변형률 곡선

4.5 결 론

본 연구에서는 편암 시료를 대상으로 편리의 경사를 시료의 가압면에 대하여 0, 15, 30, 45, 60, 75, 90°로 총 7가지 조건에서 일축압축강도, 탄성파속도, 탄성계수, 포아송비 등의 실험을 수행하여 암석의 강도 및 변형률 변화를 측정하여 다음과 같은 결과를 얻었다.

1) 탄성파 P파의 경우 엽리의 경사가 클수록 전파속도가 증가하여 약 7%까지 증가하였으며, S파의 경우에도 P파와 마찬가지로 엽리의 경사가 클수록 전파속도가 증가하여 약 10%까지 증가하는 양상을 나타내었다. 이는 편리면이 탄성파속도의 진행을 느리게 한 것으로 판단되며, S파의 증가 폭이 더 큰 이유는 파의 전파 특성상 횡파인 S파가 편리면

에 의한 영향이 더 큰 것으로 사료된다.

2) 일축압축강도의 경우 편리면의 경사가 30°까지는 변화가 없다가 45°와 75°에서 다소 떨어지고 60°에서 최저값을 나타내고 90°에서 최대값을 나타내었는데 이는 암석의 파괴면과 편리면의 경사가 일치하는 경사에서 편리면을 따라 파괴하기 때문인 것으로 판단된다.

3) 탄성계수는 60°까지는 큰 변화가 없다가 75°와 90°에서 증가하는 것으로 나타났는데 이 또한 편리면이 수직에 가까워지면서 시료의 강성을 크게 한 것으로 판단된다. 포아송비 편리의 경사에 큰 영향을 받지 않는 것으로 나타났다.

이상의 시험 결과를 고찰해 볼 때 조건이 동일한 시료에서 조건이 서로 다른 비교시험의 경우는 균질한 시료의 선택이 우선이 되어 각 조건별로 10개 이상의 시료를 시험하여야만 확실한 결과를 구할 수 있을 것으로 생각되며, 향후 본 시험에서 수행한 이방성시험에 대한 결과와 비교하여 이방성시험 해석 방법에 추가적인 연구가 필요할 것으로 판단된다.

05 편암에서의 지반조사사례

┃ 윤 운 상

5.1 서 론

국내의 편암 지역은 주로 변성복합체 내에 분포하고 있으며, 편마암, 규암, 대리암 등 다양한 선캠브리아기 변성암과 동반하여 산출된다. 편암은 이방성이 뚜렷하고, 운모류들의 배열과 변질로 인한 전단강도의 저하가 뚜렷한 암석으로 특히 국내의 경우 단층 및 습곡작용을 받아 암석의 구조가 복잡하여 지반 안정성에 취약한 암석으로 알려져 있다(대한지질공학회, 2004). 여기서는 경기 변성복합체 내의 편암 내에 시공된 소양강댐 여수로 터널 구간의 지반 조사 사례를 기술하여 편암 지역에서의 지반 특성을 살피고자 한다.

5.2 지질 개요와 지질단위의 구분

소양강댐 및 여수로 구간 주변의 광역 지질은 선캠브리아이언의 용두리 편마암 복합체, 구봉산층군, 각섬암과 이를 관입하고 있는 춘천화강암(대보화강암)으로 주로 이루어져 있다(그림 5-1). 이 중 소양강댐 및 여수로 구간은 주로 기반암인 선캠브리아기의 변성암복합체 및 이를 관입한 백악기 염기성 암맥이 분포한다. 선캠브리아기 변성암 복합체는 크게 규암, 석영편암, 운모편암 및 호상편마암으로 구분된다.

호상편마암은 담회색 내지 회색을 띠며, 석영, 장석이 우세한 우백대와 흑운모, 각섬석 등의 유색광물이 우세한 우흑대가 교호하여 호상구조를 이룬다. 규암의 주구성 광물은 90% 이상이 석영으로, 소량의 운모류가 함유되어 있다. 규암은 엽리구조의 발달이 미약한 괴상의 형태를 띠며, 세립의 치밀한 조직을 보인다. 높은 일축압축강도를 가지며, 편암류에 비해 강한 풍화저항성을 가진다. 절리는 2~3조의 직교상 혹은 공액상 절리가 발달하나, 편암 및 편마암류에 비해 발달빈도는 낮다. 석영 편암은 담회색을 띠며, 석영 및 소량의 운모류로 구성된다. 운모편암에 비해 엽리구조의 발달이 미약하며, 풍화 정도는 보통풍화(MW)이상이나, 일부 운모류가 밀집된 부분은 심한풍화(HW)의 풍화도를 가진다. 운모편암의 주구성 광물은 흑운모, 석영, 장석류 등이 타형 내지 반자형의 입자형태를 보이며, 세립의 입자크기를 가진다. 운모류의 정향배열로 정의되는 엽리구조가 뚜렷이 발달한다. 엽리구조는 간격이 수mm~수cm 내외로 매우 조밀하며, 연장성은 수m로 매우 우수하다. 또한 다량의 흑운모가 변질되어 2차 산물인 녹니석 및 점토광물을 형성한다.

이외 기반암을 관입한 암맥은 북동–남서 내지 동북동–서남서 방향이 우세하다.

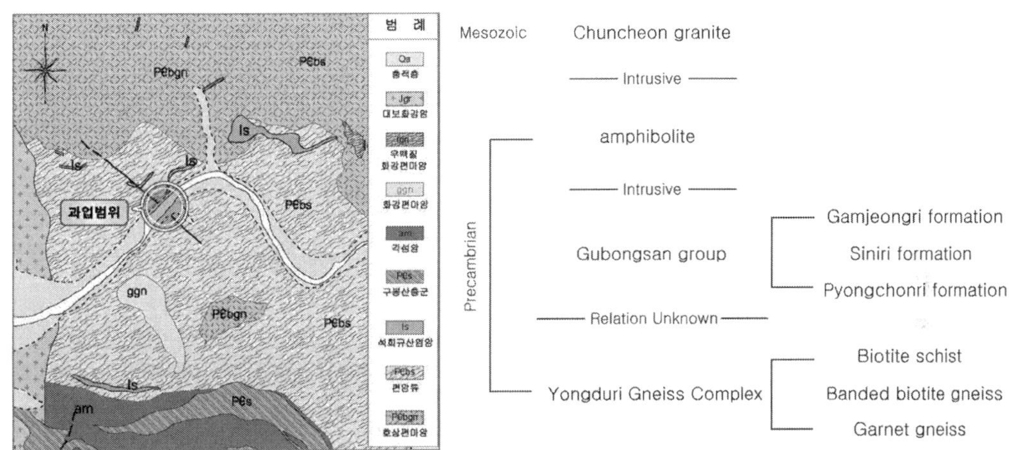

그림 5-1. 광역 지질도 및 지질계통도

터널 구간에는 대부분 편암류가 분포하며, 동서 방향의 스러스트 단층 및 남북 방향의 고각의 단층이 발달하며, 남북 방향의 습곡축을 가지는 습곡 구조가 편암의 엽리 및 스러스트 단층 등을 크게 습곡시키고 있다(그림 5-2).

터널 구간에 분포하는 암석 중 운모편암과 단층암은 터널 안정성에 취약한 지질 단위이다. 운모편암은 정향배열을 하고 있는 흑운모, 녹니석 및 백운모들이 벽개 영역(*Cleavage domain*)을 형성하고 있으며, 흑운모의 함량은 시추코어의 위치에 따라 변화가 심하다. 시추코어에서 관찰되는 엽리의 방향은 변화가 심한 편이다. 이는 조사지역 내에 습곡 및 단층으로 인해 엽리의 방향이 심하게 교란된 것으로 추정된다. 운모편암은 아단층암이나 단층영향대보다 석영과 일라이트 및 녹니석의 함량이 적으며, 운모류와 장석류의 함량이 높다. 또한 다른 암석에 비해 흑연의 높은 함량과 돌로마이트의 존재는 흑운모편암이 퇴적기원의 변성암임을 유추할 수 있게 한다. 특히 운모편암의 장기적인 풍화특성으로서 풍화에 쉽게 약화되는 물리적, 화학적 특성을 갖고 있다. 이는 풍화실험을 통해 일축압축강도가 20~40% 약해지고, 풍화가 심하거나 점토가 충진된 절리면에서 전단강도가 크게 약화되는 특성을 통해 확인된다.

조사지역에서 발견된 단층암은 단층암 분류 기준상 주로 엽리가 발달된 파쇄암(*Foliated*

Cataclasite)에 해당된다. 단층암의 시추코어 일부는 기질이 불규칙하게 분포하여 단층각력암처럼 보이기도 하며, 기질의 함량은 위치에 따라 심한 차이를 보인다. 변질된 단층암 내에는 단층영향대의 암석과 비교했을 때 뚜렷이 많은 양의 기질이 함유되어 있음을 관찰할 수 있다. 단층암 내에서는 장석류 및 운모류가 단층영향대 및 모암에서 보다 감소하였으며 일라이트 및 녹니석, 흑연은 증가하였다(표 5-2).

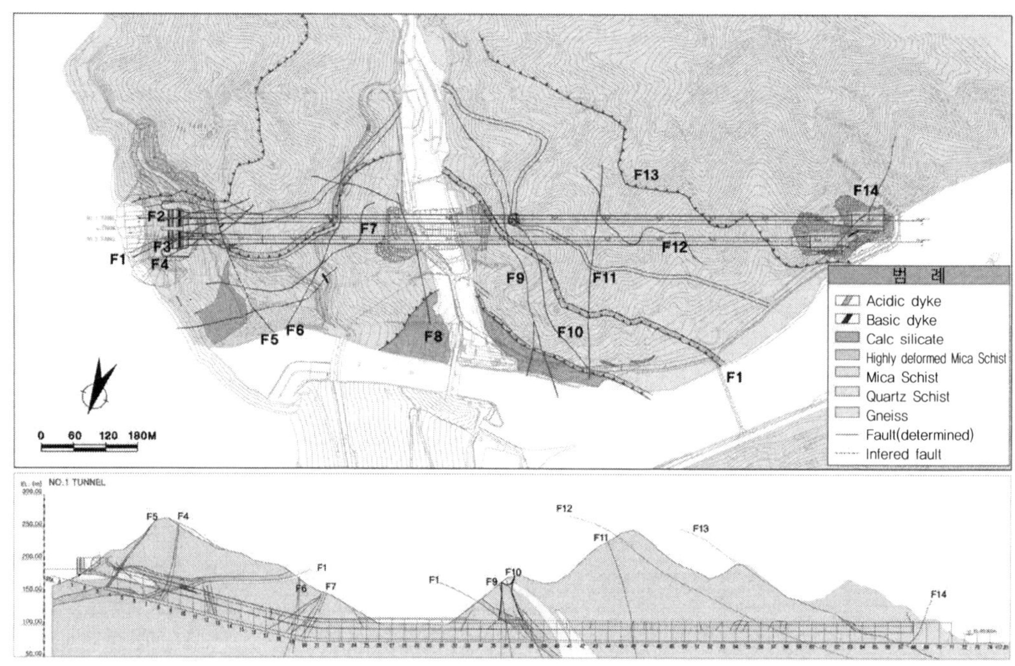

그림 5-2. 여수로 구간의 지질도

표 5-2. 단층암의 광물 조성

광물	석영	사장석	백운모	일라이트	흑운모	녹니석	방해석
함량(wt%)	4.7~51.8	1.1~15.1	7.5~46.4	2.1~25.2	1.6	4.3~40.6	1.3~6

광물	흑연	정장석	앵커라이트	황철석
함량(wt%)	0.5~66.8	1~2.9	2.7~35.5	0.3~6.7

운모편암 및 단층암을 포함하여 터널 구간에 대해 분포 암석을 표 5-3과 같은 공학적 지질 단위로 구분하였으며(IAEG, 1979, Dearman, 1991), 각 지질단위의 분포를 시추조사 결과 및 막장 관찰 결과를 기초로 그림 5-3의 시공중 지질도로 구성하였다(유영권 외, 2007).

표 5-3. 터널 구간 지질 단위의 구분과 분포

지질단위	RMR	평균 Q값	GSI	변형계수 (GPa)	점착력 (MPa)	마찰각 (°)	암질등급
석영편암	38~74	15.813	32~88	15	1.95	42	Good
운모편암(양호)	30~47	2.156	30~57	6	0.69	38	Fair
운모편암(불량)	16~39	0.869	22~49	2.5	0.24	35	Poor
단층대	8~21	0.027	11~34	0.4	0.05	25	V.Poor

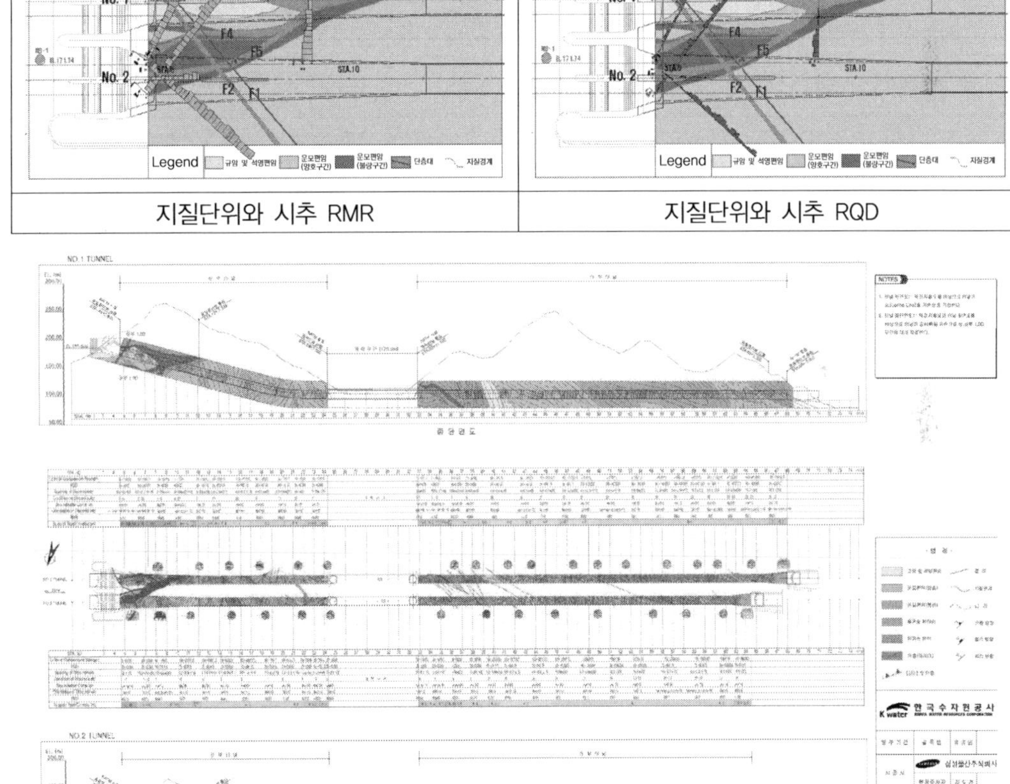

그림 5-3. 시공 중 터널 지질도

5.3 지질 구조 분석

선캠브리아기의 편암류가 주로 분포하는 터널구간에는 엽리, 절리, 단층, 습곡 및 암맥의 관입경계 등의 지질구조 요소가 발달하며, 그 특성은 다음과 같다.

5.3.1 단층 구조

터널 구간 중 주목하여야 할 단층 구조는 상부 터널 유입부, 하부 터널 시점부에 발달하는 동북동 방향 단층 및 북서 방향의 단층이다. 그림 5-2의 지질도에서는 상부 터널에서 동북동 주향으로, 하부 터널에서 북서 주향으로 터널을 관통하는 대규모 단층을 습곡작용에 의해 휘어진 동일한 F1 충상 단층(thrust fault)으로 해석하였다. 특히 이러한 저각의 충상단층이 F1 충상 단층을 포함하여 조사 구간 내 총 3매가 발달하는 것으로 분석하였다. 그림 5-4는 터널 갱구부 사면에 노출된 충상 단층대의 발달 상태이다.

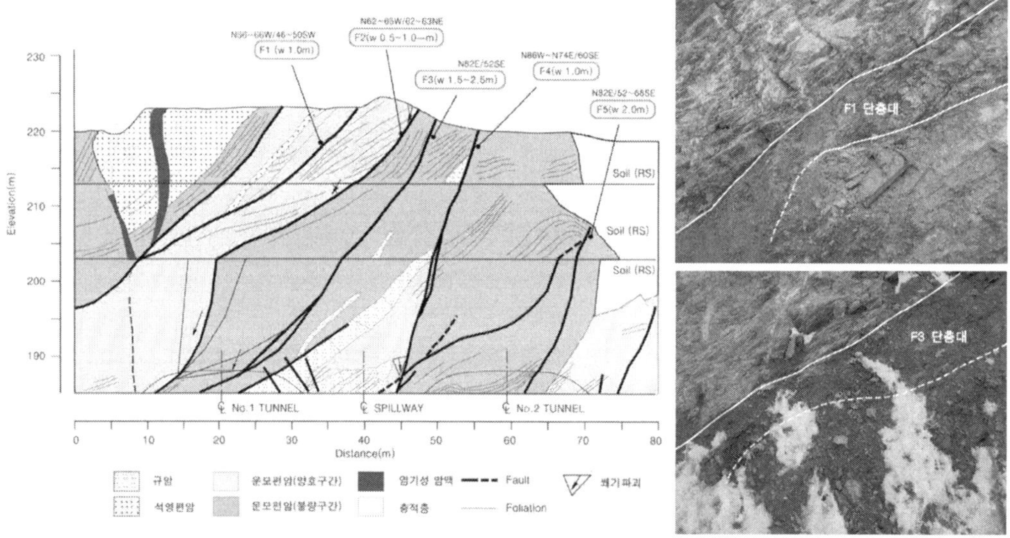

그림 5-4. 터널 갱구부 사면에 노출된 충상 단층대

이러한 충상 단층은 변성암류의 엽리면과 유사한 주향으로 저각 또는 평행하게 발달되어 있으며 그 결과 변성도가 높고 고기의 것으로 추정되는 편마암류가 후기에 퇴적된 편암류 및 석회규산염암보다 상위에 존재하는 지질 분포 특성을 보인다. 특히 이들 충상 단층은 일정한 대를 형성하며, 주 단층으로부터 분기된 중소규모 충상 단층대의 중첩 현상을 보인다. 그림

5-5는 유입부의 충상 단층 중첩 구조이다. 이러한 중첩 구조는 충상 단층의 듀플렉스 구조로서, 충상 단층대의 복잡한 형상과 규모 확대의 원인이 된다.

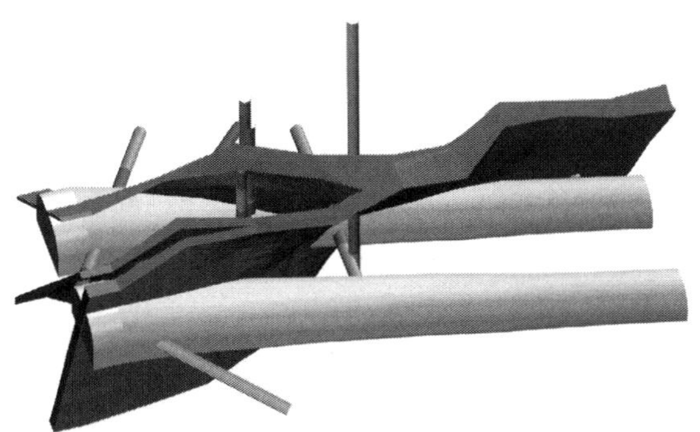

그림 5-5. 터널 유입부의 충상단층대 3차원 상세도

이 외 단층으로서 N30~40W/60~80SW의 방향을 가지는 가막골 방향의 고각 단층군, N50E/70SE 정도의 방향을 가지는 소양강 방향의 고각 단층군으로 구분할 수 있으며, 이러한 고각의 단층은 충상 단층 발달 이후에 발달한 것으로 생각된다.

5.3.2 습곡 구조

전반적인 터널 구간의 엽리 구조는 가막골 부근에서 축부를 현성하는 배사 구조(가막골 배사)를 보이고 있다. 이러한 배사 구조는 그림 5-2와 5-3의 지질도에서 공히 관찰된다. 이때, 상부 터널은 가막골 배사 구조의 좌익부, 하부 터널을 우익부에 해당하며, 각각 중·소규모의 배사 및 향사 구조를 동반하고 있다.

5.3.3 지질 구조 진화 모델

그림 5-7은 지질구조 분석에 의한 지질 구조 진화모델이다.

터널 내 막장관찰을 통해 획득한 엽리면의 극점을 모두 도시하여 π-pole을 구해본 결과 183°/36°(trend/plunge) 방향의 습곡축이 정의되며(그림 5-6), 터널 구간별로 막장관찰자료를 분류하여 분석한 결과 역시 유사한 방향성을 가지는 습곡 구조가 발달한다(상부 1터널: 190/35, 하부 1터널: 181/42, 상부 2터널: 185/35, 하부 2터널: 161/43). 이는 막장 Face mapping 결과와 극점의 공간적인 분포특성을 고려하였을 때, 상기 습곡은 open type의 비대칭 습곡 형태를 가지는 것으로 분석된다. 이러한 남북 방향의 습곡축을 가지는 습곡 구조는 가막골 배사 구조를 형성시킨 지질 구조로, 이 가막골 배사 구조에 의해 상부 터널 유입부에 발달하고 있는 F1 충상 단층을 다시 하부 터널 갱부구에 노출시키고 있다. 따라서, 상부 터널 및 하부 터널의 낙반에 관계된 단층 F1은 상부 터널과 하부 터널에서 서로 다른 방향을 가지고 있으나, 이는 충상 단층이 발달한 이후 형성된 습곡 구조에 의해 휘어진 동일한 단층대이다.

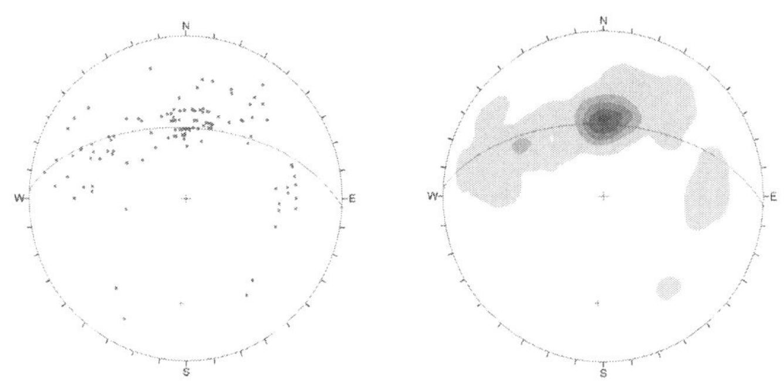

그림 5-6. 엽리의 습곡 구조 분석

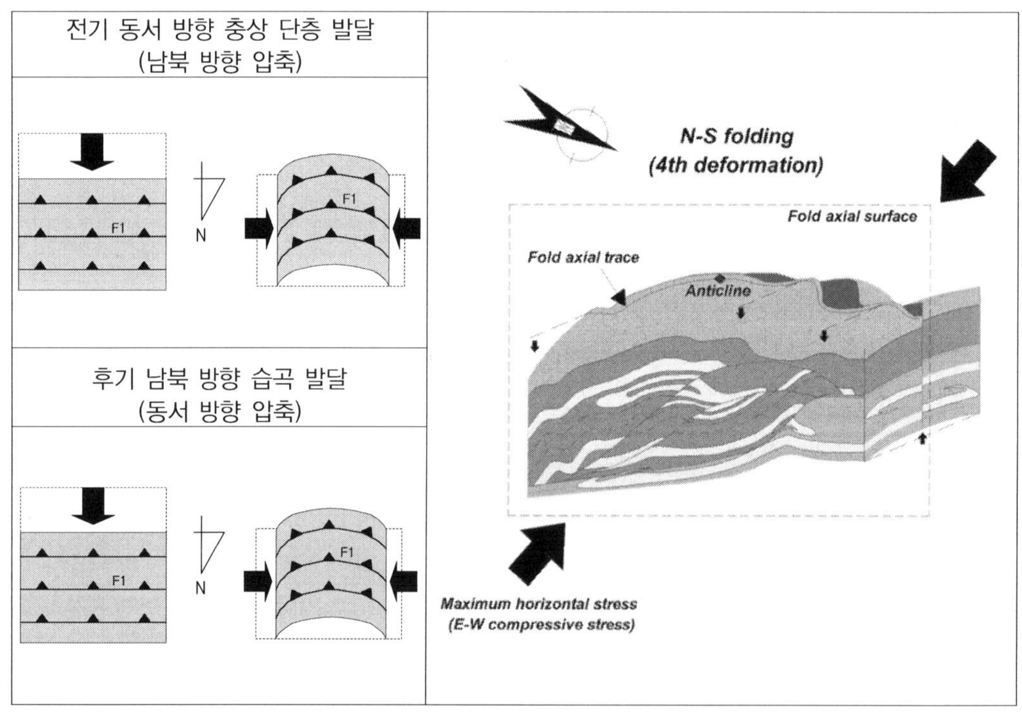

그림 5-7. 조사 지역의 지질 진화 모델

이 지역의 가장 뚜렷한 지질 구조는 1) 무근 습곡 구조를 동반한 광역 엽리 구조, 2) 남쪽에서 북쪽으로 진행하는 동서 주향, 남경사의 충상 단층과 이에 수반된 고각의 단층과 습곡 구조, 그리고 3) 상기 엽리 구조 및 충상 단층 등 제 구조들을 습곡시키는 남북 방향의 축을 가지는 습곡 구조이다. 이들은 각각 순차적으로 발달한 것으로 판단되며, 동서 방향의 충상 단층 발달 상태는 남북 방향의 압축을, 남북 방향의 습곡 구조는 동서 방향의 압축을 지시한다.

5.4 결 론

이상에서 소양강댐 여수로 터널 구간의 지반 조사 및 특성화 사례를 통하여 편암 지역의 주요한 특성을 검토하였다. 일반적으로 편암 지역에서는 엽리에 의해 규제되는 편암 내 석영 성분의 함유량과 풍화변질 상태에 따라 암반 또는 지반, 즉 공학적 지질 단위가 구분되므로 이에 대한 면밀한 검토가 필요하다. 또한 편암은 단층 및 습곡 등 변형 작용에 의한 지질 구조 의 발달이 현저하고, 이로 인한 암석의 변형 및 변질이 용이하므로 편암 지역에서 단층 및 습곡 등 주요 지질 구조의 분석은 지반 조건에 의한 재해 예방과 합리적인 대응책 마련에 주요 한 대상이 된다.

06 편마암과 편암 지층 내 사면설계의 신뢰성 개선

| 양 인 재

6.1 서 론

고속도로 절취사면에서 보편적인 사면설계의 방법은 횡단면도상의 2차원 단면을 이용하여 인근 시추조사 자료를 토대로 지층선을 직선 보간법에 의하여 구하고, 지층의 N값, RQD와 TCR 등을 이용하여 표준경사를 적용하여 절토량을 구하고 안정성을 확보하는 방법이다. 상기의 설계 프로세스상에서의 문제점은 프로젝트 site 별로 서로 상이한 지질특성을 고려한 절토사면의 안정성 평가가 제대로 이루어지지 않는다는 점이다. OO터널 시점부 사면굴착시 설계단계의 문제점을 구체적으로 살펴보면 ① 시추조사를 토대로 유추한 풍화암선이 현장에서 실지 공사중에 나타나는 암반선과 잘 일치하지 않으며 ② 비탈면구간의 지표조사는 능선부분에서의 불연속면의 분포와 방향성을 측정하는데 접근성 곤란과 식생발달의 어려움으로 한계가 있으며 ③ 암종경계가 불분명한 변성암 구간에서 1차원적인 시추조사로는 지층 구분이 난이하며 ④ 해당 굴착단면에 대한 암석시험은 랜덤하게 이루어져야 하는데, 시료채취 및 시험분석의 한계성으로 인하여 합리적인 설계데이터 입수에 어려움이 존재한다는 점이다. 이로 인하여 지반조사를 토대로 한 조사결과는 설계에 객관적인 기초자료를 제공하지 못하여 신뢰성을 떨어뜨리게 되며, 설계단계에서 확인하지 못했던 지질요인(예, 단층이나 습곡 등의 지질구조, 이방성 특성)으로 인한 설계변경을 야기하게 된다. 특히, 수km에 걸쳐 건설되는 고속도로 신설공사에서는 서로 다른 층서를 가지는 수 개 이상의 지질경계를 거치게 되며, 다양한 지층변화와 지질도메인의 변화를 거치면서 예기치 못한 리스크 요인을 내재하게 된다. 편암이나 편마암구간의 사면굴착에 따른 거동을 평가하기 위한 연구는 다양하게 이루어졌으나, 실제 설계에 필요한 설계인자를 도출하기 위한 로직을 개발하기 위해서는 더욱 많은 연구가 필요하다. 단순히 설계단계에서 조사물량의 부족으로 인하여 현장의 지반조건을 충분히 인식하지 못하였다는 논리만으로는 이러한 문제들이 반복되는 것을 막기 위한 문제 해결에는 도움이 되지 않는다. 설계단계의 지반조사를 기초로 하여 리스크 인자들을 정량화하고, 이를 토대로 설계의 신뢰성을 향상시키는 방안에 대한 개선방안을 제시하고자 한다. 나아가, 이러한 기법들의 개발을 통해서 과거에 정형화된 사면이나 도로설계에서 벗어나 지질인자들을 정량적으로 설계에 반영할 수 있는 방안들이 적극적으로 도출되기를 희망한다.

6.2 현장소개

춘천-동홍천간 고속도로 건설공사 제O공구 OO터널(양양방향) 시점부 갱구사면 내 일부 구간에 낙석 및 국부적인 붕괴가 발생되었다. 엽리와 편리를 따라서 단층 및 절리가 발달하여 추가 붕괴 발생 가능성이 있는 것으로 판단되어 현장조사를 실시하여 안정대책을 수립하게 되었다. 검토사면의 기반암은 편마암과 편암으로 구성되어 있으며 엽리나 편리면을 따라서 풍화가 진행되어, 굴착시 검토사면은 HW-MW 정도의 풍화상태를 보였다. 엽리와 절리가 발달된 편마암은 엽리면의 방향이 사면 방향과 유사하게 발달하고, 단층파쇄대와 인장균열 발생으로 인하여 평면파괴의 위험성이 매우 높은 것으로 파악되었다. 터널 입구 우측사면은 우측 계곡부에 사면방향과 평행하게 단층이 발달하고 있는 것으로 파악되었으며, 습곡 구조를 형성하고 있어서 해당구간에 대한 보강대책이 요망되었다. 해당 지역의 지질은 선캠브리아기의 용두리편마암복합체와 춘천계(의암층군)으로서 전자는 주로 화강편마암과 흑운모편암, 녹색편암, 후자는 녹니석 편암, 안구상 및 반상변정 편마암, 결정질 석회암, 흑운모편암, 호상편마암등으로 구성된다. 일반적으로 편암의 특징은 이방성이고, 운모류가 많으며, 중온 고압의 변성상태에서 발생하는 것으로 문헌에 알려져 있다.

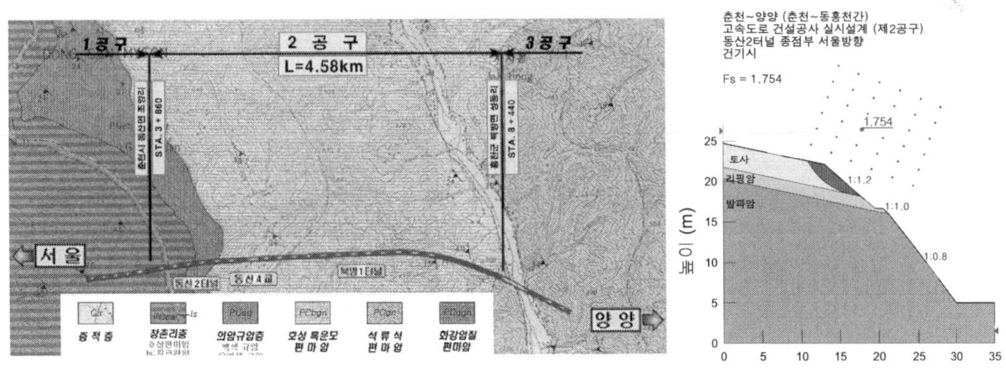

그림 6-1. 노선주변의 지질도 및 설계 지층 횡단면도상의 비탈면 안정해석 결과

설계단계에서는 ① 풍화대층의 심도가 표토로부터 14m 심도까지 분포함을 확인하지 못하였고 ② 절리나 편리의 조사를 수행하였으나, 이에 대한 역학적인 거동해석이 다소 미흡하였

고 ③ 장기변형성이 있는 편암과 편마암에 대한 물성산정이 이루어지지 않아 수치해석 결과가 시공단계의 조건을 수렴하지 못하였다. 그럼에도 불구하고 설계단계의 기초자료를 분석하면, 시공단계에서의 이러한 문제점들을 가늠할 수 있는 다음의 내용들이 조사된 바 있다. ① 연암층에서 RQD 값은 25% 미만의 불량한 조건을 나타내며, ② 평사투영법에 의한 사면거동시 불안정한 것으로 평가됨 ③ 조사사면의 불연속면 양상은 인장균열의 발생으로 다소 불안정한 지층이 존재함을 제시 ④ 관찰된 엽리와 편리의 방향성 분석결과가 사면의 경사방향과 동일한 방향성을 갖는다. 결국 설계단계에서 깎기면 굴착시 불안정성이 야기될 수 있다는 가정 속에서도 지반조사 표준품셈과 도로설계요령에 따라 설계를 수행하여 오히려 현실에 대한 위기관리 대처가 뒤떨어지게 되었다는 결론이다.

6.3 편마암과 편암구간의 비탈면 거동에 관한 고찰

6.3.1 이방성 특성으로 인한 방향성에 따른 강도저하

편마암이나 편암에서 불균질성과 비등방성에 관하여서는 많은 연구논문과 실험자료들이 제시된 바 있다(Nasseri,1992 ; Goshtasbi, 2006 등). 통상적으로 엽리구조나 선구조들이 발달한 암석들을 구조암(tectonite)이라고 하는데 엽리나 선구조(편리)는 암석의 생성 당시의 압력에 의하여 생성된 것이다. 실내시험을 통한 이방성의 확인은 엽리가 수축되면서 생성된 벽개면에 대한 응력의 작용 방향성에 따라서 암반의 압축강도와 변형계수가 상이한 특성을 보인다. 변성암류에서 이방성 특성은 광물 내의 엽리구조, 광물의 방향성 배열, 화학 성분의 분류, 입자 사이의 균열, 풍화, 그리고 체계적인 미소균열 등이다. 하지만 엽리의 방향성을 고려하여

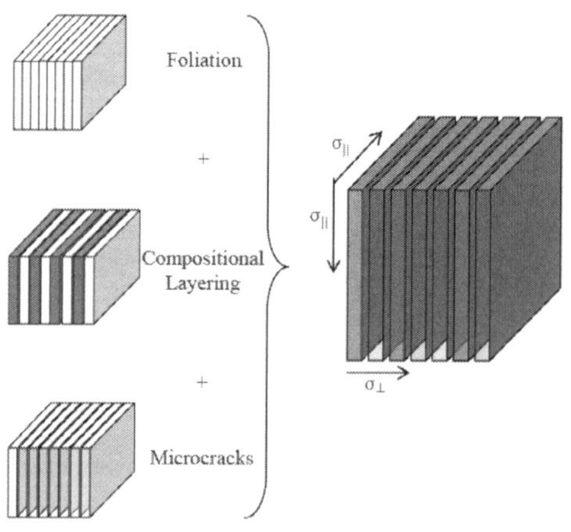

그림 6-2. 이방성 특성에 대한 암석 모형

일련의 시료를 채취하여 체계적인 실험을 토대로 설계를 수행하는 것은 현실적으로 매우 어려운 문제이다.

6.3.2 운모의 Flake의 미끄러짐 특성으로 인한 전단강도 저하

대상 지역의 풍화대층은 절취시 풍화가 심하고 불안한 상태를 보여주었다. 풍화대 하부에 대한 확인시추결과 실트질 모래와 점토질 실트가 반복적으로 협재된 풍화대가 나타났다. 상기의 시료를 채취하여 분석해 본 결과 운모질 편암류가 광범위하게 분포하는 것으로 확인되었다. Morrow 등(2000)은 단층가우지에 대한 실험에서 백운모가 물로 포화되어 있을 때 마찰각이 20% 이상 감소함을 확인하였다. 이는 굴착에 따른 원지반 내 우수유입시 풍화대의 전단강도가 급속히 감소하는 이론적 논리를 뒷받침한다. 비탈면 활동은 편마암의 엽리를 따라서 풍화가 급속며 운모류에 의해서 전단강도가 감소되는 것이 비탈면의 붕괴의 원인을 제공한 것으로 확인되었다.

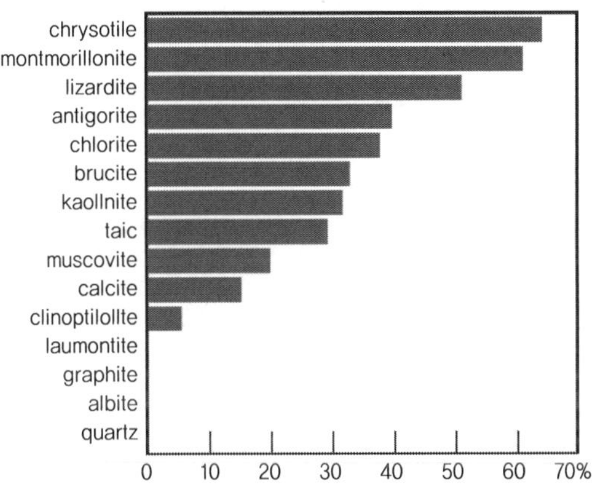

그림 6-3. 포화상태의 마찰각 감소율 비교

6.3.3 변성암과 단층대의 상관성

야외에서 관찰된 지질구조 지시자(indicator)들을 토대로 춘천-홍천 일대 경기편마암은 선캠브리아 이전부터 수차례의 변형작용을 받았고, 습곡 구조와 큰 변위작용, 그리고 동-서 방향의 스러스트 단층과 취성변형작용이 생성되었다고 조사된 바 있다(홍경식, 2008). 만일, 현장에서의 체계적인 지표지질조사를 통해 엽리면의 추적(trajectory)을 관찰한다면, 균열이나 단층대의 조재유무와 규모를 파악하는 것이 가능하다. 아쉽게도 설계자가 지질구조에 대한 폭넓은 이해가 없으면, 현장에서 제대로 조사된 결과물일지라도 설계상의 활용도가 필연적으로 낮아지게 된다. 그러므로, 기본적으로 엽리와 편리의 발달은 단층대와 상관성이 높다는 것을 전지할 필요가 있다.

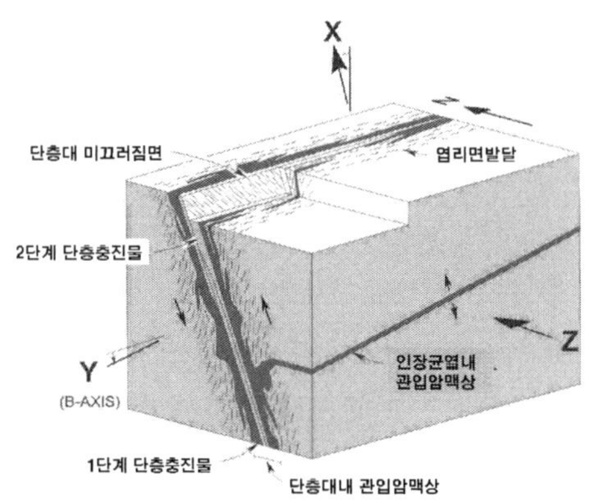

그림 6-4. 응력장에 따른 엽리와 단층의 발달모형 예

6.3.4 기계적인 풍화에 대한 거동 요인

우익(2007) 등은 그의 연구에서 편마암 및 편암의 동결과 융해(Freeze-Thaw)에 의한 강도 저하에 대한 연구를 수행하였다. 그는 장기 풍화에 대한 암석강도의 저하특성을 연구하면서 30cycle의 동결·융해 실험시 weathering grade에 따른 물리화학적 성질과 엽리를 따른 열개 현상(F)과 풍화현상으로서 슬레이킹의 내구성을 평가하였다. Dhakal(2003) 등은 시험을 통해

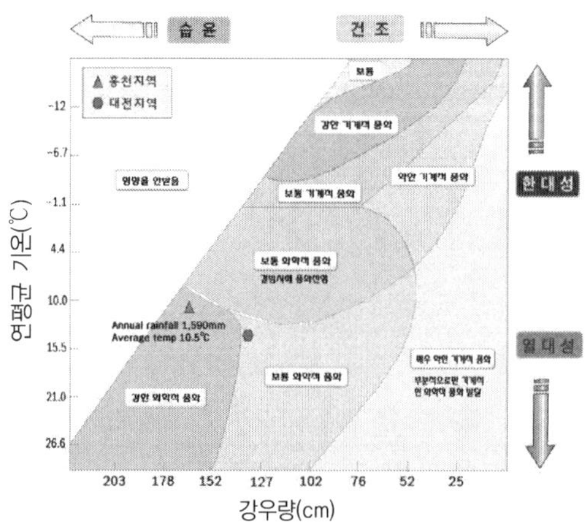

그림 6-5. 기후에 따른 풍화지수(홍천지역)

서 편암이 동결·융해현상으로 내구성이 저하되는 것은 사실이지만, 이는 공극율에 따라서 슬레이킹 지수가 변화하며 공극율이 높은 경우 강도저하가 동결융해로 인하여 급격한 강도저하가 일어남을 보여주었다. 그림 6-5의 UWSP 분류를 살펴보면, 홍천지역은 급격한 화학적 풍화작용을 보여주는 기후조건이 수반되어짐을 알 수 있다.

6.4 설계의 신뢰성을 개선하기 위한 새로운 방법론 제안

Leith(1965)는 노스 카롤리나 지역에서 변성암의 산사태 위험도가 다른 암종에 비해 훨씬 높았다는 점에 착안하여, 지질분류, 지질구조 및 풍화도에 대한 평가가 설계인자로 포함되어야 함을 지적한 바 있다. 앞장에서는 엽리나 편리의 지질공학적인 특성에 대해서 언급해 보았다. 이러한 특성들이 사면의 안정성에 어떠한 영향을 미치는 지에 대한 평가와 이를 토대로 한 설계의 인자로서의 활용성에 대해서 살펴보고자 한다. 대상 사업지에서 발생한 굴착 중

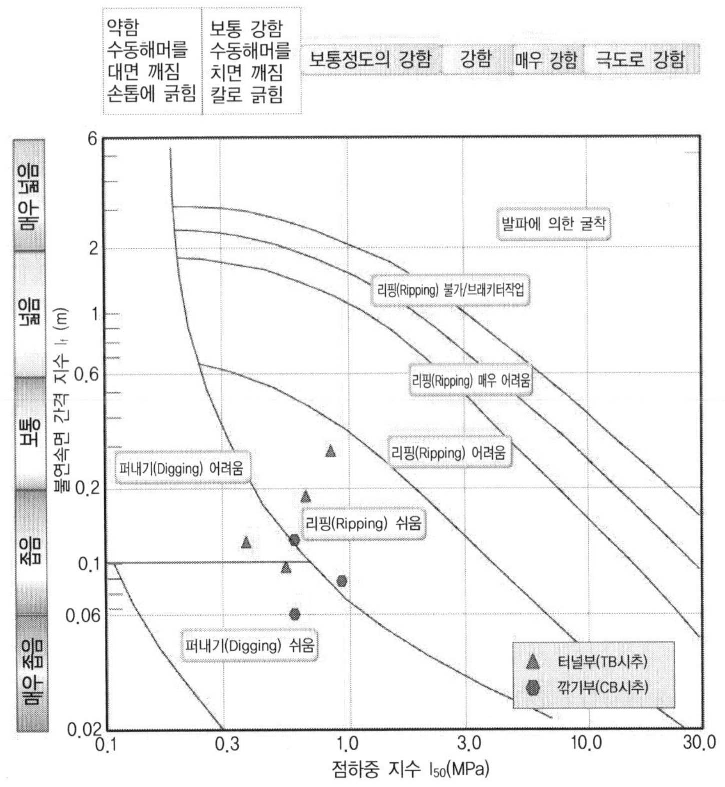

그림 6-6. 굴착난이도(Rippability)에 따른 암반분류

비탈면 불안정성 요인을 사전에 제어할 수 있는 몇 가지 방법론을 살펴봄으로서 설계의 신뢰
성을 향상시키는 데 도움이 되고자 한다.

가. 암반분류 방법의 개선 : 굴착난이도의 평가를 통한 설계와 시공분야의 커뮤니케이션

현장에서 노출된 풍화가 심한 암반은 설계단계에서 모두 연암으로 분류가 되었다. 이는 실
내시험조건으로 구한 일축압축강도값만으로는 현장암반의 리퍼빌리티를 평가하는 데 한계가
있음을 나타내는 것이다. 설계단계에서 단편적인 지반조사 표준품셈에 의거한 암반분류 외에
도 입자크기, 점하중지수, 일축압축강도, 슬레이크 지수, 탄성파속도 및 단위중량을 이용해서
리퍼빌리티를 평가한다면, 시공자와의 커뮤니케이션이 훨씬 수월할 것이다.

결론적으로 설계단계에서 조사의 한계성을 충분히 인식하되 암반분류의 신뢰성을 개선시키기
위한 방법으로서 소위 굴착난이도(Excatability)에 따른 암반분류를 제안한다. 즉, 해당 지역은
문헌상으로 볼 때 후퇴변성작용(retrograde metamorphism) 단계에서 쇄설화(cataclastic) 변
성을 받아서 광물입자들의 공극이 증가하고, 편리구조 내 균열(벽개)가 발달하였음을 시사한
다. 하지만, 시추코어를 토대로 육안관찰에 의한 RQD와 TCR 분류 및 점하중 강도값만으로는
해당 암반의 공학적인 특성을 충분히 평가하기 어렵다. 반면에 굴착난이도를 이용한다면 무결
암의 수많은 지반공학적인 성질, 즉 불연속면 특성, 풍화도, 입도크기, 강도를 토대로 암반을
평가하기 때문에 현장에서 확인하는 암반평가 방법과 유사하게 분류가 가능하다.

이러한 지반공학적인 특성은 반발경도 측정, 암반강도지수 특정, 탄성파속도와 내구성 시험
결과를 토대로 이루어진다. 굴착난이도 평가는 이러한 어려움을 극복하기 위한 대안으로 제시
되었으며, 시추코어 정밀검측을 토대로 시공현장에 적합한 암반분류가 가능하다. 이에 대한
개선은 물론 설계자의 노력이 수반되어져야 하며, 그림 6-8에서 살펴보면, 설계시에 연암으
로 분류된 점재하시험 결과 대부분 육안으로는 관찰되지 않은 미소 균열에 의해서 대체적으로
퍼내기 내지는 리핑 쉬움(easy ripping) 영역에 표현됨을 알 수 있다.

나. Equotip에 의한 반발 경도측정

암반의 강도측정에 주로 사용하는 일축압축시험기 외에 풍화가 많이 진행된 암편에 대한 시
험방법으로서 Equotip에 의한 강도측정을 제안한다. Equotip 장비의 유용성은 최근에 Masato
(2000) 등의 연구에 의해서 규명된 바 있으며, 슈미트햄머와 점재하시험 장비가 매우 낮은
강도의 암반을 측정하는 데 민감도가 낮은 한계점을 극복할 수 있다. 그림에서 보는 바와 같이
슈미트햄머보다도 낮은 강도에서 민감도가 높아 특히 풍화대에서 낮은 강도의 값을 측정하는
데 유리하다. 가장 큰 장점은 이동이 가능하고 현장에서 직접 값을 취득할 수 있다는 점이다.

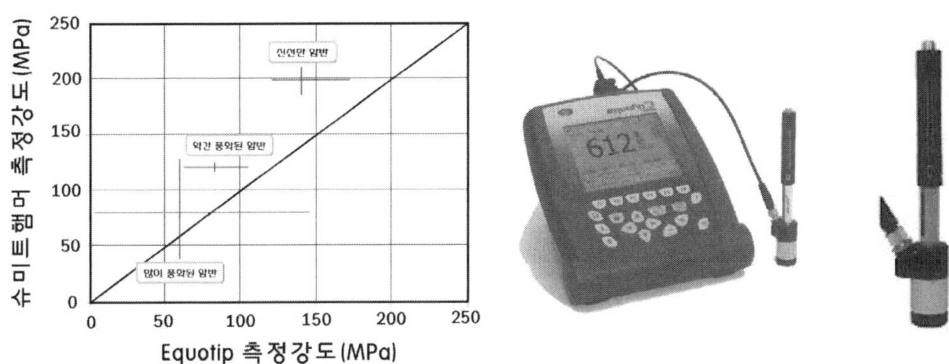

그림 6-7. Equotip 값과 슈미트해머 측정치와의 비교(Hack, 2002) 및 측정 장비 개요

다. Fabric 8 소프트웨어를 이용한 선구조 분석의 개선

현장에서 변성암지대에서의 체계적인 지표지질조사를 토대로 불연속면 및 선구조 패턴에 대한 개연성을 파악해 보면, 현장조사에서 육안으로 미처 파악하지 못한 파쇄대와 불연속면에 대한 거시적인 파악이 용이하다. 예를 들어서, 지표지질조사시에는 접근성과 식생의 발달로 전체적인 지질구조에 대한 형상을 파악하기에 한계가 있다.

이러한 한계점을 극복하기 위해 소개하는 Fabric 8은 위성영상과 등고선도의 합성을 통한 선구조분석을 하는 것은 기존의 방법과 동일하되, 내부의 로직을 통해서 이러한 선구조와 단열선들이 어떠한 지질구조적인 해석이 가능한지에 대한 시각을 제공한다. 결국 지질구조에 대한 약간의 이해도만 있으면 이러한 도구를 이용해서 과업대상지역에 대한 전반적인 지질구조 해석이 가능하다. 이를 토대로 예상되는 지질구조에 대한 정량적인 수치해석을 수행한다면 예기치 못했던 지질구조로 인하여 발생하는 리스크 요인을 사전에 평가할 수 있는 유용한 설계도구로 활용이 가능하다.

먼저 해당 지역의 수치지형도와 위성사진을 이용하여 선구조분석을 수행하고 이를 토대로 스테레오 넷을 작도한다. 구해진 스테레오 넷을 토대로 하여, 단층이나 습곡 등의 대규모 지질환경을 역으로 추정하고 이에 지배되는 지형의 도메인을 분류한다. 마지막으로, 비탈면에 절취되는 도메인 중에서 노선대에 인접한 지역의 선구조 분석결과를 절취사면의 경사각을 대비하여 평사투영하여 평면파괴, 전도파괴, 쐐기파괴 등의 가능성을 검토한다.

이병주(2006) 등은 수차례의 변성 및 변형작용으로 인하여, 다양한 선구조의 발달이 발생하여 붕괴를 유발한다고 분석하였다. 분명한 것은 엽리나 편리를 비탈면 붕괴의 직접적인 요인으로 평가하기보다는 이는 수반되는 지질구조에 대한 지시자의 역할을 한다는 것이다.

연구지역에서의 편마암, 편암 내의 변성구조들은 이러한 기작(mechanics)들을 표현해 주는 하나의 지시자로서 역할을 한다는 점을 인지하고, 이로 인하여 추정되는 또 다른 지질구조선의 기작에 대해서 사전에 대비하고자 하는 것이다.

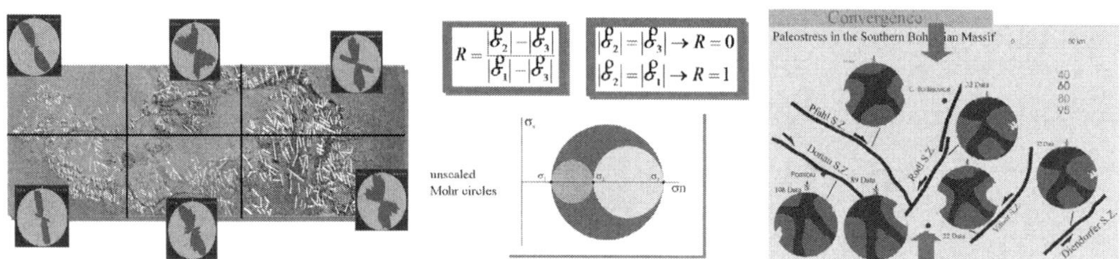

그림 6-8. Fabric 8에 의한 지질구조선 지시자로서의 엽리나 편리의 해석 흐름도

라. 풍화특성을 고려한 암분류법의 개선에 의한 설계신뢰성 제고

현재의 설계법에는 시추코어상에서 RQD와 TCR 분류를 실시하고, 불연속면이 존재하는 경우에는 불연속면의 측정을 통해서 암반분류를 시행한다. 편리와 엽리와 같은 지질구조에 대해서는 설계단계에서 특별한 시방이 제시되어 있지 않아서 분석이나 평가를 수행하지 않는다. 하지만 특히 본 사례와 같이 사면의 경사와 지질구조선이 유사한 방향성을 나타내는 경우에 있어서 편리나 엽리의 지질공학적인 특성이 관심의 대상이 되고 있다. 특히 운모성분을 많이 함유하고 있는 상기의 편암층에서 백운모와 흑운모의 풍화에 의하여 생성되는 점토광물의 기작은 관심의 대상이다.

예를 들어서 몬모릴로나이트와 같은 팽창성광물이 발견되면, 이는 슬라이딩 평면에 대해서 미끄럼면을 형성하게 된다. 또한, 편리와 엽리의 입자를 구성하는 운모류의 경우에도 물을 함유하면 전단강도가 유실된다는 논문이 보고된 바 있다. 하지만 점하중 지수의 경우에는 편차가 심하고, 편암이나 편마암의 경우는 입자가 기질의 차이가 나타나 신뢰성 있는 값을 설계에 반영하기가 어렵다. 연약한 지질구조에 의한 사면붕괴는 사면 방향으로 발달하는 엽리면을 따라서 붕괴가 발생되는 경우가 있다고 보고된 바 있다.

암반사면의 파괴형태는 암석 자체의 강도보다는 암반 내 존재하는 절리, 단층파쇄대와 같은 불연속면의 발달상태에 따라 달라지므로 암반사면의 해석모델링 적용시에도 이러한 암반의 특성을 적절하게 반영하여야 현실적인 결과를 얻을 수 있다. 일반적으로 운모류는 벽개현상이 관찰되어서 잘 쪼개어지는 성질이 있다. 이는 광학적인 연구에서와 광물학적인 연구에서 이미 밝혀진 바 있다.

Wan(2000) 등은 대기 중의 수분으로 인하여 이러한 쪼개짐이 진행(propogate)된다는 사실을 밝힌 바 있다. 또한, 본 현장의 시료 b에서 관찰한 바와 같이 장석이나 운모류의 풍화작용으로 인하여 몬모릴로나이트와 스멕타이트와 같은 점토광물이 생성되어, 엽리나 편리구조 내 벽개를 따라 물이 침투하면 팽창성에 의한 가상 간극수압발생(pseudo-pore pressure)으로 인하여 유효응력을 감소시켜서 전단강도를 저하시킨다는 사실을 인지해야 한다.

마. Pundit을 이용한 비파괴 시험

본 장비는 콘트롤 유니트에서 거리측정 및 초음파의 발신부와 수신부에서 취득한 자료를 인코딩하여 컴퓨터에서 자료를 판독하여, 단면을 이미지로 보여줌으로서 암반 내부를 파악하는 비파괴 시험장비이다. 해석결과는 탄성파시험 장비와 유사하게 암석의 밀도, 균열발달 정도, 입자의 크기에 따라서, 외부에서는 아무런 균열이 보이지 않는 편리나 엽리에 대한 관찰을 통하여 쪼개짐이나 열극의 존재유무를 확인하는 데 유용한 도구로 쓰일 수 있다.

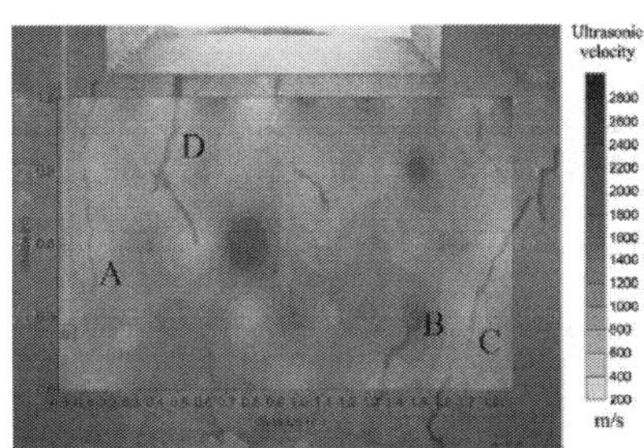

그림 6-9. Pundit을 이용한 숨겨진 크랙 관찰

6.5 상기의 요인을 통한 설계개선 방향 모색

일반적으로 지질학적 관점에서의 편암이란 모암이 고온 고압의 광역변성작용에 의하여 변성광물조성으로 바뀌면서 나타나는 암석이다. 특히 국내 변성암에서는 단층 및 파쇄대와 같은 지질구조선 내에 존재하는 경우가 많다. 결론적으로, 이러한 정량적이고 객관적인 판단을 위하여 지질학적으로 불확실성을 내재한 굴착구간에서는 설계단계에서 다음의 내용들이 검토되어야 할 것이다.

1) 다양한 지질분포의 파악을 위해서는 철저한 문헌조사가 이루어져야 한다. 특히 지질구조에 대한 거시적 관점으로(tectonic) 현장에 대한 탐문조사나 문헌자료 등 폭넓은 기초자료를

토대로 조사계획을 수립하여야 한다. 지표지질조사의 경우에는 천부에서의 지질특성만을 기재하고 있으나, 대규모 심도에 대해서는 광산개발 당시의 갱내도를 설계에 참고한다면, 굴착공사시에 보다 폭넓은 지하 지질에 대한 정보를 얻을 수 있다.

2) 시추조사에서 얻어지는 암반분류 자료는 지반조사 품셈에 의거하여 설계가 이루어진다. 반면, 현장에서는 굴착난이도를 기준으로 분류를 하기 때문에 시공단계에서 시굴을 통한 설계 자료의 피드백이 이루어지도록 조치하는 것이 용이하다.

3) 조사 기법의 현대화와 장비의 효율화가 필요하다. 현장에서 직접 시료를 채취하여, 시편을 만들고, 이에 대한 분석을 수행할 수 있도록 간편화할 필요가 있다. 풍화된 암석의 표면에 대해서도 기초조사를 통해서 지반의 물성을 평가하고, 이를 토대로 한 신뢰성 있는 설계를 수행하여야 한다. 단순히 실험실 조건의 자료만으로 정량적인 평가를 수행한다면, 현장에서 부딪히는 다양한 문제들에 대해서 해결책을 제시하지 못한 채 설계가 이루어지게 되는 결과를 초래한다.

본 연구에서는 설계단계에서 이러한 고려가 충분히 이루어졌다는 가정하에, 설계단계에서 개선된 데이터를 근거로 한 신뢰성 분석을 해보았다. 설계에서 검토한 단면을 토대로 엽리와 편리의 지질특성을 고려하여 해석단면을 산정하고, 감쇄된 물성을 예측하여 해석을 수행하였다. 이 결과 신뢰성이 개선된 수치해석에서 구해진 사면 안정 검토의 결과는 15% 정도의 파괴확률이 존재하는 것으로 평가되었고, 이러한 리스크는 허용치를 초과하므로 보다 적극적인 보호대책이 필요하다는 의사결정의 기초자료를 제공한다.

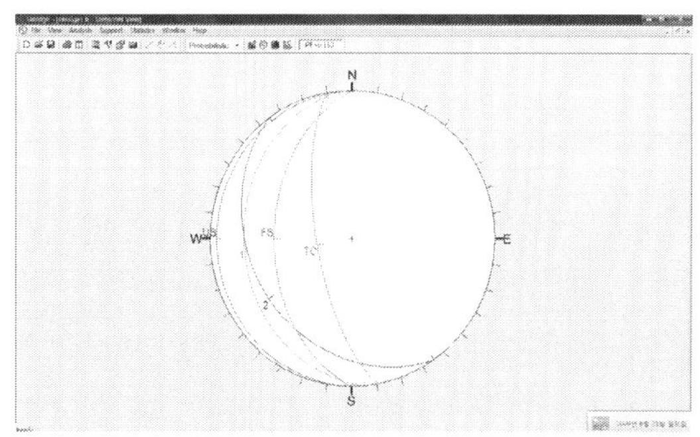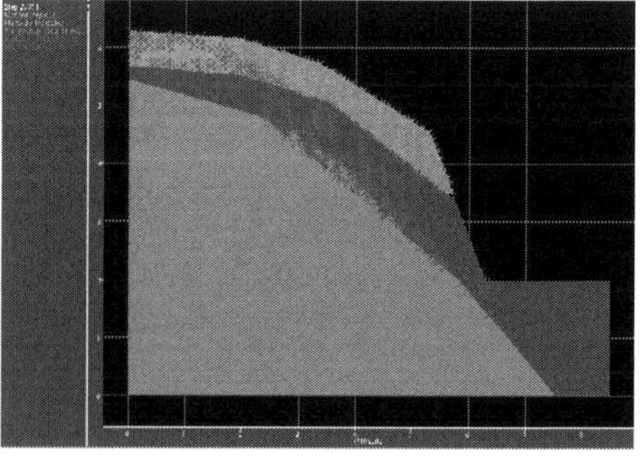

그림 6-10. 파괴확률(Pf=15%)을 고려한 설계 비탈면의 재평가와 강도감소법 FDM 해석결과(소성영역발생)

6.6 결 론

지구조적으로 수많은 지질이력을 통해서 소성변형과 취성파괴를 받은 변성암지역에서의 사면설계시에는 정형화된 방법에 의한 암반사면의 설계보다는 설계 신뢰성 개선을 위한 노력이 기울여져야 한다.

현재까지 암반사면에 대한 설계방법은 현장조사 자료에 기초하여 수행되는데, 확률론적으로 다양한 변수를 가지는 편마암과 편암의 조사자료를 설계인자로 활용시에는 주의를 요한다. 편마암과 편암의 지질구조적인 특징은 정량화시키기에는 한계가 있으나, 설계단계에서 몇 가지 개선된 도구(tool)를 이용하여 데이터의 신뢰성을 개선한다면 보다 합리적인 비탈면의 설계가 가능하다고 판단된다.

설계단계에서는 주어진 데이터의 신뢰성을 개선하고, 예상되는 불리한 조건에 대한 검토를 수행하여서, 최적의 방안을 선정하여 설계서상에 제시하도록 한다. 이렇게 많은 검토를 수행하기 위해서는 무엇보다도 현장에서 조사된 내용들이 정성적, 정량적으로 분석되어 설계의 기초자료로 활용이 되어야 한다. 대부분의 공사현장에서 설계자와 시공자의 커뮤니케이션의 문제로 인하여 문제가 발생하는 경우가 많으므로, 가급적 설계자도 시공자의 입장을 고려해 암반의 평가를 수행하고, 지질특성을 고려한 구조물 계획을 수립하여야 한다. 엽리나 절리의 방향성이 사면의 방향에 대해서 불리하다고 판단되는 경우에는 강도감소법에 의한 사면 설계가 이루어질 수 있도록 노력해야 한다. 선형계획부분에서는 지질불량구간에 대한 구조물 계획이 합리적으로 뒷받침될 수 있도록 해당 분야 전문가들의 의견 조율이 필요하다.

시공단계에서의 진행성 사면의 붕괴가 발생한 비탈면에 대한 역해석 결과를 토대로 설계시의 비탈면 안정성을 재검토해 본 결과 파괴확율은 15%로 허용치를 초과하는 것으로 파악되었다. 향후에는 설계단계에 적용되는 기본물성에 대한 신뢰성 향상을 위한 다양한 도구들을 토대로 하여, 예기치 못할 현장에서의 붕괴에 대해서 설계자가 인지하고 개선할 수 있기를 희망하는 바이다.

07 편암지역 스러스트 단층대에서의 대단면 터널 보강 및 시공사례

김 영 근

7.1 서 론

암반 내에 존재하는 단층은 암반의 거동에 미치는 영향이 매우 크기 때문에 터널과 같은 암반구조물의 설계 및 시공에 있어서 단층의 크기나 분포특성 그리고 공학적 특성에 대한 조사 및 파악이 무엇보다 중요하다 할 수 있다. 또한 터널공사에서의 단층의 문제는 설계단계에서 단층을 제대로 파악하지 못하거나, 상이한 지반조사결과를 보여주는 경우(단층의 위치, 규모, 폭, 개수 등)가 경우가 많아 오히려 기술자들에게 혼선을 초래하는 경우가 많으며, 시공단계에서도 막장관찰 및 터널지질도의 작성 등의 조사작업을 체계적으로 수행하지 못한 경우가 많아, 단층대 구간에서의 소극적인 기술대책으로 많은 기술적 문제점이 증가하고 있는 실정이다.

따라서 단층대구간에서의 터널공사를 수행하기 위해서는 단층의 지질학적 의미와 구조지질적 특성, 단층의 규모, 크기, 폭 등을 조사하기 위한 지반조사방법, 단층암, 단층가우지, 파쇄대에 대한 공학적 성질을 규명하기 위한 제반 시험방법, 다양한 시험결과로부터 지반정수를 산정하여 암반구조물의 안정성을 검토하고 설계하는 방법, 그리고 시공중 예상치 못한 단층대를 조우할 경우에 대한 보강대책방법 등에 대한 기술적인 분석과 검증이 요구된다 할 수 있다.

본 현장은 운모편암과 석영편암 등이 분포하는 편암지역으로 특히 편암의 엽리구조와 열화가 문제가 되는 운모편암 내에 대규모 스러스트 단층이 존재하고 있어, 대단면 터널굴착시 터널의 안정성에 매우 심각한 영향을 미치는 지질공학적 리스크가 특히 큰 현장이라고 할 수 있다.

본 연구에서는 운모편암지역에서의 편암과 단층의 특성을 규명하기 위하여 실시된 다양한 지반조사를 바탕으로 단층의 구조지질적 분포 특성 및 단층암의 공학적 특성에 대한 분석결과를 바탕으로 터널낙반의 원인과 메커니즘을 분석하고, 이를 바탕으로 대단면 터널의 안전한 재시공을 위한 합리적인 보강대책을 수립하고자 하였다.

7.2 지질조사 및 결과분석

본 구간은 전형적인 편암지역으로서 운모편암과 석영편암이 주를 이루고 있으며, 스러스트 단층이 통과하고 있음을 확인되었다. 본 현장에서는 터널공사시의 제반 문제점에 대한 원인을 규명하기 위하여 편암의 공학적 특성과 스러스트 단층의 지질구조적 특성을 분석하였다.

7.2.1 편암의 공학적 특성

가. 운모편암

그림 7-1에서 보는 바와 같이 운모편암은 정향배열을 하고 있는 흑운모, 녹니석 및 백운모들이 벽개 영역(cleavage domain)을 형성하고 있으며, 석영 및 장석들이 마이크로리손(microlithon)을 이루어 성분엽리를 발달시켰다. 흑운모의 함량은 시추코어의 위치에 따라 변화가 심하다. 시추코어에서 관찰되는 엽리의 방향은 변화가 심한 편이다. 이는 조사지역 내에 습곡 및 단층으로 인해 엽리의 방향이 심하게 교란된 것으로 추정된다.

그림 7-1. 운모편암의 코어사진과 박편사진

흑운모, 녹니석 및 백운모로 구성된 벽개영역과 석영 및 장석류가 우세한 마이크로리손에 의해 형성된 성분엽리 구조가 잘 발달되어 있으며 석영은 대체적으로 엽리의 방향과 평행한 방향으로 신장되어 있으며 파동소광을 보인다. 운모편암을 구성하는 운모류의 크기는 세립에서부터 조립에 이르기까지 다양한 분포를 보이나 대체적으로 세립의 입자크기가 우세하게 관찰된다.

모암인 운모편암은 아래 표와 같은 광물 조성을 가진다. 단층암이나 단층영향대보다 석영과 일라이트 및 녹니석의 함량이 적으며, 운모류와 장석류의 함량이 높다. 또한 다른 암석에 비해 흑연의 높은 함량과 돌로마이트의 존재는 흑운모편암이 퇴적기원의 변성암임을 유추할 수 있게 한다.

Minerals	석영	사장석	백운모	일라이트	흑운모	녹니석	방해석
Content(wt%)	16.8~47.1	3.8~20	3.1~12	15.3	7.3~19.6	13.1~28.5	10.7
Minerals	흑연	각섬석	돌로마이트	황철석			
Content(wt%)	11.5	3.9	1.2	0.6			

운모편암의 암석 화학조성은 아래 표와 같다. 단층암이나 단층영향대보다 Fe_2O_3와 MnO 의 함량이 높다. 이 외에 다른 암석과 화학조성은 거의 비슷하게 나타난다.

Compounds	SiO_2	Al_2O_3	Fe_2O_3	MnO	CaO	MgO
Content(wt%)	49.45~75.16	6.30~18.68	2.24~16.87	0.05~0.46	0.55~0.85	0.67~4.2
Compounds	K_2O	NaO_2	P_2O_5	T_iO_2	L.O.I.	
Content(wt%)	3.36~3.79	1.1~2.1	0.06~0.09	0.25~0.74	1.07~3.26	

나. 석영 편암

그림 7-2에서 보는 바와 같이 석영편암은 코어상에서 운모편암에 비해 상대적으로 밝은 색으로 관찰되며, 정향배열을 하고 있는 흑운모, 백운모 및 녹니석들이 벽개 영역을 형성하고 있으며, 석영 및 장석들이 마이크로리손을 이루어 성분엽리를 발달시켰다. 운모류의 함량은 시추코어의 위치에 따라 변화가 심하다.

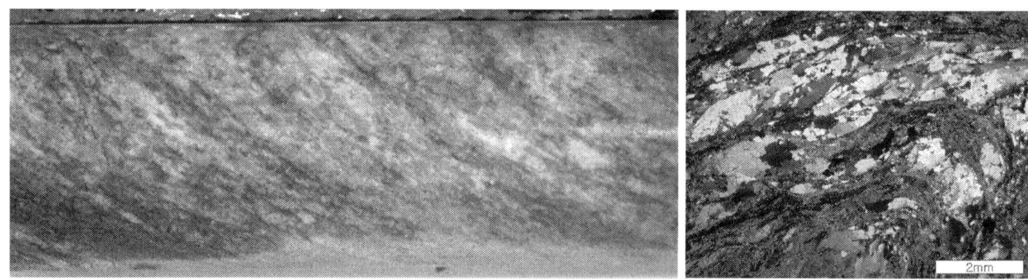

그림 7-2. 석영편암의 코어사진과 박편사진

석영편암은 운모편암과 유사한 광물 조합과 입자 크기를 보이고 있다. 다만 운모편암에 비해 상대적으로 석영 및 장석류의 함량이 많으며, 운모류의 양이 적다. 운모류의 정향배열에 의해 엽리가 잘 관찰되며 일부 박편에서는 현미경상에서 확인할 수 있는 습곡 구조도 관찰된다. 석영 입자는 엽리의 방향과 유사한 방향으로 신장되어 있음을 관찰할 수 있다.

석영편암의 광물조성은 아래표와 같다. 석영편암 내의 장석류 및 운모류의 함량은 단층암이나 단층영향대의 암석보다 높게 나타난다.

Minerals	석영	사장석	백운모	일라이트	흑운모	녹니석
Content(wt%)	36.9~43.2	3.8~19.7	19.5~22.8	4.5	6.6	22.4

석영편암의 암석 화학조성은 다음 표와 같다. 석영편암 및 운모편암의 화학조성은 큰 차이를 보이지 않는다. 이는 유체가 단층영향대로 유입이 비교적 적었기 때문인 것으로 판단된다.

Compounds	SiO_2	Al_2O_3	Fe_2O_3	MnO	CaO	MgO
Content(wt%)	65.15~75.18	6.11~17.29	2.28~4.46	0.05~0.07	0.77~0.92	0.75~2.08
Compounds	K_2O	NaO_2	P_2O_5	TiO_2	L.O.I.	
Content(wt%)	3.10~3.47	2.4~2.38	0.06~0.07	0.21~0.25	0.31~2.67	

그림 7-3에는 본 현장에서 관찰되는 운모편암의 모습들을 보여주고 있다. 사진에서 보는 바와 같이 엽리구조가 잘 발달되어 쉽게 쪼개지는 특성을 가지고 있으며, 암석강도는 손으로도 쉽게 부스러지는 매우 약한 상태임을 보여주고 있다.

그림 7-3. 현장에서 관찰되는 운모편암 사진

7.2.2 단층의 공학적 특성

가. 스러스트 단층의 지질구조적 특성

본 연구에서는 운모편암지역에서의 단층대를 규명하기 위하여 터널 주변지반에 대한 상세 지표지질조사를 실시하고, 터널시공 중 막장조사결과를 종합하여 터널구간에 대한 터널지질도를 작성하였다. 그 결과 그림 7-4에서 보는 바와 같이 본 단층대는 대규모 스러스트 단층 (thrust fault)의 특성을 보이는 것으로 확인되었다. 특히 스러스트 단층에서도 여러매의 단층이 중첩해서 나타나는 듀플렉스 모델로 추정되었다. 그림 7-5에는 갱내 막장관찰조사결과로부터 얻어진 터널지질도 및 터널막장에서 관찰된 단층의 사진을 보여주고 있다.

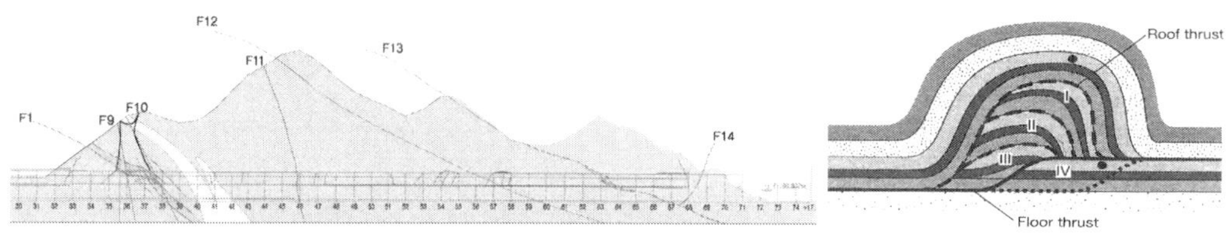

(a) 스러스트 단층을 포함한 지질종단도   (b) 스러스트 단층의 듀플렉스 모델

그림 7-4. 스러스트 단층의 지질구조적 특성

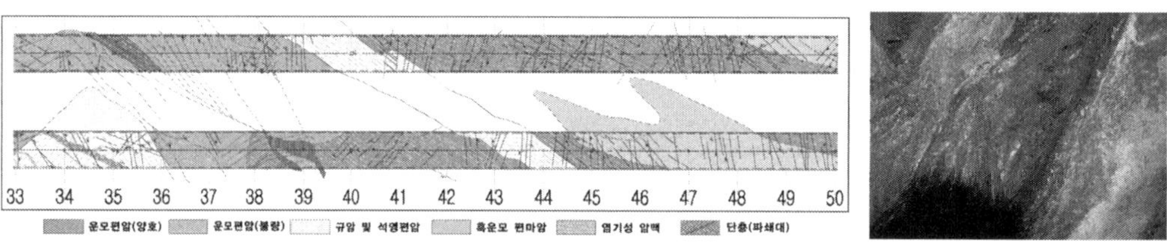

(a) 갱내지질도   (b) 터널막장-단층

그림 7-5. 갱내지질도에 나타난 운모편암과 스러스트 단층

나. 단층암의 공학적 특성

본 단층구간에서 나타난 단층가우지(fault gouge)는 그림 7-6에 나타난 바와 같이, XRD 분석결과 주로 녹니석 및 일라이트(50%)와 석영(40%)로 구성되어 있으며, 쉽게 부서지며 느슨해지는 광물특성을 보여주고 있다.

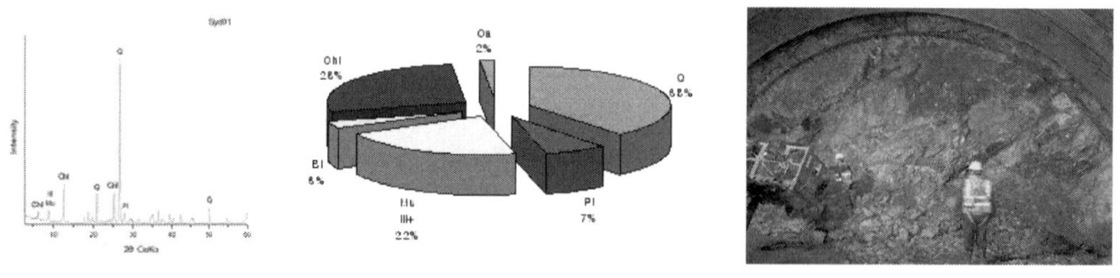

그림 7-6. 스러스트 단층 내 협재된 단층가우지 분석결과

또한 단층암(fault rock)의 공학적 특성을 분석하기 위한 각종 시험결과, 흡수팽창률은 0.004~0.161(%) 값의 범위를 보이고, 최대 0.161%의 비교적 큰 흡수 팽창성을 보이고 있다(그림 7-7(a)). 또한 슬레이킹시험 결과 신선한 암석과 보통 풍화등급의 암석은 내구성이 높고, 심한 풍화등급의 암석은 중간 정도의 내구성을 나타내었으며, 주로 엽리면을 따라 파괴가 발생하였다(그림 7-7(b)). 크립시험 결과 탄성 및 점성계수가 작고, 크립변형은 크게 나타났음을 확인하였다(그림 7-7(c)).

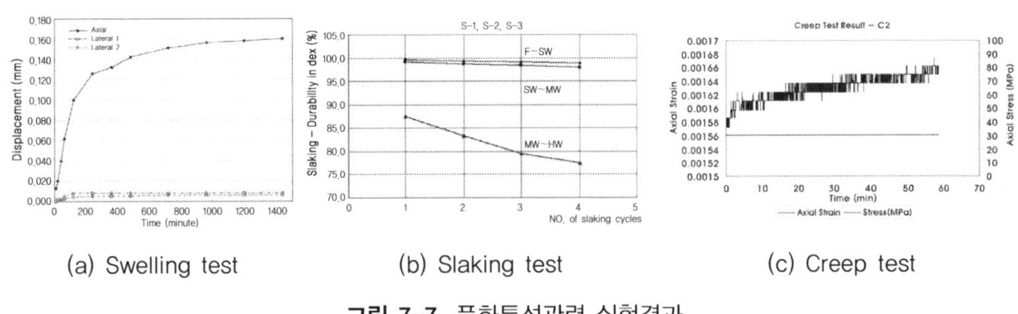

(a) Swelling test　　　　(b) Slaking test　　　　(c) Creep test

그림 7-7. 풍화특성관련 실험결과

다. 단층대의 분포특성

지표지질조사 및 시추조사결과 등으로부터, 단층대의 주향방향은 N70°W로 설정하였으며, 터널 지질전개도를 분석하여 결정하였다. 이후의 모든 분석은 이 주향방향을 기준으로 해석하였다.

단층대의 경사방향은 남서방향으로 설정하였고, 그림 7-8에서 보는 바와 같이 횡단면도 상

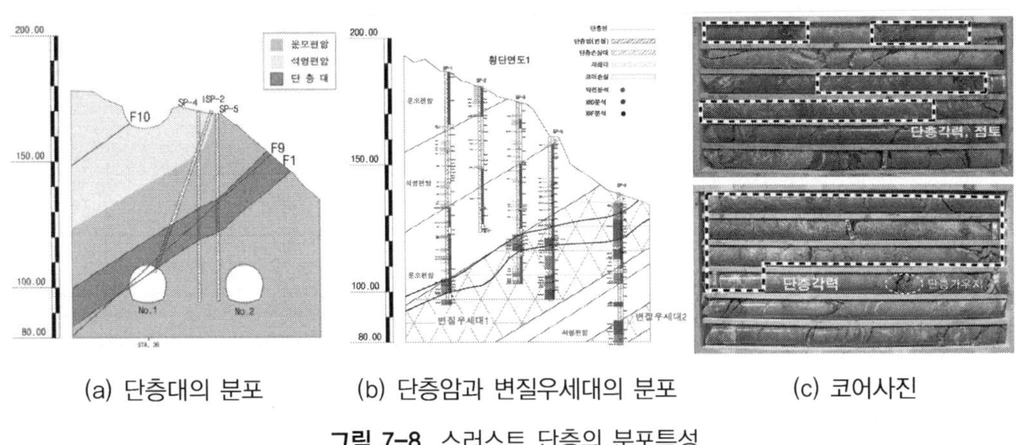

(a) 단층대의 분포　　　　(b) 단층암과 변질우세대의 분포　　　　(c) 코어사진

그림 7-8. 스러스트 단층의 분포특성

에서 시추공 SP-8 쪽에서 SP-1 방향으로 단층대가 경사져 있으며, SP-3, 6에서는 약 120m 이하에서 변질대가 분포하며, SP-4, 5에서는 약 140m 이하에서 변질대가 분포한다. N70°W 의 주향을 고려하고 위의 자료를 분석한 결과 단층대의 경사가 남서방향임을 판단할 수 있다.

또한 단층대를 상세 구분하여, 단층암(변질), 단층손상대 및 파쇄대로 구분하여 분석하였으며, 이와 같이 단층에 의해 영향을 많이 받은 존을 변질우세대로 표시하여 보강설계시 반영하였다.

7.3 낙반 원인 및 메커니즘 분석

7.3.1 낙반 원인 분석

낙반구간의 엽리구조는 본 구간에서 향사와 배사를 반복하는 습곡을 보이고 있으며, 이는 향사와 배사축부에 응력집중 현상을 유발시켰을 것으로 판단된다. 또한, 두터운 F1의 층상단층과 고각의 F9이 교차한 단층면을 따라 높이가 10m 정도인 쐐기형상의 암반이 1차적으로 숏크리트 파괴를 유발하였을 가능성을 확인하였다.

낙반구간의 모암은 운모편암으로 풍화에 쉽게 약화되는 물리적, 화학적 특성이 있고, 작은 충격에 의해서도 쉽게 영향을 받을 수 있는 구조로, 큰 변형을 수반하지 않고도 절리 간 결합력이 약화될 수 있는 특성을 보였다. 단층물질은 팽윤성 광물에 속하지 않아 지하수에 의한 팽창압을 유발시키지는 않았을 것이나, 지하수 침투에 의해 쉽게 붕괴되고, 이완되는 특성이 발견되었다. 전단강도 상실이 대부분 풍화가 심한 영역에 집중되고, 풍화도가 높은 지역의 취약한 강도로 인해 이 부분에 국부적인 이완대의 확장이 일어났을 것으로 추정된다.

낙반발생에 주요하게 작용하였을 것으로 판단되는 F9, F10 단층은 점토가 우세하여 투수성은 크지 않았을 것으로 판단된다. 그러나 두께가 10cm에 불과해 변형시 쉽게 파괴되어 차수성이 현저히 저하될 수 있으며, 점토가 협재된 고각의 단층대가 이완영역확대 및 낙반으로 파괴되어 경사유로가 수직으로 형성되면서 터널측벽으로 유입되었을 가능성을 시사한다. 또한 터널 내부로 지속적인 누수가 진행되고 있음을 확인해 준다. 누수는 일반적으로 주변 이완대 및 단층가우지의 Leaching을 유발하여 암반의 강도를 저하시키고 붕락이 용이한 Blocky한 구조를 야기하였을 것으로 판단된다.

그림 7-9에는 낙반구간의 지질구조적 특성과 이에 따른 낙반의 형상을 분석과 결과를 보여주고 있으며, 그림에서 보는 바와 같이 교차하는 단층과 물에 의한 열화가 낙반의 주요 원인임을 확인하였다.

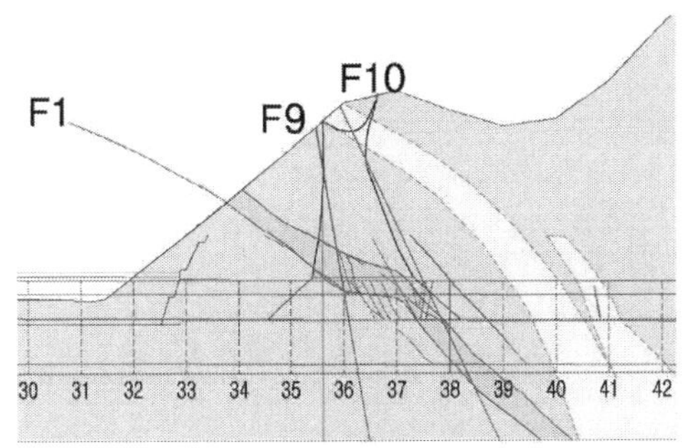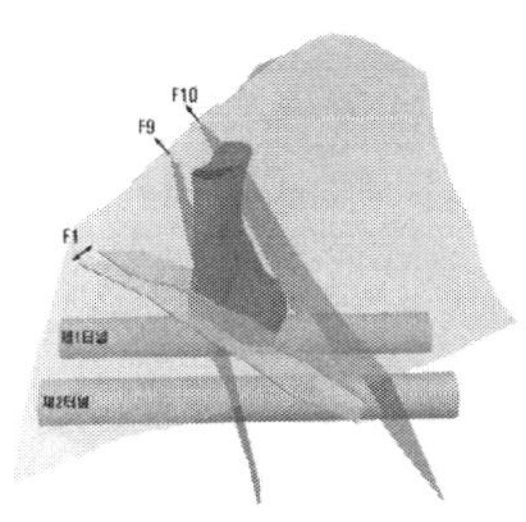

그림 7-9. 낙반구간 지질구조적 특성 및 낙반 형상 분석

7.3.2 낙반 메커니즘 분석

본 낙반은 낙반 전 현장에서 어떠한 이상 징후도 나타나지 않았음을 고려할 때 지반 내부적으로는 점진적인 열화가 장기간 지속되었으나 이로 인한 이완영역이 단층대와 상호 간섭됨으로서 과대지압이 단시간에 숏크리트에 작용하여 낙반으로 진행되었을 가능성이 크다.

이러한 낙반 메커니즘은 낙반부의 지질이 부분적으로 단층대에 점토가 협재되어 있지만 엽리간격이 매우 좁은 운모편암으로서 시간의존적인 거동특성이 지배적이 아니며, 운모편암의 절리 혹은 단층대가 공동, 혹은 큰 변위를 수반하지 않고도 이완될 수 있는 지질 구조적, 광물적 특징을 가지고 있고, 이러한 특징들이 우수침투로 인한 강성 및 강도의 상실작용과 상승작용을 일으킴으로서, 굴착시 느슨해진 이완영역을 통해 숏크리트에 현저한 변형없이 새로운 이완영역을 상부로 전파시켜(터널상부 약 10m) 단층구조와 만나 분리된 암괴가 숏크리트에 과대지압으로 작용하고, 이를 숏크리트가 견디지 못하여 단기간에 낙반에 이른 것으로 추정된다. 그림 7-10은 낙반 메커니즘을 나타낸 것이다.

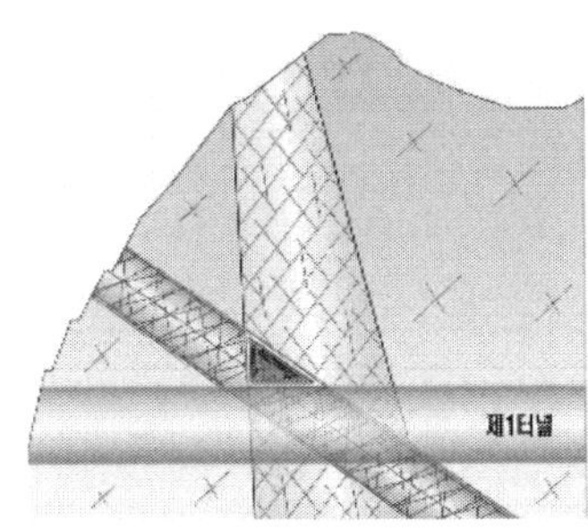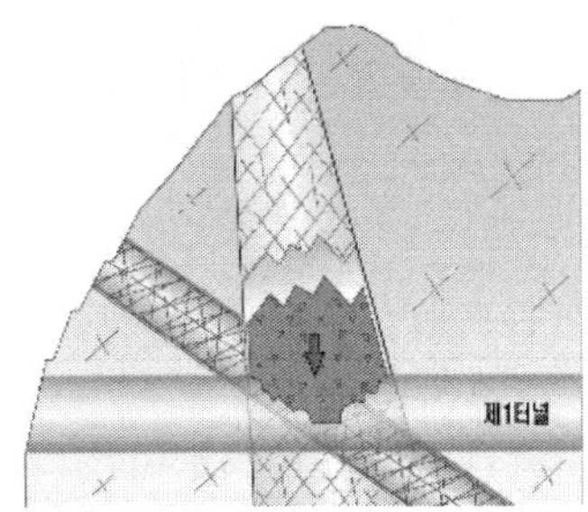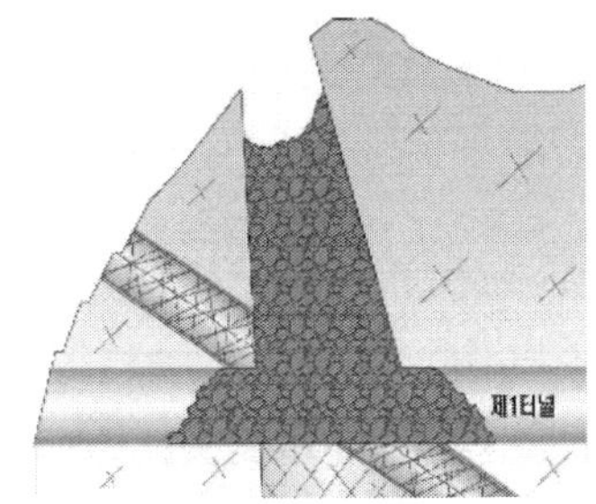

(a) 1단계-굴착 및 이완영역확대　　(b) 2단계-낙반발생 및 진행　　(c) 3단계-낙반확대 및 지표함몰

그림 7-10. 낙반 메커니즘

7.4 대단면 터널 굴착 및 보강설계

7.4.1 지상보강공법 검토

대규모 단층구간의 낙반구간에 대한 지상보강공법 검토시, 터널 상부지반의 지하수위 변화에 따른 전단강도 감소를 방지하기 위한 투수성 감소, 터널 굴착을 위해 지표까지 발생한 이완대 보강 및 원지반의 활동을 억지할 수 있는 보강공법을 적용하여 터널 굴착 및 장기적인 안정성 확보하고자 하였다.

표 7-1에서 보는 바와 같이 지상보강공법에 대한 비교검토결과, 지상보강공법 중 마이크로 파일은 구조적 보강으로 지반봉합 및 활동 방지 효과가 우수하나 주입을 통한 지반개량 및 일체화 효과를 기대하기 어렵고, 채움그라우팅은 보강 효과 및 시공성이 우수하나 대상구간에 균질한 주입이 곤란하여 취약구간 발생 가능성 및 원지반과 대상구간의 활동억지에 곤란한 문제점을 가지고 있다. 따라서 본 현장에서는 마이크로파일공법(보강재 삽입공법)과 채움그라우팅공법(지상주입공법), 두 가지 공법을 동시에 적용하는 효과를 가지는 충전뿌리 말뚝공법을 검토하였다.

표 7-1. 지상보강공법 비교

충전뿌리말뚝 (지상주입+보강재 삽입)	마이크로파일 (보강재 삽입공법)	채움그라우팅 (지상주입공법)
• 지표 천공 후 보강재를 삽입하고 시멘트밀크 압력 주입 • 천공경 : 125mm • 보강재 : 강관+철근 • 설치간격 : 2.5m • 주입재 : 시멘트밀크 • 다단 패커 주입 방식	• 터널 상부지표에서 천공 후 보강재를 삽입하고 공채움 주입 • 천공경 : 150mm • 보강재 : 철근 다발 또는 강봉, 강관 • 설치간격 : 2m • 단관 공채움 주입	• 터널 상부지표에서 천공 후 주입관을 설치하고 시멘트밀크 압력 주입 • 천공경 : 100mm • 주입관 : PE관 • 주입간격 : 2m • 주입재 : 시멘트 밀크 • 다단 패커 주입 방식

7.4.2 터널 내 보강공법 검토

낙반구간에 대한 갱내 보강공법은 보강규모 및 지반조건을 고려하여 안전한 시공이 되도록 검토하였으며, 각각의 보강공법은 상호 보완적인 성격으로 모든 공법(시멘트밀크 그라우팅,

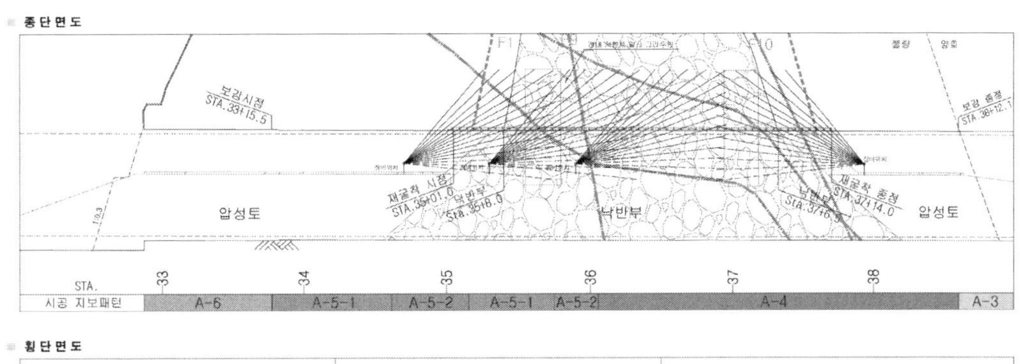

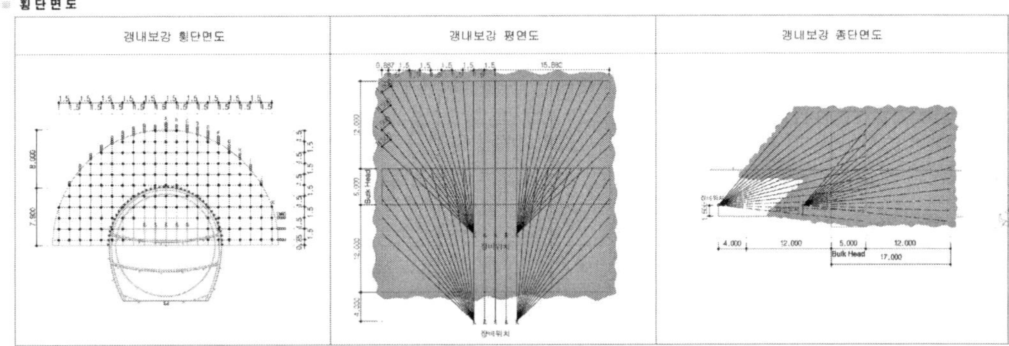

그림 7-11. 터널 내 보강 – 갱내그라우팅

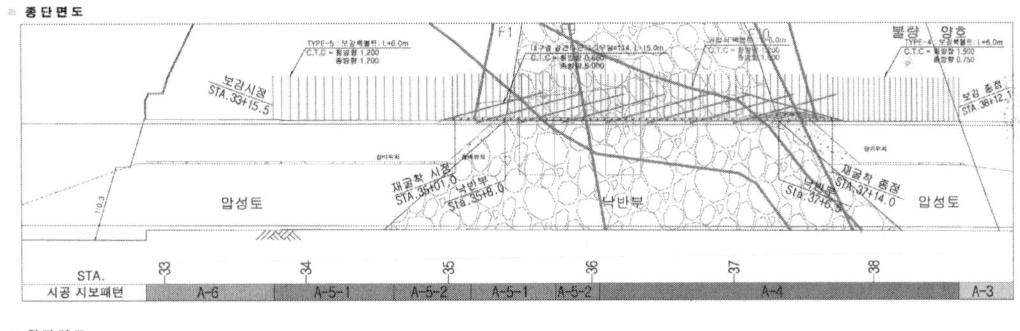

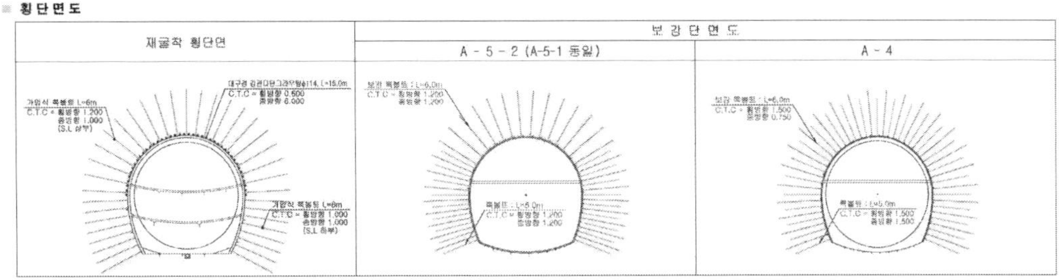

그림 7-12. 터널 내 보강 – 대구경 보강그라우팅

강관다단그라우팅, 훠폴링, 가압식 록볼트)을 재굴착 구간에 적용하였다. 또한 재굴착 구간에 인접한 보강구간에는 기존 지보재에 추가로 가압식 록볼트를 적용하였다.

터널 내 보강공법으로 적용된 갱내그라우팅은 그림 7-11에서 보는 바와 같이 상반 180° 영역을 보강영역으로 선정하였으며, 시점부에서 3번, 그리고 종점부에서 1번 총 4번의 그라우팅을 실시하도록 하였다. 또한 대구경강관보강 그라우팅은 그림 7-12에서 보는 바와 같이 주입각을 보다 상향으로 하여 천단부에 일정 범위에 보강영역이 확대하도록 하였다.

7.4.3 보강구간 선정

터널 내 낙반이 발생하는 경우, 낙반구간 주변에 상당한 변형을 수반하게 된다. 따라서 터널 보강설계시 이를 고려하여 낙반구간, 낙반영향구간 등에 대하여 검토하여야 한다. 본 검토에서는 지반조사 결과를 바탕으로 단층 및 변상구간을 참고하여 터널 보강구간을 선정하였으며, 보강량 및 보강형태는 지반조건에 따라 차별화하였다. 그림 7-13에서 보는 바와 같이 터널 재굴착 구간은 지질조사 결과, 지반이완이 발생한 구간으로, 낙반구간에서 약 0.5D 범위까지 선정하였으며, 낙반영향 보강구간은 낙반구간에서 1.5D 범위까지 선정하였으나, 지보패턴 및 지반조건을 고려하여 갱구측 약 10m, 출구부측 약 3m 보강구간을 확장하였다.

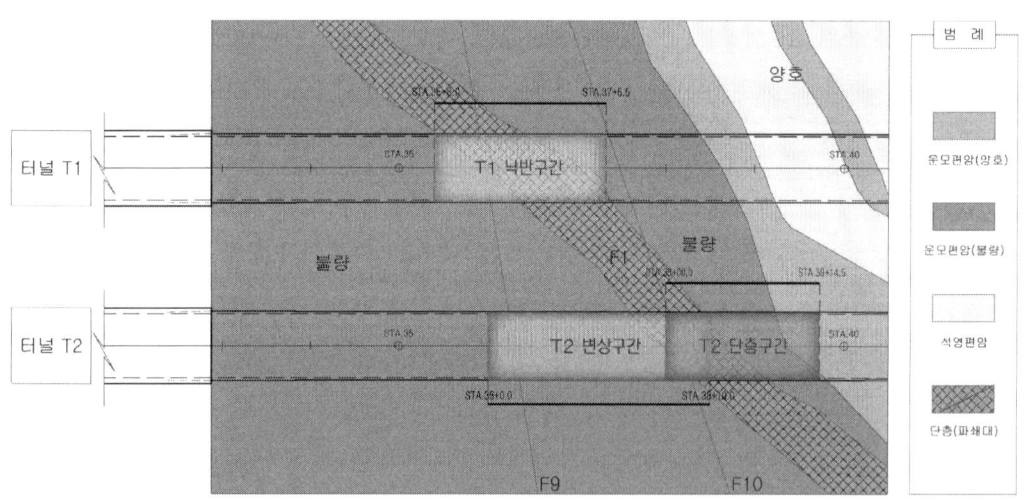

그림 7-13. 낙반구간 및 변상구간에 대한 보강구간 선정

따라서 T1터널의 경우 그림 7-14에서 보는 바와 같이 낙반구간을 포함한 재굴착 구간 및 낙반영향구간에 대한 추가보강구간으로 구분되며, T2터널의 경우 그림 7-15에서 보는 바와

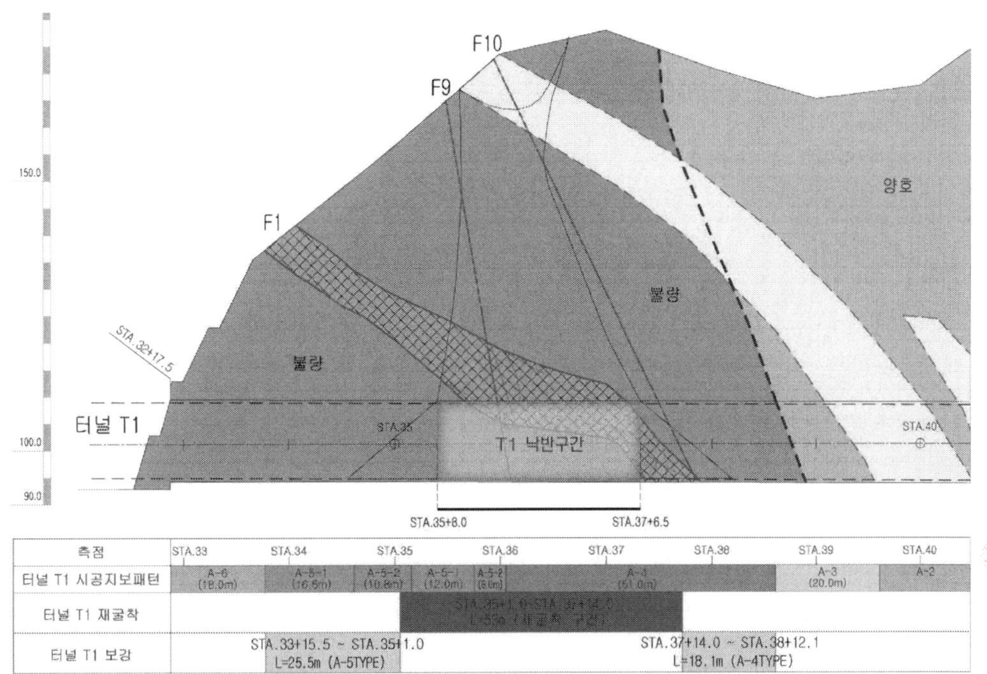

측점	STA.33	STA.34	STA.35	STA.36	STA.37	STA.38	STA.39	STA.40
터널 T1 시공지보패턴	A-6 (18.0m)	A-5-1 (16.5m)	A-5-2 (10.8m)	A-5-1 (12.0m) / A-5-2 (6.0m)	A-4 (51.0m)		A-3 (20.0m)	A-2
터널 T1 재굴착			STA.35+1.0~STA.37+14.0 L=53m (재굴착 구간)					
터널 T1 보강		STA.33+15.5 ~ STA.35+1.0 L=25.5m (A-5TYPE)			STA.37+14.0 ~ STA.38+12.1 L=18.1m (A-4TYPE)			

그림 7-14. T1 터널 내 재굴착구간 및 보강구간

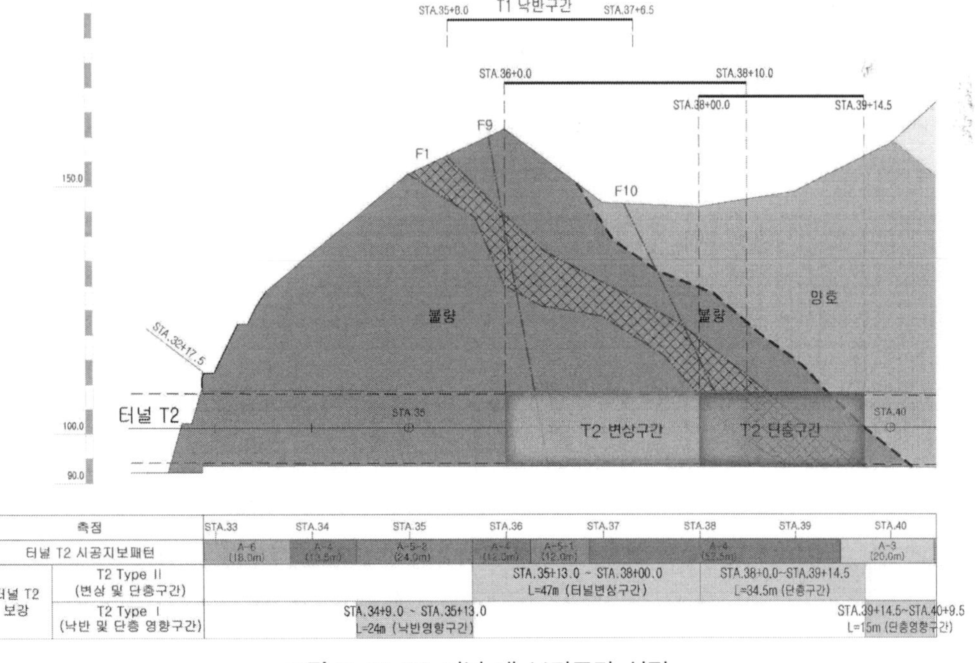

측점		STA.33	STA.34	STA.35	STA.36	STA.37	STA.38	STA.39	STA.40
터널 T2 시공지보패턴		A-6 (18.0m)	A-4 (13.5m)	A-5-2 (24.0m)	A-4 (12.0m) / A-5-1 (12.0m)	A-4 (52.5m)			A-3 (20.0m)
터널 T2 보강	T2 Type II (변상 및 단층구간)				STA.35+13.0 ~ STA.38+00.0 L=47m (터널변상구간)		STA.38+0.0~STA.39+14.5 L=34.5m (단층구간)		
	T2 Type I (낙반 및 단층 영향구간)		STA.34+9.0 ~ STA.35+13.0 L=24m (낙반영향구간)					STA.39+14.5~STA.40+9.5 L=15m (단층영향구간)	

그림 7-15. T2 터널 내 보강구간 선정

같이 터널변상구간 및 단층대가 통과하는 단층구간 그리고 낙반영향구간 및 단층영향구간으로 구분하여 보강구간을 선정하고, 지반상태, 기지보시공 상태 및 변상 정도에 따라 지보패턴을 설계하였다.

7.4.4 표준지보 패턴

낙반구간의 재굴착구간에 대한 표준지보패턴은 표2에서 보는 바와 같이 굴진장은 1.0m이고, 3분할 분할굴착공법을 적용하였으며, 매 굴착단계별로 가인버터 20cm를 시공하도록 하였다. 숏크리트는 강섬유보강 숏크리트, 록볼트는 가압식 록볼트를 설계에 반영하였다. 콘크리트 라이닝은 60cm 두께의 철근콘크리트를 적용하였다.

표 7-2. 터널 내 지보 및 보강

표준지보패턴	지 보 패 턴 표		
	굴 진 장(m)		1.0 m
	숏크리트(cm)	본 선	30 cm
		가인버트	20 cm
	록볼트(m)	기존	길 이	–
			횡간격	–
			종간격	–
		가압식	길 이	6.0 m
			횡간격	1.0 m~1.2m
			종간격	1.0 m
	보조 공법		대구경 강관다단 그라우팅

7.4.5 대단면 터널의 안정성 검토

가. 2차원 해석결과 분석

터널 안정성에 대한 2차원해석 결과, 재굴착 구간의 변위는 초기단계에서 천단부 변위가 증가하고 점차 수렴하여 최대 10mm 정도 발생되는 것으로 산정되었다. T2의 경우 T1 굴착에 의한 영향으로 측벽부가 초기 감소하다 다시 증가하여 수렴되는 것으로 나타났다.

또한 천단부 최대 변위는 T1에서 9.96mm, T2에서 2.37mm 발생하였으며, 측벽부 최대 변위는 T1에서 7.17mm, T2에서 3.93mm가 발생하였다.

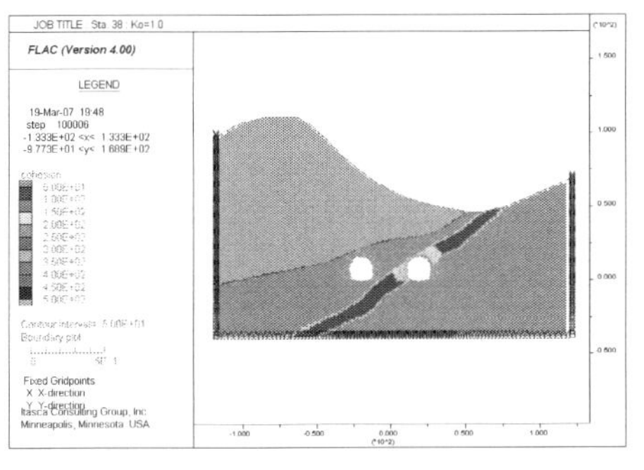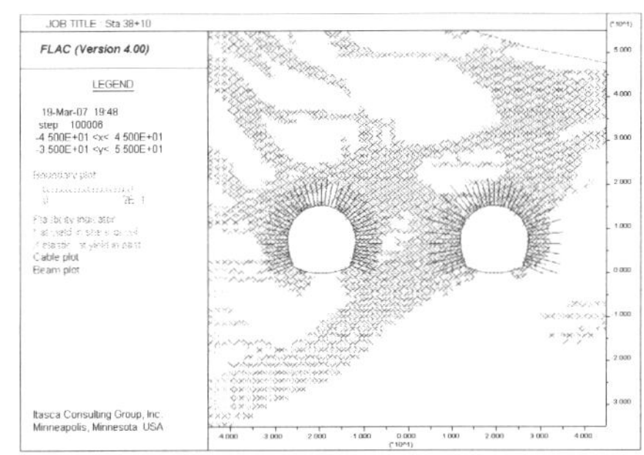

그림 7-16. 2차원해석모델 및 해석결과

나. 3차원 해석결과 분석

터널안정성에 대한 3차원 해석결과 터널에서의 최대변위는 천정부에서 6.63mm로 산정되었으며, 단층통과부에서 4.11mm로 산정되어 터널의 안정에는 문제가 없을 것으로 판단되었다. 숏크리트 응력은 T1터널 구간에서 3.81MPa, T2터널구간에서 단층이 통과하는 구간에서

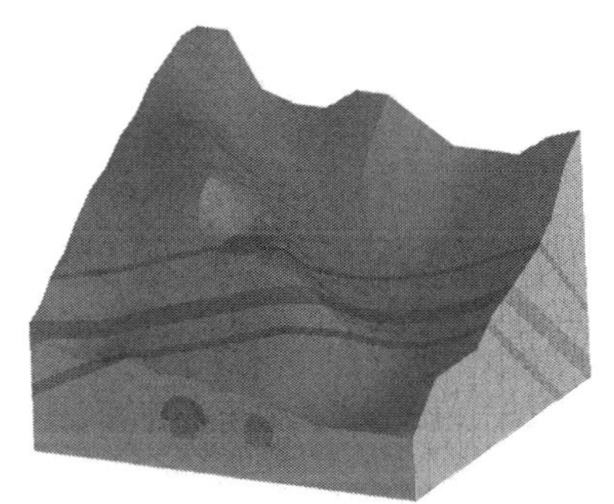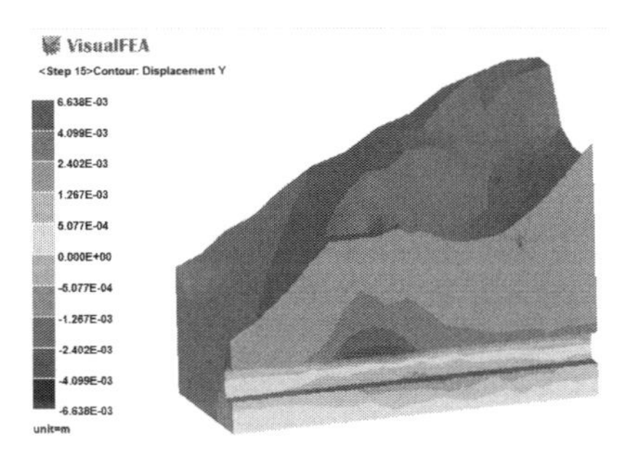

그림 7-17. 3차원해석 모델 및 해석결과

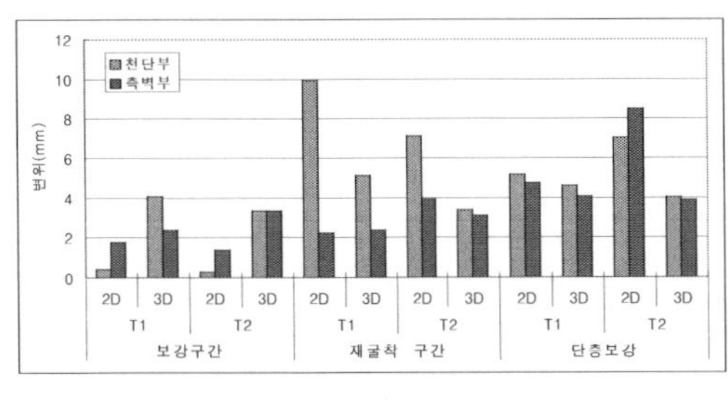
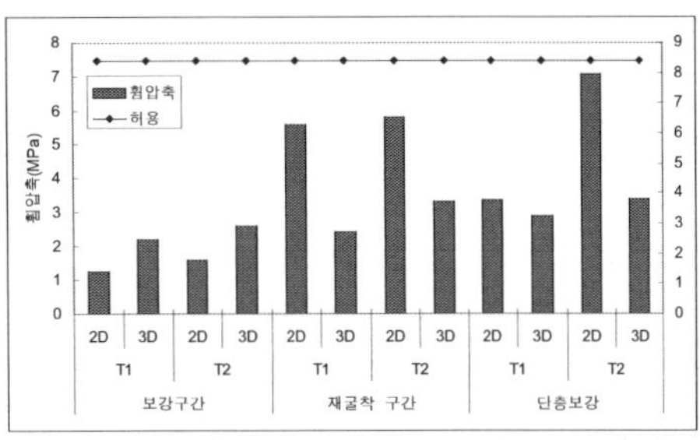

(a) 변위   (b)숏크리트 휨압축응력

그림 7-18. 터널안정성 해석 결과

3.95MPa로 허용 8.4MPa 이하로 안정할 것으로 판단되었다. 축력은 기존 록볼트 28.7kN(허용 86kN), 가압식록볼트 107.8kN(허용 116kN), 충전뿌리말뚝 79.8kN(허용 300kN)으로 안정한 것으로 판단되었다.

7.5 대단면 터널 재굴착 및 시공

7.5.1 지상 보강 및 터널 내 보강

낙반구간에 대한 보강공법으로 크게 지상보강공사와 갱내보강공사로 구분하여 시공하였다. 먼저 지상보강공사로는 충전뿌리말뚝공법으로 적용하였다. 본 공법은 지반침하 등이 발생한 지역에서 보강공법으로 많이 사용된 공법으로 시공현황은 다음과 같으며 사진 7-1과 사진 7-2에 시공과정이 나타나 있다.

- 보강목적 : 지상 그라우팅 및 보강재(강관+철근) 삽입을 통해, 원지반과 이완지반 일체화
- 보강사양 : 충전뿌리말뚝(천공 Φ125mm, 공간격 2.5m)
- 보강재(강관 Φ60.5mm, 철근 H22 4EA), 시멘트밀크 그라우팅
- 보강수량 : 324공 (1터널 309공, 2터널 15공), 주입량 15천m^3('07.9.14일 완료)
- 덮개콘크리트('07.10.18일), 성토/수목식재('08.5월) 완료

본 공법을 시공 후 보강여부를 확인하기 위하여 낙반구간에 대한 확인시추를 시추하여 실시하였으며, 그 결과 낙반구간 주변에 보강이 매우 밀실하게 이루어졌음을 확인하였다.

낙반구간에 대한 갱내보강공사로는 먼저 낙반구간은 벌크헤드를 만든 후 시멘트밀크 그라우팅을 실시하여 낙반된 암괴를 보강하였다. 사진 3은 벌크헤드에 그라우트 주입공을 표시한 모습으로 그라우트가 방사형 모양으로 터널주변 낙반구간이 골고루 보강되도록 실시하였으

사진 7-1. 지상보강 –충전뿌리말뚝

사진 7-2. 지상보상공사 – 덮개콘크리트

사진 7-3. 갱내보강 - 시멘트밀크 그라우팅

사진 7-4. 갱내보강 - 대구경강관보강그라우팅

며, 사진 4에서 보는 바와 같이 터널천단부에 대구경강관 보강그라우팅을 실시한 후 재굴착을 실시하게 된다. 또한 낙반에 의해 영향을 받은 구간은 숏크리트와 가압식 록볼트를 시공하여 추가적으로 보강을 실시하였으며, 낙반에 의해 영향을 받은 T2터널에 대한 보강공사도 동시에 진행하였다.

7.5.2 터널 재굴착 및 지보

낙반구간에 대한 지상보강 및 갱내보강공사를 실시한 후 터널 재굴착을 실시하였다. 재굴착은 낙반구간의 특수성을 고려하여 사진 7-5에서 보는 바와 같이 브레카를 이용한 기계굴착을 실시하였다. 사진 7-6은 재굴착과정에 나타나 막장에서 그라우트체와 암편으로 모습으로 그라우트에 의한 터널보강이 매우 밀실하게 잘 이루어졌음을 확인할 수 있었다. 또한 사진 7-7에서 보는 바와 같이 낙반구간에서 기시공된 격자지보와 강관 등의 지보재와 보강재 등이 굴착 중에 나타났다.

굴착 후에는 사진 7-8과 사진 7-9에서 보는 바와 같이 H250의 강지보재를 설치하고, 두께 30cm의 강섬유보강 숏크리트와 6m 길이의 가압식 록볼트를 시공하였다. 또한 터널의 안정성을 확보하기 위하여 3분할 분할굴착을 실시하고 단계별 굴착이 완료된 후 가인버트를 설치하여 굴착중 터널 안정성을 확보하였다.

굴착 중 계측변위는 5mm 이하로 매우 적게 나타나 터널안정성을 확인할 수 있었으며, 지보가 완료된 후 사진 7-10에서 보는 바와 같이 콘크리트라이닝을 시공하여 재굴착 및 보강공사를 완료하였다.

사진 7-5. 낙반부 굴착 – 기계굴착

사진 7-6. 낙반부 굴착 – 그라우트와 암편

사진 7-7. 낙반부 굴착 – 기시공된 지보재

사진 7-8. 지보설치 – 강지보/숏크리트

사진 7-9. 지보설치 – 가압식 록볼트

사진 7-10. 콘크리트 라이닝 시공

7.6 결 론

본 연구에서는 운모편암지역에서의 스러스트 단층대를 통과하는 대단면 터널을 안전하게 시공하기 위하여, 다양한 지반조사를 통하여 단층의 구조지질적 분포 특성 및 편암의 공학적 특성을 분석하고 이를 바탕으로 대단면 터널의 지보 및 보강대책을 검토하였다. 그 결과를 요약하면 다음과 같다.

1) 지질조사결과, 3개의 주요 단층이 발달해 있으며 여러 매의 단층이 겹쳐서 나타나는 스러스트 단층으로 파악되었다. 단층대를 단층암(변질), 단층손상대 및 파쇄대로 구분하였으며, 보강설계시 반영하였다.

2) 단층암 및 단층가우지에 대한 공학적 특성분석결과, 풍화에 취약하고 수분에 의해 쉽게 열화되는 특성을 가지고 있음을 확인하였으며, 우기시 지표수가 원지반에 유입될 경우 터널 구간의 안정성 저하요인으로 작용할 수 있음으로 이에 대한 보강대책이 필요할 것으로 판단된다.

3) 낙반원인과 메커니즘 분석결과, 운모편암 내 교차하게 발달한 스러스트 단층 내 단층가우지가 장기간의 지하수에 의한 열화변질이 발생하여 1차 지보재의 지보하중을 초과하여 돌발적으로 낙반이 발생하고, 확대하여 지표함몰에 이르는 것으로 조사되었다.

3) 낙반구간에 대한 보강공법 검토 결과, 지상보강공법으로는 충전뿌리말뚝공법을 적용하여 이완된 지반을 일체화하고 원지반과 낙반대의 활동에 저항하도록 하였다. 또한 터널 내 보강공법으로는 시멘트밀크 그라우팅, 대구경 강관다단 그라우팅을 적용하여 지보력을 증대하고 굴착 중 변위를 억지하여 터널의 안정성 확보하였다.

4) 터널 변상 및 단층구간에서는 가압식 록볼트와 강관보강그라우팅을 적용하고, 낙반 영향구간에서 가압식 록볼트를 적용하여 터널의 안정성 확보하였다.

5) 수치해석에 의한 터널 안정성을 검토한 결과, 지반보강 및 재굴착 중 터널의 안정성 확보가 가능한 것으로 분석되었으며, 본 구간에 적용된 보강 및 지보패턴 설계가 적정함을 확인하였다.

6) 낙반구간에 대한 지강보강 및 갱내보강 공사 후 기계굴착에 의한 재굴착과 지보공을 시공하여 안전하게 시공할 수 있었다.

08 편암에서의 사면붕괴 및 보강

❙ 강 인 규

8.1 서 론

본 사례는 흑운모 편마암 및 편암이 교호된 호상구조의 지층에서 2006년 4월 8일에 비탈면 절취작업을 시작한 이후 2006년 4월~2008년 7월에 걸쳐 총 3회의 붕괴가 발생한 사례로 보강된 비탈면 상부에서 약 100m 상단까지 파쇄대가 발달해 있어 이 부분의 활동으로 대규모 붕괴가 발생한 사례이다. 이같은 대규모 붕괴는 연암층 내에 기 설계에서 예상하지 못했던 파쇄대층이 비탈면 정상부에서 하부까지 존재하여 이 층을 따라서 강우로 인한 침투수가 파쇄대층의 전단강도를 저하시켜 대규모 붕괴가 발생한 것으로 판단되었다. 본 사례현장에 적용한 비탈면 보강공법은 비탈면경사 완화(1:1.5) + 억지말뚝 + 영구앵커의 공법을 적용하였으며, 비탈면하부의 압성토 효과를 위하여 개착터널을 연장하는 방안이 적용되었다. 또한 연암층 내의 파쇄대층을 따라 비탈면활동이 발생한 것으로 판단되어 파쇄대층에 대한 보강그라우팅이 실시되었으며 터널의 토피고가 낮은 구간은 터널안정을 위하여 보강그라우팅이 실시되었다.

8.2 현 황

8.2.1 지질현황

본 사례 현장의 지질은 흑운모 편마암 및 편암류, 결정질석회암 등으로 구성되는 의암층군 내의 창촌리층으로 이러한 흑운모 편마암 및 편암은 석영과 장석을 주성분으로 하는 우백대와 운모류를 주성분으로 하는 우흑대에 의해 서로 교호된 호상구조에 의한 엽리가 발달하며 이 엽리면을 따라 절리가 발달하는 것이 특징이다. 또한 의암규암층은 주로 회색 내지 회백색의 규암으로 구성되어 풍화와 침식에 강한 것이 특징이며, 창촌리층은 춘천분지의 내측 외륜에 따라 넓게 분포하며, 흔히 춘천화강암과 관입접촉관계를 이루고 있다. 이 층은 호상흑운모편마암이 주를 이루며, 부분적으로 결정질석회암, 각섬암, 규암 등을 협재하고 있다.

8.2.2 1차 붕괴현황

시점 갱구부 비탈면 절취는 2006년 4월 8일에 착수하였으며 2006년 4월 21일에 갱구부 비탈면에 붕괴가 발생하여 시공 중 비탈면 보강을 시행하였다. 갱구부 비탈면 활동이 발생함에 따라 확인 보링 및 안정성 검토를 실시하였고 갱구부 보강작업을 2006년 8월 3일에 지반조사를 실시하여 갱구부 비탈면에 각 1개씩(CB-6, 7) 총 2개의 시추공조사를 실시하였으며 시추주상도 자료를 근거하여 지층단면을 설정하고, 각 단면에 대한 활동면을 추정하였다.

그림 8-1. 비탈면 활동발생 전경

갱구부 비탈면에 대한 보강 방안으로 터널 진행방향으로 5m 이동 후 예상되는 특정 파괴면에 의해서 붕괴가 발생될 가능성이 있으므로 앵커를 보강하였다. 또한 표면부의 세굴 및 유실에 대비하기 위해 전면부에 암취부 녹화공을 실시하였다.

그림 8-2. 시점부 갱구 보강전경

8.2.3 2차 붕괴현황

갱구부 바탈면이 붕괴된 구간의 지질은 풍화에 취약한 편암이고 파쇄대가 협재하고 있는 구간으로서 비탈면 보강 설계시 갱구부에서 시행한 시추조사결과를 토대로 파쇄대층을 지표 하부 약 13m 지점에서 비탈면 경사와 평행하게 발달된 점토물이 협재된 1.0m 두께 정도의 불연속면으로 추정하고 앵커를 보강하였다. 비탈면 상단에서 수행한 시추조사결과에서는 파 쇄대층이 설계추정치보다 약 10m 하부 심도에서 비탈면 경사방향과 평행하게 비탈면 전체에 발달하고 파쇄대 두께는 비탈면 상부에서 최소 2m, 비탈면 하단 갱구입구부에서 최대 6~7m 로 넓어지는 형태로 두텁게 분포되어 있어 앵커와 분리된 상태이므로 장시간 집중호우시 유입 수 등에 의해 파쇄대층의 전단저항력이 상실되어 터널에 하중으로 작용하였을 가능성이 가장

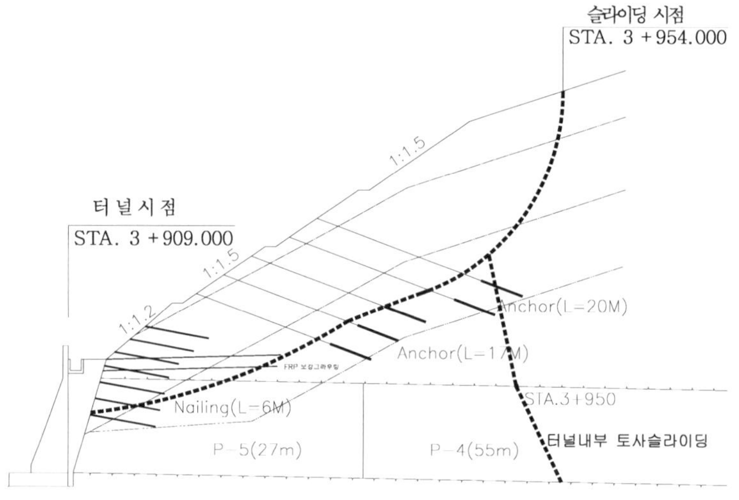

그림 8-3. 2차 붕괴에 의한 종단도

그림 8-4. 갱구 비탈면 2차 붕괴 현장전경

높으며, 이러한 현상이 붕괴의 주요인으로 추정된다.

터널이 동시에 붕괴된 상황은 주요 유수경로인 파쇄대층이 터널천단에 상호 수평적으로 연결되어 있어 집중호우에 의한 파쇄대의 전단저항력 상실 현상이 동시에 발생하여 초래된 것으로 추정된다.

(1) 발견일시 : 2007년 8월 10일 7시 20분경
(2) 피해상황 : 연장 21m, 높이 27m, 깊이 10m(체적 약 5,700m^3)

8.2.3 3차 붕괴현황

갱구부 비탈면에 5일간(2008. 7.13~25)지속된 집중호우(총강우량 414.2mm)로 인해 비탈면 활동이 발생하였다. 또한 비탈면 산마루 측구 최상단에서 50~100m 떨어진 상부 자연 비탈면에 인장균열이 발생한 상태이며, 인장균열은 폭 80cm, 깊이 150cm 정도로 발생하였다.

(1) 발견일시 : 2008년 07월 25일 06시 18분경
(2) 시공현황 : 어스앵커(총 402개소 중 375개 시공완료), 지반보강 그라우팅(총 154공 시공완료), 비탈면 녹화(총 9단 중 6단 취부공 완료)
(3) 붕괴규모 : 연장 70m, 폭 60m, 깊이 7m(체적 약 29,400m^3)

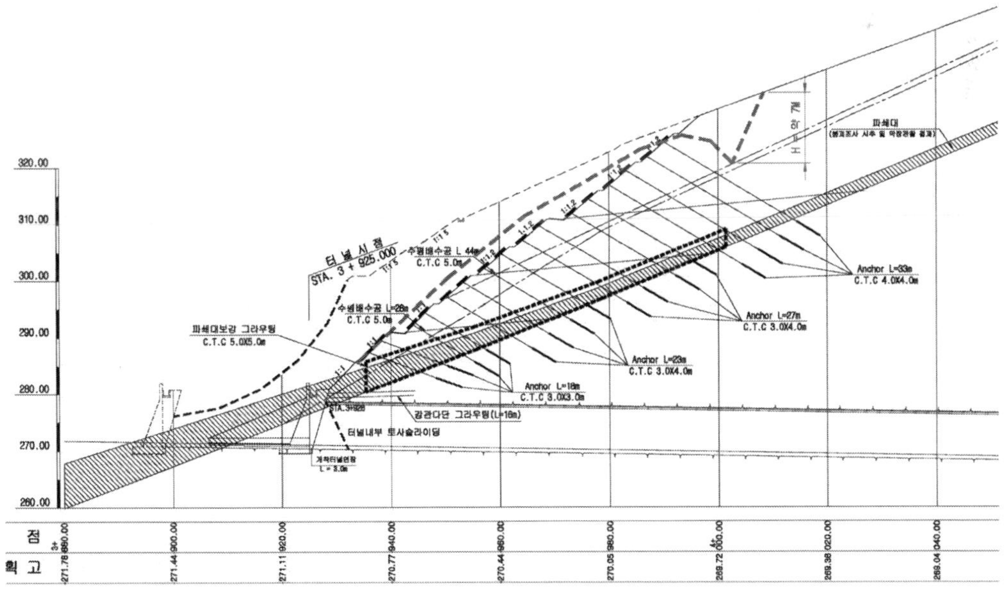

그림 8-5. 3차 붕괴에 의한 평면도 및 단면도

(a) 붕괴 전

(b) 붕괴 후

그림 8-6. 갱구 비탈면 3차 붕괴사진

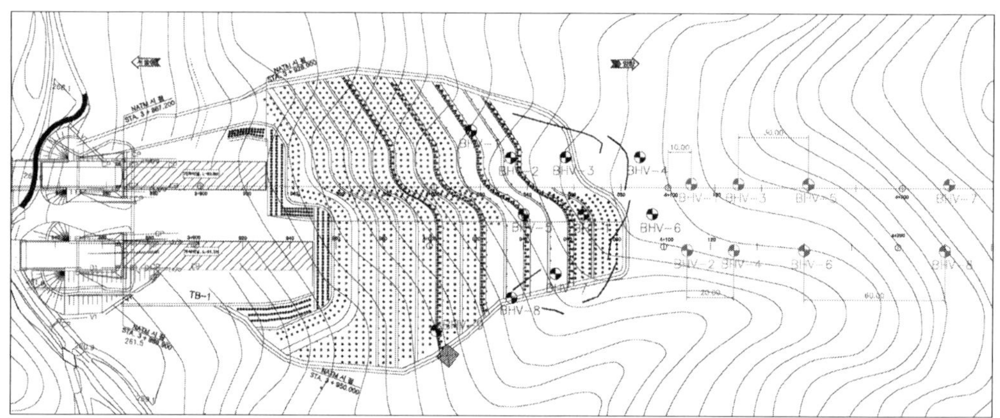
(a) 평면도

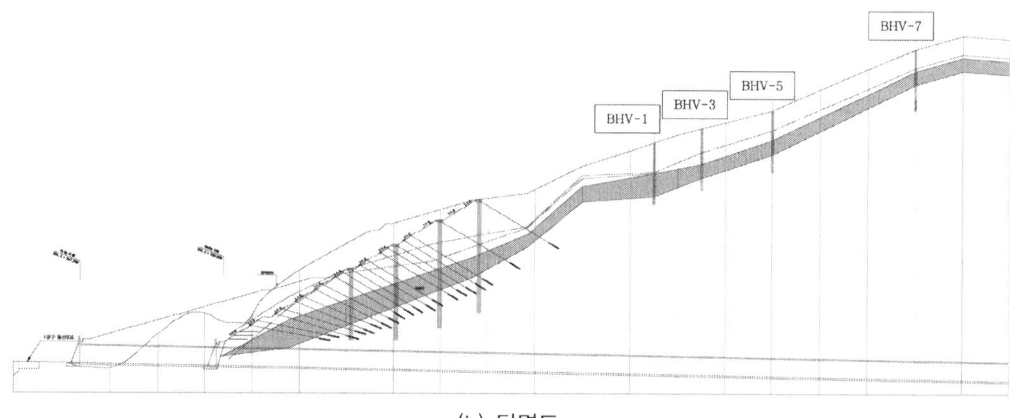

(b) 단면도

그림 8-7. 갱구부 비탈면 보강계획 평면도 및 단면도

8.3 보강대책

8.3.1 비탈면 보강계획

비탈면 보강을 위하여 비탈면경사 완화(1:1.5) + 억지말뚝 + 영구앵커의 공법을 적용하였으며, 비탈면하부의 압성토 효과를 위하여 개착터널을 계획하였다.

갱구부 비탈면의 활동이 연암층 내에 존재하는 파쇄대층을 따라 발생한 것으로 판단되어

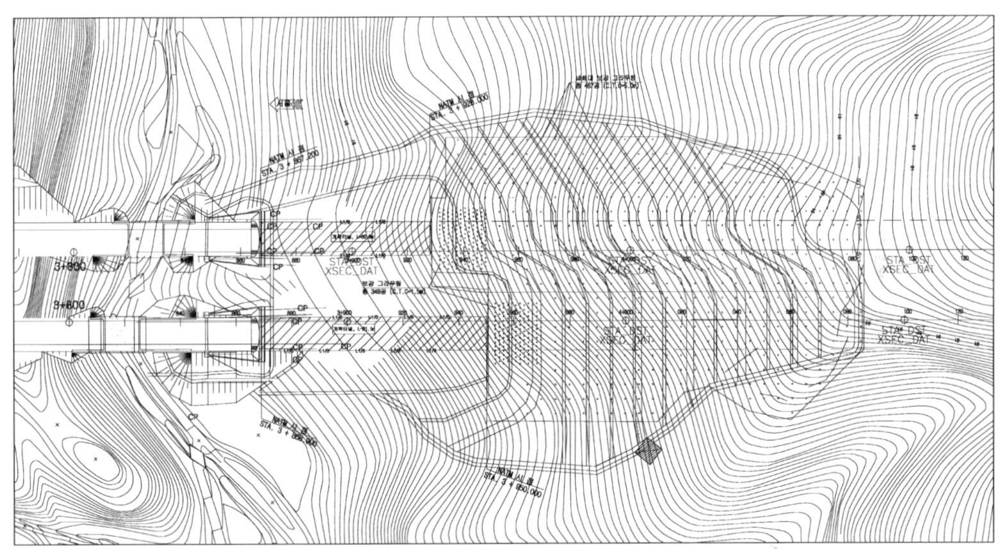

(a) 평면도

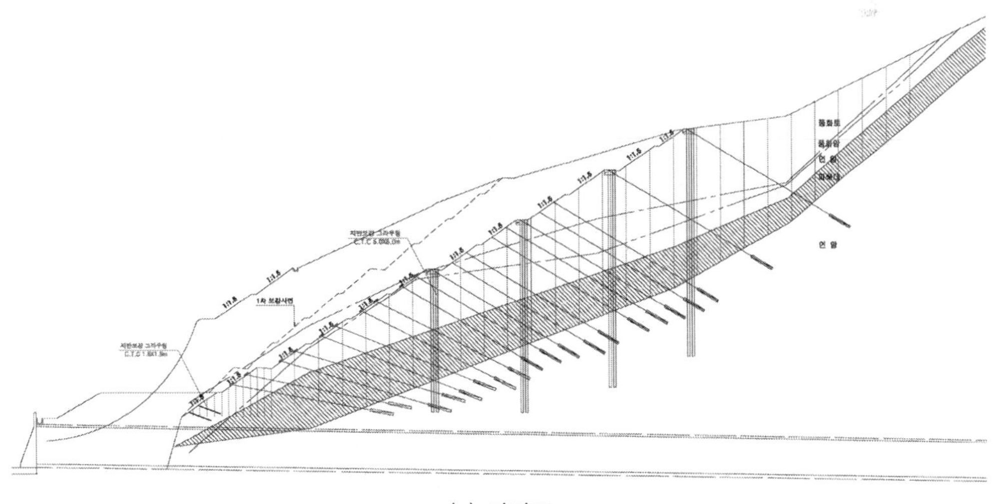

(b) 단면도

그림 8-8. 갱구부 비탈면 지반보강 그라우팅 평면도 및 단면도

파쇄대층에 대한 보강그라우팅을 계획하였으며, 터널의 토피고가 낮은 구간은 터널안정을 위하여 그라우팅을 촘촘하게 시공하도록 계획하였다. 지반보강 그라우팅 평면도 및 단면도는 그림 8-8과 같다.

8.3.2 한계평형해석에 의한 검토

비탈면 보강안은 비탈면경사를 1:1.5로 절취하고 억지말뚝(L=29~46m, C.T.C 2.5m) 및 영구앵커(L=32~40m, C.T.C 2.5m)로 보강하는 방안으로서 비탈면보강과 터널 록볼트의 간섭을 피하기 위하여 하부 앵커의 경사를 다양하게 하였으며, 하부에 압성토 효과를 위하여 개착터널(L=45.8m)을 계획하였고, 파쇄대을 따라 흐르는 지하수를 배제하기 위하여 수평배수공을 설치하였다.

또한, 한계평형해석을 위한 억지말뚝 및 영구앵커의 제원은 표 8-1과 같으며, 이에 대한

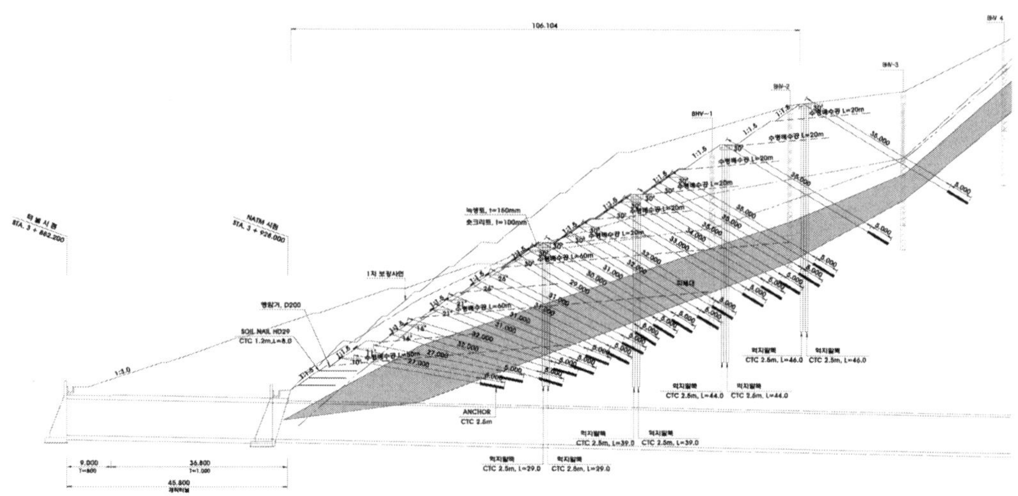

그림 8-9. 대표단면

표 8-1. 억지말뚝 및 영구앵커의 제원

구 분	억지말뚝	영구앵커	비 고
보강재	강관(ϕ508mm, t=12mm) + H-300×300×10×15	영구앵커(ϕ12.7×5)	
길 이	29~46m(C.T.C 2.5m)	32~40m (C.T.C 2.5m, 정착장 5.0m)	
설계력	$S_{pile} = \tau_{sa} \times A_s = 800 \times 306.8 = 245.4\,t\,f$ 여기서, τ_a:허용전단응력(= 800kgf/cm^2) A_s:억지말뚝의 단면적(=306.8cm^2)	설계인장력, $T_d = 50.0$tonf	

한계평형해석결과는 그림 8-10과 같다.

본 검토에서 적용한 지반강도정수는 표 8-2와 같으며, 파쇄대의 점착력 및 내부마찰각은 활동파괴가 발생한 붕괴구간은 최대 전단강도의 2/3 정도에 해당하는 잔류 전단강도 개념으로 강도정수를 감소시켜 해석에 적용하였으며, 활동파괴가 발생하지 안은 미붕괴구간은 최대 전단강도를 적용시켜 해석에 사용하였다.

표 8-2. 해석에 사용한 지반특성치

지 층		단위중량 (tf/m^3)	점착력 (MPa)	내부마찰각 (°)	비 고
풍 화 토		1.78	0.018	24	
풍 화 암		2.10	0.021	31.4	
연 암		2.64	0.23	41	
파쇄대	인장균열 내측 사면부	1.90	0.0127	19.5	붕괴구간
	인장균열 외측 사면부	1.90	0.019	28	미붕괴구간

$S = c^* + \sigma\tan\phi^*$ 에서 지반의 전단강도(S)를 2/3로 낮춤.
※ 파쇄대층의 $c^* = 0.019\text{MPa} \times 2/3 = 0.0127\text{MPa}$
※ 파쇄대층의 $\phi^* = \tan{-1}(\tan\phi \times 2/3) = 19.5°$

비탈면 안정해석에 있어서 억지말뚝의 저항력은 지반이완이 발생된 현지반 비탈면에 보강이 이루어지므로 전단력만을 고려하였으며, 개착터널 및 압성토 시공 중 갱구사면의 공사 중 단기 사면안정해석결과 안전율은 상부 자연사면의 경우(그림 8-10 참조) 현 상태에 대해서

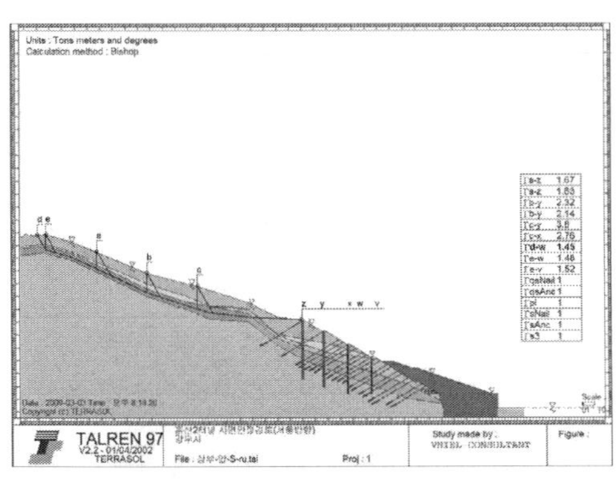

(a) 비원호활동

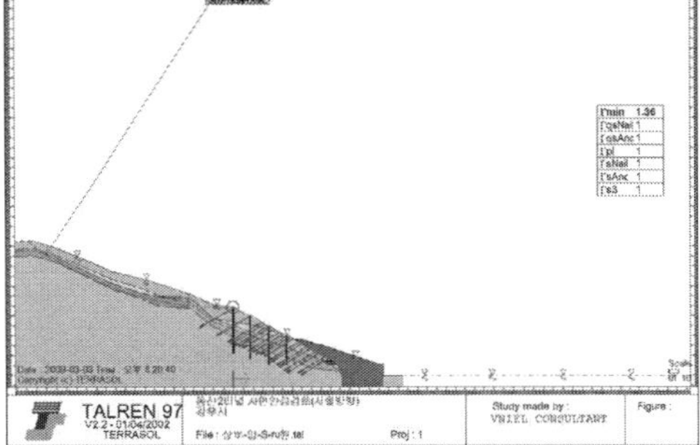

(b) 원호활동

그림 8-10. 공사 중 단기 사면안정성 검토결과(상부사면)

우기시 1.36~1.45로 장기안정시 설계기준안전율 1.2 이상을 만족하고 있어 추가 보강은 필요치 않을 것으로 판단되며 하부사면의 경우(그림 8-11 참조) 우기시 1.15~1.19로 단기안정시 설계기준안전율 1.0 이상을 만족하고 있는 것으로 평가되었다. 또한 최정상부를 파괴시점으로 하는 활동면에 대해서는 우기시 1.02로 단기안정시의 설계기준안전율 1.0 이상을 만족하고 있는 것으로 평가되었다(그림 8-12 참조).

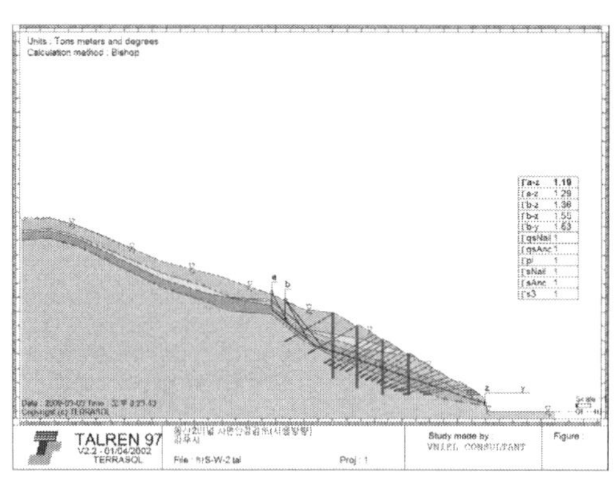

| (a) 비원호활동 | (b) 원호활동 |

그림 8-11. 공사 중 단기 사면안정성 검토결과(하부사면)

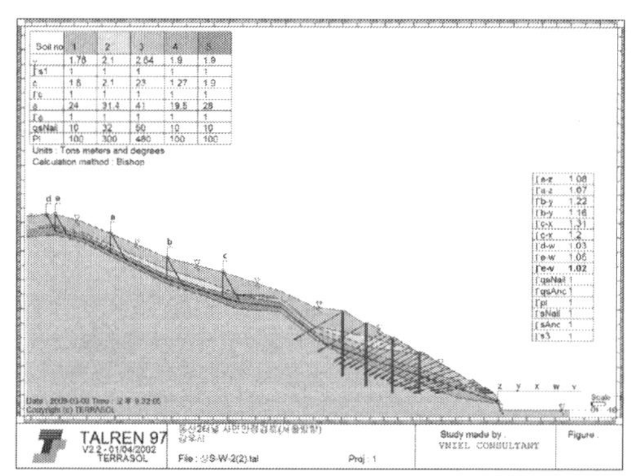

그림 8-12. 공사 중 단기 사면안정성 검토결과(전체사면)

　　압성토 완료 후 갱구사면에 대한 장기 사면안정성 검토를 위해 압성토부 성토사면에 대한 사면안정성을 해석한 결과 우기시의 안전율이 1.22로 설계기준안전율(1.2 이상)을 만족하여 안정한 것으로 나타났으며, 압성토부 상부사면에 대한 사면안정 및 압성토부를 포함한 전체사면에 대한 사면안정 해석결과 우기시의 안전율이 각각 2.01 및 1.27로서 설계기준안전율(1.2 이상)을 만족하여 안정한 것으로 나타났다.

압성토 이후 압성토면 아래에 위치한 앵커의 경우 앵커력 상실에 따른 유지관리가 불가능한 상태이므로 압성토면 아래에 위치한 앵커력을 0으로 하여 사면안정해석을 검토한 결과 그림 8-13과 같이 우기시의 최소 안전율이 1.20으로 설계기준안전율(1.2 이상)을 만족하여 안정한 것으로 나타났다.

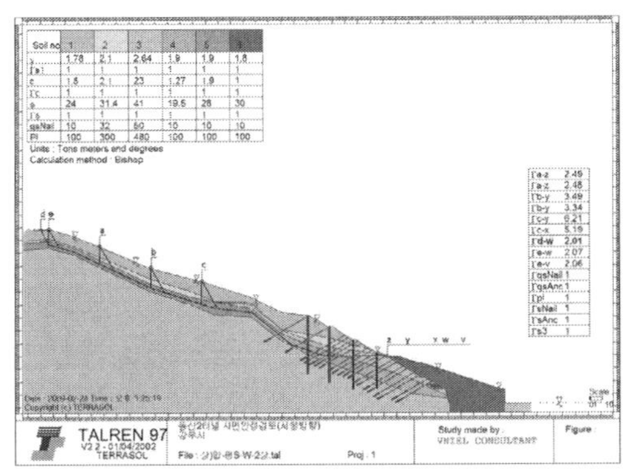

(a) 압성토 상부

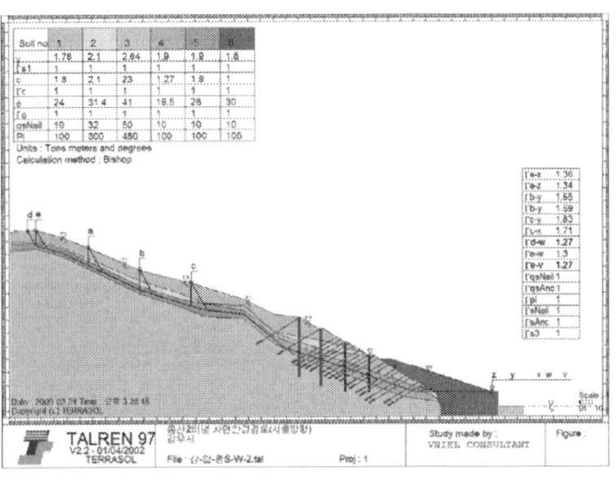

(b) 압성토 포함 전체

그림 8-13. 압성토 완료 후 갱구사면에 대한 장기 사면안정성 검토결과

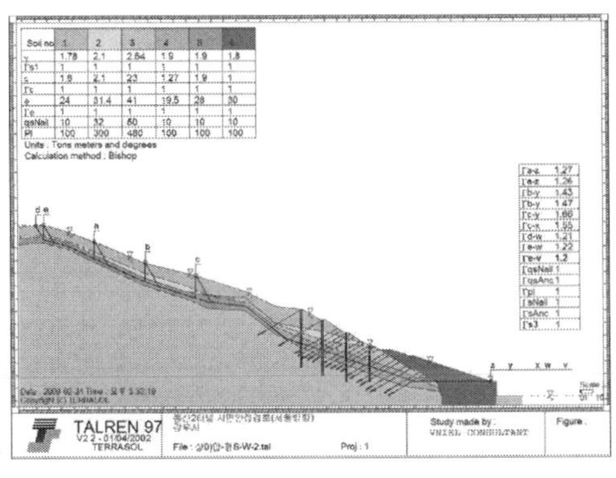

(a) 압성토 포함 전체

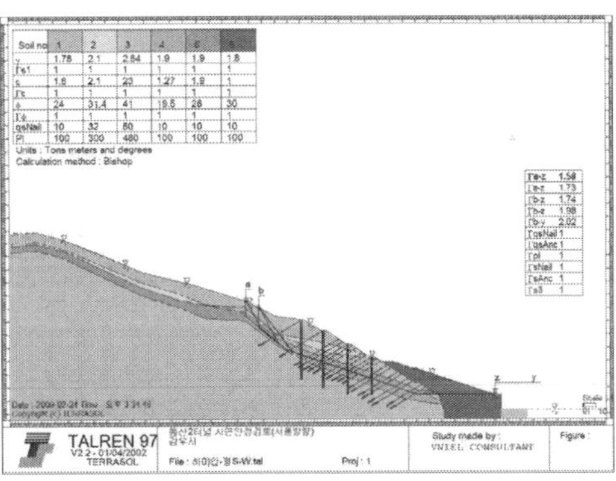

(b) 압성토 포함 보강부

그림 8-14. 앵커력 상실을 고려한 장기 사면안정성 검토결과

8.3.3 수치해석에 의한 검토

수치해석에 사용한 격자요소망은 그림 8-15와 같으며, FLAC-2D 프로그램 해석에 의한 비탈면 보강에 따른 수평방향 발생 변위는 그림 8-16과 같이 4.0cm가 발생하는 것으로 검토되었다.

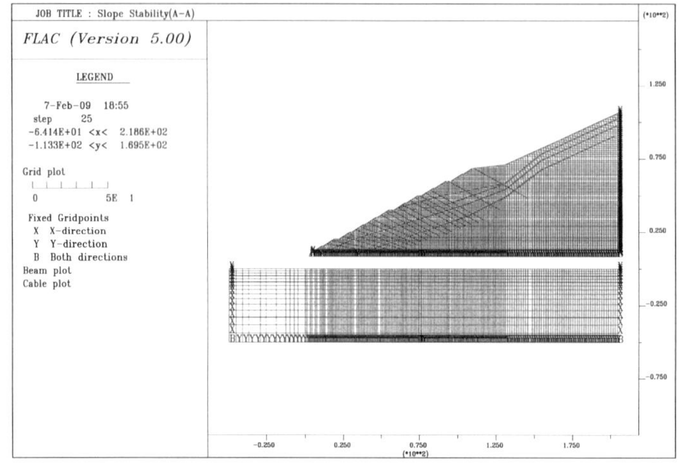

그림 8-15. 해석에 사용한 격자요소망

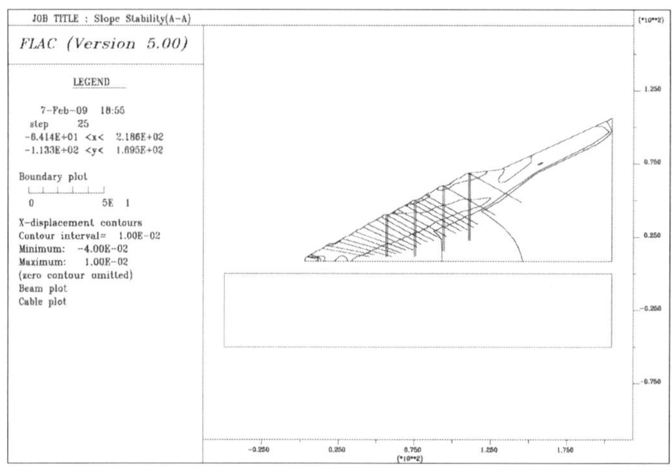

그림 8-16. 수평방향 발생변위 분포도

FLAC-2D 프로그램에 의해 계산된 억지말뚝에 발생하는 힘은 표 8-3과 같으며, 이에 대한 억지말뚝의 구조검토결과를 정리하면 다음과 같다.

표 8-3. FLAC-2D 프로그램 해석결과

구　분	억지말뚝에 발생하는 힘			비　고
	축　력(N)	전단력(N)	휨모멘트(N·m)	
억지말뚝	$2.5 \times (1.420 \times 10^6)$ $= 3.550 \times 10^6$	$2.5 \times (1.557 \times 10^5)$ $= 3.893 \times 10^6$	$2.5 \times (1.331 \times 10^5)$ $= 3.328 \times 10^6$	부록 A.3

가. 억지말뚝의 제원

사 용 부 재	단면적(cm^2)	단면계수(cm^3)	단면2차모멘트(cm^4)
ϕ508mm, t=12mm	187.0	2,270	57,500
H−300×300×10×15	119.8	1,360	20,400
부 재 합 성	308.8	3,633	77,902

나. 휨응력에 대한 검토

$$\sigma_c = \frac{P}{A} + \frac{M_{max}}{Z}$$

$$= \frac{(3.550 \times 10^6)/9.81}{308.8} + \frac{(3.328 \times 10^5)/9.81}{3,633}$$

$$= 1181.2 \, \text{kgf/cm}^2 \quad < \quad \sigma_{ca} = 1,400 \, \text{kgf/cm}^2 \quad (\text{O.K})$$

다. 전단응력에 대한 검토

$$\tau_{max} = S_{max}/A = 3.893 \times 10^5/9.81/308.8$$

$$= 128.5 \text{kgf/cm}^2 \quad < \quad \tau_a = 800 \text{kgf/cm}^2 \quad (\text{O.K})$$

8.3.4 억지말뚝의 허용전단력 검토

사면보강에 사용된 억지말뚝의 단면 및 제원은 그림 8-17과 같다.

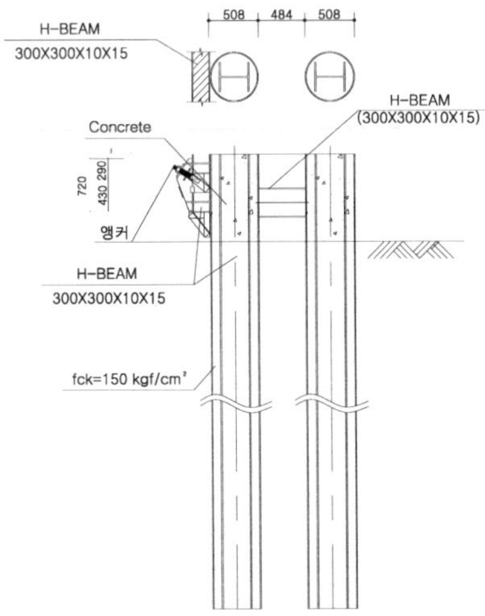

그림 8-17. 억지말뚝 단면도

억지말뚝의 허용 전단력 Q=245.4tf가 발휘되기 위한 지반-말뚝 사이의 상호작용에 따른 휨모멘트 M_{max}은 탄성지반반력법으로부터 다음과 같이 결정된다.

가. 조건

1) 말뚝머리 자유

2) 억지말뚝 → ϕ508mm(t=12mm) + H-Pile(300×300×10×15)

- 허용전단력 : (187.0 + 119.8) × 800kgf/cm^2 = 245.4tf/본
- r = 17.5 + 18 = 35.5cm
- I = 57,500 + 20,400 = 77,900cm^4

3) $k_h B \fallingdotseq 0.56E_s = 0.56 \times 200 = 112$kgf/cm

4) $\beta = \left(\dfrac{k_h B}{4EI}\right) = \left(\dfrac{112}{4 \times (2.0 \times 10^6) \times 77,900}\right)^{\frac{1}{4}} = 0.003661 \text{ cm}^{-1}$

나. 지반-말뚝 사이의 상호작용에 따른 휨모멘트

$$M_{max} = 0.104\frac{Q}{\beta} = 0.104 \times \frac{245.4 \times 1,000}{0.003661} = 6,970,441 \; kgf{\cdot}cm$$

또한, 말뚝이 탄성한계 내에서 저항할 수 있는 휨모멘트는 다음과 같다.

$$M_e = \frac{\pi}{4} \times r^3 \sigma_y = \frac{\pi}{4} \times 35.5^3 \times 3,000$$
$$= 105,413,490 \; kgf{\cdot}cm \; > \; M_{max} = 6,970,441 \; kgf{\cdot}cm \quad (O.K)$$

따라서, 최대 전단력 Q=245.4tf가 발휘되기 위한 지반-말뚝 사이의 상호작용에 따른 휨모멘트는 말뚝(강관ϕ=508mm, t=12mm + H-300×300×10×15)의 탄성한계 내에 존재하므로 구조적으로 안정하다고 판단된다. 또한 최대 전단력 Q=245.4tf가 발휘되기 위해 파괴면 바깥쪽의 이완되지 않은 지반에 정착된(즉, 유효길이에 해당) 최소한의 소구경 말뚝의 길이는 탄성지반반력법에 따라 다음과 같이 계산된다.

$$L_R \geq (1.0 \sim 1.5)\frac{\pi}{\beta} = (1.0 \sim 1.5)\frac{\pi}{0.003661} = (858 \sim 1,287) \text{ cm}$$

따라서 소구경 말뚝의 유효길이는 8.6m 이상을 만족해야 하며, TALREN97 프로그램에 의한 사면안정해석시 이를 반영하였다.

8.4 결론 및 제언

본 사례는 흑운모 편마암 및 편암이 교호된 호상구조의 지층에서 2006년 4월 8일에 비탈면 절취작업을 시작한 이후 2006년 4월~2008년 7월에 걸쳐 총 3회의 붕괴가 발생한 사례로 현황 및 대책 방안에 대한 검토내용을 정리하면 다음과 같다.

(1) 본 지역의 지질은 흑운모 편마암 및 편암류, 결정질석회암 등으로 구성되는 의암층군 내의 창촌리층으로 이러한 흑운모 편마암 및 편암은 석영과 장석을 주성분으로 하는 우백대와 운모류를 주성분으로 하는 우흑대에 의해 서로 교호된 호상구조에 의한 엽리가 발달하며 이 엽리면을 따라 절리가 발달하는 것이 특징이다. 또한 의암규암층은 주로 회색 내지 회백색의 규암으로 구성되어 풍화와 침식에 강한 것이 특징이며, 창촌리층은 춘천분지의 내측 외륜에 따라 넓게 분포하며, 흔히 춘천화강암과 관입접촉관계를 이루고 있다. 이 층은 호상흑운모편마암이 주를 이루며, 부분적으로 결정질석회암, 각섬암, 규암 등을 협재하고 있다.

(2) 본 사례 비탈면의 대규모 붕괴는 기 설계에서 예상하지 못했던 비탈면 상부에서 하부의 연암층 내에 존재하는 파쇄대층을 따라서 강우로 인한 침투수가 파쇄대층의 전단강도를 저하시켜 붕괴가 발생한 것으로 판단된다.

(3) 본 사례 비탈면 보강공법은 비탈면경사 완화(1:1.5) + 억지말뚝 + 영구앵커의 공법을 적용하였으며, 비탈면하부의 압성토 효과를 위하여 개착터널을 계획하였고 비탈면보강과 터널 록볼트와의 간섭을 고려하여 비탈면하부의 영구앵커의 설치각도를 다양하게 계획하였다. 또한, 연암층 내의 파쇄대층을 따라 비탈면활동이 발생한 것으로 판단되어 파쇄대층에 대한 보강그라우팅을 계획하였으며, 터널의 토피고가 낮은 구간은 터널안정을 위하여 그라우팅을 촘촘하게 시공하도록 계획하였다.

(4) 보강방안에 대한 한계평형해석결과 설계기준안전율을 만족하는 것으로 검토되었으며, 수치해석에 의한 억지말뚝 구조검토결과 억지말뚝의 발생응력이 허용응력 이내로서 구조적으로 안정한 것으로 검토되었다.

Part.
02

화산암

01 화산암의 지질학적 특성

❙ 이 병 주

1.1 서 론

지구상에 존재하는 암석은 크게 퇴적암, 화성암 및 변성암으로 나눌 수 있다. 화성암은 지구 내부의 마그마가 식어서 만들어진 암석으로 마그마가 식은 위치가 지각 심부에서 서서히 냉각된 것이 심성암이며, 반면 마그마가 지표까지 이르러 지표 위로 흘렀거나 분출된 것이 화산암이다.

본 논문은 지질공학적 관점에서 화산암이 분포하는 지역에서 토목시공시 발생할 수 있는 문제점과 대책을 확보하기 위해 암석의 성인, 특징 및 한반도에서 화산암이 분포하는 지역 등을 고찰하는 것이 그 목적이다.

1.2 화산암의 분류

화산암은 화산의 화구나 지각의 틈을 따라 분출된 것으로서 용암류[Lava flow]와 화산쇄설물[Volcanic clast]인 두 종류의 산상을 가진다. 즉 용암류는 화구나 갈라진 틈으로부터 용암

(a)   (b)

그림 1-1. 지표 위를 흘러가는 용암(a)과 수증기와 화산재를 뿜어대는 화산활동(b)

이 지표로 흘러나온 것이며(그림 1-1(a)) 화산쇄설물은 화산활동시 화도에서 뿜어 나온 수증기와 함께 화산재를 비롯하여 화산탄, 화산력들이 공중으로 솟아올랐다가(그림 1-1(b)) 지표나 강 호수 혹은 바다에 떨어져 쌓인 것이다.

이렇게 형성된 화산암들은 용암의 성분 즉 용암이 가진 SiO_2의 함량에 따라 암석명이 결정된다.

SiO_2의 함량이 65% 이상이면 유문암이며 SiO_2의 함량이 52% 미만이면 현무암이 그리고 그 중간은 조면암, 안산암이다. 또한 화산쇄설암인 경우는 쇄설물의 입자 크기에 따라 화산각력암에서 래피리응회암을 거쳐 응회암으로 이름이 붙여진다(표 1-1 참조)(그림 1-2, 3).

그림 1-2. 화산각력암의 노두사진

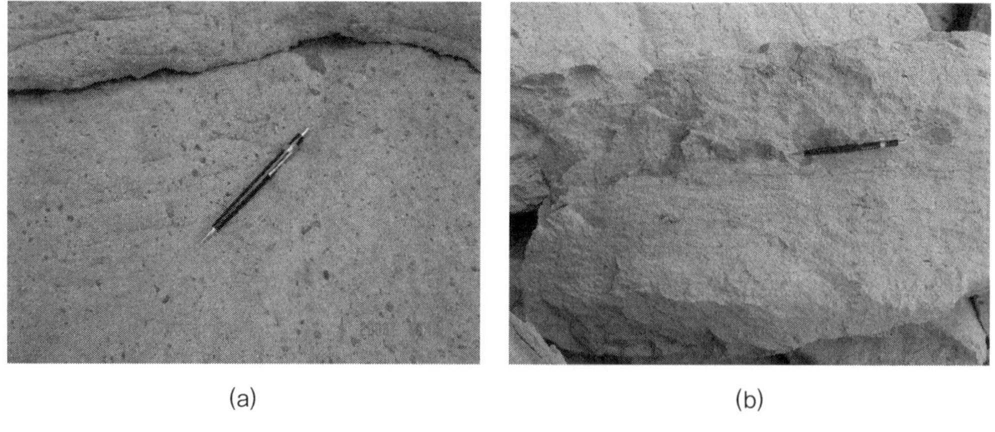

(a)   (b)

그림 1-3. 래피리응회암(a) 및 응회암(b)의 노두사진

표 1-1. 화산암의 분류표

색	담색 — — — — — — — — — — — — — — — — 검은색				
	산성암	중성암			염기성암
SiO₂ %	>65	65~60	60±	55±	52~45
화산암 (용암)	유문암 석영조면암	석영안산암	조면암	안산암	현무암
화산쇄설암 (화산분출물이 운반, 퇴적)	화산암괴	32 이상			화산각력암
	화산력	32 ~ 4			집괴암
	화산자갈	4 ~ 1/4			래피리응회암
	화산진	1/4 미만			응회암

1.3 화산암의 물리적 특성과 조직

화산암은 용암의 성분에 따라 암석의 이름이 정해지기 때문에 용암의 성분에 따라 암석의 특성이 나타난다. SiO₂의 함량이 65% 이상인 산상의 용암은 점성이 매우 크며 이로 인해 용암의 유동성이 약하여 용암이 먼 곳까지 흐르지 않고 분출하는 지표 부근에 모이게 된다. 반면에 SiO₂의 함량이 50% 미만인 염기성의 용암인 경우는 점성이 약하여 용암이 멀리까지 흘러간다. 이로 인해 현무암은 그 분포 범위가 유문암에 비해 넓으며, 현무암의 분포지는 넓은 대지를 형성하기도 한다.

화산암은 지표를 따라 흘러가면서 냉각되어 형성되며 용암에 함유된 수증기를 포함한 휘발성 성분들이 빠져나가면서 화산암에서 보이는 다음과 같은 조직들이 만들어진다.

- **유동구조** : 화산암에서 지표에 용암에 분출할 때 군지 않은 용암이 흐르면서 유동구조 (flow structure)가 발달한다. 화산암이 유동하여 굳어질 때에 생성되는 면구조를 일컫는 다(그림 1-4).

그림 1-4. 화산암인 유문암 내에 발달하는 유동구조

- **다공상구조** : 용암 중에 포함되어 있던 기체가 빠져나가다가 용암이 굳어지면 그대로 잡혀서 고결된 화산암 중에 구멍으로 남게 된다. 이런 구멍이 기공(vesicle)이고 기공이 많은 암석의 구조를 다공상구조(vesicular structure)라고 한다(그림 1-5).

(a) (b)

그림 1-5. 서로 다른 분출 단위(flow unit) 경계를 보이는 현무암 (a), 제주도 현무암에서 보이는 다공상구조 (b)

1.4 한반도에서 화산암의 분포

한반도의 화산활동은 중생대의 중성 내지 산성화산암류와 신생대의 현무암의 분출로 크게 구분된다. 중생대의 화산암은 옥천대 및 경상분지 내에 주로 분포한다. 제3기 후기와 제4기의 화산활동은 제주도, 울릉도, 철원-전곡 일대, 포항분지의 구룡포 일대 등에서 일어났다.

1.4.1 중생대 화산활동

한반도 내에 분포하는 백악기 화산암류는 주로 경상분지와 옥천대 내 및 주변지역에 분포한다. 경상분지 내에는 경상누층군의 유천층군이 주로 화산암으로 구성된 지층이다. 유천층군은 화산활동이 활발한 시기에 형성된 것으로 두께 약 2,000m이며 안산암, 유문암장석영 안산암, 유문암 등의 용암과 응회암류 및 협재된 퇴적암으로 구성되어 있으며 하양층군의 침식면 위에 흔히 경사부정합으로 놓인다. 이 층군은 층서가 매우 복잡하고 다양하여 일반화하기 극히 어렵다. 밀양-유천 지역에서는 본 층군의 하부인 안산암(약 1,000m)과 상부인 산성화산암류(약 900m) 사이에는 부정합이 있음이 알려져 있다.

옥천대를 따라 분포하는 백악기 소분지 내 화산활동은 좌수향의 단층작용과 관련하여 소규모의 퇴적분지들 내에 화산암이 분포한다. 이들 소분지들은 북쪽에서 철원분지, 미시령분지, 풍암분지, 음성분지, 공주분지, 부여분지, 천수만분지, 격포분지, 통리분지, 중소리분지, 영동분지, 무주분지, 진안분지, 함평분지, 해남분지, 능주분지 순으로 발달하며 백악기의 퇴적암과 화산암이 이들 분지를 채우고 있다.

1.4.2 신생대의 화산활동

한반도에서 제3기 후기에서 제4기에 걸쳐 백두산, 제주도, 울릉도, 철원-전곡 일대와 포항분지 일대에서 화산 활동이 있었다. 한반도에서 있었던 화산활동은 태평양판이 유라시아판 밑으로 섭입하면서 섭입대 위에서 생성되는 마그마의 상승과는 관계없이 모두 열점으로 해석되고 있다. 제주도, 울릉도, 백두산 및 철원-전곡 일대 있었던 화산활동의 본원마그마는 모두 알칼리감람석현무암이며, 현무암질 용암을 다량으로 분출한 것이 특징이다.

- **제주도** : 제주도에는 크고 작은 분화구가 많이 있다. 이러한 분화구는 많은 양의 용암을 분출한 통로 역할을 한 곳이다. 제주도의 화산활동은 적어도 120만 년 이전에 시작되었다. 약 3만 년 전까지 용암을 분출하였으며, 적어도 4번의 큰 화산활동의 단계가 있었던

것이 확인된다. 1단계는 120만~70만 년, 2단계는 60만~30만 년, 3단계는 30만~10만 년, 4단계는 10만~2만 5천 년의 기간으로 구분된다. 제주도의 화산암류는 대부분 현무암류이며, 중성암 및 산성암에 해당하는 조면암류는 한라산 정상 부근 주변에 소량으로 분포한다.

- **백두산** : 백두산 화산은 현무암 용암대지의 순상화산체를 하부로 하여, 그 상부에 칼데라를 가지는 성층화산으로 구성되는 복합화산체이다. 백두산 일대의 신생대 화산암류는 그 분포 면적이 $18,350km^2$에 달한다. 백두산 하부는 후기 올리고세에서 초기 플라이스토세에 분출한 감람석 현무암으로 구성되며, 상부는 중기 플라이스토세에서 현세까지의 화산 활동기에 분출한 알카리 조면암과 유문암으로 구성된다. 약 1,200년 전에 플리니안 분출 양식에 의해 화구 주위 약 40km에 다량의 부석과 화산회를 분출하였다. 이 분출에 수반하여 산 정상부의 화구 부근이 함몰되었으며, 그 후 1413년, 1597년, 1668년 1720년에 화산재와 화산가스를 각각 분출한 기록이 있다.

1.5 결 론

화산암이 분포하는 지역에서 토목시공시 발생할 수 있는 문제점과 대책을 확보하기 위해 암석의 성인, 특징 및 한반도에서 화산암이 분포하는 지역 등을 고찰하는 것이 그 목적으로 본 논문이 작성되었다. 화산암은 화산의 화구나 지각의 틈을 따라 분출된 것으로서 용암류와 화산쇄설물인 두 종류의 산상을 가지며, 화산암은 SiO_2의 함량에 따라 유문암, 안산암, 현무암으로 분류되며 화산쇄설암은 쇄성물의 입자 크기로 분류된다.

한반도의 화산활동은 중생대의 중성 내지 산성화산암류와 신생대의 현무암의 분출로 크게 구분되고, 중생대의 화산암은 옥천대 및 경상분지 내에 주로 분포한다. 제3기 후기와 제4기의 화산활동은 제주도, 울릉도, 철원-전곡 일대, 포항분지의 구룡포 일대 등에서 일어났다.

02 화산암의 지질학적 특성과 분포

❚ 윤 운 상

2.1 서 론

화산암은 화산활동으로 생긴 화성암으로서, 흔히 세립 결정질 또는 유리질로 산출된다. 대표적인 화산암은 현무암, 안산암, 유문암 및 화산쇄설암 등을 열거할 수 있다. 여기서는 각 암석의 분류와 특성 및 국내 화산암의 산출 상태를 중심으로 기술하도록 하겠다.

2.2 화산암의 분류 및 특성

화성암은 magma로부터 고결된 위치에 따라, 심성암, 반심성암 및 화산암으로 다시 구분된다(표 2-1). 이중 화산암은 지표에 분출하였거나 또는 지표에 매우 가까운 곳에서 고결된 화성암을 가르키며, 주로 세립질의 입자 크기를 보인다. 그 대표적인 암석이 현무암, 안산암, 유문암 등이다. 분화구를 통하여 분출되는 가스, 용암, 암편 및 화산회를 총칭하여 이들을 화산분출물(volcanic products)이라고 한다. 마그마가 지표에 분출된 때에는 그중 가스를 거의 전부 잃어버리고 용암이 되어버린다. 용암의 유동성은 그 온도와 SiO_2의 함유량에 의하여 결정되어 고온이고 고철질일수록 유동성이 크고, 저온이고 규장질이면 점성이 커서 유동성이 작다. 유문암은 유문암질 마그마의 높은 점성으로 인하여 분출이나 유동시에 짧은 용암류와 돔을 이루며, 마치 성층면과 같이 보이는 유상구조(flow band)를 이룬다.

굳어버린 용암의 표면이 반원형의 원활한 호를 만들거나 가는 동심원상의 주름을 만들면, 이런 고체용암을 파회회용암(pahoehoe lava), 용암의 표면이 거칠어서 클링커(clinker)를 쌓아올린 것 같은 용암을 아아용암(aa lava)이라고 한다. 용암이 점차 냉각되며 흘러내리면서 먼저 고결된 부분이 파괴되어 용암 속에 자갈 모양의 파편을 많이 포함하게 되는 경우, 이를 각력용암(flow breccia)이라고 한다. 용암은 유출된 후에도 약간의 가스를 포함하며 방출되다가 남은 것은 용암류의 표면에 모여서 둥근 구멍을 만든다. 이를 기공(vesicle)이라고 한다. 특히 기공이 많고 담색 내지 백색인 것을 부석(pumice)이라고 하며, 기공의 부피와 고체의 부피가 비슷한 암편들을 암재(scoria)라고 한다.

용암이 굳어진 것이 고체용암 또는 화산암(volcanic rock)이다. 용암은 SiO_2의 함유량에 따라 유문암, 안산암 및 현무암으로 크게 구분된다. 용암의 화학 성분은 화산에 따라 다르고 같은 화산에서도 시기에 따라 달라진다. 반정질 또는 완정질의 흑요석과 부석 역시 국부적으로 산출되는 화산암이다(정창희, 1986).

표 2-1. 화성암의 분류 (IAEG, 1981)

<table>
<tr>
<td rowspan="2">화산쇄설성
(pyroclastic)</td>
<td colspan="4">화성암(Igneous Rock)</td>
<td colspan="3">분류 기준</td>
</tr>
<tr>
<td colspan="4">괴상(massive)</td>
<td colspan="3">일반적인 형태</td>
</tr>
<tr>
<td rowspan="2">입자의 50% 이상
화성(igneous)</td>
<td colspan="2">석영, 장석, 운모류
및 유색 광물</td>
<td>장석 및
유색광물</td>
<td>유색광물</td>
<td colspan="3">구성 광물</td>
</tr>
<tr>
<td>산성</td>
<td>중성</td>
<td>염기성</td>
<td>초염기성</td>
<td></td>
<td></td>
<td></td>
</tr>
<tr>
<td>둥근 입자:집괴암
(agglomerate)</td>
<td colspan="3" rowspan="1">페그마타이트
(pegmatite)</td>
<td rowspan="5">휘암
(pyroxenite)</td>
<td>초조립질</td>
<td rowspan="2">60</td>
<td rowspan="5">입자

크기
mm</td>
</tr>
<tr>
<td>모난 입자:화산각력암
(volcanic breccia)</td>
<td rowspan="2">화강암
(granite)</td>
<td rowspan="2">섬록암
(diorite)</td>
<td>반려암
(gabbro)</td>
<td>조립질</td>
</tr>
<tr>
<td>응회암
(tuff)</td>
<td>조립현무암
(dolerite)</td>
<td>중립질</td>
<td>0.06</td>
</tr>
<tr>
<td>세립집 응회암</td>
<td rowspan="2">유문암
(rhyolite)</td>
<td rowspan="2">암산암
(andesite)</td>
<td rowspan="2">현무암
(basalt)</td>
<td>세립질</td>
<td>0.002</td>
</tr>
<tr>
<td>초세립질 응회암</td>
<td>초세립질</td>
<td></td>
</tr>
<tr>
<td colspan="5">화산성 유리(흑요석 등)</td>
<td colspan="3">유리질/비결정질</td>
</tr>
</table>

2.2.1 유문암

유문암(流紋岩, rhyolite)은 화성암 중 규장질 성분을 지닌 화산암(분출암)이다(69% 이상의 SiO_2). 비현정질, 반상조직을 보이며 광물 조합은 주로 석영, 알칼리장석과 사장석이다. 일반적으로 유문암은 20~60%의 석영, 35~80%의 사장석, 15~65%의 알칼리장석을 포함한다. 흑운모와 각섬석이 부성분 광물로 나타난다. 유문암은 석영과 장석의 반정을 가지는 경우가 많고, 일부에서는 용암이 흐른 유상구조가 잘 나타나는 경우도 있다. 석기는 미정질이며 간혹 유리질이기도 하다.

2.2.2 안산암

안산암(安山岩, andesite)은 중성 성분의 화산암이다. 비현정질 또는 반상조직을 보인다.

광물 조합은 사장석이 많으며 휘석이나 각섬석을 포함한다. 자철석, 지르콘, 형석, 일메나이트, 흑운모, 석류석 등이 부성분 광물로 나타난다. 알칼리 장석이 소량 존재할 수 있다. 안산암을 기술할 때에는 가장 흔한 반정의 광물 이름을 붙이는데 예를 들어 각섬석안산암은 부성분 광물로 각섬석이 가장 흔한 경우이다. 중생대 백악기 동안에는 한반도 남부 지방에 활발한 화산 활동이 있었는데, 당시의 화산체에서 안산암이 많이 발견된다.

2.2.3 현무암

현무암(玄武岩, Basalt)은 회색~흑색의 분출 화산암이다. 이산화규소의 함량(45~52%)이 상대적으로 낮은 특징이 있다. 지표에서 용암이 급속이 냉각되기 때문에 보통 세립질이거나 은미정질이다. 세립질의 석기에 큰 결정을 포함하고 있는 반상질이거나, 기공질, 혹은 거품이 많은 스코리아(scoria)으로 나타난다. 유색광물로는 휘석과 감람석이, 무색광물로는 사장석 등이 주요 광물이다. 풍화되지 않은 현무암은 흑색 혹은 회색이지만, 철분의 산화에 따라 붉은 색이나 자주색이 되기도 한다.

이 외에도 화성쇄설물로 구성된 응회암 등 화산쇄설암도 화산암에 해당한다. 용암 외에 화구로부터 분출되는 암편과 화산회를 총칭하여 화성쇄설물(pyroclastic materials, 또는 tephra)이라고 한다. 그중 직경이 32mm 이상인 것이 화산암괴(volcanic block)이다. 암괴에는 최대 60톤 이상에 달하는 것이 있다. 직경이 32mm 이상이면서 어느 정도 둥글거나 방추형으로 생긴 것은 화산탄(volcanic bomb)이며 이는 용암이 공중에서 회전하며 냉각되어 만들어진 것이다. 화산암괴나 화산탄이 퇴적중인 지층 위에 떨어지면 주머니를 만든다. 이런 것을 탄낭 또는 밤색(bomb sag)이라고 한다. 모양이 불규칙하고 직경이 4~32mm 사이에 있는 것은 화산력(lapilli) 또는 분석(cinder)이다. 4mm 이하의 세편을 화산회(volcanic ash), 1/4mm 이하의 가루를 화산진(volcanic dust)이라고 한다.

이들 화산회가 모여서 만들어진 암석이 응회암(tuff)이다. 화산회에는 화산 폭발 때에 생긴 부석의 미세한 파편들이 많이 포함되어 있다. 이런 미세 파편을 샤드(shard)라고 하는데 현미경하에서는 유리질의 예리한 조각으로 관찰된다. 응회암이 고온 상태로 낙하하면 용암과 비슷한 유상구조를 보이며 얇은 렌즈상의 검은 유리질 흑요석을 평행하게 나열시키는 일이 있다. 검은 흑요석 렌즈를 피아메라 하며 이런 용암을 용결응회암(welded tuff, 또는 ignimbrite)이라고 하는데 최근까지 이런 응회암을 유문암으로 생각했던 일이 많다. 화산암괴, 화산탄, 화산력이 무질서하게 모여 화산회나 용암으로 고결된 것이 집괴암(agglomerate)이다(그림 2-1).

그림 2-1. 주요 화산암

2.3 국내 화산암 분포 특성: 경상 분지 유천층군을 중심으로

국내에서는 백두산, 제주도, 울릉도 등 화산 분포 지역 외에 경상누층군이 분포하는 경상도

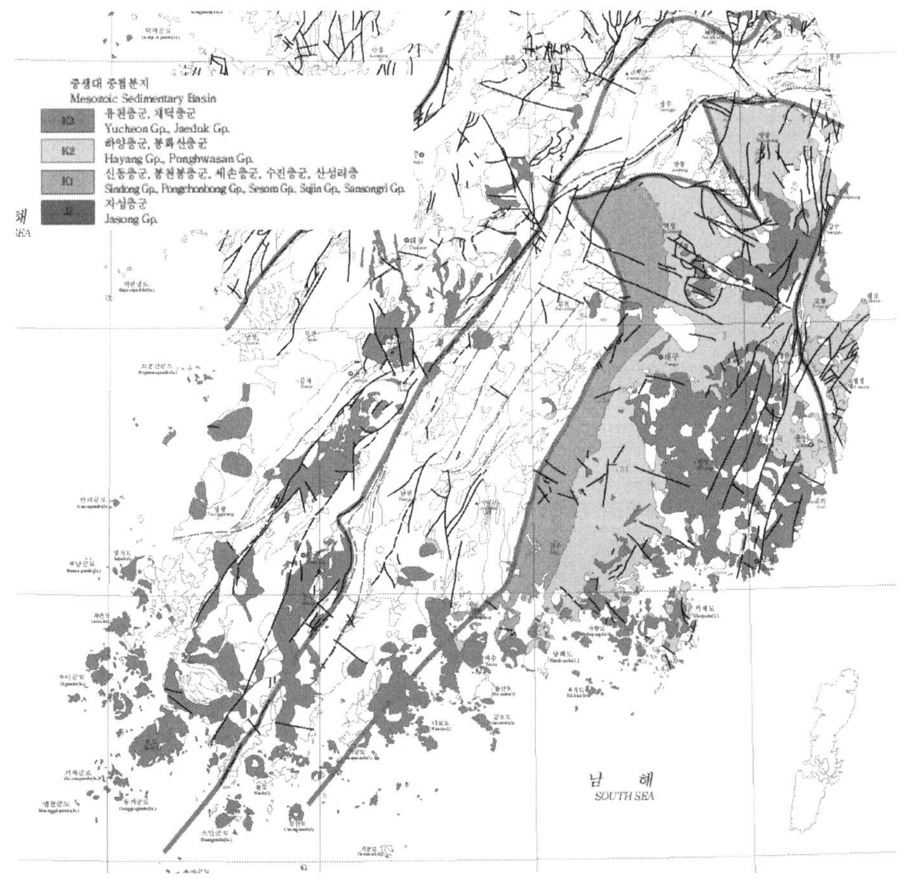

그림 2-2. 한반도 남부 백악기 퇴적암 및 화산암의 분포

일원에서 화산암체가 주로 발달하고 있으며, 이 지역 외에도 이에 대비되는 지층이 산재하고 있다. 경상누층군의 하부로부터 신동층군, 하양층군, 유천층군 및 불국사관입암류로 이루어져 있으며, 특히 유천층군은 화산활동 최성기에 퇴적된 것으로서 안산암, 유문암질 석영안산암, 유문암, 석영안산암, 응회암, 용결응회암 등의 다양한 화산암으로 구성되어 있다. 남한 면적의 약 1/5을 점하는 경상분지는 중생대 백악기 동안의 한반도 지체구조운동과 고환경을 이해하는 데에 매우 중요한 역할을 담당하는 퇴적분지이다. 경상분지 내의 퇴적층은 Koto(1903)에 의해 경상층이란 지층으로 명명되었으며, 이후 Chang(1975)에 의해 구체적인 암층서가 설정되어 경상누층군이란 지층명으로 사용되어 오고 있다. 그림 2-2는 화산암으로 주로 구성되어 있는 유천층군 및 재덕층군의 분포 지역이다(한국지질자원연구원, 2001).

경상누층군의 최상부층군인 유천층군의 하부는 안산암 등 중성의 화산암류가 주를 이루고 중부는 응회암과 셰일의 호층, 상부는 산성의 화산암류가 우세한 것으로 알려져 있으며, 하위의 하양층군과는 경사부정합을 나타낸다(Chang, 1975; 장기홍 외, 1984; 유인창 외, 2006).

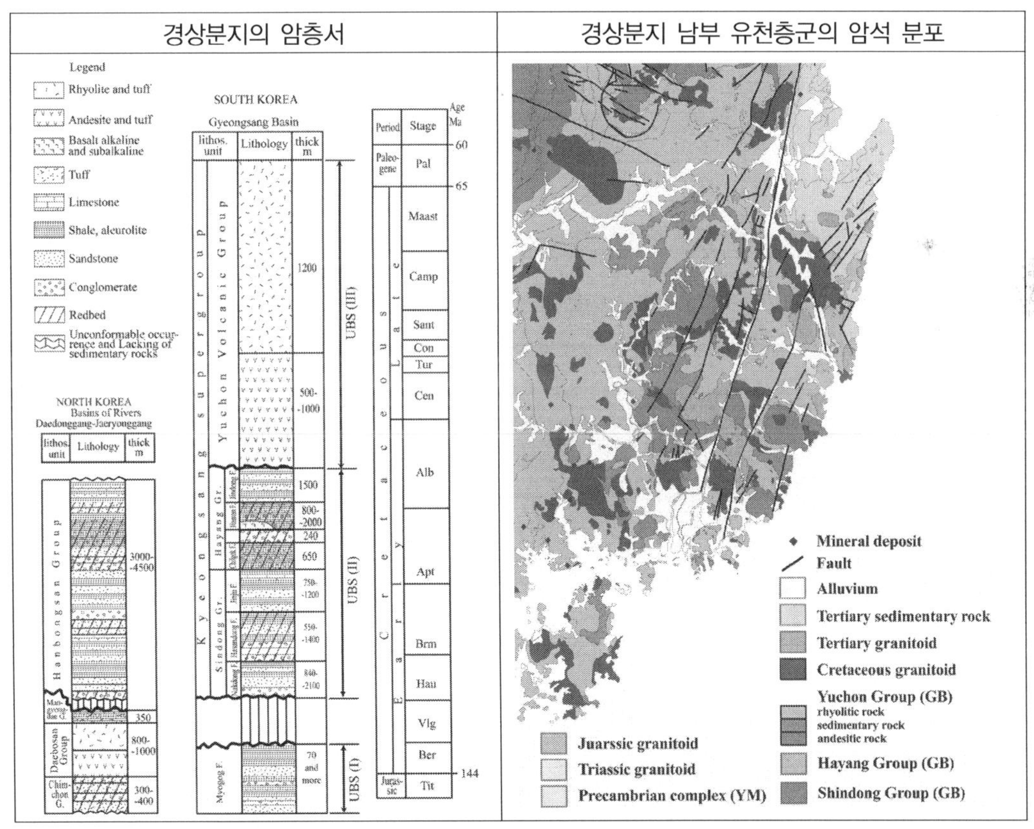

그림 2-3. 경상분지의 암층서와 남부 유천층군의 화산암 분포

경상분지 동남부에 발달된 유천층군의 지층 중 지층명이 부여되어 있는 퇴적층에는 고성층(장태우 외, 1983a)과 다대포층(장태우 외, 1983b)이 있으며, 최근 백인성 외(2006)에 의해 고성층에 대한 산상 및 층서에 대한 상세한 연구가 이루어진 바 있다. 그림 2-3은 경상누층군의 암층서와 경상분지 남부 유천층군의 암석 분포를 보여주고 있다(유인창 외, 2006).

03 화산암지역에서의 지반조사 사례

❙ 이 창 섭

3.1 서 론

화산암류는 용암류(lava flow)와 화성쇄설암류(pyroclastic rocks)으로 구분할 수 있다. 국내에서는 중생대 백악기 경상누층군 내의 화산암복합체로 알려진 유천층군의 분포지에 넓게 분포하고, 이외에 제3기층의 분포지와 제주도, 울릉도, 독도 등 제4기층 분포지대에서 산출된다. 백악기 화산암류는 경상분지 및 남해안 일대에 주 분포하는데 산성 및 중성 화산암류로 대표되며 용암류보다는 화성쇄설암류의 분포가 우세하다. 제3기의 화산암류는 유문암 및 유문암질응회암, 조면암 및 조면암질응회암, 각력암, 석영안산암, 현무암등 다양한 암석이 분포하며 암상 및 공학적인 특징에 있어서 경상누층군의 화산암류와 구분된다. 제4기의 화산암류의 대표적 분포지인 제주도에는 현무암의 분포가 주를 이루는 가운데 일부 조면암이 분포한다. 이외에 분석구(cinder cone)를 구성하는 화성쇄설암류와 응회환, 응회구를 구성하는 퇴적물이 분포하며 이들의 공학적 특성 역시 경상누층군의 화산암류와는 크게 구분된다. 본 고에서는 가장 분포면적이 넓은 백악기 화산암류에 대하여 공학적인 의미를 갖는 분류와 안정성에 영향을 주는 요인, 지반조사 사례 등을 소개하고자 한다.

3.2 공학적 의미를 갖는 화산암의 분류

최근에는 다양한 조사기법이 지반조사에 적용되고 있으나 지반조사시 조사지역의 공학적 특성을 반영하는 지질학적인 요인을 정확히 파악하여 지반을 분류하고 기재하는 것이 중요하다. 이러한 기재 및 분류가 이루어질 때 공학적 특성을 갖는 지층구분과 현장 시험위치의 선정, 대표 시료채취 위치의 선정, 설계정수의 결정이 가능하다. 따라서 화산암을 기재하고 분류할 때 공학적 의미를 갖는 분류방법을 선택하는 것이 중요하다.

화산분출물은 가스(gas), 용암(lava), 화성쇄설물(pyroclastic materials)로 구성된다. 이중 용암이 고화되어 형성된 암석을 용암류(lava flow)라고 하며 화학성분(SiO_2의 함량), 산상, 조직 및 구조 등에 따라 분류할 수 있다. 이중 화학성분에 따라 산성 화산암(유문암), 중성

화산암(안산암), 염기성 화산암(현무암)으로 분류하는 것이 가장 보편적이며 공학적인 의미도 갖는다.

화성쇄설암은 화성쇄설물이 고화되어 형성된 암석으로서 분출형식, 입도, 화학성분, 쇄설물의 종류와 조직에 근거하여 명명하며 각각 공학적인 의미와 중요성을 갖는다. 화성쇄설암은 분출형식에 따라 pyroclastic fall deposits와 pyroclastic flow deposits로 구분되며 pyroclastic fall deposits는 분급이 이루어지고 이를 반영하여 층리(불연속면)가 발달한다는 점에서 공학적인 의미가 있다.

화성쇄설물은 입도에 따라 세립 화산재(fine ash: 1/16mm 이하), 조립 화산재(coarse ash: 1/16~2mm), 화산력(lapilli: 2~64mm), 화산탄 및 화산암괴(volcanic bomb and volcanic block: 64mm 이상)로 구분하며(Schmid, 1981), 이들로부터 형성된 고결 집합체를 화성쇄설암(pyroclastic rocks)으로 부르고 각각 세립응회암(fine tuff), 조립응회암(coarse tuff), 라필리응회암(lapilli tuff), 집괴암 및 화산각력암(agglomerate and volcanic breccia)으로 구분한다. 입도는 층리의 발달, 풍화도의 차이, 변질 정도의 차이를 반영하고 입도에 의한 분류는 화성쇄설암을 공간적인 분포로 구분할 수 있으므로 공학적으로 중요하다. 화성쇄설암을 화학성분에 따라 구분할 수 있는 경우에는 산성(유문암질)의 화성쇄설암(예; 유문암질 응회암), 중성 화성쇄설암, 염기성의 화성쇄설암으로 구분할 수 있으며 이러한 분류는 암석의 공간적인 구분뿐 아니라, 화학성분은 풍화도 및 변질도의 차이와 저항도를 반영한다. 화성쇄설물은 화산유리(volcanic glass), 암편(lithic fragment), 결정(crystal) 등으로 구성되며 이들 중 많이 함유된 쇄설물에 따라 유리질 응회암(vitric tuff), 석질 응회암(lithic tuff), 결정질 응회암(crystal tuff)으로 세분할 수 있으며 쇄설물의 종류에 따라 풍화 및 변질 정도의 차이를 보여주며 강도 등 물성의 차이를 나타낸다. 화성쇄설암을 조직에 따라 용결응회암(welded tuff), 부가응회암(accretionary lapilli tuff) 등으로도 구분할 수 있으며 때로 용결응회암은 용결된 부석(welded pumice, fiamme)에 의해 방향성(불연속면)을 보여주기도 한다.

따라서 화산암의 조사와 기재시 공학적인 특성을 반영하는 분류기준을 채택하여야 하며 이 중 화학성분, 쇄설물의 종류 및 입도에 의한 분류가 공학적인 특성을 가장 많이 반영하며 후술할 변질의 종류와 정도 또한 공학적인 중요성을 갖는 요인이다.

3.3 화산암의 공학적 안정성에 영향을 주는 요인

용암류 및 화성쇄설암과 응회질퇴적암(응회질 사암, 이암, 세일 등) 내에는 많은 양의 화산유리가 포함되며 화산유리는 변질에 매우 민감한 물질로서 속성작용(diagenesis), 풍화작용

(weathering), 열수변질작용(hydrothermal alteration) 등에 의해 탈유리화작용(devitrification)을 거치면서 변질되고, 새로운 광물을 형성한다(Zielinski, 1980). 또한 화산암류, 특히 백악기 화산암류의 주를 이루는 산성 내지 중성의 화산암류 내에는 다량의 장석이 포함되어 있으며 장석 역시 쉽게 풍화되고 열수변질작용의 영향을 받는다.

이러한 변질작용 중 속성작용은 제3기층의 화산암류에서 흔히 팽윤성광물인 스멕타이트군의 광물(montmorillonite)과 불석을 다량 형성하는 것으로 보고(김종환과 문희수, 1978; 노진환과 김수진, 1982; 노진환, 1989)되어 있으나 백악기의 화산암류에서는 보고된 바 없다. 그 대신 백악기 화산암류는 광범위한 열수변질작용의 영향을 받고 있으며 용암보다는 화성쇄설암류가 열수변질작용의 영향을 크게 받고 있다. 이는 화성쇄설암류의 분포면적이 용암류보다 훨씬 넓은 것에도 기인하지만 화성쇄설암의 공극이 용암류보다 훨씬 많고 투수성이 크기 때문에 용액-암석반응이 훨씬 용이하기 때문이다. 일반적으로 열수변질작용이 진행되는 경우 황철석화작용(pyritization), 니질화작용(argillization), 녹니석화작용(chloritization), 변후안산암화작용(prophyllitization) 등의 다양한 변질작용에 의해 다량의 점토광물이 형성되고, 탈색, 공극의 증가, 부피변화 등이 초래되며 궁극적으로 암반의 공학적 성질이 저하된다.

경상분지 내에서는 화산암복합체인 유천층군의 형성 후 불국사 화강암류의 관입이 이어졌으며 화강암류의 관입 후기에 형성된 열수용액의 작용으로 관입체 주변의 암석들은 열수변질작용의 영향을 받았다. 이때 퇴적암류 및 심성암류는 열수변질작용의 영향이 미약하게 진행된 반면 화산암류에서는 심한 열수변질작용이 진행되어 공학적 성질이 저하되었다.

경상분지 내의 양산단층대는 주변의 암석에 큰 공학적인 영향을 끼쳤으나 기계적 파쇄작용의 측면에서는 공학적 영향이 화강암 등의 심성암류나 퇴적암류, 화산암류에 있어서 동일하다. 그러나 양산단층대는 열수용액의 이동 통로로의 역할을 하였으며 양산단층대 주변에 분포하는 암석 중 화산암류가 가장 열수변질작용의 영향을 크게 받았다.

화산암류, 특히 화성쇄설암의 공학적 안정성은 열수변질작용 외에 입도 및 층리발달 등 조직 및 구조와 관련을 갖거나 쇄설물의 종류에 영향을 받기도 하며 암석의 화학성분에 영향을 받는다. 화성쇄설암 중 세립응회암은 화산재로 구성되며 화산유리의 함량이 높기 때문에 조립질의 화성쇄설암(조립응회암, 라필리응회암, 화산각력암등)보다는 지하수와의 반응이나 풍화에 의해 쉽게 변질되며, 이에 따라 세립응회암의 층준이 점토화되면서 불투수층을 형성하기도 하고, 지하수의 누수통로가 되기도 하며 점토가 협재된 불연속면으로서의 작용을 하기도 한다. 동일한 입도의 응회암 중에서는 유리질응회암이 결정질응회암이나 석질응회암보다는 풍화작용이나 변질작용에 훨씬 민감하다. 암석의 화학성분의 경우 유문암질암이 안산암질암보다는 풍화나 열수변질작용의 영향을 쉽게 받는다. 풍화나 열수변질작용이 진행되는 경우 새로운 광물 특히 점토광물이 형성되는데 새로운 점토광물이 형성되기 위해서 화학성분의 증감이 수반되며 유문암질암의 화학성분조성이 점토광물의 형성에 훨씬 유리하기 때문이다.

3.4 지반조사사례

3.4.1 개 요

지반조사 대상지역은 서울~부산 간 경부고속철도 구간 중 경주~언양 사이의 복안터널 구간이다. 복안터널은 경부고속도로와 국도 35호선 하부를 통과하도록 되어 있으며, 이 구간은 양산단층이 위치하는 곳으로서 복안터널은 양산단층을 사교하여 통과하도록 계획되어 있다 (그림 3-1).

복안터널설계를 위한 기존 조사결과(한국고속철도공단, 2003)에 의하면 터널구간에서 양산 단층의 폭(진폭)은 50~150m이고, 단층의 중앙부에 단층비지대가 위치하고 그 양측에 단층파 쇄대가 위치한다. 조사지역에서 시행된 시추코어를 검토한 결과 단층비지대 및 단층파쇄대는 대부분 열수변질대로 판단되었다. 따라서 복안터널 구간에 위치하는 양산단층의 정확한 분대 와 이에 따른 공학적인 물성치의 결정이 터널설계에 매우 중요하다고 판단되었다. 이에 따라

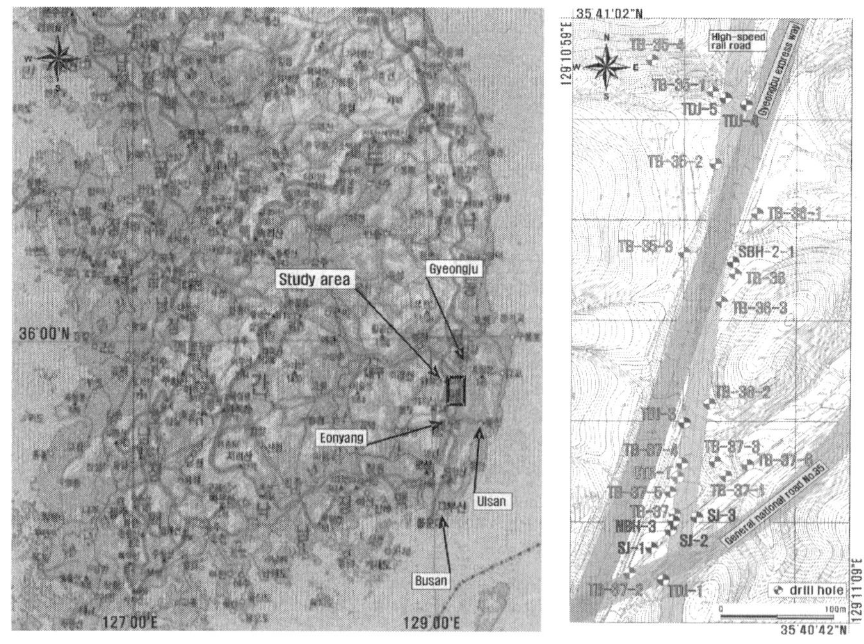

그림 3-1. 연구대상 지역의 위치도

기존 27개 공의 시추코어를 검토하고 지표지질조사, X-선 회절분석, X-선 형광분석, 편광현미경 관찰 등을 수행하여 열수변질대의 산상과 광물학적·화학적 특성을 파악하고 기존에 수행된 현장시험 및 실내시험결과를 재검토하여 양산단층대를 분대하고 각 구역에서의 지반정수를 결정하였다.

3.4.2 지질 및 지질구조

복안터널 구간은 경상분지 동남쪽 경주~언양 사이의 양산단층 내에 위치한다. 1:250,000 축척의 부산도폭(김동학 외, 1998)에 의하면 조사지역은 하양층군 내의 진동층, 유천층군 내의 안산암질암, 건층리층, 유문암질암과 후기에 이를 관입한 불국사관입암류가 분포한다. 복안터널 구간은 양산단층을 중심으로 동측(우측)부에 진동층이 서측(좌측)부에 유문암질암이

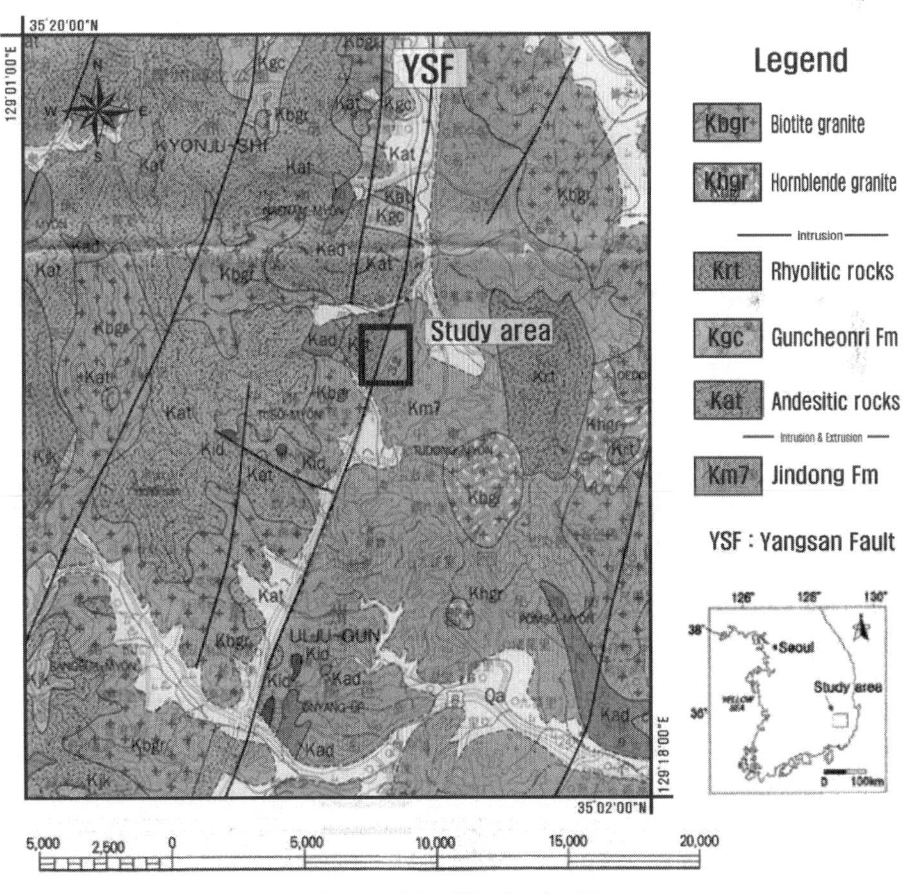

그림 3-2. 연구대상지역의 지질도

분포한다(그림 3-2). 조사지역을 지배하는 주요 지질구조는 양산단층으로서 한반도 동남부에 발달하는 북북동 방향의 단층들 중에서 단층의 폭과 연장성이 가장 크다(김종환 외, 1976; 원종관 외, 1978; 최현일 외, 1980; Kang, 1979). 양산단층의 폭은 경주시를 기준으로 남쪽에서 넓으며 그 이북은 좁아지는데(최위찬 외, 1998) 경주 남쪽에서는 1km 미만에서 6~7km에 이른다(장천중 외, 1993).

현지조사 결과 양산단층의 동측부는 자색셰일과 녹회색의 셰일이 분포하는데 자색셰일의 분포로 보아 본 지층은 함안층에 대비될 것으로 판단된다. 양산단층 서측부 암석의 화학분석 결과를 규소에 대한 총 알칼리량에 근거한 화산암의 화학적 분류도(Le Bas et al., 1986)에

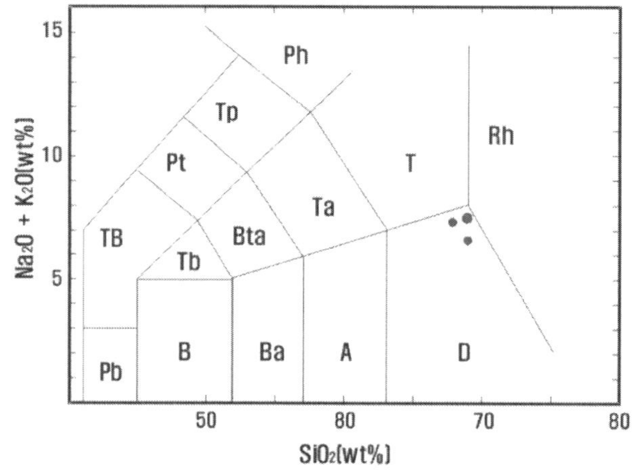

그림 3-3. Na_2O+K_2O − SiO_2 변화도(after Le Bas et al., 1986)
Rh: rhyolite, D: dacite, T: trachyte, A: andesite, B: basalt, Ta: trachy-andesite, Tb: trachy-basalt, TB: tephrite/basanite, and Bta: basaltic-trachy-andesite

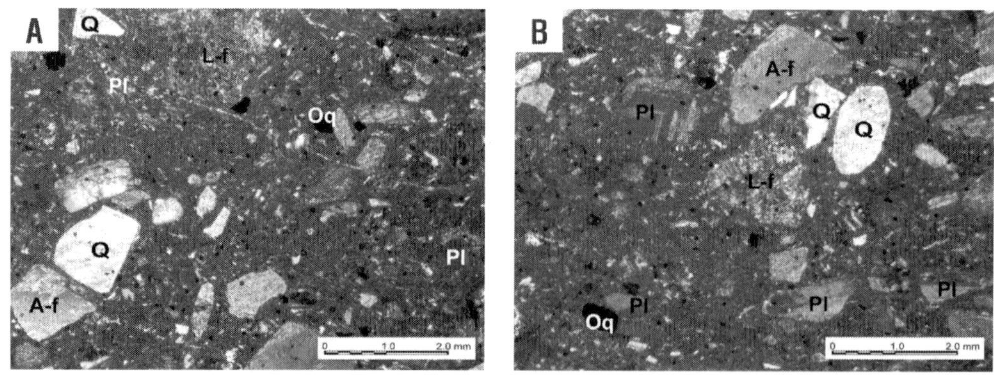

그림 3-4. Dacitic tuff의 박편사진(Q: quartz, A-f: Alkali-feldspar, Pl: plagioclase, L-f; lithic fragment, Oq: opaque mineral)

도시한 결과, 데사이트의 화학조성을 가지는 것으로 나타났다(그림 3-3). 데사이트질응회암의 현미경 관찰에 의하면 미립의 석영 및 장석, 유리질이 석기를 이루고, 석영, 알칼리장석과 사장석이 반정으로 나타나며 석질편이 포함된다. 반정으로 나타나는 장석류들은 견운모나 녹니석으로 변질되어 나타나기도 한다(그림 3-4).

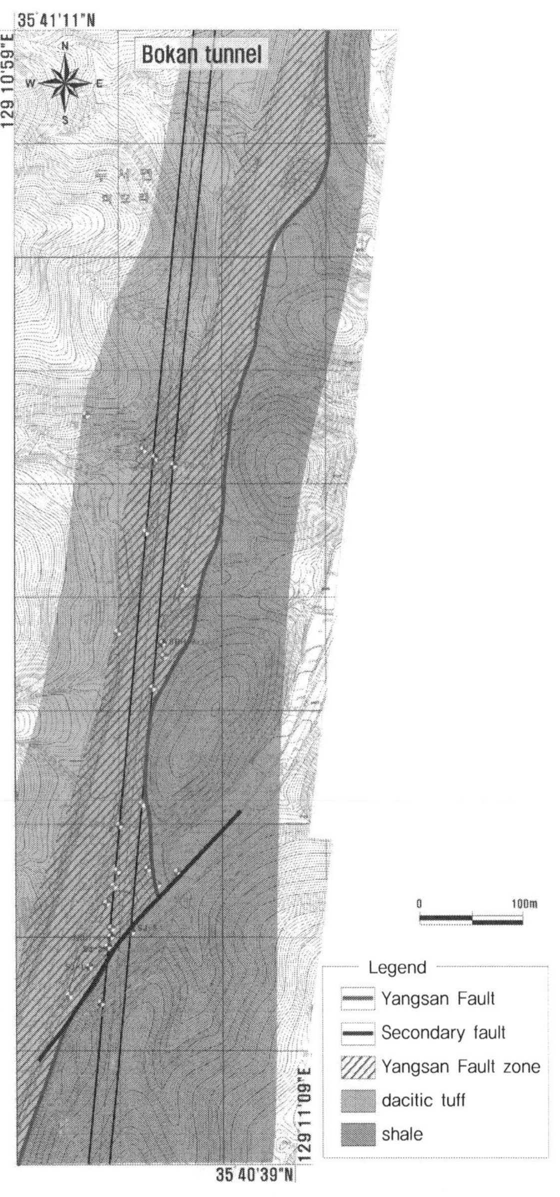

그림 3-5. 연구대상지역의 상세지질도

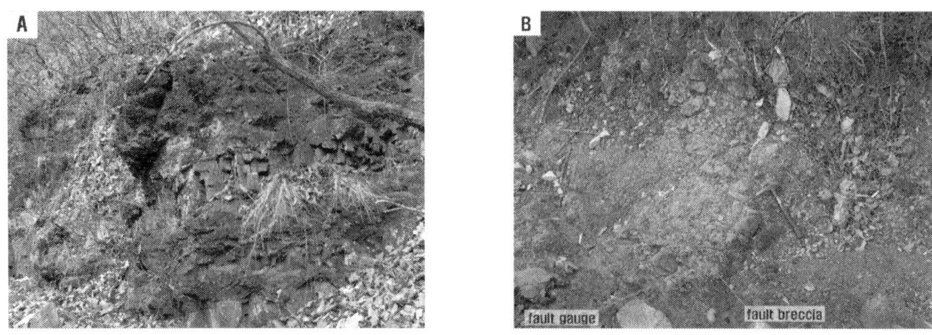

그림 3-6. 노두사진(셰일과 응회암)

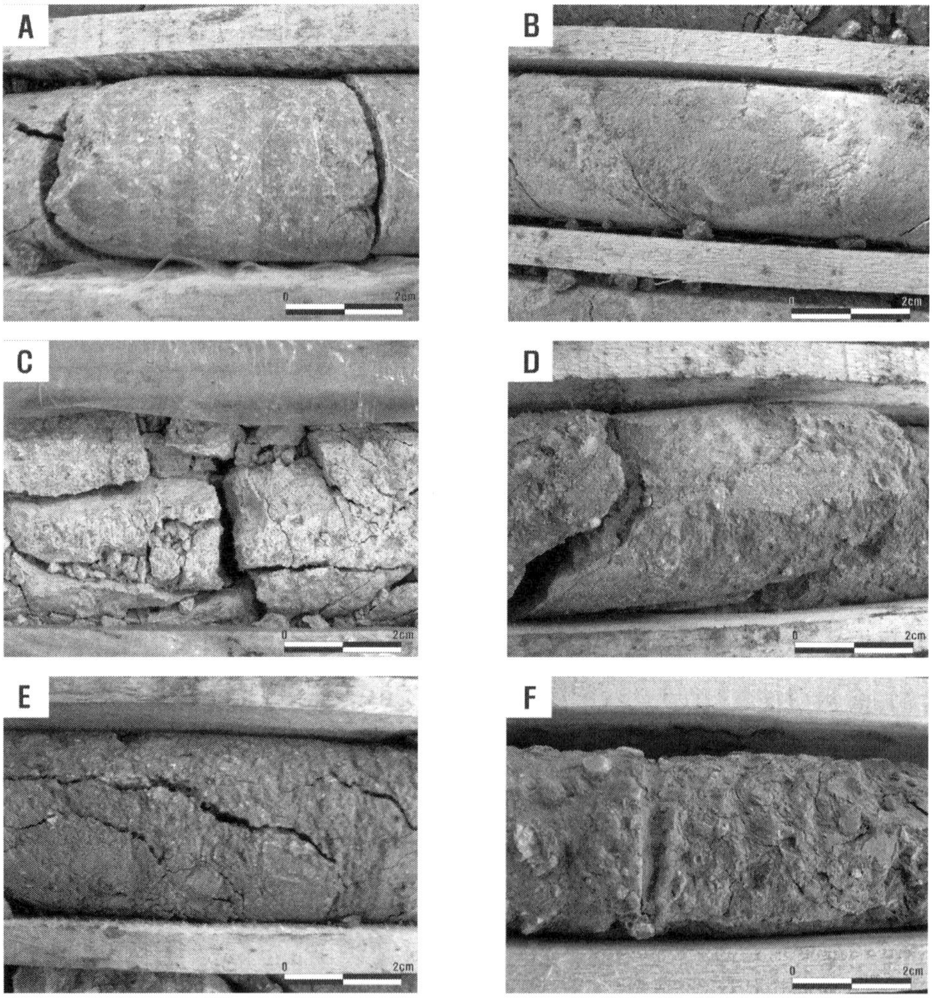

그림 3-7. Dacitic Tuff의 전형적인 코어샘플들

복안터널 구간에서 양산단층의 폭은 50~130m로 확인되었으며 양산단층에 사교하는 2차 단층이 N45°E 방향으로 발달한다(그림 3-5). 야외에서의 관찰에 의하면 양산단층 동측부에 분포하는 셰일은 변질작용 및 파쇄작용의 영향을 받지 않아 원암의 색과 조직이 그대로 유지된다. 반면 양산단층 서측부 데사이트질응회암의 분포지에서는 변질작용을 겪었거나 변질작용과 파쇄작용이 동시에 진행되어 나타난다(그림 3-6, 7).

3.4.3 양산단층의 산상

복안터널 구간에서의 양산단층의 산상을 파악하기 위하여, 지표지질조사와 병행하여, 조사지역에서 시행된 총 27개 시추공의 코어를 조사하였다. 지표에서는 노두노출이 제한되고 노두가 단속적으로 분포하여 양산단층의 산상을 파악하기 곤란한 상태이므로 시추공으로부터 자세한 정보를 획득하였다. 조사결과 양산단층은 다음과 같은 분포특징을 갖는다. 첫째, 양산단층선을 중심으로 동측부에는 셰일로 대표되는 퇴적암이 분포하고 서측부에는 데사이트질응회암이 분포한다. 둘째, 퇴적암은 단층운동의 영향을 받지 않아 비변질·비파쇄의 상태로 분포한다. 데사이트질응회암은 변질작용의 영향을 받았거나 변질작용 및 기계적인 파쇄작용의 영향을 받았으며, 변질작용에 의해 암석의 약화 및 강도저하, 새로운 광물의 형성, 탈색 및 변색작용을 겪었다(그림 3-7). 셋째, N20°E 방향의 양산단층에 사교하여 N45°E 방향의 2차 단층이 발달하며 2차 단층의 주변은 심한 파쇄작용이 진행되어 단층비지대가 발달한다. 넷째, 양산단층대의 폭은 50~130m이며 최대 시추심도(105m)까지 계속해서 단층대가 분포하는 것으로 확인되었다.

복안터널구간에서 데사이트질응회암의 산출상태를 세분하면 양산단층대 외곽부에 분포하며 변질작용과 파쇄작용의 영향을 받지 않은 비변질대(unaltered zone), 양산단층대 내에서 파쇄작용은 받지 않고 변질작용의 영향만을 받은 변질대(altered zone), 변질작용과 파쇄작용이 동시에 진행된 변질·파쇄대(altered, fractured zone), 극심한 파쇄작용을 받아 형성된 단

표 3-1. 양산단층의 분류

Zone	Mechanical fracturing	Color
Unaltered zone	none	original rock color
Altered zone	none	pale yellowish pink
Altered, fractured zone	fracturing	greenish gray
		purple
		mixed color
Fault gauge zone	severe fracturing	purple

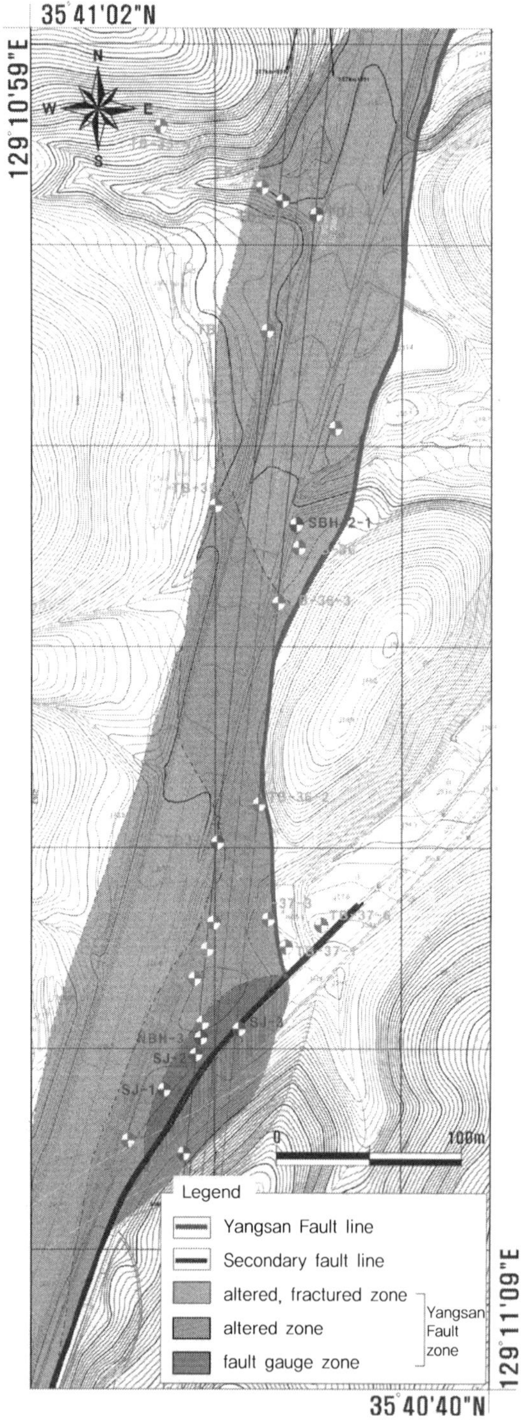

그림 3-8. 양산 단층의 구분

층비지대(fault gauge zone) 등 4개의 대로 구분할 수 있다(그림 3-8). 4개의 대는 암색으로도 구분이 되는데 비변질대는 원암의 색과 조직을 유지하며, 변질대는 담황홍색을 띠고 원암의 조직을 유지한다. 변질·파쇄대는 원암의 조직을 일부 유지하며 녹회색을 띠는 구간, 자색구간, 녹회색-자색 혼재구간으로 구분되는데(표 3-1, 그림 3-7), 이들은 단일 시추공에서 혼재 반복되기 때문에 종적, 횡적인 분대는 불가능하다. 단층비지대는 자색을 띤다.

3.4.4 양산단층에서의 열수변질작용

가. 광물조성의 변화

양산단층대내에서는 기계적 파쇄작용과 별도로 열수변질작용이 진행되어 새로운 변질광물의 형성, 화학조성의 변화, 탈색 및 변색작용 등이 초래되었다. 열수변질작용에 따른 광물조성의 변화와 열수변질작용의 특성을 파악하기 위하여 산상에 의해 분대된 각 대에서 시료를 채취하여 X-선 회절분석을 실시하였다(표 3-2).

X-선 회절분석 결과에 의하면 비변질대에서는 석영, 장석, 운모가 포함되고, 변질대 내에서는 장석의 함량이 감소하면서 카오리나이트와 스멕타이트가 산출된다. 변질·파쇄대 중 녹회색을 띠는 구간에서는 녹니석, 일라이트, 스멕타이트가 산출되며, 녹회색~자색 혼재구간은 녹니석, 일라이트, 스멕타이트 외에 적철석이 산출되어 라이트의 양은 감소하고 적철석의 함량은 증가한다. 단층비지대에서는 녹니석, 스멕타이트, 적철석 등이 포함되며 적철석의 양은 최대에 이른다. 원암의 조직은 변질대에서는 유지되나, 변질·파쇄대중 녹회색구간 및 혼재구

표 3-2. XRD 분석결과(wt%)

Zone	Sample No.	Color	Quartz	K-feldspar	Plagioclase	Mica	Illite	Chlorite	Smectite	Kaolinite	Hematite
Unaltered zone	TB-35-4-①	dark gray	+++	+	+++	+	-	-	-	-	-
Altered zone	TB-36-2-①	pale	+++	+	+	-	-	-	+++	+	-
	TB-36-3-①	yellowish	+++	+	+	-	-	-	+++	+	-
	TB-37-3-①	pink	+++	-	+	-	-	-	+++	+	-
Altered, fractured zone	TB-36-1-①	greenish gray	+++	-	+	+	+++	++	+++	-	-
	TB-35-2-①	mixed	++	-	++	-	++	+++	++	-	+
	TB-36-1-①	purple	++	-	+	-	++	++	++	-	+++
Fault gauge zone	TDJ-4-①	purple	++	-	+	-	-	++	++	-	+++
	TDJ-6-①		++	-	+	-	-	+	+	-	+++
	SJ-2-①		++	-	+	-	-	+	+	-	+++

간은 부분적으로 유지되고 자색대에서는 거의 파괴되어 나타나며 단층비지대에서는 완전히 파괴되어 나타난다. 따라서 변질의 강도는 담황홍색을 띠는 변질대→변질·파쇄대 내의 녹회색 구간→변질·파쇄대 내의 녹회색-자색 혼재구간→변질·파쇄대 내의 자색구간→단층비지대의 순서로 증가한다(그림 3-9).

조사지역 양산단층대 내에서의 열수변질작용은 변질대에서는 고령석화작용이 주도적으로 진행되었으며, 변질·파쇄대구간에서는 녹니석화작용과 견운모화작용이 진행되었고, 적철석 이 형성되기 시작하였다. 단층비지대에서는 녹니석화작용이 주로 진행되었으며 적철석이 다

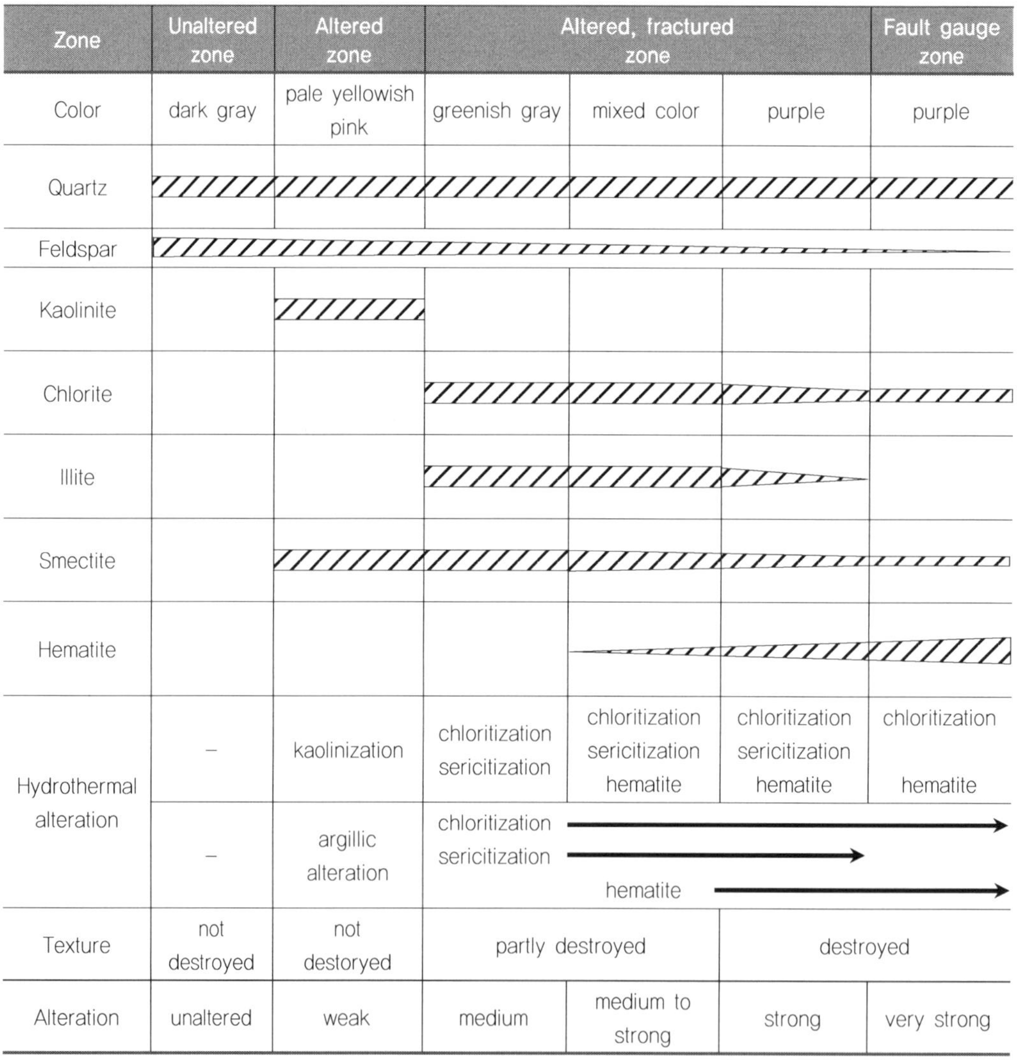

Zone	Unaltered zone	Altered zone	Altered, fractured zone			Fault gauge zone
Color	dark gray	pale yellowish pink	greenish gray	mixed color	purple	purple
Quartz						
Feldspar						
Kaolinite						
Chlorite						
Illite						
Smectite						
Hematite						
Hydrothermal alteration	–	kaolinization	chloritization sericitization	chloritization sericitization hematite	chloritization sericitization hematite	chloritization hematite
	–	argillic alteration	chloritization sericitization hematite			
Texture	not destroyed	not destoryed	partly destroyed		destroyed	
Alteration	unaltered	weak	medium	medium to strong	strong	very strong

그림 3-9. 변질대에서의 광물학적, 물리적 특성변화

량 형성되었다(그림 3-9).

나. 화학조성의 변화

열수변질작용에 의해 기존광물이 분해되고 새로운 광물이 형성되면서 광물조성이 변화함에 따라 화학조성도 변화하게 된다. 열수변질작용에 따른 화학조성의 변화를 확인하기 위하여 X-선 형광(XRF)분석에 의해 주성분 원소를 분석하고, 이중 SiO_2, Al_2O_3, MgO, K_2O+Na_2O, Fe_2O_3, LOI 등의 성분변화를 조사하였다(표 3-3, 그림 3-10).

분석결과에 의하면 SiO_2의 함량은 변질이 진행되면서 증가한 후, 파쇄·변질대 구간에서는 감소하고 단층비지대 구간에서 다시 증가한다. 반면에 Fe_2O_3는 변질이 진행되면서 감소한 후 파쇄·변질대 구간에서는 증가하고 단층비지대 구간에서 감소한다. SiO_2와 Fe_2O_3는 변질도의 증가에 따라 서로 반대의 변화추세를 보여준다. Al_2O_3는 변질도가 낮은 변질대 구간에서는 함량이 감소하다가 변질도가 높은 파쇄·변질대와 단층비지대에서는 함량이 점차 증가한다. MgO는 변질도의 증가에 따라 함량 증가 후 감소경향을 보여준다. K_2O+Na_2O는 변질도가 증가함에 따라 전체적으로 감소경향을 보여준다. K_2O+Na_2O의 변화는 대체로 장석의 함량 변화

표 3-3. XRF 분석에 의한 화학성분(wt%)

Sample No.	TB-35 -4-①	TB-36 -2-①	TB-36 -3-①	TB-37 -3-①	TB-36 -1-①	TB-35 -2-①	TB-36 -1-②	SJ-2 -①	TDJ-6 -①
Zone	Unaltered zone	Altered zone			Altered, fractured zone			Fault gauge zone	
Color	dark gray	pale yellowish pink			greenish gray	mixed color	purple	purple	
SiO_2	69.0	72.64	75.95	75.76	68.62	57.22	57.86	60.29	56.73
Al_2O_3	15.96	13.65	13.37	13.36	15.82	16.10	16.08	16.44	17.13
TiO_2	0.52	0.15	0.17	0.16	0.30	1.13	1.08	0.80	1.07
Fe_2O_3	2.92	2.24	1.14	1.57	3.38	8.03	8.12	6.79	8.86
MnO	0.14	0.06	0.02	0.01	0.05	0.12	0.09	0.08	0.13
MgO	0.58	0.58	0.30	0.60	2.42	2.78	3.29	2.41	2.09
CaO	1.89	1.32	0.53	0.67	0.94	2.84	2.94	2.91	3.41
Na_2O	4.19	2.40	1.82	1.72	1.27	3.58	1.55	0.98	0.93
K_2O	3.51	4.25	4.57	3.91	3.78	3.00	2.79	2.93	2.79
P_2O_5	0.09	0.01	0.02	0.01	0.05	0.34	0.33	0.18	0.27
LOI	0.61	2.50	2.01	2.31	3.20	4.05	5.64	5.93	6.20
Total	99.41	99.79	99.90	100.08	99.82	99.20	99.76	99.75	99.61

를 반영하는데(Harnois and Moore, 1988), 변질도가 증가함에 따라 함량이 감소하는 것은 열수변질작용에 따른 장석의 분해를 의미한다. LOI는 변질도의 증가에 따라 꾸준히 증가한다. LOI의 증가는 점토광물의 형성과 관련이 있는 것으로 알려져 있으며(Suoeka et al., 1985), 조사지역에서도 LOI의 증가는 새로운 열수변질광물의 형성과 관련되는 것으로 판단된다. 변질도가 증가함에 따라 K_2O+Na_2O의 함량이 감소하고 LOI의 함량이 증가하는 것은, 데사이트질응회암을 구성하는 주요 조암광물, 특히 장석의 분해와 새로운 열수변질광물의 형성을 반영한다.

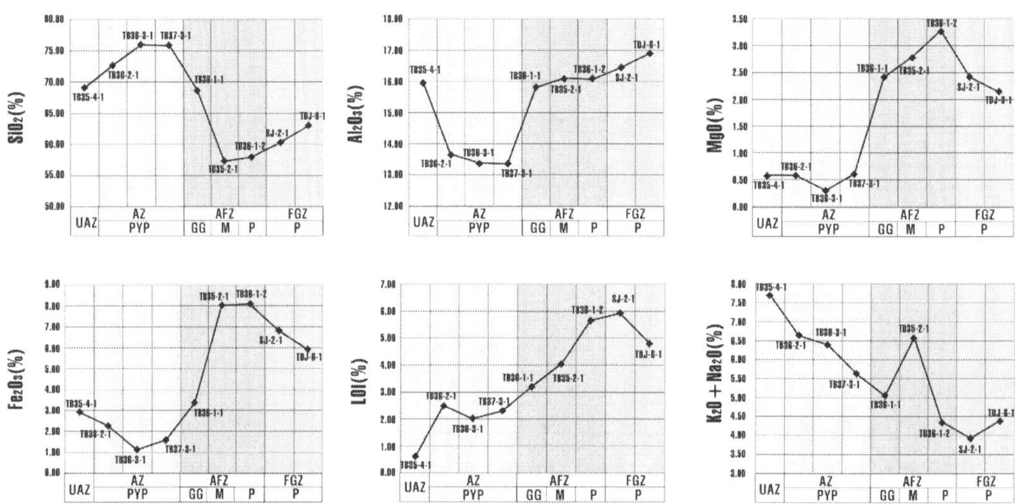

그림 3-10. 변질대에서의 화학성분의 변화(UAZ: unaltered zone, AZ: altered zone, AFZ: altered, fractured zone, FGZ: fault gauge zone, PYP: pale yellowish pink, GG: greenish gray, M: mixed color, P: purple)

3.4.5 변질대의 형성과정

조사지역에서 변질대를 구성하는 광물조합은 석영-일라이트(견운모)-카오리나이트-장석으로 보는 것이 가능하므로 변질대의 형성과정을 Hemley et al.(1971)의 실험결과를 기본으로 고찰할 수 있다. 그림 3-11은 상승하는 열수용액의 가능한 반응경로를 표시한 것이다. 열수용액이 상승하면서 고온의 비 이온화된 상태에서 저온의 이온화된 상태로 진행되는 동안 평형상태가 유지되는 경우 a의 stability path의 경로를 따른다. 그러나 일반적으로 열수용액 내의 알카리 이온/ H^+의 비가 낮으므로 평형은 유지되지 않고 b의 경로를 따르게 된다. 반응이 계속 진행되면서 온도가 하강함에 따라 반응은 c 방향으로 진행되며 H_2S가 산화되는 조건하에서는 알칼리 이온/ H^+의 비가 감소하여 c 방향으로의 반응이 더욱 진행된다($H_2S + O_2 \rightleftarrows SO_2 +$ H^+). 이때 만약 압력의 감소 등에 의하여 비등이 일어나게 되면 알칼리 이온/ H^+ 비가 증가하여 d의 경로를 따른다. 조사지역에서 변질대는 양산단층을 따라 형성되어 있으며 열수용액 중의 Na^+/ H^+와 K^+/ H^+ 비가 장석이 안정하게 존재하기에는 너무 낮아, 변질대의 중심에서 장석이 분해되면서 견운모대가 형성되고 반응이 계속 진행되면서 온도가 하강하고 반응이 c의 경로를 따라 진행되면서 고령석대가 견운모대의 외측부에 형성된 것으로 판단된다.

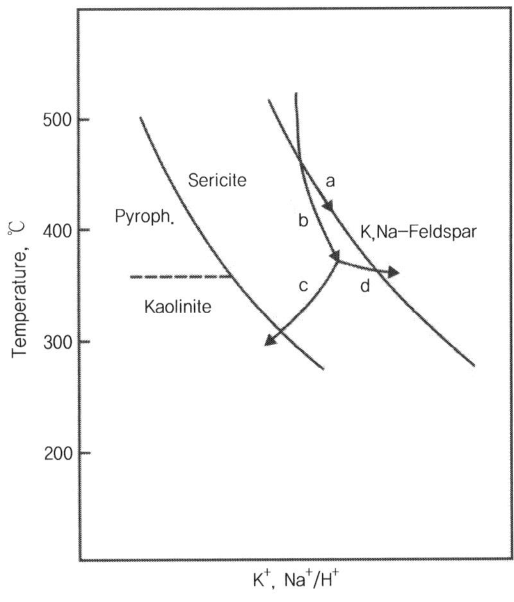

그림 3-11. 열수용액의 가능냉각경로(after Hemley and Jones, 1964)

3.4.6 열수변질작용에 따른 공학적 특성

복안터널은 양산단층을 사교하여 고속도로 하부를 관통하도록 계획되어 있어 터널설계 시 현지의 지반상태를 반영하는 설계정수의 결정이 안정적인 터널의 설계와 시공에 매우 중요하다. 금번 연구를 통하여 복안터널 구간 양산단층을 비변질대, 변질대, 변질·파쇄대, 단층비지대 등 4개의 구역으로 구분하였으며, 이에 따라 구분된 4개의 구역을 대표할 수 있는 설계정수를 결정하였다.

설계정수의 결정은 기존에 수행된 27개 시추공에서의 공내재하시험 자료(11공, 18회), 실내토질시험 자료(10공, 22회), 실내암석시험 자료(8공, 19회)를 구분된 구역별로 분류하고 각 시험값들을 재검토한 후 종합하였다(표 3-4). 공학적 물성치에 의하면 변질도가 증가하면서 단위중량, 탄성계수, 점착력, 내부마찰각은 감소하고 포아송비는 증가하는데 이러한 값의 변화는 변질강도가 증가하면서 암반이 공학적으로 약화되었음을 의미한다.

변질작용에 따른 암석의 물리적 특성변화에 대한 연구는 여러 연구자들(Baynes et al., 1978; Lumb, 1983; Irfan et al., 1985; Raj, 1985)에 의해 수행되었으며, 변질작용은 암석의 강도를 저하시키고 암석의 물성을 변화시킨다고 보고하였다.

단위중량은 단위부피당 중량으로 정의되며 암석이 신선할수록 값이 크고 변질작용이나 풍화작용의 영향을 받은 경우에는 감소한다(Newberry, 1970). 단위중량은 비변질대 구간에서 $2.6tonf/m^3$이며, 변질대 구간에서는 $2.0tonf/m^3$으로 급격히 감소한 후 변질·파쇄대와 단층 비지대에서는 각각 $1.95tonf/m^3$와 $1.9tonf/m^3$으로 점진적으로 감소하여 변질강도의 증가에 따른 공학적 성질의 약화를 보여준다. 탄성계수는 가압 방향으로 축방향의 길이 변화에 관계되는 값으로 일축압축시 응력과 변형의 비로 표현된다. 암석이 신선할수록 크며 변질작용이나 풍화 정도가 심할수록 작은 값을 보여준다(Gupta, 1997). 조사지역의 경우 탄성계수의 값은 비변질대 구간에서는 $500,000tonf/m^3$으로 일반적인 값을 보여주나 변질작용을 받은 구간에서는 $11,000 \sim 7,000tonf/m^3$으로 급격히 감소하여 변질작용에 의한 공학적 성질의 변화를 잘 보여준다. 포아송비는 축 방향의 변형율과 그 직각방향의 변형율의 비를 말하며 암석이 신선할수록 값이 작으며 변질이나 풍화의 정도가 높을수록 크다(Gupta, 1997). 비변질대에서는 0.23으로 공학적으로 연암~보통암 수준의 값을 보여주나 변질작용을 받은 구간에서는 0.265~0.28의 범위로서 풍화암 수준의 값을 보여주며 변질도의 증가에 따라 포아송비는 증가한다. 점착력과 내부마찰각은 터널설계시 지반의 안정성을 결정하는 중요한 물성치로서 이 역시 변질의 정도가 증가하면서 감소한다. 단 점착력이 단층비지대에서 오히려 증가하는 것은 열수변질작용에 의한 강도의 저하와 점토광물의 형성을 반영하는 것이다.

변질작용에 의한 구성광물의 분해, 화학성분의 용탈과 반응에 의한 새로운 광물의 형성, 이에 따른 입자 경계의 열림과 결합력의 약화, 미세균열의 증가와 공극의 발달 등은 암석의

표 3-4. 터널 설계정수

Zone	Υ (tonf/m³)	υ	Em (tonf/m³)	C (tonf/cm²)	Ø (°)
Unaltered zone	2.6	0.23	500,000	30	35
Altered zone	2.0	0.265	11,000	6	25
Altered, fractured zone	1.95	0.27	9,000	6	25
Fault gauge zone	1.9	0.28	7,000	8	20

* Υ: unit weight, υ: poisson's ratio, Em: young's modulus, C: cohesion, Ø: internal friction angle

물리적 특성을 변화시키고 궁극적으로 암반의 공학적 성질의 약화를 초래한다(이창섭 외, 2005). 따라서 열수변질작용과 지반의 공학적 특성은 밀접히 관련되며 지반의 공학적 분류를 위해서는 공학적 특성과 연계되는 지질환경 제반에 대한 정확한 이해와 조사가 수행되어야 한다.

3.5 결 론

결론을 대신하여 복안터널 구간의 양산단층에 대한 기존 조사 자료의 재검토, 지표지질조사, 광물학적 연구 등을 통하여 도출된 주요 조사성과를 요약하면 다음과 같으며 조사결과는 화산암 분포지역에서의 공학적 성질의 약화원인을 대표하는 사례로 판단된다.

(1) 양산단층의 동측부는 함안층에 대비되는 셰일이 분포하고 서측부는 데사이트질응회암이 분포한다. 셰일은 기계적인 파쇄작용이나 열수변질작용의 영향을 거의 받지 않아 원암의 색과 조직을 그대로 유지하며, 데사이트질응회암은 변질작용이 진행되었거나 변질작용과 파쇄작용이 동시에 진행되어 나타난다.

(2) 데사이트질응회암은 산출상태에 따라 비변질대, 변질대, 변질·파쇄대, 단층비지대 등 4개의 변질대로 구분할 수 있다. 변질대에서는 고령석화작용이 주도적으로 진행되었으며, 변질·파쇄대구간에서는 녹니석화작용과 견운모화작용이, 단층비지대에서는 녹니석화작용이 주로 진행되었으며 적철석이 다량 형성되었다.

(3) 열수변질작용의 진행에 의해 SiO_2, Al_2O_3, MgO, K_2O+Na_2O, Fe_2O_3, LOI 등이 함량변화를 보인다. 변질도가 증가함에 따라 K_2O+Na_2O의 함량은 감소하고 LOI의 함량이 증가하는 것은, 데사이트질응회암을 구성하는 주요 조암광물, 특히 장석의 분해와 새로운 열수변질광물의 형성을 반영하는 것이다.

(4) 열수변질작용에 의한 구성광물의 분해, 화학성분의 용탈과 반응에 의한 새로운 광물의 형성, 이에 따른 입자 경계의 열림과 결합력의 약화, 미세균열의 증가와 공극의 발달 등은 암석의 물리적 특성을 변화시키고 궁극적으로 암반의 공학적 성질을 약화시킨다. 열수변질작용은 지반의 공학적 특성과 밀접히 관련되며 열수변질대를 기준으로 구분된 4개의 구역은 공학적으로 중요한 의미를 갖는다.

(5) 양산단층대를 통과하는 복안터널 구간을 4개의 구역으로 구분하고 공학적 물성치를 부여하였다. 공학적 물성치에 의하면 변질도가 증가하면서 단위중량, 탄성계수, 점착력, 내부마찰각 등은 감소하고 포아송비는 증가하는데, 이는 열수변질작용에 의해 암반이 공학적으로 약화되었음을 의미한다.

04 부산지역 화산암의 특성

┃ 엄 정 기

4.1 서 론

산, 강, 바다가 어우러져 수려한 경관을 연출하는 부산은 백악기 말기에 활발한 화산활동이 있었던 지역이다. 이로 인하여 지층분포가 매우 복잡하며 다양한 성분과 조직을 갖는 화산암류가 분포한다. 부산 일대의 화산암 분포지는 백악기말 유라시아 동연변부의 해구에서 쿨라–태평양판의 섭입에 의해 형성된 대륙화산호에 해당하며, 대규모의 화산활동과 심성활동을 동반하였다(김혜숙 외, 2009).

본 지역에 대한 조사는 장태우 외(1983)에 의한 지질도폭 조사를 비롯하여 김상욱(1986), 이상만 외(1987)에 의해 백악기의 광역적인 화성활동과 지구조적 의의에 대한 연구가 수행된 바 있다. 또한 연구자들(김진섭, 1990; 김규한과 이진수, 1993; 김진섭과 윤성효, 1993; 윤성효 외 1994)은 부산 지역이 속해 있는 경상분지 내 유천소분지에 분포하는 화산암류에 대한 암석학적 연구를 통하여 이 지역의 화산암이 대륙 연변부의 섭입대에서 형성되는 도호 칼크–알칼리화산암이라고 판단을 내렸다. 본 고는 기존의 연구자들에 의한 연구 결과와 그동안 저자가 부산 일대에서 조사한 자료를 바탕으로 부산 지역에 분포하는 화산암 전반에 관한 사항을 요약하여 정리해 보고자 한다.

4.2 광역지질 및 지구조

부산 지역 화산암의 특성을 고찰하기 위해서는 부산 지역에 분포하는 지층을 포함하는 경상누층군에 대한 이해가 필요하다. 경상분지에는 상부 중생대층인 백악기 육성퇴적층들이 쌓였으며, 자색지층의 발달과 상부로 갈수록 빈번해지는 화산암 및 화산기원 퇴적층의 협재가 특징적으로 나타난다. 장기홍(1977)은 경상분지 내에서 보다 광범위하게 적용될 수 있는 암층서적 분류를 제안하였다. 그는 화산활동 및 심성활동과 관련하여 경상분지의 발달 과정을 선화산활동 퇴적기, 화산활동동시성 퇴적기, 화산활동 절정기 및 화강암 관입기로 구분하였다. 그리고 각기에 해당하는 층서단위를 신동층군, 하양층군, 유천층군 및 불국사관입암류로 명명하고 3개 층군을 묶어서 경상누층군을, 관입암류까지를 포함하여 경상 속을 설정하였다. 특히 밀양지괴 지역, 영양지괴 지역 및 의성지괴 지역에서 서로 다르게 나타나는 하양층군의 층서는 장기홍(1977)에 의해 상세히 논의되었다(표 4-1). 그림 4-1은 경상분지의 지질도이다.

표 4-1. 경상분지 내의 지역별 층서 분류(대한지질학회, 1988)

영양지괴(지역)		의성(도평)지괴(지역)		밀양지괴(지역)						울산지역	
장기홍(1975) 영양지역	층	최현일 외(1980) 의성지역	층	Tateiwa(1929) 왜관-경주지역	층	장기홍(1975) 왜관-경주지역	층	장기홍(1975) 경상분지남서부	층	최현일 외(1980) 울산지역	층
불국사관입암류	관입암복합체	불국사관입암류	관입암복합체	불국사통	불국사화강암	불국사관입암류	관입암복합체	불국사관입암류	관입암복합체	불국사관입암류	관입암복합체
유천층군	화산암복합체	유천층군	화산암복합체		주사산반암층	유천층군	화산암복합체	유천층군	화산암복합체	유천층군	화산암복합체
경상누층군 하양층군	신양동층	경상누층군 하양층군	신양동층	경상계 신라통	건천리층	경상누층군 하양층군	건천리층	경상누층군 하양층군	진동층	경상누층군 하양층군	
	기사동층		춘산층		채약산빈암층		채약산층		함안층		조일리층
	도계동층		사곡층		대구층		송내동층				
	오십봉층		점곡층				반야월층				
	청량산층		후평동층		학봉빈암층		함안층				사연리층
	가송동층		일직층				학봉빈암				
	동화치층										
	울련산층										
					신라역암		신라역암		신라역암		
					칠곡층		칠곡층		칠곡층		
		신동층군	진주층	낙동통	진주층	신동층군	진주층	신동층군	진주층	신동층군	구영리층
			하산동층		하산동층		하산동층		하산동층		
			낙동층		낙동층		낙동층		낙동층		

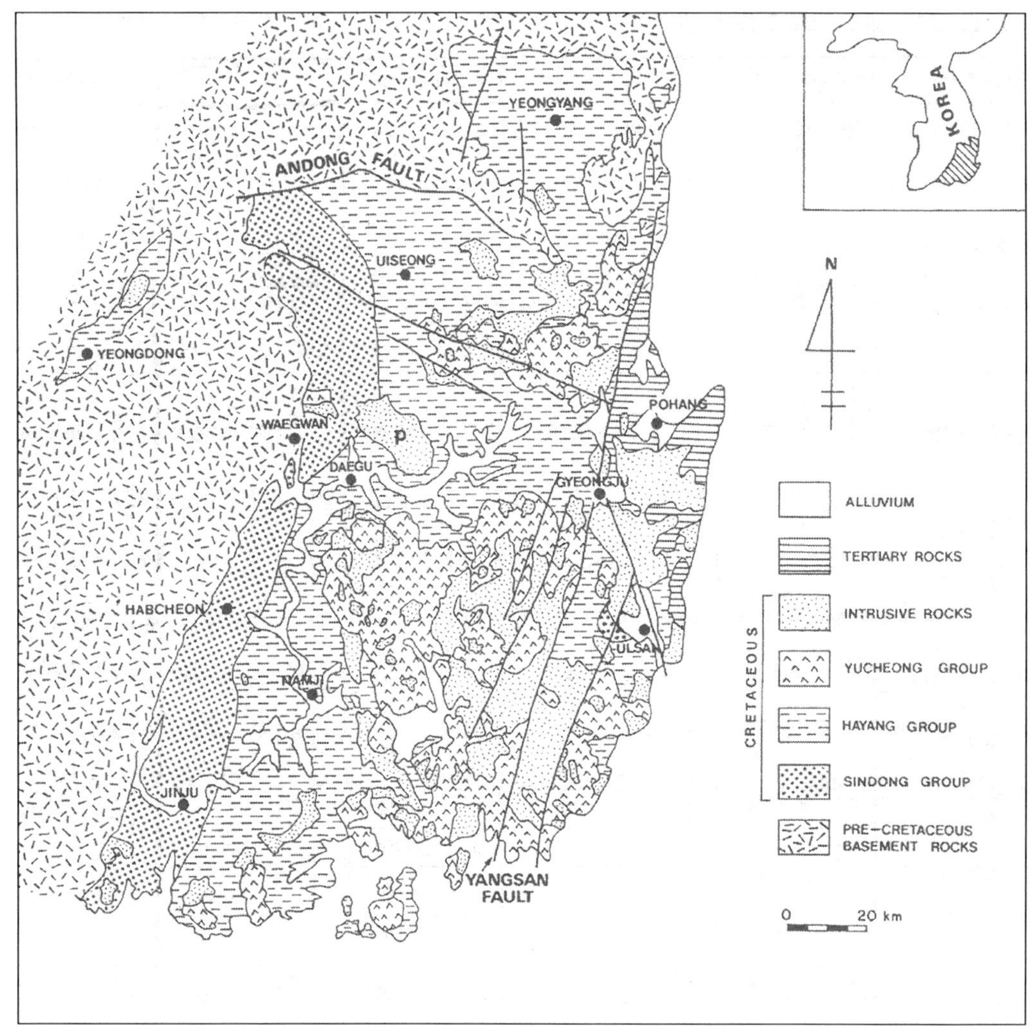

그림 4-1. 경상분지의 지질도(대한지질학회, 1988)

신동층군은 경상분지의 서쪽 경계를 따라서 약 20km의 폭으로, 남해안에서 안동단층까지 분포된다. 이 층군은 하부로부터 비자색 낙동층, 자색 하산동층 및 비자색 진주층으로 세분된다. 하양층군은 경상분지 남서부에서 하부로부터 칠곡층, 신라역암층, 함안층 및 진동층으로 세분된다. 유천층군은 주로 안산암, 유문암, 응회암 및 용결응회암으로 구성되며, 응회질의 사암과 역암, 그리고 흑색 셰일의 퇴적층 렌즈들이 협재되기도 한다. 안산암을 주로 하는 하부(약 1,000m 두께)는 정창희 외(1973)에 의해 주사산안산암으로 명명되었다. 유천층군의 화산암은 하부의 중성으로부터 상부의 산성으로 변화한다. 주사산 화산암층은 유천층군의 최하부에 있으며 4매의 안산암류와 안산암질 래피리응회암, 응회암질 사암 또는 알코즈 사암의 호층으로 되어 있으며, 주로 건천리 부근의 주사산 일원에 분포한다. 주사산 화산암층의 두께는 2600m 이상 되는 곳도 있으며 안산암은 흔히 휘석과 사장석의 반점을 함유하고 드물게 각섬석을 갖는 경우도 있다. 불국사관입암류의 신성암류와 맥암류는 백악기말의 화성활동으로 생성되었다. 심성암류는 흑운모화강암 또는 화강섬록암이 주를 이루며 암맥류는 퇴적암류 및 화산암류를 관입한 산성 또는 염기성 맥암이다.

경상분지의 발달사는 "한국의 지질"(대한지질학회, 1998)에 상세하게 수록되어 있으며 인용하여 요약하면 다음과 같다. 신동시대 중에는 초기 경상분지의 서쪽 및 북쪽 경계단층을 따라서 침강된 퇴적기반 위에 장석질 사암을 주로 하는 퇴적물이 남동쪽으로 운반되어 충적선상지를 형성하였다. 현재의 분포는, 범람원기원 이암과 교호하는 하부 충적선상지 퇴적층에 국한되는데 이는 지층이 동남쪽으로 경사된 후 상부선상지 및 중부선상지 부분이 삭박되었기 때문이다. 충적선상지는, 하류방향으로 충적평야를 지나 분지 중심부의 호수 환경으로 이어졌었다. 이 호수가 확장된 기간이 진주층의 퇴적시기이며, 확장의 주원인은 구조운동보다 강우량의 증가였을 것으로 해석된다. 신동시대의 경상분지는 경계단층에 따라 단속적으로 침강한 지구(graben)형 분지였으며, 분지 내에는 공간적으로 충적선상지, 충적 평야 및 호수 환경이 유지되고, 시간적으로는 그에 대응되는 충적선상지, 충적 평야 및 호수 퇴적시스템이 입체적으로 퇴적되었다. 경상분지는 하양시대 초기에, 기존의 경계단층들의 활동 쇠퇴로, 그 범위가 크게 확장되었다. 서쪽과 동쪽으로는 정단층들로 경계되고, 북쪽은 수직단층에 의해 경계되었었으며, 후기에는 후퇴성 단층에 의해서 그 범위가 점차 확대되었다. 하양시대의 대부분은 아열대-열대기후의 충적 평야 환경이었으며, 분지의 가장자리에만 존재하고 하류 쪽, 즉 분지의 중앙부로는 사멸되는 간헐하천(ephemeral stream)들만이 발달되었다. 그 외에 단속적인 화산활동은 지역적인 화산테레인을 형성하고 화산쇄설물을 공급함으로서 결과적으로 퇴적환경과 분지발달에도 영향을 미쳤다. 유천시대에 들어와서는 분출과 폭발을 병행한 화산활동이, 경상분지는 물론 분지 밖에서도 광범위하게 일어났으며, 대부분의 화산활동 지역에서 화강암질 마그마의 상승에 의한 심성활동이 동반되었다. 유천시대의 화산활동은, 주로 단층에 따라 일어났었던 하양시대의 선형 화산활동과 달리, 여러 지역에서 환상화된 것이 특징적이다. 유천시대의 퇴적은 화산테레인 내의 소규모 호소들에 국한되었는데 이는 경상분지의 침강이 끝나는 반면 화산테레인의 발달로 퇴적분지가 더 이상 유지되지 않았기 때문이다.

그림 4-2는 부산 지역을 포함하는 경상남북도에 걸쳐 25m 해상도의 광역적인 음영기복도이다. 부산을 포함하는 경상분지 동남부에는 북북동방향으로 평행하게 뻗어 있는 수조의 단층

선 계곡(fault-line valley)들이 형성되어 있으며, 이들 선상구조들을 총칭하여 양산단층계
(Yangsan Fault System)라 한다. 단층대들은 김종환 외(1976)의 Landsat-1 영상판독에 의
하여 주요 구조선으로 처음 인지된 후, 양산단층과 함께 한반도 동남부 제3기 분지의 형성과
발달을 제어한 주요 지구조선(우수향 및 좌수향 주향이동단층)으로 인지되어오고 있다. 양산
단층 동편에 뚜렷한 선상구조를 형성하고 있는 단층이 동래단층과 일광단층이며, 그 외 양산
단층의 서편에는 자인단층, 밀양단층, 모량단층이 평행하게 분포하고 있다. 그리고 동래단층
과 일광단층은 울산단층에 의해 그 북북동쪽 연장이 규제되어 있다. 현재까지 연구로부터,
양산단층대와 울산단층대는 신생대 제4기 퇴적층을 변위시킨 증거가 제시되어 활성단층의 가
능성이 있으며, 동래단층과 일광단층은 양산단층계의 일원으로서 양산단층과 거의 평행한 자
세를 보이고 있어, 양산단층과 유사한 기하 및 운동학적 특성을 보일 것으로 추정되고 있다.

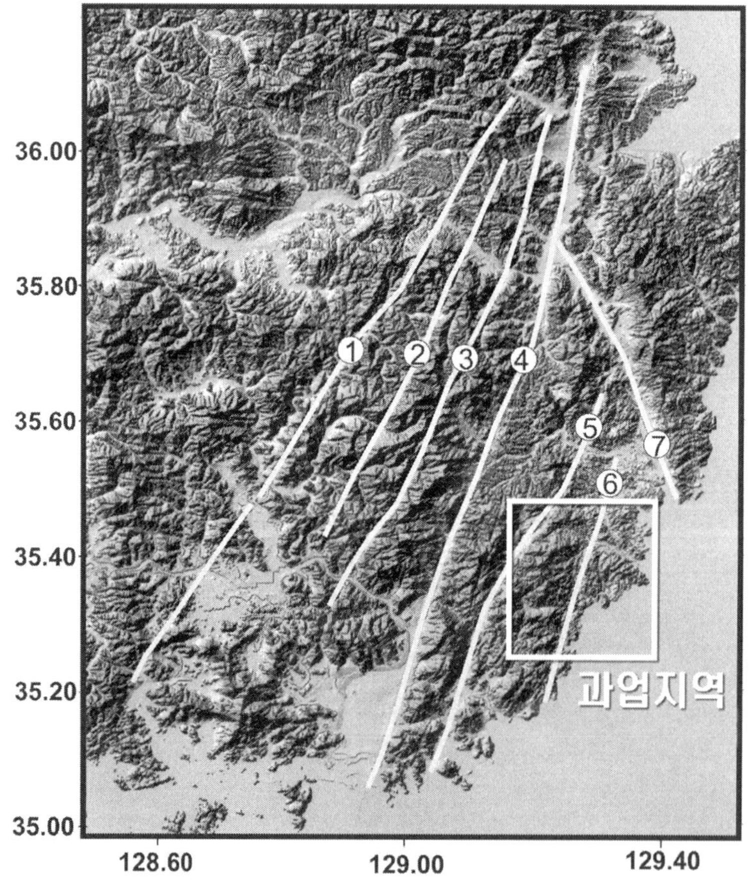

그림 4-2. 경상분지 동남부의 주요 선구조도

기존 연구에 의하면, 부산을 포함한 북쪽 일원은 백악기 중기에 걸쳐 퇴적작용이 있었으며, 후기로 갈수록 화산작용이 심화되어 분지상구조를 형성하고, 계속된 마그마의 상승, 화산쇄설암의 분출 및 인장응력장의 유지로 다량의 화산구조성 함몰지를 형성하였다. 안산암질~유문암질 화산암류와 화강섬록암, 규장암 등의 심성–반심성암류는 화산–심성작용의 산물로 형성되었고 심성암류들은 주로 콜드론(화산함몰체)과 광역지질구조에 의해 규제되어 관입된 것으로 해석된다(윤성효와 상기남, 1994).

4.3 부산일대 화산암의 특성

부산은 경상누층군이 분포하는 밀양지괴에 속하며 경상분지의 남동단에 위치하고 있다(그림 4-3). 앞에서 논의하였듯이 경상누층군은 하부로부터 신동층군, 하양층군, 유천층군으로 대분되며 부산 지역은 경상누층군의 상부지층인 유천층군이 주로 분포한다(장태우 외, 1983). 유천층군의 화산암은 다시 하부의 주사산안산암질암과 상부의 운문사유문암질암으로 대별된다(김상욱과 이영길, 1981). 그림 4-3의 부산 지역 지질도에서 볼 수 있듯이 본 역에 분포하는 화산암류는 화학 성분과 조직의 변화에 따라 매우 다양한 암종으로 나타난다. 따라서 모든 세부적인 암종에 대하여 개별적으로 논의하기에는 어려움이 따르며 여기서는 부산 지역의 화산암을 암산암질암, 응회질퇴적암, 유운암질암으로 대분하여 고찰한다. 더불어 부산 지역에서 상당한 부분을 점유하며 공학적으로도 심각한 문제를 야기할 수 있는 화강암류 및 맥암류로 구성된 불국사관입암류에 대해서도 논의한다.

부산 지역의 최하부로 여겨지는 다대포층(그림 4-4)은 부산시 사하구 다대포 및 송도 일대에 분포하며 화산물질의 양에 따라 하부와 상부로 세분된다. 하부 다대포층은 적색층과 비적색층의 교호대를 이루고 있으며 화산물질의 함유량이 적은 것이 특징이다. 구성암석은 적색 셰일 및 미사암, 회색–녹회색 셰일, 사암 및 역암이다. 상부 다대포층은 녹색 및 녹회색 응회질 사암이 대부분이며 응회질 역암과 셰일이 소량 협재한다. 또한 현무암질 안산암과 안산암질 응회각력암이 협재되기도 한다.

다대포층의 상부는 안산암질 화산각력암과 안산암류의 안산암질암이 피복하고 있다(그림 4-5). 안산암질암은 부산 전역에 산재하는데, 부산시 서구 구덕산, 승학산, 천마산, 사하구 신평동의 비교적 넓은 지역과 남구의 문현동, 우암동, 용호동, 해운대의 달맞이공원에서 화산각력의 조직을 갖는 안산암질암이 분포한다. 이와 같은 안산암질 화산각력암을 정합적으로 피복하며 분출암상을 보여주는 안산암류는 남구 금련산 일대, 사하구 송도 및 괴정동 일대, 기장군 철마면 등지에 분포한다. 안산암질암의 암상은 대체로 회색, 암회색, 암록색의 라필리

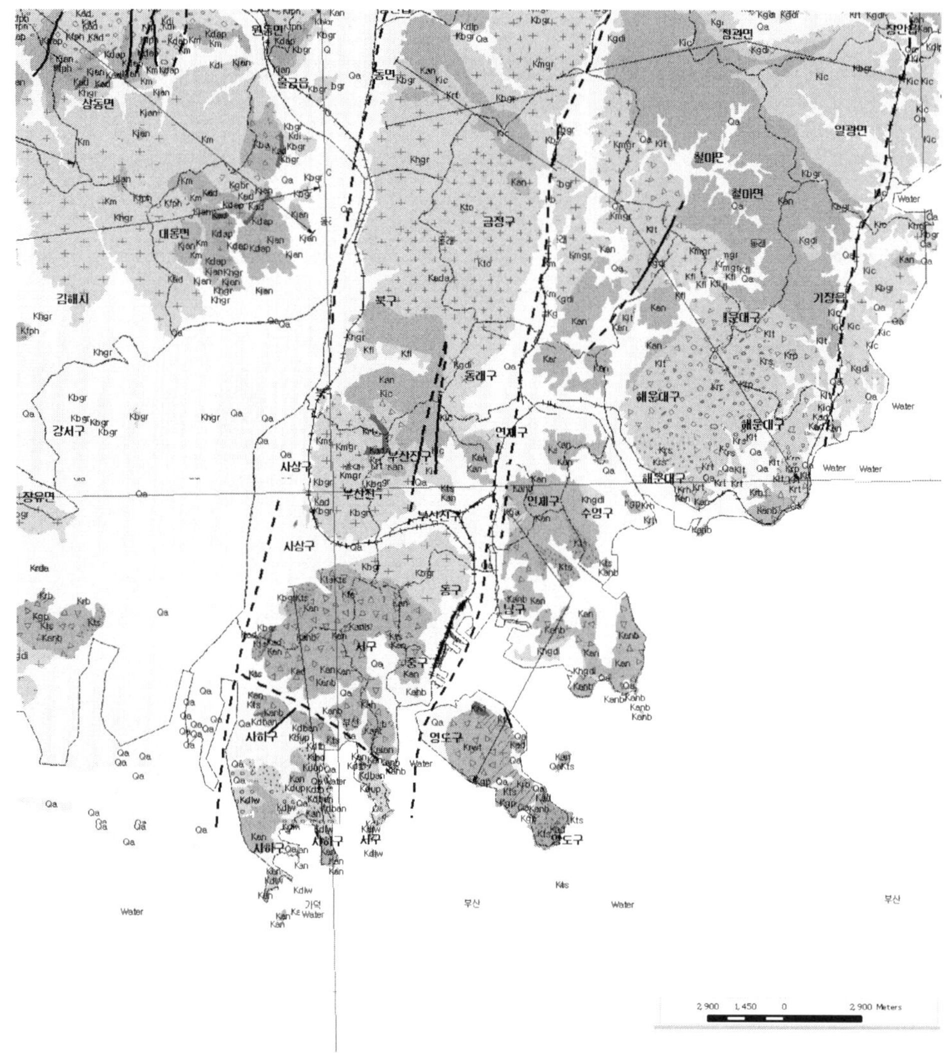

Aa 변질안산암, Kad 산성암, Kada 아다멜라이트, Kan 안산암질암류 : 안산암, 조면안산암, Kanb 안산암질화
산각력암 : 안산암질라필리응회암, 파이로크라스틱각력암, Kanwt 안산암질용결응회암, Kap 반화강암, kba
함각력안산암, Kbd 염기성암, Kbgr 흑운모화강암, Kdap 도대동안산안반암, Kdban 현무암질안산암, Kdi 섬록
암, Kdip 섬록반암, Kdlw 상부 – 적색, 회색, 녹회색사암세일, 역암, Kdtb 응회각력암, Kdup 상부– 녹색,
녹회색, 회색응회암질사암, Kfl 규장암, Kfp 장석반암, Kfph 규장반암, Kga 반려암, Kgb 반려암, Kgbr 녹색각
력암, Kgdi 화강섬록암, Kgp 화강반암, Khgdi 각섬석화강섬록암, Khgr 각섬석화강암, Kibd 중성 및 염기성
암, Kic 퇴적암, Kjan 휘석안산암, 조면질안산암, Kjd 백색, 회색, 회녹색, 회갈색 쳐트, Klt 래피리응회암류,
Km 마산암, Kmgr 미문상화강암, Kpmz 안산암질화산각력암, 남석화대, Kpt 담회색, 회녹색, 자색응회질사암,
세일, 회갈색, 회녹색역암, 녹색–녹갈색이암, Krb 유문석영안산암질화산각력암, Krda 유문석영안산암, Krh 유
문암질암, Krp 유문반암, Krs 유문암질암류 : 구과상유문암, Krt 유문암질암류 : 석영안산암질용결응회암, 응
회암, 응회질사암, Krwt 유문석영안산암질용결응회암, Kto 토나라이트, Kts 녹색, 암회색, 암녹색, 갈회색세
일 및 사암, Tb 회녹색각력질응회암, Qa 충적층, Qt 테일러스

그림 4-3. 부산 지역의 지질도

그림 4-4. 다대포층의 노두사진(부산시 암남공원)

그림 4-5. 안산암질암의 노두, 박편, 슬랩 사진

응회암, 화산쇄설각력암, 응회질암, 반상안산암이다. 각력의 크기(평균직경)는 지역에 따라 5-15cm 정도이며 곳에 따라 1m가 넘기도 한다. 신선한 암회색 암석은 치밀 견고하며 각력과 매트릭스의 색이 유사하여 구분하기 어려우나 풍화면에서는 구별이 용이하다. 반상안산암의 경우 반정은 대부분 2-5mm의 사장석이 대분이다. 휘석과 각섬석이 반정으로 나타나는 경우도 있으며 육안으로 식별할 수 있다. 본 암은 화강암류의 관입에 의한 심한 열변질로 인하여 치밀 견고하며 녹염석, 녹니석, 방해석 등의 이차광물을 수반하는 경우도 많다. 풍화구간은 완전풍화(completely weathered)되어 주로 실트(ML)~점토(CL)로 분포하며 석질편이 잔존하는 곳은 소량의 자갈 함유하는 실트~점토로 분포한다. 김진섭과 윤성효(1993)는 EPMA에 의한 화학 성분 분석을 통하여 본 암이 현무암에서 현무암질 안산암, 안산암, 데이사이트 및 유문암의 성분영역에 해당한다고 보고하였다.

장태우 외(1983)에 의하여 구분된 응회질퇴적암은 부산시 남구 대연동 일대(그림 4-6), 영도구 태종대, 사상구 엄궁동 부근 등지에서 산재되고 고립되어 불연속적으로 분포한다. 본 층의 총 두께는 100m 이상으로 관찰되며, 연장성이 우수한 층리가 발달하였으며 응회질 성분을 다량 함유한 것이 특징이다. 본 퇴적암층은 박층의 셰일과 미사암 및 사암의 호층, 응회질 사암, 응회암, 이회암, 쳐어트, 역암 등의 다양한 암종으로 이루어져 있으며 부분적으로 열변성을 받아 호온펠스화 되어 있다. 풍화도는 호온펠스화 또는 규산질이 우세한 경우 미약하다. 반면 세립질 퇴적층 이하 석회질 퇴적층 또는 교결재가 방해석으로 이루어진 응회질 사암층 등은 풍화암 내지 풍화토의 상태로 나타난다(최정찬과 백인성, 2002).

그림 4-6. 황령산 일대 퇴적암류의 노두사진

유천층군의 최상부로 인식되는 유문암질암은 부산시 수영구 민락동, 해운대구 장산 일대에 주로 분포한다. 백색, 회백색, 회자색 산상으로 나타나는 본 암은 석영 및 장석 반정의 반상조직이 뚜렷한 경우와 유상구조가 더 뚜렷한 경우 등의 양상을 보인다. 지역에 따라 구과상조직(spheralitic texture)을 보이기도 하며 유문암질암으로 구성되는 본질편(essential rithic fragment)이 세립~라필리(lapilli) 크기로 포함되기도 한다. 열수변질의 영향을 받은 곳은 주로 백색 내지 담홍색을 띤다. 단층의 영향으로 절리 발달 및 파쇄 정도가 심하며, 부분적으로 열수의 영향으로 산화되어 적색을 띠는 부분도 관찰된다(그림 4-7). 대체로 열수변질의 영향이 적은 노두는 장석 반정이 잘 관찰되는 편이나 열수변질로 산화된 부분은 갈색을 띤다(그림 4-7). 특히 단층 및 절리의 발달이 심하여 풍화가 급속히 진행된 곳은 풍화산물도 잘 관찰된다. 현미경하에서 유문암질암은 반상조직을 나타내는 경우가 많고, 반정으로 자형 또는 반자형의 석영, 장석, 사장석이 관찰되며, 기질에서는 용암류의 흐름을 나타내는 유상구조가 잘 관찰된다(그림 4-7). 불투명 광물로 황철석이 나타나고, 열수변질을 받은 곳에서는 변질광물인 녹니석도 관찰되며, 장석이 심하게 변질되어 있다(그림 4-7).

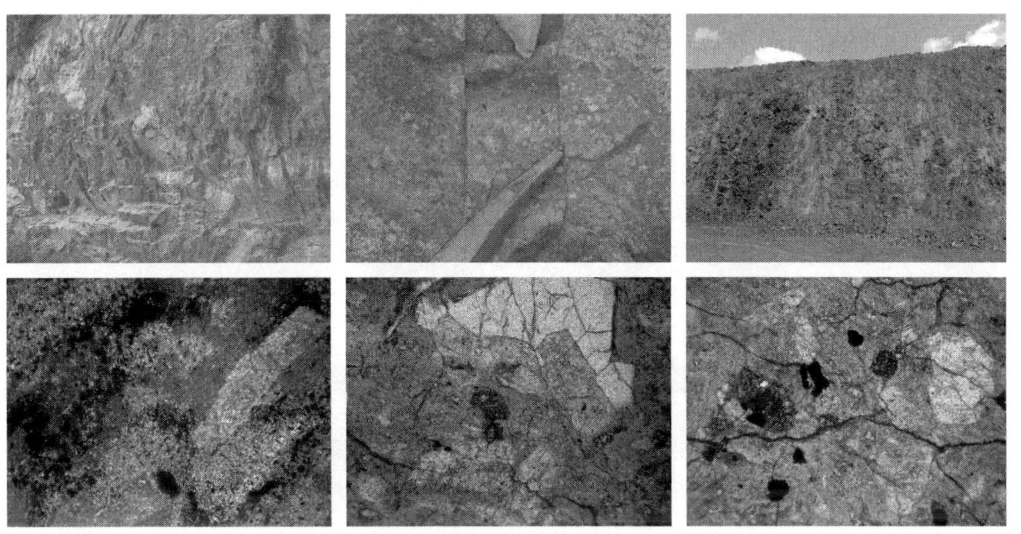

그림 4-7. 유문암질암의 노두, 박편사진

유천층군을 관입한 불국사관입암류는 지역에 따라 반려암, 각섬석화강섬록암, 흑운모화강암, 맥암류로 분포한다. 섬록암은 암회색의 조립질, 등립 암상조직을 보이며 주로 각섬석, 흑운모, 휘석 및 사장석으로 구성되어 있다(그림 4-8). 대동 JCT 일대에 광범위하게 분포하는 흑운모화강암은 담홍색의 세립질 내지 중립질암이며 자형 내지 반자형의 담홍색 장석이 우세하다(그림 4-8). 주구성광물로는 석영, 정장석, 사장석이고 흑운모, 자철석, 각섬석, 지르콘, 인회석 등이 수반되며 회백색 장석이 반상으로 드물게 산재하는 경우도 있다. 흑운모는 불규칙한 크기로 타형 내지 반자형을 이룬다. 사장석은 누대구조를 보이며, 정장석의 칼스바드

(Carlsbad) 쌍정도 나타난다. 지하 심부에서 회수한 흑운모화강암의 코어시료는 치밀 견고하나 지표상부에서는 파쇄와 절리의 발달로 풍화대를 형성하며 낮은 구릉으로 노출되는 경우가 많다. 유천층군 및 흑운모화강암 내에 맥상으로 관입한 염기성암맥은 대체로 암녹색, 녹회색을 띠며 현무암질 마그마 기원의 관입암맥인 램프로파이어(lamprophyre)인 경우가 많다(그림 4-9). 경하에서 장석, 견운모, 녹니석 및 iron spot 등이 관찰되며 장석이 견운모화한 부분이

그림 4-8. 섬록암 및 흑운모화강암의 노두, 박편사진

그림 4-9. 염기성암맥 및 산성암맥의 노두, 박편사진

흔하다(그림 4-9). 본 역에 불규칙하게 관입한 산성암맥은 대체로 규장암, 화강반암, 규장반 암이며 담홍색의 세립질로 석영, 장석의 미정, 소량의 흑운모를 수반한다(그림 4-9). 이와 같은 산성암맥은 풍화에 매우 취약하여 지표 노두에서는 연암~풍화암의 특성을 갖는다(그림 4-9).

4.4 결 론

부산 지역의 화산암의 특성을 간단한 지면을 통해 논의하는 것은 매우 어려운 일이다. 앞에 서 언급하였듯이 본 고는 지질학자들에 의한 기존의 연구 결과를 정리하고 그동안 저자가 부산 일대의 현장에서 조사한 자료를 바탕으로 부산 지역 화산암의 특성에 대한 이해를 돕고 자 하였으나 일반론에서 벗어나지 못한 감이 든다. 이는 부산 지역 화산암의 특성이 매우 복 잡해서라는 아주 단순하고 간단한 전제에 기인한다. 부산 지역의 지질은 암종을 세분화하지 않고 크게 구분해도 안산암질암류, 유문암질암류, 퇴적암류, 관입암류 등이 복잡하게 산재하 여 복합체 형태로 분포한다. 여기에 절리의 분포특성과 중소규모 단층은 제외하고 대규모 단 층만 들어도 양산단층, 동래단층, 일광단층 등이 존재하며 단층작용과 열수변질에 의한 풍화 까지 결부시키면 공간적인 지질 특성의 변화는 매우 커진다. 따라서 지반구조물의 설계·입안 시에 소수의 제한된 시추공 정보에 의해서 지질 특성을 파악하는 것은 오류를 내포할 가능성 이 매우 크며, 정확한 지질 정보를 얻기 위해서는 심층적인 조사계획과 면밀한 검토가 이루어 져야 한다.

05 경상계 화산암류의 화학적 풍화지수

❘ 김 성 욱

5.1 서 론

암석의 풍화는 화학조성의 변화 없이 물리적으로 분리되는 기계적 풍화와 수분과 화학적인 반응에 의하여 광물이 분해되는 화학적 풍화작용으로 구분된다. 기계적 풍화에 의해 암석을 세립화되고 수분과 접촉하는 표면적이 증가하여 화학적 풍화가 가속된다. 이러한 풍화의 진행으로 암석은 공극율과 흡수율이 증가하는 동시에 입자간의 교결도가 감소하여 역학적인 강도가 약화된다(그림 5-1).

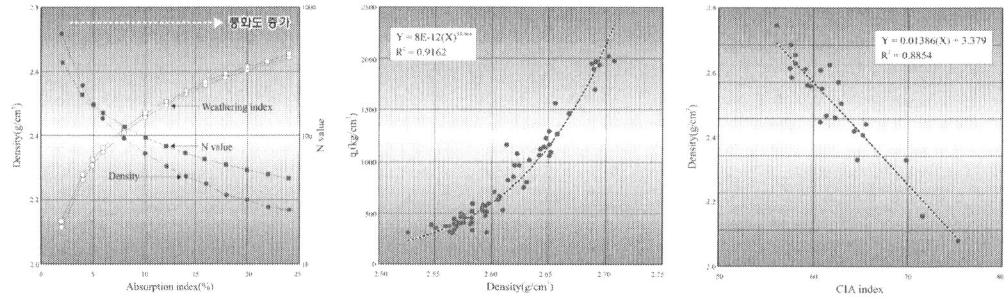

그림 5-1. 암석의 풍화에 따른 강도정수의 변화

암석의 풍화는 지반의 지지력에 영향을 주며, RMR, Q-system 등의 다양한 암반분류방법에 이용되고 있다. 그러나 풍화의 적용기준이 대부분 육안관찰에 의한 정성적 기준으로 모암의 특성과 풍화과정에 따른 변화를 포함하지 못하고 있는 실정이다. 대규모의 지질구조대를 제외하면 암석의 풍화가 가속되는 영역은 지표면이며, 심도 증가에 따라 풍화도는 감소한다. 건설에 수반된 지반조사의 시추코어는 지표면의 토사에서부터 풍화되지 않은 심부의 기반암까지 암석의 연속적인 풍화도를 관찰할 수 있는 좋은 소재가 된다. 심도별로 채취된 암석의 풍화를 분석함으로서 현재의 풍화 진행 정도와 모암을 구성하는 광물종류에 따라 향후 풍화의 진행 경로를 예측할 수 있다.

국내의 풍화암반에 대한 연구는 상대적으로 분포면적이 넓은 화강암류에 집중되어 있고 설계와 시공에서 화강암의 풍화과정이 경험적으로 인용되고 있어 불확실한 결과를 초래할 수 있다. 본 연구에서 남부의 해안지역을 따라 주로 분포하는 화산암류의 풍화를 관찰하고 화강암류와의 유의성을 고찰하였다.

5.2 시료채취 위치

우리나라에서 산출되는 화산암의 대부분이 중생대 백악기말기에 형성된 경상계 유천층군에 포함되며, 경상분지 내에 분포하고 있고, 일부는 남부의 해안과 옥천조산대의 백악기 분지를 따라 분포한다. 분석을 위해 경상분지와 남해안을 따라 분포하는 화산암의 코어시료를 채취하였고(A: 의성-군위, B:밀양-청도, C, D: 언양-양산, E, H: 부산, F:김해, G:가덕도, H: 화순, I: 무안-목포), 암종은 안산암, 유문암 및 응회암으로 구성되어 있다(그림 5-2).

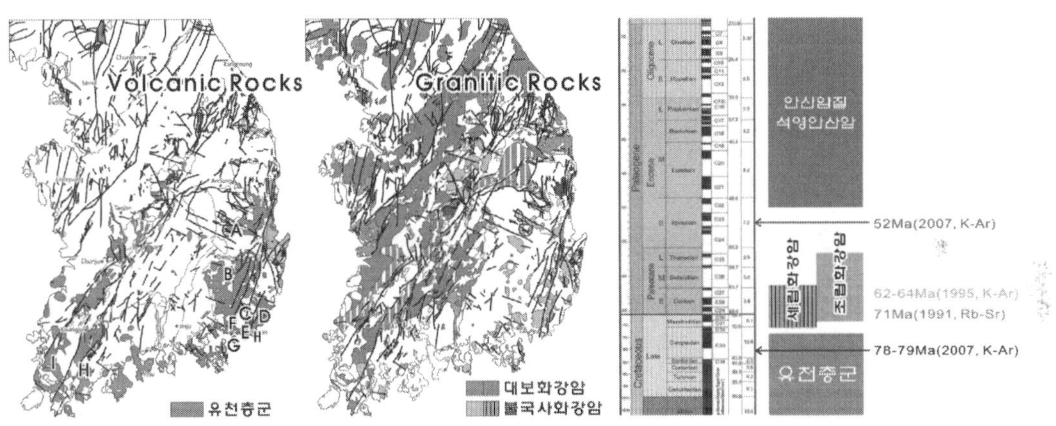

그림 5-2. 화산암/화강암의 분포지 및 시료 채취 위치

5.3 연구방법

점토광물은 조암광물의 풍화변질에 의해 생성되며, 2차적으로 형성된 점토광물은 풍화를 더욱 가속화시킨다(그림 5-3). 양이온 교환능(CEC)이 높은 팽윤성의 점토광물은 인공구조물의 안정성을 예측하는 자료로 활용된다. 연구에서 화산암 시료의 X-선 회절분석(XRD)과 X-선 형광분석(XRF)을 수행하여 풍화 정도에 따른 광물의 변화와 풍화 경로를 분석하였다.

XRF 분석에 의한 화학조성을 이용하여 다양한 화학적 풍화지수(표 5-1)들을 산정하여 화학적 풍화진행단계를 검토하였고, 풍화변질지수(CIA)로부터 풍화진행경로를 예측하였다.

풍화에 의해 암석중의 원소는 천천히 용탈되어 버리며, 일반적으로 용탈되는 양과 속도는 원소에 따라 달라진다. 그리고 이것을 이용해서 이동성이 큰 화학종(알칼리금속, 알칼리토금속)과 이동성이 작은 화학종(TiO_2, Al_2O_3, Fe_2O_3)과의 비를 측정함으로서 풍화의 정도를 나타낼 수 있다. 풍화지수는 지반을 구성하는 암석과 토양의 화학조성으로 풍화 정도를 정량적으로 산정하는 방법으로 화학적 변질지수(CIA, Chemical Index of Alteration), 화학적 풍화지수(CIW, Chemical Index of Weathering), 풍화산물지수(PI, Weathering Direction or Product Index), 변형풍화산물지수(MWPI, Modify Product Index) 등이 있고 각 풍화지수의 계산식은 표 5-2와 같다. 본 연구에서 주로 사용한 화학적 풍화에서 화학적 변질지수(CIA)는 가장 널리 사용되며, 1차 광물과 2차 광물의 비율을 반영하여 화학적 풍화의 정도를 나타낸다. 지수는 50-100의 범위를 지시하며, 풍화지수와 풍화 정도는 정의 상관성을 가진다.

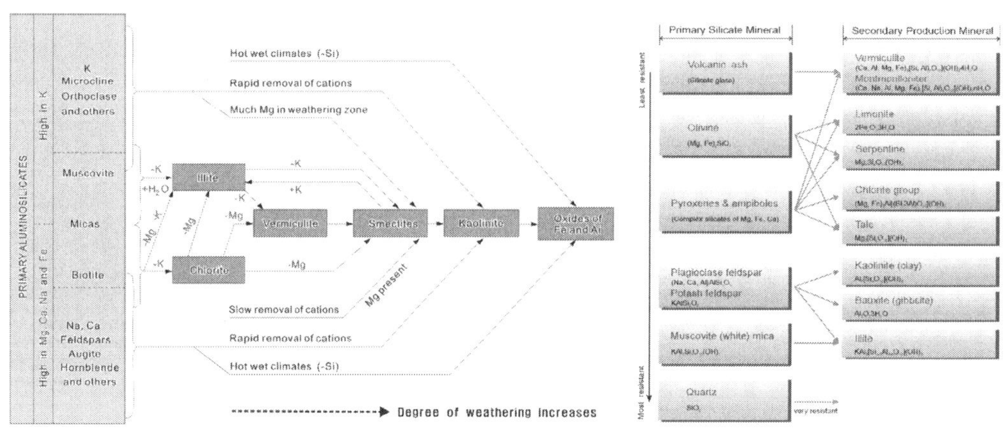

그림 5-3. 풍화에 따른 변질광물의 생성모식도

표 5-1. 제안된 화학적 풍화지수

풍화지수	공식	Reference
CIA	$[Al_2O_3/(Al_2O_3+CaO+Na_2O+K_2O)]*100$	Nesbitt, 1982
CIW(ACN)	$[Al_2O_3/(Al_2O_3+CaO+Na_2O)]*100$	Harnois, 1988
PI	$[SiO_2/(SiO_2+Fe_2O_3+CaO)]*100$	Reiche, 1943
SA	SiO_2/Al_2O_3	Ruxton, 1968
V	$(Al_2O_3+K_2O)/(MgO+CaO+Na_2O)$	Vogt, 1927
Si-Ti index	$[(SiO_2/TiO_2)/((SiO_2/Al_2O_3)+(SiO_2/TiO_2))]*100$	Jayawardena, 1994
MWPI	$[(K_2O+Na_2O+CaO+MgO)/(SiO_2+Al_2O_3+Na_2O+CaO+MgO)]*100$	Vogel, 1975

표 5-2. 암종에 따른 화학적변질지수(CIA)

구분	암종	CIA범위	CIA DIAGRAM
장석류	변질 받지 않은 알바이트(albite)	50	
	변질 받지 않은 아노싸이트(arnothite)	50	
	변질 받지 않은 K-장석	50	
암석	신선한 현무암	30-45	
	신선한 화강암	45-55	
	신선한 화강섬록암	45-55	
	셰일	70-75	
점토 광물	백운모	75	
	스멕타이트	75-87	
	고령토, 녹니석	100	
	일라이트	75-85	

5.4 연구 결과

5.4.1 암종

화산암은 화산작용에 수반된 관입 및 분출작용으로 지표에서 형성된 화성암으로 화학조성에 따라 현무암, 안산암, 유문암으로 구분된다. 현미경하에서 염기성과 중성의 현무암과 안산암은 구성광물의 침상배열에 관찰되며, 산성의 유문암은 유동과정에서 형성된 평행상의 유상구조를 보인다(그림 5-4).

현무암   안산암   유문암   응회암

그림 5-4. 화산암의 박편사진

채취된 시료들은 한국지질도의 분류에서 중성과 산성의 안산암질암과 유문암질암으로 구분되며, 분석 결과를 IUGS의 기준에 적용하면 그림 5-5와 같이 유문암(rhyolite)은 거의 일정한 성분비를 보여주는 반면 중성의 안산질암은 염기성의 현무암(basalt)에서 석영안산암(dacite)까지 넓게 분포한다. 유천층군 안산암질암은 현무암질 안산암에 가장 높은 군집도를 보인다.

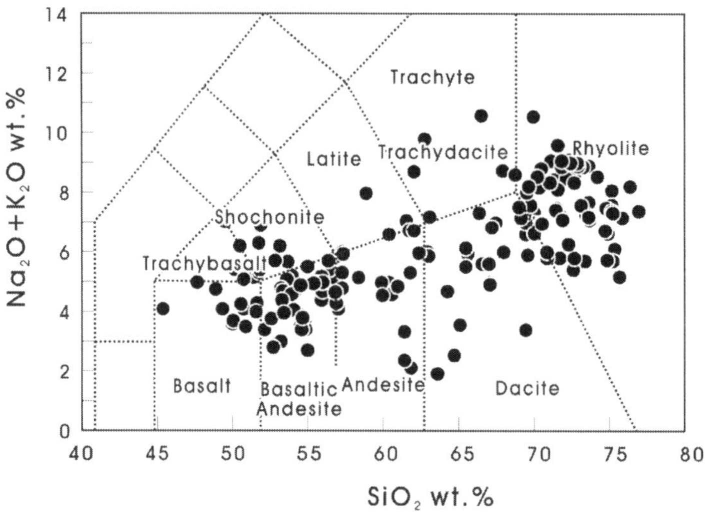

그림 5-5. 화산암에 대한 IUGS의 화학적 분류(M. J. LeBas 외, 1986)

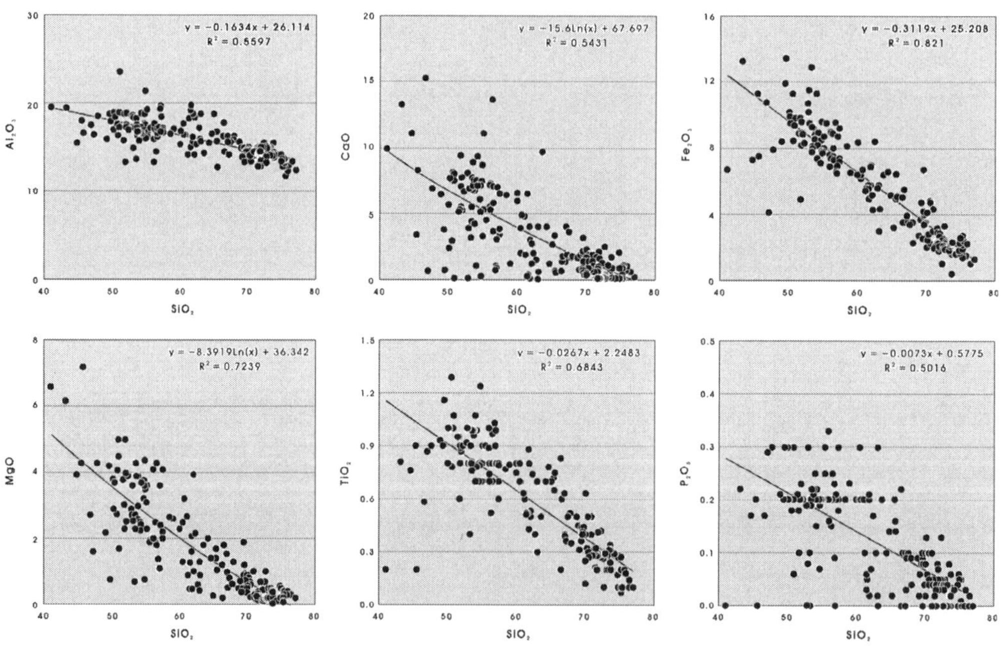

그림 5-6. 화산암의 Harker diagram

연구지역 화산암류의 주성분원소 분포를 SiO_2에 대한 이온함량의 변화인 해커도(Harker diagram)로 표시하였다(그림 5-6). SiO_2 함량은 41-77%의 범위를 가지며, SiO_2 증가에 비례하여 K_2O는 점진적으로 증가하며, Al_2O_3, Fe_2O_3, MnO, CaO, MgO, P_2O_5, TiO_2는 감소하고,

Na_2O는 거의 일정한 범위를 보인다. 이러한 경향은 칼크알칼리 계열의 조성 변화와 일치한다 (Gill, 1981). 화학조성의 점진적인 변화는 광물의 정출에 따른 것으로 사장석과 휘석의 정출로 인해 CaO, MgO의 감소에 따라 Al_2O_3 함량이 감소하며, 고철질 광물의 정출로 인해 Fe_2O_3, TiO_2 등이 감소하며, 장석과 흑운모의 정출로 인해 SiO_2의 조성이 증가함에 따라 K_2O 조성비가 대체로 증가한다. 연구 대상 암석의 주원소 조성이 SiO_2 성분에 대해 거의 직선상의 증가, 감소를 보이는 것으로 볼 때 동일 마그마에의 분별결정작용에 의한 마그마 분화로 형성되었음을 지시한다.

5.4.2 풍화지수

풍화 정도가 상이한 시료에서 산정된 풍화지수간의 상관성은 양호하다. 풍화가 진행될수록 용탈작용으로 CaO, Na_2O는 감소하며, Al_2O_3, Fe_2O_3, TiO_2, LOI(loss on ignition)는 증가한다. 강열감량에 의한 질량 손실을 지시하는 LOI는 대부분 암석 중에 포함되어 있는 H_2O 함량을 나타내며, 화산암의 경우 화학적 변질지수 70 이상에서 급격하게 증가한다(그림 5-7). 즉 풍화 진행으로 암석 중에 H_2O를 포함하는 점토광물의 증가되는 것을 의미한다. 일부의 풍화지수는 원소들의 산소 결합력을 고려한 지수로서 암석의 풍화등급 설정에 사용하고 있지만 알칼리도가 높은 경우 높게 평가되는 단점이 있어 K. Na, Ca 등의 함량이 높은 경우 주의가 요구된다.

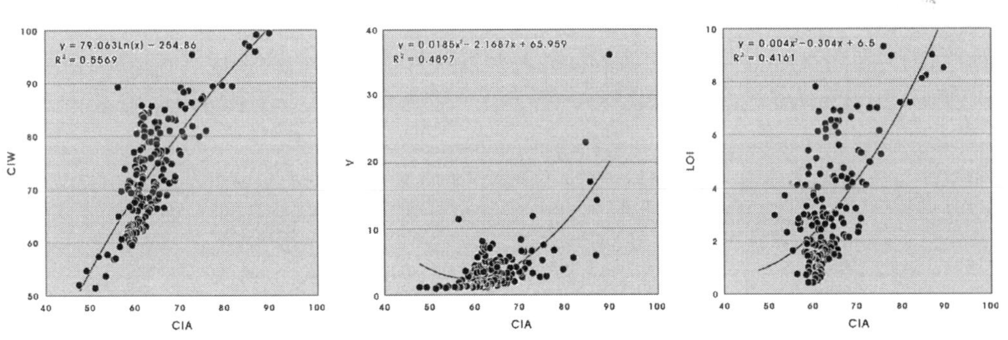

그림 5-7. 화산암의 풍화지수간의 상관성

유천층군 화산암류 CIA분포에서 안산암은 고철질(mafic)에서 규장질(felsic) 영역까지 다양하게 분포하며, 고철질의 분포가 다소 우세하다. 반면 유문암은 규장질(felsic) 영역에 분포한다. 응회암의 분포면적과 비례해서 시료의 개수도 안산암질이 우세하며, 풍화지수의 분포도 안산암과 유사하다. CIA지수는 신선한 상태를 지시하는 40-50 범위의 암석은 5% 미만의 분포를 보이며, 대부분의 암석이 60-70의 범위에 분포하는 것으로 볼 때 코어시료를 획득한 40m 이하의 심도에서는 어느 정도 풍화를 받고 있는 상태를 지시한다(그림 5-8).

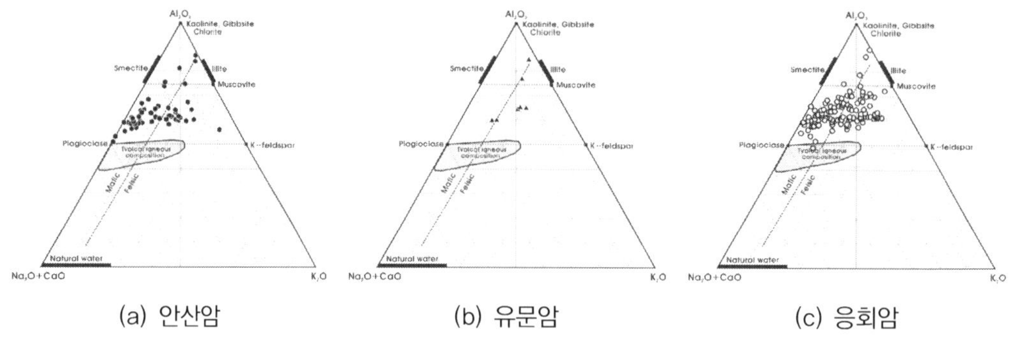

(a) 안산암　　　　　(b) 유문암　　　　　(c) 응회암

그림 5-8. 화산암의 화학적변질지수(CIA)

화산암류와 인접하여 분포하는 불국사화강암의 화학적변질지수 분포는 규장질 영역에 해당하며, 화강섬록암과 같이 중성질에 가까운 화강암류는 규장질 영역에 해당한다. Na와 Ca의 함량이 높은 고철질의 안산암은 풍화 과정에서 팽윤성의 스멕타이트가 생성되는 풍화가 진행되며 이후 일라이트, 녹니석, 카올린의 형성되는 과정의 풍화 경로를 보여준다. 반면 산성질의 유문암과 화강암과 같이 일라이트-녹니석-카올린의 풍화과정이 관찰된다. 중성질 화강섬록암은 안산암과 같이 스멕타이트 영역으로 풍화가 진행되는 것을 볼 수 있다(그림 5-9).

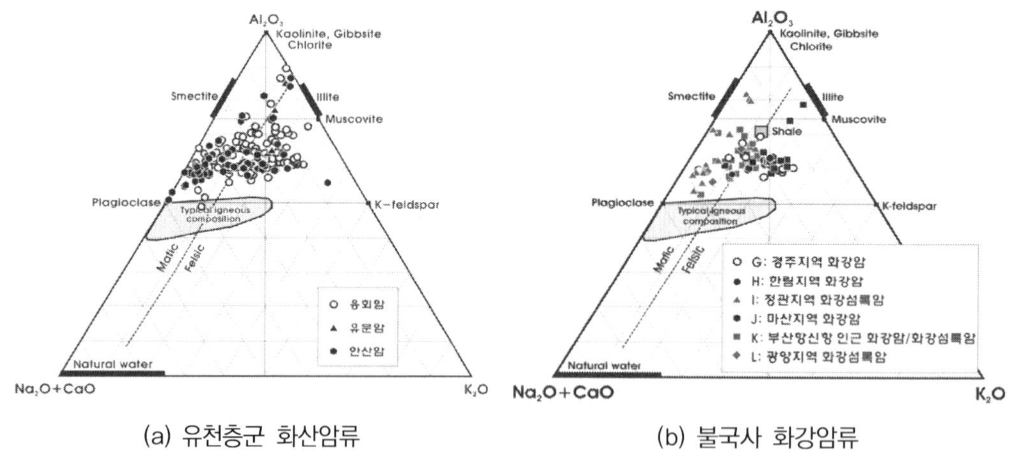

(a) 유천층군 화산암류　　　　　(b) 불국사 화강암류

그림 5-9. 화강암의 화학적변질지수(CIA)

5.4.3 변질광물

심도에 비례하여 풍화도가 증가하는 지역의 광물조성을 파악하기 위해 유천층군 화산암과 화강암의 암석을 대상으로 XRD 분석을 실시하였고 결과는 그림 5-10과 같다. 화강암은 풍화가 진행됨에 따라 2차광물로 소량의 녹니석과 카올린이 관찰되며, 풍화산물의 대부분은 일라이트인 것으로 분석되었다. 화강암과 동일한 산성암에 해당하는 유문암질 화산암은 풍화 정도

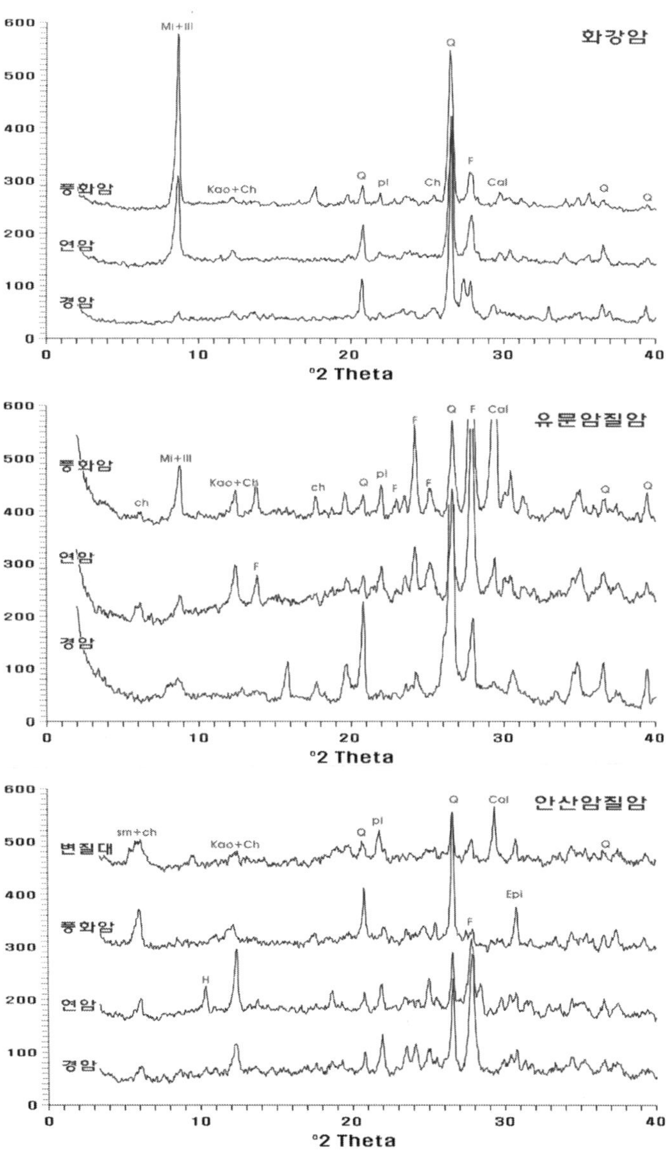

그림 5-10. 풍화에 따른 유천층군 화산암과 불국사화강암의 광물 변화

에 비례하여 일라이트의 함량이 증가하는 것을 볼 수 있으나 중성질의 안산암질암은 2차 변질 광물로 일라이트는 거의 나타나지 않으며 녹니석, 카올린, 스멕타이트가 대등한 수준으로 관찰된다. 이러한 결과로 볼 때 안산암질암의 풍화과정에서 팽윤성의 점토광물이 형성되는 것을 알 수 있다.

5.5 고찰 및 결론

암석의 풍화 정도에 비례하여 지반의 지지력이 감소되는 현상은 잘 알려져 있고, 토목 구조물의 시공과 설계에서 풍화에 의한 지반정수의 변화는 화강암류의 결과가 흔히 인용된다. 본 연구는 우리나라의 남부와 해안 지역에 넓게 분포하는 화산암류의 풍화를 화학조성과 풍화지수를 통해 고찰하였다.

화강암류가 고생대와 중생대 쥐라기와 백악기, 제3기의 다양한 시대에 걸쳐 형성된 반면 화산암류는 백악기말 유천층군에 제한적으로 산출되고 있어 동일 암석으로 분류되기 쉽다. 유천층군 화산암은 화학조성에서 동일기원 마그마에서 기원된 것으로 추정되나, 분화에 의해 현무암질안산암에서 산성질의 유문암까지 다양하게 산출된다. 유문암질암이 유사한 조성을 보이는 것과 달리 중성질의 안산암질암은 현무암질안산암, 조면안산암, 석영안산암, 안산암 등으로 구분되며, 이중 고철질의 현무암질안산암이 우세한 것으로 분석되었다. 경암에서 연암에 해당하는 화강암류의 화학적변질지수가 50-70의 범위를 보이는 것과 달리 중성질의 화산암은 50-80 범위의 풍화지수를 보인다. 이는 안산암질암의 풍화 속도가 화강암에 비해 가속되는 것을 지시한다.

산성질의 화산암은 풍화산물로 일라이트의 함량이 증가하며, 팽윤성의 점토광물을 거의 포함하지 않았다. 풍화의 진행경로는 산성질 암석으로 분류되는 화강암의 풍화 과정도 유사하였다. 고철질이 우세한 안산암질암은 풍화산물로 일라이트보다 카올린, 녹니석, 스멕타이트의 함량이 증가하였으며, 풍화과정에서 암석 풍화의 최종단계에서 형성되는 카올린 이전에 높은 양이온 교환 등으로 팽윤성을 보이는 스멕타이트를 수반하는 것으로 판단된다. 지질도상에 분류되어 있는 안산암질의 분포가 고철질과 규장질을 모두 포함하고 있어 지반조사 단계에서 안산암질의 정확한 분류가 요구된다.

06 응회암 지역의 대규모 사면 붕괴 사례

▮ 김 영 근

6.1 서 론

사면 붕괴에 영향을 주는 요소들로서는 암반강도, 암반 내 불연속면의 방향성과 충전물의 특징, 지하수 존재 여부, 지형 및 지질의 특성 등이 있다. 국내는 비교적 좁은 국토임에도 불구하고 생성시기 및 생성 방법이 다른 수많은 암종들이 전국 각지에 분포되어 있으며, 이러한 암반들은 생성과정이나 지각운동에 따라 독특한 불연속면의 방향성을 가지고 있으며, 특히 풍화에 대한 저항 정도가 다르기 때문에 각 암반의 지질특성은 자연사면 및 절취된 사면의 안정성에 매우 중요한 영향을 주게 된다. 그러나 이러한 지질적인 특징에 대해서 국내외적으로 많은 연구가 수행되었음에도 불구하고 절취면 설계시 암반의 특징에 대한 충분한 고려를 하지 않고 기존의 설계기법인 암반의 경연도 및 풍화 정도에 따라 사면 경사를 결정하는 경우가 많다. 특히 화성암은 관찰지역에 따라 다소 차이가 있지만, 대부분 관입한 판상의 암맥들이 다수 존재하고, 절취 후 노출된 사면은 빠른 속도의 풍화가 진행되는 특징이 있다. 암질이 불규칙하게 발달하고 있는 지역에서는 지질조사의 오류가 빈번하게 발생하여 적절한 사면 경사각을 적용하지 못하여 절취에 따른 안정성을 확보하지 못하는 경우가 빈번하다. 따라서 초기 프로젝트 수행시 정확한 지반조사를 통하여 시공할 지역의 암질을 충분히 파악하는 것은 매우 중요하다 할 수 있다.

목포와 완도 근교에서는 화성쇄설의 응회암류가 넓게 분포하는데 이들 암반의 대부분은 중생대와 신생대에 생성된 것이고, 핵석(core stone), 용암류(lava flow) 등이 확인되며, 특히 매우 복잡하고 다양한 형태의 암맥(dyke)이 존재하는 특징이 있다. 이러한 응회암은 풍화에 대하여 매우 민감한 암질이며, 우수 유입시 급격하게 함수비의 변화와 전단저항력을 소실하는 경우가 많다.

본 사례연구에서는 응회암지역에서의 풍화된 응회암류와 소규모의 맥암류에 의해서 발생한 대규모 붕괴사례에 대한 것으로 유사지역에서 신규의 절토사면에 대하여 장지적인 안정성을 확보하는 방안과 기 절취된 사면에 대한 유지관리에 도움을 주고자 한다.

6.2 붕괴사례 (I)

6.2.1 지질 특성 및 붕괴 현황

대상지역은 완도 일대에서 시행 중인 도로공사 현장으로서 기존의 노선과 별개로 신설노선을 확장하여 선형을 개량하는 지역으로 대절토 사면과 교량구간으로 구성이 되어 있다. 국내의 남부 해안가 부근의 지질은 중생대와 신생대에 생성된 지반들이 분포하고 있는데, 목포와 완도 일대에는 화산재가 퇴적 고결되어 형성된 응회암이 넓게 분포하는 특징이 있다. 조사지역의 절취현장에서는 응회암 및 관입 암맥류에 의해서 복잡한 형태의 불연속면의 형상을 볼 수 있으며, 용암류에 의해 구분되는 절리면과 핵석 등이 다수 관찰되고 있다.

본 지역은 중생대 백악기 화산암류로 안산암류(소위 무등산 용암)와 응회암류(장구리 응회암)가 교호 발달하고 있는 특징이 있고, 상부의 안산암질 화산력질과 하부의 유문암질 응회암이 동시에 출현되는 특징이 있다. 상부 구간의 안산암질 화산력은 매우 풍화가 진행된 상태이며 적갈색을 띠고 있으며 풍화암 내지는 토사로 분류할 수 있으며, 하부 유문암질 응회암은 비교적 신선한 상태의 암괴 형태를 가지고 있는 상태이다. 사면 내에는 부분적으로 층리구조가 보이며, 사면방향과 평형한 방향성을 가지고 있으며, 경사는 18~24° 이내이다. 또한 경계면에는 점토 형태의 협재물을 포함하고 매우 미끄러운 상태이며, 일부 구간에는 유출수를 확인할 수 있었다. 조사구간의 사면의 높이는 21m 정도(소단 이하)이며, 350m의 연장을 가지고 있다(그림 6-1).

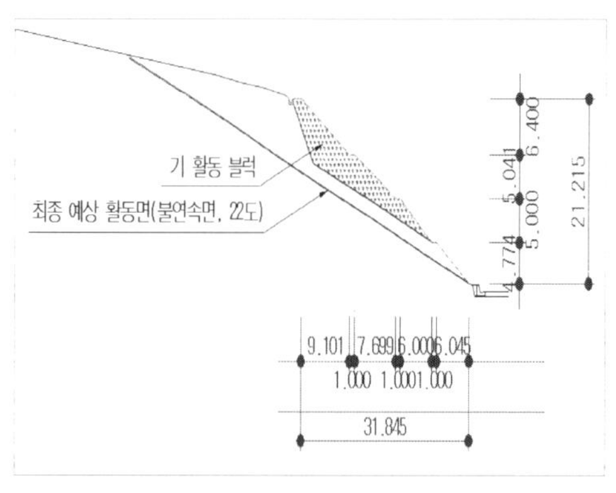

그림 6-1. 절취면 단면도

그림 6-2. 1차 사면 붕괴 현황

최초 사면의 경사는 1:1.5로서 비교적 완만하게 계획된 사면이었으나, 그림 6-2에서와 같이 2005년 여름에 대규모 이완이 발생하였다. 붕괴 전 사면의 절취는 거의 완료되었으며, 상부의 산마루 측구 역시 콘크리트 타설이 완료된 상태였다. 최초 사면의 이완은 집중 호우시 산마루

측구 하단에서의 인장균열로부터 시작되었으며, 이러한 인장균열은 두 개의 단층에 의해서 발생하였고, 시간이 경과함에 따라 대규모 원호 형태의 붕괴가 발생하였다. 붕괴 형태는 사면 상단의 인장균열과 하부의 배부름이 발생하는 전형적인 원호파괴이며, 높이는 약 20m이며, 붕괴구간은 100m 정도이다. 그림 6-3은 소단하부의 인장균열을 보여주는 것으로 약 2m가량의 침하가 발생하였고, 지속적으로 이완이 발생하였다.

2차의 대규모 사면붕괴는 2006년 하반기의 집중호우시 발생하였다. 붕괴의 주된 원인으로는 인장균열 틈으로 급격하게 우수가 유입되자, 풍화된 응회암류의 지반이 급격하게 전단저항력을 상실하게 되어 이완이 발생한 것으로 판단된다. 그림 6-4는 2차 사면의 이완을 보여주고 있는데 1차 붕괴보다 더 넓은 영역으로 붕괴가 발생하였고, 특히 산마루 측구의 상단 용지경계를 수m 침범하는 등의 대규모 붕괴가 발생하였다.

그림 6-3. 상부 인장균열

그림 6-4. 2차 사면 붕괴 현황

6.2.2 붕괴원인 및 대책

가장 중요한 사면붕괴 요인으로는 풍화에 쉽게 반응하는 응회암의 특징에 있다고 판단된다. 특히 조사사면에서 풍화된 응회암에 우수가 유입될 때 암반이 고함수비의 점토류로 변하게 되고, 전단강도는 급격하게 저하되게 된다. 이러한 연약화된 상부의 토사는 비교적 신선한 유문암질의 응회암과 경계면을 이루고, 경계면을 따라 이완이 된 것으로 파악되었다.

그림 6-5는 1차 붕괴 후 절취면 지표조사시 관찰된 것으로 사면 내에 존재하는 단층들이 사면의 이완에 따라 불연속면이 확대된 인장균열(공동)으로서 수십cm의 폭과 수m의 연장을 가지고 있다. 또한 그림 6-6에서처럼 사면방향과 거의 일치하는 층리구조가 우세하게 발달하고 있었는데 이러한 층리면 사이에는 지하수의 유출을 관찰할 수 있었으며, 일부 구간에서는 수mm 두께의 탄질셰일이 관입되어 있었다. 절리면에 협재된 점토는 전단강도가 거의 없는

상태이며, 이러한 불연속면에 의해서 발생한 소규모 붕괴는 사면하부에서 다수 발견되었다.

2차의 대규모 붕괴는 상부 풍화된 토사와 유문암질 응회암면과의 경계면으로 불연속면에서 기인한 것으로 판단되며, 특히 이러한 불연속면과 인장균열 내로 지속적인 우수유입은 응회암의 자중을 증가시키게 되었고, 점차적으로 이완되어 전반적인 사면붕괴를 가져온 것으로 파악되었다.

그림 6-5. 사면에 발생한 대규모 공동

그림 6-6. 사면 내 불연속면

표 6-1은 2차 붕괴가 발생하기 전에 검토한 평사투영해석결과를 나타낸 것으로서 상부 인장균열을 유발시켰던 NE 방향과 NW 방향의 단층면과 사면 하단에서 관찰된 탄질세일을 포함한 사면방향의 불연속면을 고려할 때 최소 22° 이내의 경사로 구배완화를 시키는 것이 장기적인 안정성을 확보할 수 있을 것으로 판단되었다. 즉 층리와 탄질세일의 맥암을 포함한 불연속면을 고려할 때 최소 22° 이내의 경사로 구배완화를 하거나 영구 앵커 등의 적극적인 보강공법을 적용하는 것이 필요하였다.

그러나 사면 보강 전 1차 붕괴보다 더 큰 영역으로의 2차 붕괴, 하부 인장균열 내의 과다한 우수 유입과 단층면의 이완으로 인하여 대규모 붕괴가 발생하였고, 이에 따라 사면전반을 보강할 수 있는 방법이 필요하였다. 또한 용지 경계 등의 문제로 인하여 사면 경사완화 공법을 적용할 수가 없어서 그림 6-7에서와 같이 고결공법을 적용하였다. 이러한 고결공법은 고함수비를 갖는 응회암류를 일부 제거하고 잔류하는 토사와 석회와 시멘트를 혼합시켜 조기강도를 출현하게 하는 공법이다. 이에 따라 붕괴의 원인을 고려하여 응회암의 취약점인 전단저항력의 저하를 최소화하고, 추가적인 이완을 방지하기 위하여 붕괴된 사면부에는 원지반과 콘크리트 및 석회를 일정비율로 교반하여 지반을 고결시켜 전단저항력을 증가시키는 공법을 적용하였으며, 각 소단에는 억지말뚝을 시공하는 것을 계획하였다. 또한 제거되지 않은 불연속면이 사면 내에 존재하고 있기 때문에 사면 내에 맹암거 및 수발공을 설치하여 지하수 및 유출수를 배출하도록 하였다.

표 1. 불연속면 검토 결과(1차 붕괴 후 검토 결과)

불연속면 현황	한계평형해석결과

– 불 연 속 면
  : 층리(EW~N87W/18~24N)
  : 단층 (N60~70E/40~74N
 	
– 전단저항각 : 18°
  (기활동면중 최소값)
 	
– 절 취 사 면
  : N76W/34NE(S=1.5)

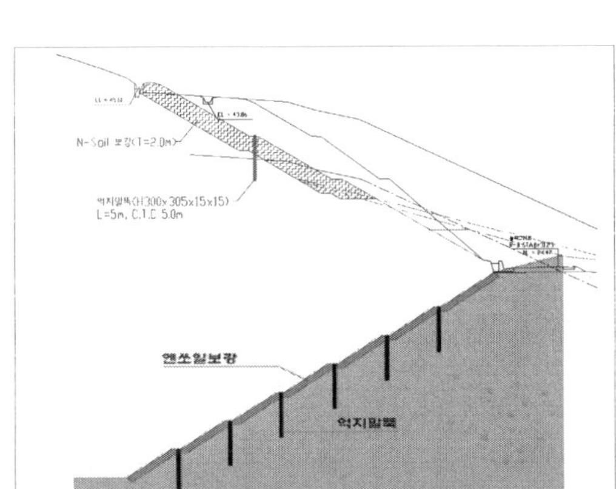

그림 6-7. 사면보강 공법(고결공법)

6.3 붕괴사례 (II)

6.3.1 지질 특성 및 붕괴 현황

두 번째 조사사면은 붕괴사례(I) 구간에서 수km 떨어진 지점으로 암질은 화산력질 응회암(tuff)으로 구성되어 있다. 풍화 정도는 심한 풍화 내지 완전풍화로 구분할 수 있으며, 일부 구간의 하부에는 견고한 암반이 노출되었으나 그 영역은 좁은 상태였다. 또한 사면 내에는 세맥의 탄질세일이 관찰되고 있으며, 수cm~수십cm 크기의 핵석이 부분적으로 관찰되었다. 판형의 탄질세일은 암반을 구분하는 불연속면으로 작용하고 있는데 이러한 세맥들은 전단저항력이 거의 없다.

조사 구간의 사면에 부분적으로 차이는 있지만 매우 약한 강도의 암질을 가지고 있었다. 그림 6-8은 붕괴 전의 사면사진이며, 그림 6-9는 탄질세일과 불연속면을 보여주고 있다.

그림 6-8. 붕괴 전 사면 전경

그림 6-9. 사면 내에 관입된 세맥

조사대상 사면은 15m 정도의 비교적 낮은 높이의 절취면이었으나, 절취작업시 지속적인 붕괴로 인하여 인력 및 장비의 접근이 용이하지 않았다. 특히 탄질셰일에 의한 경계면으로 전도형태의 붕괴가 자주 발생하였으며, 국부적으로 원형파괴 및 평면형 파괴가 발생하였다. 특히 우수 유입시에는 급격한 전단강도의 저하로 인하여 토사류가 이완되어 흐르는 붕괴가

그림 6-10. 사면 붕괴 현황

빈번히 발생하였다.

사면 전체의 붕괴는 집중호우시 발생하였으며, 상부의 인장균열과 사면 하단의 배부름 현상이 발생하는 원호형태의 붕괴가 발생하였다(그림 6-10). 인장균열의 크기는 수cm의 폭을 가지고 있으며, 사면상단을 따라 40m 이상의 연장으로 발생하였다. 그림 6-10은 사면 붕괴전경 및 상부 인장균열을 나타낸 것이다.

6.3.2 붕괴 원인 및 대책

본 구간에서의 붕괴는 사례(I)에서와 같이 특이한 불연속면에 의한 영향은 없고, 토사 및 풍화암부에서의 원호 형태의 파괴로 판단된다. 붕괴의 주된 원인으로서 집중호우시 지속적인 우수 유입이 발생하였고, 이러한 상황에서 풍화된 응회암은 전단저항력이 급격하게 소실되었다. 따라서 하부 최소저항선을 따라 붕괴가 발생한 것으로 사료된다. 붕괴 이후 사면 조사결과 지하수의 유출은 관찰할 수 없었으며, 상부에 나타난 인장균열부 역시 추가적인 이완은 발생하지 않고 있었다. 다만 금번 절취사면의 설계시에는 본 구간에 대한 지반조사를 별도로 수행하지 않았으며, 인접한 구간의 자료를 이용하여 추정암선으로서 사면의 절취를 계획하였는데 붕괴에 대한 영역을 도식 및 시굴(test excavation)한 결과 당초 설계에 비하여 실제 풍화의 심도가 깊은 것으로 확인이 되었다.

그림 6-10에서 보는 바와 같이 사면의 상부 경계부는 호화 가족분묘가 위치하고 있어 용지의 추가 매입이 불가한 지역으로 추가적인 붕괴가 발생할 경우 대규모 민원이 발생하는 등의 매우 심각한 문제를 초래할 수 있는 상황이었다. 따라서 붕괴 후 보강공법이 선정되기 전까지 추가적인 붕괴를 방지하기 위하여 그림 6-11과 같이 압성토를 실시하였으며, 상부 인장균열부는 우수 유입을 차단하게 하였다.

그림 6-11. 추가방지를 위한 압성토

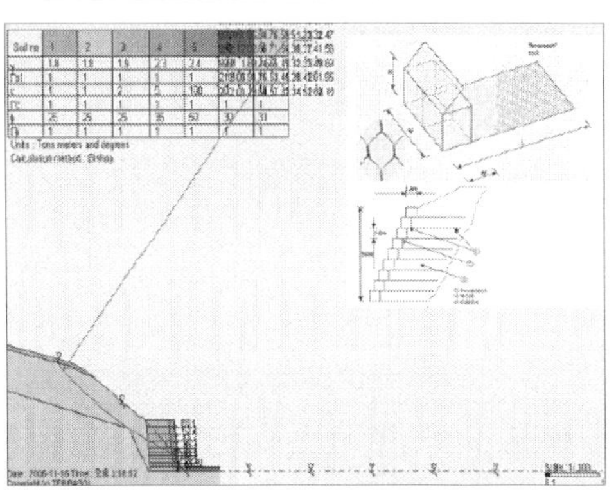

그림 6-12. 사면보강(테라메쉬 게비온 옹벽)

　　장기적인 안정성 확보를 위하여 원호 형태의 붕괴부를 포함하여 강도가 약한 부분을 전부 제거하고 성토재료로 채움을 계획하였으며, 그림 6-11에서와 같이 전산검토에서 보는 바와 같이 테라메쉬 게비온 옹벽(Terramesh Gabion)을 설치할 것을 계획하였다.

6.4 결 론

　　인공사면 설계시 좁은 지역에서 조사된 자료를 이용하여 전반적인 계획이 수립되어지며 특히 불연속면의 특징을 고려하지 않고 암반의 강도측면에서 사면의 경사가 결정되어지는 모순이 있다.

　　특히 사면을 구성하는 암질의 특성을 고려한 설계는 거의 이루어지고 있지 않는 실정이다.

　　응회암류는 구성암질에 따라 풍화에 대한 저항성이 다르고, 특히 풍화에 민감한 유문암류는 우수 유입 등이 발생할 경우에는 매우 연약한 상태로 되어 기존의 토체와 같은 형태가 아닌 플로우(flow) 형태의 거동특성을 갖게 된다. 따라서 이러한 지반에서의 설계 및 시공시에는 기존 사면 구배와 동일한 조건을 적용할 경우에는 집중호우 발생시 붕괴의 위험이 많을 것이라는 것을 예상할 수 있다. 특히 두 개의 사례에서 보는 바와 같이 풍화에 민감한 응회암류를 포함한 여러 성질의 응회암류가 존재하는 사면의 경우 각 재료에 대한 성질을 별도로 관리하고 검토하는 해석기법이 필요하다 할 수 있다. 또한 우기에 대한 검토시 지하수위를 만수위로 하여 해석하는 일반적인 방법보다는 함수비가 증가할 때 변화하는 물성치를 확인하여 안정성 해석에 적용하는 것이 필요할 것으로 사료된다.

　　따라서 향후 응회암류의 암질이 존재하는 지역에서 사면의 설계를 할 때, 암반의 강도 또는 풍화정도만을 파악하는 것이 아니고, 사면에 영향을 미치는 불연속면, 암질의 특성 등에 대하여 치밀한 조사를 수반함으로서 붕괴로 인한 추가 공사비 및 공기지연 등의 문제를 해결하는 것이 중요하며, 기존의 절취면에 대하서도 지질공학적인 특성을 고려한 절토사면의 유지관리가 이루어져야 한다.

07 화산암 지역 터널붕락 구간에서의 지질 및 지반특성 조사

▮ 신 영 완

7.1 지질 및 지반특성

본 조사는 터널 본선부에서 발생된 터널상부 지표침하 및 터널 내 막장붕락구간 인근의 지질 및 지반상태 규명과 붕락구간 터널보강설계를 위한 지반의 공학적 특성(해석입력물성치)을 획득하고 하였다.

본 조사구간은 Orthogonal Joint System을 따라 진행된 차별풍화작용으로 인해, 전반적으로 안산암의 풍화대(풍화토 내지 풍화암)로 구성된 지반 내에 연암 이상의 강도를 가지는 암석으로 구성된 핵석(Corestone)이 혼재하여 분포하는 지반이며, 본 조사의 세부목표는 터널구간 내 핵석의 분포특성을 파악함으로서, 불균질(Heterogeneity)한 지반의 공학적 특성을 유추하였다.

또한, 본 조사구간은 Orthogonal Joint System을 따른 차별풍화작용 이후, 절리면을 따라 후기 전단작용이 발생함으로서 형성된 단층화절리(Faulted Joint)가 발달하는 지반이며, 본 조사의 세부목표는 단층조선 내지 전단면이 발달하는 단층화절리의 분포특성을 파악하여 터널 막장부근 인근의 지질 및 지반상태를 규명하고자 하였다.

7.1.1 조사계획

본 조사는 터널 붕락구간의 지질 및 지반상태를 규명하는 조사와 붕락구간 및 원지반의 공학적 특성을 파악하는 조사로 구분하여 수행하였다.

조사항목		수량	조사항목	수량
시추조사 (4공)	상향수평(7°)	BHH-1: 35m	지표지질조사	1식: 대가터널 반경 1km
		BHH-2: 30m	시험굴조사	2회
	하향경사(80°)	BHI-1: 35m	블록시료채취	4회
		BHI-2: 35m	공내재하시험	2회
			실내토질시험	1식

붕락구간의 지질 및 지반상태를 규명하기 위한 조사로서 터널 좌측에 위치한 연향터널 측벽부에서 터널방향으로 상향 수평시추 2공을, 상부 지표침하부 및 예상 지질구조대 인근에서 하향 경사시추를 2공 실시하였으며, 상부 지표침하부 인근에서 2회의 시험굴을 시공하고, 시험굴 단면에 분포하는 지질 및 지질구조 상태를 파악하였다.

터널 반경 1km 구간에 대해 공학적 지질조사를 수행하여 예상지질구조의 방향성, 분포 및 규모특성을 지표노두를 통해 확인하고, 공학적 지질도를 작성하였다. 이를 바탕으로, 터널의 안정성을 저해시킬 가능성이 있는 예상지질구조의 분포 및 규모특성을 파악하고, 터널 종단 및 횡단방향에서의 붕락규모를 예측하였다.

붕락구간 및 원지반의 공학적 특성을 파악하기 위한 조사로서는 굴진된 시추공(시추코어시료)과 시험굴에서 채취한 불교란 시료를 이용하여 각종 현장 및 실내시험을 수행하였으며, 우선 상부 지표침하부 인근 하향 경사시추공을 이용하여, 원지반의 변형계수를 파악하기 위해 공내재하시험을 터널 상부구간과 터널 계획고 구간에 2회 수행하였다.

시공된 시험굴 2개소에서 각 2회씩 불교란 시료를 채취하고 본 시료를 이용하여 토성(비중, 함수율, 액-소성한계, 입도분석)시험 및 직접전단시험을 수행하여, 원지반 및 붕락구간의 토성을 분류하고, 단위중량(γ_t)과 전단강도특성(c, φ)을 파악함으로서, 대가터널 일대 원지반의 공학적 특성을 파악하였다.

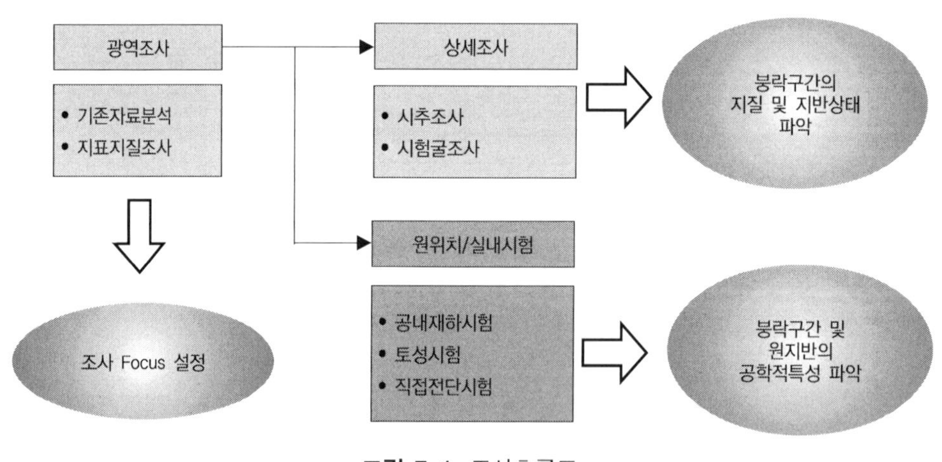

그림 7-1. 조사흐름도

7.1.2 기존자료 분석

터널 굴착공사 중 2008년 2월 25일 막장 붕락 및 상부 지표침하가 발생하였으며, 발생 즉

시, 현장에서 신속한 제반 조사를 수행하고 막장붕락 구간 및 상부 지표침하 구간에 대해 응급 복구조치(압성 및 매립)를 취하였기 때문에, 본 조사기간에는 실제 붕락 및 침하구간에 대한 육안 확인이 불가하였다. 이에 기존자료 분석을 통해 붕락 및 침하 현황을 파악함으로서, 본 조사의 기본방향설정에 유용한 자료로 활용하였다.

이전 2007년 1월에 조사된 연향터널 인근 지질 및 지반특성이 보고된 기존자료를 활용하여, 갱구부 일대 보강공사로 인해 육안 확인이 불가한 지표노두 자료를 획득하고, 기존 시추조사 및 현장시험결과를 활용함으로서, 본 조사결과 획득한 자료들과 통합하여 검토를 수행하였다.

본 터널일대의 지질조건은 설계 당시 예측한 결과와 실제 시공 중 조사된 결과와 다소 상이한 결과를 보이는 것으로 분석되었으며, 설계 당시 예측한 터널 일대의 지질조건은 중생대 유천층군 중 "조례동 안산암" 분포지역으로 보고되었으나, 실제 갱구사면이 형성되어 노출된 노두조사 결과, 안산암질 풍화토 및 용결응회암이 뚜렷한 경계를 보이지 않고, 혼재되어 있는 것으로 파악하였다. 절리면은 주로 Stepped~Slickensided로 기재하였으나, 단층에 대한 조사는 수행되지 않은 것으로 사료되었다.

그러나, 시공시 확인조사 결과, 주로 E-W 계열의 불연속면이 우세하며, 이와 직교하는 NNE-SSW 계열의 불연속면 및 E-W 계열 저각 불연속면(응회암 내 층리로 판단)이 발달하는 것으로 확인되었으며, E-W 계열의 불연속면군은 점토충전 및 단층조선을 포함하는 단층경면이 발달하는 등 단층의 징후가 발견되었다.

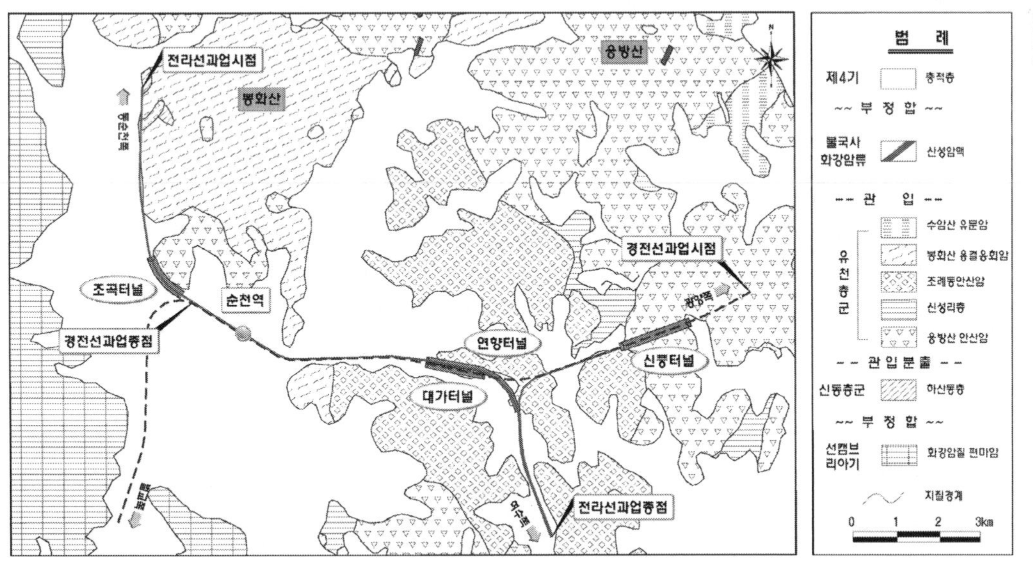

그림 7-2. 터널주변 지질도

그림 7-3. 갱구사면 형성 중 확인된 노두조사 결과

　　시점 갱구부 지질조사 결과, 설계시 결정한 지층과는 달리 불확실할 것으로 판단하였으며, 이에 시공 중 추가시추조사를 시점부 굴착사면 부근(BH-1)과 산정상부(BH-2), 그리고 종점 갱구부(BH-1(추))에서 실시하였다. 시추코어 확인결과 상부에 심하게 부스러진 암 조각으로 용결응회암이 GL-22.7m 심도까지 나타나며 안삼암질 풍화토가 GL-29m까지, 그 하부로

그림 7-4. 시공 중 추가 시추조사 결과; 풍화토 내 암파편(핵석)

GL-33m까지 풍화암이 나타나며, 이하에는 연암이 존재(연암부에는 안산암 절리 사이에 점토가 충전되어 있는 부분들을 확인하였다.

그림 7-5. 시추코어 절리 내에 존재하는 점토

시추조사 결과를 바탕으로 지층 종단면도를 재구성한 결과, 설계 당시와는 상당히 큰 차이를 보이는 것으로 분석되었으며, 설계 당시 일부 연암 및 경암층 분포구간으로 예측하였던 구간은 실질적으로 풍화대(풍화토 내지 풍화암) 지반이 분포하는 것으로 분석되었다.

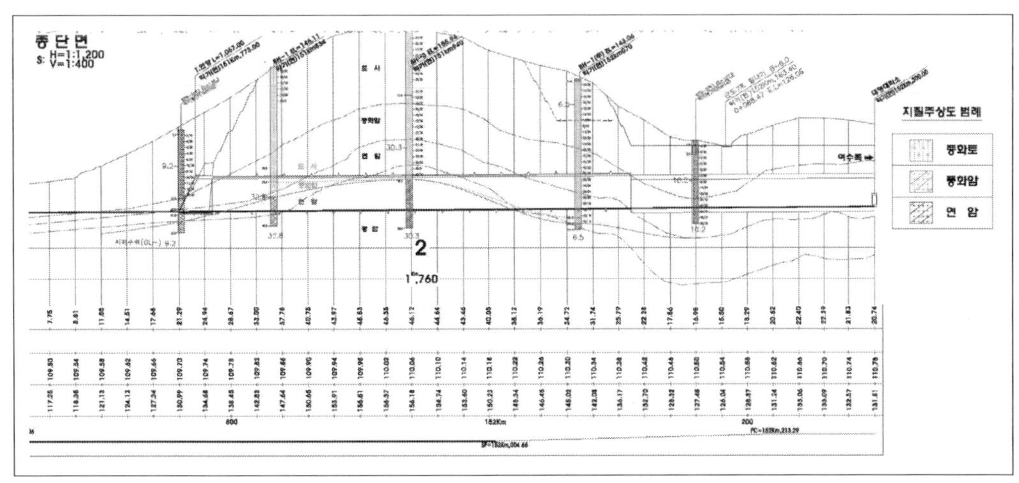

그림 7-6. 시공 중 추가 시추조사결과를 이용한 지층프로파일

7.2 터널 붕락구간 특성

터널 내 붕락은 시점부에서 막장면 후방으로 약 28.0m 지점까지 천단부가 함몰된 것으로, 지표침하는 장방형(폭 10.0~15.0m)으로 3.0~5.0m 깊이로 발생한 것으로 조사되었다.

그림 7-7. 붕락 및 침하 당시 현장사진

막장 붕락 후 다량의 핵석(규모 다양)이 존재하고 있음을 확인하였고, 지표침하부에서도 직교절리군을 따른 차별풍화의 진행으로 형성된 핵석(모암)이 존재하고 있음이 확인되었으며, 아울러 흑색으로 Staining된 단층경면을 관찰하였다.

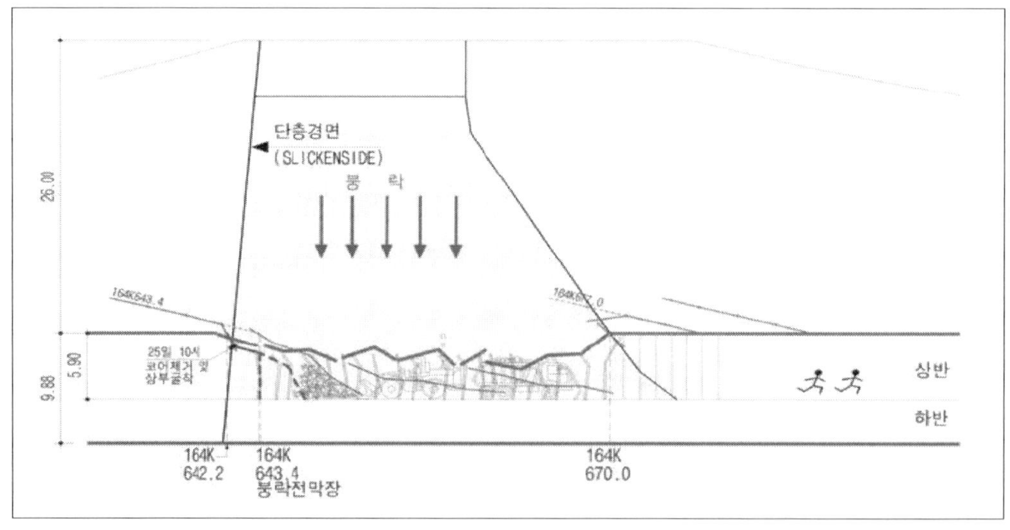

그림 7-8. 터널 붕락 발생과정

시공 중 막장 Face Mapping 결과, 풍화토 및 풍화암 지반 내 점토협재물을 함유한 절리면 내지는 단층면이 붕락구간 인근에 존재하는 것을 파악하였다. 이를 바탕으로 붕락 발생과정을 검토하였으며 분석결과를 바탕으로 막장붕락 원인을 제시하였다.

- 막장붕락의 가장 중요한 요인
    1) 전단저항력이 매우 취약한 풍화토 내지 풍화암 지반
    2) 차별풍화에 의한 핵석이 포함된 지반으로 심한 불균질성을 보이는 지반
    3) 풍화토 내지 풍화암에 단층경면이 잔존하는 지반
    * 단층경면과 핵석의 존재 ⇒ 직접적인 원인

7.3 지질조사

기존 조사자료검토 결과를 바탕으로 대가터널을 포함한 반경 1km 구간에 대해 상세지표지질조사를 수행하고, 공학적 지질평면도를 작성하였다(분포암종 및 지질경계, 절리/단층 등의 지질구조 방향성/분포특성, 침하구간 인근 인장균열 분포 등).

노두의 육안 관찰 결과를 통해 작성된 공학적 지질평면도를 바탕으로 본 구간의 주요 특성인 핵석지반 및 단층(내지 단층화절리)의 분포특성을 규명하고, 시추조사결과와의 종합분석을 통해 공학적 지질단면도를 작성하였다.

7.3.1 분포암종 특성 분석

본 조사구간은 설계 및 시공 중 조사시 정확한 분포암종의 동정(Identification)이 이루어지지 않은 구간이며, 이는 터널구간 인근 CW급 풍화토 내지 풍화암반이 주로 분포하며 노두가 불량하여, 신선한 노두를 관찰하기 어렵기 때문으로 사료된다.

이에 지표지질조사 범위를 대가터널을 포함한 반경 1km 구간으로 확장하여 조사함으로서, 기존 조사에서 명확히 구분하지 못한 안산암과 응회암의 지질경계를 확인하였다.

가. 치밀 반상안산암(Compact Porphyritic Andesite)

본 조사구간의 분포암종은 암녹색~적자색의 치밀하고 견고한 기질을 가지는 안산암으로 구성되며, 치밀안산암은 약 2~3mm 정도 크기의 반자형 사장석 반정을 함유하고 있다. 이는 기존 설계당시 분포암종으로 기재하였던 "조례동 안산암"의 암석학적 특징과 일치하고 있음을 1;50,000 순천 및 광양도폭(지질자원연구원)에서 확인할 수 있다.

　　본 구간에 분포하는 암석은 전형적인 치밀 반상안산암으로서, 풍화작용의 진전으로 사장석 반정은 녹니석, 견운모, 방해석 등의 2차 변질광물로 풍화되어 있으며, 기질(Matrix)는 결정이 전혀 관찰되지 않는 매우 치밀한 구조를 가지고 있다.

그림 7-9. 본 구간에 분포하는 치밀 반상안산암 노두

　　치밀 반상안산암은 치밀한 기질(Matrix)을 가지는 전형적인 Pilotaxitic texture를 보이며, 기질의 치밀성으로 인해 타 암석에 비해 신선한 암석의 경우 높은 강도 및 변형특성을 보인다.

　　일반적으로 주변암에 비해 풍화에 강해 주로 산능선 내지 고지대를 형성(1;50,000 순천 및 광양도폭(지질자원연구원))하나, 본 조사구간에서는 직교절리군의 절리면을 따른 지하수 유입으로 인해 차별풍화가 진전되어 대부분 풍화토 내지 풍화암 지반으로 분포하며, 모암이 풍화토(암) 지반 내에 잔존하여 핵석(Corestone)의 형태로 고립되어 있는 양상을 보인다.

　　풍화가 진전된 노두에서는 응회암의 층리구조와 혼돈할 수 있는 저각의 불연속면이 인지되나, 이는 안산암 내 국부적으로 발달하는 유상구조(Flow Structure) 및 유상구조와 평행한 저각 절리군으로 사료된다.

나. 라필리응회암(Andesitic Lapilli Tuff)

　　기존조사자료 검토 결과 및 본 조사 지표지질조사 결과, 라필리응회암은 터널 종점갱구부에서 전석으로만 확인되어 치밀 반상안산암과의 명확한 경계부를 조사구간에서 확인하는 것은 불가하였다. 그러나, 대가터널 남서부 도로 건너편 대규모 채석장 부지에 발달하는 노두확인 결과, 대가터널구간 분포암종인 치밀 반상안산암과는 상이한 암종인 라필리응회암이 분포되어 있다.

라필리응회암은 화산폭발시 화산재(Ash), 화산력(Lapilli & Breccia) 등의 화산쇄설성 퇴적물이 인근에 퇴적된 화산기원 퇴적암이며, 결정질 기질(Crystalline Matrix) 내에 화산폭발로 인해 형성된 화산쇄설성 퇴적물들이 불균질하게 함유되어 있는 양상을 보였다.

화산쇄설성 퇴적물의 대부분은 주변암인 치밀 반상안산암으로 구성되어 있으며, 수mm~수십cm의 화산각력(Breccia) 및 화산탄(Bomb) 크기를 가지고 있다.

그림 7-10. 인근지역 라필리응회암 노두

일반적으로 라필리응회암은 기질과 화산력 사이의 불균질성을 가지며, 치밀 안산암에 비해 상대적으로 낮은 강도와 높은 풍화도를 보이는 것이 특징이나, 본 조사구간 일대는 Orthogonal Joint System에 의해 규제를 받는 차별풍화작용이 활발한 지역으로 일반적인 경우에 해당하지는 않았다(본 노두에서는 라필리응회암 내 용결(Welding Structure)구조는 확인할 수 없었음).

본 조사를 통해 치밀 반상안산암과의 경계부를 유추할 수 있었으며, 라필리응회암과 치밀 반상안산암과의 암종경계부는 터널과 교차하지 않을 것으로 판단된다. 따라서, 본 구간에서는 치밀 반상안산암 단일암종만이 분포하며, 이는 터널 내 상향수평시추 및 지표 경사시추를 통해서도 확인이 가능하였다.

7.3.2 지질구조 특성분석

본 조사구간은 크게 3개조의 Orthogonal Joint System에 의해 지질구조적 규제를 받으며, 본 조사구간의 전형적인 특징인 핵석의 형성 역시 3개조의 직교절리군을 따른 차별풍화작용에 의해 형성되었다. 3개조의 직교절리군 모두, 절리면을 따라 망간 혹은 철수화물 및 점토가

충전되어 있으며, 후기전단작용에 의해 우수향의 주향이동성 운동감각을 가지는 단층화절리
(Faulted Joint)를 이루고 있다.

그림 7-11. 우수향 주향이동성 운동감각을 가지는 다양한 방향의 단층화절리

본 조사구간의 노두관찰 결과, 단층점토, 단층각력암 등 단층 비지대(Fault Gouge)를 수반
한 대규모 단층대는 발달하지 않으나, 3개의 직교절리군이 단층화절리를 형성하면서, 단층면
을 따라 후기 전단작용을 수반하는 양상을 보인다. 또한, 3개의 직교절리군이 closed spacing
을 보이며, 연장성이 비교적 우수하게 밀집되는 구간이 지표노두와 시험굴 조사를 통해 확인
되었다. 따라서, 본 조사구간은 기존 절리면을 재활성시킨 단층화절리의 집중구간이 비교적
큰 규모(폭 5~10m)로 발달하면서, 지질구조적 약대(Weak Zone)로 작용한 것으로 판단된다.

7.3.3 풍화특성 분석

본 조사구간은 3개의 직교절리군을 따른 지하수의 유입으로 절리면을 따른 차별풍화가 진
행되는 특성을 보이며, 모암의 잔존 암체가 핵석의 형태로 풍화대 지반 내에 고립되어 분포하
는 전형적인 핵석풍화대를 형성하고 있다. 지표노두상에서 개략적으로 핵석의 분포비율을 파
악한 결과, 핵석화 진행단계에 따라 국부적으로 편차는 존재하나 대략 40~60% 정도의 면적비
를 차지하며. 이는 추후, 시추조사 결과 분석된 핵석의 선밀도 분포와의 비교·검토를 통해,
전반적으로 본 조사구간의 핵석분포 비율을 정하고, 핵석 비율을 감안한 원지반의 단위중량을
산정하는 데에 있어 기초자료로 활용이 가능할 것으로 보인다.

표 7-1. 핵석풍화 진행 모식도 및 현장 노두 확인

단계	모식도	노두 사진	설 명
1		신선한 기반암 노두 분포하지 않음	• systematic joint 발달
2			• 절리면을 따라 풍화 진행, 절리면에 둘러싸인 core 부분이 남아 핵석화됨
3			• 점차 풍화가 진행되어 대부분 풍화암층 형성, 일부에 약간의 핵석 잔류 • 기존 절리면에 철 및 망간 수화물, 점토성분 충전 • 후기전단작용 발달

7.3.4 단층화절리 특성

시추코어시료 풍화대 구간 내 절리면을 육안 확인한 결과, 대부분의 절리면은 망간수화물을 협재하고 있으며, 후기 전단작용에 의해 우수향 주향이동성 운동감각을 가지는 단층화절리로 형성되어 있다.

터널 측벽부에 실시한 상향 수평시추공에서는 주로 저각 내지 수평의 절리면과 시추코어 방향과 평행한 고각의 단층화절리가 모두 발달하였다. 이는 터널굴진방향과 평행하는 절리와 터널굴진방향을 횡단하는 고각 내지 수직경사를 가지는 단층화절리 등 2방향의 단층화절리가 우세할 것으로 해석되었으며, 지표지질조사 결과와도 비교적 잘 일치하는 경향을 보인다.

터널구간의 치밀 반상안산암은 점성을 지닌 stiff한 clay 내지 silt clay로 풍화되어 있으며, 핵석을 포함하여 심한 불균질성을 가진 지반으로 확인되었으며, 풍화대지반과 단위중량의 차

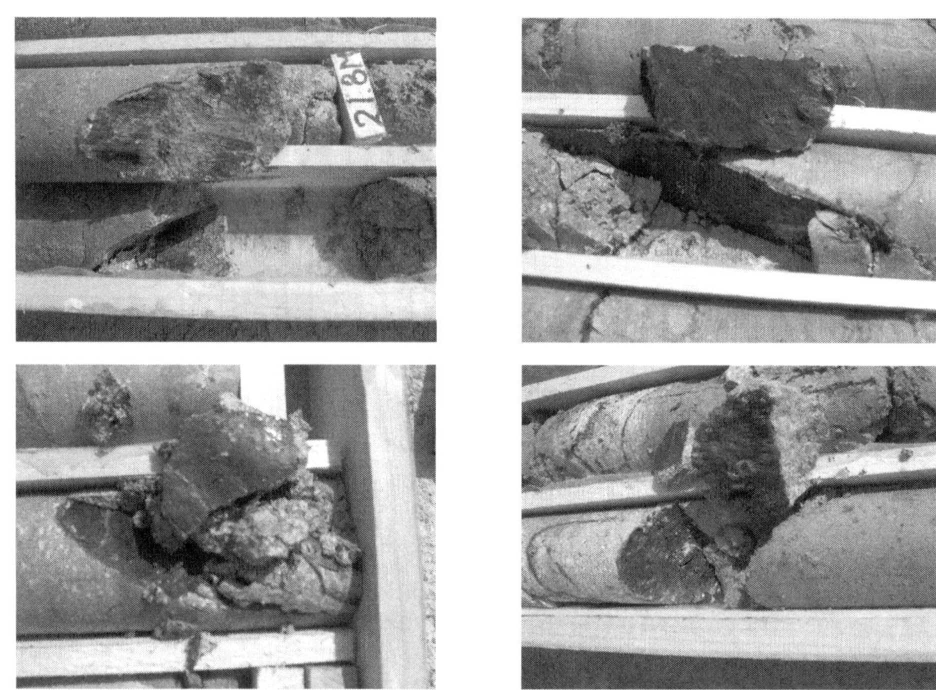

그림 7-12. 시추코어 시료 내 확인된 단층화절리

이가 심한 핵석을 함유하여 지반의 불균질성이 심하므로 일반 풍화대에 비해 터널에 높은 하중조건으로 작용할 것으로 사료된다. 전반적으로 기존 풍화된 절리면을 따른 후기전단작용으로 인해 단층화절리(우수향 주향이동성)가 발달하며, 단층화절리면은 원지반인 풍화대(토사, 풍화암)의 전단강도보다 더 낮은 전단강도를 보일 것으로 판단된다.

7.3.5 시험굴 조사

상부 지표침하부에 인접하여 시험굴조사를 수행함으로서, 원지반 토사-풍화대에서 단면에 발달하는 단층화절리의 분포특성을 기재하고, 단층화절리 집중구간과 단층화절리의 빈도가 낮은 구간을 선정하여 불교란 시료를 채취하여, 원지반과 단층화절리 집중구간의 기본토성, 전단강도 및 단위중량 파악하였다.

TP-1과 TP-2 모두 치밀반상안산암의 풍화대가 분포하고, 치밀반상안산암의 조직이 완전히 와해된 풍화토와 조직이 잔존하며, 핵석의 분포가 인지되는 풍화암 구간으로 구분이 가능하나, 그러나, 기존조사를 통해 상부 지표침하부에서 관찰되었던 단층화절리의 단층경면의 발달이 TP-1에서는 미약한 반면, TP-2에서는 발달빈도가 높게 나타나는 것으로 분석되었다.

그림 7-13. TP-1 상세단면도

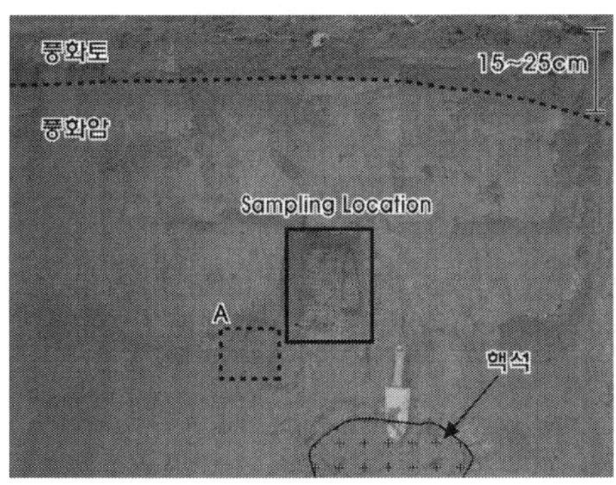

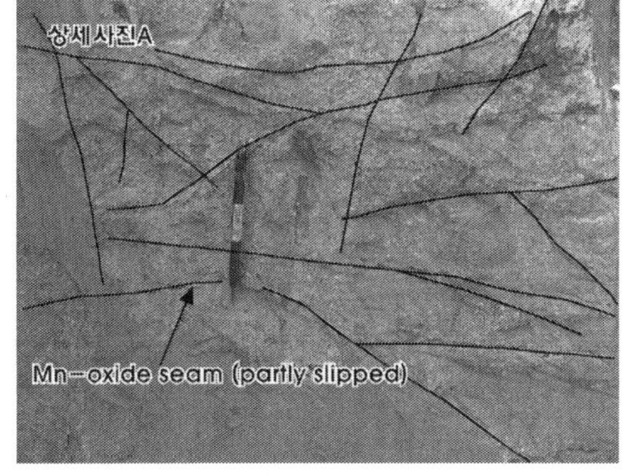

그림 7-14. TP-2 상세단면도

이는 지표지질조사 결과, BHI-2 시추조사 결과 및 침하구간의 형상을 고려해 볼 때, 붕락구간의 동측 경계부가 단층화절리의 집중구간으로 판단할 수 있으며, 다양한 방향성이 집중되어 있으나, 주방향성은 고각의 남동경사면을 가지는 NNE-SSW 방향의 단층화절리로 해석된다.

시험굴에서 채취한 불교란 시료(풍화암구간 및 단층화절리 집중구간)의 토성 및 전단강도를 분석해 보면, 토성은 통일분류상 MH에 해당하며, 전단강도는 TP-1이 TP-2에 비해 점착력은 약 $0.5{\sim}1.0tf/m^2$ 정도 큰 값을 보인다.

7.4 조사결과 분석

7.4.1 붕락구간 지질 및 지반상태 분석

상부 지표침하 발생 당시 일반적인 토사, 풍화암 지반의 침하형태인 구 내지 콘 형태의 침하가 아닌 사각형의 형태인 것으로 보아, 이는 토사지반에 흔히 작용하는 단순한 연속체적 거동이 아닌 전단저항력을 상실한 불연속면을 따라 발생하는 불연속체적 거동이 발생한 것으로 추정된다.

지표지질조사 결과, 본 조사구간은 터널굴진방향과 평행한 방향의 절리군과 직교하는 방향의 고각 절리군이 규칙적으로(systematic) 발달하고 있음을 확인하였으며, 상기 절리군은 후기전단작용에 의해 원지반인 풍화대(토사–풍화암) 지반보다도 더 낮은 전단저항력을 가지는 단층화절리 집중구간을 형성하고 있다.

상부 침하부의 기하학적 형상이 systematic joint의 방향과 비교적 일치하는 경향을 보이며, 본 절리면이 전단저항력을 상실하여 단층화되어 있는 것으로 판단해 볼 때, 상기 단층화절리군은 터널의 안정성을 저해할 가능성이 높은 지질구조로 판단된다.

본 단층화절리 집중구간은 상부 침하부의 동측경계면과 평면상에서 비교적 일치하는 경향을 보이며, 종단면상에서도 시추공 BHI-2 시추공의 시추코어 미회수구간 및 인근 단층화절리 발달 빈도 증가구간과 기 붕락구간이 일치하는 경향을 보이며, 횡단면 분석 결과, 이완영역 내지 단층화절리 밀집구간은 연향터널 쪽으로 기울어져 분포하는 것으로 판단된다.

7.4.2 풍화대 구간의 공학적 특성분석

단층화절리발달 빈도가 높은 구간의 점착력은 $0.22 \sim 0.29 \mathrm{kg/cm}^2$, 내부마찰각은 $23.5 \sim 25.7°$

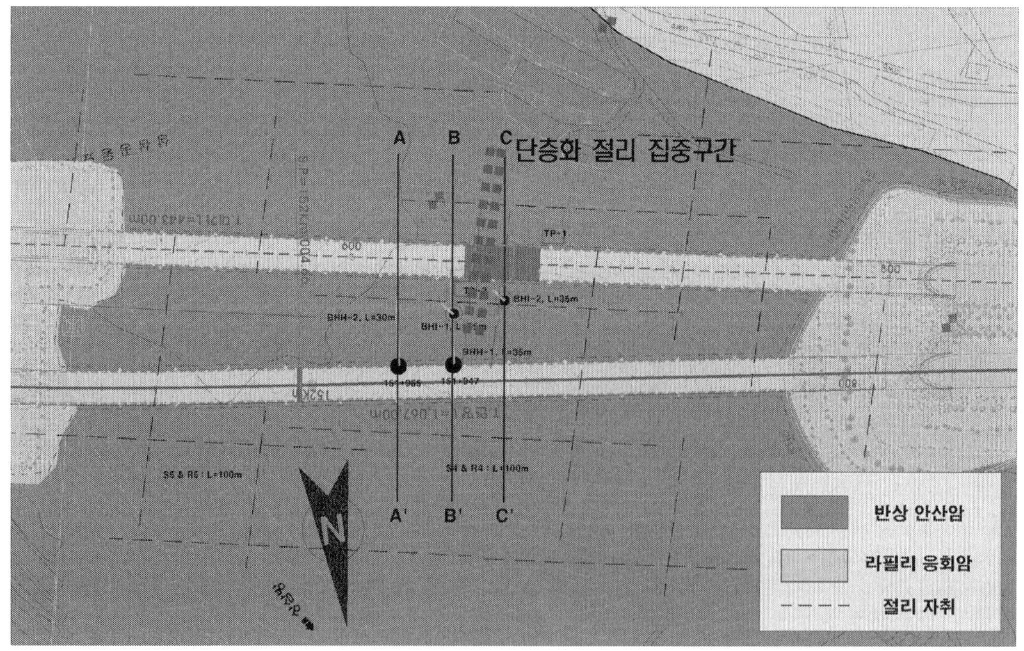

그림 7-15. 단층화절리 집중구간의 평면적 분포

로 단층화절리 발달 빈도가 낮은 구간에 비해 최대 0.1kg/cm^2 정도 낮은 점착력 분포를 보이며, 이는 단층화절리 집중구간이 일반적인 풍화대지반보다 더 낮은 전단저항력을 보인다.

본 조사구간 내 연암 이상의 핵석은 약 40~60%의 분포비율을 보이므로, 본 조사구간 원지

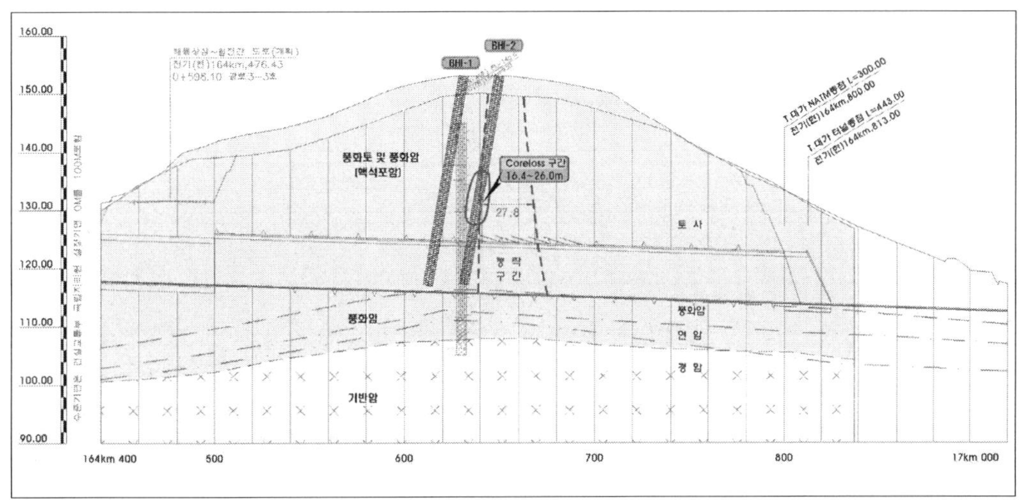

그림 7-16. 단층화절리 집중구간의 종단면상 분포

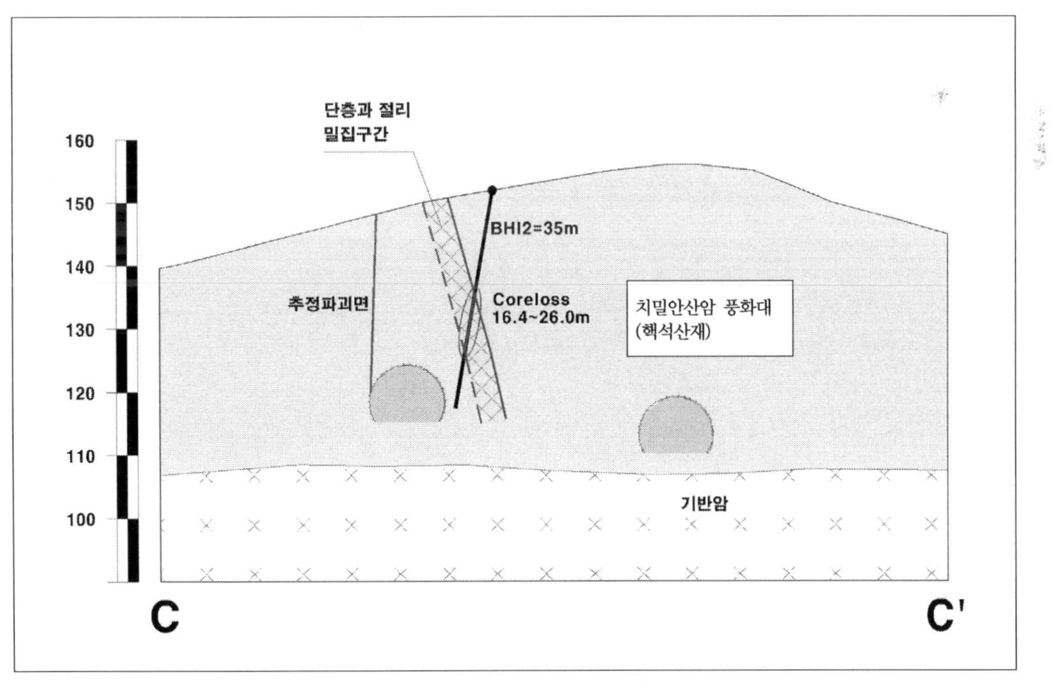

그림 7-17. 단층화절리 집중구간의 횡단면상 분포

반의 단위중량 또한 풍화대 자체만의 단위중량보다는 높은 값을 보일 것으로 판단된다.

핵석으로 분포하는 치밀 반상안산암의 높은 단위중량과 풍화대 점성토의 상대적으로 낮은 단위중량을 고려할 때 본 풍화대층의 평균적인 단위중량은 약 $2.1tf/m^3$ 정도로 판단되며, 시험수량의 부족으로 풍화대 지반의 변형특성을 대표할 수는 없지만, 본 풍화대 지반은 $530\sim843(kg/cm^2)$의 탄성계수값을 보였다.

Part. 03 풍화

01 풍화란 무엇인가?

┃ 이 병 주

1.1 서 론

지각을 구성하고 있는 암석을 자세히 관찰해 보면 그 표면은 대부분 흙으로 덮여 있다. 이 흙이란 암석을 구성하고 있는 광물이나 암편들이 자연적으로나 혹은 인위적으로 응집력을 잃어 분리된 상태이다. 이들 암석에서 분리된 흙이나 암편들은 이동이 간편하여 지표면에 여러 곳을 덮고 있기도 하며 구성하고 있는 암석 위에 그대로 놓여 있기도 하다. 이들 암반에서 분리된 것들을 풍화물이라 하며, 이들 풍화물들로 구성되어 있는 지반은 대개 암반에 비해 매우 연약하다.

토목구조물을 설계시나 시공시, 지반에 이들 풍화물 즉 암반에서 분리된 흙이나 암편들이 쌓여 있을 때 이 지반은 구조물의 기초로서는 연약하여 이 부분을 걷어내거나 혹은 지반을 보강하는 과정을 반드시 거쳐야 한다. 이에 따라 본 논문에서는 먼저 풍화에 대한 정의 및 풍화의 종류 그리고 암석에 따른 풍화특성을 알아보고 풍화와 지질공학적 관계를 고찰하여 보기로 한다.

1.2 암석의 풍화작용

암석의 풍화작용은 지표의 암석이 자연적인 요인(지하수, 유수, 바람, 빙하 등)과 인위적인 행위에 의하여 제자리에서 부서지는 현상으로서 풍화작용에는 기계적 풍화작용과 화학적 풍화작용이 있으며, 전자에 의하여 암석이 붕괴되고, 후자에 의하여 분해되어 미세한 다른 물질로 변화한다. 대부분의 경우 두 풍화작용은 동시에 진행되며, 암석의 종류 및 자연 조건에 따라 상대적인 중요도가 달라진다.

기계적 풍화작용은 팽창과 수축, 결빙과 용해, 하중의 제거, 식물 뿌리의 성장 등이 중요 요인으로서 팽창과 수축은 비열이 서로 다른 광물 입자로 구성된 암석이 일교차는 온도의 변화에 의하여 팽창과 수축을 반복하여 풍화작용을 일으키며, 절리면에 침투한 지하수나 간극수가 동결과 용해를 반복하여 암편은 탈락시킨다. 또한 심성암 등 지구의 내부나, 깊은 해저에서 생성되어 큰 압력하에 있었던 암석들이 지반의 융기 및 침식에 의해 지표에 노출될 때 하중의 제거에 의하여 팽창하며, 판상 절리나, 박리를 발달시켜 암편이나, 암괴로 분리된다. 우리나라

와 같은 온대 지방에서의 기계적 풍화의 대표적인 예가 규암이나 치밀안산암 등과 같은 굳기
가 굳은 암석이 분포하는 곳의 산기슭에서 관찰되는 테일러스(talus)가 그 예에 해당된다.

그림 1-1. 테일러스의 전형적인 양상

　화학적 풍화는 열대지방의 습윤한 기후에서 활발하게 일어나며, 지각 내부의 높은 온도와
압력에서 생성된 암석이나, 광물이 지표의 낮은 온도와 압력에 노출되고, 물과 접하게 되면
보다 안정한 광물로 화학적 변화를 일으킨다. 따라서 지표 부근의 상온, 상압하에서 형성된
쇄설성 퇴적암에서는 화학적 풍화작용이 별로 발생하지 않으며, 화성암과 변성암의 광물들
줄에서는 장석과 철-마그네슘 계열의 광물이 가장 쉽게 화학적 풍화작용을 받고 상대적으로
석영은 저항력이 강하다. 화학적 풍화작용은 가수 분해, 산화작용, 탄산염화 작용, 환원 작용,
증발 작용 등에 의해 진행되며, 특히 석회암이나 백운석(dolomite)과 같은 탄산염 광물(방해
석 등)은 탄산염화 작용으로 지하수 중의 탄산에 의해 비교적 쉽게 용해, 풍화되어 석회 동굴
및 공동 등 카르스트 지형을 형성한다.

　조성 광물 중 화성암 및 변성암에 주요한 구성 광물인 장석과 석화암의 대부분을 차지하는
방해석의 화학적 풍화는 대기 중의 이산화탄소($Co2$)가 빗물 등에 용해되어 형성된 탄산
(H_2CO_3)에 의해 진행된다.

$$H_2O + CO_2 \leftrightarrow H_2CO_3 \leftrightarrow H^+ + HCO_3^- \text{(중탄산 이온)}$$

〈정장석의 풍화 → 고령토〉

$$2KAlSi_3O_8(정장석)+2H_2CO_3(탄산)+9H_2O \rightarrow Al_2Si_2O_5(OH)_4(고령토)+4SiO_4+2K^-+2K^-+2HCO_3^-$$

$$\langle 방해석의\ 풍화 \rangle$$

$$CaCo_3(방해석)+H_2O+CO_2 \leftrightarrow Ca^{2+}+2HCO^{3-}(중탄산\ 이온) \leftrightarrow Ca(HCO_3)_2(중탄산\ 칼슘)$$

표 1-1. 암석의 풍화 상태 분류

풍화 상태	ISRM / BSI 5930	암반상태	이수곤 외(화강암)
신선 (fresh)	조암광물의 풍화는 관찰되지 않으며, 주불연속면상에 약간의 변색이 될 수 있다.	모암의 변색은 관찰되지 않으나, 이 외의 풍화 효과로 강도의 손실이 발생한다.	장석류는 칼로 긁히지 않으며, 시료 채취는 지질해머의 많은 타격이 필요하다. 점하중강도지수: 9–18MPa 슈미트해머반발값: 59–62
약한풍화 (slightly weathered)	조암광물과 불연속면표면에 변색이 관찰된다. 모든 조암광물은 풍화에 의해 변색되고 신선한 상태보다 약해진다.	암석은 약한 변색을 보인다. 부분적으로 불연속면의 틈새가 벌어지고, 표면의 변색이 관찰되지만, 무결암의 경우 신선암에 비해 눈에 띄는 강도의 저하는 없다.	장석류는 칼로 쉽게 긁히지 않으며, 시료 채취는 1회 이상의 지질해머 타격이 필요하며, 신선암에 비해 약간의 강도 저하가 있다. 점하중강도지수: 5–12.5MPa 슈미트해머반발값: 51–56
중간풍화 (moderately weathered)	조암광물의 절반 이하가 변질되거나, 토상으로 붕괴된다. 신선암 및 변색된 암은 핵석이나, 불연속면의 골격을 이룬다.	암석은 변색된다. 불연속면의 틈새는 벌어지고 내부로 변질되기 시작한 변색된 표면을 가진다. 무결암은 신선함에 비해 뚜렷한 강도의 저하를 보인다.(원암과 풍화암의 부피비는 곳에 따라 추정할 수 있다.)	장석류는 쉽게 칼로 긁히지만 벗겨낼 수는 없다. 샘플은 1회의 강한 지질해머 타격으로 쪼개지며, NX 코어는 손으로 부러뜨릴 수 없다. 신선암에 비해 강도가 저하된다. 점하중강도지수: 2–6MPa 슈미트해머반발값: 37–48
심한풍화 (highly weathered)	조암광물의 절반 이상이 변질되거나, 토상으로 붕괴된다. 심선암 및 변색된 암석은 핵석이나, 불연속면의 골격을 이룬다.	암석은 변색된다. 불연속면의 틈새는 벌어지고 표면은 변색되며, 불연속면에 인접한 모암 조직은 변질된다. 변질은 암석 내부 깊이 진행되나, 핵석은 아직까지 존재한다. (원암과 풍화암의 부피비는 곳에 따라 추정할 수 있다.)	장석류는 칼로 어렵게 벗겨낼 수 있으며, 지질해머의 끝이나, 칼로 홈을 팔 수는 없으나, 해머의 강한 타격으로 부수어뜨릴 수 있고 NX 코어를 힘겹게 손으로 부러뜨릴 수 있다. 신선함에 비해 두드러진 강도 저하를 보인다. 점하중강도지수: 0.3–0.9MPa 슈미트해머반발값: 12–21
완전풍화 (completely weathered)	모든 조암광물은 변질되거나, 토상화되며, 원암의 구조는 넓은 범위에서 아직까지 남아 있다.	암석은 변색되고, 토상화되나, 원암의 조직은 대부분 유지되며, 작은 핵석이 가끔 존재한다.	장석류는 쉽게 칼로 긁히며, 지질해머의 끝이나, 칼로 홈을 팔 수 있다. 대부분의 강도는 손실된 상태이며, 점하 중 강도 또는 슈미트해머 타격시험이 불가능하다.
풍화 잔류토 (residual soil)	모든 조암광물은 토상화 되며, 암의 구조나 광물 조직은 붕괴되고, 부피의 큰 변화가 발생하지만, 흙의 뚜렷한 이동은 아직까지 없다.		장석류는 쉽게 칼로 긁히며, 샘플은 손가락으로 홈을 팔 수 있으며, 손으로 굴착이 용이하고, 물의 교란에 의해 붕괴된다.

암석의 풍화는 기계적 풍화에 의해 암반 내의 불연속면의 상태 및 빈도를 악화시키고 암편의 크기를 작게 하며, 화학적 풍화는 절리망에 의해 유동하는 지하수의 영향을 크게 받는다. 따라서 암반의 풍화는 기후 조건에 의한 습도 및 온도, 지형 조건에 의한 배수 상태와 암반의 절리 상태 및 공극율에 영향을 받으므로 암반의 풍화 단면은 대체로 심도가 깊을수록 신선해지는 점이적인 풍화 양상을 지형과 유사한 형태로 보이지만 층리, 절리, 단층 등의 불연속면을 통해 유동하는 지하수에 의해 이러한 주요 불연속면 주변에서 불규칙한 풍화 단면을 보인다.

국내의 화강암 지반에서 일반적으로 관찰되는 풍화 단면은 점이적인(gradual) 풍화단면으로서 지표면 상부에서 하부로 갈수록 풍화 정도가 암반선이 뚜렷하게 발달하는 경우이지만 간혹 핵석(corestone) 풍화 단면이 관찰된다. 핵석 풍화 단면은 절리를 따라서 암석이 심하게 변질된 것으로 지표 탄성파 탐사로 암반선 추정이 부정확하다. 핵석 풍화인 경우, 암반 풍화등급의 적용은 토층과 암석의 구성 비율, 즉 핵석의 체적 비율에 따라 적용된다. 이외에도 퇴적암의 경우 단단한 암석 사이에 연약한 층이 불규칙하게 또는 호층으로 협제하는 경우가 있어 이에 대한 주의가 필요하다.

암석의 풍화도에 대한 분류 기준은 위의 표 1-1과 같다.

1.3 화강암의 풍화특성

일반적으로 화강암은 풍화되지 않은 신선한 암반은 다른 암석들에 비해 등립질이며 등방성 암체로 공학적으로 단단한 암체로서, 일축압축강도가 $1,500kg/cm^2$ 이상이며 탄성파속도도 $2,000m/sec$을 상회한다.

앞에서 언급한 바와 같이 화강암은 지하심부에서 마그마가 서서히 냉각하며 형성된 심성관입암으로 마그마를 덮고 있던 상부의 지각이 제거되어 현재 지표에 노출되어 있다. 이 과정에서 상부의 압력이 제거되면서 화강암체 내에 저각의 경사를 가지는 판상절리(sheeting joint)가 발달한다(그림 1-2).

화강암이 분포하는 지역의 지형은 미국의 요세미티공원(그림 1-3(a)), 중국의 황산, 한국의 금강산이나 설악산 등과 같이 산세가 험준한 절경을 만들기도 하며, 화강암은 풍화작용을 받으면 장석이 먼저 풍화되고(Kennan, 1973) 석영 알갱이들이 많이 남아 소위 마사토라 불리는 모래와 같은 토사로 변한다. 이 과정에서 화강암은 풍화작용을 받으면 지표의 경사와 거의 평행하게 풍화작용이 발생함에 따라 생성되는 exfoliation(일명 양파구조)이 발달한다(그림 1-3(b)). 이에 따라 풍화토와 암반과의 경계면을 따라 우기시 도로사면이나 산사면에서 사태가 발생하기도 한다. 그 외 화강암은 암반 내에 발달하는 절리나 단층을 따라 풍화면이 지하로

그림 1-2. 화강암 내에 흔히 발달하는 저각의 경사를 가지는 판상절리(sheeting joint)의 노두사진

가면서 매우 불규칙하다(Rahn, 1971)(그림 1-4).

이와 같은 화강암에서만 나타나는 풍화 양상 및 절리들은 지반조사시 고려하여야 할 사항으로 절리의 방향과 풍화대와 연암대의 경계면 등이 지반공학적 관점에서는 불안한 불연속면이기도 하다.

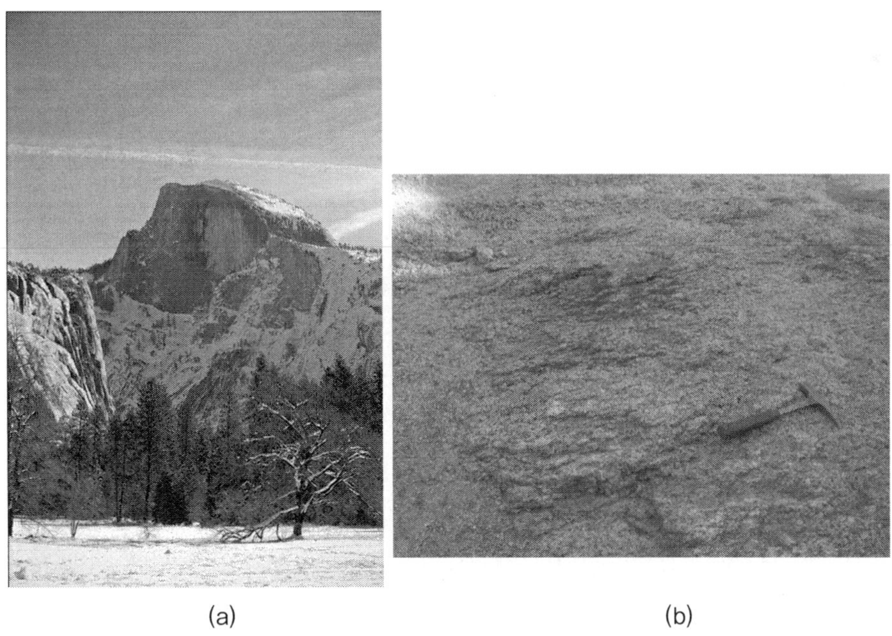

(a)   (b)

그림 1-3. 요세미티공원의 하프돔 사진(a) 및 화강암이 풍화되면서 발달하는 Exfoliation(b)

그림 1-4. 화강암 표면의 불규칙적인 풍화양상

1.4 퇴적암의 풍화특성

　사암이나 셰일 및 이암 등 쇄설성 퇴적암에서는 모암의 입자의 크기에 따라서 토층의 입도가 결정된다. 만약 역암이나 사암지반에서의 잔류토는 역질 또는 사질토이고 셰일이나 이암인 경우의 지반에서는 실트 이하의 세립질이 토층을 이루게 된다. 또한 사암과 셰일, 또는 셰일과 실트스톤의 호층대에서는 층리를 따라 차별풍화가 발생하여 약선대가 발달함으로 조사자 및 설계자가 가장 유의하여야 한다. 또한 층리가 사면의 경사와 같을 경우 붕괴의 가장 큰 요인으로 사면의 안정성에 크게 영향을 미친다. 불연속면의 발달은 암석의 종류에 따라서 큰 차이를 보인다. 사암은 층리면을 따라 미끌림 현상이 셰일에 비해 덜할 수는 있으나 셰일은 층리면과 셰일의 특성인 쪼개짐(fissility)가 발달하여 공학적으로 매우 불안정한 암석이다(그림 1-5). 특히 우리나라 퇴적암의 대부분을 차지하는 경상계 퇴적암류는 양호한 암석과 취약한 암석이 교호하는 호층대가 많이 산출되므로 이러한 경우에는 취약한 암석의 특성에 주의하고 취약한 암석은 숏크리트 등으로 피복이 필요하며 층리면을 따라서 단층이 발달하는 경우가 간혹 발견되므로 정밀조사가 요망된다. 퇴적암 중에서 석회암은 $CaCo_3$가 주성분인 방해석으로 구성되어 기계적 풍화보다 화학적 풍화가 우세하게 작용한다. 석회암의 분포하는 지역에서는 풍화의 양상이 매우 불규칙하여 신선한 암반이 발달하다가도 갑자기 석회암의 풍화토인 붉은 진흙을 가지는 공동들이 지하 깊은 곳에서 발달하기도 한다. 이와 같은 현상이 발생하는 석회암 지대 역시 토목시공시 정밀조사가 요구된다.

(a)   (b)

그림 1-5. 사암과 셰일의 호층대의 풍화된 표면(a) 및 셰일의 fissility(b)

1.5 지질구조와 풍화

암석의 특성에 따른 풍화 양상뿐만 아니라 암반 내 발달하는 지질구조 요소들인 단층이나
절리 및 습곡 등과도 풍화와 밀접한 관계가 있다. 즉 단층이나 절리의 경우 단층면이나 절리면

그림 1-6. 절리를 따라 발달하는 차별 풍화대

을 따라 풍화가 급속히 일어나 때에 따라서는 지하 깊은 곳까지 이들 불연속면을 따라 풍화대가 발달한다(그림 1-6). 이러한 현상을 절리나 단층면을 따라 지하수가 잘 스며들고 또한 공기와 직접 닿으면서 모암보다 더 빨리 풍화가 진행되기 때문이다. 습곡이 발달하는 곳에서도 습곡축면이나 습곡의 배사부나 향사부의 힌지(Hinge)부에서는 인장 균열이 발생하여 다른 곳에 비해 풍화가 빨리 진행되기도 하여 알프스나 다른 큰 규모의 습곡이 발달하는 지역에서 습곡의 향사부가 높은 산을 이루고 배사부가 골짜기를 만들기도 한다. 앞장에서 언급한 석회암 내의 지하 공동들도 층리나 절리를 따라 발달하는 경우가 대부분이다.

1.6 결 론

풍화작용이란 지표의 암석이 자연적인 요인과 인위적인 행위에 의하여 제자리에서 부서지거나 분해되는 현상으로서 풍화작용에는 기계적 풍화작용과 화학적 풍화작용이 있다. 전자에 의하여 암석이 붕괴되고, 후자에 의하여 분해되어 미세한 다른 물질로 변화한다. 대부분의 경우 두 풍화작용은 동시에 진행되며, 암석의 종류 및 자연 조건에 따라 상대적이 중요도가 달라진다. 풍화의 등급은 대체로 신선(fresh)에서 풍화잔류토(residual soil)까지 6단계로 구분할 수 있다.

화강암은 풍화작용을 받으면 장석이 먼저 풍화되고 석영 알갱이들이 많이 남아 소위 마사토라 불리는 모래와 같은 토사로 변한다. 이 과정에서 화강암은 풍화작용을 받으면 지표의 경사와 거의 평행하게 풍화작용이 발생함에 따라 생성되는 exfoliation(일명 양파구조)이 발달하기도 하며 이에 따라 풍화토와 암반과의 경계면을 따라 우기시 도로사면이나 산사면에서 사태가 발생하기도 한다. 퇴적암은 사암이나 셰일의 호층이 발달하는 곳은 층리를 따라 차별풍화가 발달하고 석회암은 지하수에 의한 용식작용이 일어나 지하동굴을 형성하기도 한다. 풍화작용은 암석 내에 발달하는 절리 단층 및 습곡과 같은 지질구조요소에 의해서도 영향을 받고 있다.

02 암석의 풍화와 풍화암의 공학적 분류

┃ 노 병 돈

2.1 풍화 속도

2.1.1 외적 요인

풍화의 양상 및 속도는 기후 조건에 따라 매우 다양하게 나타나는데 다습한 지역에서는 일반적으로 화학적 및 생화학적 과정이 역학적 풍화보다 더 중요하다.

다습한 지역에서의 풍화 속도는 온도, 습도, 유기물 및 지형의 기복 등에 의해 결정된다. 고온지역에서의 풍화 역시 매우 활발히 진행된다. 약 10℃의 온도 증가에 따라 화학 작용의 정도는 두 배 이상 증가하는 것으로 알려져 있다. 또한 표토의 수분 함량이 높을수록 규산염 및 알루미늄 규산염은 더 용이하게 가수 분해되어 용해된다. 유기물질이 추출 용액에 용해되면 이산화탄소가 발생한다. 따라서 토양에 유기물질이 많이 분포하고 있을수록 풍화는 활발하게 진행된다.

화학적 풍화작용이 활발히 진행되기 위해서는 암석의 표면은 그 자리에 유지되어야 한다. 또 지형의 기복이 클수록 역학적 분해의 경향이 심화되어, 궁극적으로는 화학적 풍화의 속도보다 지형경사에 의해 씻겨 내려가는 정도가 더 크게 풍화에 영향을 미치게 된다.

2.1.2 내적 요인

풍화 진행의 속도는 풍화를 일으키는 요소의 활성 정도뿐만 아니라 암반의 내구성에 의해 좌우되는데, 이것은 한편으로는 광물학적 조성, 조직, 암석의 간극율과 다른 한편으로는 암반 내부의 분리면 발생빈도에 의해 결정된다.

광물 본래의 안정성은 그것이 형성된 환경에 의해 영향을 받는다. 예를 들어, 고온 고압의 마그마에서 결정화된 광물은 대기 조건에 노출되면 상대적으로 안정도가 떨어진다. 가장 불안정한 광물은 듀나이트(dunites), 감람암(peridotites), 현무암(basalt), 반려암(gabbro)과 같은 초염기성 혹은 염기성 화성암에서 나타난다. 따라서 이런 암석(초염기성, 염기성 화성암)은 K-장석(potash feldspar), 백운모(muscovite), 석영(quartz) 등으로 구성된 산성 화성암보다 풍화에 대한 저항성이 약하게 된다. 특히 백운모나 석영은 매우 강한 풍화에도 견딜 수 있다. 따라서 이러한 광물은 충분한 풍화가 진행된 점토나 모래 등에서도 볼 수 있다.

대부분의 퇴적암은 침식, 운반, 퇴적작용의 산물이다. 따라서 퇴적암은 흔히 대기 조건에서 안정한 광물을 함유한다. 점토광물은 매우 주목할 만한 예인데, 이들 점토광물은 상기한 대부분의 광물이 분해되어 형성된 안정한 최종산물이라 할 수 있다.

일반적으로 비슷한 광물학적 조성을 갖는 조립질 암석이 세립질 암석보다 빨리 풍화된다. 광물입자 상호간의 맞물림(interlocking) 정도는 특히 중요한 조직적인 요소이다. 암석이 서로 강하게 결합되어 있으면 풍화에 대한 저항성 역시 강하게 됨은 분명한 사실이다. 입자간의 맞물림 정도는 암석의 간극율 및 함수량을 결정한다. 암석의 간극이 많을수록 화학적 작용에 민감할 뿐만 아니라 결빙 작용에도 민감하다.

Fookes(1988) 등에 따르면, 일반적으로 풍화의 속도는 암석 표면에 잔류층이 형성되면 시간에 비례하는 경향이 둔화되고, 표면반응이 수반되는 경우는 시간과 선형적인 관계를 이룬다고 하였다.

2.2 풍화작용

2.2.1 기계적 풍화

기계적 혹은 물리적 풍화는 온도의 일변화가 심한 기후 조건에서 활발히 진행되며 여기서 일변화란 결빙과 해빙의 작용이 진행될 수 있을 정도를 의미한다. 다음 Table 2-1은 Fookes (1988) 등에 의해 다양한 암종에 대한 지표풍화 정도를 연구한 결과이다.

① **동결작용** : 암석 내부의 수분 결빙은 간극율과 관련이 있으므로 간극의 크기 및 함수율이 매우 중요한 역할을 한다. 물이 결빙되면 약 9%의 부피증가를 일으킨다. 따라서 간극 내의 압력이 증가하게 된다. 이로 인해 간극수의 이동이 초래되고 풍화작용은 더욱 증대된다. 일단 결빙되면 얼음의 압력은 온도 감소와 함께 급속히 증대된다. 약 $-22°C$에서 얼음의 압력은 220MPa 정도이다(Winkler, 1973). 보통 조립질 암석이 세립질 암석보다 결빙에 대한 저항력이 크다. 결빙-해빙 작용에 견딜 수 있는 임계간극크기(직경)는 약 0.005mm 이다. 즉 이보다 평균 직경이 큰 간극을 갖는 암석은 결빙될 때 유체의 배수가 일어나므로 결빙작용에 대한 영향이 감소하게 된다.

Table 2-1. Records of rates of surface lowering reported for various rock types

Rock type	Surface studied	Period (year)	Remark	Average (mm/year)	Location
Granite	Ancient structures	4000	Fresh	0.009	Aswan
		5400	Flaking	0.0015	Giza
	Glacial surface	10000	–	0.00105	Narvic
Slate	Tombstomes	90	Engraving clear	–	Edinburgh
Mica shist	Glacial surface	8	–	0.04–0.15	Karkevagge
Marble	Tombstomes	90	Crumbling	–	Edinburgh
	Tombstomes	500	–	0.051	Yorkshire
	Tombstomes	300	–	0.085	Yorkshire
	Tombstomes	250	–	0.102	Yorkshire
	Tombstomes	240	–	0.106	Yorkshire
	Great Pyramid	1000	Hard grey	–	Giza
	Great Pyramid	1000	Soft grey	0.01–0.02	Giza
Limestone	Kammetz fortress	230	–	1.32	Ukraine
	Bare surface	1000	–	0.009–0.0125	Austrian Alps
	Covered surface	1000	Under acid soil	0.028	Austrian Alps
	Jetty	16	Intertidal	0.5–1.0	Northfolk Island
	Coastal notch		–	1.0	Point–Perm Australia
	Inscriptions		–	0.5	La Jolla, California
	Inter–tidal notch	155	–	1.0	Puerto Rico
Carb.limestone	Erratic block	12000	–	0.052–0.042	N.England
Carb.limestone	Glacial striae	13	–	2.2–3.8	N.England
Carb.limestone	Runnels in glacial surface	13	–	11.5	N.England
Limestone	Great Pyramid	1000	Hard grey	Little	Giza
	Great Pyramid	1000	Soft grey	0.01–0.02	Giza
Kirkby Stephen limestone	Tombstomes	500	–	0.051	Yorkshire
Tailbrig limestone	Tombstomes	300	–	0.085	Yorkshire
Penrith limestone	Tombstomes	250	–	0.102	Yorkshire
Askrigg limestone	Tombstomes	240	–	0.106	Yorkshire
Algal limestone	Tombstomes	⟨1	Microerosion meter	0.11	Aldabra
Limestone (poorly cemented)	Limestone pavement		–	0.003–6.3	Co.Clare
Limestone chert	Glacial surface	70	–	0.02–0.2	Spitzberzen
Limey shale	Great Pyramid	1000	Rubble	0.2	Giza
Grey shale	Great Pyramid	1000	–	0.2	Giza
Sandstone	Tombstones	200	Little	–	Edinburgh
Sandstone	Glacial surface	10000	–	0.34–0.5	Spitzberzen

간극의 구조와 간극 상호간의 연결 상태 역시 중요한 요소이다. 특히 포화도와 결빙으로 인해 발생하는 응력의 크기는 간극구조에 의해 좌우된다. 5% 정도의 물을 흡수한 세립질 암석은 대개 결빙에 의한 손상에 매우 민감하다. 그러나 같은 세립질 암석이라도 약 1% 미만의 물을 흡수한 경우는 결빙작용에 대한 저항성이 크다. 반복되는 결빙-해빙작용에 의해 절리가 새로 생성되거나 기존의 간극이 확대되며 암석파편이 모암으로부터 점차 이탈되게 된다.

② **간극수** : 다공질 암석의 경우 간극수가 임계함수량을 초과하게 되면 결빙에 의한 간극수의 팽창으로 파괴가 일어나며 임계함수량은 전체 간극의 75%에서 96% 사이에서 변하는 경향이 있다(Bell, 1992). 임계함수량에 얼마나 빨리 도달할 수 있는가는 암석의 초기 포화도와 암석이 해빙되는 동안 물을 흡수할 수 있는 능력에 의해 좌우된다.

시험편을 22시간 동안 물에 담근 다음 파괴가 일어날 때까지 결빙-해빙을 반복시키는 시험이 고안되었는데 해빙 과정은 물속에서 수행되기 때문에 추가적인 물의 흡수는 해빙되는 동안 이루어진다(Honeyborne, 1983). 20℃에서 −15℃까지 결빙시키는 동안 시험편의 길이변화를 측정한다. 시험편이 수축되는 경우는 아직 임계함수량에 도달하지 않아 결빙에 의한 손상이 일어나지 않음을 의미한다. 반대로 시험편이 팽창하는 경우는 임계함수량에 이미 도달하였고 따라서 결빙에 의한 손상이 발생하게 된다. 또 결빙손상의 포텐셜을 구하기 위해 두 가지 시험을 행하였는데 첫 번째 시험은 시험편을 공기 중에서 결빙시키고 물속에서 해빙시키는 과정을 반복한다. 그리고 주어진 횟수만큼 결빙-해빙 과정을 반복한 후 암석의 상태를 알기 위하여 동탄성계수를 측정한다. 이 동탄성계수가 작을수록 시험편의 손상이 큼을 의미한다. 두 번째 시험은 간극율과 모세관 계수측정에 기초한 간접적인 방법이다(수중에서 48시간 동안 흡수된 물의 부피와 간극의 부피비). 이 두 가지 값은 간극의 크기를 나타내는 간접적인 지표로 이를 통해 결빙작용에 대한 민감도를 알 수 있다. 그러나 이 시험에 대한 의문이 제기되면서 영국에서는 쓰이지 않는 경향을 보인다(Leary, 1983).

③ **기후** : 물리적 풍화의 영향은 일교차가 커서 암석의 팽창과 수축이 활발한 사막지역에서 크게 나타난다. 암석은 열전도도가 낮기 때문에 이러한 물리적 풍화의 영향은 암석 표면에서부터 일어난다. 암석 표면에서 수축과 팽창이 반복되면 응력을 발생시키고 결국은 암석 표면에서부터 파괴가 일어난다. 이렇게 암석모체로부터 암석파편이 박편상으로 분리되는 현상을 박리현상(exfoliation)이라 한다. 이 박리현상은 기존의 분리면을 따라서 주로 암석

의 모서리 부분에 집중되므로 암석은 점차 둥글게 된다(핵석, core stone). 게다가 광물은 서로 다른 열팽창계수를 가지므로 팽창 정도가 다르다. 따라서 광물입자의 접촉면에서 응력이 발생하므로 결국 입상와해가 일어난다.

④ **염분** : 암석의 수분은 염분을 이동시키는 역할뿐만 아니라 암석을 파괴시키는 요소로 작용할 수 있다. 암석의 모세관이동은 매우 광범위한데 암석 표면의 백태(efflorescence)나 물에 젖은 부분을 보면 알 수 있다. 모세관이동에 포함된 수분은 자유유동에 의해 모세관 밖으로 빠져나가지 못하며 보통 사암은 석회질 암석보다 조직적인 모세관구조를 갖는다. 물은 팽창력을 가지므로 습윤과 건조의 반복 작용은 특히 작은 인장강도를 갖는 암석의 간극에 대해 파괴의 영향을 미칠 수 있다. 예를 들어 물의 온도가 0℃에서 60℃까지 증가하면 부피가 약 1.5% 정도 증가하는데 이로 인해 간극 내에서 52MPa의 압력이 작용한다. 일교차가 40℃ 정도이면 간극에 작용하는 압력은 약 26MPa 정도이다. 따라서 가는 모세관 내부에서 물의 팽창과 수축은 약한 암석을 1년 이내에 파괴시킬 수 있는 충분한 압력을 가할 수 있다. 물의 온도 상승에 의한 부피 팽창은 암종마다 그 영향이 조금씩 다른데 화강암의 간극수는 약 0.0004~0.009%의 암석부피의 증가를 유발시킨다. 또한 대리암은 0.001~0.0025%, 사암은 0.01~0.044%의 부피증가를 일으킨다. 보다 심각한 부피의 증가는 돌로마이트에서 볼 수 있는데 앞서 언급한 수분에 의한 균열 때문에 발생한다. 이러한 현상으로 점토광물이 물을 흡수한 얇은 층간으로 집적한다.

간극 내의 가용성 염은 암석 표면으로 이동하려는 경향이 있다. 그러나 염화물과 황화물처럼 용융성이 매우 큰 염은 암석의 내부 혹은 외부로 이동하면서 암석의 풍화 정도나 습도를 변화시킨다. 용융성이 작은 염은 암석의 표면 부근에서 결정화된다. 암석 표면의 백태현상에는 흔히 Ca, Mg, Na 등의 황화물과 같이 잠재적인 유해물질이 포함되어 있다. 암석 표면의 바로 내부에서 백태현상이 발전하면 암석 표면이 결합력을 잃어 벗겨져 나가는 박리현상이 나타난다. Ca, Mg의 황화물은 백태에 포함된 가장 흔한 염이다. 결정작용으로 인한 손상의 저항력은 결빙작용에 대한 저항력과 마찬가지로 암석의 내부조직에 의해 좌우되며 전체 간극 중 미세간극의 비가 증가할수록 감소한다. 미세간극에서 결정작용에 의해 발생되는 압력은 석고($CaSO_4 \cdot nH_2O$)의 경우 100MPa, 경석고($CaSO_4$)는 120MPa, kieserite($MgSO_4 \cdot nH_2O$)는 100MPa, 암염($NaCl$)의 경우는 200MPa 정도인데 이는 간극을 붕괴시키기에 충분한 크기이다.

이러한 붕괴는 간극 내의 염이 열에 의해 팽창했을 때도 일어날 수 있다. 예를 들어 암염은 온도가 0℃에서 60℃까지 증가하면 부피가 약 0.5% 정도 증가하는데 이는 간극의 붕괴에 어느 정도 역할을 한다.

특히 도시환경에서 주요한 암석 붕괴의 원인은 간극 내부에서 염의 결정작용이다. 결정작용의 영향은 황화물의 결정작용에 대한 건전도시험 통해 알 수 있다. 이 시험에서는 먼저 시료를 농도 $1.145Mg/m^3$의 황산용액에 10일 동안 담가두게 된다. 이 시험에서 산에 대한 영향을 별로 받지 않은 암석은 산성비에 저항력이 크다고 볼 수 있다. 보다 강한 시험은 농도가 $1.306Mg/m^3$인 황산 용액에 시료를 담근다. 이 시험을 통해 산에 대한 저항력이 매우 큰 암석을 판별할 수 있다. 이 산성용액 시험을 통과한 암석에 대해 결정시험을 하게 된다.

⑤ **결정작용** : 황화물의 결정작용에 대한 건전도시험에서 암석을 염의 용액에 침수시킨 후 오븐에서 건조시킴으로서 암석의 풍화에 대한 저항성을 알 수 있다. 건조상태에서 간극 속의 염이 결정화되는 작용은 자연상태에서의 풍화과정을 모사한 것이다. 이 시험의 조건은 Mg와 Ca 황화물에 대해 표준화되어 있는데(ASTM, 1969), 보통 값이 싼 Ca염이 사용된다. 포화된 황화칼슘용액이나 15%의 황화칼슘용액이 사용된다. 포화용액은 매우 강하기 때문에 자연상태의 풍화조건이 매우 심각한 수준이거나 암석의 수명이 매우 길어야 하는 경우 사용한다. 결정시험은 최대 6개의 정방형시료에 대해 실시하는데 한 변의 길이는 보통 40~50mm이다. 시료는 일정한 무게를 가질 때까지 오븐에서 충분히 건조시킨다. 시료를 식힌 후 15%의 황화칼슘수화물 용액(20℃에서 비중은 1.055)에 2시간 동안 완전히 담근다. 이때 용액의 온도는 20℃를 유지시킨다. 시료를 다시 오븐에 넣고 건조시킨다. 초기에는 오븐의 상대습도가 높아 시료의 온도는 105℃까지 10~15시간에 걸쳐 천천히 증가하게 된다. 따라서 모든 시료는 적어도 16시간 이상 건조시켜야 한다. 상온으로 식힌 후 순수한 황화칼슘용액에 담근다. 담갔다가 빼는 과정을 15회 반복한 후 건조시키고 무게를 측정하여 손실된 양을 계산한다. 결과는 초기 무게에 대한 손실된 무게를 퍼센트로 나타내거나, 15번 반복하는 과정에서 시료가 무게를 측정하기 어려울 정도로 부서진 경우는 붕괴가 일어나는 데 필요한 반복횟수로 나타낸다. 내구성과 관련된 결과는 풍화의 양상을 알고 있는 암석에 대한 시험결과와 비교하여 알 수 있다. 그러나 유감스럽게도 표준이 되는 암석을 이용하기가 거의 불가능한데 바로 이 점이 결정시험의 단점이다.

2.2.2 화학적 풍화

화학적 풍화는 암석 광물의 변질이나 암석의 용해 등으로 나타난다. 광물의 변질은 주로 산화작용, 수화작용, 가수분해작용 등에 의해 일어나며, 암석의 용해는 산성 혹은 알칼리성 물의 영향으로 일어난다. 화학적 풍화작용은 암석의 조직을 약하게 하거나 미세한 암석의 구조적인 결함을 심화시켜 암석의 붕괴에 일조하게 된다. 암석내부에서 분해작용이 발생하여 변질된 광물은 변질되기 전보다 큰 부피를 차지하여 응력을 발생시킨다. 만약 이러한 팽창이 바깥쪽에서 일어나면 마치 껍질이 벗겨지듯이 암석의 표면이 떨어져 나가게 된다.

건조한 상태에서는 암석의 변질이 매우 서서히 일어난다. 그러나 수분이 존재하면 변질의 정도는 매우 빨라진다. 그 이유는 첫째, 수분은 그 자체가 풍화의 요인이 될 수 있고 둘째, 수분은 암석 광물과 반응하는 물질을 포함하고 있기 때문이다. 이러한 물질 중 대표적인 것이 발생기 산소(O)와 이산화탄소, 각종 유기산, 질산 등이다.

발생기 산소는 암석 내에 산화 가능한 모든 광물을(특히 철과 황) 변질시키는 주요한 물질이다. 산화의 속도는 물이 존재하면 급속도로 진행된다. 물은 그 자체가 암석과 반응을 하는데 그 예가 수화물이다. 그러나 물의 주요 기능은 촉매의 역할이다. 탄산은 이산화탄소가 물에 용해되어 생기는데 탄산의 pH는 약 5.7이다. 이산화탄소의 주 공급원은 대기가 아니라 토양 중의 간극에 존재하는 공기이다. 이산화탄소의 비율은 대기 중의 공기보다 백 배 이상 높다. 이렇게 높은 함량의 이산화탄소는 토양의 유기물이 부패하면서 방출된다. 유기산은 토양수중의 유기물이 분해되어 발생하는데, 유기산의 pH는 4.5~5.0이다. 그러나 예외적으로 4.0 이하인 경우도 있다. 질산(HNO_3, HNO_2)은 토 양중의 유기물 부패나 박테리아의 작용으로 형성된다. 질산은 풍화에 큰 영향은 주지 못한다. 화산 지역이나 황화광상과 같은 산화대 지역에서는 황산(H_2SO_4, H_2SO_3)이 풍화에 큰 영향을 주는데, 어떤 지역에서는 pH가 1.0 이하인 경우도 있다.

풍화 과정에서 일어나는 가장 간단한 반응은 가용성 광물의 용해와 수화물을 만들도록 물이 가해지는 것이다. 가용성 광물이 용해된 용액에는 흔히 이온화 과정이 수반되는데, 예를 들어 암염과 석면(gypsum)광상 또는 석회암이 풍화될 때 일어난다. 수화작용과 탈수작용은 가역적으로 일어나는데, 예를 들어 anhydrate와 gypsum의 관계는 다음과 같다.

$$CaSO_4 \quad + \quad 2H_2O \quad = \quad CaSO_4 \cdot 2H_2O$$

$$(anhydrate) \qquad\qquad\qquad (gypsum)$$

위 반응은 부피의 증가를 초래하고(Table 2-2) 따라서 석고는 주위 암석에 더 깊이 파고든다. 이 반응은 매우 느리게 진행되는데 특히 산화철이나 철의 수산화물이 포함되는 경우 더욱 더 느리게 진행된다. 철의 산화물이나 수산화물은 매우 뚜렷한 풍화의 산물인데 산화철은 붉은빛을, 철의 수산화물은 노란빛이나 어두운 갈색을 띤다.

황화합물은 풍화에 의해 쉽게 산화된다. 용해된 금속이온의 가수분해작용 때문에 황화합물이 산화되어 생긴 용액은 산성이 된다. 예를 들어 Pyrite가 산화될 때 초기에 황산제1철과 황산이 형성된다. 더욱 산화가 진행되면 황산제2철이 형성된다. 매우 강한 산성환경이 형성되면 불용성의 산화철이나 수산화철이 형성된다. 황산제1철은 Illite와 반응하여 Jarosite를 형성하는데 이 과정에서 부피의 증가가 발생한다.

Table 2-2. Crystalline solid expansion due to mineral alteration(Taylor,1988)

Original mineral	Mineral formed	Volume increase (%)
Pyrite (FeS$_2$)	Jarosite	115
	Melanterite	536
	Anhydrous ferrous sulphate	350
Calcite (CaCO$_3$)	Gypsum	103
	Bassanite	189
Illite (KAl$_2$Si$_3$O$_8$(OH)$_2$)	Jarosite	10
	Alunite	8

　화학적 반응이 일어나기 쉬운 암석 중 가장 널리 알려진 암석은 석회암과 백운암이다. 탄산염 용액(특히 Ca, Mg)은 주로 토양수에 이산화탄소가 용해되어 있는 토층에 약산성의 탄산에 의하여 형성된다. Ca은 H^+가 풍부한 토양수에 쉽게 용해되는데 H^+는 탄산(H_2CO_3)이 분해되어 공급된다. 이러한 일련의 반응은 다음과 같다.

$$CO2 \ + \ H_2O \ = \ H_2CO_3 \ = \ H^+ \ + \ HCO_3^-$$
$$HCO_3^- \ = \ H^+ \ + \ CO_3^{2-}$$
$$CaCO_3 \ + \ H^+ \ = \ Ca \ + \ HCO_3^-$$

　많은 양의 이산화탄소가 지하수에 공급되면 분해가 중탄산이온(HCO_3^-) 단계까지 계속된다. 다시 말해 이산화탄소가 계속 소모되어 pH값이 올라가면 탄산이온(CO_3^{2-})과 중탄산이온(HCO_3^-)의 비가 증가한다. 이로 인해 탄산칼슘염($CaCO_3$)이 침전된다.

　25℃의 물에 대한 탄산칼슘의 용해도는 이산화탄소의 농도에 따라 0.01~0.005g/1의 범위를 갖는다. 백운석은 석회암보다 약간 작은 값의 용해도를 갖는다. 석회질암석이 용해되면 석회질암석 중의 불용성 성분은 뒤에 침전되어 존재한다.

　규산염광물의 풍화작용은 주로 가수분해작용에 의해 진행된다. 풍화에 노출되면 대다수의 규산염광물은 규산을 형성하나 많은 양이 노출되면 일부는 콜로이드상 또는 무정형의 실리카를 형성하기도 한다. mafic 규산염은 felsic 규산염보다 빨리 붕괴되고 이 과정에서 Mg, Fe와 약간의 Ca와 알칼리를 방출한다. 감람석(olivine)은 특히 불안정하여 풍화되어 사문석(serpentine)으로 되고, 더 풍화가 진행되면 활석(talc)이나 탄산염이 된다. 녹니석(chlorite)은 휘석(augite)과 각섬석(hornblende)이 변질되어 형성된 광물이다.

화학적 풍화를 받게 되면 장석(feldspar)은 분해되어 점토광물을 형성하게 된다. 따라서 이 점토광물은 가장 풍부한 풍화의 잔류 산물이다. 장석의 풍화 과정은 약한 탄산수의 가수분해작용의 영향을 받는데 약탄산수는 장석의 알칼리를 용해시키고 콜로이드상의 점토를 만들어낸다. 장석류에서 용해된 알칼리는 용액 내에 탄산염(K_2CO_3, 정장석-Orthoclase, 조장석-albite) 또는 중탄산염($Ca(HCO_3)_2$, 회장석-anorthite)의 형태로 존재한다. 어떤 실리카는 가수분해되어 규산을 형성하기도 한다. 위 과정의 체제가 완벽히 규명되지는 않았지만 아래 반응식을 통해 사실에 개략적으로 접근할 수 있다.

$$2KAlSi_3O_6 \ + \ 6H_2O \ + \ CO_2 \ = \ Al_2Si_2O_5(OH)_4 \ + \ 4H_2SiO_4 \ + \ K_2CO_3$$
$$\text{(orthoclase)} \qquad\qquad\qquad\qquad \text{(kaolinite)}$$

콜로이드상의 미세한 점토광물은 서로 응집하여 결정화된다. 고령토(kaolin) 광상은 화강암에 스며든 산성수가 장석류 광물을 분해하여 형성된다.

점토광물은 수화된 알루미늄 규산염인데 열대지역에서 극심한 화학적 풍화작용을 받으면 점토광물은 붕괴되어 라테라이트나 보크사이트가 형성된다. 이 과정에서 탄산수에 의해 규산 물질이 제거된다. 지표 부근의 암석으로부터의 용융성 광물의 용해현상은 주로 우기에 일어난다. 건기에는 지하수가 모세관현상에 의해 암석 표면으로 상승하는데 상승된 지하수가 증발하면 지하수에 용해되어 있던 광물이 암석 표면에 침전하게 된다. 이러한 광물은 주로 수화된 철의 과산화물이지만 경우에 따라서는 수화된 알루미늄 과산화물인 경우도 있고, 드물게는 수화된 망간 과산화물인 경우도 있다. 이러한 불용성의 수산화물의 침전으로 흙은 불투수성의 홍토질 흙(lateritic soil)이 된다. 불투수성 흙이 어느 정도 형성되면 더 이상의 용해현상이 일어날 수 없기 때문에 라테라이트도 더 이상 형성되지 않는다. laterite광상의 일반적인 두께는 약 7m 이하이다.

2.2.3 생물학적 풍화

동·식물 또한 암석의 풍화 및 흙의 형성에 큰 영향을 미친다. 나무의 뿌리는 암석의 균열 사이로 파고들어 균열을 확장시킨다. 풀의 뿌리도 간혹 암석 파편을 흙의 입자크기만큼 붕괴시키는 역할을 할 수 있다. 굴을 파는 설치류 동물도 암석의 기계적 붕괴에 영향을 미친다.

박테리아와 곰팡이는 유기물의 분해에 큰 역할을 한다. 예를 들어 어떤 박테리아는 철 또는
황화합물을 환원시키는 작용을 한다. 박테리아의 작용은 laterite나 보크사이트 같은 잔류 광
상의 형성에 중요한 역할을 한다고 알려져 있다.

2.3 슬레이크와 팽윤작용

이암의 물리적 풍화는 화학적 풍화보다 암석의 붕괴에 더 중요한 작용을 한다. 암석의 붕괴
에 영향을 주는 두 가지 중요한 요소는 슬레이크(slake)와 혼합층 내 점토광물의 팽창이다.
실제로 함탄층에 속하는 이암이 노출되면 모암의 특성에 따라 조금씩 차이는 있지만 수일,
수주 또는 수개월 이내에 부서진다.

2.3.1 슬레이크

슬레이크는 건조 및 포화의 반복작용으로 인해 암석(특히 이암)이 부서지는 현상을 말한다.
암석조각이 건조하면 암석조각의 바깥쪽 간극에 공기가 스며들고, 높은 흡입압이 발생한다.
다음 이 암석조각이 물로 포화되면 물이 모세관 현상에 의해 스며듦에 따라 간극에 갇힌 공기
는 압축된다. 팽창성이 작은 점토광물을 포함한 굳은 이암에 공기가 스며들기 위해서는 약
10kPa의 흡입압이 필요하다. 반면에 팽창성이 큰 점토광물을 포함한 이암의 경우에는 흡입압
이 작아도 공기가 스며들 수 있다. 이러한 슬레이크 현상은 암석 내부 입자의 배열에 응력을
유발시킨다. 건조 및 포화가 충분히 반복되어 공기에 의한 파손으로 암석의 붕괴가 일어난다.
슬레이크 현상으로 이암은 결국 편평한 모양으로 부서진다.

이암의 내구성을 알기 위해서는 시편에 대해 슬레이크 내구성시험을 실시하여야 한다. 다음
Table 2-3에 슬레이크 내구성지수에 대한 다양한 범위가 소개되어 있다. 그러나 Taylor(1988)

Table 2-3. Description of the degree of slaking

Amount of slaking	Slake–durability index (%)[*]	Liquid limit[+]
Very low	0–25	0–20
Low	25–50	20–50
Medium	50–75	50–90
High	75–95	90–140
Very high	>95	>140

[*]After Flanklin and Chandra (1972)
[+]After Morgenstern and Eigenbrod (1974)

는 일축압축강도와 3-cycle 슬레이크 내구성지수에 의해 내구성 이암과 비내구성 이암을 보다 확실히 구분할 수 있다고 제안하였다. 즉 일축압축강도가 3.6MPa 이상이고 3-cycle 슬레이크 내구성지수가 60% 이상이면 내구성 이암으로 볼 수 있다.

2.3.2 팽윤 작용

포화되었을 때 점토광물 입자내부에서 발생하는 팽윤현상(swelling)은 점토광물의 입자 사이에서뿐만 아니라 약하게 결합되어 있는 분자단위의 층 사이에서도 일어날 수 있는데 이에 의해 이암이 부서질 수 있으며 이러한 붕괴는 팽윤성 점토광물이 전체 점토광물의 50% 이상에서 일어난다. 몬모릴로나이트(montmorillonite)와 같은 팽창성 점토광물은 흡습하면 원래 부피의 수 배 이상 증가한다.

Taylor와 Spears(1970)에 의하면 암석 표면의 건조, 암석 포화의 순환과정에서 포화기간 동안 혼합층 내부점토입자의 흡습 팽창현상은 많은 양의 팽창성 혼합층 점토를 포함한 함탄 이암층 파괴의 주원인이 된다.

팽윤작용은 수화작용의 결과로도 발생할 수 있다. 예를 들어 경석고가 수화되면 석고가 형성되는데 이 과정에서 부피는 약 38%에서 58% 정도 증가하게 된다. 이 부피의 증가로 야기되는 압력은 2~69MPa이다(Bell, 1992). 이러한 수화작용은 그다지 긴 시간이 요구되지는 않는다. 천부에서 수화작용이 일어나면 부피팽창을 야기하지만 서서히 진행되고 보통 생성된 석고는 용액에 용해된다. 보다 심부에서는 경석고가 효과적으로 구속되고 이로 인해 압력이 계속 축적되다가 어느 시점에서 폭발적으로 응력이 방출된다. Brune(1965)에 의하면 이러한 융기 현상이 미국의 저류층 아래에서 발생했는데 이 저류층은 암반의 균열, 열극(fissure) 등을 통해 물을 공급하여 계속 수화작용을 일으키는 역할을 하였다. 이러한 예는 지표가 약 6m 정도 융기한 지역에서 찾아볼 수 있다. 급격한 융기는 지층의 습곡, 좌굴, 전단 등을 유발한다.

2.4 풍화의 공학적 분류

풍화의 초기 단계는 암석의 변색으로 나타난다. 풍화의 정도가 증가함으로서 변색의 정도가 더욱 심화된다. 풍화에 의해 암석의 공학적 성질이 변하기 때문에(주로 부피-간극의 증가로 인한 밀도와 강도의 저하) 이러한 공학적 성질의 변화는 변색의 정도로 나타난다. 즉, 약간 변색된 암석의 공학적 성질은 심하게 변색된 암석의 공학적 성질과는 많은 차이를 보일 수 있다(Dearman, 1986). 풍화가 진행됨에 따라 암석은 궁극적으로 토양이 형성될 때까지 계속 점진적으로 분해되고 붕괴된다. 따라서 암석이 토양으로 풍화되는 다양한 단계를 구분할 수 있고 또한 풍화작용을 공학적 구분의 기초로 사용할 수 있다. 풍화의 단계는 제안된 여러 기준에 의해 5~7등급으로 구분되었는데, 구분 기준으로 암석의 변색 유무, 암석과 토양의 비, 토양중의 암석 구조의 유무 등이다. 각 등급간의 경계는 불가피하게 점이적이다.

그러나 Martin과 Hencher(1986)가 지적한 바와 같이 풍화의 진행은 일정하지 않아 풍화의 양상에 따라 암석의 공학적 성질의 변화는 점진적이지 않고 예측 또한 거의 불가능하다. 그럼에도 불구하고 풍화의 단계를 나타내기 위해서는 각 광물의 변질 정도, 입자간 결합력의 손실, 미세균열의 생성과 발전 등 암석시료 및 코어의 상태를 기술할 필요가 있다. Martin과 Hencher는 이러한 기술을 하는데 있어 일정한 기준과 등급으로 기술하여야만 분명한 정의를 내릴 수 있다고 제안하였다. 예를 들어, 보다 큰 범위에서 지질도를 작성할 목적으로 암반의 상태를 기술할 경우 암석의 풍화등급은 암반의 범위에서 구분되어야 한다. 암반의 범위에서 구분된 풍화등급은 암석의 풍화등급과는 다른 특성을 갖게 될 것이다. 즉, 풍화 암반의 지역적 분류는 기본설계에서 의의를 갖는다. 따라서 매우 복잡한 지하 환경하에서는 엄격하게 지역적으로 구분하는 것이 불가능하다. 이러한 경우 Martin과 Hencher는 풍화물질을 세밀한 구조 지질도 작성과 함께 기술할 것을 제안한다.

풍화암과 풍화암반을 공학적으로 분류하기 위한 시도가 수차례 수행되었다. 이중 어떤 것은 광학현미경을 이용하여 광물학적 변질과 구조적 결함을 정량화하였다. 또 여러 가지 지수시험을 조합하여 풍화등급을 정량화하였다. 초기의 방법은 현장에서 육안으로 관찰하여 기술한 암반의 특성을 바탕으로 암반의 풍화 정도를 구분하였다. 이러한 기술을 통해 서로 다른 풍화의 정도를 구분할 수 있고, 이를 공학적 목적에 결합하려는 시도가 수행되었다. 그러나 풍화 정도를 묘사한 자료에 의한 분류는 주관적이기 때문에 근래에는 보다 향상된 정밀도와 자료의 정량화를 위해 이 분류체계와 여러 지수시험의 결과를 함께 고려하여 이용된다.

2.4.1 기재적(記載的) 분류

Moye(1955)는 처음으로 풍화의 정도를 분류한 사람 중 하나이다. 그는 호주 Snowy Mountains의 화강암에서 풍화의 정도를 관찰하여 분류하였다. 이와 비슷한 분류방법이 Kiersch와 Treacher(1955), Ruxton과 Berry(1957), Little(1969), Knill과 Jones(1965), Fookes와 Horswill(1970), Fookes 등(1972)에 의해 발전되어왔다. 이들 분류 방법은 주로 암반에 나타나는 모암의 분해 정도에 근거하였고, 주로 화강암질 암석의 풍화에 대한 것이다. 그 후 Dearman(1974)은 기계적 풍화와 비교적 순수한 석회암의 용식에 의한 풍화등급에 대한 체계를 확립할 수 있는 기재법을 제안하였다. 여러 가지 다른 암종에 대하여 많은 학자들에 의해 풍화등급의 수정된 분류법이 제안되었다. 백악(chalk)과 이회암(marl)의 풍화암에 대한 분류법은 Ward(1968) 등과

Chandler(1969)에 의해 발전되었다(Table 2-4).

Table 2-4에서 zone II의 암석이 균열을 따라 처음 풍화되면, 풍화산물은 실트의 얇은 층을 형성한다. zone III에서 이회암의 상당 부분이 풍화되면 비풍화암은 원래 실트질이었던 모암에 둥근 형태의 암석조각군으로 나타난다. 기질의 함수량은 암석잔재의 함수량보다 많다. zone IV에서 암석잔재는 주로 모래크기의 조립질이고, 이회암은 실트조직을 많이 잃어버린 상태이다. 최대 50%까지 점토 크기의 입자로 구성되어 있다. 이는 입자의 결합이 풍화에 의해 붕괴되었음을 의미한다. 원래 조직의 흔적은 거의 남아 있지 않고, 투수성(5×10^{-9}~5×10^{-10}m/s)에 있어서 영역 III(1×10^{-8}~1×10^{-9}m/s)보다 작은 투수성을 보인다.

마침내 이회암이 완전히 풍화되면 소성의 약간의 실트를 포함한 점토가 된다. Chandler

Table 2-4. Weathering classifications of chalk and marl

(a) Grading and weathering in the chalk at Mundford(Ward et al., 1968)

Class	Description
V	Structureless melange. Unweathered and partly weathered angular chalk blocks and fragments sets in a matrix of deeply weathered remolded chalk. Bedding and jointing are absent
IV	Friable to rubbly chalk. Unweathered or partially weathered chalk with bedding and jointing present. Joints and small fractures closely spaced, ranging from 10-60mm apart
III	Rubbly to blocky chalk. Unweathered medium to hard chalk with joints 60-200mm apart. Joints open up to 8mm, sometimes with secondary staining and fragmentary infilling
II	Medium hard chalk with widely spaced, closed joints. Joints more than 200mm apart. Fracture irregularly when excavated, does not break along joints. Unweathered
I	Hard, brittle chalk with widely spaced, closed joints. Unweathered

Ward et al. emphasized that their classification was specially developed for the site at Mundford and hence its application elsewhere should be made with caution.

(b) Zones of weathering in Keuper Marl(Chander, 1969)

Zone	Term	Description
V	Fully weathered	Matrix only. Plastic, slightly silty clay. May be fissured
IV	Highly weathered	Matrix with occasional pellets ⟨3mm diameter. Little trace of original structure, although clay may be fissured. Permeability less than underlying layers
III	Moderately weathered	Matrix with frequent lithorelics up to 25mm. As weathering progress, lithorelics become less angular. Water content of matrix greater than that of lithorelics.
II	Slightly weathered	Angular blocks of unweathered marl. First indications of weathering; matrix starting to approach along joint leading to 'spheroidal weathering
I	Unweathered	Marl(open fissured). Moisture content varies due to different lithology

(1969)는 매우 풍화되었거나 완전히 풍화된 이회암을 입자 크기의 분포와 소성지수를 통해 zone I, II, III과 구분하였다.

그러나 Dearman(1974)은 암종에 관계없이 적용할 수 있고, 각 등급에서 물질의 일반적 공학적 성질을 알 수 있는 이상적인 기준이 가치가 있다고 주장하였다. 보통 단일 암종의 풍화단면도상에서 각 풍화등급은 서로 다른 위치에 존재하는데 일반적으로 가장 높은 등급이 암 표면에 위치한다. 그러나 복잡한 지질학적 환경에서는 반드시 높은 등급이 낮은 등급의 위에 위치하는 것은 아니다(Knill과 Jones, 1965).

GSA(Geological Society of America : Anon, 1977), IAEG(International Association of Engineering : Anon, 1981a), ISRM(International Society for Rock Mechanics : Anon, 1981b)에 나타난 최근의 풍화분류법에서 Martin과 Hencher(1986)는 '등급(grade)'이라는 용어가 암석의 풍화규모보다는 풍화의 형태를 나타내는 데 사용되고 또 불균질 암반의 범위를 분류하는 데 사용되는 부분을 비판하였다. 또 그들은 암석의 풍화등급을 기술하기 위한 정의나 지침의 부족을 지적하였다. 특히 '암석'과 '흙'이 부적절하게 정의되어 있다고 지적하였고 암석이 풍화되어 있을 때는 모든 암석에 대해 그 특성을 시추코어를 통해 유추할 수는 없음을 지적하였다. 필요에 따라서는 암반 풍화대의 경계를 개략적으로 작성하여야 한다고 주장하였다. 다음은 Martin과 Hencher가 풍화암석의 등급을 기술하기 위해 제안한 지침이다.

- 풍화등급의 기재는 균질한 물질에 적용되어야 한다.
- 등급간의 경계를 보다 정확하게 구분하기 위해서는 지수시험을 실시하여야 한다.
- 가능한 한 등급간의 경계는 공학적 관련성에 의해 확립시켜야 한다.
- 일관된 등급의 명명법이 적용되어야 한다.
- 실제에 맞도록 6개의 등급으로 구분한다.
- 풍화의 형태(분해, 붕괴)와 정도를 포함하도록 가능한 한 단일한 분류법을 사용한다.

이들은 풍화의 처음과 마지막을 나타내는 기준으로 '신선암(fresh rock)'과 '잔류토(residual soil)'라는 용어를 사용하였고, 중간 등급은 지배적인 풍화의 형태에 따라 '약간(slightly) 풍화', '보통(moderately) 풍화', '심한(highly) 풍화', '매우 심한(extremely) 풍화'의 4가지로 구분하였다. 풍화암반의 범위를 설정하는 데 있어서 지질도의 작성이나 일반적인 공학적 설계에 사용할 수 있도록 풍화암반을 기술하여야 한다고 제안하였다. 다음을 참고하여 풍화암반의 범위를 설정한다.

- 풍화암반의 범위는 자연적으로 발생한 암반 단면상에서 알아볼 수 있어야 한다.
- 예상되는 완전한 범위를 설명할 수 있어야 한다.
- 경계를 확실히 정의하여 공학적 성질이 매우 다른 암반을 분리하여야 한다.

위에서 살펴본 바와 같이 암석의 공학적 성질뿐만 아니라 광물학적인 조성과 조직도 풍화가 누적됨에 따라 변질된다. 따라서 풍화 정도를 파악하기 위해서 간단한 지수시험과 암석기재학적 방법을 개별적으로 혹은 병용하여 수행한다.

Hamrol(1961)은 그가 처음으로 구분한 2개의 풍화양상에서 풍화 정도를 정량적으로 분류하는 방안을 고안하였다. 어떤 종류의 균열도 포함하지 않는 Type I과 전반적으로 균열로 구성된 Type II이다. Type I 에서는 풍화의 진행에 따라 간극비가 증가하며 이는 포화습도가 증가하고 건조밀도가 감소함을 의미한다. 따라서 이러한 인자들을 지수시험의 기초로 이용한다. 포화될 때 노건조 암석이 흡수하는 물의 양으로 표현되는 i_1 는 건조단위중량으로 나눈 값으로 %로 나타낸다. 이를 급속흡수율 시험이라 한다. Type II의 고려시 Hamrol은 충전/무충전 균열로 구분하고 다음의 지수를 제시하였다.

$$i_{II} = (x + y + z) \times 100 \qquad (2.1)$$

여기서 x, y, z는 3축계에서의 균열의 축길이이다.

Onodera(1974) 등은 미세균열의 수와 폭(폭 1mm 이하의 균열은 암석 조직에서 볼 수 있다)을 화강암의 물리적 풍화의 지수로 이용하였다. 그들은 유효간극율(n_e)과 미세균열의 밀도(암석 현미경에 의해) 간에는 선형관계가 있음을 밝혀냈다. 관계식은 다음과 같다.

$$n_e = 100 \times (total\ width\ of\ cracks/length\ of\ measured\ line) \qquad (2.2)$$

그들은 또한 미세균열의 밀도가 1.5%에서 4%로 증가함에 따라 화강암의 역학적 강도가 급속히 감소함을 밝혀 냈다.

Lumb(1962)는 홍콩의 분해된 화강암 중 석영과 장석의 무게비와 관련하여 정량적인 지수 Xd를 다음과 같이 정의하였다.

$$Xd = \frac{(N_q - N_{qo})}{(1 - N_{qo})} \qquad (2.3)$$

여기서 N_q는 토양시료의 석영과 장석의 무게비이고, N_{qo}는 본래 암석의 석영과 장석의 무게비이다. 신선암의 경우는 $Xd=0$, 완전히 분해된 암석의 경우는 $Xd=1$이다.

그러나 Iliev(1967)는 이와는 다른 화강암질 암석에 대한 풍화지수를 제안하였다. 이 지수는 암석의 초음파 속도에 기초하였는데 그 내용은 다음과 같다.

$$K = \frac{(V_u - V_w)}{V_u}$$

(2.4)

여기서 V_u는 신선암의 초음파속도이고, V_w는 풍화암의 초음파속도이다. 초음파속도에 의한 풍화등급과 이에 따른 풍화지수는 Table 2-5에 나타나 있다.

광범위한 실험으로부터 Irfan과 Dearman(1978a)은 급속흡수율시험(quick absorption test), 슈미트해머시험(Schmidt hammer test), 점하중시험(point load strength test) 등의 결과를 통해 화강암의 정량적인 풍화지수 결정을 위한 현장시험을 입증할 수 있다는 결론을 얻었다(Table 2-6). 이 지수는 육안으로 결정한 다양한 풍화등급과 관련지을 수 있다.

Table 2-5. Grades of weathering

Grades of weathering	Ultrasonic velocity (m/s)	Coefficient of weathering
Fresh	〉5000	0
Slightly weathered	4000~5000	0~0.2
Moderately weathered	3000~4000	0.2~0.4
Strongly weathered	2000~3000	0.4~0.6
Very strongly weathered	〈2000	0.6~1.0

Table 2-6. Weathering indices for granite (Irfan and Dearman,1978a)

Type of weathering	Quick absorption (%)	Bulk density (mg/m³)	Point load strength (MPa)	Unconfined compressive strength (MPa)
Fresh	〈0.2	2.61	〉10	〉250
Partially stained	0.2~1.0	2.56~2.61	6~10	150~250
Completely stained	1.0~2.0	2.51~2.56	4~6	100~150
Moderately weathered	2.0~10.0	2.05~2.51	0.1~4	2.5~100
Highly/completely weathered	〉10	〈2.05	〈0.1	〈2.5

Irfan과 Dearman(1978b)은 거시적 또는 미시적 암석 명명법에 근거하여 화강암의 풍화등급을 구하는 정량적인 방법을 전개시켰다. 거시적인 요소에는 암석에 나타나는 변색, 분해, 붕괴의 양이 포함된다. 미시적인 분석에는 빈도분석과 미세균열 분석을 통한 광물조성과 변질 정도의 규명을 포함한다. 미세균열 분석에는 10mm의 단면에 있는 깨끗한 미세균열과 간극, 그리고

얼룩진 미세균열과 간극의 수를 측정하는 작업이 포함된다. 미세균열의 형태로는 얼룩진 입자 경계, 개방된 입자 경계, 석영과 장석의 얼룩진 미세균열, 석영과 장석의 충전 미세균열, 충전된 혹은 부분 충전된 미세균열, 사장석에 존재하는 간극 등이다. 자료는 Micropetrographic index(I_p)를 얻기 위해 이용하는데 다음과 같다.

$$I_p = \frac{\%\ sound\ or\ primary\ minerals}{\%\ unsound\ constituents} \tag{2.5}$$

Olivier(1979)는 자유흡습팽창(free-swelling)계수에 기초하여 지질내구성(geodurability) 분류와 일축압축강도에 기초한 지질내구성분류를 제안하였다. 이 분류는 주로 터널을 굴착할 때 이암이나 미고결된 사암의 내구성을 구하기 위해 개발되었다. 왜냐하면 이런 종류의 암석이 노출된 후에 나타나는 암질 저하의 경향에 터널의 무지보 자립시간(stand-up time)이 영향을 받기 때문이다. Olivier(1979)는 터널의 보강, 특히 숏크리트가 요구되는 경우와 연관하여 이 분류법을 적용할 수 있다고 제안하였다.

보다 최근에 Fookes(1988) 등은 암석의 내구성을 시험적으로 구하기 위해 간단한 공학적 시험에 기초한 두 가지 형태의 지표를 제안하였다. 이 지표는 정적 혹은 동적인 공학적 환경에 모두 적용할 수 있다. 또한 구조물 수명의 어떤 시점에 있어서의 잠재적 내구성을 구할 수 있다. 암석의 정적 내구성 지표(static rock durability indicator)는 4가지 시험을 통해 얻을 수 있다.

$$RDI_s = \frac{I_{s(50)} - 0.1(SST + 5WA)}{SG_{ssd}} \tag{2.6}$$

여기서 $I_{s(50)}$는 건조 및 포화상태의 점하중강도 평균이고, SST는 Mg 황화합물의 건전도시험(soundness test) 결과이고, WA는 물의 흡수이고, SG_{ssd}는 표면 건조 및 포화상태의 비중이다. 물의 흡수성 시험(water absorption test)의 결과에 5를 곱하였는데 이것은 변수들의 크기의 균형을 맞추고 암석의 내구성을 결정하는데 이 값의 중요성을 강조하기 위함이다. 점하중시험은 암석의 정적인 강도를 얻기 위해 이용되었고 Mg 황화합물 시험은 암석의 반복풍화에 대한 저항력의 지표를 고려하기 위해 이용되었다.

동하중으로 인해 암질이 저하될 때는 암석의 동적 내구성 지표를 이용할 수 있다. 이 지표는 포화된 상태에서 반복하중의 영향뿐만 아니라 암석기재학적 특성까지 고려한 modified aggregate impact value(MAIV)를 포함한다. 이 지표는 다음과 같다.

$$RDI_d = \frac{0.1(MAIV + 5 \cdot WA)}{SG_{ssd}} \tag{2.7}$$

암석의 정·동적 내구성에 의한 등급이 Table 2-7에 나타나 있다.

Table 2-7. Potential durability of rock

Potential durability	RDI_s	RDI_d
Excellent	〉2.5	〈0.5
Good	2.5~-1	0.5~2.0
Fair	-1~-3	2.0~4.0
Poor	〈-3	〉4.0

03 풍화암의 공학적 특성

▌조 용 찬

3.1 서 론

지구의 지각을 형성하는 암석은 한 종류 이상의 광물이 다양한 방법에 의해 결합된 하나의 집합체라고 할 수 있다. 일반적으로 암석이라고 하면 불연속면 등을 배제한 암석 그 자체만을 지칭할 때 사용하며, 암석에 발달하는 불연속면 등의 구조적인 요소를 포함할 때는 암반 또는 지반이라는 용어를 사용한다. 암석의 풍화는 암석이 형성되고 난 이후 지표에 노출되면서부터 서서히 시작된다. 암석의 풍화과정은 화학적인 변질, 물리적인 분해 및 생물학적인 작용 등이 복합적으로 작용하여 진행되게 되는데, 일반적으로는 암석을 구성하는 광물의 성분이 변화하는 화학적 풍화가 시작되면서 절리 및 단층 등으로 암석이 파괴되는 물리적인 풍화가 수반되어 진행하게 된다. 이 과정에서 암석은 광물의 응집력이 약화되면서 강도가 저하되는 등의 공학적 특성이 변하게 된다. 따라서 본 논문은 여러 문헌들에서 제시하는 풍화에 대한 특성을 정리하여 풍화암에 대한 공학적 특성을 고찰해 보고자 한다.

3.2 암석의 풍화도 및 풍화지수

암석에서 풍화가 진행되었을 때 그 정도를 표현하는 방법이 필요한데 이때 사용하는 풍화등급을 풍화도(weathering grade)라 한다. 일반적으로 풍화도는 그 심화 정도에 따라 '신선(F)', '약한풍화(SW)', '보통풍화(MW)', '심한풍화(HW)', '완전풍화(CW)' 및 '잔류토(RS)'의 6등급으로 분류한다. 그러나 풍화작용은 연속적으로 진행되는 현상이기 때문에 풍화도의 등급간의 경계를 정확히 구분하기가 쉽지 않다. 따라서 풍화를 계량화 및 정량화할 필요가 있어 많은 학자들에 의해 풍화지수(weathering index)가 제안되고 있다. 보통 풍화지수는 화학적 풍화지수(chemical weathering index), 암석학적 풍화지수(petrographical weathering index), 그리고 공학적 풍화지수(engineering weathering index)로 나눌 수 있다. 화학적 풍화지수는 Reiche(1943)가 제안한 WPI(weathering potential index), Parker(1970)가 제안한 Wp(Parker index), Miura(1973)가 제안한 MI(miura index) 및 Ruxton(1968)이 제안한 SAR(silica-alumina ratio) 등이 있다. 암석학적 풍화지수에는 Irfan and Dearman(1978)이 제안한 Ip(micropetrographic index) 및 Dixson(1969)이 제안한 ρcr(density of microcrack index) 등이 있으며, 공학적 풍화지수에는 Hamrol(1961)이 제안한 QAI(quick absorption index) 및 Iliev(1966)가 제안한 K(coefficient of weathering), Franklin & Chandra(1972)가 제안한 Sd(slake durability index) 및 점하중 및 슈미트해머를 이용한 강도지수(strength index) 등이 있다(대한지질공학회, 2004).

3.3 풍화암의 공학적 특징

풍화암의 특징을 고찰하기 전에 먼저 풍화암의 정의를 내려야 한다. 일반적으로 지질학적 관점에서 보면 암석의 풍화도에서 약한풍화에서 심한풍화까지를 풍화암이라 할 수 있으며, 심한풍화에서 잔류토는 토층의 상태라 할 수 있다. 그러나 설계 또는 시공과 같은 토목공학적 관점에서 보면 지질학적 분류는 너무 광범하다고 할 수 있다. 우리나라 건설표준품셈에서 정하고 있는 암 분류와 Lee(1993)가 제안한 풍화된 화강암의 일축압축 강도를 비교해 보면 풍화암의 범위를 공학적으로 한정할 수 있다. 건설표준품셈에서는 암을 다섯 등급으로 분류하면서 풍화암, 연암, 보통암, 경암 및 극경암으로 분류하고 있는데, 여기서 풍화암은 '암질이 부식되고 균열이 1-10cm 정도로서 굴착에는 약간의 화약을 사용해야 할 암질로서 일부는 곡괭이를 사용할 수 있는 정도의 암질'로 설명하고 있으며 이에 해당하는 일축압축강도를 300-700kg/cm^2(A그룹)으로 제시하고 있다. Lee(1993)가 제안한 우리나라 화강암의 '심한풍화' 등급의 일축압축 강도는 360-540kg/cm^2, '보통풍화'는 770-900kg/cm^{2}로 제시하고 있기 때문에 이들을 종합적으

그림 3-1. '심한풍화(HW)' 등급의 화강암 노두

로 고려하면, 건설현장에서의 풍화암의 범위는 암석이 '심한풍화'에서 '보통풍화' 이전 정도의 상태를 고려하면 될 것으로 판단된다. 따라서 풍화암의 공학적 특징은 여러 학자들이 제안하는 풍화암의 특징들 중에서 '심한풍화(HW)'에 해당될 것으로 판단된다(그림 3-1).

기 발표된 여러 풍화등급 분류기준(Dearman, 1974; IAEG, 1979; ISRM, 1981, Lee & de Freitas, 1989)에서 '심한풍화' 등급의 특징들을 정리해 보면, 광물들의 화학적 풍화는 흑운모의 경우 갈색을 띠면서 일부 광물이 떨어져 나가고, 사장석의 경우는 어두운 노란색을, 정장석의 경우는 흰색에서 노란색을 띄게 된다. 슈미트해머의 반발 계수는 10-25 정도, 해머로 타격했을 때 반발이 없이 아주 무거운 소리가 나며, 쉽게 부스러지며 칼로도 잘려나갈 수 있을 정도의 상태를 가진다. 미세단열은 2-5mm 정도의 간격으로 발달하고 있다. 우리나라 건설교통부에서 제시하는 암반물성에 의한 암반의 풍화분류에서도 '심한풍화'를 '풍화암'으로 간주하고 있으며, 일축압축 강도의 경우는 30-70Mpa, 슈미트해머의 반발계수는 10-34, Qa(흡수율)는 9.25-1.65%, 지질해머로 타격했을 때 쉽게 부스러지고 가끔은 맨손으로도 부스러지는 상태로 정의하고 있다(표 3-1).

표 3-1. 강도와 공학적 특성에 의한 암석의 풍화도 분류(건설교통부)

| Classification | | UCS (MPa) | PLS (MPa) | SHL | Q_A (%) | Geologic Hammer Rebound |
International	MOCT					
F	Very hard rock	〉180	〉8.8	〉60	〈0.24	hard to break, good rebound
SW	Hark rock	130~180	5.3~8.8	51~60	0.47~0.24	edge break by a strong blow
MW	Normal rock	100~130	3.7~5.6	44~51	0.08~0.47	break along joints surface by a strong blow
	Soft rock	70~100	1.8~3.7	34~44	1.65~0.80	easy to break by a normal blow
HW	Weathered rock	30~70	0~1.0	10~34	9.25~1.65	very easy to break by a normal blow, sometimes break down by hand

UCS: Unconfined Compressive Strength, SHL: L-type Schmidt hammer rebound coefficient, Q_A: water absorption ratio

3.4 암종별 암반의 풍화특성

암반의 풍화특성은 암종별로 다양하기 때문에 토목건설공사에 미치는 영향도 다양하게 나타날 수 있다. 이러한 특성의 암석의 성인에 따른 특성이 반영되기 때문에 각 암석의 특성을 잘 파악할 필요가 있다. 우리나라의 경우 화성암이 35%, 퇴적암이 23%, 변성암이 42% 정도 분포하고 있다.

  화성암은 마그마의 활동으로 기인하여 형성된 암석으로 지하심부에서 형성되는 심성암과 지표 가까이 또는 분출하여 형성되는 화산암으로 대분된다. 심성암(화강암, 섬록암, 섬장암, 반려암 등)의 경우 광물입자가 크고 장석 등이 많이 포함되어 이 암석이 풍화될 경우 일반적으로 사질토의 토층이 형성된다. 그러나 규칙절리들이 잘 발달하기 때문에 절리를 따른 풍화로 인해 핵석지반으로 나타나는 경우도 종종 발생한다. 토층과 암반의 경계가 뚜렷하게 나타나는 경우가 일반적이어서 풍화암을 인지하는 건 비교적 용이한 암종에 해당한다.

  퇴적암은 쇄설성퇴적암과 비쇄설성퇴적암으로 대분되는데, 먼저 쇄설성퇴적암의 경우 사암, 이암, 셰일 등이 대표적 암석에 해당한다. 이 암석의 가장 큰 특징은 층리가 발달하는 점이다. 층리의 경우 그 자체가 불연속면이기 때문에 절취할 경우 사면안정에도 많은 영향을 미친다. 풍화와 관련해서 퇴적암에서의 문제점은 사암과 셰일 또는 이암이 호층으로 발달할 경우이다. 이암과 셰일의 경우는 매우 작은 입자들로 형성된 암석이어서 공기에 노출되기 전에는 높은 강도를 가지지만 이 암석들을 절취한 후 대기 중에 노출시켜두면 아주 빠른 속도로 풍화현상이 발생한다. 즉 사면이나 기초를 개설할 때는 경암의 강도를 가졌더라도, 이 암석들을 절취한 상태로 몇 개월만 방치해도 풍화암 정도의 강도를 가질 정도로 풍화가 아주 빠르게 진행되어 여러 가지 시공상의 문제점을 발생시킨다. 따라서 토목건설현장에서 쇄설성퇴적암의 암반에 절취를 할 때는 각별한 관심이 필요하다. 비쇄설성퇴적암은 화산기원퇴적암 및 석회암 등이 포함된다. 특히 석회암이 경우 절리에 의한 지하수 유동으로 경암 내부에 풍화암, 풍화토 및 공동까지 존재할 수 있어 석회암이 분포하는 지역에서 터널공사 등을 할 때 이러한 점을 반드시 염두에 두어야 한다.

  변성암은 기 형성된 퇴적암 또는 화성암이 지하심부에서 고온·고압상태에 놓이면서 새롭게 형성되는 암석이다. 우리나라에서는 편마암과 편암이 흔히 관찰되는데 이 암석의 특징은 엽리구조가 발달되고 있다는 점이다. 특히 편마암의 경우 산출상태가 화강암과 유사하게 관찰되어 토목건설현장에서 편마암을 화강암으로 오인하는 경우가 가끔 있다. 산상이 유사하더라도 편마암은 편리가 일정한 방향으로 발달하고 있어 편리를 따른 차별풍화가 발생할 수도 있어 암반의 강도를 저하시킬 수 있다. 그리고 변성암의 경우 조산대(대규모 지각운동)와 수반되어 발달하여 복잡한 습곡 구조를 발달시킬 수 있기 때문에 지반선이 아주 불규칙하게 발달할 수 있어 시추조사시 세심한 주의가 요구된다.

3.5 결 론

  암석은 다양한 방법으로 형성되지만, 지표에 노출되면서부터 모든 암석은 풍화작용의 영향을 받는다. 풍화작용의 영향으로 인해 경암이 연암으로, 연암이 풍화암으로, 풍화암이 풍화토 등으로 변화되면서 조직은 느슨해지고, 강도는 약해지는 과정을 겪게 된다. 토목건설 현장에서 풍화암으로 정의되는 암석은 대체적으로 '심한풍화(HW)' 상태의 암석으로 간주되며, 그 공학적인 특성은 일축압축 강도의 경우는 30-70Mpa, 슈미트해머의 반발계수는 10-34, Qa(흡수율)는 9.25-1.65%, 지질해머로 타격했을 때 쉽게 부스러지고 가끔은 맨손으로도 부스러지는 상태로 정의된다. 암석의 종류에 따른 풍화특성이 매우 다양하기 때문에 토목건설현장에서 시추 등의 방법으로 암반의 상태를 파악할 때 세심한 주의가 필요하다.

04 실내 풍화 가속 실험

▌우 익

4.1 서 론

대기 중에 암석이 노출되면 자연적 혹은 인공적인 주위 환경의 영향으로 암석은 풍화를 받기 시작한다. 이러한 주위 환경 요인들에는 강우, 온도, 노출암반의 방향, 지하수조건, 응력조건변화, 생물적 환경 및 대기 및 토양의 오염 등 여러 가지가 있다. 또한, 암반의 풍화에서는 암석의 광물 조성 및 불연속면의 발달 등에 의하여 풍화의 속도에 영향을 받는다. 즉, 광물구성, 조직, 공극률, 미세절리 발달, 광물간의 경계 그리고 암석의 풍화 상태 등이 이러한 영향조건에 속한다. 일반적으로 암석의 경우에는 공극률이 높을수록, 구성입자가 클수록, 미세절리가 발달할수록 풍화 속도가 증가하며, 암반의 경우는 불연속면이 발달할수록 풍화 속도가 증가한다. 이러한 여러 조건들에 의하여 장기적으로 대기에 노출된 암석은 노출 초기보다는 풍화에 의하여 공학적, 물리적 성질의 변화를 초래하여 암반 구조물의 안정성에 영향을 미치기도 한다. 그러나, 암석의 풍화는 일반적으로 아주 오랜 시간에 걸쳐 진행되어 온 것이기 때문에 일반적인 지질조사 및 지질공학적 조사에서 암석 풍화에 대한 정량적인 기준을 제시하기는 어렵다. 따라서, 풍화에 의한 암석의 물성 변화를 시간에 따른 함수로 예측하기 위하여, 연구 대상 지역의 주위 환경 조건 등을 고려한 실내 풍화 가속 실험을 실시한다. 실험 동안 측정된 자료 등을 이용하여 풍화등급에 따른 암석의 물리적, 공학적 특징의 변화를 압축된 시간 scale에서 살펴볼 수 있다.

4.2 풍화가속실험의 종류

풍화가속실험은 자연적인 풍화현상을 실내에서 보다 가혹한 환경으로 모사하여 자연적으로 풍화되는 것보다 더 빠른 속도로 풍화현상을 가속시킴으로서 풍화에 의한 여러 현상을 미리 예측할 수 있게 하는데 그 목적이 있다. 따라서 이러한 풍화실험은 자연적인 조건에서 발생할 수 있는 물리적, 화학적 풍화를 모사하여야 하는데, 지역마다의 기후 특성에 따른 풍화현상이 잘 반영되도록 하여야 할 것이다. 예를 들며, 건조지역에서는 온도의 변화에 의한 물리적 풍화현상을, 툰드라 기후지역에서는 동결-융해에 따른 물리적 풍화현상을, 열대지역에서는 뜨거운 기후와 강우 등에 의한 화학적 풍화현상을 중심으로 풍화실험을 모사하여야 할 것이다. 국내의 기후조건을 고려하면 겨울의 대륙성기후에 따른 동결-융해 현상에 의한 물리적 풍화현상과 여름의 고온다습한 열대성기후에 따른 화학적 풍화현상을 모사한 풍화가속실험이 적합할 것이다.

4.2.1 동결-융해 실험

국내 기후는 여름에는 25℃ 이상의 고온과 집중 강우를 기록하며, 겨울에는 10℃ 이하의 차가운 기후를 보이고 있다. 특히 동결기에는 주야의 온도차에 의하여 일일 동결-융해 작용이 발생하는 곳이 다수 분포해 있다. 이러한 겨울의 기후 조건을 잘 반영할 수 있게 포화된 암석 시료에 대하여 영하 25℃에서 8시간 동안 동결시키고, 영상 70℃에서 8시간 동안 융해시키는 작용을 번갈아 가면서 시행함으로서 동결-융해작용을 가속화한다. 동결-융해 실험 동안암석 시료에 대하여 주기적으로 탄성파 및 공극률 등 물리적 물성의 변화 및 암석 시료 내의 미세절리의 발달 등을 관찰하여 실험 후에 측정하는 압축강도 등 공학적 물성과 대비를 하여 암석 물성 변화의 추이를 알아볼 수 있다.

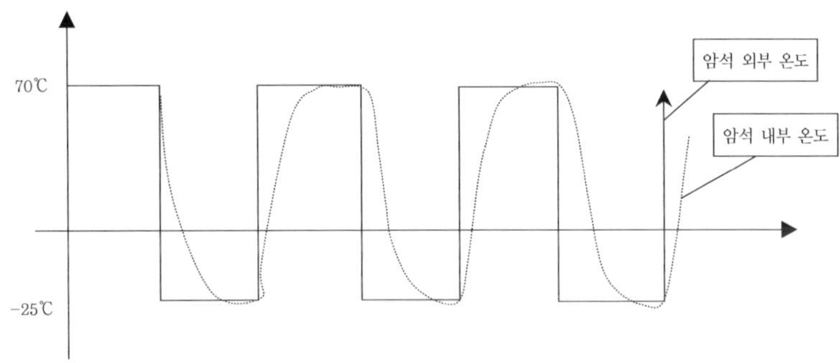

그림 4-1. 동결-융해 실험 특성

4.2.2 용탈 실험(Leaching test)

가. 이중소슬렛추출장치(Double soxhlet extractor)

이 실험에서 사용되는 용매는 약 70℃ 정도의 증류수(pH 7)이다. 풍화등급별로 구분된 암석 시료는 용매에 90분 주기로 지속적으로 노출되어 인공적인 화학적 풍화(용해, 가수 분해, 수화 작용, 산화·환원 작용)가 시험관 내에서 유발된다. 일일 인공 강우량은 대략 2880mm/day

로 암석시료의 용탈작용이 지속적으로 발생됨에 따라 하부 플라스크에는 암석에서 용해된 이온들이 축척되면서 용매의 색상이 혼탁해지고, 침전물이 생성된다. 화학풍화실험 동안 하부 플라스크의 용매에 대하여 pH를 측정하고, 실험 후에는 용매 침전물을 수거하여 화학적 분석을 통하여 어떠한 이온이 용탈되었는지 알아본다. 본 실험에서도 암석시료에 대하여 주기적으로 물리적 물성의 변화를 관찰하고 실험 후에 측정하는 공학적 물성을 측정하여 이들 두 물성 간의 상호 대비를 통하여 암석 물성 변화의 추이를 알아본다.

나. Peristatic Pump

이중속슬렛추출장치에서는 뜨거운 증류수만 용매로 사용할 수 있는 단점이 있는 데에 반하여, Peristatic Pump를 사용한 풍화실험에서는 용매를 다양하게 사용할 수 있는 장점이 있다. 따라서, 염수 및 담수, 산성수, 알칼리수 등 풍화 발생 요인에 따른 용매를 선택할 수 있어 풍화 환경을 잘 구현할 수 있다. 본 장치에서는 용매의 이동속도를 조절할 수 있으며, 지속적으로 용매를 암석 시료에 침투시킴으로서 화학적 풍화현상을 인공적으로 유발시킨다. 암석과 반응한 용매들을 시간별로 수거하여 이들에 포함된 이온 및 pH 등을 측정하여 시간에 따른 이온의 용탈 정도를 측정할 수 있다.

4.2.3 슬레이킹 내구성 실험(Slacking durability test)

본 실험은 암석의 건습을 통한 물에 대한 내구성을 측정하는 것으로 10분간 2cycles 후에 남은 암석과 원 암석의 중량 비를 slake durability index로 사용하고 있다(ISRM, 1981). 그러나 여러 연구 결과 slake durability index는 10분간 3cycle이 지난 후의 index를 채택하는 것이 암석의 물에 대한 풍화특성을 보다 잘 나타낸다고 한다. 일반적으로 본 실험은 물에 대한 내구성이 약한 shale, mudstone 등의 풍화지수로 활용되고 있다.

4.3 해 석

실내 풍화실험에서는 동일 암종의 암석시료에 대하여 여러 풍화등급-신선한 암석(F)~ 심한풍화(HW)-으로 시료를 구분하여 실험 전후에 파괴실험으로부터 얻을 수 있는 공학적 물성 및 실험 동안에 비파괴 실험으로부터 얻을 수 있는 물리적 특성을 측정하여 초기 풍화상태에 따른 물성의 변화를 예측한다. 대표적인 물리적 특성으로는 시료의 탄성파속도와 공극률 및 흡수율 등이 있다. 특히 공극률 및 흡수율은 암석의 풍화등급과 아주 밀접한 관계를 지니고 있어 이들 실험 동안의 변화과정은 암석의 풍화등급 변화와도 연관이 깊다. 또한, 탄성파속도는 암석의 역학적 물성과 관계가 있지만 탄성파속도의 심한 편차로 인하여, 탄성파속도의 변화로 정확한 역학적 물성의 변화 예측은 어렵지만 개략적인 물성의 변화를 유추할 수 있게 한다. 이론적으로 시간에 따른 암석의 강도 변화는 다음 식을 따른다.

$$S = S_0 e^{-kt}$$

여기서, S_0는 초기 암석 강도, k는 감쇠 정수, t는 시간이다.

leaching test 동안 암석 시료의 탄성파속도 변화추이를 살펴보면 위의 식과 같은 변화 추이를 따르고 있지만, 동결-융해 실험에서의 변화추이는 선형적인 변화가 우세함을 볼 수 있다 (그림 4-2).

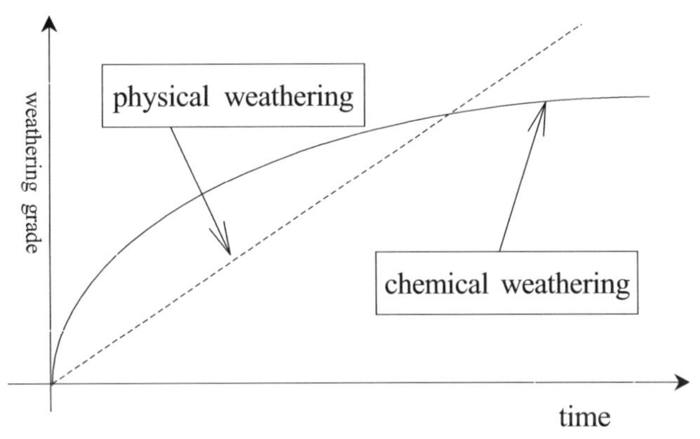

그림 4-2. 시간에 따른 화학적-물리적 풍화에 의한 풍화등급의 변화 모식도

　그러나 실험실의 인공적인 풍화실험은 자연적인 풍화요인들 중에서 아주 일부분만을 모사한 것이다. 이러한 제약된 조건으로 인하여 실질적인 자연적인 풍화현상에 따른 암석의 물성 변화를 예측하기란 상당한 어려움이 따른다. 좀 더 정확한 물성변화를 예측하기 위해서는 실제 자연적인 풍화상태에 있는 암반을 지속적으로 관리하면서 서로의 물성을 비교하여야 하지만 현실적인 여러 문제로 인하여 사실상 시행되지 않고 있는 실정이다.

　또 다른 문제는 scale에 관한 것이다. 실내풍화실험에서는 자연적인 암반의 규모에 비하여 아주 작은 무결암 시료에 대하여 실험을 실시하고 그 결과를 분석한다. 따라서, 다른 scale에서 얻어진 결과를 자연적인 scale에 적합하도록 조정하는 것 또한 상당한 어려움이 뒤따른다. 이러한 문제는 GSI index를 도입한 Hoek-Browon 파괴조건(1997)의 무결암 시료의 강도에서 언급이 될 수 있지만, 풍화침투 정도와 암석강도와의 상관관계 등은 추후에 좀 더 연구해야 할 문제이다. 흙의 화학적 풍화현상에서는 기후조건과 흙의 조성 등 여러 인자를 입력하여 시간에 따른 면적당 이온 용출량을 계산할 수 있는 PROFILE 모델링을 통하여 정량적으로 화학적 풍화를 모사하고 있지만, 암석에의 응용은 여러 문제점을 가지고 있어 암석의 풍화 분야에서는 활용이 잘되지 않고 있다.

이러한 모든 풍화실험은 암반 및 암석의 물성변화 예측에 중점을 두고 있다. 이를 위해서는 암석의 강도 및 암석 및 암반의 풍화등급으로서 평가를 할 수 있지만, 단 한 가지의 물성으로서 풍화에 따른 물성 변화를 평가하는 것은 자칫 오류를 범할 수 있다. 보다 정량적이고 여러 물성의 특성을 고려한 풍화지수를 사용함으로서 이러한 문제점을 해결할 수 있다. 지금 현재 통용되고 있는 풍화지수는 여러 가지가 있다. 화학적 풍화지수에는 WIP(Weathering Index of Parker), CIA(Chemical Index of Alteration), CIW(Chemical Index of Weathering), PIA(Plagioclase Index of Alteration), V(Vogt's Residual Index) 등 여러 가지가 사용되고 있으며 이들에 대한 비교는 Price et al.(2003)에 자세히 소개되어 있다. 또한 암석의 내구성에 관한 지수는 Fookes et al.(1988)이 여러 암석 물성을 조합하여 암석의 내구성에 관한 지수 RDI(Rock Durability Index)를 제시하였고, 이를 다시 동적인 힘을 받는 조건(RDI_d)과 정적인 힘을 받는 조건(RDI_s)으로 구분하였다. 동적인 조건은 고속도로 혹은 철도의 기반을 구성하는 암석 등이 이에 해당하며, 사면 혹은 터널과 같은 암반 구조물은 정적인 힘을 받는 조건으로 구분이 될 수 있다. 정적인 조건의 암석의 RDI_s 값은 다음 식에 의하여 구할 수 있다 (Fookes et al. 1988).

$$RDIs = \frac{Is(50)^* - 0.1(SST + 5WA)}{SGssd}$$

where, Is(50)* = average dry and saturated point-load index; SST=magnesium sulphate soundness test; WA=water absorption; SGssd = specific gravity saturated and surface dried

상기 식을 좀 더 간단히 표현하기 위하여, 각 암종에 대하여 많은 실험을 거쳐 magnesium sulphate soundness test와 water absorption ratio의 상관관계를 구한 뒤 간편식 RDI_{sq}을 제안하였는데, 다음 식은 화강암에 관한 RDI_{sq}을 구하는 공식이다.

$$RDI_{sq} = \frac{Is_{(50)} - 0.1\left[10.23\,Q_A - 0.7\right]}{SGssd}$$

상기 공식에 의거하여 Fookes et al.(1988)은 풍화나 외부 조건에 대한 암석의 내구성에 따라 암석의 상태를 Excellent, Good, Fair, Poor로 구분하였고, 그에 해당하는 RDI_{sq} 값의 범위를 구하였다(표 4-1). 풍화를 받지 않은 신선한 암석은 일반적으로 내구성(durability)이 좋은 것과 같이 풍화등급과 내구성은 어느 정도의 상관관계를 가지고 있으나, 풍화등급과 내구성은 의미상의 차이를 지니고 있다.

Woo(2003)는 또한 국내 화강암 및 화강편마암들의 암석의 물리적, 공학적 특성에 근거하여, 다음과 같은 풍화지수 I_a를 제시하였다.

$$Ia = \frac{Strength_{weathered}}{Strength_{fresh}} \times \frac{Dry\,Specific\,Gravity\,(g/cm^3)}{Q_A\,(\%)}$$

이 공식에서 첫 번째 항은 암석 강도의 상대적인 값으로 신선한 암석(풍화등급 F)의 강도 – 일축압축강도, 점하중강도, 슈미터해머강도 등 – 와 풍화를 받은 암석의 강도의 비로 나타낸다. 두 번째 항은 흡수율(Q_A)에 대한 건조 암석 비중의 비이다. 즉, 풍화지수 I_a는 현장에서도 간단한 실험을 통하여 얻을 수 있다. 각 풍화등급에 해당하는 국내 옥천계 화강암의 물성을 대입한 결과 표 1에서는 풍화지수 RDI_{sq}와 I_a의 값의 분포를 풍화등급에 따라 표시하고 있다.

표 4-1. Range of the weathering index of I$_a$ and RDI$_{sq}$ for the granite and granite gneiss in Korea

Weathering degree	I$_a$	Potential Durability	RDI$_{sq}$ (Fookes et al. 1988)	RDI$_{sq}$
F	〉7	Excellent	〉2.5	〉2.5
SW	3.5 ~ 10	Good	–1 ~ 2.5	1 ~ 2.5
MW	1.0 ~ 6.0	Fair	–3 ~ 1	0 ~ 1.5
HW	〈2.5	Poor	〈–3	〈0.5

4.4 결 론

실내에서 풍화가속실험에 사용되는 방법은 대체적으로 물리적 풍화현상을 모사한 동결-융해 실험과 화학적 풍화현상을 모사한 leaching test가 그 주를 이루고 있다. 자연적 현상에서는 이 두 가지 풍화현상과 침식 등에 의한 복합적인 요인에 의하여 풍화가 이루어지고 있지만, 실내 실험에서는 모사할 수 있는 자연적 풍화현상이 아주 제한적이며 각각의 풍화현상을 따로 모사하여 자연적인 풍화에 따른 암석 물성 변화를 예측하기에는 어려움이 따른다. 또한, 풍화 실험의 scale effect에 관한 문제와 실험실에서의 풍화시간과 자연적인 풍화시간과의 상관관계를 규명하는 문제 등은 추후의 연구를 통하여 해결해야 할 것이다.

05 풍화대에서의 지반조사

┃ 윤 운 상

5.1 서 론

  풍화는 암석이 가신 고유의 성질을 유지하지 못하고, 자연적인 요인(유수, 바람, 빙하 등)과 인위적인 행위에 의하여 제자리에서 암석이 붕괴되거나 변질되는 현상이다. 풍화대의 심도 또는 풍화대의 유형은 기후에 따라 큰 영향을 받는 것으로 알려져 있으나, 국내의 경우만을 한정한다고 하면, 암반의 지형학적 노출 위치, 암석의 종류, 지질 구조의 발달 상태, 지하수 조건 등이 풍화 상태를 결정지을 수 있는 주요 요인일 것이다. 지하의 풍화 상태는 쉽게 예측하기 어렵다. 화학적 풍화의 주요한 예라고 볼 수 있는 석회암 등 용해성 암석과 같이 드라마틱한 용식 지형 외에도 암반의 풍화 상태는 쉽게 예측하기 어려운 면이 있다. 특히 수개소의 시추조사정보를 기반으로 지표 지형과 동일한 형태의 풍화대 발달 상태를 추정한 경우에 있어서 실제 사면의 절취 또는 터널의 굴착 중에 예측된 상태와는 비교할 수 없을 정도의 다양한 풍화 상태를 직면하게 되는 예는 흔한 일 중에 하나이다. 또한 원암의 종류에 따라 풍화대의 물리적, 역학적 특성이 다르게 나타나므로 그 물성 역시 쉽게 장담할 없는 조건이며, 특정 암석 및 조건에서는 그 풍화 또는 열화의 빠른 진행으로 측정 당시의 특성이 시간의 진행에 따라 급변하는 예도 심심치 않게 확인되고 있다. 특히 지중 응력이 강하게 작용하는 지역에서 굴착 등에 의해 급격히 노출된 화강암 등 심성암류 또는 열수 변질대 등의 급격한 붕괴 또는 열화 등은 이미 국내에서도 많은 보고가 되고 있다. 여기서는 용식 작용을 제외하고 풍화대의 특성을 결정하는 몇 가지 특성을 중심으로 한 지반 조사의 예와 풍화 상태를 중심으로 한 암반 분류 및 지반 조사상의 일정한 혼란에 대해 검토하고자 한다.

5.2 암반 풍화 상태의 변화 요인과 조사

  암석의 풍화는 기계적 풍화에 의해 암반 내의 불연속면의 상태 및 빈도를 악화시키고, 암편의 크기를 작게 하며, 화학적 풍화는 절리망에 의해 유동하는 지하수의 영향을 크게 받는다. 따라서 암반의 풍화는 기후 조건에 의한 습도 및 온도, 지형 조건에 의한 배수 상태와 암반의

절리 상태 및 공극율에 영향을 받으므로 암반의 풍화 단면은 대체로 심도가 깊을수록 신선해
지는 점이적인 풍화 양상을 지형과 유사한 형태로 보이지만, 층리, 절리, 단층 등의 불연속면
을 통해 유동하는 지하수에 의해 이러한 주요 불연속면 주변에서 불규칙한 풍화 단면을 보인
다(그림 5-1). 여기서는 불규칙한 풍화 단면을 제어하는 핵석 풍화, 암종 변화, 단층 등 지질
구조의 영향을 중심으로 그 조사 예를 검토하고자 한다.

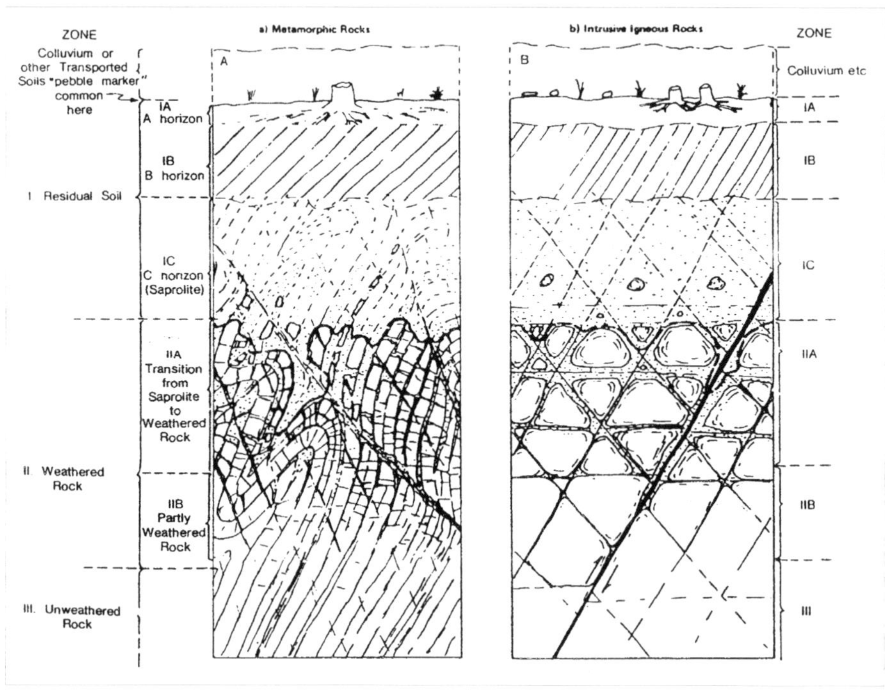

그림 5-1. 암반의 지질 조건에 의한 풍화 단면

5.2.1 핵석(core stone) 풍화

국내의 화강암 지반에서 일반적으로 관찰되는 풍화 단면은 점이적인(gradual) 풍화단면으
로서 지표면 상부에서 하부로 갈수록 풍화 정도 차이에 의한 암반선이 뚜렷하게 발달하는 경
우이지만 핵석(corestone) 풍화 단면이 관찰되는 예도 빈번하다(그림 5-2). 특히 이러한 핵석
지반의 경우, 그 전단강도 등 강도 특성은 기질 물질(일반적으로 풍화토)에 의해 지배되나,
핵석의 분포 인한 하중의 증가, 보강재 설치의 어려움으로 인해 제어하기 쉽지 않은 지반 상태
중 하나이다.

그림 5-2. 노출된 핵석 지반

핵석 풍화는 화강암뿐 아니라, 화성암 특히 관입암을 중심으로 해서 다수 관찰된다. 핵석 풍화 단면은 절리를 따라서 암석이 심하게 변질된 것으로 암반 풍화 등급의 적용은 토층과 암석의 구성 비율, 즉 핵석의 체적 비율에 따라 적용된다. 그러나 핵석 지반은 지표에서 인지하기 전에는 그 상태를 쉽게 추정하기 어려우며, 설계 단계에서 지표 탄성파 탐사 등 물리탐사를 통한 암반선 추정이 부정확할 수 있다. 따라서 핵석 지반의 경우 정밀한 지표 지질조사에 의해 그 특성을 확인하고, 주의 깊은 시추조사가 필요하다.

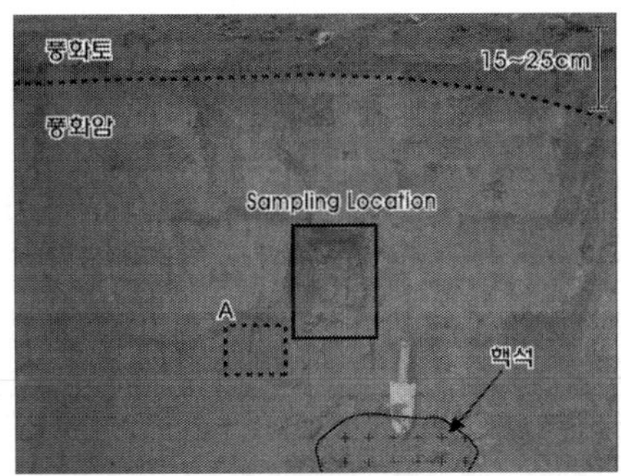

그림 5-3. 핵석 지반의 시험굴 조사

따라서, 핵석 지반에 대한 특성 분석을 위해서는 지질구조(Orthogonal Joint System)에 의해 규제를 받아 차별풍화작용으로 형성되는 핵석의 분포비율을 파악할 수 있도록 지표지질조사 및 시험굴 조사와 시추조사를 계획하여야 한다.

따라서 핵석 지반의 경우, 기질(matrix)을 이루는 토층의 특성과 핵석을 이루는 암석의 특성이 각각 정확하게 기재되어야 한다. 핵석의 특성은 핵석을 이루는 암석의 종류, 핵석의 크기와 형태, 핵석의 빈도(또는 밀도) 등을 기재한다. 핵석 지반의 노출면이 불량할 경우에는 시험굴을 굴착하여, 핵석 지반의 발달 상태를 정밀하게 조사 분석하여야 한다(그림 5-3).

이 때, 핵석을 포함한 풍화대(풍화토 내지 풍화암) 지반에서는 트리플 코어 배럴을 활용하여 시추코어 회수율을 높여야 하며, 핵석을 포함한 풍화대 지반에 적용성이 낮은 탄성파 탐사 및 전기비저항 탐사 등의 물리탐사기법보다는 지반조건에 적합한 공내재하시험 등 현장 시험과 불교한 상태의 실내 시험이 수행될 필요가 있다. 특히 원지반의 공학적 특성을 최대한 반영

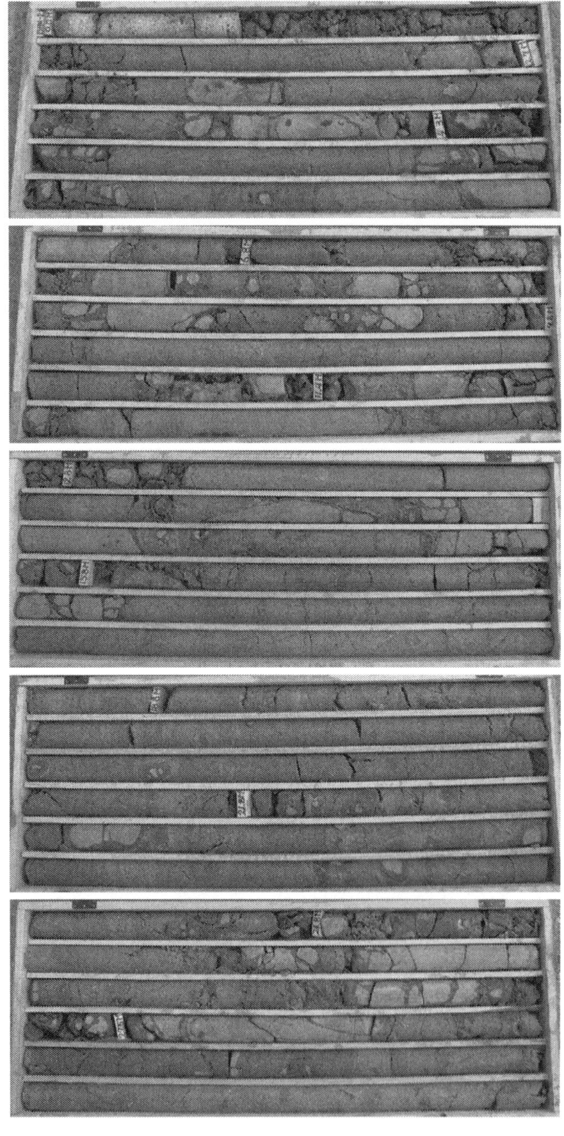

그림 5-4. 핵석 풍화대 시추코어

하기 위해, 기질 및 핵석부 또는 핵석 지반 자체에 대해 가급적 불교란시료를 채취하여 각종 실내시험을 수행하는 것이 타당하다.

그림 5-4는 안산암 핵석 지반에서 주의 깊게 수행된 시추코어의 상태이다. 트리플 코어 배럴을 활용하여 최대한 핵석과 풍화토상의 기질이 분리되지 않은 상태로 코어회수를 하여 핵석 발달 상태를 시추조사로부터 정확히 인지할 수 있도록 하였다. 이 때, 핵석의 발달 상태 는 총 30m의 시추코어 중 7.9m의 핵석 분포(약 26% 선밀도)를 보이고 있다.

5.2.2 암석 종류에 따른 차별 풍화

각 암석은 그 종류에 따라 풍화에 대한 저항도가 다르다. 이는 암석의 조성광물과 그 조직, 주변의 지중 응력과 지표 노출 상태 및 기간에 따라 서로 다른 풍화 양상을 보인다. 풍화 등급 상 잔류토(residual soil)와 완전 풍화암(completely weathered rock)을 토상 물질이라 할 때 (Geological Society, 1977; Lee와 Freitas, 1989), 암석 종류에 따라서 노출된 암반 사면에서 평균 토층심도율에 상이한 특성을 보인다. 국내 암석의 경우, 그림 5-5와 같이 평균 토층심도 율이 퇴적암이 0.09, 변성암이 0.17로서, 0.2 이하의 낮은 토층심도율을 보이지만, 화성암의 경우 0.30으로 그 평균값이 다른 암석에 비해 높을 뿐 아니라 0.4 이상의 토층심도율을 보이는 사면의 빈도수도 다른 암석에 비해 높다(윤운상, 2001).

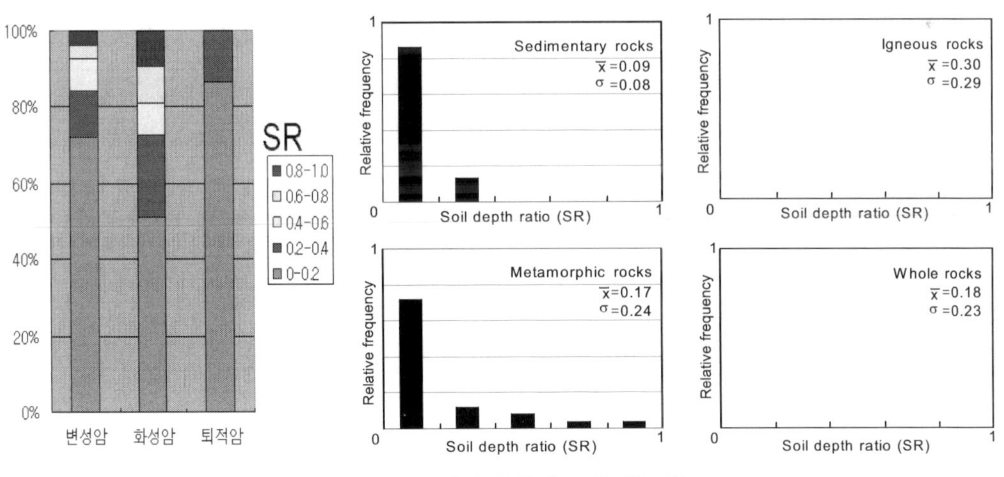

그림 5-5. 암석 종류별 토층 심도율

그림 5-6은 셰일 및 사암으로 구성된 중생대 퇴적암층 내 관입된 화강암 사례로서, 퇴적암 에서는 극히 작은 풍화심도를 보이며, 주로 쐐기 또는 평면 파괴상의 사면 파괴를 보이는 반

면, 그 후에 관입된 화강암의 경우는 풍화심도가 깊어 주로 원호 파괴상의 파괴를 보이는 것을 확인할 수 있다.

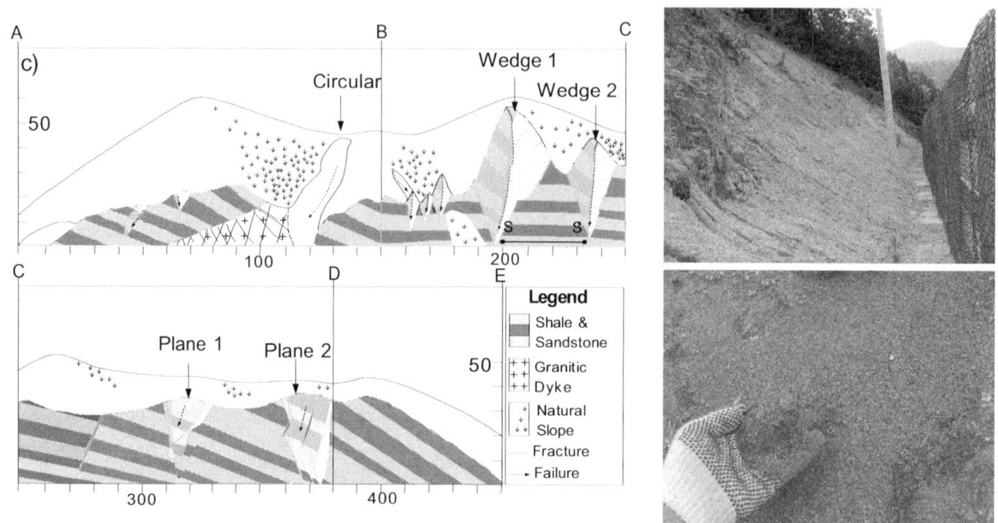

그림 5-6. 퇴적암과 이를 관입한 화강암의 풍화 상태 비교

그림 5-6의 사진은 역시 퇴적암에 관입된 화강암의 풍화 양상으로서, 퇴적암은 신선한 상태의 암석 상태를 유지하고 있는데 반하여, 후기에 관입된 화강암은 급격한 풍화의 진행으로 소위 마사토화 되어 있는 양상을 확인할 수 있다. 이와 같이 서로 풍화 특성이 다른 두 종류 이상의 암석이 분포하고 있을 겨우, 그 풍화심도에 급격한 차이를 보이므로, 이에 대한 정밀한 조사 또는 풍화 단면 분석시의 고려가 필요하다.

암석의 종류에 따른 풍화 특성의 차이는 비단 풍화심도에만 영향을 미치지 않는다. 원암의

표 5-1. 암석 종류별 풍화토 특성

구 분	1구간	2구간	3구간	4구간	5구간	6구간
지질 및 지질구조	안산암	안산암	응회암	반려암	화강암	단층대
토 질 특 성	점성토	사질토	사질토	점성토	사질토	점성토
변형계수(Em, MPa)	30	30	30	30	30	30
점 착 력(c, MPa)	0.020	0.015	0.015	0.020	0.020	0.015
마 찰 각(ϕ, °)	20	30	30	20	30	20
단위중량(γ_t, kN/m^3)	19	19	19	18	19	18
포 아 송 비(υ)	0.35	0.33	0.33	0.35	0.33	0.35

구성 광물 및 입자의 크기에 따라 그 풍화 산물인 풍화토의 토질 특성도 상이하다. 표 5-1은 다양한 암석으로 구성된 지역에서 분포 암석의 종류에 따라 서로 다른 풍화토 특성을 규정한 예이다.

따라서, 동일 구간에 두 종류 이상의 풍화 특성이 다른 암석이 분포할 경우, 각 암석 종류에 따른 풍화심도, 풍화토 등 풍화대 특성을 구분하여 조사, 분석하여야 하며, 그 경계부에서 급격한 풍화심도의 저하 등 지반 상태의 변화를 주의하여야 한다.

5.2.3 단층 파쇄대 등에 따른 차별 풍화

동일한 암석이 분포한다 하더라도, 단층 파쇄대 등에 따라 균열 빈도가 높아지고, 열수 변질대 등에 의해 풍화에 취약한 광물이 생성되었을 경우, 급격한 풍화 상태의 변화가 발생할 수 있다.

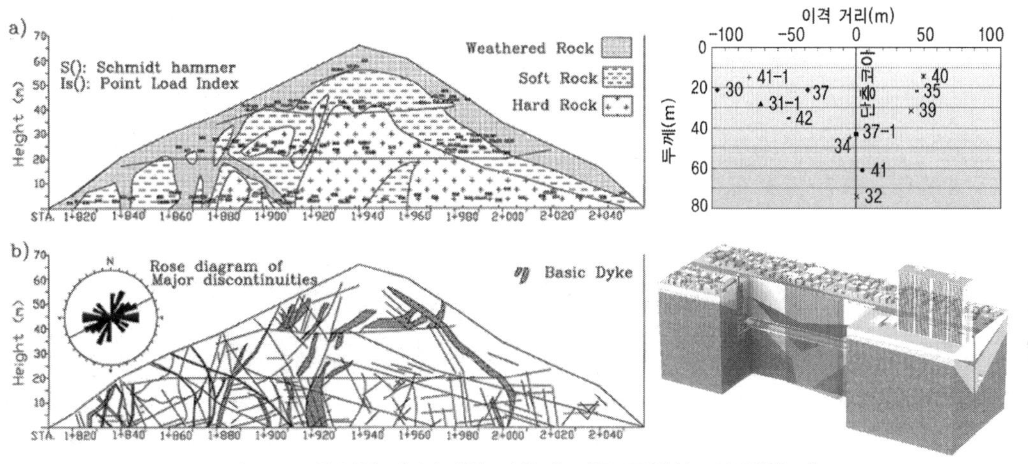

그림 5-7. 화성암 내 발달한 단층에 따른 풍화심도의 변화 예

그림 5-7은 화성암 내 발달한 단층의 영향에 따라 단층 주변에서 급격한 풍화심도를 보이는 예이다. 왼쪽의 사면은 사면 내 발달한 단층의 영향으로 급격한 육안 관찰 및 현장 슈미트해어 시험과 점하중강도시험에 의해 구분된 풍화심도상의 변화를 보이고 있으며, 오른쪽의 터널의 예는 단층의 발달에 따라 그 풍화심도의 변화가 좌우 50m 이르는 예를 보여주고 있다. 이와 같이 단층의 발달 상태는 급격한 풍화 상태의 변화를 제어하는 주요한 요인으로서, 이에 대한 조사 결과의 종합적 분석이 필요하다. 그림 5-8은 대규모 단층대 구간에서 지표지질조사, 전기비저항탐사 및 탄성파토오그래피 탐사 등 물리 탐사와 시추조사 상의 풍화 상태 등을 종합적으로 분석하여 단층과 풍화대 특성을 분석한 결과이다.

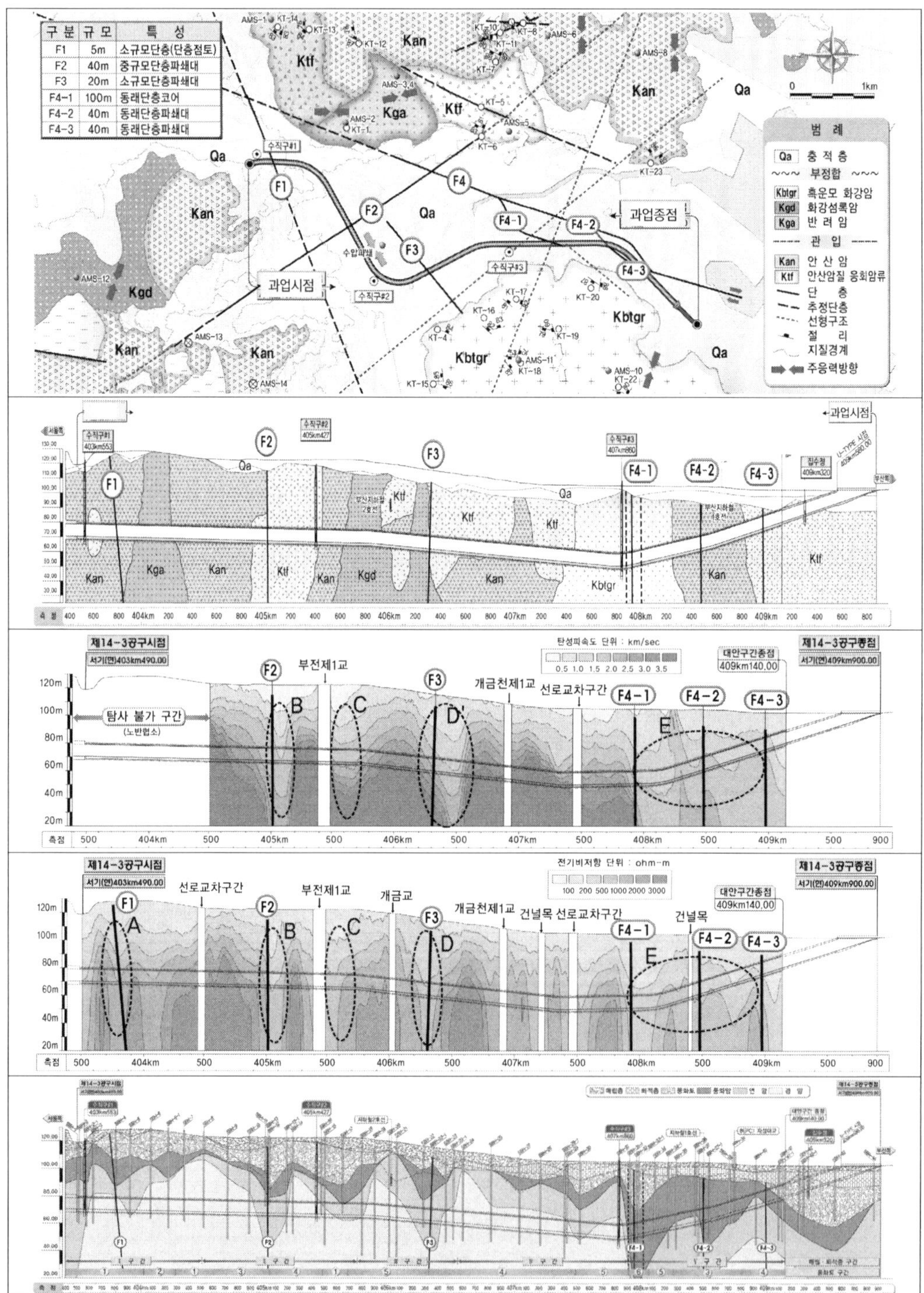

그림 5-8. 단층대 발달 구간의 풍화 상태 분석 예

표 5-2. 암석의 풍화 상태 분류

풍화 상태	ISRM / BSI 5930	site investigation handbook	이수곤 외(화강암)
신선 (fresh) D1	조암광물의 풍화는 관찰되지 않으며, 주불연속면상에 약간의 변색(discolored)이 될 수 있다.	모암은 변색을 관찰되지 않으나, 이 외의 풍화 효과로 강도의 손실이 발생한다.	장석류는 칼로 긁히지 않으며, 시료 채취는 지질해머의 많은 타격이 필요하다. 점하중강도지수: 9–18 MPa 슈미트해머반발값: 59–62
약한 풍화 (slightly weathered) D2	조암광물과 불연속면 표면에 변색이 관찰된다. 모든 조암광물은 풍화에 의해 변색되고 신선한 상태보다 약해진다.	암석은 약한 변색을 보인다. 부분적으로 불연속면의 틈새가 벌어지고, 표면의 변색이 관찰되지만, 무결암의 경우 신선암에 비해 눈에 띄는 강도의 저하는 없다.	장석류는 칼로 쉽게 긁히지 않으며, 시료 채취는 1회 이상의 지질해머 타격이 필요하며, 신선암에 비해 약간의 강도 저하가 있다. 점하중강도지수: 5–12.5 MPa 슈미트해머반발값: 51–56
중간 풍화 (moderately weathered) D3	조암광물의 절반 이하가 변질(decomposed)되거나, 토상으로 붕괴(disintergrated)된다. 신선암 및 변색된 암은 핵석이나, 불연속면의 골격을 이룬다.	암석은 변색된다. 불연속면의 틈새는 벌어지고, 내부로 변질되기 시작한 변색된 표면을 가진다. 무결암은 신선함에 비해 뚜렷한 강도의 저하를 보인다. (원암과 풍화암의 부피비는 곳에 따라 추정할 수 있다.)	장석류는 쉽게 칼로 긁히지만 벗겨낼 수는 없다. 샘플은 1회의 강한 지질해머 타격으로 쪼개지며, NX 코어는 손으로 부러뜨릴 수 없다. 신선암에 비해 강도가 저하된다. 점하중강도지수: 2–6 MPa 슈미트해머반발값: 37–48
심한 풍화 (highly weathered) D4	조암광물의 절반 이상이 변질되거나, 토상으로 붕괴된다. 신선암 및 변색된 암석은 핵석이나, 불연속면의 골격을 이룬다.	암석은 변색된다. 불연속면의 틈새는 벌어지고, 표면은 변색되며, 불연속면에 인접한 모암 조직은 변질된다. 변질은 내부 깊이 진행되나, 핵석은 아직까지 존재한다. (원암과 풍화암의 부피비는 곳에 따라 추정할 수 있다.)	장석류를 칼로 어렵게 벗겨낼 수 있으며, 지질해머의 끝이나, 칼로 홈을 팔 수는 없으나, 해머의 강한 타격으로 부수어뜨릴 수 있고, NX 코어를 힘겹게 손으로 부러뜨릴 수 있다. 신선함에 비해 두드러진 강도 저하를 보인다. 점하중강도지수: 0.3–0.9MPa 슈미트해머반발값: 12–21
완전 풍화 (completery weathered) D5	모든 조암광물은 변질되거나, 토상화된며, 원암의 구조는 넓은 범위에서 아직까지 남아 있다.	암석은 변색되고, 토상화되나, 원암의 조직은 대부분 유지되며, 작은 핵석이 가끔 존재한다.	장석류는 쉽게 칼로 긁히며, 지질해머의 끝이나, 칼로 홈을 팔 수 있다. 대부분의 강도는 손실된 상태이며, 점하중 강도 또는 슈미트 해머 타격시험이 불가능하다.
풍화 잔류토 (residual soil) D6	모든 조암광물은 토상화 되며, 암의 구조나 광물 조직은 붕괴되고, 부피의 큰 변화가 발생하지만, 흙의 뚜렷한 이동은 아직까지 없다.		장석류는 쉽게 칼로 긁히며, 샘플은 손가락으로 홈을 팔 수 있으며, 손으로 굴착이 용이하고, 물의 교반에 의해 붕괴된다.

5.3 암반 풍화 상태와 지반 분류

암반의 풍화 상태는 지반을 분류하는 중요한 기준이다. 일반적으로 활용되는 암석의 풍화도에 대한 분류 기준은 다음 표 5-2와 같다. 풍화도에 대한 평가 기준은 조성광물의 변질 상태와 변색 정도 또는 상도 저하 상태 등을 따르며, 이수곤 외와 같은 각종 강도 지수가 포함된 기준은 특정 암석(화강암)에 대한 평가 기준으로 제공되고 있다. 즉 풍화 상태는 암석의 상대적 강도 저하 상태를 반영할 수 있으나, 구체적인 암석의 종류과 연관없이는 직접 암석의 강도로 환산되어질 수 없는 요소이다.

일반적으로 사용하고 있는 '풍화암'은 오히려 위의 풍화 등급 평 가외에 국내 지반의 연경도에 의한 평가상에서 사용하고 있는 것은 주지의 사실이다. 강도의 기준이 포함되어 있는 건설 표준품셈 또는 지질 조사 품셈상의 '풍화암' 구분은 전술한 풍화 상태의 평가와 그 성격을 달리 하고 있으며, 이는 풍화상태를 주요한 평가 인자로 하는 특정 목적의 지반 분류법상 명칭으로서의 '풍화암'이다. 표 5-3은 RMR, CRIEPI, 서울지하철, 지질품셈, 건설표준품셈 등 지반 분류 안에서 다루어지고 있는 평가 항목을 정리한 것이다. 대부분의 암반 분류안은 암석의 경도 또는 강도와 절리 간격 등 절리 상태에 따라 암반을 분류하고 있다. 이때, 풍화 상태는 암석의 경도 또는 강도에 반영되는 육안 관찰상의 기준으로 활용되고 있다.

표 5-3. 각 암반 분류안의 채택 평가 항목 비교(◎: 필수, ○: 참조)

암반 분류법	암석 특성			RQD	절리 특성		
	암석 종류	경도/강도	풍화		간격	상태	방향
건설품셈	◎	◎	◎		◎		
지질품셈	◎	◎	◎	◎	◎		
RMR		◎	○	◎	◎	◎	○
CRIEPI	○	◎	◎		◎	◎	
EPDC		◎	◎		◎	◎	

그러나, 이들 암반 분류안이 제시하고 있는 암반 등급은 분류안이 목적과 대상에 따라 차이를 보일 수밖에 없는 것이 사실이며, 특히 동일한 '풍화암' 이라는 분류 내용을 가지고 있는 건설표준품셈과 지질품셈 상의 강도 기준이 크게 다른 것은 시공중 굴착난이도 평가를 위주로 한 건설 품셈과 시추난이도를 중심으로 한 지질품셈의 성격에 기인하고 있다(표 5-4, 그림 5-9). 표 5-4와 그림 5-8과 같이 RMR, CRIEPI, 서울지하철, 지질품셈, 건설표준품셈의 일축압축강도를 비교해 보면 건설표준품셈을 제외한 다른 분류들이 풍화암에서 극경암까지 비슷한 범위에 있음을 알 수 있다.

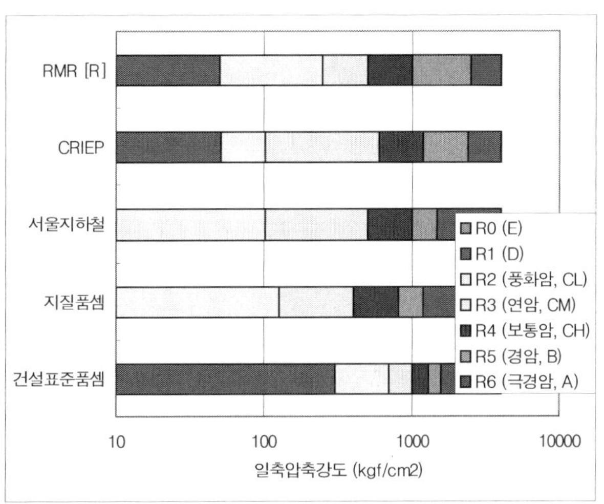

그림 5-8. 암반분류안의 강도 기준 비교

표 5-4. 각 암반분류의 일축압축강도 평가 기준

암반분류	일축압축강도(kg/cm^2)와 분류					
RMR[R]	〈 50	50 ~ 250	250 ~ 500	500 ~ 1,000	1,000 ~ 2,500	〉 2,500
	R1	R2	R3	R4	R5	R6
CRIEPI	(〈 50)	(50 ~ 100)	(100 ~ 600)	(600 ~ 1,200)	(〉 1,200)	−
	D/E2	CL/E1	CM/D	CH/C	B/B	A/A
서울지하철	−	〈 100	100 ~ 500	500 ~ 1,000	1,000 ~ 1,500	〉 1,500
	풍화토	풍화암	연암	보통암	경암	극경암
지질조사품셈	−	〈 125	125 ~ 400	400 ~ 800	800 ~ 1,200	〉 1,200
	−	풍화암	연암	중경암	경암	극경암
건설표준품셈	〈 300	300 ~ 700	700 ~ 1,000	1,000 ~ 1,300	1,300 ~ 1,600	〉 1,600
	−	풍화암	연암	보통암	경암	극경암

따라서, 풍화 상태에 대한 구분으로서의 '완전 풍화(CW, D4)' 또는 '심한 풍화(HW, D5)' 상태와 건설표준품셈 또는 지질조사품셈 상의 '풍화암'에 대한 분류는 서로 구분되어 사용되어야 한다. 일반적으로 '심한 풍화 HW', '완전풍화 CW', '풍화잔류토 RS'의 영역에 해당하는 품셈 상의 지반 분류는 '풍화암' 및 '풍화토'에 해당하며, 풍화 상태의 조건에 따라, 이러한 지반 분류상의 구분을 보다 세분화할 수 있다. 표 5-4는 풍화대를 '풍화토'와 함께 '풍화암'과 '극풍화암'으로 구분하여, 각각의 특성을 정리한 예이다.

표 5-5. 풍화대의 세분 예

극풍화암	풍 화 암
• N치 50/10~5	• N치 50/5~1 • RQD 0~10
100	500
0.5	1.0
30	30
20	21
0.30	0.30

표 5-6. 암석의 강도와 암석 종류 및 풍화 상태

		Rock Strength [R] = f(Rock Type, Weathering)			압축강도 kgf/cm^2	RMR 점수
A	R6	극히 강함 (Extremely Strong)	지질 해머의 타격을 반복하였을 때, 시료를 손상시킬 수 있다.	현무암, 처어트, 규암, 조립 현무암	〉 2500	15
B	R5	매우 강함 (Very Strong)	시료를 깨뜨리기 위해서는 지질 해머로 여러 번 타격하여야 한다.	각섬암, 사암, 현무암, 반려암, 편마암, 섬록암	1000 ~ 2500	12
C	R4	강함 (Strong)	지질 해머로 강하게 1회 (또는 1회 이상) 치면 손에 잡을 수 있을 정도의 시료로 깨진다.	석회암, 대리암, 천매암, 사암, 편암, 세일	500 ~ 1000	7
D	R3	보통 강함 (Medium Strong)	지질 해머의 끝으로 강하게 치면 얕게(약 5mm) 들어가고, 칼로 어렵게 벗겨낼 수 있다.	점토암, 석탄, 콘크리트, 편암, 세일, 미사암	250 ~ 500	4
E1	R2	약함 (Weak)	주머니 칼로 힘들게 자를 수 있으며, 지질 해머의 끝으로 강하게 쳤을 때 깊이 들어가고, 해머 타격으로 움푹 들어간다.	백악, 암염	50~250, N 〉 0/10	2
E2	R1	매우 약함 (Very Weak)	지질 해머의 끝으로 쳤을 때 부스러지며, 주머니 칼로 자를 수 있다.	심한 풍화 변질된 암석	10~50, N 〈 0/10	1
E3	R0	극히 약함 (Extremely Weak)	손톱에 의하여 파임	토사	〈 10, N 〈 30	0

암석 종류 \ 암석 강도		A	B	C	D	E1	E2	E3
1	규암, 현무암, 암산암 등	D1	D2	D3	D3	D4	D5	D6
2	사암, 화강암, 편마암 등	–	D1	D2	D3	D4	D5	D6
3	세일, 천매암, 편암 등	–	–	D1	D2~3	D4	D5	D6
4	이암, 세일, 미사암 등	–	–	–	D1~2	D3~4	D5	D6

 또한 시추조사시 사용되는 지반 분류(지질조사품셈)로서의 '풍화암'과 굴착난이도를 중심으로 한 지반 분류(건설표준품셈)로서의 '풍화암'의 통일성 확보는 지반 조사시 사용된 분류 기준과 설계 및 시공시 사용된 분류 기준의 혼란을 방지하는 측면에서 주의 깊게 검토되어야 한다.

 일반적으로 굴착난이도 또는 지반 안정성 측면에서 지반을 분류할 때, 가장 우선적으로 고려되는 것은 암반의 강도를 결정하는 암석의 강도와 절리 상태이다. 이 중 암석의 강도는 신선암의 강도를 결정하는 '암석의 종류'와 '풍화도'의 함수로 볼 수 있다. 표 5-6은 RMR 또는 ISRM 기준에 의한 암석의 강도 기준을 암석의 종류 및 풍화도의 관계에 의해 설명한 것이다. 이러한 암석의 강도와 암석 종류 및 풍화도의 직접적 연관성은 지표지질조사 및 굴착면의 육안 관찰시 효과적인 암반의 분류에 기여할 수 있을 뿐 아니라, 시추조사의 기재에도 효과적으로 활용되어야 한다. 국내에서 일반적으로 적용되는 시추 주상도에서 암석의 연경도에 의한 암반 분류(풍화암 등)와 함께, 강도 분류 및 풍화 분류가 동시에 기재되고 있으나, 이러한 분류 기준이 일치하지 않을 뿐 아니라, 풍화도의 상대적 강도 저감의 대상이 되는 암석의 종류에 대한 기재가 불충분한 것이 사실이다.

 그림 5-9는 이러한 문제를 해소할 수 있도록 제시된 시추 주상도 안으로서 주상도 안으로서 암석 종류(지질)와 품셈상 연경도 구분(지층)을 동시에 수행하며, 그 외의 강도 및 풍화 등 기재 사항을 동일한 국제기준(ISRM)에 따라 기재할 수 있도록 구성한 것이다. 이러한 시추 주상도의 활용은 품셈상의 연경도 구분뿐 아니라, RMR 등 지반 안정성을 목적으로 한 지반 분류가 동시에 가능할 뿐 아니라, 분포하는 암석의 종류를 식별하여 지반의 상태를 보다 효과적으로 인지할 수 있는 기능을 할 수 있다.

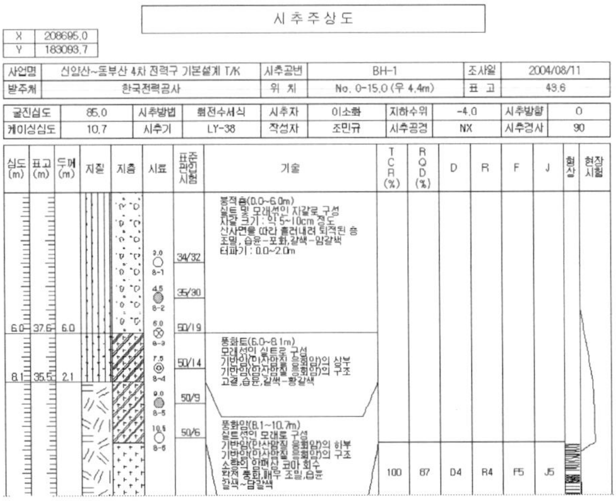

그림 5-9. 시추주상도 안

5.4 결 론

이상에서 암반 풍화대의 특성을 제어하는 주요 요인과 이의 조사 방법 및 사례를 검토하고, 일정한 혼란을 유발할 수 있는 '풍화 상태'에 대한 평가와 소위 '풍화암'에 대한 평가의 차이점을 중심으로 그 극복 방안에 대한 몇 가지 생각을 기술하였다. '풍화대'의 특성에 대한 정확한 조사와 분석과 함께 그 '용어' 및 '기준'이 정립되어야 할 시점이다.

06 풍화대에서의 터널 굴착 및 보강공법 설계 사례

▌신 영 완

6.1 서 론

최근 국가경제 규모의 증가로 교류되는 물동량 및 교통량이 증대되고 있으며, 국토의 균형적인 발전을 위하여 다양한 사회기반 시설물의 계획 및 시공이 진행되고 있다. 사회기반 시설의 연결고리인 교통망은 통행의 품질향상과 용지보상 및 환경적인 문제 등으로 선형이 직선화되어 계획됨에 따라 전체 노선 중 교량 및 터널구간이 증가되고 있는 추세이다.

특히, 터널의 경우, 산악지형이 많은 우리나라의 지형적인 특성을 고려하였을 때, 교통망의 신설 및 개량계획의 주요 구조물로서 그 중요도가 매우 높다. 현재 국내의 터널설계 및 시공기술은 지속적인 기술개발과 많은 시공경험으로 상당한 수준인 것으로 평가되나, 예측하기 곤란한 불확실성을 내포한 지반에 대하여 국부적인 지반조사 결과를 토대로 터널설계 및 시공계획을 수립해야 하는 어려움이 있어 시공 중 지속적인 막장관찰 및 계측관리를 통하여 대상 굴착지반에 적정한 지보패턴 변경이 수반된다.

본 중앙선 00~00간 복선전철 건설공사의 OO터널과 같이 굴착 중 설계단계에서 파악하지 못한 불량한 지반조건과 다량의 지하수 유출조건을 만나 장·단기적인 터널의 안정성을 확보하기 위한 대책공법을 선정하는 경우가 많다.

터널의 보강대책공법의 적용은 시공 중의 안정성과 더불어 운영 중의 안정성도 확보되어야 하므로, 굴착대상 지반에 대하여 폭넓고 구체적인 조사계획 수립이 요구된다. 따라서, 시추조사 및 물리탐사와 실내 및 현장시험을 수행하여 수집된 자료를 토대로 터널 전방 굴착지반의 공학적인 특성 및 수리적인 특성을 재평가한 후, 다각도의 안정성 검토를 수행하여 현장의 지반특성 및 시공여건에 적정한 보강대책공법과 공사 중 배수계획을 수립하였다.

6.2 시공현황

본 터널은 원안설계에 준하여 시점부로부터 종점 관통부로 굴착을 진행하던 중, 불량한 암반의 출현으로 암판정에 의한 지보패턴 변경(지보패턴3→지보패턴4-1)을 통하여 굴착을 수행하였다.

굴착 중, 원안설계에서 예측하지 못한 토사화가 진행된 지반조건과 다량의 막장면 지하수 유출로 인하여 터널 굴착이 곤란한 것으로 평가함에 따라, 강관보강 그라우팅에 의한 터널천단부 보강과 숏크리트에 의하여 터널 막장을 폐합시켜 터널의 안정성을 확보한 후 터널굴착을 중지하였다.

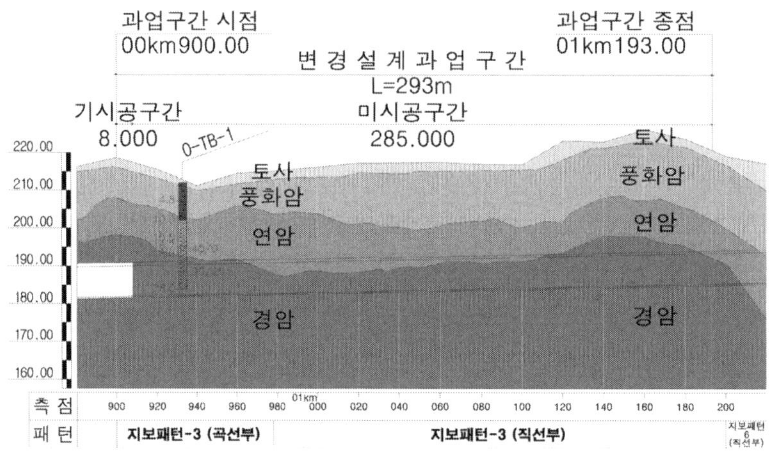

그림 6-1. 원설계 지반조건 및 시공현황

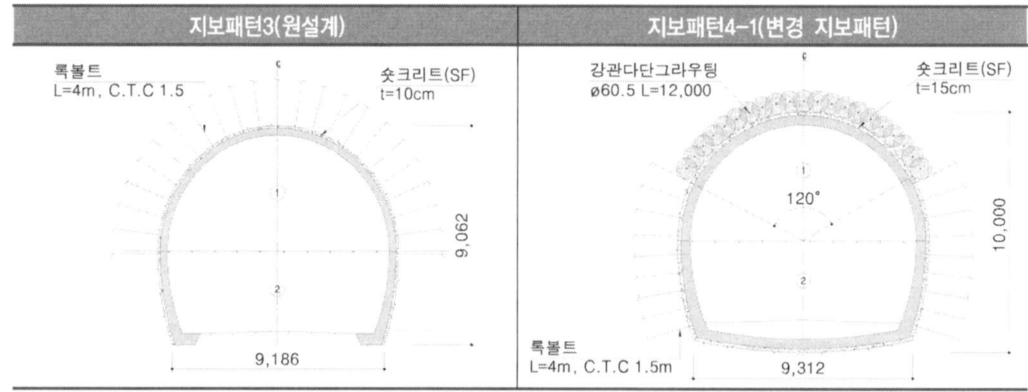

그림 6-2. 원설계 및 변경지보패턴

6.3 변경설계 발생원인 고찰

일반적으로 터널에서의 설계변경은 터널붕괴 사고원인 해결에 목적을 두므로, 과업구간 현황이 어떠한 원인의 붕괴사고를 유발시킬 수 있는가를 파악하는 것이 현장에 부합되는 최적의 대책공법 선정에 매우 중요한 인자로 작용하므로 이에 대한 파악 및 평가가 요구된다.

표 6-1. 터널사고 원인 및 유형별 특성

구 분	터널사고 원인의 유형	유형별 특성	평 가
설 계 측 면	예상하지 못한 지질학적 원인	• 불량한 지반조건의 출현 • 지반특성 파악을 위한 충분한 조사 미비 • 부적절하게 평가된 지반조사 자료를 통한 설계입력정수 결정	○
	계획과 시방조건 미비	• 저토피부 형성 • 지질학적 조건을 고려하지 못한 굴착계획 • 지반특성의 평가 및 판단의 오류에 의한 부적합한 지보패턴 적용 • 부적합한 지보재 및 허용오차 선정	△
	수치해석 및 구조계산의 오류	• 설계입력자료 입력의 오류 • 지하수 영향 미고려 • 부적절한 해석모델 및 계산 프로그램 적용	−
시 공 측 면	시공 실수	• 도면 및 설계시방에 부합되지 못한 굴착계획 및 지보재 시공	−
	경영과 관리 실수	• 경험이 미숙한 시공관리인의 상주 • 터널 시공실적 및 능력이 저급한 시공사 선정 • 불합리한 감리제도 도입 • 터널 시공시, 계측결과의 반영 미숙	−

본 과업구간은 원설계시 상부에 과수원 위치에 따른 민원발생으로 지반조사가 수행되지 않아 터널구간 지반분포 및 특성을 정확하게 파악하지 못하여 적정한 지보패턴 및 보강계획을 수립하지 못한 경우로 판단되었다.

따라서, 현장 지반상태를 파악하기 위하여 추가적인 지반조사 계획을 수립하여 현장상황에 적합한 최적의 대책공법을 선정하여 변경설계를 수행하였다.

6.4 지질 및 지반특성

6.4.1 원설계 지질 및 지반특성 고찰

과업구간의 지질특성은 제4기 충적층과 중생대 쥐라기 화강암류에 속하는 각섬석흑운모화강암, 흑운모화강암 및 복운모화강암이 광역적으로 분포되어 있으며, 각 암상의 광물성분과 조직의 변화는 심도 및 분포지역에 따라 점이적인 양상을 나타내는 것으로 조사되었다.

원안 설계시 민원발생에 의한 시추조사 미시행으로 물리탐사(탄성파탐사)에 의존한 지층분포 파악 및 암반등급을 분류하는 것으로 계획하였다.

그 결과, 탄성파속도가 3,406m/sec이상 측정됨에 따라, 근접 수행된 시추조사 결과와 연계하여 암반등급을 III등급의 연·경암으로 평가하여 설계(지보패턴3)에 반영하였다.

6.4.2 변경설계를 위한 지반조사

지질 및 지형도 분석을 통한 지질학적인 특성과 단계별 굴착에 의한 막장의 암반상태 및 지하수 유출현황 등을 종합적으로 파악하여 시추조사 및 물리탐사(전기비저항 탐사)를 수행하였다. 또한, 현장 및 실내시험을 수행하여 지반의 공학적 특성 및 수리학적 특성을 파악하였다.

가. 지층분포 및 지반 공학적 특성

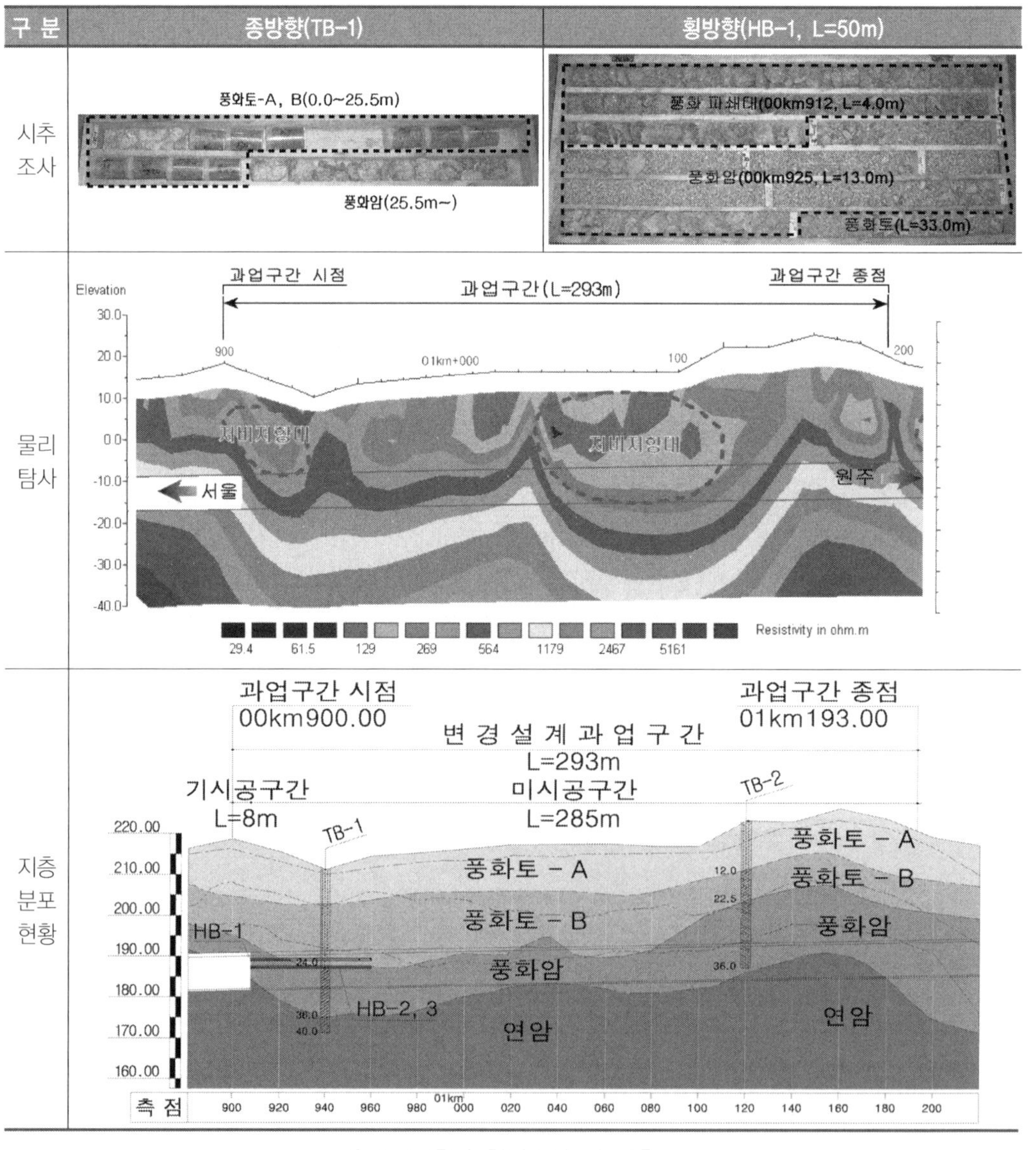

그림 6-3. 추가 현장조사 및 지층분포

지반조사 계획에 의하여 추가 수행된 연직(TB-1,2) 및 수평시추(HB-1,2,3) 결과, 풍화토 및 풍화암층이 터널하부까지 분포되어 있는 것으로 파악되었으며, 특히 과업시점부에서는 그 경향이 더욱 두드러지게 나타나 암반분류(RMR, Q분류)에 의한 암반등급 평가가 불가능한 것으로 파악되었다. 또한, 지반의 지층분포 특성을 광역적으로 파악하기 위하여 수행된 물리탐사(전기비저항 탐사) 결과, 300Ω·m 이하의 낮은 비저항 값을 나타냈으며, 비교적 폭넓은 저비저항대가 존재하는 것으로 파악되었다.

따라서, 시추조사 및 전기비저항 탐사 결과에 의한 지층분포 현황은 그림 6-3과 같이 사질토 성분의 풍화토 및 풍화암층이 터널 계획노선 주변에 폭넓게 분포하는 것으로 검토되었다.

나. 수리학적 특성

막장 전방의 지반상태를 파악하기 위하여 계획된 수평시초조사(HB-1, 2, 3, L=50m) 계획에 의하여 최초 HB-1을 시추한 결과, 투수계수가 큰 사질토 성분의 풍화토 및 토사화가 진행된 풍화암이 분포하는 것으로 확인되었으며 시추공을 통하여 상당량의 지하수가 유출되었다.

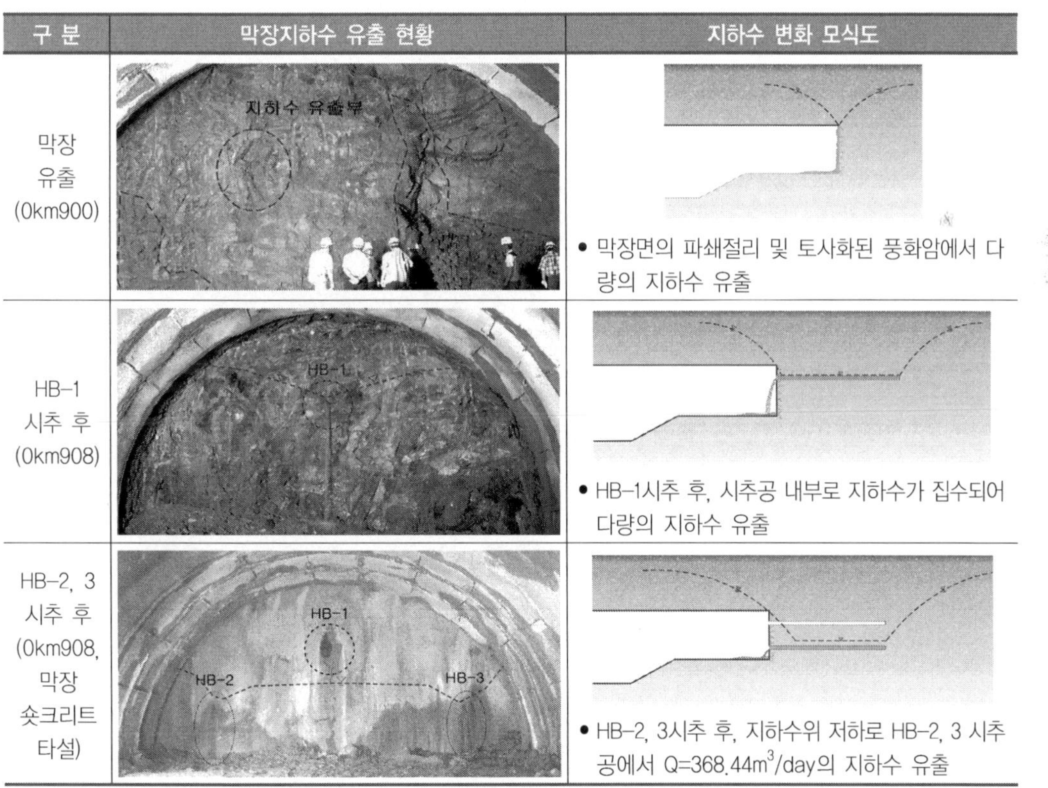

구 분	막장지하수 유출 현황	지하수 변화 모식도
막장 유출 (0km900)		• 막장면의 파쇄절리 및 토사화된 풍화암에서 다량의 지하수 유출
HB-1 시추 후 (0km908)		• HB-1시추 후, 시추공 내부로 지하수가 집수되어 다량의 지하수 유출
HB-2, 3 시추 후 (0km908, 막장 숏크리트 타설)		• HB-2, 3시추 후, 지하수위 저하로 HB-2, 3 시추공에서 Q=368.44m³/day의 지하수 유출

그림 6-4. 수평시추공 배수에 의한 지하수위 변화

따라서, 막장면을 통하여 유출되는 지하수의 분포 및 유량을 파악하기 위하여 단계적으로 HB-2, 3을 추가 시추한 후, 막장관찰과 유량측정 시험을 수행한 결과, 그림 6-4의 지하수 변화 모식도와 같이 HB-2, 3시추로 인하여 HB-1의 지하수 유출은 서서히 감소하다 정지되었으며, 주변 지반의 함수비가 서서히 감소되는 것이 확인되었다. 또한, HB-2, 3을 통하여 유출되는 지하수 유량은 $368.44\text{m}^3/\text{day}$인 것으로 측정되었다.

6.4.3 설계 지반정수 산정

터널안정성 검토를 위한 지반정수는 터널안정에 직접적으로 영향을 미치는 터널 천단 1.0~2.0D(터널 폭)구간의 지반에 대하여 실내 및 현장시험을 통하여 표 6-2와 같이 지층별 지반정수를 결정하였다.

표 6-2. 과업구간 지층별 지반 특성값

구 분	단위중량 $(\gamma, \text{tf/m}^3)$	변형계수 $(E, \text{tf/m}^2)$	포아송비 (υ)	점착력 $(c, \text{tf/m}^2)$	내부마찰각 $(\phi, °)$	투수계수 $(K, \text{cm/sec})$
풍화토-A	1.80	2,200	0.35	2.00	30	
풍화토-B	1.84	4,100	0.32	1.48	33	K=8.434E-04
풍화암	2.00	7,300	0.30	1.80	34	
연 암	2.36	130,000	0.27	14.0	39	

6.5 터널 안정화 대책공법 검토

과업 터널구간에 시행된 지반조사 및 막장관찰 결과, 심한 풍화작용에 의해 토사화된 지반 조건과 다량의 지하수 유출조건($Q=368.44\text{m}^3/\text{day}$)으로 인하여 현장 여건에 적정한 터널단면, 굴착공법 및 보강공법의 검토가 요구되었다. 따라서, 터널 안정성 및 현장 적용성을 고려하여 안정화 대책을 검토하였다.

6.5.1 터널단면 및 굴착공법 검토

가. 터널단면 검토

과업 터널구간의 지반조건은 굴착이 진행될수록 매우 풍화된 풍화암층 및 풍화토층이 터널 바닥부까지 분포됨에 따라, 굴착 내공단면 및 막장의 안정성에 주안점을 두어 터널단면의 형 상을 검토하였다.

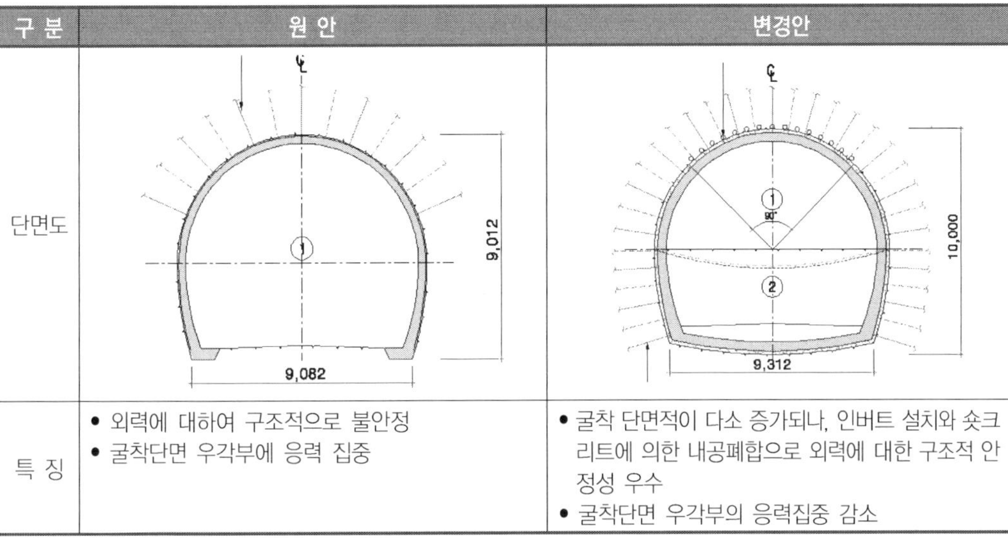

구 분	원 안	변경안
단면도	9,012 / 9,082	10,000 / 9,312
특 징	• 외력에 대하여 구조적으로 불안정 • 굴착단면 우각부에 응력 집중	• 굴착 단면적이 다소 증가되나, 인버트 설치와 숏크리트에 의한 내공폐합으로 외력에 대한 구조적 안정성 우수 • 굴착단면 우각부의 응력집중 감소

그림 6-5. 원안 및 변경설계 터널단면도

나. 터널 굴착공법 검토

일반적으로 터널 굴착시, 터널의 안정성은 적정한 지보 시스템과 보조공법의 조기 시공으로 확보되나, 지반조건 및 시공조건과 같은 현장여건이 반영된 시공시간을 고려할 때 굴착 직후 막장의 안정성 확보가 필요하므로, 문헌자료(RMR분류)에 의한 막장 무지보 자립시간 검토를 통하여 굴착공법 및 보강공법의 적용성을 평가한 후 수치해석을 통한 적용 굴착공법의 적정성을 평가하였다.

1) 굴착공법의 적용성 검토

추가 지반조사 결과, 터널 막장 전방의 지반은 매우 심한 풍화작용에 의하여 토사화가 진행

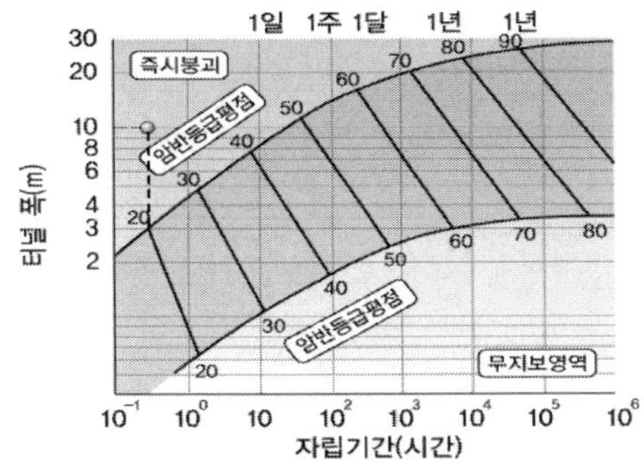

• 무지보 스팬을 추정하여 터널 폭이 무지보 스팬보다 크면 분할굴착이 필요
• 터널 폭에 대한 무지보 자립시간이 짧으면 분할굴착 및 보조공법 필요

그림 6-6. RMR 등급에 의한 터널 무지보 자립시간 평가

된 상태로, 굴착 중 수행된 암판정 결과(0km908, RMR=21점)를 고려하여 RMR 분류의 최하 등급인 RMR〉20로 가정하여 무지보 자립시간을 검토하였다.

RMR 등급에 의한 터널의 무지보 자립시간을 검토한 결과, 터널 폭이 3.0m 이하의 분할굴착이 필요하며 과업 터널구간의 불량한 지반 및 수리적인 특성을 고려하였을 때, 터널 분할굴착 계획과 더불어 추가적인 막장 안정화 대책 및 보조공법의 적용이 요구되는 것으로 검토되었다.

2) 분할굴착 공법 검토

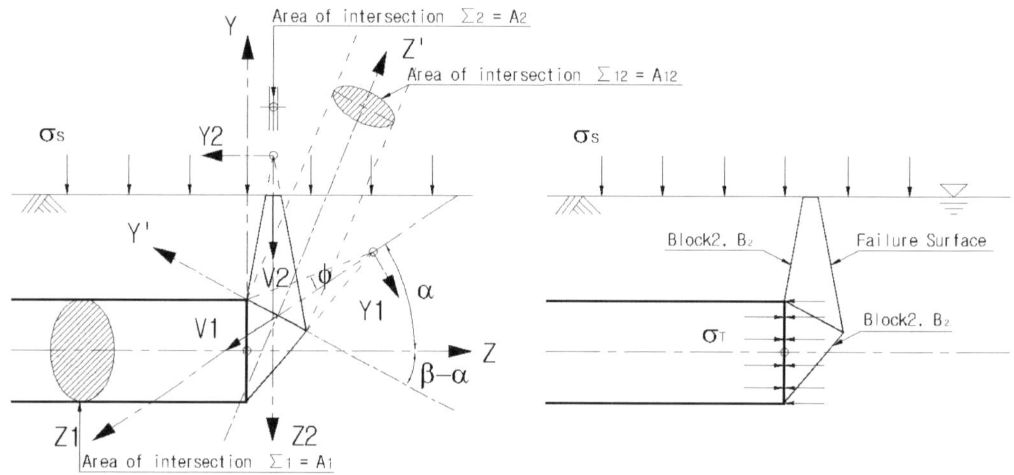

그림 6-7. 막장의 콘블록 파괴 메커니즘

과업터널구간의 지반은 공학적인 강도특성이 매우 취약하여 터널막장의 안정성을 보장할 수 없는 상태로 평가되었다. 그러므로 굴착 중 막장지반의 전단저항력 감소에 의한 콘블록 형태의 파괴가 발생할 가능성이 매우 높은 것으로 판단되었다.

따라서, 수치해석을 통하여 원 설계에서 계획된 상하분할 굴착과 막장 안정화 대책으로 일반적으로 적용되는 링컷 굴착(Ring Cut)의 거동특성을 평가하여 적용성을 검토하였다.

3차원 수치해석을 통한 상하분할 및 링컷 굴착에 대한 거동특성을 검토한 결과, 과업구간의 불량한 지반조건의 영향으로 상하분할 굴착의 경우, 막장면 전단저항력의 감소로 천단 및 내공변위가 크게 발생되었으나, 링컷 굴착의 경우에는 코어부의 막장지지 효과로 변위량이 상당 부분 감소하는 것으로 검토되었다. 따라서, 굴착 작업시 터널의 안정성 확보를 위하여 링컷 분할굴착공법을 변경설계에 반영하였다.

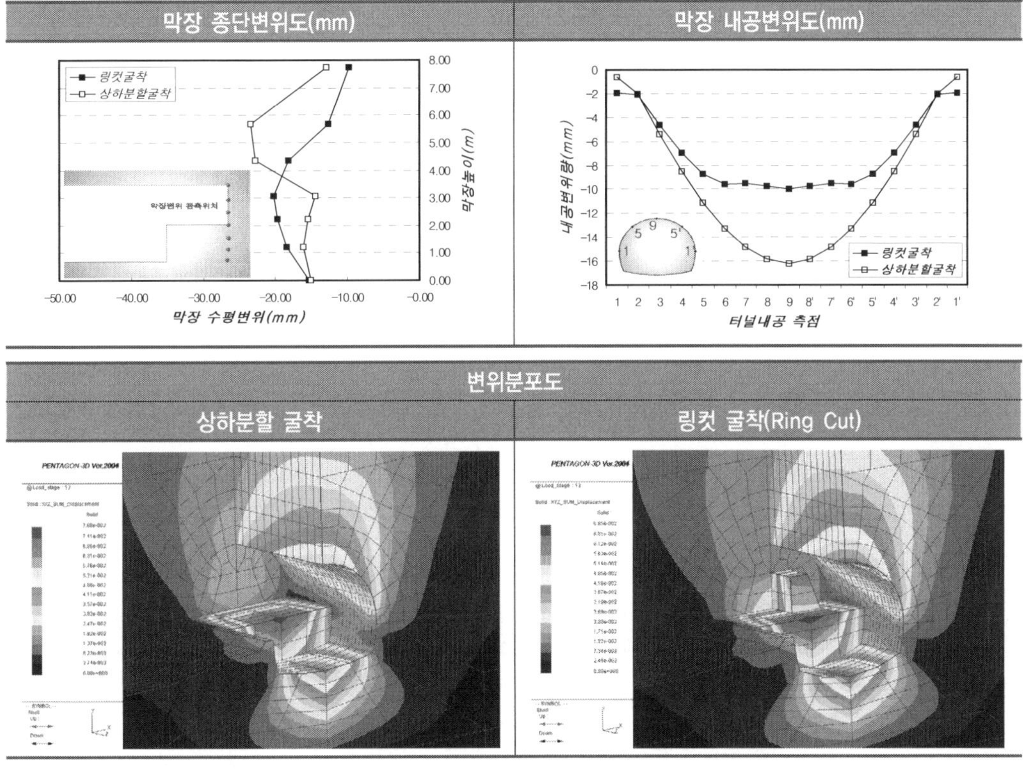

그림 6-8. 상하분할 및 링컷 굴착에 의한 터널 거동특성 분석

6.5.2 보강공법 검토

본 과업구간 터널시공계획은 앞에서 언급한 바와 같이 터널 무지보 구간 및 막장의 안정성 확보를 위하여, 분할굴착, 막장 안정화 대책 및 보강공법 적용이 요구되는 것으로 검토되었다. 따라서, 코어의 막장보강으로 종방향 아칭효과에 의한 지반의 전단강도 증진이 기대되는 링컷 분할굴착공법의 적용을 제안하였으나, 과업구간 지반의 강도 및 수리적인 특성이 매우 불량하여 지반 자체의 강도증진은 한계성이 있는 것으로 판단됨에 따라, 추가적인 지보보강공법의 적용이 요구되는 것으로 평가되었다.

일반적으로 터널 갱내보강 방안으로는 강관과 그라우팅에 의하여 빔아치 형성을 기대할 수 있는 선진보강공법(UAM)이 적용되며, 지반 및 수리적인조건에 따라 강관의 제원, 보강범위 및 그라우팅 주입재를 선택적으로 적용한다.

따라서, 과업 터널구간의 지반조사에 의한 지층분포 및 다량의 지하수 유출조건을 토대로 지보패턴 구간을 결정한 후, 강관의 보강범위 및 그라우팅 주입재를 표 6-3과 같이 적용하는 것으로 계획하였다.

표 6-3. 변경설계 지보패턴 및 보강공법 적용

구 분	지보패턴5-3	지보패턴5-4
개요도	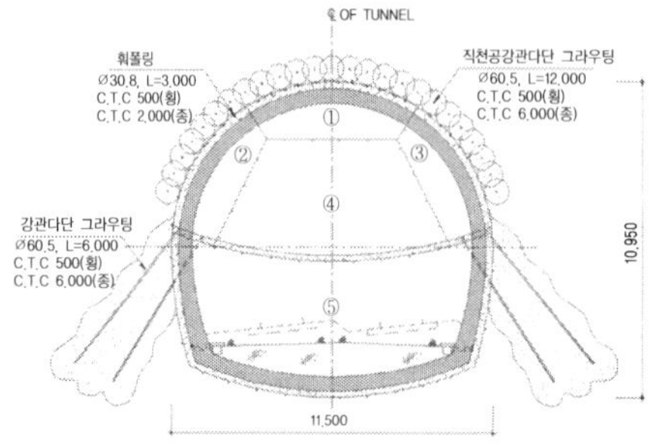℄ OF TUNNEL 훠폴링 Ø30.8, L=3,000 C.T.C 500(횡) C.T.C 2,000(종) 직천공강관다단 그라우팅 Ø60.5, L=12,000 C.T.C 500(횡) C.T.C 6,000(종) 강관다단 그라우팅 Ø60.5, L=6,000 C.T.C 500(횡) C.T.C 6,000(종) ① ② ③ ④ ⑤ 10,950 11,500	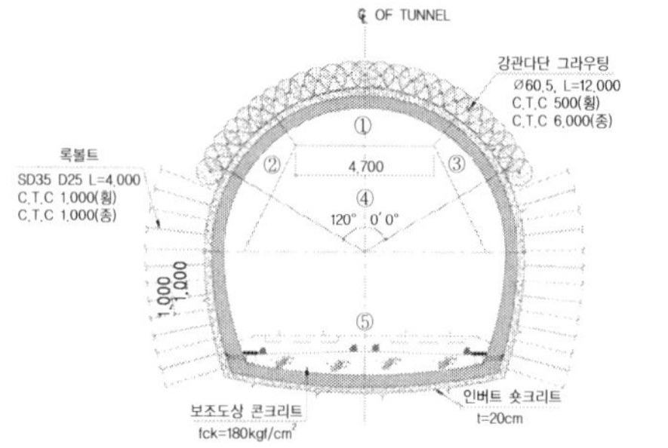℄ OF TUNNEL 강관다단 그라우팅 Ø60.5, L=12,000 C.T.C 500(횡) C.T.C 6,000(종) 록볼트 SD35 D25 L=4,000 C.T.C 1,000(횡) C.T.C 1,000(종) ① ② ③ ④ ⑤ 4,700 120° 0' 0° 1,000 1,000 보조도상 콘크리트 fck=180kgf/cm² 인버트 숏크리트 t=20cm
지 반 특 성	• 터널 상반 – 사질 풍화토 • 터널 하반 – 풍화암	• 터널 상반 – 풍화암 • 터널 하반 – 풍화암 및 연암
보 강 공 법	• 직천공 강관보강 그라우팅 • 측벽지지 파일 • 시멘트밀크 주입	• 일반 강관보강 그라우팅 • 시멘트밀크 주입
공 법 특 성	• 터널 천단에서 측벽부까지 분포된 사질 풍화토에 의하여 강관 천공시 공벽의 붕괴가 예상되므로, 직천공 강관보강 그라우팅 적용 • 터널 하반 굴착시, 지반이완으로 인한 터널변형을 억제하기 위하여 측벽지지 파일 적용	• 터널 굴착 전, 강관을 아치부까지 부채살 형태로 설치하고, 시멘트를 주입하여 지반을 고결시켜 빔 아치 형성

6.5.3 터널 안정성 검토

과업 터널구간의 지반조사에 의하여 결정된 지반 및 수리 특성값을 고려하여 보강공법이 적용된 구간별 지보패턴의 안정성을 검토하였다. 검토단면은 각 지보패턴 지반특성을 가장 크게 반영할 수 있는 지점을 선정하여 수치해석을 수행하였다.

가. 지보재 안정성 검토

수치해석을 통하여 보강공법이 고려된 터널 안정성 검토를 위하여 관련 설계 및 문헌자료를 기초로 해석영역, 강관보강그라우팅 보강영역의 지반정수 및 하중 분담률을 결정하였다. 특히, 과업구간의 불량한 지반조건에서의 강지보재(LG−95×22×32)는 휨응력에 대한 지보효과를 발휘하는 역할을 하므로 최적설계를 위하여 안정검토에 그 지보효과를 고려하여 안정성 검토를 수행하였다.

안정성 검토는 지반구조물 범용 수치해석 프로그램인 FLAC 2D를 이용하여 터널 시공단계를 모사하였다.

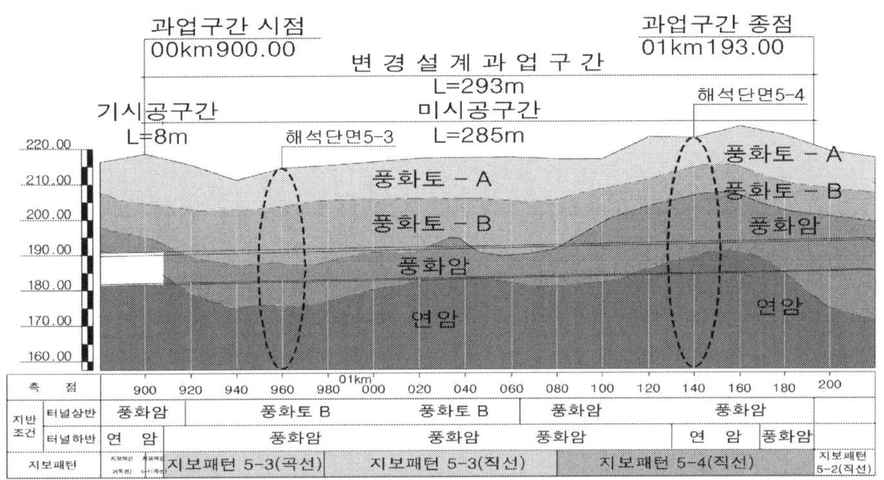

지보 패턴	굴진장 (m)	숏크리트 (cm)	록볼트 (종×횡,m)	강지보재 (mm)	보강공법	라이닝 (cm)
5-3	1.0 (링컷)	25.0	–	LG-95×22×32	직천공 강관보강 그라우팅(상부, 측벽부) + 훠폴링	40
5-4	1.0 (링컷)	25.0	1.0×1.0	LG-95×22×32	강관보강 그라우팅(상부) + 훠폴링(상부)	40

그림 6-9. 구간별 지보패턴 적용 및 해석위치도

1) 강관보강 그라우팅영역 지반 특성값

강관보강 그라우팅에 의한 지반 특성값 변화는 일반적으로 변형계수(E) 및 강도정수(c, ϕ)가 증가된다. 여러 관련문헌에 따라 다소 차이가 있으나, 본 과업구간의 사질 풍화토 및 풍화암 조건에서는 변형계수는 20~40배, 점착력은 주입재의 종류에 따라 매우 크게 증가되는 것으로 제시되어 있다.

본 변경설계에서는 안전측 검토를 위하여 강관에 의한 보강효과는 배제하였으며, 그라우팅 보강영역에 대하여 변형계수 및 점착력이 풍화토는 5배, 풍화암은 4배 증가하는 것으로 고려하였다.

표 6-4. 강관보강 그라우팅영역 지반 특성값

구 분	단위중량 (γ, tf/m³)	변형계수 (E, tf/m²)	포아송비 (υ)	점착력 (c, tf/m²)	내부마찰각 (ϕ, °)
풍화토-B	1.84	20,500	0.32	7.40	33.0
풍화암	2.00	29,200	0.30	7.20	34.0

2) 하중 분담률

링컷 굴착에 의한 막장 지지코어의 지보효과를 고려한 하중 분담률 산정식을 적용하여 지보 패턴별 하중 분담률을 결정하였다.

표 6-5. 하중 분담률 적용식(링컷 분할굴착)

시공단계	계 산 식	지지코어 크기에 따른 보정
굴착	α = 3.340L + 3.778ln(E)	· α에 대한 보정 : 33~36R 만큼 감소
연한 S/C	β = 100 − α − γ	· γ에 대한 보정 : 28R 만큼 증가
강한 S/C	γ = −3.126L + 3.391D	· R(코어단면적비) : 코어단면적/터널단면적

3) 강지보공을 고려한 숏크리트 단면특성 검토

일반적으로, 강지보재는 숏크리트 강도가 발현되기 전에 지보재 역할을 수행하는 임시 지보재로 간주하고 안전측으로 안정검토시 고려하지 않으나, 과업구간과 같은 매우 불량한 지반조건에서는 상당한 지반변위가 발생하게 되어 숏크리트와 일체화되어 지속적인 지보효과를 발휘하므로 최적설계를 위하여 아래와 같은 등가탄성계수(E_0)를 산정하여 수치해석에 적용하였다.

표 6-6. 강지보를 고려한 숏크리트 등가 탄성계수(E_0) 적용 개념

격자지보 적용 개념도	합성단면 특성치 산정
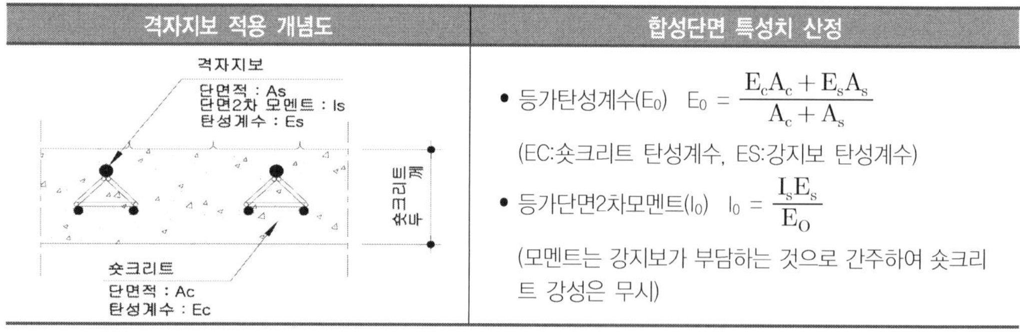	· 등가탄성계수(E_0) $E_0 = \dfrac{E_c A_c + E_s A_s}{A_c + A_s}$ (EC:숏크리트 탄성계수, ES:강지보 탄성계수) · 등가단면2차모멘트(I_0) $I_0 = \dfrac{I_s E_s}{E_O}$ (모멘트는 강지보가 부담하는 것으로 간주하여 숏크리트 강성은 무시)

4) 수치해석에 의한 안정검토 결과

상기 지반 및 보강공법을 포함한 지보재 조건을 고려하여 수치해석을 수행한 결과, 지보재의 부재력은 허용값 이내로, 안정한 것으로 평가되었다. 단, 천단 및 내공변위가 다소 크게 발생되는 경향을 나타내므로, 시공시 지속적인 계측을 통한 안정관리가 필요한 것으로 판단된다.

표 6-7. 지보패턴별 터널 안정성 검토결과

구 분	지보패턴5-3			지보패턴5-4		
최대 주응력도						
변위 및 부재력	최대값	허용값	평가	최대값	허용값	평가
변위 (cm) 천단	10.96	–	–	8.08	–	–
변위 (cm) 내공	4.56	–	–	4.06	–	–
휨압축응력 (kgf/m²) 숏크리트	38.5	84.0	O.K	56.4	84.0	O.K
휨압축응력 (kgf/m²) 강지보	2,586	3,000	O.K	2,453	3,000	O.K
전단응력(kgf/m²)	315.0	1,700	O.K	194.0	1,700	O.K
록볼트 축력(tonf)	–	8.87	–	3.40	8.87	O.K

나. 콘크리트 라이닝 검토

콘크리트 라이닝은 터널의 주지보재의 기능 저하 혹은 상실에 따른 구조적인 기능과 미관 및 유지관리 등과 같은 비구조적 기능을 수행한다. 콘크리트 라이닝의 설계 및 검토는 구조적인 기능이 확보되는 콘크리트 라이닝의 단면형상과 철근의 보강 유무 혹은 최적의 철근량을 산출하는 것이 목적이므로, 대상 지반의 공학적 특성 및 수리적인 특성이 반영된 외력을 결정하는 것이 매우 중요하다.

이완토압 개념도	이완 토압식
	$$W_r = \frac{B_1\left(\gamma - \dfrac{c}{B_1}\right)}{K\tan\Phi}\left(1 - e^{K\tan\Phi\frac{h}{B_1}}\right)$$ $$B_1 = \frac{D}{2}\cot\left(\frac{\pi/4 + \Phi/2}{2}\right)$$

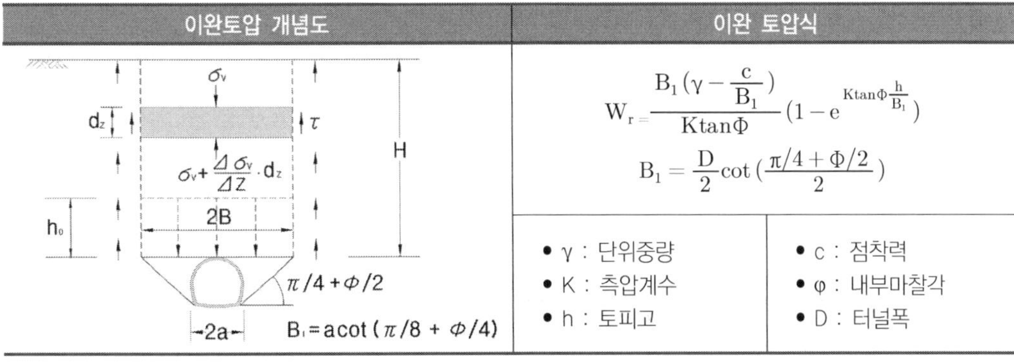

- γ : 단위중량
- K : 측압계수
- h : 토피고
- c : 점착력
- φ : 내부마찰각
- D : 터널폭

그림 6-10. Terzaghi 이완토압 개념도 및 토압산정식

따라서, 과업 터널구간의 사질 풍화토 및 풍화암조건과 높은 지하수위를 고려하여, 암반이 완하중(Wr)은 그림 6-10과 같이 Terzaghi의 이완 토압식에 의하여 결정하였으며, 잔류수압 (Ww)은 지반의 세립토 유입으로 터널 배수층의 기능저하를 예상하여 0.5Ht(Ht:터널높이)가 작용되는 것으로 가정하여 다양한 하중조합에 의하여 구조검토를 수행하였다.

1) 콘크리트 라이닝 구조검토 결과

콘크리트 라이닝에 작용할 것으로 예상되는 외력을 다양한 하중조합으로 고려하여 구조해석을 수행한 결과, 매우 큰 하중조건에 의하여 단면두께 40cm와 표 6-8와 같은 철근보강이 필요한 것으로 검토되었다.

표 6-8. 지보패턴별 터널 안정성 검토결과

구 분	지보패턴5-3			지보패턴5-4		
구조도 (T=40cm)						
관측위치	주철근	전단철근	사용성	주철근	전단철근	사용성
천단부	D29@125	–	O.K	D29@125	D13@300–2EA	O.K
아치부	D29@125	D19@300–2EA	O.K	D29@125	–	O.K
우각부	D29@125 D22@125	D19@150–4EA	O.K	D22@125	D19@150–4EA	O.K
기초부	D25@125 D22@125	D19@300–2EA	O.K	D29@125	–	O.K

6.6 지하수위 저하공법의 적용성 검토

터널의 배수설계는 지하수에 의한 터널안정성 저하를 방지하기 위한 것으로, 공사 중과 운영 중으로 구분된다. 일반적으로 공사 중 배수계획은 굴착 중 터널 내부로 유입되는 지하수의 처리계획이고, 운영 중 배수계획은 NATM 터널 배수계획에 따라 방수막, 부직포 및 배수관의 설치로 지보시스템 및 콘크리트 라이닝의 안정을 도모하는 것을 의미한다.

그러나 본 과업터널구간과 같이 투수계수가 매우 큰 사질의 풍화토 및 풍화암조건과 다량의 지하수 유출조건에서는 공사 중 지하수 유출에 의하여 지반의 전단강도 소실로 인한 지보 시스템에 심각한 문제점을 야기시키고 숏크리트 타설의 곤란 등의 문제점이 발생할 수 있으므로 차수그라우팅 및 배수공 설치와 같은 적극적인 공사 중 배수계획의 수립이 요구된다.

따라서, 추가 조사단계에서 파악된 수리특성 결과를 토대로 공사 중 지하수위 저하공법 적용을 계획하였다.

6.6.1 침투류 해석을 통한 검토

시간적, 공간적 가격을 두고 시행된 수평시추(HB-1,2,3, L=50m)를 통하여 집수되어 유출되는 유량을(Q=368.44m^3/day) 및 지하수 저하현상 등을 고려하여 선진 수평 배수공에 의한 배수계획을 수립하였다.

시공시 막장면을 통한 배수를 방지하여 안정성 확보와 작업환경을 개선하기 위하여 터널측면에 2공의 수평 배수공을 설치하는 것으로 계획하였고, 추가조사에서 파악된 투수계수(K=8.434E-04)를 기초로 침투류해석을 수행한 결과와 실측결과를 비교·검토하여 배수공의 제원을 결정하였다.

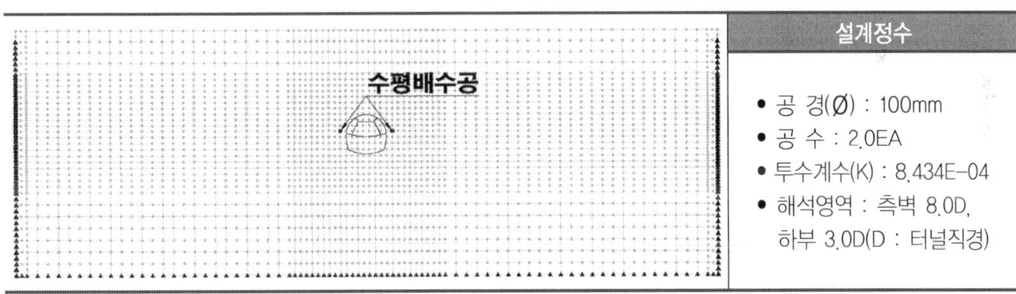

그림 6-11. 수치해석 모델링(SEEP/W) 및 설계정수

가. 지하수 유출량 변화에 따른 수평배수공 검토

지반의 수리조건은 지하수의 유입은 무한하며, 시간의 흐름에 따라 지하수위가 변화되는 부정류조건으로 검토하였다. 침투해석 및 현장 측정 용수량(Q=368.44m^3/day)을 비교·검토하여 수평 배수공의 연장을 결정하였다.

표 6-9. 시간별 지하수 유출량(Q) 발생경향

시간	유출량(m^3/day)	시간	유출량(m^3/day)
30분	1556	1개월	373
12시간	1323	2개월	235
1일	1203	4개월	167
1주일	748		

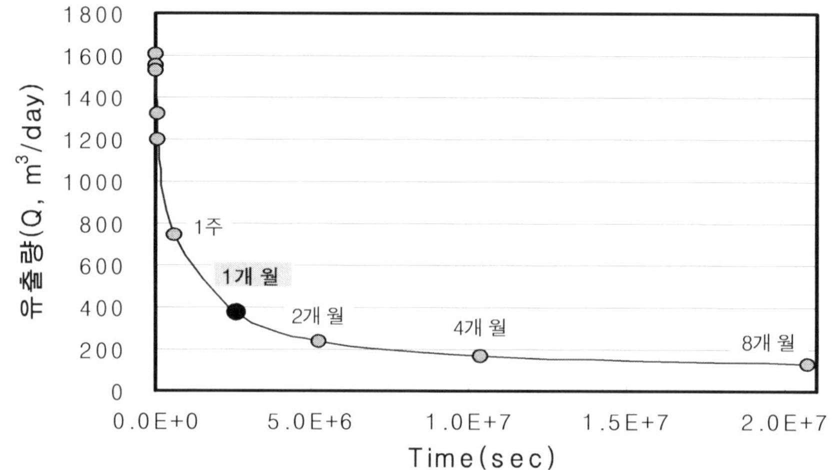

그림 6-12. 수치해석 모델링(SEEP/W) 및 설계정수

　시간에 따른 지하수 유출량 변화를 분석한 결과, 1개월 경과 후에 1일 유출량이 373m^{3}으로 수렴하는 양상을 나타내며, 현장에서 실측된 1일 유출량 368.44m^{3}과 매우 근사한 것으로 파악되었다. 따라서, 터널 굴진속도(2.0m(2막장)/day)를 고려하였을 때, 터널 측면에 중첩장을 갖는 길이 50m 이상의 수평 배수공의 설치가 적정한 것으로 검토되었다.

나. 지하수위 변화에 따른 막장 안정성 및 시공성 검토

　터널 굴착시, 막장을 통한 지하수 유출로 시공성 저하 및 지반의 전단강도 소실로 인하여 안정성 확보가 우려됨에 따라, 수평 배수공에 의한 시간별 지하수위 변화를 관찰하여 터널 막장의 안정성과 시공성을 검토한 결과, 연장 50m 이상의 수평 배수공을 중첩하여 설치할 경우, 지하수위는 터널 상반 하부에 위치하게 됨에 따라 막장 전방 지반의 전단강도 소실로 인한 위험성은 적을 것으로 판단되며, 터널 시공을 위한 작업환경의 개선으로 시공성이 향상될 것으로 검토되었다.

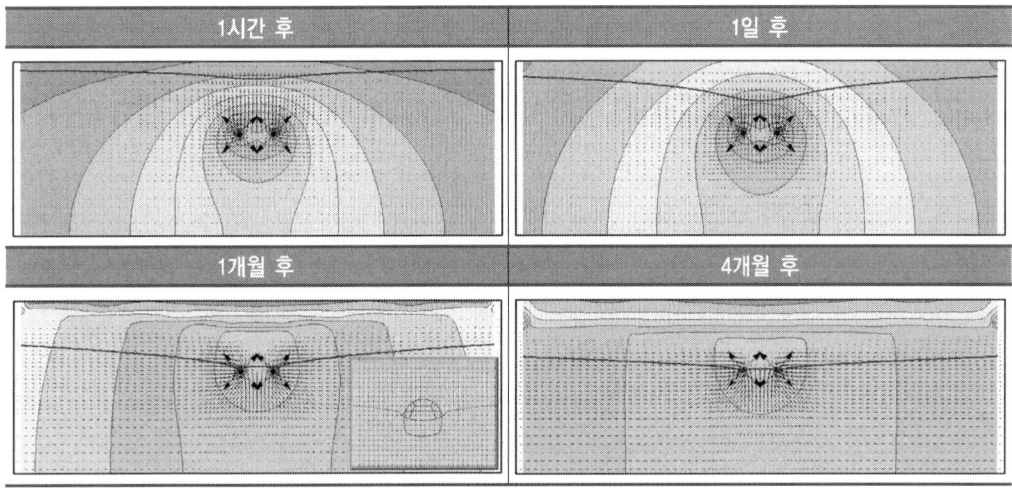

그림 6-13. 수평배수공에 의한 지하수위 저하 경향

6.6.2 공사 중 배수계획

상기 검토된 내용을 토대로 공사 중 배수계획을 아래와 같이 수립하였다.

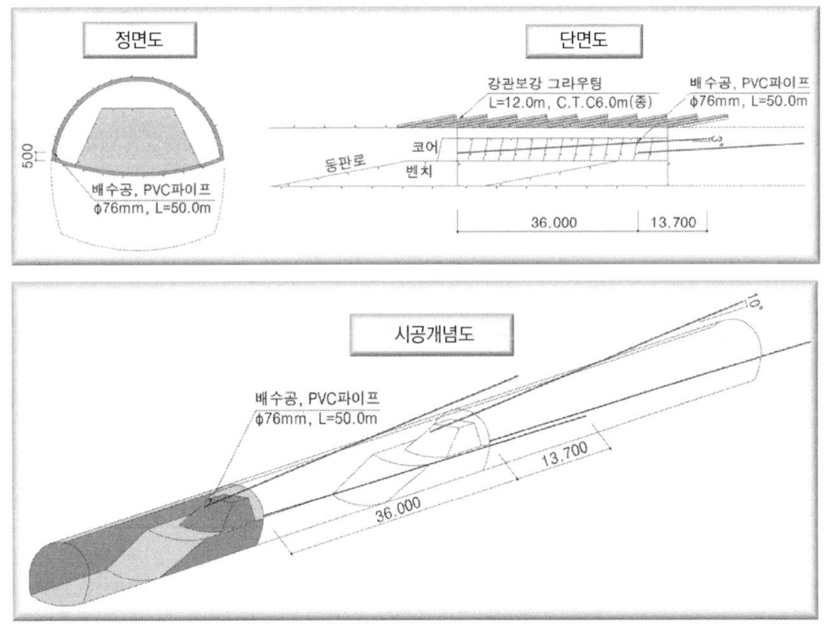

- 공 경(∅) : 76mm
- 연　장 : 50m
- 중 첩 장 : 13.7m
- 천 공 각 도 : 종 3.0° 횡 10°

그림 6-14. 공사 중 지하수 처리 계획도

6.7 결 론

　본 설계사례는 지하수가 과다 유출되는 풍화대 지반에서의 터널 대책공법에 대한 검토사례로서 적정한 지보패턴 및 보강공법 선정과 안정성 검토를 수행한 결과를 소개한 것으로 종합적인 결론은 다음과 같다.

가) 과업터널구간의 추가적인 지반조사를 수행한 결과, 토사화가 진행된 사질의 풍화토 및 풍화암이 폭넓게 분포하며, 지하수위가 높게 형성되어 다량의 지하수가 터널 내부로 유출되는 상태로 추가적인 보강공법 및 공사 중 배수계획 수립이 요구되는 것으로 평가되었다.

나) 유사지반 설계사례분석과 과업터널구간의 지반 및 수리특성을 종합적으로 고려하여 지보시스템 및 보강공법을 결정하였으며, 이에 대한 안정성 검토를 수행하였다.

다) 수치해석을 통한 안정성 검토 결과, 터널 안정화 대책공법으로 선정한 지보 보강량 증가, 인버트 설치, 강관보강그라우팅 보강 및 링컷 분할굴착공법은 적정한 것으로 검토되었다.

라) 공사 중, 배수계획은 연장 50m의 수평 배수공 2공을 터널 측면에 선시공하여 배수공 내부로 지하수를 집수하여 배출시키는 적극적인 형태로, 지하수위의 저하와 막장면을 통한 지하수 유출을 방지하므로서 터널 무지보 구간의 안정성 확보와 시공성 향상을 기대할 수 있을 것으로 판단되었다.

07 풍화대 구간에서의 터널 시공 및 보강대책 사례

❙ 김 영 근

7.1 서 론

최근 사회간접자본시설의 건설증가에 따라 터널시공이 급격히 증가되고 있으며, 미고결층, 석회암층과 같이 공학적으로 문제가 되는 특수지질불량구간에서의 터널을 시공하는 사례가 증가하고 있다. 이러한 문제 지층에서의 암반구조물을 설계하거나 시공하는 경우 대상지질이 가지고 있는 지질특성으로 인하여 설계 및 시공상 많은 어려움을 겪고 있고, 실제로 이 구간에서 많은 터널 붕락사고가 일어나고 있는 실정이다.

또한 산악터널구간에서 풍화가 광범위하게 진행되어 풍화토층이 매우 깊게 발달한 지역에서는 풍화토층의 공학적 특성으로 인하여 토사터널과 유사한 거동을 보이고 있으며, 이를 간과하는 경우 터널공사 중 낙반 및 붕락 등의 문제를 초래하는 경우가 발생하고 있음을 볼 수 있다. 특히 풍화토층구간에서 터널 용수가 발생하는 경우에는 풍화토층이 급격히 열화되어 전단강도가 저하되므로 터널 자체의 안정성에 심각한 영향을 미칠 수 있음을 주지하여야 한다. 따라서 풍화토층을 만나는 경우에는 굴착 중의 안정성 확보에 유의하여야 하며, 안전성 확보를 위한 보강대책이 요구된다 할 수 있다.

따라서 풍화토층과 같은 문제구간에서 합리적인 시공을 달성하기 위해서는 먼저 대상 지반에 대한 지질 및 암반특성을 정확히 이해하는 것이 필요하며, 이러한 것을 바탕으로 지반특성에 적합한 보강 및 시공대책을 수립하도록 하여야 한다.

본 고에서는 풍화토층에서의 터널 시공사례 및 붕락사고사례를 검토하여, 그 문제점을 분석하므로서 풍화대구간에서의 암반구조물 설계 및 시공시 합리적인 방안을 도출하고자 하였다.

7.2 풍화토층 구간에서의 터널 시공사례

7.2.1 현장 개요 및 특성

당초 경주와 감포를 연결하기 위하여 토함산을 통과하는 터널로 계획된 설계는 문화재청과의 협의하는 과정에서 종점부 문화재를 우회하고, 시점부 민원을 최소화할 수 있도록 기존노선 우회를 바탕으로 변경설계를 수행하였다.

그림 7-1에서 보는 바와 같이 주요 변경사항으로는 터널연장이 2,380m에서 4,345m로 증가하였으며, 또한 당초에는 터널중간부의 미고결 역암층을 통과하는 것으로 계획되어 종단을 하향조정하여 회피하였으나, 시점부에서는 화강 풍화토구간과 종점부에서 셰일층 통과구간이 발생하였다. 셰일층은 국내 지반분류기준 및 굴착특성에 대해 뚜렷하게 정립되지 않아 지보패턴 설계시 국내의 터널설계 일반기준에 의한 지보재량만으로는 안정성에 문제가 있을 수 있으므로, 국내외 시공사례를 조사하여 굴착 및 보강방안을 검토하였다.

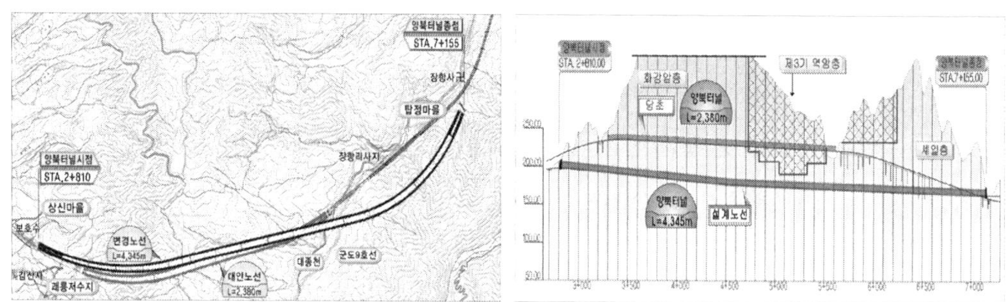

그림 7-1. 터널 평면 및 종단선형

7.2.2 지반조사 결과

가. 지질 및 지반특성

본 구간에 대한 지질조사 및 자료분석 결과, 터널 시점부는 흑운모화강암이 분포하며 중앙부는 조립상 입상조직을 보이는 각섬석–흑운모 화강섬록암과 기질부 고결작용이 진행 중인

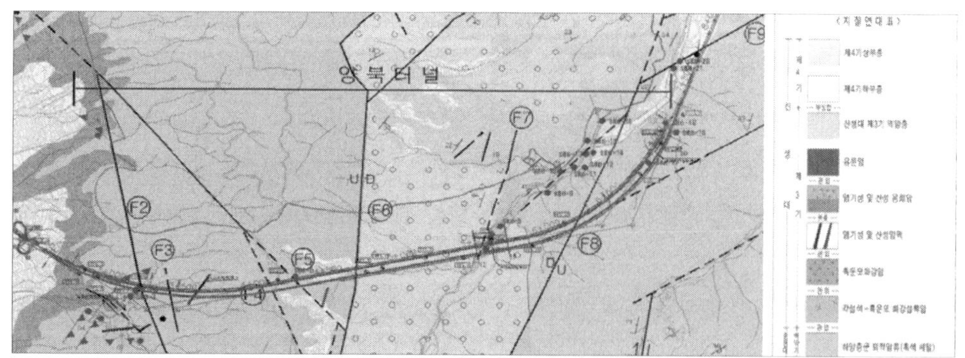

그림 7-2. 양북터널 구간의 지질도

연약지반에 해당하는 제3기 미고결 역암층으로 구성되었고, 종점부는 다소 열변성작용을 받은 하양층군 흑색셰일이 분포하는 것으로 나타났다. 그림 7-2에는 본 구간의 지질도이다. 셰일구간의 시추조사를 수행한 결과, 대체적으로 고결도가 높으며 파쇄가 심한 상태로 파악되었으며, 대표적인 셰일층의 시추코어가 그림 7-3에 나타나 있다. 또한 시추조사 및 전기비저항 조사결과 상부는 미고결 역암층을, 하부는 흑색셰일층으로 이루어졌음을 확인하였다. 셰일층에 대한 암석시험결과, 셰일의 강도는 화강섬록암의 평균적 강도(510kgf/cm^2)에 비해 작게 나타났다. 그리고 지하수위 변동, 흡수팽창 및 건조에 의한 내구성과 변형특성을 조사한 Slaking, Swelling 시험결과 지극히 내구성이 있으며 팽창변형성은 거의 없는 것으로 나타났다.

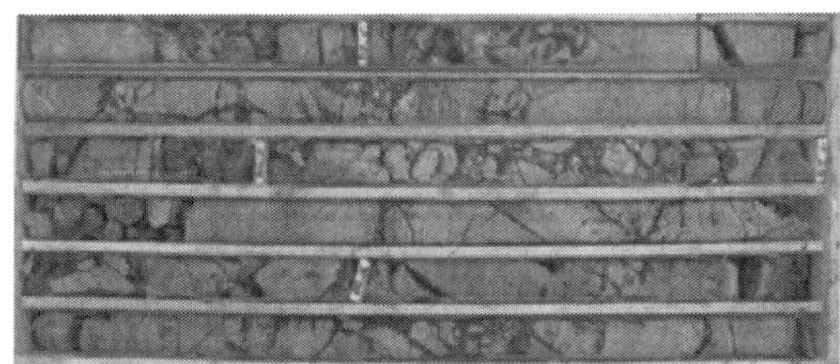

그림 7-3. 시추코어 사진

나. 시점부 풍화토/암 특성

터널 시점부에는 그림 7-4에서 보는 바와 같이 불국사 화강암류의 일원인 화강섬록암의 풍화토층이 두껍게 분포하고 있으며 이들은 암반의 불연속면을 따라 지하심부의 마그마로부터 유입된 열수에 의한 변질작용의 영향으로 불규칙 풍화되었다. 따라서 갱구 비탈면과 가시설 구간에서 대규모 핵석이 쉽게 관찰되며, 터널 굴진면은 암반과 토사가 혼재하는 혼합지반

그림 7-4. 터널 시점부 화강 풍화토층과 핵석

으로 이루어져 있고 대규모 핵석을 함유하고 있다.

다. 터널구간 암반등급

이상의 지반조사결과를 바탕으로, RMR-전기비저항값의 상관성분석을 실시하고, 터널 전 구간에 대한 암반등급도를 작성하였다(그림 7-5). 그림에서 보는 바와 같이 터널 시점부와 단층대 부근에 5등급 암반이 분포함을 확인하였다.

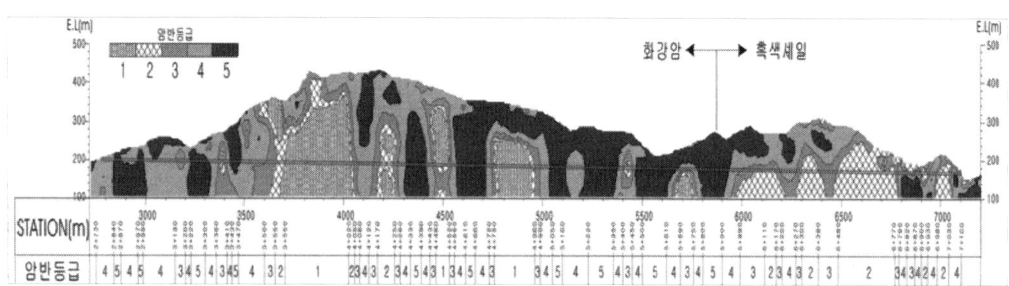

그림 7-5. 터널구간에 대한 암반등급

7.2.3 터널설계

본 터널설계에서는 시점부 풍화토층과 종점부 셰일층에서의 안정성 확보를 위한 보강 방안을 검토하기 위하여 다양한 설계 및 설계사례를 검토하였다. 국내의 경우 고결상태가 불량한 팽창성 이암층에서는 수분 흡수시 급격히 약화되어 토사화하는 특성을 가지므로 이암층에 대한 지보패턴 및 굴착방법은 연약암반에 적용 가능한 방법 등을 별도로 추가하여 설계하였다.

터널의 표준단면은 그림 7-6에서 보는 바와 같다. 또한 터널 시점부에 분포하는 풍화토층의

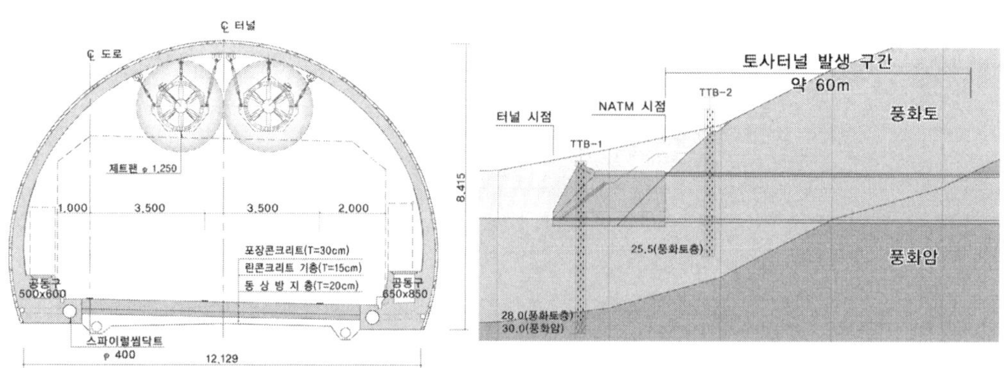

그림 7-6. 터널 표준단면 및 시점부 풍화토층 구간

공학적 특성을 고려하여 지보패턴 P6-2를 설계에 반영하였다. 상하반 분할굴착과 가인버트를 설치하고, 천단부 보강공법으로 대구경 강관다단그라우팅과 상하반 분할굴착공법을 적용하였다. 또한 세일층의 공학적 특성을 반영하여 암반이 비교적 양호한 화강암 구간과 다른 별도의 지보패턴을 선정하고 이를 설계에 반영하였다.

또한 그림 7-7에서 보는 바와 같이 터널 전구간에 걸쳐 주요 위험 요인을 분석하고 이에 대한 대책을 수립하여 설계에 반영하였다. 또한 시공 중 터널 굴착시 예상치 못한 현장 상황에 대비하여 막장전방 지질조건의 사전예측이 필요할 것으로 판단하여 DRISS시스템을 기본으로 선진수평시추를 적용하였다. 그리고 시공 중에는 계측에 의한 변위 및 응력관리기준을 설정하여 계측결과에 대해 지보량을 재검토하여 안정성을 확보하며, 운영 중 주기적 계측을 통한 유지관리방안을 수립하였다.

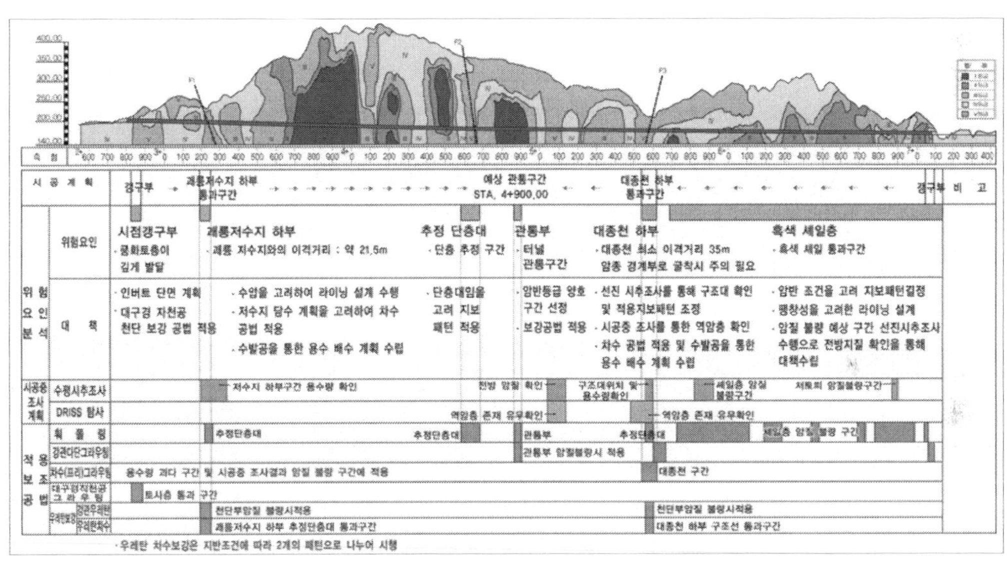

그림 7-7. 터널구간의 위험요인 및 대책

7.2.4 터널 시공

가. 갱구부

터널 시점 갱구는 화강섬록암의 풍화토 지반으로 터널과 갱구비탈면의 안정성을 확보하기 위하여 토류벽 가시설(H-PILE+토류판+G/A)을 설치하였고(그림 7-8), 가시설 상부는 S=1:1.5 이상으로 절토 비탈면을 조성하였다. 비탈면 좌측(경주방향 터널 상부)에는 소규모 계곡이 형성되어 강우에 대비하기 위하여 산마루 측구와 횡배수로를 설치하였다.

그림 7-8. 터널 시점부 전경 및 가시설

나. 암반상태

터널 시점에는 불국사 화강암류의 일원인 화강섬록암의 풍화토층이 두텁게 분포하고 있다.

그림 7-9. 터널 시점부에 나타난 막장 암반상태(상행선)

그림 7-10. 터널 시점부에 나타난 막장 암반상태(하행선)

그림 7-9와 그림 7-10에서 보는 바와 같이 상행선의 경우 터널굴착이 진행됨에 따라 계속적으로 막장 전반에 풍화토층이 관찰되고 있으며, 일부 계곡부를 통과하는 위치에서 용수가 나타나기도 하였다. 특히 용수구간에서는 풍화토층을 열화시켜 터널 안정성에 나쁜 영향을 미칠 수 있으므로 주의해야 할 필요가 있다.

다. 굴착 및 지보

터널 굴착은 그림 7-11에서 보는 바와 같이 Breaker를 사용하여 기계굴착하였으며 굴진면의 암반등급을 평가하여 0.8~1.2m 사이에서 굴진장을 탄력적으로 적용하였고 상, 하 반단면 분할굴착하였다. 터널의 보강은 Lattics Girder, 숏크리트, 락볼트를 기본보강재로 사용하였으나 굴진면의 암반상태, 지형에 의한 상부 토피고, 계측 변화 추이에 따라 필요부위에 가인버트를 시공하였다(그림 7-12).

그림 7-11. 터널 시점부 기계굴착

그림 7-12. 터널 시점부 숏크리트 타설 굴착완료 전경

라. 보 강

터널 시점부 지반은 풍화토와 암반이 혼재하는 복합지반으로 RMR 값이 20 이하의 매우 불량한 지반으로 평가되었고, 터널 종점부 지반은 열변질 받은 셰일에 불연속면이 조밀하게 발달하여 잘게 부서지는 특성을 보이므로 갱구 보강을 목적으로 계획되어 있는 대구경 강관다단 그라우팅 시공이 곤란하여 자천공 장비를 이용하였다. 터널 내부는 지반등급을 평가하여 토사지반에 기존방식으로 점보드릴을 이용하여 강관다단 그라우팅으로 보강하였다(그림 7-13).

그림 7-13. 터널 천단부 보강

7.3 풍화대 구간에서의 터널 붕락 및 보강사례

7.3.1 터널 붕락현황 및 조치내용

가. 터널 붕락현황

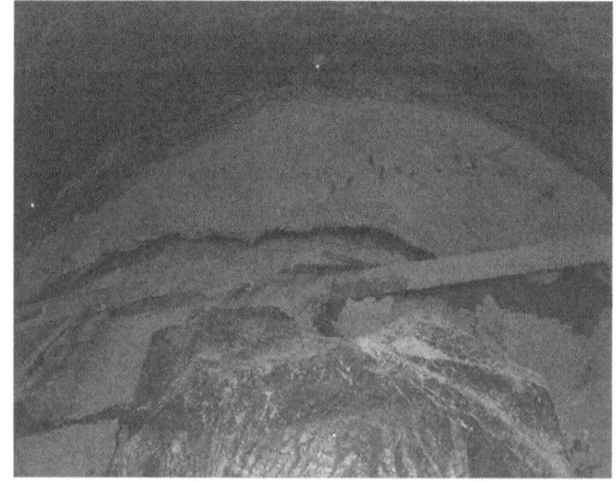

그림 7-14. 지표부 함몰 및 널 막장부 붕락 전경

터널 붕락이 발생한 위치는 OO터널 시점부, 지보패턴 6-2, STA.12km928 지점 지보설치 작업 중에 STA.12km 922.4 지점(NATM 시점에서 22.4m 굴착된 지점)에서 함몰되어 지표에 구덩이가 발생되었다. 지표에서의 함몰된 범위는 14.5m(폭)×13m(길이)×4m(깊이)로 파악되었으며, 함몰부 지반은 화강섬록암 풍화토/암이다. 그림 7-14는 터널 막장부 붕락과 지표 함몰전경을 나타낸 것이다.

지반함몰구간 추정범위에 대한 평면 및 종단현황은 그림 7-15에서 보는 바와 같다.

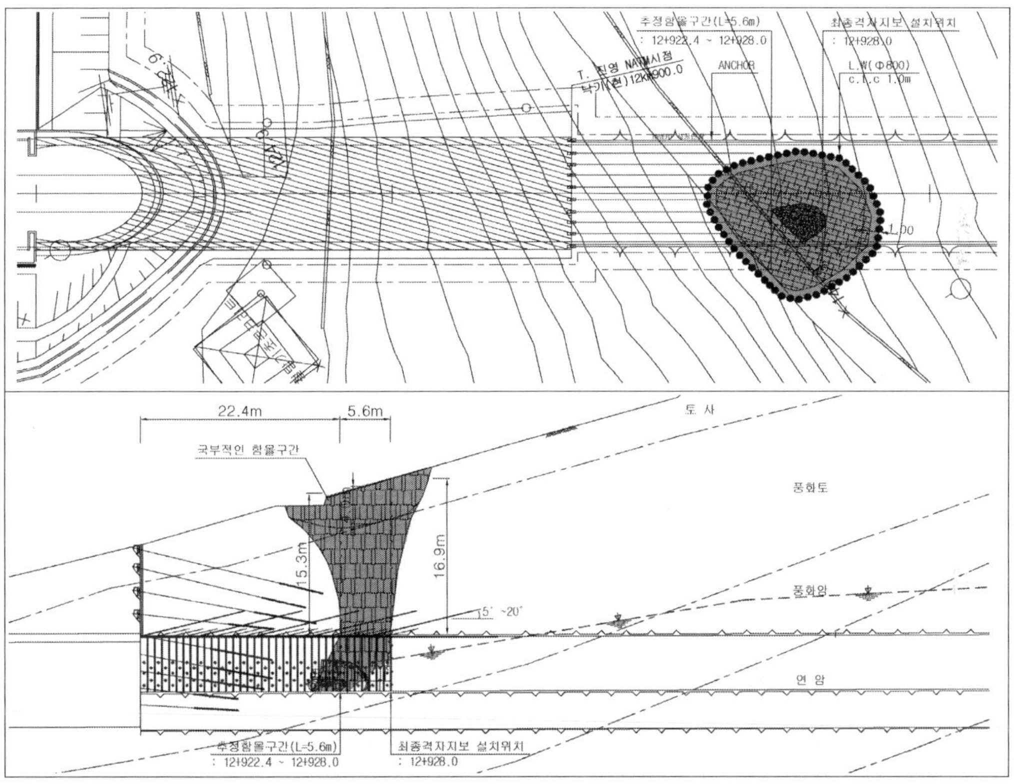

그림 7-15. 평면 및 종단 현황

당초 설계 내용에 따라 지반함몰구간의 적용 지보패턴은 6-2이며, 적용된 지보패턴과 천단부 보조공법에 대한 상세한 내용은 다음과 같다.

지보패턴 6-2 당초설계 내용		지보패턴 개요도
적용구간	갱구부	
굴착공법	링컷 굴착	
굴진장(m)	0.8(상) / 0.8(하)	
숏크리트 두께(mm)	200(강섬유보강)	
록볼트 길이(m)	5	
록볼트 간격(m)	0.8(종) / 1.2(횡)	
강지보재 규격	LG-95×22×32	
콘크리트라이닝(mm)	450(철근보강)	

구 분	길 이(m)	설치공수(공)	설치간격(m) 종방향	설치간격(m) 횡방향
소구경보강그라우팅	12.0(6m 중첩)	27	CTC. 6.4	CTC. 0.5
훠폴링	4.0	33	CTC. 1.6	CTC. 0.5
록볼트	5.0	8	CTC. 0.8	CTC. 1.2
격자지보			CTC. 0.8	

나. 현장 조치사항

1) 지반함몰 후 순서별 현장조치사항

터널 천단부 천단에서 지표면까지 국부적인 함몰 후 인원들을 신속히 안전지대로 대피시키고, 터널상부 국부적인 함몰 구간을 확인하여 추가로 진행되는 상황을 체크하였으나 추가로 진행되어지는 함몰은 없는 것으로 판단하였으며, 보강 및 원상복구계획 수립하였다.

2) 터널 막장면 응급 조치사항

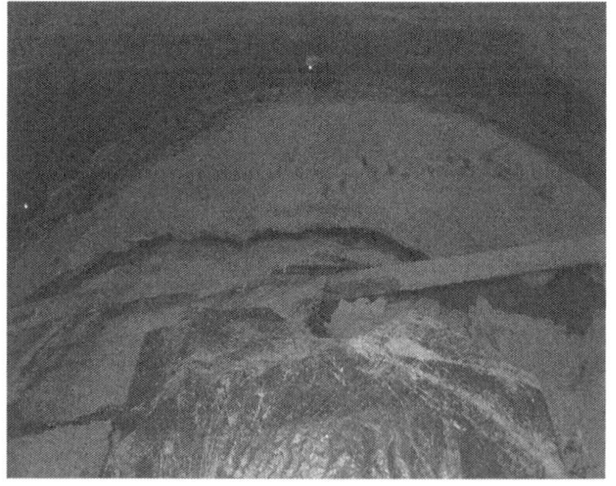

그림 7-16. 막장면 숏크리트와 H형강 강지보재 보강 및 침하 발생

터널 막장면을 숏크리트와 강재를 이용하여 보강하고, 함몰부 토사의 침입으로 인해 숏크리트의 침하가 발생되고 있음을 확인하였다.

3) 지반함몰부 응급 조치사항

응급 복구차원에서 토사 되메우기를 완료하고, 메움토의 보강을 위해 잡목을 보강재로 깔고 응급복구토를 되메움 시공하였다.

그림 7-17. 지반함몰부 되메움 시공

4) 지반함몰부 차수공 시공

시멘트 밀크주입 및 천막 설치, 주변 배수로 정비 완료하고 주입시에 무압으로 무한정 주입되므로 지반의 상태가 매우 느슨한 것으로 예상되었으며, 주입공 주변 지반이 주입 후 1일 경과 시점에 함몰되는 현상이 발생하였다.

그림 7-18. 시멘트밀크 그라우팅 시공 및 주변 배수로 정비 전경

5) 지반함몰부 지반보강 시공

지상 보강공법으로 차수성 및 이완된 지반의 강도증가효과를 동시에 얻을 수 있는 공법을 선정하였다. 국부적인 함몰구간에 대한 시공성 및 경제성 등을 종합적으로 검토하여 LW 그라우팅 공법을 적용하였으며, 함몰구간 지상 보강공법으로 이완 구간은 CTC.2.0m×2.0m으로 실시하고, 보강 범위 외곽부는 CTC.2.5m×2.5m으로 실시하였다.

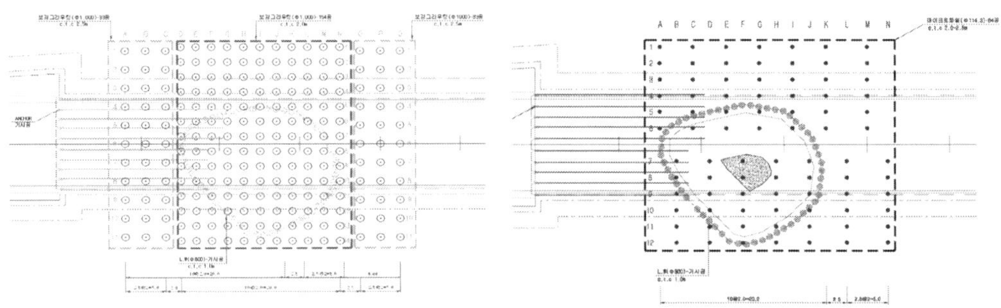

그림 7-19. LW 그라우팅 및 대구경 강관보강 시공 현황

7.3.2 지반 특성

가. 시추조사 결과

시추조사 결과 지층구성은 전반적으로 상부로부터 붕적토층, 풍화대층(풍화토층, 풍화암층) 및 기반암층(연암, 경암층)의 순으로 분포하는 것으로 확인되었으며, 지반함몰구간의 지층별 특성을 요약하면 다음과 같다.

표 7-1. 지층별 특성

구　분		지층별 특성
붕적토층		• 점토 및 자갈의 혼합층으로 분포심도는 EL.(+)154.9∼(+)134.6m, 분포 두께는 1.5∼2.3m로 나타남
풍화대층	풍화토	• 전 조사지점에서 확인되며, 표준관입시험 결과 N값은 7/30∼50/12의 범위로 나타남 • 모암의 구조와 조직을 보존하고 있으며, 굴착시 실트질점토 성분으로 분해되어 통일분류법 상 SC, SM, ML, MH, CL로 분류됨
	풍화암	• BH-2∼4 조사지점에서 확인되며, N값은 50/10∼50/2의 범위로 나타나고, 모암의 구조와 조직을 보존하고 있으며 덜 풍화된 잔류암편을 함유하고 있는 실트질모래 성분으로 분해되며 통일분류법상 SM으로 분류됨
기반암층		• 강도분류법상 S3(Soft)∼S3(Very soft), 풍화 정도는 D3(Moderately weathered)∼D4(Highly weathered), 파쇄 정도는 F3(Moderately fractured)∼ F5(Highly fractured)에 해당됨 • 기반암의 절리면 상태는 중간풍화∼심한풍화를 나타내며, 일축압축강도는 25∼1,561kgf/cm^{2}로 나타남(BH-3∼4)

지반조사 결과 기반암층에 대한 TCR과 RQD 분류결과는 다음과 같다(표 7-2). TCR의 분포 범위는 지반 함몰구간의 경우 84~100의 분포를 보이고, RQD의 분포범위는 지반 함몰구간의 경우 0~70의 분포를 보이고 있음을 알 수 있다.

표 7-2. TCR과 RQD 분류결과

공 번	심도(G.L.(−)m)	심도(EL.(+)m)	TCR(%)	RQD(%)	암질상태
BH-3	32.0~34.0	148.4~146.4	100	25	매우 불량
	34.0~36.0	146.4~144.4	95	8	매우 불량
	36.0~38.0	144.4~142.4	100	10	매우 불량
	38.0~40.0	142.4~140.4	100	0	매우 불량
	40.0~42.0	140.4~138.4	100	15	매우 불량
	42.0~43.0	138.4~137.4	100	0	매우 불량
BH-4	41.0~43.0	113.9~111.9	100	20	매우 불량
	43.0~45.0	111.9~109.9	100	70	보통
	45.0~46.6	109.9~108.3	94	31	불량
	46.6~48.2	108.3~106.6	84	0	매우 불량
	48.2~50.0	106.6~104.9	94	56	보통

추가 지반조사 결과 시추코어 채취에 대한 관찰 사진은 다음과 같다(그림 7-20).

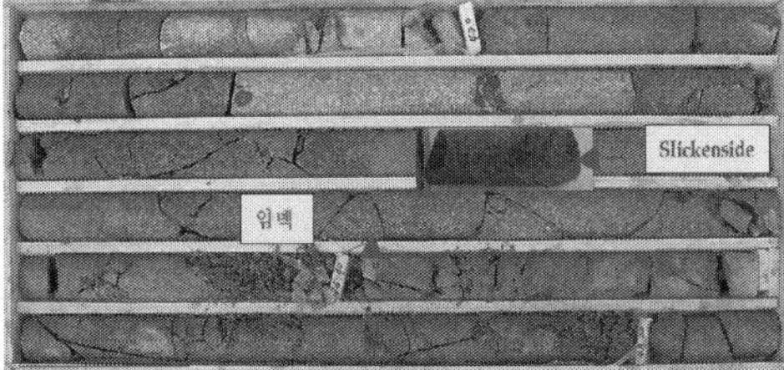

그림 7-20. 시추코어 사진

나. 물리탐사 결과

지반 함몰구간을 중심으로 전기비저항탐사를 수행하였으며, 탐사결과 터널이 통과하는 지반은 전반적으로 낮은 비저항치를 보이는 대체적으로 취약한 지반으로 구성되어 있을 것으로 판단되며, 특히 STA.13km010 지점부터는 고비저항대가 측방으로 단절되어지는 양상을 보여주는 바 이는 단층 혹은 기반암 접촉부일 가능성이 있으며, 이 구간에는 파쇄대와 더불어 다량의 지하수 용출 가능성이 있을 것으로 예측되었다. 지반 함몰구간 및 인접구간의 전기비저항 탐사와 탄성파탐사 수행 결과는 다음과 같다.

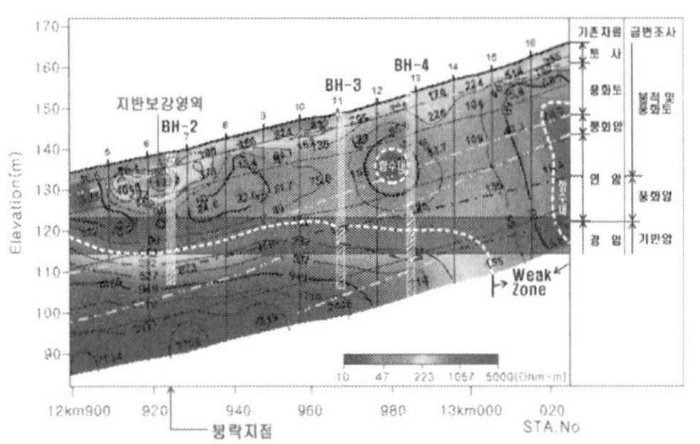

그림 7-21. 전기비저항탐사 수행 결과

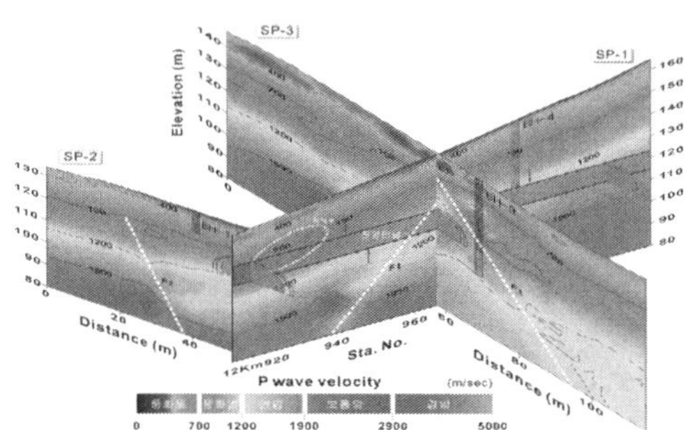

그림 7-22. 탄성파탐사 결과 3차원 P파 속도 분포도

다. 지층/지반조건 평가

당초설계 지층조건의 적용에 있어서 적용된 시추공이 1공으로는 지층조건 평가에 한계가 있는 것으로 판단되어 추가 조사결과를 반영하여 재평가하였다. 조사결과 풍화암 출현구간이 종점측으로 약 20m 후퇴하고, 연암 출현구간이 종점측으로 약 12m 후퇴하는 것으로 분석되었다. 또한 지반함몰구간은 터널하부 약 3.7m까지 풍화토가 분포하고, 지반함몰구간의 토사층 토피고는 약 15m 정도로 평가되었다.

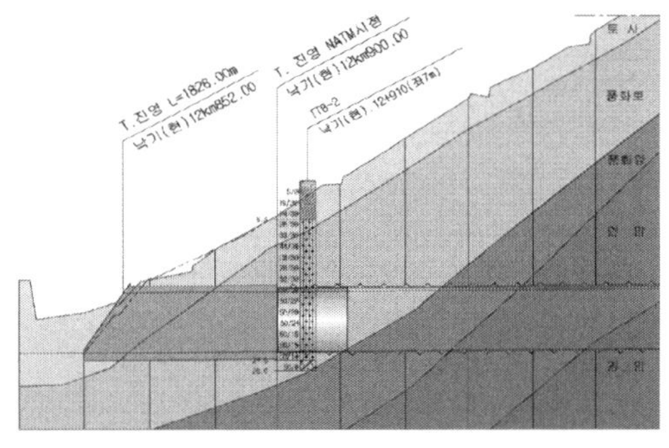

그림 7-23. 당초 지반조사결과

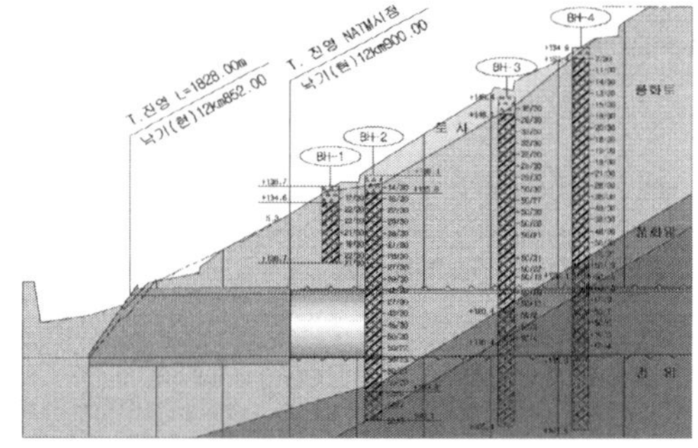

그림 7-24. 추가 지반조사결과

7.3.3 보강대책

가. 보강 지보패턴

함몰구간 터널천단 상부지반이 이완되었을 것으로 예상되어 강성의 천단부 보조공법을 적용

하여 안정성 향상이 가능한 보강설계(안)을 제시하였다. 본(안)을 적용하되 시공 중 현장계측결
과 하반굴착시 과도한 추가변위발생이 예상될 경우 측벽지지파일을 추가로 적용할 수 있으며,
강관보강은 장비시공이 가능한 범위 내에서 최소의 각도로 시공하는 것을 원칙으로 하였다.

구 분		당초설계	보강설계
개 요 도		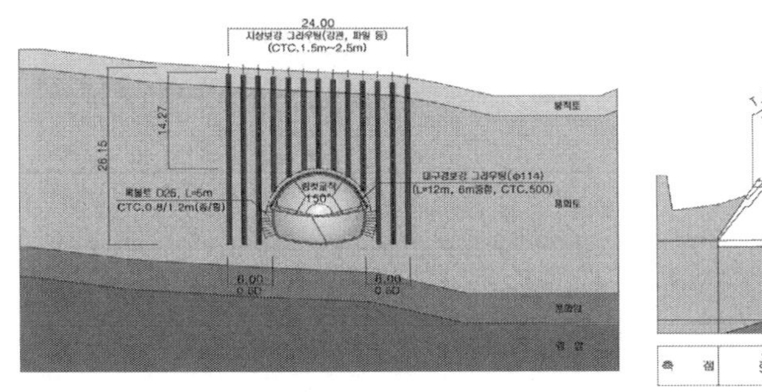	
공법설명		• 상반 어깨부까지 소구경강관 보강 • 코어지지로 막장부 안정성 확보	• 상반 측벽부까지 대구경강관 보강 • 코어지지로 막장부 안정성 확보
굴착공법		링컷(분할) 굴착	링컷(분할) 굴착
굴진장(m)		0.8(상) / 0.8(하)	0.6(상) / 0.6(하)
숏크리트(mm)		200	250
록볼트 (m)	길이	5	5
	간격	0.8(종) / 1.2(횡)	0.6~0.8(종) / 1.2(횡)
보 조 공 법	천단	소구경보강(L=12m, 6m중첩, 120°)	대구경보강(L=12m, 6m중첩, 150°)
	우각	–	–
	막장	–	숏크리트 + FRP(강관)보강
인버트 폐 합	상반	○	○
	하반	○	○

나. 지상보강공법

지상보강공법으로 먼저 1차 보강으로 시멘트밀트 및 LW 그라우팅 시공(유입수 차단, 공극

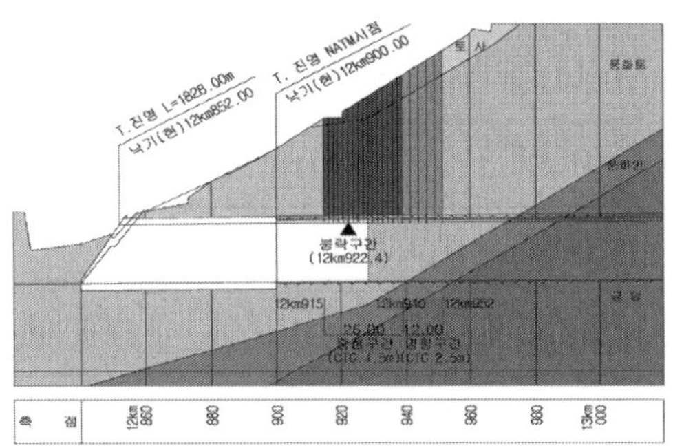

그림 7-25. 지상보강공법(횡단면도 및 종단면도)

메움)과 2차 보강으로 강관, 철근 등 보강재를 적용한 그라우팅 시공(지반보강)하도록 하였다. 또한 갱내보강은 대구경 강관보강 그라우팅 적용으로 함몰로 인한 지반이완 영향을 최소화하고 터널굴착 시공 중 안정성을 확보하였다.

7.4 결 론

본 고에서는 풍화토층에서의 터널 시공사례 및 붕락사고사례를 검토하여, 그 문제점을 분석함으로서 풍화대구간에서의 암반구조물 설계 및 시공시 합리적인 방안을 도출하고자 하였다. 그 검토결과를 요약하면 다음과 같다.

1. 풍화대구간에서는 굴착 중 터널의 안정성을 확보하기 위하여 분할굴착 및 가인버트를 설치하고, 터널 천단부에 대구경 강관다단그라우팅을 설계에 반영하였다. 또한 풍화토층에서는 지하수의 영향으로 급격히 열화되는 특성을 가지므로 터널 시공시 적절한 배수대책을 강구해야 할 것이다.
2. 풍화대구간에서 설계 당시의 지반조사결과와는 달리 풍화대가 깊게 발달하는 경우가 있으므로 특히 터널 갱구부 및 풍화암 이상의 암반의 확인되는 곳까지 터널 굴착 중 안전에 주의해야 하며, 터널 계측변위를 바탕으로 이상이 예상되거나 발견되는 즉시 보강을 실시하여야 한다.
3. 풍화대 구간에서의 붕락구간에 대한 보강공법으로는 지상보강과 갱내보강으로 구분하여 실시하고 특히 붕락구간 및 영향구간에 대하여 보강대책을 강구하였다.

국내 대표적인 풍화토구간에서의 터널구조물의 시공 및 붕락사례를 중심으로 문제점 및 대책을 고찰하였는데, 이러한 자료들이 암반기술자들의 설계 및 시공업무에 활용되길 바라며, 향후 보다 합리적인 보강대책에 대한 체계적인 기술개발이 이루어져야 한다.

08 풍화대의 사면 붕괴영향 특성

┃구 호 본

8.1 서 론

암석의 풍화작용은 외적 요인에 의해 암석이 부서지는 것을 지칭하는 것으로, 크게 물리적 (기계적) 풍화작용, 화학적 풍화작용 등으로 나눌 수 있다. 물리적 풍화는 지하 깊은 곳에서 높은 압력을 받던 암석이 지각운동에 의해 지표면에 노출되면 부피가 팽창하고 절리, 틈 등이 발달한다. 즉, 지표에 노출된 암석의 절리, 틈 등은 낮에는 태양 복사에너지를 받아 가열되고, 밤에는 지구 복사에너지를 방출해 급속히 수축하는 등의 반복 작용과 암석의 표면에 발달한 절리, 틈 등에 수분이 유입되면서 결빙, 용융 등의 순환이 발생하면 암석 부피의 팽창과 수축 작용이 반복하여 암석이 부서지는 현상을 지칭하는 것이다.

화학적 풍화는 외적 환경에 의해 암석의 광물조성이 변화되고 재구성되거나 재분포되는 등 암석의 변질이 발생하는 것을 지칭한다. 조암광물들은 순환하는 물에 의해 용해·탄산화·수화· 산화된다. 그 외에 광물분해에 영향을 주는 효과들에는 유기물과 식물들이 양분을 얻기 위해 광물을 변질시키는 것이 있다.

풍화를 지배하는 몇몇 요소들은 풍화형태와 풍화 속도에 영향을 미친다. 암석의 광물조성은 변질이나 분해속도를 결정한다. 암석의 조직은 흔히 일어날 수 있는 풍화의 유형을 결정한다. 세립질 암석은 화학적 풍화에 더욱 민감하고 물리적 풍화에는 덜 민감한 경향이 있다. 암석 내의 절리·틈·균열 등은 물이 스며드는 통로가 된다. 따라서 불연속면에 의해 균열이 많이 생긴 암석은 그렇지 않은 암석보다 더 심한 풍화를 겪게 된다. 또한 기후도 물의 동결과 해빙 의 순환, 화학적 반응 등의 형태로 풍화 유형과 속도에 영향을 미친다.

풍화작용은 사면 붕괴 또는 지반구조물의 안정성과 직접적인 영향을 미치는 중요한 요인으 로 인식되어 왔으며, 이에 대한 많은 연구가 이루어지고 있다. 본 고에서는 한국건설기술연구 원에서 수행한 강원도 지역 국도변 절토사면 2,606개소 현황조사 자료 및 붕괴절토사면 339 개소의 자료를 분석하여 사면 붕괴에 영향을 미치는 주요인자들에 대한 특성을 살펴보고자 한다.

8.2 풍화등급 분류 특성

풍화등급 분류는 국가별, 학자별로 다양하게 이루어지고 있다. 풍화등급 분류는 암반의 강도, 불연속면의 연장성과 빈도, 암반 표면 특성 등과 밀접한 상관성을 가진다. 일반적으로 국내 풍화등급분류는 여섯 등급으로 구분하며 세부적인 내용은 다음의 표 8-1과 같다.

표 8-1. 국내 풍화등급분류

풍화등급	기호	지반분류	특 징
신선 Fresh	F	암반	− 해머 타격시 높은 쇳소리가 들림 − 균열 없음 − 석재로 사용될 수 있을 정도로 신선함
원 경			근 경

풍화등급	기호	지반분류	특 징
약간풍화 Slightly Weathered	SW	암반	− 해머 타격시 쇠소리가 들림 − 미세균열이나 절리 관찰 가능 − 약간의 착색 흔적
원 경			근 경

표 8-1. 국내 풍화등급분류

풍화등급	기호	지반분류	특 징
보통풍화 Moderately Weathered	MW	암반	– 해머 타격시 약간 무거운 쇳소리가 들리며 여러 번의 타격으로 부서짐 – 절리나 균열 발달 – 구성광물의 변색 및 착색 흔적

원 경	근 경

풍화등급	기호	지반분류	특 징
심한풍화 Highly Weathered	HW	암반	– 해머 타격시 둔탁한 소리가 들림 – 발로 밟으면 부서지며 거칠거칠한 광물 알갱이들이 관찰됨 – 완전 변색, 심한 착색

원 경	근 경

표 8-1. 국내 풍화등급분류

풍화등급	기호	지반분류	특 징
완전풍화 Completely Weathered	CW	토사	– 손가락으로도 쉽게 흙으로 부서짐 – 암석 조직의 흔적이 관찰되며 암석 덩어리가 손으로 부서짐
원 경			근 경

풍화등급	기호	지반분류	특 징
풍화잔류토 Residual Soil	RS	토사	– 암이 흙으로 완전히 풍화됨 – 원암보다 부피가 팽창되고 구성입자는 약간의 이동이 있음
원 경			근 경

8.3 도로 절토사면 분포특성

한국건설기술연구원은 "도로 절토사면 유지관리시스템 운영업무(Cut Slope Management System, CSMS)" 과제를 수행하면서 전국 국도변에 존재하는 절토사면을 체계적으로 관리하고 있다. 사면관리를 위한 현장작업은 현황조사와 현장조사로 구분할 수 있다.

현황조사는 사면관리를 위하여 기초적인 분포특성을 조사하는 전수조사에 해당되며, 최초에는 사면 비전문가에 의해 수행되었다. 2006년부터는 신설국도 건설, 도로정비, 자료의 질

향상 필요 등의 여러 사유로 현황조사 자료의 갱신화 작업의 필요성이 제기되어 사면전문가팀에 의한 현황조사가 시행되고 있다. 사면전문가를 위한 현황조사 체크리스트가 새롭게 만들어졌으며, 현재는 Tablet PC를 활용한 현황조사 기법 활용으로 편리성, 효율성 등을 함께 추구하고 있다(그림 8-1).

그림 8-1. 현황조사 체크리스트

본 고에서는 강원도 영서지방 중 홍천국도관리사무소(이하 홍천국도) 관할 절토사면에 대한 현황조사 자료를 근거로 절토사면 특성을 살펴보고자 한다. 홍천국도 관내 국도의 총연장은

표 8-3. 홍천국도 관내 절토사면 구성재료별 분포율

구성재료	암반	혼합	토사	자연	합계
개소수(개소)	998	1,363	198	47	2,606
분포율(%)	38.3	52.3	7.6	1.8	100

825km이며, 2,606개소의 절토사면이 분포하고 있다(표 8-2).

순수 암반사면의 경우 전체 중 38.3%를 차지하며, 52%를 차지하는 혼합사면의 경우 토층의 두께가 3m 이내인 것이 대부분을 차지하므로 암반사면으로 분류가 가능하다. 토사사면의 경우 혼합사면과 달리 사면 전반에 걸쳐 암반의 풍화 정도가 심한풍화~풍화잔류토를 나타내는 것으로 상대적으로 분포가 적게 나타나고 있다. 이러한 분포 특성은 우리나라 지반 특성상 90% 이상이 암반사면을 기조로 이루어진 것으로, 산지의 암반 풍화도가 낮아 토사분포가 상대적으로 크지 않다는 것을 의미한다.

절토사면 구성재료별 경사도 분포 특성을 고찰하면, 다음의 그림 8-2와 같으며 완경사에서는 토사사면의 구성율이 커지는 반면, 고경사에서는 토사사면 경사가 급격히 줄어드는 경향을 보이고 있다. 이는 국내 절토사면 경사도 설계기준을 암반의 강도 내지 풍화도를 기준으로 정하는 것에 기인하는 것으로 판단된다.

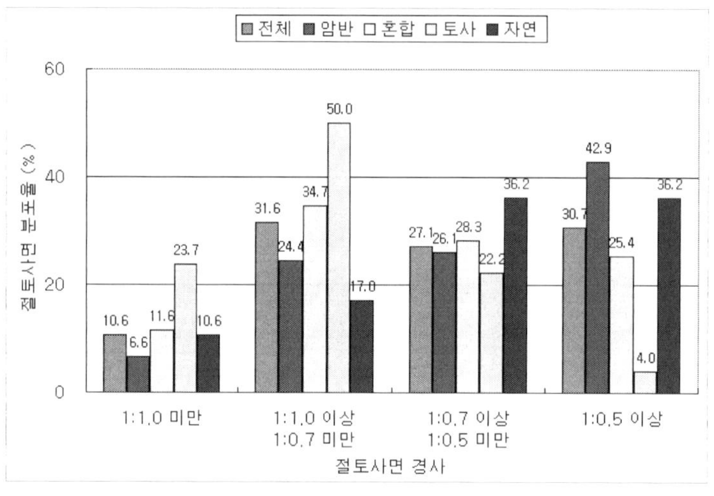

그림 8-2. 절토사면 구성재료별 경사도 분포

절토사면 구성재료별 높이 분포 특성을 분석하면 다음의 그림 8-3과 같은 분포 상황을 확인할 수 있다. 사면의 높이가 높아짐에 따라 풍화등급이 높은 절토사면의 분포가 급격히 떨어지는 것을 알 수 있는데, 이는 산지의 특성상 풍화등급이 높은 산지는 오랜 세월을 거쳐 자연스럽게 침식작용을 받아 낮아지는 만장년기적 지형 특성에 의해 높은 산지를 형성할 수 없는데 기인하는 것으로 판단된다.

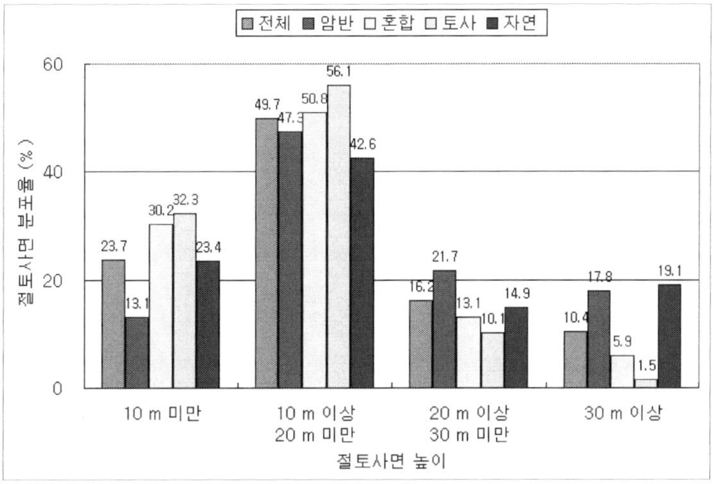

그림 8-3. 절토사면 구성재료별 높이 분포

풍화등급 분포율을 살펴보면 신선등급의 절토사면 분포가 전혀 없는 것으로 나타났으며, 이는 절토사면 조사시 비교적 열악한 부분을 대상으로 조사가 이루어지기 때문에 일부 구간에서 신선한 부분이 분포해도 사면 전반적인 안정성 해석에서는 무시되기 때문이다(표 8-3).

표 8-3. 홍천국도 관내 풍화등급별 분포율

풍화도	신선	약간풍화	보통풍화	심한풍화	완전풍화	풍화잔류토	합계
개소수(개소)	0	85	907	1,226	310	78	2,606
분포율(%)	0	3.3	34.8	47.0	11.9	3.0	100

8.4 도로 절토사면 붕괴 특성

과거 1990년대 이전에 완공된 절토사면은 설계기준의 불합리성과 사면 하부 발파시공 등에 의해 항구적인 안정성이 확보되지 않아 집중강우시 붕괴가 빈번히 발생하였다. 도로 절토사면 붕괴피해예방을 위하여 기존의 붕괴 발생 후 대책을 수립하는 방식을 탈피하여 사전에 위험절토사면을 대상으로 현장조사, 안정성해석, 대책수립 등 적극적인 선진국형 재해대책방안인 "도로 절토사면 유지관리시스템"이 운영·시행 중에 있다.

1996년부터 1999년까지 국도 절토사면의 경우 연평균 약 50개소의 붕괴가 발생하였다. 1997년 12월부터 시작된 "도로 절토사면 유지관리시스템 개발 및 운용" 연구와 관련하여 대책시공이 본격적으로 이루어진 2000년부터 절토사면 붕괴가 약 25개소로 50% 정도 감소하였으나, 2002년 태풍 '루사(RUSA)'의 기록적인 강우(최대 시우량 76mm/hr, 일강우량 870.5mm/day)에 의해 약 3배 이상에 달하는 81개소의 절토사면에서 붕괴가 발생하였다.

이와 같은 상황으로 게릴라성 호우 등 기상이변에 의한 이상강우와 같은 강우특성을 고려한 위험 절토사면 우선조사 결정방식으로의 전환 필요성이 강하게 대두되었다. 이에 따라 집중강우에 대비한 국내 절토사면의 붕괴 특성을 규명하고 이에 대비한 효율적인 절토사면 관리 대책을 강구하였다. 2002년 발생한 태풍 '루사'와 동반된 이상강우시 발생한 국내 절토사면 붕괴 현장을 대상으로 조사·분석 작업을 실시하였다.

홍천국도 관내 현황조사가 이루어진 2,606개소 절토사면 중 339개소에서 크고 작은 붕괴가 발생된 것으로 파악되고 있으며, 이를 이용하여 붕괴 발생 원인 분석을 실시하였다.

붕괴 발생 339개소 절토사면 현황조사 자료를 분석해 본 결과, 주요 붕괴 발생 원인은 암석의 결(불연속면 방향성), 풍화도, 지하수, 파쇄대, 지표수 집중유출, 수목의 기울어짐, 절토사면 하부 손상(과거 시공 발파 등에 의한 원인), 절토사면 상부 산마루측구의 손상 등의 순으로 분석된다. 다시 이들 붕괴 원인은 크게 3개 요인으로 구분할 수 있다. 즉, 파쇄대, 수목의 기울어짐, 절토사면 상부 산마루측구의 손상 등은 풍화도와 관련 깊은 요인이며, 지표수의 집중유출은 지하수 관련 요인, 절토사면 하부 손상은 암석의 결과 관련 깊은 요인으로 분류할 수 있다.

이러한 세 가지 요인에 대하여 분포 비율을 알아본 결과, 절토사면 붕괴 요인별 분포율은 암석의 결 59.6%, 풍화도 51.1%, 지하수 누수 18.9% 순으로 나타났으며, 1개 요인만으로 붕괴를 유발한 경우도 있었으며, 2개 또는 3개 요인의 결합으로 붕괴가 발생되는 경우도 있었다(표 8-4). 상기 세 가지 붕괴 원인에 초점을 두는 접근 방법은 다소 주관적일 수 있지만 결정적인 요인 접근 방법이라고 판단되며 이에 주안점을 두고자 한다.

표 8-4. 붕괴 요인 분석

분석 개소	붕괴 요인						
	a	b	c	a+b	a+c	b+c	a+b+c
339	134	104	10	37	22	23	9
분포비율(%)	39.5	30.7	2.9	10.9	6.5	6.8	2.7

※ a : 암석의 결, b : 풍화도, c : 지하수
　a+b : 암석의 결+풍화도, a+c : 암석의 결+지하수, b+c : 풍화도+지하수
　a+b+c : 암석의 결+풍화도+지하수

8.5 결 론

국내 도로 절토사면의 경우 지형적, 지질적 특성에 의하여 주로 암반층으로 구성되어 있고, 토층의 경우 암반절토사면 상부에 비교적 얇게 덮여 있는 특성을 보인다. 절토사면을 구성하는 암반의 풍화등급은 절토사면의 높이가 높아질수록, 경사도가 급해질수록 양호한 특성을 보이고 있다. 최근 게릴라성 집중호우 등 이상기후로 인해 다수의 절토사면이 붕괴된 사례에서 절토사면 구성 암반의 풍화도가 지대한 영향을 미치고 있는 것으로 분석되었으며, 이는 집중호우에 의한 토층의 침식 및 지지력 상실 등의 과정에 의해 절토사면 붕괴가 발생하는데 기인하는 것으로 판단된다.

Part. 04

암반분류

01 암반분류의 역사와 공학적 의미

❙박 연 준

1.1 서 론

국내에서 암반분류의 중요성을 본격적으로 인식하게 된 시점은 도로 및 철도터널, 그리고 대규모 지하유류비축 공동의 건설이 활발해진 1980년대 이후로 볼 수 있다. 광산 공학 및 토목 공학에서 굴착 설계에 이용되는 3가지 접근 방법인 해석적 방법, 관찰(계측)에 의한 방법 및 경험적 방법 중 암반분류는 경험적인 방법에 기초한다고 할 수 있다.

RMR 분류의 창안자인 Bieniawski 교수는 그의 저서 '*Engineering Rock Mass Classifications*'에서 암반분류의 목적을 다음과 같이 정리하였다.

1) 암반 거동에 영향을 주는 가장 중요한 요소의 인지
2) 암반을 유사한 거동을 하는 group, 즉 암질별로 구분
3) 각 부류의 암반 특성을 이해하는 데 대한 기초 자료의 제공
4) 한 현장에서의 암반 조건에서 얻은 경험을 다른 현장에 관련지어 응용
5) 공학적 설계에 정량적인 자료와 함께 guideline 제시
6) (토목 및 광산)공학자와 지질학자간의 원활한 의견 교환을 위한 공통적인 토대 마련

이와 더불어 암반분류의 결과로 얻을 수 있는 혜택을 다음의 3가지로 요약하였다.

1) 분류에 사용되는 요소를 최소화함으로서 지반조사의 질적 향상
2) 설계에 사용될 수 있는 정량적 자료의 제공
3) 당면 과제에 대하여 보다 효과적인 의견교환이 가능하므로 더 나은 공학적 판단이 가능

암반공학에서 최초의 체계적인 분류체계는 터널의 강지보 설계와 관련하여 1946년 Terzaghi

에 의해 제안되었다. Terzaghi는 암석의 종류를 아는 것보다 암반 내 결함의 형상이나 이의 많고 적음을 밝히는 것이 더 중요하다고 하였으며, 1959년 12월에 발생한 말파셋 댐(아치댐)의 붕괴 사고로 인하여 암반의 거동에서 불연속면이 차지하는 비중이 매우 큼을 재차 깨닫게 되었다.

1.2 암반분류의 역사

1.2.1 Terzaghi의 암반하중 분류법

Terzaghi는 1940년대 미국의 주요 터널 지보재인 steel set에 작용하는 암반 하중을 평가하는 수단으로 암반 하중 분류법을 제안하였다. 이 방법은 암반의 강도와 절리의 발달 정도, 심도(즉 지압)와 특수 지반 조건을 포함한 여러 인자를 기준으로 하여 steel set에 작용하는 하중을 그림 1-1과 같이 터널의 폭과 관련지어 계산할 수 있도록 하였다. 이는 1970년에 Deere, 1982년에 Rose에 의하여 각각 개선되어 사용되고 있다.

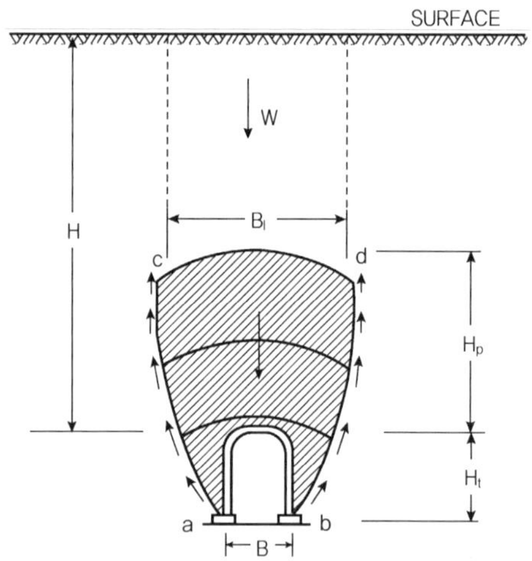

그림 1-1. Terzaghi의 암반하중 분류법의 개념도

1.2.2 자립시간에 따른 분류

Stini(1950)는 암반 내의 구조적 결함의 중요성에 대하여 역설하였으며, 이는 후에 Lauffer에 의하여 무지보 터널의 자립시간이 암반 등급과 관련이 있다는 이론의 기초가 되었다. 후에 많은 학자들에 의해 여러 차례 수정되어 Lauffer의 방법은 더 이상 사용되지 않으나, 이 이론

은 NATM 개발의 기초가 되었다.

Acher에 의해 수정된 이 분류법의 가장 중요한 개념은 터널의 폭이 증가하면 자립시간이 현격히 줄어든다는 점이다.

1.2.3 RQD index

Deere는 1964년 코어회수율의 개념을 개선한 RQD 지수를 제안하였으며, 이를 1967년에 발표하였다. 즉 시추코어 중 길이 10cm 이상의 견실한 부분의 비율이 전체적인 암반의 질에 대한 지표가 될 수 있다는 이 단순한 개념은 불량한 암반 구간을 구분하는 데 널리 사용되었다. ISRM은 RQD 결정을 위해서는 시추 core의 직경이 최소 NX 이상이어야 하며, core 회수를 위해서는 double-tube core barrel의 사용을 권장하고 있다.

1.2.4 RSR concept

터널 지보 예측을 위해 개발된 RSR 개념은 1972년 미국의 Wickham, Tiedemann, 그리고 Skinner에 의해 공동으로 개발되었다. 이는 터널의 적정 지보 설계를 위하여 암반의 질을 정량적인 방법으로 평가하는 개념으로 Terzaghi(1946) 이후 최초의 완전한 암반분류 체계라 할 수 있다.

이전 분류법과의 주된 차이점으로는

1) 정량적인 분류 기법
2) 많은 parameter의 도입(7개의 지질학적 parameter와 3개의 시공 관련 parameter)
3) 입력 자료와 출력 결과가 있다는 점
4) 암반을 점수화 하여 등급을 매긴다는 점

등을 들 수 있다.

이러한 parameter들은 다시 3개의 group으로 다음과 같이 분류된다.

Parameter A: 일반적인 암반 구조의 평가
  a. 암석의 성인
  b. 암석의 강도
  c. 지질구조

Parameter B: 터널 굴진 방향과 관련된 불연속면 발달 상황의 영향
　　a. 절리 간격
　　b. 절리의 방향성
　　c. 터널 굴진 방향

Parameter C: 지하수 유입의 영향
　　a. 상기한 A와 B에 의한 전체적인 암질
　　b. 절리의 상태
　　c. 지하수 유입량

분류의 결과로 얻어지는 RSR 값은 상기한 parameter들이 암반 평가에 미치는 영향 정도를 고려한 점수의 합으로 계산된다.

또한 기계 굴착의 경우 암반의 손상이 적어 지보재의 필요량이 적어지므로, 터널 직경에 따라 adjustment factor(AF)를 곱하여 지보재 선택에 사용하도록 하고 있다.

그러나 이 방법을 실제 지보재 설치에 이용하기 위해서는 Rib Ratio(RR)라는 값을 계산하여 Terzaghi(1946)의 'Rock Tunnelling with Steel Support'의 기준조건(datum condition)

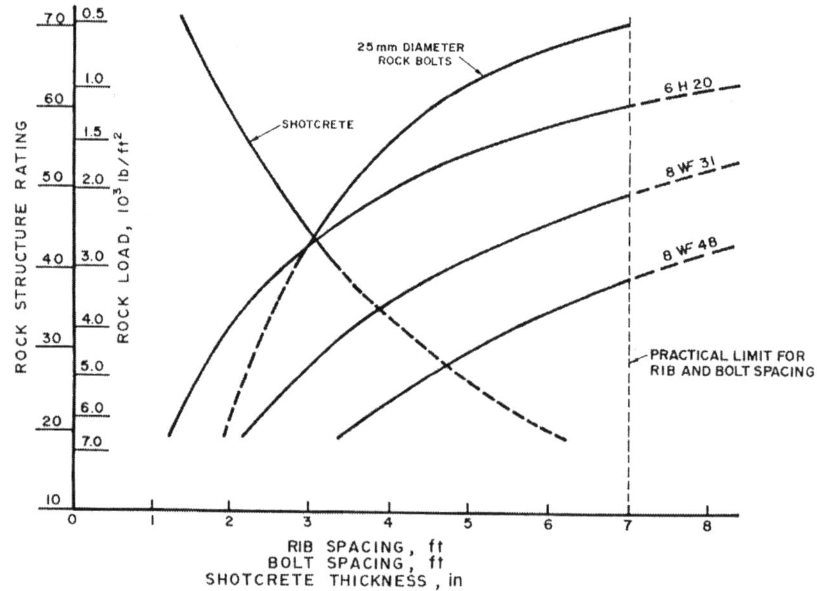

그림 1-2. RSR 개념: 직경 7.3m의 터널에 대한 지보 chart(Wickham et al., 1972)

과 비교하여 지보량을 계산하도록 되어 있다. 따라서 RSR 개념은 steel rib support를 사용하는 터널에 그 적용이 국한되며, 단지 Terzaghi가 제안한 rib 설치 간격을 RSR 값에 의하여 조절하는 정도이므로 Sinha(1988)는 RSR 개념을 독립적인 암반분류법이라기보다는 Terzaghi의 방법을 개선한 것에 불과하다고 비하하기도 하였다.

하지만 RSR법은 현재 가장 널리 이용되고 있는 RMR system 및 Q system의 개발에 가장 큰 영향을 주었다.

1.2.5 RMR 및 Q-system

현재 지하 굴착과 관련하여 가장 많이 사용되고 있는 암반분류법은 1973년 Bieniawski가 발표한 RMR system과 Barton, Lien, Lunde가 1974년에 공동으로 발표한 Q system이다.

이 두 방법에 대해서는 별도의 논문이 발표되므로 본 고에서는 방법 자체에 대해서는 설명을 생략하고자 한다. 다만 두 방법의 적용성과 문제점을 열거하면 다음과 같다.

가. RMR system

1) 분류를 위한 parameter의 평가 방법이 명확하여 지질공학을 전공하지 않은 civil engineer도 비교적 쉽게 분류가 가능하며, 따라서 expert system, fuzzy theory 등을 사용한 code를 작성하면 주관적인 측면을 배제할 수 있어 자동 계산도 가능하다.

2) 각 배점을 합산하는 방식이므로 분류시 약간의 착오나 오차가 발생하여도 분류 결과에 미치는 영향은 크지 않다.

3) 이를 응용한 Slope Mass Rating(SMR) system을 이용하여 암반사면의 안정성 판단 및 보강 설계에도 활용이 가능하다

4) 암반을 5단계로 구분하나, 실제 적용시 대부분의 암반은 3등급 및 4등급으로 분류되며, 1등급 및 5등급으로 분류되는 암반은 극히 드물다. 따라서 암반분류 결과에 따른 지보 패턴이 2 내지 3개로 국한되어 암질 변화에 따른 지보재 투입량의 변화를 효과적으로 반영하기 어렵다.

5) 분류 결과는 전반적으로 안전 측면이어서 과지보 설계가 되기 쉽다.

나. Q-system

1) 분류를 위한 parameter의 평가 방법이 다소 복잡하여 지질공학 비전공자가 분류하기에는 다소 무리가 따른다.

2) 각 배점을 곱하고 나누는 방식이므로 배점 계산시 오차나 착오가 발생하면 분류결과가

크게 달라질 수 있다.

3) 암반 상태에 따라 Q 값의 차이가 크므로 암질 변화에 따라 지보재의 투입량을 효과적으로 반영할 수 있다.

4) 최근에 발표된 새로운 도표를 이용하면 steel fiber reinforced shotcrete(SFRS)을 적용한 터널의 지보량도 계산이 가능하다.

5) 국내에서는 아직 적용하지 않고 있는 Norwegian Method of Tunnelling(NMT)와 관련하여 발전하고 있어 NATM 터널 굴착에 적용하는 데에는 다소 불편함이 따른다.

1.3 암반분류의 공학적 의미

암반공학 및 토질역학을 포함한 지반공학이 타 분야와 크게 다른 점은 자연 상태의 지반을 대상으로 설계를 수행하여야 한다는 점이다. 공학적인 견지에서 자연 상태라 함은 일정한 규격에 맞추어 생산되지 못하였을 뿐 아니라 매우 불균질함을 의미한다. 여기에 더하여 암반 내부에 존재하는 여러 형태의 불연속면은 암반을 대상으로 하는 설계 자체가 무모한 시도로 보일 수도 있을 만큼 문제를 복잡하게 한다.

하지만 흙과 암반은 나무와 더불어 인류가 가장 오랫동안 사용해 온 건축재료이기도 하다. 따라서 인류의 역사와 함께 전해 내려온 경험적인 지식들이 축적되고, 분석되고, 정리되어 암반분류라는 형태로 표현되었다고 할 수 있다.

토목 공사의 여러 단계에서 암반분류가 차지하는 위치를 도표로 나타내면 그림 1-3과 같다. 일반적인 암반분류 작업은 ②의 단계에서 실시되고, 그 결과의 사용방법은 [A], [B], [C]의 3가지로 대별된다.

[A]는 분류 결과를 설계에 직접 사용하는 순서이다. 현장의 지질이나 암반의 상황 변화가 심하고, 개개 현장의 설계를 해석하는 데는 적용하기 어려운 구조물, 혹은 소규모 구조물에서 이용된다. 여기서는 표준시방서나 설계 기준에 암반분류와 설계 관계가 나타나 있다.

[B] 및 [C]는 해석 계산을 하여 설계가 이루어지는 경우이다.

[B]는 해석에 필요한 암반물성을 암반분류와 기존 암반시험 결과의 데이터 관계, 검토 결과를 이용하여 정할 수 있는 경우이다. 특수한 지질상황, 혹은 대단면 터널, 장대 사면 등 중요성이 높은 사면 등이다.

[C]는 암반물성 평가를 위해 원위치 암반시험을 실시하는 경우이다.

[B] 및 [C]에서는 암반분류와 물성평가 결과에 기초하여 다음 단계에서 실시하는 설계 해석을 위한 암반모델, 또는 해석용 지질단면을 작성한다.

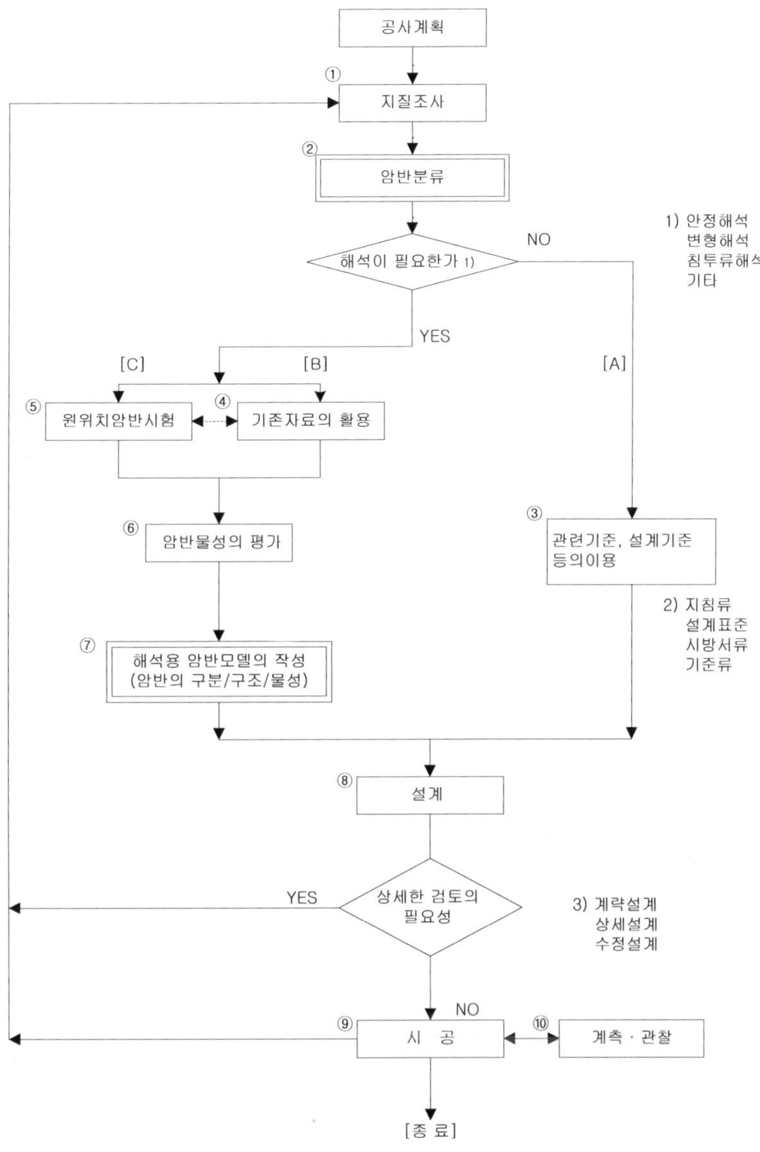

그림 1-3. 토목 공사에서 암반분류의 위치(吉中龍之, 1989)

　이러한 설계용 모델, 또는 지질단면은 해석 방법과 정밀도에 조화를 이루어야 한다. 따라서 ②단계의 암반분류와 ⑦단계의 암반모델은 동일하지는 않으며 ⑦단계에서는 구조물 전체의 설계 관점에서 지반 조건에 대한 단순화가 필요하다.

　이와 같이 타 분야에서의 분류와는 달리 암반분류는 단순히 분류에 그치지 않고 암반 사면이나 지하 구조물의 안정성 평가 및 지보 설계에 대한 가이드라인을 제시하며 분류에 필요한 조사 및 시험법을 명시하고 있다. 암반분류에 사용되는 조사 및 시험 결과는 실제 구조물 설계에 정량적인 자료로 활용되며, 설계 검증을 위한 안정성 해석의 입력자료 결정에도 사용된다. 즉 암반을 대상으로 하는 모든 구조물의 설계 과정에서 암반분류는 매우 중요한 비중을 차지하고 있는 것이다.

1.4 결 론

1970년대부터 국내 기간 시설의 확충이 활발하게 진행됨에 따라 지하철, 도로 및 철도 터널이 건설되면서 암반을 대상으로 하는 토목공사가 급격히 증가하였다. 거의 모든 대규모 토목공사는 다소간의 차이는 있으나 암반과 관련이 있으며, 설계 및 시공 과정에서 암반분류가 차지하는 비중은 매우 크다.

현재 국내에서 널리 사용되고 있는 RMR 및 Q system은 지질 구조가 비교적 단순한 스칸디나비아와 북미 대륙에서 제안된 것으로 지질구조가 매우 복잡하고 변화가 심한 국내 실정에 적합하다고 할 수는 없다. 주요 지반구조물의 건설을 담당하고 있는 국가기간과 학계, 업계가 협력하여 국내 지질조건 및 제도에 적합한 암반분류법 개발에 힘써야 할 것이다.

02 합리적인 시추주상도 작성에 관한 소고

┃ 최 성 순

2.1 서 론

시추조사는 지하에 일정 규격의 구멍을 천공하면서 토질 및 암반 시료를 채취하여 관찰함으로서 지층분포상태를 파악하고 시추조사와 병행된 현장시험과 대표시료에 대한 실내시험을 통해 지반특성을 파악하는 조사기법이다. 지반조사 담당자는 채취된 시료와 시추공 내에서의 일련의 시험을 통해 파악된 지반정보를 간결하면서도 통일된 양식으로 정리 기술하여 설계자와 시공자에게 전달하여야 한다.

시추주상도란 시추조사의 최종성과물로서 조사위치의 지반상태를 심도별로 기록한 것으로 지반조사 담당자가 관찰, 분석, 판단한 내용을 설계자 및 시공자에게 전달하는 매개체이다.

국내에서 작성되고 있는 시추주상도는 과거보다는 많은 부분에서 개선된 상태이지만 통일된 작성기준이 없으므로 인해서 발주처별로 추천하는 시추주상도 작성양식을 갖고 있는 정도이고, 기술내용에 대해서는 어떤 내용이 포함되어야 한다는 정도의 언급만 있는 상태이다.

따라서 시추주상도의 양식이나 내용은 지반담당자 또는 지반조사 회사의 경험이나 능력에 따라 다르고, 같은 지반담당자 또는 지반조사 회사라도 프로젝트마다 다른 경향을 보인다. 이러한 혼란은 시추주상도를 접하는 토목기술자들이 시추주상도로부터 보다 많은 정보를 얻을 수 있는 기회를 잃어버리는 결과로 나타나 부적절한 설계를 유도하거나 실제 시공 중에 문제를 일으키기도 한다.

본 고에서는 조사목적상 필요한 내용이 통일된 양식에 정해진 기준에 맞춰 표현됨으로서 정확하고 적절한 지반정보가 지반조사자에서 설계자 및 시공자에게 전달될 수 있는 방안을 모색해 보았다.

2.2 시추주상도 양식검토

2.2.1 국내에서 적용되는 시추주상도 양식

국내에서 적용되는 시추주상도 양식에 대해 대표적인 기관인 한국도로공사, 철도청에서 추천하는 양식을 토대로 살펴보았다. 국내에서 사용되는 시추주상도의 공통적인 틀은 타이틀, 일반사항, 기재내용으로 구성되어 있다.

● 한국도로공사 추천양식 구성내용

구분		교량부	쌓기부	깎기부	터널부
타이틀		교량부시추주상도	쌓기부시추주상도	깎기부시추주상도	터널부시추주상도
일반사항		사업명 시추공번 조사일 발주처 위치 표고 교량명 시추방법 시추자 지하수위 굴진심도 시추기 작성자 시추공경	사업명 시추공번 조사일 발주처 위치 표고 쌓기부명 시추방법 시추자 지하수위 굴진심도 시추기 작성자 시추공경	사업명 시추공번 조사일 발주처 위치 표고 굴진심도 시추방법 시추자 지하수위 케이싱심도 시추기 작성자 시추공경	사업명 시추공번 조사일 발주처 위치 표고 굴진심도 시추방법 시추자 지하수위 케이싱심도 시추기 작성자 시추공경
기재내용		심도(M) 표고(M) 두께(M) 주상도 시료 표준관입시험 TCR/RQD 기술 비고	심도(M) 표고(M) 두께(M) 주상도 시료 표준관입시험 TCR/RQD 기술 비고	심도(M) 표고(M) 두께(M) 주상도 시료 표준관입시험 기술 암질, TCR 암질, RQD 암질, D 암질, S 절리간격, 형상 절리간격, 최대 절리간격, 최소 절리간격, 평균 비고	심도(M) 표고(M) 두께(M) 주상도 시료 표준관입시험 기술 암질, TCR 암질, RQD 암질, D 암질, S 절리간격, 형상 절리간격, 최대 절리간격, 최소 절리간격, 평균 비고

주) 쌓기부는 교량부를 준용한 것이고, 터널부는 깎기부를 준용한 것임

● 한국도로공사 주상도 심볼

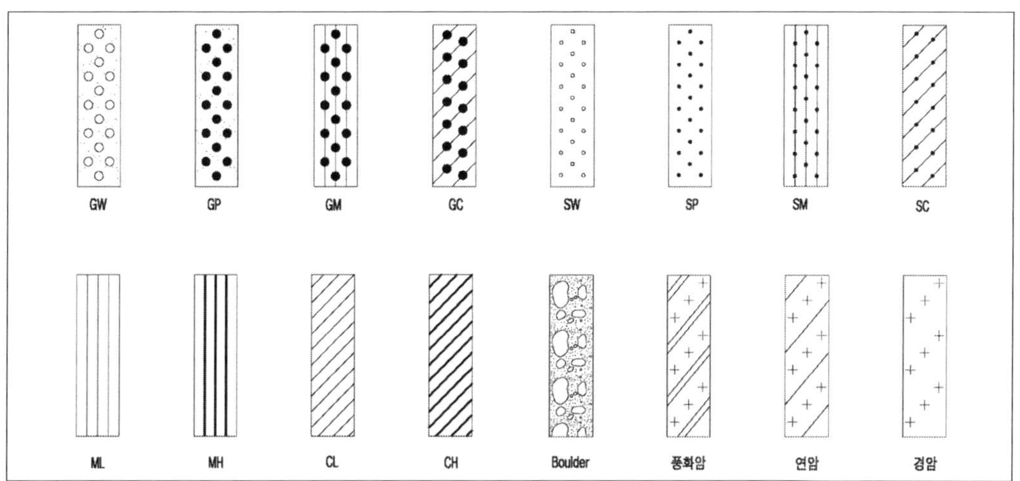

● 한국도로공사 추천 주상도 양식

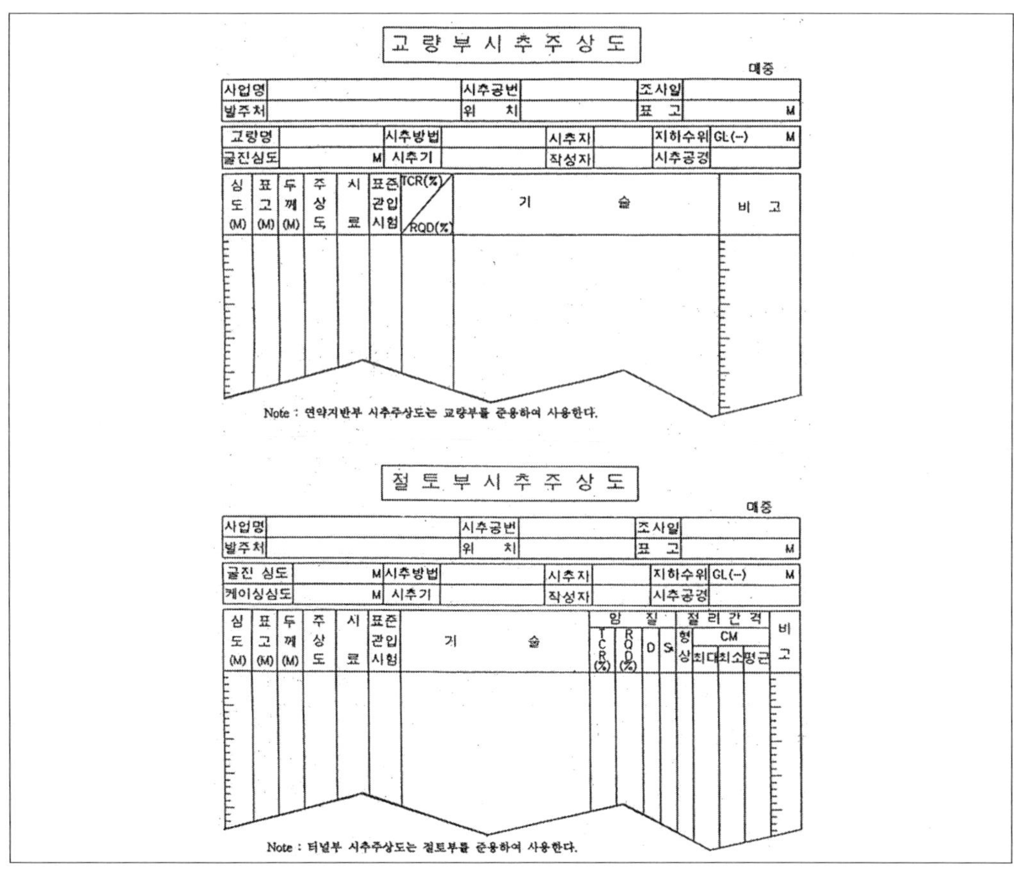

● 철도청 추천양식 구성 내용

구분	교량부	쌓기부	깎기부	터널부
타이틀	시추주상도 DRILL LOG			
일반사항	건명 시추공번 교량명 발주처 위치 좌표 조사일 시추표고 시추심도 시추방법 지하수위 케이싱심도 시추자 작성자 시추장비 시추공경	건명 시추공번 구분 발주처 위치 좌표 조사일 시추표고 시추심도 시추방법 지하수위 케이싱심도 시추자 작성자 시추장비 시추공경	건명 시추공번 구분 발주처 위치 좌표 조사일 시추표고 시추심도 시추방법 지하수위 케이싱심도 시추자 작성자 시추장비 시추공경	건명 시추공번 터널명 발주처 위치 좌표 조사일 시추표고 시추심도 시추방법 지하수위 케이싱심도 시추자 작성자 시추장비 시추공경
기재내용	심도(M) 표고(M) 두께(M) 주상도 통일분류 색조 현장관찰기록 시료형태및심도 표준관입시험 투수계수	심도(M) 표고(M) 두께(M) 주상도 통일분류 색조 현장관찰기록 시료형태및심도 표준관입시험 투수계수	심도(M) 표고(M) 두께(M) 주상도 통일분류 색조 현장관찰기록 암질, TCR 암질, RQD 암질, D 암질, S 암질, F 절리간격, 형상 절리간격, 최대 절리간격, 최소 절리간격, 평균 시료형태및심도 표준관입시험 투수계수	심도(M) 표고(M) 두께(M) 주상도 통일분류 색조 현장관찰기록 암질, TCR 암질, RQD 암질, D 암질, S 암질, F 절리간격, 형상 절리간격, 최대 절리간격, 최소 절리간격, 평균 시료형태및심도 표준관입시험 투수계수

● 철도청 주상도 심볼

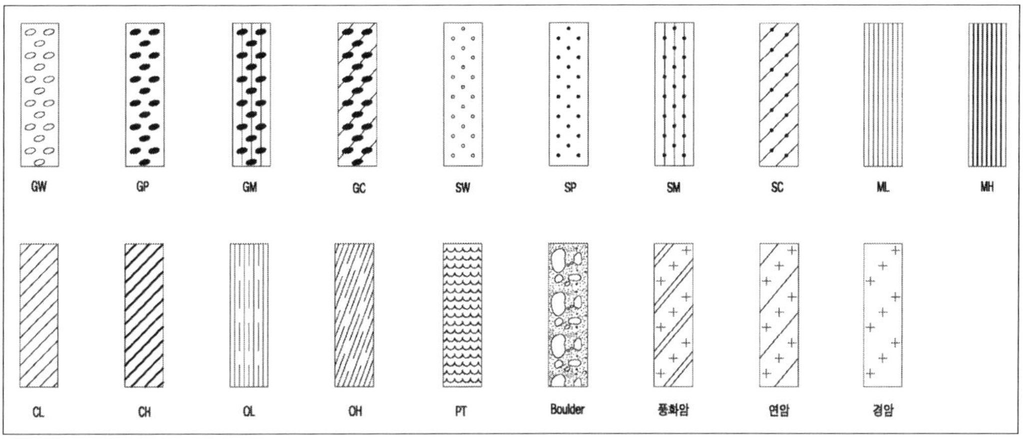

- **철도청 추천 주상도 양식**

① 절토부

시추주상도
DRILL LOG

30매중 1

건 명				시추공번	CB-13	구 분	절 토 부
발주처	철 도 청 건설본부	위 치	익기(현) 42km381.3(좌 17.2 m)			좌 표	X : 232624.2367 Y : 123456.7891
조사일	1999. 9. 9	시추표고	239.70m			시추심도	GL(-)5.3m
시추방법	회전수세식	지하수위	GL(-)3.0m			케이싱 심 도	GL(-)2.0m
시추자	(주)○○회사 홍 길 동	작성자	(주)○○회사 박 길 동	시추장비	YT-300	시추공경	NX

심도 (M)	표고 (M)	두께 (M)	주상도	통일분류	색조	현장관찰기록	암 질					절리간격				시료형태및심도	투수계수 / 표준관입시험
							TCR(%)	RQD(%)	D	S	F	형상	최대	최소	평균		
				※모래(SW) 자갈(GP) 등		※ 표토층, 풍화토, 붕적 토층 등 현장관련기록 상세 작성										50/3 50/4 50/2	

범 례 LEGEND					
◹	: 자 연 시 료 UNDISTURBED SAMPLE	⊠	: 흐 트 러 진 시 료 DISTURBED SAMPLE	●	: 코 아 시 료 CORE SAMPLE
●—	: 관 입 저 항 치 N - VALUE	⌐	: 시 료 없 음 LOST SAMPLE	▤	: 투 수 계 수 PERMEABILITY COEFF

② 터널부

시추주상도
DRILL LOG

30매중 1

건 명				시추공번	TB-13	터널명	○○터널
발주처	철도청 건설본부	위 치	익기(현) 42km381.3(좌 17.2 m)			좌 표	X : 232624.2367 Y : 123456.7891
조사일	1999. 9. 9	시추표고	239.70m			시추심도	GL(-)5.3m
시추방법	회전수세식	지하수위	GL(-)3.0m			케이싱 심 도	GL(-)2.0m
시추자	(주)○○회사 홍 길 동	작성자	(주)○○회사 박 길 동	시추장비	YT-300	시추공경	NX

심도 (M)	표고 (M)	두께 (M)	주상도	통일분류	색조	현장관찰 기록	암 질					절 리 간 격				시료 형태 및 심도	투수 계수 / 표준 관입 시험
							TCR (%)	RQD (%)	D	S	F	형상	최대	최소	평균		
			※모래(SW) 자갈(GP) 등			※ 표토층, 풍화토, 봉적 토층 등 현장관련기록 상세 작성										50/3 50/4 50/2	

범 례 / LEGEND

◣ : 자 연 시 료 / UNDISTURBED SAMPLE   ⊠ : 흐트러진시료 / DISTURBED SAMPLE   ● : 코 아 시 료 / CORE SAMPLE

⟋ : 관입저항치 / N - VALUE   ⌐ : 시 료 없 음 / LOST SAMPLE   ▤ : 투 수 계 수 / PERMEABILITY COEFF

③ 일반(성토)부

시추주상도
DRILL LOG

30매중 2

건　명			시추공번		B-1	구　분	일반(성토)부
발주처	철도청 건설본부	위　치	익기(현) 42km381.3(좌 17.2 m)			좌　표	X : 232624.2367 Y : 123456.7891
조사일	1999. 9. 9	시추표고	239.70m			시추심도	GL(-)5.3m
시추방법	회전수세식	지하수위	GL(-)3.0m			케이싱 심　도	GL(-)2.0m
시추자	(주)○○회사 홍길동	작성자	(주)○○회사 박길동	시추장비	YT-300	시추공경	BX

심 도 (M)	표 고 (M)	두 께 (M)	주 상 도	통 일 분 류	색 조	현장관찰기록	시료 형태 및 심도	투 수 계 수
								표준관입시험
				※모래(SW) 자갈(GP) 등		※ 표토층, 풍화토, 붕적 토층 등 현장관련기록 상세 작성	50/3 50/4 50/2	

범　례　 ◢ : 자 연 시 료　　⊠ : 흐트러진시료　　● : 코 아 시 료
LEGEND　 UNDISTURBED SAMPLE　　DISTURBED SAMPLE　　CORE SAMPLE

⬤━ : 관입저항치　　⌐ : 시 료 없 음　　▤ : 투 수 계 수
N - VALUE　　LOST SAMPLE　　PERMEABILITY COEFF

④ 교량부

시추주상도
DRILL LOG

30매중 2

건 명			시추공번	BH-1	교량명	○○고가
발주처	철도청 건설본부	위치 및 교각번호	익기(현) 42km381.3(좌 17.2 m),P14		좌 표	X : 232624.2367 Y : 123456.7891
조사일	1999. 9. 9	시추표고	239.70m		시추심도	GL(-)5.3m
시추방법	회전수세식	지하수위	GL(-)3.0m		케이싱 심 도	GL(-)2.0m
시추자	(주)○○회사 홍길동	작성자	(주)○○회사 박길동	시추장비 YT-300	시추공경	NX

심 도 (M)	표 고 (M)	두 께 (M)	주 상 도	통 일 분 류	색 조	현장관찰기록	시료 형태 및 심도	투 수 계 수 / 표준관입시험
				※모래(SW) 자갈(GP) 등		※ 표토층, 풍화토, 붕적 토층 등 현장관련기록 상세 작성	50/3 50/4 50/2	

범 례 / LEGEND

◩ : 자연시료 — UNDISTURBED SAMPLE   ⊠ : 흐트러진시료 — DISTURBED SAMPLE   ● : 코아시료 — CORE SAMPLE

● : 관입저항치 — N - VALUE   ⌐ : 시료없음 — LOST SAMPLE   ▤ : 투수계수 — PERMEABILITY COEFF

2.2.2 외국에서 적용되는 시추주상도 양식검토

외국에서의 시추주상도 양식을 검토하기 위하여 ASCE에서 승인한 시추주상도 양식에 대해 검토하였다.

● ASCE 승인양식 구성내용

구분	토사용	암반용
타이틀	Log of Boring (공번) – 과업명, 과업위치 등을 기재	
일반사항	시추일자 작성자 확인자 시추방법 시추비트크기/타입 굴진심도 시추장비 시추자 해머무게 지하수위(종료후 포함 3회 측정기록) 표고 특기사항(comments) 시추공처리(폐공) 표고관련자료	시추일자 작성자 확인자 시추방법 시추비트크기/타입 굴진심도 시추장비 시추자 시추각도 지하수위(종료후 포함 3회 측정기록) 표고 특기사항(comments) 시추공처리(폐공)
기재내용	심도(M) 시료채취 위치 시료채취 타입 시료채취 번호 현장관찰기록 표고 Poket Pen 함수비 액성한계 소성지수 기타시험들	심도(M) 표고(M) Run 번호 Box 번호 TCR 절리발달빈도 RQD 절리형상그림 암종 현장관찰기록 수압시험결과 실내시험결과 굴진속도 기타관찰기록 (순환수누수, 코어채취 못한 사유 등)

* 불연속면에 대한 기술은 현장관찰내용 기재란에 기술하는 데 다음의 사항을 포함한다.
  - 불연속면의 경사(Dip)
  - 불연속면의 종류(절리, 단층, 엽리, 맥, 전단면)
  - 불연속면의 틈(W, MW, N, VN, T)
  - 충전물(점토, 모래, 방해석등)
  - 충전물의 양(Su, Sp, Pa, Fi, No)
  - 표면의 모양/거칠기(Wa, Pl, St, Ir / Slk, SR, R, VR)
  - 불연속면 간격(EW, W, M, C, VC)

● ASCE 추천 주상도 양식(토사용)

● ASCE 추천 주상도 양식(암반용)

● ASCE 추천 지층 및 용어 설명(토사)

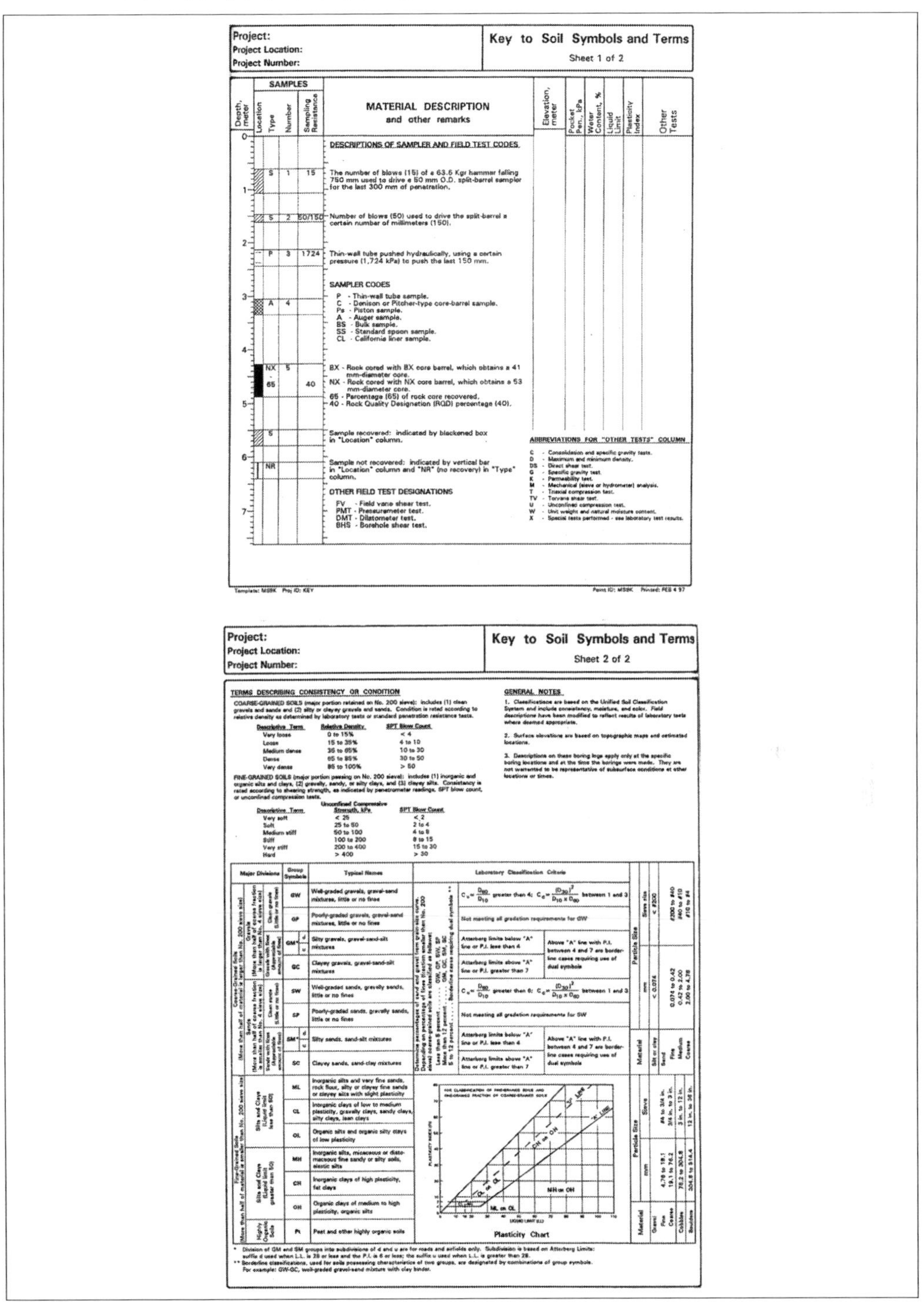

● ASCE 추천 지층 및 용어 설명(암반)

Project:
Project Location:
Project Number:

Key to Rock Core Log
Sheet 1 of 2

Depth, meter	Elevation, meter	ROCK CORE								MATERIAL DESCRIPTION	Packer Tests	Laboratory Tests	Drill Rate, meter/hour	FIELD NOTES
		Run No.	Box No.	Recovery, %	Frac. Freq.	R Q D, %	Fracture Drawing/ Number		Lithology					

META-ARKOSE, light gray, moderately weathered, moderately strong.

a b c d e f g h
1: 75, J, VN, Fe, Su, Pl, S, VC
M: Mechanical Breakage

Slow drilling

[1] **Depth:**   Distance (in meters) from the collar of the borehole.

[2] **Elevation:**   Elevation (in meters) from the collar of the borehole.

[3] **Run No.:**   Number of the individual coring interval, starting at the top of bedrock.

[4] **Box No.:**   Number of the core box which contains core from the corresponding run.

[5] **Recovery:**   Amount (in percent) of core recovered from the coring interval; calculated as the length of core recovered divided by the length of the run.

[6] **Frac. Freq.:**   (Fracture Frequency) The number of naturally occurring fractures in each foot of core; does not include mechanical breaks, which are considered to be induced by drilling.

[7] **R Q D:**   (Rock Quality Designation) Amount (in percent) of intact core (pieces of sound core greater than 100 mm in length) in each coring interval; calculated as the sum of the lengths of intact core divided by the length of the core run.

[8] **Fracture Drawing:**   Sketch of the naturally occurring fractures and mechanical breaks, showing the angle of the fractures relative to the cross-sectional axis of the core. "NR" indicates no recovery.

[9] **Fracture Number:**   Location of each naturally occurring fracture (numbered) and mechanical break (labeled "M"). Naturally occurring fractures are described in Column 11 (keyed by number) using descriptive terms defined on the following page (Items a - h).

[10] **Lithology:**   A graphic log presentation using symbols to represent differing rock types.

[11] **Description:**   Lithologic description in this order: rock type, color, texture, grain size, foliation, weathering, strength, and other features; descriptive terms are defined on the following page. A detailed descriptive log of overburden materials is not necessarily provided.

[12] **Discontinuity Description:**   Abbreviated description of fracture corresponding to number of naturally occurring fracture in Column 9 using terms defined on the following page (Items a - h).

[13] **Packer Tests:**   A vertical line depicts the interval over which a packer test is performed.

[14] **Laboratory Tests:**   A vertical line depicts the interval over which core has been removed for laboratory testing. Laboratory tests performed are indicated in Column 16.

[15] **Drill Rate:**   Rate (in meters per hour) of penetration of drilling. "N/O" indicates rate not observed.

[16] **Field Notes:**   Comments on drilling, including water loss, reasons for core loss, and use of drilling mud; also, laboratory tests performed on core.

Template: M4SK Proj ID: KEY   Point ID: COREKEY Printed: FEB 3 97

Project:
Project Location:
Project Number:

Key to Rock Core Log
Sheet 2 of 2

Depth, meter	Elevation, meter	ROCK CORE								MATERIAL DESCRIPTION	Packer Tests	Laboratory Tests	Drill Rate, meter/hour	FIELD NOTES
		Run No.	Box No.	Recovery, %	Frac. Freq.	R Q D, %	Fracture Drawing/ Number		Lithology					

KEY TO DESCRIPTIVE TERMS USED ON CORE LOGS

DISCONTINUITY DESCRIPTORS

[a] Dip of fracture surface measured relative to horizontal

[b] **Discontinuity Type:**
F - Fault
J - Joint
Sh - Shear
Fo - Foliation
V - Vein
B - Bedding

[e] **Amount of Infilling:**
Su - Surface Stain
Sp - Spotty
Pa - Partially Filled
Fi - Filled
No - None

[h] **Discontinuity Spacing (meters):**
EW - Extremely Wide (>19.7)
W - Wide (6.6-19.7)
M - Moderate (2.3-6.6)
C - Close (0.66-2.3)
VC - Very Close (<0.66)

[c] **Discontinuity Width (millimeters):**
W - Wide (12.5-50)
MW - Moderately Wide (2.5-12.5)
N - Narrow (1.25-2.5)
VN - Very Narrow (<1.25)
T - Tight (0)

[f] **Surface Shape of Joint:**
Wa - Wavy
Pl - Planar
St - Stepped
Ir - Irregular

[d] **Type of Infilling:**
Cl - Clay
Ca - Calcite
Ch - Chlorite
Fe - Iron Oxide
Gy - Gypsum/Talc
H - Healed
No - None
Py - Pyrite
Qz - Quartz
Sd - Sand

[g] **Roughness of Surface:**
Slk - Slickensided [surface has smooth, glassy finish with visual evidence of striations]
S - Smooth [surface appears smooth and feels so to the touch]
SR - Slightly Rough [asperities on the discontinuity surfaces are distinguishable and can be felt]
R - Rough [some ridges and side-angle steps are evident; asperities are clearly visible, and discontinuity surface feels very abrasive]
VR - Very Rough [near-vertical steps and ridges occur on the discontinuity surface]

ROCK WEATHERING / ALTERATION

Description	Recognition
Residual Soil	Original minerals of rock have been entirely decomposed to secondary minerals, and original rock fabric is not apparent; material can be easily broken by hand
Completely Weathered/Altered	Original minerals of rock have been almost entirely decomposed to secondary minerals, minerals, although original fabric may be intact; material can be granulated by hand
Highly Weathered/Altered	More than half of the rock is decomposed; rock is weakened so that a minimum 50-mm-diameter sample can be broken readily by hand across rock fabric
Moderately Weathered/Altered	Rock is discolored and noticeably weakened, but less than half is decomposed; a minimum 50-mm-diameter sample cannot be broken readily by hand across rock fabric
Slightly Weathered/Altered	Rock is slightly discolored, but not noticeably lower in strength than fresh rock
Fresh	Rock shows no discoloration, loss of strength, or other effect of weathering/alteration

ROCK STRENGTH

Description	Recognition	Approximate Uniaxial Compressive Strength (kPa)
Extremely Weak Rock	Can be indented by thumbnail	240 - 1,035
Very Weak Rock	Can be peeled by pocket knife	1,035 - 4,827
Weak Rock	Can be peeled with difficulty by pocket knife	4,827 - 24,133
Medium Strong Rock	Can be indented 5 mm with sharp end of pick	24,133 - 49,644
Strong Rock	Requires one hammer blow to fracture	49,644 - 99,978
Very Strong Rock	Requires many hammer blows to fracture	99,978 - 241,325
Extremely Strong Rock	Can only be chipped with hammer blows	>241,325

Template: 1S4S Proj ID: KEY   Point ID: COREKEY Printed: FEB 3 97

2.2.3 국내·외 시추주상도 양식비교

차이점	국내양식(한국도로공사, 철도청)	국외양식(ASCE승인양식)
양식구분	구조물별로 양식이 다름	토사용과 암반용으로 양식구분
토사용	발주처, 사업명, 위치/좌표, 시추공경 케이싱심도, 지층두께, 주상도(symbol), 통일분류, 비고	시추비트직경, 해머무게, 지하수위 3회 측정결과, 작성확인자, 실내시험결과, 기타시험결과, 폐공현황
암반용	발주처, 사업명, 위치/좌표, 시추공경 케이싱심도, 지층두께, 주상도(symbol), 통일분류, 암질(풍화/강도/절리), 절리간격(최대/최소/평균), 비고	시추비트직경, Run번호, Box번호, 수압시험결과, 실내시험결과, 기타관찰기록, 폐공현황

2.2.4 시추주상도 양식에 대한 검토 및 개선안

현재 국내에서 적용되는 시추주상도 양식은 국외에서 사용되는 시추주상도 양식에 비해 대부분의 사항이 공통적으로 있지만 2.3절에서의 결과를 바탕으로 각 항목에 대한 검토 및 개선안을 다음과 같이 제시하였다.

① 타이틀은 전체의 제목이므로 어떤 구조물에 대한 시추주상도인지 알 수 있는 한국도로공사 추천양식인 쌓기부 시추주상도, 깎기부 시추주상도, 터널부 시추주상도, 교량부 시추주상도로 표현되는 것이 바람직할 것으로 판단된다.

② 양식의 형태가 2가지 이상이면 혼돈을 초래할 수 있으므로 쌓기부와 터널부(깎기부와 교량부는 터널부 양식을 준용)으로 구분하는 것이 바람직하다고 판단된다. 교량부양식을 터널부양식과 같게 하는 이유는 교량이 장대화하면서 암반에 지지되는 교량이 늘어나는 추세를 반영하여 암반부분을 상세히 기재할 수 있는 양식을 적용하는 것이 바람직할 것으로 보이기 때문이다.

③ 조사위치를 Station과 좌우로의 이격거리만으로 나타내기보다는 좌표를 병기하는 것이 바람직할 것으로 판단된다.

④ 지하수위를 기재하는 란은 단순히 최종 지하수위를 적는 것보다는 ASCE에서 추천하는 양식에서처럼 측정시간대별(굴진종료 후, 24시간 후, 72시간 후)로 기재할 수 있도록 하며 최종측정일 이전의 3일 이내 강수량을 적는 것도 바람직할 것으로 판단된다.

⑤ 경사 또는 수평 시추를 표현할 수 있는 시추각도를 표현할 수 있는 란이 있어야 한다.

⑥ 주변지형란을 일반사항부분에 마련하여 주변지형과 현재의 토지이용 내용 등 설계자나 시공자가 시추주상도를 검토할 때 참고할 수 있는 내용을 적을 수 있도록 하는 것이 바람직하다고 사료된다.

⑦ 지하수오염과 관련하여 폐공에 관한 사회적관심이 높으므로 폐공여부에 관한 란을 만들어 사용하는 것이 좋을 것으로 판단된다.

⑧ 토사구간에서 실시하는 표준관입시험은 숫자와 병행하여 그래프로 표현되는 것이 바람직하다고 판단된다.

⑨ 철도청양식의 경우 색조를 별도의 칸으로 구분하고 있는데 공학적 중요도에 비춰볼 때 색조보다는 암종으로 대체하는 것이 좋을 듯하다.

⑩ 기재내용 부분에 실내시험란을 두어서 시험심도와 간단한 결과를 기술하거나 시험심도와 시험내용을 기술토록 한다.

⑪ 시추주상도 1장에 표현되는 심도는 10m가 적당한 것으로 판단된다. 표현되는 심도가 10m 이하인 경우 깊은 심도의 시추공을 표현하기에는 주상도의 양이 너무 많아 주상도를 살펴볼 때 한눈에 파악되는 양이 너무 적고, 10m 이상인 경우에는 나타내고자 하는 내용을 충분히 반영할 공간이 되지 않을 것으로 판단하기 때문이다.

⑫ 암반구간의 TCR과 RQD는 성격이 비슷하므로 별도의 인접한 칸에 기록토록하는 것이 바람직하다고 판단된다. 만약 동일한 칸에 사선으로 내용을 구분한다면 시추주상도 작성작업을 전산화할 때 어려운 점이 많을 것으로 생각된다.

2.3 기재내용 작성방법 검토

시추주상도 기재내용 작성과 관련한 기준은 어떠한 내용이 포함되어야 한다는 정도이므로 기재순서 등에서 차이가 있을 수 있고, 지층을 구분하는 정도가 조사자의 개인적인 경험에 따르는 경우가 많다.

현행방식의 문제점을 분석하고 개선방안을 제시하였다.

2.3.1 현행 국내적용 기준

● **흙의 기재방법**

① 흙의 기재사항

구　분	기　재　사　항	비　고
흙 시 료	• 흙의 분류, 상대밀도, 연경도, 습윤도, 색 등	시추시 채취된 교란시료의 육안관찰로 확인 및 기재
함수상태	• 건조, 습윤, 젖음, 포화 등으로 표기 • 판단되는 함수비의 정도로부터 평가	
색　　조	• 흑색, 갈색, 회색, 적색, 황색 등 기본색을 기준 • 연함과 진함의 명암 및 혼색에 대한 서술용어를 접두어로 사용	

② 상대밀도 및 연경도

사질토의 상대밀도		점성토의 연경도	
관입저항값(N치)	상 대 밀 도	관입저항값(N치)	연 경 도
4 이하	매우느슨(Very Loose)	2 이하	매우연약(Very Soft)
4 ~ 10	느슨(Loose)	2 ~ 4	연약(Soft)
10 ~ 30	보통조밀(Medium Dense)	4 ~ 8	보통견고(Medium Stiff)
30 ~ 50	조밀(Dense)	8 ~ 15	견고(Stiff)
50 이상	매우조밀(Very Dense)	15 ~ 30	매우견고(Very Stiff)
		30 이상	고결(Hard)

③ 시료의 함수상태

함 수 비(%)	상 태
0 ~ 10	건 조(Dry)
10 ~ 30	습 윤(Moist)
30 ~ 70	젖 음(Wet)
70 이상	포 화(Saturated)

④ 시료의 색조

구 분		색								
색	1	담				암				
	2	분홍	홍	황	갈	감람		녹		회
	3	분홍	적	황	갈	감람	녹	청	백	회	흑

※ 시료의 색조는 회색, 갈색, 황색 등의 기본색에 필요에 따라 연한(담), 짙은(암) 등과 같은 접두어를 사용하여 기재

● 암석의 기재방법

① 색

- 암반의 기본색(황색, 갈색, 회색, 청색 또는 녹색)에 담(연한)과 암(진한)의 명암 및 혼색에 대한 서술용어를 사용

② 불연속면의 간격

기 호	간 격	상 태	기 재 방 법
F – 5	5cm 이하	매우심한균열(Highly Fractured)	불연속면 간격의 최대값, 최소값, 평균값을 주상도에 수록
F – 4	5~10cm	심한균열(Fractured)	
F – 3	10~30cm	보통균열(Moderately Fractured)	
F – 2	30~100cm	약간균열(Slightly Fractured)	
F – 1	100cm 이상	괴 상(Massive)	

③ 암석의 풍화상태

기 호	용 어	설 명
D – 5	완전풍화 (Completely Weathered)	암석 전체가 완전풍화를 받아 흙으로 변화되었으나 모암의 원조직과 구조를 지니며 간혹 풍화를 받지 않은 암편을 함유한 상태
D – 4	심한풍화 (Highly Weathered)	암석 내부까지 풍화가 진행 중이며 점토물질이 협재되어 있어 부분적으로 쉽게 부술 수 있는 상태
D – 3	보통풍화 (Moderately Weathered)	전 암석 표면에서부터 풍화가 진행 중이며 색조는 변하였으나 손으로 부술 수 없는 상태
D – 2	약간풍화 (Slightly Weathered)	기반암 내 발달된 불연속면을 따라 미약한 풍화작용이 시작되고 있으나 암석 자체에는 아무런 풍화작용이 일어나지 않는 상태
D – 1	신 선 (Fresh)	풍화작용의 흔적이 없는 상태

④ 암석의 강도

기 호	용 어	설 명
S – 5	매우약함 (Very Weak)	손가락 또는 엄지손톱의 압력으로 눌러 으스러지는 정도
S – 4	약 함 (Weak)	해머로 눌러 으스러지는 정도
S – 3	보통강함 (Moderately Strong)	1회의 약한 해머 타격으로 쉽게 깨지며 모서리가 으스러지는 정도
S – 2	강 함 (Strong)	1~2회의 강한 해머 타격으로 깨지거나 모서리가 각이 지는 정도
S – 1	매우강함 (Very Strong)	여러 번의 강한 해머 타격으로 패각상의 조각으로 깨지며 각이 날카로운 정도

⑤ 절리면 거칠기

구 분	계단형 (Stepped)	파동형 (Undurating)	평면형 (Planar)
거칠음 (Rough)			
완 만 (Smooth)			
경 면 (Slikensided)			

⑥ 암석 Core의 형상

코어의 형상	코어의 길이	비 고
봉 상	30cm 이상	원형코어
장 주 상	10~30cm	원형코어
단 주 상	5~10cm	대부분 원형코어
암 편 상	5cm 이하	원형이 아닌 코어가 우세
세 편 상	2.5cm 이하	코어의 형태가 남아 있음

2.3.2 현행방식의 문제점 분석

① 지층의 구분은 기본적으로 지반의 공학적 성질의 동질성이 확보되는 구간을 설정하는 걸 원칙으로 한다. 그러나 협재된 지층을 별도의 지층으로 구분하여야 하는지는 전적으로 지반조사 담당자의 판단에 달려 있다. 따라서 객관성 확보를 위해 어느 정도의 가이드라인은 필요하다.

② 채취된 시료에만 의존하여 지층을 구분하려는 경향이 있어 지층단면도상에서 볼 때 부자연스러운 경향을 나타내기도 한다.

③ 작성자(또는 작성회사)에 따라 관찰내용 기재란의 기술 순서가 일정치 않은 문제점이 있으며 불필요한 내용(예를 들면 굴진시 모래로 분해됨 등의 표현)이 표현되는 경우가 많다.

④ 실내시험과 현장시험의 내용들이 기재되지 않는 경우가 많다.

⑤ 시추주상도에 익숙하지 않은 사람이 볼 때, 금방 알아볼 수 없는 표현들도 있다.

⑥ 암반분류상의 표현 가능한 항목이 표시되지 않는 경우가 많다(예를 들면 절리군의 수와 절리군별 간격 등이 표현되지 않는 경우가 많다).

⑦ 조사대상 목적물의 설계 및 시공과정에서 중요한 사항들이 간과되는 경우가 있다(예를

들어 사면의 경우 굴착난이도와 사면의 안정성에 관련한 사항들이 기재되어야 하고, 터널의 경우 지보량과 관련한 사항들이 기재되어야 하며, 깊은 기초가 예상되는 교량의 경우 풍화대에 암석의 상태로 남아 있는 맥암 등을 표현한다).

⑧ 정량적이기보다 정성적인 표현을 사용하는 경우가 많다(예를 들면 간헐적으로, 박층의 등등).

⑨ 토층의 구성물질을 표현함에 있어 일정기준을 따르지 않는 경우가 많다.

⑩ 시추기능자의 관찰 내용이 주상도에 반영되지 않는 경우가 많다(예를 들면 누수 구간, 공동의 크기 등).

⑪ 대표적인 토질시료에 대한 실내시험결과를 반영하여 지층구성물질에 대한 표현을 확정 내지 수정하여야 한다.

⑫ 연약점토에서 표준관입시 햄머자중에 의해 관입되거나 롯드자중으로 관입되는 경우 숫자로 N치를 표현하기 곤란하다.

⑬ 시추기능자들 중 상당수는 표준관입시험시 관입깊이를 측정하기 이전에 2~3회 타격을 한 후 롯드에 15cm씩 45cm 구간을 표시하고 표준관입시험을 하는 경우가 많은데 이는 측정되는 N치가 실제의 지층상태보다 크게 나타나 N치가 과다하게 평가할 우려가 있다. 이러한 경향은 N치가 클수록 과다하게 측정되는 정도가 더해지므로 깊은 기초의 지지층 판단시 문제가 될 수 있다.

⑭ 호박돌은 직경 30cm 이상의 호박형으로 둥근돌(건품에서는 직경 18cm 이상임)을 의미하고 자갈은 직경 7.5cm 이하이다. 외국에서는 호박돌과 자갈의 중간범위를 조약돌(Cobble)이라고 칭하고 있으나 국내에서는 거의 사용하지 않는다는 문제가 있다.

2.3.3 개선 방안

① 지층을 구분함에 있어 공학적 동질성이 확보되도록 하여야 한다. 시료를 일견하고 개략적인 지층구분을 한 후 세밀히 관찰하면서 지층구분을 조정한 후 확정한다. 또 1m 이하의 두께로 얇게 분포하는 경우는 다음의 경우를 제외하고 별도의 지층으로 구분하지 않아도 된다.

  – 표토층 부근의 지층을 구분할 경우
  – 연약점토상에 협재하는 모래나 실트층
  – 교량부에서 협재하는 자갈층
  – 터널굴착면 부근에서의 파쇄대를 포함한 절리발달 구간

② 주변의 지형을 고려하여 지층을 파악하고, 특징적인 주변지형을 특기사항란에 기술

한다.

기술 예) 구릉지에서 저지대인 논으로 이행하는 곳으로 좌측은 시추위치보다 깊은 위치에 지지층이 분포할 것임

③ 토사층의 경우 지층명, 조밀도(연경도), 습윤상태, 색조, 구성물질, 구간별 특이사항 순으로 기재하고, 암반층의 경우 지층명, 색조, 균열상태, 풍화 정도, 강도, 암종, 절리기술, 특이사항 순으로 기재한다.

기술 예)

토사층	암반층
*붕적층(0.5-7.3m) 보통조밀 내지 조밀, 습윤, 담갈색 내지 암갈색, 실트질 세립 내지 중립모래 · 5.5-6.3m : 모래질 실트	*보통암(8.9-16.4m) 담회색, 약간균열, 보통풍화 내지 약간풍화, 강한 강도의 화강암 2 sets(20°, 70°)+ Random 절리 20°, 절리, 2-3m 간격, 평탄/완만, 충전물 없음 70°, 절리, 2-3m 간격, 평탄/완만, 2mm 두께의 모래충전 · 6.3-7.0m : 파쇄대

④ 실내시험과 현장시험 구간과 결과를 기재하며, 결과가 간단하지 않을 경우에는 시험을 한 내용을 기재한다.

기술 예) 13.5-16.5m; k=3.5x10-5, Lu=1.5

⑤ 절리상태란을 의미를 알 수 있는 약자로 표현하여 알기 쉽게 한다.

기술 예) D1⇒F, S3⇒MS, F3⇒MF

⑦ 절리군의 수와 간격을 다음의 예처럼 표현한다.

기술 예) 2set(20°3m 간격, 70°2-3m 간격)+ Random

⑧ 동일한 구성물질과 지층명을 가질지라도 공학적 성질의 변화가 크면 공학적 동질성이 확보되도록 지층을 세분한다.

예) N치의 범위가 매우 넓은 풍화토층의 경우 N=50을 기준으로 2개의 층으로 구분한다.

⑨ 가급적이면 정량적으로 수치화하여 지반상태를 표현한다.

기술 예) 20cm 두께의 파쇄대가 4-5m 간격으로 발달

⑩ 토층의 구성물질 기재는 무게비에 따라 다음을 기준으로 표현한다.

기술 방법) '부성분이 20-35% ; ~섞인, 35-50% ; ~질'로 표현하고 주성분과 부성분이 비슷한 경우에는 '~과 ~'으로 표현한다.

⑪ 시추기능자에게 작업시 관찰되는 사항을 기재할 수 있는 양식을 만들어주고, 만약 이러한 것이 여의치 않을 경우 기능자에게 현장에서 채록하여 이를 기재한다.

포함항목) 시추일자, 표준관입시험, 자연시료채취심도, 굴진완료 후 지하수위, 누수대, 공동여부, 기타특기사항

⑫ 실내시험결과를 반영하여 토층구성물질에 대한 표현을 확정 또는 수정하여야 한다.

⑬ N치를 표현하는 칸에 "햄머자중", "롯드자중" 등으로 표현한다.

⑭ 시추조사 전에 표준관입시 예비타이전의 타격을 하지 않도록 교육하고 이를 현장에서 확인한다.

⑮ 품셈에 조약돌층이 없어서 발생한 문제로 판단되나 조약돌층은 시추난이도측면에서 호박돌층에 가까우므로 표현은 조약돌층으로 하고 정산은 호박돌층으로 함이 무난할 것으로 판단된다. 그 이유는 설계를 하는 사람들의 입장이나 시공을 하는 사람들의 입장에서 볼 때 토층에 혼재된 암석의 크기를 짐작할 수 있는 용어가 사용되는 것이 바람직하기 때문이다.

2.4 시추주상도 표준(안)

● 터널부 시추주상도(안)

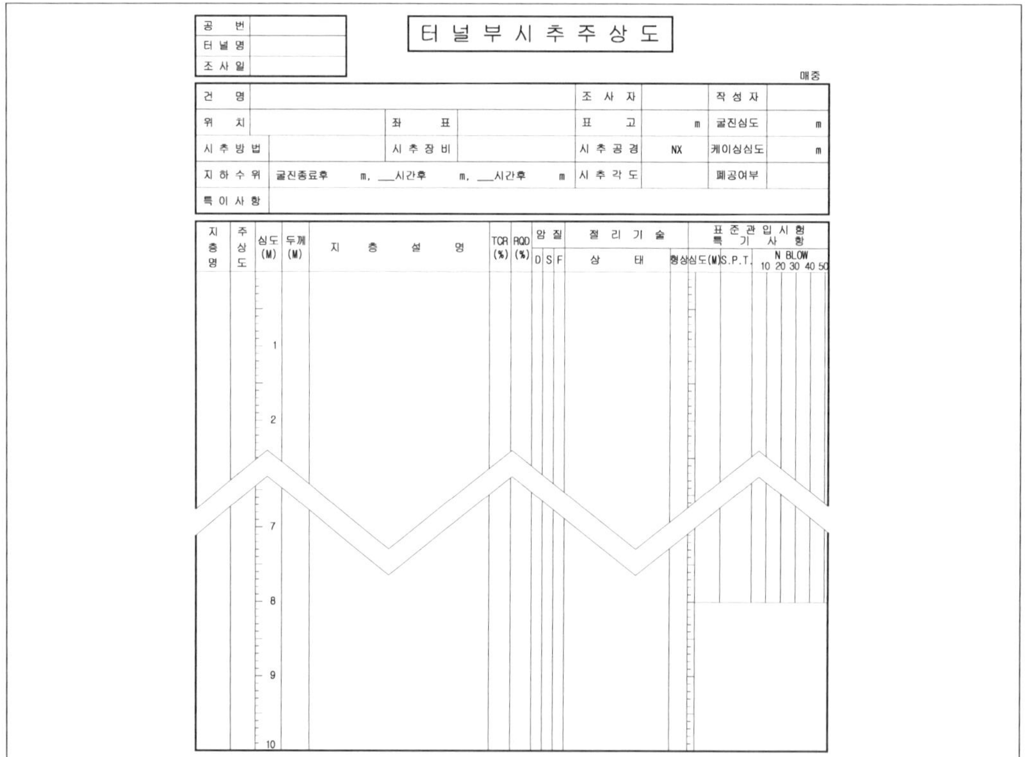

● 쌓기부 시추주상도(안)

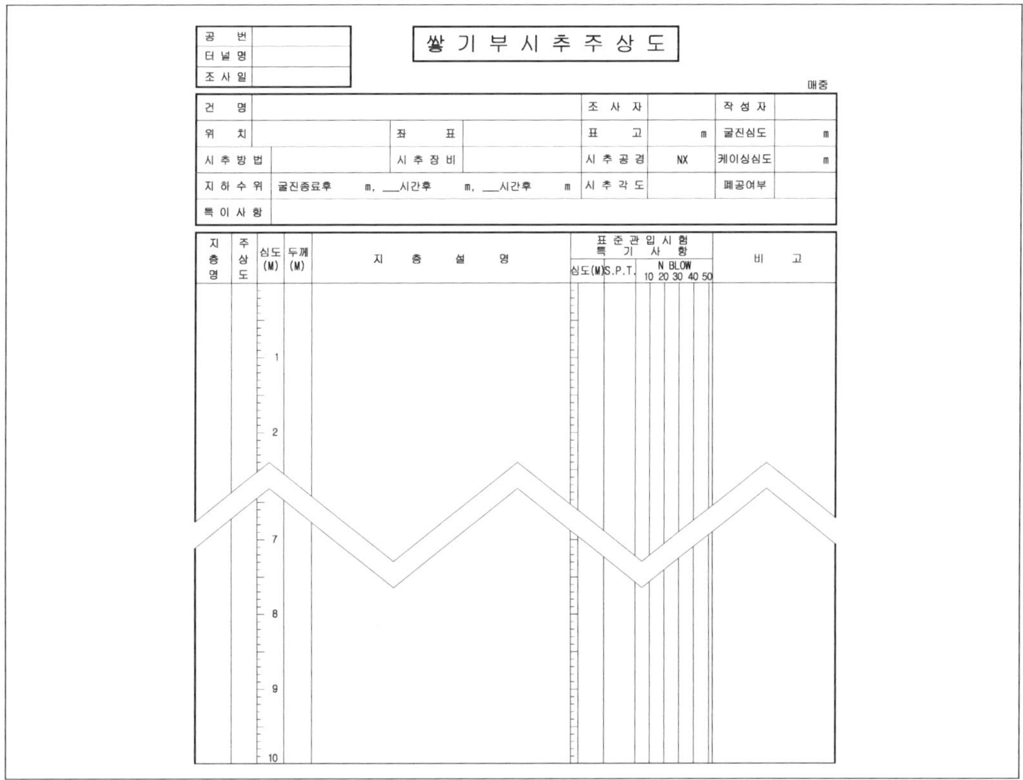

● 시추주상도 심볼(안)

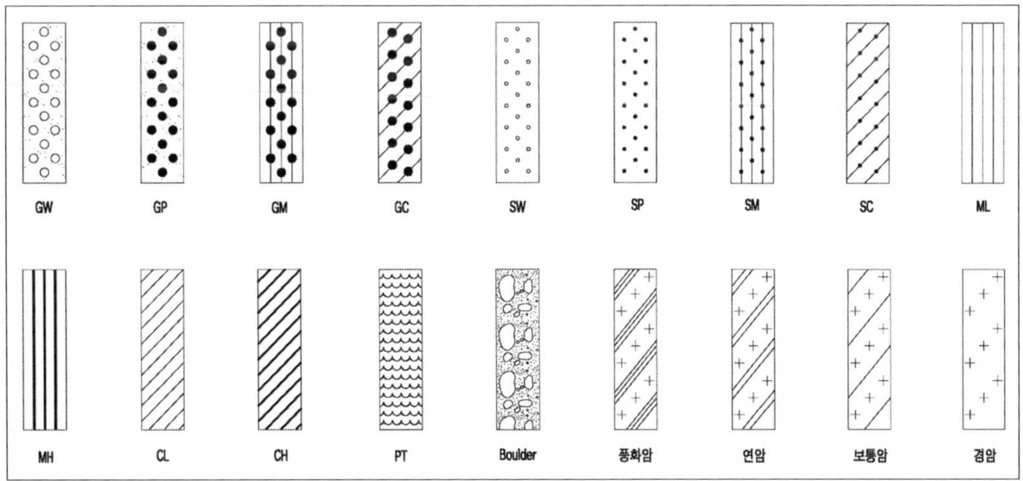

한국도로공사와 철도청의 추천심볼이 비슷하고 국내에서 많이 쓰인 익숙한 기호이므로 이를 사용하는 것이 바람직하며 보통암의 심볼을 추가하는 것이 좋다고 판단된다.

2.5 결 론

시추조사의 최종 성과물인 시추주상도의 품질을 향상시킬 수 있는 방안으로서 국내외의 시추주상도 양식을 검토하고 기재내용에 관한 개선사항을 조사분야에 종사한 경험을 바탕으로 정리해 보았다. 본 고에서 제안한 사항들이 현업에서 제대로 반영되기 위해서는 지반조사와 관련된 사람들의 사명의식과 발주처에 근무하는 사람들의 의지와 결단이 무엇보다 필요하다고 본다.

03 암질지수(RQD)

┃정 남 수

3.1 RQD의 정의

공학적인 목적으로 암반을 분류할 때 암질지수의 개념이 자주 사용되고 있는 암질지수의 개념은 Deere(1966)에 의하여 불연속면의 간격을 정량화할 목적으로 도입되었는데 RQD는 시추시 회수되는 코어로부터 계산된다.

RQD(Rock Quality Designation)는 가장 널리 사용되는 시추코어 회수율인 TCR(Total Core Recovery)를 발전시킨 개념으로 채취된 코어 중 길이가 10cm 이상인 코어들의 길이의 합으로 다음과 같이 정의된다.

$$\text{TCR(Total Core Recovery)} = \frac{\text{회수된 코어의 길이}}{\text{총 시추길이}} \times 100 \ (\%)$$

$$\text{SCR(Solid Core Recovery)} = \frac{\text{회수된 고체코어의 길이}}{\text{총 시추길이}} \times 100 \ (\%)$$

$$\text{RQD(Rock Quality Designation)} = \frac{\text{길이 10cm 이상인 고체코어의 길이의 합}}{\text{총 시추길이}} \times 100 \ (\%)$$

- 고체코어(Solid Core)는 균열상태평가에서 정의되어야 할 핵심어로 두 자연적인 균열 사이의 코어축을 따라 측정되는 적어도 하나의 완전한 지름(반드시 완전한 원주일 필요는 없다)을 갖는 코어를 가리킨다.
- TCR(Total Core Recovery) > SCR(Solid Core Recovery) > RQD(Rock Quality Designation)

$$FI(\text{Fracture Index}) = \frac{\text{확실히 인지되는 균열의 수}}{\text{비교적 균질한 특성의 코어길이에서 측정되는 intact 코어조각 미터굴진당}}$$

FI(Fracture Index)는 반드시 전체코어굴진에 적용될 필요는 없으며, 코어굴진 동안 균열의 빈도에 급격한 변화가 있다면 각 진입부분마다 FI를 계산해야 된다. non-intact(NI)란 말은 코어가 조각나 있을 때 써야 하며 비교적 균일한 특성을 갖는 코어에 대해서 회수된 코어조각들의 최대, 평균, 최소 길이를 언급하여 세부사항을 추가할 수도 있다.

퇴적암이나 엽상(foliation)조직을 갖는 변성암 등에서는 시추시 발생한 신선한 파쇄면인지 아니면 기존의 불연속면인지의 여부를 구별하기 위해 세심한 주의를 기울여야 한다.

RQD(%)	0 ~ 25	25 ~ 50	50 ~ 75	75 ~ 90	90 ~ 100
암질지수	매우 우수 (Excellent)	우수 (Good)	양호 (Fair)	불량 (Poor)	매우 불량 (Very Poor)

3.2 측정방법

RQD 값 산정시 시추구간 길이는 1.5m보다 크지 않게 한다. 외국의 경우는 시추구간 길이 1m마다 측정한다. 암질이 불량하면 코어의 회수율이 낮고 RQD 값도 작아지며 시추장비가 노후되고 기능공의 숙련이 미숙하여도 코어의 회수율이 나빠지므로 국제암반역학회(ISRM)에서는 코어의 직경이 적어도 NX크기(54.7mm)인 diamond 비트, 2중관 시료채취기(Double tube core barrel)의 사용을 권장하고 있으며, RQD 측정시 10cm는 이 코어직경의 약 2배를 의미한다. 암질이 양호할수록 RQD 값은 커지며, 심하게 풍화된 암석의 경우는 0의 값을 갖게 된다. RQD 값은 절리의 과다만을 포함하는 지수이므로 합리성이 결여된 단점이 있지만, 하나의 암반평가요소인 암질지수는 이 항목 하나만으로도 경암터널의 지보의 설계에 이용될만큼 적용성이 뛰어나다.

3.2.1 직접법

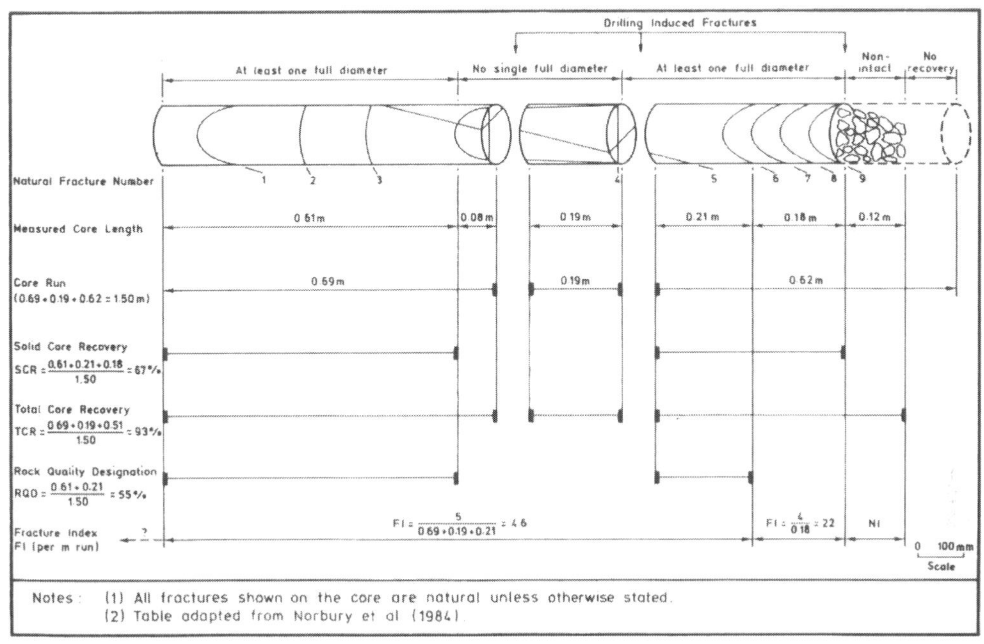

그림 3-1. 암석코어 Logging의 개략적인 모식도

3.2.2 간접법

1) 탄성파속도

RQD는 절리빈도(discontinuity frequency), 탄성파속도, 전기적 저항과는 좋은 상관성을 보이나 현지 암반의 투수계수(permeability)와는 상관성이 없는 것으로 알려져 있다.

표 3-1. RQD와 절리빈도(F), 속도지수(Iv), 암반암질계수(j)와의 관계

R Q D(%)	F(per meter)	I_v	j
0 ~ 25	15 이상	0.2 이하	0.2
25 ~ 50	8 ~ 15	0.2 ~ 0.4	0.2
50 ~ 75	5 ~ 8	0.4 ~ 0.6	0.2 ~ 0.5
75 ~ 90	1 ~ 5	0.6 ~ 0.8	0.5 ~ 0.8
90 ~ 100	1 이하	0.8 ~ 1.0	0.8 ~ 1.0

RQD(%) = Velocity ratio = $(VF/VL)2 \cdot 100$

- 속도지수 : 암반 내에 존재하는 절리의 영향은 현장암반 내에서의 탄성파속도 VF와 암반

에서 채취한 암석시편을 가지고 실험실에서 측정한 탄성파속도 VL을 비교하여 봄으로서 알 수 있다. 두 속도가 차이나는 것은 현장에 존재하는 절리 때문으로 이 두 속도의 비는 암질과 밀접한 관계가 있으며 암질이 우수한 암반에서는 거의 1에 가깝고 절리와 균열이 증가하면 이 속도비는 감소하게 된다. 이것이 탄성파속도지수(velocity index)의 원리이며 탄성파속도지수는 $I_v = (\dfrac{V_F}{V_L})^2$로 정의된다(Coon과 Merritt, 1970)

여기서, VL은 무결암에 대해 실험실에서 측정한 탄성파속도로 시험편의 길이가 짧아서 초음파를 이용하여 계측하므로 초음파속도(ultra sonic velocity)라고도 한다. 한편 VF는 현장 암반에 대해 측정한 탄성파속도로 VF가 항상 VL보다 작다.

- 암반암질계수 : 현장암반은 무결암과는 달리 큰 규모의 균열이나 열극이 내재되어 있는 경우가 많아서 응력에 대한 변형의 정도가 무결암보다 크다.

  이에 착안한 것이 암반암질계수(rock mass factor) j로 $j = (\dfrac{E_F}{E_L})$로 정의된다.

- 절리빈도(fracture frequency) F는 특히 불연속성 암반의 특성을 직접적으로 반영하는 지수로서 단위길이(1m)당 절리의 수로 정의된다. 절리의 크기나 협재물의 특성을 반영하지는 않지만 암질지수 j와 F 사이에는 절리빈도가 늘 때 j는 지수적으로 감소하는 관계가 알려져 있다. 풍화된 균열의 경우 j는 넓게 분산된 값을 보인다.

2) 절리빈도수

시추코어나 노두에 나타나는 불연속면의 간격을 측정함으로서 RQD를 계산하는 식은

RQD = 100·e-0.1λ(0.1λ+1)　　(Hudson과 Priest, 1979)

그러나 위의 식으로 나타나는 곡선은 절리빈도를 나타내는 λ = 6~16/m인 경우 측정된 RQD는 선형관계가 있는 것으로 나타나므로 RQD = −3.68λ+110.4가 된다.

Palmstrom(1982)은 시추가 불가능하여 코어를 얻기가 곤란한 경우에는 체적당 절리의 수로부터 간접적으로 RQD 값을 구할 수 있는 다음과 같은 경험식을 제안하였다.

RQD = 115 − 3.3Jv(대략적인 값)　(Jv<4.5이면 RQD=100)

여기서, 체적절리계수(Volumetric joint count, Jv)는 각 절리군에 대해 단위길이 m당 나타나는 절리수의 총합(절리수/m^3)으로 정의된다. 관련된 절리군에 수직으로 만나는 기준선을 설정하여 각 절리군에 대한 절리의 수를 센다. 기준선의 길이는 5m나 10m가 적당하며 결과는 m^3당 절리의 수로 표시한다.

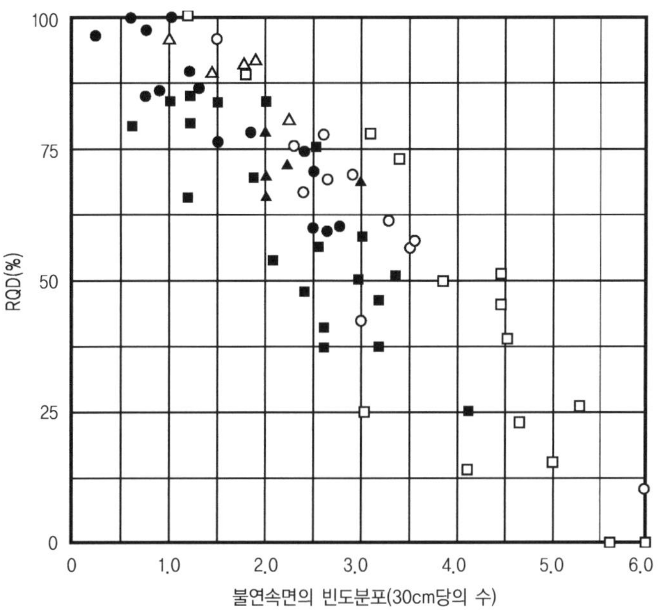

그림 3-2. RQD와 불연속면 빈도와의 관계(Deere 외)

3.3 RQD 산정 및 해석시 주의점

1) 코어의 길이를 재는 방법에는 ① tip to tip, ② center line, ③ fully circular의 3가지가
있으며, 일반적으로 center line법을 쓰고 있다.

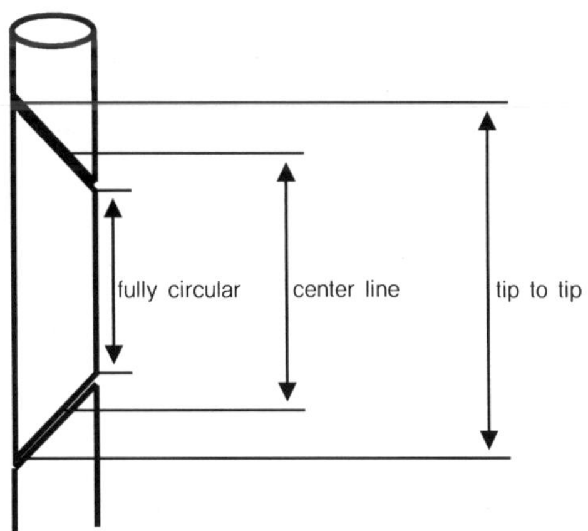

그림 3-3. 코어 길이 측정방법

2) 코어형상에 따라 암질이 다를 수 있으며, 이는 아래 그림 (a), (b), (c)의 각각의 코어상태
를 볼 때 10cm 이하의 코어 길이의 합만을 고려하면 아래 그림쪽의 RQD 값이 크게 되지
만 암반상태는 아래쪽 암반이 더 불량하다. 따라서 주상도상에는 암반의 풍화상태는 물
론 절리의 간격, 절리의 형태, 절리면의 거칠기, 절리각도 등을 기재할 필요가 있다.

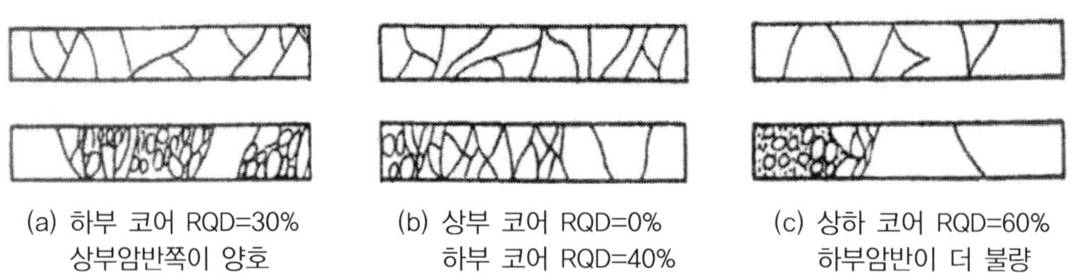

(a) 하부 코어 RQD=30%   (b) 상부 코어 RQD=0%   (c) 상하 코어 RQD=60%
　　상부암반쪽이 양호　　　　　하부 코어 RQD=40%　　　　　하부암반이 더 불량
　　　　　　　　　　　　　　하부암반이 더 불량

그림 3-4. RQD와 암질평가가 일치하지 않는 경우

위의 그림에서 개략적으로 SCR(Solid Core Recovery)을 함께 측정해 보면
(a) 상부코어 SCR=60%, RQD=0%,　　하부코어 SCR=30%, RQD=30%
(b) 상부코어 SCR=50%, RQD=0%,　　하부코어 SCR=40%, RQD=40%
(c) 상부코어 SCR=90%, RQD=60%,　　하부코어 SCR=60%, RQD=60%

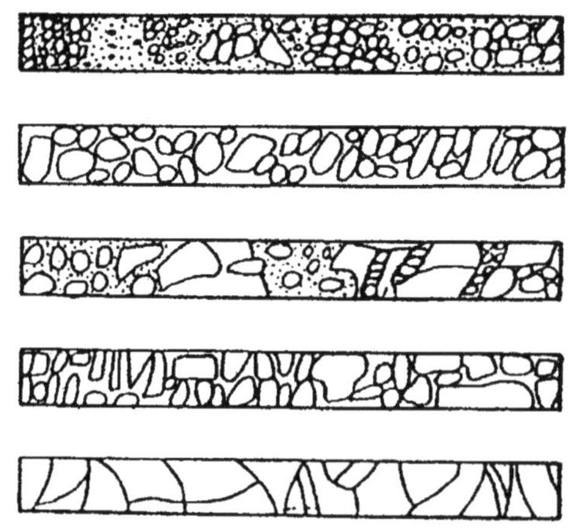

그림 3-5. RQD 0%의 암반에도 구분이 필요한 예

위의 그림의 경우 모두 RQD=0%의 코어상태를 나타낸 것이지만 RQD=0이라고 하여도 현실
에는 이와 같은 암반 차이가 생기게 된다. 그러므로 RQD 값과 함께 SCR 값을 병기해 놓는

것이 암반상태를 옳게 판단하는 데 도움이 된다.

3.4 암질지수(RQD)의 응용

3.4.1 암질과의 관계

Cording과 Deere(1972)는 RQD 값을 Terzaghi의 암반하중요소(rock load factor)들과 관련시켜 터널지보와 RQD와의 관계를 다음 표와 같이 발표하였으며, 이들은 Terzaghi의 암반하중개념은 철재지보로 지지되는 터널에 한정시켜야 된다고 주장하였는데 이는 이 개념이 록볼트나 숏크리트에 의해 지지되는 터널에 잘 적용되지 않기 때문이다.

RQD(%)	암 질	Terzaghi 분류
0 ~ 25	매우 불량(Very Poor)	1 ~ 3
25 ~ 50	불　량(Poor)	3 ~ 4
50 ~ 75	보　통(Fair)	5
75 ~ 90	양　호(Good)	5 ~ 6
90 ~ 100	매우 양호(Excellent)	6 ~ 7

3.4.2 암질과 탄성파속도와의 관계

최근에는 현장에서 측정한 탄성파속도와 암질의 상관성을 이용하여 터널의 지보량을 산정

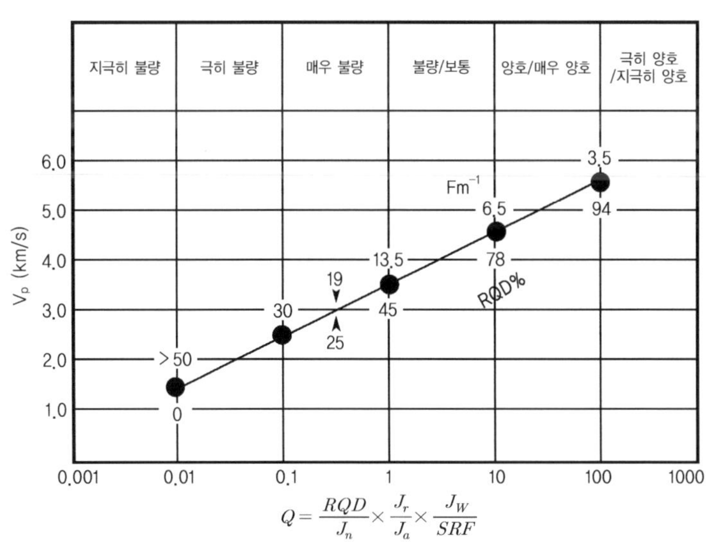

$$Q = \frac{RQD}{J_n} \times \frac{J_r}{J_a} \times \frac{J_W}{SRF}$$

그림 3-6. 암질과 탄성파속도 사이의 관계

하는 방법이 유망한 것으로 보고되고 있다(Barton, 1995). 그러나 현장의 탄성파속도는 터널의 깊이, 암반의 공극률, 함수율, 암반의 강도 등에 영향을 받기 때문에 암질과 상관성을 조사하는 것은 간단하지가 않다. 또한 탄성파굴절법의 경우 탄성파 침투능의 한계로 지하 심부까지 조사하는 데 어려움이 있었다. 이러한 제약은 최근의 시추공간 탐사와 지오토모그래피 기법의 발달로 어느 정도 극복할 수 있게 되었다. 이와 같은 기법을 이용하여 회수된 코어의 질(RQD, 절리빈도, Q값 등으로 측정)과 인접 지층의 탄성파속도토모그램을 직접 비교하는 것이 가능하게 되었고, 시추공간의 암질을 추정할 수 있는 관계식이 제안되었다.

P파속도(V_p, km/s), Q, 절리빈도(F, m-1), RQD(%)사이의 관계를 보여주고 있으며, 그림에서 절리빈도(F), RQD와 V_p의 상관성은 Sjogren 등(1979)의 연구를 바탕으로 한 것으로 이들은 불투수성 경암을 대상으로 100km 이상의 굴절법 탐사자료와 거의 3km에 이르는 시추코어 분석을 통하여 이러한 상관성을 발견하였다.

3.4.3 RQD 시스템

이 시스템은 Deere(1967) 등이 발표한 코어암질지수를 암반터널의 지보요건을 추정하는 데 적용한 것으로(Merritt, 1972) 다른 방법들과는 달리 코어암질지수와 터널의 폭만으로 지보량을 정하게끔 제안한 것이다. 최근의 RQD 시스템은 직경 6.1~12.2m의 터널에 대해 터널지보와 보강 시스템의 선택에 대한 가이드라인으로 적용되며 천공발파방식과 기계굴착식 터널을 고려하여 지보량을 달리하도록 되어 있다. RQD 시스템은 절리암반의 경우 특히 절리의 방향이나 견고성, 충전물 등을 전혀 고려하지 않고 단지 시추공 내 절리 간격 자료 하나만으로

표 3-2. 6m 폭의 터널에 대한 RQD 지보요건

구 분	무지보 또는 국부볼트	패 턴 볼 트	강 지 보
Deere 등 (1970)	RQD 75~100	RQD 50~75 (1.5~1.8m 간격)	RQD 50~75 (1.5~1.8m 간격, 경량지보나 볼트)
		RQD 25~50 (0.9~1.5m 간격)	RQD 25~50 (0.9~1.5m 간격)
			RQD 0~25 (0.6~0.9m 간격)
Cecil (1970)	RQD 82~100	RQD 52~82 (대안으로 40~60mm 숏크리트)	RQD 0~52 (지보나 보강 숏크리트)
Merritt (1972)	RQD 72~100	RQD 23~72 (1.2~1.8m 간격)	RQD 0~23

• Merritt(1972)로부터 Deere(1988)에 의해 추정된 자료

지보량을 산정하기 때문에 필연적인 한계가 있지만 점토광물이 없는 암체에 대해서 RQD 시스템은 잘 적용될 수 있다.

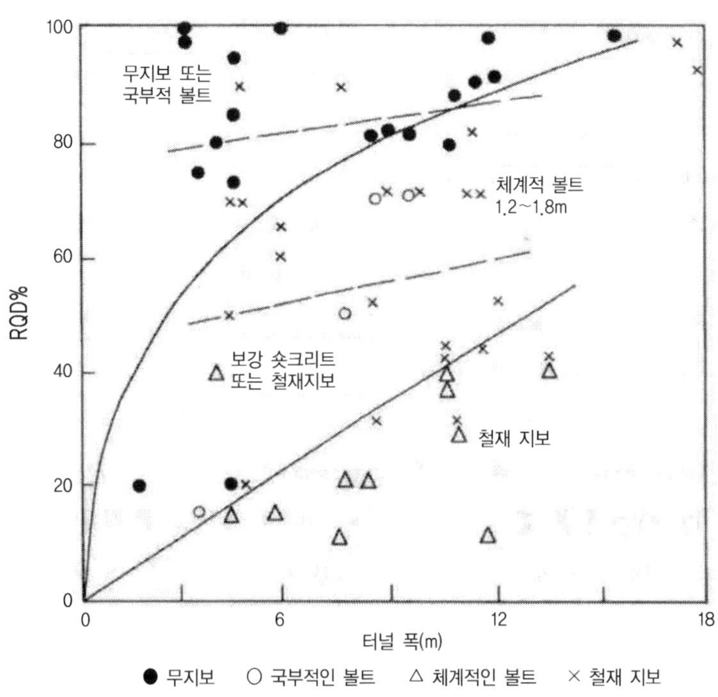

그림 3-7. RQD와 터널폭에 의한 지보분류(Merritt, 1972)

3.4.4 변형계수와의 관계

실험실에서 측정된 결과를 이용하여 현지 암반의 변형계수를 추정하는데 RQD와 변형계수 감소비(EM/EL)의 상관관계를 이용(Bieniawski, 1978)하기도 하며, 여기서 EM은 현지 암반의 변형계수이며 EL은 작은 무결암석 시험편을 대상으로 실험실에서 측정된 변형계수이다.

3.4.5 암반등급과의 대응

Kikuchi 등은 각 암반등급의 암반특성을 고려한 RQD(N)을 고안하고 그 적용성을 검토했으며, RQD(N)은 다음과 같이 정의할 수가 있다.

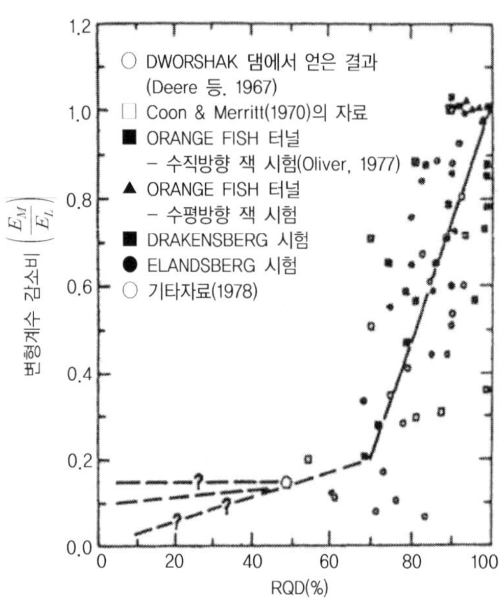

그림 3-8. RQD와 변형계수감소비의 관계

그림 3-9. RQD와 보링공 내 변형계수(本四公團, 1972)

$$RQD_{(N)}(\%) = \frac{L_{(N)}}{\ell} \times 100$$

여기서, L(N)　: 단위구간 길이에서 Ncm 이상 코어의 합계길이

　　　　ℓ　　: 단위구간 길이(통상 100cm)

　　RQD와 암반등급과의 대응에 관한 검토결과(평가기준길이 N이 5, 20, 30cm의 경우에 대하여 검토함)는 위 그림과 같이 RQD에서는 빈도분포의 중복이 많았던 CL급과 CM급이 RQD(5), CH급과 B급이 RQD(30)에서 각각의 빈도분포에 있어서도 명백한 차이가 인정되었다. 따라서 암반등급구분의 정량적 평가에 있어서는 RQD 및 RQD(N)을 단독적으로 적용하는 것이 아니라 RQD(5), RQD, RQD(30)을 한 조로 사용함으로서 정량적 평가지수로의 적용이 가능함.

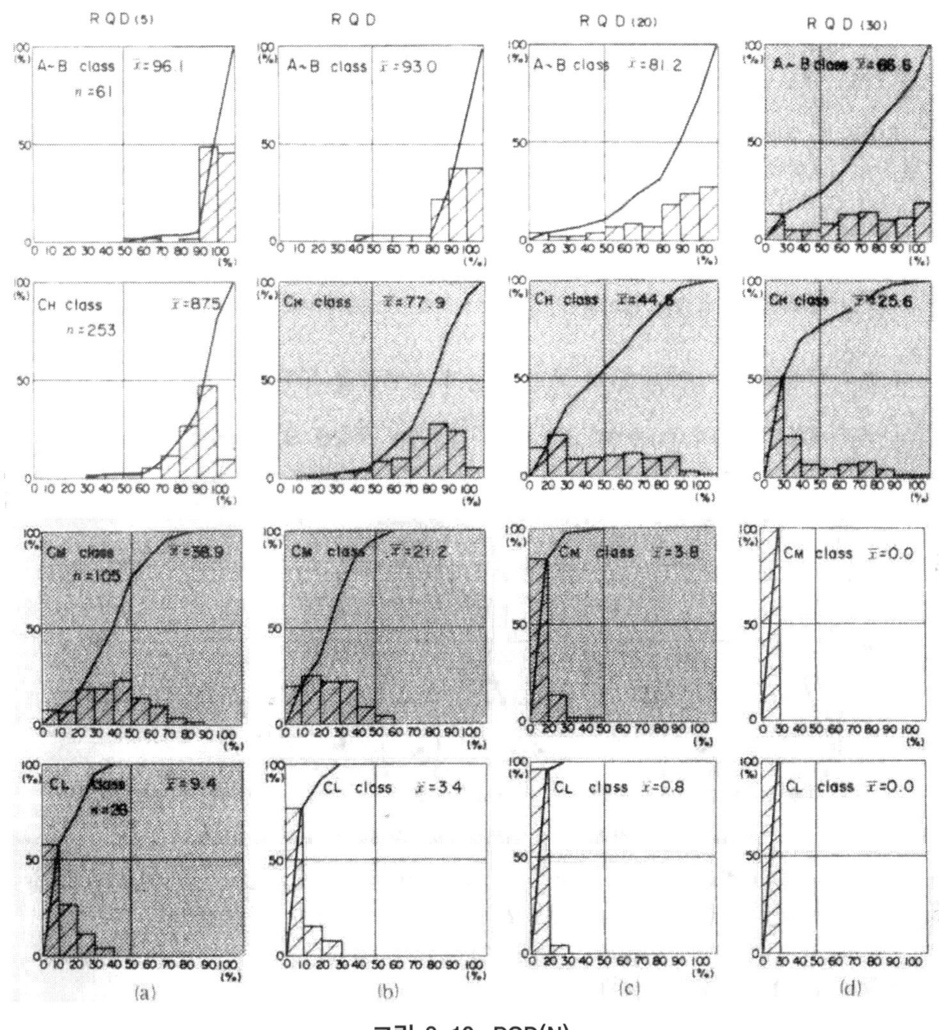

그림 3-10. RQD(N)

3.5 결 론

현재 RQD는 시추코어의 logging에서 표준요소로 사용되고 있으며, 세계적으로 널리 사용되고 있는 주요 암반분류 시스템인 RMR과 Q시스템에서 사용되는 기본요소이다. RQD가 간단하며 저렴한 지수임에도 불구하고 암반을 적절하게 묘사하는 것이 충분하지 못한 것은 절리의 방향이나 견고성, 충전물질 등을 고려하지 않고 단지 시추공 내 절리간격 요소 하나만으로 지보량을 산정하기 때문에 한계가 있고, 절리가 얇은 점토 충전물 또는 풍화물질을 함유하는 지역에서도 제한을 갖는다. 이는 점토가 절리 경계면을 따라 마찰저항을 감소시키므로 절리간격이 넓고 RQD가 높더라도 불안정을 초래하기 때문이나 그 외의 조건에서는 이 시스템은 잘 적용될 수 있다.

04 RMR 분류방법 및 수정 방법의 고찰

▌허 종 석

4.1 서 론

공학적인 목적의 암반분류법에 대한 대부분의 작업은 터널굴착과 지하공동건설에 관련되어 수행되어 왔다. 공학자들은 특히 암반의 무지보유지시간과 필요한 지보 형태 및 양에 관련된 암질을 결정하는 데 관심을 가져왔다. Wickham(1972) 등, Bieniawski(1973) 그리고 Barton(1974) 등은 암석재료와 절리암반의 여러 인자에 가중치를 부여한 암반분류법을 고안하여 설계에 사용할 수 있는 암반등급법을 얻고자 했다.

RMR 시스템은 1973년 Bieniawski에 의해 제안되었으며 Wickham(1972) 등의 Rock Structure Rating(RSR) 분류법을 기초로 개발되었다. RSR 분류법은 이전에 제시되었던 방법들과는 달리 정량적인 분류방법이며, 몇 가지 지질학적인 인자들의 상대적인 중요성을 평가하고 이를 정량화하여 암반에 대한 등급시스템을 도입하였다. RSR은 암반 터널에서 철재지보를 대상으로 개발된 개념이기 때문에 철재지보를 선정하는 데 매우 유용하지만, 록볼트와 숏크리트 지보의 상관 관계해석에는 충분치 못한 방법이다. 그리고 필요한 입력 자료의 대부분이 표준절리조사에 일반적으로 포함되는 것들이지만, 몇 가지 평가변수들은 명확하게 정의되어 있지 않아 혼란을 초래할 수 있다.

RMR 분류법은 RQD, 단축압축강도, 절리간격, 방향, 상태, 지하수 상태 등 6개의 분류요소를 사용하였다. Bieniawski는 이와 같은 분류법을 현장 적용 시험과정을 거쳐서 체계를 보완하였다. 즉 풍화상태 항목은 단축압축강도에서 설명되므로 제외되었고 절리의 틈새나 간격, 연속성 및 절리상태를 포함시켰다.

4.2 RMR 분류 절차

앞절에서 언급한 바와 같이 RMR 시스템을 사용하여 암반을 분류하는 데는 다음의 6가지 변수가 사용된다.

1. 암석재료의 단축압축강도.

2. 암질 지수 (RQD).

3. 불연속면의 간격.

4. 불연속면의 상태.

5. 지하수 상태.

6. 불연속면의 방향.

암석재료의 단축압축강도는 암반의 최대 강도와 일치한다. 실내암석시험에 의해 결정되지만, 암반분류의 목적상 현장에서 시추코어의 간편시험으로 얻을 수 있는 점하중강도 지수가 이용되기도 한다. 무결암의 단축압축강도는 불연속면의 간격이 넓거나 암반이 약할 때 암반의 공학적인 거동과 중요한 관계가 있다. 만약 불연속면이 연속적이지 않을지라도 그것은 중요하다. 단축압축강도와 풍화 정도는 서로 상호의존적인 변수이기 때문에 Bieniawski(1974)는 암석재료의 강도로 간주할 수 있다고 제안하였다.

RQD는 암반의 상태를 전부 나타내기에 불충분하지만, 터널 지보를 선정하는 지침으로서 매우 유용하다. RQD는 불연속면 틈새 및 방향, 연속성, 충진물의 영향을 반영하지 않는다.

불연속면의 간격은 불연속면에서 수직방향으로의 평균 거리를 말하며, 불연속면의 주향은 일반적으로 자북 기준으로 기록한다. 불연속면의 존재는 암반의 전체강도를 감소시키고 그것들의 간격과 방향은 그러한 감소량을 지배한다. 그래서 불연속면의 간격과 방향은 불연속면을 가진 암반구조의 안정성을 평가할 때 매우 중요하다.

불연속면의 상태는 표면의 거칠기, 틈새 이격거리, 연장성, 표면의 풍화 정도, 충진물 등을 포함한다. 불연속면의 상태 또한 간격만큼이나 중요하다. 예를 들면 거친 표면을 가지고 충전물이 없이 꽉 찬 불연속면은 높은 강도를 가진다. 반대로 연속적으로 열려진 불연속면은 약한 면을 형성하고 더 나아가 계속적인 지하수 유입이 생긴다. 분명히 불연속면의 상태는 암석재료가 암반의 거동에 영향을 미치는 정도를 좌우한다.

지하수 상태는, 10m 굴착 중 분당 지하수 유입량이나, 완전건조, 습윤, 젖음, 물방울 떨어짐, 물이 흐름과 같은 일반적인 상태, 또는 최대주응력에 대한 불연속면 수압으로 표현될 수 있다.

표 4-1에는 RMR을 이용한 암반의 분류방법이 제시되어 있다. 표 4-1의 A 부분은 5개 값의 범위를 갖는 5개 변수가 분류되어 각 변수들의 점수들이 배당되어 있다. 값의 경계 범위에 해당하거나 범주 사이에 일어나는 급격한 점수의 변화에 대한 인상을 제거하기 위하여 그림 4-1과 같은 그래프를 작성하였다. D 그래프는 만일 RQD나 불연속면 자료가 없는 경우 쓰인다. 그래프는 Priest와 Hudson(1976)의 상관관계 자료에 기초하여 없는 변수의 추정을 가능하게 해준다.

분류변수의 점수를 정한 후, 표 4-1의 A 부분에 열거된 5개의 변수에 대한 점수를 합산하여 기초적인 (불연속면 방향에 대한 보정을 하지 않은) RMR 값을 산출한다. 표 4-1의 E에는 불연속면 상태를 세부항목으로 구분하여 점수를 배당하였다.

다음 단계는 6번째 변수를 평가하는 것이다. 즉 표 4-1의 B 부분에 따라 기초적 RMR 값을 보정하여 불연속면의 주향, 경사 방향의 영향을 평가한다. 불연속면의 방향의 영향은 터널, 광산, 사면, 기초와 같은 적용 사례에 따라 구분되어 있다. 터널에서 주향과 경사의 방향이 유리한지 그렇지 않은지를 결정하기 위해 표 4-1의 F를 참조한다.

불연속면의 방향에 대한 보정을 한 후에 암반은 표 4-1의 C 부분에 따라 점수가 분류되며, RMR의 전체 범위는 0부터 100까지로, 암반분류 점수는 20점 간격의 등급으로 분류된다. 다음으로 표 4-1의 D 부분은 각각의 암반 등급에 대하여 터널 무지보폭 및 유지시간, 암반 강도 특성값을 제시하고 있다

표 4-1. RMR System(After Bieniawski 1989)

A. RMR 분류기준 및 점수

분류 기준			값의 범위					
1	무결암 강도	점하중 강도 지수 (MPa)	〉10	4-10	2-4	1-2	단축압축시험 적용	
		단축압축 강도 (MPa)	〉250	100-250	50-100	25-50	5-25 | 1-5 | 〈1	
	점 수		15	12	7	4	2 | 1 | 0	
2	코어 암질 지수 RQD (%)		90-100	75-90	50-75	25-50	〈25	
	점 수		20	17	13	8	3	
3	불연속면의 간격		〉2m	0.6-2m	200-600mm	60-200mm	〈60mm	
	점 수		20	15	10	8	5	
4	불연속면의 상태		매우 거친 표면 불연속적 분리가 없음 신선한 모암	약간 거친 표면 이격〈1mm 약간 풍화된 벽면	약간 거친 표면 이격〈1mm 많이 풍화된 벽면	평활면 혹은 충전물〈5mm 두께 혹은 이격 1-5mm 연속적	연한 충전물 〉5mm 두께 혹은 이격〉5mm 연속적	
	점 수		30	25	20	10	0	
5	지 하 수	10m 터널 길이 당 유입(L/min)	없음	〈10	10-25	25-125	〉125	
		$\dfrac{절리수압}{최대주응력}$비	0	〈0.1	0.1-0.2	0.2-0.5	〉0.5	
		일반적 상태	완전 건조	축축함(damp)	젖음(wet)	물이 떨어짐	물이 흐름	
	점 수		15	10	7	4	0	

B. 불연속면 방향에 대한 점수 보정

주향과 경사		아주 유리함	유리함	양호함	불리함	아주 불리함
점수	터널과 광산	0	−2	−5	−10	−12
	기초	0	−2	−7	−15	−25
	사면	0	−5	−25	−50	−60

C. 전체 점수로부터 결정된 암반 등급

점 수	100−81	80−61	60−41	40−21	〈 20
등 급	I	II	III	IV	V
구 분	아주 우수	우수	양호	불량	아주 불량

D. 암반 등급의 의미

등 급	I	II	III	IV	V
평균 유지 시간	15m span으로 20년	10m span으로 1년	5m span으로 1주일	2.5m span으로 10시간	1m span으로 30분
암반의 점착력 (kPa)	〉400	300−400	200−300	100−200	〈100
암반의 마찰각 (φ)	〈45°	35−45°	25−35°	15−25°	〈15°

E. 불연속면의 상태 분류 기준

변수	점수				
불연속 연장	〈 1m 6	1−3m 4	3−10m 2	10−200m 1	〉20 0
불연속 간극	없음 6	〈 0.1mm 5	0.1−1.0mm 4	1−5mm 1	〉 5mm 0
거칠기	아주 거침 6	거침 5	약간 거침 3	부드러움 1	평활면 0
충전물	없음 6	단단한 충전물		연한 충전물	
		〈 5mm 4	〉 5mm 2	〈 5mm 2	〉 5mm 0
풍화도	풍화 안 됨 6	약간 풍화 5	풍화 3	심한 풍화 1	분해 0

F. 불연속면의 방향성이 굴진에 미치는 영향

주향이 터널 방향과 수직				주향이 터널 방향과 평행		주향과 무관
경사 방향 굴진		역경사 방향 굴진				
경사 45−90°	경사 20−45°	경사 45−90°	경사 20−45°	경사 20−45°	경사 45−90°	경사 0−20°
매우 유리	유리	양호	불리	양호	매우 불리	양호

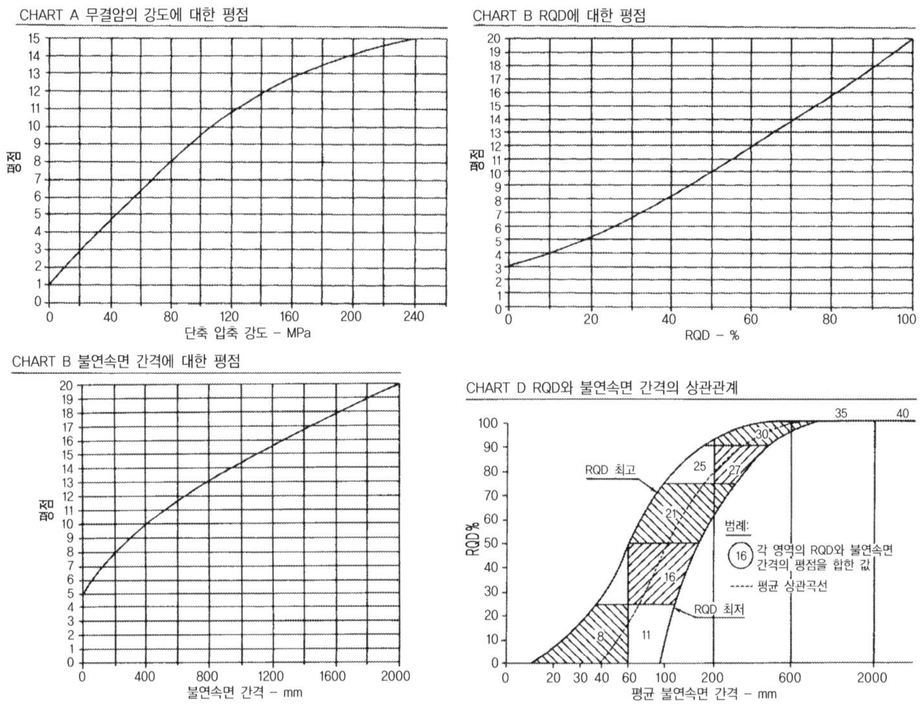

그림 4-1. RMR 분류변수에 대한 점수할당(Bieniawski, 1989)

표 4-2. RMR에 대한 지보량 결정(Bineniawski, 1989)(터널형상: 마제형, 폭: 10m, 수직응력 25MPa 이하, 굴착방법: 천공발파)

암반 등급	굴착	지보		
		록 볼트 (직경 20mm, 전면 접착)	숏크리트	강지보재
I. 매우 우수	전단면 굴착 굴진 3m	일반적으로 무지보, 경우에 따라 산발적 록볼트		
II. 우수	전단면 굴착 굴진 1.0-1.5m 막장에서 20m까지 완전지보	철망. 길이 3m, 간격 2.5m의 국부 볼트	경우에 따라 천단부 50mm	없음
III. 양호	상하 단면 굴착 상단 굴진 1.5-3.0m 단계별 발파 후 지보 막장에서 10m까지 완전지보	철망. 길이 4m, 간격 1.5-2m의 체계적 볼트(천단 및 벽면)	천단부 50-100mm 벽면 30mm	없음
IV. 불량	상하 단면 굴착 상단 굴진 1.0-1.5m 굴착 동시 지보 막장에서 10m까지 완전지보	철망. 길이 4-5m, 간격 1-1.5m의 체계적 볼트 (천단 및 벽면)	천단부 100-150mm 벽면 100mm	1.5m 간격 설치
V. 매우 불량	분할 굴착 상단 굴진 0.5-1.5m 굴착 동시 지보 발파 후 조기에 숏크리트	철망. 길이 5-6m 간격 1-1.5m의 체계적 볼트 (천단 및 벽면)	천단부 150-200mm 벽면 150mm 막장면 50mm	0.5m 간격 forepoling 설치 인버트 폐합

4.3 RMR분류에 따른 설계 적용

RMR 분류로부터 조사 암반에 대한 암반의 등급뿐만 아니라 터널의 유지 시간, 반압, 터널 최대 폭, 암반의 변형계수, 암반의 점착력과 내부 마찰각 등 암반의 물리적 성질에 대한 값도 경험식에 의해 유도될 수 있으며 다른 암반분류법과도 비교할 수 있다.

RMR 분류법은 표 4-2에 따라서 터널에서 암반 보강의 선택에 지침을 제공한다. 표 4-2는 발파에 의해 굴착되는 10m 폭의 마제형 터널이 수직압 25MPa 이하인 조건에서 굴착될 때의 암반등급별 지보지침 예를 보인 것이다. 표 4-2에 수록된 바와 같이 RMR 분류는 암반등급별로 장기간의 안정성 확보를 위한 천반지보 선택에 대한 지침을 제공한다. 이 지침은 지하심도 (현장응력), 터널 크기와 형태, 굴착방법과 같은 요인들에 따라 달라진다. 또한 표 4-2의 지보 수단은 예비 지보가 아닌 영구 지보임에 유의해야 한다.

터널과 공동의 경우에 RMR 분류결과는 그림 4-2에 나타낸 바와 같이 암반평점에 따른 터널과 공동의 무지보 유지시간과 최대안정폭을 추정할 수 있다. 최근에 Lauffer(1988)는 특히 터널 전단면 굴착기계(TBM)로 굴착하는 경우에 수정된 유지기간 도표를 그림 4-3과 같이 제시하였다. 따라서 RMR 적용은 기계로 굴착되는 암반에서도 가능하다.

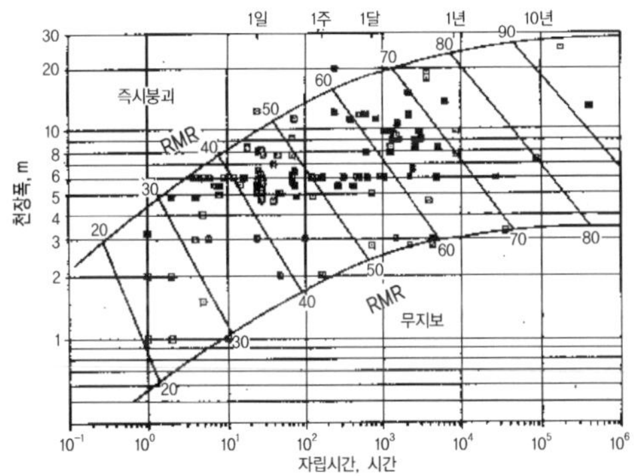

그림 4-2. RMR 분류에 따른 무지보 유지기간과 폭과의 관계(Bieniawski, 1976)

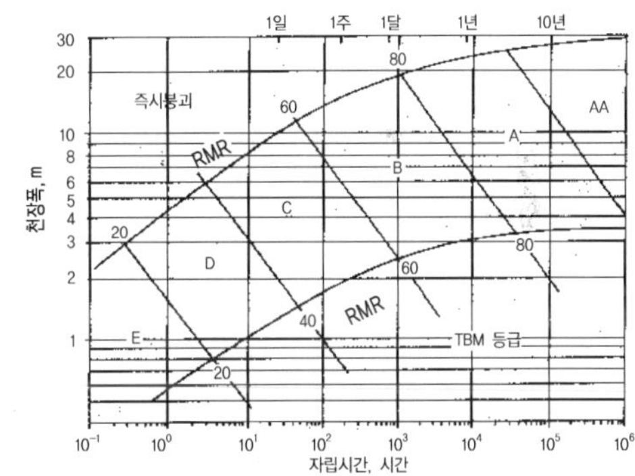

그림 4-3. TBM 굴착시 RMR 분류에 의한 터널 지보방법(Lauffer, 1988)

RMR 시스템으로부터 지보하중을 구할 수 있음이 Unal(1983)에 의해 제안되었다.

$$P = \frac{100 - \mathrm{R}}{100}\gamma B \qquad (4-1)$$

여기서 P=지보하중(kN), B=터널 폭(m), γ=암반밀도(kg/m^3)

Unal은 석탄광에서 RMR을 천반 폭, 지보 압력, 시간, 변형과 통합시켜서 천반의 안정성을 평가하는 '통합적 접근법'을 그림 4-4와 같이 제안하였다.

또한 RMR 값으로부터 암반의 강도 특성값과 변형계수를 추정할 수 있다. Bieniawski는 RMR과 암반 변형계수 사이의 관계를 제시하였으며, Serafim과 Pereira(1983)는 RMR $\langle$ 50 인 범위의 많은 결과들을 제공하고 새로운 상관관계를 제안하였다:

$$E_M = 2\,\text{R} - 100 \qquad (\text{R} > 50 \text{ 인 경우}) \tag{4-2}$$

$$E_M = 10^{\frac{(\text{R}-10)}{40}} \qquad (\text{R} <> 50 \text{ 인 경우})$$

여기서 E_M은 GPa 단위의 현지변형계수이다.

Hoek와 Brown(1980)은 RMR 분류를 사용하여 암반의 강도를 추정하는 방법을 제안하였다. 암반강도의 기준은 다음과 같다:

$$\frac{\sigma_1}{\sigma_c} = \frac{\sigma_3}{\sigma_c} + \sqrt{m\frac{\sigma_3}{\sigma_c} + s} \tag{4-3}$$

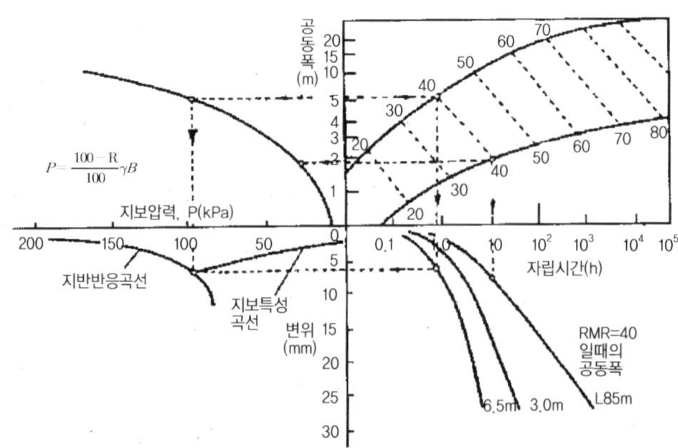

그림 4-4. 석탄광의 RMR에 따른 지보특성과 천반변형의 상관성

여기서 σ_1 = 파괴시의 최대 주응력

σ_3 = 가해진 최소 주응력

σ_c = 암석재료의 단축압축강도

m과 s = 암반의 특성에 의존하는 상수

무결암에 대하여, $m = m_i$이며 위의 식을 실험실 시료의 삼축압축시험 결과로부터 결정되고, 암석재료의 경우 즉 신선암의 경우 s=1을 취한다. 암반의 경우에 상수 m과 s는 기초적 (보정하지 않은) RMR과 다음의 관계를 가진다.(Hoek와 Brown,1980):

교란되지 않은 암반에 대하여 (조절발파나 기계 보어링에 의한 굴착) :

$$m = m_i \exp\left(\frac{R - 100}{28}\right) \tag{4-4}$$

$$s = \exp\left(\frac{R - 100}{9}\right) \tag{4-5}$$

교란된 암반의 경우에(사면이나 발파로 손상을 입은 굴착) :

$$m = m_i \exp\left(\frac{R - 100}{14}\right) \tag{4-6}$$

$$s = \exp\left(\frac{R - 100}{6}\right) \tag{4-7}$$

4.4 RMR의 수정방법

RMR 시스템은 많은 사례 연구를 통해 수정되었고, 국제적인 규격과 절차를 따라 변형되어 왔다. Laubscher(1977, 1984)는 광산에서의 적용성을 검토하고 RMR의 수정방법을 제시하였으며, Weaver(1975)는 리퍼빌리티를 평가하였다. 그리고 Romana(1985)는 RMR을 사면 안정성 검토 및 설계에 적용하기 위해 SMR(Slope Mass Rating)을 제안하였다. Kendroski(1983) 등은 경암의 광산에 적용할 수 있도록 발파시의 손상 정도, 굴착심도 및 공동의 기하학적 특성에 관한 영향, 절리방향성에 대한 영향을 보정하는 방법을 제시하였다. 그리고 Gonzalez(1983, 2003)

는 지표 노두조사 자료를 이용한 RMR 수정방법을 고안하였으며, RMR을 연속적인 값으로 표현하기 위해 여러 가지 변형방법이 제시되었다.

4.4.1 수정 RMR 분류법(MRMR: Mining Rock Mass Rating)

Laubscher와 Taylor(1976)는 깊은 심도의 탄광에서 암반분류를 응용한 경험을 바탕으로 RMR 지반분류 및 지보지침을 수정하였다. Laubscher와 Taylor는 RMR 분류의 변수들에 대한 풍화, 응력변화 Ehmss 발파 영향을 고려하여 적절한 %로 다음과 같이 수정하였다.

가. 풍화의 영향에 대한 보정

무결암 강도 – 풍화가 암석 내의 미세한 구조에 따라 진행되고 있을 경우 최대 96%까지 감소

RQD – 풍화에 의해 균열이 증가하고 있을 경우 최대 95%까지 감소

절리상태 – 풍화에 의해 절리면 또는 충진물이 열화되어 있을 경우 최대 82%까지 감소

나. 현지지압 및 유도응력의 영향에 대한 보정

절리상태 – 응력이 절리를 압축상태로 유지할 경우 최대 120%까지 증가, 전단활동 가능성의 증가가 우려될 겨우 최대 90%까지 감소, 얇은 점토 충진물이 있는 개구 절리의 경우 최대 76%까지 감소

다. 응력변화의 영향에 대한 보정

절리상태 – 절리가 항상 압축을 받는 것과 같은 응력변화가 생길 경우 최대 120%까지 증가, 큰 전단 활동 또는 절리 개구를 발생시키는 응력변화가 생길 경우 최대 60%까지 감소

라. 주향과 경사의 영향에 대한 보정

절리간격 – 절리군수와 경사 굴착면의 수에 따라 최대 70%까지 감소

마. 발파 영향에 대한 보정

RQD와 절리상태 – 발파 조건에 따라 시공성이 불량한 일반적인 발파의 경우 최대 80%까지 감소

Laubscher와 Taylor는 처음 평가된 RMR 값과 위와 같이 수정된 RMR 값의 등급을 각각 10등급으로 세분한 후, 수정된 값뿐만 아니라 수정 전 값을 함께 고려하여 지보선정기준을 표 4-3과 같이 제시하였다

표 4-3. Laubscher와 Taylor(1976)에 의해 수정된 지보선정기준

수정된 평점	초기의 평점									
	90-100	80-90	70-80	60-70	50-60	40-50	30-40	20-30	10-20	10-20
70-100										
50-60		a	a	a	a					
40-50			b	b	b	b				
30-40				c, d	c, d	c, d, e	d, e			
20-30					g	f, g	f, g, j	f, h, j		
10-20						i	i	h, i, j	h, j	
0-10							k	k	l	l

a = 일반적으로 지보 필요 없음. 단 절리가 교차되는 구간에만 볼팅 필요
b = 전면접착식 볼트로 간격 1m 체계적 볼팅
c = 전면접착식 볼트로 간격 0.75m 체계적 볼팅
d = 전면접착식 볼트로 간격 1m 체계적 볼팅 및 숏크리트 5cm
e = 지압변화가 심하지 않으면, 전면접착식 볼트로 간격 1m 체계적 볼팅 및 숏크리트 30cm
f = 전면접착식 볼트로 간격 0.75m 체계적 볼팅 및 숏크리트 10cm
g = 전면접착식 볼트로 간격 0.75m 체계적 볼팅 및 철망 숏크리트 10cm
h = 지압변화가 심하지 않으면, 전면접착식 볼트 간격 1m의 체계적 볼팅 및 콘크리트 45cm
i = 보강공이 필요할 경우, 전면접착식 볼트로 간격 1m의 체계적 볼팅 및 숏크리트 10cm, 응력변화가 심하면 가축성 강지보
j = 응력변화가 심하지 않으면, 원형지보 및 콘크리트 45cm
k = 천반 및 필요에 따라 막장 숏크리트 및 가축성 강지보
  = 이 지반내에서는 굴착을 피한다. 그렇지 않으면 j 또는 k 적용

4.4.2 지표 노두 조사시의 RMR 분류법(SRC: Surface Rock Classification)

Gonzalez de vallejo(1983)는 현지응력과 노두조사 자료 및 터널 굴착 조건을 고려하기 위해 RMR 분류법에 대한 수정방법으로 SRC 분류법을 제시하였다. SRC 분류법은 표 4-4에 나타난 바와 같이 RQD와 불연속면 간격 항목을 하나로 통합하고 응력상태 항목을 추가하였다. 지표 노두 조사 조건을 고려하기 위하여 압축 및 인장 균열, 풍화등급, 심도에 따라 RQD/불연속면 간격과 불연속면 상태, 지하수 상태에 대한 점수를 보정하였다. 이렇게 구해진 점수와 보정된 암반 등급은 굴착 이전의 기본 SRC 값을 나타낸다. 그리고 발파, 지보, 인접공동 등의 굴착 조건으로 인한 영향을 설명하기 위해, 기본 SRC 총합을 보정한다.

표 4-4. SRC 분류표

분류 기준			값의 범위					
1	무결암 강도	점하중 강도 지수(MPa)	〉8	4-8	2-4	1-2	단축압축시험 적용	
		단축압축강도 (MPa)	〉250	100-250	50-100	25-50	5-25	1-5 〈1
	점 수		20	15	7	4	2	1 0
2	불연속면 간격(m)		〉2	0.6-2	0.2-0.6	0.06-0.2	〈0.06	
	RQD(%)		90-100	75-90	50-75	25-50	〈25	
	점 수		25	20	15	8	3	
3	불연속면의 상태		매우 거친 표면 불연속적 분리가 없음 신선한 모암	약간 거친 표면 이격〈1mm 약간 풍화된 벽면	약간 거친 표면 이격〈1mm 많이 풍화된 벽면	평활면 혹은 충전물〈5mm 두께 혹은 이격 1-5mm 연속적	연한 충전물 〉5mm두께 혹은 이격〉5mm 연속적	
	점 수		30	25	20	10	0	
4	지하수	10m 터널 길이당 유입 (L/min)	없음	〈10	10-25	25-125	〉125	
		$\dfrac{\text{절리수압}}{\text{최대주응력}}$ 비	0	〈0.1	0.1-0.2	0.2-0.5	〉0.5	
		일반적 상태	완전 건조	축축함(damp)	젖음(wet)	물이 떨어짐	물이 흐름	
	점 수		15	10	7	4	0	
2	원지반 강도비		〈10	5-10	3-5	〈3		
	점 수		10	5	-5	-10		
	구조 운동		광역적으로 중요한 트러스트/단층 인접지대		압축력		인장력	
	점 수		-5		-2		0	
	응력이완계수		〉200	80-200	10-80	〈10	사면 80-200 / 10-80 / 〈10	
	점 수		0	-5	-8	-10	-10 -13 -15	
	최근 구조활동		없거나 미상	추정	확인			
	점 수		0	-5	-10			

4.4.3 비탈면에서의 암반분류법(SMR: Slope Mass Rating)

비탈면에서의 암반분류법으로 사용되는 SMR에 의한 암반분류법은 우선 일반 암반의 평가 방법인 Bieniawski의 RMR을 근거로 하여 비탈면에 대한 요소들을 보정하는 방법으로

Romana(1985, 1988)에 의해 제안되었다. RMR에 의한 암반분류는 주로 터널에서 지보의 적합성을 평가하는 분류법으로 발전되어 비탈면에 사용하기가 곤란한 점이 많으므로, 비탈면의 정량적 평가를 위한 SMR 분류법이 제안된 것이며, 분류등급에 따라 예상되는 파괴형태와 지보대책에 대한 방법도 제시되고 있다.

SMR 암반분류에서 고려되는 요소들은 암반의 일반적인 특성 외에 비탈면과 불연속면의 주향방향의 차이, 비탈면의 경사방향과 불연속면의 경사각 차이, 불연속면의 경사, 비탈면의 굴착방법 등이다. 불연속면 및 비탈면과 관련된 보정요소는 표 4-5와 같다. 이러한 보정요소들은 다음 계산식에 의해 SMR 값을 결정한다.

$$SMR = RMR_{basic} + (F1 \times F2 \times F3) + F4 \tag{4-8}$$

여기서 F_1 : 절리과 비탈면 주향 사이의 평행성

   F_2 : 평면파괴형태에서 절리경사각

   F_3 : 비탈면과 절리경사각 사이의 관계를 반영

   F_4 : 발파 등의 굴착방법에 따른 경험적 계수(표 4-6 참조)

계산된 SMR 값에 따른 사면 암반의 등급과 안정성 그리고 예상되는 파괴형태는 표 4-7과 같으며, 표 4-8은 SMR 등급에 따른 보강방안을 보여준다.

표 4-5. SMR 보정요소에 대한 배정(F1·F2·F3)

항목	파괴형태	절리, 경사 형태	매우 유리	유리	보통	불리	매우 불리
F1	평면파괴	$\lvert \alpha_j - \alpha_s \rvert$	〉30°	30~20°	20~10°	10~5°	〈 5°
	전도파괴	$\lvert (\alpha_j - \alpha_s) - 180 \rvert$					
	F1 (평면파괴 / 전도파괴)		0.15	0.40	0.70	0.85	1.00
F2	평면파괴	$\lvert \beta_s \rvert$	〈 20°	20~30°	30~35°	35~45°	〉 45°
	F2 (평면파괴)		0.15	0.40	0.70	0.85	1.00
	F2 (전도파괴)		1	1	1	1	1
F3	평면파괴	$\beta_j - \beta_s$	〉10°	10~0°	0°	0~ -10°	〈 -10°
	전도파괴	$\beta_j + \beta_s$	〈 110°	110~120°	〉120°	–	–
	F3 (평면파괴 / 전도파괴)		0	-6	-25	-50	-60

주) α_j : 절리 경사방향, α_s : 사면 경사방향, β_j : 절리경사, β_s : 사면경사

표 4-6. 비탈면 굴착 공법에 따른 교란효과와 경험적인 조정요소(F4)의 비교

굴 착 공 법	N	교 란 두 께		F4
		범위(m)	평균(m)	
자연 비탈면	4	0	0	+15
Presplitting	3	0~0.6	0.5	+10
Smooth Blasting	2	2~4	3	+8
Bulk(Normal) Blasting 또는 리핑, 사전발파 후 리핑	3	3~6	4	0
Deficient Blasting	–	–	–	–8

표 4-7. SMR 분류에 의한 비탈면의 안정성 평가 및 붕괴유형

분류	SMR	암반상태	안정성	붕 괴	보 강
I	81~100	매우 좋음	매우 안정	없 음	필요 없음
II	61~80	좋 음	안 정	일부 블록	때때로 필요
III	41~60	보 통	부분적 안정	일부 절리 혹은 많은 쐐기파괴	체계적인 보강
IV	21~40	나 쁨	불안정	평면 또는 대규모 쐐기파괴	중요/보수차원
V	0~20	매우 나쁨	매우 불안정	대규모 평면파괴 또는 원호파괴	재굴착

표 4-8. SMR 분류에 의한 비탈면의 안정성 평가 및 붕괴유형

분류	SMR	보 강 공 법
I a	91~100	필요없음
I b	81~90	필요없음, 부석제거
II a	71~80	(필요없음, 비탈면하단 도랑설치 또는 펜스) 부분적 볼트시공
II b	61~70	비탈면하단 도랑설치 또는 펜스, 네트설치 부분적 또는 패턴볼트시공
III a	51~60	비탈면하단 도랑설치 또는 펜스, 네트설치 부분적 또는 패턴볼트시공
III b	41~50	(비탈면하단 도랑설치 또는 펜스, 네트설치) 패턴볼트 또는 앵커 시공 전면 숏크리트 시공, 비탈면하단벽체 또는 보강 콘크리트
IV a	31~40	앵커, 전면 숏크리트, 비탈면하단벽체 또는 보강 콘크리트 (재굴착) 배수
IV b	21~30	전면보강 숏크리트, 비탈면하단벽체 또는 보강 콘크리트 재굴착, 깊은 배수
V a	11~20	중력식 또는 앵커보강 벽체 재굴착

주) 1) 동일 비탈면에 대하여 다른 몇 가지 종류의 보강법이 종종 사용됨
    2) ( )는 잘 사용하지 않는 공법

4.5 결 론

RMR 분류법은 원래 49개의 사례를 통해 제안되었으나 이후 많은 연구자들의 사례 연구를

통하여 검증되어왔다. RMR 분류법은 기존 많은 시공사례를 통해 경험적으로 획득 분석된 암반특성과 지보형식 등의 관계를 토대로 암반을 정량화한 방법으로서의 신뢰성이 크며, 조사항목이 비교적 간단하여 숙련도에 의한 오차가 적다. 그리고 RMR 분류 결과는 터널의 유지시간, 최대 무지보폭 등뿐만 아니라 암반의 물리적 특성값도 예측할 수 있게 하며, 절리의 방향성 및 절리와 관련된 평가항목들에 주안점을 두고 있어 합리적이다.

위와 같은 장점들과 함께 몇 가지 한계도 존재한다. 즉 현장 원지반에 대한 응력이 고려되어 있지 않으며, 암반등급별 터널규모, 현장조건별을 감안한 보강형식이 제안되고 있지 않다. 그러나 RMR에 대한 연구는 현재까지도 계속되고 있으며 위의 한계들을 극복하기 위한 시도도 계속 진행되고 있다.

마지막으로 RMR 분류법의 한계를 극복하기 위한 연구가 진행되고 있지만, 실제 설계 적용에 있어서는 RMR 분류법 한 가지만을 이용하기보다는 Q 시스템 등 다른 암반분류법에 의한 암반분류를 병행하여 수행하고 이들을 서로 참조하여 암반분류 및 설계를 수행하는 것이 바람직할 것이다.

05 RMR 및 Q 분류시 Jw 선정방법에 관한 사례 연구

┃ 이 대 혁

5.1 서 론

터널 조사계획 혹은 공사 중, RMR 및 Q 분류법에 따른 암질평가를 수행하는 데 있어 다양한 평가항목 중에서도 지하수 상태에 해당하는 Jw는 항상 관건이 된다. 대부분의 조사자 혹은 설계자들은 Jw 값의 선정에 있어, 평가 방법의 다양성 때문에 매우 어려워하거나 오히려 쉽게 직관적으로 판단해 버리는 극단을 밟고 있다. 왜냐하면, Jw 평가방법 자체가 터널 10m당 분당 지하수 유입량, 절리수압 대비 최대주응력의 비 혹은 seepage 조건에 대한 직관적인 판단에 의존하는 3가지 방법을 선택적으로 선정할 수 있기 때문이다. 더욱이, 터널설계 조사단계에서는 시추공, 시추코어, 각종 수리시험 자료에만 의존해야 하므로 가장 정량적이고 객관적인 평가가 가능한 지하수 유입량 평가방법을 활용할 수 없기 때문이다. 물론 공사 중 암질평가시에도 정확한 지하수 유입량 산정이 현장 여건 때문에 쉽지 만은 않다.

본 고는 대전 LNG Pilot Cavern에 대한 각종 수리시험 결과인 공동 내 유입량 및 절리수압 등의 측정 자료와 지하수 유동해석 결과인 수치해석 자료 및 지하수 유입량 예측법인 Heuer(1995) 및 Raymer(2001) 이론해 결과를 바탕으로 한 비교 검토를 통해 각 경우의 Jw 판정 결과를 비교해 봄으로서 Jw 산정에 관한 이해를 돕고자 작성하였다. 물론 본 사례는 특정한 암반 부지 조건에 해당하는 하나의 일례일 뿐이며 다른 현장 암반 조건에 대해서는 다른 결과를 초래할 수 있을 것이다. 그러나 본 논문의 결과를 통해 Jw 평가시 어떠한 점을 관심 있게 고려해야 하는지에 대한 단초를 제공할 수 있을 것으로 판단된다.

5.2 Jw에 관한 이해 및 기존의 평가방법

RMR 분류법에 따른 암질 평가요소에 있어 지하수 상태에 관한 평가 항목인 Jw는 Table 5-1과 같이 세 가지 다른 평가방법을 활용할 수 있다.

Table 5-1. Groundwater condition, Jw in RMR Rock Mass Classification(After Bieniawski, 1989)

Ground water	Inflow per 10m tunnel length (l/min, l/hr)		–	〈 10 (600)	10~25 (600~1500)	25~125 (1500~7500)	〉125 (〉7500)
	(Joint water press)/(Major principal σ)		0	〈0.1	0.1~0.2	0.2~0.5	〉0.5
	General condition	1989 ver.	Completely dry	Damp	Wet	Dripping	Flowing
		1976 ver.	Completely dry		moist only	water under moderate pressure	severe water problem
	Rating	1989	15	10	7	4	0
		1976	10		7	4	0

Jw 선정과 관련하여 RMR 분류법에 고유하게 내재되어 있는 어려움은 다음과 같다.

RMR 분류는 해당 부지 암반을 단층과 같은 확연한 구조대나 암 경계와 같은 경계로 균질영역을 분류하고 해당 영역을 평가하게 되므로, 하나의 영역은 터널 규모에 따라 수m에서 수백m까지일 수도 있다. 또한 절리와 같은 불연속면의 발달 특성에 근거하여 세부적인 영역분할이 가능하다. 그러나 지하수 조건에 따른 영역 분할은 특정 함수대 및 함수를 동반한 파쇄대가 출현하지 않으면 불가능하기 때문에, 지질조건, 강도조건, 불연속면 조건, 물리탐사결과를 이용한 분할 등에 의존할 수밖에 없게 된다.

또한 대부분의 우리나라 경암 터널 10m당 지하수 유입량 평가를 수행하는 데 있어서, 터널 벽면을 따라 전체 암벽면에서 유입되는 경우는 거의 없고, 주요한 1~2개의 water carrying main joint를 따라 수 개소에서 지하수가 유입되는 경우가 보통이다. 예를 들어, 물방울이 떨어지는 정도인 dripping은 실제 측정을 수행해 보면 수 l/hr, 물이 흐르는 정도인 flowing은 수십 l/hr에 불과해 유입 개소가 10m당 수 개소라 가정하면 수십~수백 l/hr에 불과해 표 5-1 에서와 같이 각각 1500~7500 l/hr, 〉7500 l/hr와는 큰 차이를 보이게 된다. 결국 Jw 평가항목의 3가지 평가방법 간의 상호 관련성이 경암반 터널의 경우 매우 적을 수 있다는 사실을 발견하게 된다.

Q 분류법에 따른 암질 평가요소에 있어 지하수 상태에 관한 평가 항목인 Jw는 표 5-2와 같다.

Table 5-2. Groundwater reduction factor, Jw in Q Rock Mass Classification(After Barton et al., 1974)

Description	Jw	approx. water pressure(kgf/cm^2)	Note
A. Dry excavation or minor inflow i.e. 〈 5 l/m locally	1.0	〈1.0	1. Factors C to F are crude estimates; increase Jw if drainage installed
B. Medium inflow or pressure, occasional outwash of joint fillings	0.66	1.0~2.5	
C. Large inflow or high pressure in competent rock with unfilled joints	0.5	2.5~10.0	
D. Large inflow or high pressure	0.33	2.5~10.0	2. Special problems caused by ice formation are not considered
E. Exceptionally high inflow or pressure at blasting, decaying with time	0.2~0.1	〉10	
F. Exceptionally high inflow or pressure	0.1~0.05	〉10	

Q 분류법은 RMR과 달리 하나의 정량적 평가요소와 정성적 평가요소가 결합되어 Jw를 선정할 수 있게 되어 있다. 그러나 절리수압을 측정할 수 없는 경우에는 A.의 경우와 같이 건조 혹은 5 l/m 이하의 소량이 유출되는 경우를 제외하고 다분히 정성적인 평가를 수행할 수밖에 없다. 터널 공사 중 절리 수압을 측정하기 위해서는 water carrying main joint 방향성을 가로지르는 배수공내 packer를 설치하여 측정이 가능하다. 그러나 설계 조사단계에서는 시추공내 packer test를 수행한다 하더라도 터널이 굴착되어 발생되는 터널 주변, 특히 터널 상단 4D 이내의 수리경사(Hydraulic gradient)를 simulation할 수 없기 때문에 정확한 측정이 불가능하다.

대부분의 경암반 터널에서 수두 25m 이상 대규모 수압이 작용하는 경우는 특수한 개소를 제외하고 드물며, A. 혹은 B.로 평가되는 게 일반적이다. 따라서 특수조건의 부지 암반을 제외하고 오히려 RMR에 비해 Jw 선정이 용이할 수 도 있다. 참고로 공동 상부에 수벽터널(Water curtain tunnel)을 굴착하고 수많은 수벽공을 설치하는 LPG 지하 저장공동의 경우에도 공동 상부에 12kgf/cm^{2}이 작용하는 정도로서 위의 C., D., E., F.의 수압 수준을 짐작하고 남음이 있다.

터널설계 조사단계에서 시추코어 및 시추공 영상촬영을 통한 절리특성 평가 및 지하수 유동 평가를 통해 RMR Jw를 평가하는 기존의 일반적인 방법은 다음과 같다. 지하수위 상부나 지하수 흔적이 전혀 없는 부위에 대해서는 Jw를 Dry로 평가하며, 지하수위 이하에서는 몇 가지 방법을 사용하고 있다. 시추공 영상촬영이 수행된 경우나 시추코어가 존재하는 경우에는, 절리빈도, 절리간격, 절리틈새를 고려하여 평가자가 지표지질 조사 결과와 연계(지표지질 조사 경험에 근거하여) Damp 와 Wet으로 판정하며, 공 내 지하수 용출이 많거나 적당한 수압이 작용할 곳이라 예상되는 부위에서는 Dripping을 판정하며 심각한 지하수 용출이 예상되는 부위에서는 Flowing으로 판정하고 있다. 혹자는 개구성(Open) 절리의 유량을 측정하여 평가하는 경우도 있으나, 터널 주변의 수리 경사를 모사하지 못하기 때문에 이도 문제가 있다. 이렇듯 시추코어나 시추공 영상촬영 자료를 활용하는 경우에는 Bieniawsk(1976)의 판정방법에 의존하는 것이 오히려 편리하게 되는 아이러니를 표출하게 된다.

5.3 대전 LNG Pilot Cavern 수리지질 시험 및 지하수 유입량 평가

5.3.1 현장 개요

대전 LNG Pilot Cavern은 지하 동굴식 LNG 저장 공동의 실용화를 목적으로 SK건설, 프랑스 Geostock 및 SN Technigaz 3사가 공동연구 중에 있는 Pilot Cavern이다. 현장은 한국지질자원연구원 부지 내에 위치하고 있으며 저장공동의 형상은 폭 4m, 높이 4m(국부적으로 6m)의 마제형 단면으로서 길이는 10m이다. Fig 5-1은 저장공동의 형상을 나타내는 3차원 도면으로서 맨 오른쪽의 공동이 저장공동으로 활용될 예정이다.

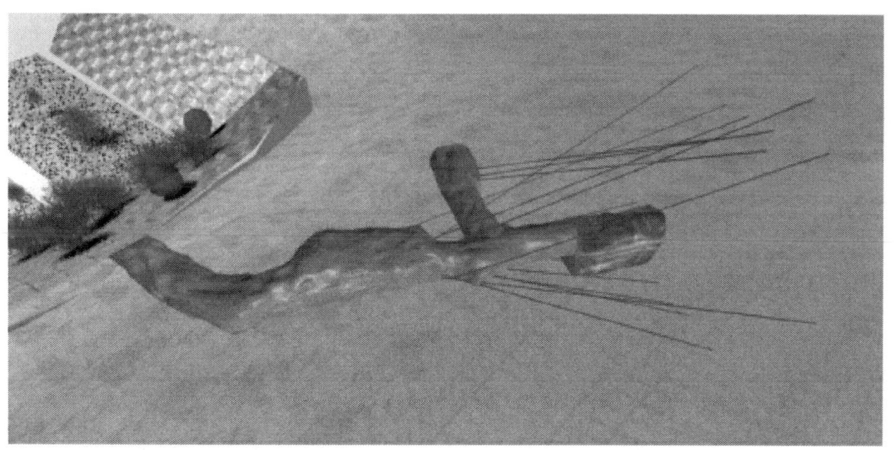

Fig 5-1. Bird eye' view on Taejon LNG Pilot Cavern including the drainage holes

공동 천정은 지표로부터 약 20m 하부에 위치하며 흑운모 화강암으로 이루어져 있다. Q 분류법에 따른 암질 평가 결과 가장 빈번하게 나타나는 암질은 Q = 12.5의 양호한 암반으로서 암질의 범위는 2.3~26.4(poor to good)로서 다양하게 나타나고 있다. 막장 및 터널벽면 절리 조사 결과 주 절리군의 특성은 Table 5-3과 같다.

Table 5-3. Joint characteristics by joint survey on rock surfaces of Taejon LNG Pilot Cavern

	Joint set 1	Joint set 2	Joint set 3	Water carrying main joint
Strike/dip	N71W/53SW	N45E/38NW	N8E/45SE	N70E/20SE
Mean spacing(cm)	41*	–	–	–
Mean persistency(cm)	210*	83*	75*	1000
Nature	Joint & Fault	Mostly joint	Mostly joint	Open joint

* The value was determined as a mean value following a log-normal distribution obtained by the statistical approach

　Table 5-3과 같이 3개의 절리군이 나타나며 절리군 1에 해당하는 절리들이 가장 빈번하게 나타나고 있다. 그러나 절리군 1에 해당하는 절리들이 비록 소규모 단층이나 절리들이지만 절리 틈새 충전물이 많아 지하수 흐름을 크게 좌우하지 않고 있다. 오히려 Table 5-3과 같이 지하수 흐름을 결정적으로 좌우하는 N70E/20SE 방향의 개구성 절리가 공동 입구부터 대각으로 가로질러 막장까지 발달하고 있다. 이 절리는 Fig 5-2의 공동 사진에서 쉽게 관찰할 수 있다. Fig 5-3에는 절리군 1과 개구성 절리 N70E/20SE를 모식적으로 표현하였다. 지표 지형

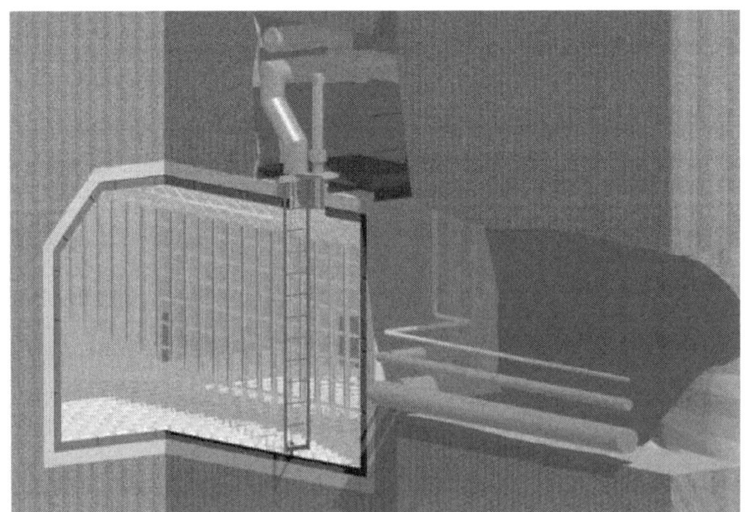

Fig 5-2. A Picture showing the main water carrying joint developed along with the cavern axis of Taejon LNG Pilot Cavern

의 경사가 NE 방향에서 SW 방향으로 낮아지는 형상을 나타내어 지하수 흐름이 NE에서 SW 방향으로 흐를 것 같지만 공동 내부의 이러한 절리특성에 좌우되어 NW에서 SE 방향으로 대부분의 지하수 흐름이 발생되는 것으로 관측되었다.

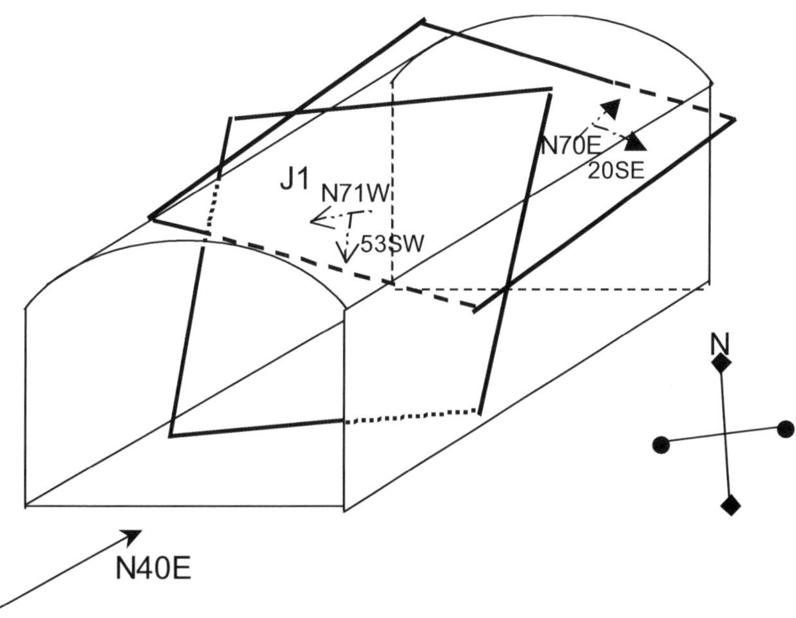

Fig 5-3. Schematic diagram representing direction of Joint set 1 and a water carrying majn joint

본 저장 공동은 실제 액화질소가스의 충전까지 주변 암반을 배수해야 하며 일련의 배수시스템을 구축하였다(Fig 5-1 참조). 따라서 배수시스템 설치 전후, 다양한 배수공에 대해 패커시험(수압시험)이 이루어졌으며, 일련의 수리간섭시험(Hydrogeological interference test)로부터 주변 암반의 지하수 함유 능력, 배수공의 배수 효율성, 공동으로부터 지하수 유입량이 정밀한 프로그램에 따라 평가되었다. 수리간섭시험의 프로그램은 다음과 같다.

- Phase 1 : 모든 배수공을 물로 채워 잠그고 공동 유입량이 안정화 될 때까지 지표 관측공 지하수위, 공동 유입량 측정.
- Phase 2 : 일부 배수공에 대해 배수를 수행하며 공동 유입량이 안정화 될 때까지 지표 관측공 지하수위, 공동 유입량, 배수공 배수량 측정.
- Phase 3 : 모든 배수공에 대해 배수를 수행하며 공동 유입량이 안정화 될 때까지 지표 관측공 지하수위, 공동 유입량, 배수공 배수량 측정.

– Phase 4 : 지상 주수공(Recharge hole)을 통해 최대 1 bar 압력으로 주수하며 공동 유입 량이 안정화 될 때까지 지표 관측공 지하수위, 공동 유입량, 배수공 배수량 측정.

총 10일 동안 수리시험이 24시간 중단 없이 수행되었으며, 시험 종료 후에도 모든 측정은 지속되었다.

그 결과 측정된 지하수위, 절리수압, 공동 유입량, 누수 절리에서의 유입량 측정 등의 결과 를 종합하였으며 Jw의 평가 자료로 활용하였다.

5.3.2 수압시험 및 수리간섭시험 결과

본 수리지질 시험에서는 11공의 배수공에 대해서 평균 30m 간격의 Single packer test를 시행하였고 4공의 배수공에 대해서는 평균 10m 간격으로 Double packer test를 시행하였다. packer test 방법은 Lugeon 시험법을 채택하였고 그 결과를 Table 5-4에 나타내었다.

Table 5-4. Hydraulic conductivities of the surrounding rock obtained by Lugeon tests

Drain hole	K from Lugeon test(m/sec)		Designation[*]
D1	2.50e-7	3.1e-7	upward hole in left
D2	7.43e-6	7.75e-6	upward hole in left
D3	8.68e-7	1.23e-6	upward hole in right
D4	9.25e-8		downward hole in right
D5	4.80e-7		upward hole in center
D6	7.77e-7		horizontal hole in right
D7	8.17e-7		downward hole in left
D8	7.45e-7		upward hole in left
D9	8.01e-7		downward hole in left
D10	8.71e-7		downward hole in center
D11	9.33e-7		downward hole in center
D12	8.10e-7		downward hole in center
D14	1.16e-7		upward hole crossing cavern
D15	3.11e-4		upward hole crossing cavern
D16	1.38e-6		upward hole crossing cavern

* It means the driving direction of the hole with respect to the cavern axis from the entrance

Table 5-4의 시험결과에서 알 수 있는 바와 같이 본 부지 암반의 투수성은 일반적인 작은 수리전도도를 갖는 경암 지반의 투수성 수준인 10-7m/sec에 해당한다.

Fig 5-4는 일련의 수리간섭시험의 결과로부터 각 시험단계에 저장공동으로의 지하수 유입량 및 누수 절리 점(L1, L2, L3, L4)에서의 측정 지하수 유입량을 나타내고 있다. 각 시험단계의 종료는 유입량이 안정화되는 시점을 기준으로 선정하였다. 지하수 유입량의 측정은 유량계(Flowmeter) 및 압력계를 설치하여 객관적인 자료의 확보를 도모하였다.

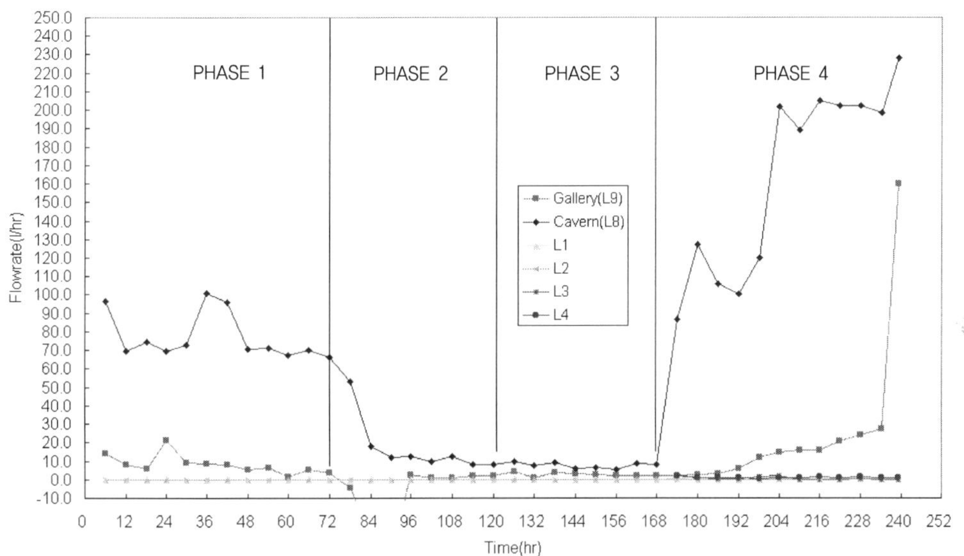

Fig 5-4. Flow rate of Cavern and Leakage points inflows during the hydrogeological interference test between holes

5.3.3 지하수 유입량 측정 결과 및 직관적 관찰을 통한 Jw 평가

RMR Jw 평가를 위한 여러 가지 방법을 사용하여 현장의 Jw를 평가하였다.

가. 공동 유입량 평가

Fig 5-4의 배수공을 통한 배수를 수행하지 않은 경우 Phae 1 및 Phase 4의 결과에서 알 수 있는 바와 같이 각각 정상상태 평균 70 l/hr 및 200 l/hr의 공동 유입량을 나타내었다. 그림에 나타내지는 않았지만 수리간섭시험 이후 집중강우시 공동 내 최대 유입량을 지속적으로 측정한 결과 최대 500 l/hr에 불과하였다.

따라서 본 공동의 길이가 10m이므로, 어느 경우를 평가하더라도 Table 5-1에 따르면, Jw는 Damp 즉 평점 10에 해당함을 알 수 있다.

나. 절리수압/최대주응력비 평가

각종 배수공 및 관측공의 절리수압 측정결과 평균 수두는 공동 천정으로부터 상부 4m 정도로서 $0.4kgf/cm^2$의 절리수압을 나타내는 것으로 조사되었다. 최대주응력을 수직응력으로 평균 단위중량과 심도 20m를 고려한 결과 절리수압에 대한 최대주응력의 비는 0.074로 평가되었다. 따라서 Table 5-1에 따르면, Jw는 Damp 즉 평점 10에 해당함을 알 수 있다.

다. 누수 절리 유입율 및 전반적 공동상태에 대한 정성적 평가

4개소의 누수절리들에서의 Seepage를 정성적으로 평가한 결과 dripping 혹은 Flowing으로 평가되어 위의 가. 및 나.의 경우와 상이한 평가가 이루어질 수밖에 없음을 알 수 있다. dripping 개소의 유량을 측정한 결과 평균 0.7 l/hr, flowing 개소의 유량을 측정한 결과 평균 37 l/hr로서 표 5-1의 터널 길이 10m당 유입량 평가방법과 비교하기 위하여 공동 표면적 $161m^2$를 곱한 결과 각각 113 및 5960 l/hr로서 damp 혹은 dripping 기준에 해당한다. 따라서 어떠한 방식을 취한다 하더라도 일관성이 부족함을 알 수 있다.

또한 공동 벽면의 전체적인 지하수 상태에 대한 평가를 정성적으로 수행하면 대부분의 암반 벽면이 약간 젖어 있다는 평가를 수행할 수밖에 없어 Wet 즉 평점 7로 평가하였다.

5.4 대전 LNG Pilot Cavern 지하수 유동해석

5.4.1 3차원 지하수 유동해석 결과

대전 LNG Pilot Cavern주위의 지하수 유동 현상을 다공질 매체를 가정한 연속체 모델로 수치해석하기 위하여 FEFLOW를 활용하였다. 본 프로그램은 포화/비포화 유동 모델이 가능하고 피압, 비피압, 다중 자유수면 대수층 모델 해석이 가능하다.

Fig 5-5는 해석영역의 3차원 형상 및 지형 경사를 FEM 모델과 함께 나타낸 그림이고, Fig 5-6은 정상상태의 지하수 포텐셜 및 지하수 유동 속도를 나타낸 것이다. 자세한 해석 절차, 경계조건 선정 절차 및 해석 결과에 대해서는 지면상 생략한다.

Fig 5-6에서 보는 바와 같이 지하수 유동은 지형 경사의 영향으로 공동 우측에서 좌측으로 이루어지고, 유동 벡터의 크기 또한 공동 우측의 암반에서 훨씬 크다는 것을 알 수 있다. 그러나 각종 수리지질학적 실험 결과 실제 공동은 Table 5-3 및 Fig 5-3과 같은 절리조건의 영향으로 공동 좌측의 유동벡터가 훨씬 크고, 좌측의 암반의 투수성이 우측에 비해 상대적으로 양호하다. 이는 연속체 모델을 가정하는 경우에 발생할 수 있는 지하수 유동에 관한 일반적 왜곡 현상인 것으로 판단된다.

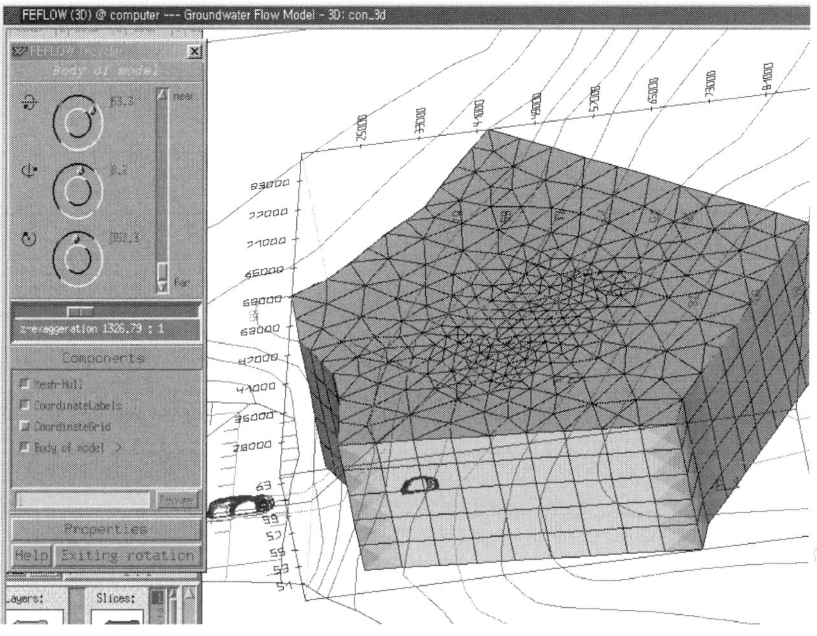

Fig 5-5. FEFLOW groundwater flow model with geographical contour used in Taejon LNG Pilot Cavern

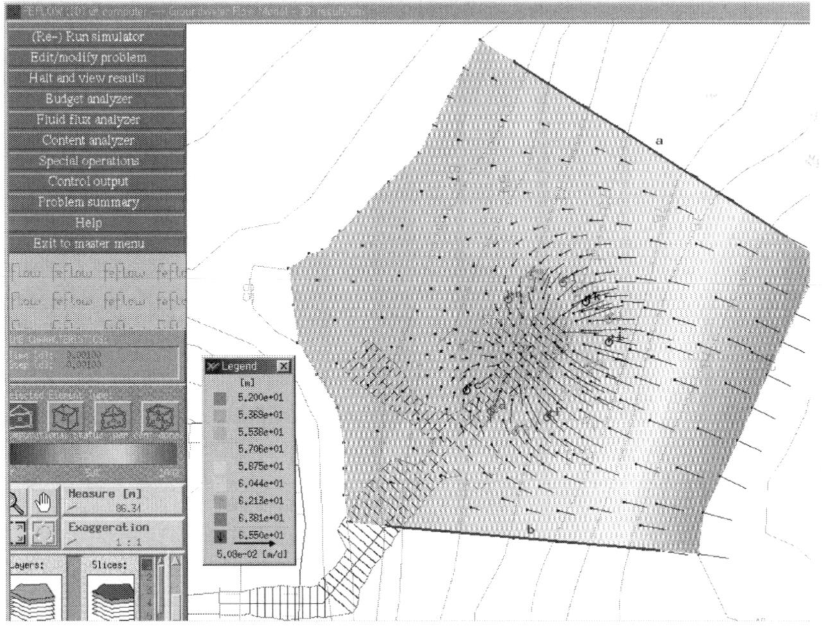

Fig 5-6. Map of hydraulic potential and flow vectors around the Pilot Cavern

5.4.2 공동 유입량 평가

이러한 해석결과로부터 계산된 공동 유입량은 평균 45 l/hr로서 Table 5-1에 따르면 Jw는 Damp 즉 평점 10에 해당됨을 알 수 있다.

5.5 이론해에 근거한 대전 LNG Pilot Cavern 유입량 평가

5.5.1 Heuer(1995) 및 Raymer(2001) 예측법

터널 공사시 지하수 유입량을 추정하는 작업은 아무리 주의 깊게 수행한다 하더라도 상당히 어려운 일이다. 터널 내로의 정상상태의 유입량을 계산하는 기본식이 Goodman, et al.(1965) 에 의해 주어져 있지만, 사용된 여러 가지 가정으로 인하여 실제 적용하는 데 많은 어려움을 나타내고 있다. 그중에서도 수리전도도 모델은 만드는 방법에 따라 서로 다른 결과를 초래할 수 있어 가장 관건이 되는 항목이 된다.

Heuer(1995)는 경암 터널 자료를 분석하여 새로운 경험식을 주장하였는데, Goodman의 기본식에 의해 추정된 유입량을 단지 1/8로 감소시키면 가장 경험적인 근사치를 계산할 수 있다고 하였다. 이에 따르면 정상상태의 유입량 계산식은 다음과 같다.

$$Q_L = \frac{2\pi KH}{\ln(2z/r)} \times \frac{1}{8} \tag{5-1}$$

여기서 Q_L은 터널 길이당 유입량, K는 지반의 수리전도도, H는 터널 상부 지하수두, z는 터널 상부 포화암반의 두께, r은 터널의 반지름이고, 1/8은 Heuer(1995)의 감소계수이다.

K는 지하수 유입량에 선형적인 영향을 미치면서 지수함수적으로 변화하기 때문에, K값은 통계적 분포 모델로서 추정하는 것이 가장 바람직하다. 단지 산술평균 및 기하평균으로 추정할 경우 발생할 수 있는 여러 가지 문제점에 대해 Raymer(2001)는 지적하면서 가장 바람직한 통계적 분포 모델 접근법을 제안하였다.

Raymer(2001)의 방법을 적용하는 절차는 다음과 같다. 수리전도도값을 오름차순 혹은 내림차순으로 정리한 뒤, 각 값의 백분위값(Percentile)을 횡축에 나타내고 수리전도도값을 종축에 나타낸다. 대수정규분포의 평탄성을 확보하기 위하여 종축에 대해서는 Log를 취하고 횡축에 대해서는 각 백분위의 정규분포 누적함수값을 구하여 도식화하면 선형적 관계를 구할 수 있다. 구해진 선형적 관계를 선형함수로 근사시킴으로서 수리전도도 모델을 구할 수 있다. 결국 구해진 수리전도도 모델을 식 (5-1)에 대입함으로서 유입량 예측을 완성할 수 있다.

5.5.2 예측법의 적용 및 Jw 평가

Table 5-4의 부지 전반에 관한 수리전도도 값을 근간으로 Heuer(1995) 예측법과 Raymer (2001) 방법을 사용한 결과는 아래와 같다.

터널 상부 포화암반의 두께는 14m, 터널 반경은 2m, 지하수두는 평균 수두인 4m를 입력치로 결정하였다. Heuer(1995) 방법을 적용하기 위해서 수리전도도의 분포 경향을 Histogram으로 표시한 결과 Fig 5-7과 같이 결정되었다. 그 결과 대전 LNG Pilot Cavern의 정상상태 지하수 유입량은 681 l/hr(11.4 l/min)로 결정되었다.

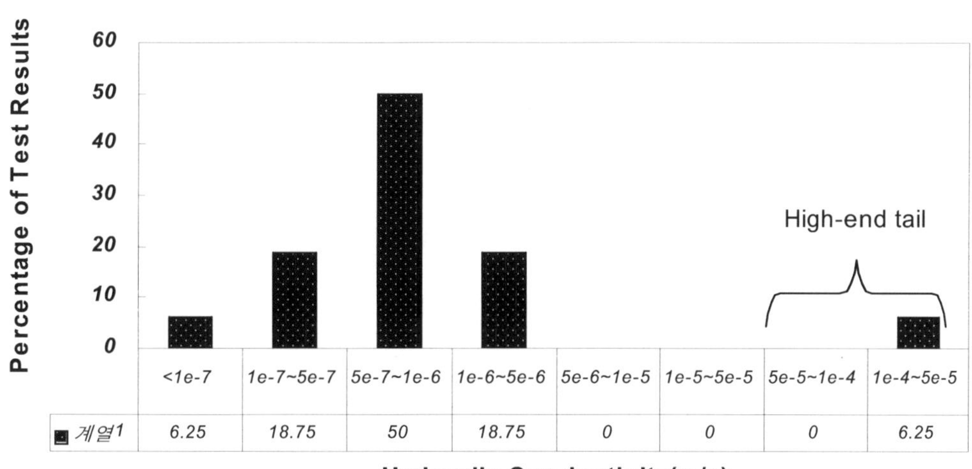

Fig 5-7 Histogram of 18 packer-test results from Taejon LNG Pilot Cavern

그러나 Heuer 방법을 사용한 결과 Fig 5-7의 High-end tail부가 유입량 산정에 지나치게 큰 영향을 주어, High-end tail부를 제거하면 예측 지하수 유입량은 38.7 l/hr(0.65 l/min)로 크게 감소한다. 따라서 통계적 분포 모델을 사용하지 않으면 신뢰성 확보에 어려움을 갖는다는 것을 알 수 있다. Heuer(1995) 방법을 사용한 결과 지하수 유입량은 681 l/hr(11.4 l/min)로서, Jw는 Wet 즉 평점 7에 해당된다.

Raymer(2001)의 방법에 따라 구한 수리전도도의 대수정균분포 모델은 Fig 5-8과 같다. Fig 5-8의 우측 이상값을 제외하고 직선식으로 구한 수리전도도 모델식은 다음과 같다.

$$K(m/\mathrm{sec}) = m\ \sigma(P_i) + b \qquad (5-2)$$

여기서 $\sigma(P_i)$는 백분위 P_i의 정규분포 누적함수값이다. 그리고 중간 및 상한 예측량에 해당하는 수리전도도 모델 상수 m과 b 및 그에 따른 예측량은 Table 5-5와 같다.

Table 5-5. Coefficient m and b of Equation (2), and the corresponding total inflow estimation (After Raymer, 2001)

	m	b	total inflow	
			l/min	l/hr
median model	0.426	−6.166	5.57	334
upper bound model	0.426	−5.902	10.23	614

따라서 Raymer(2001)에 따른 공동으로의 지하수 유입 예측량은 6±4 1/min(330 ± 280 1/hr)로서, Jw는 상한치 예측량까지 고려하더라도 damp, 즉 평점 10에 해당함을 알 수 있다.

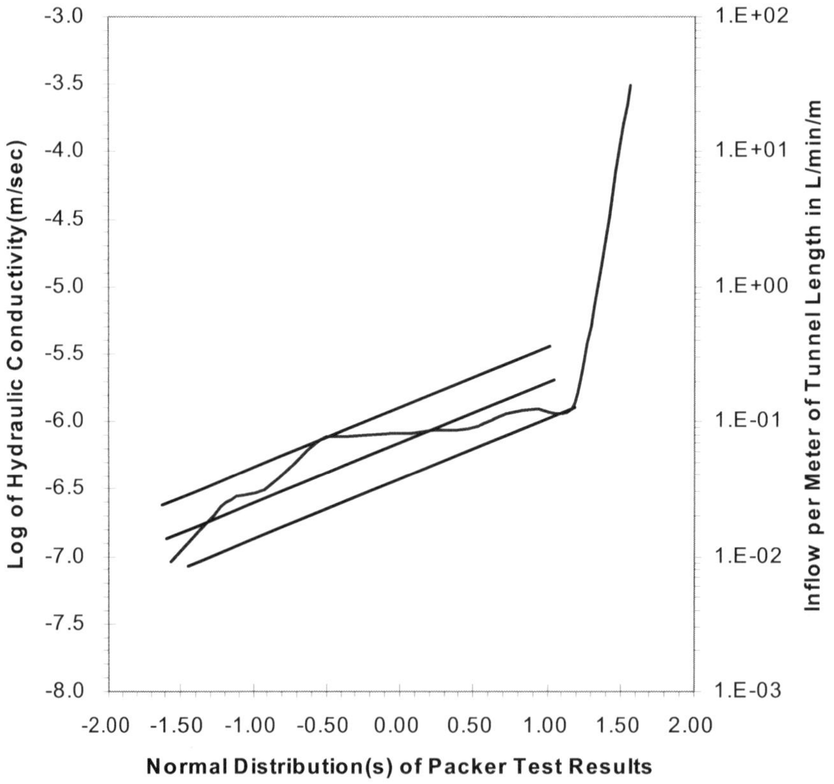

Fig 5-8. Log-normal distribution of same test results as Fig. 5-7. Three paraller lines are graphically fitted uppper bound, median, and lower bound correlations

5.6 종합 비교 및 제안

5.6.1 종합 비교

RMR 분류법에 따른 Jw값을 선정하기 위하여 다양한 방법을 사용하여 검토한 결과를 정리하면 Table 5-6과 같다.

Table 5-6. Summary on the estimation results of Jw by various evaluation methods

Classification	Method	Result	Jw	
Monitoring and measurement	Monitoring of seepage inflow	70 l/hr or 200 l/hr (max. 500 l/hr)	Damp	10
	Joint water press./major principal σ	0.074	Damp	10
Qualitative evaluation	water flowing condition at leaked points	Dripping or Flowing	Dripping or Flowing	4 or 0
	general water condition on walls	Wet	Wet	7
Estimation	3D Numerical analysis by FEFLOW	45 l/hr	Damp	10
	Heuer(1995)'s estimation	681 l/hr	Wet	7
	Raymer(2001)'s estimation	Median 330 l/hr upper bound 600 l/hr	Damp	10

Table 5-6과 같이 공동 유입량 측정 결과 Jw는 정상상태에서 공동 상부 지반에 지하수위가 없는 경우 70 l/hr이고, 공동 상부에 지하수위가 있는 경우 200 l/hr(집중강우시 500 l/hr)로서 Jw는 Damp 즉 평점 10에 해당함을 알 수 있다.

공동상태에 대한 조사자의 직관적인 판단에 따라 평가할 경우 Jw는 Wet으로서 실제 유입량 측정결과와 다르며, 심지어 누수 절리에 대한 개별적인 판단을 수행할 경우 큰 오차를 보일 수 있음을 알 수 있다.

3차원 FEM 해석 결과 유입량으로부터 평가한 Jw는 Damp로 평가되었지만, 실제 측정값의 64% 수준이었고, 강우에 의한 충전시 및 수두가 공동 상부 지반에 작용시의 유입량에 비해 매우 작았다. 따라서 다른 조건의 암반터널의 경우에는, 즉 Wet에 해당하는 암반조건의 경우 오차를 발생시킬 수 있음을 알 수 있다.

이론식에 의한 예측 결과 수리 전도도 통계 모델을 사용하는 Raymer(2001)의 방법이 측정된 실제 유입량과 매우 유사하였고, 예측 상한치는 실제 집중강우시 유입량과 매우 유사하였다.

불연속면에 대한 방향성을 제외하고, 지하수 조건을 고려하지 않은 경우 대전 LNG Pilot Cavern의 RMR은 53점으로 평가되었다. 지하수 조건을 고려하는 경우, Jw를 Damp로 판정하는 경우 총 63점으로서 Good rock II등급 암반으로 분류되며, Jw를 Wet으로 판정하는 경우

60점으로서 Fair rock, III등급 암반으로 분류된다. 결국 지하수 조건에 대한 Jw값의 선정에 따라 다른 암반등급으로 분류될 수 있음을 쉽게 알 수 있다.

만약 Q 분류법에 따른 지하수 감소계수 Jw를 산정하고자 하는 경우, Table 5-6에서와 같이 실제 공동 유입량은 70 및 200 l/hr로서 각각 1.2 및 3.3 l/min 에 해당하므로 Jw=1을 선정해야 한다. 3차원 수치해석 결과를 통해 선정하면 마찬가지로 Jw=1이다. Raymer(2001)에 따르면 5.5 l/min으로서 Jw=0.66을 선정해야 하나, 절리수압이 최대 수두 8m 정도로 $1.0kgf/cm^2$ 이내이고, 유입량이 기준인 5 l/min에 매우 근접하므로 마찬가지로 Jw=1을 선정할 수 있다.

결국 Q 분류 Jw값 선정에는 위의 모든 방법이 동일한 분류치에 속하므로 Q 분류 자체가 낮은 투수성의 암반의 경우 RMR에 비해 지하수 영향의 미세한 편차를 고려하기 어렵다는 것을 알 수 있다.

5.6.2 제안

본 논문에 대한 검토 결과는 대전 LNG Pilot Cavern에 대한 일례에 불과하지만, 다양한 평가방법을 시도하였고, 수리전도도가 10-7m/sec 정도의 일반적인 경암반 터널 지반 투수성에 해당하므로 의미 있는 결과를 산출한 것으로 판단된다.

그 결과 공동 상태에 대한 혹은 코어상태에 대한 직관적인 판단에 의존하는 Jw 선정방법이 실제 결과와 상당히 다를 수 있다는 사실을 알 수 있었다. 무엇보다, 통계적 수리전도도 모델을 사용하는 Raymer(2001) 예측방법으로도 실제 지하수 공동 유입량을 근사하게 예측할 수 있어, 암반의 Jw 선정시 강력한 도구로서 사용할 수 있음을 알 수 있었다. 3차원 수치해석 결과 또한 어느 정도 합리적인 추정값을 산출하고 있었다. 그러나 지하수 유동모델링 해석에는 많은 시간이 소요되므로 항상 적절한 대안이 될 수 있는 것은 아니다. 절리수압 대비 최대 주응력비 검토방법 또한 Jw 선정에 매우 유용하게 사용될 수 있음을 또한 알 수 있었다.

최근의 터널설계 경향에 따르면 굴착 지반의 전반적인 투수성을 얻기 위하여 시추공에 대한 많은 수압시험을 시행하고 있어, 기왕에 얻은 자료를 바탕으로 Raymer(2001) 방법을 적용한다면, 시간이 크게 지체되는 3차원 해석 이전에 암반분류시 빠르게 Jw를 선정할 수 있을 것으로 판단된다.

물론 터널설계 조사단계에서 시추공 수의 제약, 그에 따른 시험 자료의 부족, 시추코어에 대한 암반분류시 심도 구간별 RMR분류를 세분화하는 일반적인 경향에 비추어 Raymer(2001) 방법을 적용하는 데 한계가 있을 수 있다. 그러나 모든 시추코어에 대해 이 방법을 사용할 필요 없이, 터널 계획심도 근처에서 5회 이상의 충분한 시험을 수행하거나, 몇 개의 시추공을 하나의 수리지질학적 균질 영역으로 분류할 수 있다면 터널 계획심도 근처에서의 RMR 분류시에 특정하여 사용하는 것도 바람직할 수 있다고 판단된다.

06 토공작업시 암반 굴착난이도 판정기준

유 병 옥

6.1 서 론

지반의 구성물질을 평가하는 문제는 매우 어려운 일로 주관적이고 정성적인 평가에 의존하게 되는 경우가 많다.

현재 지반을 굴착하는 데 있어 토층, 리핑암, 발파암으로 굴착난이도를 구분하여 사용하는 데 결정하는 기준이 단지 정성적인 방법에 의존하고 정량적인 조사·판정방법이 없어 암반의 굴착난이도 판정시에 시공사와 발주처 간에 시비가 발생하는 문제점을 안고 있다.

일반적으로 토공에서 암반의 굴착난이도를 판정하는 데 있어 판정요소로 암석강도, 풍화상태, 절리간격과 같은 여러 가지 암석·암반의 특성을 고려할 수 있다. 그리고 굴착난이도에 대한 국내외 여러 기준을 살펴보면, 일반적으로 탄성파속도가 가장 많이 적용하는 기준안으로 주 평가요소로 사용되어 왔다. 그러나 실제 현장에서 탄성파 탐사를 실시하지 않고 단지 현장기술자들이 지질해머 타격에 의한 타격음 판단, 육안적인 판정 및 판정이 어려운 경우, 굴착장비를 동원하여 굴착하는 방법에 의존하고 있는 실정이다.

그러므로 토공을 위한 굴착공사의 합리적인 설계 및 시공이 이루어지기 위해서는 현행의 암반 굴착난이도 판정방법에 대해 검토·분석을 실시하여 암반의 굴착난이도에 따른 정량화된 합리적인 판정방법 정립에 대한 연구가 요구되고 있다. 그래서 본 논문에서는 암반의 굴착공사를 위해 정량적이고 보다 합리적인 굴착난이도 결정 요소인 암석의 강도특성, 즉 일축압축강도, 점하중강도, 슈미트해머 수치 및 흡수율, 탄성파속도, 절리간격과 같은 암반의 공학적인 특성에 대한 굴착난이도 판정기준안을 정립하여 사면설계에 있어서 경제성 및 안정성을 고려한 합리적인 설계를 도모하고자 한다.

6.2 토공작업시 암판정 분류

토목공사 중 터널, 장대교기초, 지하공동 등의 굴착에 관한 암반분류방법은 국내외에 비교적 많이 알려져 있으나 지표면 굴착(토공)을 위한 암반등급분류 방안은 알려진 것이 극히 적다.

즉, 터널의 분류법으로 초기의 Terzaghi의 터널 암반분류(터널 상재하중 분류), Miller의 풍화정도와 틈의 간격을 분류요소로 한 분류법, Deere의 RQD법, Bieniawski의 RMR법과 Barton의 Q-system 등이 있으나 토공만을 목적으로 한 분류법은 적고 대부분이 일반 토목공사에 포괄적으로 적용할 수 있는 분류법이다.

6.2.1 국내의 토공을 위한 암반분류

지반을 굴착할 때, 일반적인 분류는 인력굴착, 기계굴착 및 발파굴착으로 구분하고 이에 대하여 대상지반을 토층, 리핑암, 발파암으로 대응시키고 있다.

국내에서는 토공을 목적으로 한 분류법으로 건설공사 표준품셈에 제시된 방안이 있다. 이 방법은 토질 및 암반의 분류를 정성적인 방법으로 평가하는 것이고 측정이 가능한 경우, 탄성파속도와 일축압축강도에 따르도록 제시하고 있다.

다음은 국내의 토공에 적용되는 암반분류기준으로서 토목품셈, 건설부 표준품셈 및 한국도로공사의 토사, 리핑암, 발파암의 분류기준에 대해 조사하였으며 그 세부내용은 각각 다음과 같다.

가. 토목품셈

- 굴착작업은 작업조건, 굴착량에 따라 기계굴착, 인력굴착의 공사비를 검토하여 적절히 선정한다.
- 공사비 비교시 기계굴착이 비경제적인 협소한 지역이나 넓은 지역이라도 굴착기계를 투입할 수 없는 특수한 여건의 지역은 인력으로 설계할 수 있다.
- 인력절취 적용범위 : 보통 토사, 견실 토사, 고사점토, 및 자갈 섞인 점토, 호박돌 섞인 토사(대량일 때는 토질조사에 의하여 분류, 인력 터파기 경우 제외)
- 리핑암의 경우 자연상태의 탄성파속도가 1,800m/sec 이하의 암은 발파 없이 리핑할 수 있고 탄성파속도가 1,800m/sec를 초과하는 암은 발파와 리핑작업을 병행하여 시공할 수 있다.
- 리퍼도저 선정에서 암굴착량이 25,000m^3 이상의 경우에는 30t급, 25,000m^3 미만일 때는 20t급을 사용하고 현장여건을 감안하여 결정한다.
- 크로울러 드릴 사용 암석 절취는 동일 장소 내에서 연속적으로 작업이 가능한 경우로서 암석 절취량이 25,000m^3 정도 이상의 경우에 적용한다.
- 현장여건상 특수발파공법을 적용하는 경우, 발파품을 별도 계산할 수 있다.

- 기계사용(화약사용)의 범위 : 풍화암, 연암, 보통암, 경암
- 기계사용(소형 브레커+공기압축기) : 굴착토량은 단위 개소당 10m³ 미만의 경우 또는 대형 브레이커나 화약 사용이 불가능한 경우에 적용한다.
- 건설기계 선정기준
  굴착 : 로우더, 굴삭기(유압식 백호우), 불도저, 리퍼 쇼벨계 굴삭기(파워쇼벨, 백호우, 드래그라인, 크램쉘)
- 불도저 작업의 표준기계

유압리퍼	중규모 이하 19t(표준규격)	
	대규모	32t
굴삭압토(운반)	중규모 이하 19t	
	대규모	32t

- 리핑암의 구분 : 리핑암이란 보통 도우저 삽날로서는 절취할 수 없고 리퍼 부착 도우저로만 절취 가능한 토질을 말한다.

그리고 토질 및 암의 분류는 다음을 표준으로 한다.

- 보통토사 : 보통 상태의 실트 및 점토, 모래질 흙 및 이들의 혼합물로서 삽이나 괭이를 사용할 정도의 토질(삽 작업을 위하여 상체를 약간 구부릴 정도)
- 경질 토사 : 견고한 모래 진흙이나 점토로서 괭이나 곡괭이를 사용할 정도의 토질(체중을 이용하여 2~3회 동작을 요할 정도)
- 고사점토 및 자갈 섞인 토사 : 자갈 진흙 또는 견고한 실트, 점토 및 이들의 혼합물로서 곡괭이를 사용하여 파낼 수 있는 단단한 토질
- 호박돌 섞인 토사 : 호박돌 크기의 돌이 섞이고 굴착을 위해 약간의 화약을 사용해야 할 정도로 단단한 토질
- 풍화암 : 일부는 곡괭이를 사용할 수 있으나 암질이 부식되고 균열이 1~100cm 정도로서 굴착 또는 절취에는 약간의 화약을 사용해야 할 암질
- 연암 : 균열이 10~30cm 정도로서 굴착 또는 절취에는 약간의 화약을 사용해야 하나, 석축용으로는 부적합한 암질
- 보통암 : 풍화상태로 엿볼 수 없으나 굴착 또는 절취에는 화약을 사용해야 하며 균열이 30~50cm 정도의 암질
- 경암 : 화강암, 안산암 등으로서 굴착 또는 절취에 화약을 사용해야 하며 균열상태가 1m 이내로서 석축용으로 쓸 수 있는 암질

– 극경암 : 암질이 아주 밀착된 단단한 암질

나. 건교부 표준품셈의 암분류 기준

암반굴착시 소요되는 인력과 장비 및 단가 등의 산정시 기준이 되는 건설표준품셈에서 리핑 암의 결정은 탄성파속도를 기준으로 하여 자연 상태의 탄성파속도가 1.8km/sec 이하의 암반 은 리핑암으로 구분하고 있으며, 국내 암종별 탄성파속도 및 일축압축강도 기준의 자세한 사 항은 다음 표 6-1과 같다.

표 6-1 중에서 일축압축강도 측정은 5cm 입방체의 시편을 24시간 노건조 시킨 후 2일간 수중 침윤시켜 측정한 것이다. 가압방향은 탄성파속도가 가장 느린 방향(결면에 수직인 방향) 으로 실시된 것이다. 또한 탄성파 탐사는 두께 15~20cm의 상하면이 평행한 시편을 이용하여 결면에 평행한, 즉 탄성파속도가 가장 빠른 방향으로 측정한 결과를 나타낸 것이다.

굴착공법을 적용하기 위해 건교부의 암반분류 기준은 다음 표 6-2와 같다.

표 6-1. 암종별 탄성파속도 및 일축압축강도

암 종 / 구 분	그룹	자연 상태의 탄성파속도 (V, km/sec)	암편 탄성파속도 (Vc, km/sec)	암편일축압축강도 (kg/cm^2)
풍화암	A	0.7~1.2	2.0~2.7	300~700
풍화암	B	1.0~1.8	2.5~3.0	100~200
연 암	A	1.2~1.9	2.7~3.7	700~1,000
연 암	B	1.8~2.8	3.0~4.3	200~500
보통암	A	1.9~2.9	3.7~4.7	1,000~1,300
보통암	B	2.8~4.1	4.3~5.7	500~800
경 암	A	2.9~4.2	4.7~5.8	1,300~1,600
경 암	B	4.1이상	5.7이상	8000이상
극경암	A	4.2이상	5.8이상	1,600이상

구 분 / 그룹구분	A, B 그룹의 비교	
	A그룹	B그룹
대표적 암명	편마암, 사질편암, 녹색편암, 각력암, 석회암, 사암, 휘록응회암, 역암, 화강암, 섬록암, 감람암, 사교암, 유교암, 현암, 안산암, 현무암	흑색편암, 녹색편암, 휘록응회암, 혈암, 이암, 응회암, 집괴암
함유물 등에 의한 시각 판정	사질분, 석영분을 다량 함유하고, 암질이 단단한 것, 결정도가 높은 것	사질분, 석영분이 거의 없고 응회분이 거의 없는 것, 천매상의 것
500~1,000gr해머의 타격에 의한 판정	타격점의 암은 작은 평평한 암편으로 되어 비산되거나 거의 암분을 남기지 않는 것	타격점의 암 자체가 부서지지 않고, 분상이 되어 남으며 암편이 별로 비산되지 않는 것

표 6-2. 건교부 암반분류 기준표

토공작업 구 분	토질상태	N-Value	탄성파속도	코어회수율 (NX 기준)	작업기준
토 사	표토층 및 풍화잔류토층	50회/15cm 이 하	1,000m/sec 이 하	–	–
리핑암	풍화암층	50회/15cm 이 상	1,000~ 1,800m/sec	15~20%	30ton Dozer
발파암	연암 및 경암	–	1,800m/sec 이 상	15~25% 이 상	–

다. 한국도로공사의 토사, 리핑암, 발파암의 분류

한국도로공사의 토사, 리핑암, 발파암에 대한 분류기준은 다음의 내용을 기준으로 한다.

> 토사, 리핑암, 발파암은 시공의 난이도에 따라서 구분한다. 이들의 구분은 공사비나 공기에 중대한 영향을 주기 때문에 설계에 있어서는 보링 조사결과를 충분히 검토하고 현지조사나 주변의 공사기록, 탄성파속도 등을 참고해서 신중히 해야 한다.

가) 토공의 적산 및 시공계획에서는 시공의 난이도에 따라서 토사, 리핑암, 발파암으로 분류한다. 토사, 리핑암, 발파암의 최종적인 구분은 시공시 사용할 불도저의 가동능률을 기준하여 판정한다. 즉, 토사와 리핑암의 판정은 배토판을 사용한 불도저의 착암능력에 따라 구분하고 리핑암과 발파암에 대해서는 불도저에 장착된 리퍼(Ripper)의 능력에 따라서 구분한다. 다시 말하면, 토사는 불도저가 유효하게 사용될 수 있는 정도의 흙, 모래, 자갈 및 호박돌이 섞인 토질로 정의되며 리핑암은 불도저에 정착된 유압식 리퍼가 유효하게 사용될 수 있을 정도로 풍화가 상당히 진행된 지층, 발파암은 발파를 하는 것이 가장 효과적인 지층으로 정의된다. 그러나 설계단계에서의 토사, 리핑암, 발파암의 구분은 보링 조사자료 등으로 추정하기 때문에 시공단계에서는 이들의 구분이 변경되기 쉬우므로 설계시에 신중한 검토가 필요하다.

나) 설계에서 토사, 리핑암, 발파암의 구분은 아래의 항목을 종합적으로 검토한 후 결정할 필요가 있다.

1) 현지답사

현지답사에서는 굴착 예정지점의 노두를 조사하고 지질, 암질, 균열의 크기 및 간극, 풍화의 정도 및 굴착작업의 난이도 등을 판정한다. 풍화가 진행되기 쉬운 지반은 주변 도로 등의 절토사면의 상태 및 사면 끝에 모아진 암석의 풍화상태에 유념하여 조사하는 것이 좋다.

2) 시추조사

시추 조사 결과는 토사, 리핑암, 발파암의 구분상 큰 지표가 된다. 그러나 시추 정도나 조사 결과의 검토 부족, 토질의 복잡성 등으로 인해 시공시에 굴착난이도 구분의 변경이 생기기 쉽기 때문에 아래 사항에 충분히 유의할 필요가 있다.

(1) 위치 및 빈도

시추조사의 위치 및 빈도는 신중히 결정해야 하며, 최소한 땅깍기 구간에서 1~2개소는 실시할 필요가 있다. 땅깍기가 긴 구간이 연결되는 경우나 지형, 지질이 난이한 곳에서는 조사위치를 충분히 검토하여 유효한 위치를 선정한다. 또한 상황에 따라서 시추할 개소를 증가시키거나 탄성파 탐사 등을 실시하여 조사의 신뢰성을 높일 필요가 있다. 특히, 퇴적암이나 풍화암 등은 지층이나 지질의 변화가 심하기 때문에 설계시 주의해야 한다.

(2) 코어 시료의 관찰

코어 시료의 관찰은 판별에서 특히, 중요하기 때문에 길이나 경도, 풍화 정도 등에 대해 유념하여 실시할 필요가 있다.

예를 들면, 연한 응회암은 긴 봉모양의 코어가 얻어지지만 균열이 발달한 것은 암질이 경질이라도 봉모양의 코어로 되지 않는 경우가 있다. 또한 일반적으로 강한 암석 등은 해머로 타격하여 금속음을 내는 것이 많다.

(3) 코어회수율 및 R.Q.D

암반의 풍화상태와 불연속면의 발달 정도는 코어회수율(T.C.R) 및 R.Q.D로 표시되며 단층, 균열이 많은 것, 풍화변질이 심한 것, 퇴적암 등에서 얇은 층으로 되어 있는 것은 일반적으로 값이 적다. 또한, 반대로 균열이나 풍화변질이 작은 암질의 암은 값이 크다.

그밖에 이러한 값들은 기계기구의 양부, 작업원의 능력이나 숙련 정도, 암질의 차이에 따라서도 변화하기 때문에 주의를 요한다.

(4) 굴진속도

굴진속도는 암질에 따라 다르고 일반적으로 경암은 느리다. 그러나 굴진속도는 사용되는 보링 비트의 종류나 작업원의 기능정도, 전도유무 등에 따라서도 다르기 때문에 주의를 요한다.

(5) 표준관입시험(N치)

토사와 풍화암의 구분의 지표로서는 N치가 자주 사용된다. 풍화암으로 인정되는 것은 일반적으로 관입불능으로 되는 것이 많지만 일부의 암석(풍화된 암석이나 역암 등)에는 관입가능한 것도 있다. 또한, N치가 50~70 정도에서 설계시에 토사로 판정되었더라도 시공에서는 작업능률이 나쁜 풍화암으로 판정(잘 다져진 토사)될 수 있기 때문에 주의해야 한다.

(6) 암석의 일축압축강도

암석의 압축강도는 퇴적암이나 변성암과 같이 이방성이 강한 암석에서 층리면이나 편리면에 직각인가 또는 수평인가에 따라 다르고, 일반적으로 이들의 면에 직각 방향인 것이 강하다. 또한 압축강도는 함수량에 따라 영향을 받고 함수량이 많을 수록 강도가 작아지는 경향이 있다.

3) 공사기록의 조사

주변의 도로, 철도 등의 시공기록이 있으면 암질, 풍화변질의 정도, 굴착방법 등을 조사한다. 또한, 동일한 지질조건을 가진 장소의 시공기록 등도 참조가 된다.

4) 탄성파 탐사

터널 및 대규모 절토구간 등의 탐사에서 탄성파 탐사를 하는 경우에는 탄성파속도에 의한 굴착난이도를 대체로 추정할 수 있으며 그림 6-1에 참고 값을 제시한다.

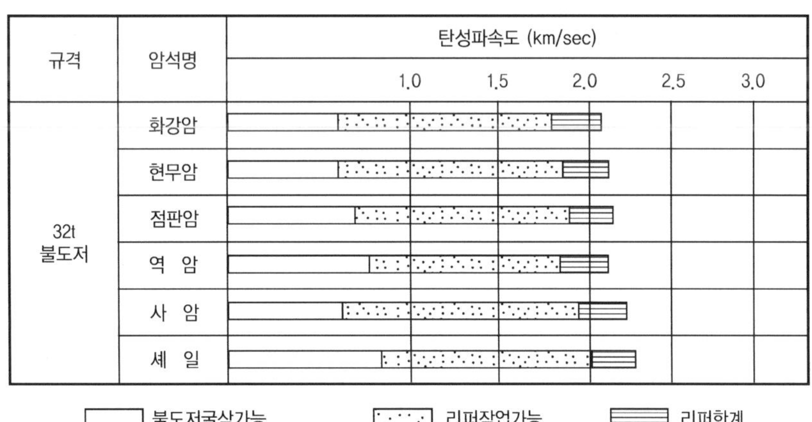

그림 6-1. 탄성파속도와 32t 불도저의 작업범위

탄성파는 일반적으로 고결도가 높은 암석 등에서는 전달속도가 빠르지만 균열이 많은 암석이나 풍화가 진행된 암은 그 속도가 늦기 때문에 탄성파속도가 같더라도 암질적으로 다르게 되는 경우가 있어서 탄성파속도와 암종, 암질을 종합하여 검토할 필요가 있다.

다) 토사, 리핑암, 발파암의 구분은 나)의 내용과 시공성을 충분히 검토한 후에 다음과 같이 분류한다.

① 토사와 리핑암은 표준관입시험(N치) 50타/15cm를 기준으로 구분한다.

② 리핑암과 발파암은 암반의 굴착특성을 결정하는 불연속면의 발달빈도(T.C.R, R.Q.D)와 탄성파속도를 기준으로 표 6-3 및 6-4에 따라 구분한다.

표 6-3. 불연속면의 발달빈도에 따른 리핑암과 발파암의 분류

구　　분	리 핑 암		발 파 암	
	약한 암석인 풍화암, 연암, 보통암 중에서		강한 암석인 보통암, 경암, 극경암 중에서	
불연속면의 발달빈도	BX 크기	T.C.R=5% 이하이고 R.Q.D=0% 정도	BX 크기	T.C.R=5~10% 이상이고 R.Q.D=0~5%
	NX 크기	T.C.R=20% 이하이고 R.Q.D=0% 정도	NX 크기	T.C.R=20% 이상이고 R.Q.D=0~10% 이상
강도구분	풍화암		연암, 경암	

표 6-4. 탄성파속도에 따른 리핑암과 발파암의 분류

암종그룹	탄성파속도	
	리핑암	발파암
A 그룹	700~1,200m/sec	1,200m/sec 이상
B 그룹	1,000~1,800m/sec	1,800m/sec 이상

라) 설계시의 토사, 리핑암, 발파암의 구분은 나), 다)의 각 사항을 종합적으로 고려하여야 되지만 구분상 특히, 주의하여야 할 지질은 표 6-5와 같다.

표 6-5. 구분상 주의를 요하는 지질(일본자료를 번역한 것임)

암석명	토질의 성상과 설계시 유의점
전석 섞인 흙	N값에서는 관입불능으로 되는 것이 많다. 전석의 혼입율이 20%를 넘으면 가동률이 나빠져 풍화암이라 판단된다.
화강암류	풍화토로 된 것은 설계상 토사로 구분되나, 풍화부와 신선부의 경계 부근의 것은 판별이 힘들어 시공시에 토사, 풍화암의 추정선이 변경될 때가 많다. 또 이 경계부근에서는 전석을 많이 포함하여 풍화암이라고 판정될 때가 있으므로 설계에 있어서 주의해야 하고 신선한 것은 대단히 굳다.
안산암 현무암	신선한 것은 설계상 경암이라 판정되나, 절리에 의한 균열이 발달한 것이나 풍화가 진행된 것은 시공시 굴삭능력에 의해 연암이라 판정될 때도 있으므로 주의한다.
응회암	암질이 연한 것이 많고 보링의 굴진능력이 좋고, 설계시에는 풍화암이라고 판정될 때가 많다. 그러나 신선하고 균열이 없는 것은 리퍼의 날이 듣지 않아 발파가 필요하며 경암으로 변경되는 것도 있으므로 설계에 있어서 충분한 검토가 필요하다. 풍화가 진행된 것은 굴삭시에 암의 상태를 띄는 것, 포설 및 전압으로 쉽게 토사화되는 것이 있으므로 풍화암의 자세한 구분에 있어서는 주의를 요한다.
역암	역암은 함유되는 자갈의 크기나 양, 고결의 정도에 따라 경도가 크게 변화된다. 일반적으로 풍화의 영향을 받기 쉽고 풍화가 진행된 것은 설계상 토사로 판정된다. 또 신생대 제3기 이후의 것은 반고결상태로 되어 있는 것이 있어 굴삭도 용이하다. 분포상태는 세로방향의 연속성이 희박하고, 좁은 범위로만 퇴적되어 있을 때가 있으므로 조사에서 주의해야 한다.
이 암 점판암	이암은 풍화의 영향을 받기 쉬운 것이 많다. 신선한 것은 설계시에 경암이라 판정되는 것도 시공시에 공기나 햇빛에 급속으로 풍화가 진행되어 시공능률이 좋아 풍화암이라 판정되는 것도 있으므로 주의한다. 점판암은 일반적으로 굳지만, 층리방향으로 얇게 벗겨지는 성질이 있어 시공능률이 좋아 풍화암이라 판정되는 것도 있다.

6.2.2 외국의 굴착난이도(Rippability) 평가 관련 연구

일반적으로 Ripper에 의해서 작업이 가능한 정도를 Rippability라 하고 Rippability의 한계 등에 대해서는 여러 문헌에 발표되어 있다. Ripper 작업은 화약을 이용한 발파에 대한 대안으로 보다 많이 사용되고 있다.

최초의 Ripper 작업은 로마제국시대까지 그 유래가 거슬러 올라간다. 로마인들이 그들의 아피안 대로를 건설할 당시 리퍼가 장착된 바퀴를 소에 의해 끌게 하였다는 기록이 있으며, 1860년~1880년 동안 미국에서는 철도를 건설하면서 많이 사용되었다. 오늘날 우리가 알고 있는 Ripper는 1930년도에 출현하였다. 트랙터에 의해서 작동되는 Ripper는 R. G. Letourneau에 의해서 1931년 발전하였으며 후버댐 프로젝트에 사용되었다.

하지만 Ripper 작업의 효용성이 인정되는 데도 모든 사람들이 이를 수용하지 않는 가장 근본적인 이유는 현재의 기술로는 모든 종류의 지반이 경제적으로 Ripper 작업이 가능한 것은 아니기 때문이다. 대상 지반에 대해서 Ripper 작업의 정도를 반복법을 사용하여 확인할 수는 있으나 모든 지반에 대해서 이와 같은 반복법을 사용하는 것은 경제성을 고려할 때 바람직하지 않다. 따라서 각각의 구성 특징을 분석하는 절차가 필요하다.

일반적으로 Ripper 작업이 잘되는 지반조건으로는 약한 층이 있는 단층 파쇄대, 풍화가 심한 암반, 물의 흡수가 잘되는 지반, 여러 층으로 구성된 지반, 지진파 속도가 낮은 지반 등이 있으며 반대로 Ripper 작업이 잘되지 않는 지반으로는 암반의 균열이 거의 없고 연약 면이 없으며 높은 압축강도와 지진파 속도가 높은 지반 등을 들 수 있다. 암종별로 Rippability를 판단해 보면, 퇴적암이 가장 Rippability가 좋으며 화성암, 변성암의 순으로 나타난다.

과거에는 Rippability를 확인하는 유일한 방법이 육안관찰뿐이었다. 약선대, 단층, 파쇄대 등은 육안으로 관찰되나 굴착난이도를 평가하는 데는 관찰되지 않은 부분의 영향도 무시할 수 없을 정도로 크다. 왜냐하면 단지 암반 노두에서 확인한 결과는 지반 전체 지층 분포 중에 일부분만을 나타내기 때문이다.

따라서 이에 대한 대안으로 탄성파 탐사에 의해 측정된 탄성파속도 및 Ripper와 불도저의 능력이 Ripping 정도를 구분하는 기준이 되어왔다. Ripper 작업의 경우, 기본적으로는 Shank 관입의 가부가 그것을 결정하므로 먼저 Shank의 관입저항을 좌우하는 암의 강도가 문제가 된다. 예를 들어, 암이 상당히 단단해도 Shank가 관입하기 쉽게 균열이 많이 존재하면 Ripper에 의한 작업이 가능할 경우가 많다. 따라서 암 자체의 강도와 균열이 많고 적음을 종합적으로 포함한 것으로서, 원지반의 탄성파속도에 주목한 일은 당연한 결과인 것으로 생각되고, 이 때문에 탄성파속도 측정용의 간이탐사장치를 Ripper Meter라고 부르는 경우도 있다.

원지반의 탄성파속도와 Rippability 한계와의 관계는 여러 기관에 의해 단편적으로 소개되어지고 있지만, 불도저의 대형화와 Ripper의 개량에 의해 유동적으로 변하고 있는 실정이다.

또 원지반의 탄성파속도의 측정치는 원지형의 상태에서 지진 탐사법 등에 의해 추정한 값과 시공면 상부가 이미 굴착된 상태에서 직접 측정한 수치의 경우, 후자는 전자에 비해 대체로 20~30% 정도, 때로는 50% 정도 낮게 측정되는 것이 보통이다. 이것은 절취에 따른 응력제거와 시공시의 지반이완 때문으로 생각된다.

그림 6-1의 탄성파속도는 원지형에서의 측정에 의한 추정치를 기준으로 한 것이다. 또, 현장조건에 따라서는 굴착 폭에 제한이 있으며 지층과 균열의 방향에 대해 자유로운 방향에서 굴착하는 것이 불가능한 경우가 있게 된다. 이런 경우 Ripper 작업성은 상당히 떨어진다.

이와 관련하여 국외에서는 암반의 굴착난이도를 평가함에 있어 암반의 Rippability에 대한 많은 연구가 수행되었으며, 그 내용은 다음과 같다.

리핑은 풍화암 또는 불연속면을 많이 가진 암반을 불도저 등을 이용하여 굴착하는 경제적인 굴착방법이다. Rippability는 암반분류법의 접근 방법에 의한 첫 번째 굴착지수로서, 이는 Geomechanics 분류에 토대를 두고 있으며, 암반의 Rippability에 영향을 미치는 지질학적 요소는 암석 종류, 암석 구조, 일축압축강도, 암석 경도와 마모도 등이 있고 암질의 특성에 영향을 미치는 요소에는 불연속면의 기하학적 구조 등이 있다(표 6-6 참조).

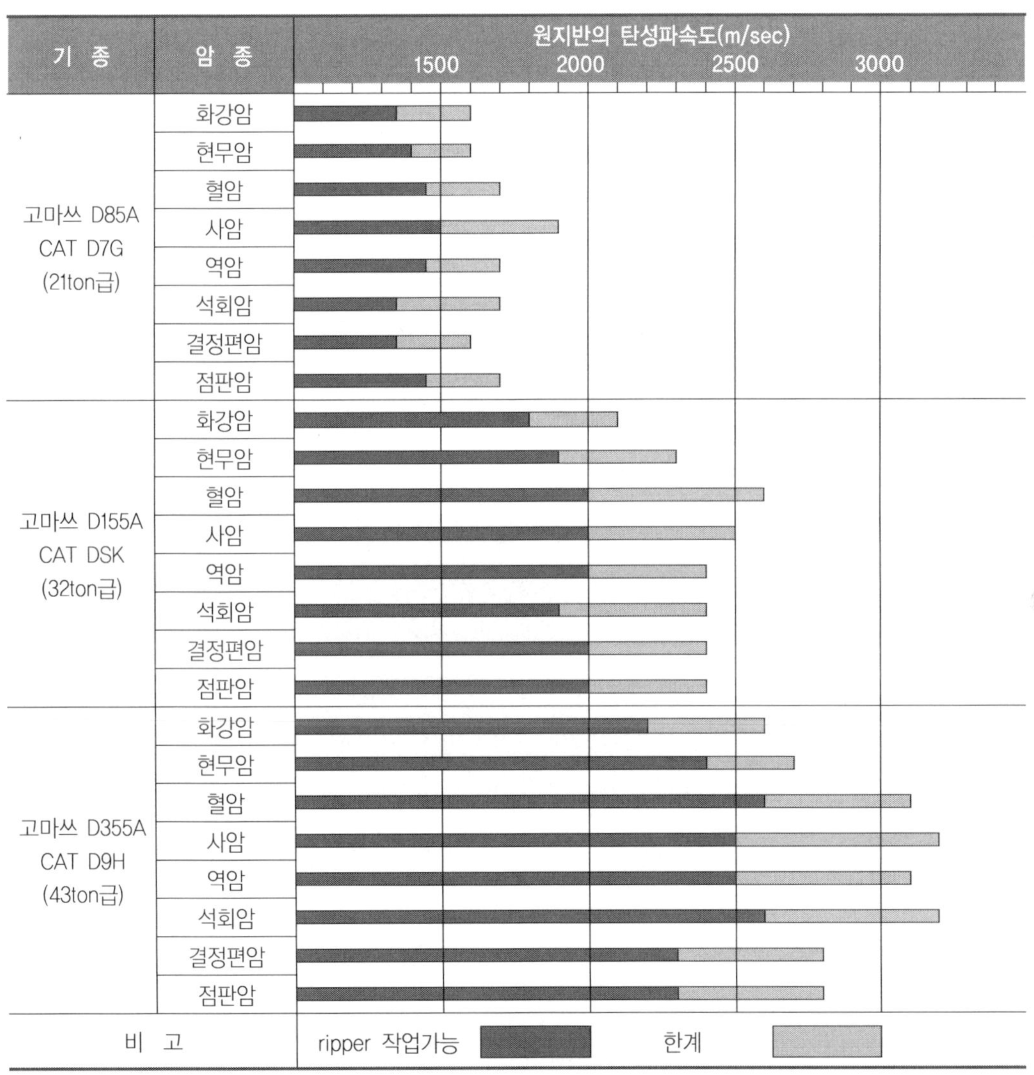

그림 6-1. 장비종류와 암종의 탄성파속도에 따른 리핑작업가능 영역

표 6-6. 암종별 굴착특성

(a) 경도 및 강도와의 관계

Rock hardness description	Identification criteria	Unconfined compression strength (Mpa)	Seismic wave velocity (m/s)	Excavation characteristics
Very soft rock	Material crumbles under firm blows with sharp end of geological pick ; can be peeled with a knife ; too hard to cut a triaxial sample by hand. SPT will refuse. Pieces up to 3cm thick can be broken by finger pressure	1.7~3.0	450~1,200	Easy ripping
Soft rock	Can just be scraped with a knife ; indentations 1mm to 3mm show in the specimen with firm blows of the pick point ; has dull sound under hammer	3.0~10.0	1,200 ~1,500	Hard ripping
Hard rock	Cannot be scraped with a knife ; hand specimen can be broken with pick with a single firm blow ; rock rings under hammer	10.0~20.0	1,500 ~1,850	Very hard ripping
Very hard rock	hand specimen breaks with pick after more than one blow ; rock rings under hammer	20.0-70.0	1,850 ~2,150	Extremely hard ripping or blasting
Extremely hard rock	Specimen requires many blows with geological pick to break through intact material ; rock rings under hammer	>70.0	>2,150	Blasting

(b) 절리간격과의 관계

Joint spacing description	Spacing of joint (mm)	Rock mass grading	Excavation characteristic
Very close	<50	Crushed/shattered	Easy ripping
Close	50~300	Fractured	Hard ripping
Moderately close	300~1,000	Block/seamy	Very hard ripping
Wide	1,000~3,000	Massive	Extremely hard ripping and blasting
Very wide	>3,000	Solid/sound	Blasting

Weaver(1975)는 무한궤도 형태의 리퍼에 의한 굴착지침으로서 Rippability 차트를 제안하였다. 이 차트에서 암반의 RMR 분류법에서 고려하는 기본요소 가운데 암석(Intact Rock)의 강도와 RQD 값을 탄성파속도로 대체하였다. 그 후 Smith는 Weaver의 차트에서 탄성파속도의 고려 사항을 제외하였으며, Singh et al.(1986)은 노천탄광에서 지반의 Rippability에 대하여 탄성파속도만을 이용한 Rippability의 평가는 잘못된 결과를 야기할 수 있다고 지적하였다.

Weaver의 차트와 Smith가 수정한 차트는 많은 인자를 고려하고 있으나, 설계초기 단계에서 그 평가가 용이하지 않은 몇 가지 인자들로 인하여 그 활용에 제약이 있다. 따라서 Singh et al.은 그 대안으로 Rippability 차트를 제안하였으며 터키와 영국에서 많은 조건에 대한 시험을 수행하였다(표 6-7 참조).

표 6-7. Rippability Chart(Singh et al., 1986)

Parameters	Class 1	Class 2	Class 3	Class 4	Class 5
Uniaxial tensile strength(Mpa)	⟨2	2~6	6~10	10~15	⟩15
Rating	0~3	3~7	7~11	11~14	14~17
Weathering	Complete	Highly	Moderate	Slight	None
Rating	0~2	2~6	6~10	10~14	14~18
Sound velocity(m/s)	400~1,100	1,100~1,600	1,600~1,900	1,900~2,500	⟩2,500
Rating	0~6	6~10	10~14	14~18	18~25
Abrasiveness	Very low	Low	Moderate	High	Extreme
Rating	0~5	5~9	9~13	13~18	18~22
Discontinuity spacing(m)	⟨0.06	0.06~0.3	0.3~1	1~2	⟩2
Rating	0~7	7~15	15~22	22~28	28~33
Total Rating	⟨30	30~50	50~70	70~90	⟩90
Ripping Assessment	Easy	Moderate	Difficult	Marginal	Blast
Recommended Dozer	Light duty	Medium duty	Heavy duty	Very heavy duty	

불연속면의 기하학적 구조 영향에 의해 암반의 전반적인 강도는 저하되고, 불연속면의 간격에 의해 강도의 저하정도가 결정된다. 암반 내 불연속면의 연속성은 암반의 공학적 특성에 상당한 영향을 미친다.

불연속면 내의 충진물 또는 결함부가 많을수록 암반의 투수성과 Rippability가 증대한다. 즉, 단단하고 내마모성이 큰 암반의 경우, Rippability는 감소한다. 다른 한편으로 사암 또는 석회암과 같은 퇴적암층에 층리 또는 절리가 발달하였거나 또는 화강암이 얇은 층으로 관입하였다면 발파보다 리핑에 의해 보다 효율적으로 굴착될 수 있을 것이다(그림 2. 참조). 실제로 이암과 같이 약한 퇴적암은(압축강도 150kg/cm^2 이하 또는 인장강도 10kg/cm^2 이하) 발파시 가스압력이 분산될 때 층리면으로 파쇄된다. 따라서 절리가 발달한 암반에서는 리핑이 보다 효율적인 굴착방법이다.

Atkinson(1970)은 암반의 rippability를 결정하는 가장 일반적인 방법은 탄성파 굴절탐사라고 제안하였다. 다양한 종류의 암질로 구성된 여러 현장에서 리핑작업을 실시하여 Rippability와 탄성파속도를 비교하였다(그림 3 참조).

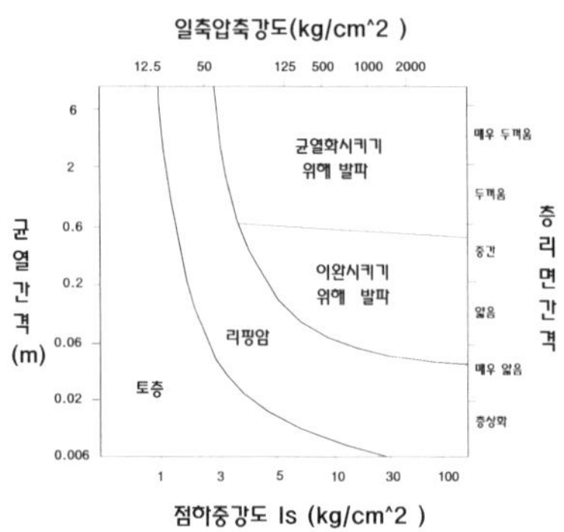

그림 6-2. 굴착관련 점하중강도와 절리간격에 의한 암질판정기준(after Franklin et al., 1971)

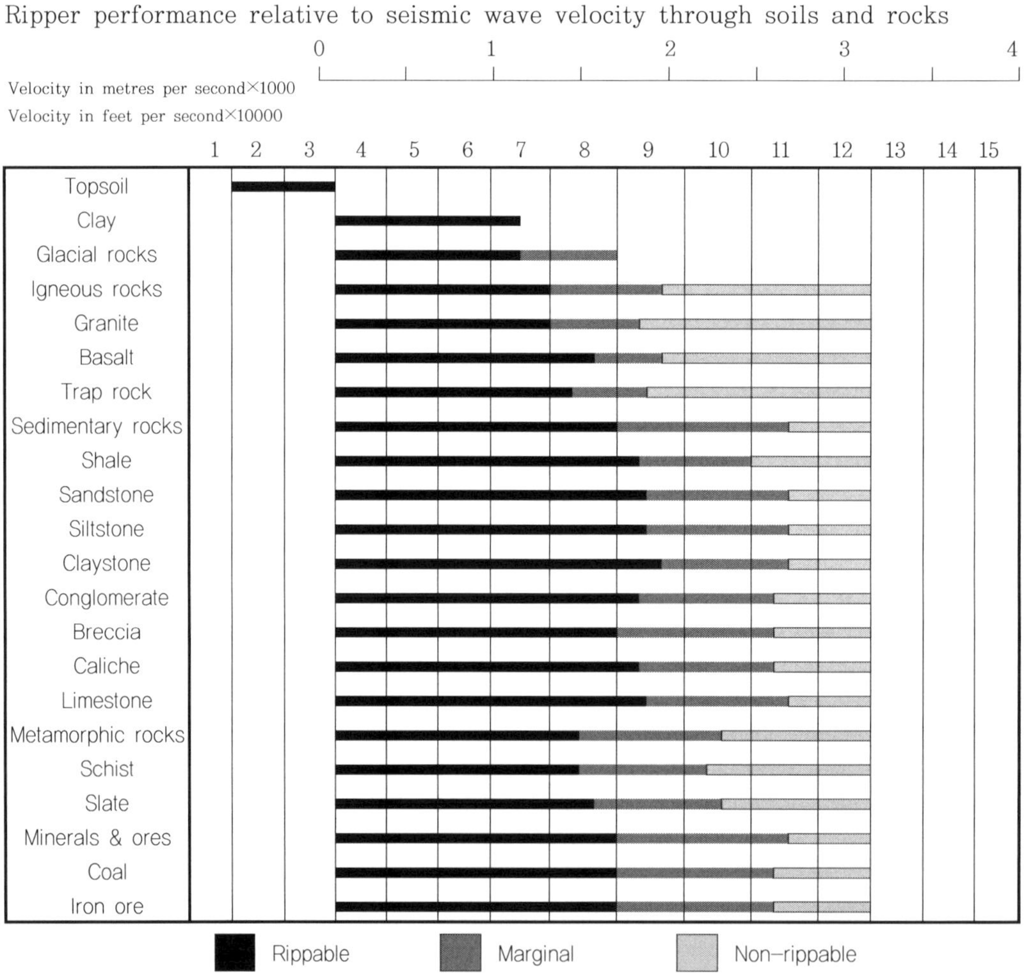

Ripper performance relative to seismic wave velocity through soils and rocks

Velocity in metres per second×1000

Velocity in feet per second×10000

Rock type	Rippable	Marginal	Non-rippable
Topsoil	1–3.5		
Clay	3.5–7		
Glacial rocks	3.5–8	8–9	
Igneous rocks	3.5–9.5	9.5–11	
Granite	3.5–9.5	9.5–11	
Basalt	3.5–8		10.5–12
Trap rock	3.5–8.5	8.5–9.5	
Sedimentary rocks	3.5–9	9–11	11–12
Shale	3.5–9	9–11.5	
Sandstone	3.5–9	9–11.5	
Siltstone	3.5–9	9–11.5	
Claystone	3.5–9	9–11.5	
Conglomerate	3.5–9	9–11.5	
Breccia	3.5–9.5	9.5–12	
Caliche	3.5–9.5	9.5–12	
Limestone	3.5–9.5	9.5–12	
Metamorphic rocks	3.5–8.5	8.5–10.5	10.5–12
Schist	3.5–8.5	8.5–10.5	10.5–12
Slate	3.5–8	8–10.5	10.5–12
Minerals & ores	3.5–9	9–11.5	
Coal	3.5–9	9–11.5	
Iron ore	3.5–9	9–11.5	

그림 6-3. 탄성파속도와 Rippability와의 관계

실제로 리핑작업의 한계는 탄성파(Vp)속도로 볼 때, 2,000km/sec 정도로 판단된다. 암반에서 Pre-Blasting은 리핑작업을 보다 수월하게 할 수 있게 하고, 할렬파괴는 리핑작업 이전에 암반표면을 이완시키는 데 이용할 수 있다.

Kirsten(1982)은 암반굴착시 탄성파속도는 굴착방법의 잠정적인 지표일 뿐이라고 제안하였고, 전반적으로 탄성파속도의 정확성은 약 20% 정도라고 주장하였다. 더욱이 탄성파속도는 표준시편에서도 1,000m/sec 이상의 변화를 나타낼 수도 있다. 따라서 굴착과 관련된 분류법은 암반의 기본물성치를 토대로 하여야 하고, 그 분류법에 필요한 인자들을 얻기 위한 코어 또는 현장시험 등의 활용 간편성이 있어야 한다.

또한, Caterpillar사에서는 탄성파의 굴절원리를 이용하여 리핑 정도를 판단하는 법을 1958년

표 6-8. D9N Ripper 효율(대략적인 수치임)(Multi or Single Shank Ripper, Estimated by Seismic Wave Velocities)

(D9N)	RIPPBLE(m/sec)	MARGINAL(m/sec)	NON-RIPPABLE(m/sec)
TOPSOIL	0~915		
CRAY	0~1,860		
GLACIAL TILL	0~1,828	1,828~2,133	2,133 이상
IGNEOUS ROCKS			
GRANITE	0~2,072	2,072~2,438	2,438 이상
BASALT	0~2,286	2,286~2,591	2,591 이상
TRAP ROCKS	0~2,134	2,134~2,500	2,500 이상
SEDIMENTARY ROCKS			
SHALE	0~2,255	2,255~2,895	2,895 이상
SANDSTONE	0~2,225	2,225~2,925	2,925 이상
SILTSTONE	0~2,377	2,377~3,077	3,077 이상
CLARYSTONE	0~2,377	2,377~2,957	2,957 이상
CONGLOMERATE	0~2,317	2,317~2,866	2,866 이상
BRECCIA	0~2,195	2,195~2,865	2,865 이상
CALICHE	0~1,920	1,920~2,651	2,651 이상
LIMESTONE	0~2,377	2,377~2,803	2,803 이상
METAMORPHIC ROCKS			
SCHIST	0~2,195	2,195~2,644	2,644 이상
SLATE	0~2,195	2,195~2,805	2,805 이상
MINERALS & ORES			
COAL	0~2,316	2,316~2,896	2,896 이상
IRON ORE	0~2,470	2,470~2,988	2,988 이상

에 개발하였다. 이러한 방법은 탄성파의 굴절되어 돌아오는 속도를 기본 자료로 지반의 구성을 확인하는 방법이다. 표 6-8 ~ 표 6-10에 Caterpillar사에서 제작한 각 Ripper 기계종류(D9N, D10N, D11N)별로 여러 종류의 지층에 대한 굴착난이도에 대한 탄성파속도를 나타내었다.

표 6-9. D10N Ripper 효율(대략적인 수치임)(Multi or Single Shank Ripper, Estimated by Seismic Wave Velocities)

(D10N)	RIPPBLE(m/sec)	MARGINAL(m/sec)	NON-RIPPABLE(m/sec)
TOPSOIL	0~914		
CRAY	0~2,072		
GLACIAL TILL	0~2,042	2,042~2,530	2,530 이상
IGNEOUS ROCKS			
GRANITE	0~2,225	2,225~2,560	2,560 이상
BASALT	0~2,438	2,438~2,712	2,712 이상
TRAP ROCKS	0~2,316	2,316~2,620	2,620 이상
SEDIMENTARY ROCKS			
SHALE	0~2,713	2,713~3,260	3,260 이상
SANDSTONE	0~2,591	2,591~3,260	3,260 이상
SILTSTONE	0~2,743	2,742~3,323	3,323 이상
CLARYSTONE	0~2,743	2,743~3,292	3,292 이상
CONGLOMERATE	0~2,560	2,560~3,170	3,170 이상
BRECCIA	0~2,530	2,530~3,140	3,140 이상
CALICHE	0~2,195	2,195~3,140	3,140 이상
LIMESTONE	0~2,621	2,621~3,352	3,352 이상
METAMORPHIC ROCKS			
SCHIST	0~2,347	2,347~2,896	2,896 이상
SLATE	0~2,408	2,408~2,957	2,957 이상
MINERALS & ORES			
COAL	0~2,408	2,408~3,139	3,139 이상
IRON ORE	0~2,743	2,743~3,353	3,353 이상

표 6-10. D11N Ripper 효율(대략적인 수치임)(Multi or Single Shank Ripper, Estimated by Seismic Wave Velocities)

(D11N)	RIPPBLE(m/sec)	MARGINAL(m/sec)	NON-RIPPABLE(m/sec)
GLACIALTILL	0~2,195	2,195~2,805	2,805 이상
IGNEOUS			
GRANITE	0~2,469	2,469~2,496	2,496 이상

표 6-10. D11N Ripper 효율(대략적인 수치임)(Multi or Single Shank Ripper, Estimated by Seismic Wave Velocities) (계속)

(D11N)	RIPPBLE(m/sec)	MARGINAL(m/sec)	NON-RIPPABLE(m/sec)
BASALT	0~2,652	2,957	2,957 이상
TRAP ROCKS	0~2,530	2,987	2,987 이상
SEDIMENTARY			
SHALE	0~3,140	3,140~3,811	3,811 이상
SANDSTONE	0~2,987	2,987~3,688	3,688 이상
SILTSTONE	0~3,017	3,017~3,688	3,688 이상
CLARYSTONE	0~3,017	3,017~3,688	3,688 이상
CONGLOMERATE	0~2,834	2,834~3,504	3,504 이상
BRECCIA	0~2,743	2,743~3,505	3,505 이상
CALICHE	0~2,316	2,316~3,352	3,352 이상
LIMESTONE	0~3,017	3,017~3,839	3,839 이상
METAMORPHIC			
SCHIST	0~2,499	2,499~3,109	3,109 이상
SLATE	0~2,621	2,621~3,231	3,231 이상
MINERALS & ORES			
COAL	0~2,621	2,621~3,474	3,474 이상
IRON ORE	0~2,987	2,987~3,597	3,597 이상

Weaver는 Rippability 평가를 위한 구분으로서 암반의 수정된 형태의 Geomechanics Classification을 제안하였으며 그 내용은 다음 표 6-11과 같다.

표 6-11. Rippability 구분등급(after Weaver 1975)

Rock Class	I	II	III	IV	V
Description	Very good rock	Good rock	Fair rock	Poor rock	Very poor rock
Seismic velocity(m/s)	≥2,150	2,150~1,850	1,850~1,500	1,500~1,200	1,200~450
Rating	26	24	20	12	5
Rock hardness	Extremely hard rock	Very hard rock	Hard rock	Soft rock	Very soft rock
Rating	10	5	2	1	0
Rock weathering	Unweathered	Slightly weathered	Weathered	Highly weathered	Completely weathered
Rating	9	7	5	3	1

표 6-11. Rippability 구분등급(after Weaver 1975) (계속)

Rock Class	I	II	III	IV	V
Joint spacing (mm)	⟩3,000	3,000~1,000	1,000~300	300~50	⟨50
Rating	30	25	20	10	5
Joint continuity	Non-continuous	Slightly continuous	continuous-no gouge	continuous-some gouge	continuous-with gouge
Rating	5	5	3	0	0
Joint gouge	No separation	Slightly separation	Separation ⟨1mm	Gouge⟨5mm	Gouge⟩5mm
Rating	5	5	4	3	1
*Strike and dip orientation	Very unfavourable	Unfavourable	Slightly unfavourable	Favourable	Very favourable
Rating	15	13	10	5	3
Total rating	10090	90~70†	70~50	50~25	⟨25
Rippability assessment	Blasting	Extremely hard ripping and blasting	Very hard ripping	Hard ripping	Easy ripping
Tractor selection	−	DD9G/D9G	D9/D8	D8/D7	D7
Horsepower	−	770/385	385/270	270/180	180
Kilowatts	−	575/290	290/200	200/135	135

* Original strike and dip orientation now revised for rippability assessment
† Rating in excess of 75 should be regarded as unrippable without pre-blasting

Kirsten(1982)은 굴착지수(N)를 결정하기 위하여 Q-system을 인용하였는데 여기에서 굴착지수(N)는 다음 식 (6-1)에서 산정된다.

$$N = M_s \cdot \frac{RQD}{J_n} J_s \cdot \frac{J_r}{J_a} \tag{6-1}$$

여기서, M_s : 일축압축강도

       RQD : Rock Quality Designation

       J_n, J_r, J_a : Q system에서의 조인트 개수, 거칠기, 변질지수

       J_s : $\int$ actmaterial

       N : 굴착지수

상기 식에서, Ms(mass strength number)는 불연속면이 없는 건조하고 균질한 재료를 굴

착하는데 필요한 힘이고, 절리를 포함한 암반의 밀도를 평가하기 위한 RQD 값과 암반의 자유도를 평가하기 위한 절리군수(Jn)를 고려하였다. 또한 Js는 굴착시 블록의 형상과 절리면의 주향 등에 의한 굴착난이도 감소효과를 고려하기 위한 항목이다.

마지막 항에서 절리면의 거칠기와 절리면 사이의 충진물 또는 풍화 정도 등을 고려하였는데, 이는 암반의 개략적인 전단강도를 제공하기도 한다. 이러한 방법은 무결함 암반의 굴착에 필요한 에너지를 예측하고 여기에다 절리면의 변형 정도와 결함 정도를 고려하여 감소시키는 방법이다.

Mass strength number(Ms)는 다섯 가지 항목으로 구성되어 있으며 표 6-12(a)과 같다. RQD는 현장 코어로부터 계산하거나 단위 체적당 절리수(Jc)를 이용하여 계산할 수 있는데 단위 체적당 절리수와 RQD와의 관계식은 다음 식 (6-2)와 같다.

$$\text{RQD} = 115 - 3.3 J_v \tag{6-2}$$

RQD와 관련된 Jv값은 표 6-12(b), 절리군의 수(Jn)는 표 6-12(c)와 같다.

불연속면의 간격과 주향은 지반굴착과 암반의 각각의 블록을 제거하는 데 필요한 에너지에 영향을 미치며 리핑작업의 방향은 불연속면의 주향과 반대 방향일 때보다는 동일한 방향으로 이루어질 때보다 수월하다. 리퍼의 암반관입 가능성은 불연속면의 경사와 직접적인 관계가 있다. 일반적으로 암반에는 1개 이상의 절리군이 존재하고 리퍼의 암반관입 가능성은 단위 체적당 불연속면의 수를 고려한 불연속면의 평균 경사로 나타내어질 수 있다.

불연속면의 주향과 경사의 변화에 대한 Jv값은 표 6-12(d)와 같으며 다양한 절리조건에 대한 절리의 거칠기와 절리면의 풍화 정도는 표 6-12(e), (f)와 같다.

그러나 이러한 요소들을 정확하고 충분하게 결정할 수 있는 시험방법은 아직까지 존재하지 않으므로 Kirsten(1982)은 절리면의 강도를 식 (6-3)과 같이 결정할 수 있다고 제안하였다.

$$\frac{J_r}{J_a} = \arctan\left(\frac{\tau_p}{\sigma_n}\right) \tag{6-3}$$

이는 Bandis et al.이 정의한 총마찰각(total friction angle)을 의미한다. 암반 내에 강성이 다른 몇 개의 절리군이 있다면 각각의 절리군에 대하여 Jr/Ja값을 결정하여야 하는데, 암반에 대한 등가 절리강성은 단위 체적당 각 절리군의 절리수를 고려하여 각 절리군별 Jr/Ja값의 평균값으로 결정할 수 있다.

표 6-12. 굴착지수 결정을 위한 변수(after Kirsten, 1982)

(a) Mass strength number for rock(Ms)

Hardness	Identification in profile	Unconfined compressive strength(Mpa)	Mass strength number(Ms)
Very soft rock	Material crumbles under firm(moderate) blows with sharp end of geological pick and can be peeled off with a knife. It is too hard to cut a triaxial sample by hand	1.7 1.7~3.3	0.87 1.86
Soft rock	Can just be scraped and peeled with knife ; indentations 1–3mm show in the specimen with firm(moderate) blows of the pick point	3.3~6.6 6.6~13.2	3.95 8.39
Hard rock	Cannot be scraped or peeled with a knife ; hand–held specimen can be broken with hammer end of a geological pick with a single firm(moderate) blow	13.2~26.4	17.7
Very hard rock	Hand–held specimen breaks with hammer end of pick under more than one blow	26.4~53.0 53.0~106.0	35.0 70.0
Extremely hard rock(very, very hard rock)	Specimen requires many blows with geological pick to break through intact material	106.0~212.0 212.0	140.0 280.0

(b) Joint count number(Jc)

Number of joints per cubic metre(Jc)	Rock quality designation(RQD)	Number of joints per cubic metre(Jc)	Rock quality designation(RQD)
33	5	18	55
32	10	17	60
30	15	15	65
29	20	14	70
27	25	12	75
26	30	11	80
24	35	9	85
23	40	8	90
21	45	6	95
20	50	5	100

(c) Joint set number(Jn)

Number of joint sets	Joint set number(Jn)
Intact, no or few joint/fissures	1.00
One joint/fissure set	1.22
One joint/fissure set plus random	1.50
Tow joint/fissure sets	1.83
Tow joint/fissure sets plus random	2.24
Three joint/fissure sets	2.73
Three joint/fissure sets plus random	3.34
Four joint/fissure sets	4.09
Multiple joint/fissure set	5.00

Note : For intact granular materials take Jn=5.00

(d) Relative ground structure number(Js)

Dip direction* of closer spaced joint set(degrees)	Dip angle † of closer spaced joints set(degrees)	Ratio of joint spacing, r			
		1:1	1:2	1:4	1:8
180/0	90	1.0	1.00	1.00	1.00
0	85	0.72	0.67	0.62	0.56
0	80	0.63	0.57	0.50	0.45
0	70	0.52	0.45	0.41	0.38
0	60	0.49	0.44	0.41	0.37
0	50	0.49	0.46	0.43	0.40
0	40	0.53	0.49	0.46	0.44
0	30	0.63	0.59	0.55	0.53
0	20	0.84	0.77	0.71	0.68
0	10	1.22	1.10	0.99	0.93
0	5	1.33	1.20	1.09	1.03
0/180	0	1.00	1.00	1.00	1.00
180	5	0.72	0.81	0.86	0.90
180	10	0.63	0.70	0.76	0.81
180	20	0.52	0.57	0.63	0.67
180	30	0.49	0.53	0.57	0.59
180	40	0.49	0.52	0.54	0.56
180	50	0.53	0.56	0.58	0.60
180	60	0.63	0.67	0.71	0.73
180	70	0.84	0.91	0.97	1.01
180	80	1.22	1.32	1.40	1.46
180	85	1.33	1.39	1.45	1.50
180/0	90	1.00	1.00	1.00	1.00

* Dip-direction of closer spaced joint set relative to direction of rip
† Apparent dip angle of closer spaced joint set in vertical plane containing direction of ripping

(e) Joint roughness number(Jr)

Joint separation	Condition of joint	Joint roughness number(Jr)
Joint tight or closing during excavation	Discontinuous joint	4.0
	Rough or irregular, undulating	3.0
	Smooth undulating	2.0
	Slickensided undulating	1.5
	Rough or irregular, planar	1.5
	Smooth planar	1.0
	Slickensided planar	0.5
Joints open and remain open during excavation	Joints either open or containing relatively soft gouge of sufficient thickness to prevent joint wall contact upon excavation	1.0

(f) Joint alteration number(Ja)

Description of gouge	Joint alteration number(Ja) for joint separation(mm)		
	$\langle 1.0^{\dagger}$	$1.0{-}5.0^{\dagger}$	$\rangle 5.0^{\dagger}$
Tightly healed, hard, non–softening impermeable filling	0.75	–	–
Unaltered joint walls, surface staining only	1.0	–	–
Slightly altered, non–softening, non–cohesive rock mineral or crushed rock filling	2.0	4.0	6.0
Non–softening, slightly clayey non–cohesive filling	3.0	6.0	10.0
Non–softening strongly over–consolidated clay mineral filling, with or without crushed rock	$3.0^{\S}$	$6.0^{\S}$	$10.0^{\S}$
Softening or low–friction clay mineral coatings and small quantities of swelling clays	4.0	8.0	13.0
Softening moderately over–consolidated clay mineral filling, with or without crushed rock	$4.0^{\S}$	$8.0^{\S}$	$13.0^{\S}$
Shattered or micro–shattered(swelling) clay gouge, with or without crushed rock	5.0	10.0	18.0

* Joint walls effectively in contact
† Joint walls come into contact after approximately 100mm shear
‡ Joint walls do not come into contact at all shear
§ Values added to Barton's data

굴착난이도에 따른 등급별 범위는 다음 표 6-13과 같다.

Atkinson(1970)은 가장 효율이 좋은 리핑작업 길이는 70~90m라고 제안하였으며, 진행작업 속도는 3km/h를 유지하는 것이 타당하다고 제안하였다. 적절한 암반의 파쇄는 리퍼의 작업간격에 따라 달라지며, 리핑 작업량은 불도저의 크기와도 관련이 있는데 일반적으로 작업량은 40~230m³/h이다.

표 6-13. 암반의 굴착방법 구분

Material Type	Class	Excavation class boundaries(N)	Description excavatability
Rock	1	1.0~9.99	Easy ripping
	2	10.0~99.9	Hard ripping
	3	100~999	Very hard ripping
	4	1,000~9,999	Extremely hard ripping / blasting
	5	Larger than 10,000	Blasting

Quoted in Caterpillar Performance Handbook

6.2.3 각종 발파 및 굴착공법의 시공성 및 경제성 분석

암석파쇄를 목적으로 하는 토공이나 터널굴착 방법으로는 크게 화약에 의한 발파공법, 기계에 의한 굴착공법 그리고 팽창성 파쇄재나 C.C.R과 같은 미진동 파쇄공법을 들 수 있다. 위의 여러 가지 방법 중 어떤 방법을 채택할 것인가는 주변 환경조건, 시공성, 안정성 및 경제성을 종합하여 검토되어야 한다.

발파작업의 경우, 암반의 등급(풍화암, 연암, 보통암, 경암)과 작업방법(인력, 기계력), 작업장의 형태(편절형, 양면 절취형), 작업량의 정도 그리고 발파에 제한을 미치는 각종 시설물의 존재여부에 따라 작업능률 및 경제성에 큰 차이를 나타내게 된다(표 6-14 참조).

표 6-14. 토공 굴착공법의 특성비교(토지공사, 1993)

굴착 공법	세분내역	조 업 특 성	경제성 (단가, 원/m³)	시공성 (굴착량, m³/일)
발파 공법	대상암반 : 일부 연암, 보통암, 경암 대규모 발파공법	– 작업장 주변에 시설물이 없어 폭약사용에 제한이 없는 경우 – 진동, 소음, 비산이 발생 – 크롤라 드릴에 의한 대규모 작업기준	2 (5,419)	2 (47.6)
	제어발파공법	– 주변에 시설물이 있어 소음, 비산을 제어해야 함 – 대규모 발파법에 비하여 능률이 떨어짐 – 소규모 hand drill에 의한 작업	3 (13,027)	3 (12.5)
	선행이완발파	– 주변 시설물에 인접되어 제어발파의 경우보다 더욱 약장약으로 발파하여 암반에 인공균열을 형성 – 립퍼 또는 브레커로 제거함 – 팽창성 파쇄재, C.C.R. 대신 사용	4 (15,300)	5 (9)
기계 굴착 공법	Ripping 공법	– 풍화암 또는 일부 연암에 효과적	1 (467)	1 (약 500)
	브레이커 공법	– 리핑 및 발파작업이 어려운 조건에서 채택 – 비교적 경암에도 적용가능 – 소음이 발생	5 (15,484)	4 (11.0)
특수 공법	미진동, 미소음 파쇄공법	– C.C.R이라는 특수 화약류를 사용하여 암반에 균열 을 형성 – Backhoe나 리퍼로 긁어내어 제거 – 진동, 소음이 적으나 2차 파쇄가 요구됨	6 (32,426)	6 (8)
	팽창성 파쇄재 공법	– 굴착대상 암반에 천공후 팽창성 파쇄재를 주입하여 인공균열 형성 – 장약 후 암이 파쇄될 때까지 상당한 시간이 요구됨 – Backhoe나 리퍼로 긁어냄 – 진동, 소음이 없음	7 (78,179)	7 (4.6)

6.3 고속도로공사의 암반 굴착난이도 평가

6.3.1 암반의 굴착난이도 평가

고속도로 현장에서 암반의 굴착난이도 판정 방법은 아직까지 통합된 기준안을 가지고 있지 않으며 사업소 및 현장에 따라 다소 다른 기준안을 가지고 있다.

일반적으로 현장에서 실시하는 암판정의 목적은 공사 설계시 물리탐사, 시추조사 및 실내시험 성과에 의하여 암을 분류하고 경계성을 추정하였으나 암판정 위원을 구성하여 현장 터파기 및 굴착시 직접 육안으로 확인하고 필요시 시험을 실시하는 것은 토공작업의 원활한 공사 추진과 굴착비용 산정을 위함이다.

가. 암판정 준비

현장에서의 암판정 준비는 토사, 리핑암, 발파암의 경계부가 확인될 수 있도록 토공면을 청소하여야 하며 토사와 리핑암 경계부는 흰색 또는 파란 천(20cm×5cm), 리핑암과 발파암의 경계부는 적색 천(20cm×5cm)로 각 경계부를 표시한다. 그리고 기타 준비물로는 대삼각자 2개, Scale 1개, 지우개, 50m 줄자, 쇠망치, 정, 측량기, 계산기, 설계도, 야장, 수준점(B.M) 현황, 카메라(근경, 원경, 검측광경 촬영), 검측용 도면, 깃발 또는 스프레이(적색), 시험서류 및 시험에 필요한 장비, 기기, 슈미트해머(강도 측정용 기기), 발생암 시편제작(규격 $L \times B \times H = 5cm \times 5cm \times 5cm$; 4개, 시험실에 계속 보관) 등을 암판정을 위해 준비한다.

감리원은 설계시 추정된 암반선에 대하여 시공 중 실제 암반선 노출시에 현장에서 사진 및 측량을 실시하여 확인하고 필요시 시험을 실시하여 암반선을 판정하여야 한다. 그리고 설계시에는 물리탐사, 시추조사 및 실내시험 성과에 의해서 암반을 분류하고 지층 경계선을 추정하나 현장 작업시에는 직접 육안으로 확인하고 필요한 시험을 실시하여 더욱 정확한 판정을 하여야 한다.

나. 암판정 방법

시공회사는 그림 6-4와 같은 절차에 의해 감독원에게 암판정을 의뢰하고 감독원은 사업소 품질관리부에 보고한다. 사업소에서는 암판정을 위한 암판정 위원회를 구성하는 데 이때 구성되는 암판정 위원회는 위원장이 건설사업소장, 위원으로 품질관리부장, 품질관리과장, 담당 공사부장, 담당 설계과장, 주감독, 자문감리단 토질담당, 지반공학분야 전문가 등의 7~8명 정도로 구성된다.

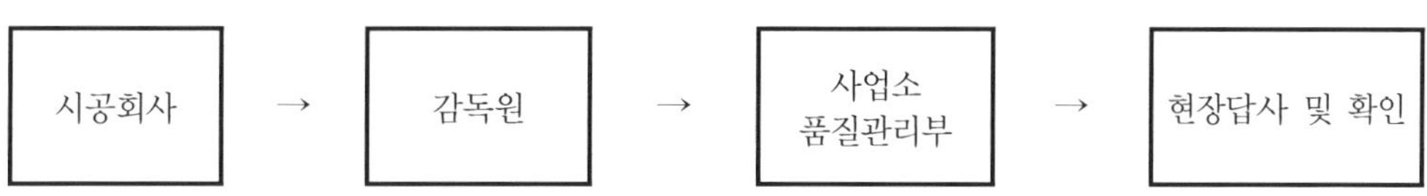

그림 6-4. 사업소의 암판정을 위한 절차

암판정방법은 현지 육안확인이 주를 이루는 데 필요시 현장시험(일축압축강도, 수미트해머 확인, 필요시 탄성파 탐사) 등을 병행한다. 그리고 판단이 애매한 경우는 그림 6-5와 같이 굴착장비를 이용하여 굴착 가능여부를 판단한다.

일반적으로 암판정 시행은 절토부 암검측일 경우, 최초 및 중간 암이 발생되는 구간에 대해 시행하며 주감독이 자체 조사 후 서류를 작성 비치하여 최종 암판정시 참고자료로 활용한다. 그리고 횡단도에 암판정 구분선을 표시하며 측량성과표, 사진(최초 및 중간암 전단면 노출상태), 일축압축강도 시험결과치를 첨부한다. 그리고 최종 절취 완료 후에도 암판정은 암판정 위원회에 의해 현장에서 시행된다.

그림 6-5. 암판정이 애매한 경우 굴삭기를 이용한 리핑 가능여부 확인 작업

다. 암판정 후 결과 정리

암판정이 완료되면 암판정한 횡단면도는 별도 보관하고 새로운 횡단면도에 결과를 정리한다. 결과를 정리한 횡단면도의 적당한 여백에 암판정 고무인을 적색으로 직인하며 암판정한 횡단면도와 결과를 정리한 횡단면도 및 공사비 증감 내역서를 설계과장에게 제출하여 암판정

임원들의 확인을 득한 후 여건 보고한다.

라. 매몰 부분의 검사

감리원 또는 감독원은 시공 후 매몰되거나 사후 검사가 곤란한 암반선은 반드시 현장 검측한 후 시공 상태를 증빙할 수 있는 사진 또는 비디오로 촬영(기초암반은 천연색 사진촬영) 테이프와 상세한 시공기록을 작성 비치하여야 하며 발주기관 등의 요구가 있을 때에는 이를 제시하여야 한다. 매몰 부분 검사기록 사진 또는 비디오테이프는 촬영일자, 촬영내용을 기록하고 공종별로 구분하여 작업 순서대로 정리하여야 한다.

6.3.2 암반의 굴착난이도 평가방법의 문제점

가. 굴착장비에 대한 문제

외국의 암판정 기준이 주로 D8N, D9N, D10N 등과 같은 불도저를 기준으로 하고 있으며 국내의 암판정을 위한 기준들도 그림 6-6과 같이 굴착장비 30~32ton급 불도저로 리핑이 가능한지 불가능한지의 여부를 탄성파속도에 따라 구분하고 있다. 그러나 실제 건설현장에는 30~32ton급 불도저를 사용하기보다는 그림 6-7과 같이 주로 굴삭기를 이용하여 굴착을 하고 있으며 굴삭기에 의해 굴착이 불가능한 경우에는 그림 6-8과 같이 브레커(Braker)를 굴삭기 설치하여 리핑암 및 발파암을 굴착하거나 폭약을 사용하여 발파하여 암반을 굴착하게 된다.

그러므로 현재 국내 굴착공사에서 주로 사용하고 있는 장비를 기준으로 굴착난이도 평가기준을 작성할 필요가 있다.

그림 6-6. 32ton급 불도저

그림 6-7. 건설현장에서 토공작업시 주로 사용되는 굴삭기

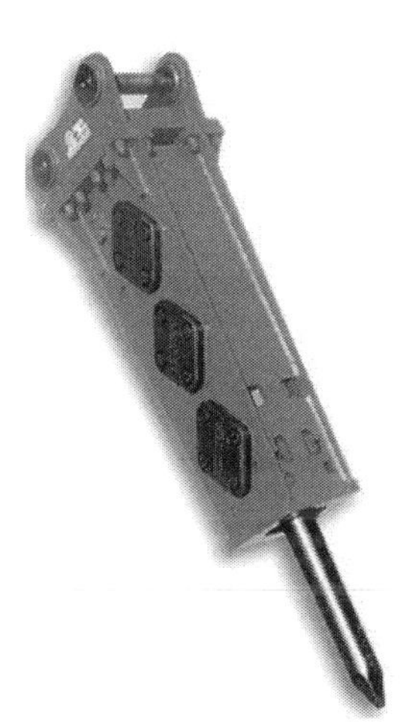

그림 6-8(a). 브레커   **그림 6-8(b).** 브레커에 의한 암반 굴착작업 광경

나. 지반구성물질 평가에 대한 모호성

지반구성물질은 단단한 암석이 자연적인 물리적, 화학적인 풍화로 약화되어 형성된 것으로 풍화과정이 매우 복잡할 수 있으며 구성 지반 내에 발달하는 지질구조에 따라 매우 복잡한 풍화단면을 보이는 경우가 많다. 특히, 국내의 변성암에서는 단층 및 파쇄대와 같은 지질구조

선이 많은 발달하고 있어 그림 6-9와 같이 단단한 암반층 사이에 지질해머로 굴착이 가능한 정도의 강도를 갖는 토층이 대규모로 존재하기도 한다. 그리고 원거리상에서의 암색은 붉은색으로 산화 작용을 받아 풍화암 정도의 리핑이 가능한 암으로 보이나 실제 근거리에서는 매우 강한 암석 강도를 보이기도 하므로 판단의 오류소지를 가지고 있는 경우가 많다.

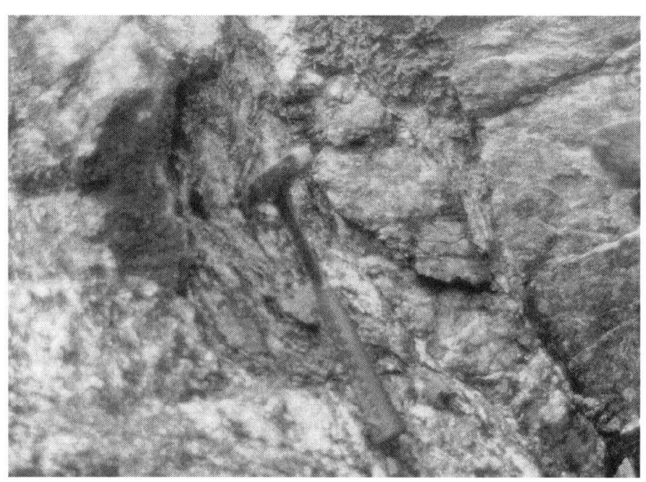

그림 6-9. 단단한 암반 사이에 존재하는 연약대

그림 6-10(a). 횡단상리핑암과 발파암의 경계 확인작업

그림 6-10(b). 횡단상리핑암과 발파암의 경계 확인작업

주로 암판정시 20m의 횡단면도에 표시하기 때문에 종단방향으로 풍화단면이 불규칙한 경우, 중간 부분에서 리핑암과 발파암을 구분하기가 어려운 경우가 발생하게 된다. 그리고 그림 6-10과 같이 도로의 횡단면상에서의 암판정 문제는 굴착 후에 암판정을 실시하게 되면, 횡단상의 암반이 굴착되어 제거되므로 그 경계면을 찾기 매우 어려우므로 굴착 당시에 이를 증빙할 수 있는 사진, 측량도면, 비디오테이프와 같은 정확한 자료를 수집하여야 한다. 이에 대한 판단이 어려운 경우, 암반선이 지형과 평행하다고 판단한다.

6.3.3 토층, 리핑암, 발파암의 단가

토공작업시 굴착난이도에 따라 건설부 표준품셈에 의해 토층, 리핑암, 발파암으로 구분하고 있으며 이에 따라 각기 다른 가격기준을 적용하고 있다.

토층, 리핑암, 발파암의 굴착비용을 비교하여 보면, 표 6-15와 같이 신설구간인 경우, 토층과 리핑암과의 단가 차이는 2배 정도로 크지 않으나 리핑암과 발파암은 단가 차이가 무려 8배 정도 차이를 보인다. 그리고 확장구간에서는 브레커작업(90%)과 발파작업(10%)의 비율로 실

표 6-15. 토층, 리핑암, 발파암의 단가 예(1998년도 기준 ; 원/m^3)

구 분		단 가(원)
토 사		564
리 핑 암		1,044
발	신설발파(100%)	8,252
파	확장(발파 10%, 브레카 90%)	15,945
암	미진동 발파	20,402

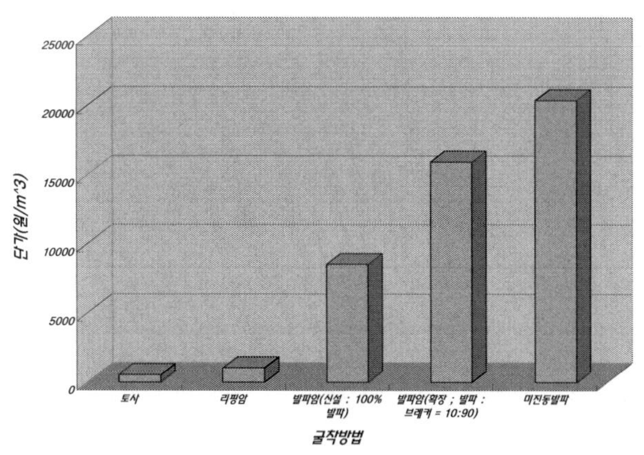

그림 6-11. 토층, 리핑암, 발파암의 굴착단가 비교

시하는 경우 리핑암의 발파암은 15배 정도를 차이를 보인다. 그러나 건설현장에서 리핑암과 발파암이 확연하게 구분되지 않는 애매함을 가지고 있으나 굴착비용의 차이는 너무나 크게 나고 있다.

그러므로 리핑과 발파의 판단이 어려운 암반에 대한 리핑암과 발파암의 중간단계, 어려운 리핑암 또는 준발파암과 같은 등급의 굴착단가 산출이 요구된다.

6.4 토층, 리핑암, 발파암의 강도 및 탄성파속도기준

암반의 굴착난이도에 대한 판정은 굴착장비의 성능 및 암반의 강도, 풍화정도, 절리간격 등의 여러 가지 요소에 의해 좌우된다.

일반적으로 국내에 사용되고 있는 굴착난이도 판정을 위한 기본적인 기준이 없으므로 시험자료를 이용하여 리핑암과 발파암에 대한 기준을 수립하고자 한다.

6.4.1 굴착난이도별 암석의 강도기준

암반의 굴착난이도를 결정하기 위하여 암반의 풍화등급별로 암편을 선택하여 점하중강도, 슈미트해머 수치, 일축압축강도, 흡수율 등의 시험을 실시하였다. 그런데 암반의 풍화 정도를 5종류의 등급(CW, HW, MW, SW, F)으로 구분하여 결정하는 방법 자체에서도 주관적인 판단이 도입된다. 각 풍화등급 별로 집단을 이루어 공통적인 경향을 가진다 할지라도 이러한 풍화등급에 따른 암반의 굴착 난이도 평가는 객관성이 떨어진다. 몇몇 특수한 경우는 이런 풍화등급별로 암반의 굴착난이도를 평가하는 것이 가능하다. 그러나 일반적인 경우 주관적인 판단에 대한 현실적인 접근을 위하여 확률론적 해석이 요구된다.

일축압축강도 시험에 대한 통계처리결과는 표 6-16 및 그림 6-12와 같이 F 등급에서 평균(μ) 1,152.34kg/cm^2 정도의 값을 갖으며 표준편차(σ) 420.49로 다소 큰 편차값을 보인다. 이에 대한 80%의 분포영역인 경우 614.11~1690.57kg/cm^2, 90%의 경우 460.63~1844.05kg/cm^2, 95%의 경우 328.18~1976.50kg/cm^{2}의 범위값 분포를 보인다. 그리고 SW 등급에서 평균(μ) 664.77kg/cm^2 정도의 값을 갖으며 표준편차(σ) 296.83로 일축압축강도가 다소 작은 값을 보인다. 이에 대한 80%의 분포영역인 경우 284.83~1044.71kg/cm^2, 90%의 경우 176.48~1153.06kg/cm^2, 95%의 경우 82.98~1246.56kg/cm^{2}의 범위값 분포를 보인다.

MW 등급에서 평균(μ) 473.7kg/cm^2 정도의 값을 갖으며 표준편차(σ) 170.30으로 일축압축강도가 다소 작은 값을 보인다. 이에 대한 80%의 분포영역인 경우 255.72~691.68kg/cm^2, 90%의 경우 193.56~753.84kg/cm^2, 95%의 경우 139.91~807.49kg/cm^{2}의 범위값 분포를

보인다.

점하중강도 시험에 대한 통계처리결과는 표 6-17 및 그림 6-13과 같이 F 등급에서 평균(μ) 57.99kg/cm^2 정도의 값을 갖으며 표준편차(σ) 19.42의 값을 갖는다. 이에 대한 80%의 분포영역인 경우 33.13~82.85kg/cm^2, 90%의 경우 26.04~89.94kg/cm^2, 95%의 경우 19.93~96.05kg/cm^{2}의 범위값 분포를 보인다. 그리고 SW 등급에서 평균(μ) 31.5kg/cm^2 정도의 값을 갖으며 표준편차(σ) 8.54의 값을 갖는다. 이에 대한 80%의 분포영역인 경우 20.57~42.43kg/cm^2, 90%의 경우 17.45~45.55kg/cm^2, 95%의 경우 14.76~48.14kg/cm^{2}의 범위값 분포를 보인다.

MW 등급에서 평균(μ) 16.25kg/cm^2 정도의 값을 가지며 표준편차(σ) 7.60의 값을 갖는다. 이에 대한 80%의 분포영역인 경우 6.52~25.98kg/cm^2, 90%의 경우 3.75~28.75kg/cm^2, 95%의 경우 1.35-31.15kg/cm^{2}의 범위값 분포를 보인다.

HW 등급에서 평균(μ) 5.28kg/cm^2 정도의 값을 갖으며 표준편차(σ) 3.47의 값을 갖는다. 이에 대한 80%의 분포영역인 경우 0.84~9.72kg/cm^2, 90%의 경우 0~10.99kg/cm^2, 95%의 경우 0~12.08kg/cm^{2}의 범위값 분포를 보인다.

슈미트해머 시험에 대한 통계처리결과는 표 6-18 및 그림 6-14와 같이 F 등급에서 평균(μ) 46.92 정도의 값을 갖으며 표준편차(σ) 7.74의 값을 나타낸다. 이에 대한 80%의 분포영역인 경우 36.88~56.96, 90%의 경우 34.02~59.82, 95%의 경우 31.55~62.29의 범위값 분포를 보인다. 그리고 SW 등급에서 평균(μ) 34.82 정도의 값을 갖으며 표준편차(σ) 4.46의 값을 얻었다. 이에 대한 80%의 분포영역인 경우 29.11~40.53, 90%의 경우 27.48~42.16, 95%의 경우 26.08~43.56의 범위값 분포를 보인다.

MW 등급에서 평균(μ) 25.26 정도의 값을 갖으며 표준편차(σ) 5.51의 값을 얻었다. 이에 대한 80%의 분포영역인 경우 18.21~32.31, 90%의 경우 16.20~34.32, 95%의 경우 14.46~36.06의 범위값 분포를 보인다.

HW 등급에서 평균(μ) 14.4 정도의 값을 갖으며 표준편차(σ) 3.87의 값을 얻었다. 이에 대한 80%의 분포영역인 경우 9.45~19.35, 90%의 경우 8.03~20.77, 95%의 경우 6.81~21.99의 범위값 분포를 보인다.

표 6-16. 풍화등급별 일축압축강도 시험의 통계처리 결과

구 분 분포영역	HW		MW		SW		F	
	평균 (kg/cm^2; μ)	표준편차 (σ)	평균 (kg/cm^2; μ)	표준편차 (σ)	평균 (kg/cm^2; μ)	표준편차 (σ)	평균 (kg/cm^2; μ)	표준편차 (σ)
	−	−	473.7	170.30	664.77	296.83	1152.34	420.49
80%구간	−		255.72~691.68		284.83~1044.71		614.11~1690.57	
90%구간	−		193.56~753.84		176.48~1153.06		460.63~1844.05	
95%구간	−		139.91~807.49		82.98~1246.56		328.18~1976.50	

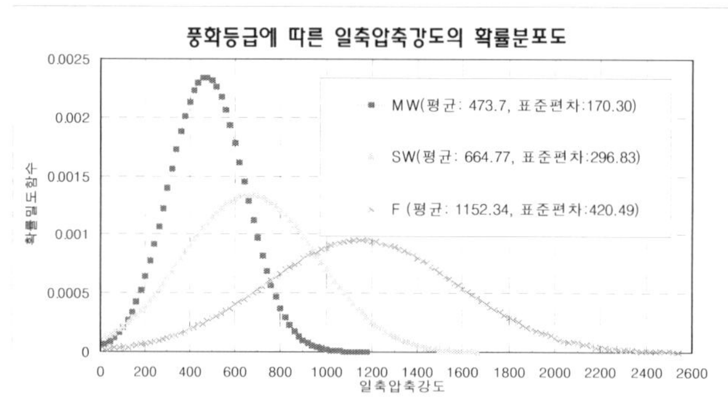

그림 6-12. 풍화등급별 일축압축강도에 대한 확률밀도함수

표 6-17. 풍화등급별 점하중강도 시험의 통계처리 결과

구 분 분포영역	HW		MW		SW		F	
	평균 (kg/cm^2; μ)	표준편차 (σ)	평균 (kg/cm^2; μ)	표준편차 (σ)	평균 (kg/cm^2; μ)	표준편차 (σ)	평균 (kg/cm^2; μ)	표준편차 (σ)
	5.28	3.47	16.25	7.60	31.5	8.54	57.99	19.42
80%구간	0.84~9.72		6.52~25.98		20.57~42.43		33.13~82.85	
90%구간	0~10.99		3.75~28.75		17.45~45.55		26.04~89.94	
95%구간	0~12.08		1.35~31.15		14.76~48.14		19.93~96.05	

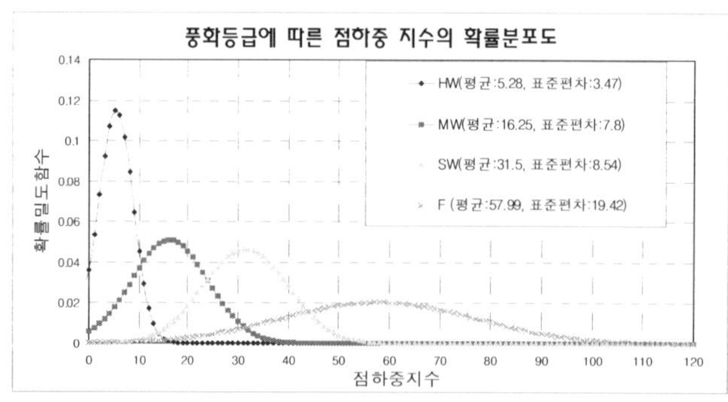

그림 6-13. 풍화등급별 점하중강도에 대한 확률밀도함수

표 6-18. 풍화등급별 슈미트해머 시험의 통계처리 결과

구 분 분포영역	HW		MW		SW		F	
	평균	표준편차 (σ)	평균	표준편차 (σ)	평균	표준편차 (σ)	평균	표준편차 (σ)
	14.4	3.87	25.26	5.51	34.82	4.46	46.92	7.84
80%구간	9.45~19.35		18.21~32.31		29.11~40.53		36.88~56.96	
90%구간	8.03~20.77		16.20~34.32		27.48~42.16		34.02~59.82	
95%구간	6.81~21.99		14.46~36.06		26.08~43.56		31.55~62.29	

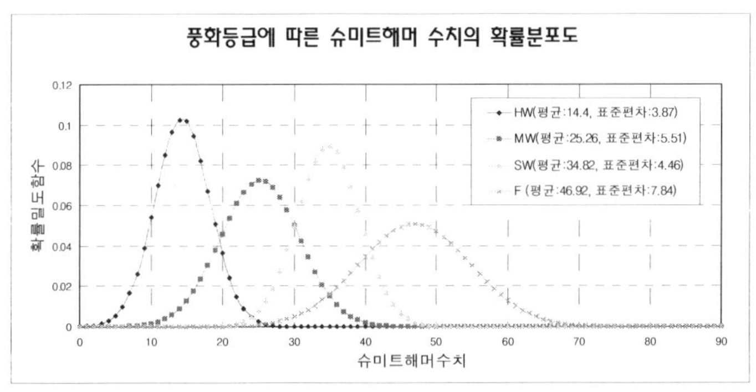

그림 6-14. 풍화등급별 슈미트해머 수치에 대한 확률밀도함수

6.4.2 굴착난이도별 암석의 흡수율

흡수율에 대한 통계처리결과는 표 6-19 및 그림 6-15와 같이 SW 등급에서 평균(μ) 1.03% 정도의 값을 갖으며 표준편차(σ) 0.60의 값을 보인다. 이에 대한 80%의 분포영역인 경우 0~9.31%, 90%의 경우 0~4.16%, 95%의 경우 0~2.21%의 범위값 분포를 보인다.

MW 등급에서 평균(μ) 1.93kg/cm^2 정도의 값을 갖으며 표준편차(σ) 1.14의 값을 보인다. 이에 대한 80%의 분포영역인 경우 0.66~8.56%, 90%의 경우 0.05~3.80%, 95%의 경우 0.04~2.02%의 범위값 분포를 보인다.

HW 등급에서 평균(μ) 4.61kg/cm^2 정도의 값을 가지며 표준편차(σ) 2.40의 값을 갖는다. 이에 대한 80%의 분포영역인 경우 1.54~7.68%, 90%의 경우 0.47~3.39%, 95%의 경우 0.26~1.80%의 범위값 분포를 보인다.

표 6-19. 풍화등급별 흡수율 시험의 통계처리 결과

구분 분포영역	HW		MW		SW		F	
	평균 (%;μ)	표준편차 (σ)	평균 (%;μ)	표준편차 (σ)	평균 (%;μ)	표준편차 (σ)	평균 (%;μ)	표준편차 (σ)
	4.61	2.40	1.93	1.14	1.03	0.60	–	–
80%구간	1.54 ~ 7.68		0.66 ~ 8.56		0 ~ 9.31		–	
90%구간	0.47 ~ 3.39		0.05 ~ 3.80		0 ~ 4.16		–	
95%구간	0.26 ~ 1.80		0.04 ~ 2.02		0 ~ 2.21		–	

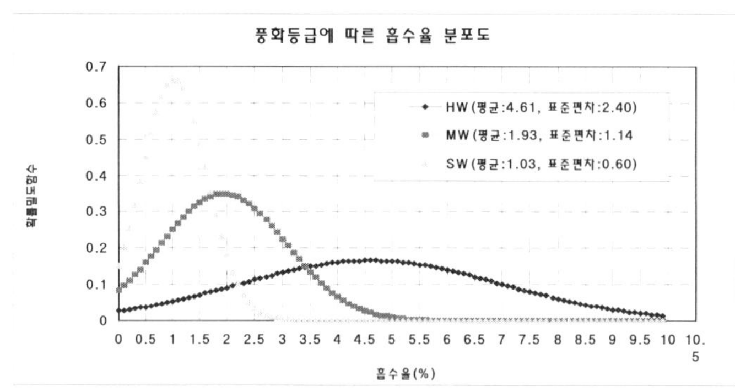

그림 6-15. 풍화등급별 흡수율에 대한 확률밀도함수

6.4.3 암종별 굴착난이도에 따른 강도 및 흡수율기준

현재 지반을 굴착하는 데 있어 토층, 리핑암, 발파암으로 굴착난이도를 구분하여 사용하는 데 굴착난이도를 결정하는 기준이 정성적인 방법에 의해 결정하고 정량적인 조사·판정방법이 없어 암판정시에 현장에서 많은 시비가 발생되는 문제점을 안고 있다.

그러므로 토공을 위한 굴착에 대한 합리적인 설계·시공이 이루어지기 위해서 앞에서 분석된 시험결과를 이용하여 토층 및 리핑암, 발파암에 대한 일축압축강도, 점하중강도, 슈미트해머 수치와 흡수율에 대한 판정 기준안을 만들고자 한다.

먼저, 리핑암과 발파암에서의 분류 기준은 확률밀도 함수 그래프에 의해 리핑암과 발파암의 상호 겹치는 구간을 기준으로 구분하였으나 경우에 따라 화성암의 경우, 실시된 시험에서 시료채취의 대표성 및 시험 오차성을 다소 감안하여 조정점을 두었다. 특히, 일축압축강도는 시험한 결과 값들이 일반적으로 문헌에서 언급된 암석강도보다 낮은 범위에 존재하였다.

위에서 시험한 결과로 리핑암과 발파암에 대한 경계 기준을 선정하면, 다음 표 6-20과 같이 일축압축강도, 점하중강도, 슈미트해머 수치, 흡수율 기준을 정하였다.

표 6-20. 암반굴착난이도별 일축압축강도, 점하중강도, 슈미트해머 수치, 흡수율 기준

암 종	굴착난이도	리핑암	발 파 암		
		HW	MW	SW	F
화성암	일축압축강도(kg/cm²)	0~300	300~420	420~610	610 이상
	점하중강도(kg/cm²)	0~7	7~16	16~32	32 이상
	슈미트해머 수치	0~20	20~28	28~38	38 이상
	흡 수 율(%)	3.4이상	1.5~3.4	0~1.5	–
퇴적암	일축압축강도(kg/cm²)	0~250	250~780	780~1100	1100 이상
	점하중강도(kg/cm²)	0~12	12~25	25~41	41 이상
	슈미트해머 수치	0~20	20~30	30~39	39 이상
	흡 수 율(%)	3.4이상	1.5~3.4	0~1.5	–
변성암	일축압축강도(kg/cm²)	0~240	240~500	500~810	810 이상
	점하중강도(kg/cm²)	0~10	10~27	27~48	48 이상
	슈미트해머 수치	0~17	17~22	22~45	45 이상
	흡 수 율(%)	3.4이상	1.5~3.4	0~1.5	–

6.4.4 토층, 리핑암 및 발파암의 탄성파속도 기준

그림 6-16과 같이 암판정이 완료된 굴착사면에 대해 탄성파 탐사를 실시하여 토층, 리핑암, 발파암의 절리간격 및 탄성파속도 범위를 구하여 보았다.

토층, 리핑암, 발파암으로 이루어진 사면의 각 구성 암층에서 Scanline Method를 이용하여 다섯 차례 정도 시도하여 절리면의 평균간격을 구하여 보았다.

토층은 풍화로 인한 절리간격을 측정할 수 없었으나 리핑암 및 발파암에서는 절리간격을 측정하였다. 현장에서 조사된 이들 절리간격과 탄성파속도와의 관계는 그림 6-17과 같이 나타난다. 리핑암에서의 절리간격은 약 20cm 이내에서 많이 분포하는 것으로 나타났고, 발파암은 20cm 이상에서 많이 분포하고 있음을 알 수 있다.

암반의 굴착난이도에 따른 탄성파속도 기준을 정립하기 위해 현장에서 실시된 탄성파 탐사 결과에 의하면, 그림 6-18과 같이 토층은 주로 750m/sec 이내에서 주로 분포하는 것으로 나타났으며, 리핑암은 750~1,700m/sec 범위에서 주로 분포한다. 그리고 발파암은 1,700m/sec 이상에서 분포하는 것으로 나타났다.

탄성파속도는 암종별로 표 6-21에 표시된 바와 같이 다소 차이를 보이지만 본 기준에 작성에 서는 기준의 단순화를 위한 암종 구분 없이 토층과 리핑암, 발파암에 대한 탄성파속도기준안을 표 6-22와 같이 작성하였다.

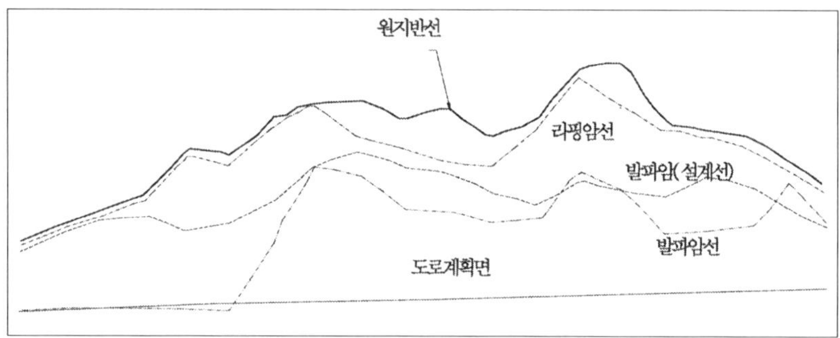

그림 6-16. 현장에서의 암반 굴착난이도 평가 예

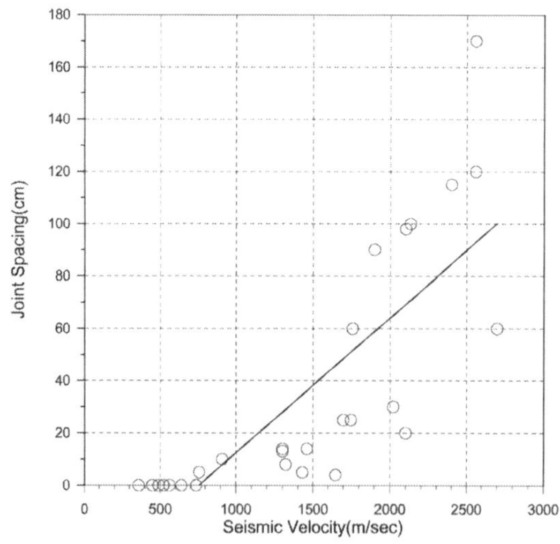

그림 6-17. 탄성파속도와 절리간격과의 관계

표 6-21. 암반 굴착난이도별 탄성파속도 기준 설정을 위한 참고자료(단위 m/sec)

암 종	토 층	리핑암	발파암
화강암	0~600	600~1,800	1,800이상
현무암	0~600	600~1,840	1,840이상
점판암	0~700	700~1,850	1,850이상
역암	0~770	770~1,840	1,840이상
사암	0~600	600~1,900	1,900이상
셰일	0~800	800~2,000	2,000이상

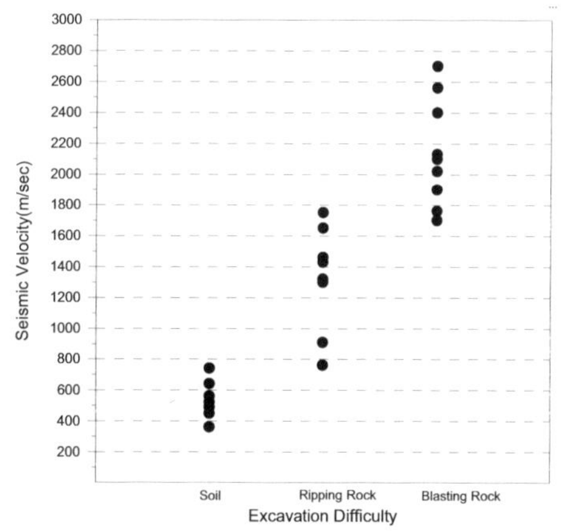

그림 6-18. 암반의 굴착난이도별 탄성파속도 시험결과

표 6-22. 암반의 굴착난이도별 탄성파속도 기준

구 분	탄성파속도(m/sec)	절리간격	비 고
토 층	750 이하	풍화로 측정 곤란	
리핑암	750~1,700	0~20cm	
발파암	1,700이상	20cm 이상	

6.5 굴착난이도 평가를 위한 체크리스트 제안

암반의 굴착난이도에 영향을 미치는 요소들을 파악하고 그 요소들이 평가에 미치는 중요도를 분석하여 각 항목에 따라 판단에 미치는 비율을 적용하여 굴착난이도 평가법을 제안하고자 한다(표 6-23 참조).

표 6-23. 암반굴착 난이도 평가를 위한 체크리스트

(a) 기본항목

항목구분	구 분		기준값	점수
기본항목	암석강도 (30%)	SHV	20이상	15
		점하중강도	10kg/cm^{2}이상	15
	풍화도 (30%)	육안관찰	HW이하	18
		흡수율	3.4%이하	12
	암괴크기 (40%)	단위체적당 절리수*	30개 이하	30
		절리면 풍화정도	HW이하	10
100	합 계			100

* 단위체적당 절리수는 현장 RQD를 대신할 수 있는 지수로서 단위체적당 절리수가 30개 정도면 시추코어에 의한 RQD는 약 15% 정도이다.

(b) 보완항목

항목구분	구 분		기준값	점수
보완항목	탄성파속도	탄성파속도	1700m/sec 이상	+15
			1700m/sec 이하	-15
	암괴크기	코어 T.C.R	20% 이하	+3
			20% 이상	-3

제안된 암반굴착난이도 평가법의 적용은 다음의 방법으로 현장에 적용할 수 있을 것이다.

6.5.1 기본항목을 이용한 평가방법

- 기본항목으로 선정한 항목에 대해서는 6개 항목 모두에 대해 평가하는 것을 기본으로 한다.
- 제안된 6개 항목에 대하여 판단 기준값을 만족할 경우 그 항목에 해당하는 점수를 합산하고 기준값을 만족하지 못할 경우는 합산점수가 없이 '0'점 처리한다.
- 이렇게 해서 각 항목에 대하여 평가된 점수의 합이 '50'점을 넘을 경우 대상지반은 발파대상 암반으로 구분하고 평가점수의 합이 '50'점이 안 될 경우는 리핑대상 암반으로 구분한다. 즉,

```
기본항목 평가점수의 합  〉 50  :  발파암
                      〈 50  :  리핑암
                      = 50  :  점수배분상 나올 수 없음
```

– 평가표에 의해서는 점수의 합이 발파암과 리핑암의 경계점인 50점이 나올 수는 없도록
하였다.

6.5.2 보완항목의 적용방법

– 보완항목은 굴착난이도 평가시 반드시 실시해야 하는 항목은 아니다.
– 보완항목에 의해 평가된 점수는 기본항목에 의해 합산된 점수에 가하거나 감하여 최종적
으로 암의 굴착난이도를 평가하도록 한다.
– 보완항목에 대해서는 제안된 기준에 해당하는 평점을 판단한 후 기본항목에 의해 평가된
점수에 더함으로서 전체적인 평점을 산정한다.
– 보완항목에 대한 평점을 적용함으로서 기본항목에 의한 점수가 더 높아질 수도 낮아질
수도 있고 굴착난이도가 달라질 수도 있다.
– 기본항목 평점에다 보완항목에 의해 평가된 평점을 더하여 최종적인 점수의 합이 '50'점
을 초과하면 발파암으로, '50'점 미만이면 리핑암으로 구분한다. 즉,

```
(기본항목평점+보완항목평점)  > 50  :  발파암
                          < 50  :  리핑암
                          = 50  :  점수배분상 나올 수 없음
```

6.5.3 보완항목배점이 평가결과에 미치는 영향

기본항목에 대한 총점을 100점으로 하고 조사된 암반이 모두 제안된 기준을 만족할 경우
총점이 100점이 되도록 하였으며 항목에 대한 평가결과 총점이 50점을 기준으로 하여 50점
이상이면 발파암, 50점 미만이면 리핑암으로 구분하도록 하였다. 그러나 기본항목 이외에 추
가적으로 보완항목에 대한 시험을 실시하거나 시험자료가 있을 경우, 기본항목에 의한 평점에
보완항목에 의한 값을 합산하여 최종평가를 할 수 있도록 하였다.

기본항목에 의한 평점으로부터의 최종 판정이 보완항목에 의해 변경될 수 있는 경우는 리핑
암과 발파암의 경계점수인 50점에서 최저 ±12점에서 최고 ±18점의 범위에 있을 경우, 평가된
판정이 바뀌어질 수 있다.

이러한 경우는 기본항목에 의한 총 64가지의 경우 중 30가지의 경우로서 약 1/2 정도를
차지한다. 이는 6개의 기본항목 중 2개의 항목이 다른 기준과 다른 경우는 10가지이고, 3개의
항목이 다른 경우는 20가지로 약 기본항목에 의해 평가된 결과의 총 47% 정도가 보완항목의
결과에 따라 최종 판정결과가 변경될 수 있다는 것을 나타낸다.

6.6 결 론

1) 암반의 굴착난이도 평가를 위해 방법은 설계시에 주로 시추조사의 R.Q.D, T.C.R 및 굴착 후는 노출면 조사에 의해 리핑암과 발파암을 구분하고 있으나 탄성파속도나 암석강도, 절리간격 등의 요소를 고려하지 않고 단지 육안적인 평가에 의존하는 정성적인 방법에 의해 실시하므로 주관적인 판정이 될 수 있어 현장에서 리핑암과 발파암을 구분할 수 있는 기준이 필요하다.

2) 본 논문은 실내시험 결과로 리핑암과 발파암에 대한 경계 기준을 아래와 같이 암종별로 작성하였다.

   – 화성암은 리핑암과 발파암에 대한 일축압축강도의 기준을 $300kg/cm^2$으로 하였으며 점하중강도 $7kg/cm^2$, 슈미트해머 수치 20, 흡수율 3.4%를 기준으로 하였다.

   – 퇴적암은 일축압축강도의 기준을 $250kg/cm^2$으로 하였으며 점하중강도 $12kg/cm^2$, 슈미트해머 수치 20, 흡수율 3.4%를 기준으로 하였다.

   – 변성암은 리핑암과 발파암에 대한 일축압축강도의 기준을 $240kg/cm^2$으로 하였으며 점하중강도 $10kg/cm^2$, 슈미트해머 수치 17, 흡수율 3.4%를 기준으로 하였다.

3) 암반의 굴착난이도에 따른 탄성파속도 기준을 정립하기 위해 현장에서 실시된 탄성파 탐사결과에 의하여 토층은 주로 750m/sec 이내, 리핑암은 750~1,700m/sec, 발파암은 1,700m/sec 이상의 탄성파속도 기준을 작성하였다.

4) 굴착에 영향을 미치는 인자를 조사하여 굴착난이도 평가를 위한 각 항목을 선정하고, 선정된 각 인자들이 미치는 영향 정도를 분석하여 항목마다 각각을 평가할 수 있는 배점을 부여하였다. 또한 각 항목에 대하여 현장실험 및 실내시험, 문헌조사 결과를 토대로 판단할 수 있는 기준값을 제시함으로서 전체적으로 대상암반에 대한 굴착난이도를 평가할 수 있는 체크리스트를 제안하였다.

5) 암반의 굴착난이도 평가를 위한 체크리스트는 평가시 항상 실시해야 하는 기본항목과 필요시 실시하여 기본항목에 의한 평가를 보완할 수 있는 보완항목으로 구분하여 평가하도록 하였으며 기본항목에는 암석강도, 풍화도, 크기를 고려할 수 있도록 항목을 설정하였고 보완항목에는 탄성파속도와 TCR을 이용하여 평가할 수 있도록 하였다

07 물리탐사에 의한 터널구간의 암반등급 산정

❚ 김 기 석

7.1 서 론

현재, 도로 및 철도터널의 설계에서 지보패턴은 시추조사, 시추코어에 대한 암석물성시험 및 암반분류를 기준으로 결정되고 있으며, 미시추구간에 대해서는 시추공에서의 자료를 기준으로 추정하여 결정하고 있다. 이와 같은 조사방법은 시추공간의 거리가 그리 멀지 않은 경우에는 큰 문제가 없으나, 시추공간의 거리가 멀 경우에는 인접 시추자료만으로 미시추구간 지하암반의 등급을 결정하는 근거가 매우 미약하고, 또한 시공시 예기치 않은 단층 및 파쇄대의 조우와 같은 문제 유발 요인을 가지고 있다. 따라서 최근 들어 이에 대한 보완으로 터널 전구간에 대한 전기비저항 분포단면을 기준으로 미시추구간에서의 암반등급을 결정하고자 하는 시도가 이루어지고 있다. 이는 전기비저항 탐사법이 수십~수백m 심도에 대한 자료를 제공해 줄 뿐만 아니라, 시추조사 자료와 비교해 볼 때 암반의 파쇄 정도와 상당히 일치된 결과를 제공해 주기 때문이다. 하지만, 전기비저항이 RQD, RMR 및 Q 등의 암반등급과 어느 정도 상관관계가 있는지에 대한 분석은 거의 수행되고 있지 않으며, 상관관계에 대한 자료를 보더라도 상관관계가 매우 낮게 나타나고 있다.

따라서 본 자료에서는 먼저, 전기비저항이 RQD, RMR 및 Q 등의 암반등급과 어느 정도 상관관계가 있는지에 대한 분석을 수행하고자 하며, 다음으로 전기비저항탐사 결과와 암반등급의 상관관계가 낮게 나타나는 이유에 대해 분석해 보고자 하였다. 일반적으로 지하매질의 전기비저항 값은 암종에 따라 크게 달라지는 바, 먼저 정밀지표지질 조사결과를 기준으로 암종변화가 전기비저항에 미치는 영향을 검토하였다. 다음으로 전기비저항 탐사에 의한 전기비저항은 3차원 효과, 역산에 따른 오차 등 많은 오차를 함유하므로, 다수의 시추공에 대해 전기비저항 검층을 수행하여 전기비저항 검층에 의한 전기비저항과 암반등급의 상관관계를 분석하였다. 그리고 전기비저항 검층에 의한 전기비저항과 전기비저항 탐사에 의한 전기비저항의 상관관계를 분석하였으며, 이상의 상관관계에 대한 분석결과를 기준으로 전기비저항 탐사에 의한 전기비저항과 암반등급의 상관관계를 분석하였다. 이러한 연구 결과는 다분적 지시크리깅 기법에 의한 미시추구간의 암반등급 산정(유광호, 1995a, 1995b, 박영진 외, 2001)에 있어 물리탐사 결과를 보다 정량적으로 반영할 수 있는 초기 입력 자료를 제공할 것으로 판단된다.

7.2 물리탐사의 암반분류에의 적용

미시추구간의 암반분류를 위해 광범위하게 적용하고 있는 대표적인 기법은 전기비저항 탐사, 굴절법탄성파 탐사와 같은 물리탐사 기법과 지구통계학적인 접근법인 지시크리깅 기법으로 대분할 수 있다. 일반적으로 지표에서 얻어진 물리탐사 결과는 시추코어로부터 얻어진 결과와의 상관관계를 유도하여 분석 대상지역의 암반등급 산정에 활용되고 있다.

전기비저항 탐사는 지하에 흘려보낸 전류원에 의해 만들어지는 전위차를 측정함으로서 지하의 전기비저항 분포를 결정하고 지하구조를 해석하는 탐사기법이다. 지하천부에서 전기는 주로 유체에 의해 전도된다. 따라서 전기비저항은 지하 매질 내의 물의 함량, 물의 염도에 영향을 받고 점토함량, 입자크기 등과 같이 매질의 이온교환능력의 차이에 영향을 받는다. 물이 매질의 공극을 채우고 있다면 공극률, 파쇄대, 풍화 정도 등에 영향을 받는다. 이들 요소는 자연 상태에서 매우 다양하게 나타나므로 전기비저항 값 역시 크게 변화하게 된다. 그러나 전기비저항과 지질 매질 사이의 일반화된 관계는 성립시킬 수 있다. 이는 기반암은 항상 상부에 포화된 퇴적층보다 더 높은 전기비저항 값을 가지고 지하수면 상부의 불포화된 퇴적층보다 높은 전기비저항 값을 갖기 때문이다. 또한 시추조사와 같은 국부적인 지질조사 자료와의 상관관계를 도출함으로서 전기비저항 값에 의한 신뢰성 있는 지질정보를 획득하게 된다(손호웅 외, 1999). 여러 가지 암석 및 광물의 물리적인 성질 중에서도 전기비저항은 그 변화의 폭이 매우 크나 대표적인 암석의 전기비저항 값의 범위는 표 7-1과 같이 나타난다.

표 7-1. 대표적인 암석의 전기비저항 값의 범위(Telford 등, 1976)

암석종류		전기비저항($\Omega \cdot m$)
화성암	화강암	$3 \times 10^2 \sim 10^6$
	섬록암	$10^4 \sim 10^5$
	현무암	$10 \sim 1.3 \times 10^7$(건조시)
	안산암	4.5×10^4(습윤시)$\sim 1.7 \times 10^2$(건조시)
변성암	혼펠스	8×10^3(습윤시)$\sim 6 \times 10^4$(건조시)
	응회암	2×10^3(습윤시)$\sim 10^5$(건조시)
	편마암	6.8×10^4(습윤시)$\sim 3 \times 10^6$(건조시)
	대리석	$10^2 \sim 2.5 \times 10^8$(건조시)
퇴적암	셰일	$20 \sim 2 \times 10^3$
	역암	$2 \times 10^3 \sim 10^4$
	사암	$1 \sim 6.4 \times 10^8$
	석회암	$50 \sim 10^7$

전기비저항을 좌우하는 지질 매질에 따른 전기비저항의 범위는 표 7-2와 같다.

표 7-2. 지질 매질에 따른 전기비저항 값의 범위(Ward, 1990)

매 질	전기비저항($\Omega \cdot m$)
젖은 점토질 토양과 젖은 점토	1~10
젖은 실트질 토양과 실트질 점토	10 이하
젖은 실트질 및 사암질 토양	10~100
실트층을 가진 사암과 자갈	1000 이하
굵은 입자의 마른 사암과 자갈	1000 이상
젖은 토양으로 채워진 균열을 가진 약간 파쇄되거나 잘 파쇄된 암석	수 100
건조한 토양으로 채워진 균열을 가진 약간 파쇄된 암석	1000 이하
괴상 기반암	1000 이상

표 7-3. 건설교통부 표준품셈의 분류기준 중 암종별 탄성파속도 및 내압강도

암반 구분	암 반 상 태	그룹	자연 상태의 탄성파속도 (km/sec)	암편의 탄성파속도 (km/sec)	암편 내압강도 (kgf/cm^2)
풍화암	암질이 부식되고 균열이 1~10cm 정도로서 약간의 화약을 사용해야 할 암질로서, 일부는 곡괭이를 사용할 수도 있는 암질	A B	0.7~1.2 1.0~1.8	2.0~2.7 2.5~3.0	300~700 100~200
연암	혈암, 사암 등으로 균열이 10~30cm 정도로서 굴착 또는 절취에는 화약을 사용해야 하나 석축용으로는 부적합한 암질	A B	1.2~1.9 1.8~2.8	2.7~3.7 3.0~4.3	700~1,000 200~500
보통암	풍화 상태를 엿볼 수 있으나 굴삭 또는 절취에는 화약을 사용해야 하며 균열이 30~50cm 정도의 암질(석회석, 다공질 안산암 등)	A B	1.9~2.9 2.8~4.1	3.7~4.7 4.3~5.7	1,000~1,300 500~800
경암	화강암, 안산암 등으로 굴착에는 화약을 사용해야 하며 균열이 1m 이내로서 석축용으로 쓸 수 있는 암질	A B	2.9~4.2 4.1 이상	4.7~5.8 5.7 이상	1,300~1,600 800 이상
극경암	암질이 대단히 밀착된 단단한 암질(규암, 각섬석 등 석영질이 풍부한 경암)	A	4.2 이상	5.8 이상	1,600 이상

구 분	A 그룹	B 그룹
대표적 암명	편마암, 사질편암, 녹색편암, 각섬암, 석회암, 사암, 휘록암, 응회암, 역암, 화강암, 섬록암, 감람암, 사교암, 유문암, 안산암, 현무암	흑색편암, 녹색편암, 휘록응회암, 셰일, 이암, 응회암, 집괴암
함유물 등에 의한 시각판정	사질분, 석영분을 다량 함유하고, 암질이 단단한 것, 고결도가 높은 것	사질분, 석영분이 거의 없고 응회분이 많은 것, 천매상인 것
500~100G 햄머 타격에 의한 판정	타격점의 암은 작고 평평한 암편으로 되어 흐트러지거나 거의 암분을 남기지 않는 것	타격점의 암 자신이 부서지지 않고, 분상이 되어 남으며, 암편이 별로 흐트러지지 않는 것

　　지반조사에서 탄성파속도는 밀도와 함께 지반의 동적 특성을 규명하는 가장 중요한 요소 중의 하나이다. 탄성파속도는 지표 또는 시추공에서 획득할 수 있으며 각각 장단점을 가지고 있다. 적용 반경에 있어 지표 탄성파 탐사는 시추공 탄성파 탐사에 비해 광범위한 지역을 대상으로 할 수 있으나 분해능에 있어서는 지표에 비해 시추공 탄성파 탐사가 높은 해석능력을 보여준다(선우춘, 2001).

　　탄성파속도는 암석의 종류, 구성물질 및 고결도, 밀도, 공극율, 이방성, 불연속면의 분포 상태 등 많은 인자들에 영향을 받는다. 따라서 탄성파속도 분포대를 파악함으로서 지반상태의 구분이 가능하다. 탄성파속도에 따른 암반분류 기준의 일예로서 건설교통부 표준품셈의 분류 기준에 따른 암분류 기준은 표 7-3과 같다.

7.3 현장조사

　　현장 조사 결과의 분석을 통해 물리탐사 결과의 암반분류에의 활용에서 얻어지는 장점과 문제점을 제시하고자 한다. 현장 조사 사례는 전기비저항 탐사를 기준으로 설명하였다.

7.3.1 지형 및 지질

　　본 조사지역의 지형은 크게 서쪽의 한강변을 따라서 발달하는 저구릉지와 동쪽의 험준한 산악지역으로 대별되며, 산악지역은 태백산맥으로부터 분기되는 광주산맥의 남쪽 연장부에 속한다. 그림 7-1은 조사지역에 대한 광역지질도로 조사지역인 뚝섬-양수리 지역의 광역적인 지질계통은 시생대-원생대의 퇴적기원인 호상편마암과 이를 관입 또는 주입한 규장질편마암과 화강편마암이 기반암체를 이루며 점유하고 있다. 한편, 이 편마암체를 부정합으로 하는 중생대 백악기 퇴적분지가 능내지역에 소분지로 발달하고 있다.

　　본 조사 대상지역인 덕소-양수리 구역은 한반도의 기반암체로 일컫는 경기육괴의 중앙부에 속하며, 한반도를 북북동-남남서 방향으로 절단하는 추가령단층의 동쪽지역에 위치하고 있다. 추가령단층 서쪽지역의 엽리는 동서방향의 주향에 북쪽 경사를 가지는 반면에, 동쪽지역은 북북동-북동방향의 주향에 동측경사를 보인다. 추가령단층 동쪽지역에는 일동단층, 경강단층, 양구단층, 인제단층 등의 조구조적규모의 단층들이 발달하고 있다. 이 단층들은 NS~N30°E의 주향을 가지며 추가령단층과 옥천습곡대와 예각으로 만난다. 본 조사지역에 분포하는 편마암류는 크게 호상흑운모편마암, 규장질편마암, 화강편마암으로 구분되며, 이외에 규암, 녹니석편암 등이 국부적으로 관찰된다. 그림 7-2는 정밀지표지질조사에 의한 조사지역의 지질도를 도시한 것이다.

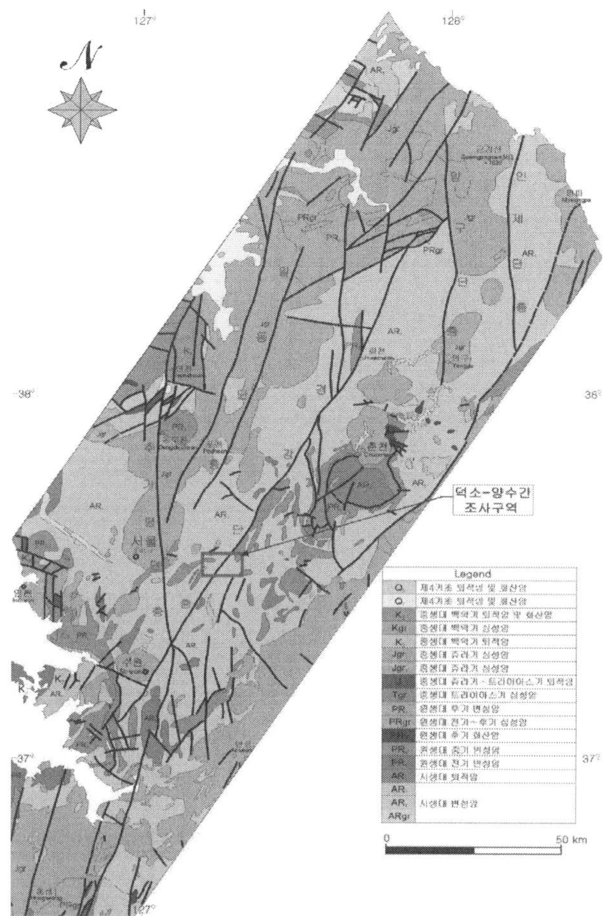

그림 7-1. 조사지역의 광역지질도

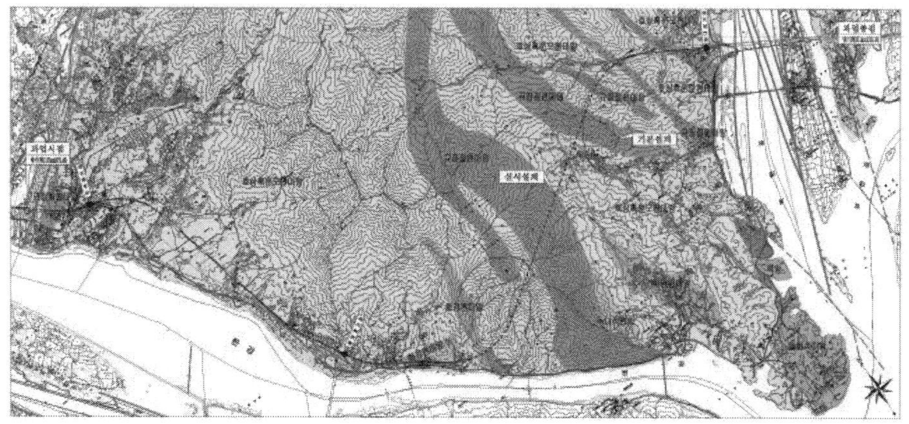

그림 7-2. 조사지역 지질도

7.3.2 전기비저항 탐사 결과

그림 7-3은 월문터널에 대한 전기비저항탐사 결과단면으로 해석의 편의를 위해 터널 및 단층, 파쇄대, 시추공 위치, 암반상태 등을 함께 나타내었다. I구간에서의 결과를 보면, 대략 50~1,500 ohm-m 범위의 낮은 전기비저항값이 분포하고 있는데, 이 구간에 분포하는 단층 및 여러조의 파쇄대, 화강암질 암맥의 관입에 의한 것으로 판단된다. II구간에서는 1000 ohm-m 이상의 전기 비저항값이 분포하며, 대체적으로 신선한 암반상태를 보인다. III구간에서는 1000 ohm-m 이하의 낮은 전기비저항값이 분포하고 있다. 이 구간은 계곡부로 우기시 계곡수가 유입되어 풍화 및 파쇄가 심할 것으로 판단되며, 따라서 절리파쇄에 의한 저비저항대로 추정된다. IV구간에서는 1,000 ohm-m 이상의 전기비저항값이 분포하며, 암반상태가 신선한 것으로 판단된다. V구간에 서는 1,000 ohm-m 이하의 낮은 전기비저항값이 분포하며, 저비저항 이상대가 터널 상부까지 발달하고 있다. VI구간에서의 결과를 보면, 1,000 ohm-m 이상의 전기비저항값이 분포하며, 월 문터널에서 가장 신선한 암반상태를 보이고 있다. VII구간에서는 500~1,000 ohm-m 내외의 낮 은 전기비저항값이 분포하며, 이는 절리 파쇄대의 발달과 연관된 것으로 판단된다.

그림 7-4는 팔당터널 시점부에 대한 전기비저항탐사 결과단면으로, 먼저 I구간에서의 결과를 보면 1,000 ohm-m 이하의 낮은 전기비저항값이 분포하고 있다. 이 구간에서 전기비저항이 낮게 나타나는 구간의 암종은 화강편마암으로 호상흑운모편마암 또는 규장질편마암에 비해 전기비저 항이 낮게 나타나는 것으로 판단된다. 시추공 TB-14에 대한 시추조사 결과 대략 7~30m 심도에 서 보통암~경암의 암반상태를 보이는 바, 저비저항 이상대가 암종에 의한 것이라는 것을 뒷받침 하고 있다. II구간에서는 3,000 ohm-m 이상의 매우 높은 전기비저항값이 분포하며, 신선한 암 반이 분포할 것으로 판단된다. III구간에서는 1,000~3,000 ohm-m 범위의 낮은 전기비저항값이 분포하며, 절리파쇄가 발달하였을 것으로 추정된다. IV구간에서는 천부에 1,000 ohm-m 이하의 전기비저항값이 분포하는데, 파쇄대 및 불연속면의 발달에 의한 것으로 판단된다.

그림 7-5는 팔당터널 계곡부에 대한 전기비저항탐사 결과단면으로 I구간에서의 결과를 보면, 대략 3,000 ohm-m 범위의 높은 전기비저항값이 분포하고 있으며, 매우 신선한 암반이 분포할 것으로 판단된다. II구간에서는, 500 ohm-m 이하의 낮은 전기비저항값이 분포하고 있다. 정밀 지표지질조사 결과를 보면, 이 구간에 주향 N10°E, 경사 88°SE인 단층이 분포하는 바, 단층 발달과 연관된 저비저항 이상대가 분포하는 것으로 판단된다. III구간에서는 1,000 ohm-m 내 외의 전기비저항값이 분포하며, 이 구간에서의 시추조사 결과를 보면 시추공 하부에서 단층에 의한 파쇄대및 단층각력암이 분포하고 있는 바 이와 연관된 저비저항 이상대로 판단된다. IV구 간에서는 300 ohm-m 이하의 매우 낮은 전기비저항값이 분포하는데, NS~N20°E 주향, 60~ 90° 경사를 가지는 단층이 분포하는 바 이와 연관된 것으로 판단된다. V구간에서는 1,000~

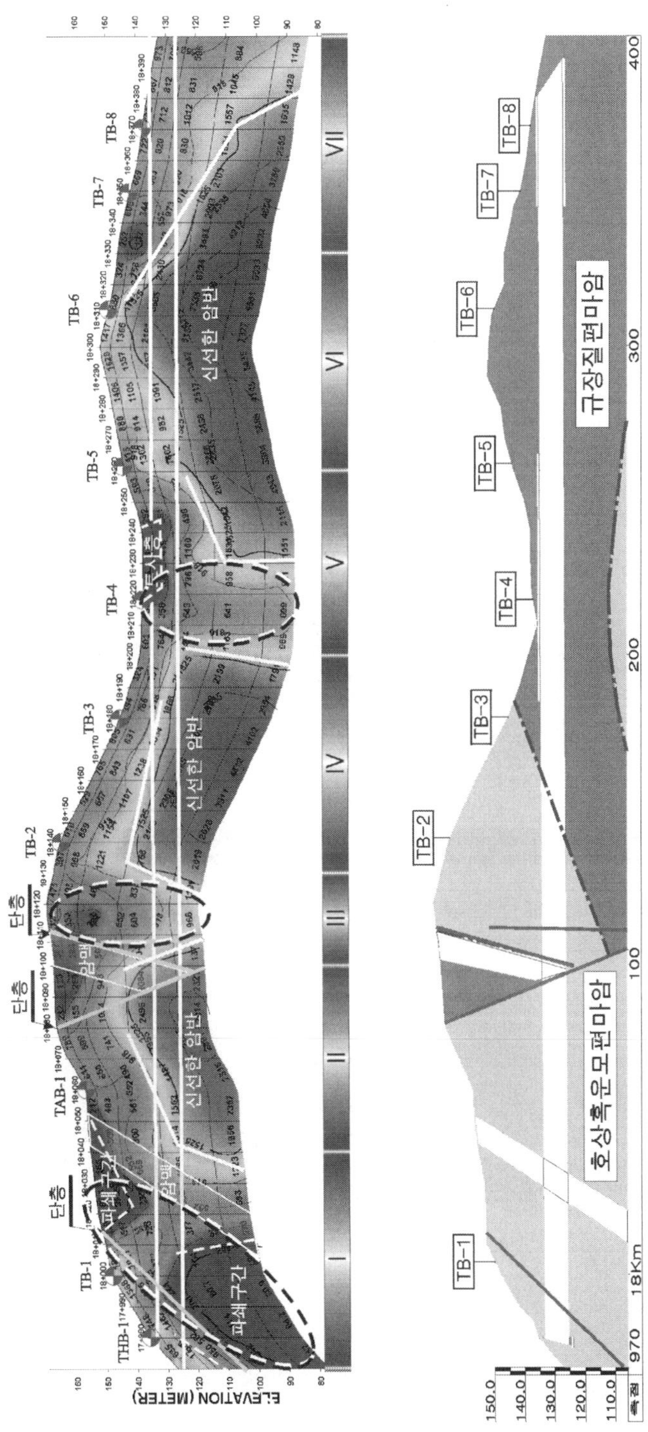

그림 7-3. 월문터널 전기비저항 탐사 결과

3,000 ohm-m 범위의 높은 전기비저항값이 분포하며, 대체로 신선한 기반암으로 구성되어 있다. VI구간에서는 500 ohm-m 이하의 낮은 전기비저항값이 분포하며, 지표지질조사 결과 주향 N20°W, 경사 85°SE의 단층이 분포하는 바 이와 연관된 것으로 판단된다. VII구간에서는 3,000 ohm-m 이상의 높은 전기비저항값이 분포하며, 매우 신선암 암반이 분포할 것으로 해석된다.

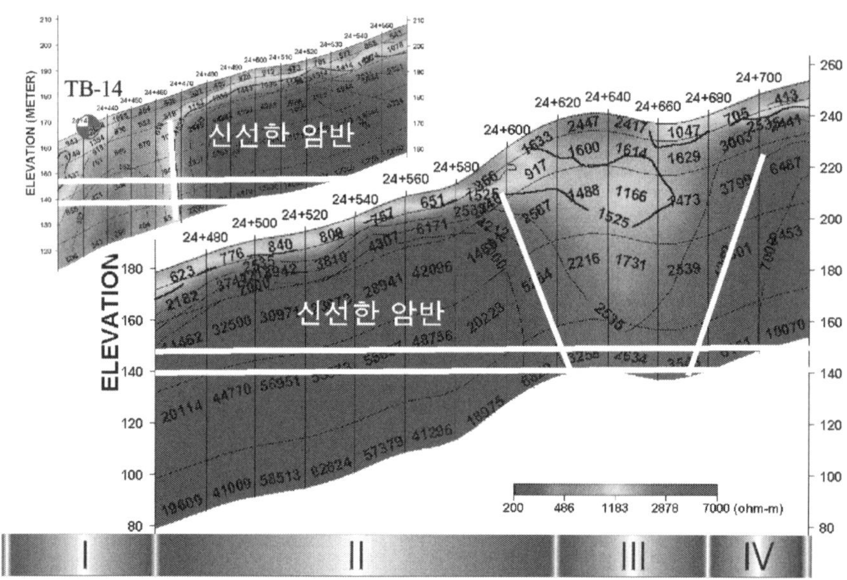

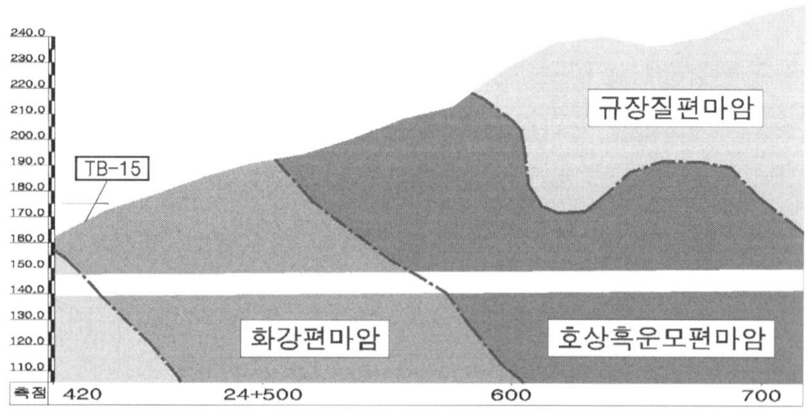

그림 7-4. 팔당터널 시점부 전기비저항 탐사 결과

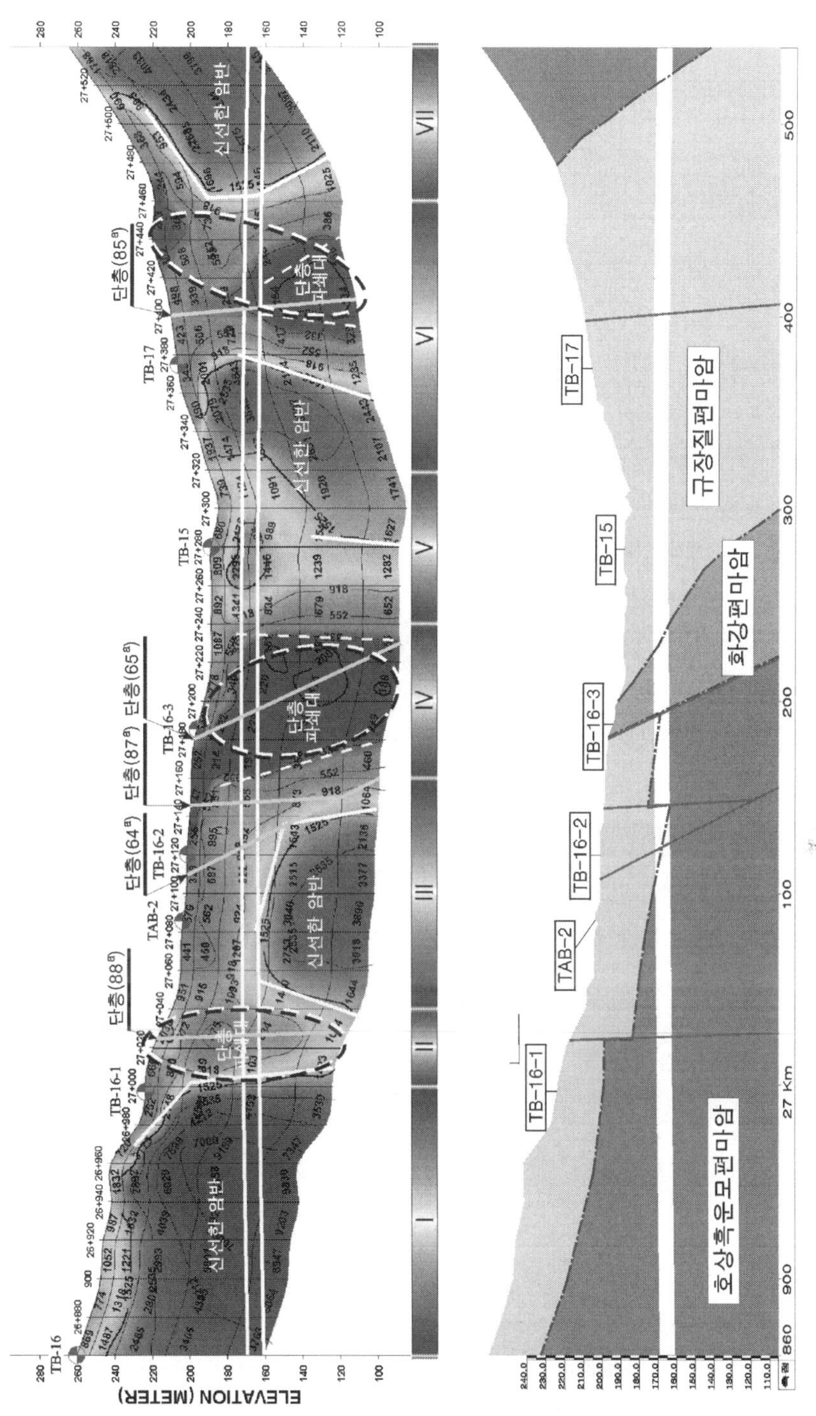

그림 7-5. 팔당터널 계곡부 전기비저항 탐사 결과

7.4 전기비저항에 의한 암반등급 산정

7.4.1 전기비저항과 암반등급

일반적으로 도로 및 철도 터널에서는 RQD, RMR 및 Q-System과 같은 암반분류를 근거로 설계를 수행하며, 이때 암반분류 각 항목에 대한 평점은 시추코어에 대한 육안관찰 및 암석물성시험을 통해 산출한다. 하지만 터널 전구간에 대해 시추조사를 수행한다는 것이 현실적으로 불가능할 뿐만 아니라 비경제적이므로, 시추가 수행되지 않는 구간에서는 다른 조사방법에 의해 암반등급을 결정해야 한다.

지반조사에서 수행되는 조사 방법은 매우 많지만, 터널 전구간에 대한 물성값을 산출해 줄 수 있는 조사방법은 탄성파탐사와 전기비저항 및 전자탐사와 같은 물리탐사법이 일반적이다. 지하매질의 암반상태는 지하수 및 불연속면의 발달에 의해 크게 결정되는데, 탄성파속도에 비해 전기비저항값이 이와 연관성이 높기 때문에 전기비저항값을 기준으로 암반상태를 추정하는 것이 일반적이다.

지하매질의 전기비저항값으로부터 RQD, RMR 및 Q와 같은 암반등급을 결정하기 위해서는 상관관계에 대한 분석을 통해 상관관계식을 도출하여야 한다. 그림 7-6은 전기비저항 탐사에 의한 2차원 전기비저항 분포 단면으로부터 시추조사가 수행된 구간에서의 전기비저항값을 추출하여 해당 구간에서의 RMR과 상관관계를 도시한 것이다. 그림 7-6을 보면, 전기비저항의 분포가 매우 넓게 퍼져 있어 RMR과 상관관계가 매우 낮게 나타나고 있다. 따라서 본 자료에서는 전기비저항과 RQD, RMR 및 Q와 같은 암반등급이 상관관계가 어느 정도 되는지와 함께

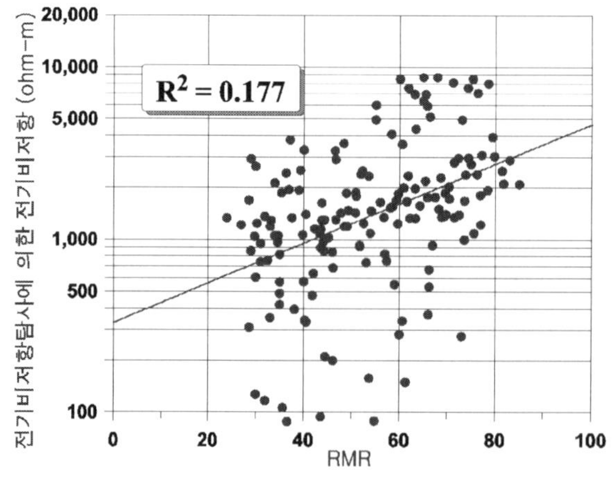

그림 7-6. 전기비저항과 RMR의 상관관계

전기비저항 탐사와 RMR과의 상관관계가 낮게 나타나는 이유에 대해 고찰해 보았다.

그림 7-7은 본 조사에서 수행한 터널구간에서 암반등급을 결정하는 과정에 대한 흐름도이다. 먼저, 시추가 수행된 구간에서는 시추코어에 대한 육안관찰 및 암석물성시험을 통해 RQD, RMR 및 Q와 같은 암반등급을 결정한다. 다음으로 시추가 수행되지 않은 미시추구간에서의 암반등급 결정을 위해 전기비저항 검층과 해당 시추공에서의 암반등급과의 상관관계를 분석한다. 그리고 전기비저항 탐사와 전기비저항 검층과의 상관관계를 분석하여, 이를 기반으로 하여 전기비저항 탐사에 의한 전기비저항과 암반등급과의 상관관계에 대한 분석을 수행한다.

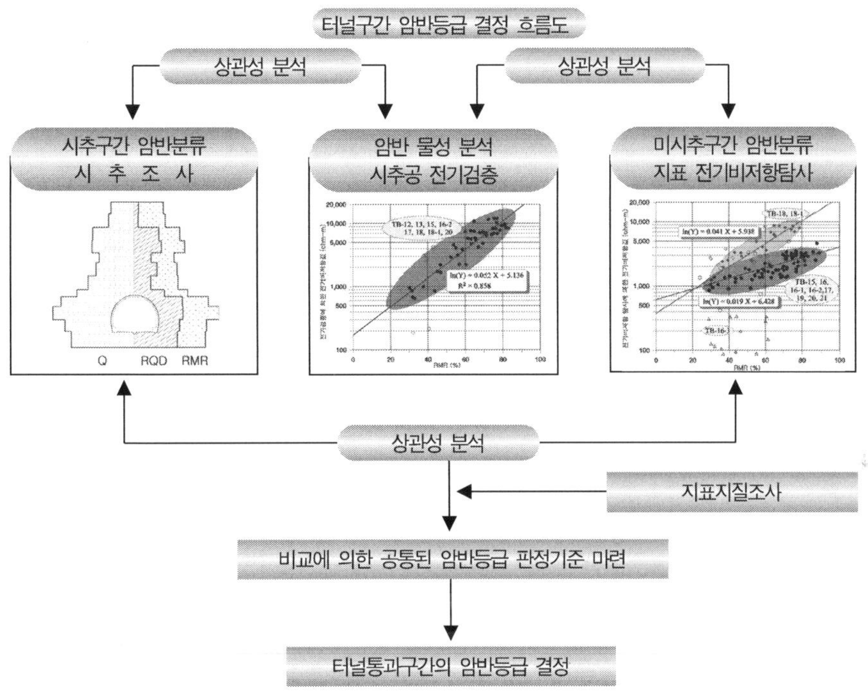

그림 7-7. 전기비저항에 의한 암반등급 결정과정 흐름도

7.4.2 전기비저항 검층과 암반등급의 상관관계

전기비저항 탐사에 의한 전기비저항값은 다음에 열거한 오차들을 포함하고 있기 때문에 지하매질의 정확한 전기비저항 값을 산출한다고 하기에는 많은 무리가 따르며, 따라서 지금까지는 정석적인 해석을 주로 수행하고 있다.

① 지하매질을 2차원 구조로 가정함에 따른 오차

② 3차원적인 지형에 의한 오차

③ 역산시 지하매질을 일정 크기의 셀로 구성함에 따른 오차

④ 측정시 주변에 존재하는 전기적인 잡음에 의한 오차

⑤ 지하매질에 자연적으로 존재하는 자연전위(SP)에 의한 오차

이에 반해 전기비저항 검층은 가탐심도(투과심도)가 80~320cm로 시추공 내 주변매질에 대한 전기비저항 값을 측정하므로 전기비저항탐사에 비해 상대적으로 정확한 값을 측정할 수 있다. 따라서 본 조사에서는 조사대상 지역에서 수행된 전기비저항 검층 결과 중 상대적으로 해상도가 나은 Short Normal 검층 결과를 이용하여 RQD, RMR 및 Q와의 상관관계를 분석하였다. 본 조사에서 암반등급은 2~4m 간격으로 수행되는 데 반해, 전기비저항 검층은 10cm 간격으로 측정을 수행하여 직접적인 상관관계 도출이 어려웠다. 따라서 암반등급을 결정하는

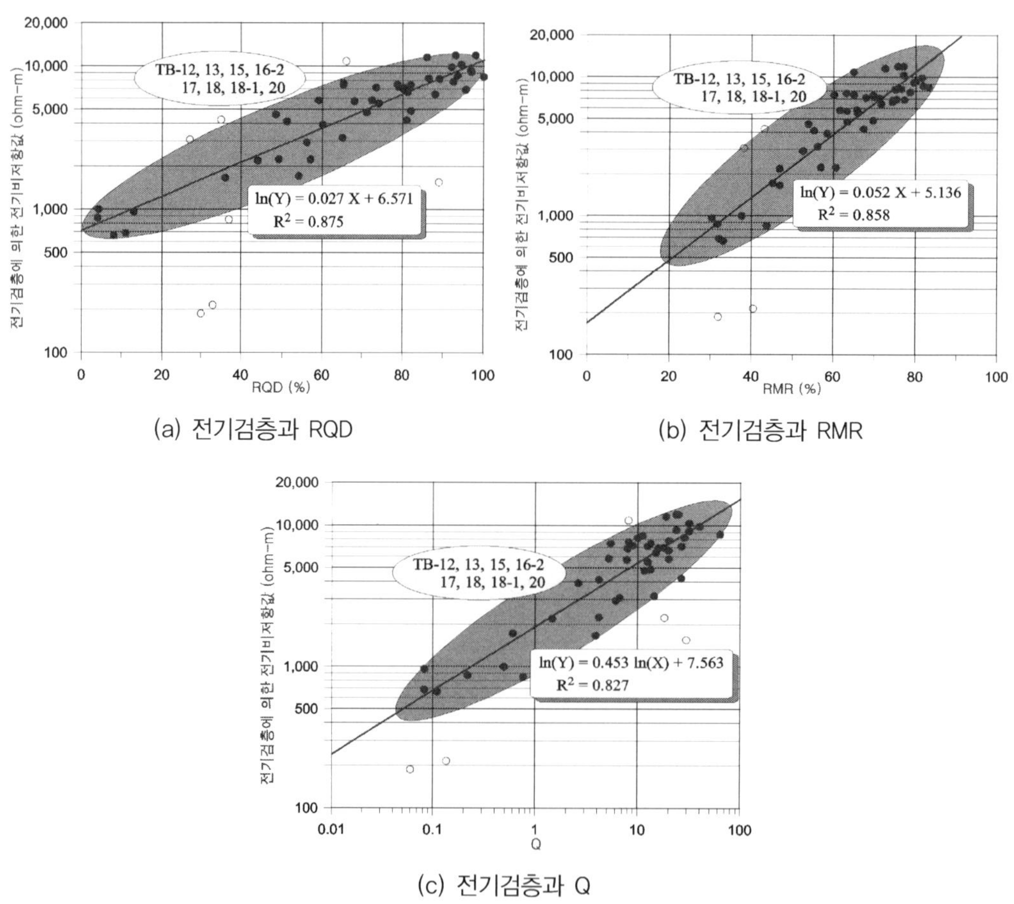

(a) 전기검층과 RQD

(b) 전기검층과 RMR

(c) 전기검층과 Q

그림 7-8. 전기비저항 검층과 암반등급과의 상관관계

심도구간에서의 전기비저항 검층 결과에 대한 평균값을 구하여 상관관계를 분석하였다.

그림 7-8은 전기비저항 검층에 의한 전기비저항과 RQD, RMR 및 Q와의 상관관계를 도시한 것이다. 그림 7-8을 보면 전기비저항은 RQD 및 RMR과는 지수함수적인 상관관계를 보이며, Q와는 선형적인 상관관계를 보이고 있다. 또한, 앞서 그림 7-6과 달리 RQD와 RMR에 대해서는 0.875, 0.858의 매우 높은 상관관계를 보이며, Q와도 0.827의 높은 상관관계를 보이고 있다. 따라서 지하매질의 전기비저항 값이 RQD, RMR 및 Q와 같은 암반등급과 매우 높은 상관관계를 가진다는 것을 알 수 있으며, 지하매질의 전기비저항 값으로부터 암반상태를 추정하는 것이 합리적이라는 것을 알 수 있다.

7.4.3 전기비저항 값에 대한 분석

전기비저항 검층에서는 암반등급과의 상관관계가 높게 나타나는 데 반해, 전기비저항 탐사에서는 상관관계가 낮게 나타나는 이유를 규명하기 위해, 전기비저항 검층과 전기비저항 탐사에 의한 전기비저항에 대한 상관관계를 분석하였다. 상관관계 분석에 사용한 전기비저항 검층과 전기비저항 탐사에 의한 전기비저항 값은 암반등급을 구한 심도구간에서의 평균값을 사용하였다.

그림 7-9는 각각 월문터널과 팔당터널에서의 전기비저항 검층과 전기비저항 탐사에 의한 전기비저항 값에 대한 상관관계를 도시한 것이다.

그림 7-9를 보면 전기비저항 검층에 의한 전기비저항과 전기비저항 탐사에 의한 전기비저항의 비가 뚜렷한 2~3개의 그룹으로 분리되는 것을 알 수 있다. 또한, 하나의 시추공에서의

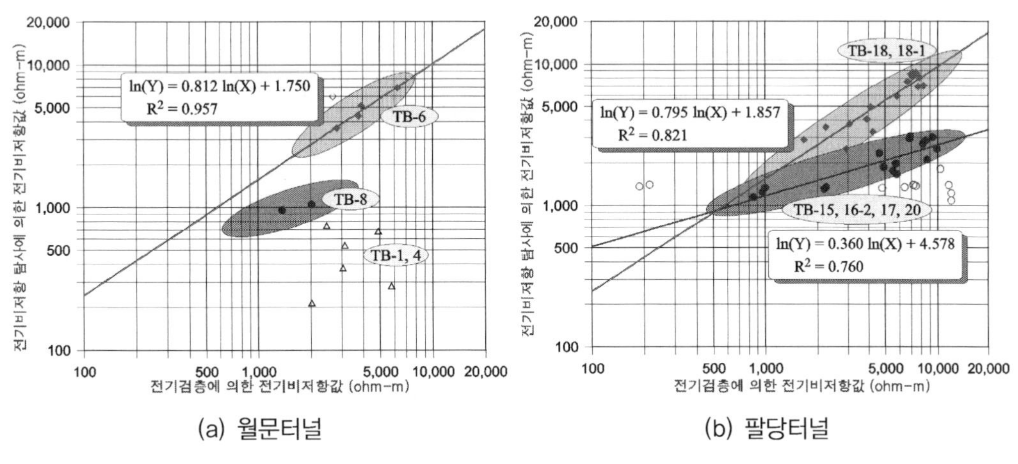

(a) 월문터널   (b) 팔당터널

그림 7-9. 전기비저항 검층과 전기비저항 탐사에 의한 전기비저항의 상관관계

자료는 하나의 그룹으로 묶이고 있으며, 따라서 각각의 그룹이 시추공의 위치와 연관되어 있음을 알 수 있다.

먼저, 월문터널에서의 결과를 보면, 전기비저항 검층에 비해 전기비저항 탐사에 의한 전기비저항 값이 현저하게 낮은 시추공 TB-1과 TB-4 그룹, 그 값이 약간 낮은 시추공 TB-8 그룹, 그 값이 비슷한 시추공 TB-6 그룹으로 분리되고 있다. 그림 7-3을 보면, 시추공 TB-1과 TB-4 주위에 단층 및 파쇄대와 연관된 저비저항 이상대가 분포하고 있다. 일반적으로 전기비저항 탐사 자료에 대한 역산시 주위에 단층 및 파쇄대가 발달하여 있을 경우 전기비저항 값이 수백 ohm-m 이하로 현저하게 낮게 나타나며, 따라서 전기비저항 탐사에 의한 전기비저항 값이 전기비저항 검층에 의한 전기비저항 값에 비해 현저하게 낮은 이유는 이로 인한 것으로 사료된다. 시추공 TB-8에서도 주위에 절리파쇄와 연관된 저비저항 이상대가 분포하여 전기비저항 탐사 자료에 대한 역산시 전기비저항 값이 다소 낮게 평가되어, 전기비저항 탐사에 의한 전기비저항 값이 전기비저항 검층에 의한 전기비저항 값보다 다소 낮게 나타나는 것으로 사료된다. 이에 반해, 시추공 TB-6에서는 주위의 암반이 신선하여 전기비저항 탐사에 의한 전기비저항 값과 전기비저항 검층에 의한 전기비저항 값이 거의 일치되어 나타나고 있다.

다음으로 팔당터널에 대한 결과를 보면, 앞서 월문터널에서와 마찬가지로 주위에 절리파쇄로 인한 저비저항 이상대가 분포하는 시추공 TB-15, 16-2, 17, 20 그룹과 주위의 암반상태가 신선한 시추공 TB-18, TB-18-1 2개의 그룹으로 분리되고 있다. 또한, 전기비저항 검층을 수행하지 않아서 그림 7-9에는 도시하지 않았지만, 단층이 존재하는 시추공 TB-16-3에서의 전기비저항 탐사에 의한 전기비저항 값이 현저하게 낮게 나타나고 있다.

따라서 전기비저항 탐사에 대한 역산 시 단층에 의한 암반상태가 매우 불량할 경우에는 역산에 의한 전기비저항 값이 실제보다 현저하게 낮게 나타나며, 절리 등의 발달로 다소 불량한 암반상태를 보일 경우 다소 낮게 나타나며, 암반상태가 양호할 경우에는 실제와 유사한 전기비저항 값을 보인다는 것을 알 수 있다. 그리고 이로 인하여 전기비저항 탐사에 의한 전기비저항 값이 전기비저항 검층에 의한 전기비저항 값에 비해 RQD, RMR, Q 등 암반등급과의 상관관계가 다소 낮게 나타나는 것으로 판단된다.

7.4.4 전기비저항 탐사와 암반등급의 상관관계

그림 7-10은 월문터널과 팔당터널에서 전기비저항 탐사에 의한 전기비저항 값과 RQD, RMR 및 Q 등 암반등급과의 상관관계를 도시한 것으로, 상관관계가 뚜렷한 3개의 그룹으로 분리되어 있음을 알 수 있다.

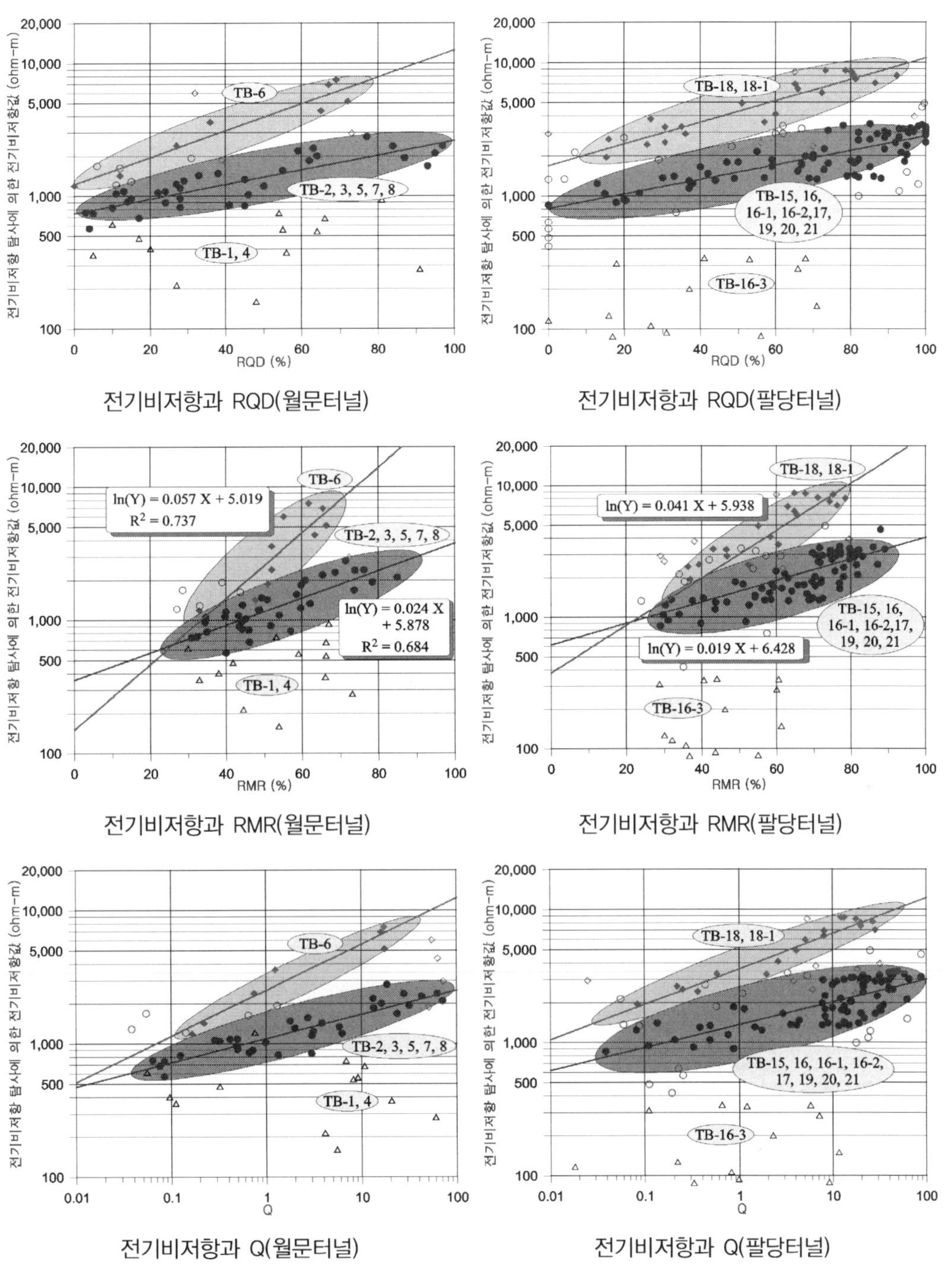

그림 7-10. 전기비저항 탐사와 RQD, RMR 및 Q와의 상관관계

7.4.5 암반분류 결과

정밀지표지질조사, 시추조사와 전기비저항 탐사 결과를 기준으로 암반분류를 수행하였으며, 월문터널과 팔당터널에서의 결과를 각각 그림 7-11과 그림 7-12에 도시하였다. 그림 7-11과 그림 7-12를 보면 정밀지표지질조사에 의한 암종과 단층 등의 구조대, 시추코어에 대한 RMR과 Q 암반분류 결과, 터널구간에서의 탄성파속도, 터널구간에서의 전기비저항 단면을 함께 도시하였으며, 최종적으로 터널에 적용된 지보형식을 나타내었다. 여기서 지보형식은 시추가 수행된 구간에 대해서는 시추코어에 대한 암반분류 결과를 근거로 결정되었으며, 미시추구간에 대해서는 터널구간에서의 전기비저항 값을 근거로 결정되었다. 다만, 지표지질조사 결과 단층 등의 구조대가 존재하는 구간에 대해서는 1단계 정도 낮게 결정하였다.

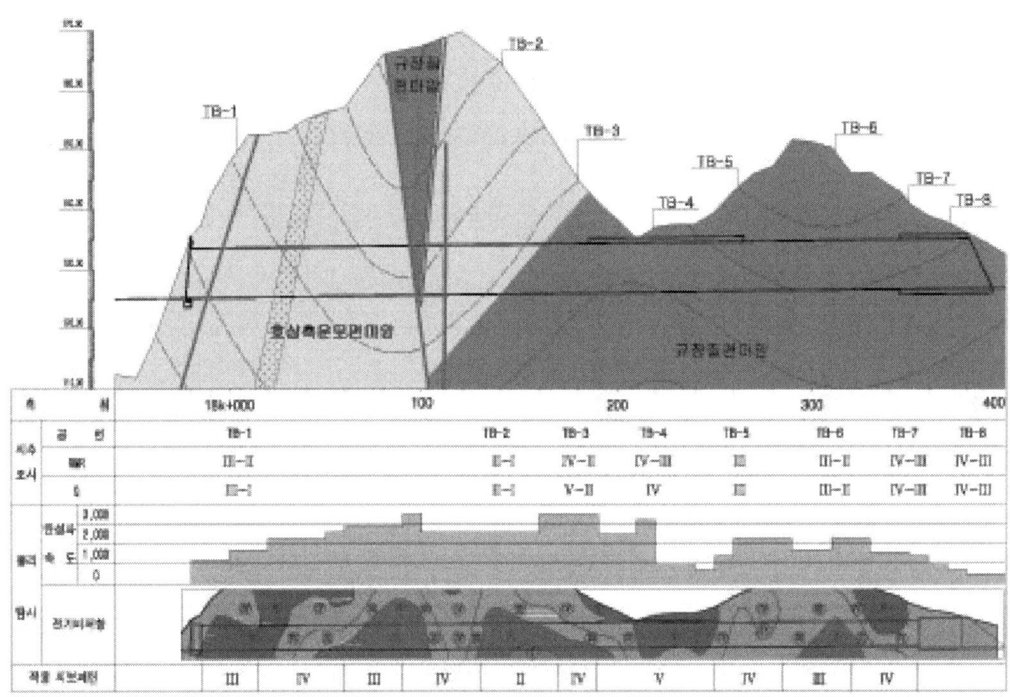

그림 7-11. 월문터널에서의 암반분류

7.5 결 론

본 연구에서는 조사지역의 시추공 및 전기비저항 검층 및 전기비저항 탐사를 수행한 후 정밀지표지질조사, 시추조사와 전기비저항 탐사 결과를 기준으로 암반분류를 수행하였으며, 각

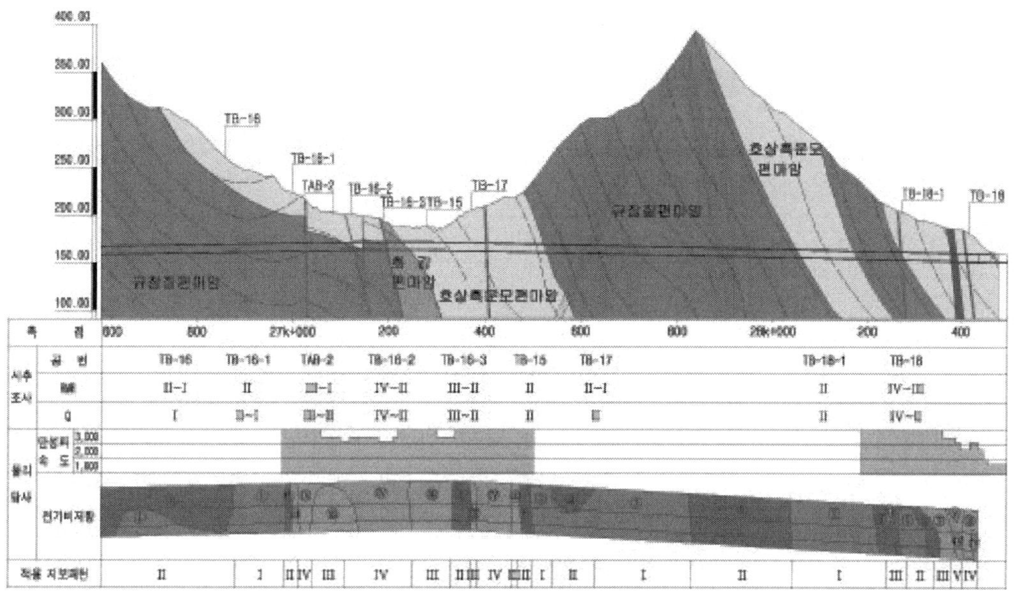

그림 7-12. 팔당터널에서의 암반분류도

각의 결과들에 대해 상관성을 고찰하였다. 그 결과 전기비저항 검층에 의한 전기비저항 값은
RQD, RMR 및 Q와 매우 높은 상관성을 보인 반면, 전기비저항 탐사에 의한 전기비저항 값은
상관관계가 다소 낮게 나타났다. 이는 절리파쇄대 및 단층대와 같은 지질이상대가 존재할 경
우 전기비저항 값이 현저히 낮게 나타났기 때문이다. 따라서 향후 전기비저항 값과 같은 물리
탐사 자료를 암반분류에 적용할 경우 이에 주의하여 상관관계를 산출함이 타당할 것으로 판단
된다.

08 미시추구간의 암반등급 산정 기법에 관한 연구

▌유 광 호

8.1 서 론

터널설계를 위한 조사의 경우 일반적으로 시추공 자료가 부족하며, 특히 산악터널의 경우 시추가 불가능한 구간이 많이 발생한다. 반면에 물리탐사 자료, 전문가의 견해, 비슷한 지반에서의 경험 등과 같은 상당히 많은 양의 정성적 데이터가 존재할 수 있다. 따라서 지반상태를 보다 잘 평가하고 분류하기 위해서는 시추공 자료와 같은 정량적 데이터뿐만 아니라 정성적 데이터의 활용도 고려되어야 한다.

많은 사람들 (Bardossy 등(5), 1988; Dubrule과 Kostov(6), 1986; Journel(7), 1986; 유광호, 1994 등)이 정량적 데이터가 부족한 경우에 대처하기 위해 정성적 데이터의 이용을 적극 제안했다. 그들은 자료의 신뢰도(degree of certainty)에 따라 전자를 하드데이터(hard data)로, 후자를 소프트데이터(soft data)로 구분하였다. 유(1995, 1998)는 다분적 지시크리깅을 사용하여 정성적 자료를 이용하는 방법을 제시하였다.

현재, 터널설계를 위한 조사에 있어서, 시추공 조사는 물론 탄성파 탐사, 전기비저항 탐사 등의 물리탐사가 빈번히 행해지고 있는 실정이다. 따라서 최적의 지반평가(암반 등급 등)를 위해 조사에서 얻어지는 모든 자료를 체계적으로 최대한 활용할 수 있는 방법이 절실히 요구되는 실정이다.

본 논문에서는 신뢰도가 다른 두 종류의 자료, 즉 시추공 자료와 물리탐사 자료를 활용하여 시추가 되지 않은 구간의 암반등급을 추정하는 방법을 지구통계학적 이론에 근거하여 소개하고자 한다.

8.2 불확실성의 확률적 평가

실제의 많은 문제에 있어서, 미지값에 대한 포괄적(global) 확률 분포보다는 오히려 국부적(local) 확률 분포가 요구된다. 예를 들면, 터널 시추조사에 있어서 암반분류 지표의 하나인 RMR값의 포괄적 확률 분포는 그 암반 상태에 대한 개략적인 설명을 줄 뿐이다. 반면, RMR

값에 대한 국부적 확률 분포는 상세한 터널설계를 위한 충분한 정보를 제공한다.

공간적으로 상호 상관관계를 갖는 변수(a spatially correlated variable)를 위한 여러 가지 평가기법이 지구통계학(Geostatistics) 문헌에 소개되어 있는데, 크게 모수적(para- metric) 방법과 비모수적(non-parametric) 방법으로 나눌 수 있다(Alli 등(1), 1990). 모수적 방법에서는 값에 대한 불확실성은 그 분산값(estimation variance)에 의해 정량화될 수 있지만, 기본 확률분포(underlying probability distribution)를 가정해야 하기 때문에, 공간적으로 상호 상관관계를 갖는 변수에는 타당하지 않다(Journel(9), 1989, p.22). 반면에, 비모수적 방법은 기본 확률분포를 가정할 필요가 없다. 이 방법은 각 점에서의 지시변환(indicator transformation)에 근거를 두고 있으며, 최종적으로 누적밀도함수를 준다.

8.2.1 비모수적(Non-parametric) 방법

한 점 x에서의 미지값 Z(x)를 주변의 n개의 알려진 값 z(xᵢ), i=1, 2, …, n으로부터 평가할 때, 이 평가에 관한 불확실성을 생각해 보자. 가장 쉬운 방법은 이미 알고 있는 n개의 데이터의 분포(distribution)를 이용하는 것이다. 즉, 미지값 Z(x)가 한 개의 주어진 경계값 z보다 작거나 같을 확률은 주어진 n개의 데이터가 그 경계값보다 작거나 같을 비율로 정해진다.

$$Prob[Z(x) \leq z | n \text{개의 기지데이터}] \approx z(x_i) \leq z \text{의 비율 단, } i=1, 2, \cdots, n. \qquad (8-1)$$

다음과 같이, 지시데이터(indicator data)를 정의함으로서,

$$i(z\,;x_i) = \begin{cases} 1, & \text{if } z(x_i) \leq z \\ 0, & \text{if } z(x_i) > z \end{cases} \qquad (8-2)$$

식 (8-1)은 다음과 같이 된다.

$$Prob[Z(x) \leq z | n \text{개의 기지데이터}] \approx \frac{1}{n} \sum_{j=1}^{n} i(z\,;x_j) \qquad (8-3)$$

식 (8-3)의 왼쪽 항은 조건 누적밀도함수 F[z; x | n 기지데이터)이며, 이는 지시데이터의 동일 가중 평균값(equally weighted average)으로 구해진다. 이와 같은 계산은 Z(x)와 z(xᵢ)

들이 각각 서로 상관관계가 없을 때는 통계적으로 정당화될 수 있다. 하지만 Journel (8)(1988)에 의하면, 장소에 따라 값들의 상관관계가 변할 때는, 다음과 같은 비균등 가중 평균값이 보다 타당하다.

$$F[z;x|n\,\text{개의 기지데이터}] \;=\; Prob[Z(x) \leq z|n\,\text{개의 기지데이터}] \approx \sum_{j=1}^{n} w(x_j)i(z;x_j)$$

$$(8-4)$$

$$\text{단,}\; \sum_{i=1}^{n} w(x_i) = 1$$

여기서, n과 $w(x_j)$는 미지의 데이터 수와 특정 경계값 z에서의 구해야 할 가중치이다.

모든 점에서 특정 물성치가 취할 수 있는 범위가 a에서 b 사이에 있다고 하자. 예를 들면 RQD 값의 경우는 0에서 100 사이의 값을 취하기 때문에 이때 a는 0, b는 100이 된다. 이제 이 범위가 다음과 같이 NT 개의 증가되는 경계값들로 나누어졌다고 하자.

$$z_k, \; k=1,\ 2,\ \cdots,\ NT \quad \text{단,}\ a \langle z_1 \leq z_2 \leq \cdots \leq z_k \leq z_{k+1} \leq \cdots \leq z_{NT} \langle b \qquad (8-5)$$

각 경계값에서 F[z ; x ㅣ n 개의 기지데이터]이 계산되어야 하는데, 각 경계값에서 다음과 같은 지시데이터를 정의하면,

$$i(z_k;x_j) = \begin{cases} 1, & \text{if } z(x_j) \leq z_k \\ 0, & \text{if } z(x_j) > z_k \end{cases} \qquad (8-6)$$

식 (8-4)는 다음과 같이 된다.

$$F[z_k\;;\;x\;|\;n\text{개의 기지데이터}] = Prob[Z(x) \leq z_k\;|\;n\text{개의 기지데이터}]$$

$$\approx \sum_{j=1}^{n} w(x_k;x_j)\,i(z_k;x_j) \qquad (8-7)$$

여기서 $w(z_k;x_j)$는 경계값 z_k에서의 구해야 할 미지의 가중치값들이다.

결과적으로, 데이터에 내재된 불확실성이 평가오차의 형태(Journel, 1988)가 아닌 확률분포 의 형태로 표현되었는데, 통계에서는 이것을 사후확률분포(posterior probability distribution)

라고 한다.

따라서, 각 경계값들에 있어서 일반적인 내삽기법 (예를 들면, 보통 크리깅법 등)에 의해 식 (4)의 미지 가중치들이 구해질 수 있다. 즉 각 격자점에서 각각의 지시크리깅 방정식의 해를 구함으로서, 사후누적밀도함수(posterior cumulative density function) 값이 계산되어 확률분포가 구해질 수 있다.

8.2.2 누적밀도함수의 평가

지반공학에서 일반적으로 사용되는 변수들, 예를 들면, RQD, 일축압축강도값, RMR 값 등은 공간적으로 상당한 상관관계를 보인다(Vanmarcke(15), 1978; Baecher(4), 1978). 다시 말하면, 가까운 샘플은 멀리 떨어져 있는 샘플보다 더욱 유사한 경향을 보인다. 따라서 이 변수들은 공간적 상관관계를 고려한 통계과정(stochastic process)를 통해 처리되어야 한다. 미지값과 주변 데이터 사이의 상관관계를 정의하기 위해서는, 이들 값 사이의 공간적 상관관계 측정(proximity measure)이 필요하다. 그동안 알려진 여러 가지 공간적 상관관계 측정 중에, 베리오그램(variogram) 측정은 지구통계학에서 폭넓게 사용되고 있다. 이 베리오그램 측정은 변수값과 그 위치의 함수이다. 실험적 지시 베리오그램(experimental indicator variogram) 함수 2 γ(h)는 단순히 거리가 대략 h만큼 떨어진 n(h)개의 데이터 쌍들의 차이의 제곱에 대한 평균이다:

$$2\gamma(h) = \frac{1}{n(h)} \sum_{j=1}^{n(h)} [i(x_j) - i(x_j + h)]^2 \qquad (8-8)$$

식 (8-8)에서 $n(h)$는 대략 거리가 h만큼 떨어진 데이터의 수이다. 일단, 공간적 상관관계가 측정되면, 일반적인 내삽기법(interpolation algorithm), 예를 들면, 보통크리깅(ordinary kriging) 등이 식 (8-7)의 미지 가중치를 구하기 위해 사용될 수 있다. 각 격자점에서 각각의 지시크리깅 방정식의 해를 구함으로서, 사후누적밀도함수(posterior cumulative density function) 값이 계산되어, 개략적이긴 하지만 확률분포를 나타낸다.

8.3 데이터의 분류 및 지시데이터로의 정량화

지반공학에 있어서 사용되는 데이터는 신뢰도(degree of certainty)에 따라 크게 하드(hard)데이터와 소프트(soft)데이터로 나눌 수 있는데, 하드데이터는 직접 측정된 RQD 값, 일축압축강도값 등으로, 한 특정 점 x에서 정확히 측정된 데이터 z이다. 약간의 측정오차가 포함될 수는 있지만, 이 데이터에 내재된 불확실성은 보통 무시될 수 있기 때문에, 한 점 x_j에서 값 $z(x_j)$를 갖는 하드데이터의 지시함수(indicator function)는 값 $z(x_j)$와 분산값 0을 갖는 단계형 누적함수(a step cumulative density function)로 볼 수 있다(그림 8-1(a) 참조). 따라서, 하드데이터의 변환된 지시데이터 $i(z_k; x_j)$ (k=1, 2,…, NT)는 1 아니면 0을 갖는다.

한편 정확한 값은 모르지만, 특정 지역에 있어서 경계범위를 정확히 아는 경우가 있다. 예를 들면, 중도에 중단된 시추공의 경우 층두께에 대한 하한값을 제공해 준다. 또한, 층두께는 항상 음수의 값을 가질 수 없다는 조건이 존재한다. 이와 같은 종류의 데이터는 "하드간격 데이터(hard interval data)"라고 한다. 한점 x_j의 하드간격 데이터의 경우, 그 지시데이터 $z(x_j)$는 그 간격 밖에 존재하는 경계값들(thresholds)에서만 알 수 있고, 변환된 지시데이터들은 역시 0 아니면 1이다(그림 8-1(b) 참조). 만약 한 경계값이 하한값($z_{\min_j}$)보다 적거나 같을 때에는 지시데이터는 0이고, 상한값($z_{\max_j}$)보다 크거나 작을 때에는 그 지시데이터는 1이다. 하지만 간격 안에 있는 경계값에서의 지시데이터는 알 수 없음에 주의해야 한다.

소프트데이터는 공학적 물성치에 대한 전문가들의 추측값과 같은 부정확한 값으로 $\hat{z}(x)$ 라고 쓰기로 한다. 이와 같은 부정확한 데이터를 이용하기 위해서는 데이터에 내포된 불확실성을 정량화할 필요가 있다. 일반적으로 이러한 정량화는 신뢰구간(confidence interval)을 사용하여 표시된다. 또한 보다 유리한 경우로서 소프트 데이터 $\hat{z}(x)$의 주관적 확률분포가 직접 주어질 수도 있으며(Kulkarni, 1984) 이 확률분포함수가 $\hat{z}(x)$에 관한 불확실성을 정량화한다(Alabert,

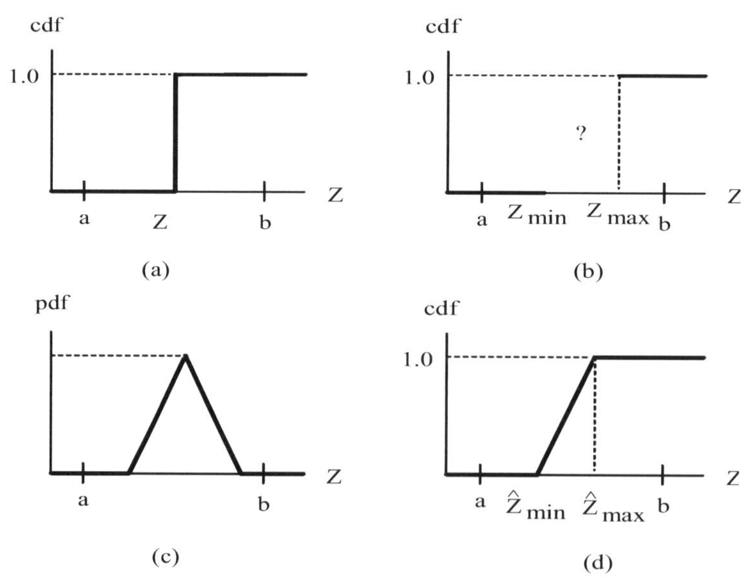

그림 8-1. 지시데이터로의 변환

1987, p.8). 이와 같은 데이터들은 "소프트 확률분포함수(soft probability density function, pdf)데이터"로 분류되며, 이런 데이터들의 지시함수 i(z_k; x)는 그림 8-1(c)에서 보는 바와 같이 각각의 누적밀도함수로 나타내어진다. 이때, 지시데이터들은 0과 1 사이의 모든 값을 갖는다.

하지만 경우에 따라서는 전문가들이 어떤 공학적 물성치에 대한 그들의 견해를 신뢰간격(constraint interval)를 사용하여 표현하는 것이 쉬울 수도 있다. 이때, 데이터들은 다음 중의 한 가지 형태로 표현되는데, 이와 같은 종류의 데이터를 "소프트 간격 데이터"라고 한다;

1) $z(x) \leq \hat{z}_{max}(x)$,

2) $z(x) \geq \hat{z}_{min}(x)$,

3) $\hat{z}_{min}(x) \leq z(x) \leq \hat{z}_{max}(x)$.

간격이 넓을수록 z(x)에 대한 평가값의 신뢰도가 떨어진다. 하지만 소프트데이터들도 정보나 경험이 많아질수록 점점 하드데이터에 가까워져서 신뢰도가 높아진다. 즉, 하드데이터는 소프트데이터의 극한상태라고 여겨질 수 있다.

한 점 x_j의 소프트 간격 데이터 ($\hat{z}(x_j)$)의 경우, 간격 밖에 있는 모든 경계값에서의 지시데이터들은 0 아니면 1이 된다(그림 8-1(d)). 하한값(z_{min_j})보다 작거나 같은 경계값에서의 지시데이터는 0이 되고, 상한값(z_{max_j})보다 크거나 같은 경계값에서의 지시데이터는 1이 된다. 간격 내에서는 선정보(prior information)에 의해 임의의 값을 갖도록 채워질 수 있다. 예를 들면, 균일분포(uniform distribution)을 가정하게 되면, 간격 내에 있는 경계값에서의 지시데이터들은 다음 식에 의해 구해질 수 있다:

$$i(z_k;x_j) = \frac{z_k - \hat{z}_{min_j}}{\hat{z}_{max_j} - \hat{z}_{min_j}} \tag{8-9}$$

하지만 이들 변환된 지시데이터들은 다음의 조건들을 만족해야 한다:

$$i(z_k;x_j) \in [0,1], \tag{8-10}$$

$$i(z_k;x_j) \leq i(z_{k+1};x_j),$$

$$i(z_k;x_j) = 0 \quad \text{for } z_k \leq \hat{z}_{min_j}, \text{ and}$$

$$i(z_k;x_j) = 1 \quad \text{for } z_k \geq \hat{z}_{max_j}.$$

8.4 적용사례

8.4.1 지시데이터 변환

○○~○○ 간 전장이 3,860m (STA.0+300~STA.4+160)인 터널의 설계를 위해, 표 8-1
에서 보는 바와 같이 7개의 시추공 조사와 터널 중심선을 따라 전장에 걸쳐 물리탐사(전기비저
항)조사가 수행되었다.

표 8-1. 시추공 위치

공번호	station	추정 RMR값
1	0+430	48
2	0+500	63
3	2+045	82
4	2+070	83
5	2+550	94
6	3+520	83
7	4+160	53

표 8-2. RMR 값과 전기비저항 값과의 상관관계

전기비저항 값	해당 암반등급	RMR값
3,400 이상	Ⅰ~Ⅱ	60~100
2,500~3,400	Ⅱ~Ⅲ	40~80
1,600~2,500	Ⅲ~Ⅳ	20~60
800~1,600	Ⅳ~Ⅴ	0~40
800 이하	Ⅴ	20 이하

시추공 자료와 같은 하드데이터는 그림 8-2와 같이 데이터 값에 불확실성이 없는 반면,
전기비저항 자료와 같은 소프트데이터는 많은 불확실성이 존재하기 때문에 그림 8-2에 나타
낸 바와 같이 해당 암반등급을 인접한 두 개의 등급을 갖는 소프트 간격 데이터로 취급하여
불확실성을 정량화하였다. 단, 전기비저항 값이 800 이하일 경우는 암반등급을 Ⅴ로 하였는데,
결과적으로 하드데이터와 동일하게 취급되었다. 이때, 전기비저항 값들은 표 8-2에 나타낸
전기비저항 값과 RMR 등급과의 상관관계를 이용하여 RMR 등급으로 변환되었다.

다분적 지시크리깅 기법을 적용하기 위해 시추공 및 전기비저항 데이터들은 각 경계값에서
지시데이터로 변환되어야 한다. 본 연구의 경우 RMR 분류법에 의해 암반등급을 평가하려고
했으므로, RMR값 20, 40, 60, 80을 경계값으로 사용하여 암반을 5등급으로 분류하였는데,
그림 8-2와 같은 하드데이터의 경우는 경계값 20에서는 0으로, 경계값 40, 60, 80에서는 지
시데이터가 1.0으로 변환되고, 소프트데이터의 경우는 경계값 20에서는 0, 40에서는 0.5 60
과 80에서는 1.0으로 변환되었다. 표 8-3은 본 연구에 사용된 시추공 및 전기비저항 데이터로
부터 변환된 지시데이터의 일부를 보여준다.

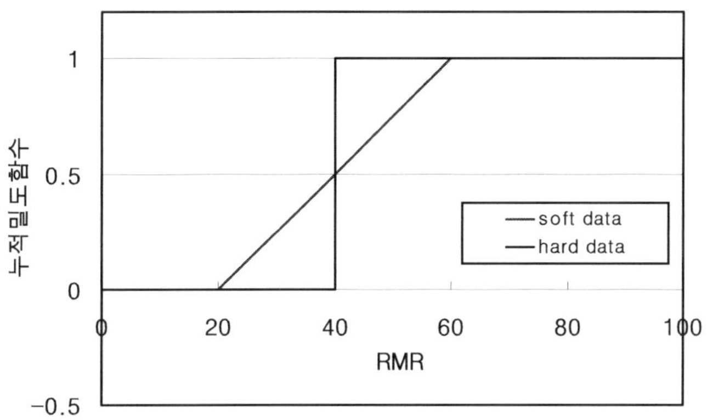

그림 8-2. 하드 및 소프트데이터 불확실성의 정량화

표 8-3. 지시데이터 변환 예

번호	위치 (STA.)	자료특성	RMR 값 및 범위	RMR 경계값			
				20	40	60	80
1	300	전기비저항	V	1	1	1	1
2	320	〃	V	1	1	1	1
3	340	〃	V	1	1	1	1
4	360	〃	IV–V	0.5	1	1	1
5	380	〃	IV–V	0.5	1	1	1
6	400	〃	IV–V	0.5	1	1	1
7	420	〃	IV–V	0.5	1	1	1
8	430	시추공	48	0	0	1	1
9	440	전기비저항	IV–V	0.5	1	1	1
10	460	〃	IV–V	0.5	1	1	1
11	480	〃	IV–V	0.5	1	1	1
12	500	시추공	63	0	0	0	1
13	520	전기비저항	III–IV	0	0.5	1	1
14	540	〃	III–IV	0	0.5	1	1
15	560	〃	III–IV	0	0.5	1	1
16	580	〃	III–IV	0	0.5	1	1
17	600	〃	III–IV	0	0.5	1	1
18	620	〃	III–IV	0	0.5	1	1
19	640	〃	III–IV	0	0.5	1	1
20	660	〃	III–IV	0	0.5	1	1
·	·	·	·	·	·	·	·
·	·	·	·	·	·	·	·

8.4.2 이론적 베리오그램 모델(Theoretical variogram model) 선정

이론적 베리오그램 모델을 선정하기 위해 2차원 분석용 프로그램인 VARIOWIN 2.2 사용하였다. 시추공 자료와 터널 전 구간에 걸쳐 존재하는 전기비저항값을 사용하여 변환된 지시데이터를 사용하여 각 경계값에서 대상지역의 공간적 상관관계를 나타내는 베리오그램 모델을 구하였는데 그 결과가 표 8-4에 정리되었다.

베리오그램 모델 산정시 발생되는 회귀오차를 줄이기 위해 다음과 같이 정의되는 IGF (Indicative goodness of fit)를 사용하였다(Pannatier, 1996);

$$IGF = \frac{1}{N} \sum_{k=1}^{N} \sum_{i=0}^{n(k)} \frac{P(i)}{\sum_{j=0}^{n(k)} P(j)} \cdot \frac{D(k)}{d(i)} \cdot \left[\frac{\gamma(i) - \hat{\gamma}(i)}{\sigma^2} \right]^2 \tag{8-11}$$

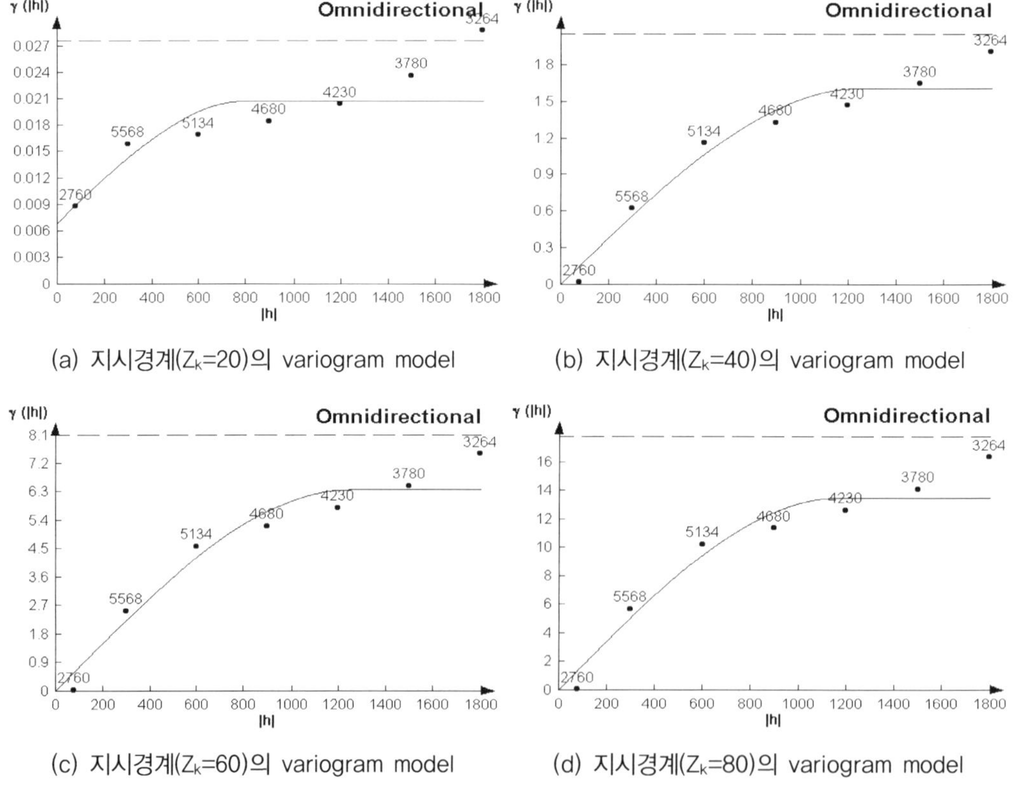

(a) 지시경계(Z_k=20)의 variogram model   (b) 지시경계(Z_k=40)의 variogram model

(c) 지시경계(Z_k=60)의 variogram model   (d) 지시경계(Z_k=80)의 variogram model

그림 8-3. 각 지시경계값에서의 이론적 베리오그램 모델 산정

여기서, N은 베리오그램의 수,

$n(k)$는 베리오그램 k에 관한 lag의 수,

$D(k)$는 베리오그램 k에 관한 최대거리,

$P(i)$는 베리오그램 k의 lag i에 있어 데이터 쌍의 수,

$d(i)$는 베리오그램 k의 lag i에 있어 데이터 쌍의 평균 거리,

$\gamma(i)$는 lag i에 대한 공간적 연속성의 실험적 척도,

$\hat{\gamma}(i)$는 $d(i)$에 대한 공간적 연속성의 모델화된 척도.

σ^2은 베리오그램의 경우 데이터의 분산이다.

IGF는 이론적 베리오그램 모델을 찾을 때, 이론적 베리오그램 모델이 실험적 베리오그램을 얼마나 잘 대표하는지를 나타내는 무차원 양의 값으로 0에 가까울수록 잘 대표된 이론적 베리오그램 모델임을 의미한다.

표 8-4. 각 경계값의 이론적 베리오그램 모델

경계값	베이오그램 모델	Nugget	Sill	Range(m)	IGF (Indicative goodness of fit)
20	구면(spherical)	0.0069	0.014	793.38	2.1681e−02
40	〃	0.0	1.615	1250.28	1.5591e−02
60	〃	0.0	6.380	1246.14	1.7927e−02
80	〃	0.0	13.528	1165.86	1.9547e−02

8.4.3 다분적 지시크리깅의 순서문제에 해결

다분적 지시크리깅에 의해 누적확률밀도함수를 근사화하는 과정에서 그림 8-4와 같은 순서문제가 발생한다. 즉 처음과 마지막 경계값에서 추정된 값이 상한 및 하한 경계를 초과하는 문제($z_k < 0, z_k > 1$, 그림 8-4의 (a))와 큰 경계값에서 추정된 값이 작은 경계값에서 추정된 값보다 작아지는 문제($z_k < z_{k+1}$, 그림 8-4의 (b))가 발생하게 된다.

이 문제 순서를 해결하는 가장 간단한 방법은 지시크리깅 값을 가장 가까운 적당한 값(admissible value)으로 근사시키는 방법(Solow, 1986)과 유(1995)에 의해 제안된 다분적 지시크리깅 시스템을 조건부 최적화문제(Constrained Optimization Problem)로 규정한 후에 순서문제를 만족하는 지시크리깅 가중치를 새롭게 산정하는 방법이 있다.

그림 8-4는 한 특정점에 있어서 순서문제를 해결하기 전과 후의 사후누적밀도함수를 보여준다.

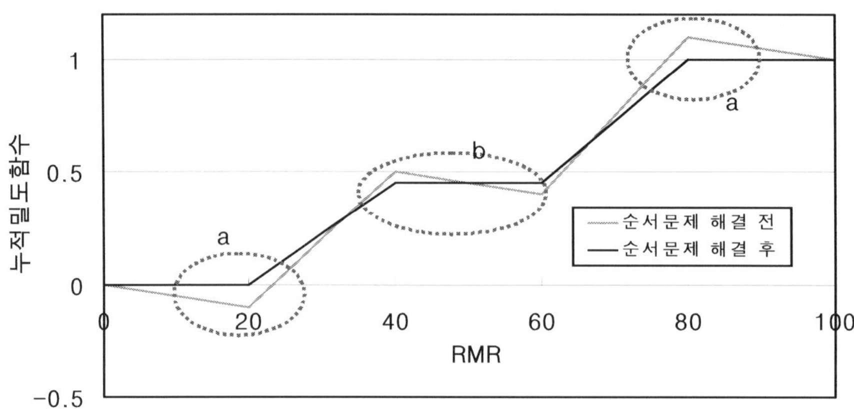

그림 8-4. 다분적 지시크리깅의 순서문제

8.4.4 암반등급 평가

시추공 자료와 전기비저항 자료를 동시에 이용한 다분적 지시크리깅 결과 터널 통과 구간에 예상되는 암반등급은 그림 8-5와 같다. 그림 8-5에서 알 수 있듯이, 터널시·종점 부근에서 암반상태가 취약할 것으로 예상되었다.

전기비저항 탐사 자료가 암반등급 추정에 미치는 영향을 알아보기 위해, 그림 8-6과 같이 시추공 자료만을 이용한 경우의 암반등급 결과와 비교되었다. 시추공 자료만 이용한 경우는 터널 시점 및 종점 구간을 제외한 대부분의 지점에서 암반상태가 I 등급과 II 등급만으로 암반 상태가 양호하게 분류되는 데 비해, 시추공 자료와 전기비저항 자료를 함께 이용한 경우는

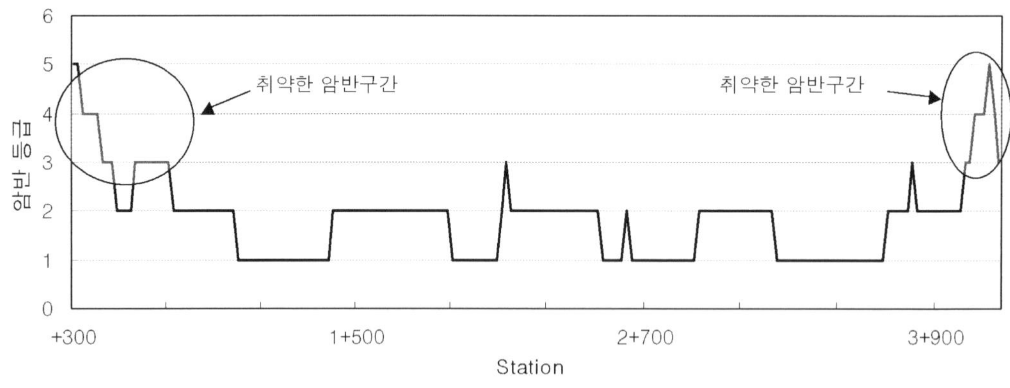

그림 8-5. 추정된 암반등급

I, II, III, IV, V 모든 등급으로 보다 다양하게 세분되었다. 특히, STA. 1K+000~1K+240 구간과 STA. 3K+860~4K+040 구간을 제외한 나머지 구간에서는 시추공 자료만 이용한 경우에 비해 암반상태가 같거나 1등급 내지 2등급 더 나쁠 것으로 추정되었다.

이와 같이 추정된 암반등급이 다른 이유는 시추공만을 이용한 암반분류는 시추공과 시추공 사이의 중앙점까지 일정한 암반등급이 유지되는 것으로 간주되므로, 정확한 암반등급의 분류가 어려운 반면, 전기비저항 탐사자료는 시추공 자료보다는 자료의 신뢰도는 떨어지나 터널 전 구간에 걸쳐 존재하기 때문에 보다 현실적인 분류가 가능하기 때문이다.

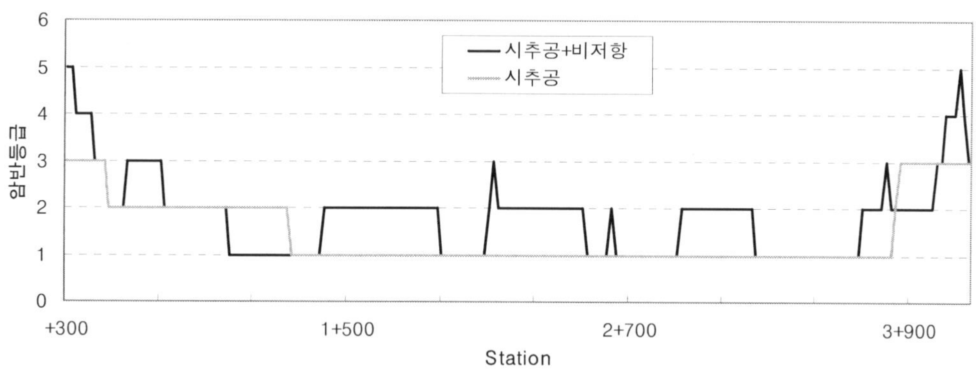

그림 8-6. 추정 암반등급 비교

8.4.5 추정된 암반등급의 신뢰도 평가

그림 8-7과 8-8에 추정된 사후누적밀도 함수의 표준편차와 암반등급의 신뢰확률을 도시하

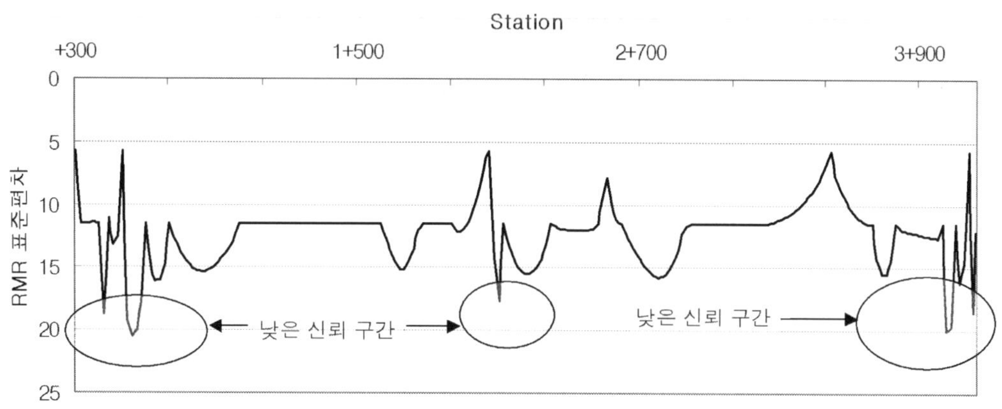

그림 8-7. 사후누적밀도 함수의 표준편차

였다. 그림 8-7에서 알 수 있듯이, 시추공 자료와 비저항 자료를 이용한 경우는 STA. 0K+520 ~ 0K+580 구간, STA. 2K+100지점 및 STA. 2K+760 ~ 2K+800 구간에서, 분류등급에 대한 사후누적밀도함수의 표준편차가 작게 나타나, 이 구간에서는 분류된 암반등급의 신뢰도가 떨어짐을 알 수 있다(표준편차가 15보다 큰 구간에서는 신뢰도가 낮다고 가정됨).

신뢰확률이 높고, 표준편차가 적게 나타난 곳들은 시추된 곳과 잘 일치한다.

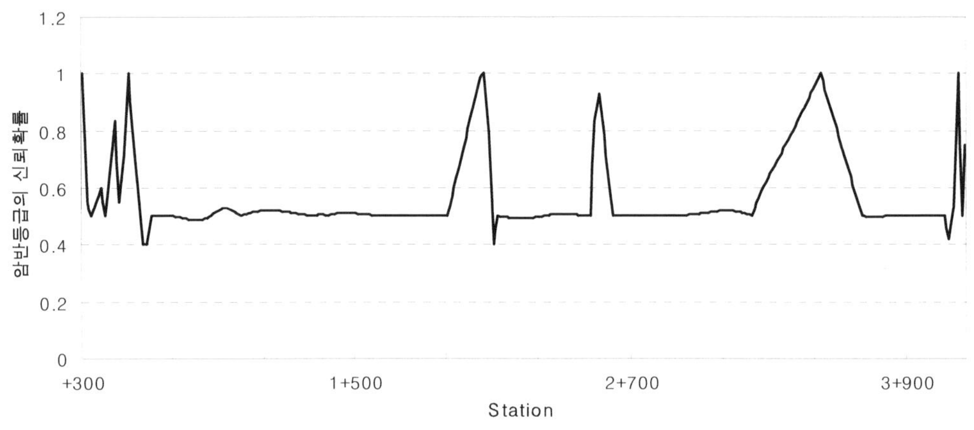

그림 8-8. 분류등급의 신뢰확률

8.5 결 론

본 논문에서는 정량적 데이터(예, 시추공 자료)는 물론 정성적 데이터(예, 전기비저항 탐사자료)도 이용 가능한, 터널 미시추구간의 암반등급을 산정하는 방법을 제시하였다. 물리탐사 자료와 같은 정성적 데이터가 시추공 자료가 부족한 터널설계조사 등을 위한 암반등급 분류에 다분적 지시크리깅 이론에 근거하여 체계적으로 사용될 수 있음을 알았다.

또한, 시추공만을 이용한 암반분류는 시추공과 시추공 사이의 중앙점까지 일정한 암반등급이 유지되는 것으로 간주되므로, 정확한 암반등급의 분류가 어려운 반면, 전기비저항 탐사자료는 시추공 자료보다는 자료의 신뢰도는 떨어지나 터널 전 구간에 걸쳐 존재하기 때문에 보다 현실적인 분류가 가능함을 알 수 있었다.

본 논문에서 제시된 방법은 터널설계뿐만 아니라, 정량적 데이터가 극히 한정되어 있는 반면에 정성적 데이터는 무수히 많이 존재하는 경우에 보다 현실적인 암반이나 지반분류 등을 위해 적용될 수 있을 것으로 생각된다.

09 터널 안정성해석을 위한 암반의 설계정수 산정에 대한 고찰

▎장 석 부

9.1 서 론

터널설계를 위한 안정성해석에 있어서 대상암반의 설계정수는 가장 주요한 영향요소이므로 이에 대한 산정방법은 현재까지도 많은 연구가들에 의하여 제시되고 있다. 가장 이상적인 것은 대상암반에 대한 원위치시험을 수행하는 것이 바람직하나, 암반의 변형계수측정을 위한 공내재하시험 외에는 대부분의 시험이 불연속면이 포함되지 않은 신선암(Intact Rock)에 대한 실내시험이 이루어지고 있다. 따라서 실내시험에 의한 신선암의 물성을 보정하여 암반의 물성을 적용하려는 시도가 많은 연구자들에 의하여 시도되어왔다.

신선암의 물성보정에는 암반의 상태를 정량적으로 나타내는 RMR, Q, GSI와 같은 암반분류법이 적용되고 있다. 신선암과 암반 물성간의 상관관계는 대상지역의 지형, 지질, 기상 등과 밀접한 관계가 있다. 즉, 암반의 기본적인 물성은 신선암을 바탕으로 하나, 지각운동과 풍화 등에 의하여 불연속면이 생성되고 암석과 불연속면이 열화됨으로서 본래의 암석에 비하여 저하된 물성을 갖게 된다. 따라서 대상 지역의 특성에 따라 암석과 암반의 물성치는 다양한 상관관계를 가지고 있으며, 이는 기존의 많은 외국의 연구사례가 입증하고 있다.

국내 터널해석을 위한 설계정수 산정에는 일반설계(기본설계, 실시설계) 또는 경쟁설계(턴키 및 대안)에 따라 다른 방법이 적용되고 있다. 일반설계시에는 조사자료에 대한 고찰없이 몇 개의 기존 연구사례에 의하여 산출된 물성치를 평균하여 적용하는 경우가 많다. 그러나 이것은 대상 암반의 지질적 특성과 상이한 사례를 무조건적으로 참조하는 오류를 범하게 되는 원인이 될 수 있다. 즉, 현장자료의 세밀한 분석보다는 가능한 많은 사례를 참조하여 평균하므로서 설계정수 산정에 대한 책임을 회피하려는 경향이 크다. 반면에 경쟁설계시에는 통계적 방법의 남용이 두드러지는 경향이라 할 수 있다. 설계정수 값 자체보다는 산정과정의 현란한 기법을 활용하여 우수한 설계평가를 받도록 의도하는 경우가 많다. 이는 설계정수 값 자체에 대한 확신을 누구도 할 수 없기 때문에 산정과정을 의도적으로 부각시키기 위한 것으로 여겨진다. 그러나 많은 경우에 적절치 못한 통계적 방법이 적용되고 있으며, 통계적 결과의 인위적

개입이 충분히 가능하기 때문에 객관적인 결과로 인정할 수 없는 문제점이 있다. 그리고 대부분의 경우, 산정된 설계정수 값을 기존에 적용하고 있던 값과 비교하여 그 적정성을 검토하는 경우가 많다. 그러나 국내의 경우 설계단계에서 적용된 설계정수에 대한 현장 검증이 이루어진 적은 거의 없기 때문에 관행적으로 터널안정해석에 적용된 값과 비교하는 것은 적절치 않다.

　이에, 본 논문에서는 국내에서 적용되고 있는 설계정수 산정방법을 변형계수를 대상으로 검토하였고 바람직한 개선방향을 제안하였다.

9.2 암반분류에 의한 변형계수 산정 및 고찰

9.2.1 암반분류를 이용한 경험적 방법

가. RMR을 이용한 방법

암반분류법 중에서 가장 보편적으로 사용되고 있는 RMR을 이용한 암반의 변형계수 산정법은 많은 연구자들에 의하여 제시되어 왔으며, 그중 주요 제안식을 소개하자면 다음과 같다.

① Bieniawski, 1978 : $E_m = 2 \times RMR - 100$ (GPa) : RMR$\rangle$50 , $q_c \rangle$ 100 Mpa

② Serafim & Pereira, 1983 : $E_m = 10^{(\frac{RMR-10}{40})}$ (GPa) : RMR$\langle$50 , $q_c \rangle$ 100 Mpa

③ Aydan, 1997 : $E_m = 0.0097 \times RMR^{3.54}$ (MPa)

④ 국내현장 예 : $E_m = 0.0172 \times RMR^{1.78}$ (GPa)

　위 제안식들은 상당히 단순한 식으로 구성되어 있어 현장 및 실내 시험자료가 매우 부족한 예비검토 단계에서는 효과적으로 사용할 수 있으나, 각종 시험자료가 많은 실시설계 단계에서 적용하는 것은 부적절하다고 판단된다.　왜냐하면, 저자에 따라 제안식이 다른 이유는 각 저자의 연구대상 지역에 따른 지질특성에 의하여 변형계수는 RMR과 다른 상관성을 갖기 때문이다. 특히, RMR과 변형계수의 상관성이 선형함수식인지 지수함수인지조차 제안자에 따라 상이하다. 그러나 그림 9-1에서 보는 바와 같이 실제로 ①, ② 식과 ③ 식의 차이는 크지 않으며, RMR이 50 이상인 경우에는 매우 근사하고 이하인 경우에 다소 차이를 보이고 있다. 이는 문헌상의 확인은 못했으나, 동일자료를 가지고 회귀분석하는 경우에는 상관식의 함수형태는 다르더라도 계수들에 의하여 유사한 결과를 보일 수도 있기 때문이다.

　그러나, 국내의 설계단계에서 수행된 많은 사례 ④에 의하면, 다소 차이를 보임을 알 수 있다. 개별 프로젝트에서는 통계적으로 만족할 만한 시험자료를 구할 수 없는 문제가 있으나, 국내 시험자료에 대한 체계적인 자료수집 및 분석이 수행된다면, 우리나라의 지질특성에 적합한 상관식을 만들어 활용할 수 있을 것으로 기대된다. 이때, RMR 평가항목 중 6번째 항목인 터널과 불연속면의 상대적 특성을 고려하여야 한다. 이것은 대상암반 고유의 특성이 아니라 터널시공조건을 고려한 것이기 때문이다.

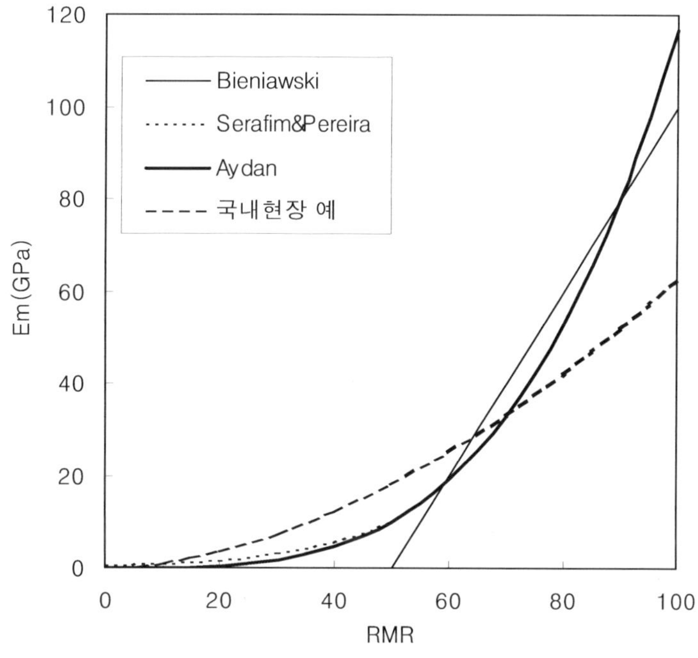

그림 9-1. 변형계수와 RMR 상관관계

나. GSI(Geological Strength Index)를 이용한 방법

GSI는 Hoek에 의하여 제안된 것으로 암반구조와 절리면 특성의 2가지 인자를 가지고 암반의 강도지수를 정량적으로 나타낸 것이다. GSI에 의한 변형계수 산정법의 특징은 신선암의 압축강도와 굴착방법에 따른 암반 교란도를 추가로 고려한 것이다.

• Hoek & Brown(2002)

$$-.\ \mathrm{E_m} = 10^{\frac{GSI-10}{40}} \times \frac{\sqrt{\sigma c(\mathrm{MPa})}}{100} \times (1-\frac{\mathrm{D}}{2})(\mathrm{GPa}) \quad (\sigma_{ci} \leq 100\mathrm{MPa})$$

$$-.\ \mathrm{E_m} = 10^{\frac{GSI-10}{40}} \times (1-\frac{\mathrm{D}}{2})(\mathrm{GPa}) \quad (\sigma_{ci} > 100\mathrm{MPa})$$

여기서, GSI : Geological Strength Index,

GSI = $RMR_{89}-5$ for GSI$\geq$18 or RMR$\geq$23

$\quad\quad$ = 9 lnQ* + 44 for GSI $\leq$18 (Q* = [RQD/Jn]·[Jr/Ja])

D : disturbance factor

신선암의 압축강도를 추가로 고려한 이유는 GSI 평가에 암석의 압축강도가 고려되지 않았기 때문으로 생각된다. 이 방법의 적용시에는 RMR에 비하여 터널과 불연속면의 상대방위가 고려되지 않는 점에 주목할 필요가 있다.

다. Q와 압축강도를 이용한 방법

Q값은 적용사례가 점차 늘고 있는 방법으로서, Barton에 의하여 다음과 같은 제안식이 제시된 바 있다.

- Barton (2002)

$$-.\ \mathrm{E_m} = 10 \cdot \mathrm{Q_c}^{1/3}(\mathrm{GPa}); \ \mathrm{Q_c} = \mathrm{Q} \times \frac{\sigma_c(\mathrm{MPa})}{100} \ : \ \mathrm{Q}\rangle 1, \ \mathrm{RMR}\rangle 50$$

(σ_c가 100MPa보다 작을 경우 보수적인 해석이 됨.)

$$-.\ \mathrm{E_m} = 10^{(15 \cdot \log Q + 40)40}(GPa) \ : \ \mathrm{Q}\langle 1, \ \mathrm{RMR} \ \langle 50 \ :$$

(상기 식에서 RMR과 Q의 상관관계는 RMR = 15 logQ + 50 을 적용)

상기식에서 압축강도를 포함시킨 것은 Q값 산정에 신선암의 압축강도가 제대로 반영되지 않았기 때문으로 생각된다. 특히, 암반조건이 양호하여 Q값이 큰 경우에는 암반의 변형특성은 모암의 변형특성에 크게 의존하며, 자유면이 폐합된 형태의 터널경우에는 그 현상이 더 크다. 따라서 Q를 이용한 상관식 작성에는 이 점을 고려할 필요가 있다.

라. 심도(H)를 고려하는 경우

원칙적으로 심도는 암반의 변형특성 인자라기보다는 암반하중 인자로 보는 것이 적절하지만, Q나 RMR 외에 심도를 고려한 사례가 있다. 이는 근본적으로 암반분류에 의한 암반평가법들이 심도에 따른 암반특성을 잘 반영하지 못하거나 현재 해석모델로 적용되고 있는 선형탄성모델이 이러한 암반특성을 잘 반영하지 못하는 것으로 볼 수 있다. 실제로, 현장 시험자료를 분석해 보면, 터널심도에 따른 경향이 많이 발견되곤 한다. 따라서 현장시험자료의 분석시 터널심도의 범위가 큰 경우에는 심도에 대한 경향분석을 수행할 필요도 있을 것으로 생각된다.

- Singh(1997), for weak and nearly dry rock mass

  -. $E_d = H^{0.2} \cdot Q^{0.36} (GPa)$: H : depth(m) ($>$50m)

- Verman(1993) : for dry and weak rock mass ($q_c < 100$ MPa)

  -. $E_d = 0.3 \times H^{\alpha} \times 10^{\frac{RMR-20}{38}}$ (GPa), $\alpha = 0.16 \sim 0.3$ (higher for poor rocks),

  H= depth ($\geq$50m)

9.2.2 암석 실내시험결과의 보정

본 방법은 현장시험에 비하여 수행이 용이한 실내시험 결과를 이용하여 암반의 변형계수를 산정하는 것으로 주요 제안식은 다음과 같다.

① Nicholson & Bieniawski (1990)

$$RF(\%) = \frac{E_r}{E_i} = 0.0028R^2 + 0.9 \exp\left(\frac{R}{22.82}\right)$$

② Mitri, et al.(1994)

$$RF = \frac{E_r}{E_i} = 0.5 \times \left[1 - \cos\left(\pi \times \frac{R}{100}\right)\right]$$

암석의 기본특성으로부터 암반의 특성을 예측하는 방식은 원칙적으로는 바람직하나, 현재까지 연구된 바에 의하면, 그림 9-2와 같이 큰 차이를 보이고 있다.

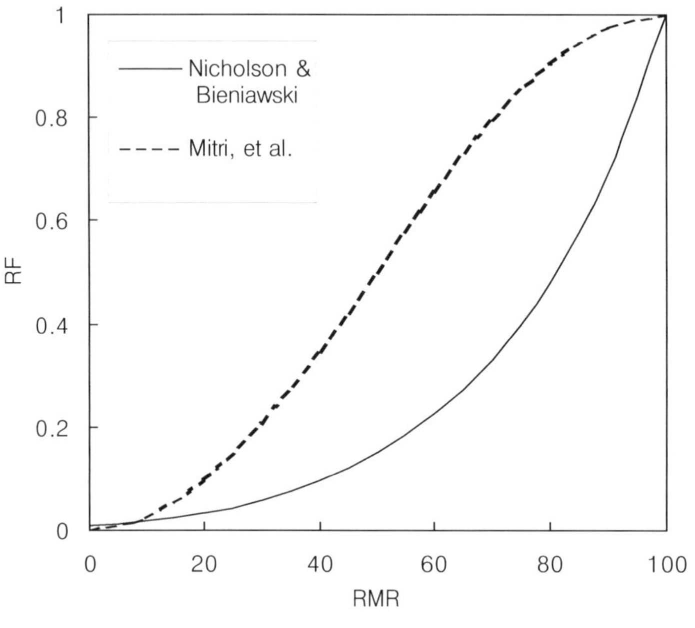

그림 9-2. 변형계수와 RMR 상관관계

9.2.3 공내재하시험의 결과 활용

현장 시추공에서 직접 행해진 공내재하 시험의 결과를 이용하는 것이 가장 합리적인 현지 암반의 변형계수가 될 수 있다. 그러나 모든 심도와 모든 지점에서의 재하 시험을 시행할 수는 없으므로 대개 RMR과 변형계수의 상관계수를 구하여 사용한다. 이때 암반 등급에 따른 변형 계수를 설정하여 해석에 이용하게 된다.

상기한 다양한 방법을 모두 이용하여 변형계수를 산정하고자 할 경우 각 경험식들의 편차가 매우 크게 나타나 적절하고 합리적인 변형계수의 산정이 힘들게 된다. 따라서 현지 조건에 가장 잘 부합하는 식을 선택하거나 현장 암반의 특성을 가장 잘 반영할 수 있는 수식을 만들어 사용하여야 한다.

9.3 Bayesian Approach를 이용한 설계정수 산정에 대한 고찰

최근 턴키설계에서 많이 사용되고 있는 Bayesian Approach는 어떤 변수의 초기 추정치를 알고 있는 상태에서, 이후 추가적인 자료가 도입될 경우 초기 추정치를 합리적으로 재추정하는 방법으로 쓰이고 있다.

즉, 다양한 암반분류에 의한 경험식을 Prior로 실내 시험 및 현장 시험결과 산정된 값을 Likelihood로 산정하게 되며 이들이 모두 정규 분포라는 가정하에 다음이 성립하게 된다.

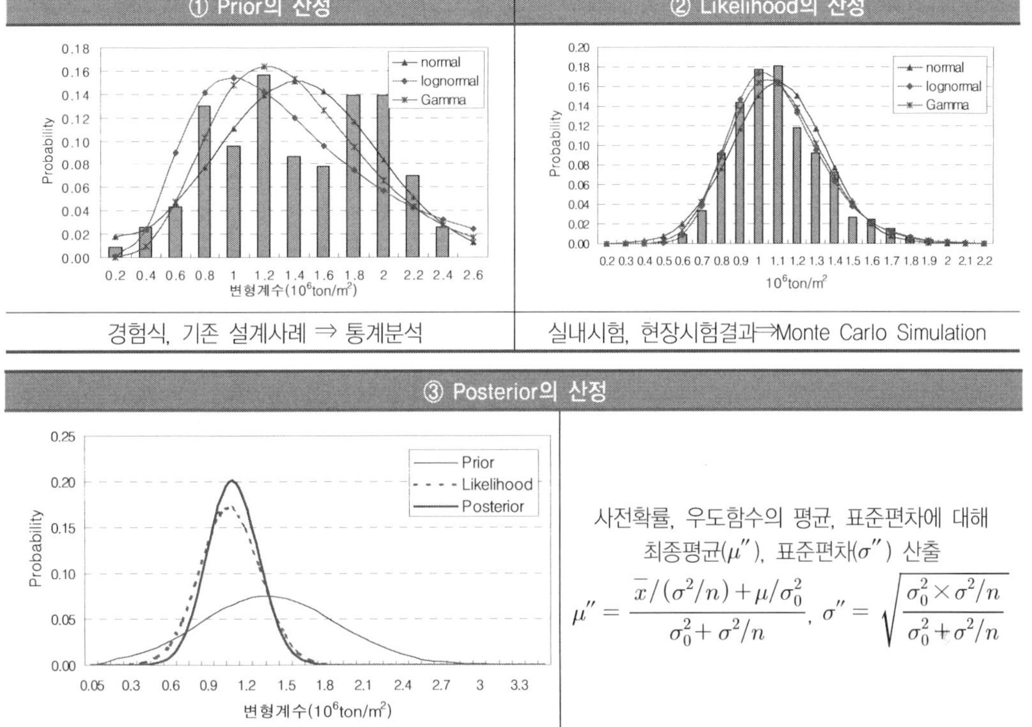

$$\mu'' = \frac{\bar{x}/(\sigma^2/n) + \mu/\sigma_0^2}{\sigma_0^2 + \sigma^2/n}, \ \sigma'' = \sqrt{\frac{\sigma_0^2 \times \sigma^2/n}{\sigma_0^2 + \sigma^2/n}}$$

위에서 나타난 바와 같이 현행 T/K에서 Bayesian 적용시 다음과 같은 문제점이 나타난다.

9.3.1 Prior의 정의

사실상 Prior는 우리가 어떤 성질을 알고 있는 모집단이며, Likelihood는 그 모집단에 속한다고 생각된 집합에서의 표본집단이 된다. 따라서 여기서 말하는 Prior를 알고 있다는 것은 이미 과업구간의 지반 물성치를 알고 있는 상태라는 뜻이며, 이중에서 몇 개의 표본집단을 추출하여 실험이나 시험을 통해 알아낸 표본의 값이 Likelihood가 된다. 암반은 매우 불확실한 요소이며, 구하고자 하는 대상인 지반의 물성치는 우리가 관심을 가지고 있는 구간 혹은 지역에서의 물성치이다. 따라서 Prior는 우리가 대상으로 삼는 지반이 일반적으로 어떠한 값을 가진다는 것을 안다는 것이 되며, 이를 기존 RMR 분류에 의한 경험식으로 대체하기는 힘들다.

또한 일부 설계의 경우에는 Prior의 값들로 Monte-Carlo Simulation을 한 것으로 되어 있는데, 이는 앞서서 설명한 대로 서로 다른 식들을 가지는 값들을 Monte-Carlo Simulation을 할 수는 없으므로 전적으로 모순된다.

9.3.2 Likelihood의 정의와 표본집단의 개수

Likelihood를 정의하는 경우 대부분의 T/K에서 MonteCarlo Simulation을 적용하는 것으로 되어 있다.

하지만 여기서 주요한 오류가 생기는데, 이는 Posterior를 구하는 과정의 계산식에서 표본집단의 자료수, n을 정의하는 데서 문제가 생긴다. 원래 n값은 표본의 개수 즉, 모집단의 성질이 일반적으로 알려진 집합에서 몇 개의 자료를 추출하여 이를 검사하는 것인데, 이를 Monte-Carlo Simulation을 적용하여 1000회의 generation을 시키게 되면, 표본의 개수가 1000개가 된다. 이 1000개의 표본수를 Posterior를 구하는 계산에 적용하면 Posterior의 평균은 Likelihood에 근접하게 된다. 즉 1000개의 자료수는 거의 모집단에 근접하게 되는 것으로 자료의 개수가 충분해지면 Bayesian approach를 적용할 필요가 없게 된다. 따라서 Monte-Carlo simulation을 likelihood함수를 정의하기 위해 사용하면 모순이 된다.

9.3.3 정규 분포의 가정

현재 T/K에서 적용하는 Posterior계산식은 Prior와 likelihood가 모두 정규분포라고 가정하고 있다. 그러나 실제 이들의 함수는 χ^2나 K-S test를 이용하게 되면 정규분포가 아닌 함수인 것으로 나타날 수 있는데 이 경우의 Bayesian approach의 적용법에 대해서는 검증이 곤란하다. 따라서 대부분의 경우 모든 함수가 정규분포인 것으로 가정하고 있으며, 분포 함수에 대한 검증은 의미가 없게 된다.

9.4 결 론

최근 턴키 및 대안설계가 증가하면서 일반설계에 비하여 다양한 지반조사와 조사수량이 증가되고 있는 것은 바람직한 현상이라 할 수 있다. 그러나 대부분의 경우에는 조사수량을 적절치 활용하지 못하거나, 조사자료에 대하여 지나치게 복잡한 통계처리에 비하여 산출된 물성치는 기존의 간단한 방법과 큰 차이가 없는 경우가 많다. 특히, 복잡한 통계처리과정 중에 인위적인 개입이 가능한 문제와 통계적 합리성에 부합치 않는 자료처리과정은 중요한 문제라고 생각된다.

암반의 설계정수산정은 상당히 어려운 문제이기 때문에 필자도 명확한 해결책의 제시보다는 문제점만 지적한 것에 무책임함을 느끼고 있으나, 앞으로 다음과 같은 방향으로 개선해 나가야 할 것으로 생각한다.

9.4.1 현장시험자료의 충실한 활용

암반의 변형계수 산정시 다른 연구자들이 제안한 다수의 경험식에 의하여 산출된 값들과 현장시험자료를 평균하는 경우가 있다. 특히, 근래 들어서 경험식의 수가 상당히 많아짐으로 대상암반의 특성이 가장 잘 반영된 시험자료의 중요도가 희석되는 사례가 많다. 현장시험자료가 절대적으로 부족한 경우에도 과업지역과 유사한 프로젝트에서 수행된 현장시험자료를 활용하는 방안을 적극적으로 고려할 필요가 있다.

9.4.2 우리나라 지질특성에 맞는 경험식 작성

개별 프로젝트에서는 통계적으로 의미있는 수량의 현장시험이 곤란한 경우가 많고, 또한 다양한 암반조건에 대한 시험이 수행되지 못하는 경우가 많다. 따라서 우리나라의 주요 지질특성별 자료를 취합, 분석하여 지질조건이 다른 외국 사례의 무분별한 적용을 지양할 필요가 있다.

9.4.3 조사자료의 합리적인 통계처리

최근 턴키설계에서 적용하고 있는 통계적 기법은 웬만한 전문가들도 이해하기가 곤란할 정도로 난해하고 자연적 불확실성이 고려되지 않는 방법들이 적용되고 있다. 또한, 통계처리과정들의 연계가 잘못되어 본래의 현장자료는 단순히 재처리과정 중의 자료로만 사용되는 경우가 많다.

기본적으로 자료의 통계처리 과정에는 현장 시험자료와 시험조건과의 민감도 분석이 선행되어 시험결과와 조건에 대한 주요 요소를 도출할 필요가 있다. 다음 과정으로는 도출된 요소들과 시험결과의 회귀분석을 수행하고 그 결과에 의하여 산출된 수치와 본래의 자료의 비교를 통한 공학적 판단이 필요하다. 예측식이 현장 시험자료를 평균적으로는 만족하고 있을 수 있으나, 암반조건이 양호하거나 불량한 일정 범위에서 과다 또는 과소평가를 할 수도 있다. 특히, 암반조건이 불량한 구간에서 물성치의 과소평가 여부는 필히 검토할 필요가 있다.

10 한강 하저터널에서의 암반분류 및 평가사례

| 박 남 서

10.1 서 론

서울의 극심한 교통난을 해결하기 위하여 건설된 서울 지하철 5호선(총연장 52km)중 여의도~마포를 잇는 한강통과구간은 한강하저 15.6~30m에서 굴착공사를 시행한 국내 최초의 하저터널(L=1,288m)이다.

하저터널공법을 채택하게 된 배경은 평면 선형계획상의 한강통과구간 양측에 기존교량의 램프시설, 고층빌딩, 아파트촌 등이 위치하고 있어 교량공법 채택시 기존 시설물의 저촉 및 기능저하와 진동 및 소음발생에 따른 민원 등 여러 가지 문제점이 제기되었기 때문이다.

따라서 터널공법으로 침매공법, TBM공법, Shield공법, NATM공법 등이 검토되었으나, 얕은 한강수심(평균수심 4m)과 홍수시 극심한 수위변동 및 세굴영향으로 침매공법은 적절하지 않다고 판단되었고, 한강하부의 불규칙한 지질상태와 불량한 지반특성으로 TBM공법, Shield공법 등도 배제되었다. 이에 따라 여러 가지 공사여건을 감안하여 최종적으로 NATM공법을 하저터널 시공공법으로 채택하게 되었다.

한강하저의 지질은 당초의 예상과는 달리 커다란 단층구조와 다수의 단층들이 존재하고 있고 깊은 풍화대와 흑연층을 협재한 매끄러운 경면의 발달 등 지질구조적으로 매우 복잡하고 불규칙한 지반조건이었다. 이러한 복잡한 지질구조적 특성을 지닌 지반에서의 터널시공시 안정성 확보를 위해 굴착 전 지반상태의 정확한 판단과 이를 토대로 한 적절한 굴착공법과 보강공법이 필수적이었다. 이를 위해서 굴착 전 수평시추조사, 막장 Mapping 등으로 지반상태를 세밀하게 분석하였으며 적절한 굴착공법 및 보강공법 시행으로 터널 안정성을 확보하면서 터널공사의 경제성 및 시공성을 향상시켰다.

한강하저터널은 92년 10월 굴착을 시작하여 94년 12월에 1,288m의 상행선(B갱)이, 95년 1월에 하행선(A갱)이 관통되었고, 95년 4월에는 전 굴착공사가 완료되었으며 96년 2월에 2차 라이닝을 마침으로서 약 40개월에 걸친 난공사 끝에 터널공사가 완료되어 현재는 서울의 대중교통수단으로서 중요한 역할을 하고 있다. 서울지하철 5호선 노선 중 한강하저터널의 위치는 그림 10-1과 같고, 평면선형계획은 그림 10-2와 같다.

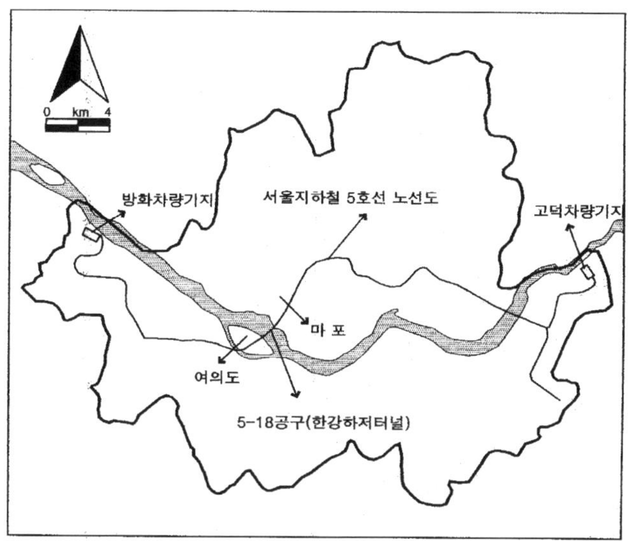

그림 10-1. 서울지하철 5호선 위치도

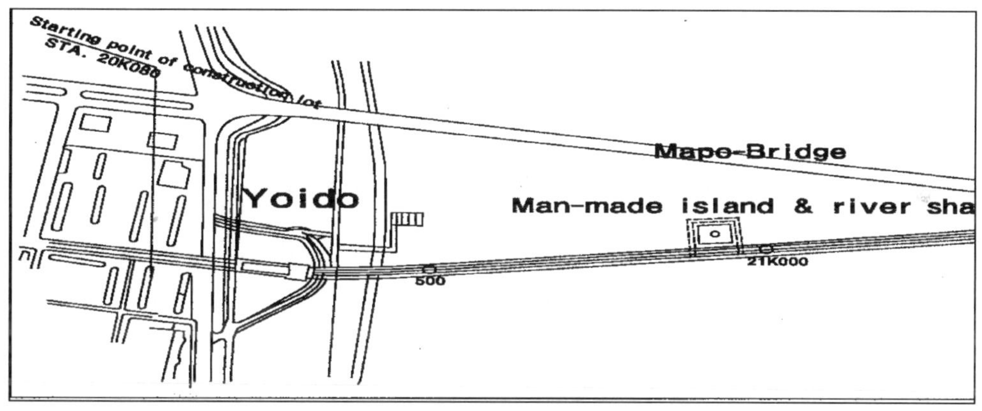

그림 10-2. 한강하저터널 평면선형계획

10.2 수리 및 지반특성

10.2.1 수리 특성

한강은 서울외곽에 위치한 산들과 계곡들로부터 유입된 지류들이 모여 이루어진 강으로 유역 면적 23,000km^2, 유로연장 500km, 연평균강우량 1,260mm이며 장마기간(7~9월)에 880mm 의 강우가 집중되어 계절별 유량 차이가 약 130배에 이른다. 홍수시 수방대책으로 여의도 측은 공사장 주변에 가제방을 축조하였으며 한강 중앙의 인공섬 하상수직구에는 방수문과 공사용 선박, 바지선 등이 주요 수방시설물이었다. 공사구간의 한강에 대한 제원은 표 10-1과 같고 방류량별 홍수위 발생빈도 및 수위현황은 표 10-2, 그림 10-3과 같다.

표 10-1. 공사구간의 한강제원

폭(m)	약 1,000	
수심(m)	평 상 시	홍 수 시
	4~10	15~20
유속(m/sec)	평 상 시	홍 수 시
	0.5~0.7	3~4

표 10-2. 팔당댐 방류량 및 홍수위 발생빈도

방류량(m^3/sec)	계획홍수위(m)*	발생빈도(년)
5,000	106.45(6.15)	0.3
12,000	109.29(8.99)	−
25,000	112.67(12.37)	15
30,000	113.57(13.27)	40
33,000	114.10(13.80)	60
37,000	114.86(14.56)	200

* 계획홍수위는 여의도 기준이며 계획홍수위 중 ( )의 값은 평균 해수면임.

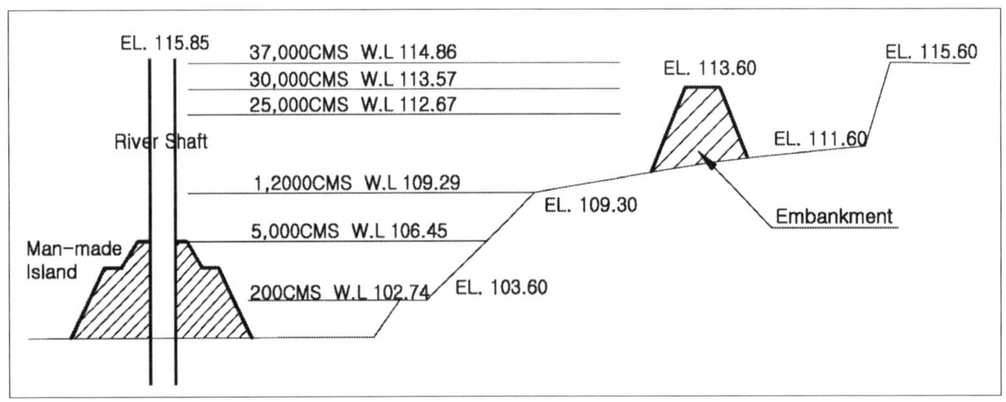

그림 10-3. 팔당댐 방류량별 공사구간 수위현황

10.2.2 지반 특성

가. 지질 개요

본 지역의 지질은 선캠브리아기의 경기편마암 복합체에 해당되는 편마암류와 이를 부정합으로 덮고 있는 제4기의 충적층으로 구성되어 있다.

주로 호상흑운모 편마암으로 구성되는 편마암류는 여러 차례에 걸친 변형작용으로 심하게 교란되어 있으며 부분적으로는 변성정도가 낮은 편암류(운모편암, 흑연편암)가 일부 인지되는 곳도 있으며 극히 일부에서는 산성암맥, 석영, 방해석맥이 판상으로 협재되는 경우가 있다.

충적층은 범람원 퇴적물로서 미고결 상태의 자갈, 모래, 점토 등으로 구성되며 편마암류 암체를 부정합으로 피복하고 있다.

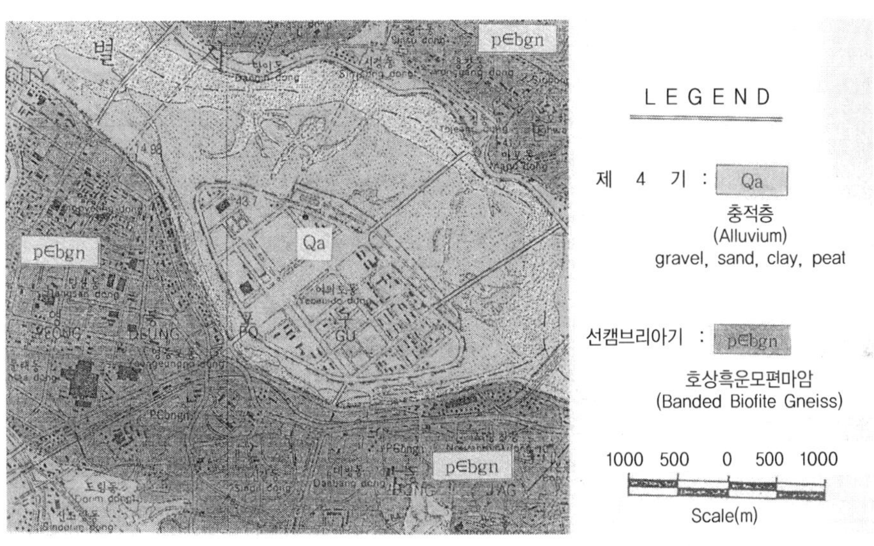

그림 10-4. 여의도 인근 지질도

나. 암반 상태

본 구역에서의 암반상태는 수차례에 걸친 지각운동의 산물로서의 단층 및 단층파쇄대, 연속성이 강하고 gouge물질을 협재하는 절리, 강한 선적배열을 보이는 엽리 등 수많은 불연속면이 형성되어 있는 극심한 이방성을 나타낸다. 이러한 특성으로 인해 심한 풍화대가 형성되고 단층점토가 협재되는 매우 연약한 지반이 분포하며 풍화가 비교적 약하게 진행된 암반도 암석 자체의 강도는 양호할지라도 암반으로서는 매우 취약한 상태를 보여주고 있다.

다. 지반조사 성과

실시설계를 위한 지반조사는 90. 6.14～90. 11.30까지 시행하였으며 시추조사 24공(BX, NX size 각 12공씩)과 현장 원위치시험으로 표준관입시험, 투수시험, 수압시험, 공내재하시험, 물리탐사, 수직도 검층 등을 실시하였고 채취된 시료에 대하여 토질시험 및 암석시험을 실시하였다.

지반조사 결과를 요약하면 다음과 같고, 지질 단면도는 그림 10-5와 같다.

- 편마암 경암코어시료의 공학적 특성

구 분	Young율(E) $(\times 10^5 \text{kg/cm}^2)$	포아송비	점착력(c) (kg/cm^2)	내부마찰각 ψ (°)	단위중량 $\gamma_t(\text{g/cm}^3)$	변형계수(ED) $(\times 10^5 \text{kg/cm}^2)$
범 위	1.91～7.70	0.16～0.24	130～310	33～50	2.61～2.72	–
평균치	4.26	0.21	232	42	2.67	2.39

- 물리탐사 결과

수상구간의 기반암층(풍화대 포함)은 여의도 측은 하상부터 10m 하부, 중앙부는 약 7m 하부, 마포 측은 2～3m 하부에 분포하는 것으로 나타났으며 이는 시추조사결과와 거의 일치하는 것으로 판단되었다.

또한 마포 측에서는 대규모 구조선이 분포하지 않는 것으로 판단되었으나 이외 지역에서는 수심이 얕고 사력층이 두껍게 분포하고 있어 구조선의 분포 여부가 불확실한 상태로 나타났다.

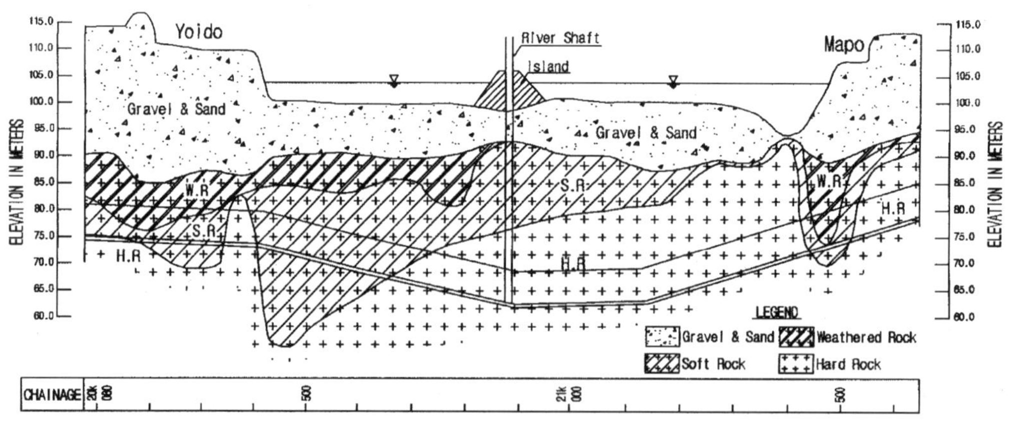

그림 10-5. 한강 하저터널 지질 단면도

10.3 하저터널 설계

10.3.1 당초 설계

(1) 본선터널(직경 6.3m)은 시공 중의 안정성 및 작업효율 증대와 공사 완료 후 유지관리시 환기 등을 효율적으로 하기 위해 단선병렬로 계획하였으며 굴착단면의 형상은 응력집중의 최소화와 완전방수의 효율을 증대시키기 위해 원형단면으로 설계하였다. 본선터널의 굴착방법은 상부 반단면 분할 굴착을 기본으로 계획하였으며, 작업구는 여의도 둔치와 마포대교 북단에 각각 1개소에서 굴착하도록 계획하였다.

(2) 보조터널(직경 4.0m)은 본선터널 굴착에 앞서 지반정보를 사전에 정확하게 파악하기 위해 계획되었으며 시공시에는 배수, 환기, 비상통로, 공동구 등으로 활용 가능한 service tunnel의 역할이 되도록 하였다.

(3) 본선터널과 보조터널을 연결하는 횡갱은 시공 중 공사자재 반입 및 굴착토 반출, 배수로, 유지보수 등의 목적으로 약 200m마다 교대(Zigzag형)로 계획하였다.

(4) 터널 내부의 방수는 터널 전주변에 방수재를 설치하여 지하수의 터널 내부 유입을 차단함으로서 작용수압을 내부 복공 콘크리트가 받게 되는 완전 방수방식으로 계획하였다.

(5) 2차 라이닝 콘크리트는 완전방수터널로 계획 홍수시의 최대수압과 자중을 고려하여 설계하였다.

10.3.2 변경 설계

터널구간 굴착공사 추진 중 당초 예상보다 지반상태가 불량하고 터널 상부 토피 절대부족과 여의도 시점측 터널간격 근접 등의 이유로 다음과 같이 시공계획이 변경되었다.

가. 터널 종단계획 변경

터널시점부 막장을 굴착한 결과 사전에 시행한 시추조사 내용보다 암반이 심하게 풍화되었고 당초 계획된 종단구배 계획 상태에서는 강바닥의 충적층과 터널상단부 사이의 여유고 부족으로 만일 낙반사고가 발생된다면 하천수 유입과 같은 대형사고가 우려되어 터널의 안정성 확보와 지반보강공사 물량축소에 따른 공기단축 및 공사비 절감을 위하여 전동차 운행에 지장이 없는 범위 내에서 최대한 종단구배를 하향 조정하였다. 종단구배 조정결과 그림 10-6과 같이 터널의 풍화대 피복이 8.5~9.5m에서 13.5~19.5m로 증가되었으며 풍화대 통과 구간은 당초 340m에서 140m로 감소하였다.

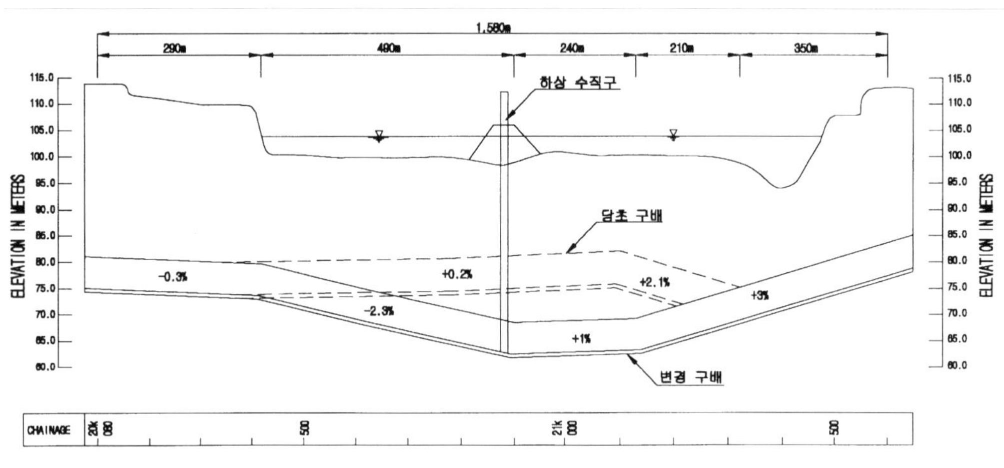

그림 10-6. 터널구간의 종단구배계획

나. 보조터널 설치계획 삭제

한강 하저터널에서 보조터널 설치목적은 지반조사와 차수 및 지반보강 효과 확인, 비상시 대피통로로 활용하는 등 안정성 확보 및 다수막장 확보로 공기단축, 배수로와 환기닥트 등 공간으로 활용하도록 계획되었다. 그러나 공정검토결과 장대 하저터널 전구간(1288m)을 작업구 2개소(여의도 및 마포 각 1개소)만으로는 계획공기 내 터널공사 시행이 불가하여 한강중앙에 인공섬을 축조하여 하상수직구를 신설토록 계획이 변경됨에 따라 당초 보조터널 설치목적이 상실되었으며 본선터널과 이격되어 있어 보조터널로 지반조사 및 지반보강 효과 확인이 미흡하고 연결횡갱의 경사가 급하고 간격이 멀어 대피공간과 작업로 등으로 활용하는 효과도 미흡하여 보조터널 설치계획을 삭제하였다.

이에 따라 막장 수평 선진시추조사 및 수발공을 설치하여 사전지질조사로 안전시공에 대처하고 적정개소에 횡갱설치로 공정촉진의 효율성을 고려하였다.

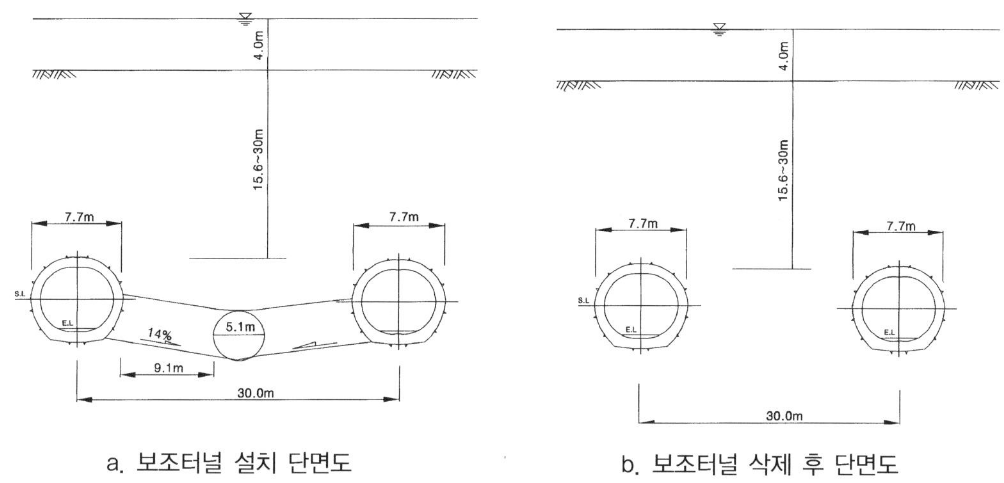

a. 보조터널 설치 단면도　　　　　　b. 보조터널 삭제 후 단면도

그림 10-7. 터널단면도

다. 한강 중앙 인공섬 설치

터널 막장의 지반이 당초 예상보다 연약한 것으로 확인되어 안전시공을 위한 추가 보강공사가 불가피해짐에 따라 상당한 공기지연이 예상되었다. 또한 터널을 굴착하기 위한 작업장은 한강 양안의 고수부지에 각각 1개소씩 설치되어 있어 공기 만회를 위해서는 한강 중앙부에 인공섬을 축조하여 작업장의 추가 설치하는 일이 불가피하였다.

인공섬은 사각형(44×44m)으로 쉬트파일을 설치한 다음 주변의 강바닥 충적토를 준설 채움하고, 세굴방지를 위하여 쉬트파일 주변에는 사석과 피복석으로 보호를 했다. 인공섬에는 직

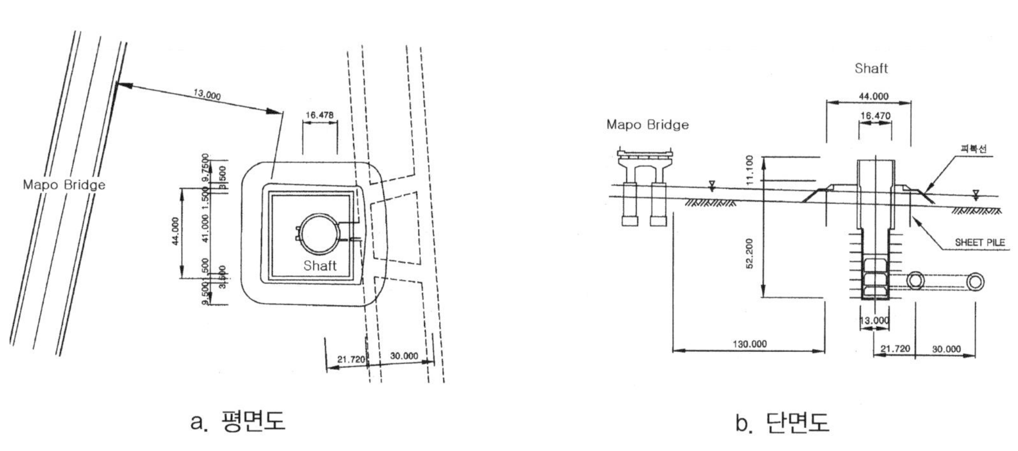

a. 평면도　　　　　　　　　　　b. 단면도

그림 10-8. 인공섬 평면도 및 횡단면도

경 15m의 원형수직구를 깊이 45m로 뚫고, 본선 터널을 굴착하여 약 16개월의 공기단축효과를 보았다.

공사완료 후에는 홍수시의 와류현상으로 인접한 기존 교량에 나쁜 영향이 생기지 않도록 준설토로 메운 후 인공섬을 철거하였다.

라. 하저터널 굴착단면 변경

하저터널 단면은 높은 수압발생에 대처하고 완전방수 공법에 따른 구조적 안정성을 확보하기 위해 원형단면으로 설계하였으나 원형단면으로 하부 굴착시 장비주행성의 결여로 장비이동이 어렵고 대피공간 확보가 곤란하며 시공성이 낮아 굴착단면을 원형에 가까운 원형성 마제형으로 단면을 조정하여 시공성을 개선하였으며 2차 라이닝 콘크리트 단면은 원형으로 시공하여 수압에 대한 구조적 안정성을 확보하였다.

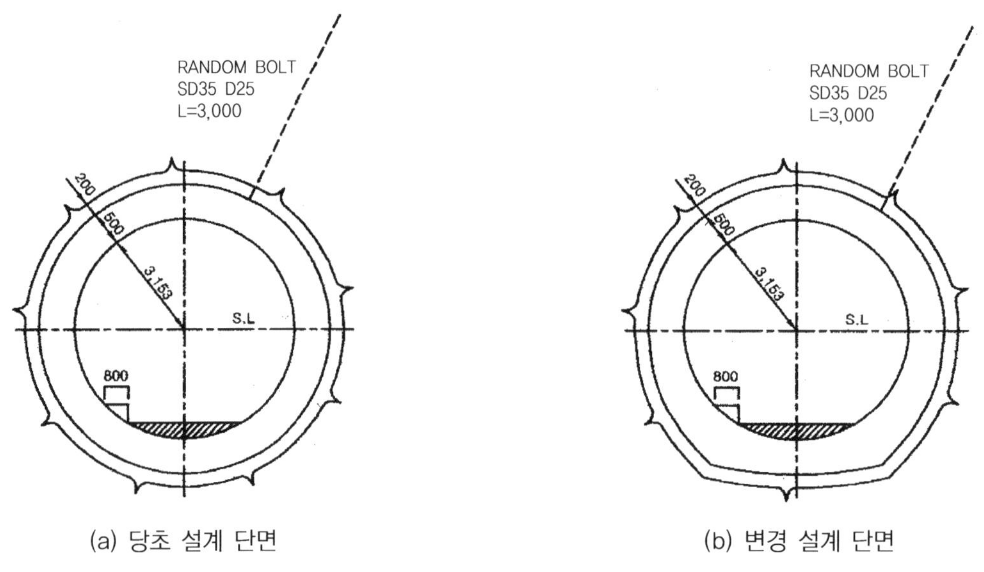

(a) 당초 설계 단면   (b) 변경 설계 단면

그림 10-9. 터널 굴착 단면

10.3.3 표준지보패턴

표준지보패턴은 지질조사자료를 기초로 하여 지반의 종류에 따라 그에 적합한 패턴을 결정하였다. 터널 천정부에서 1/2H(H : 터널높이)을 기준으로 하여 그 지점 안에 터널 막장부위보다 약한 암반이 분포할 경우 막장의 암반을 기준으로 지보패턴을 결정하지 않고 한 단계 낮은

지반에 적합한 패턴을 채택하였다. 또한 단단한 암반이라도 단층파쇄대에는 한 단계 낮춘 지
보패턴을 적용하였다.

표 10-3. 암반조건에 따른 지보패턴 및 보강공법

암반조건	암반분류 (RMR)	지보 패턴	보강 공법
경암구간	58~78 (매우 양호)	− 1회 굴진장 : 1.0m − shotcrete : 15cm − rockbolt : ℓ=3m, 4ea − steel rib : H100×100 − 굴착방법 : 발파	− grouting : 28공 − 강관보강 : 13ea 　(ℓ=15m, ctc 0.5m)
경암우세 (부분적연암)	47~78 (양호)	− 1회 굴진장 : 0.8m − shotcrete : 20cm − rockbolt : ℓ=3m, 4ea − steel rib : H100×100 − 굴착방법 : 발파+로드헤더 발파+I.T.C	− grouting : 41~45공 − 강관보강 : 13~17ea 　(ℓ=15m, ctc 0.5m)
연암, 경암 혼재	34~76 (보통~양호)		− grouting : 41~45공 − 강관보강 : 13~17ea 　(ℓ=15m, ctc 0.5m) − forepoling(random) 　(ℓ=3m, 6~13ea)
파쇄연암 (풍화암 혼재)	20~48 (불량)	− 1회 굴진장 : 0.8m − shotcrete : 20cm − rockbolt : ℓ=3m, 4ea − steel rib : H125×125 − 굴착방법 : 로드헤더, I.T.C hand breaker	− grouting : 81공 − 강관보강 : 17ea 　(ℓ=15m, ctc 0.5m) − forepoling(system) 　(ℓ=3m, 8~13ea)
연약대 구간 (토사 구간)	17~40 (매우 불량)	− 1회 굴진장 : 0.8m − shotcrete : 25cm − rockbolt : − − steel rib : H125×125 − 굴착방법 : 인력굴착, I.T.C hand breaker	− grouting : 111공 − 강관보강 : 26ea 　(ℓ=15m, ctc 0.3m) − forepoling(system) 　(ℓ=3m, 13~20ea)

10.3.4 터널의 방수와 배수

가. 터널의 방수

한강하저터널은 상부에 상시 흐르고 있는 많은 양의 하천수가 있어 배수식 방수형태로 시공
하는 경우에는 터널 내부로 지하수의 유입을 허용하게 됨에 따라 공사완료 후 유지관리시에
여러 가지 어려움이 예상되어 터널 인버트를 포함한 터널 전주변에 배수재와 방수재를 설치하
여 주변의 지하수가 터널 내부로 유입되지 않도록 계획하였다. 터널 굴착 중에는 지하수 처리를
위하여 터널 바닥 중앙에 유공관을 설치하였다. 비배수 방수를 채택한 하저터널에서는 터널
양측벽 하단부에 종방향으로 설치한 유공배수관(∅100mm)을 연결하였다. 이것은 터널바닥의

유공관(∅ 300~600mm)에 종방향 간격 15m로 세운 수직배수관(∅100mm)에 연결시킨 후 터널 인버트를 포함한 전주변에 배수재와 방수재를 설치하고 라이닝을 시공토록 하였다. 이에 따라 터널 주변의 지하수는 터널 내부로 유입될 수 있는 길이 완전히 차단되었으며 터널의 종단 구배를 따라 라이닝 밖의 터널바닥 중앙부에 설치된 유공관을 통하여 흐르도록 조치하였다.

나. 터널의 배수

하저터널 종단계획 변경으로 하저터널 중간지점이 가장 낮은 저점부가 되며 그 위치의 본선 터널 옆에 기설치된 인공섬을 이용한 원형수직구 내에 집수정을 설치하여 집수한 후 하저터널

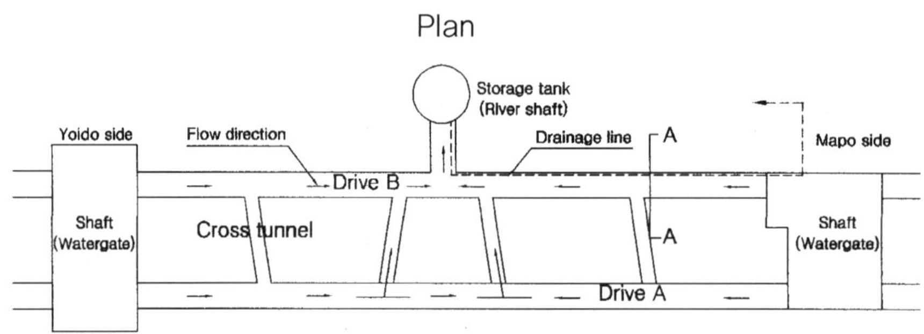

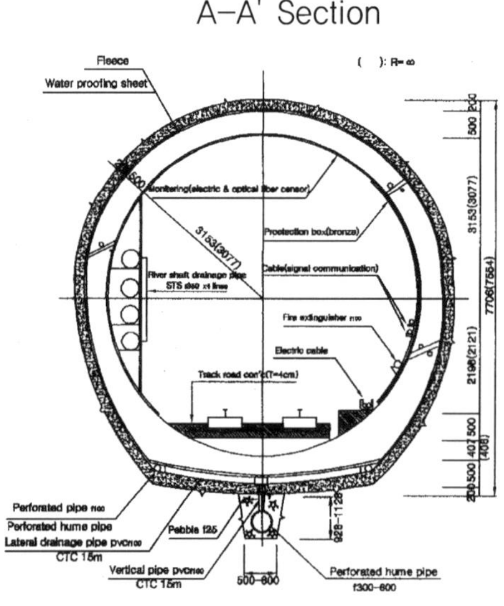

그림 10-10. 하저터널의 배수시스템

상행선(B갱) 측벽에 설치된 스테인리스관을 통하여 공사 종점측 수직구로 펌핑을 하도록 하였다. 한강 중앙에 설치된 집수정의 용량은 하저터널의 배수량 $2m^3/min/km$, 집수시간 60분, 배수시간 30분으로 하였으며 지하철 운행 중에 하저터널 구간의 침수사고가 발생할 경우 전원 공급곤란으로 인한 양수기 작동 불능에 대비하여 여의나루역에서도 전원을 공급할 수 있도록 하였다.

10.4 하저터널 시공

10.4.1 하저터널 굴착 순서

한강하저터널의 특수한 상황, 즉 굴착 중 하천수 유입을 동반한 붕락사고를 일으키면 공사의 완성이 거의 불가능하게 되는 치명적인 상황의 초래를 철저하게 방지하기 위하여 다음과 같이 4단계의 작업을 반복 시행하였다.

1) 굴착전방의 지질상황과 용수량을 정확히 파악하기 위한 수평선진시추를 시행하여 적절한 굴착공법 및 보강공법의 범위를 결정한다(그림 10-11(a) 참조).
2) 지수를 위한 주입공사를 실시하여 용수를 확실히 차단한다. 주입공법은 Rock Grouting 및 Soil Grouting을 구분하여 L.W주입공법을 채택했다. 전방 25m 구간을 주입하고 20m 굴착하는 작업을 반복한다(그림 10-11(b) 참조).
3) 불연속면들의 교차에 의한 막장암반의 쐐기파괴 및 연약화된 암반의 전단파괴 등을 사전에 방지하기 위하여 터널 천단부위에 강관보강 설치작업을 한다.
   외경 50mm, 강관길이 15m짜리를 횡간격 30~40cm로 삽입하고 10m를 굴착하는 작업을

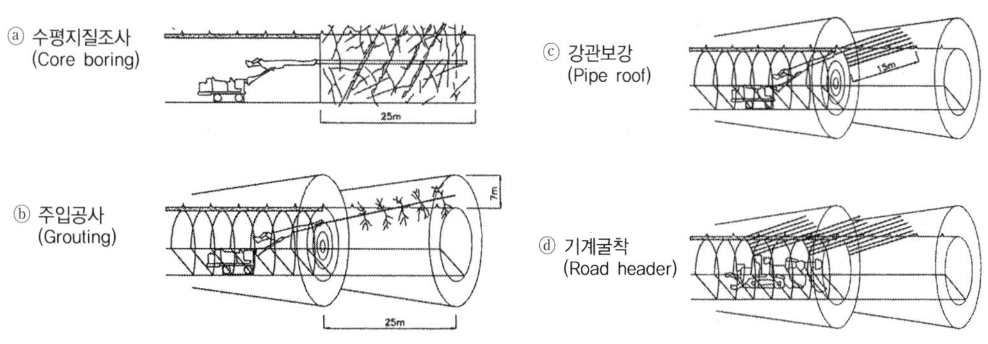

그림 10-11. 하저터널의 굴착순서

반복한다. 단 국부적으로 추가보강이 필요시 Fore Poling으로 보완한다(그림 10-11(c) 참조).
4) 보강공사 후 가능한 한 진동을 최소화할 수 있는 기계굴착(로드헤더, ITC) 등을 시행한다
(그림 10-11(d) 참조).

10.4.2 지반 보강

한강하저의 지질상태는 깊은 풍화대, 단층 및 파쇄대, gouge를 협재하는 절리면의 발달 등
지질구조적으로 심하게 교란되어 있고 공학적으로 매우 취약한 지반상태를 보이므로 갱내조
사를 통한 막장전방의 지질상황에 적절한 보강공법 및 굴착패턴을 선정하여 시공에 임하였다.

설계를 위한 지반조사와 실제 시공시 지반조사 결과를 비교하면 표 10-4와 같이 실제 시공
시의 조사결과가 설계시 지반조사결과에 비해 풍화암(불량)이나 풍화토(매우 불량)가 많은 것
으로 조사되었다.

표 10-4. 설계시와 시공시의 암반분류결과 비교

구 분	암 반 분 류				
	계 (%)	경암 (양질암)	연암 (보통암)	풍화암 (불량암)	풍화토 (극불량암)
설 계	100	57	36	7	–
시 공	100	35	36	21	8

가. 차수 그라우팅

차수 그라우팅의 주입 영역은 원형공동에의 주입시 역학적 해석 및 경험치를 따르면 주입지
역을 아무리 크게 해도 별 의미가 없으며 터널반경의 2~3배가 적정치가 된다고 알려져 있다.
따라서 본 공사구간에서는 주입범위 7m를 표준으로 하고 암반상태 및 시공방법에 따라 주입
범위를 조정하였다.

주입간격은 저압 주입시의 유효범위 중복을 고려하여 1.5~2m로 하고 주입량은 시공 실적
인 공당 주입량의 상한치와 이론적 계산방법인 간극율, 주입공 간격, 주입재 또는 지하수의
유출방지를 목적으로 막장 암반 상태에 따라 주입장 및 벌크헤드(bulk head)를 결정하였으며
일반적으로 주입장 25m, 벌크헤드 5m를 표준 패턴으로 시공하였다.

주입순서는 주입재의 주입범위 밖으로의 일출방지와 시공과 병행하여 주입효과의 확인이
용이한 내삽법(외측에서 내측으로 주입)으로 시행하며, 동일 line은 2공 간격으로 주입하여
천공시의 주입량이 주입 당초의 용수량에서 감소됨으로서 주입효과를 확인하였다.

주입압력은 수두의 4~6배로서 평균 12~18kg/cm^{2}이었으며, 주입속도는 최대 25ℓ/min로 하였다.

본 공사구간에서 주로 시행한 L.W 주입공법은 지반조건에 따라 5가지 패턴(표 10-5 참조)으로 나누어 시공하였으며 차수그라우팅 배합비는 3가지 type을 적용하였다(표 10-6 참조).

표 10-5. L.W 그라우팅 패턴별 시공 내용

패 턴	암반상태	주입범위(m)	주입공수(공)	주입장(m)	벌크헤드(m)
A	경 암	3.5	28	25	5
B	경암우세	5.0	42	25	5
C	연암우세	5.0	55	25	5
D	풍화암	7.0	81	25	5
E	토 사	7.95	111	31	10

표 10-6. L.W 그라우팅 배합비(m^3)

배 합	주입량 (ℓ)	A액		B액			Gel time (sec)	주입비율 (%)
		물유리 (ℓ)	물 (ℓ)	시멘트 (kg)	물 (ℓ)	W/C (%)		
I	1000	250	250	95	470	500	92	80
II	1000	250	250	115	463	400	57	20
III	1000	250	250	150	452	300	45	필요시

나. 강관보강 그라우팅

강관보강 그라우팅 공법은 암괴의 전단보강으로 단층파쇄대 및 파쇄절리의 이탈을 방지하며 상부 굴착면의 안정성 확보와 차수 그라우팅의 2차적인 효율을 증대할 목적으로 시행한 공법이다.

주입방식에 따라 강관 1단주입과 강관다단주입방식으로 구분되며 양호한 암반구간에는 1단주입방식이 유리하고 파쇄되거나 풍화가 많이 진행된 경우 또는 용수가 다소 존재하는 경우에는 강관다단주입방식이 유리하다. 본 현장에서는 주입효과를 높이기 위해 강관다단을 적용하였다.

시공방법은 차수 그라우팅 완료 후 시행하며 외경 50mm의 강관을 S.L상부 120° 내에 암반상태에 따라 13~26개를 시공하며 15m를 표준시공길이로 하는데 그중 5~8m를 겹침시공함으로서 막장의 안정성을 도모하였다.

이 공법은 파쇄 정도가 심한 경우의 소규모 붕락에는 효과적이지 못하므로 암반파쇄가 심한 경우에는 작업시의 안정성 및 소규모 붕락으로 인한 암반의 이완방지를 위해 길이 3m의

fore-poling을 시행하였다.

또한 주입압력변화에 따라 표 10-7과 같이 3가지 배합비를 탄력적으로 적용하였다.

표 10-7. 그라우팅 배합비

배 합	주입량 (ℓ)	A액*		B액*		
		규산소다 (ℓ)	물 (ℓ)	시멘트 (kg)	물 (ℓ)	W/C (%)
I	400	100	100	60	181	302
II	400	100	100	80	175	219
III	400	100	100	100	168	168

* A액 : B액 = 1 : 1

10.4.3 연약대 구간 시공

여의도 측 하저터널 A갱에서 선진수평시추조사 중 연약대를 확인하였으며, 전체적인 연약구간(단층대)은 시공결과 20k495에서 20k580까지 폭 85m의 비교적 큰 규모의 단층대를 형성하고 있었다.

본 연약대구간은 다음과 같은 공법을 적용하여 약 9개월간의 공사기간을 소요한 뒤 시공완료하였다.

가. 연약대(단층대) 구간 지반조사

여의도 측 하저터널 A갱 STA. 20k485 지점에서 수평시추조사 중 시추시점부터 약 10m 전방 지점(STA. 20k495)에서 단층각력암이 출현하고 이후 풍화대 및 점토와 함께 $200{\sim}400\ell/cm^3$ 정도의 지하수가 용출되기 시작하여 최대 $1,200\ell/cm^3$의 용수가 발생하였다.

따라서 터널의 안전시공을 위하여 시추조사, 공내재하시험, 토질시험 등 세밀한 지반조사를 시행하였으며 이에 대한 조사결과를 요약하면 표 10-8~표 10-10과 같다.

표 10-8. 수평선진시추조사 결과

구 간	연장 (m)	경사 (°)	작업 내용	출수량 (ℓ/min)	비 고
20k 501.4~571.4	70	5	0.0~30.0m : Non coring 30.0~42.0m : Slime check 0.0~30.0m : Coring 0.0~30.0m : Slime check	300 400	22m 지점에서 용출수 급격히 증가
20k 501.4~521.6	21.2	0	트리플 바렐로 코어채취 가능		

표 10-9. 공내재하시험 결과

측 점	시험심도 (m)	정지토압 $P_0(kg/cm^2)$	항복압 $P_y(kg/cm^2)$	파괴압 $P_f(kg/cm^2)$	반력계수 Km (kg/cm^3)	탄성계수 Em (kg/cm^2)
20k 502.1	0.7	2.75	14.85	18.95	87.35	474.45
20k 503.1	1.7	1.96	16.83	18.79	81.70	458.08
20k 504.1	2.7	3.20	16.58	19.23	93.15	488.48

표 10-10. 토질시험 결과

sample	horizontal depth(m)	W_n (%)	Gs	Atterberg		일축압축	직접전단		USCS
				LL	PI	qu (kg/cm^2)	c (kg/cm^2)	ψ (°)	
A	2.0~3.0	21.5	2.66	NP	NP	0.71	0.35	35	SM
B	8.5~9.0	22.7	2.66	NP	NP	0.54	0.24	32	SM
C	16.4~16.8	25.7	2.66	NP	NP	0.38	0.19	29	SM

나. 연약대 구간 통과공법 검토

시공시 과다한 침투 지하수량, 불량한 막장 자립력, 과다한 변위발생 및 변위수렴 지연과 한강 하천수의 풍부한 공급량 등의 문제점에 대한 세부공법 수립을 위하여 다음 표 10-11과 같은 공법들을 비교 검토하였다.

연약대 구간 통과공법 검토결과 다른 공법에 비하여 Grouting공법과 강관다단 보강공법이 다른 공법에 비하여 양호한 것으로 검토되었다.

표 10-11. 연약대 통과공법 비교

항목 \ 공법	동 결	압 기	Jet Grouting	PUIF	Grouting (현탁액형)	강관다단 보강공법
적 용 지 반	○	△	△	○	△	○
차 수 성	○	○	△	○	○	△
강 도	○	△	○	○	△	△
설계의 정도	△	△	△	○	○	○
시 공 성	△	×	△	○	△	○
문제발생시 대처능력	×	×	△	○	○	○
시공계획변경의 난이도	×	×	○	○	○	○
국내시공실적	×	×	△	△	○	○
공 사 기 간	×	×	△	○	△	○
경 제 성	×	△	△	×	○	○

※ ○ : 양 호   △ : 보통   × : 불량

다. 지반보강 및 굴착공법

실트질 모래층이 확인됨에 따라 굴착 중에 지하수 용출의 과다와 지반지지력이 낮은 막장의 자립시간이 매우 불리함에 따라 터널의 변위발생이 커지고 변위의 수렴이 지연될 것으로 예상되어 치밀한 차수 그라우팅(현탁액형 L.W)과 막장보호를 위한 강관다단공법을 채택하여 지반을 보강하였으며 굴착은 벤치커트에서 링커트로 변경시공하였다.

1) 그라우팅

- 주입공법 : L.W
- 주 입 장 : 31m
- 주입패턴 : 그림 10-12. 참조
- 벌크헤드 : 10m

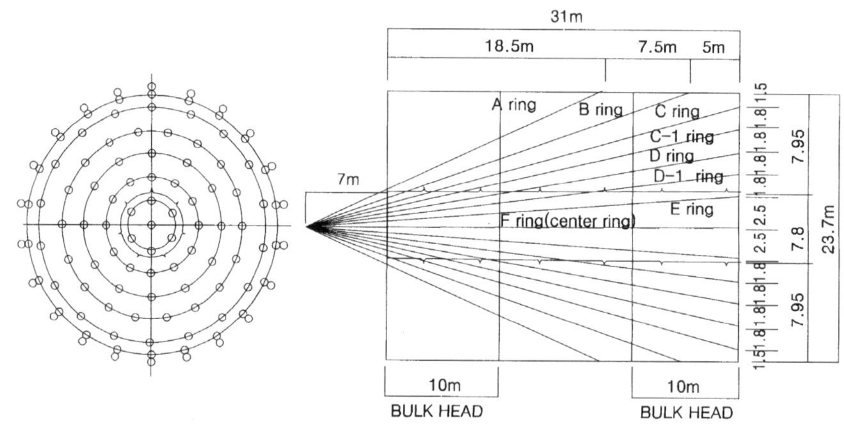

그림 10-12. 주입패턴도

2) 강관보강다단 그라우팅

본 구간의 강관보강다단 그라우팅은 터널막장 크라운부에 그림 10-13과 같이 횡방향 30cm 간격으로 26공을 시행하였다.

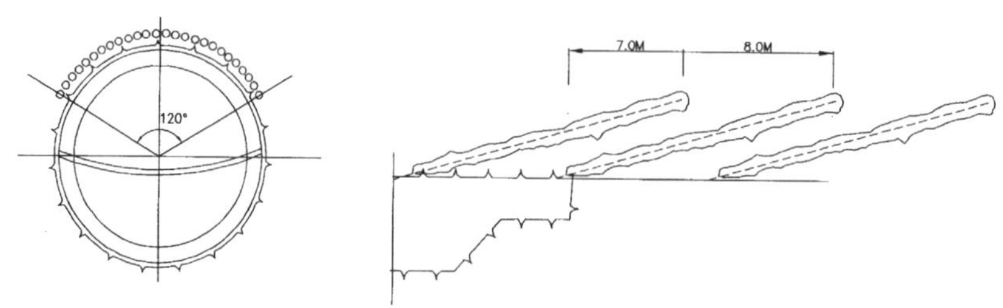

그림 10-13. 강관다단 보강도

3) 굴착 및 지보패턴

- 굴착방법 : ring cut
- 굴착장비 : back-hoe 및 인력굴착
- 1회굴진장 : 0.8m
- 1일 평균굴진장 : 0.33m/day
- 지보패턴
  - 숏크리트 두께 : 25cm
  - 와이어매쉬 : ∅ 5×100×100, 2회 설치
  - 막장 숏크리트 두께 : 5cm
  - 강지보공 규격 : H-125×125×9×12
  - 가인버트 숏크리트 두께 : 20cm
  - 상부반단면 코어유지길이 : 4스팬(3.2m) 이상

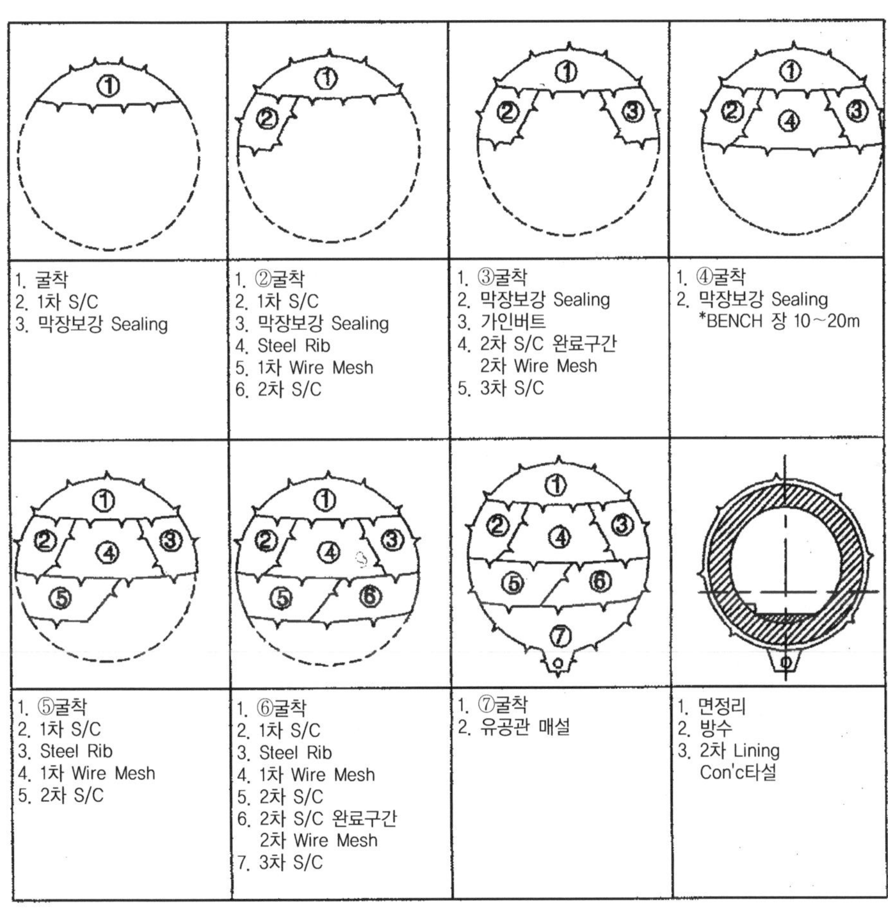

그림 10-14. 굴착 및 지보순서도

10.4.4 붕락구간 시공

하저터널 공사 시행 중에 두 차례의 소규모 붕락 및 Sliding이 발생하였으며 보강공사 시공 사례는 다음과 같다.

가. 하행선 횡갱구간(A갱 21k249지점)

횡갱 상부 반단면 굴착중 천단부에서 붕락(규모 6m×4m)이 발생하였다.

횡갱 막장의 주요 불연속면의 방향성은 굴진방향에 반대방향이며 막장 천단부 2~3m 상단에 흑연층이 협재되어 있었고 용수량은 소량이었다.

보강공사로 그림 10-15와 같이 막장부에 폐합 숏크리트를 타설하였고 공동부위는 충진 그라우팅을 시행하였다. 추가보강으로 측벽부에 숏크리트 타설과 록볼트 길이 3m짜리를 1m 간격으로 18개소 설치하였다.

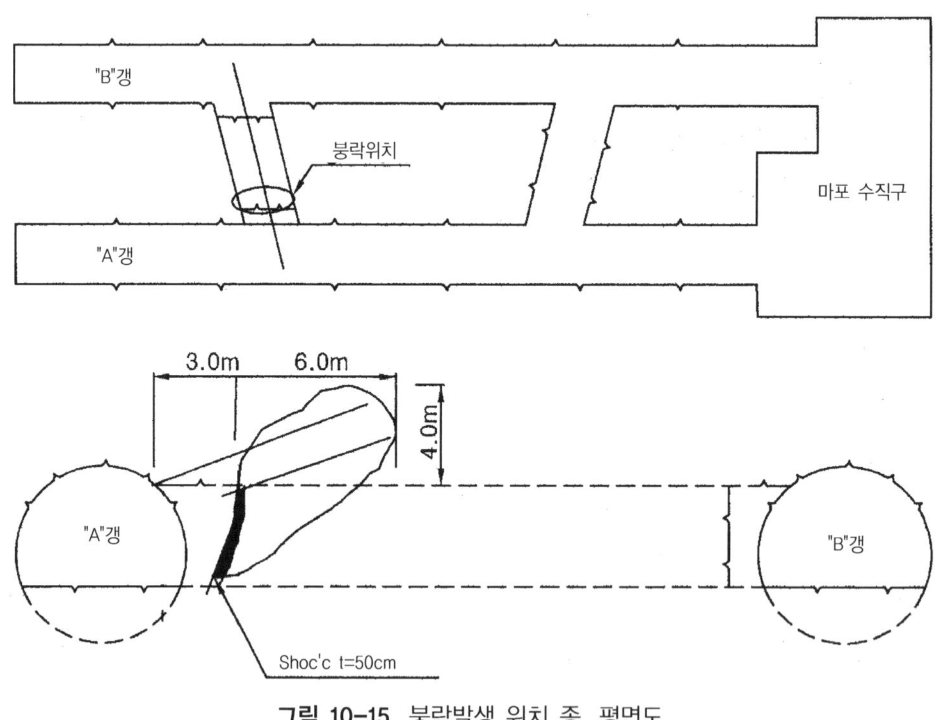

그림 10-15. 붕락발생 위치 종, 평면도

나. 하행선 본선구간(A갱 20k910 지점)

하저터널 본선(A갱) 상부 반단면 굴착 중 천단부에서 붕락(규모 3m×1.5m)이 발생하였다.

횡갱 막장의 주요 불연속면의 방향성은 굴진방향에 반대방향이며 흑연층이 협재되고 경면화되어 있어 불규칙하게 발달하는 절리계의 조합으로 인한 쐐기파괴로 추정되었다.

보강공사로는 그림 10-16과 같이 공동부위 충진 그라우팅과 강관보강 다단 그라우팅을 시행하였다.

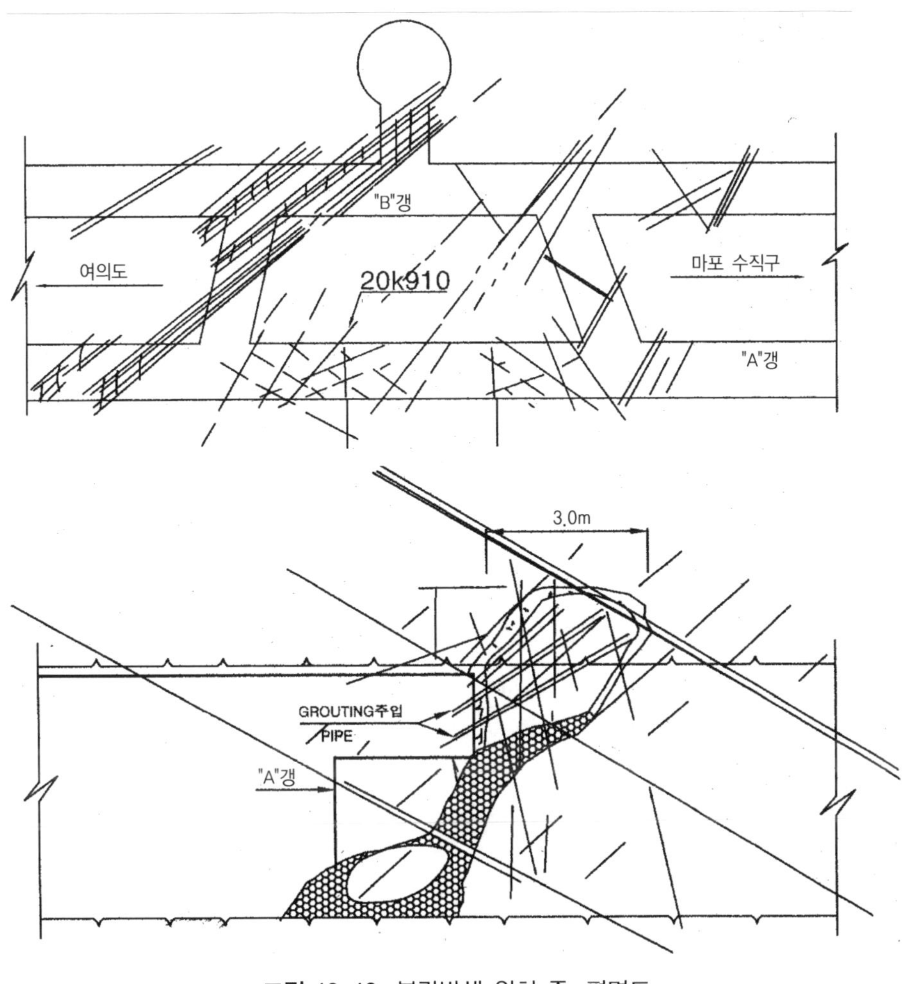

그림 10-16. 붕락발생 위치 종, 평면도

10.4.5 구조물 시공

가. 라이닝 구조물

한강 하저터널은 비배수 방식 터널로서 계획홍수위(수두 41m)를 고려한 수압과 라이닝 콘크리트의 자중을 하중 조합하였다. 또한 장기적인 안정성 확보를 위하여 라이닝에 미치게 될 불확정 요소들(다양한 지질조건의 변화, 연약대 출현, 향후 전동차 운행에 따른 진동 등)을 감안하여 50cm 두께의 복철근콘크리트 구조로 설치되었으며 콘크리트의 설계기준강도(σck)는 210 kg/cm^{2}을 채택하였다.

나. 방수 시공

비배수방식으로 계획된 하저터널은 터널 전주변에 방수쉬트를 설치하게 됨에 따라 터널주변의 지하수에 의해 방수쉬트의 굴곡이 발생할 경우 콘크리트의 설계두께를 확보하기 어렵게 되므로 시공성을 고려하여 터널주변의 지하수를 터널바닥 중앙 트렌치에 유공관을 매설하여 유도하였다.

따라서 방수쉬트를 터널 전둘레에 설치 폐합함으로서 구조물 내부로는 누수가 전혀 없도록 하였고, 부직포를 통해 유공관으로 유입된 물은 한강 중앙 집수정으로 모아서 마포 측 수직구를 통하여 지상으로 양수 처리되도록 하였다.

다. 터널 2차 라이닝

터널 2차 라이닝은 하저터널에 2차 라이닝 타설용 스틸폼 7조(길이 10m)를 투입하여 94년 8월부터 96년 2월에 완료하였다.

- 시공 단위물량 : 10m 1스판당 콘크리트 120m^3, 철근 8ton
- 작업 소요시간 : 1스판당 39시간
  - 콘크리트 타설 10hr　　- 양생 20hr　　　- 스틸폼 이동 1hr　　　- 스틸폼 설치 3hr
  - 스틸폼 탈형 3hr　　　- 마구리판 설치 2hr

10.4.6 라이닝 배면공극 채움 그라우팅

라이닝 콘크리트를 타설하게 되면 콘크리트의 블리딩 현상, 페이스트의 유출 등에 따라 라이닝의 크라운부 일부에 공동이 발생한다. 이러한 공동을 방치할 경우 라이닝 구조물에 취약한 균열이 생긴다. 또한 터널방수가 비배수 방식인 경우에는 복합적인 원인으로 완벽한 방수를 기대하기 어려우므로 콘크리트 라이닝 배면공동, 터널 시공이음부, 누수발생 예상부위 등을 밀실하게 충진시킬 필요가 있다.

가. 1차 주입시행

라이닝 배면공동 채움주입을 위하여 콘크리트 타설 전에 길이 10m짜리 스틸폼 크라운부에 직경 50mm 파이프를 5m 간격으로 2개를 설치하였다. 주입공사는 격공으로 우선 홀수번 주입 공을 통하여 주입재(기포몰탈)가 유출될 때까지 주입하고 나서 짝수번 주입공을 통해서는 3~ 5 kg/cm^{2}의 압력으로 주입하는 과정을 2회 반복 시공하였다.

표 10-12. 그라우팅 배합비(m^{3}당)

시멘트 (kg)	기포재 (kg)	물 (ℓ)	W/C (%)
1299	5.84	584	45

나. 2차 주입시행

시멘트 밀크 주입시 시공 이음부의 균열을 통해서 주입재가 유출되지 않도록 시공이음부를 V형으로 커팅한 후에 에폭시로 실링처리를 하고 누수발생 예상부위에 추가로 배면 채움주입 을 시행하였다. 2차 주입의 목적은 콘크리트 라이닝 배면의 추가 충진이며 방수재의 훼손이나 터널 바닥에 설치된 배수계통 시설에 영향을 주어서는 안 된다. 2차 주입시의 압력은 1~ 2kg/cm^{2}로 관리하였다.

표 10-13. 그라우팅 배합비

A액(규산소다 용액)			B액(시멘트 밀크)		
규산소다	물	계	시멘트	물	계
100 L	100ℓ	200ℓ	19ℓ(60kg)	181ℓ	200ℓ

다. 인버트측부 채움주입 시행

콘크리트 라이닝의 본체와 인버트 접속부의 균열 및 누수에 따른 열화 요인을 방지하기 위하 여 인버트 양측부에 주입관(ψ16mm 폴리에틸렌 재질, 1스판당 L=10.3m)을 매설하였다. 본 주 입관에는 20cm 간격으로 지그재그 방향으로 ψ5mm의 주입구멍을 뚫고 비닐테이프로 감았다. 본체 배면공동 채움 주입 완료 후 본주입관을 이용하여 인버트측부 채움주입을 시행하였다.

10.4.7 영구계측기 설치 및 측정

지하철 구조물의 과학적이고 합리적인 유지관리를 위하여 영구계측 시스템을 도입 설치하 였다. 영구계측기는 대표단면계측으로서 토압계, 수압계, 변형률계와 일상관리계측으로서 계측핀, 반사경, 전기저항식 및 광섬유센서로 구분 설치하여 구조물관리에 참고하고 있다.

영구계측기는 지반취약구간, 한강최심부, 개착과 터널연결부, 인근 구조물 근접지점 등 총 26단면에 설치하여 계측을 수행하고 있다.

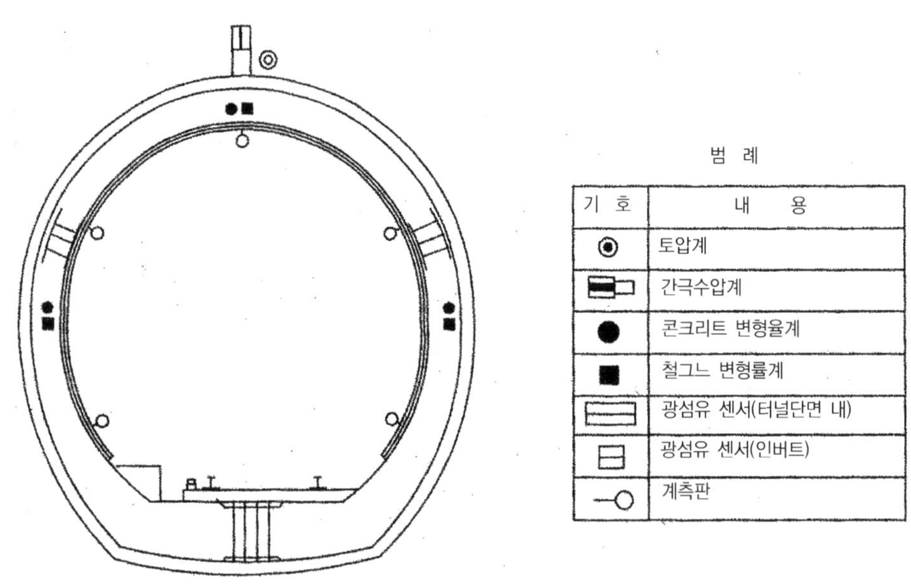

그림 10-17. 영구계측기 설치 단면도

10.4.8 비상 수문 설치

한강 하저터널 구간에서 지하철 운행 중 지진 또는 지각변동 등과 같은 예상치 못한 대형 재난 발생시 하저터널 내부로 한강물이 유입되는 재해를 예방하기 위하여 여의나루역과 마포 수직구에 비상수문을 설치하였다. 한강하저터널에 설치된 비상수문은 설계조건이 불리한 지역의 설계수두인 41m(계획홍수위 기준)를 적용하였고 현장조작과 원격조작이 가능하도록 설치하였다.

가. 설계 기준

최대 홍수위에서도 수문이 수압에 견딜 수 있도록 설계할 경우 여의도와 마포측의 수두 차이가 다소 있으나 설계조건이 불리한 여의도 지역의 수두를 기준으로 설계하고 양측 전부 동일한 사양으로 제작하였다.

- 최대 홍수위 : EL.+114.730m
- 평상 수위 : EL.+103.500m
- 본선하단고 : EL.+ 73.130m
- 설계 수두 : 41.60m($4.16kg/cm^2$) = 114.730m − 73.13m

나. 수문 형태

일반적으로 수문의 단면형태는 I형과 Box형의 두 가지가 주종을 이루는데 설계대상 수문이 중량형임을 감안하여 자기 배수식으로 부력을 최소화하고 침투수의 충격수압의 작용시에도 수문이 하강할 수 있도록 I형으로 채택하고 충분한 자중을 갖도록 하였다.

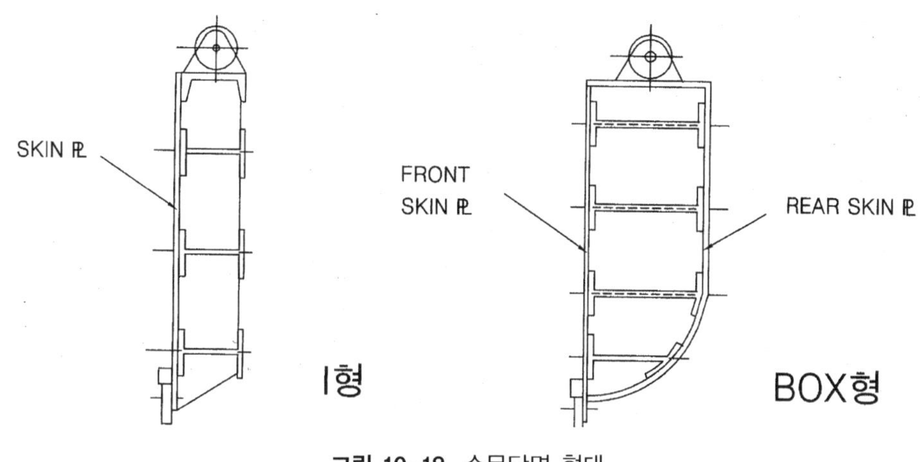

그림 10-18. 수문단면 형태

10.5 한강 하저터널 막장관리

10.5.1 개 요

한강하저부의 암반상태는 구조적으로 복잡하고 변화가 심하여 사전에 충분한 조사가 시행되었다 하더라도 예상치 못한 암반상태가 출현하는 경우가 많았다. 한강하저 터널의 특수성에 비추어 최대의 안전시공을 확보하기 위하여 막장에서의 정밀한 지질조사가 실시되었고 수평선진시추조사 및 slime checking 등과 더불어 시공 중 조사자료가 수집되어 Pre-Grouting 주입 범위 및 굴착공법 내지 보강공법의 검토 보완 등이 암반상태에 따라 신속히 이루어질 수 있도록 하였다. 더불어 이들 막장관찰조사자료를 취합하여 터널노선의 지질 종평면도 및 단면도를 작성하여 안전시공 및 추후의 유지보수에 참고가 되도록 하였다.

10.5.2 막장관찰 방법

막장 지질조사에서 암반등급구분은 R.M.R 분류법에 기초하여 작성하였으며, 관찰항목은
다음과 같다.

1) 암석의 강도(함마 타격시 반발력 등으로 확인), 풍화의 정도
2) R.Q.D
3) 불연속면의 간격
4) 불연속면의 상태
5) 지하수조건 등의 기본항목

위 항목 외에 터널굴진방향과 불연속면의 방향성과의 관계를 고려하여 이들의 평점 합계로
서 암반평가가 이루어지며, 그 외에 지질학적인 사항의 기록 및 지하수의 용출상태 등을 기록
하였다.

이러한 막장 암반상태에 적절한 보강공법 등을 막장관찰자 의견으로 제시하고 해당 막장의
지질단면 SKETCH CARD(축척= 1:100)를 첨부하였다.

10.5.3 막장조사 결과

막장 관찰 기록 예는 그림 10-19 및 그림 10-20과 같으며 막장조사결과 단층을 포함한 각
불연속면들의 방향성 및 경사는 다음과 같다.

① N30~40W(30~70NE) 계열
② NS~N30E(40~60SE) 계열이 가장 우세
③ 기타 불규칙한 방향성을 보이는 소규모 단층, 절리, 엽리 등으로 구분

①, ②번 계열의 불연속면들의 경우 특히 그 불연속면이 일정규모의 파쇄대로서 존재할 경
우, 거의 예외없이 흑연층이 협재하고 흑연층의 경면(Slickensided Plane)화로 인한 전단강
도, 마찰저항의 현저한 감소로 굴착시 암반 파괴를 발생시키는 주요인이 되었다. 또한 gouge
내지는 clay material이 협재된 소규모 단층이 도처에 분포하며 그 방향성은 엽리면과 평행한
경우가 우세하나 다소 산재되어 분포한다. 이는 비교적 큰 규모의 단층(폭 : 30cm 이상의
graphite 내지 clay 협재)에 수반되는 경우이며 막장의 안정성에 가장 큰 영향을 주는 단층대
(fault zone)도 N20W/60NE 내지 N30W/50NE의 방향성을 보인다.

막 장 관 찰 야 장

공 구 : 지하철 5-18공구   측 점 : 21 km 352 m   일 시 : 1994년 1월 10 일

막장번호 : 다포하저 A갱   작 성 자 :

분류항목			명		집		
1	암석 강도	함마타격 상태	함마타격시 튀어오르고 벗겨칠때 불꽃이 튀는정도 게 갈라짐 (극경암)	강한함마 타격에 갈라지며 불연속면을 따라 비교적 크게 갈라짐 (경 암)	함마타격에 용이하게 갈라지며 불연속면을 따라 비교적 소편으로 갈라짐 (연 암)	함마로 치면 탁음을 내고 부서지며 균열이 되면서 갈라짐 (연암~풍화암)	약한 함마타격에 부서지고 일부 손으로도 부서짐. Pick로 긁힌다 (풍화암~풍화토사)
	평 점		15	12 ⑪	7	4	2
2	R. Q. D.		90 ~ 100 %	75 ~ 90 %	50 ~ 75 %	25 ~ 50 %	< 25 %
	평 점		20	⑰	13	8	3
3	불연속면의 간격		> 3 m	1 ~ 3 m	0.3 ~ 1 m	50 ~ 300 mm	< 59 mm
	평 점		30	25	20 ⑮	10	5
4	불연속면의 상태		거칠다, 불연속, 밀착, 신선 절리면 암반:경암	약간거칠다, 절개면 간격<1mm, 약간풍화 절리면 암반: 경암	약간거칠다, 절개면 간격<1mm, 보통풍화 절리면 암반: 연암	경면, 혹은 Gouge<5mm, 절개면 간격 1 ~ 5 mm 심한 풍화	연한Gouge 5mm 이상, 또는 절개면 간격 1 ~ 5 mm 완전 풍화
	평 점		25	20 ⑯	12	6	0
5	지하수 조건		건 조 상 태	습기 인지 정도	습윤(10~25ℓ/min)	벽면을 타고 물이 흐르는 상태 (25~125ℓ/min)	피압수, 압력상태의 집중용수 (>25ℓ/min)
	평 점		10	8	⑦	4	0
6	불연속면	경사방향	경사방향 = 굴착방향 (Drive With Dip)	경사방향과 굴착방향이 서로반대 (Drive Against Dip)	주향이 굴착방향에 평행 (Parallel Strike)	주향이 굴착방향과 사교 (Irrespective Strike)	
		경 사 각	45 ~ 90° | 20 ~ 45°	45 ~ 90° | 20 ~ 45°	45 ~ 90° | 20 ~ 45°	0 ~ 20°	
		평 점	0 | - 2	- 5 (-7) | - 10	- 12 | - 5	- 12	
7	암반 평가	총 평 점	100 ~ 81	80 ~ 61	60 ~ 41	40 ~ 21	< 20
		암 급	매 우 양 호	양 호	보 통	불 량	매 우 불 량

1) 막장 암반상태
 ⓐ 전체적으로 절리가 비교적 넓은간격으로 형성되고 암석의 등락가 거의 없는 신선한 경암으로 구성되어 지나
 ⓑ 좌측에 비교적 급경사를 이루는 단층의 영향에의한 Fracturing 현상으로 좌측및 crown 부위가 연암화되있음
 ⓒ 단층면 덫 연장성이 양호한(절리간격 넓음) 절리면에는 Graphite 에의해 충전 되어져 있으며 slickenside 화한 경우가 있음

2) 지하수 상태
 • 벽면을 적시는 정도의 지하수 (3~4개 부위)

※ 불연속면들의 STEREOGRAPHIC projection 설명
 -후면 첨부-

그림 10-19. 막장 관찰 야장 (계속)

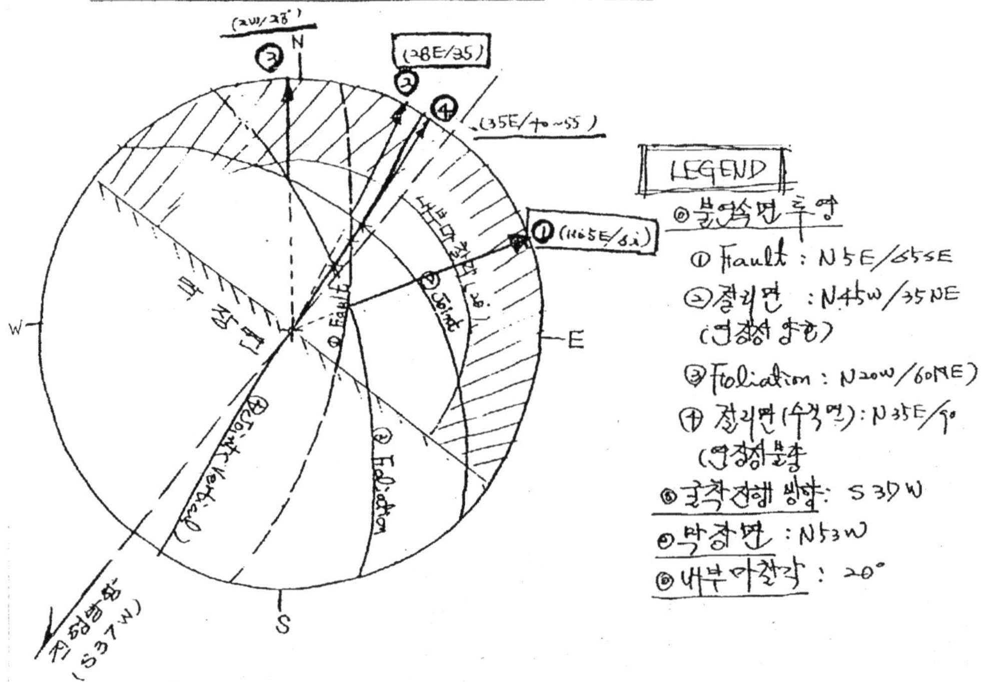

※ 불연속면의 stereographic projection 에 의한 기하학적 Model 에 의하면
   4가지의 Wedge failure 를 가능케하는 Block이 형성되지만 ③, ④번의 경우는
   Wedge angle이 이 비교적 안전하거나, 혹은 연장성이 불량한 면의 교차로써 실제의
   Failure 위험성은 없다고 사료된다.

◎ ①번교선의 경우는 단층면과 절리면의 교차로써 6°의 경사를 이루고 있고
   ②번교선의 경우는 단층면과 연장성이 양호하고 Graphite가 까어 있는 절리면과의
   교차로써 경사도 35° 정도에 해당하므로 주의를 요함.

◎ 즉 막장 단면의 좌측 단층면이 지나가는 Crown 부위의 Wedge failure 에
   대하여 fore-poling 등 방안을 요함.

그림 10-19. 막장 관찰 야장

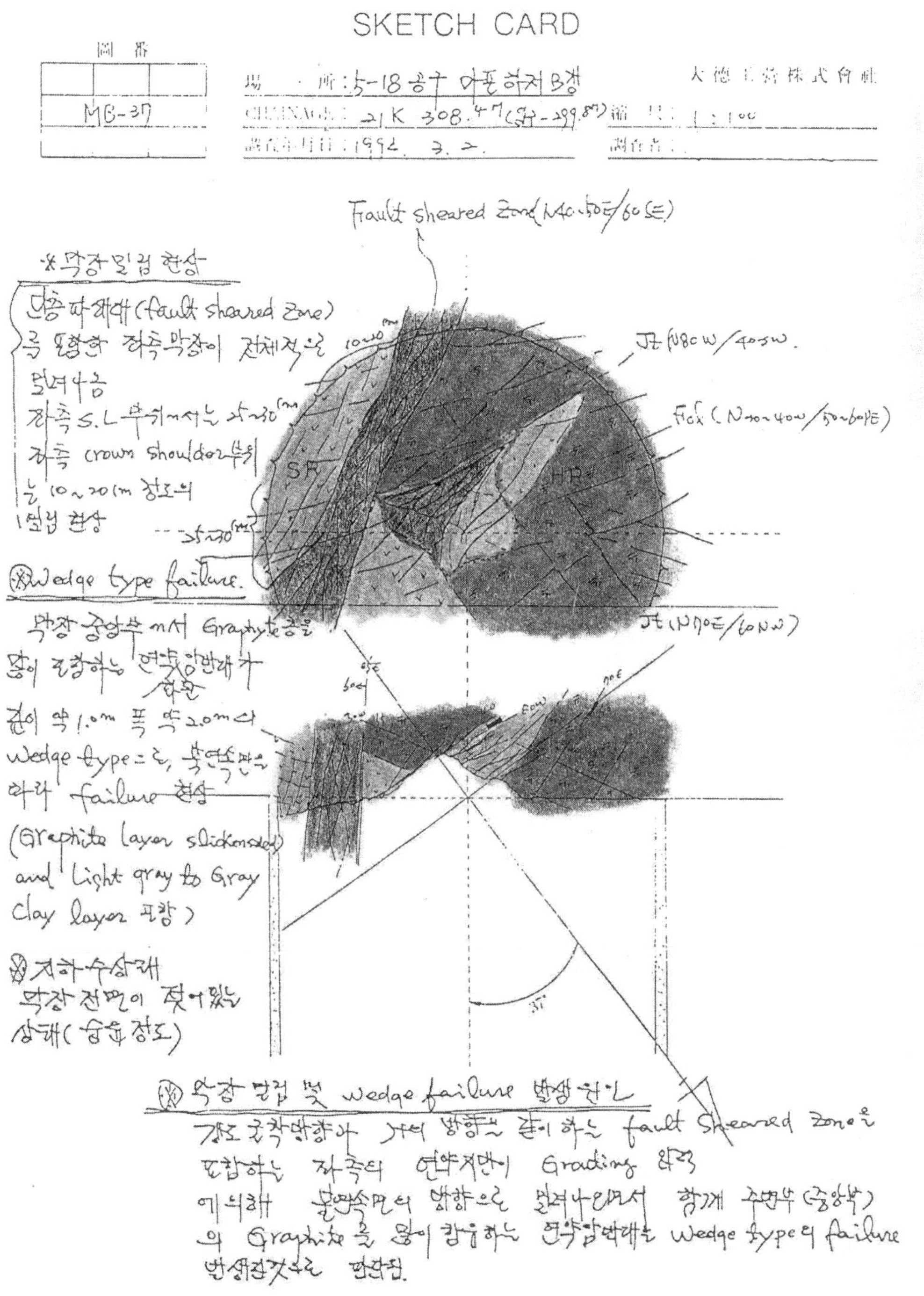

그림 10-20. 막장 관찰 기록(SKETCH CARD)

특히, 그 굴착방향이 불연속면들의 경사방향과 대체로 반대방향(against dipping)인 마포 측의 경우 Direct tensional failure의 발생 가능성이 항상 존재하고 있었으며 여의도 측의 경우는 그 반대의 상황으로서 비교적 안정적이라 할 수 있으나 불연속면이 규칙적으로 발달하여 단층파쇄대를 따라 풍화가 심하게 진행된 경우에는 막장 내의 변위가 크게 발생함으로서 막장의 안정성을 불안정하게 하는 요인이 되었다.

10.5.4 지반의 불연속면과 터널의 안정성 해석

가. Stereonet 투영 결과

본 구간의 지질구조를 해석하기 위하여 stereo-net에 불연속면의 방향을 투영한 결과 전체적인 불연속면의 방향은 N20E/54SE 방향이 가장 우세하게 분포하며 이를 불연속면의 특성에 따라 분석해 보면 그림 10-21과 같으며 지질조사 결과에 의한 각 구역별 불연속면의 방향성은 표 10-14와 같다.

표 10-14. 구역별 불연속면 방향성

구 간	Sets	Set. #1	Set. #2
여 의 도	Fault	N30°W/40°NE	
	Shear	N2°E / 5 5°SE	N34°E/vertical
	Joint	N77°W/63°NW	N6°W/46°NE
	Foliation	N8°W/42°NE	
마 포	Fault	N29°W/48°NE	
	Shear	N13°E /57°SE	
	Joint	N12°W/46°NE	N74°E/55°NW
	Foliation	N2°E/44°SE	
인 공 섬	Fault	N18°W/60°NE	
	Shear	N7°E /63°SE	N20°W/45°NE
	Joint	N5°W/60°NE	N80°E/57°NW
	Foliation	NS/64°E	

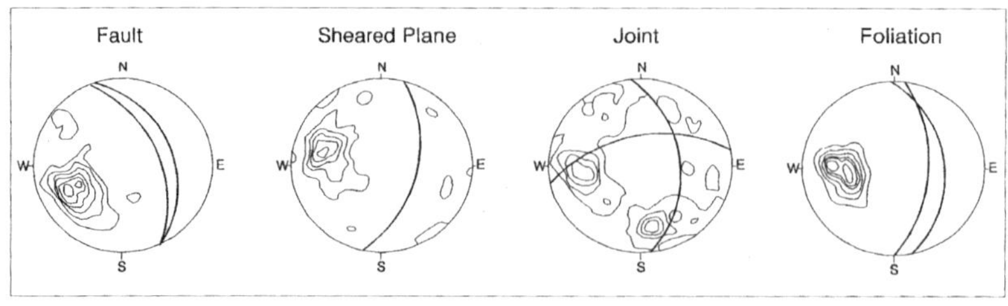

그림 10-21. 평사투영 결과

나. Unwedge 해석결과

Unwedge는 지하 굴착시 암반 내의 불연속면에 의해 형성되는 underground wedge의 기하학적 특성 및 안정성을 분석하기 위한 program으로 Toronto 대학의 Rock Engineering Group에서 Joe Carvlho, Evert Hoek and Bin Li에 의해 개발되었다.

본 검토에서는 터널 굴착시 굴착면 관찰을 통하여 얻어진 지질자료에 기초하여 터널 굴착 진행시 형성될 수 있는 잠재적 wedge의 geometry 및 face wedge의 안정성을 평가하고 보강 방법으로 shotcrete와 rock-bolt를 고려하였으며 터널단면은 폭 7.5m의 변형된 마제형 터널에 대해 천단, 측벽, 막장에서의 unstable wedge를 검토하였다.

표 10-15. 해석단면의 입력치

구 분 \ Type	Fault	Shear	Joint	Foliation
입력물성치 c (kg/㎠) ϕ (deg)	$c=0,\ \phi=25°$	$c=0,\ \phi=30°$	$c=0,\ \phi=33°$	$c=1,\ \phi=33°$
단위중량 γ (ton/m^3)	2.65			

해석시 수압은 고려하지 않았으며, 무지보시의 안전성과 지보시의 안전성을 비교하였다. 숏크리트의 경우 굴착 직후 안전성의 검토를 위해 시방기준강도(200kg/cm^2)의 약 1/10인 20kg/cm^{2}을 취하였다.

막장면의 경우 sealing shotcrete에 대한 입력치로서 두께 5cm, 강도 10 kg/cm^{2}을 입력치로 산정하였다. 다음 표 10-16은 여의도 방향의 해석 결과를 보이며 그림 10-22는 상기의 불연속면에 대한 해석 예를 보인다.

표 10-16. 여의도 방향 해석결과

구 분		Analysis	해석 a	해석 b	해석 c	해석 d
여의도	천단	자중(ton)	302	173	464	447
		안전율(무지보)	1.28	0.88	1.01	1.01
		안전율(지보)	–	1.35	1.45	1.35
	측벽	자중(ton)	No wedge forms			
		안전율				
	막장 (NE face)	자중(ton)	201	246	106	149
		안전율	$+\infty$	$+\infty$	$+\infty$	$+\infty$

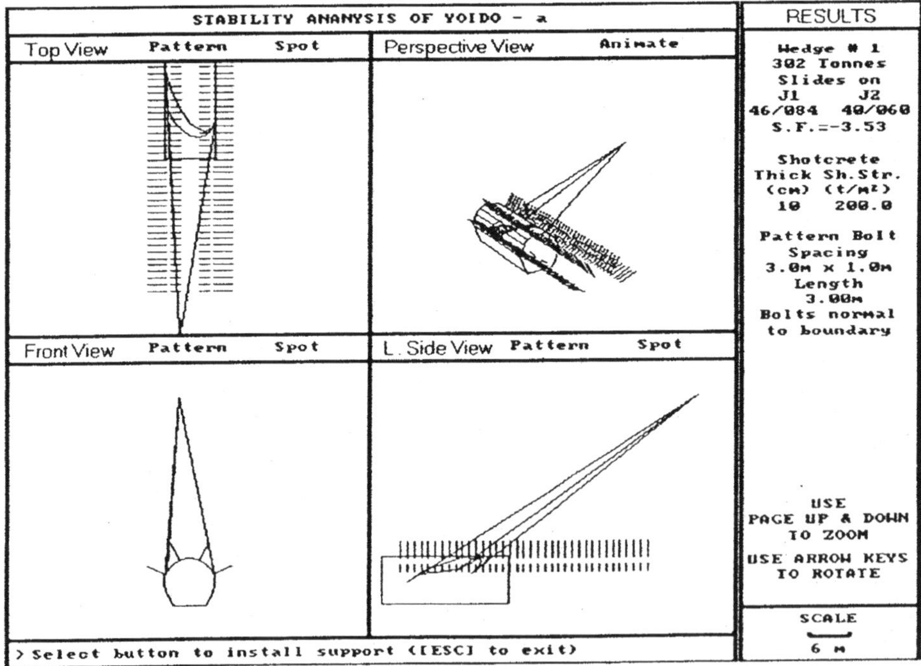

그림 10-22. Unwedge 해석 결과

10.6 결 론

　서울 지하철 5호선 건설구간 중 여의도와 마포를 잇는 길이 1,288m의 한강 하저터널을 성공적으로 시공하여 1996년 12월 30일 개통되었다. 한강은 계절적으로 여름철에 홍수가 집중됨에 따른 급격한 수위변동과 간만의 차가 심한 인천 앞바다의 영향으로 비우기철에도 공사구간의 한강 수위가 평상시와 삭망시에 0.6~1.2m의 수위변동을 보인다. 따라서 한강 중앙에 설치한 인공섬을 이용하여 터널을 굴착할 때는 바지선 운행과 수방대책에 철저한 관리를 해야만 했다.

　한강 하저의 지반은 매우 교란되어 있고 불규칙하여, 여의도에서 마포 쪽으로 뚫는 우측터널(A갱)에서는 실트질 모래층을 만나 악전고투를 하고 있는데 반해 같은 지점 좌측 터널(B갱)에서는 파쇄암층을 로드헤더를 이용한 기계굴착과 일부는 발파를 할 정도로 암반의 분포상태의 변화가 심하였다.

　이러한 불규칙한 지반에서는 터널공사를 시행하는 데 있어서 사전에 지반상태를 정확하게 예측하는 것이 가장 필수적 과제이다. 본 터널에서는 그라우팅 전에 선진수평시추를 통하여 암반상태를 예측하며 또한 굴착하면서 face-mapping을 통해 불연속면의 분포상태 및 풍화상태 등을 조사하는 방식을 취하였다. 이러한 조사는 터널굴착시 야기되는 크고 작은 막장 붕괴 사고의 위험성을 인지하고 대처하는데 필수불가결한 요소로서 터널시공시 암반상태의 사전예측 및 내재된 암반파괴의 가능성을 사전예측하여 안전시공을 도모할 수 있는 반드시 필요한 조사로서 추천되어진다.

　본 하저터널 굴착 중 지반조사를 통해 얻어진 하저터널의 암반조건은 주로 불연속면(단층파쇄대 내지 절리)을 따라 발달하는 풍화대와 단층점토 등의 지반강도가 현격히 낮은 지반을 포함하여 연, 경암대 내에서도 절리 등을 따라 심하게 파쇄된 경우가 많아 절리면의 전단강도를 크게 약화시키므로 연, 경암대 내에서의 절리면을 따른 파괴의 위험성을 내재한다. 또한 그 방향성은 일정한 패턴을 보여주며 굴착방향과 관련되어 마포 측의 경우에는 against dipping이 지배적이며 여의도 측의 경우에는 with dipping이 지배적으로 우세하여 마포 측의 경우 경암대에서도 방향성에 따른 파괴가 발생될 가능성이 매우 컸으므로 신중하게 공사를 진행하였다.

　모든 종류의 공사가 다 마찬가지겠지만 경험이 없는 이론은 공허하고 이론이 뒷받침되지 않은 경험은 무모하다고 볼 수 있다.

　그러나 경험과 이론이 겸비되어 있어도 광인과 같은 집념이 없으면 난공사를 헤쳐 나가기 어려울 것이다.

11 도로터널에서의 암반분류 및 통계분석 사례

| 김 영 근

11.1 서 론

터널은 지하에 건설되는 긴 선상구조물이란 특수성 때문에 설계에 필요한 정보를 터널 전체 길이에 걸쳐 정밀도 높게 사전조사에 의해 구하는 것이 매우 어려워 터널시공의 불합리성이 증가하고 있는 현실이다. 따라서 터널 시공 중에 막장의 지질상황을 관찰하고 그때까지의 계측결과를 포함하는 시공상황임을 감안해서 적절한 실시설계를 하는 것이 중요하게 된다. 이를 위해서는 정량적인 암반분류에 의한 터널 주변지반의 평가가 무엇보다 중요하다 할 수 있으며 이를 설계에 반영하여 터널의 합리적인 시공을 달성해야 한다.

터널공사에서는 막장지질이 날마다 변하기 때문에 공사의 어려움이 많다. 그러나 최근과 같이 막장에 대형기계를 투입하여 안전하고 경제적으로 시공해 가기 위해서는 지질조건을 충분히 파악하고 공정관리를 해갈 필요가 있다. 따라서 사전조사의 질과 양의 확보도 필요하지만 그에 대해서는 한계가 있기 때문에 시공 중의 조사가 더욱 중요하게 된다.

암반분류는 암석 및 불연속면에 대한 각각의 평가요소를 관찰이나 시험에 의해 구하여 이 결과를 평점으로 하여 분류를 실시하게 된다. 특히 시공 중의 암판정은 공사비의 증감과 관련되어 많은 논란의 소지가 있기 때문에 보다 객관적이고 정량적인 암반분류에 대한 요구가 증가하고 있으며, 이에 대한 기술개발도 이루어지고 있다.

암반분류에 있어 대부분의 평가요소가 지질과 암반에 대한 기본적인 지식을 바탕으로 이루어지기 때문에 터널공사를 담당하는 토목기술자들에게는 매우 어렵고 다른 분야의 일로 여겨지는 경우가 많았다. 그러나 터널공사는 날마다 변화해 가는 지질암반과의 대응이라고 할 수 있으므로 지질조사 빛 암반분류에 대한 기초적인 지식을 갖추고 보다 능동적으로 공사에 임하는 것이 중요하다 할 수 있으며, 터널공사시 암반은 변화할 수 있는 것으로 이러한 변화에 대응하면서 보다 적합한 지보공을 시공하기 위해서는 설계된 지보패턴을 변경할 수 있음을 인식할 필요가 있다.

최근 터널설계에서 RMR과 Q-system과 같은 암반분류를 실시하고, 각종 물리탐사결과를 참고로 하여 암반등급을 설정하고 이에 대한 지보패턴을 결정하고 있다. 그러나 암반분류결과를 보면 조사자의 주관적 요소에 따라 차이가 많고 각각의 요소에 대한 평가방법도 차이가 있음을 볼 수 있다. 이와 같은 문제점을 극복하고 합리적으로 수행하기 위해서는 암반분류방법에 대한 체계적인 고찰이 필요하고 암반분류방법에 대한 경험과 노하우를 공유하는 노력이 필요하다 할 수 있다. 또한 암반분류나 평가에 있어 보다 중요한 것은 조사결과가 피드백되어 즉각적으로 시공에 반영될 수 있는 시공관리시스템이 절실히 요구된다 할 수 있다. 이를 위해서는 터널관련 기술자들의 노력뿐만 아니라 변화하는 지질과 상대하는 터널공사의 특수성을 이해하고 이를 체계적으로 관리하는 시스템의 정착이 무엇보다 중요한 실정이다.

본고에서는 도로터널에서의 터널설계단계에서 암반분류방법과 지보패턴 결정과정을 기술하였으며, 터널시공시 암반분류 및 판정에 의한 지보공변경사례를 살펴봄으로서 시공 중 암반분류/평가의 의미를 고찰하였다. 그리고 암반분류요소들에 대한 통계분석을 실시하여 분류요소들에 대한 상관관계를 분석하고, 시공중 암반분류에 대한 중요결정요소에 대하여 고찰하고자 하였다.

11.2 지질 및 지반

본 현장의 노선위치는 국도 34호선 중 증산–괴산구간으로 국도 36호선(청주, 음성방면)에서 분기되어 증평읍 회성리를 기점으로 괴산읍 진입과 괴산우회도로(국도 37호선)를 연결하는 노선이다. 노선대 주변 현황은 전반적으로 산지부와 하천으로 접하고 있으며, 시점부에는 증평읍 도시계획지역과 종점부에는 괴산읍 도시계획지역이 위치하며 과업구간 내에는 간간히 주거환경이 위치하는 농경지와 구릉지로 형성되어 있다. 특히 진광산과 칠보산 경계에는 해발 228m인 모래재가 위치하고 있고, 터널공사 주변에는 주거지인 유평리가 있다.

11.2.1 터널 현황

본 현장의 터널구간은 Sta.13+523.5~Sta.13+968.5와 Sta.14+135.5~Sta.835.5에 있으며 괴산군 문광면 유평리와 문법리 경계부로서 산세가 험한 산악지이다. 주변에는 소규모의 주거지역과 2터널 종점부에 모텔 등이 있다.

표 11-1. 터널 현황

	유평 1터널		유평 2터널	
	상행선	하행선	상행선	하행선
위치	Sta.13K 526~966	Sta.13K 542~967	Sta.14K 138~833	Sta.14K 153~798
연장	440m	425m	695m	645m

11.2.2 지질개요

가. 지 형

본 지역은 충청북도 괴산군 도안면 화성리(시점부)에서 괴산읍 동부리(종점부)에 해당되며, 조사지역의 북측에 34번 국도가 위치하고 있다. 본 지역의 산계는 남측에 수리산(1057m), 동측에 성불산(520m), 북측에 설우산(545m)이 위치하고 있으며, 크고 작은 산계를 이루고 있다. 한편 본 지역의 수계는 수지상으로 작은 지류들이 동진천으로 유입하며, 이는 다시 남류하는 달천으로 유입한다.

나. 지 질

본 지역의 지질은 캠브리아기의 좌구산층군과 백봉리층군, 쥐라기의 화강암류가 주를 이루며, 제4기 충적층이 상기 기반암을 부정합으로 피복하고 있다. 본 지역의 지질계통도는 다음과 같다.

표 11-2. 지질계통표

제 4 기		충적층
쥬 라 기		화강암류
		화강섬록암
		흑운모화강암
~ 관입 ~		
캠브리아기	백봉리층군	사질천매암 세립고회질 천매암
	좌구산층군	규지편암 고회질 석회암

다. 암석 특성

본 암석의 경우 암석 자체의 강도는 강하지만, 변성작용으로 인한 엽리면을 형성하고 있어 내구성이 매우 약하고 굴착면의 장기노출로 인하여 풍화가 진행되어 암석이 떨어져 나오는 상태임이 조사되었다.

또한 암질이 비교적 양호한 천매암 사이에는 구성입자가 사질 천매암이 보이고 있다. 주구성광물은 석영, 흑운모, 녹니석으로 부분적으로 엽리구조를 보이고 있으며, 상대적으로 풍화가 진전되어 갈색을 보이고 있다.

라. 불연속면의 특징

변성암의 특징은 변성작용으로 인하여 광물들이 신장, 변형되어 방향에 따른 강도 및 암석 특성의 이방성을 갖는 엽리구조를 형성하게 된다. 이러한 엽리구조는 일종의 암반불연속면 (Rock discontinuity)로서 연약면을 만들게 되어 이면을 따라 쉽게 분리되거나 쪼개지는 특징을 가지게 되며, 상대적으로 물의 침투가 용이하여 풍화변질이 빨리 진행되므로 엽리면을 따라 사면활동이나 붕괴 등이 잘 일어난다.

본 지역은 변성암의 일종인 천매암지역으로 엽리면이 일정한 간격으로 형성된 층구조를 형성하는 특징을 매우 잘 나타나고 있음을 볼 수 있다.

또한 변성작용시 생성되는 절리가 비교적 규칙적인 방향을 띠고 나타나고 있으며 작은 규모의 소단층도 관찰된다. 또한 절리의 간격이 좁게 발달하여 암석블록의 크기가 작고 장기간의 노출로 인하여 절리면과 엽리면이 풍화변질되어 암석블록이 쉽게 떨어져 나오는 특성을 보이고 있다. 특히 사질천매암의 경우 구성광물입자의 결합력이 약하여 장기간의 노출로 인하여 풍화되어 있음을 볼 수 있다.

사진 11-1. 엽리조직을 보여주는 천매암

사진 11-2. 암반 불연속면(절리)의 특징

11.2.3 터널 지층

가. 유평 1터널 입구부(시추공 No.TB-1 Sta.13+550)

시추조사결과를 볼 때 본 지역의 지층은 최상부는 붕적층으로 피복되어 있고, 그 하부로 기반암의 경암층이 분포되어 있다.

1) 붕적층

조사지역중 T-1호공에서 최상단을 피복하고 있는 본 지층은 과거 중력에 의한 퇴적작용으로 형성된 지층으로 중립내지 조립의 모래 섞인 자갈에 소량의 실트 및 전석이 함유된 구성형 태를 보이며 1.8m의 층후로 분포하고 있다. 표준관입시험 결과에 의한 N치는 50회 이상으로 매우 조밀한 상태의 상대밀도를 나타내며, 담갈색을 띠고 함수상태는 습윤한 상태이다.

2) 경암층

모암이 약간 풍화 내지 신선한 상태로 균열 및 절리가 약간 발달되어 있으며 강한 강도의 강도를 나타내는 본 층은 암코어는 대부분 단주상 내지 장주상으로 회수되었으며, RQD는 40~ 100%, 코어회수율(TCR)은 100%로 양호한 암질상태로 담갈색을 띠고 있다.

나. 유평 1터널 출구부(시추공 No.TB-2 Sta.13+930)

시추조사결과를 볼 때 본 지역의 지층은 최상부는 붕적층으로 피복되어 있고, 그 하부로 기반암의 연암층 및 경암층이 분포되어 있다.

1) 붕적층

조사지역중 T-2호공에서 최상단을 피복하고 있는 본 지층은 과거 중력에 의한 퇴적작용으 로 형성된 지층으로 점토 섞인 모래로 구성되어 있으며 소량의 실트 및 전석이 함유된 구성형 태를 보이며 4.8m의 층후로 분포하고 있다. 표준관입시험 결과에 의한 N치는 10~50회 이상 으로 보통조밀 내지 매우 조밀한 상태의 상대밀도를 나타내며, 암갈색을 띠고 함수상태는 습 윤한 상태이다.

2) 연암층

모암이 풍화작용을 받아 심한 풍화를 보이는 상태로 균열 및 절리가 발달되어 있으며 경연 이 반복교호되고 파쇄현상이 심하며, 일부지역에서는 굴진시 누수현상이 발생되었다. 암코어 는 대부분 암편상으로 회수되었으며, RQD는 0%, 코어회수율(TCR)은 14%로 매우 불량한 암 질상태로 담회색을 띠고 있다.

3) 경암층

모암이 약간 풍화내지 신선한 상태로 균열 및 절리가 약간 발달되어 있으며 강한 강도의 강도 를 나타내고 있으며, 암코어는 대부분 단주상 내지 장주상으로 회수되었으며, RQD는 63~ 100%, 코어회수율(TCR)은 14%로 매우 담회색을 띠고 있다.

다. 유평 2터널 입구부(시추공 No.TB-3 Sta.14+150)

시추조사결과를 볼 때 본 지역의 지층은 최상부는 붕적층으로 피복되어 있고, 그 하부로 기반암의 풍화암, 연암층 및 경암층이 분포되어 있다.

1) 붕적층

조사지역 중 T-3호공에서 최상단을 피복하고 있는 본 지층은 과거 중력에 의한 퇴적작용으로 형성된 지층으로 실트 섞인 모래로 구성되어 있으며 소량의 자갈이 함유된 구성형태를 보이며 1.3m의 층후로 분포하고 있다. 담갈색을 띠고 함수상태는 습윤한 상태이다.

2) 풍화암층

본 층은 기반암이 심한 풍화 상태로서 현재 토상화 되어가고 있으며, 굴진시 이수에 의하여 와해되어 실트질 모래로 분해된다. 본 지역의 풍화암층은 붕적층하부에서 1.6m의 두께로 분포하며 표준관입시험 결과인 N치는 50회/4cm로 매우 조밀하며 암갈색을 띠고 있다. 하부의 연암대와는 대체적으로 점이적인 관계를 보여주고 있다.

3) 연암층

모암이 풍화작용을 받아 심한 풍화를 보이는 상태로 균열 및 절리가 발달되어 있으며 경연이 반복교호되고 파쇄현상이 심하며, 일부지역에서는 굴진시 누수현상이 발생되었다. 암코어는 대부분 암편상으로 회수되었으며, RQD는 16~61%, 코어회수율(TCR)은 41~79%로 담회색을 띠고 있다.

4) 경암층

모암이 약간 풍화 내지 신선한 상태로 균열 및 절리가 약간 발달되어 있으며 강한 강도의 강도를 나타내는 본 층은 암코어는 대부분 단주상 내지 장주상으로 회수되었으며, RQD는 25~84%, 코어회수율(TCR)은 100%로 양호한 암질상태로 담갈색을 띠고 있다.

라. 유평 2터널 출구부(시추공 No.TB-3 Sta.14+150)

시추조사결과를 볼 때 본 지역의 지층은 최상부는 붕적층으로 피복되어 있고, 그 하부로 기반암의 풍화암, 연암층 및 경암층이 분포되어 있다.

1) 붕적층

조사지역중 T-3호공에서 최상단을 피복하고 있는 본 지층은 과거 중력에 의한 퇴적작용으로 형성된 지층으로 실트 섞인 모래로 구성되어 있으며 소량의 자갈이 함유된 구성형태를 보이며 2.1m의 층후로 분포하고 있다. 표준관입시험결과 N치는 9회/30cm를 나타내어 느슨한 상대밀도를 나타내며 암갈색을 띠고 함수상태는 습윤한 상태이다.

2) 풍화토층

기반암이 풍화작용에 의해 완전풍화되어 대부분 실트 섞인 모래로 분해되고 원위치에 그대로 잔류되어 형성된 표층이다. 조사지역중 T-4호공에서만 상부의 붕적층이 하부에서 2.6cm의 두께로 확인되었으며, 표준관입시험 결과인 N치는 50회 이상으로 매우 조밀한 상대밀도를 나타낸다. 색상은 암갈색을 띠며 습윤한 상태를 보인다.

3) 풍화암층

본 층은 기반암이 심한 풍화 상태로서 현재 토상화 되어가고 있으며, 굴진시 이수에 의하여 와해되어 실트질 모래로 분해된다. 본 지역의 풍화암층은 붕적층하부에서 6.8m의 두께로 분포하며 표준관입시험 결과인 N치는 50회/15cm로 매우 조밀하며 암갈색을 띠고 있다. 하부의 연암대와는 대체적으로 점이적인 관계를 보여주고 있다.

4) 연암층

T-4, 5호공 지역에서 나타나는 연암층은 모암이 풍화작용을 받은 상태로 균열 및 절리가 발달되어 있으며 경연이 반복교호되고 파쇄현상이 심하며, 일부 지역에서는 굴진시 누수현상이 발생되었다. 암코어는 대부분 암편상으로 회수되었으며, RQD는 0~27%, 코어회수율(TCR)은 10~12%로 담회색을 띠고 있다.

5) 보통암층

T-4, 5호공 지역에서 모암이 보통풍화의 상태로 균열 및 절리는 보통 정도로 발달되어 있으며 보통 정도의 강도를 나타내는 본 층은 암코어는 대부분 단주상 내지는 장주상으로 회수되었으며, RQD는 20~27%, 코어회수율(TCR)은 100%로 담회색을 띠고 있다.

6) 경암층

모암이 약간 풍화 내지 신선한 상태로 균열 및 절리가 약간 발달되어 있으며 강한 강도의 강도를 나타내는 본 층은 암코어는 대부분 단주상 내지 장주상으로 회수되었으며, RQD는 10~95%, 코어회수율(TCR)은 100%로 양호한 암질상태를 보이고 있다.

사진 11-3. 암반노두 조사(1)	사진 11-4. 암반노두 조사(2)
사진 11-5. 암반노두 조사(3)	사진 11-6. 풍화 변질된 암반
사진 11-7. 차별풍화	사진 11-9. 차별풍화에 의한 낙석
사진 11-9. 교호구간의 토사유실	사진 11-10. 천매암 교호구간

11.3. 암반분류 및 터널설계

11.3.1 암반분류

본 터널설계에서의 암반분류는 RMR 분류법을 기준으로 실시하였다. 그림 11-1과 11-2에는 유평1터널(상하행선)과 유평 2터널(상하행선)의 암반분류도를 보여주고 있다.

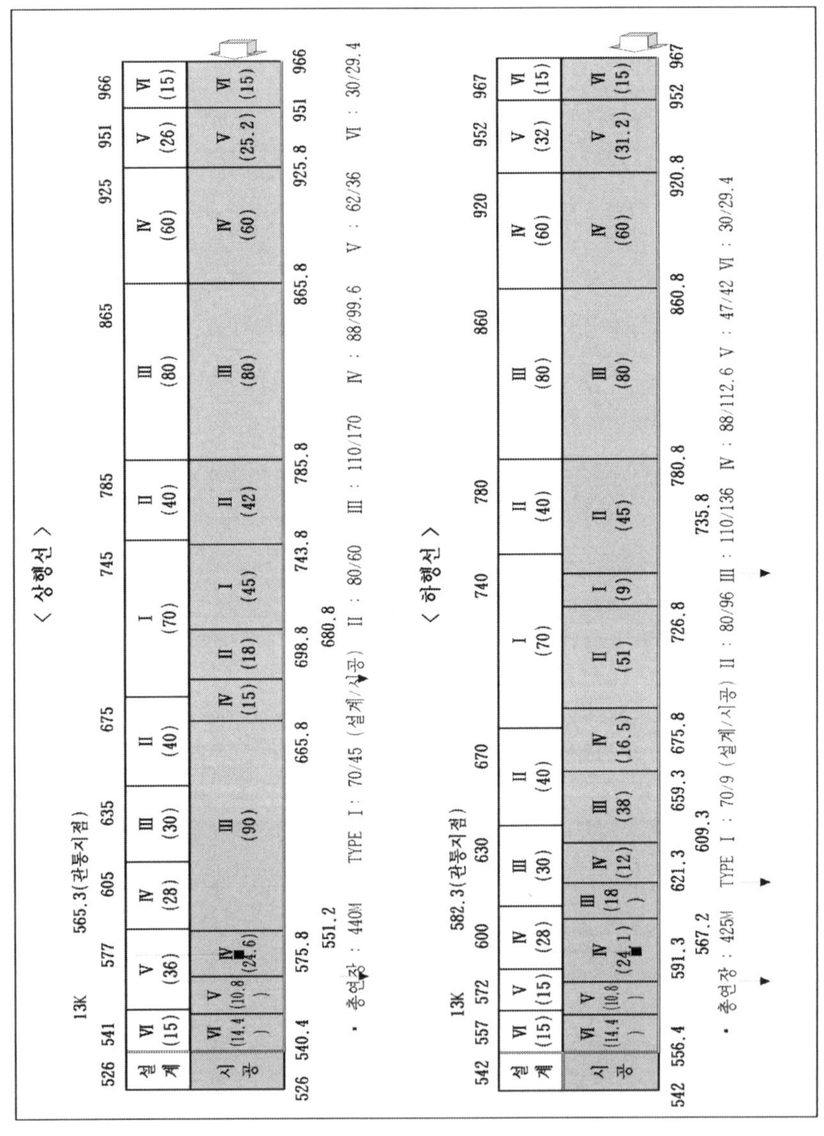

그림 11-1. 유평 1터널의 암반분류도

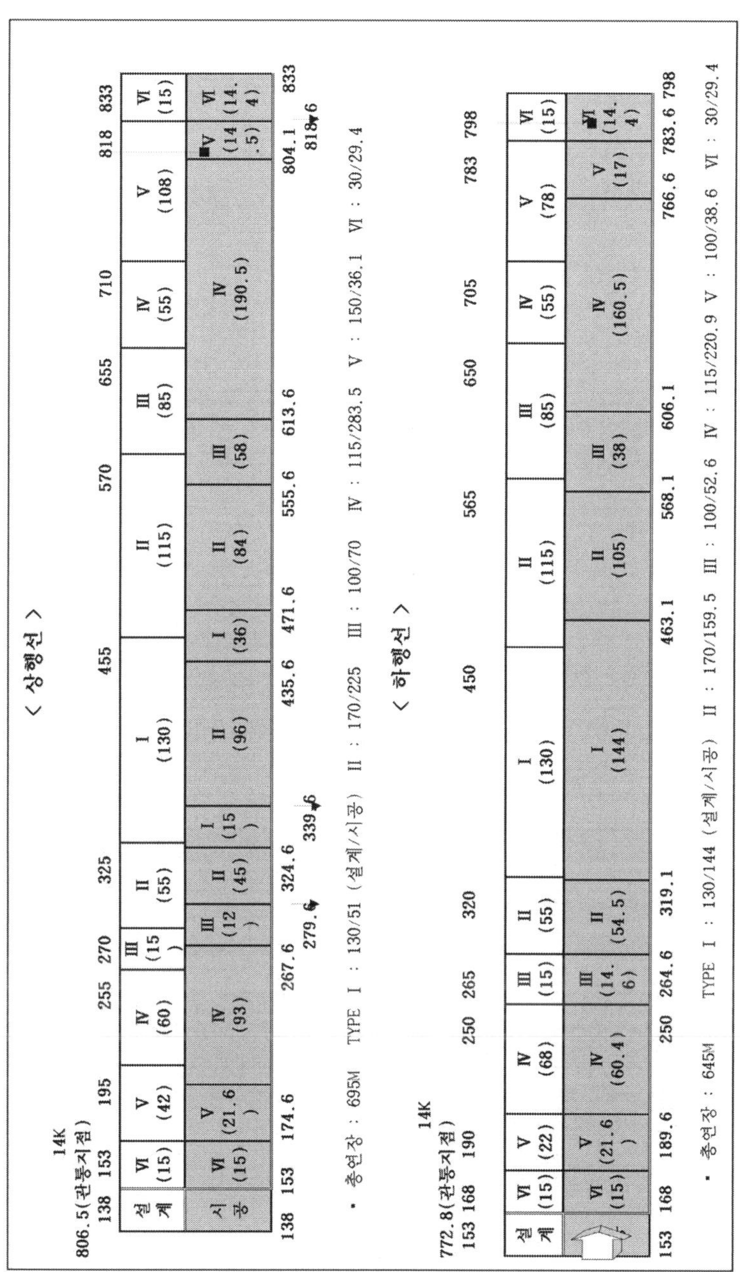

그림 11-2. 유평 2터널의 암반분류도

11.3.2 터널설계 및 시공

본 터널의 표준지보패턴은 다음과 같다. 일반적인 도로터널의 지보패턴같이 표준지보패턴

사진 11-11. 공사 중 터널(1)	**사진 11-12.** 공사 중 터널(2)
사진 11-13. 3-Boom 점보드릴	**사진 11-14.** 와이어메쉬+숏크리트
사진 11-15. 숏크리트 타설	**사진 11-16.** 종방향 유공관 설치
사진 11-17. 공동구 시공	**사진 11-18.** 배수구

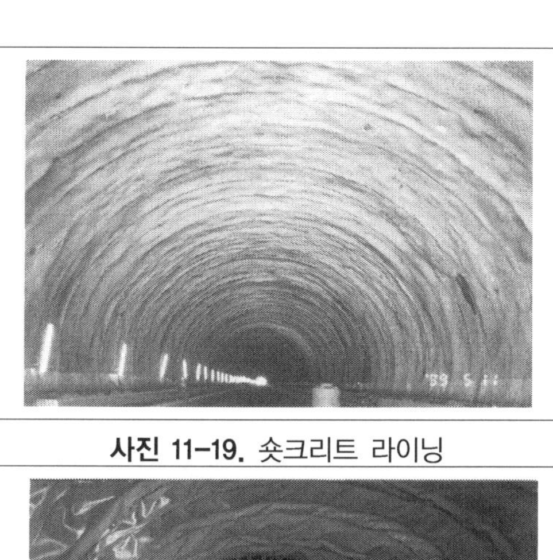

사진 11-19. 숏크리트 라이닝

사진 11-20. 방수포 시공

사진 11-21. 강제거푸집

사진 11-22. 콘크리트 라이닝

사진 11-23. 철근 콘트리트 라이닝(갱구부)

사진 11-24. 면벽식 갱문 시공

사진 11-25. 라이닝 비파괴 조사

사진 11-26. 터널 시공완료

5Type과 갱구부 지보패턴으로 구분되어 있으며, 지보패턴 III까지는 전단면굴착 그리고 지보패턴 IV 상하반단면 분할굴착공법이 적용되었다. 또한 라이닝은 갱구부 구간에만 철근콘크리트가 적용되었다.

11.4 시공 중 암반분류 및 지보패턴변경

11.4.1 시공 중 암반분류

가. 막장관찰

터널굴착 중 매 막장마다 RMR 분류요소를 기준으로 작성된 막장관찰야장에 암반의 상태를 기록하고 RMR 점수를 평가하여 최종적으로 암질에 따른 지보패턴을 결정하도록 하였다. 다음 표는 암질이 불량하여 보다 상세히 평가된 일부구간의 결과를 보여주고 있으며, 막장관찰야장을 보여주고 있다.

표 11-3. 유평 2터널(하행선) 저토피부 막장관찰 결과

위치 Sta.	14+744.1	14+745.6	14+748.6	14+753.1	14+754.6	14+756.1
토피고	28.2	27.6	26.3	24.4	23.8	21.9
측정일	12/3	12/4	12/5	12/7	12/8	12/9
막장특성	744.1 : RMR은 30이며 상부측으로 대각선 방향을 이루는 풍화암이 관찰되었으며 절리상태는 산화된 것으로 적갈색을 띠고 있다. 천단부위의 절리는 세절리로 형성되어 불안정한 상태임. 745.6 : RMR이 25이며 이전막장이 산화된 띠 모양의 풍화암이 절리를 따라 더욱 확산된 형태로 진전되었으며 막장 대부분을 이루고 있다. 절리상태도 매우 파쇄적인 형태를 이루고 있으며 우측부위는 암괴탈락이 발생되었다. 748.6 : RMR이 22이며 계속되고 있는 산화된 풍화암이 전체 막장을 이루고 있으며 세절리가 다소 하부 쪽으로 치우쳐 관찰되고 있으며 우측부위는 여전히 암괴가 일부 탈락되는 현상을 보여주었다. 753.1 : RMR이 20이며 여전히 산화성 풍화암이 막장을 이루고 있으며 특징적인 것은 천단부위가 토립화 경향을 보여 일부 소편들이 탈락현상을 보이고 있다. 절리상태는 세절리는 다소 적어졌지만 큰절리가 여전히 막장을 형성하고 있어 불안정한 상태임. 754.6 : RMR이 19이며 산화성 풍화암이 전체 막장을 형성하고 있으며 세절리와 대절리가 혼합된 형태로 매우 불안정한 형태를 유지하고 있으며 우측중앙부위에서 쐐기형태로 절리가 교차되어 암괴탈락이 있었으며 좌측 상단부위도 쐐기형 암괴탈락이 관찰되었다. 756.1 : RMR은 26이며 여전히 산화성풍화암이 전체 막장을 형성하고 있으며 여전히 좌, 우, 천단부위에 소편암괴탈락이 관찰되고 있으며 절리상태는 이전 막장보다 좌측하반부위가 더욱 세립화되어 관찰됨. 좌우측벽의 절리상태도 여전히 불안정하며 막장반대 방향의 방위를 보여주고 있음.					

나. LIM System에 의한 암질예측

터널현장에서 전방지질에 대한 예측은 매우 중요한 일 중의 하나이지만 현실적으로 효과적으로 이를 전방의 암질을 예측하는 일은 쉽지 않다. 본 현장에서는 점보드릴 천공장비에 탑재된 선진천공기록장치인 LIM 시스템에 의해 전방암질에 대한 평가를 암빌이 불량할 것으로 예상되는 구간에 실시하였다. LIM 시스템에 의한 측정결과의 한 예로서 암질이 불량하다고 판단되는 경우에 작업자에 통보하여 안전에 유의하게 하고, 막장관찰을 통하여 적정지보패턴을 변경 시공하였다.

11.4.2 지보패턴 변경

터널공사에서 지보패턴 변경은 가장 중요한 것이라 할 수 있다. 이는 지반조건에 적합한 지보를 시공하여 안정성을 확보하고 또한 합리적인 시공으로 경제성을 확보하는 것이기 때문이다. 그러나 실제로 지보패턴을 변경하는 일은 발주처, 설계자, 시공자 그리고 감리자 상호간의 적합한 의견을 수렴하는 과정이 필요하기 때문에 대단히 어려운 일 중에 하나이다.

본 현장의 경우 한정한 지반조사결과를 바탕으로 지보패턴 설계가 이루어졌기 때문에 시공 중 막장관찰에 의한 암반분류결과에 의해 지보패턴을 변경하여 시공하였다. 표 11-5는 설계시와 시공시의 지보패턴비율을 비교한 것으로 유평 1터널 상행선의 경우는 TYPE III가 당초 25%에서 42.5%로 증가하였다. 유평 1터널 하행선의 경우는 TYPE III과 TYPE IV로 변경시공되었다. 유평 2터널 상행선의 경우는 TYPE I유평 1터널 상행선의 경우는 TYPE III가 당초 25%에서 42.5%로 증가하였다. 유평 2터널 상행선의 경우는 TYPE IV가 당초 16.5%에서 40%로 증가하였다. 유평 2터널 하행선의 경우 또한 주로 TYPE IV로 변경시공되었다.

표 11-4는 지보패턴변경에 대한 횟수를 비교한 것으로 지보패턴을 하향조정하는 경우와 상

표 11-4. 지보패턴 변경비율

| 지보패턴 | 유평 1터널(m) | | | | 유평 2터널(m) | | | |
| | 상행선(440m) | | 하행선(425m) | | 상행선(695m) | | 하행선(645m) | |
	설계	시공	설계	시공	설계	시공	설계	시공
TYPE I	70	45	70	9	130	51	130	144
TYPE II	80	60	80	96	170	225	170	159.5
TYPE III	110	170	110	136	100	70	100	52.6
TYPE IV	88	99.6	88	112.6	115	283.5	115	220.9
TYPE V	62	36	47	42	150	36.1	100	38.6
TYPE VI	30	29.4	30	29.4	30	29.4	30	29.4

향조정하는 경우를 구분하여 표현하였다. 표에서 보는 바와 같이 지보패턴을 상향조정하는 경우가 전체의 65%를 이루고 있음을 볼 수 있다.

표 11-5. 지보패턴 변경횟수 비교

TYPE		I→II	I←II	II→IV	II→III	II←III	III→IV	III←IV	IV→V	IV←V	V→VI	V←VI	합계
유 평 1터널	상행선	1회	1회	1회	0회	1회	1회	2회	0회	2회	0회	2회	11회
	하행선	1회	1회	1회	0회	1회	2회	3회	0회	2회	0회	2회	13회
유 평 2터널	상행선	2회	2회	0회	1회	1회	1회	1회	1회	1회	0회	2회	12회
	하행선	1회	1회	0회	1회	1회	1회	1회	1회	1회	0회	2회	10회
합계		5회	5회	2회	2회	4회	5회	7회	2회	6회	0회	8회	46회

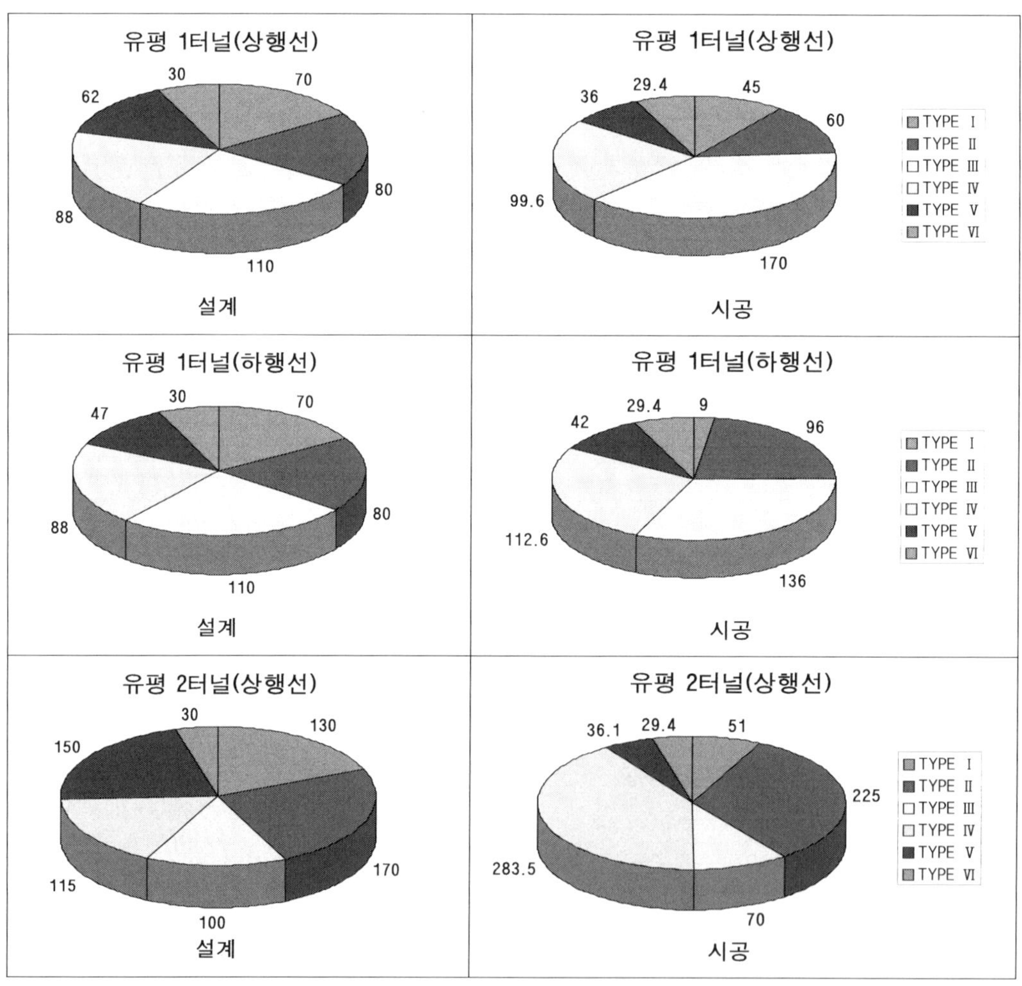

그림 11-3. 유평터널 지보패턴 비율 (계속)

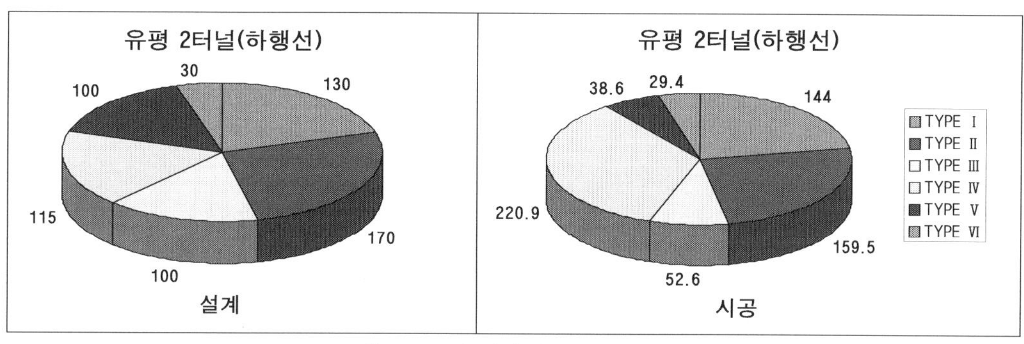

그림 11-3. 유평터널 지보패턴 비율

11.5 암반분류에 대한 통계분석

11.5.1 빈도분석

본 장에서는 RMR 각 구성요소 점수들에 대한 빈도분석을 실시하고 각 요소별 평균과 표준 편차를 구하였다. 통계분석에 사용된 원자료(raw data)는 도로터널 자료로서 증평~괴산간 도로구간의 유평 1, 2터널 상하행선 구간으로 막장관찰을 통하여 측정된 각각의 RMR 자료를 바탕으로 RMR 각 구성 요소 점수들에 대한 빈도분석을 실시하였다.

표 11-6은 해석에 사용된 RMR 각 요소 점수들의 기술통계량(descriptive statistics)이다. RMR의 요소 중 무결암 강도는 9.10±3.27점, RQD는 12.27±3.80점, 불연속면의 간격은 12.52±4.50점, 불연속면의 거칠기는 3.22±1.56점, 불연속면의 연장성은 2.48±1.26점, 불연 속면의 간극은 3.65±1.52점, 불연속면의 풍화상태는 3.23±1.56점, 불연속면의 충전물은 2.77±1.12점, 지하수 상태는 7.67±1.37점으로 각각 나타났다.

표 11-6. RMR 평가요소에 대한 기술통계량

Division	Mean	Standard deviation
Intact rock strength(rating)	9.10	3.27
RQD(rating)	12.27	3.80
Spacing of discontinuities(rating)	15.22	4.50
Roughness(rating)	3.22	1.56
Persistence(rating)	2.48	1.26
Aperture(rating)	3.65	1.52
Weathering(rating)	3.23	1.56
Gouge(rating)	2.77	1.12
Ground water(rating)	7.67	1.37

그림 11-4~그림 11-12는 이들 아홉 개의 RMR 요소들의 각 점수대별 빈도수를 히스토그램으로 나타낸 것이다.

무결암 강도의 경우 10점대와 12점대의 빈도수가 가장 많음을 알 수 있고, 2점대의 아주 약한 강도 특성을 보이는 것도 있다. RQD의 경우에는 10점대와 18점대의 빈도가 가장 두드러지고 극단적인 경우인 4점대와 20점대의 자료들도 10여 개 분포함을 알 수 있다.

불연속면 간격의 경우에는 20점대의 빈도가 가장 많고 10점대와 16점대의 빈도가 각각 100여 개 정도였다. 불연속면 상태의 세부 요소들인 거칠기, 연장성, 간극, 충전물, 풍화상태 등은 연속적인 분포보다는 이산적인(discrete) 분포 특성을 보였으며 지하수 상태는 8점대의 빈도가 가장 많았다.

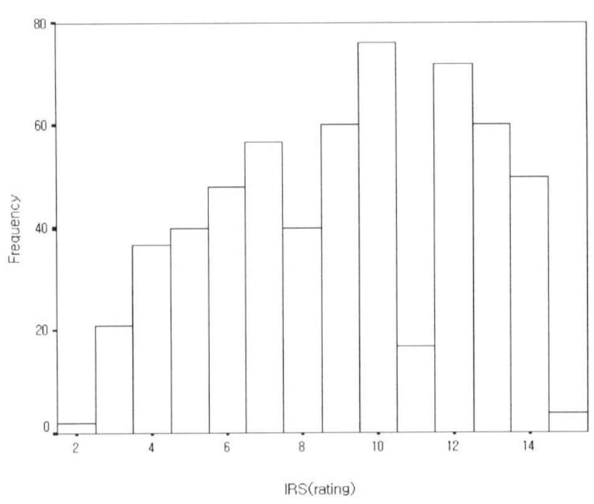

그림 11-4. Frequency of RMR rating value for intact rock strength

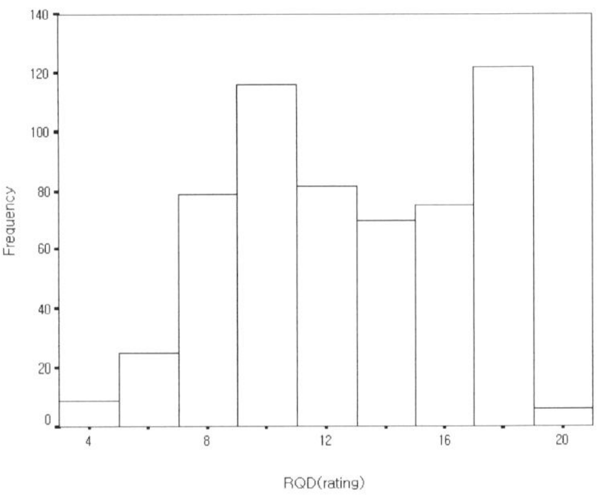

그림 11-5. Frequency of RMR rating value for RQD

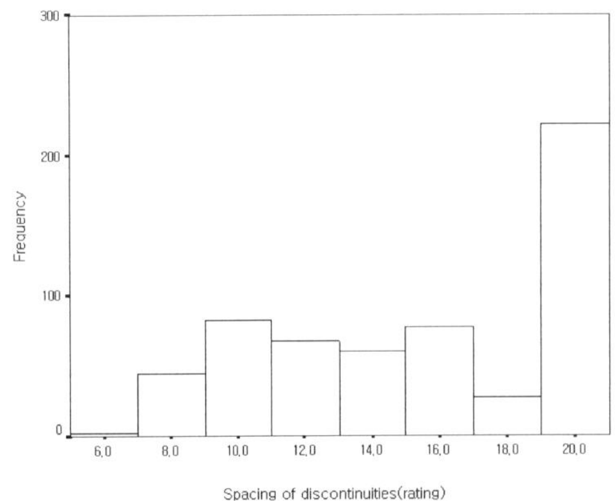

그림 11-6. Frequency of RMR rating value for spacing of discontinuities

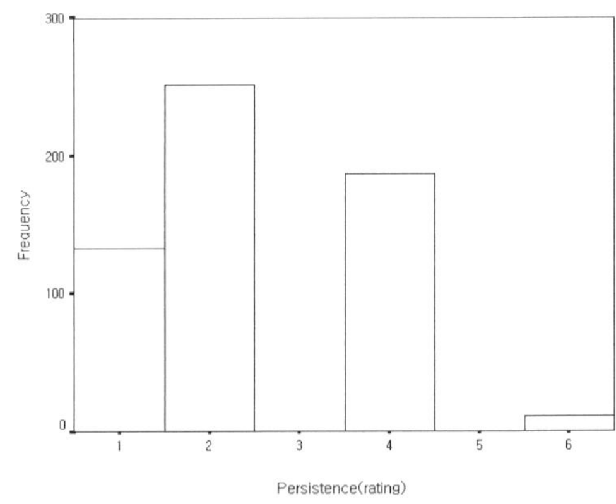

그림 11-7. Frequency of RMR rating value for persistence

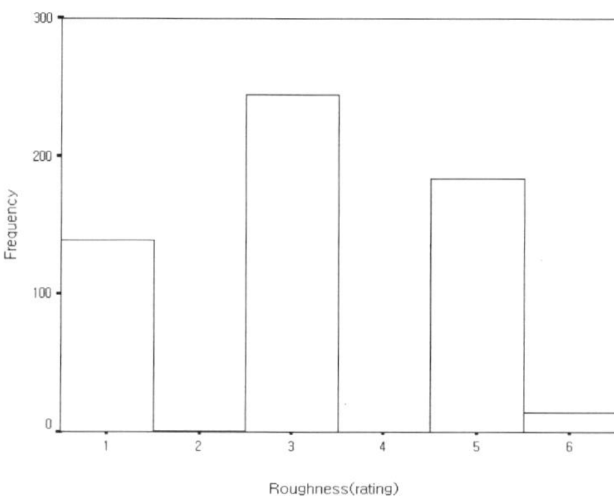

그림 11-8. Frequency of RMR rating value for roughness

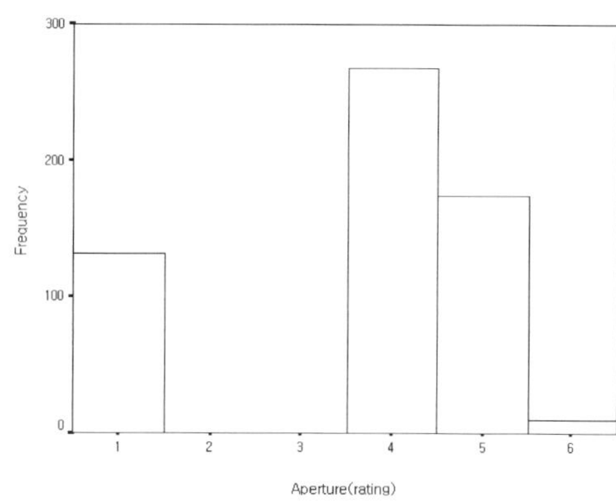

그림 11-9. Frequency of RMR rating value for aperture

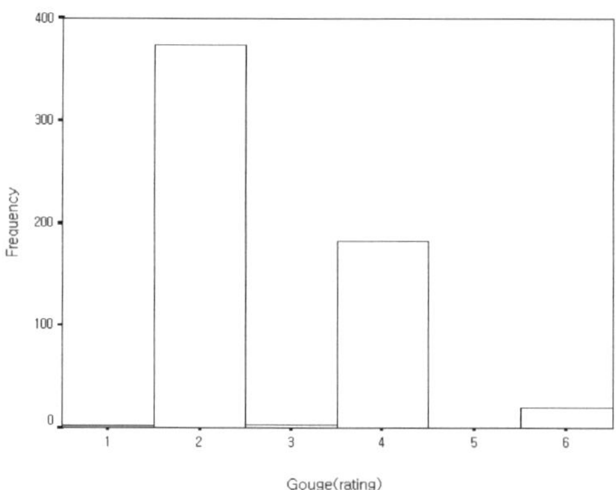

그림 11-10. Frequency of RMR rating value for gouge

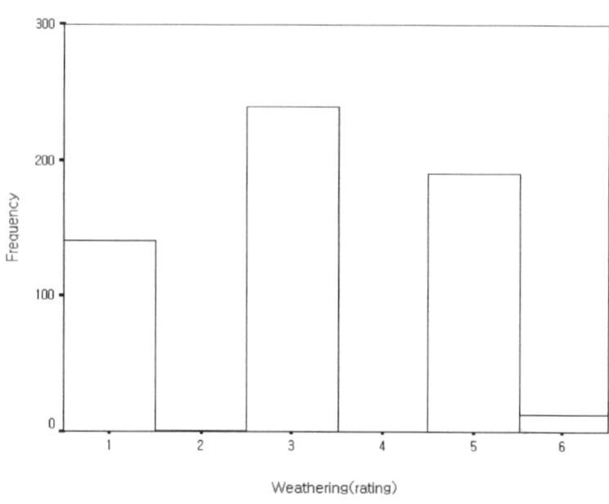

그림 11-11. Frequency of RMR rating value for weathering

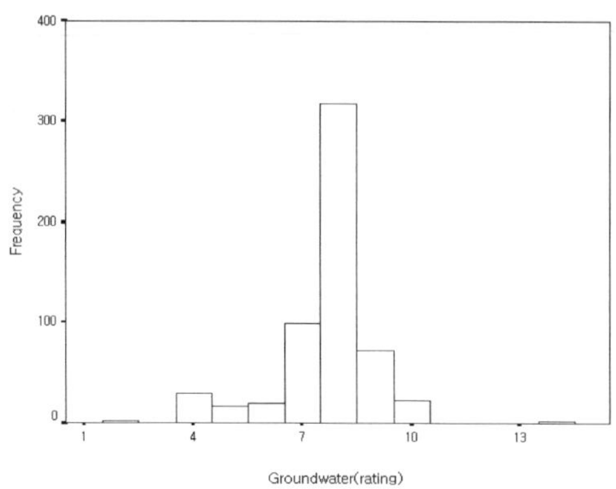

그림 11-12. Frequency of RMR rating value for ground water

11.5.2 통계적 평가

본 장에서는 RMR 요소들의 각각의 분포특성을 분석하고 구성요소들에 대한 상관관계를 분석하였다. 분석에 사용된 프로그램은 통계학분야에서 가장 보편적으로 쓰이며, 신뢰성이 검증된 SPSS(ver. 1.0)이다.

표 11-7은 RMR 각 요소간의 상관계수를 나타낸 것이다. RMR 요소 중 무결암의 강도와 RQD는 0.816의 상관계수를 보면 가장 높은 상관관계가 있음을 알 수 있고, 무결암의 강도와 불연속면의 간격 또한 0.813의 상관계수를 보여 두 요소간의 상관성이 높음을 알 수 있었다. 이러한 결과는 강도가 높은 암반에서의 RQD가 높은 점수를 나타낸다는 것이며 RQD가 높기 때문에 불연속면의 간격 또한 좁다는 것을 나타낸다.

한편 불연속면의 거칠기 경우 불연속면의 연장성과 간극, 풍화상태 등과 각각 0.911, 0.911, 0.924의 높은 상관계수를 나타냈는데, 이것은 불연속면의 상태를 표현하는 요소들이 각기 독립적인 특성을 표현하기보다는 서로 간에 상관적인 특성을 보인다는 것을 의미하는 것이다.

이와 반면에 지하수 상태는 다른 요소들과 모두 상관성이 극히 낮은 것으로 나타났다. 이것은 다른 요소들이 상관적인 특성을 나타내는 것과 달리, 지하수 상태만은 독립적인 특성을 보인다는 것을 의미한다. 암반의 강도가 높고 불연속면의 특성들이 비교적 양호한 값을 보이는 암반 내에서도 지하수 상태는 출수 혹은 건조한 상태를 보인다는 점이다.

표 11-7. Correlation matrix for RMR factor

	IRS	RQD	Js	Rou	Per	Ape	Wea	Gou	Gw
IRS	1.000	0.816	0.813	0.736	0.711	0.738	0.761	0.571	0.146
RQD		1.000	0.711	0.766	0.740	0.704	0.741	0.709	0.213
Js			1.000	0.676	0.657	0.644	0.673	0.531	0.059
Rou				1.000	0.911	0.911	0.924	0.759	0.164
Per					1.000	0.827	0.879	0.818	0.164
Ape						1.000	0.912	0.598	0.159
Wea							1.000	0.734	0.095
Gou								1.000	0.129
Gw									1.000
비고	IRS : Intact rock strength Js : Spacing of discontinuities Ape : Aperture Gw : Groundwater			RQD : Rock Quality Designation Rou : Roughness Wea : Weathering				Per : Persistence Gou : Gouge	

11.6 결 론

본고에서는 도로터널을 예로 하여 암반분류에 의한 지보패턴설계과정을 고찰하고, 터널설계에서의 암반분류기법의 적용현황을 분석하였다. 또한 실제 터널시공시 암반분류 및 판정에 의한 지보공변경사례를 살펴봄으로서 시공 중 암반분류/평가의 의미를 고찰하였으며, 이를 정리하면 다음과 같다.

1) 터널에서의 암반분류는 지보패턴을 결정하고 지반물성을 산정하는 데 매우 중요한 요소로서, 현재 국내 터널설계에서는 RQD, RMR, Q-system 등이 활발히 적용되고 있으며, 이를 기초로 한 국내암반분류안이 적용되고 있다.

2) 터널설계단계에서는 주로 시추코어를 이용하여 터널상부, 터널통과구간, 터널하부에 대하여 암반분류가 수행되고 있다. 터널지보패턴결정은 1차적으로 시추코어의 암반분류결과를 적용하며, 코어의 분류결과가 없을 때는 탄성파속도, 전지비저항치에 의해 분류하고 탐사 및 지질조사에 의해 나타난 이상대분포 등을 적용하여 암반등급을 분류하고 최종적으로 지보패턴을 결정하게 된다.

3) 종전의 일반설계에서는 터널 시종점부에서 시추결과와 탄성파속도를 근거로 하여 지보패턴 설계가 이루어졌으나, 최근의 T/K설계에서는 터널 중앙부를 포함한 시추조사로부터 RMR, Q-system 분류를 실시, 전지비저항치와 암반분류치와의 상관관계를 분석하고, 전기비저항 탐사, 전자탐사, 탄성파탐사 결과 등을 종합적으로 고려하여 지보패턴을 결정한다.

4) 터널시공시 암반분류방법으로는 RMR 분류가 많이 적용되고 있으며, 암반분류 및 계측결과를 바탕으로 지보패턴변경, 보조공법변경, 무지보시공 등이 이루어지고 있으며, 분쟁요소를 최소화하기 위해 발주처, 시공, 감리, 설계사가 참여하는 암판정위원회에서 이를 주관하거나 터널관련전문기술가가 수행하기도 한다.

5) 매 막장마다 지질조건이 변하는 터널공사에서 시공 중 암반평가는 필수적인 사항으로, 막장관찰, 조사, 시험, 계측이 터널주변 암반조건에 따라 적절히 선정 수행되어야 하며, 관찰, 조사, 시험, 계측결과는 서로 유기적으로 연관되어 해석되어야 하며, 이를 위해서는 기술자의 전문성이 요구된다.

6) 터널공사에서 지보패턴은 시추조사 및 물리탐사결과를 기초로 만들어진 것임을 명심하고 시공 중 막장관찰에 의한 암반분류/평가에 주의를 기울어야 하며, 보다 객관적이고 정량적인 자료를 근거로 하여 지질상태 및 암반조건을 파악하여야 하고 전방지질에 대한 예측이 수반되어야만 한다.

7) 터널시공 중 막장조사 및 계측결과는 공학적인 평가를 바탕으로 즉각적으로 시공에 반영될 수 있도록 하여야 하며, 터널전구간에 걸쳐, 지질/암반조건, 시공상황, 계측결과 등이 잘 정리되어 DB화 되도록 하여 향후 유지관리에 활용될 수 있도록 한다.

Part.

05

암반응력

01 암반응력과 이의 측정에 관한 고찰

┃ 박 연 준

1.1 서 론

콘크리트나 강철 등과 같은 인공적인 물질과는 달리, 암반이나 토사와 같은 자연적인 물질은 현지암반응력(in-situ stress)이라고 불리는 천연의 응력장(stress regime)에 놓이게 된다. 미지의 양으로 주어지는 응력은 흔히 연속체상의 한 점에서 정의되며 이는 매질의 구조적인 거동과는 무관한 것으로 알려져 있는데, 이러한 응력의 개념이 암반공학 또는 지반공학에서 사용되기 시작한 것은 19세기 Cauchy에 의해 공식화되고, St. Venant에 의해 보급된 이후부터이다(Timoshenko, 1983).

연속체 역학에서는, 임의의 한 점에서 미소 표면을 가로지르는 두 부분의 연속체 사이의 상호작용을 고려함으로서 응력을 정의하고 있다.

즉, Fig. 1-1과 같이 단위벡터 e_1, e_2, e_3을 가지는 x, y, z 좌표계상에 어떤 연속체가 R이라는 영역 상에서 물체력 b와 표면력 f에 놓여 있다고 가정하면, V라는 부피를 가지고, V 내부의 표면 S의 바깥쪽에 위치하는 미소표면영역이 ΔS이고, 이 ΔS 내에 한 점 P와 이 P점에서 ΔS에 수직한 방향의 단위벡터 n을 생각해 볼 수 있다.

물체력 및 표면력의 영향 하에서, 부피 V의 내부매질은 V의 외부매질과 상호작용을 일으킨다. ΔS를 가로질러 작용하는 합력 및 모멘트를 각각 Δf 및 Δm이라 할 때, Cauchy응력법칙에 의하면 단위면적당 평균력 Δf/ΔS는 ΔS가 0으로 감에 따라 limit t(n)=df/dS이 되며, 반면 Δm은 limit를 취함으로서 소거된다. limit t(n)은 응력벡터라고 불리며, 이는 x, y, z 좌표계에서 단위면적당 힘의 단위(MPa, psi, 등)로 표시되는 3개의 성분을 가진다. 여기서 주목할 점은, 이러한 응력벡터의 각 성분들은 수직단위벡터 n에 의해 정의되는 표면요소 ΔS의 방향에 의존된다는 점을 주목해야 한다.

Fig. 1-1에서 보는 바와 같이 P점에서의 응력벡터 t(n)은 V의 내부매질에 대한 V의 외부매질의 작용과 관련된다. V의 내부매질의 ΔS를 가로질러 V의 외부매질에 작용하는 것과 관련한 P점에서의 응력벡터를 t(-n)이라고 하자. Newton의 작용-반작용의 법칙에 의하여 t(-n) = -t(n)이 되며, 이는 곧 동일한 표면에 대해 서로 반대방향에서 가해지는 응력벡터는 크기에 있어서는 같지만 방향만 반대임을 의미한다.

또한 P점에서의 응력상태는 모든 가능한 미소표면 ΔS(내부에 P점을 가지는)에 대하여 $t(n)$를 계산함으로서 정의될 수 있으며, x, y, z축에 대하여 각각 수직단위벡터 e_1, e_2, e_3을 가지면서 이들 축과 직교하는 3개의 면에 작용하는 응력벡터 $t(e_1)$, $t(e_2)$, $t(e_3)$를 생각해 볼 수 있다. 3개의 면은 Fig. 1-2(a)에서 보는 바와 같이 P점 주위에서 미소 응력성분을 형성한다. 벡터 $t(e_1)$는 σ_x, τ_{xy}, τ_{xz}의 성분을 가지며, 벡터 $t(e_2)$는 τ_{yx}, σ_y, τ_{yz}의 성분을, 그리고 벡터 $t(e_3)$는 τ_{zx}, τ_{zy}, σ_z의 성분을 가진다.

벡터 $t(e_1)$, $t(e_2)$, $t(e_3)$의 9개 성분은 응력텐서 σ_{ij}로 알려져 있는 텐서의 성분, 즉 3개의 수직응력 σ_x, σ_y, σ_z와 6개의 전단응력 τ_{xy}, τ_{yx}, τ_{xz}, τ_{zx}, τ_{yz}, τ_{zy}을 형성한다. 따라서 힘과 모멘트의 평형을 통하여 평형방정식 및 응력 텐서의 대칭($\tau_{xy}=\tau_{yx}$, $\tau_{xz}=\tau_{zx}$, $\tau_{yz}=\tau_{zy}$)을 얻을 수 있으며, 3개의 수직응력과 3개의 전단응력으로 연속체 내의 한 점에서의 응력상태를 정의할 수 있다. 또는 3개의 주응력 σ_1, σ_2, σ_3 및 x, y, z 좌표상에서의 이들의 방향을 이용하여 응력상태를 표현할 수도 있다(Fig. 1-2(b)). 주응력은 전단응력성분이 제거된 3개의 主면상에 작용한다.

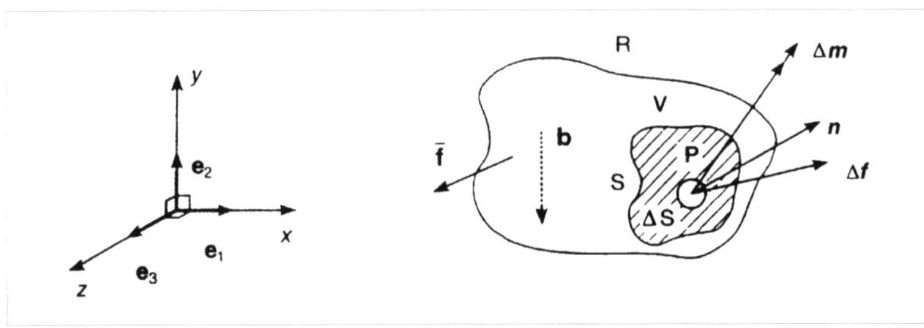

Fig. 1-1. Material continuum subjected to body and surface forces. (Amadei & Stephansson, 1997)

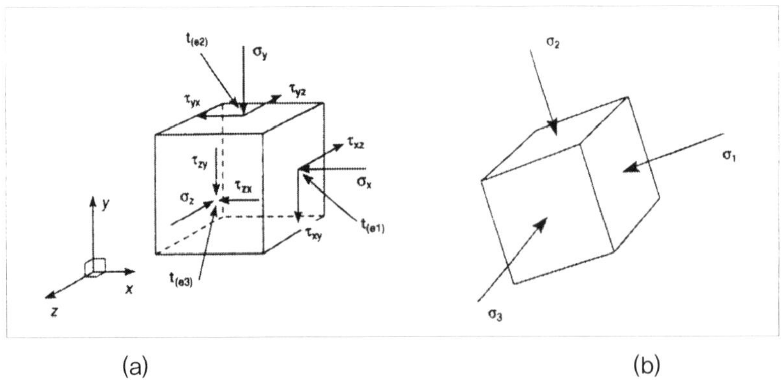

(a) (b)

Fig. 1-2. Direction of positive normal and shear stresses used in geomechanics: (a) Infinitesimal stress element defining the state of stress at a point; (b) principal stress element. (Amadei & Stephansson, 1997)

1.2 암반응력의 중요성

1.2.1 암반응력의 적용분야

지반 내에 존재하는 암반응력 상태를 안다는 것은 토목, 광업, 석유, 에너지개발, 지질, 지구물리 등 암반을 다루는 수많은 문제들 중에서 대단히 중요한 바, Table 1-1에서는 이러한 암반응력이 각 분야에서 어떠한 역할을 할 수 있는지를 정리하고 있다.

특히 토목 및 자원공학분야에서의 암반응력은 터널, 광산, 수갱 및 저장공동 등과 같은 지하공간 주위의 응력의 크기 및 배치를 제어하는 데 결정적인 역할을 하므로 중요시 다루어져야 할 변수 중의 하나이다(Hoek & Brown, 1980). 굴착면에서의 응력집중으로 말미암아 암반이 과응력 상태에 놓이게 되거나 국부적 또는 대규모로 암반의 강도를 변화시킬 수 있으며, 파괴에까지 도달할 수 있으며, 과도한 변형으로 천반이 가라앉거나 측벽이 움직이고 또는 지표침하가 나타날 수도 있다. 반면, 굴착면에서의 인장응력은 기존의 균열면을 넓히거나, 새로운 균열을 형성하여 결국 블록의 안정성 문제로까지 귀결될 수가 있다.

Fig. 1-3은 수압파쇄시험에 의한 암반응력의 측정을 통하여 지하발전소의 설계변경이 이루어진 예를 보여주고 있으며, Fig. 1-4는 수압파쇄시험으로부터 구해진 암반응력을 토대로 지하핵폐기물 처분장에 대한 설계안을 제시한 예이다.

Table 1-1. Activities requiring knowledge of in-situ stresses. (Hoek & Brown, 1980)

분야	적용 예
토목 및 자원공학	지하구조물(터널, 광산, 저장공동, 수갱, 채광장, 운반장)의 안정성 천공 및 발파 보안광주(safety pillar) 설계 지보패턴의 설계 암반파열(rock burst)의 예측 유체유동 및 오염물질 확산 댐 및 사면
에너지 개발	시추공 안정성 평가 시추공 변형 및 파괴 균열확장 및 전파 유체유동 및 지열 문제 매장량 예측 에너지 추출 및 저장
지질 및 지구물리학	조산(造山)운동 지진 예지 판구조론 구조지질 화산작용 및 빙하작용

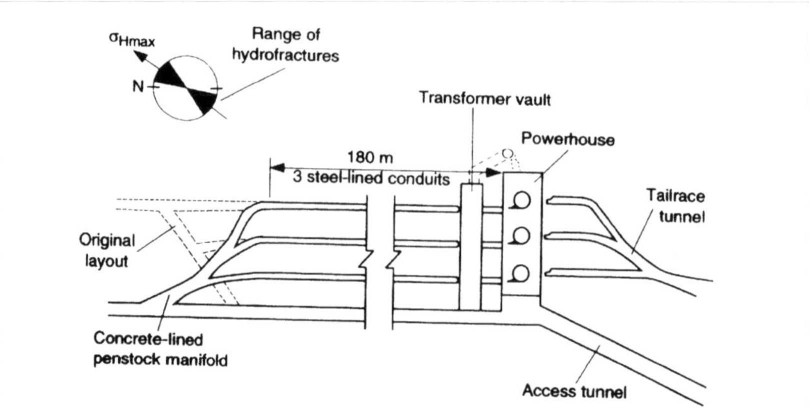

Fig. 1-3. Plan of Helms project powerplant complex showing the original and the redesigned penstock manifolds. (Haimson, 1984)

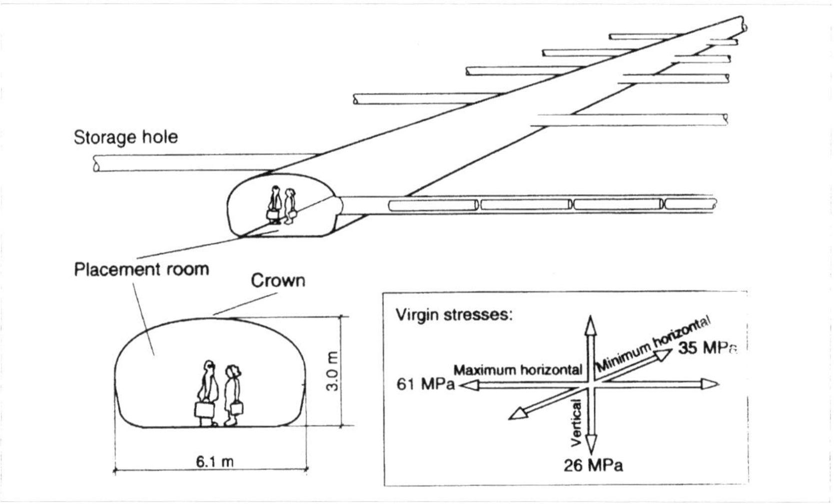

Fig. 1-4. Suggested layout of underground nuclear waste disposal facility at Hanford, Washington. The virgin values, shown in the insert, were determined by hydraulic fracturing on the candidate repository horizon at a depth of about 1,000m. (Rockwell Hanford Operations, 1982)

　　Fig. 1-3 및 Fig. 1-4의 예에서도 보듯이 암반의 응력, 특히, 수직응력에 대한 수평응력의 비로 나타나는 암반 내 측압계수(K)는 지하구조물 설계시 필수 입력 자료이므로, 현장 측정에 의한 실측값이 사용되지 못하고 가정치를 사용할 경우, 응력이 설계 지보 능력보다 초과할 가능성이 있어 설계변경요인이 발생하거나, 응력을 과대평가하여 과지보 설계가 발생할 가능성이 있는 등 설계의 신뢰도가 떨어질 수 있다.

세계적으로도 심도 500m 이내에서는 대체적으로 K값이 1.0 이상인 것으로 보고되고 있으며, 지형학적 또는 구조지질학적 영향을 받는 조건에서는 인근지역에서라도 상당히 차이가 나는 것으로 보고되고 있기 때문에(Goodman, 1989), 측압계수는 반드시 대상지역에 대한 실측값이 적용되어야 하며, 이를 바탕으로 가능한 한 주위 암반에 비슷한 응력분포를 유지하도록 조화공동(harmonic openings)의 개념을 고려하여 지하구조물의 설계가 이루어져야 할 것이다. 또한, 되도록이면 터널의 방향이 최대수평주응력 방향과 직각을 이루지 않도록 하는 것이 좋으나, 대부분의 터널방향은 공학적인 조건보다는 사회적인 조건에 의하여 선정되는 경우가 많으므로, 터널방향과 최대수평주응력의 방향을 고려한 적절한 굴착패턴 및 지보패턴을 선정함으로서 터널의 안정성을 도모하여야 할 것이다.

1.2.2 암반응력의 예측 및 평가

여러 가지 방법을 동원하여 암반응력을 측정하기 전에, 먼저 현지암반응력장에 대한 개략적인 예측 및 평가는 매우 중요한 과정임에도 불구하고 대부분 간과되고 있다.

예를 들어, 심도에 대한 응력의 분포양상, 과거 인근 지역에서 수행되었던 응력측정값, 그리고 유사한 지형 및 지질구조를 갖는 지역에서의 측정값 등을 종합 분석함으로서 전반적인 암반응력 분포양상을 예측할 수가 있는데, 이러한 예측은 설계의 초기 단계에서 대단히 유용하게 사용되어 질 수 있으며, 암반응력 측정이 실제로 필요할 경우 적절한 방법 및 위치선정에 효과적으로 사용될 수 있다.

하지만 암반응력을 정확히 예측하는 것은 전술한 바와 같이 결코 용이한 문제는 아닌 바, 대부분 암반은 균질하지 못하고 불연속면이 많으며 또한 시간에 따라 위치에 따라 변할 수 있는 매우 복잡한 구조를 가지고 있기 때문이고, 현재의 암반 구조가 반드시 현재의 응력장을 설명하고 있다고 보기 힘들기 때문이다(Terzaghi, 1962). 즉, "어떠한 경우에도, 지질학적 정보를 통해 현지 암반응력을 확실히 설명할 수는 없다."라는 Voight(1971)의 언급에서와 같이 암반응력의 예측이 결코 용이한 문제는 아니라는 점을 잘 알 수 있다.

그럼에도 불구하고, 암반 내의 임의의 심도에서 응력상태를 예측할 경우, 일반적으로 두 가지 가정을 하는 것이 관례이다. 첫째로 응력상태는 수직 및 수평응력의 두 가지 성분으로 표현될 수 있다는 것이고, 둘째로 수직 및 수평응력 모두 주응력이라는 것인데, 이를 다시 변수 K, 즉 수직응력에 대한 수평응력의 비로서 한꺼번에 표현하기도 한다. 이 개념은 Heim's rule(1878)을 기초로 하여 Talobre(1967)에 의해 제안된 것으로서, 흔히 암반의 포아송비(ν)를 이용하여 $K_0 = \nu/(1-\nu)$로 주어지기도 한다.

하지만 이때의 K_0는, 암반이 균질한 선형탄성거동의 매질이며, 중력 외의 어떠한 지체응력도 작용하지 않는다는 이상적인 조건하의 값이므로, 지질학적으로 교란을 받지 않은 퇴적암반에 제한적으로 적용될 수 있으며, 지질학적으로 복잡한 과정을 거친 암반 구조일 경우 심도에 따라 또는 위치에 따라 변화할 수 있는 것으로 알려져 있다(Terzaghi & Richart(1952), Terzaghi(1962)).

따라서 암반응력의 예측을 위해서는 가능한 많은 지질학적 정보를 입수함으로서 객관성을 최대한 살려야 하며, 정밀한 설계가 요구될 경우에는 반드시 실측에 의한 측정값이 사용되어야 할 것이다.

1.3 현지암반응력 측정법

1.3.1 개 요

암반의 응력은, 다른 여러 가지 암반 물성값과 비교해 볼 때, 측정이 여의치 않은 것 중의 하나이다. Leeman(1959)에 의해서도 지적된 바와 같이, "응력을 직접 측정하는 것은 거의 불가능하기 때문에 대부분 가상의 양으로 주어진다. 일종의 간접적인 방법을 사용하여 측정된 결과값으로부터 매질 내의 응력을 추정하는 것만이 가능할 뿐이다."라고 언급한 바 있다. 또한 응력은 2차 텐서에 의해 표현되는 양이기 때문에, 최소한 6개 이상의 서로 다른 정보로부터 완전한 현지암반응력을 구할 수 있다.

일반적으로, 모든 현지암반응력 측정법은 암반을 파쇄시키는 수순을 가지고 있는데, 이러한 작업에 수반되는 반응이 변형률, 변위, 수압 등의 형태로 측정되며, 이들은 암반의 거동에 대한 몇 가지 가정을 수립함으로서 해석된다.

암반의 초기응력은 일반적으로 굴착면으로부터 떨어진 지점에서 측정되어야 불교란 상태의 값을 얻을 수 있는데, 지하공동일 경우 최소한 공동 폭의 1.5~2배 지점 이상의 거리에서 측정되는 것이 바람직하며, 또한 특별한 목적이 아닐 경우, 대규모의 비균질성 지역이나 단층대를 피하여 측정하는 것이 유리하다.

한편, 현지암반응력측정을 위한 계획을 수립함에 있어서 반드시 고려되어야 할 사항이 있는바,

1) 지형, 암종, 지질구조, 이방성, 비균질성 등이 먼저 확인되어야 한다. 이를 통하여 가장 적절한 응력측정방법을 선택하고 측정지점을 선정할 수가 있다. 또한 지하수의 존재여부, 암반과 지하수의 온도, 기타 외부요인 등도 중요한 변수가 될 수 있다.

2) 현지암반응력 측정의 목적이 명백하여야 하며, 이것이 전체 프로젝트의 수행에 있어서 얼마만큼 중요한 역할을 할 것인지를 알아야 한다. 이는 응력측정기법의 선택과 측정지점의 선택, 그리고 측정회수 및 방향, 심도 등의 선택에 결정적인 영향을 미친다.

3) 장비 및 필요운용인력이 검토되어야 하며, 가능한 접근로 및 부대장비, 그리고 소요예산 등이 확인되어야 한다.

4) 주어진 프로젝트를 위해, 응력측정은 동일지점 또는 다른 지점에서 몇 가지(직접 및 간접) 방법에 의해 수행될 수 있음을 염두에 두어야 한다. 이는 측정치의 신뢰성 및 일관성을 제고한다는 점에서 반드시 고려되어야 할 사항이며, 각각의 방법으로 측정된 값들은 독립적으로 해석되고 서로 비교될 수 있기 때문이다.

또한 단일 또는 복합적인 방법을 이용하여 단계별로 응력측정이 이루어질 수도 있는 바, Enever(1993)는 초기 계획단계에서는 수압파쇄법을 적용하고, 보다 자세한 자료를 획득하기 위해 시공단계에서 응력해방법을 적용할 것을 제안한 바 있다. 이러한 복합적인 응력측정법의 여러 가지 장점들은 이미 Haimson(1988), Cornet(1993), Brudy et al.(1995) 등에 의해서도 토의된 바가 있다.

현재까지 ISRM(1987)에서는 암반의 초기응력 측정법으로서 플랫잭법, 응력해방법, 수압파쇄법 등을 제안하고 있다. 이들 중에서, 플랫잭법의 경우 불교란 상태의 응력측정에는 다소 무리가 있으나, 터널라이닝 내의 응력 측정 등에 유리하며, 응력해방법의 경우 측정방법이 다소 까다로우나 완전한 응력성분(complete stress tensor)을 구할 수 있다는 장점이 있다. 또한 수압파쇄법의 경우에는 시추공 축 방향을 하나의 주응력 축으로 가정하는 단점은 있으나, 시공단계 이전에 적용이 가능하고 적용심도에 제한이 없다는 장점 때문에 최근 각 분야에서 널리 활용되고 있는 방법이다.

Table 1-2는 지난 30여 년 동안 제안되고 발전되어 온 여러 가지 현지암반응력측정법을 크게 6개의 그룹으로 나누어 분류하고 각각의 적용범위를 정리한 것인데, 이들 중 몇 가지를 살펴보면 다음과 같다.

1.3.2 수압법

수압법은 크게 3가지 방법으로 구분될 수 있는데, 수압파쇄법, 슬리브파쇄법, 그리고 기존균열에 대한 수압시험(HTPF) 등이다. 이들 모든 방법들은 암반의 변형계수를 미리 알 필요가 없고, 지하수면 하부에서도 쉽게 수행될 수 있다는 장점이 있다.

가. 수압파쇄법

수압파쇄법은 현재까지 3가지 수압법 중에서 가장 일반적인 방법으로 알려져 있다.

Table 1-2. Methods of in situ stress measurement and estimates of rock volume involved in each method. (Amadei & Stephansson, 1997)

	방법	적용범위(m^3)
수압법	수압파쇄	0.5~50
	슬리브파쇄	10^{-2}
	기존균열에 대한 수압시험(HTPF)	1~10
해방법	표면해방법	1~2
	언더코어링	10^{-3}
	시추공해방법(오버코어링, 시추공 슬롯팅, 등)	10^{-3}~10^{-2}
	대규모 암반의 해방(bored raise, under-excavation기법 등)	10^{2}~10^{3}
재킹법	플랫잭법	0.5~2
	curved jack법	10^{-2}
변형률 보상법	비탄성 변형률 보상(ASR)	10^{-3}
	차변형률 곡선 해석법(DSCA)	10^{-4}
시추공 breakout법	caliper와 dipmeter해석	10^{-2}~10^{2}
	시추공 텔레뷰어 해석	10^{-2}~10^{2}
기타방법	fault slip 자료해석	10^{8}
	Earthquake focal mechanisms	10^{9}
	간접법(카이저 효과, 등)	10^{-4}~10^{-3}
	Inclusions in time-dependent rock	10^{-2}~1
	Measurement of residual stresses	10^{-5}~10^{-3}

Fairhurst(1964)에 의해 처음으로 제안된 이 방법은 심부까지 천공된 수직시추공 및 다양한 암반조건에 적용되었으며, 현재까지 가장 깊게는 6~9km 사이에서 측정된 바가 있다(Te Kamp *et al.*, 1995). 연직 및 수평응력은 주응력이라고 가정되며, 특히 연직응력은 상부 암반의 무게로 주어지는 것으로 가정한다. 물을 주입함으로서 파쇄된 암반의 균열은 텔레뷰어나 균열압인패커로 측정되는데, 대부분 종균열이 발생할 경우 수압파쇄에 의한 응력결정이 이루어져 왔다. 이 경우, 최소수평주응력은 압력-시간 곡선상에서 균열이 닫힐 때의 압력으로부터 구해지며, 최대수평주응력은 등방성 매질 내의 원형공동 주위에 발생하는 응력집중현상과 암반의 인장강도로부터 구해진다.

하지만 투수성이 높은 암반에서 실시된 수압파쇄시험의 경우 일반적으로 해석이 쉽지 않은 것으로 알려져 있으며, 또한 퇴적층에서 수압파쇄시험이 실시될 경우, 최소한 2~3m 이상의 두께를 가지는 층에서 실시되는 것이 바람직한 것으로 알려져 있다. 고온 및 고압 조건인 심부 암반에서는 특별한 장비가 요구될 뿐만 아니라 시추공의 파열현상, 암반의 연성 및 비선형거동 등이 발생할 수 있으므로 상당히 제한적이다.

나. 슬리브파쇄법

이는 수압파쇄법과 유사하나 단지 파쇄되는 동안 암반 내로의 유체의 침투가 없다는 것이 상대적인 장점이다. Stephansson(1983)에 의해 처음으로 제안된 이 방법은, neoprene(강한 고무) 멤브레인을 시추공 내로 집어넣어 가압시키는데, 수압파쇄법과 마찬가지로 압력이 암반의 인장강도를 넘어설 때 시추공 벽에서 균열이 발생하기 시작하며 균열은 최소수평주응력과 수직한 방향으로 발생한다.

시추공과 직교하는 평면상에서의 최대, 최소주응력은 수압파쇄법에서와 동일하게 구해지면, 균열의 방향도 마찬가지로 균열압인패커 또는 텔레뷰어 영상 등으로부터 구해진다.

균열이 발생되기 전까지는 암반의 포아송비를 가정함으로서, 근본적으로 암반의 변형계수측정을 위해 사용될 수 있는 dilatometer test이기도 하다. 하지만 수압파쇄법에 비해 초기파쇄압력을 구하기가 쉽지 않으며, 균열의 발전이 그다지 많이 생기지 않는다.

다. HTPF법

이 방법에서는 시추공이 반드시 연직일 필요는 없다. Cornet(1986)에 의해 처음 제안된 이 방법은, 이미 방향을 알고 있는 기존의 균열을 상하 패커를 이용하여 고립시킨 뒤, 균열 개구(reopening)를 실시하는 것인데, 이런 점에서 수압파쇄법과 다소 상이하다. 주입유량을 낮게 하여 유체의 압력이 균열면에 수직으로 작용하는 압력과 정확히 균형을 이루도록 하는 것이 중요한데, 서로 평행하지 않는 여러 개의 기존균열에 대해 시험이 이루어져야 한다.

균열면에 대한 수직응력은 궁극적으로 현지암반응력장의 6개 구성성분과 이 응력장에 대한 균열의 방향에 의존하므로, 주응력의 방향이나 암반의 거동에 관한 어떠한 가정 없이도 6개의 현지암반응력성분을 결정짓기 위해서는 일련의 방정식이 수립되어야 한다. 이러한 방정식을 통하여 HTPF시험이 수행된 암반에 대한 현지암반응력장의 횡방향 및 종방향에 대한 변화양상을 설명할 수 있다. 게다가, 이 방법에서는 암반의 인장강도를 결정할 필요가 없고 또한 공극압의 효과와도 무관하다. 이 방법에서는 수압파쇄법에서와 동일한 장비를 사용하나, 단지 균열면에 작용하는 수직응력이 균일하다고 가정하고 그 형태가 판상이라고 가정하기 때문에 균열 자체에 대하여 보다 더 신중해야 한다. HTPF방법에서는 응력장이 연속적이라고 가정되는 범위 내에서 경사와 주향이 서로 다른 여러 개의 균열에 대한 시험이 필요하며, 또한 각각의 균열이 서로 독립적이어야 하므로, 암반 내에 너무 많은 균열이 있으면 곤란하다. 비균질성 또는 층상 암반에 대해서는 잘 맞지 않는 경향이 있으나 균질한 암반에서는 훌륭한 결과를 낳는 것으로 알려진 바 있다(Burlet *et al.*, 1989).

1.3.3 해방법

이 방법의 기본적인 개념은, 전체 암반에서 암석 시료를 채취함으로서 국부적으로 또는 전체적으로 응력장으로부터 분리시키면서 그 반응을 관찰하는 것이다. 오버코어링 또는 언더코어링에 의해 시험될 수도 있고, 슬롯을 낸다든지 지하 굴착에 의해서도 시험이 이루어질 수 있다. 수압법에서와 같이 응력이 가해지는 압력과 관계되는 것이 아니라, 응력 해방의 과정 중에서 발생되는 변형률 또는 변위로부터 암반응력이 추정된다. 응력해방법의 시험으로부터 정확한 해석을 하기 위해서는 다음과 같은 사항에 크게 의존된다.

1) 암석에 대한 응력–변형률 관계를 수립할 수 있을 정도
2) 시험편에 대한 시험으로부터 암반의 특성치를 결정할 수 있을 정도
3) 아주 작은 변형률 및 변위까지도 잡아낼 수 있을 민감한 장비의 소유 여부

일반적으로 변형률 또는 변위의 현지암반응력성분에 대한 관계는 선형탄성학의 식으로부터 알 수 있는데, 시추공 해방법이나 표면 해방법에서는 균열면의 영향을 받지 않을 정도의 암반 볼륨을 필요로 하지만 지하굴착에 의한 해방법에서는 이러한 제한이 없다.

본래 경암에 대하여 개발된 해방법은 암염층과 같은 퇴적암뿐만 아니라 연암 등에서도 적용되어 왔지만 성공률은 그리 높지 않았다.

가. 표면해방법

이 방법은 지하공동의 벽면에서 현지암반응력을 결정하기 위해 가장 처음으로 적용된 방법이다. 먼저 암석의 표면에 게이지나 핀을 설치한 뒤에, 컷팅이나 드릴링에 의해 암반의 응력을 해방시키면서 그 변화양상을 기록하는데, 가장 널리 알려진 방법으로는 'Duvall (1974)에 의한 응력해방법'이다. 이 방법에서는 지름 10인치의 원통형 암석의 바깥쪽에 60° 간격으로 6개의 핀을 설치하고 그 중심부에서 지름 6인치의 공을 뚫으면서 핀의 변위를 계측하여 이로부터 암석표면에서의 현지암반응력성분을 구하는 것이다.

따라서, 여러 가지 제한성이 있는데, 첫째 게이지나 핀의 설치가 습도나 먼지 등에 의해 영향을 받을 수 있다는 점이며, 둘째 암석에서 측정된 변형률 및 변위량은 교란되었거나 풍화 및 발파 등에 의해 손상 받은 것일 수 있다는 점이다. 또한 셋째 굴착벽면에서 국부적으로 측정된 응력과 원거리 응력과의 관계를 알기 위한 응력집중계수가 가정되어야 한다는 것이다.

나. 시추공 해방법

흔히 오버코어링법으로 알려진 이 방법은, 현재까지 가장 널리 사용되고 있는 해방법이다. 먼저 응력측정을 원하는 암반의 깊이까지 대형 시추공을 드릴링한 뒤, 이 공의 바닥에서부터 작은 파일럿 공을 천공한다. 변형률이나 변위량을 측정할 수 있는 장비를 이 파일럿 공 내에 삽입한 뒤, 대형 시추공을 드릴링 하면서 변형률 또는 변위의 변화양상을 기록한다. 이러한 변형률 및 변위의 측정을 위해서는 여러 가지 장비들이 사용될 수 있다(South African CSIR triaxial strain cell(Leeman and Hayes, 1966), Australian CSIRO Hollow Inclusion (HI) Cell (Worotnicki and Walton, 1976), and the US Bureau of Mines (USBM) gage (Merrill, 1967)).

이들 장비들은 대부분 암반조건이 양호한 상태에서 자유면으로부터 10~50m 이내에서는 잘 작동하는 것으로 알려져 있다. 이들은 대개 최소한 150~300mm 길이의 부러지지 않은 코어를 필요로 한다. 최근 CSIR triaxial strain cell 및 USBM 게이지의 보완 판이 문헌상에서 제안된 바 있으며, 지하수가 차 있는 수직시추공에 대하여 최대 500~1,000m까지 시험된 바 있다고 한다.

대형 시추공의 공저에 장비를 부착하는 또 다른 방법도 있는데, 이 방법에서는 파일럿 공을 필요로 하지 않으며, 자유면으로부터 60m 이내의 범위에서 남아프리카의 CSIR 'Doorstopper' (Leeman, 1971)를 사용하여 적용된 바 있다. 게다가 이 방법에서는 다른 오버코어링 방법과 비교하여 오버코어링의 깊이가 그다지 깊지 않아도 되며, 성공적인 오버코어링을 위해서는 50mm 정도의 길이를 갖는 코어만 있으면 되므로, 연약한 암반이나 코어디스킹이 나타나는 높은 응력을 받는 암반에 대해서도 매우 효과적으로 적용될 수 있다.

또한 최근 일본에서는 구상 또는 콘 형태의 스트레인 셀을 파일럿 홀의 바닥에 부착하는 방법이 개발되었는데(Kobayashi *et al.*, 1991; Sugawara & Obara, 1995), 공을 천공한 뒤, 바닥 면을 구상 또는 콘 형태로 정리, 스트레인 셀을 부착한다. 오버코어링 동안 변형률의 변화가 계속적으로 측정되며, CSIR Doorstopper와 유사하게 오버코어링에 필요한 암반의 부피는 그리 크지 않다.

오버코어링 되는 동안 암반을 모니터링 하는 장비에 따라, 전체 응력장이 하나의 시추공에서 측정될 수도 있으며, 두 개 또는 세 개의 평행하지 않은 시추공에서 측정될 수도 있다. 수압파쇄방법에서처럼 현지암반응력성분을 고려한 어떠한 가정도 필요 없으나, 암반조건에 따라 장비의 설치가 곤란할 때가 많다. 그러나 최근 5~10년 동안 이러한 문제점들은 많이 개선되고 있다.

일반적으로 오버코어링방법의 성공률은 좀처럼 50%를 넘지 않는 것으로 알려져 있으며 (Herget, 1993) 또한 현지암반응력 자체의 크기에 의해서도 제한을 받게 된다. 시추공의 벽면과 바닥에서의 암석의 강도가 과도하지 않은 심도에서만 적용이 가능하며, 코어디스킹 현상이나 박편 형태로 전단 파괴되는 암석에 대하여 측정된 변형률 또는 변위량은 해석에 있어서 아무런 의미가 없다.

시추공 슬롯팅이라고 하는 새롭고 전혀 다른 시추공 해방법이 Bock&Foruria (1983)에 의해 제안되었는데 3개의 종방향 슬롯을 120° 간격으로 시추공 벽에서 형성시킨 뒤, 각각의 슬롯 주위에서 시추공 벽면상의 접선응력이 이완되면서 발생하는 접선방향의 변형률을 측정하는 방법이다. 이는 오버코어링을 전혀 필요치 않는 해방법의 일종으로서, 빠르고, 또한 장비의 재활용이 가능하며, 응력의 해방 및 변위 계측의 작업을 동시에 할 수 있다는 장점이 있으나, 2차원적 해석만 가능하다는 것이 단점이다.

1.3.4 재킹법

이는 흔히 응력보상법(stress compensating method)이라고도 불리는데, 평면이나 원형의 슬롯을 암반 내에 발생시킴으로서 암반의 평형상태가 교란되고 이에 따라 발생되는 변형을 핀 또는 스트레인 게이지를 이용하여 측정하는 방법으로서, 암반의 반응은 탄성적이라는 가정하에서 슬롯에 의한 가압시 암반의 반응으로부터 현지암반응력을 결정하는 것이다.

현재까지는 플랫잭을 이용한 방법이 가장 일반적인데, 이때에는 보상압력으로부터 잭에 수직으로 가해지는 응력을 직접 측정하게 된다. 각각의 플랫잭으로부터 한 개 성분의 현지암반응력을 측정하기 때문에, 전체 응력장을 얻기 위해서는 6개의 시험이 필요하다.

사실 암반공학분야에서 현지암반응력측정을 위해 적용되었던 방법 중에 가장 최초의 방법이며 (Mayer *et al.*, 1951) 1950년대 및 1960년대에는 매우 보편적으로 사용되었다. 이 방법의 가장 큰 장점은 굴착면의 한 점에서 접선응력을 결정하기 위해 암반의 탄성정수를 알 필요가 없다는 점이며, 응력이 직접 측정된다는 점이다. 또한 측정장비가 상당히 안정적이며, 넓은 영역에 대한 시험이 가능하다는 것이 장점이나, 반면 적용범위의 한계성 등으로 인해 여러 가지 단점이 지적되고 있다.

1.3.5 변형률 회복법

변형률 회복법(Strain recovery method)은 드릴링을 통해 코어 시료에서의 변형률 변화양상으로부터 응력을 측정하는 방법이라 할 수 있다. ASR(anelastic strain recovery) 방법과 DSCA (differential strain curve analysis) 방법이 있는데, ASR 방법은 방향성 시추코아를 시추공으로부터 회수하면서 변형률의 변화양상을 측정하는 것이고, DSCA 방법은 방향성 시추코아로부터 큐빅 형태의 시험편을 제작한 뒤 정수압 조건을 가하면서 미세한 균열의 닫힘 또는 확장 상태를 스트레인 게이지를 통하여 측정하는 것이다.

일반적으로 변형률 회복법은 다른 암반응력측정법이 적용될 수 없는 심부 암반에 대해 효과적인 것으로 알려져 있으며, 수압법과 함께 적용될 경우 매우 긍정적인 결과값을 보여주는 것으로 알려져 있다(Amadei & Stephannson, 1997).

1.4 암반응력측정에서의 오류

과연 우리가 충분히 정확하게 암반의 응력을 측정할 수 있는가에 대한 근본적인 질문이 흔히 제기되곤 한다. 우리가 이미 알고 있는 값으로부터 측정치의 차이에 의한 정확성을 판단할 수 있다는 개념에서 볼 때, 현지암반응력을 측정할 경우 미리 알고 있는 값이 없는 상태에서 정확성을 논한다는 것은 아무런 의미가 없다. 단지 응력을 측정하기 위한 장비는 가해지는 압력과 측정되는 압력의 비교를 통한 실내시험으로부터 평가될 수 있을 뿐이다.

대개 현지암반응력측정치는 (+) 또는 (−) 의 범위를 갖는 값으로 표현되거나, 측정치의 불확실성을 고려하여 신뢰구간으로 표현된다. 이러한 불확실성은 크게 다음과 같이 3가지 형태가 있다.

1) 자연적인 불확실성
2) 측정에 대한 불확실성
3) 해석에 대한 불확실성

1.4.1 자연적인 불확실성

이는 현지암반응력이라고 하는 것이 암반 내에서 지점에 따라 다르고, 또한 짧은 거리 내에서도 변화할 수 있으며 대상 암반 및 물성치에 의존적이며, 지질학적 구조 등에도 관련되기 때문이다.

응력측정치를 해석할 때 적용되는 암반의 물성치는 전체 암반에 대해 각기 달리 적용될 수도 있는데, Enever *et al.*(1990)은 호주 뉴사우스 웨일즈 지역의 석탄광산에서 퇴적층의 탄성계수에 대하여 0.2m의 길이를 가지는 코어 내에서 2배 정도까지 차이가 남을 보고한 적이 있다. 이러한 극단적인 변화 양상은 오버코어링 시험으로부터 해석을 실시할 경우 상당히 민감한 문제로 대두될 수 있는 바, 이러한 탄성계수가 오버코어링에 의한 응력 계산에 사용될 경우, 응력의 계산치에 있어 상당한 변화가 있을 것인데, 이는 오버코어링에서 측정된 변형률 또는 변위에다가 탄성계수을 곱하여 현지암반응력을 산출하기 때문이다. 따라서 탄성계수에서의 5%의 에러는 응력에서의 5% 에러를 의미한다. 포아송비를 고려하게 되면 이러한 문제는 더욱 복잡해질 수 있다.

또한, 이러한 불확실성은 암석의 이방성, 비균질성, 그리고 암석입자 및 공극의 크기에 따라서도 제기될 수 있는데, 암석의 입자 수준에서 봤을 때의 국부적인 응력은 전체의 평균응력과 상당히 다를 수 있다.

1.4.2 측정에 대한 불확실성

응력측정을 위한 장비와 관련되어 불확실성이 제기될 수 있으며, 또한 측정방법에 기인한 불확실성도 있을 수 있다.

오버코어링 시험에서는 여러 가지 원인에 의해 에러가 발생할 수 있는 바, 접착제나 계측장비의 문제, 계측기의 오동작, 파일럿 홀 내에서 계측기가 움직인 경우, 계측기 설치 불량, 기존의 균열면 때문에 오버코어링된 시험편이 부러졌을 경우, 시추이수의 온도, 시추에 의한 열 발생, 습도의 영향, 전기적인 문제, 시추공의 편심, 시추공의 확대 등이 원인이 될 수 있다. 캐나다의 URL 부지에서 실시된 오버코어링 시험에서는, 계측장비의 설치시 발생한 ±5°의 에러는 주응력의 방향 산정시 ±15°의 에러를 낳았다는 연구결과가 있다(Martin *et al.*, 1990).

계측장비로서 스트레인 게이지를 사용하는 장비의 정확성은 암반, 시추이수 및 주위 환경의 온도 변화에 크게 좌우된다. 이는 오버코어 시료에서의 온도 특성 때문에 상당히 복잡한 문제가 되는데, Martin *et al.*,(1990)은 2°C 이하의 온도 변화는 전체 오버코어링 해석결과에 큰 영향을 미치지 못한다고 하였지만, 반면 8°C의 온도 차이는 주응력의 크기에 있어서 최대 25%까지 차이가 날 수 있다고 지적한 바 있다.

수압파쇄시험에서는, 시추공이 경사져 있어 수직이 아닐 경우 에러가 발생할 가능성이 있으며, 설사 수직공이라 하더라도 수압파쇄에 의한 균열이 종방향으로 발생하였다가 기존 균열이나 조인트를 따라 방향이 변화할 수도 있는데, 이러한 현상이 수압파쇄시험의 해석시 가장 큰 에러 요인으로 작용한다(Brown, 1989). Haimson(1988)에 의하면, 종균열을 고려하는 전통적인 수압파쇄 해석법에서는, 수직으로부터 대략 20° 이내의 범위에서 휘어진 균열에 대해서는 믿을만한 결과가 나온다고 하였다.

1.4.3 해석에 대한 불확실성

해석할 자료를 선택할 경우 발생하는 오차에 의해 불확실성이 제기될 수 있다. 예를 들어, 오버코어링의 결과를 해석할 때 스트레인 게이지의 길이를 무시할 경우 오차가 발생할 수 있는데, Amadei(1986)에 의하면 CSIR 및 CSIRO HI cell을 직경 38mm 시추공에 설치하였을 경우, 각각 2%와 5%의 에러가 발생하였다고 보고하고 있으며, Mills & Pender(1986)에 의하면 10mm 길이의 스트레인 게이지보다는 5mm 길이의 스트레인 게이지가 더 정밀하다고 하였다. 이들에 의하면 길이가 긴 게이지를 사용했을 경우 게이지 중심부에서의 변형률은 전체 변형률과 사뭇 다르게 나타난다고 하였다. 오버코어링으로부터 측정된 변형률을 해석할 때, 암석의 입자 및 공극의 크기, 형태, 분포양상 등에 대한 적절한 게이지의 선택이 요구되는데, 일반적으로 암석의 평균 입자

크기의 10배 이상의 길이를 갖는 스트레인 게이지를 사용할 때 일관적인 변형률을 구할 수 있다고 알려졌다(Garritty, Irvin and Farmer, 1985).

수압파쇄법에서는 균열이 발생하고 발전되어 가는 동안 유체의 거동에 대한 유체의 압력해석 시 불확실성이 야기될 수 있다. 예를 들어, 균열폐쇄압력, 균열개구압력, 암반의 인장강도 등을 선택할 때 에러가 발생할 수 있는데, 미국 핸포드지역에서 실시된 폐기물 처분장 프로젝트에서의 수압파쇄 시험결과를 이용하여 Aggson&Kim(1987)은 균열폐쇄압력을 산정하는 5가지 방법을 비교, 응력해석에 적용하였는데, 그들에 의하면 적용방법에 따라 최소수평주응력은 4.9MPa(14%)만큼 차이가 났으며, 최대수평주응력은 14.7MPa(23%)만큼 차이가 났었다.

각각의 측정방법에서 적용하고 있는 가정들이 완전히 또는 부분적으로 충족되지 못할 경우에도 에러가 발생할 수 있는데, 오버코어링 시험의 경우 대부분 암석은 선형탄성적이고, 등방 균질의 연속체로 가정하고 해석을 실시한다. 그러나 드릴링 이후 비선형 또는 비탄성적 반응과 시간 의존적 반응 등에 의해 에러가 발생하거나 오버코어링된 시험편의 크기에서 이방성과 비균질성이 나타나기도 한다.

수직응력이 하나의 주응력이라고 가정하는 수압파쇄시험에서도 에러가 발생할 수 있으며, 플랫잭 시험의 경우 잭에 수직한 응력이 균질하지 않을 경우에도 이러한 문제가 발생할 수 있다. 응력구배가 심한 지역이나, 이미 응력이 교란된 굴착공동 등에서 플랫잭을 사용하였을 경우, 잘못된 응력측정치를 양산할 수도 있다. 암반이 점성적 거동을 보일 경우, 선형탄성이론에 의하여 측정자료를 해석할 경우 에러가 나타날 수도 있다.

또한 오버코어링 시험에서 탄성계수나 포아송비 등 응력해석에 필요한 물성치를 잘못 산정하였거나, 수압파쇄시험에서 인장강도를 잘못 산정하였을 경우에도 불확실성이 야기될 수 있다.

또 다른 에러는 몇몇 지역에서 측정된 응력 값을 관심 있는 전체 지역에 대해 평균적으로 나타낼 때 발생하는데, Hudson & Cooling(1988)과 Walker *et al.*(1990)에 의해서도 발표된 바와 같이 평균 주응력의 방향과 크기는, 각각의 주응력의 방향과 크기에 대한 평균값을 취함으로서 구해지는 것이 아니다. 모든 응력 텐서들은 반드시 동일한 좌표계 상에서 표현된 뒤, 각각의 6개의 응력 성분에 대한 평균값을 계산함으로서 평균응력텐서를 구할 수 있는 것이다.

1.4.4 불확실성의 제거

전술한 여러 가지의 불확실성은 다음과 같은 단계를 통하여 제거되거나 또는 적어도 이해될 수 있다.

1) 응력장을 알고 있는 위치에다가 계측기를 설치하고 현장조건을 시뮬레이션 하는 실험실 시

험을 수행한다.

2) 측정과정에서의 명백한 오차를 제거한다.

3) 동일 시추공에 대하여 동일한 방법으로 측정된 응력의 비교, 또는 다른 방법으로 측정된 인근 지점에서의 측정치를 비교한다.

4) 통계처리방법을 통한 응력측정치의 결과 해석을 수행한다.

5) 습도, 암반의 온도 및 기온, 시추이수의 온도 등 가능한 한 많은 현지 및 실험실 조건을 모니터링한다.

6) 측정된 응력 크기의 분산도가 지형적 영향이나 이방성 또는 불균일성 등 지질구조적 요소에 기인하는지를 관찰한다.

1.5 암반응력의 적용

암반 내에 구축되는 구조물의 안정성 평가를 위하여 종래에는 탄성학을 이용한 이론해로서 응력의 상태를 근사적으로 예측하고, 실제 굴착을 해나가면서 지반의 상태 및 거동을 관찰하는 경험적인 판단을 실시하였으나, 최근에는 컴퓨터의 발달과 함께 수치해석에 의한 안정성 평가를 실시하는 것이 보편화되어 있다.

지반의 거동을 예측하기 위하여 사용되는 프로그램에는 여러 가지가 있으나, 어떤 프로그램을 사용하던 간에 해석결과에 미치는 영향은 해석 프로그램 자체보다는 입력자료의 정확성에 좌우된다.

이러한 주요 입력자료에는 현지지반의 강도 및 변형특성, 초기응력의 상태, 터널의 단면형태, 그리고 굴착 및 보강패턴 등이 있다.

이들 중에서 특히 초기응력의 상태가 전체 해석결과에 어떠한 영향을 미치는지를 살펴보기 위하여 유한차분 연속체 코드인 FLAC을 이용하여 해석을 실시해 보았다.

1.5.1 해석모델

터널은 지표하부 200m에 위치하는 2차선 도로터널이고, 지반은 보통암 및 경암 조건으로서, Type II의 지보패턴을 가정하였다. 지반 및 지보재의 특성은 Table 1-3과 같이 산정하였으며, 해석단계 및 시공순서는 Table 1-4와 같이 가정하였고, 이때 하중분담율은 40%, 30%, 30%를 적용하였다. 측압계수(K)는 각각 1.0 과 2.0을 적용하여 보았으며, 이때 터널의 주요지점에서 발생하는 변위양상을 살펴보았다.

1.5.2 해석결과

수치해석결과 터널 주요 지점에서의 변위발생량을 비교해 보면 Table 1-5와 같다. 즉, 측압계수가 1.0인 경우, 6단계까지 해석이 완료되었을 때 지표상의 가운데 부분에서 발생하는 침하량은 12.33mm이며, 우측터널의 천반에서 30.07mm의 변위가 발생하고 있다. 여기서 해석과정 1, 2, 3에서 우측터널의 측벽 및 인버트에서 발생한 (-)값의 변위는 우측터널이 굴착되기 전에 좌측터널이 굴착되면서 발생한 것일 뿐 실질적인 의미는 없다.

Table 1-3. Input data for in situ properties used in the numerical analysis.

	Moderate rock	Hard rock	Soft S/C	Hard S/C	Rock Bolts
Density (ton/m^3)	2.68	2.68	–	–	–
Bulk modulus (ton/m^2)	1.0e6	2.0e6	–	–	–
Poisson's ratio	0.20	0.20	–	–	–
Friction angle ($^{\circ}$)	45	45	–	–	–
Cohesion (ton/m^2)	100	200	–	–	–
Young's modulus (ton/m^2)	–	–	5.0e5	1.5e6	2.1e7
Compressive strength (ton/m^2)	–	–	100	210	3000

Table 1-4. Steps for numerical analysis and construction.

	Construction step	Analysis step
①	Left tunnel excavation	Step 1
②	Left tunnel Soft S/C	Step 2
③	Left tunnel Hard S/C + Rockbolts	Step 3
④	Right tunnel excavation	Step 4
⑤	Right tunnel Soft S/C	Step 5
⑥	Right tunnel Hard S/C + Rockbolts	Step 6

한편, 측압계수가 2.0인 경우, 지표상의 동일지점에서 추적한 변위발생량은 12.24mm로서 측압계수가 1.0이었던 경우와 비교해 볼 때 큰 차이가 없음을 알 수 있으나, 좌우 측벽에서의 변위발생량은 각각 2배 이상 증대되었으며, 천반 및 인버트에서는 오히려 미세하나마 감소하였음을 알 수 있다.

이는 측압의 영향이 수치해석에 미치는 영향을 명백히 보여주는 예라 할 수 있으며, 따라서 측압의 크기 및 방향에 따라 보강영역과 지보패턴이 결정되어야 할 것으로 판단된다.

Table 1-5. Displacement generated in several points of tunnels at each analysis steps(unit :mm)

Analysis Step	Left Tunnel				Right Tunnel				Surface
	Crown	L-side	R-side	Invert	Crown	L-side	R-side	Invert	
In case of K = 1.0									
1	19.22	4.91	5.57	8.24	2.24	−0.8	0.48	−1.52	3.79
2	24.72	14.29	16.93	17.47	3.88	−3.69	2.06	−2.49	5.95
3	24.21	13.94	16.91	23.95	3.81	−3.84	2.21	−2.47	5.89
4	27.26	14.06	15.87	23.27	24.34	1.32	6.55	6.32	9.96
5	29.78	14.85	12.18	22.87	30.64	12.33	15.18	16.07	12.49
6	*29.62*	*14.95*	*12.09*	*22.84*	*30.07*	*12.25*	*14.85*	*23.31*	12.33
In case of K = 2.0									
1	15.71	13.08	15.45	7.12	2.57	−3.55	1.93	−1.54	3.67
2	16.89	35.74	42.77	14.73	4.86	−10.74	5.89	−2.61	5.81
3	16.14	35.85	43.71	21.69	4.91	−11.38	6.32	−2.65	5.78
4	19.93	36.69	39.25	21.08	22.43	2.81	17.93	5.24	9.72
5	23.68	38.63	30.13	20.72	24.64	27.96	38.26	13.63	12.23
6	*23.67*	*38.83*	*29.66*	*20.65*	*23.96*	*28.45*	*38.21*	*19.96*	12.24

1.6 암반응력 적용시의 문제점

현재 국내에서 실시되고 있는 각종 도로 및 철도터널의 설계시, 터널이 위치하게 될 지반에 대한 암반의 초기응력 측정은 기본적인 과정으로 정착되고 있는 추세이다. 이와 함께 터널의 연장이 1km 이상인 장대 터널의 경우 터널의 시점부 또는 종점부 중의 한 지점과 터널 중심부에서의 한 지점 등 대개 2개 지점 이상에서의 수압파쇄에 의한 초기응력 측정을 권고하고 있다.

그러나 현재 국내에서 대부분 터널설계에 적용하고 있는 NATM공법에서는 터널 중심부의 안정성 해석시, 초기응력이 전체 해석에 미치는 영향은 시점부나 종점부에 비해 상대적으로 크지 않다는 통계적 결과에 따라, 대부분 시점부 또는 종점부에서의 시추공을 이용한 수압파쇄시험이 이루어지고 있는 실정이다.

하지만 초기응력을 측정할 시추공을 선정함에 있어서 시추공 벽의 상태 등 대부분 공학적인 판단에 의존하고 있으며, 따라서 선정된 시추공에서 측정된 초기응력값이 전술한 바와 같이 국부적인 값이 될 수도 있다는 사실이 간과되고 있다. 또한 한 개의 시추공에서 심도별로 측정된 초기응력 값들에 대해 산술적으로 평균을 구하는 것은 그다지 의미가 없으며, 반드시 구조지질학적 접근에 의해 초기응력의 평균값이 결정되어야 하며, 이러한 대표성 있는 평균값이 전체 터널단면에 대해 적용되어야 한다.

세계적으로도 수압파쇄에 의해 측정된 초기응력 값을 설계에 적용함에 있어서 반드시 구조지질학적 조사결과와 결부시켜 해석을 실시하고 있는 추세이다(Haimson et. at., 1996). 따라서 지질 구조와 초기응력이 갖고 있는 상관관계를 정확히 규명하고 이를 통해 초기응력 측정지점의 선정과 측정값의 신뢰도를 판단해야 할 것이므로 암반의 이방성 효과, 층리 효과, 지질구조 및 지형적인 효과 등을 반드시 고려한 암반응력 해석이 실시되어야 할 것이다.

1.7 결 론

본 고에서는 암반응력에 대한 기초 이론에서부터 적용분야, 측정 방법, 그리고 적용시 발생할 수 있는 여러 가지 오류에 대해 개괄적으로 살펴보았다.

결론적으로 여러 가지 측정법이 있지만, 어느 방법이 최선이라는 명제는 성립할 수 없으며, 대상 지반구조물의 활용 분야와 지형 및 지질적 특성을 고려한 암반응력 측정법의 선택이 필요하며, 이때 반드시 구조지질학적인 소견이 첨부되어야 할 것이다.

이렇게 하여 결정된 암반응력 측정방법을 도입할 경우, 측정 및 해석 과정에서 발생할 수 있는 여러 가지 오류 발생 가능성을 최소화시키는 것이 중요하며, 이를 위해서는 복합적인 암반응력측정법의 적용이 바람직하다. 이런 점에서 Choi(1997) 및 Song&Choi(2003)의 연구결과는 큰 의미를 갖는다고 할 수 있는 바, 이들의 연구결과에 의하면 유류비축용 지하저장고 건설 당시 수행되었던 시추공을 이용한 수압파쇄시험결과와 지하저장고 건설 도중 터널 내에서 수행되었던 오버코어링 시험결과가 상당히 부합됨에 따라 해당 지역에 존재하는 암반응력의 신뢰도가 향상되었으며, 이에 따른 터널의 안전설계가 가능하였다는 것인데, 도로 및 철도 터널 건설 현장에서도 이러한 복합적인 암반응력측정의 수행이 긍정적으로 검토되어야 할 것으로 사료된다.

또한 터널설계를 위한 암반응력의 적용값 산정을 위해 암반응력을 측정함에 있어, 구조지질적인 전문 소견을 바탕으로 경제적, 시간적 손실을 최소화할 수 있는 측정방법, 측정위치 및 측정회수가 결정되어야 할 것이며, 통계적이고 객관적인 해석기법을 동원함으로서 현장시험이 직접 이루어지지 못한 지점에 대해서도 합리적인 평가가 가능하도록 심혈을 기울여야 할 것이다.

02 수압파쇄시험에 의한 암반응력의 측정 및 해석에 관한 고찰

최 성 웅

2.1 서 론

암반응력을 측정하기 위한 수압파쇄시험은, 1990년 (주)한전에서 미국 위스콘신대학의 Haimson 교수에게 평택, 여수, 거제 지역의 유류비축기지에 대한 초기응력측정을 의뢰함으로서 국내에 처음으로 소개된 이래(Korea Power Eng. Co. Inc. Report, 1990), 한국지질자원연구원에서 1992년 자체적으로 수압파쇄장비를 보유하고 국가과제 연구수행의 일환으로 수압파쇄 현장 시험을 실시하면서 수압파쇄시험에 의한 암반응력 측정이 국내에 본격적으로 알려지기 시작했다(한국자원연구소 보고서, 1992).

'대구 반월당지구 지하공간개발사업(1994.6)'이 민간기업체의 지하공간의 설계를 위한 최초의 암반응력 측정사례이며, 이후 '영동고속도로 둔내터널(1995.6)', '대구지하철 2호선(1995.11)', '부산–대구간 고속도로(1996.8)' 등에 본격적으로 적용되면서 10여 년이 지난 지금까지 대부분의 터널설계에 있어서 수압파쇄시험에 의한 암반응력 측정은 필수적인 지반조사 요소로 인식되어왔다.

이와 같이 10여 년간 축적되어온 측정 자료를 토대로 국내 지역별 초기응력의 분포양상이 발표된 바 있으며(최성웅, 1997), 또한 국내에서는 처음으로 300m 심도 이상의 대심도 경사시추공에 대하여 수압파쇄시험에 의한 암반응력측정이 실시되는 등(최성웅 외, 1999) 양적인 면뿐만 아니라 질적인 면에서도 괄목할 만한 성장을 이루어왔다.

그러나 이러한 성장에도 불구하고, 암반터널 설계를 위한 입력자료 중의 하나인 측압계수를 산정하기 위해 수행되는 수압파쇄시험은, 암반 구조물의 특성이나 지반의 지질학적 특성을 무시한 채 일률적으로 실시되고 있어 많은 문제점들이 제기되고 있다.

예를 들어, 암반터널의 연장이 그리 길지 않고 지질학적으로도 변화가 심하지 않는 터널 구간에 대해서는 한 개 또는 두 개 지점에 대한 수압파쇄시험으로부터 지반 내 초기응력을 측정하여 이를 설계에 반영하여도 크게 무리는 없을 것이나, 장대터널이라든지 대심도 터널, 또는 지질학적으로 심한 교란을 받아 구조지질적인 면에서 매우 복잡한 형태를 띠는 지반 조건이라면 보다 적극적인 암반응력 측정이 수행되어야 한다.

따라서 본 고에서는 최근 선진외국에서 제안되고 있는 새로운 응력해석방법과 함께 국내에서의 최근 몇 년간의 수압파쇄시험에 의한 초기응력 현장측정 사례 분석을 통하여, 측정 대상지역의 특성에 따라 수압파쇄시험이 달리 적용된 예를 살펴보고 나아가 바람직한 형태의 초기응력 측정 방법을 제시하고자 한다.

또한 수압파쇄시험으로부터 얻어지는 각종 응력 자료로부터 암반응력을 해석함에 있어 기존에 제안되어 온 여러 가지 해석방법을 수치해석적으로 검증하고 이를 토대로 바람직한 응력해석 기법을 제안코자 하며, 끝으로 수압파쇄시험장비의 현장 접근성을 극대화한 새로운 형태의 수압파쇄시험장비의 개발 내역을 소개하고자 한다.

2.2 암반응력 해석 기법

2.2.1 수직공에 대한 일반적인 해석 기법

먼저 가장 흔히 적용되는 수압파쇄시험법인, 수직공에 대한 수압파쇄시험과 이때 얻어지는 자료를 이용한 일반적인 해석법을 살펴보도록 하자.

일반적인 해석법에는 암반을 불투성의 선형, 탄성, 등방의 연속체로 가정하는 탄성모델 해석법과 암반 내로의 유체의 침투를 허용하는 공극탄성모델 해석법 및 암반을 연속체로 가정하지 않고 다수의 절리가 존재하는 불연속체로 가정하는 파괴역학모델 해석법 등 3가지 해석법이 있다. 이들 3가지 모델의 공통점은 시추공의 축방향이 수직응력방향과 나란해야 한다는 것과 암반은 선형탄성거동을 한다는 것, 그리고 시험구간 내에서는 평면변형률 조건이 유지된다는 것 등이다.

특히 탄성모델 해석법의 경우, 다음의 식 (2-1)에서처럼 현장시험에서 얻어지는 각종 응력값으로부터 간단히 최소 및 최대수평주응력을 구할 수 있다.

$$(P_r - P_o) = 3(S_h - P_o) - (S_H - P_o) \tag{2-1}$$

여기서, P_r은 균열개구압력, P_o는 공극수압이며, S_h와 S_H는 최소 및 최대수평주응력이다.

그러나 현장시험에서 구해지는 P_r이 과연 전체 균열의 재확장을 대표할 수 있는가 하는 것과 S_h에 대한 S_H의 비가 3 이상이 되게 되면 역학적으로 시추공 벽면에서의 응력상태가 인장이 되면서 수압파쇄에 의한 균열이 완전히 닫힐 수 없으므로 균열폐쇄압력의 정확성이 떨어질 수 있다는 것이 이 탄성모델 해석법의 문제점으로 지적되고 있다.

한편 국내에서 흔히 나타나는 화강암 또는 화강편마암과 같이 암반 내로의 유체의 침투량을 무시할 정도일 경우에는 탄성모델이 적용될 수 있으나, 조립질의 사암과 같이 암반 내로의 유체의 침투량이 무시할 수 없는 정도라면 유체의 암반 침투를 허용하는 공극탄성모델이 적용되어야 한다.

하지만 이를 위해서는 Biot 상수와 포아송비를 알아야 하기 때문에, 수압파쇄시험 대상구간의 시험편을 채취하여 실험실 시험을 병행해야 한다는 단점이 있다. 또한 Haimson *et al.*(1996) 이 제안한 바와 같이 현지암반 응력이 $0 < (3S_h - S_H) < 25MPa$의 범위에 있을 경우, 탄성모델과 공극탄성모델 사이의 차이는 무시할 수 있다는 역학적 한계도 가지고 있다.

파괴역학모델은, 암반 내 기존 균열의 분포가 지배적이어서 더 이상 암반을 연속체로 볼 수 없을 경우 적용되는 모델인데, 시추공 벽면으로부터 최대수평주응력 방향으로의 균열에 대해 균열 선단에서 모드 I의 응력집중계수 K_I이 임계치(파괴인성 K_{IC})에 다다를 때 수압파쇄 균열이 발생한다는 이론인데, 실제로 수압파쇄에 의한 현장시험에서 시험구간 내에 존재하는 균열의 길이를 측정하기가 매우 힘들다는 점과 암반의 파괴인성을 별도로 측정해야 한다는 점 등이 문제점으로 지적되고 있다.

따라서 이 파괴역학모델에 의한 수압파쇄해석은, 암반 내에 기존 균열이 다수 있어 암반을 더 이상 연속체로 고려하기 힘든 곳에서 수압파쇄가 실시될 경우, 미소균열음을 이용한 위치추적기법 등을 사용하여 균열의 분포 양상을 정확히 규명한 뒤 별도로 제시되는 식을 이용하여 응력해석을 실시해야 할 것이다.

이상에서 살펴본 3가지 수압파쇄 해석 모델은 모두 수직공에 대한 해석 기법으로서 시추공의 축방향을 현지암반 주응력 중의 하나의 방향으로 간주함으로서, 그 축방향에 수직한 면에 대하여 즉, 평면변형률 조건으로 수평주응력을 2차원적으로 구해내는 것은 동일하다.

따라서 기존의 시추공을 이용한다는 점, 측정 심도에 제한이 없다는 점, 그리고 설계단계에서 적용할 수 있다는 점 등의 장점으로 인해 현지암반 응력측정법 중에서 수압파쇄시험법이 가장 널리 이용되고 있음에도 불구하고, 수직공에 대하여 평면변형률 조건으로 수평주응력을 구한다는 것이 수압파쇄시험이 가지는 가장 큰 단점으로 지적되어왔다.

최근에 와서는 비교적 급경사로 판단되는 단층대의 확인을 위해, 또는 현장 여건상 경사 시추가 불가피한 경우가 많아지면서, 경사공에 대한 수압파쇄해석법이 요구되고 있다.

2.2.2 경사공에 대한 해석 기법

현지암반 주응력 중에서 어느 것도 시추공의 방향과 나란하지 않거나, 시추공의 축방향이 수직이 아닐 경우에 대하여, Ljunggren&Nordlund(1990) 는 Fig. 2-1과 같이 축변환에 의한 경사공 수압파쇄 해석식을 수학적으로 제안한 바 있다.

즉, Fig. 2-1(a)에서 보는 바와 같이, (S_1, S_2, S_3) 좌표계 상에서 (S_H, S_h, S_V) 방향과 나란한 방향으로 존재하는 현지암반 주응력 σ_1, σ_2, σ_3 와, Fig. 2-1(b)처럼 단위벡터 b로 정의되는 경사공을 가정하였다. 한편, 시추공의 축방향과 나란한 $\overline{S_1}$ 과, S_1, S_2 평면상에 포함되는 $\overline{S_2}$ 및 이와 직교하는 $\overline{S_3}$ 로 구성되는 $(\overline{S_1}, \overline{S_2}, \overline{S_3})$ 의 국부좌표계를 (O, N, E, V) 전체좌표계와 함께 고려할 경우, 수평각 α 는 b가 수평면 상에 투영되었을 때 진북방향(N)과 이루는 각도를 의미한다.

따라서 카테지안 좌표변환공식을 사용하여 시추공 좌표계에서의 응력텐서를 구할 수 있다. 실제 현장 사례를 통하여 경사공 응력해석 기법이 적용되는 과정을 살펴보면 다음과 같다.

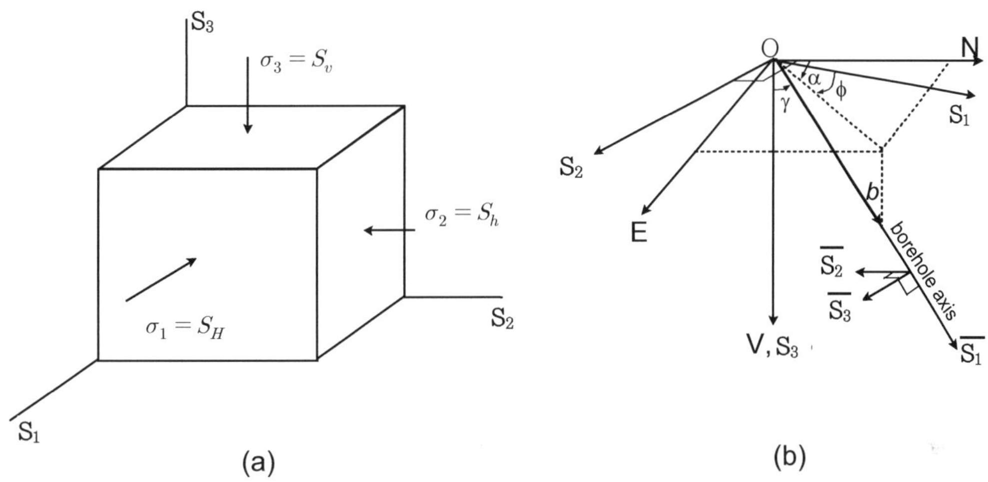

Fig. 2-1. Problem geometry and coordinate systems to calculate the stress distribution around an inclined borehole. (a) In-situ stresses, (b) definition of angles. (Ljunggren & Nordlund, 1990)

가. 유류비축기지에 대한 적용 예

U-1추가유류비축기지용 지하저장시설의 설계 정밀도를 높이기 위해, 해당지반 내에 존재하는 암반의 초기응력을 직접 측정하여 측압계수를 제공함으로서 유류비축용 지하저장시설의 규격과 방향, 그리고 지보 패턴의 결정에 대한 기준을 마련코자 수압파쇄시험이 수행되었다(최성웅 외, 1999).

수압파쇄시험은 AO-2 시추공 및 AO-8 시추공에 대해 수행되었는데, Fig. 2-2에서 보는 바와 같이 AO-2 시추공과 AO-8 시추공은 각각 S 방향 및 S20°E 방향으로 70°씩 경사져 있다. 절리나 단층 등 불연속면이 수직 또는 급경사로 발달되어 있을 경우, 이의 정확한 조사를 위하여 경사 시추를 실시하는 것이 최근의 일반적인 추세인데, 본 시험 대상공 역시 이러한 목적으로 굴착된 경사공이다(한국석유공사 보고서, 1999).

수압파쇄 시험대상 구간은 시추공 텔레뷰어 탐사 자료를 이용하여 AO-2 시추공에 대해서는 8개 지점이, AO-8 시추공에 대해서는 7개 지점이 선정되었으며(Fig. 2-3), 이상의 시험구간에 대한 수압파쇄시험으로부터 경사공 해석 기법을 적용하여 응력해석을 실시하면 Table 2-1에서와 같이 심도별 측압계수 양상을 정리할 수 있다.

즉 일반적인 수직공에 대한 수압파쇄 해석 기법과 달리, 시추공에 대한 경사각 및 경사방향과 수압파쇄 균열의 경사 및 경사방향이 주요 변수로 작용하게 되며, 이를 토대로 전체 응력장에 대한 해석이 이루어진다.

한편, Table 2-1에서 보는 바와 같이 AO-2 시추공 및 AO-8 시추공에 대한 수압파쇄시험으로부터 측압계수의 산정값이 다소 차이가 나고 있음을 알 수 있는데, 이것은 앞서 언급한 바와 같이 지형 및 지질적인 원인에 기인한 것으로 사료된다.

즉, AO-2 시추공과 AO-8 시추공의 가운데 부분이 화강암과 안산암의 경계 부분이 되며, AO-2 시추공은 화강암 지역에, AO-8 시추공은 조립질의 안산암 지역에 속하고 있기 때문에 지질층서상의 차이에 의해 이러한 측압계수값의 차이가 발생하는 것으로 보인다.

한편, 최근 유류비축용 지하저장고를 굴착하는 과정에서 터널 내에서 오버코어링법에 의한 암반응력 측정이 동일 지점에 대해 실시되었는 바, Table 2-1에서 정리한 수압파쇄시험의 결과와 매우 유사한 암반응력 측정결과를 얻은 바 있다(Song & Choi, 2003).

따라서 굴착 이전에 시추공을 이용하여 실시되었던 수압파쇄에 의한 암반응력측정결과와 굴착 도중 터널 내에서 실시되었던 오버코어링에 의한 암반응력측정결과가 서로 잘 부합되는 결과를 얻음으로서, 상호간의 결과값에 대한 신뢰성을 향상하는 데 큰 기여를 하였다.

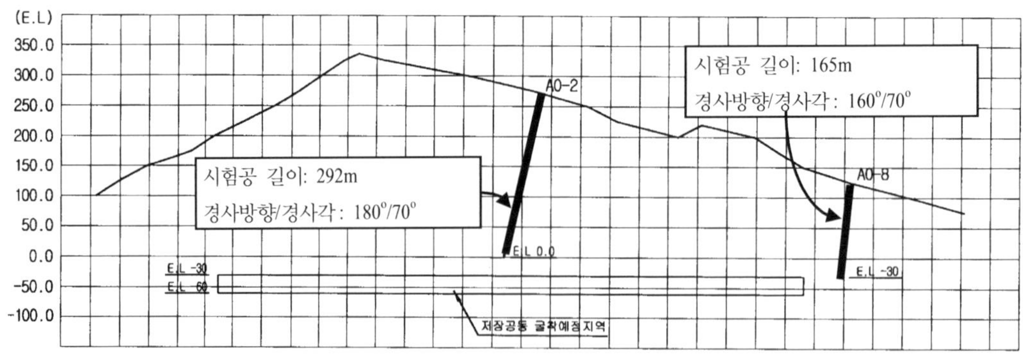

Fig. 2-2. Location and dimension of boreholes for hydraulic fracturing test in U-1 oil storage cavern site.

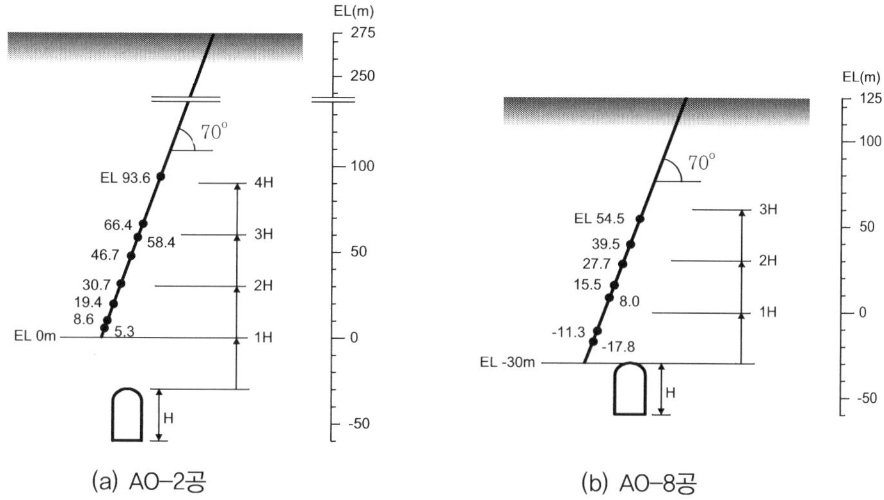

Fig. 2-3. Selection of testing intervals for two boreholes.

Table 2-1. Results for in-situ stress measurements on two inclined boreholes.

Inclined depth (m)	Elevation (m)	Pressure data			Hole orientation[1]		Fracture orientation[1]		Vertical Stress (σ_v) (MPa)	Min. Horizontal Stress (σ_h) (MPa)	Max. Horizontal Stress (σ_H) (MPa)	K_h (σ_h/σ_v)	K_H (σ_H/σ_v)	σ_H direction
		P_o (MPa)	P_r (MPa)	P_s (MPa)	α	γ	ϕ	θ						
AO-2 borehole														
193.0	93.6	1.34	5.49	4.02	180°	20°	125°	145°	4.90	3.94	5.24	0.81	1.07	55°
220.0	68.3	1.60	6.29	4.20	180°	20°	100°	170°	5.58	4.02	4.71	0.72	0.84	80°
230.5	58.4	1.70	6.39	4.14	180°	20°	120°	150°	5.85	3.98	4.28	0.68	0.73	60°
243.0	46.7	1.81	6.03	4.68	180°	20°	120°(?)	150°(?)	6.17	4.54	6.20	0.74	1.01	60°(?)
260.0	30.7	1.97	6.25	4.67	180°	20°	120°(?)	150°(?)	6.60	4.48	5.77	0.68	0.87	60°(?)
272.0	19.4	2.09	4.63	3.35	180°	20°	–[2]	–[2]	6.90	2.93	3.29	–[2]	–[2]	–[2]
283.5	8.6	2.19	6.75	4.79	180°	20°	108°(?)	162°(?)	7.19	4.51	5.41	0.63	0.75	72°(?)
287.0	5.3	2.23	5.03	4.75	180°	20°	108°	162°	7.28	4.45	6.99	0.61	0.96	72°
AO-8 borehole														
75.0	54.5	0.47	3.99	3.03	160°	20°	115°	155°	1.90	3.15	4.68	1.66	2.46	45°
97.0	33.8	0.67	4.79	4.31	160°	20°	115°	155°	2.46	4.50	7.56	1.83	3.07	45°
103.5	27.7	0.74	4.27	3.28	160°	20°	115°(?)	155°(?)	2.63	3.35	4.87	1.28	1.85	45°(?)
116.5	15.5	0.86	5.38	4.72	160°	20°	100°	170°	2.96	4.95	7.94	1.67	2.69	60°
124.5	8.0	0.93	4.50	3.97	160°	20°	100°(?)	170°(?)	3.16	4.07	6.48	1.29	2.05	60°(?)
145.0	–11.3	1.13	10.37[3]	9.42[3]	160°	20°	100°	170°	3.68	10.15[3]	16.80[3]	2.76[3]	4.57[3]	60°
152.0	–17.8	1.19	7.79	7.99	160°	20°	100°(?)	170°(?)	3.86	8.52	15.03	2.21	3.90	60°(?)

(?) 표시는 직접 측정되지 않아서 인접한 시험구간의 측정결과를 이용한 것임.

1) α, γ, ϕ, θ의 정의는 Fig. 2-1 참조.

2) 기존균열의 reopening 으로 수압파쇄에 의한 균열이 발생하지 않음.

3) 국부적인 암반물성 이상대의 존재로 주변 시험위치보다 큰 값이 측정됨.

2.2.3 기존균열에 대한 수압파쇄 해석 기법

전술한 수직공에서의 현지암반 응력해석과 경사공에서의 현지암반 응력해석의 경우, 시추공의 방향이 수직이든, 경사이든 관계없이 수압파쇄에 의해 새로이 형성되는 수압파쇄균열은 시추공 축방향에 나란한 형태, 즉 종균열임을 가정한 것이었다.

그러나 시추공의 축방향에 관계없이, 수압파쇄에 의해 발생하는 균열은 횡균열일 수도 있고, 또는 경사균열일 수도 있기 때문에 앞서 언급한 응력해석 기법으로는 한계가 있다.

Haimson(1988)에 의하면, 대개의 경우 시추공의 축방향과 균열의 발생방향이 20°까지 벌어졌을 때는 종균열에 대한 기존의 해석식을 적용해도 무리가 없는 것으로 보고하고 있지만, 그 이상의 각도로 경사지게 되면 별도의 해석 기법이 요구된다.

이 경우, 1개 지점에 대한 시험으로부터 1개의 2차원적 현지암반응력이 구해지는 것과는 달리, 6개 이상의 시험 지점을 통해 1개의 3차원적 현지암반응력이 구해지는 점이 차이점이다.

즉, Cornet & Valette(1984)에 의해 처음으로 소개된 '기존균열에 대한 수압파쇄시험(hydraulic tests on pre-existing fractures; HTPF)'은 3차원 공간에서의 응력에 관한 이론을 이용하여 균열에 수직한 응력을 심도와 균열의 방향으로 표시되는 비선형 함수로 표현하였으며, 이때 응력 텐서를 정의하기 위해 6개의 미지 변수 형태로 나타내었다. 따라서 앞의 수직공에 대한 수압파쇄 기준식이나 경사공에 대한 수압파쇄 기준식과는 달리, 응력-변형률 관계를 요구하거나 이상적인 암반 물성치, 즉 암반은 균질, 등방, 선형탄성 조건을 만족해야 한다는 가정을 요구하지 않는다 (Fig. 2-4.). 따라서 균열의 양상, 즉 균열의 경사 ϕ_i 와 경사방향 ψ_i 를 통하여 i번째 균열에서의 균열에 수직한 응력 $S_{n,i}$ 의 단위벡터 (n) 을 정의하고, 동일한 응력장 내에서 최소 6개 이상의 구간에 대해 시험을 수행함으로서, 식 (2)의 6개의 미지수, 즉 A_1, A_2, B_1, B_2, λ_A, λ_B가 결정될 수 있는데, 이때 이 식의 해를 구하기 위해 최소자승법을 사용해야 한다.

이러한 6개의 미지수를 통해 수평응력에 대한 3개의 독립성분 (S_{xx}, S_{yy}, S_{xy})을 심도에 대한 함수로 구할 수 있으며, 이때 최소자승해를 구하기 위해서 역산법이 적용된다.

$$S_H = \frac{1}{2}\left[(A_1 + A_2) + (B_1 + B_2)D_i + \Delta\right]$$

$$S_h = \frac{1}{2}\left[(A_1 + A_2) + (B_1 + B_2)D_i + \overline{\Delta}\right] \tag{2-2}$$

$$S_{Hdir} = \frac{1}{2}\arcsin\left[\frac{(B_1 - B_2)D_i\sin2\lambda_B}{\Delta}\right] + \lambda_A$$

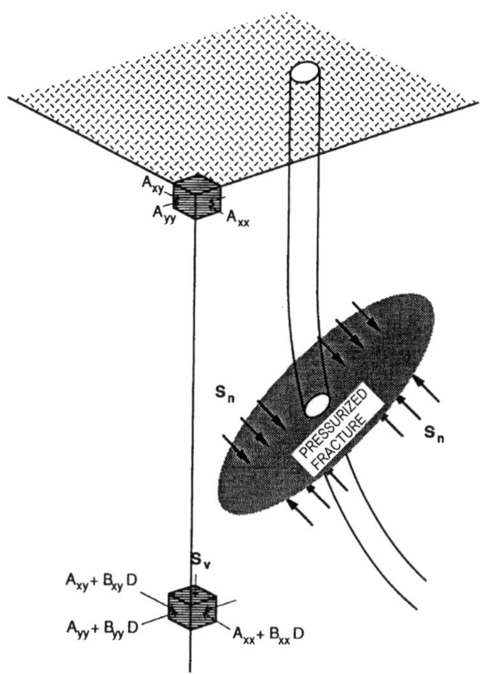

Fig. 2-4. Stress measurement with the hydraulic tests on pre-existing fractures (HTPF) method. (Cornet & Valette, 1984)

여기서, $\Delta = \sqrt{[(A_1 - A_2)^2 + (B_1 - B_2)^2 D_i^2 + 2(A_1 - A_2)(B_1 - B_2)D_i \cos 2\lambda_B]}$ 이며,

A_1, A_2 는 지표면($D=0$)에서의 수평주응력, λ_A 는 진북에 대한 A_1 의 방향, B_1, B_2 는 심도에 따른 응력성분의 변화 텐서인 (B) 의 eigenvalue, λ_B 는 A_1 에 대한 B_1 의 eigenvector이다 (Cornet & Valette, 1984).

이러한 방법은 동일 응력장이라고 가정한 지점에 대해 최소 6개 이상의 수압파쇄시험을 통해 한 조의 3차원 응력만이 구해진다는 단점을 가지고 있으나, 기존 균열이 너무 많아서 정상적인 수압파쇄시험이 불가능한 시추공이라든지, 경사공 또는 방향제어공에서 시추공의 축방향에 대해 횡균열 또는 경사균열이 발생하였을 경우 효과적으로 현지암반 응력장을 구할 수 있다는 점에서 그 적용성이 매우 높다.

실제 현장 사례 분석을 통해 이러한 응력해석 기법이 적용되는 과정을 살펴보면 다음과 같다.

가. 한강하저터널에 대한 적용 예

2003년 분당선 한강하저터널의 설계를 위한 암반 내 측압계수 산정을 위해, 하저 암반 상태를 규명하기 위한 목적으로 한강 북측으로부터 굴진된 방향제어시추공에 대하여 수압파쇄시험이 한 국지질자원연구원에 의해 실시된 바 있다(Fig. 2-5).

수압파쇄시험구간은 Table 2-2에서 정리한 바와 같이 총 7개 지점이 선정되었으며 이를 통해 3차원 응력성분이 구해진 바 있다.

이때 Table 2-2에서의 Ps 는 단지 균열면에 수직한 응력을 나타낼 뿐, 기존의 수압파쇄 해석에 서처럼 최소수평주응력을 의미하는 것은 아니다. 따라서 식 (2-3)식을 이용하여 3차원 응력성분 의 크기와 방향을 구할 수 있다.

$$P_s = S_{ni} = l_i^2 S_{xx} + m_i^2 S_{yy} + n_i^2 S_{zz} + 2m_i n_i S_{yz} + 2n_i l_i S_{zx} + 2l_i m_i S_{xy} \tag{2-3}$$

여기서, 첨자 i는 i번째 시험구간을 의미하고, x, y, z는 카테지안 좌표계를, S_{jk} $(j,k = x,y,z)$

Table 2-2. Results of in-situ stress measurements on the directional drilling borehole and the three dimensional stress regime.

Inclined depth (m)	Vertical depth (m)	Ps (MPa)	Frac dip $\delta(°)$	Frac dip-dir $\beta(°)$	S₁ (MPa)		S₂ (MPa)		S₃ (MPa)	
160	27.8	2.78	70	10						
173	30.0	3.02	73	12						
179	31.1	2.55	84	15	1.50	l=−0.87 m=0.24 n=0.43	1.22	l=0.38 m=−0.22 n=0.89	0.87	l=−0.30 m=−0.91 n=−0.10
183	31.8	1.97	75	11						
188	32.6	2.03	72	9						
194	33.7	2.54	79	13						

Fig. 2-5. Pictures of hydraulic fracturing test in the directional drilling borehole for design of subway tunnel excavating underneath the Han river.

는 6개의 미지의 응력성분, l_i, m_i, n_i는 각각 x, y, z에 대한 S_{ni}의 방향 코사인이다.

2.3 암반응력 측정값의 확대 적용 기법

최근 독일의 니더마이어 연구소와 Itasca 독일 지사는 공동 연구를 통해 복잡한 지질 구조를 갖는 지반에서의 측압계수의 변화양상을 터널 전체 구간에 대해 확대해석하는 전산해석 기법을 소개한 바 있다(Konietzky *et al.*, 2001). 이 연구에서는 독일의 슈트트가르트와 아우구스버그를 연결하는 약 14km의 철도터널의 노선을 결정하기 위해 8개의 시추공에 대한 수압파쇄시험을 실시하고, 3DEC을 이용하여 복잡한 지질구조와 6개의 단층대를 수치해석적으로 표현하고 이 지역에 대한 응력해석을 실시, 두 결과를 중첩시킴으로서 터널 전체 구간에 대한 측압계수 분포양상을 확대해석하여 최종적으로 최적의 터널 노선을 결정한 과정을 소개하고 있다.

이러한 시도는 터널 입구부 및 출구부, 또는 중심부 등에서의 시추공에 대한 수압파쇄시험으로부터 지질학적 변화 및 지형적 변화양상을 토대로 터널 구간별로 측압계수 양상을 분류해 왔던 국내의 경험적 연구와도 일맥상통하고 있으나, 최근의 발전된 수치해석 기법을 현장에서 취득된 데이터와 직접 결합시켰다는 점에서 상당한 의미를 갖는다.

최근 국내에서도 이와 유사한 연구가 실시된 바 있는데, 실제 현장 사례 분석을 통해 전산해석에 의한 암반응력의 확대 적용 예를 살펴보면 다음과 같다.

가. 한강하저터널에 대한 적용 예

앞의 Fig. 2-5에서 소개한 방향제어시추공에 대한 수압파쇄시험해석과는 별도로 Fig. 2-6에서와 같이 한강 하상에서의 수직시추공과 한강 남측 고수부지에서의 경사시추공에 대하여 수압파쇄시험이 한국지질자원연구원에 의해 실시된 바 있다(최성웅 외, 2003).

(a) vertical borehole on the river

(b) inclined borehole by the river

Fig. 2-6. Hydraulic fracturing tests on the vertical borehole as well as the inclined borehole.

　　수직시추공에 대한 응력해석과 경사시추공에 대한 응력해석은 앞에서 언급한 방법을 토대로 실시되었으며, 이와는 별도로 3DEC을 이용한 3차원 응력해석이 실시되었다. 본 3차원 수치해석의 목적은 하상에서의 수직시추공 및 강변에서의 경사시추공에 대한 수압파쇄 시험결과로부터 구해진 초기지압의 분포양상을 전체 터널 구간에 대해 확대 해석하기 위한 것으로서, 해석결과로부터 얻고자 하는 결과물은 암반 내 초기지압의 양상이므로, 외부응력조건으로는 중력만이 고려된 상태에서 해석이 수행되었다. Fig. 2-7은 3차원 3DEC 해석을 위해 작성된 해석단면이며, Fig. 2-8은 일정 시간 동안 계산이 수행된 이후 불평형력이 수렴된 상태에서의 블록의 형태를 나타내고 있다.

　　한편 이러한 전산해석결과를 토대로 Fig. 2-9에서는 지형의 윤곽과 터널 계획고를 수압파쇄 시험공의 위치와 함께 나타내었으며(위 그래프), 또한 3DEC 해석결과를 토대로 최대주응력, 최소주응력, 중간주응력의 분포를 터널 계획고를 따라 나타내었다(아래 그래프).

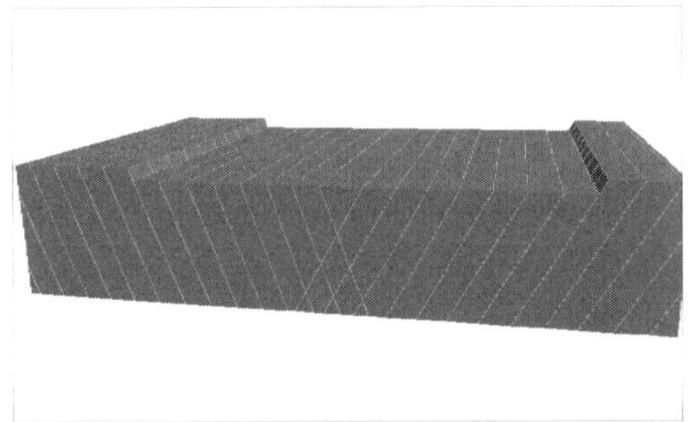

Fig. 2-7. Generation of 3D blocks for 3DEC analysis.

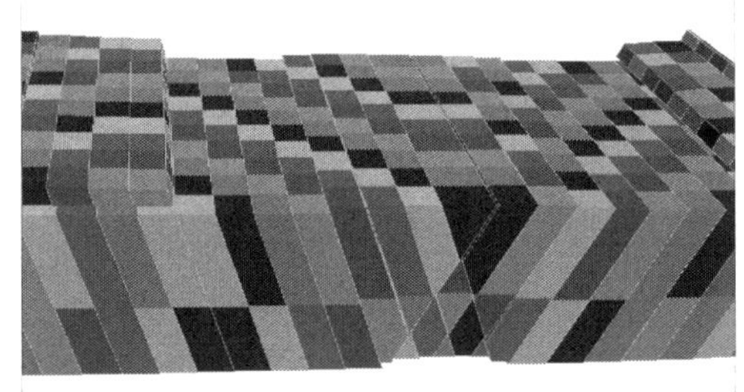

Fig. 2-8. 3D blocks after the unbalanced force has been converged.

　　Fig. 2-9에서 x 축은 터널 루트에 대한 스테이션별 위치를 나타내고 있다. 여기서 보는 바와 같이, T-11 시험공의 터널 구간에 해당하는 심도에서의 최대주응력은 1.38MPa이었고, T-21 시험공의 터널 구간 해당 심도에서는 1.65MPa였는데, 수치해석결과 T-11 지점에서는 측정치보다 약간 낮은 1.2MPa 정도로 해석되었으며, T-21 지점에서는 측정치보다 다소 높은 1.8MPa로 해석되었다. T-21 지점의 경우 해석 모델의 우측에 치우치고 있어, 다소간의 경계효과가 영향을 미친 것으로 여겨지나, 공학적 의미에서는 두 지점 모두 오차 범위 내에 충분히 포함될 수 있을 것으로 판단되었다.

　　한편, 이를 토대로 터널 루트에 대한 측압계수의 양상을 살펴보면 Fig. 2-10과 같다. 여기서 보는 바와 같이, 최소주응력에 대한 최대주응력의 비, 즉 측압계수의 상한값은 강북 쪽에서부터

Sta. 3K+400 지점정도까지는 약 1.5를 보여주고 있고, 그 이후 구간에서는 약 2.0의 값을 보여주고 있는데, 앞서도 언급한 바와 같이 T-21 지점의 경우 해석모델의 가장자리에 위치하고 있어

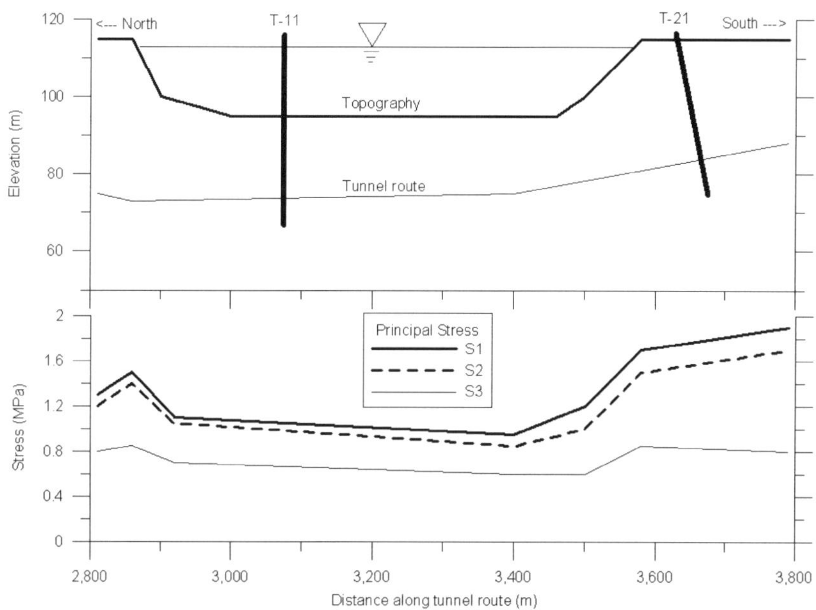

Fig. 2-9. Numerical result on the in-situ stress distribution pattern along with the tunnel route.

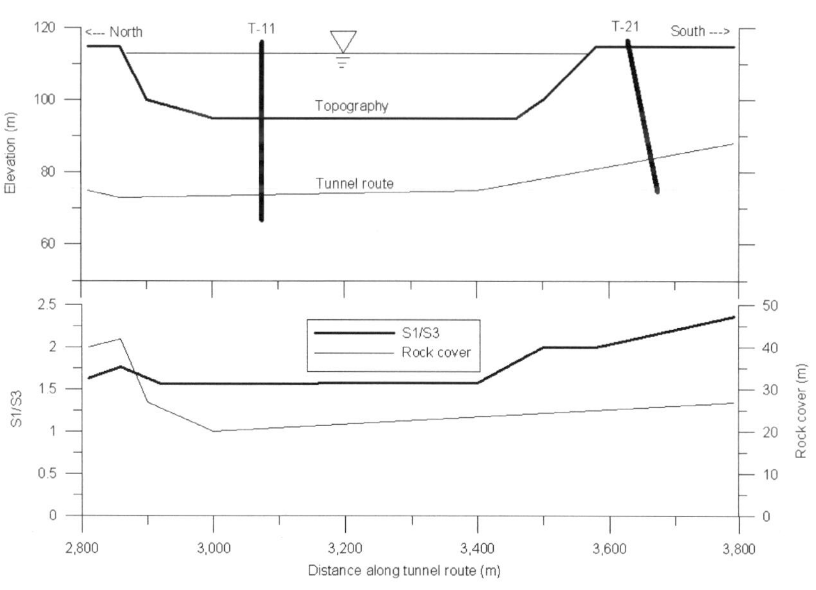

Fig. 2-10. Numerical result on the K-value distribution pattern along with the tunnel route.

다소간의 경계효과가 반영되었을 것으로 판단되기 때문에 측압계수의 산정에 있어 다소 과대평가되었을 가능성이 있을 것이다.

따라서 전체 터널 구간에 대해 측압계수를 산정함에 있어 시점부부터 Sta. 3K+400 지점까지는 1.5를 적용하고, 그 이후부터 종점부까지는 측압계수를 2.0으로 적용할 것을 제시한 바 있다.

2.4 수치해석에 의한 응력해석 기법의 검증

2.4.1 개 요

수압파쇄시험으로부터 구해진 압력 및 유량의 시간이력곡선을 이용하여 균열폐쇄압력을 정확히 산정하는 것은 대단히 중요하다. 전술한 바와 같이 일반적인 수압파쇄 응력해석식 뿐만 아니라, 경사공에 대한 해석 기법 및 기존 균열에 대한 수압파쇄 해석 기법에서도 균열폐쇄압력은 최소수평주응력을 직접적으로 또는 간접적으로 나타내기 때문이다(Aamodt & Kuriyagawa, 1983; Rummel, 1987).

하지만 대부분 현장시험으로부터 구해지는 압력–시간 곡선 상에서 균열폐쇄지점은 명확히 구별되지 않기 때문에 이를 정확히 구하기는 쉽지 않으며 따라서 여러 가지 해석 기법이 제안되고 있다. Kim&Flanklin(1987), Lee&Haimson(1989) 및 Amadei&Stephannson(1997) 등은 여러 가지 균열폐쇄압력결정법의 장단점을 지적하고 있지만, 암반응력에 대한 절대값을 모르는 상태에서 어떤 방법에 의한 균열폐쇄압력 결정이 더욱 신뢰성 있는 것이라고 장담할 수는 없다.

따라서 본 연구에서는 수치해석을 통하여, 일정한 값의 외부응력(즉, 암반에 대해서는 암반응력에 해당)을 모델에 가한 상태에서 수압파쇄시험을 수치적으로 모사하여 여기서 구해지는 균열폐쇄압력 곡선으로부터 각각의 제안법을 적용, 최종적으로 어느 방법이 가장 잘 외부응력값을 표현하는지를 살펴보고자 한다. 수치해석이라는 제한성은 있으나, 이러한 방법론을 통해 여러 가지 균열폐쇄압력 결정법의 장단점을 보다 객관적으로 판정할 수 있을 것이다.

2.4.2 수치 모델

수치해석은 UDEC을 이용하여 수행되었는데, 모델상에서의 불연속면은 Coulomb의 미끄러짐조건식을 따르는 점탄성으로 가정하였으며 불연속면을 따른 대규모 변위와 각 블록들의 회전을 허용하는 것으로 하였다.

또한 UDEC에서는 불투수성 블록 사이의 불연속면을 통하여 유체의 흐름을 해석할 수 있는데, 이러한 수리–역학적 커플링 해석을 통해 암반의 변형과 블록 사이의 수리전도도의 관계를 분석할 수가 있다.

유량률(q)은 두 가지 방법으로 계산될 수 있는데, (모서리–면)접촉의 경우 유량률은 다음과 같다.

$$q = -k_c \Delta p \tag{2-4}$$

여기서, k_c는 접촉면에 대한 투수율 계수이며, Δp는 주위 영역들 사이의 유체압의 차이값이다.

반면, (면–면)접촉의 경우 유량률은, 불연속면에서의 유체의 삼승근 법칙(Witherspoon *et al.*, 1980)을 이용하여 다음의 식 (2-5)와 같이 주어질 수 있다.

$$q = -k_j\, a^3 \frac{\Delta p}{l} \tag{2-5}$$

여기서, k_j는 균열면에 대한 투수율 계수이며, a는 접촉면에 대한 수리 간극, l는 접촉면의 길이이다. 이때, 수리 간극 a는 일반적으로 다음과 같이 주어진다.

$$a = a_o - u_n \tag{2-6}$$

여기서, a_o는 수직응력이 0일 때의 균열의 간극이며, u_n은 수직응력과 암반 물성에 의해 결정되는 균열의 수직변위량이다. 균열의 간극에 대해 최소값 a_{res}를 고려한다면, 수압이 균열면에 작용하는 수직응력을 초과할 경우 균열을 확장시켜 a_o보다 큰 간극을 가지게 될 것이다.

수압파쇄 균열이 시추공으로부터 발전되어가는 양상을 모사하기 위해, Fig. 2-11에서와 같이 10m × 10m의 모델에 직경 0.2m의 시추공을 형성하였으며, 최대수평주응력은 모델의 좌우측에서 가해지는 것으로, 최소수평주응력은 모델의 상하로 가해지는 것으로 하였다. 또한 2차원 평면변형률 조건이기 때문에 모델의 앞뒤 방향, 즉 시추공의 축방향과 나란한 방향으로의 수직응력은 부여할 필요가 없으나, 수직응력에 대한 수평응력의 비로 나타나는 K값의 변화양상을 살펴보기 위해 수직응력은 12.5MPa로 가해지는 것으로 가정하였다. 또한 최소수평주응력은 10MPa로 고정하였으며, 최대수평주응력은 최소수평주응력의 1.0배, 1.25배, 1.5배로 각각 달리 적용하였다. Table 2-3은 해석에 사용된 입력값이다.

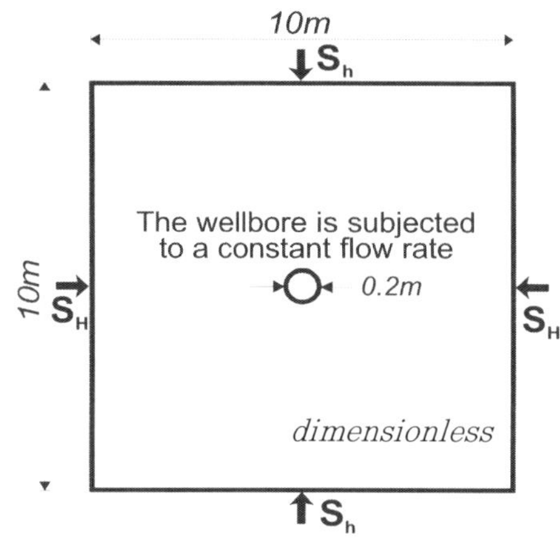

Fig. 2-11. Plan view of modeled zone and applied boundary condition.

Table 2-3. Physical properties used in numerical analysis.

	Value	Units
Block property		
Density	2600	kg m^{-3}
Bulk modulus	15.6	GPa
Shear modulus	11.7	GPa
Cohesion	28.4	MPa
Tensile strength	10.0	MPa
Friction angle	35.2	degree
Discontinuity property		
Joint normal stiffness	70.8	GPa m^{-1}
Joint shear stiffness	58.8	GPa m^{-1}
Cohesion	28.4	MPa
Tensile strength	10.0	MPa
Friction angle	35.2	degree
Residual aperture	0.020	mm
Zero normal stress aperture	0.068	mm

2.4.3 적정 균열망 선정을 위한 수치해석

일반적으로 암반은 단층, 균열, 층리 등과 같은 불연속면과 무결암의 집합체로 여겨지고 있는데, 이러한 암반 내의 불연속면의 존재가 정적 또는 동적 하중에 대한 균열암반의 거동과 직결되는 것으로 알려져 있다(Goodman, 1976; Chen, 1998). 이러한 불연속면을 수치해석적으로 표현하기 위해 FEM이나 BEM에서는 균열요소를 사용하고 있지만, 본 연구에서 사용된 UDEC은 DEM의 일종으로서, 개별적인 블록의 집합체로서 암반을 표현하기 때문에 수압파쇄에 의한 균열의 발전양상을 수치적으로 모사하기 위해서는 개별 블록의 집합 형태가 우선적으로 결정되어져야 한다.

Fig. 2-12는 UDEC에서 표현할 수 있는 블록의 집합 형태를 나타내고 있다. 즉, (a)는 단순히 직교하는 2조의 절리군으로 나타낸 것이고, (b)는 서로 엇갈리는 2조의 절리군이며, (c)는 대각선 방향으로 직교하는 절리군이고, (d)는 임의 크기의 다각형 절리군으로 암반블록을 형성한 것이다.

Table 2-3에서 보듯이, 암반과 불연속면에 대한 점착강도, 인장강도 및 마찰각은 동일한 값으로 주어졌는데, 이는 결국 Fig. 2-12에서 표현한 불연속면은 암반과 동일한 값으로 묶여져 있는 것이며, 향후 수압파쇄에 의해 발생하게 될 균열의 발전방향을 유도하기 위한 것이라는 것을 알수 있다. Fig. 2-12에서 정리한 각기 서로 다른 형태의 불연속면 조합 상태에 대해 10MPa의 최소 수평주응력과 15MPa의 최대수평주응력을 가했을 경우 균열의 발생양상을 UDEC으로 살펴본 예는 Fig. 2-13과 같다.

Fig. 2-13에서 보는 바와 같이, (b)와 (c)의 경우 수평주응력의 차이에 따른 균열발생양상의

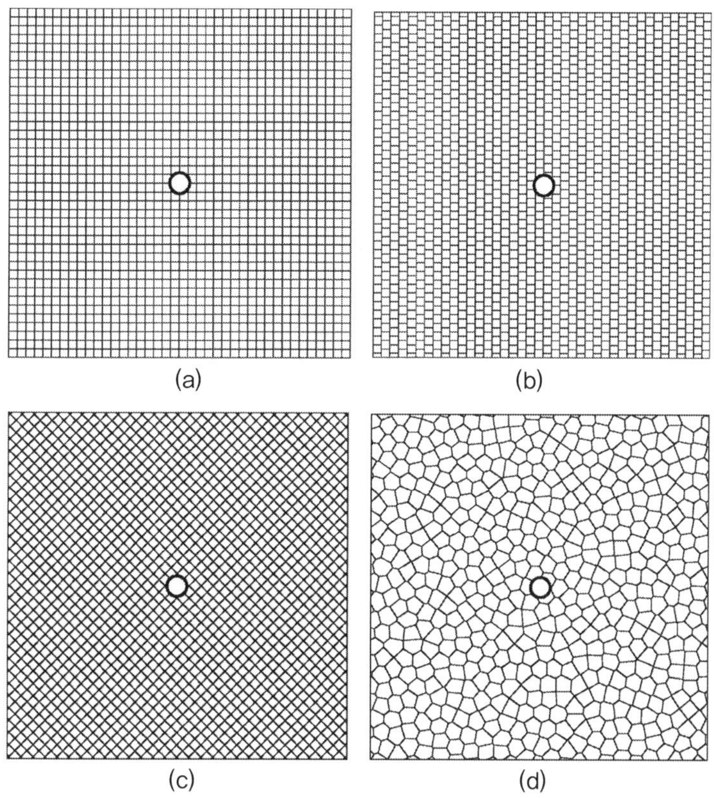

Fig. 2-12. Different types of an assemblage of blocks and joints; (a) Simple two orthogonal joint sets, (b) Staggered joint sets, (c) Two diagonal joint sets, and (d) Randomly sized polygonal joint sets.

뚜렷한 경향을 살펴볼 수가 없으며, (a)와 (d)의 경우는 최대수평주응력방향으로의 균열발생양상이 뚜렷이 나타나고 있다. 하지만 (a)의 경우는 다소 비현실적인 결과를 보여주고 있는데, Choi&Lee(1995)의 실내시험결과에 따르면 (d)의 경우가 가장 현실적인 수치해석결과를 보여주고 있음을 알 수 있다.

2.4.4 균열폐쇄압력 결정법의 비교

Fig. 2-13에서의 수치해석 결과를 토대로, 임의 크기의 다각형 절리군으로 암반 블록을 형성한 뒤 서로 다른 외부응력 조건, 즉 암반응력을 달리 주면서 시추공에서부터의 수압파쇄 균열을 유도하고, 이때 시추공 내에서의 압력 변화양상을 실제 수압파쇄 현장시험과 동일한 양상으로 구하였다(Fig. 2-14).

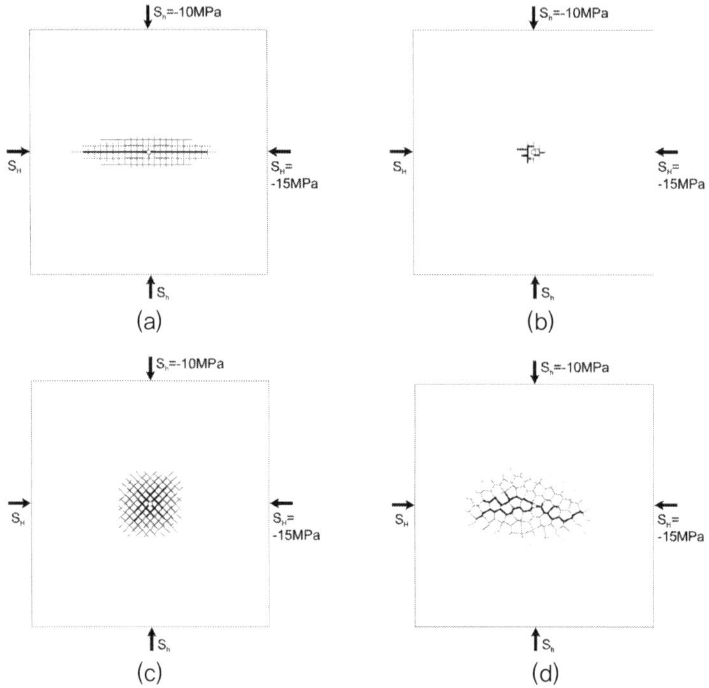

Fig. 2-13. Hydraulic fracture propagation attitude in (a) the simple two orthogonal joint sets, (b) the staggered joint sets, (c) the two diagonal joint sets, and (d) the randomly sized polygonal joint sets. (Thin lines around borehole denote the infiltration of fluid from borehole, and thick lines denote the hydraulic fractures generated from borehole wall.)

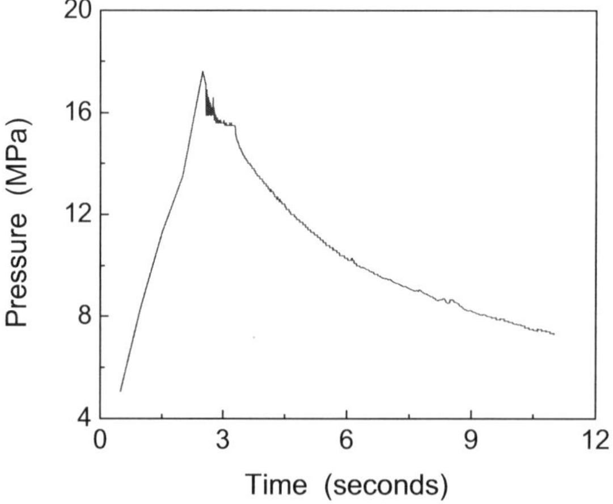

Fig. 2-14. Pressure-time history curve obtained from numerical analysis.

Fig. 2-14에서 보는 바와 같이, 수압파쇄에 의한 초기파쇄압력은 약 18MPa 정도에서 나타나고 있으며, 초기파쇄 이후 유체의 압입을 중지하면 시추공 내의 압력은 서서히 감소하면서 균열폐쇄 양상을 보이고 있으므로, 실제의 수압파쇄시험에서와 매우 유사한 양상의 압력–시간 곡선을 구할 수 있었다.

여기서 구한 그래프를 이용하여 균열폐쇄압력을 산정할 수 있는데, 본 연구에서는 국내외적으로 가장 널리 적용되고 있는 4가지 기법을 적용해 보았다. 첫째는, Gronseth&Kry(1983)에 의한 접선 방법이고, 둘째는 Doe *et al.*(1983)에 의한 로그 함수 기법이며, 셋째는 Zoback&Haimson (1982)에 의한 로그–로그 함수 기법이고, 마지막으로 Tunbridge(1989)에 의한 이중선형 압력감쇄법이다.

이러한 4가지 방법으로 각각 균열폐쇄압력을 구하여 Fig. 2-15에 나타내었다. 특이한 점은 S_H=15MPa, S_V=12.5MPa, S_h=10MPa이라는 외부 응력 조건 하에서 다른 3가지 균열폐쇄압력 산

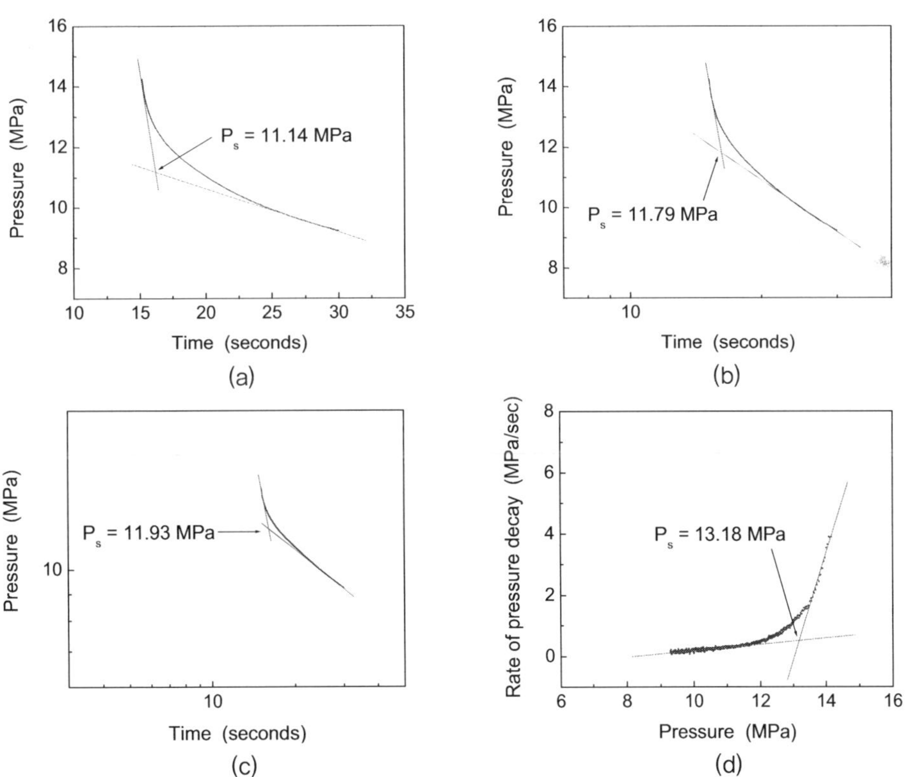

Fig. 2-15. Determination of shu-in pressure, P_s from hydraulic fracturing pressure versus time records; (a) tangent intersection method, (b) pressure versus log(time) method, (c) log (pressure) versus log(time) method, and (d) bilinear pressure decay rate method.

정법은 약 11MPa로서 주어진 S_h 값에 근접하는 값을 보여주고 있으나, 이중선형 압력감쇠법에서는 13.18MPa로서 다소 높은 값을 보여주고 있다.

이상과 동일한 방법으로 외부응력 조건을 달리하며 총 8가지의 경우에 대한 수치해석을 실시하였으며, 각 조건에 대한 압력–시간 곡선으로부터 각각의 균열폐쇄압력 산정기법을 이용하여 구한 균열폐쇄압력을 정리하면 Table 2–4와 같다.

Table 2–4에서 보듯이, Test 1, Test 2, Test 3의 결과를 비교해 보면, 그 어떤 균열폐쇄압력도 외부 응력으로 가해진 최소수평주응력(S_h=10MPa)을 정확히 반영하지는 못하고 있는데, 이는 시추공 주위의 차응력에 의한 상대적 영향인 것으로 사료된다. 다시 말해, 평면변형률 조건하에서의 무한 등방 탄성 매질 내에 형성된 원형 공동 주위의 법선 및 접선 방향 응력분포를 정의하고 있는 Kirsch의 해(Jaeger & Cook, 1979)에서도 알 수 있는 바와 같이, 시추공 주위에서의 응력의 크기는 외부응력의 크기뿐만 아니라 극좌표상에서의 해당 위치에 따라서도 민감하게 변할 수 있기 때문이다.

본 해석 모델에서도 보면, 수압파쇄 균열이 발생하기 직전의 평형상태에서의 응력분포를 보면 시추공의 벽면에서의 응력은 10MPa로 나타나고 있으나, 시추공으로부터 멀어짐에 따라 응력은 증가하는 양상을 보이고 있다는 것이다.

Zhang *et al.*(1996 & 1999)에 의하면, 시추공 근처에서의 최대 법선 응력은 해당 외부 응력의

Table 2–9. Values of the shut–in pressure for different rock properties and remote stress regimes, determined by the various method.

Relationship	Method	Ps (MPa)							
		Test 1	Test 2	Test 3	Test 4	Test 5	Test 6	Test 7	Test 8
P vs. t	Intersection	11.89	12.70	12.89	12.67	12.57	13.18	13.41	11.14
P vs. log(t)	Intersection	12.08	12.77	13.54	13.35	13.47	14.14	14.09	11.79
log(P) vs. log(t)	Intersection	12.01	12.84	14.06	13.88	13.95	14.85	14.81	11.93
dP/dt vs. P	Bilinear decay rate	11.90	13.28	15.83	16.00	15.88	15.51	15.44	13.18
Mean value		11.97	12.90	14.08	13.98	13.97	14.42	14.44	12.01

1) Test 1, 2, and 3 are for SH = 10 MPa, 12.5 MPa, and 15 MPa, respectively. (Sv is fixed to 12.5 MPa and Sh to 10 MPa, and rock properties are same to those shown in Table 2–3)
2) Test 4 and 5 are for the various cohesion values. (Double cohesion value in Test 4, and five times cohesion value in Test 5. The remote stress regimes and the other rock properties are same to the case of Test 3)
3) Test 6 and 7 are for the various tensile strength values. (Double tensile strength value in Test 6, and five times cohesion value in Test 7. The remote stress regimes and the other rock properties are same to the case of Test 3)
4) Test 8 is the obtained shut–in pressures when the joint normal stiffness and joint shear stiffness were applied as a double value of Test 3.

1.5 내지 1.85배에 달할 수 있으며, 이러한 영향은 시추공 크기의 2.5배 영역 범위 내에서 가장 민감하게 나타난다고 한 바 있다.

본 수치해석의 경우, 최대 법선 응력은 외부 응력의 약 1.2~1.4배에 달하고 있으며, 수압파쇄 균열은 시추공으로부터 상당한 거리까지 전파되는 것으로 보여지고 있다.

따라서 수치해석결과로부터 얻어지는 균열폐쇄압력은 시추공 벽면에서의 균열뿐만 아니라 전체 균열면에 대해 작용하는 균열폐쇄압력으로 이해될 수 있을 것이다.

이러한 사실을 바탕으로 Table 2-4의 결과를 통해, 최소수평주응력 및 최대수평주응력의 차이는 수압파쇄균열의 발생 및 발전에 큰 영향을 미침을 알았으며, 이중선형 압력감쇠법으로 구한 균열폐쇄압력은 다른 방법들에 비해 다소 큰 값을 보임을 알았다.

따라서 현장에서 취득된 수압파쇄시험결과로부터 균열폐쇄압력을 산정함에 있어 이중선형 압력감쇠법을 적용함에 신중을 기해야 할 것이다.

2.5 한국형 수압파쇄시험장비의 개발

2.5.1 개 요

최근 국내 토목분야에서도 터널 설계의 안정성을 높이기 위한 일환으로 터널 입출구부 지점에서의 시추공에 대한 수압파쇄시험을 지양하고, 터널 중심부에 위치한 대심도 시추공에 대한 암반응력측정이 널리 이루어지고 있는 추세이다.

이에 따라 시험장비의 현장 접근이 용이하지 않는 문제로 대두되어 왔으며, 장비의 현장 진입이 여의치 않아 시험이 이루어지지 못하는 경우가 발생하기도 하였다.

최근까지 국내에서 사용되고 있는 수압파쇄시험장비는 크게 두 가지 형태로 나눌 수 있는데, 하나는 압축공기를 이용한 공압 형태이며 다른 하나는 유압 펌프를 이용한 유압 형태이다. 그러나 공압 형태의 경우 공기압축기를 별도로 소지해야 하기 때문에 장비의 현장 접근이 번거로운 경우가 많으며, 유압 형태의 경우 공기압축기는 필요없으나, 장비 자체의 크기 및 무게가 대형이며 또한 스키드 위에 장비가 장착되어 있기 때문에 자체 구동 능력이 매우 떨어진다는 것이 단점으로 지적되어왔다.

따라서 이러한 두 가지 형태의 수압파쇄 장비의 장단점을 보완한 새로운 형태의 수압파쇄시험 장비를 제작하였다.

2.5.2 개발 장비 내역

우리나라의 지형 조건, 즉 대부분 산악지형에서 시험이 이루어지는 조건을 감안하여 장비의 규모를 최소화해야 하는 바, 이를 위해서는 유압 형태보다는 공압 형태의 장비가 바람직하게 고려될 수 있다.

따라서 공압 형태에서 필수적인 공기압축기의 제작 여부가 장비 개선에 핵심요소가 될 수 있다.

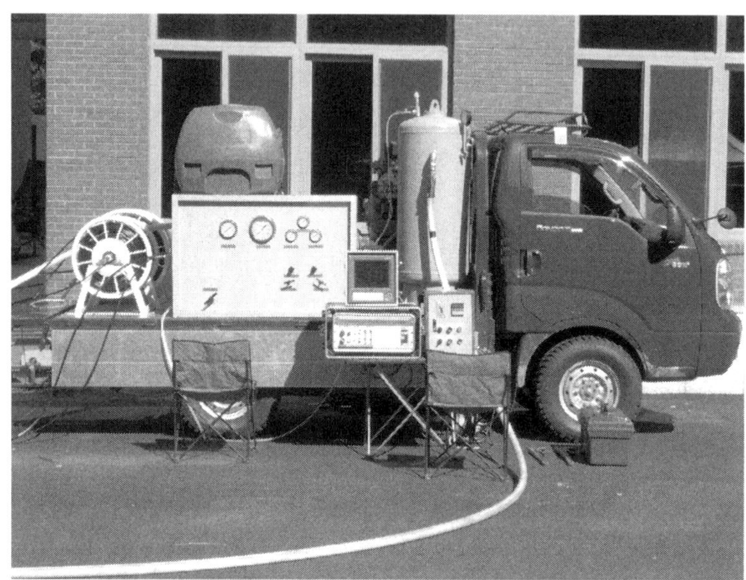

Fig. 2-16. New developed hydraulic fracture testing system mounted on a four wheel truck.

Fig. 2-17. New developed hydraulic fracture testing system mounted on a caterpillar.

이를 위해 Fig. 2-16에서 보는 바와 같이 4륜 구동의 1톤 트럭을 이용하여 트럭의 구동축에서 부터 직접 동력을 빼내어 공기압축기를 구동하고, 수압파쇄시험장비의 핵심 부분인 고압펌프부 및 컨트롤러부를 경량화시켜 1톤 트럭에 함께 탑재할 수 있는 시스템으로 개선하였다. 이 장비는 (주)다이크이앤씨의 연구지원으로 개발되었다.

또한 Fig. 2-17은 당 연구팀에 의해 자체적으로 개발된 장비로서, 동일한 시험장비 및 공기압 축기를 1톤 트럭이 아닌 캐터필러 위에 장착한 것인데, Fig. 2-16의 장비로도 접근이 힘든, 매우 열악한 지역에 대한 접근성을 최대화한 장비이다.

두 시스템 모두 예비 시험 및 현장 적용시험을 수차례 마친 바 있으며, 이를 통해 장비의 성능이 모두 보장된 바 있다. 두 시스템은 현장 국내특허출원 중에 있다.

2.6 결 론

1990년 외국 기술진에 의해 수압파쇄시험이 국내에 처음으로 소개된 이래 10여 년이 흐른 지 금, 해석 기법뿐만 아니라 장비성능에 있어서도 많은 발전이 있어왔다.

특히 수치해석 기법의 발전과 함께 최소한의 현장 측정 결과를 토대로 이를 전체 대상 구간으로 확대해석함에 있어 객관성과 신뢰성을 극대화하려는 노력도 있어왔으며, 일반적인 수직 시추공에 대한 해석 기법 외에 경사 시추공 및 기존 균열에 대한 해석 기법도 현장 적용을 통해 검증된 바 있다.

그러나 이러한 발전에도 불구하고, 암반응력을 측정하기 위한 수압파쇄시험공의 위치와 회수 를 결정함에 있어 구조물의 특성이나 지반의 지질학적 특성을 무시한 채 일률적으로 선정되는 문제들이 흔히 지적되고 있다.

즉, 지질학 또는 구조지질학적 전문가 소견을 바탕으로, 암반응력에 대한 이론식(Terzaghi, 1962; Terzaghi&Richart, 1952)을 적용한다든지, 지질학적 징후를 토대로 해당 지역에 대한 암 반응력을 예측한다든지(Sugawara&Obara, 1995), 인근 지역에서의 측정 사례 및 국내 암반의 심도별 측압계수 양상(최성웅 등, 1999)을 이용한다든지 하는 능동적인 자세가 우선되어야 할 것이며, 이러한 판단을 바탕으로 필요시 암반응력의 직접 측정 여부를 결정해야 할 것이다.

앞서 언급한 바와 같이, 시험자료의 해석 기법은 충분히 발전되어 있으며, 장비의 성능면에서 도 더 이상 접근이 불가능한 곳은 없을 정도로 개발되어 있다. 오히려 중요한 것은, 어느 위치에 어떤 형태의 암반응력측정이 이루어져야 할 것인가에 대한 설계자의 전문적 판단이 더욱 중요하 게 다루어져야 할 것이다.

03 CISRO Hi Cell을 이용한 초기지압측정사례

| 김 양 균

3.1 서 론

지하 암반을 굴착하기 이전 원래부터 작용하고 있던 압력인 초기지압은 중력에 의한 상부압, 지각의 이동에 의한 지구조력(Tectonic Force), 지형, 침식 및 퇴적 등 다양한 원인의 복합적인 작용에 의해 형성되는 것으로 알려져 있다. 특히 복잡한 산악지형을 이루고 있는 우리나라의 경우 근접지역 사이에도 초기지압의 차이가 크게 발생한다.

토사층의 지압이 상부토층에 따라 일정하게 분포하는 것과는 달리 암반의 초기지압은 매우 불규칙하고 다양하게 나타나므로 정확한 초기지압을 알기 위해서는 직접 시험을 통해 측정하는 것이 필수적이다. 특히 대심도 산악터널, 지하양수발전소, 원유비축기지 공동과 같이 초기지압의 영향을 크게 받는 지하구조물의 설계와 시공에는 초기지압의 정확한 파악이 필수적이다.

이를 측정하기 위한 방법들이 1960년대 이후 다양하게 개발되었으며 그 원리에 따라 아래와 같이 몇 가지로 나눌 수 있다.

첫째는 수압파쇄법으로 암반 내에 수압을 가하여 균열이 발생, 전파되는 압력을 이용하여 초기지압의 크기와 방향을 측정하는 방법이다.

둘째는 응력개방법으로 초기지압이 가해지고 있는 암반 주위를 굴착하여 초기지압을 개방시켰을 때 나타나는 변형률을 이용하여 초기지압의 크기를 구하게 된다.

셋째는 응력보상법으로 앞서 소개한 응력개방법과는 달리 우선 암반을 굴착하여 초기지압을 개방시켰을 때 발생하는 변형을, 응력을 가하여 다시 원상회복시키게 되는데 이때 가해진 응력으로 초기지압을 구하는 방법이다.

마지막으로 실내시험법으로 AE(Acoustic Emission)법이 있다. 이 방법은 암석시료에 응력을 가했을 때 발생하는 미소파괴음이 과거의 최대 응력부근에서 증가하는 현상을 이용하는 것으로 손쉽게 초기응력을 측정할 수 있는 장점이 있다.

각각의 방법은 서로 다른 장단점을 가지고 있어 서로 보완관계에 있는데 수압파쇄법은 설계단계의 시추공을 통해 시험을 할 수 있으므로 설계단계에 매우 유용한 시험법으로 사용되며 응력개방법이나 응력보상법은 굴착시공을 하면서 실제 초기지압을 측정하여 설계의 적정성을 재검토할 수 있다. 이 논문에서 소개하고자 하는 CSIRO-HI Cell은 호주 CSIRO(연방산업과학연구기관)에서 개발된 기술로 응력개방법에 속하는데 하나의 Cell을 이용하여 3차원 응력분포를 측정할 수 있는 장점이 있다. 따라서 공사가 진행 중인 현장에서 공사에 영향을 최소화하고 신속하게 초기지압을 측정하기에 적합하다.

본 논문에서는 국내 최장 도로터널인 죽령터널 시공 당시 실시되었던 CSIRO-HI Cell을 이용한 초기응력 측정사례를 소개하였다. 이 측정결과를 통해 죽령터널설계의 적정성을 검토하였으며 아울러 기존의 국내 초기응력 측정결과를 보완하여 우리나라의 지하 심도에 따른 수직응력과 수평응력의 크기를 구하는 경험식과 수직응력에 대한 수평응력의 비(K값)의 범위를 결정하는 경험식을 새로이 제시할 수 있었다.

3.2 초기지압 측정방법

3.2.1 암반 내 초기지압의 특징

암반 내 초기지압은 중력에 의한 상부토압, 지각이동에 따른 지구조력, 지형, 침식 등이 복합적으로 작용하여 발생한다고 이론적 또는 경험적으로 알려져 있다.

이와 같은 다양한 요인으로 인해 인접지역 간에도 초기지압의 크기와 방향이 상당한 차이를 발생하며 이로 인해 추정이나 예측을 통한 초기지압의 결정은 불가능하다(Goodman, 1981). 따라서 정확한 초기지압을 알기위해서는 현장시험이 필수적이다(Haimson, 1988).

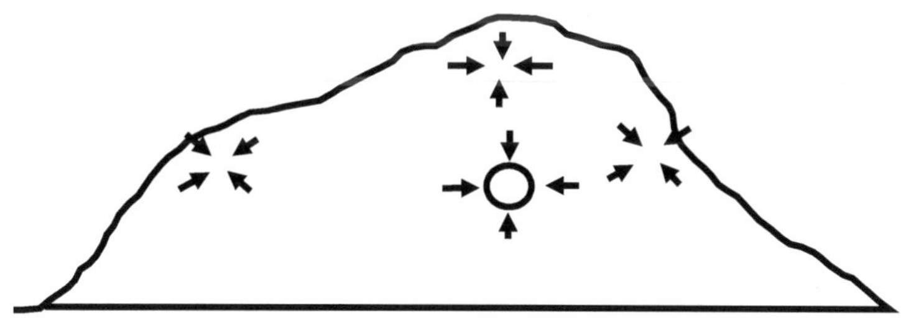

그림 3-1. 초기 응력의 분포

그러나 실제 현장에서 암반 내 초기지압을 측정하는 것은 다음과 같은 몇 가지의 어려움이 있다.

첫 번째는 현장시험을 위해 견고한 암반 속에 측정기를 설치하고 원상태의 초기지압이 측정기에 전달되도록 하기 위한 기술적, 경제적 어려움이다.

두 번째는 암반 내 초기지압 측정이 요구되는 심도는 대개 50m 이상으로 이러한 심도의 목표지점까지 접근하기 위해 기술적, 경제적인 어려움이 있다.

세 번째는 목표지점에 접근하는 경우는 대부분 공사가 진행되고 있는 중이므로 공사수행에 대한 영향을 최소화해야 한다는 점이다.

따라서 초기지압 측정은 목적과 용도를 분명히 하여 기술적, 경제적 문제를 최소화할 수 있도록 계획되어야 한다.

3.2.2 응력개방법의 측정방법

일반적으로 많이 이용되는 초기응력측정기법은 측정원리에 따라 응력개방법, 응력보상법, 수압파쇄법, AE법 등 크게 네 가지로 나누어지는데 CSIRO-HI-CELL과 관련된 응력개방법의 개요는 다음과 같다.

가. 응력개방법 개요

암반에는 그 지점까지의 암반자중과 지질구조에 따른 초기응력이 작용하고 있으며 그 중 일부분을 제거하면 제거된 부분에서는 응력이 사라지게 된다. 탄성적인 거동을 보인다고 할 때, 응력이 제거됨에 따라 응력의 변화와 비례하여 변형이 생기게 된다. 이러한 암반의 변형을 변형율 게이지 등으로 측정하고 각각의 변형율 성분을 탄성계수 및 포아송비의 상수와 관련된 탄성방정식에 대입하여 주응력의 성분과 크기를 구하는 것이 응력개방법이다. 응력개방법은 우선 직경이 작은 공을 뚫고 다양한 방법으로 게이지를 부착한 후에 이 공보다 더욱 직경이 작은 공과 동심원

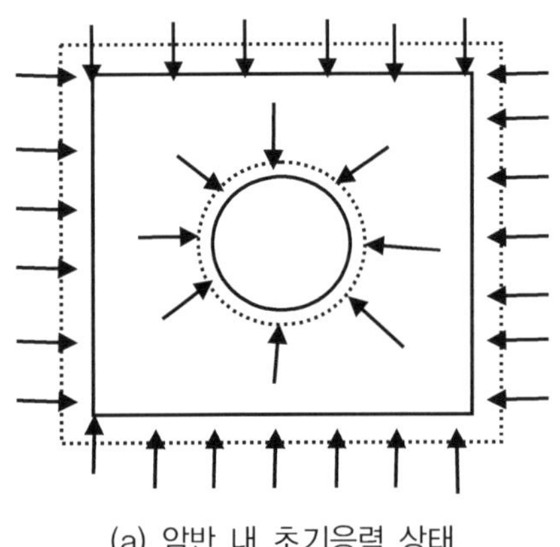

(a) 암반 내 초기응력 상태

(b) 초기응력 제거시 변화

그림 3-2. 초기응력 측정 원리

형으로 뚫어 내부공(Pilot Hole)의 응력이 개방되도록 하여 응력변화에 따른 변형율을 측정하는 원리를 이용한다.

즉, 그림 3-2의 (a)와 같이 지압을 받고 있는 자연 상태의 암반은 지압으로 인해 변위가 발생한 상태이다. 이런 암반에 천공을 하여 지압을 차단하면 발생되어 있던 변위가 탄성에 의해 원상태로 회복된다. 이때 발생하는 변위나 응력을 구하면 원래 가해졌던 초기응력을 구할 수 있는 것이다.

이러한 응력개방법의 종류로는 응력의 변화를 측정하는 지점이나 방법에 따라 크게 공경변형법, 공저변형법, 공벽변형법의 3가지로 나눌 수 있다. 공벽변형법은 공벽에, 공저변형법은 공의 끝단에 게이지를 설치하여 변형율을 측정하고, 공경변형법은 응력개방에 따른 공경의 변화를 측정하는 방법이다. 공경변형법은 공에 수직인 평면의 공경변화를 측정하므로 응력상태도 수직평면상의 값만을 알 수 있다. 따라서 한 지점의 완전한 응력상태를 알기 위해서는 방향각과 경사가 다른 3개의 공을 뚫고 각 공에서의 공경의 변화를 측정해야 한다. 이에 반해 공벽변형법은 하나의 공만을 사용하여 완전한 3차원 응력텐서(Tensor)를 결정할 수 있다. 따라서 작업조건이 까다롭고 측정작업시 세심한 주의를 기울여야 하는 어려움이 있는 반면 하나의 공을 이용함으로서 작업시간이 단축되고 경비가 절감되며 가장 정확하게 초기지압을 측정할 수 있으므로 광범위하게 사용되고 있다.

실제 측정방법은 다음과 같다.

① 우선 초기지압을 구하려는 위치까지 암반을 굴착한 뒤, 작은 홀을 천공하여 strain-meter,

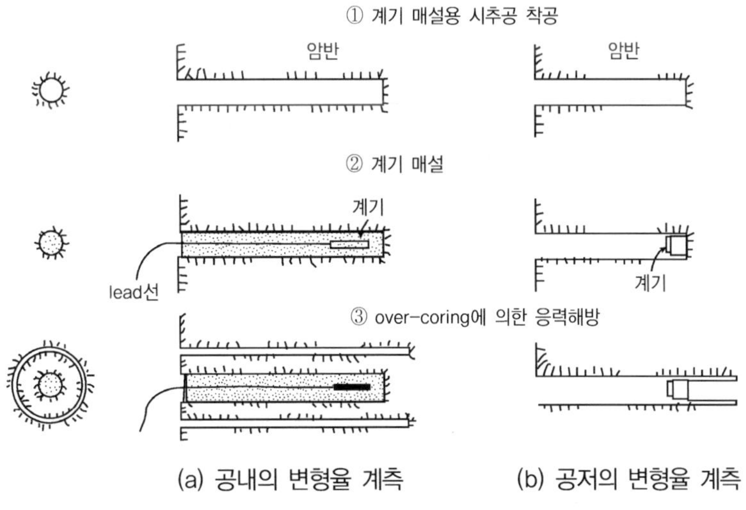

그림 3-3. 응력개방법을 이용한 초기응력 측정 방법

변위계, 응력계 등의 측정기를 설치한다.

② 작은 홀과 동심원이 되도록 작을 홀보다 크게 대구경 홀을 뚫어 응력을 개방시킨다.

③ 응력개방에 의해 발생한 strain, 변위, 응력 등을 측정하고 계산을 통해 초기응력을 결정한다.

3.3 CSIRO Hi Cell

3.3.1 측정장비

1) CSIRO HI Cell

CSIRO HI Cell(Commonwealth Scientific and Industrial Research Organization Hollow Inclusion Cell)은 직경이 38mm인 파일럿홀(Pilot Hole)에 설치하도록 몸체의 직경이 36mm이며 3차원변위를 측정할 수 있도록 9개의 변형률게이지가 몸체의 내부에 삽입되어 있다.

실제 측정에 필요한 변형률게이지는 최소 6개이지만 어떤 이유로 몇 개의 게이지가 작동하지

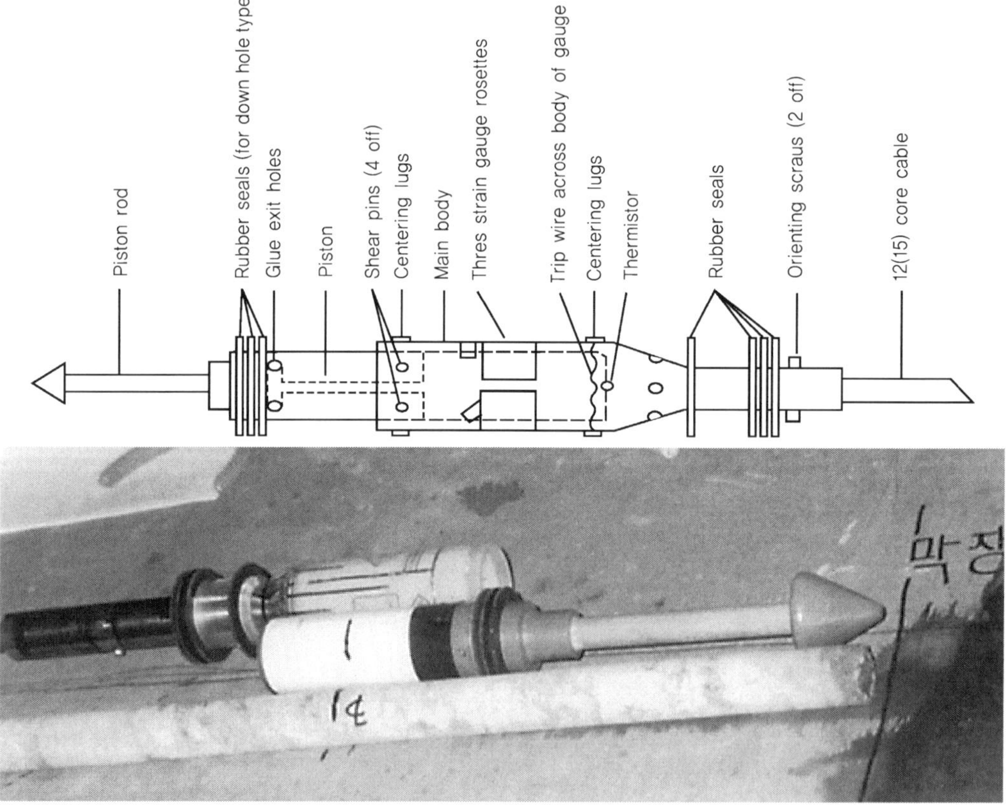

그림 3-4. CSIRO HI Cell

않더라도 정확한 측정을 수행할 수 있도록 9개의 게이지가 설치되어 측정의 정확도를 높이는 역할을 한다. 셀의 설치방법은 다음과 같다.

① 원하는 위치까지 파일럿홀을 굴착한다.
② 비어 있는 셀의 몸체 내에 접착제를 주입한다.
③ 파일럿홀로 셀을 삽입하면 홀의 끝단에 피스톤이 닿아 접착제를 셀 밖으로 밀어내어 셀과 파일럿홀의 벽면 사이를 메우며 접착이 이루어진다.

나. 천공장비

초기지압측정을 위해 원하는 위치까지 굴착하고 파일럿홀 및 오버코어홀(Over Coring Hole)을 굴착하기 위해 두 가지의 비트가 사용된다. 파일럿홀을 굴착하기 위해 38mm 비트, 오버코어링홀을 굴착하기 위해 150mm의 비트가 사용되고 38mmn 코어의 회수를 위해서 코어배럴, 150mm 대구경 코어는 코어쇼벨을 사용한다. 천공장비는 120rpm의 낮은 회전수로 천공이 가능해야 하고, 150mm 천공시는 분당 1-5cm의 천공속도를 유지해야 하며 천공시 일직선을 유지하기 위해 Stabilizer를 부착하여 천공하였다. 오버코어링 중에는 Water Swivel을 부착하여 천공 중 물을 공급함과 동시에 케이블을 통과시켜 변형율 측정을 가능하게 한다.

그림 3-5. 천공장비

다. 이축시험장비

시험을 통해 얻은 변형율 결과치를 응력값으로 바꾸기 위해서는 탄성계수와 포아송비를 알아야 하는데 이러한 암반의 물성은 현장에서 이축압축시험기를 이용하여 수행된다. 이축압축시험은 시험 후에 셀이 설치된 코어를 회수하여 수행하게 된다.

　　장비는 원주형 금속 Jacket과 내부 가압 멤브레인으로 구성되어 있다. 셀의 게이지가 이축압축 Chamber의 가운데 지점에 오도록 코어를 삽입한 후 핸드펌프로 가압하면 Jacket과 멤브레인 사이에 오일이 채워지고 코어에 균등하게 압력을 주게 된다.

그림 3-6. 이축시험장비

라. 변형율 측정기

　　Mindata에서 만든 변형율 측정기 IS2000는 12채널을 가지고 있으며 로터리식 버튼을 돌려 채널을 선택할 수 있다. 뒷부분에 셀의 케이블을 연결하는 단자가 있으며 측정범위는 $\pm19999\mu V$, 해상도는 $1\mu V$이다. 충전식이며 $0\text{-}50\,^{\circ}\text{C}$의 작동범위를 가지고 있다.

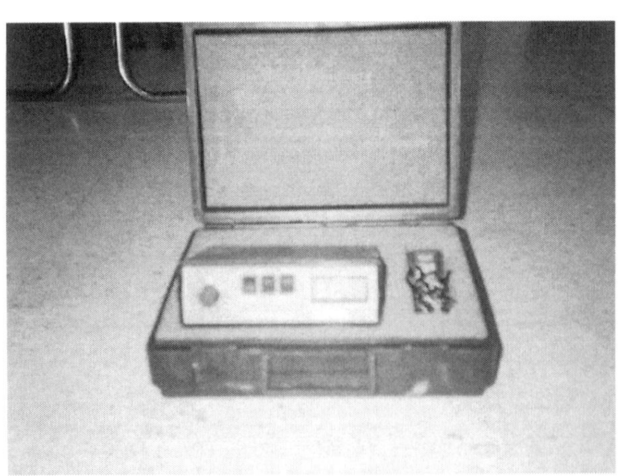

그림 3-7. 변형율 측정기

마. 기타 장비

기타 필요한 도구로는 셀을 정확한 위치에 설치하기 위한 장치, 셀접착을 위한 전용접착제 (Epoxy Cement), 오버코어링 후 코어를 회수하기 위한 코어회수 장비 등이 있다.

그림 3-8. 셀과 설치로드

그림 3-9. 코어회수 장비

3.4 현장측정 사례

CSIRO-HI-CELL에 의한 초기지압측정은 1997년 8월 27일부터 9월 5일까지 호주의 Mindata 사 기술자의 자문과 기술지도에 의해 당사에서 수행하였다.

3.4.1 현장 개요

초기지압측정을 수행했던 죽령터널은 소백산 하부를 관통하는 4,600m, 왕복 4차선 쌍굴터널로 국내 최장 도로터널이다. 죽령터널이 통과하는 소백산지역의 기반암은 선캠브리아기에 생성된 것으로 보이는 소백산 편마암 복합체에 속하는 흑운모 화강암질 편마암(Biotite Granite Gneiss)과 미그마타이트질 편마암(Migmatitic Gneiss) 및 함석류석 화강암질 편마암(Garnet-bearing Granite Gneiss)로 구성되어 있다.

대체로 기반암의 암질은 경암질로 양호한 편이며 이 지역의 단층구조는 노선과 평행한 N70°W 방향과 노선과 수직방향인 N45°E 방향으로 종점부인 단양 쪽 죽령역 부근에서 교차한다. 대체로 시점과 종점부를 중심으로 몇 개의 단층대가 관찰되었다. 그러나 시공과정에서 대규모의 단층파쇄대나 연약대는 발견되지 않았다.

CSIRO HI Cell을 이용한 초기지압 측정은 죽령터널의 시점부 우측터널(대구방향)에서 2개 보어홀에서 각 3측점씩 총 6번의 시험이 수행되었다. 터널바닥의 고도는 394m, 측점부의 고도는 396m였으며, 터널입구에서 약 92m 지점의 막장에서 보어홀을 굴착하여 시험을 수행하였다. 측정지점의 평균심도는 55m였으나 2번 보어홀 방향(터널 진행 방향)으로는 앞부분에 급경사의 계곡이 위치하여 특히 수직응력과 주응력 방향에 큰 영향을 미칠 것으로 판단되었다. 본 측정에서 방위는 자북을 기준으로 표시하였다. 측정대상지역의 기반암은 화강편마암으로 시험의 정확성을 기하기 위하여 최대한 절리가 적은 부위를 대상으로 시험을 수행하였다.

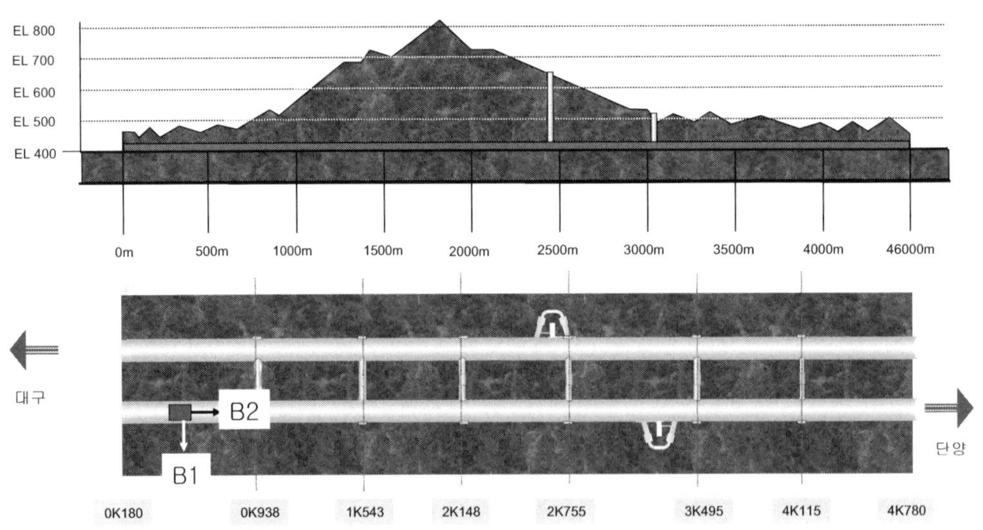

그림 3-10. 죽령터널 단면도 및 초기지압 측정위치

3.4.2 측정방법

CSIRO-HI-Cell을 이용한 초기지압측정방법은 기본적으로 응력개방법에 의한 시험방법과 유사하며 자세한 측정방법은 다음과 같다.

가. 현장조사

- 먼저 노두조사나 보링을 통하여 대상지역의 절리 빈도수와 주향/경사를 조사하여 지하수 및 절리가 적은 위치를 파악하여야 한다. 절리를 통해 지하수가 많이 나오거나 매우 투수성이 높은 암반일 경우에는 셀과 공벽의 접착에 문제기 생길 수 있기 때문이다. 또한 터널 굴착으로 인한 응력교란현상을 피할 수 있는 깊이를 판단하여 측정지점을 결정한다.
- 일반적으로 터널직경의 약 1.5배 깊이에서 시험을 수행하는 것이 좋다. 본 시험에서는 터널 직경인 11.6m를 감안하여 14m 깊이에서 시험을 수행하였다.
- 측정을 실시한 2개의 보어홀 중 1번 보어홀은 막장의 우측 벽면(방위각 20°, 경사 −6°)에 위치하며, 2번 보어홀은 막장면(방위각 291°, 경사 −5°)에 굴착하였다.

나. 셀의 설치

- 셀은 파이프(원주방향)의 내부면에 12개의 전기저항 변위게이지가 포함된 Thin-wall타입.
- 우선 원하는 깊이까지 150mm의 보어홀을 천공한다. 천공할 때 지하수의 배출을 용이하게 하고 코어회수가 쉽게 하기 위해 상향으로 5도 정도 올려 천공한다.
- 150mm 보어홀이 굴착된 후 셀을 설치할 38mm의 파일럿홀을 약 60cm 천공한다. 이때 비트의 바로 뒤에 Stabilizer를 설치하여 150mm 공의 중앙에 정확히 일치하도록 해야

그림 3-11. 셀 설치 작업

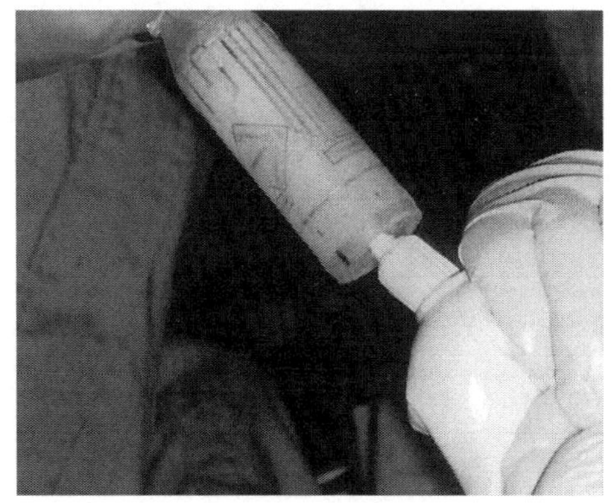

그림 3-12. 셀 내부에 접착제 주입

한다.

- 파일럿홀이 깨끗하게 천공되면 셀에 접착제를 주입한다.
- 설치로드(Rod)에 셀을 조립하여 셀 내부의 trip wire가 끊어질 때까지 조심스럽게 홀 내로 삽입한다.

다. 오버코어링

- 셀의 설치 후 16시간 정도 경과하면 접착제가 완전히 경화되므로 오버코어링을 실시한다.
- 일반적으로 외경 155mm의 대구경 코어링 비트로 약 20mm/min의 속도로 오버코어링을 실시하면서 스트레인게이지의 변화값을 기록한다.
- 측정 변위는 다수 채널이 있는 디지털 변위계에 의해서 오버코어링이 진행되는 동안 측정되며 각 채널마다 측정은 천공 진행속도가 약 5mm씩 진행될 때마다 측정된다. 여기서 각 단일 변위게이지인 12개의 스트레인게이지가 읽혀지게 되면 매 60mm가 진행되었음을 의미한다.
- 오버코어링이 완전히 끝나면 셀이 들어 있는 약 142-144mm 직경의 코어를 회수한다.
- 만약 오버코어링 중 절리로 인해 코어가 절단되면 케이블의 손상을 방지하기 위해 즉시 천공을 중지해야 한다.

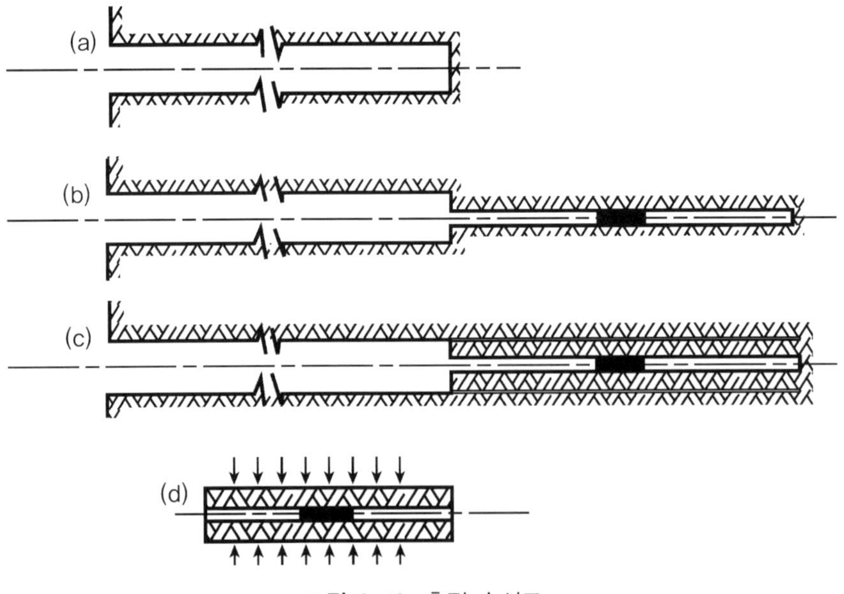

그림 3-13. 측정 순서도

라. 이축시험

- 회수된 코어를 이용해 암반의 탄성계수와 포아송비를 구하기 위해 실시한다.
- 핸드펌프를 이용해 가압하면 측면에 압력을 받게 되고 이 압력으로 인해 발생하는 스트레인을 셀의 스트레인게이지를 통하여 측정하게 된다.
- 시간이 경과하면 함석코어의 함수율, 온도 등의 상태가 달라지므로 이축압축시험은 코어 회수 후 즉시 실시한다.

그림 3-14. 회수된 코어 시료

그림 3-15. 코어 시료의 이축 시험

3.4.3 측정결과 및 해석

시험의 신뢰성 확보를 위해 CSIRO HI Cell을 이용한 초기지압측정은 하나의 보어홀에 대하여 2-3회 정도 실시되며 본 사례에서도 하나의 보어홀에 3회씩 반복시험을 실시하였다. 시험을 통해 얻어진 결과는 크게 오버코어링시의 변형율 측정값과 이축압축시험시의 변형율 측정값으로 나눌 수 있으며 측정결과는 다음과 같이 나타났다.

- 응력(stress)과 변형률(strain)은 탄성계수 및 포아송비를 통해 상호관계를 맺고 있으므로 우선 이축압축시험을 통해 얻어진 변형률과 가해진 응력을 이용하여 탄성계수와 포아송비를 구한다.
- 암반의 탄성계수는 암반이 탄성체이며 등방성을 갖는다는 가정하에 다음과 같은 Thick Pipe 공식을 이용하여 측정된 원주방향 변위로부터 계산되며 암반에 대한 포아송비는 측정된 수직과 수평변위의 관계비에 의해 계산된다.

$$E = 2K_1 \triangle P(1/\triangle \varepsilon (1 - Di^2/Do^2)) \tag{3-1}$$

E = 탄성계수

$K_1\triangle$ = 보정계수

$\triangle P$ = 코어의 외부에 작용하는 압력증가량

$\triangle\varepsilon$ = 압력에 따른 변형율

Di = 코어 내 Pilot Hole의 직경

Do = 코어의 외부 직경

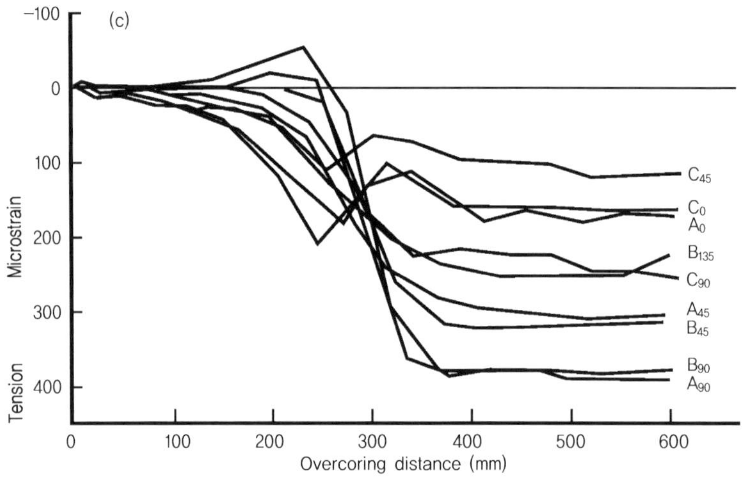

그림 3-16. 오버코어링에 의한 측정결과 예

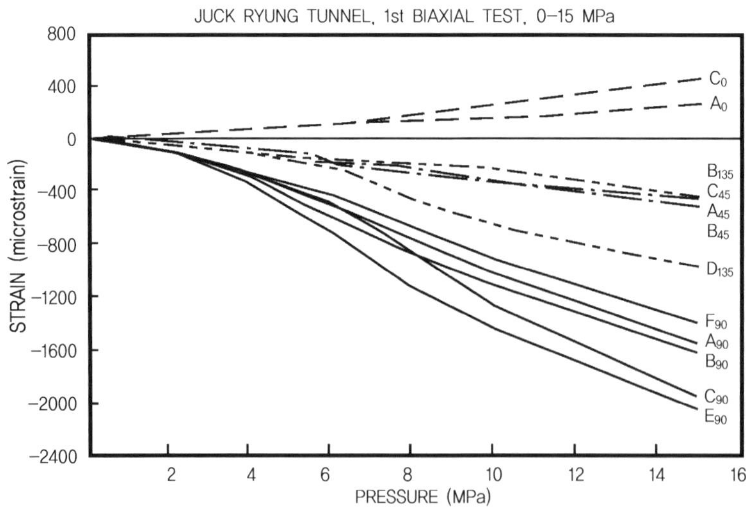

그림 3-17. 이축압축시험에 의한 측정결과 예

- 파이롯트 홀에 위치한 셀의 변위 게이지들은 홀의 벽면으로부터 1.5-2.0mm 이격되어 있다. 이들 변위 게이지는 플라스틱 셀 안에 부착되어 있기 때문에 실제 파이롯트 홀에서 측정된 변위값과는 약간 차이가 발생한다. 따라서 이들 값에 대한 보정은 K-Factor(Worotnicki와 Walton, 1976)에 의하여 보정된다.
- 계산된 탄성계수와 포아송비, 오버코어링 스트레인값을 이용하면 암반의 초기지압을 구할 수 있다.

이렇게 구해진 값들은 전용해석 Software인 STRESS91을 이용하여 해석하게 된다. STRESS91은 응력성분에 대한 최상의 통계학적인 측정을 계산해 내는데, 표준 오차 및 주응력과 방향 등을 알려준다. 또한 특정 게이지의 불량으로 인한 오차발생을 줄일 수 있도록 3개 이내의 특정게이지를 제외하는 등의 여러 가지 경우에 대하여 신뢰도를 통계처리하여 신뢰성 있는 초기지압을 결정할 수 있도록 제작되었다.

죽령터널에서 실시된 6번의 시험결과는 다음과 같다.

표 3-1. 측정대상지역의 암석물성 시험 결과

비 중(γ)	압축강도(σc) (kg/cm^2)	탄성계수(E) (kg/cm^2)	포아송비 (υ)	인장강도(τ) (kg/cm^2)	점착력(C) (kg/cm^2)
2.48	1500	49.1e4	0.22	140	280

표 3-2. 측정된 주응력 방향

Test Number	$\sigma 1$ (MPa)	brg.1	Dip1	$\sigma 2$ (MPa)	brg.2	Dip2	$\sigma 3$ (MPa)	brg.3	Dip3
1/1(1)	4.9	58°	7°	1.9	151°	30°	0.8	316°	60°
1/2(2)	4.9	90°	19°	1.1	340°	46°	0.6	196°	38°
1/3(3)	3.5	104°	2°	1.4	196°	39°	−0.2	12°	51°
2/1(5)	2.8	109°	10°	1.3	19°	1°	0.5	284°	80°
2/2(6)	5.7	135°	16°	1.2	36°	30°	−0.3	250°	56°
2/3(7)	1.9	284°	4°	0.5	192°	42°	0.1	20°	48°
종 합	4.0	105°	10°	1.2	195°	37°	0.2	285°	55°

* Brg = Bearing, Cast of grid north

그림 3-18에서 나타난 바와 같이 시험을 통해 얻은 결과는 최대 주응력이 일정한 방향성을 보이며 그 방향은 방위각이 105°, 경사가 10°로 터널축(방위각 110°)과 거의 평행함을 알 수 있다. 또한 표 3-2와 그림 3-18에서 나타났듯이 Test 2와 6에서 결정된 σ_2와 σ_3의 방향은 Test 1,3,7

에서의 방향과 바뀌어 있는데 이러한 "응력 방향 역전" 현상은 초기 응력 측정에 있어서 적지 않게 발생하는 현상이며 이는 두 주응력 성분이 비슷한 크기를 가질 때 발생한다고 한다.

한편 기존에 다른 여러 방식으로 구해진 초기응력값과 본 측정에서 나타난 초기응력값을 하나의 그래프로 표시하면 그림 3-20~22와 같다.

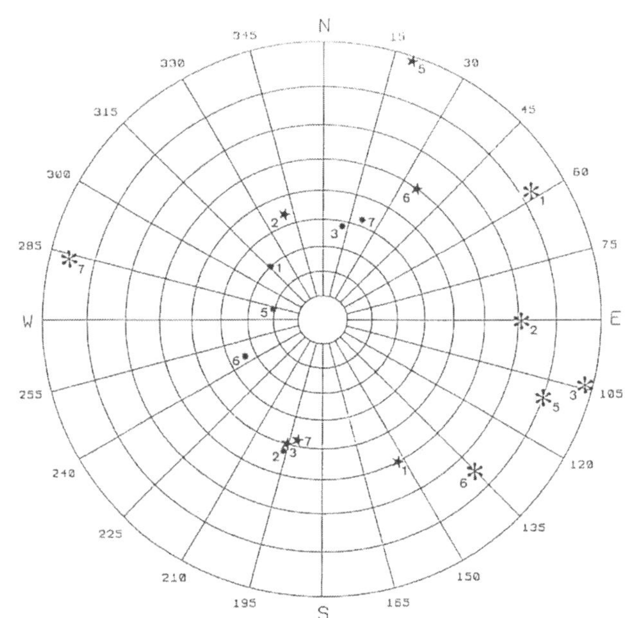

그림 3-18. 주응력 방위각의 평균치 분포

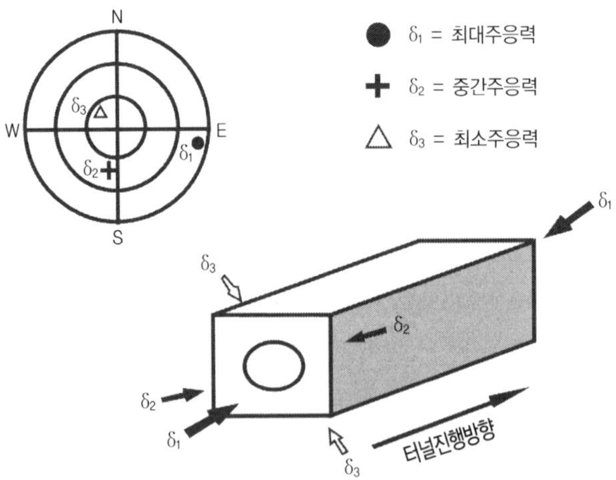

그림 3-19. 주응력 방위각의 평균치 분포

표 3-3. K-factor(Rate of vertical stress vs horizontal stress)

Test Number	σ_h	σ_v	$K(\sigma_h / \sigma_v)$
1/1(1)	3.71	1.15	3.23
1/2(2)	1.18	1.31	0.90
1/3(3)	0.79	0.42	1.88
2/1(5)	1.32	0.57	2.32
2/2(6)	1.74	0.53	3.28
2/3(7)	0.32	0.26	1.23
평균 지압계수(K)			2.1±0.9

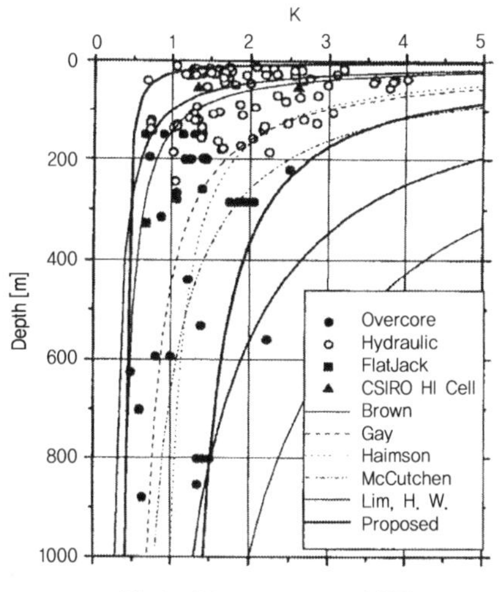

그림 3-20. K-factor 분포

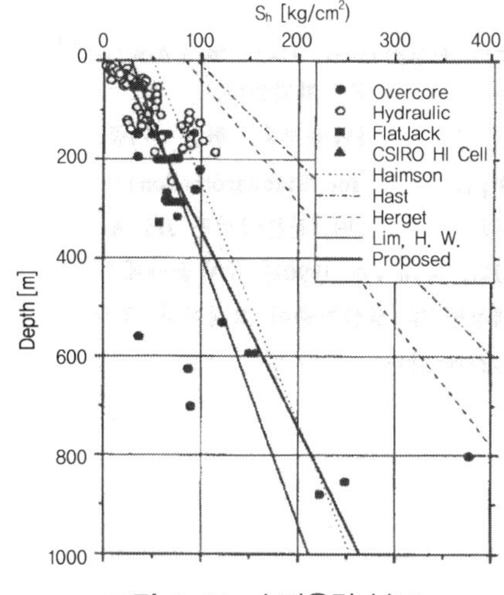

그림 3-21. 수평응력 분포

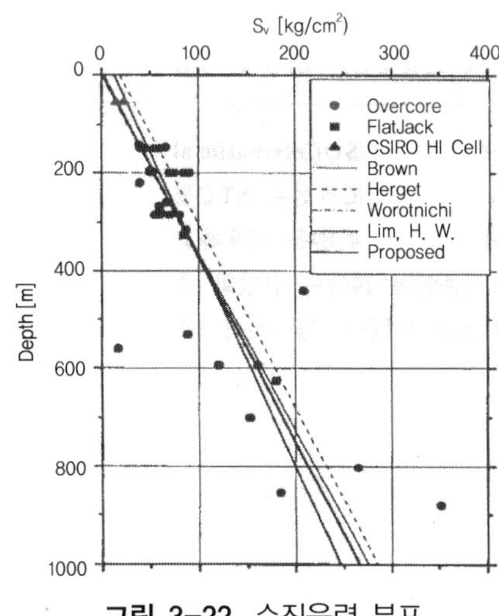

그림 3-22. 수직응력 분포

3.5 결 론

본 연구에서는 CSIRO HI Cell을 이용하여 중앙고속도로 죽령터널 시점부에서 초기 응력을 측정하였다. 주요 결과를 요약하면 다음과 같다.

1. 초기지압 측정결과 최대 주응력(σ_1)의 평균치는 4.0 ± 1.4(Mpa), 중간주응력은 (σ_2) 1.2 ± 0.4(Mpa), 최소주응력(σ_3)은 0.2 ± 0.4(Mpa)로 나타났으며 평균 최대주응력의 방향각은 터널 상부 언덕의 등고선 및 터널 축과 거의 평행한 것으로 나타났다.
2. Test 5(2/1)와 7(2/3)에서 최대 주응력값이 작게 나타난 것은 암반의 응력분포가 지질구조에 의해 영향 받고 있기 때문으로 사료된다.
3. 수직응력에 대한 평균 수평응력의 비(K)는 0.9~3.2의 범위로 나타났다.
4. 본 측정의 분석결과를 검증하기 위해 300m 이상의 대심도에서도 동일한 측정을 실시하는 것이 타당하리라 판단되었다.

04 공경변형법에 의한 초기응력 측정과 적용사례

김 대 영

4.1 서 론

터널, 지하석유비축기지나, 지하양수 발전소 등 대규모 지하공간의 건설에 필수 자료 중의 하나인 초기응력조건은 일반적으로 설계시에 수압파쇄법을 이용하여 측정된 자료를 사용한다. 지하공간의 중요도나 규모, 위험성이 클수록 건설 중에 이 초기응력을 확인하여 설계시 사용한 값을 확인하고 설계를 재검토하는 작업을 수행한다. 이때 사용되는 초기응력 측정법은 공경변형법, 공벽변형법, 공저변형법 등 주로 응력해방법이 사용된다.

본 자료에서는 응력해방법에 의한 초기응력 측정법들을 개략적으로 살펴보고 공경변형법의 하나인 미광무국(US Bureau of Mine)에서 개발된 변형게이지(deformation gage)를 사용하여 여천 석유비축기지의 공동 굴착공사 중에 측정한 초기응력 및 적용사례에 대하여 기술하였다.

4.2 응력해방법(Stress Relief method)

응력해방법의 개념은 주변 암반 내에서 응력장의 영향을 받고 있는 암석 샘플을 응력장으로부터 차단하고 그 거동을 측정하는 것이다(Merrill, 1964). 응력해방은 오버코어링(overcoring), 또는 언더코어링(undercoring) 또는 슬롯 커팅으로 취할 수 있다. 응력해방법으로 정확한 응력을 산출하기 위해서는 암에 대한 응력-변형률 또는 변위관계를 정립해야 하고, 시험 시편의 물성을 정확히 결정하여야 하며, 작은 변형율이나 변위를 충분히 측정할 수 있는 민감한 계측 기술이 필요하다.

응력해방법은 1930년대 초부터 제안되어 왔으며 3가지 주요방법으로 나뉘는데 이들은 (1) 암표면의 변형률 또는 변위와 관련된 방법, (2) 시추공 내에서 계측하는 방법, (3)큰 부피의 암반의 거동과 관련된 방법이다.

4.2.1 표면 응력해방법

이 방법은 장비를 이용하여 응력평형 상태를 불평형 상태로 만들어 그로 인하여 발생하는

변형을 측정하는 것으로 구성된다. Lieurance(1993,1939)의 기록에 의하면 도수터널의 벽면
에서 1.5x1.8m의 규모로 그림 4-1과 같은 시험이 행하여졌다. 508mm 이격된 2개의 황동편
4조를 터널 벽면에 설치하고 핀 간의 간격을 측정한 후 공이 겹치게 천공하여 슬롯을 핀 주변
으로 잘라내면 1.22m의 암석 정사각형이 주변응력으로부터 해방된다. 슬롯을 자르는 동안 핀
간의 거리를 측정하였다. 2차주응력들은 터널의 벽면과 평행하다는 전제하에 터널의 형상에
의한 응력집중 계수를 가정하고 초기응력장이 계산된다. 블록에서 시편을 채취하여 실험실에
서 변형계수를 결정하였다.

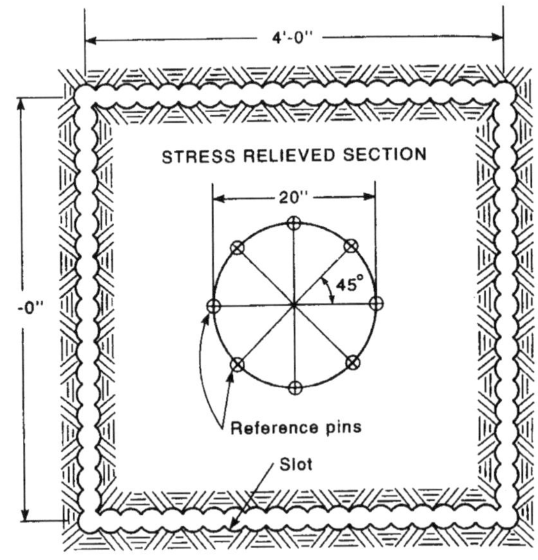

그림 4-1. Lieurance가 사용한 표면해방 단면과 계측점(After Merrill, 1964)

한편 Duvall(1974) 등은 3개의 200mm 길이의 변위계를 삼각형 형태로 배치하고 중앙에
56mm 공을 천공하면서 3개의 변위계의 길이변화를 측정하여 측정평면에서의 응력을 계산하
였다. 이 방법은 언더코어링 방법으로 볼 수 있다.

표면해방법은 계측기나 핀이 습기나 먼지와 같은 악조건하에 있고, 변형율 또는 변위가 암
표면에서 측정되기 때문에 풍화와 굴착과정에 의해 장애와 손상을 받을 수 있는 제약이 있다.
가장 큰 문제점은 측정하는 굴착면이 초기응력장으로부터 벗어나 있기 때문에 초기응력을 계
산할 때 응력집중계수를 가정하여야 한다는 점이다.

4.2.2 시추공 응력해방법

앞 절에서 언급한 표면응력 해방법의 제약 때문에 오버코어링법이 발전하게 되었다. 오버코어링의 개념은 그림 4-2의 (a)와 같이 굴착면의 응력장을 벗어난 곳까지 큰 직경의 공을 천공하고 그 중심에 (b)와 같이 작은 공을 천공하여 그 내부에 측정장치를 부착시킨 상태에서 (c)와 같이 오버코어링을 함으로서 계측기가 설치된 암체에 외부의 응력이 해방되도록 한다. 오버코어링 중에 계측기는 암체의 팽창변형량 또는 변형률을 측정한다. 측정부위 암의 탄성계수를 알면 탄성론으로부터 주변에 작용하는 응력을 얻을 수 있다. 오버코어링법은 측정하는 계측기와 부착방법에 따라 표 4-1에 나타낸 바와 같이 따라 몇 가지로 분류된다.

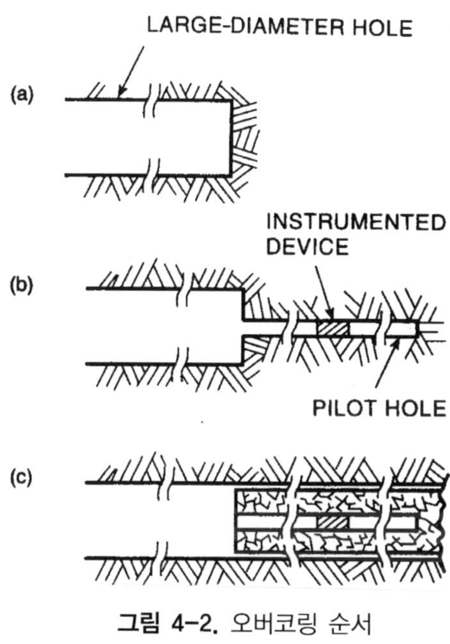

그림 4-2. 오버코링 순서

표 4-1. 오버코어링법의 종류

Overcoring of prestressed cell
Overcoring of deformation type gage : USBM gage
Overcoring of a gage attached to the flat end of a borehole : Doorstopper and photoelastic disks
Overcoring of CSIR type triaxial strain cells
Overcoring of triaxial strain cells attached to the end of a borehole(spherical and conical cells)
Overcoring of stiff, solid or hollow inclusion type gage

4.3 공경변형법의 이론

USBM Type Borehole Deformation Gage로 측정한 변형은 Borehole에 수직한 평면의 주응력을 측정한다. 따라서 USBM Gage를 사용한 초기응력 측정은 다른 세 방향의 측정 없이는 정확한 중간 주응력을 계산할 수 없다. 그러나 Borehole 축방향의 응력을 간단히 0이라고 가정하면 중간 응력은 평면-응력 상태를 이용하여 계산할 수 있다(Merrill & Peterson, 1961). 이렇게 계산한 값은 약 10% 정도의 오차가 발생한다. 초기응력 P', Q'가 작용하고 있는 평면에서 그림 4-3과 같은 변형이 발생하였을 때 평면상의 주응력의 크기와 방향은 식 (1)로 구할 수 있다.

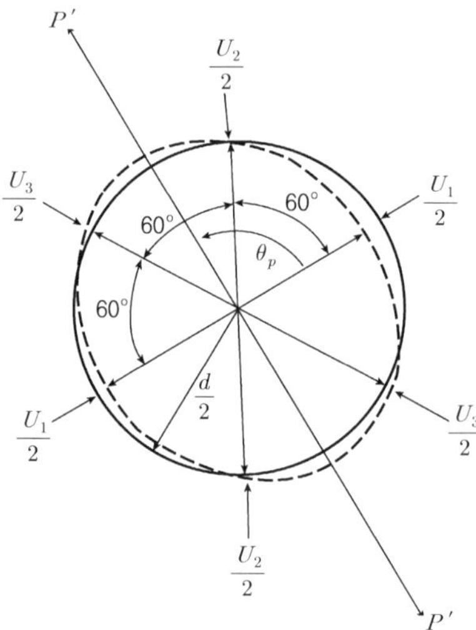

그림 4-3. Deformation rosette

$$P' = \frac{E}{6d}\left\{(U_1 + U_2 + U_3) + \frac{\sqrt{2}}{2} \times \sqrt{(U_1 - U_2)^2 + (U_2 - U_3)^2 + (U_3 - U_1)^2}\right\} \tag{4-1}$$

$$Q' = \frac{E}{6d}\left\{(U_1 + U_2 + U_3) - \frac{\sqrt{2}}{2} \times \sqrt{(U_1 - U_2)^2 + (U_2 - U_3)^2 + (U_3 - U_1)^2}\right\}$$

$$\theta_p = \frac{1}{2}tan^{-1}\frac{\sqrt{3}\,(U_2 - U_3)}{2U_1 - U_2 - U_3}$$

여기에서 d는 Gage가 설치된 공의 직경이고, U는 직경의 증가가 (+)이며, θ_p는 U_1에서 P'까지의 반시계 방향의 각이다. P'는 최대 중간 주응력, Q'는 최소 중간 주응력 이며 E는 암의 변형계수이다. 그리고 만약에 $U_2 > U_3$ 그리고 $U_2 + U_3 < 2U_1$이면 θ_p는 $0°$에서 $45°$ 사이에, $U_2 > U_3$ 그리고 $U_2 + U_3 > 2U_1$이면 θ_p는 $45°$에서 $90°$ 사이에, $U_2 < U_3$ 그리고 $U_2 + U_3 > 2U_1$이면 θ_p는 $90°$에서 $135°$ 사이에, $U_2 < U_3$ 그리고 $U_2 + U_3 < 2U_1$이면 θ_p는 $135°$에서 $180°$ 사이에 있다.

여기에는 두 가지 특수한 경우가 있는데 즉 일축응력 상태 $Q' = 0$, $\theta_p = 0°$ 일 때 위의 식은 $P' = (EU)/(3d)$가 된다. 여기서 U는 P'방향의 공의 변위이다. 또 정수압 응력상태 즉, P'=Q'=-p에 대해서는 $-p = (U_p E)/(2d)$ 여기서 U_p는 방향에 관계없는 공의 변위이다.

윗식에서 Overcore의 탄성계수는 식 (4-2)로 구한다.

$$E = \frac{D^2}{D^2 - d^2} \frac{2dP_o}{U} \tag{4-2}$$

여기서 D = Overcore의 Out Diameter
    d = Overcore의 In Diameter
    P_o = Pressure
    U = Deformation

4.4 측정 장치 및 방법

4.4.1 측정장비

가. USBM Type Borehole Deformation Gage & Readout Box

캐나다 Rock-Test사 제품으로 6개의 Cantilever에 Strain Gage가 부착되어 2개씩 짝을 이루어 EX Size 공벽의 응력해방에 의한 변화를 Tip으로 전달받아 3방향의 변위를 측정한다 (그림 4-4의 좌측). Readout Box는 1/4 Bridge, 1/2 Bridge, Full Bridge의 전환이 가능하며, Gage Factor 조정 및 Gage Calibration을 할 때에도 사용된다. 그림 4-4의 우측에는 USBM 게이지의 단면을 나타내었다. (b)와 같이 Transducer의 변위가 제한되도록 설계된 것이 그렇지 않은 (a)보다 후에 제작된 것이다.

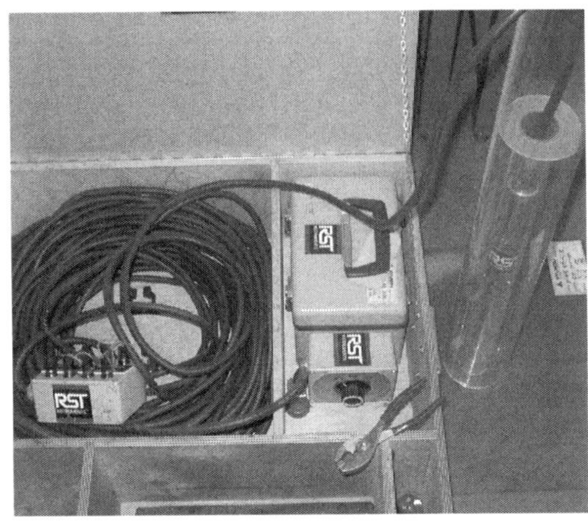
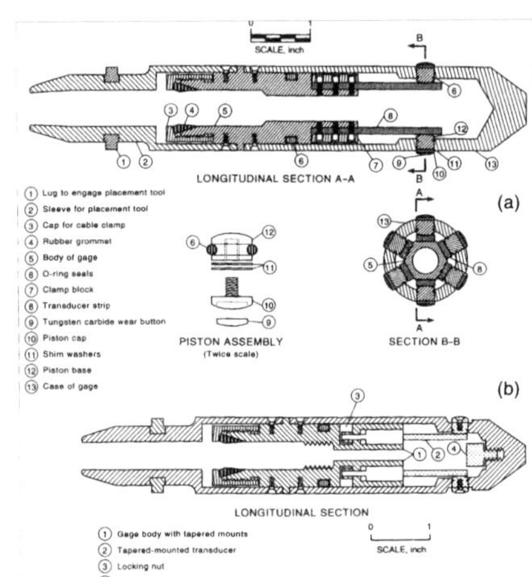

그림 4-4. USBM 게이지(좌)와 단면도(우)

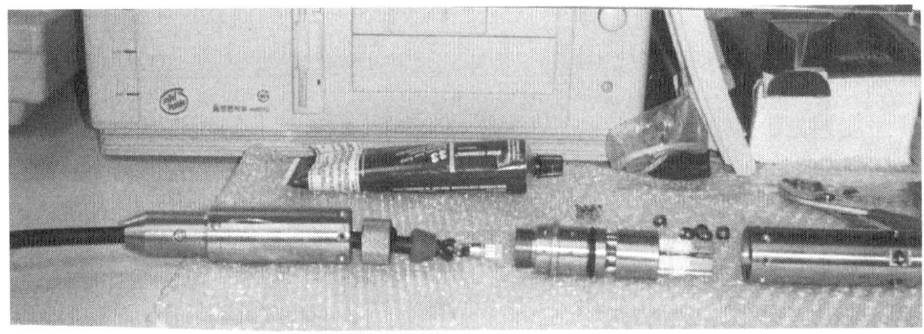

그림 4-5. USBM 게이지 분해

나. Installation Tools

Gage를 EX Hole에 설치할 때와 회수할 때 사용하는 장비이다. 각 Rod의 길이는 2m이고 Gage가 부착되는 Rod에는 EX Hole 중심을 찾기 위한 가이드가 있다. 마지막 Setting Rod에는

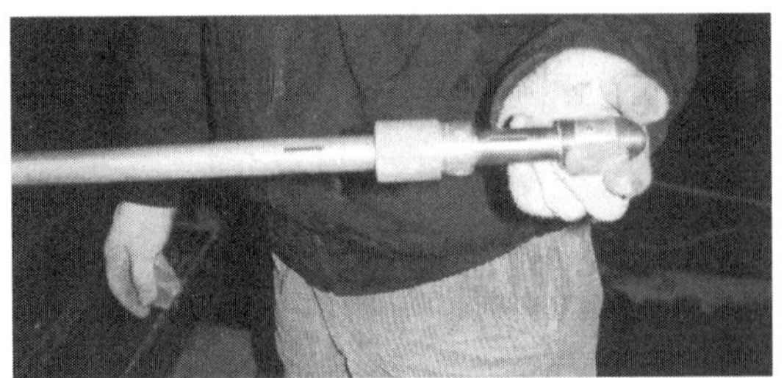

그림 4-6. Ex 공 Scriber

방향 손잡이를 부착하여 방향을 조절한다. Setting Tool의 일종으로 Borehole Scriber가 있다. 이것은 EX 공 내에 설치 방향을 표시하는 기구이다(그림 4-6).

다. Calibration Jig

Gage를 고정하여 각 Cantilever Tip의 변위를 Micrometer로 측정하여 이때의 Readout Box Reading 값과 비교하여 게이지 보정을 한다.

4.4.2 측정방법

시험순서는 다음과 같은 순으로 실시한다.

가. 외공의 천공

오버코오링 시험시 사용되는 외공(큰 공)의 직경은 각국이 다른 것으로 보고되어 있으며 76mm, 88mm, 96mm, 150mm, 220mm가 사용되었다. 오버코어링법으로 초기응력을 측정하기 위해서는 큰 공을 공동의 벽면으로부터 최소한 공동 직경의 1.5D~2.5D를 벗어난 곳까지 천공하여 장비를 설치하고 시험을 하여야 공동 굴착영향을 받지 않은 초기응력을 얻을 수 있다.

외공의 심도가 원하는 위치에 도달하면 코어를 회수한 후 그림 4-7의 천공비트를 폴리싱(polishing) 비트로 교환하고 외공 바닥면의 요철을 제거하여 매끈하게 만든다.

그림 4-7. 오버코어링 비트와 폴리싱 비트

나. 내공(게이지 설치공) 천공

일반적으로 Ex 구경(38mm)의 비트와 코어 바렐을 사용하여 천공하며 천공시 중심을 맞추고 진동을 줄이기 위해 반드시 Ex 코어 바렐에 스테빌라이저(stabilizer)를 장착하여 천공한다. 스테빌라이저는 외공보다 약간의 유격을 가지고 베어링으로 Ex 코어 바렐에 고정되어 바렐이 회전시 스테빌라이저는 회전하지 않고 공벽에 밀착되어 바렐의 진동을 억제하고 중심을 잡는 역할을 한다. 천공은 300~500mm의 범위로 한다.

회수된 코어를 확인하여 불연속면이 존재하는지 확인하고 불연속면이 없는 지점을 게이지 설치점으로 결정한다.

그림 4-8. Ex 코어바렐과 스테빌라이저

다. USBM 게이지 버튼 높이 조정

Ex 공을 천공하는 동안 시험자는 Ex 공의 외경과 USBM 게이지가 받을 수압을 고려하여 버튼에 심을 설치하여 게이지 삽입시 단단히 고정되도록 한다(그림 4-4 우측 버튼 상세도 참조). 참고로 USBM 게이지는 수압 1kg/cm2 당 138μm 압축변형을 나타낸다. 게이지를 공 내에 고정시킨 후 측정기의 읽음값이 약 5000 정도가 되도록(약 500μm) 심의 두께를 조절하여 게이지를 준비한다. 심은 0.13mm, 0.25mm, 0.38mm의 두께가 있다. 게이지의 작동한계는 약 760μm이다. 연직으로 시추할 경우 게이지 설치 심도가 깊을수록 버튼이 수압을 받아 변형하게 되므로 깊은 심도에서는 이에 맞게 특수하게 게이지를 제작하여야 한다.

라. USBM 게이지 설치

Ex 공 내에 USBM 게이지를 설치할 방향을 결정하고 공 내에 Scriber(그림 4-6)를 삽입하여 선을 그어 게이지 설치기준점을 잡는다.

오버코어링 비트를 Rod에 연결하고 외공 바닥에 내려놓은 후 천공기의 Chuck을 분리하여 게이지를 설치 로드를 이용해 원하는 심도에 설치한다. 이때 설치될 때의 느낌과 게이지 읽음값으로부터 심이 적절하게 사용되었는지 파악할 수 있다. 느슨하면 오버코어링 시에 값이 흔들릴 수 있다. 게이지의 케이블을 water swivel을 통과하여 빼내어 팽팽히 고정시킨다.

케이블을 측정기에 연결하고 계측기 측정간격을 천공기에 마킹한다. 천공수를 주입하여 온도평형이 이루어질 때까지 기다린 후 천공을 시작한다.

마. 오버코어링 및 측정

천공을 시작하여 1.5cm~2cm 굴진할 때마다 3방향의 센서의 변위를 측정한다. 게이지 버튼이 위치한 지점 근처에 도달하면 공축에 평행한 천공압력이 공축의 직각인 면에도 압력증가를 유발하여 게이지가 압축되었다가 그 지점을 통과하면서 응력해방으로 팽창되는 현상이 측정된다. 버튼 위치를 약 20cm 정도 통과하면 일정값에 수렴한다.

바. 게이지 회수 및 오버코어 회수

게이지는 설치의 순서와 역순으로 실시한다. 오버코어는 코어의 내공에 회전식 앵커를 설치하여 고정하고 코어와 외공 사이의 틈에 쐐기를 넣고 충격을 가하여 코어를 절단하는 코어회수 장비가 있으나 암이 견고할 경우 이것으로 잘 회수되지 않고 중간에서 부러지는 경우도 발생한다. 외경에 맞는 코어 바렐을 제작하여 코어 바렐을 오버코어 아래까지 내려 천공기의 유압을 이용하여 인발하면 오버코어의 하단부에서 절단하기에 용이하다.

사. 오버코어 탄성계수 측정

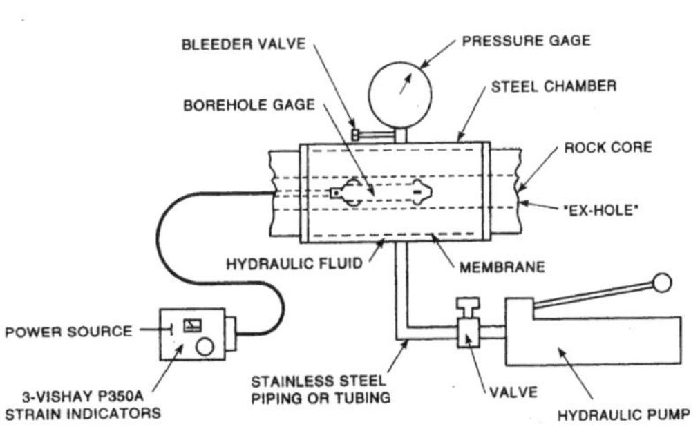

그림 4-9. 이축시험기와 오버코어(좌) 이축시험 모식도(우)

회수한 코어에 게이지를 설치하여 이축압축기에 넣고 이축압축시험을 실시하여 오버코어의 탄성계수를 계산한다.

아. 게이지 보정

게이지 보정은 일정 기간 또는 일정 횟수를 정해놓고 보정을 실시한다. 보정은 보정 지그 (jig)에 게이지를 고정시킨 후 2개의 마이크로미터를 지그에 고정하고 서로 조를 이루는 버튼 을 일정 간격으로 압축시켜가면서 읽음값을 기록하여 측정값-변위량의 관계식을 획득한다. 3조의 버튼에 대하여 보정을 실시하여 관계식을 구하고 기존의 값과 비교한다.

4.5 여천석유비축기지(U-1-2)의 측정 및 적용사례

본 연구에서는 U-1-2 현장을 대상으로 공동의 단계별 굴착에 따른 응력변화 및 변위를 계 측과 현장 암반 물성을 이용한 수치해석을 통하여 공동의 굴착 거동 규명 및 경험적으로 시공 하는 보강작업의 적정성을 파악하고자 하였다. 계측으로는 진동현 응력계(Vibrating wire stressmeter)를 이용한 응력변화 측정과 다점식 지중변위계(MPBX)를 이용한 변위측정을 실 시하였으며, 특히 막장의 전방에서 미리 계측기를 설치 측정함으로서 단계별 굴착시 막장 진 행에 따른 전체적인 암반의 거동을 파악하였다. 수치해석에 중요한 영향을 미치는 암반 응력 조건 및 역학적 성질을 파악하기 위해 실내시험 및 현장에서의 초기응력측정시험, 공내재하시 험, 평판재하시험을 실시하여 현지 암반의 조건을 수치해석에 사용하였다. 수치해석으로는 FLAC과 FLAC^{3D}를 사용하여 현장의 시공조건을 반영한 2차원과 3차원 해석을 수행하고 이 결과들을 계측치와 비교, 분석하였다.

4.5.1 비축기지 제원 및 현장 지질

U-1-2 비축기지는 그림 4-10에 나타낸 바와 같이 6개의 저유공동과 2개의 공사용 터널, 2개 의 샤프트, 그리고 수벽터널로 구성되어 있다. 6개의 저유공동은 심도 EL.(−)30~EL.(−)60m 에 위치하며 N80°W 를 향해 각각 평행하게 놓여 있고, 폭은 18m, 높이는 30m이며 길이는 400~600m인 마제형상의 공동이다. 공사용터널은 폭 8m, 높이 7.5m이며, 심도는 입구에서 EL.(+)10m, 끝에서 공동의 바닥과 같은 EL.(−)60m이다. 두 지점간의 경사는 12%이다.

대상지역의 지질은 중생대 백악기 불국사통에 속하는 화산암류와 이를 관입한 화강암으로 구성되어 있다. 본 기지의 터널 심도에 해당하는 암질은 열변성작용을 받은 안산암질 응회암으로, 암회색을 띠며 치밀하다. 지표에서 관찰된 주요 지질구조로는 N10E~N10W와 N80E~ EW의 두 절리군이 우세하며, N50E와 N50W가 부분적이면서 규칙적으로 존재한다. NS, EW 는 전단절리이며, N50E, N50W는 인장절리로 나타났다. 코아 시료 조사 결과, R.M.R Rate는 평균 74의 2등급(Good rock 이고 Q-System에 의한 분류에서는 82% 이상이 Q 값 40 이상인 1등급(Very Good)의 매우 양호한 암반으로 분류되었다. 그러나 시공시 막장 검측 결과로는 Q 값은 2~10으로 판명되었다.

예비조사 결과를 종합분석한 결과, 가장 유리한 공동의 축방향은 N80W로 결정되었고 공동 상부에 함수절리의 방향과 동일한 N80W의 방향으로 Water Curtain 설치가 결정되었다.

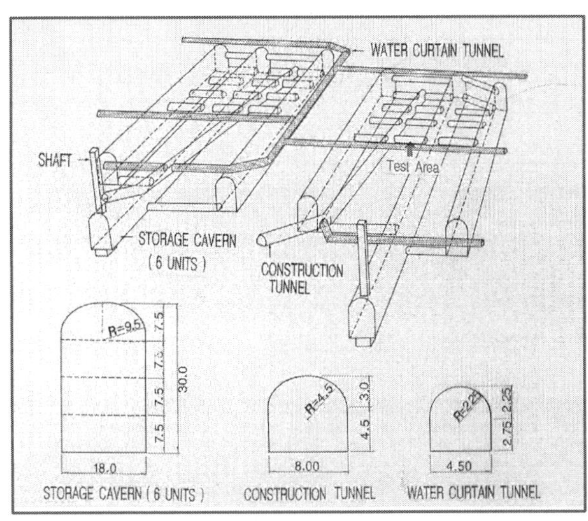

그림 4-10. U-1-2 공동 배치 및 제원

4.5.2 굴착거동 계측

공사용 터널 굴착시 막장 후방에서 측정한 계측으로는 이미 변위가 모두 발생한 상태로 측정 이 불가능하였다. 공동 굴착 중에는 공동이 굴착되기 이전에 공동 상부에 있는 수벽터널에서 공동을 향하여 계측기를 설치함으로서 막장 전방에서 계측이 이루어지도록 새로운 계측계획을 수립하였다. Station A의 계측기 설치 상세는 그림 4-11에 나타내었다. 계측기는 Gallery 막장 의 10m 전방에 설치하여 Bench-3 굴착이 완료될 때까지 측정하였다. 이중 천단부에서의 위 치별 지중변위 계측결과는 그림 4-12에 도시하였다. Gallery 막장 접근시의 상향 변위는 발파 의 영향인 듯하며, 각 단계별 굴착시마다 상향의 변위를 나타내었으며, 천단부에서 가까울수 록 변위량은 크게 측정되었다.

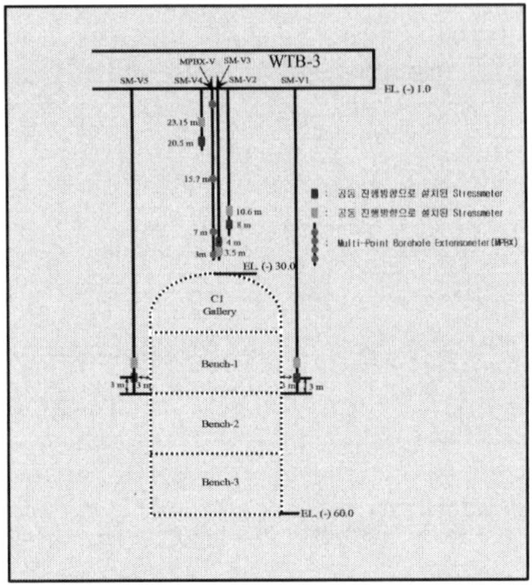

그림 4-11. 계측기 설치도

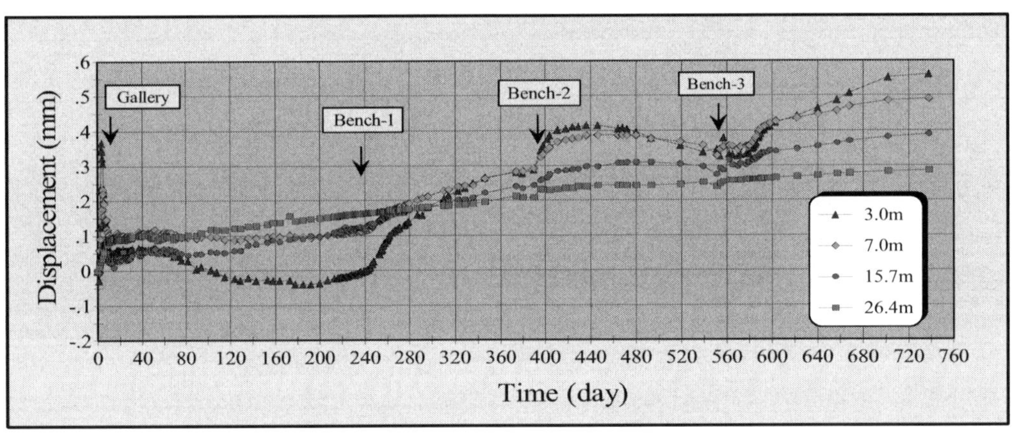

그림 4-12. 공동 상부 지중변위 계측결과

4.5.3 암반 변형계수 측정

절리를 포함한 암반의 변형계수를 구하기 위하여 콘크리트 블록과 12개의 Dywidag bar를 반력 시스템으로 하여 공사용 터널 CT202 Gallery Secondary의 터널 바닥면에 직경 1m의 Flat jack로 최대 14MPa까지 등분포 반복재하 하중을 가하는 평판재하시험을 실시하였다. 시험 위치는 토피가 약 250m이며, 암반은 Q = 6.28인 3등급의 보통암으로 분류되었으며, RQD는 100%였다. 그림 4-6에는 시험 Cycle 별 시간 : 5개 Extensometer에서의 측정변위를 나타내었다. 각 Extensometer의 변위는 인접한 두 Anchor 사이의 변위를 나타내고 있으며,

암반 표면에 근접한 Extensometer는 깊은 곳의 Extensometer에 비해 큰 변위를 나타내고 있다. 이것은 응력이 상부에 집중되고, 발파의 영향을 받았기 때문이며 기반암의 표면 근처에 절리들이 존재하기 때문이다. 절리를 포함하는 기반암의 변형계수는 30~40GPa로 측정되었다.

4.5.4 초기응력측정시험

초기응력은 예비조사시에 U-1 지역에 대하여 몇 개의 시추공에서 수압파쇄법을 적용하여 측정하였으나 공동이 위치하는 심도에서는 이루어지지 않았다. 공동이 위치한 심도에서의 초기응력을 측정하기 위하여 응력해방법(Overcoring Method)을 적용하여 CT201 ST2-G, ST3-G에서 표면으로부터 15m 깊이 이하에서 약 3m 깊이로 각각 4회, 5회 시험하였다(그림 4-13). 사용장비는 USBM Type Borehole Deformation Gage(BDG)를 사용하였으며, 외경 122.6mm, 내경 85mm의 비트로 천공하여 회수한 Overcore는 외경 85mm, 내경 38mm였다.

Overcoring 시에 응력해방에 의한 Ex 공의 변화는 그림 4-14에 나타내었다. 그림에서 U_1, U_2, U_3는 BDG 의 세 방향 Tip을 나타내며, Overcoring Bit가 BDG의 Tip이 위치한 지점에 접근함에 따라 Ex 공이 수평방향으로 압축을 받아 횡방향의 응력이 일시적으로 증가함을 볼 수 있다. 이것은 Overcoring 할 때의 압력에 의해 횡방향의 응력이 증가하기 때문이다. BDG의 Tip이 위치한 지점을 Bit가 지나게 되면 응력이 해방되어 EX Hole이 팽창한다. 이때 측정한 변위 U_1, U_2, U_3와 Overcore를 회수하여 Biaxial Chamber에서 구한 변형계수로 최대주응

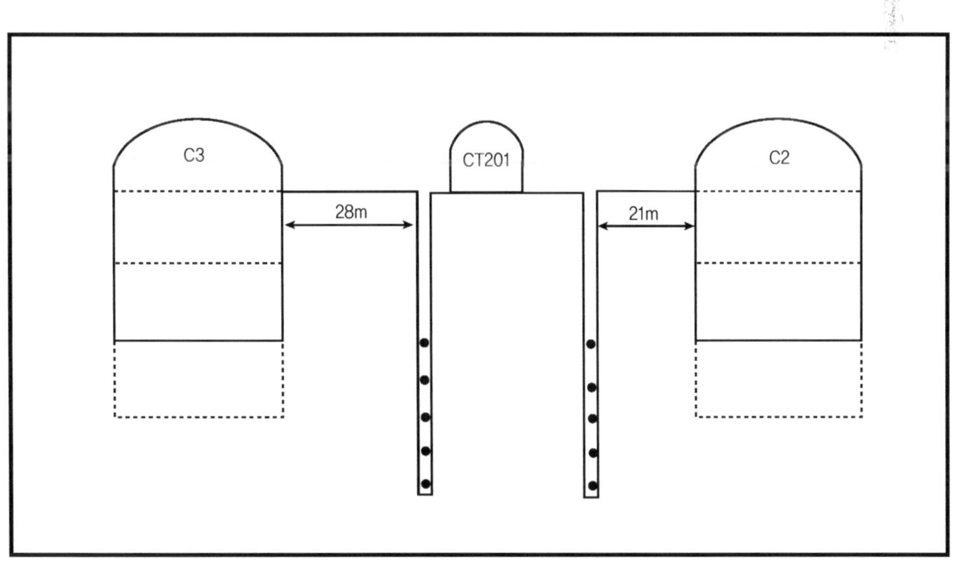

그림 4-13. 초기응력 측정위치

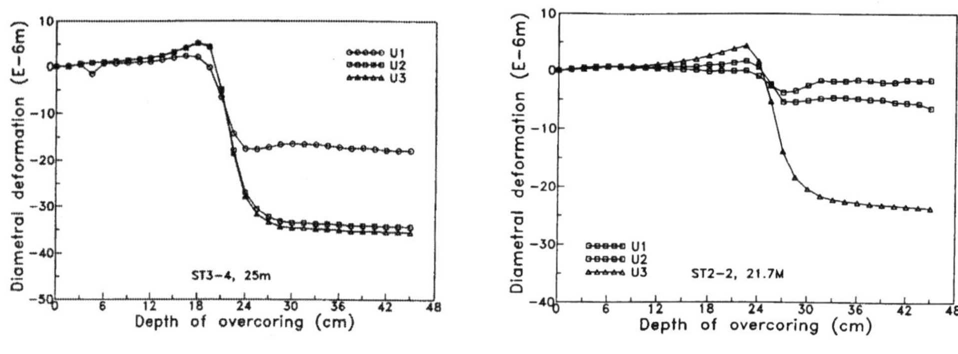

그림 4-14. 응력해방에 의한 Ex 공의 변화

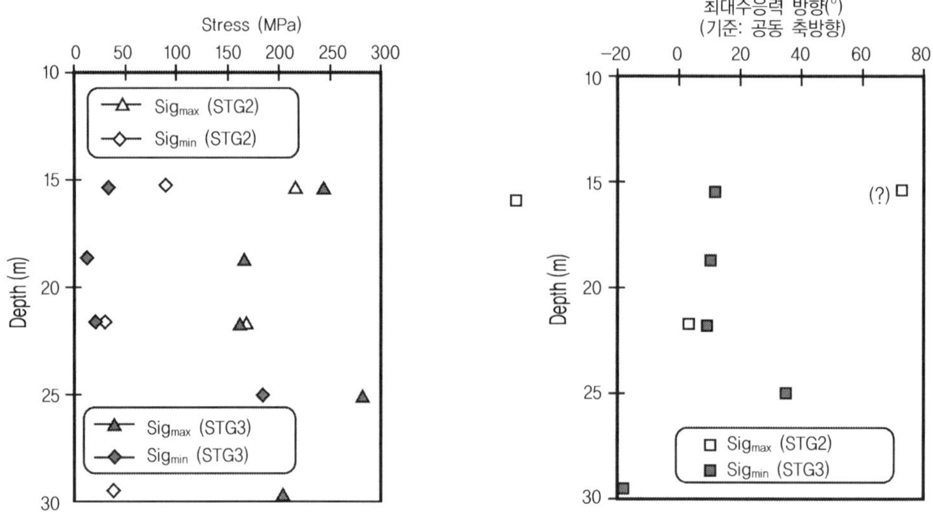

그림 4-15. USBM 게이지로 측정한 최대, 최소주응력과 최대주응력 방향

력과 최소주응력, 최대주응력 작용방향을 구하여 도시하면 그림 4-15와 같다.

이 결과 수평면에서의 최대 주응력은 16.2~28.3MPa로 측정되었고, 최소주응력은 1.3~18.5MPa로 측정되었다. 최소주응력이 작게 측정된 것은 양측의 공동이 Bench-2가 굴착되고 있었던 것 때문으로 판단된다. 따라서 초기응력의 범위로는, 수직응력 S_V=7~7.4MPa(암반 단위중량과 피복층 두께에 비례), 수평최대주응력 P'=16.2~28.3MPa(100° 방향, 공동 축방향과 일치), 수평최소주응력 Q'=9.4~18.5MPa(190° 방향)으로 결정하였으며, 각 방향의 응력비는 P'/Q'=1.5, P'/S_V=3.0, Q'/S_V=2.0 로 결정하였다.

4.5.5 2002 Hoek-Brown 파괴기준에 의한 공동 안정성 평가

Hoek-Brown(1980)이 많은 공동 형상 및 초기응력 조건에 따라 경계요소법을 사용한 수치해석 결과들을 종합하여 제시한 접선응력 도표를 이용하여 공동 주변에 발생하는 응력 상태를 간편하게 파악할 수 있다(그림 4-16). 여기에 개정된 Hoek-Brown(2002) 파괴기준을 적용하여 암반의 압축강도를 구하여 접선응력과 비교함으로서 수치해석을 실시하지 않고도 공동의 안정성을 간편하게 평가할 수 있다.

Rocscience사의 RocLab 프로그램을 사용하여 열변성 안산암질응회암에서 mi=25, 무결암의 평균압축강도를 250MPa, GSI를 83을 입력하면 다음과 같은 결과를 얻는다. 암반의 압축강도와 인장강도는 97.1MPa와 -2.78MPa이다. 앞에서 결정한 초기응력계수 2를 적용하면 마제형 공동 천단부에 집중되는 접선응력은 수직응력을 6.76MPa를 적용하여 좌측 그림에서 47.3MPa가 발생한다. 공동 측벽부응 우측그림에서 접선응력이 인장상태인 -3.38MPa가 발생한다. 따라서 공동 천단부는 안전하지만 측벽부는 발생하는 인장력이 암반의 인장력보다 크게 되어 불안정한 상태가 되므로 보강이 필요함을 알 수 있다.

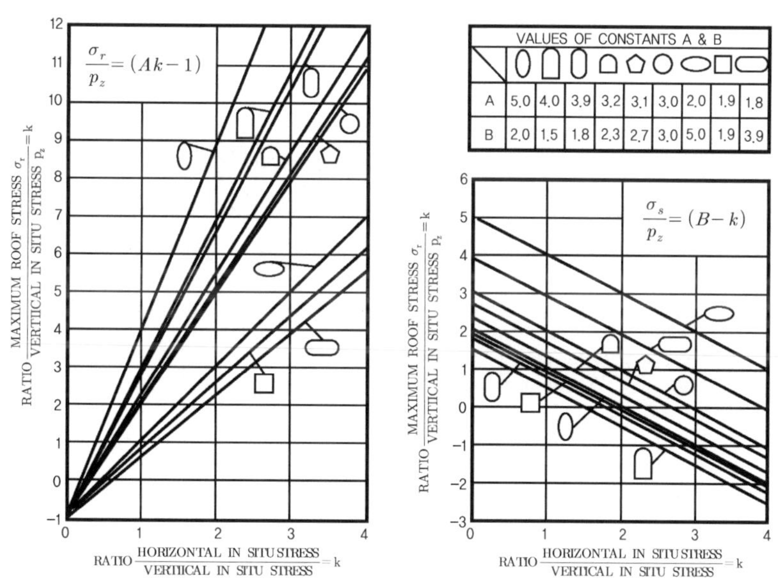

그림 4-16. 공동 형상과 초기응력에 따른 천단부와 측벽부의 접선응력

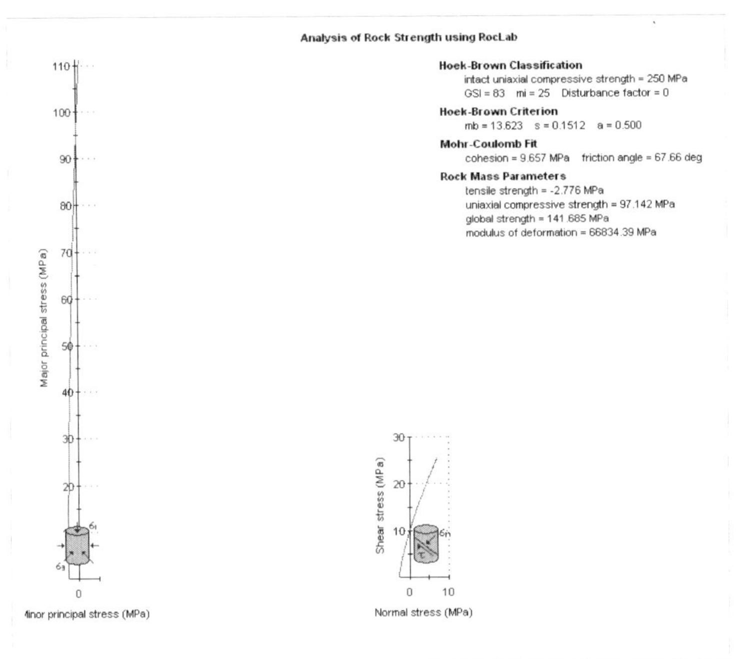

그림 4-17. Hoek-Brown(2002, RocLab) 파괴기준을 사용한 암반 물성 산정

4.5.6 수치해석

공동의 거동을 분석하고 계측결과와 비교하여 보강의 적정성 판정을 하기 위해 유한차분 해석 프로그램인 FLAC을 사용하여 해석을 수행하였다. 초기응력 조건, 변형계수는 현장시험에서 구한 값을 사용하였으며, 점착력은 실내시험 결과(53MPa)의 19%인 10MPa를 적용하였다. 대상지역의 암반은 열변성 응회암이며 실험결과 세립질의 등방성 극경암이었으므로 현지암반의 인장강도는 Hoek&Brown의 강도 추정법에 의하여 식 (4-3)에 m=8.5, s=0.1 을 대입하여 결정하였다.

$$\sigma_t = \frac{1}{2}\sigma_c(m - \sqrt{m^2 + 4s}\,) \tag{4-3}$$

표 4-2에는 해석에 사용한 물성을 나타내었다.

표 4-2. 해석에 사용한 물성

Density(t/m^3)	E(MPa)	ν	C(MPa)	ψ	Tensile Strength(MPa)
2.7	4 x 104	0.23	5, 10	45°	3

FLAC 해석에는 가로 150m, 세로 150m의 모델을 설정하였다. 평면 변형율 조건에 Mohr-Coulomb 파괴조건을 사용하였다. 해석순서는 Gallery, Bench-1, Bench-2, Bench-3의 총 4단계로 하여 단계별굴착에 의한 해석을 수행하였으며, 락볼트로 보강한 경우에 대하여 해석하였다.

락볼트에 의한 보강의 경우, 락볼트의 설치 간격은 gallery, bench 굴착에 따라서 다르게 적용하였다. 사용한 락볼트의 직경은 25mm, 길이 4m이며 천공홀의 지름은 40mm이다. 사용한 락볼트의 물성은 표 4-3과 같다.

표 4-3. 락볼트의 물성

area (cm^2)	E(kg/cm^2)	Bond stiffness of grout (MN/m^2/m)	Bond strength of grout (MN/m^2)	Compressive yield strength (kg/cm^2)	Tensile yield strength (kg/cm^2)
2.027	2.1 x 106	12786.85	0.98	0.177	0.177

단계별 굴착에 따른 록볼트의 설치 시기는 현장에서 시공조건(막장 후방 약 50m에서 설치)을 감안하여 하중분담율에 의하여 결정하였다(표 4-4).

표 4-4. 하중분담율에 의한 락볼트의 설치 시기

	Gallery	Bench-1	Bench-2	Bench-3
락볼트의 중분담율(%)	0 %	10 %	20 %	30 %

터널 측벽부의 경우 최종 굴착 후 측벽부에서 약 5m 이내에서 응력이완현상이 발생하였고 이러한 결과는 록볼트의 길이(4m)를 감안할 때 록볼트에 의한 지보 효과가 감소되는 요인으로

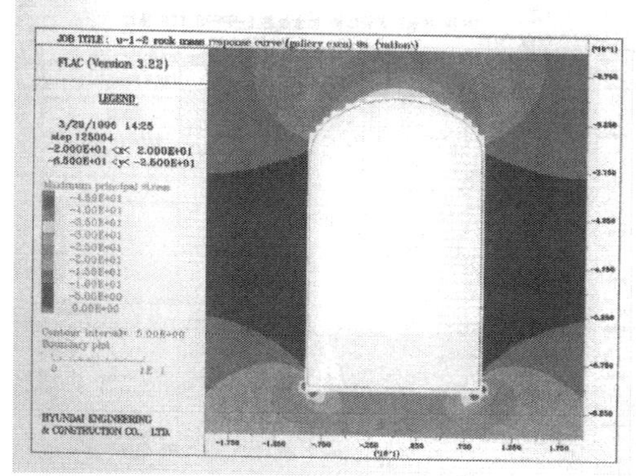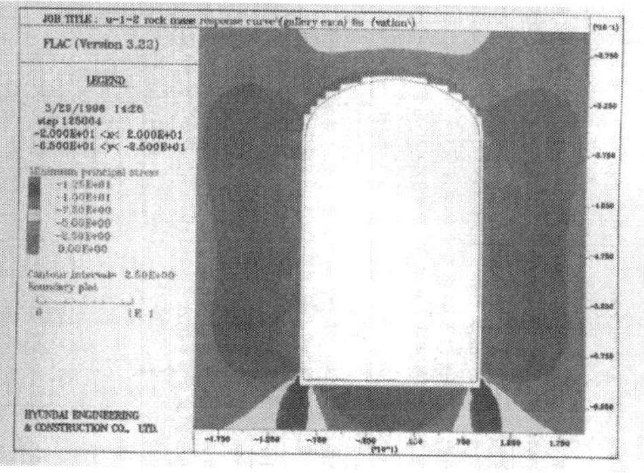

그림 4-18. FLAC 해석결과, 최대주응력도(좌)와 최소주응력도(우)

작용하고 있다.

해석결과(그림 4-18)에서 공동 천단부의 접선응력은 30~35MPa의 범위에 있고 공동측벽부에서의 접선응력은 0에 해당한다. Hoek-Brown의 공동 형상 및 초기응력조건에 의하여 구한 접선응력보다 좀 더 안정된 상태에 있다. 해석에 사용한 물성이 조금 다르긴 하지만 보강 전에 측벽부에서 인장응력 상태에서 락볼트 보강 후에는 인장상태로 가지 않음을 알 수 있다. 특히 공동 천단부에서의 응력집중은 암반 자체의 강도만으로도 충분히 안정상태에 있다. 측압이 수직압보다 큰 상태에서는 숏크리트 축력이 증가되어 숏크리트가 파괴상태에 이를 수 있다.

4.6 결 론

오버코어링법 특히 USBM 게이지를 사용한 초기응력 측정에 대하여 장비와 측정방법 그리고 적용사례를 알아보았다.

USBM 게이지와 CSIRO Inclusion Cell을 사용한 측정 경험에 의하면, 결과의 정확성을 확보하기 위해서 측정자는 반드시 천공기능공에게 작업에 대한 충분한 이해를 시켜야 하며 대구경 비트에 맞는 대구경 로드와 베어링을 장착한 스테빌라이저를 반드시 준비하여야 한다.

오버코어링법은 공동 내에서 시험하므로 공동 주변의 초기응력을 비교적 정확하게 측정할 수 있는 것으로 알려져 있으나 측정결과의 정확성은 숙련도, 천공작업의 정확성, 현장 암반의 상태 등에 따라 크게 좌우되며 특히 대구경 천공이기 때문에 천공과 관련된 장비의 구비가 쉽지 않고 천공비가 고가인 문제점이 있다.

설계단계에서의 이용은 측정심도의 제한(약 45m)과 함께 경제적인 면에서 선택의 여지가 좁다고 하겠다. 지하비축기지, 양수발전소 등과 같은 대심도, 대단면 터널의 경우에는 설계의 확인, 지보재의 적정성 평가, 공동의 안정성 확인 등을 위하여 오버코어링법의 사용이 적극 추천되며 과지압에 의해 터널에 문제가 발생한 경우 이를 해결하기 위한 수단으로서의 사용이 매우 유용할 것이다.

05 시추코어를 이용한 현장 암반응력 측정법

▍전 석 원

5.1 현지 응력의 측정

초기응력의 측정은 지하공간굴착의 해석과 설계에 있어서 매우 중요한 단계로 특히 공동의 파괴나 붕락을 막기 위한 지하구조물의 안정성 평가에 있어서 필수적인 요소이다. 암반의 초기응력을 측정하는 데는 크게 두 가지 방법이 있다. 첫째는 over-coring 방법이나 수압파쇄법(hydraulic fracturing method) 같은 현지 측정 방법이고, 둘째는 현지에서 채취된 시편을 대상으로 실험실에서 측정하는 방법이다. 실험실에서는 AE(Acoustic Emission), DRA(Deformation Rate Analysis), ultrasonic, DSCA(Differential Strain Curve Analysis), ASR(Anelastic Strain Recovery) 등을 이용한 측정법이 사용될 수 있다.

DSCA와 ASR의 경우 현지응력상태로부터 응력개방상태에 놓이게 되는 시편의 변형률 회복을 이용한다. 즉, 시편은 최대 주응력 방향으로 최대 팽창을, 최소 주응력 방향으로 최소 팽창을 한다는 가정하에 각 변형률을 측정하고 이를 통해 현지응력의 크기와 방향을 추정하게 된다. 따라서 변형률을 통해 응력을 구하기 위해서는 구성방정식을 가정하여야 하는 단점이 있다. 그러나 Kaiser 효과를 이용하는 방법들인 AE, DRA, ultrasonic 법들의 경우, 응력을 측정하기 때문에, 현지응력을 바로 추정할 수 있는 직접적인 방법이다. 여기서는 AE와 DRA, 그리고 DSCA법을 이용한 현지응력의 측정에 대해 알아보기로 한다.

5.2 미소파괴음(AE, Acoustic Emission)

5.2.1 미소파괴음의 발생

미소파괴음은 암석에서 미소균열 발생이나 공극파괴 등과 같은 국부 파괴에 의해 발생되는 고주파 탄성파 파열음으로 대부분이 결정 및 교결 입자들로 구성된 암석에서는 결정이나 입자의 전위, 입자경계부의 활동, 미소균열의 발생 및 전파 등이 발생할 경우 파괴면의 형성과 함께 각종 에너지가 발생하며 이러한 에너지방출의 한 형태로 발생하는 탄성파가 미소파괴음이다.

1950년 Kaiser는 아연, 철, 알루미늄, 구리 및 납 등의 다결정 시편에서 미소파괴음 발생 현상을 발견하였다. 암석의 경우, 이전에 작용한 응력 상태에서 평형상태에 도달하여 있으며 이 응력은 미세균열 구성을 통하여 암석에 기억되어 있다. 만일 이전에 작용한 응력상태가 초과되면 새로운 균열이 생성되면서 발생한 AE events로 다시 측정되며 이를 Kaiser 효과라고 한다. 다시 말하면 재료에 부과된 하중이 이전에 작용한 응력수준을 초과할 때까지는 AE events가 감지되지 않음을 나타낸다. 이러한 Kaiser 효과를 이용하면 현지 암반에서 코어를 회수한 후 실험실 시험으로 현지 암반의 응력의 크기를 추정할 수 있게 된다.

암석은 균열을 포함하고 있으며 이들은 최대압축주응력 방향으로 성장함이 관찰되었다 (Tapponnier and Brace, 1976; Kranz, 1979). 이는 Fig. 5-1에 제시된 바와 같으며, 암석변형에 대한 구성모델로 시뮬레이션 한 응력-변형률 곡선은 Fig. 5-2와 같다. 높은 응력수준에서 발생하는 비선형 거동은 미소균열들의 축방향 성장에 의해 야기되며 제하과정에서는 어떠한 추가 성장도 일어나지 않는다. 재가압시에는, 응력 σ_1이 이전 최대응력수준 σ_{1A}에 도달하기 전까지는 어떠한 균열성장도 발생하지 않으며 응력이 σ_{1A} 이상일 때 암석에 추가적인 파괴가 발생할 것이다. 미소파괴음은 파괴와 관련되므로 응력 σ_1이 이전 최대응력수준 σ_{1A}에 도달하기 전까지는 재가압시에 AE는 발생하지 않는다. 응력 σ_1이 σ_{1A}을 지나면 균열이 성장하고 AE도 회복된다. 이것이 Kaiser 효과의 메커니즘으로 일반적으로, AE의 개시는 암석에서 추가적인 손상의 개시를 나타낸다. 첫 번째 하중 사이클에서 AE 개시응력을 암석의 처음 손상의 측정점으로 사용할 수 있다.

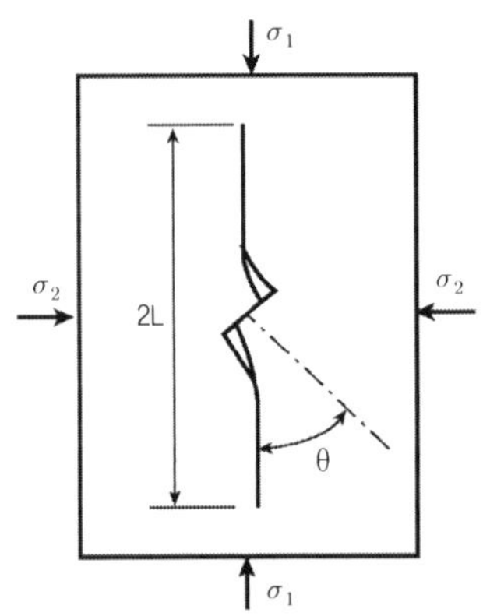

Fig. 5-1. 압축하의 단일균열의 파괴패턴.

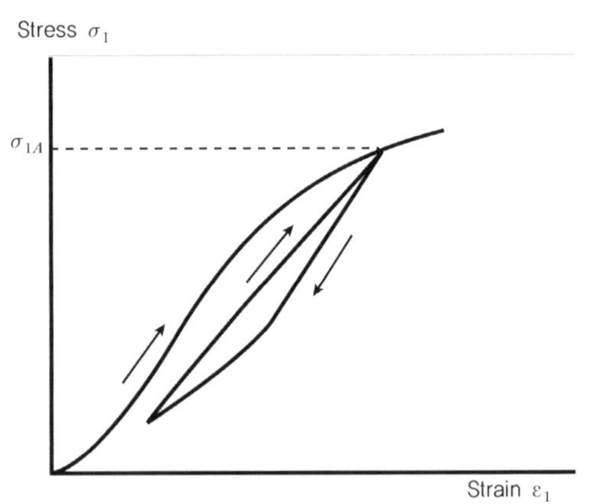

Fig. 5-2. 모델에 의해 모사된 응력-변형률 곡선.

5.2.2 AE 실험장비와 실험 방법

시편에서 발생한 미소파괴음은 매질 내를 전파하여 재료의 표면에 부착된 압전재료 형태의

AE 센서에 도달하여 전기적 신호로 이 전기적 신호는 증폭기에서 증폭된 후 AE 기록장치를 통해 기록된다. AE 신호가 AE 측정기기의 검출한계(threshold)를 초과하게 되면 측정기기에서는 자료획득이 시작되는데, 이와 같이 검출한계를 초과하는 AE 신호를 AE 타격음(hit)이라 한다. AE count(ringdown count)는 AE 타격음이 검출한계를 교차한 횟수로 그냥 계수라고도 한다. 일반적으로 큰 타격음들은 작은 타격음들에 비해 검출한계를 교차하는 횟수가 많아지므로, 이러한 AE 계수는 미소파괴음 신호의 세기에 대한 평가기준이 된다. AE energy(PAC 에너지)는 지속시간 동안의 AE hit 파형 포락선 밑의 면적에 해당하는 측정값으로, 검출한계 설정값이나 구동 주파수에는 영향을 적게 받기 때문에 AE 계수보다 더 많이 사용된다. Fig. 5-3과 Fig. 5-4에는 AE 측정장비의 사진과 이에 대한 개략도를 나타내었다.

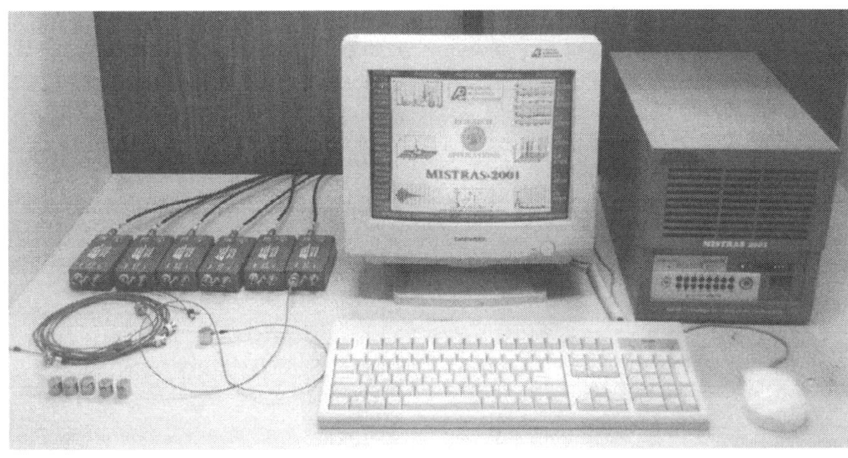

Fig. 5-3. AE 측정장비(MISTRAS 2001 시스템).

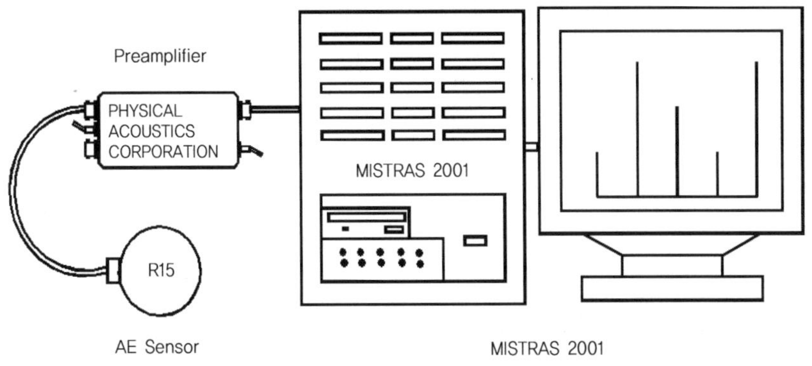

Fig. 5-4. MISTRAS 2001 시스템의 개략도.

Fig. 5-5와 Fig. 5-6에는 AE 및 DRA 시험 시스템의 개략도와 이에 대한 실험장면 사진을 나타내었다. 시험방식은 통상적으로 일축압축시험으로 실시하며, 단순히 AE count와 energy 의 초기 발생 시점의 응력을 통해 초기응력을 추정하는 것도 가능하나, 시험과정에서의 초기

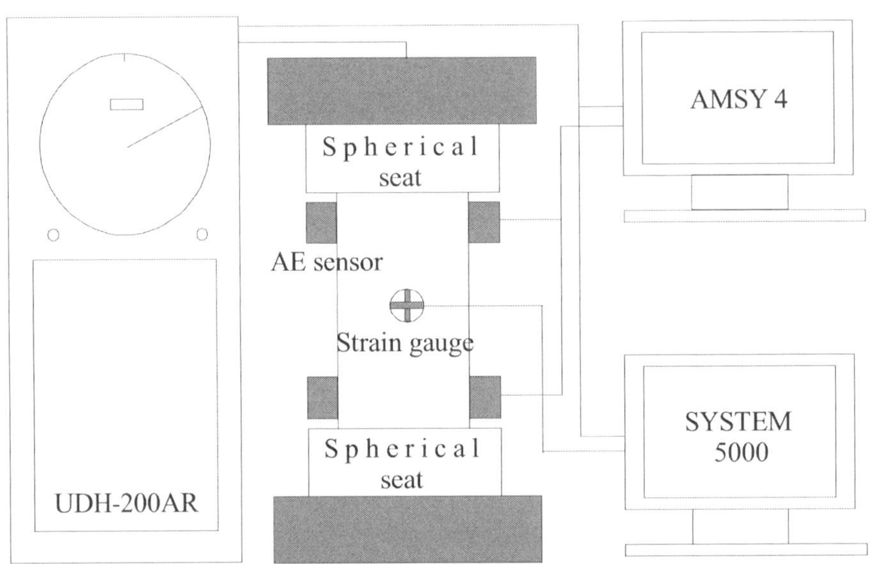

Fig. 5-5. AE 및 DRA 측정 시스템의 개략도.

Fig. 5-6. AE 및 DRA 시험장면.

잡음으로 인해 초기 발생점을 판별하기가 어려운 경우가 많기 때문에 누적곡선에서의 변곡점을 통해 초기응력을 추정한다. Kaiser 효과는 대개 첫 번째 재하에서는 모호한 경우가 많기 때문에 주기적인 재하시험을 통해 2주기 이상에서 구한다. 재하속도는 약 $0.1 \ \mathrm{kg/cm^2/min}$을 제하속도는 $0.5 \ \mathrm{kg/cm^2/min}$을 사용한다. 측정값 편중을 보정하기 위해서 AE 센서 및 스트레인게이지를 각각 2개를 시료 표면에 부착한다.

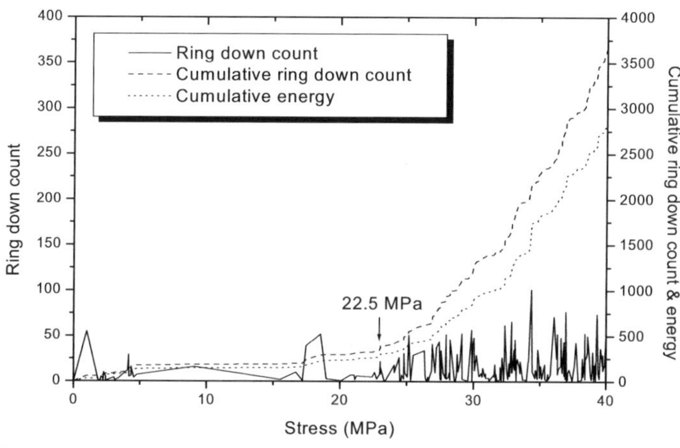

Fig. 5-7. AE 실험의 결과로 화살표로 나타낸 22.5MPa 부근에서 AE의 계수와 에너지가 갑자기 증가하는 양상을 보임.

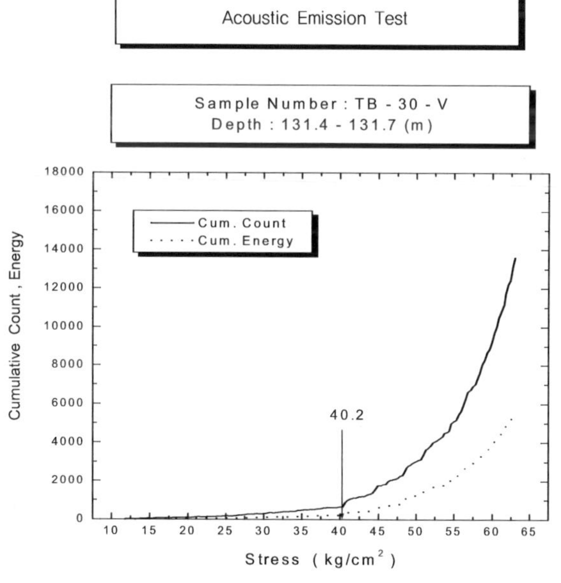

Fig. 5-8. AE 실험의 결과.

5.2.3 AE 실험결과

대표적인 AE 실험결과는 Fig. 5-7과 Fig. 5-8에 제시된 바와 같다.

5.2.4 AE의 문제점

암석과 같은 지질재료들에 대한 Kaiser 효과의 연구는 70년대 말에 보고되기 시작하였다 (Tanimoto 등, 1978). 처음에 지질재료에서의 Kaiser 효과 연구의 동기는 지질응력을 측정하는 것이었다. 그러나 지금까지 이 주제에 대하여 만족할 만한 결과들이 보고되지 못하고 있으며 Kaiser 효과에 의해 측정된 응력이 무엇을 나타내는지에 대해 여러 의견이 있다. 이력학적 최대응력(historical maximum stress) 혹은 지체응력(tectonic stress), 지금 존재하는 응력, 그리고 최대편차응력이라는 의견이 존재한다. 그리고 3차원 현지응력상태가 Kaiser 효과에 의해 측정되었다고 보고된 적은 없으며 Kaiser 효과에 의해 현지응력의 크기와 방향의 3차원적으로 완전히 측정하는 이론 및 기술적 문제들이 지금까지 성공적으로 해결되지 못하고 있는 실정이다.

5.3 DRA(Deformation Rate Analysis)

5.3.1 DRA의 기본 원리

DRA는 Yamamoto(1991)에 의해 제안되었다. DRA는 시추코어를 이용하여 실험실에서 측정할 수 있다는 점에 큰 장점이 있다. Kuwahara *et al*(1990)에 따르면, 보다 큰 비탄성 변형률 속도는 미소균열의 보다 큰 활동을 의미한다. Yamamoto *et al*(1991)은 변형률 차함수(strain difference function)라 불리는 함수를 제안하였으며, 이를 통해 주기재하 하중 하에서의 시료의 변형률 속도의 변화를 추적하였다. 변형률 차함수 $\Delta\varepsilon_{i,j}(\sigma)$는 다음과 같이 정의된다.

$$\Delta\epsilon_{i,j}(\sigma) = \epsilon_j(\sigma) - \epsilon_i(\sigma), \ j > i \tag{5-1}$$

여기서 $\Delta\varepsilon_i(\sigma)$는 i번째 주기에서 작용한 축변형율이다.

위 식은 재하주기별 변형율의 뺄셈을 통해 탄성변형율의 선형과 비선형성분뿐만 아니라 반복재하에서 불변값인 비탄성 변형율 성분까지 제거한다. 따라서 함수는 재하주기별 비탄성변형율의 차만을 나타내게 된다.

단축압축하의 주기재하시험에서, Kaiser 효과에 대응하는 변형율 차함수의 거동은 Kuwahara

(1990)의 모델을 통해 설명된다. 함수는 이전 응력보다 작은 응력이 작용할 때는 거의 응력에 대해 선형적이다. 이에 반해 큰 응력이 작용할 때에는 음수적으로 증가하는 기울기를 가지게 된다. 이전응력은 함수가 음수방향으로 굴곡되는 시점의 응력으로 추정될 수 있다. 이러한 추정은 Yamamoto(1995)에 의해 실험적으로 추정수직응력과 상재하중(overburden)의 비교를 통해 입증이 되었다.

5.3.2 DRA의 메커니즘

응력이력과 Kaiser effect를 설명하기 위해서는 단축 혹은 삼축압축을 받는 시료에 대해서 비탄성 변형률의 두 가지 모드를 가정하는 것이 필요하다. 적용된 축방향 응력과 삼축압축시의 구속압을 τ_1과 τ_3로 표시하자. 그리고 하중 축방향에 따른 초기응력의 수직성분을 τ^0_1으로 표시한다. 비탄성 변형률은 $\tau_1 - \tau_3$의 증가에 따라 증가한다고 알려져 있다. 이 모드의 비탄성 변형률을 여기에서 첫 번째 모드로 부르기로 하자. 응력이력에 대한 실험결과를 통해 적어도 $\tau_1 - \tau^0_1$인 경우, $|\tau_1 - \tau^0_1|$의 증가에 따라 증가하는 비탄성 변형률 모드가 존재한다는 것을 알 수 있다. 이 비탄성 변형률 모드를 두 번째 모드라고 부르기로 한다.

두 번째 모드의 비탄성 변형률을 설명하기 위해서는 응력분포의 비균일성(nonuniformity)은 암반이 위치한 지역에서 최소화된다는 가정이 필요하다. Meglis(1991) 등은 심부에서 얻은

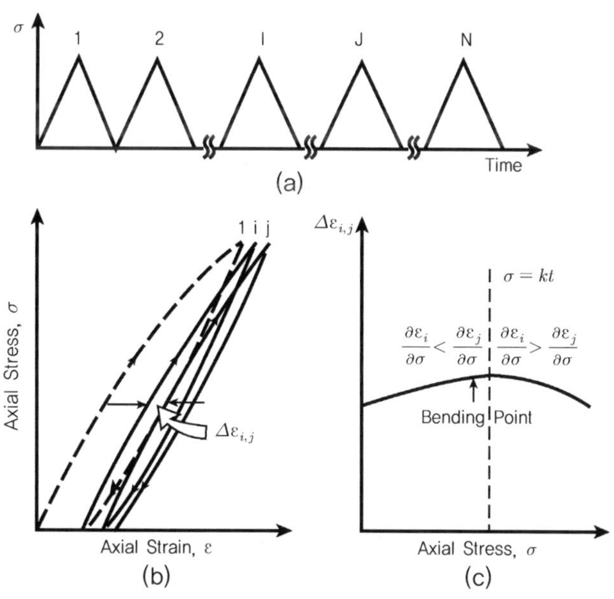

Fig. 5-9. DRA 방법 (a) 재하방법 (b) 변형률 차의 표시 (c) 변곡점의 표시.

암석 시료에 대해서 주위를 둘러싼(ambient) 환경에서 균열 공극(crack porosity)을 조사하였다. 그들은 균열 공극이 샘플링 깊이에 따라 증가한다는 특성을 알아냈다. 그들은 이 특성이 암석을 구성하는 광물의 비균일한 팽창(초기응력을 제거했을 때 발생하는)에 기인한다고 생각했다. 현재의 가정은 균열 공극의 심도 의존성에 대한 그들의 설명과 일치한다. 단축, 삼축, 정수압 상태의 시료에 대한 응력장을 공식으로 표현해 보면 다음과 같다.

공식을 간단히 하기 위해 다음과 같은 가정이 필요하다. a) 암석은 매우 다른 탄성계수를 갖는 광물의 집합체이다. b) 첫 번째 모드와 두 번째 모드의 비탄성 변형률은 서로 독립적이다. c) 초기응력을 받고 있는 암석에서 응력장은 완전히 동일하다. d) 비탄성 변형률은 단지 응력장의 비균일성에 의해서만 발생한다. e) 발생하는 비탄성 변형률의 총 양은 응력 비균일성에 영향을 미치지 않을 정도로 매우 작다.

면 S로 둘러싸인 단위 부피의 암석을 생각해 볼 때, 암석에 좌표(Cartesian coordinate) (x_1, x_2, x_3)를 취하면 '평균응력(τ_{ij}) / 암석의 부피'는 다음과 같이 정의된다.

$$< \tau_{ij} > = \int_V \tau_{ij}(x)dv, \qquad (5-2)$$

여기서 τ_{ij}는 x위치에서 응력의 (x_i, x_j) 성분이고 dv는 부피요소이다. Divergence이론과 극한평형이론을 사용하면 위의 표현은 다음과 같이 다시 쓸 수 있다.

$$< \tau_{ij} > = \frac{1}{2}\int_S (x_i T_j^a + x_j T_i^a)ds - \frac{1}{2}\int_V \{x_j f_i(x) + x_i f_j(x)\}dv, \qquad (5-3)$$

여기서 $T_i^a(x)$와 $f_i(x)$는 경계 S에 작용한 표면 인력과 암석에서 x_i방향으로 작용하는 힘이다. x에서 ds에 수직하는 x_i요소는 $x_i(x)$로 나타내며 작용하는 응력 τ_{ij}^a는 다음과 같이 정의된다.

$$T_i^a(x) = \tau_{ji}^a \gamma_j(x) \qquad (5-4)$$

작용하는 응력 τ_{ij}^a는 거시적으로 면 S(거시적으로 요소(body)는 균일하다고 가정하면)에 작용하는 인력 $T_1^a(x)$에 의해 결정되는 균일응력을 나타낸다. 암석에서의 응력을 다음과 같이 다시 쓰자.

$$\tau_{ij}(x) = \tau_{ij}^*(x) + \tau_{ij}^c(x) \tag{5-5}$$

여기서 $\tau_{ij}^*(x)$는 경계 S에 작용하는 인력 $T_k^a(x)$에 의해 발생하는 응력이며 $\tau_{ij}^c(x)$는 암석에 작용하는 힘 $f_k(x)$에 의해 발생하는 응력이다. 응력 $\tau_{ij}^c(x)$는 표면 인력 $T_k^a(x)$에 독립적인 함수이다. 경계 S에 표면 인력이 작용하지 않을 때는 중력 등에 의해 발생하는 물체력(body force)은 요소(body)에 작용하지 않으며 요소에는 어떤 응력도 작용하지 않는다. 이 결론으로부터 $< \tau_{ij}^c >$는 다음과 같이 쓸 수 있다.

$$< \tau_{ij} > = -\frac{1}{2} \int_V \{x_j f_i(x) + x_i f_j(x)\} dv = 0 \tag{5-6}$$

간단히 하기 위해 τ_i는 다음과 같이 정의된다. $\tau_i \equiv \tau_{11}$, $\cdots$, $\tau_4 \equiv \tau_{23}$, $\cdots$. 응력장의 비균일성은 암석을 구성하는 광물의 탄성상수들의 다양성에 기인한다고 가정된다. 선형탄성이론이 적용된다면 $\tau_i^*(x)$는 다음과 같이 쓸 수 있다.

$$\tau_i^*(x) = b_{ij}(x)\tau_j^a \tag{5-7}$$

여기서 $< b_{ij} > = \delta_{ij}$, δ_{ij}는 Kronecker's delta이다.

초기응력 τ_i^0가 경계 S에 작용하거나 $\tau_i^a = \tau_i^0$이면 암석의 응력장은 이전에 가정했던 것처럼 완전히 균일하다. $\tau_i^c(x)$는 다음과 같이 쓸 수 있다.

$$\tau_i^c(x) = -b_{ij}(x)\tau_j^0 + \tau_i^0 \tag{5-8}$$

따라서 응력장 $\tau_i(x)$는 응력 τ_j^a가 작용하는 암석에 대해서 다음과 같이 표현된다.

$$\tau_i(x) = b_{ij}(x)(\tau_j^a - \tau_j^0) + \tau_i^0 \tag{5-9}$$

응력 $\tau_i^c(x)$는 전체 응력장을 균일하게 만드는 지역 응력 분포를 의미한다. 응력은 내부 힘

$f_i(x)$에 의해 발생한다. 전위(dislocation) 운동이나 구성광물의 형태의 변화에 의한 화학적 반응에 의해서 이 힘을 해석할 수 있다. 응력 비균일성은 평균으로부터 벗어난 응력의 공간적 분포를 의미한다. 응력편차(stress deviation) $\delta\tau_i(x)$는 다음과 같이 쓸 수 있다.

$$
\begin{aligned}
\delta\tau_i(x) &= \tau_i(x) - \tau_i^a \\
a_{ij}(x) &\equiv b_{ij}(x) - \delta_{ij} \\
\delta\tau_i(x) &= a_{ij}(x)(\tau_j^a - \tau_j^0)
\end{aligned}
\tag{5-10}
$$

$<a_{i\,j}(x)>=0$은 $<\delta\tau_i(x)\geqq 0$으로부터 얻을 수 있다. $a_{i\,j}(x)$는 응력편차의 x_i 요소에 작용하는 응력의 x_j 요소의 변화에 대한 영향을 나타내는 계수이다. 비탄성 변형률은 $\delta\tau_i(x)$의 절대값의 증가에 따라 증가할 것이다. 그러므로 압축하중을 받는 암석 시료의 비탄성 거동에 대해서 비균일성의 정도 I_i는 다음과 같이 정의 된다.

$$
I_i = \int_V [\delta\tau_i(x)]^2 dv
\tag{5-11}
$$

$$
= A_{ijk}(\tau_j^a - \tau_j^0)(\tau_k^a - \tau_k^0)
$$

$$
A_{ijk} = \int_V a_{ij}(x)a_{ik}(x)dv
\tag{5-12}
$$

영향 계수 $a_{i\,j}(x)$은 물리적 특성의 불균질성(heterogeneity)과 암석을 구성하는 광물의 입자 형태의 비규칙성(irregularity)에 기인한다. $a_{i\,j}(x)$는 정확하고 완전하게 정의될 수 없지만 일반적으로 다음과 같은 관계가 있다.

$$
A_{ijj} > 0 \, \text{and} \, A_{ijj} > A_{ijk} \quad \text{for} \, j \neq k
\tag{5-13}
$$

입자 형태의 비규칙성을 고려하면 다음과 같이 가정할 수 있다.

$$
A_{ijj} \gg A_{ijk} \quad \text{for} \, j \neq k
\tag{5-14}
$$

$$
I_i = A_{ijj}(\tau_j^a - \tau_j^0)^2
\tag{5-15}
$$

단축 혹은 삼축압축 하중을 받는 시료의 응력장은 다음과 같이 가정함으로서 얻을 수 있다.

$$\tau_1^a > \tau_2^a = \tau_3^a = \tau_c \quad \text{and} \quad \tau_4^a = \tau_5^a = \tau_6^a = 0 \tag{5-16}$$

$\tau_c = 0$는 단축압축 상태를 의미한다. 응력 비균일성의 정도는 다음과 같이 나타낼 수 있다.

$$I_i = A_{i11}(\tau_1^a - \tau_1^0)^2 + c_i \tag{5-17}$$

$$c_i = A_{ijj}(\tau^c - \tau_j^0)^2 \quad \text{for } j \neq 1 \tag{5-18}$$

c_i는 τ_1^a에 독립적인 상수이다. 식 (5-17)과 같이 I_i는 임의의 수 i에 대해서 $\tau_1^a = \tau_1^0$인 곳에서의 최대값이다. 시료에서 응력분포는 응력 요소에 이상적으로 작용하는 요소에 대해서뿐 아니라 모든 응력 요소에 대해서도 가장 균일하다. I_i 에 기인하는 비탄성 변형률에 대해서는 I_i와 비탄성 변형률의 관계를 알아야 한다. 다음과 같이 간단한 관계 즉 시료의 비탄성 변형률이 I_i의 증가에 따라 증가하고 증가율은 큰 I_i에 대해서 크다는 것을 가정하자. 시료는 탄성적으로 예상했던 것보다 큰 변형을 할 수 있다. 암석을 지하에서 지표로 가져오면 τ_1^a와 같은 τ_1^a이 하중 축과 같은 방향의 암석으로부터 제거된다. 하중 제거시 약간의 미세균열이 발생할 것으로 추정된다. τ_1^a이 대기압으로부터 증가할 때 비탄성 변형률은 τ_1^a이 τ_1^a이 될 때까지 τ_1^a에 선형적일 것으로 추정된다. 이것은 이전에 존재하던 미소균열이 비탄성 변형률 거동을 tat_1^a까지 선형적으로 만들기 때문이다(Kuwahara et al., 1990). 초기응력이 단축 압축하의 시료 강도를 초과하는 경우에는 식 (5-17)로 표현된 비균일성의 정도는 삼축 압축하의 DRA에 의해서 초기응력을 추정할 수 있음을 의미한다.

요약하면, 암석 내의 응력분포의 비균일성은 현지응력 상태하에서 가장 최소화된다는 가정, 그리고 응력 비균일성의 증가에 따라 비탄성변형율과 그 변형율 속도는 증가한다는 가정에서 이러한 DRA를 통한 현지응력추정의 타당성이 입증될 수 있다는 것이다. 이러한 가정의 물리적인 바탕은 다음과 같다. 암석은 각자 다른 탄성상수를 가지는 광물의 집합체로, 각 광물입자들은 시간에 따라 거의 일정하게 작용하였던 현지응력하에서 좀 더 균일한 응력분포를 지니도록 모양을 변화하였을 것이다. 이러한 모양의 변화는 전위운동과 화학적반응을 통해 점진적으로 이루어졌다고 생각되어진다.

5.3.3 DRA 실험장비와 실험방법

　　DRA의 측정장비는 실험실 일축압축실험 장비와 크게 다르지 않다. NX 크기의 암석코어에 스트레인게이지와 하중을 측정할 수 있는 장비만 있으면 되기 때문에 통상적으로 AE 실험과 함께 수행된다. 주기적인 가압과 감압을 통하여 변형률 차함수(differential strain curve)를 구한다. 재하속도는 약 $0.1kg/cm^2/min$, 제하속도는 $0.5kg/cm^2/min$을 사용한다. 암석 코어는 상부와 하부를 정확하게 구분 지은 후 실험할 때, 수직방향과 수평방향을 각각 달리하여 주기적인 하중을 가한다. 총 5회의 가압과 감압을 통해 변형률 차함수를 구하게 되며, 이때 구해지는 변형률 차함수는 총 10개가 된다. 이중 가장 뚜렷한 변곡점을 나타내는 차함수를 결과로 채택하게 된다.

5.3.4 DRA 실험결과

　　대표적인 DRA 실험결과를 Fig. 5-10과 Fig. 5-11에 나타내었다. Fig. 5-11(a)에는 수직방향의 현지응력의 크기를, Fig. 5-11(b)에는 수평방향의 현지응력의 크기를 나타내었다.

　　AE 및 DRA를 이용하여 구해지는 값은 암석이 이전에 최대로 받았던 응력을 나타낸다. 이 경우, 지질구조의 조구운동으로 인한 지체력(tectonic force)이나 지표침식 등의 영향 등의 변수가 있기 때문에 단순히 심도와 상재암의 밀도를 통한 추정현지응력과 AE 법을 통한 추정 현지응력은 차이가 있을 수 있다. 또한, 국부적인 점에서의 AE, 변형율을 이용하기 때문에 AE와 DRA법상에서도 서로 차이가 발생할 수 있다. 한편, 수평응력의 추정시, 코아 상태의

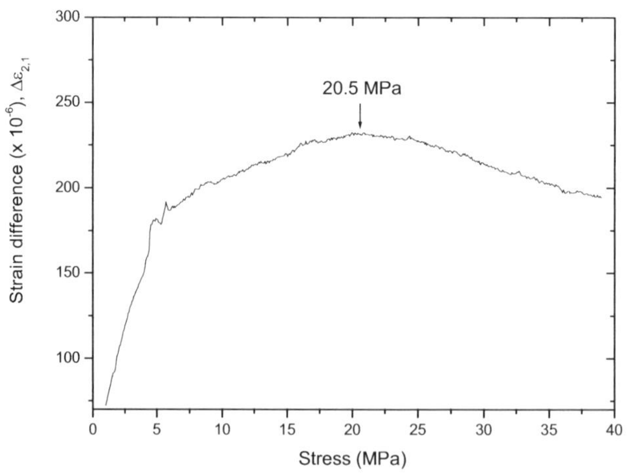

Fig. 5-10. 대표적인 DRA 실험결과(1).

시료를 통해서 최대수평주응력 방향과 최소수평주응력 방향을 판별할 수 없기 때문에 시험시 임의의 수평방향으로 실험이 수행된다. 따라서 AE 시험을 통해서 예측되는 수평현지응력은 실제 암반이 받고 있는 최대, 최소 수평주응력 사이에 존재할 것으로 판단된다.

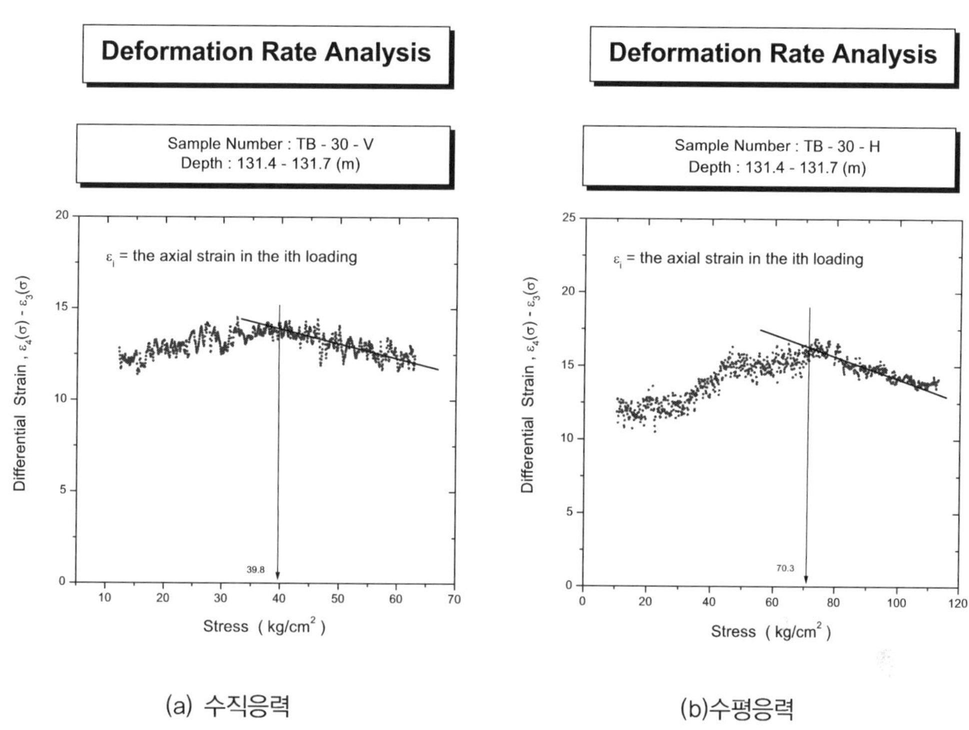

(a) 수직응력   (b)수평응력

Fig. 5-11. 대표적인 DRA의 실험결과(1).

5.4 DSCA(Differential Strain Curve Analysis)

5.4.1 DSCA의 원리

암석 시편에 재가압을 통해서 시편의 변형률 거동을 조사하면 그 시편이 이전에 받고 있던 응력 이력을 알아낼 수 있다는 가정으로 개발된 방법으로 경사시추를 통해 얻어진 암석 시편을 얻은 후 미소균열이 성장하게 놔두면 미소균열은 시편이 이전에 받고 있던 응력방향으로 성장하게 된다. 이러한 시편을 정수압 상태의 용기에 넣고 정수압을 증가시켜 주면 시료의 팽창했던 부분이 거꾸로 줄어들게 되며 시편에 스트레인 게이지를 설치하여 각 방향의 변형률을 측정하고 여기에 전체 시편의 평균 변형률을 빼주면 미소균열이 닫히면서 발생하는 변형률

을 측정할 수 있다. 암석 시편이 있던 현지 상태의 응력방향과 암석 시편의 미소균열이 닫히는
방향이 동일하다고 가정하면 미소균열이 닫히면서 발생하는 3개의 주변형률 방향과 그 크기의
비가 현지응력 상태에서 3개의 주응력의 방향과 크기비와 동일하게 된다.

Walsh(1965)는 압력 p가 가해지는 상태에서 시편의 부피변화량 $\Delta V/V$를 다음과 같이 나
타내었다.

$$\frac{\Delta V}{V} = \beta p + \eta(p) \tag{5-19}$$

여기서 p는 가해진 압력, $\beta = \dfrac{3(1-2v)}{E}$, 그리고 $\eta(p)$는 미소균열의 공극이다. Fig.
5-12에 이 식에 대한 그림을 나타내었다.

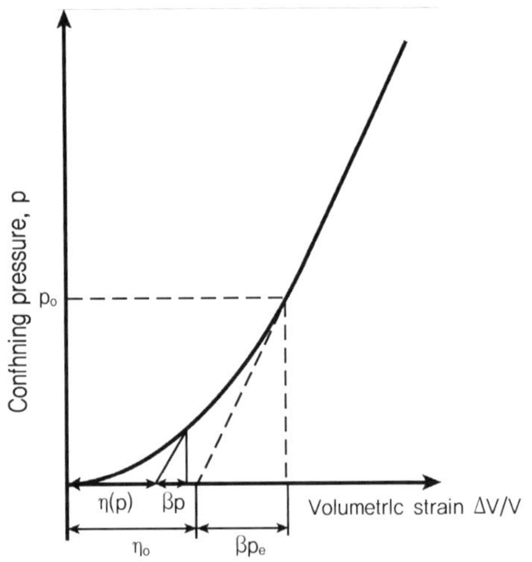

Fig. 5-12. 부피변화에 대한 압력의 그래프로 η_0는 압력이 0일 때 미소균열의 부피로 이러한 미소균열은
압력이 p_c에 도달하게 되면 완전히 닫히게 된다.

Strickland & Ren(1980)은 이러한 DSCA 자료에 대한 해석법을 제시하였는데 총 9 – 12개
의 스트레인 게이지를 이용하여 정수압 상태에서 측정한 압력 대 축방향 변형률을 나타낸 곡
선에서 β_i를 i번째 스트레인 게이지 방향의 압축률(compressibility)라 하면 미소균열의 부피
는 다음과 같이 된다.

$$\eta_i(p) = \epsilon_i(p) - \beta_i p \tag{5-20}$$

이 식은 β_i가 기울기인 압력 대 변형률의 그래프에서 압력이 0일 때의 x축 절편이다. 이러한 방법으로 모든 방향에 대한 이차원 균열 변형률 텐서의 형태로 $\eta_{ij}(p)$를 구할 수 있다. 이 이차원 텐서는 다음과 같이 응력비와 비례한다.

$$\frac{\eta_{p1}}{\eta_{p3}} \sim \frac{\sigma_1}{\sigma_3}, \; \frac{\eta_{p2}}{\eta_{p3}} \sim \frac{\sigma_2}{\sigma_3} \tag{5-21}$$

Ren & Roegiers(1983)은 다음과 같은 정량적인 식을 제시하였다.

$$\frac{\sigma_1}{\sigma_3} = \frac{\eta_{p1}(1-\nu) + \nu(\eta_{p2} + \eta_{p3})}{\eta_{p3}(1-\nu) + \nu(\eta_{p1} + \eta_{p2})} \tag{5-22}$$

$$\frac{\sigma_2}{\sigma_3} = \frac{\eta_{p2}(1-\nu) + \nu(\eta_{p1} + \eta_{p3})}{\eta_{p3}(1-\nu) + \nu(\eta_{p1} + \eta_{p2})} \tag{5-23}$$

5.4.2 DSCA 실험방법

1) 방향성 시추를 한 코어의 중앙에서 정육각형의 시료를 만든다.

2) 완전 건조를 시킨 후에 Fig. 5-13에서와 같이 스트레인 게이지를 부착한다.

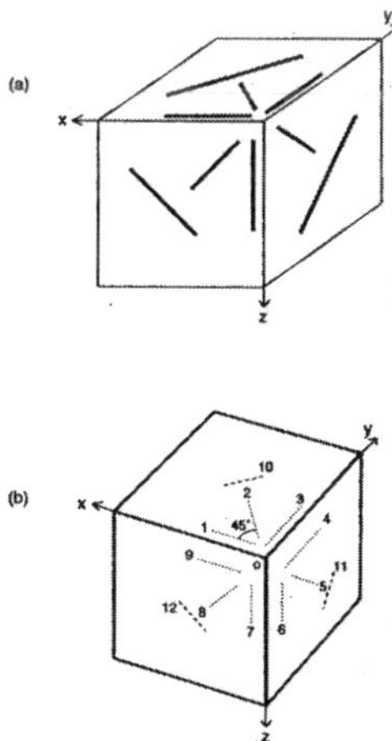

Fig. 5-13. DSCA에서의 9개, 12개의 스트레인 게이지를 부착한 모습.

3) 압력 베슬에 넣고 정수압(< 200 MPa)을 빠른 속도로 가해준다.

4) 신호를 모니터링한다.

5) 자료를 해석한다.

5.4.3 DSCA 실험결과

DSCA를 이용하여 주변형률 대 압력의 그래프를 Fig. 5-14에 도시하였다. 이를 바탕으로
현지의 3가지 주응력 방향을 구한 결과는 Fig. 5-15와 같다.

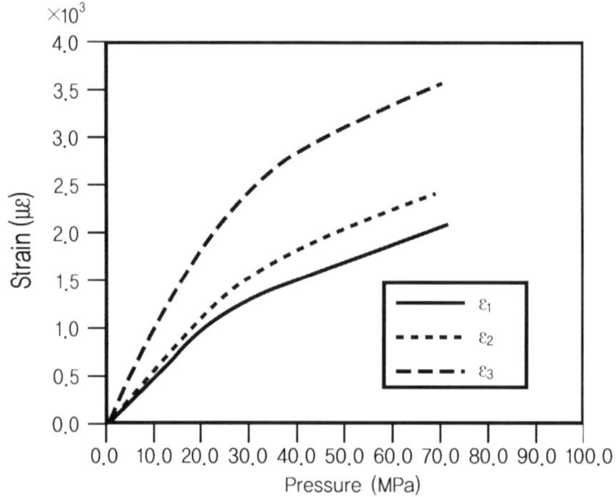

Fig. 5-14. DSCA에서의 주변형률 대 압력의 그래프(After Thiercelin et al., 1986).

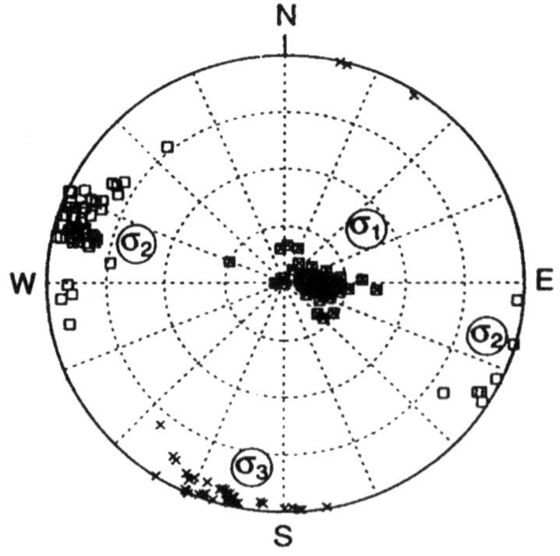

Fig. 5-15. DSCA에서 구한 3개의 주응력 방향(After Thiercelin et al., 1986).

5.5 여러 현지응력 측정 방법들로 측정한 결과의 상호 비교

AE와 DRA, 그리고 수압파쇄법을 이용하여 실제 현장에서 측정한 값을 비교하기 위해 두 터널현장에서 측정한 자료를 사용하였다. 대상지역 A는 심도 120.4m∼172.6m 구간이고 암종은 천매암(phyllite)이었으며, 대상지역 B는 심도 105.7m∼124.7m 구간이고 암종은 화강암이었다. AE와 DRA, 그리고 수압파쇄법으로 측정된 현지응력의 크기는 대체로 유사하였으며, 이에 대한 결과를 Fig. 5-16와 Fig. 5-17에 나타내었다.

AE와 수압파쇄법에 의해 구해진 현지응력의 차이는 A지역에서는 8% 이내, 그리고 B지역에는 17% 이내였다. AE, DRA, 그리고 수압파쇄법에 의해 구해진 K값(수평응력/수직응력)은 1.3에서 2.5의 범위에 존재하였다.

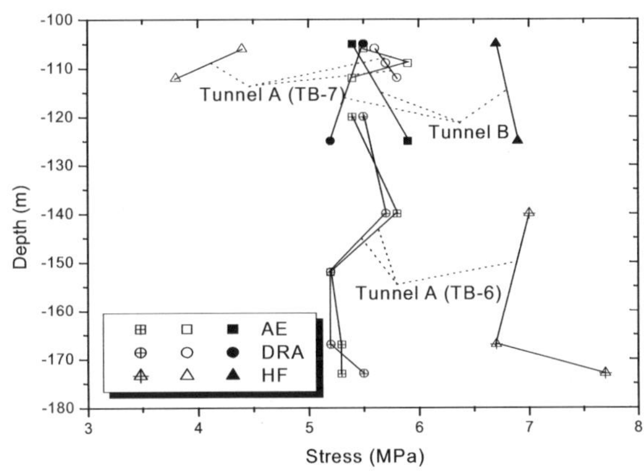

Fig. 5-16. 심도에 따라 AE, DRA, 그리고 수압파쇄법으로 측정한 현지응력의 크기.

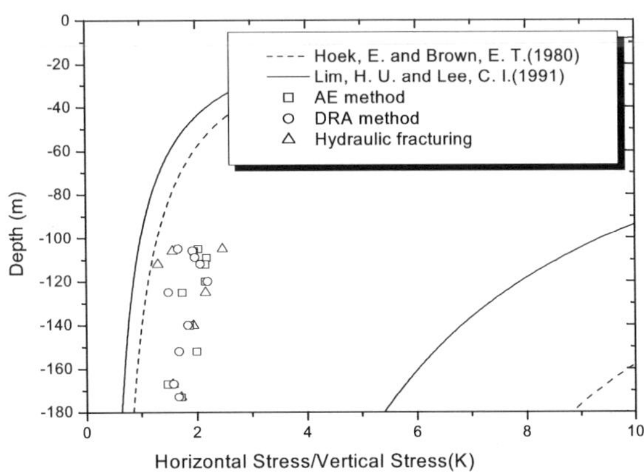

Fig. 5-17. 심도에 따라 표시한 K값(수평응력/수직응력).

06 암반응력의 수치해석 모델링 기법

▎신 휴 성

6.1 서 론

예전에는 지하 암반 공동의 활용면적도 좁고 단순하며, 그 활용 목적도 상당히 제한되어 있었다. 그러나 최근에는 고속전철터널, 지하 석유 및 가스 비축 시설, 지하 양수발전소, 방사성 폐기물 처분장 등의 지하공동 활용이 매우 다양화 및 대형화되고 있다. 이와 같은 지하공동 구조물을 안전하고 경제적 및 합리적으로 구축하기 위해서는 대상 암반에 대한 물리적 및 역학적 특성을 높게 파악할 필요가 있으며, 그중에서도 특히 암반의 초기응력(측압계수)을 파악하는 것이 암반 구조물의 안정성 검토에 필수적 요소라고 할 수 있다.

이러한 현장의 초기응력 및 측압계수는 다양한 현장 및 실험실 조사법을 통하여 측정될 수 있지만 다양하고 복잡한 지형 및 지질적 특성과 제한된 현장조사 여건을 감안할 때, 지하구조물 설계시에 합리적으로 고려하기는 쉽지 않은 일이다. 또한, 지하구조물 설계시에 초기응력의 결정은 수치해석 결과에 가장 민감하게 작용하는 초기 입력자료 중의 하나로서 기본적인 초기응력의 수치해석 모델링 개념 및 발생방법을 충분히 숙지하고 수치해석에 반영하여야 할 것이다.

일반적으로 설계 및 시공 검토시 측압계수는 토사층에서 자중에 의해 유도되는 수평응력을 그대로 사용하는 경우가 많으며, 풍화암에서는 약 0.5, 연암에서는 약 0.7, 경암에서는 1.0 정도의 값을 사용하고 있다. 그러나 이러한 값은 가정일 뿐이며, 현장에서의 실험을 통한 초기응력은 다양한 차이를 보인다. 그러므로 초기응력(측압계수)의 결정을 위한 지중응력은 심도와 암종, 암질, 주변 지형 등의 지반조건에 따라 변화하므로 지반거동 해석시 중요한 요인으로 작용한다. 따라서 정확한 초기응력(측압계수)의 결정을 위해서는 측압계수에 영향을 주는 요소들을 다양하게 고려하여야 한다. 일반적으로, 수치해석상에서 특별한 외력이 작용하지 않는다면 굴착에 의해 얻어지는 지하구조물의 변위분포는 굴착 전 암반 내에 분포되어 있는 응력상태에 지배된다. 따라서 암반구조물의 수치해석을 위해서 사전에 준비되어야 하는 응력분포 상태는 수치해석결과의 질을 좌우하는 중요한 정보이다.

따라서 본 논문에서는 수치 모델링에 초점을 맞추어 기본적인 수치해석상에서 초기응력을 합리적으로 발생하는 방법을 제공하고, 지질학적 지질구조학적 특성이 초기응력에 어떠한 메커니즘으로 영향을 미치며 수치해석상에 합리적으로 고려될 수 있는지에 대한 기본 개념을 제공한다. 또한, 이를 기반으로 다양한 터널모델을 설정하고 초기응력 분포특성이 터널거동에 어떠한 영향을 미치는지에 대하여 고찰하여 보았다.

6.2 초기응력의 발생

초기응력 분포는 현재 암반 상부의 자중 이외에도 침식, 풍화, 퇴적현상과 같은 암반의 지질학적 변화이력 및 습곡, 절리, 단층활동과 같은 지질구조 변화 이력에도 큰 영향을 미치며 절리 등과 같은 불연속대는 이방향 초기응력 분포를 야기하기도 한다. 이러한 초기응력 분포에 영향을 미치는 인자들과 이들을 합리적으로 수치해석에 고려하기 위한 방안들은 다음절에서 자세히 논하기로 하고, 본 절에서는 수치해석 상에서 수행되는 일반적인 초기응력 발생방법과 합리적인 초기응력의 초기화 방법을 논한다.

수치해석상의 초기응력은 일반적으로 2단계를 통하여 발생한다. 첫 번째 단계에서는 현장응력상태를 합리적으로 모사키 위한 정보를 제공하는 단계이고 두 번째 단계는 인위적으로 계산된 초기응력을 기반으로 지표의 지질구조 고려나 이전의 굴착이력, 추가 외력 등을 바탕으로 수행되는 초기응력의 초기화 과정이다.

첫 번째 단계는 인위적으로 초기응력을 결정하는 방법이다. 토피고와 각 지층의 두께, 단위중량 등을 이용하여 수직응력을 계산하고 잘 알려진 측압계수 K_0을 이용해 수평응력을 결정한다. 이때 현장여건을 고려해 다양한 K_0값을 고려할 수 있으나, 측압계수는 암반의 지질학적 및 지질구조적 변화 이력 등과 같은 다양한 요인들에 따라 크게 영향을 미치므로, 현장 암반조건을 고려해 합리적으로 측압계수를 결정하는 것이 매우 중요하다. 이에 대해서는 다음절에서 자세히 고찰된다. 본 단계에서는 항상 직수직, 직수평 응력값으로만 주어지게 되므로 경사진 지표조건이나 기타 지층경계면의 영향 등을 정확히 고려하기는 곤란하다.

두 번째 단계에서는 첫 번째 단계에서 계산된 수직, 수평응력을 가지고 초기화를 위한 수치해석을 수행한다. 이러한 초기화 단계는 첫 번째 단계에서 고려치 못한 경사진 지표나 지층경계면의 고려해 초기응력을 보정할 수 있을 뿐만 아니라, 다음절에서도 언급될 침식이나 퇴적작용에 의해 생성된 암반체의 측압계수 보정에도 활용될 수 있다. 또한, 기 설치되어 있는 지상건물의 자중이나 기 건설되어 있는 인접터널의 영향을 본 단계에서 고려할 수 있다. 이러한 초기화 단계는 일반적인 수치해석 과정에서는 간과되고 있는 것이 현실이나, 복잡한 지표형상이나 지층구조를 갖는 모델에서는 수치해석결과에 매우 민감하게 작용될 수 있다. 그림 6-1은 급경사 산악지형 하에 건설되는 지하구조물의 해석시, 상기에서 언급된 1, 2단계 과정

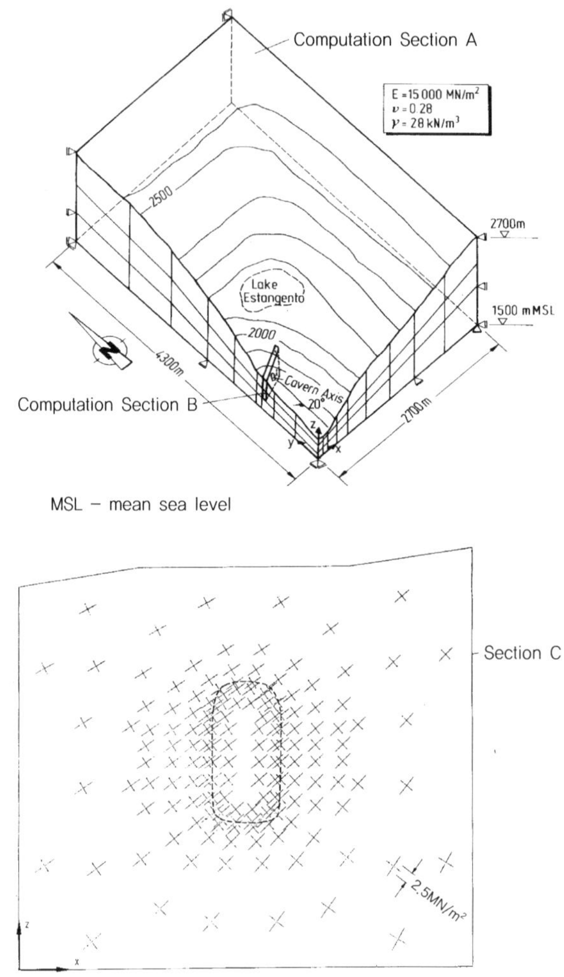

그림 6-1. 급경사 산악지형하의 굴착 전 지하구조물 주변 초기응력 발생 결과(after Wittke, 1990).

을 통해 발생된 초기응력 분포상태를 보여준다.

6.3 측압계수 이론적 예측기법

6.3.1 이론적 예측기법

암반의 초기응력은 암반 상부의 자중, 지형적 굴곡, 선행하중 그리고 구조적 특성 등의 영향에 의해 결정된다. 암반 상부의 지형이 평탄하고 암반이 등방탄성체이며 불연속면이 없다고 가정하면 연직응력은 식 (6-1)과 같이 단위중량에 심도를 곱한 값으로 표현할 수 있으며, 수평응력은 식 (6-2)와 같이 나타난다.

$$\sigma_v = \gamma H \tag{6-1}$$

$$\sigma_h = \left(\frac{\nu}{1-\nu}\right)\gamma H = \left(\frac{\nu}{1-\nu}\right)\sigma_v \tag{6-2}$$

여기서 ν 는 포아송비(Poisson's ratio), γ 는 암반의 평균 단위중량 그리고 H 는 지표로부터의 심도이다.

대부분 암석의 포아송비는 0.2~0.33이므로, 연직응력에 대한 수평응력의 비(측압계수로 표현)는 식 (6-2)에서와 같이 0.25~0.5로 나타난다. 그러나 현장 측정값을 살펴보면 경암에서는 약 0.5~0.8 정도, 연암에서는 0.8~1.0 정도로 나타나며, 1.0 이상의 경우도 비교적 많이 보고되고 있다.

가. 침식 및 퇴적의 영향

그림 6-2는 침식 및 퇴적의 경우 지반에 작용하는 응력변화를 도시한 것이다. 그림 6-2(a)와 같이 침식에 의해 연직응력은 감소하지만 수평응력은 연직응력보다 작게 감소하므로 천부암반에서 측압계수는 증가한다. 이와 반대로 그림 26-(c)와 같이 퇴적의 경우에는 수평응력의 증가에 비하여 연직응력의 증가가 더 크므로 천부암반의 측압계수는 감소한다.

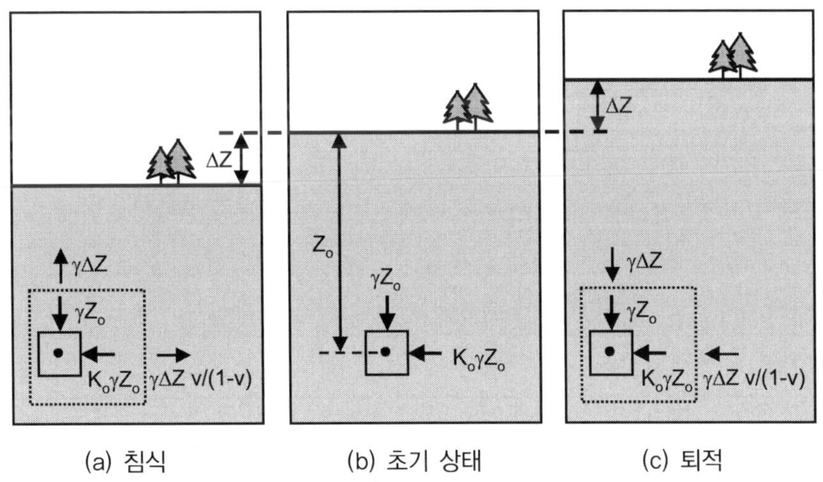

그림 6-2. 침식과 퇴적이 지중 응력에 미치는 영향

상기의 그림과 같이 침식과 퇴적시의 응력변화는 수평방향의 변형률이 0인 경계조건과 탄

성체를 가정하여 결정할 수 있다. Goodman(1989)은 초기심도가 Z_o, 침식심도가 $\triangle Z$일 때, 침식에 의한 수평응력과 연직응력의 변화를 다음과 같이 계산하였다.

$$\sigma_h = K_o \gamma Z_o - \gamma \triangle Z \left(\frac{\nu}{1-\nu} \right) \qquad (6\text{-}3)$$

$$\sigma_v = \gamma Z_o - \gamma \triangle Z$$

여기서 K_o 는 초기 측압계수는 ν 는 포아송비이다. 침식의 경우 심도 Z는 $Z_o - \triangle Z$가 되어 수평응력과 연직응력의 비인 측압계수는 다음과 같이 계산된다.

$$K = K_o + \left[\left(K_o - \frac{\nu}{1-\nu} \right) \triangle Z \right] \frac{1}{Z} \qquad (6\text{-}4)$$

위의 식에서 포아송비, 초기 측압계수, 그리고 침식 심도가 증가할수록 측압계수는 증가한다. 한편 퇴적의 경우, 지중 응력변화는 그림 6-2(c)와 같고 침식작용과는 반대로 퇴적시 상재하중의 증가로 인해 퇴적 후의 심도 Z는 $Z_o + \triangle Z$가 되어 측압계수는 다음의 식으로 표현된다.

$$K = K_o - \left[\left(K_o - \frac{\nu}{1-\nu} \right) \triangle Z \right] \frac{1}{Z} \qquad (6\text{-}5)$$

나. 풍화 및 횡압력의 영향

지각운동의 근원으로는 대륙판 및 해양판의 이동, 마그마 관입이나 화산활동 등을 들 수 있다. 이러한 지각운동은 지반에 횡압력을 증가시키고 응력상태가 낮은 지표 부근의 지반을 파쇄하여 단층, 절리, 전단파쇄대 등을 발생시킨다. 이들 불연속면의 생성은 암반의 풍화작용을 촉진시킴으로서 암석의 결합강도(bonding strength)를 저하시키고 궁극적으로 암반의 응력 유지기능을 상실케 한다.

Timoshenko&Goodier(1982)에 의한 탄성이론에서 응력해를 구하는 2차원 문제를 풀기 위해서는 평형 미분방정식의 해를 구해야 하고 그 해는 주어진 경계조건을 만족해야 한다. 일반적인 힘 평형방정식에서 물체력(body force) Y만이 작용하는 경우에 평형 미분방정식은 다음과 같다.

$$\frac{\partial \sigma_x}{\partial x} + \frac{\partial \tau_{xy}}{\partial y} = 0 \tag{6-6}$$

$$\frac{\partial \sigma_y}{\partial y} + \frac{\partial \tau_{xy}}{\partial x} + Y = 0$$

상기의 응력 요소를 구하기 위하여 탄성변형을 고려하여야 하고 이는 세 변형률 요소로 표현되는 적합방정식으로 나타낼 수 있다. 이 적합방정식은 평면변형률 조건에서 Hooke의 법칙에 의한 변형률과 응력의 관계로 표현되며 물체력이 물체의 자중에 의해서만 발생할 때 다음과 같은 응력 요소들의 관계로 표현할 수 있다.

$$\left(\frac{\partial^2}{\partial x^2} + \frac{\partial^2}{\partial y^2} \right)(\sigma_x + \sigma_y) = - \frac{1}{1-\nu}\left(\frac{\partial Y}{\partial y} \right) \tag{6-7}$$

이러한 2차원 문제의 해는 물체력이 없거나 상수일 때 미분 방정식의 합으로 나타낼 수 있다. 방정식의 해는 2차 Airy응력함수 ϕ를 도입하여 풀 수 있는데, 물체력 Y가 ρg일 때 다음과 같은 세 가지 응력 요소로 표현된다.

$$\sigma_x = \frac{\partial^2 \phi}{\partial y^2} - \rho g y, \quad \sigma_y = \frac{\partial^2 \phi}{\partial x^2} - \rho g y, \quad \tau_{xy} = - \frac{\partial^2 \phi}{\partial x \partial y} \tag{6-8}$$

여기서 ρ는 물체의 밀도, g는 중력 가속도이다. 해석모델의 경계에 수직 방향의 압축력과 전단력이 작용하지 않고 수평의 압축력(c)이 작용한다고 할 때 수평방향 및 수직방향의 응력은 식 (6-9)과 같다. 이러한 탄성모델에 등분포 하중이나 선형 증가하중이 작용할 때 탄성 이론식에 의한 수평응력과 연직응력은 일정한 기울기(ρg)를 가지고 심도에 따라 증가한다(단, 압축응력은 (−), 인장응력은 (+)이다.).

$$(\sigma_x)^e = - c - \rho g y, \quad (\sigma_y)^e = - \rho g y \tag{6-9}$$

지중의 암반은 삼축압축상태로 존재하는데, 지표면에 근접할수록 연직응력으로 생각되는 봉압이 감소하므로 최대하중 이후의 변형은 변형률 연화(strain softening)에 가까워지고 파괴 후 응력 전달의 기준이 되는 잔류응력도 감소한다. 또한 지표면에 근접할수록 풍화의 정도가 심해져서 암반 내의 불연속면이 증가하는데, 이는 봉압의 감소와 더불어 암반의 강도를 저하시키는 요인이 된다. 소성이론은 이러한 일련의 작용에 의해 지중 응력의 전달 및 유지기능이 상실되었다고 가정할 때, 파괴기준을 적용하여 유도할 수 있다. 먼저, Mohr- Coulomb 파괴기준에서 수평방향의 응력이 최대 주응력일 때 소성영역에서의 파괴기준식은 다음과 같다(Hoek 등, 1995).

$$(\sigma_x')^p = (\sigma_c)_r + k_r(\sigma_y')^p \tag{6-10}$$

여기서 $(\sigma_c)_r$ 은 소성 암반의 일축압축강도, k_r 은 소성암반에서 최대, 최소 주응력의 기울기, $(\sigma_x')^p$, $(\sigma_y')^p$ 는 소성범위 내의 x 및 y 방향의 응력이다. 이때 $(\sigma_c)_r$ 과 k_r 은 다음과 같다.

$$(\sigma_c)_r = \frac{2c_r'\cos\phi_r'}{1-\sin\phi_r'}, \qquad k_r = \frac{1+\sin\phi_r'}{1-\sin\phi_r'} \tag{6-11}$$

여기서 c_r' 는 소성암반의 점착력, ϕ_r' 는 소성암반의 내부마찰각이다. 계측자료와 유한요소해석에서 검증된 바와 같이 탄성영역과 소성영역의 경계면에서 연직응력이 동일하다고 가정할 때 소성영역에서의 수평응력과 연직응력은 다음과 같다.

$$(\sigma_x')^p = (\sigma_c)_r + k_r\rho gy, \qquad (\sigma_y')^e = \rho gy \tag{6-12}$$

일반적으로 완전히 풍화가 진행되어 생성되는 토사의 측압계수는 1보다 작으므로 상기의 식들은 토사의 측압계수를 결정할 때 사용할 수 없고 Jaky, Brooker & Ireland가 제시한 다음의 식에서 유효 내부마찰각(ϕ')를 이용하여 구할 수 있다(Das, 1990).

$$K = 1 - \sin\phi' \tag{6-13}$$

$$K = 0.95 - \sin\phi' \tag{6-14}$$

다. 이방성의 영향

Wittke(1990)는 지표면이 수평인 반무한 탄성암반에서 사하중(dead weight)를 고려하기 위해서 z축이 심도이고 y축과 x축은 등방성 평면의 주향에 각각 평행, 수직한 모델을 선정하

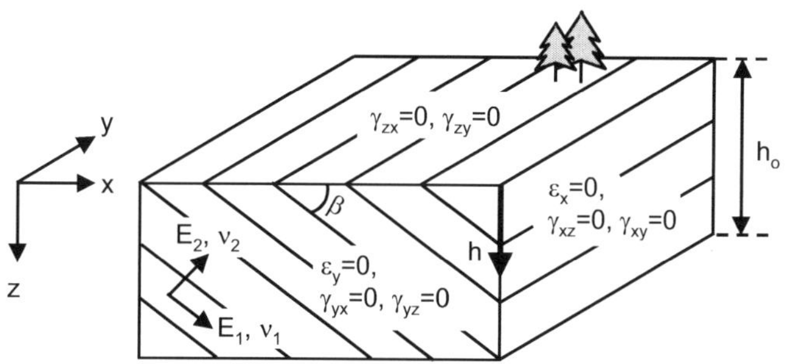

그림 6-3. 탄성체인 반무한 암반의 경계조건(from Wittke, 1990).

였다. 연직응력 σ_z 는 단위중량(γ)과 심도(H)에 의해 결정되며, 각면의 변형율은 경계조건과 불연속면의 분포 등은 그림 6-3과 같다.

연직응력에 대한 수평응력의 비는 상호 독립적인 5개의 탄성상수(E₁, E₂, ν_1, ν_2, G₂)와 경사각(β)의 함수로 나타낼 수 있다.

$$\frac{\sigma_x}{\sigma_z} = \frac{1}{N}\left[(1+\nu_1)\,n\,\nu_2\left(\sin^4\beta + \cos^4\beta\right) \right. \\ \left. -\left\{1-\nu_1^2 + n\left(1-n\nu_2^2 - \frac{E_2}{G_2}\right)\right\}\sin^2\beta\cos^2\beta\right]$$

$$(6-15)$$

$$\frac{\sigma_y}{\sigma_z} = \frac{n}{N}\left[\left(\nu_1 + n\,\nu_2^2\right)\sin^6\beta \right. \\ + \left\{\left(\nu_1 + n\,\nu_2\right)\frac{E_2}{G_2} - (1+\nu_1)\nu_2\right\}\sin^4\beta\cos^2\beta \\ + \left\{\left(\nu_1 + n\,\nu_2\right)\frac{E_2}{G_2} - \nu_1 - n\,\nu_2^2\right\}\sin^2\beta\cos^4\beta \\ \left. + (1+\nu_1)\,\nu_2\cos^6\beta\right]$$

$$(6-16)$$

여기서 $N = n\left(1-n\nu_2^2\right)\sin^4\beta + \left\{\dfrac{E_2}{G_2} - 2\nu_2(1+\nu_1)\right\}\sin^2\beta\cos^2\beta + \left(1-\nu_1^2\right)\cos^4\beta$, $n = E_1/E_2$ 이며, E₁, E₂는 각각 층 방향에 평행, 수직한 영률, ν_1 와 ν_2 는 각각 방향에 평행, 수직한

포아송비이다. 상기 식에 의하면 연직응력이 심도에 의해 결정될 경우 수직 편리구조를 가진 암반에서는 수평 응력성분이 작아지고 편리의 경사각이 증가할수록 x축 및 y축의 측압계수가 작아진다. 따라서 수평 편리구조를 가진 암반의 측압계수는 수직편리 구조를 가진 암반의 측압계수보다 크다.

그림 6-4는 $E_2/G_2=2$, $\beta=45°$일 때, E_1/E_2와 ν_1, ν_2의 변화에 의한 각 방향 측압계수의 변화를 도시한 것이다. x 방향의 측압계수(σ_x/σ_z)는 $0.25 \sim 0.75$이고 y 방향의 측압계수(σ_y/σ_z)는 $0 \sim 1.5$이며, 각각의 경우에 ν_1와 ν_2가 크고 E_1/E_2가 클수록 측압계수는 증가하였다. 식 (6-15)와 식 (6-16)에서 x 방향과 y 방향의 측압계수는 경사각에 따라서 변하는데 나머지 변수를 고정하고 경사각을 $0°$에서 $90°$까지 변화시켰을 경우, 경사각이 증가할수록 x 방향과 y 방향의 측압계

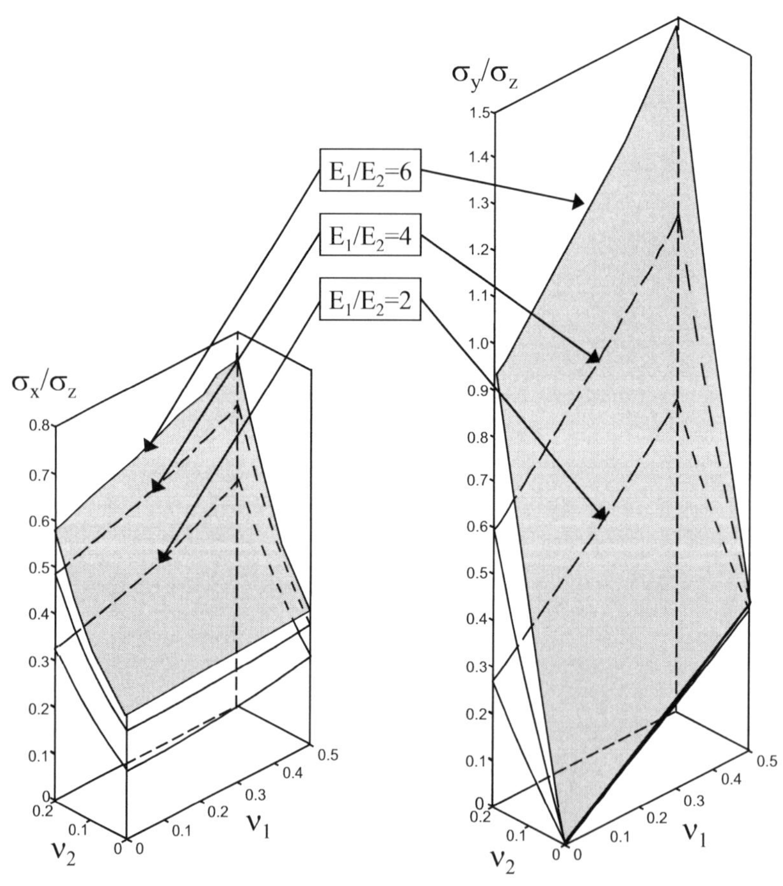

그림 6-4. 포아송비에 따른 연직응력에 대한 수평응력의 비.

수는 감소하여 경사각이 90°인 수직 편리구조에서 측압계수는 최소가 된다.

6.3.2 수치해석과의 비교검토

이론적인 고찰을 바탕으로 탄소성 유한요소해석을 실시하여 침식 및 퇴적이 측압계수에 미치는 영향을 파악하고자 하였다. 그림 6-5는 모델의 경계조건 및 해석영역으로 총 252개의 요소와 831개의 절점으로 구성하였고, 모델의 해석영역은 폭 1000m, 심도 500±50m이다. 유한요소모델의 상부는 지표면으로 자유면 조건을 주었고 좌우는 연직 변위를 허용하고 수평 변위를 구속하였으며, 하부는 수평 변위를 허용하고 연직 변위를 고정하였다. 해석 모델이 정수압상태에 있다는 가정하에 초기 측압계수를 1로 하였고 해석에 사용된 나머지 물성은 표 6-1과 같다.

표 6-1. 침식과 퇴적의 유한요소해석을 위한 입력 물성치

bulk modulus (GPa)	2	shear modulus (GPa)	1
unit weight (MN/m^3)	0.025	cohesion (MPa)	0.25
friction angle (°)	35	tensile strength (MPa)	0.25

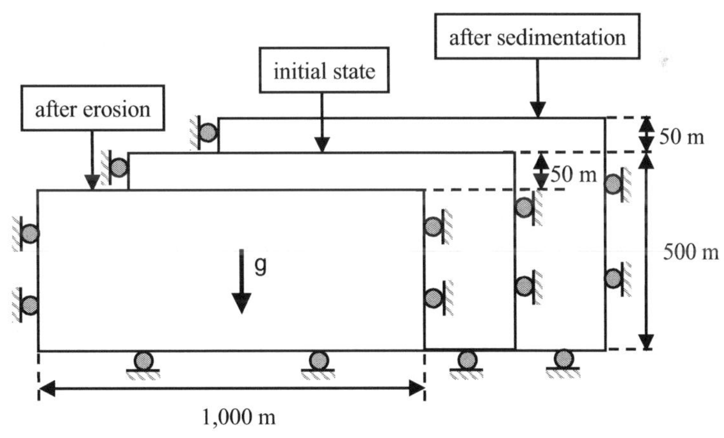

그림 6-5. 침식과 퇴적의 해석에 사용된 모델

그림 6-5(a)와 (b)는 침식 및 퇴적심도를 10m에서 50m까지 변화시켰을 때 이론해와 유한요소해석에 의한 측압계수의 변화로서 포아송비와 초기 측압계수가 심도에 무관하게 일정하다고 가정하였다. 침식의 경우 침식심도가 클수록 측압계수는 증가하고 심도가 깊어질수록

초기 측압계수에 근접하게 된다. 퇴적의 경우 침식과 반대로 퇴적의 정도가 클수록 측압계수는 감소한다.

이론식과 유한요소해석에 의하면 침식과 퇴적시 지각 천부암반에서 측압계수가 무한히 증가하거나 감소하는데 이러한 경향은 침식과 퇴적작용이 활발한 지역에서 암반이 다른 지질작용을 받지 않을 때 나타나게 된다. 그러나 암반은 오랜 지질학적 시간 동안 침식, 퇴적, 풍화, 융기가 반복되므로 측압계수는 일정한 범위 내에 존재한다. 따라서 침식과 퇴적은 비록 장시간에 걸쳐 일어나지만 측압계수에 지대한 영향을 미친다는 것을 확인할 수 있었다(그림 6-6 참조).

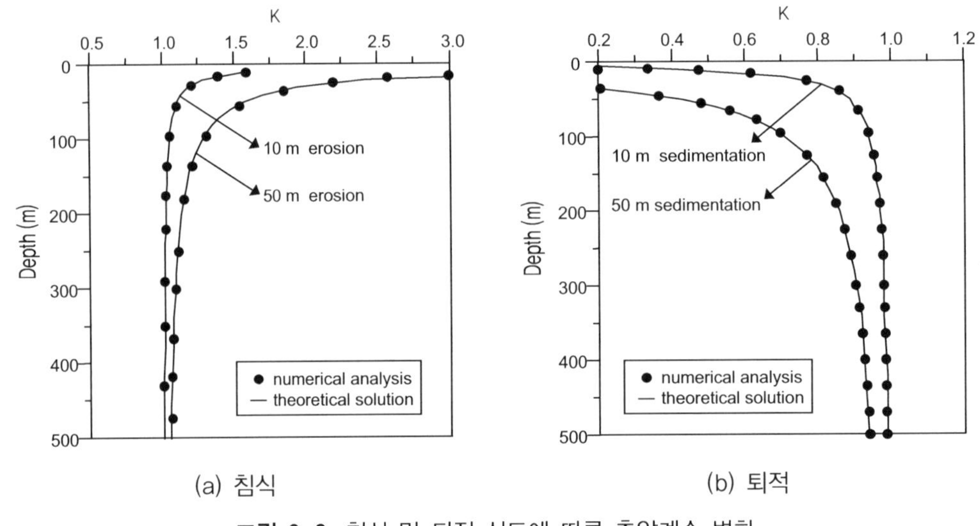

(a) 침식　　　　　　　　　　(b) 퇴적

그림 6-6. 침식 및 퇴적 심도에 따른 측압계수 변화

또한 이론해를 바탕으로 그림 6-7과 같이 지표에서 심도 40m까지 물성이 표 6-2와 같이 선형으로 증가하는 모델에 횡압력이 작용하는 경우에 유한요소해석을 수행하였다. 탄소성 유한요소해석은 Pentagon 2D를 이용하였고 Mohr-Coulomb 파괴기준을 적용하여 모델의 좌측 A-A'에서의 측압계수 변화를 분석하였다. 심도에 따른 횡압력의 선형 증가로 지표에서 횡압력이 1.2MN/m에서 2.4MN/m, 해석 최대심도에서 횡압력이 4.8MN/m에서 6MN/m으로 변하는 경우에 대한 해석을 수행하였다. 이중, 이론해와 유사하게 소성대가 약 40m까지 발생하는 경우는 횡압력이 심도에 따라 2MN/m에서 5.6MN/m으로 증가하는 경우였다.

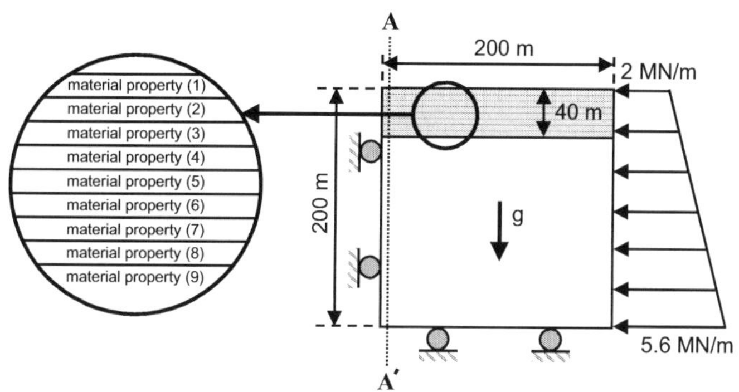

그림 6-7. 풍화와 횡압력의 영향 분석을 위한 모델

표 6-2. 풍화와 횡압력 분석을 위한 입력 물성치

depth	theoretical analysis				finite element analysis			
	elastic		plastic		elastic		plastic	
(m)	0	~	40	40~200	layer 1	~	layer 8	layer 9
bulk modulus (GPa)	–		–		0.05		0.444	0.5
shear modulus (GPa)	–		–		0.025		0.222	0.25
unit weight (MN/m^3)	0.02	linear increase	0.025	0.025	0.02	linear increase	0.0244	0.025
cohesion (MPa)	0		0.1	0.1	0		0.087	0.1
friction angle (°)	0		30	30	0		26.25	30
tensile strength (MPa)	–		–		0		0.087	0.1
boundary force (MN/m)	–		2.3		2		2.72	2.72~5.6

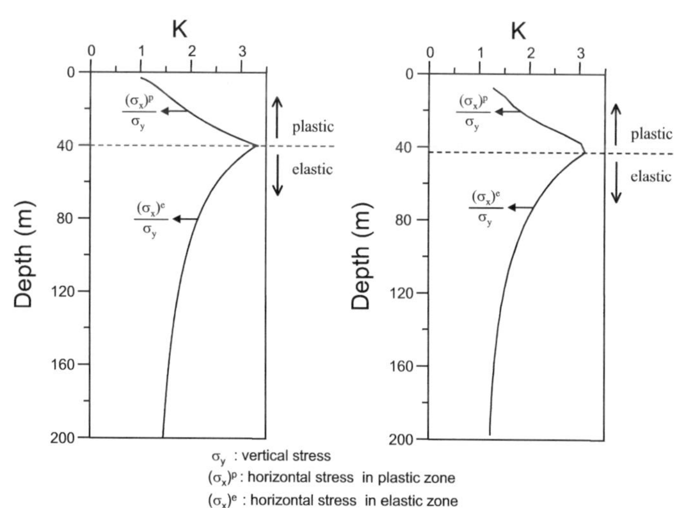

(a) 이론해 결과   (b) 유한요소해석 결과

그림 6-8. 풍화 암반에 가해진 횡압력에 의한 측압계수 변화

그림 6-8(a)와 그림 6-8(b)는 표 6-2와 같이 입력 물성치가 변할 때 이론해와 유한요소해석에 의한 측압계수 변화이다. 소성영역에서의 수평응력과 연직응력의 변화는 원형공동에서 소성영역 발생시 접선 및 법선 응력의 변화와 유사한 경향을 보인다. 즉 연직응력은 소성영역과 탄성영역에서 동일하게 증가하는 경향을 보였으나, 수평응력은 소성영역에서 탄성영역과 소성영역의 경계까지 증가하다 그 이후에는 증가폭이 둔화된다. 본 연구를 통하여 횡압력의 크기에 따라 측압계수가 민감하게 변화하며, 횡압력에 의하여 암반에 내재된 응력은 단층이나 습곡에 의하여 해소되지 않는 한 암반 내의 응력변화에 큰 영향을 미침을 알 수 있다.

6.3.3 계측자료 분석

측압계수에 대한 연구는 1960년대에 시작되어 현재까지 세계 각지에서 이루어지고 있으며, 1980년대 중반부터 측압계수에 대한 근본적인 연구가 시작되었다. Wittke(1990)는 층방향 암반에서 다섯 가지 탄성상수의 변화에 따른 측압계수를 연구하였고 Amadei(1996)는 암반의 이방성이 측압계수의 측정과 추정에 미치는 영향을 연구하였다. 또한 Bandis(1983)는 절리의 강성과 간격에 따른 탄성계수의 변화를 연구하였으며, Sheorey(1994)는 지각의 불균질성과 심도에 의한 탄성계수 변화와 지각의 열팽창에 의한 측압계수의 거동을 분석하였다.

세계 각지에서 매우 다양한 측정방법으로 측정된 초기응력 측정결과들로부터, 연직응력은 일반적으로 암반의 단위중량에 심도를 곱한 값으로 추정할 수 있으나 수평응력은 일정한 상관성이 없어 현장 계측을 통해서만 신뢰성을 확보할 수 있다는 것을 알 수 있다. Hoek과 Brown(1980)은 세계 각국의 계측자료를 정리하여 측압계수의 범위를 다음과 같이 정리하였다.

$$0.3 + \frac{100}{Z} < K < 0.5 + \frac{1500}{Z} \tag{6-17}$$

여기서 Z는 심도(m)이고 K는 측압계수이다. 식 (6-17)에 의하면 측압계수는 지표 부근의 천부에서부터 수km의 심부에 이르기까지 광범위한 분포를 나타내는데 천부의 암반에서는 일반적으로 그 값이 1 이상이고 범위도 상당히 넓지만 심도가 깊어질수록 그 값이 0.3~0.5 사이로 수렴한다. 국내 학술지와 자원연구소 보고서에서 발췌한 측압계수는 표 6-3과 같으며, 92개의 측압계수 중 1 이하가 16.25%, 1 이상 2 이하가 60%, 2 이상 3 이하가 16.25%, 3 이상이 7.5%이고 측압계수의 범위는 다음식과 같다.

$$0.08 + \frac{18}{Z} < K < 1.24 + \frac{153.48}{Z} \tag{6-18}$$

국내 지질보고서를 바탕으로 신선암과 풍화암의 경계를 국내 지반의 평균인 40m라 할 때, 그림 6-9(a)의 측압계수는 신선암과 풍화암에서의 측압계수로 구분할 수 있고 그림 6-9(b)와 같이 적합곡선(curve fitting)을 통하여 다음의 두 식으로 표현된다.

$$\overline{K_w} = \left(\frac{38.65}{Z + 2.23} \right) e^{\frac{Z - 24.75}{13.69}} \tag{6-19}$$

$$\overline{K_i} = \frac{Z + 81.99}{Z + 2.23} \tag{6-20}$$

여기서 $\overline{K}_w$ 는 풍화암의 측압계수, $\overline{K}_i$ 는 신선암에서의 측압계수이다. 측압계수는 식 (20) 과 같이 지표면에 가까울수록 증가하는데 이는 지각변동, 지질구조 등에 따라 초기응력 분포 가 많은 영향을 받기 때문으로 생각되고 있다. 즉 암반에서의 측압계수는 암반의 풍화, 암반의 역사, 지체응력, 암반 내의 불연속면 등에 따라 달라지며 지표면에서 가까울수록 증가하여 1 이상이 된다. 그러나 일반적으로 측압계수를 증가시키는 지각 천부에서의 잠재응력은 지표 풍화, 단층, 습곡 등의 요인에 의하여 해소되므로 풍화대로 추정되는 부분에서의 측압계수는 식 (6-19)와 지표면에 근접할수록 감소하게 된다.

표 6-3. 측압계수 계측 자료 (계속)

location	depth (m)	σ_v (MPa)	σ_h (MPa)	σ_h / σ_v	location	depth (m)	σ_v (MPa)	σ_h (MPa)	σ_h / σ_v
Kangwon	120.5	3.23	2.36	0.73	Chonnam	200	5.6	7.52	1.34
〃	126.5	3.39	2.44	0.72	〃	285	7.2	6.53	0.91
〃	132.5	3.55	3.785	1.06	〃	315	8.5	7.4	0.81
〃	138.5	3.71	2.66	0.72	〃	440	20.5	25.1	1.22
〃	802	25.9	36.96	1.43	〃	594	15.3	13.77	0.9
〃	82.5	2.23	2.435	1.09	Taejun	37	0.99	3.82	3.86
〃	88.8	2.4	2.53	1.05	〃	43	1.15	4.12	3.58
〃	91.0	2.46	3.42	1.39	〃	45	1.21	2.42	2
〃	132.5	3.55	7.75	2.18	〃	46.5	1.26	3.44	2.73
〃	157.5	4.22	8.59	2.04	〃	48	2.01	3.59	1.78

표 6-3. 측압계수·계측 자료 (계속)

location	depth (m)	σ_v (MPa)	σ_h (MPa)	σ_h / σ_v	location	depth (m)	σ_v (MPa)	σ_h (MPa)	σ_h / σ_v
″	163	4.37	6.95	1.59	″	73	1.96	5.14	2.65
″	177.9	4.77	7.94	1.66	″	34.5	0.93	2.56	2.75
″	327	82	88	1.1	″	36	0.97	3.9	4.02
″	532	87.9	121.8	1.4	″	40.5	1.09	4.18	3.83
″	198	4.97	7.08	1.42	″	42.5	1.15	5.58	4.85
″	220	3.94	9.86	2.5	″	48	1.3	3.87	2.98
Taegu	14.5	0.39	0.58	1.32	″	94	2.83	5.2	1.84
″	16	0.43	0.6	1.4	″	147	4.1	6.16	1.5
″	16.5	0.44	0.58	1.32	″	176	5.14	5.68	1.1
″	16.5	0.44	0.71	1.6	″	280	6.81	6.45	1.07
″	17.5	0.47	0.68	1.44	″	285	7.2	6.53	0.9
″	18	0.48	0.8	1.67	″	594	15.3	13.77	0.9
″	18.5	0.5	0.815	1.63	″	99	2.6	8.41	3.24
″	18.5	0.5	0.87	1.74	″	102	2.8	5.29	1.89
″	19	0.51	0.65	1.27	″	115	3.1	7.7	2.28
″	19	0.51	0.71	1.38	″	200	5.6	7.52	1.34
″	19	0.51	0.87	1.71	″	315	8.5	7.4	0.81
″	19.5	0.52	0.69	1.33	″	440	20.5	25.1	1.22
″	19.5	0.52	0.77	1.47	Pohang	33.5	0.9	2.12	2.36
″	20	0.54	0.87	1.61	″	33.9	0.91	1.79	1.96
″	20	0.54	0.96	1.77	″	36.5	0.98	2.23	2.27
″	22	0.59	0.77	1.31	″	36.9	0.99	2.15	2.17
″	23.5	0.63	0.88	1.39	″	53.8	1.45	2.45	1.69
″	23.5	0.63	0.95	1.51	″	58	1.55	1.18	0.76
″	25	0.67	0.93	1.39	″	61	1.63	0.74	0.45
″	25.5	0.68	0.97	1.42	″	64	1.71	0.62	0.36
″	27	0.72	0.85	1.18	″	75.5	2.04	2.52	1.24
″	29	0.78	0.96	1.22	″	89.2	2.41	3.36	1.40
″	39.5	1.05	0.72	0.68	others	122	3.57	8.8	2.46
″	28	0.75	0.98	1.31	″	168	4.7	9.05	1.93
Chonnam	94	2.83	5.2	1.84	″	150	5.20	4.89	0.94
″	99	2.6	8.41	3.24	″	142	3.80	2.80	0.74
″	102	2.8	5.29	1.89	″	195	4.90	3.44	0.71
″	115	3.1	7.7	2.28	″	29	0.78	1.2	1.54
″	147	4.1	6.16	1.5	″	61	1.63	0.74	0.45
″	176	5.14	5.68	1.1	″	64	1.71	0.62	0.36

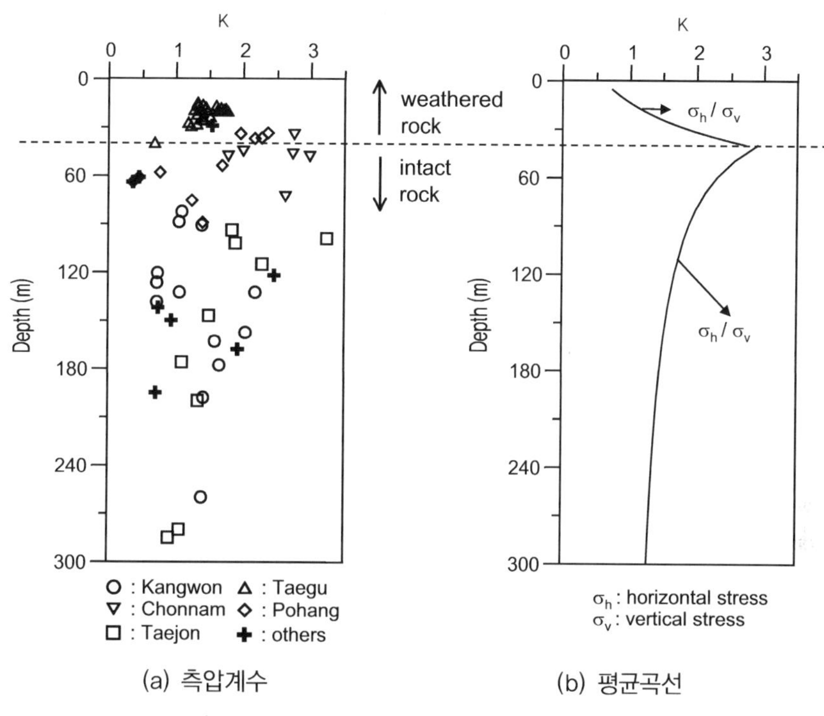

그림 6-9. 국내 각 지역의 측압계수와 평균곡선

6.4 측압계수에 따른 구조물 거동특성 고찰

6.4.1 산악지형의 측압계수 분포 특성

지표면은 지구 내부와 외부의 끊임없는 운동에 영향을 받고 있다. 이러한 영향으로 인해 대부분의 지표면은 평탄하지 못하고 굴곡을 가지게 된다. 지형적 굴곡은 지반 특히 지표면에 가까운 곳의 초기응력에 많은 영향을 미치게 되는데 여기서는 먼저 지형의 굴곡 중, 산지 지형의 굴곡이 측압계수에 주는 영향을 알아보았다.

산지 지형의 형성과정을 살펴보면 침식, 퇴적, 융기 등을 들 수 있는데, 본 해석에서는 침식, 퇴적, 그리고 침식 후, 퇴적에 의해 산지 지형이 형성되는 세 가지 경우에 대한 측압계수의 변화에 대하여 분석해 보았다. 수치해석은 앞과 마찬가지로 2차원 유한요소법을 이용하였고 암반의 물성치도 앞과 동일하게 탄성계수는 20.7GPa, 단위중량은 0.027MN/m^3, 포아송비는 0.35, 전단계수는 8.28 GPa, K$_o$=1을 적용하였다.

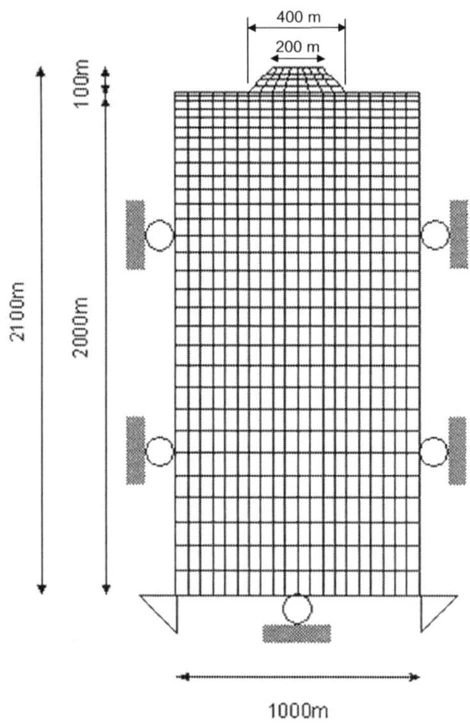

그림 6-10. 해석에 사용된 요소망

침식과 퇴적으로 인한 산지 지형의 측압계수 변화를 알아보기 위하여 다음의 세 가지 모델을 설정하였다. 첫 번째로 침식에 의해 높이 100m의 산지 지형이 생긴 경우와 두 번째로 높이 100m의 산지 지형이 퇴적된 경우, 그리고 마지막으로 100m가 침식된 후 그 응력상태 위에 다시 100m의 산지 지형이 퇴적된 경우에 대하여 분석하였다. 산지 지형의 밑단 넓이는 400m이고, 윗단 넓이는 200m로 구배는 양쪽을 동일하게 1 : 1이다.

그림 6-11~13은 침식, 퇴적, 퇴적 후 침식시 산지 지형에 의한 암반 내의 측압계수의 변화를 나타낸 것이다. 먼저 침식에 의한 측압계수 변화를 보면 산지 지형의 상부면과 사면, 그리고 산지 지형의 양쪽 지표면에서 3 이상으로 값이 크고 심도가 깊어짐에 따라 초기 측압계수인 1에 수렴한다.

다음으로 퇴적에 의한 측압계수의 변화를 보면 퇴적된 산지 지형의 양쪽 모서리에서 측압계수가 1 이상이 나타나고 퇴적된 산지지형을 중심으로 큰 타원을 그리며 감소하여 초기 측압계수인 1에 수렴한다. 퇴적에 의한 측압계수의 변화는 침식에 의한 측압계수 변화에 비하여 그 값의 변화가 매우 적다. 예를 들어 침식에 의한 측압계수가 3 이상의 큰 측압계수를 보이는 반면 퇴적에 의해 측압계수는 퇴적하부 양쪽 모서리에서 1.25 이상의 측압계수를 보이지만 나머지 부분에서는 거의 변화가 없다.

마지막으로 침식 후 퇴적에 의한 측압계수의 변화를 살펴보면 침식 후 퇴적에 의한 측압계수는 침식에 의한 수평응력의 증가되고 침식된 면 위에 산지 지형의 퇴적으로 인하여 측압계수는 최고 4 이상으로 침식의 영향에 의한 변화보다 더 큰값을 보인다. 이러한 현상으로 보아 침식과 퇴적작용은 공히 측압계수를 증가시키는 요인이 됨을 알 수 있다.

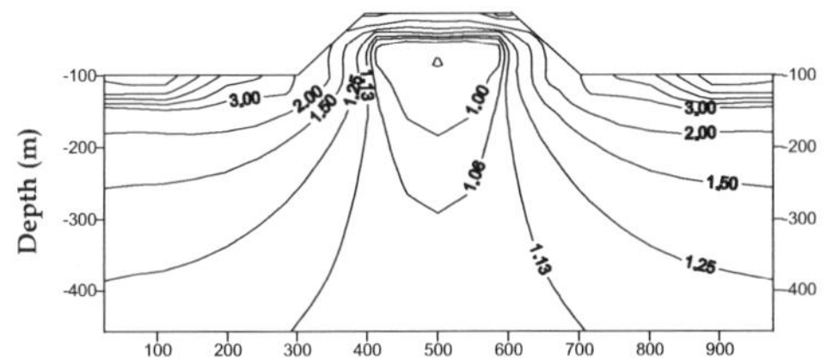

그림 6-11. 침식에 의해 생성된 산악지형의 측압계수 변화

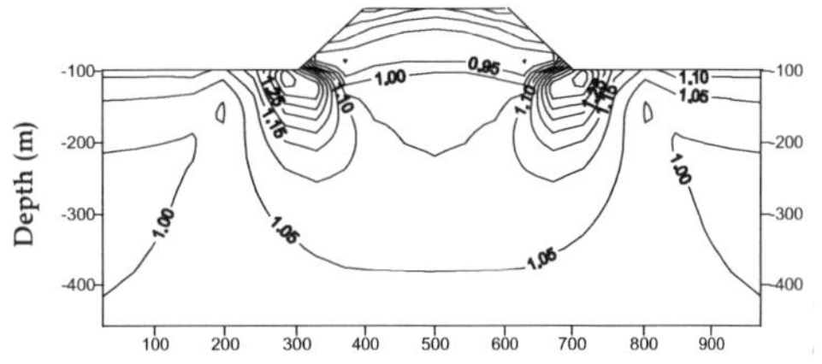

그림 6-12. 퇴적으로 생성된 산악지형의 측압계수 변화

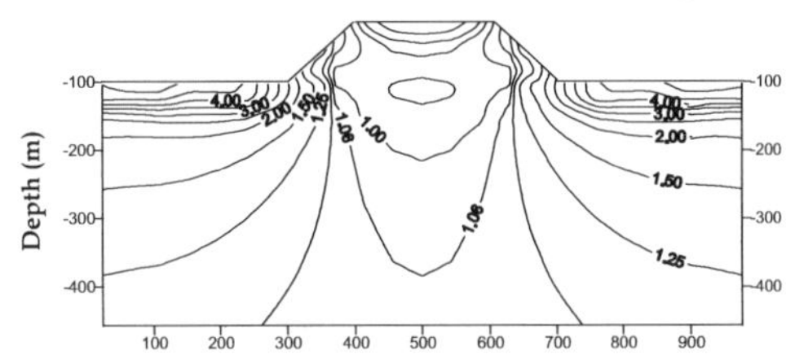

그림 6-13. 침식 후 퇴적에 의한 산악지형의 측압계수 변화

6.4.2 분지 지형의 측압계수 분포 특성

앞에서 지형의 굴곡 중 산지 지형의 굴곡이 측압계수에 주는 영향을 알아보았고 여기서는 그와 반대인 분지 지형의 굴곡이 측압계수에 주는 영향을 알아보았다. 분지 지형은 산지지형과 마찬가지로 침식, 퇴적, 융기 등에 의하여 형성된다.

침식시 분지 지형의 넓이에 따른 측압계수의 변화를 알아보기 위하여 두 가지 모델을 설정하였다. 첫 번째로 침식에 의해 생성된 분지지형으로 높이 100m, 밑단 넓이 100m이고, 윗단 넓이 200m로 경사의 구배는 양쪽 모두 동일하게 1 : 1로 주었다. 두번째로 높이 100 m, 밑단 넓이 400m이고, 윗단 넓이 570m로 경사의 구배는 양쪽을 동일하게 1 : 1로 주었다.

그림 6-14의 (a), (b)은 침식에 의해 생기는 분지 지형의 측압계수 변화를 나타낸 것이다.

그림 6-14(a)에서 측압계수 변화를 보면 분지 지형의 하단면에서 측압계수 값이 3 이상으로 가장 크게 나타나고 그 다음으로 경사면과 지표면에서 그 값이 크게 나타난다. 그러나 측압계수는 심도가 깊어짐에 따라 초기 측압계수인 1에 수렴한다. 그림 6-14(b)를 보면 그림 6-14(a)와 같이 분지 지형의 하단면에서 측압계수 값이 가장 크게 나타나고 그 다음으로 경사면과 지표면에서 그 값이 크게 나타난다. 그러나 분지 지형의 형성을 위해 제거된 면적이 그림 6-14(a)보다 크므로 측압계수는 분지 지형의 지표면 부근에서는 5 이상으로 그림 6-14(a)보다 2배 이상의 값이 나오기도 하지만 대체로 200m 이내에서는 0.3~1.0, 200m 이상에서는 0.1~0.3 정도 크게 나타난다. 이러한 측압계수의 변화는 그림 6-14(a)와 마찬가지로 심도가 깊어짐에 따라 초기 측압계수인 1에 수렴하게 된다.

그림 6-15의 (a), (b)는 지표면 좌우의 퇴적에 의해 생성된 분지 지형의 전산 실험을 통한 측압계수 변화를 나타낸 것이다. 앞에서 살펴보았듯이 퇴적에 의해 측압계수는 지표면 부근에서 침식에 의한 경우와는 다르게 그 값이 지표면으로 갈수록 침식의 경우보다 작다. 퇴적 면적이 크면 클수록 퇴적 양단 하부에서의 측압계수는 감소율은 더욱 크지만 그 값은 0.1~0.3 정도이고 그 영향은 심도가 깊어짐에 따라 감소하여 초기 측압계수에 수렴한다.

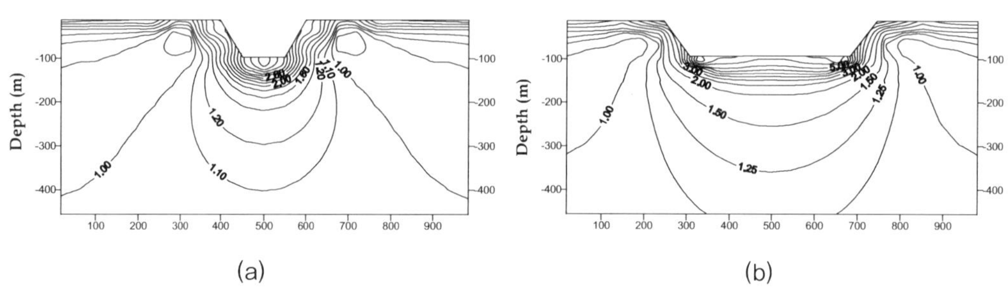

(a)   (b)

그림 6-14. 침식시 분지 지형의 측압계수 변화.

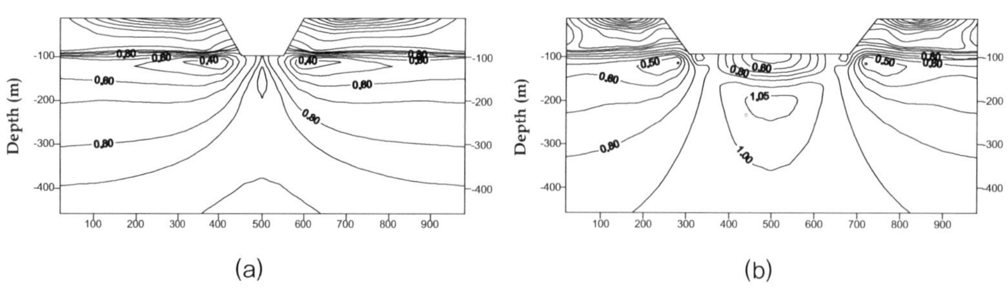

(a)   (b)

그림 6-15. 퇴적시 분지 지형의 측압계수 변화.

6.4.3 측압계수에 따른 터널 거동특성 고찰

암종과 측압계수의 변화에 대한 안전율과 지보효율의 변화 경향을 보기 위하여 그림 6-16
과 같은 모델을 설정하였다. 본 모델은 원형터널로서 직경은 10m이며 지표면부터 터널의 중심
까지의 거리는 50m로 설정하였다. 설치한 20cm의 숏크리트는 완전히 폐합하며, 암반과 숏크
리트의 물성은 표 6-4와 같다.

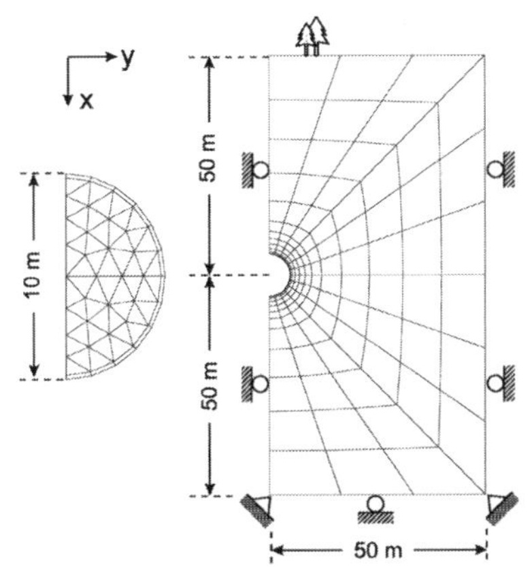

그림 6-16. 해석에 사용된 요소망

표 6-4. 해석에 사용된 암반과 숏크리트 물성

	hard rock	soft rock	weathered rock	shotcrete
Young's modulus (GPa)	5	1	0.5	10
Poisson's ratio	0.25	0.30	0.35	0.20
unit weight (t/m^3)	2.6	2.4	2.2	2.0
internal friction angle (°)	45	40	35	–
cohesion (MPa)	0.42	0.25	0.13	–

그림 6-17은 측압계수가 1일 때 암종에 대한 안전율의 변화를 나타낸 그래프이다. 여기서
가로축의 −90°는 터널의 바닥부를, 0°는 터널의 측벽부를, 그리고 90°는 터널의 천정부를
나타낸다. 여러 연구자들의 해석과 같이 경암일수록 안전율이 크며, 암반이 불량할수록 지보
에 의해 안전율의 증가가 크다. 안전율을 보면 경암의 경우는 최고 0.05, 연암의 경우는 최고
0.28, 풍화암의 경우는 최고 0.49의 증가를 보여 지보에 의한 안전율의 증가율은 각각 약 3%,
29%, 83%가 되었다. 그리고 경암에서 굴착할 경우는 무지보시에도 안전율이 약 1.7 이상이므

로 무지보 자립이 가능하고 지보 효과도 큰 영향을 주지 못하였다. 그리고 연암이나 풍화암의 경우는 지보에 의해 안전율이 1.0 이상으로 이론적으로 소성화되지 않지만 실제로는 불연속면과 부분적인 풍화 등의 불안한 요소가 많으므로 숏크리트 외에 다른 지보재와 병행하여 설치함이 바람직하다.

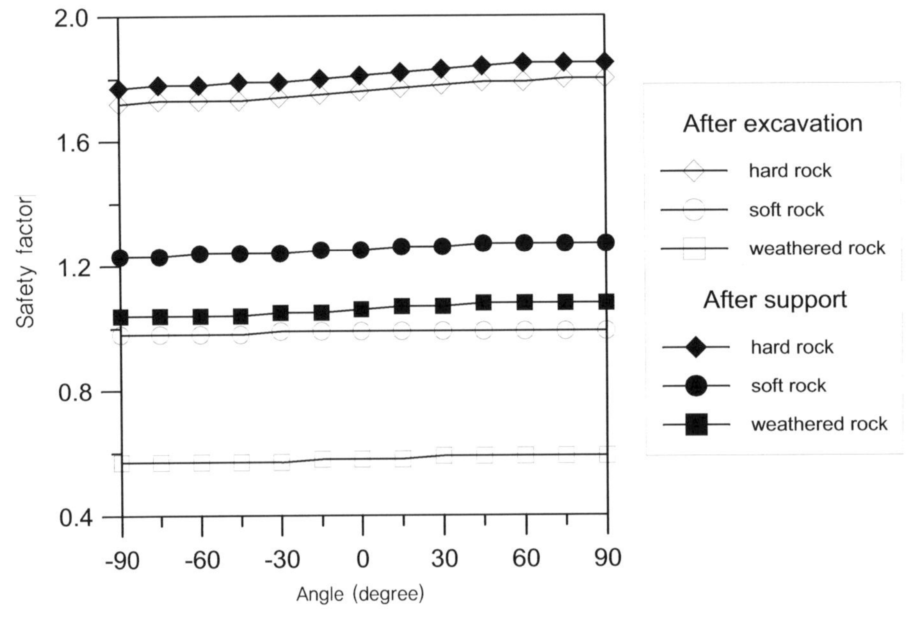

그림 6-17. 암반조건에 따른 안전율 비교

그림 6-18은 측압계수에 대하여 안전율과 지보효율의 변화를 나타낸 그래프이다. 마찬가지로 가로축의 $-90°$는 터널의 바닥부를, $0°$는 터널의 측벽부를, 그리고 $90°$는 터널의 천정부를 나타낸다. 측압계수가 1.0일 경우는 터널 경계면을 따라 안전율의 큰 변화가 없지만 측압계수가 1.5의 경우는 터널의 측벽에서 안전율이 높으며 천정과 바닥부가 소성화되기 쉬운 반면에 측압계수가 0.5일 경우는 이와 반대의 경향을 나타낸다.

그림 6-19는 경암의 조건에서 숏크리트 지보를 설치한 경우의 측압계수에 따른 안전율의 변화로서 그림 6-18과 마찬가지로 측압계수가 1.0인 (a)가 가장 안전하고, 측압계수가 1보다 작은 0.5인 (b)는 측벽부가 가장 안전율이 낮으며 측압계수가 1보다 큰 1.5의 경우인 (c)는 천정과 바닥부에서 가장 낮은 안전율을 보였다.

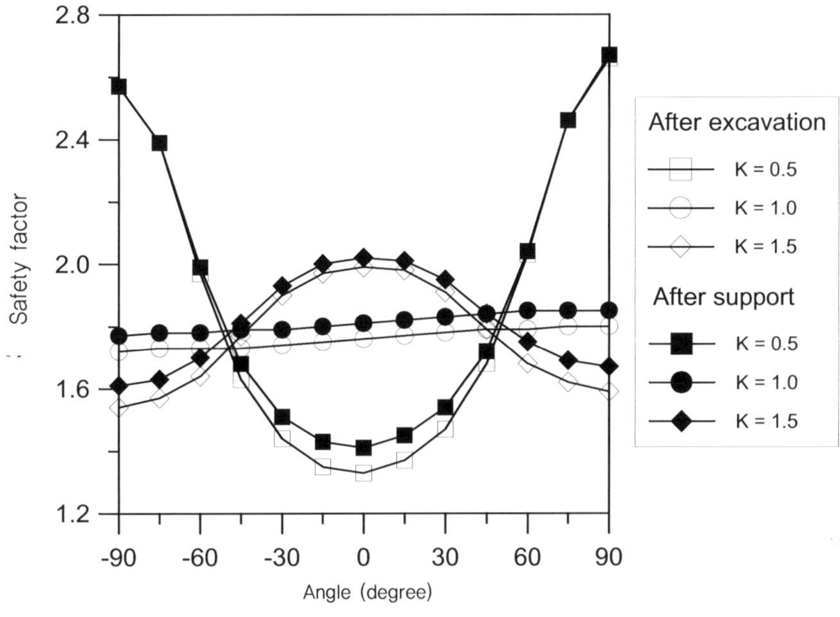

그림 6-18. 측압계수에 따른 안전율 비교

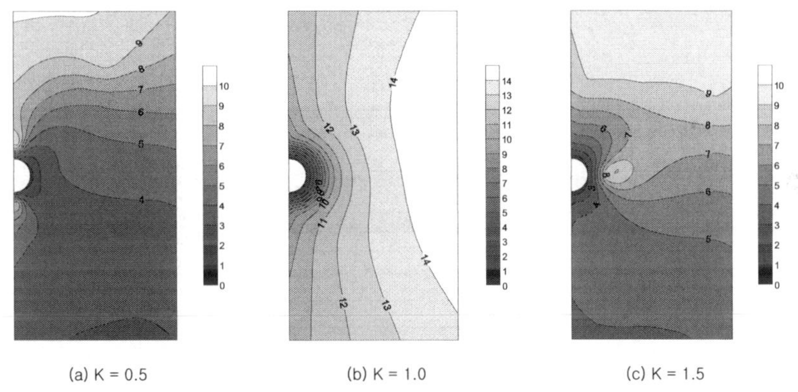

그림 6-19. 측압계수에 따른 안전율 비교

6.4.4 공동 형상과 측압계수의 영향

암반 내부의 초기응력 상태는 암반 내부에 인위적으로 공동을 굴착하게 되면 공동 주위의 응력이 새로이 재분배된 2차응력으로 나타난다. 2차응력의 크기와 그 작용 방향은 공동의 크기, 형태, 배열방법, 지표로부터의 깊이, 지층의 상태 등 여러 가지 조건에 따라 다르게 나타난다.

공동 주위의 암반을 역학적으로 탄성체, 탄소성체 또는 점탄성체 등 여러 가지로 구분하여

2차응력의 분포상태를 해석할 수 있다. 가장 간단한 방법인 2차원 완전 탄성체 내에 존재하는 반지름이 a인 단일 원형공동의 굴착에 기인한 임의의 점(γ, θ)에서의 응력성분을 극좌표로 나타내면 식 (6-21)과 같다.

$$\begin{cases} \sigma_{rr} = \dfrac{P}{2}\left[(1+K)(1-\dfrac{a^2}{r^2}) - (1-K(1-4\dfrac{a^2}{r^2}+3\dfrac{a^4}{r^4})\cos2\theta\right] \\[2mm] \sigma_{\theta\theta} = \dfrac{P}{2}\left[(1+K)(1+\dfrac{a^2}{r^2}) + (1-K)(1+3\dfrac{a^4}{r^4})\cos2\theta\right] \\[2mm] \tau_{r\theta} = \dfrac{P}{2}\left[(1-K)(1+2\dfrac{a^2}{r^2}-3\dfrac{a^4}{r^4})\sin2\theta\right] \end{cases} \tag{6-21}$$

여기서 r은 공동 중심에서 임의의 점까지 거리, θ는 수평축으로부터의 각 그리고 K는 측압계수이다.

식 (6-21)에 의하면 원형공동의 벽면에서는 반경방향응력(σ_{rr}) 및 전단응력($\tau_{r\theta}$)은 0이 되고 접선방향응력만이 식 (6-22)와 같이 나타난다.

$$\sigma_{\theta\theta} = P\left[(1+K) - 2(1-K)\cos2\theta\right] \tag{6-22}$$

식 (6-22)를 이용하여 공동의 천정 또는 바닥($\theta=0°$또는 180°)과 공동의 측벽($\theta=90°$또는 270°)에 대하여 측압계수 K에 따른 공동 벽면에서의 응력집중계수를 도시하면 그림 6-20과 같이 나타난다. 그림 6-20에서 수평방향의 작용응력은 없고 연직응력만 작용하는 K는 0일

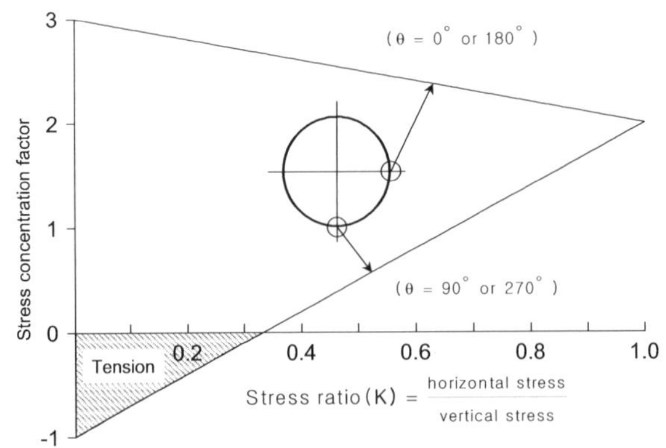

그림 6-20. 측압계수 변화에 따른 터널굴착면의 응력집중도.

때에 공동의 천정 및 바닥에서의 2차응력은 인장응력이 된다. K가 0.33일 때 천정 및 바닥에서의 응력은 0이 되며 측압계수의 증가에 따라서 공동의 벽면에서의 응력은 압축응력이 된다. 즉, 측압계수에 따라서 공동 벽면에서의 응력상태가 변화하고 있다.

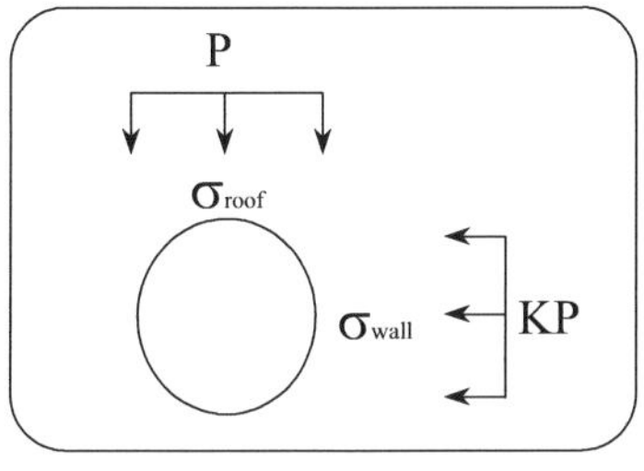

$$\sigma_{\mathrm{roof}} = P\left[(1+K) + 2(1-K)\cos 90^{o}\right]$$

$$\sigma_{\mathrm{wall}} = P\left[(1+K) + 2(1-K)\cos (0^{o}\,\mathrm{or}\ 180^{o})\right]$$

(a) Circular opening

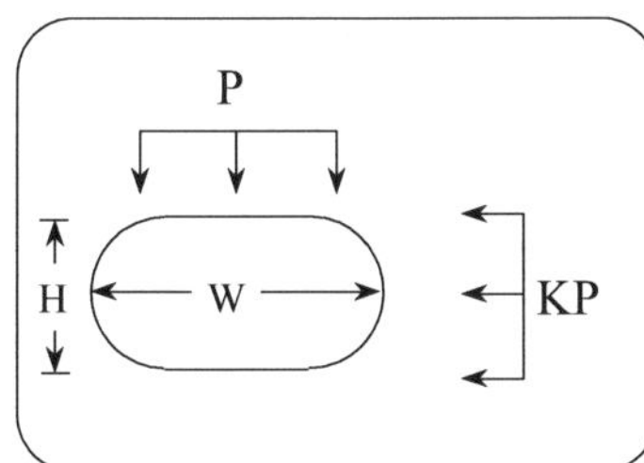

$$\sigma_{\mathrm{roof}} = P\left[K - 1 + 2K\frac{H}{W}\right]$$

$$\sigma_{\mathrm{wall}} = P\left[1 - K + 2\sqrt{\frac{W}{H}}\,\right]$$

(b) Ovaloidal opening

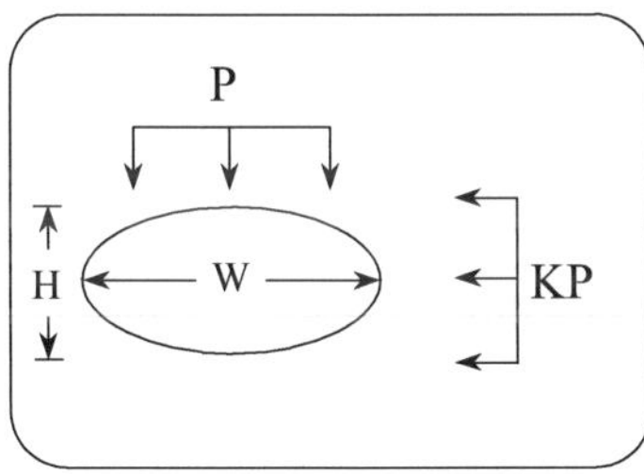

$$\sigma_{\mathrm{roof}} = P\left[K\left(1 + \frac{2H}{W}\right) - 1\right]$$

$$\sigma_{\mathrm{wall}} = P\left[1 + \frac{2W}{H} - K\right]$$

(c) Elliptical opening

그림 6-21. 터널 경계 응력의 이론식

　이론식으로 계산이 가능한 형상인 원형, ovaloid 그리고 타원형 공동에 대하여 공동의 천정과 측벽에 발생하는 접선응력은 그림 6-21에 나타나 있는 식들로 계산이 가능하다. 세 가지 경우 모두 작용하는 응력이 측압계수에 대하여 1차식으로 표현되고 있다. 또한 공동벽면에 생기는 2차응력은 접선방향의 응력만 존재하게 되며, 원형공동의 경우 2차응력은 내압이 작용하지 않는 한 공동의 단면크기에 영향을 받지 않는다. 그러나 ovaloid와 타원형 공동은 장축과 단축의 비에 따라서 2차응력의 크기가 변하게 된다. 따라서 위 모델 외의 여러 가지 다른 형상들의 공동에 대하여도 천정과 측벽에서의 응력집중계수를 그림 6-22(a)에 나타나 있는 형상계수 a, b를 이용하여 측압계수를 변수로 하는 1차식으로 나타낼 수 있으며 그림 6-22(b)와 같이 나타난다. 공동 주위에 작용하는 응력은 균일하게 압축으로 작용할 때가 보다 이상적이며 그림 6-22(b)에서 천정과 측벽에서의 응력집중계수가 같게 나타나는 측압계수를 결정할 수 있다.

$$\frac{\sigma_{roof}}{P} = (aK - 1) \quad ; \quad \frac{\sigma_{wall}}{P} = (b - K)$$

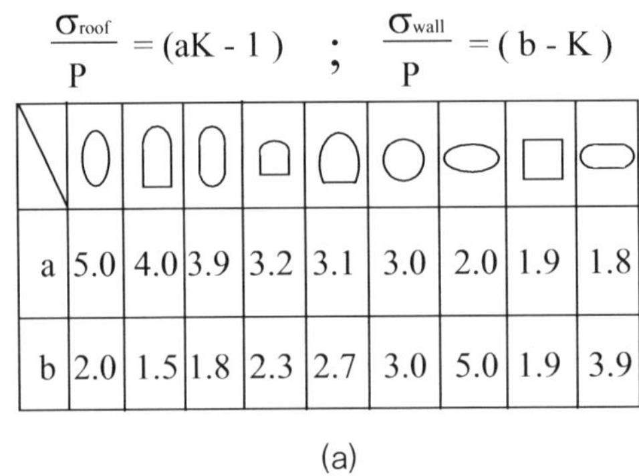

a	5.0	4.0	3.9	3.2	3.1	3.0	2.0	1.9	1.8
b	2.0	1.5	1.8	2.3	2.7	3.0	5.0	1.9	3.9

(a)

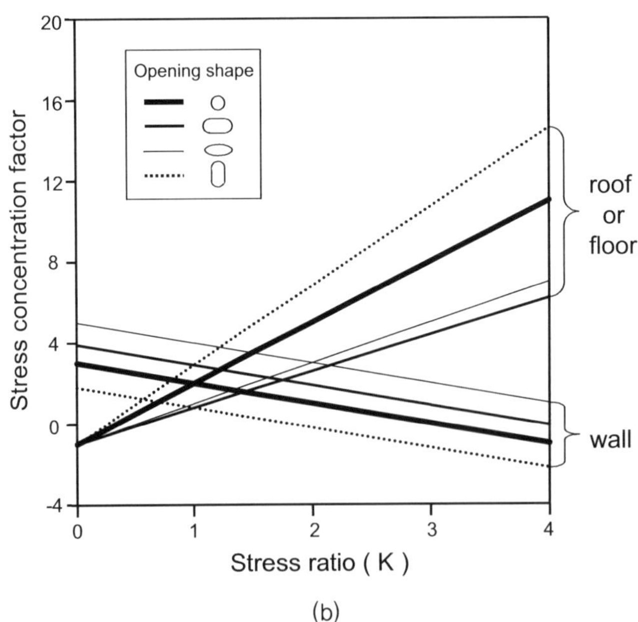

(b)

그림 6-22. 터널 경계 응력 집중에 대한 공동형상과 초기응력비의 영향

측압계수가 공동의 안정성에 미치는 영향을 탄성해석을 통하여 분석하였다. 실험에 사용된 모델의 형상은 Model 1에서 Model 5까지로 그림 6-23과 같다. Model 1은 수로터널 또는 공동구 등에 사용되고 있으며 Model 2의 경우는 저장 공동이나 교통터널 등으로 이용되고 있는 형상이다. Model 4, 5는 공동의 장단축 방향에 따른 역학적 특성들을 비교하기 위하여 설정하였다. 탄성해석에 사용된 암반의 물성은 탄성계수(E)는 40GPa, 전단계수(G)는 16GPa, 포와송비(ν)는 0.25로서 약 RMR 70점인 암반의 물성을 가정하여 모델실험을 수행하였다.

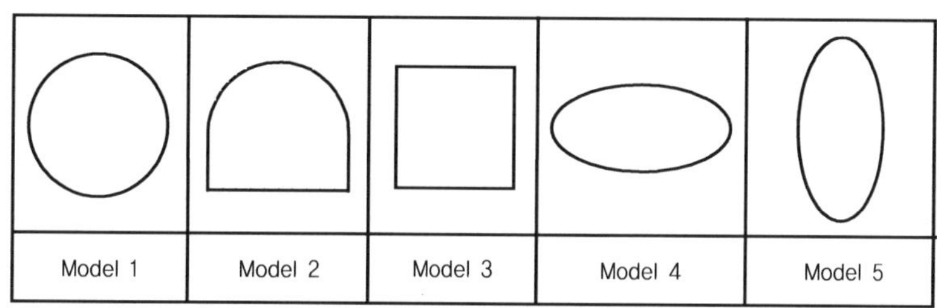

그림 6-23. 모델 형상

암반 내에 작용하는 연직응력을 일정하게 고정하고 수평방향의 응력을 임의로 변화시키며 측압계수를 변화시켜서 해석을 수행하였다. 해석 방법은 공동의 안정성 해석시 가장 중요하게 여겨지고 있는 변위와 응력에 대하여 공동 주위에서 발생하는 최대변위와 최대주응력의 크기 및 발생 위치의 변화를 분석하였다.

측압계수의 변화에 따른 공동 주위의 최대주응력의 크기는 그림 6-24와 같으며 최대변위는 그림 6-25와 같이 나타난다. 그림 6-24에서 Model 2, 3의 경우는 공동 주위에 발생하는 최대주응력의 크기가 측압계수의 증가에 따라 증가하지만 다른 모델들의 경우는 최대주응력의 크기가 측압계수에 따라 감소하다가 증가하는 경향을 나타낸다. 즉, Model 1은 K=1, Model 4는 K=1.6, Model 5는 K=0.6일 때 공동 주위에 발생하는 최대주응력의 크기가 가장 작게 나타난다.

측압계수가 1 이하로 작을 경우는 연직응력 방향에 대해 곡률반경이 작은 부분에 응력집중이 발생하며 측압계수가 증가함에 따라 수평응력 방향에 대해서 곡률반경이 작은 공동의 천정부나 모서리 부분에서 응력집중이 발생한다. Model 4와 5는 측압계수가 1일 때를 기준으로 반대의 경향성을 나타내고 있으며 초기주응력 방향으로 공동의 장축방향을 잡는 것이 응력집중을 최소화할 수 있음을 보여준다. 즉 공동의 형상과 측압계수에 따라 공동 주위에서 발생하는 최대주응력의 크기와 위치가 변화하고 있다.

그림 6-25는 공동벽면에서의 최대변위가 가장 작게 나타날 때의 측압계수와 측압계수의 변화에 따른 공동 벽면에서의 최대변위 변화양상을 알 수 있다. 즉, Model 1에서 Model 3의

경우는 측압계수가 1에 가까운 경우 벽면에서의 최대변위가 가장 작게 나타나지만 Model 4,
5는 측압계수가 공동단면의 비 H/W의 역수와 같을 때에 가장 작은 최대변위를 나타내고 있다
(표 6-5). 위의 결과를 종합하면 주응력 방향으로 공동단면의 장축방향을 설정하고 주응력에
수직한 방향으로 벽면의 곡률반경을 작게 하는 형상이 상대적으로 응력집중크기와 변위를 제
어할 수 있음을 나타낸다.

표 6-5. 최대변위가 최소일 때의 초기응력비

	Model 1	Model 2	Model 3	Model 4	Model 5
K	1.0	1.2	1	2	0.5

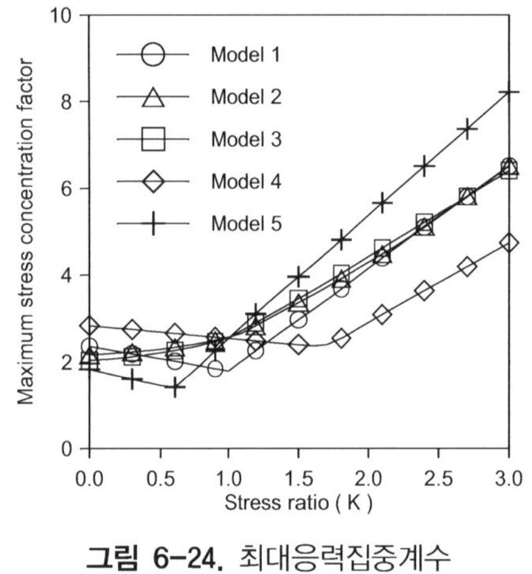

그림 6-24. 최대응력집중계수

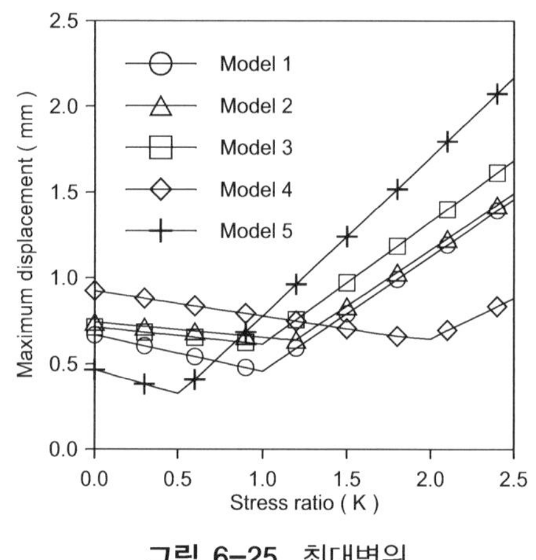

그림 6-25. 최대변위

　　유한요소해석 결과, 측압계수의 변화에 따라서 공동 주위에 발생하는 소성영역의 분포 위치
는 그림 6-26과 같이 나타난다. 그림 26에서 측압계수가 1 이하인 K가 0.3인 경우에는 수평응
력보다 큰 초기연직응력에 의하여 공동의 측벽부에 응력이 집중되게 된다. 또한 측벽의 곡률
에 따라서 응력집중크기가 변하며 그 크기에 따라 측벽부의 안전율이 저하하게 되며 소성영역
이 발생하기 시작한다. 측압계수가 1인 경우는 공동 주위의 소성 영역이 대체적으로 안정적으
로 나타나고 있다. 측압계수가 1 이상이 되면 연직응력과 수평응력의 영향을 모두 받게 되며
연직응력보다 큰 수평응력의 영향에 의하여 천정부와 바닥부의 안전율이 저하하게 되어 소성
영역이 발생한다. 그러나 측압계수나 측벽의 높이가 증가하게 되면 측벽부에도 소성영역이
발생하기 시작하게 되므로 전체적인 소성영역의 급격한 증가를 초래한다.
　　동일한 실험조건에서 측압계수의 변화에 따른 공동 벽면에서의 변위를 경계요소법을 이용

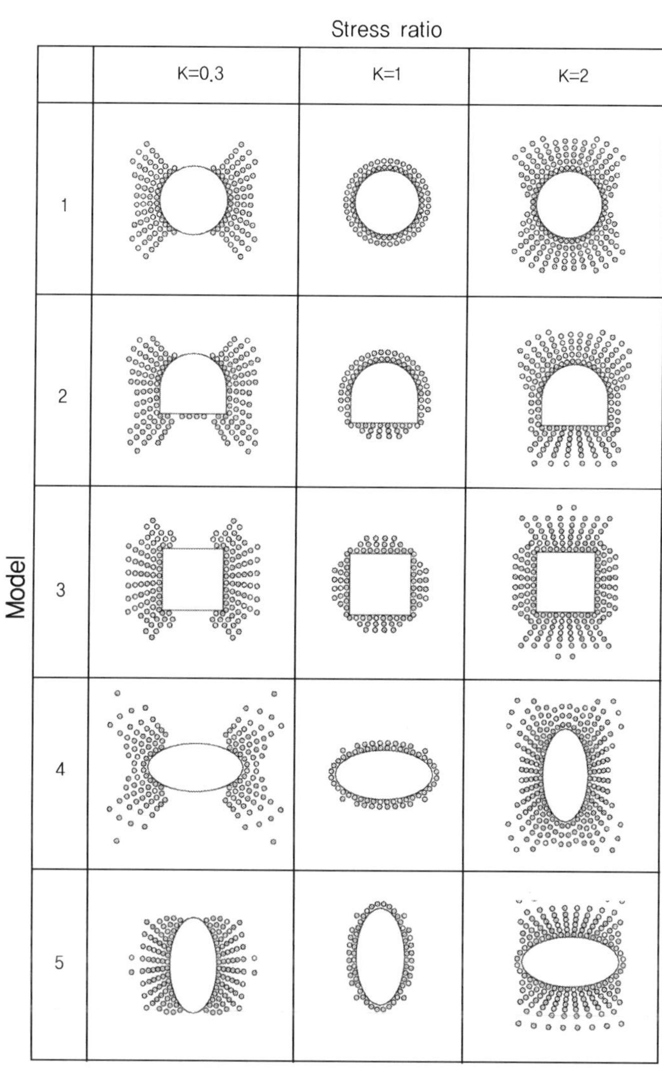

그림 6-26. 초기응력비에 따른 소성영역 분포양상

하여 해석한 결과를 나타내면 그림 6-27과 같다. 그림 6-27은 각 측압계수의 상태에서 공동의 벽면에서 발생하는 최종변위의 상태를 나타낸 결과이다. Model 1에서 Model 3의 경우는 측압계수가 1인 경우에 벽면에서 발생하는 변위 크기의 편차가 가장 안정적으로 발생하고 있다. 그러나 타원형공동의 경우인 Model 4와 Model 5의 경우는 각각 K=2와 K=0.5인 경우에 변위의 편차가 가장 안정적으로 나타나고 있다. 위 결과는 측압계수에 따른 공동의 축방향

설정에 대한 중요성이 잘 나타내고 있다. 즉, 공동의 장축방향이 최대주응력방향에 대하여 평행할 때가 공동벽면에서 가장 이상적인 변위가 나타나고 있다.

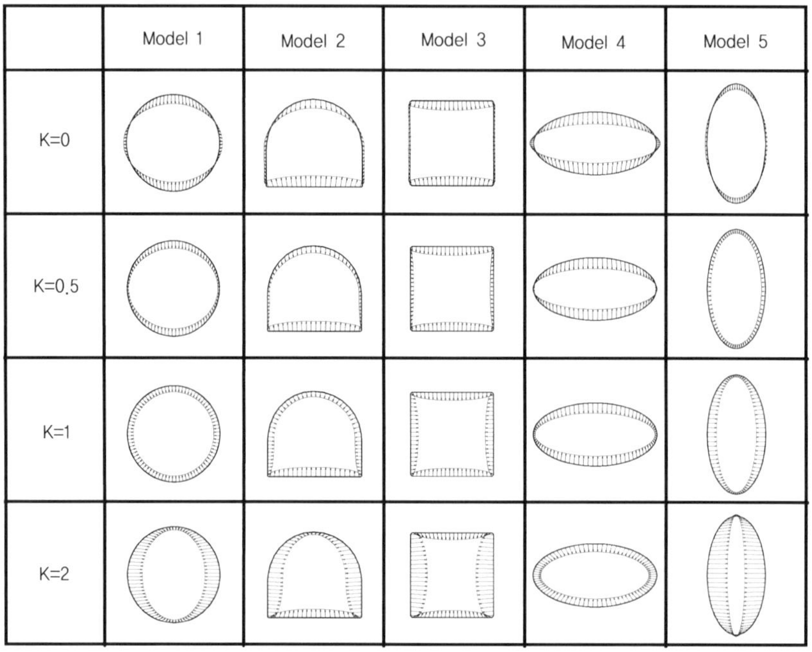

	Model 1	Model 2	Model 3	Model 4	Model 5
K=0					
K=0.5					
K=1					
K=2					

그림 6-27. 초기응력비에 따른 변형 양상

6.5 결 론

본 논문에서는 수치해석 상에서 합리적으로 초기응력을 고려하기 위한 기본개념을 논하였다. 여기서 주어진 지형특성과 지층구조 등과 같은 다양한 지반조건에 의하여 초기응력분포가 크게 달라질 수 있으며, 이들을 합리적으로 고려하기 위하여 해석을 시작하기 전 응력의 초기화의 중요성이 강조되었다. 또한, 합리적인 초기응력발생을 위해서는 측압계수의 결정이 중요하므로, 이론적 및 경험적 배경의 다양한 측압계수 예측방법이 고찰되었다. 추가로 주어진 초기응력(측압계수) 분포특성에 따라 지하구조물은 매우 다양하게 거동함을 보였다.

07 암반응력을 고려한 터널설계 사례

┃ 김 영 근

7.1 서 론

암반은 자연상태에서 응력을 받고 있으며 이 응력을 현장응력장(In-situ stress field) 또는 초기 응력장(Virgin stress field)이라 하며, 터널, 광산, 지하공간 등을 건설할 때 이러한 응력장은 굴착작업으로 인해 불가피하게 응력재배치, 즉 응력교란이 발생하게 된다. 특히 지하구조물의 안정성 확보를 위한 굴착, 지보 및 대책공법은 이러한 응력장 교란 여부 및 범위에 따라 큰 영향을 받게 된다. 또한 지하구조물은 개축이 힘들고 재료를 선택하여 시공하는 것이 아니라 이미 존재하는 암반 내를 굴착하는 것으로 그 특성상 건설단계 이전에 현지 암반에 대한 특성 및 초기응력을 합리적으로 결정해야 한다. 따라서 지하구조물의 설계와 안정성 해석에 있어서 현지 암반의 초기응력 산정 및 재현은 대단히 중요한 과제라고 할 수 있다.

본 고에서는 암반응력(Rock stress)을 고려한 터널설계 사례를 통하여 합리적이고, 안정적인 지하구조물 설계 방안에 대하여 고찰하고자 하며, 주요 내용은 크게 두 가지로 다음과 같다. 첫째, Q-System에 의한 암반분류시 입력변수인 응력저감계수(SRF, Stress Reduction Factor) 평가과정 및 표준지보패턴 설계사례에 대하여 검토하였다. 설계단계에서 노르웨이 터널공법 NMT(Norwegian Method of Tunnelling)를 적용한 OO터널 프로젝트 수행시 NGI (Norwegian Geotechnical Institute)의 응용지질전문가에 의한 응력저감계수(SRF, Stress Reduction Factor) 평가방법 및 표준지보패턴 산정결과를 분석하여 합리적인 Q-System 평가방법에 대하여 고찰하였다. 둘째, 터널안정성 해석시 암반응력을 고려하기 위한 입력자료인 측압계수 크기 및 주응력 방향성을 변수로 한 매개변수 해석(Parameter study)을 수행하여 터널 안정성 해석시 개선사항에 대하여 제안하였다.

7.2 암반응력을 고려한 터널 암반분류 사례

OO터널 프로젝트 수행시 NMT(Norwegian Method of Tunnelling) 적용을 위하여 노르웨이 지반연구소(NGI, Norwegian Geotechnical Institute)의 응용지질전문가가 참여하여

Q-System에 근거한 정량적인 암반분류가 수행되었다. Q-System은 아래의 식 (7-1)로부터 알 수 있듯이 RMR 분류와는 다르게 현지 암반응력을 고려하는 입력변수, 즉 응력저감계수가 있으며, 이에 대한 합리적인 평가가 필수적이다. 여기서는 시추공 자료에 대한 NGI 응용지질 전문가의 응력저감계수 산정방법을 분석하였다.

$$Q = \frac{RQD}{Jn} \times \frac{Jr}{Ja} \times \frac{Jw}{SRF} \tag{7-1}$$

여기서, RQD : Rock Quality Designation(%)
       Jn : 절리군 수와 관련된 변수
       Jr : 절리면 거칠기 계수와 관련된 변수
       Ja : 절리면 변질정도와 관련된 변수
       Jw : 출수와 관련된 변수
       SRF : 응력저감계수(Stress Reduction Factor)

7.2.1 응력저감계수(SRF) 산정 예

터널 주변 접선응력 추정을 위해 수많은 경계요소해석(BEM)에 근거하여 산출된 Hoek-Brown(1980)에 의해 제시된 다음의 상관관계를 사용하였다.

가. 접선응력 상관식

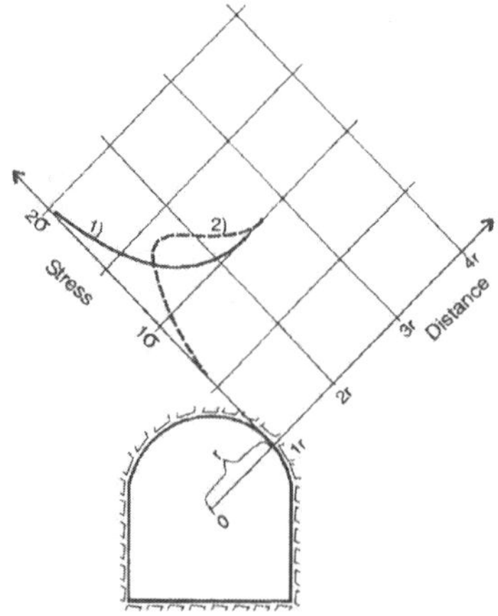

그림 7-1. 터널 주변 접선응력 분포 형태

천정부 접선응력 : $S_{\theta r} = (A \times K - 1)\ S_v$

벽면부 접선응력 : $S_{\theta w} = (B - K)\ S_v$ (OO터널의 경우 2차로 도로터널로서 A=3.1, B=2.7 적용)   여기서, A, B : 터널형상에 따른 상수, K : 측압계수, S_v : 수직응력

나. 터널형상에 따른 상수 A, B값

상 수	터널형상 (Tunnel Shape)								
A	5.0	4.0	3.9	3.2	3.1	3.0	2.0	1.9	1.8
B	2.0	1.5	1.8	2.3	2.7	3.0	5.0	1.9	3.9

다. 터널 중간부 SRF 산정 및 표준지보패턴 산정 예

- 측압계수, $K_{mean} = 1.59$
- 수직응력계산

  $S_v = 480m(토피고) \times 2.7tonf/m^3 = 13MPa$
- 접선응력계산

  천정부 접선응력, $S_{\theta r} = (3.1 \times 1.59 - 1) \times 13MPa = 51MPa$

  벽면부 접선응력, $S_{\theta w} = (2.7 - 1.59) \times 13MPa = 14MPa$
- SRF 산정

깊이 81.2~120.0m에 대한 점하중 강도 및 일축압축강도시험으로부터 평균 일축압축강도는 138MPa으로 접선응력대 일축압축강도 비, S_θ/S_c는 다음과 같다.

　천정부 = 51/138 = 0.37, 벽면부 = 14/138 = 0.10

따라서 표 7-1로부터 적용 응력저감계수, SRF는 천정부는 0.5~2, 벽면부는 1로 각각 구분하여 산정하였으며, 표 7-2에서 보듯이 표준지보패턴이 천정부와 벽면부로 구분되어 설계되었다.

표 7-1. 응력저감계수(SRF) 값

Competent rock, rock stress problems	Sc/S1	Sθ/Sc	SRF
Low stress, near surface, open joints	>200	<0.01	2.5
Medium stress, favourable stress condition	$200\sim10$	$0.01\sim0.3$	1
High stress, very tight structure. Usually favourable to stability, may be except for walls	$10\sim5$	$0.3\sim0.4$	$0.5\sim2$
Moderate slabbing after $>$ 1 hour in massive rock	$5\sim3$	$0.4\sim0.65$	$5\sim50$
Slabbing and rock burst after a few minutes in massive rock	$3\sim2$	$0.65\sim1$	$50\sim200$
Heavy rock burst(strain burst) and immediate dynamic deformation in massive rock	<2	<1	$200\sim400$

표 7-2. 표준지보패턴 산정사례(NGI 응용지질전문가)

암반등급	Q	천정부	벽면부
G	0.001 – 0.01	S(fr) $>$10cm + B + CCA, or RRS + B(c-c $<$ 1.0m) + S(fr) $>$15cm Spiling	천정부 지보설계 적용
F	0.01 – 0.04	S(fr) $>$10cm + B + CCA, or RRS + B(c-c 1.0m to 1.2m) + S(fr) $>$15cm Spiling	천정부 지보설계 적용
F	0.04 – 0.1	RRS + B(c-c 1.2m to 1.3m) + S(fr) $>$15cm Spiling	천정부 지보설계 적용
E	0.1 – 0.4	B(c-c 1.3m to 1.5m) + S(fr) 13cm to 15cm Spiling	B(c-c 1.4m to 1.7m) + S(fr) 6cm to 11cm (Spiling)
E	0.4 – 1	B(c-c 1.5m to 1.7m) + S(fr) 10cm to 13cm (Spiling)	B(c-c 1.7m to 1.9m) + S(fr) 5cm
D	1 – 4	B(c-c 1.7m to 2.1m) + S(fr) 6cm to 10cm (Spiling)	Sb (c-c 1.6–2m), or sb (2.1–2.3m)+ S(fr) 5cm
C	4 – 10	B(c-c 2.1m to 2.4m) + S(fr) 5cm	sb
B	10 – 40	sb (2.3–2.5m) + S(fr) 5cm, or sb (c-c 2–3m)	sb, (or unsupported)
A	40 – 100	sb (c-c 3–4m)	무지보
A	$>$100	무지보	무지보

7.2.2 응력저감계수(SRF) 산정과정 분석 및 검토의견

상기 노르웨이 응용지질전문가의 SRF 산정방법을 분석한 결과, 견고한 암석에서 암반응력이 문제되는 경우 시추자료로부터 SRF 산정과정은 다음과 같다.

가. 응력저감계수 산정과정

- 지반조사 또는 문헌조사를 통해 해당지역 측압계수 산정
- 시추위치에서 토피고를 고려하여 수직응력 계산
- Hoek-Brown 제안식으로부터 접선응력 계산
- 접선응력 대 일축압축강도 비(S_θ/S_c) 계산
- Q-System 입력변수 값을 제시한 표로부터 SRF 결정

나. 검토의견

국내에서는 시추자료로부터 Q-System 분류하는 경우 입력변수 SRF를 일반적으로 "적당한 응력" 항목에 해당하는 SRF = 1로 적용하고 있다. 국내 도로나 철도터널 건설시 토피고를 고려할 때, 대부분 "적당한 응력" 항목에 해당하나, 심도가 매우 깊거나 높은 응력이 작용하는 견고한 암반에서는 SRF 값을 1보다 크게 적용하여 Q값을 작게 산정함으로서 안전측으로 지보설계를 수행해야 할 것이다. 따라서 심도가 깊거나 높은 응력이 작용하는 지반 또는 Rock Burst가 예상되는 암반에서는 반드시 계획심도에서 암반응력 분포를 고려하여 SRF를 합리적으로 산정해야 할 것으로 판단된다.

7.3 암반응력을 고려한 수치해석적 터널거동 분석 사례

본 장에서는 암반응력을 고려한 터널거동에 대한 수치해석적 검토사례를 분석하여 터널 안정성 해석시 개선사항에 대하여 고찰하였다. 특히 해석상에서 암반응력을 고려할 때 사용되는 입력자료인 측압계수의 크기 및 주응력 방향성을 변수로 2차원 및 3차원 매개변수 해석(Parameter study)을 수행하여 초기 암반응력 재현조건에 따른 영향을 평가하였다.

해석은 측압계수 크기를 변수로 한 2차원 연속체 해석, 주응력 방향성을 변수로 한 3차원 연속체 및 불연속체 해석을 수행하였다.

7.3.1 측압계수 크기에 따른 터널거동 분석

2차원 연속체 터널 안정성 해석을 통하여 측압계수 크기 변화에 따른 터널 내 발생 변위 및 지보재 응력 발생형태와 경향을 파악하였다.

가. 해석조건

- 해석영역은 지하 50m 심도에 위치한 터널 주변지반을 모델링

- 해석프로그램 : FLAC 2D
- 해석모델 : Mohr-Coulomb Model

나. 해석방법

- 해석단면은 지보패턴별로 P-1, 2, 3은 전단면 굴착, P-4, 5는 상·하반단면 굴착으로 시공 단계에 따라 해석함
- 측압계수 0.5, 1.0, 1.5, 2.0, 2.5에 대하여 지보패턴별로 해석수행

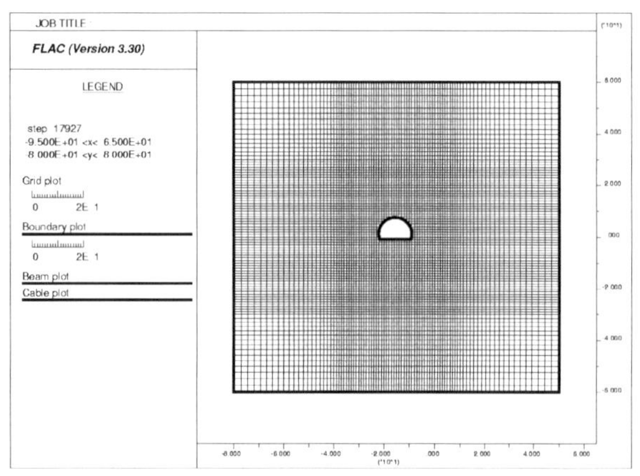

(a) 해석 모델링

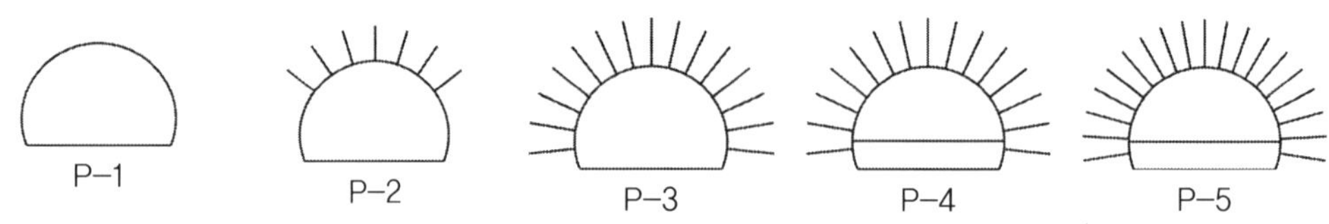

(b) 지보패턴별 해석단면

그림 7-2. 해석모델링 및 지보패턴별 해석단면

표 7-3. 해석지반 물성치

등 급	탄성계수 (MPa)	포아송비	단위중량 (tonf/m³)	내부마찰각 (Deg)	점착력 (MPa)
암반등급 I	32,700	0.18	2.70	46	15.0
암반등급 II	24,900	0.20	2.60	44	5.0
암반등급 III	11,400	0.24	2.50	38	2.0
암반등급 IV	3,800	0.30	2.30	32	0.5
암반등급 V	400	0.33	2.10	30	0.45

다. 해석결과

(1) 천단침하 및 내공변위

- 지보패턴별로 측압계수가 커질수록 천단침하는 감소하는 경향을 보이고, 내공변위는 증가하는 경향을 보임
- 지반등급이 낮을수록 측압계수 변화에 따른 천단침하 및 내공변위 변화량이 커지는 경향을 나타냄
- 따라서 지반이 취약한 갱구부나 파쇄대에 대한 터널 안정성 검토시 반드시 측압계수 크기에 대한 영향을 고려하여 해석을 수행해야 할 것으로 판단됨

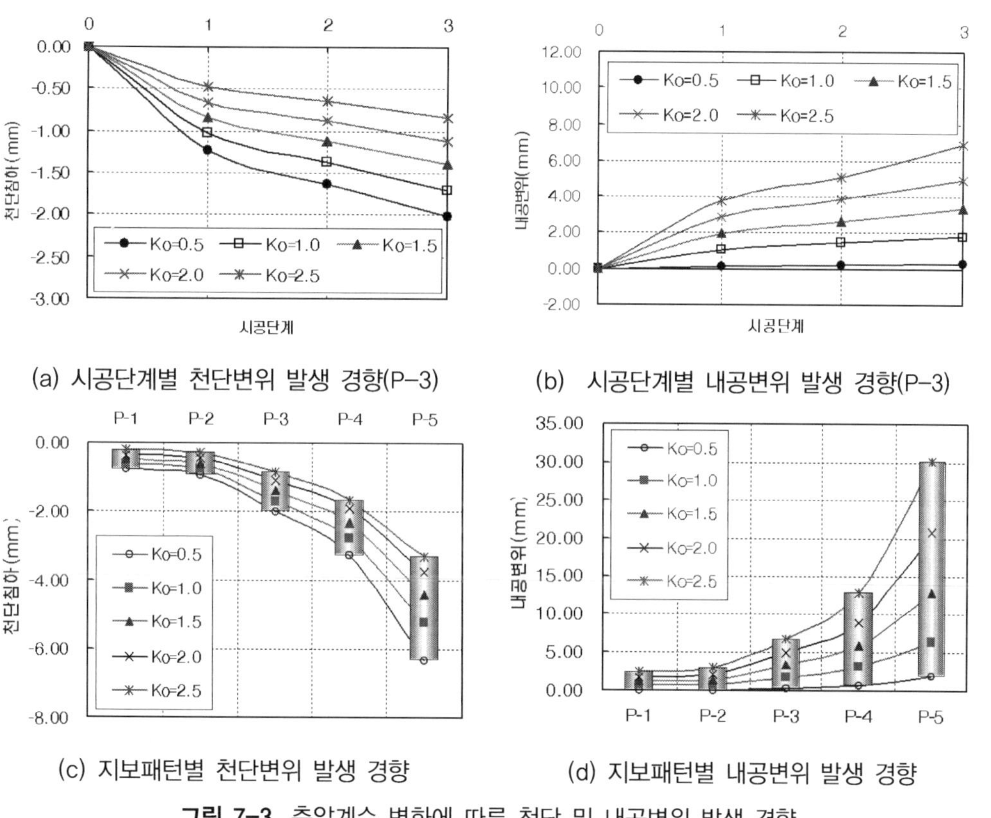

(a) 시공단계별 천단변위 발생 경향(P-3)

(b) 시공단계별 내공변위 발생 경향(P-3)

(c) 지보패턴별 천단변위 발생 경향

(d) 지보패턴별 내공변위 발생 경향

그림 7-3. 측압계수 변화에 따른 천단 및 내공변위 발생 경향

(2) 지보재 응력(숏크리트 응력 및 록볼트 축력)

- 지보패턴별로 측압계수가 커질수록 천단부 숏크리트 최대 휨압축응력, 록볼트 최대 축력이 증가하는 경향을 보임

- 굴착으로 인해 발생된 변위와 마찬가지로 지반등급이 낮을수록 측압계수 변화에 따른 지보재 응력 변화량이 커지므로 갱구부 및 파쇄대 안정성 검토시에는 측압계수 크기 산정 및 적용시 주의해야 할 것으로 판단됨

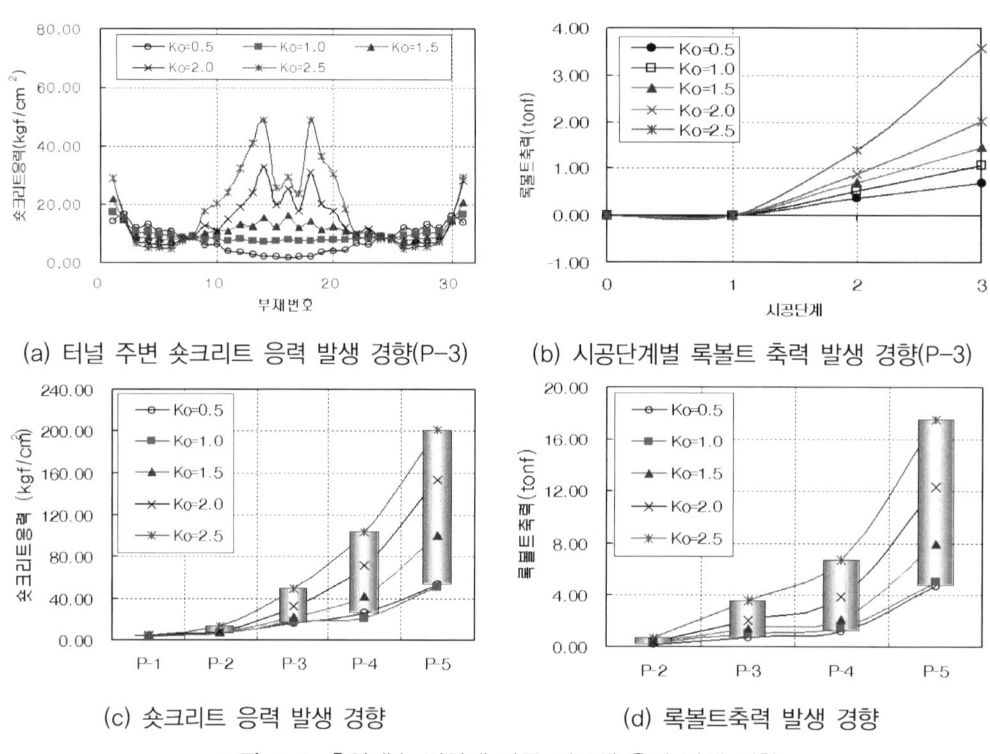

(a) 터널 주변 숏크리트 응력 발생 경향(P-3) (b) 시공단계별 록볼트 축력 발생 경향(P-3)

(c) 숏크리트 응력 발생 경향 (d) 록볼트축력 발생 경향

그림 7-4. 측압계수 변화에 따른 지보재 응력 발생 경향

7.3.2 연속체 해석을 통한 주응력 방향에 따른 터널거동 분석

기존 터널해석에서는 주응력 방향을 고려하지 않고 있는 실정으로 실제 지반특성을 반영한 터널해석을 수행하기 위해서 3차원상에서 주응력 방향 변화에 따른 터널 내 응력과 변위의 영향을 해석적으로 검토하여 주응력 방향에 따른 터널 및 주변 지반의 거동 특성을 파악하였다.

가. 해석 조건

- 해석영역은 지하 100m 심도에 위치한 터널 주변지반을 모델링
- 해석프로그램 : FLAC 3D
- 해석모델 : Mohr-Coulomb Model

나. 해석 방법

- 측압계수 0.5, 1.0, 2.0에 대하여 해석수행
- 각 경우에 대하여 터널진행방향을 기준으로 최대주응력과 최소주응력이 직교하는 경우에 대하여 방향각을 0°, 30°, 60°, 90°로 변화시키며 해석 수행

표 7-4. 해석 Case

Case	주응력 방향(°)	측압계수(Ko)	주응력 정의
A – 1	0		
A – 2	30	0.5	$K_1 = \sigma_V$
A – 3	60		$K_2 = K_0 \times \sigma_V$
A – 4	90		
B – 1	0	1.0	$K_1 = K_2 = \sigma_V$
C – 1	0		
C – 2	30	2.0	$K_1 = K_0 \times \sigma_V$
C – 3	60		$K_2 = \sigma_V$
C – 4	90		

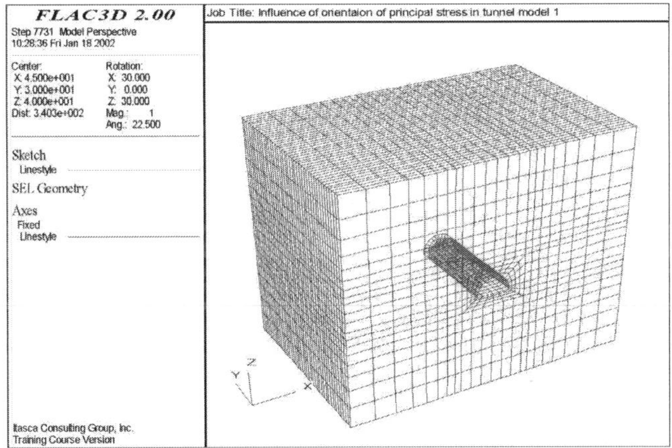

그림 7-5. 해석 모델링

표 7-5. 해석지반 물성치

등 급	탄성계수 (MPa)	포아송비	단위중량 (tonf/m3)	내부마찰각 (Deg)	점착력 (MPa)
암반등급 III	8,000	0.23	2.50	38	0.8

다. 해석 결과

(1) 천단침하 및 측벽변위 발생경향

- 천단변위비 $= \dfrac{\text{해석조건별 천단변위}}{K_0 = 1.0\text{의 천단변위}}$, 측벽변위비 $= \dfrac{\text{해석조건별 측벽변위}}{K_0 = 1.0\text{의 측벽변위}}$

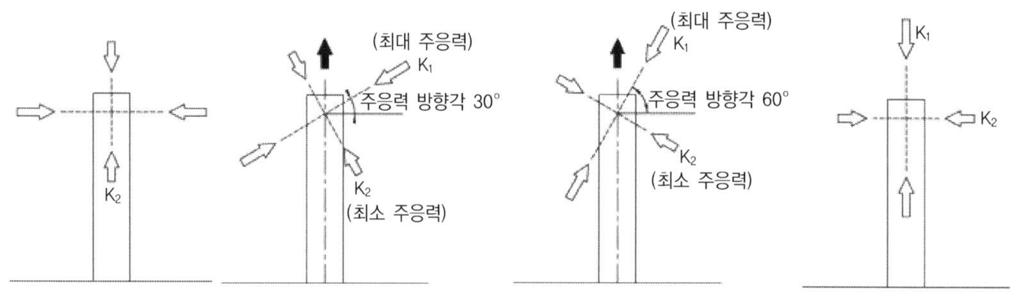

그림 7-6. 터널굴진방향에 대한 주응력 변화 정의

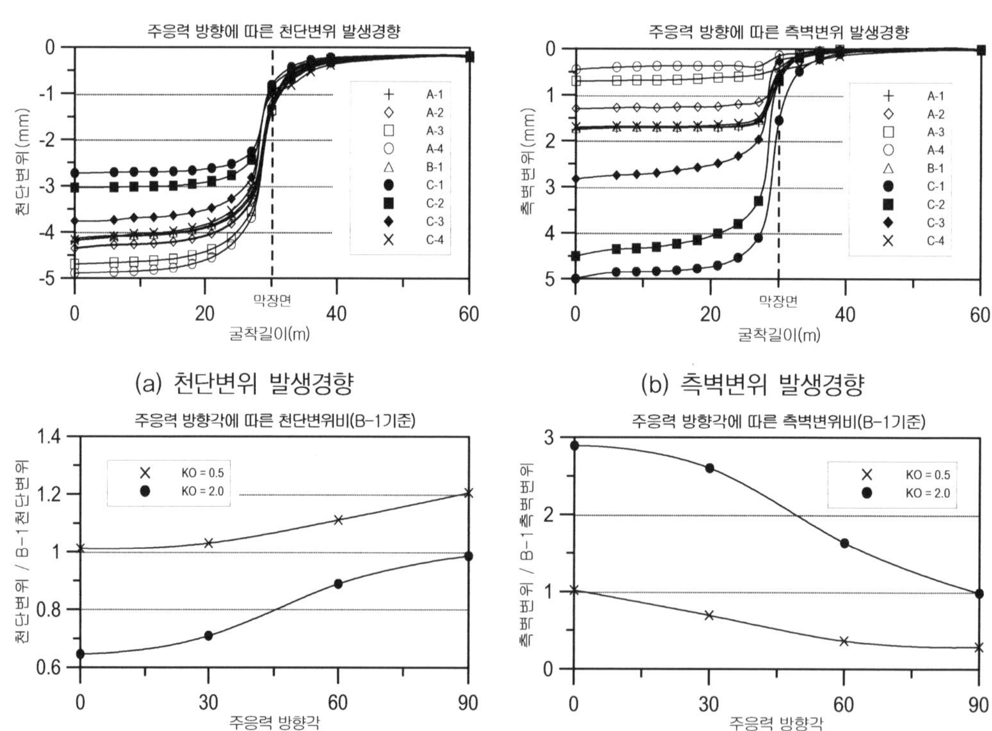

그림 7-7. 천단 및 측벽변위 발생경향

- K_o = 0.5일 경우 주응력 방향각이 90°일 때 천단변위비가 1.2로 변위증가 최대 발생
- K_o = 2.0일 경우 주응력 방향각이 90°일 때 천단변위비가 1.0으로 변위증가 최대 발생
- 측벽변위비는 K_o = 0.5, K_o = 2.0 경우 주응력 방향각이 0°일 때 각각 1.0, 2.9로 가장 크게 발생

(2) 숏크리트 응력 발생경향

- 지보재(숏크리트) 전단응력의 경우 터널의 어깨부에서 가장 큰 변화 양상을 나타냄
- 지보재의 휨압축응력은 주응력 방향이 터널 축방향 기준으로 증가함에 따라 감소하는 경향을 보여 최대주응력의 방향이 터널 진행 방향과 수직한 경우 터널의 안정성에 가장 큰 영향을 보일 것으로 판단됨
- 휨압축응력의 경우 터널의 천단부에서 가장 큰 변화 양상을 보임

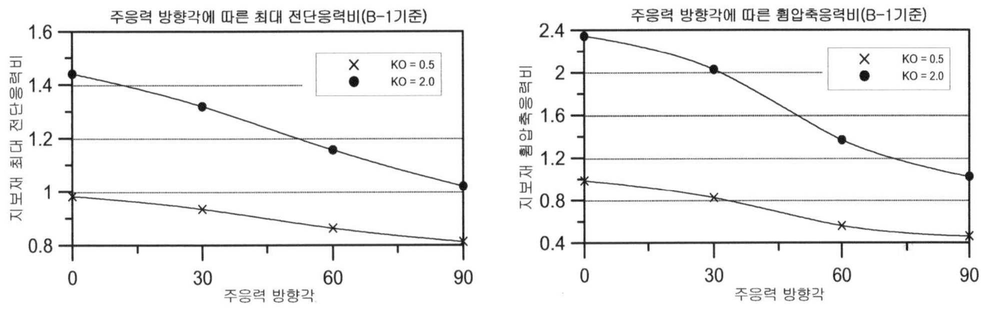

(a) 주응력 방향각에 따른 최대 전단응력 발생경향 (b) 주응력 방향각에 따른 최대 휨압축응력 발생경향

그림 7-8. 숏크리트 응력 발생경향

(3) 결과분석

- K_o = 0.5일 경우 주응력 방향각이 90°일 때 천단변위비가 1.2로 변위 증가 최대
- K_o = 2.0일 경우 주응력 방향각이 90 일 때 천단변위비가 1.0으로 변위 증가 최대
- 전단응력비는 K_o = 0.5, K_o = 2.0 일 경우 주응력 방향각이 0° 일 때 각각 1.0, 1.45로 최대 발생
- 휨압축응력비는 K_o = 0.5, K_o = 2.0 일 경우 주응력 방향각이 0° 일 때 각각 1.0, 2.3으로 최대 발생

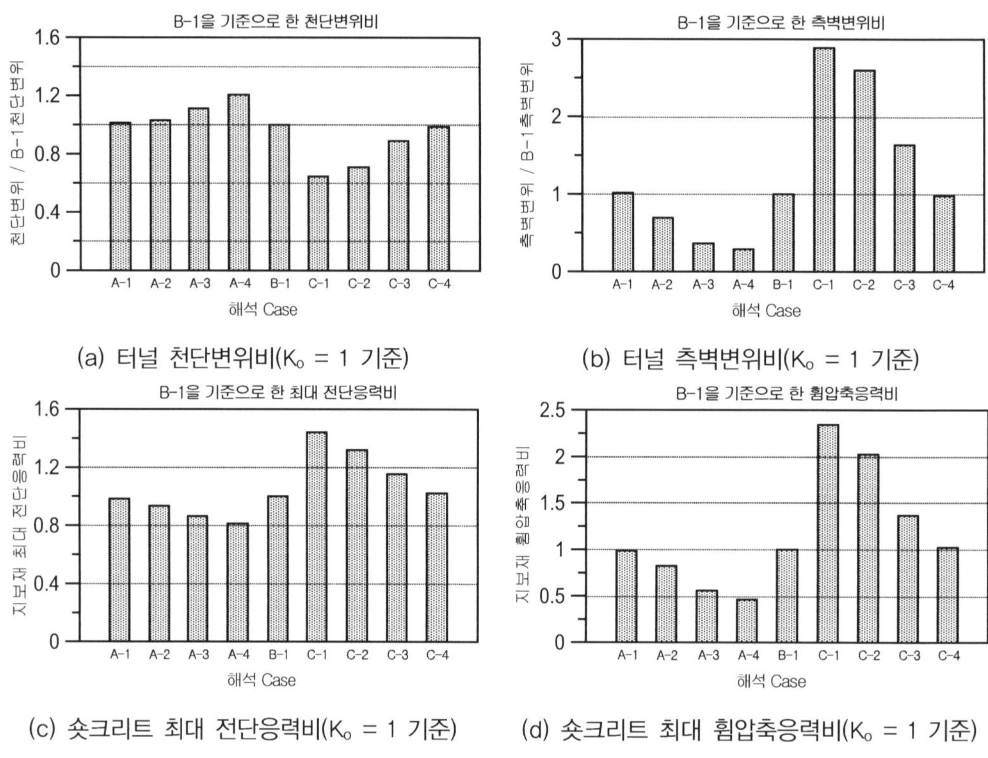

(a) 터널 천단변위비($K_o = 1$ 기준)   (b) 터널 측벽변위비($K_o = 1$ 기준)

(c) 숏크리트 최대 전단응력비($K_o = 1$ 기준)   (d) 숏크리트 최대 휨압축응력비($K_o = 1$ 기준)

그림 7-9. 천단 및 측벽변위 발생경향

(4) 검토의견

- 터널축에 대한 주응력 방향각의 변화에 따라 지보재 발생응력은 천단부가 가장 민감하게 변화함

- 또한 주응력 방향과 측압계수 크기에 따라 지보재의 응력은 최대 약 230% 정도까지 증가함

- 따라서 3차원 지반조건을 고려한 수치해석시 원 지반의 주응력 방향은 터널의 거동에 중요한 영향을 미치며, 해석시 주응력 방향성을 반드시 반영해야 할 것으로 판단됨

7.3.3 불연속체 해석을 통한 주응력 방향에 따른 터널거동 분석

개별요소법에 의한 불연속체 터널 안정성 해석의 경우, 일반적으로 지형형태를 고려하지 않고, 중력방향의 좌표축과 동일한 방향으로 초기 주응력을 입력하여 터널 굴착 전 지반응력을 재현한다. 이와 같은 초기화 과정을 통해 보통 지형특성이 고려된 응력분포가 이루어지나,

습곡지형과 같이 주응력이 습곡형태에 따라 특정방향으로 뚜렷이 나타나는 지반 조건인 경우에는 중력방향 좌표축과 동일한 주응력 입력이 아닌 특정방향(예, 지형기울기 방향 좌표과 동일한 방향)으로 주응력을 입력하는 것을 고려해야 할 것으로 판단된다. 따라서 본 해석에서는 배사(Anticline)와 향사(Syncline)구조를 갖는 지형을 모사하여, 초기 주응력 입력시 각각 중력방향의 좌표축과 지형기울기 방향 좌표축에 동일한 방향으로 주응력을 입력한 후 초기 지반응력을 재현하여 두 가지 해석결과를 비교분석하였다.

가. 해석조건

- 지형구조 : 터널 종방향으로 배사 및 향사구조 모델링
- 해석프로그램 : 3DEC
- 해석모델 : Coulomb Slip Joint Model

나. 해석방법

- Case 1 : 지형특성을 고려한 주응력분포 방향 고려

  지형 기울기방향 좌표축으로 초기응력 입력 → 초기화(지반응력 재현) → 굴착 및 지보
- Case 2 : 지형특성을 고려한 주응력분포 방향 미고려

  중력방향 좌표축으로 초기응력 입력 → 초기화(지반응력 재현) → 굴착 및 지보
- 측압계수 1.0에 대하여 해석수행

표 7-6. 해석지반 연속체 물성치

등 급	탄성계수 (MPa)	포아송비	단위중량 (tonf/m³)	내부마찰각 (Deg)	점착력 (MPa)
암반등급 III	3,000	0.22	2.50	38	0.8

표 7-7. 해석지반 불연속체 물성치

수직강성 Kn(MPa/mm)	전단강성 Kn(MPa/mm)	점착력 (MPa)	잔류마찰각 (Deg)
6.39	0.50	0.03	25

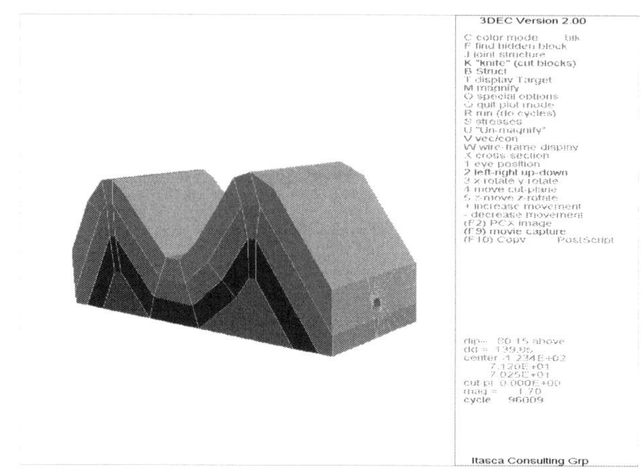

(a) 해석 모델링도

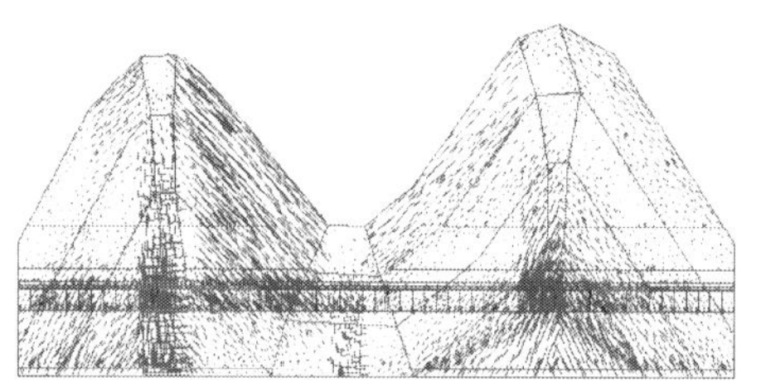

(b) 굴착 전 초기 주응력 재현상태(Case 1)

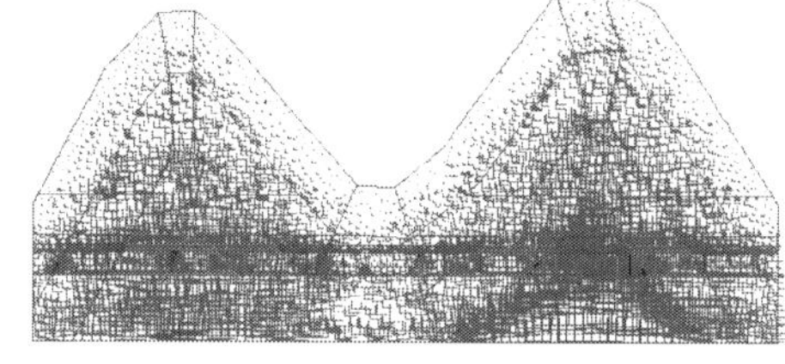

(c) 굴착 전 초기 주응력 재현상태(Case 2)

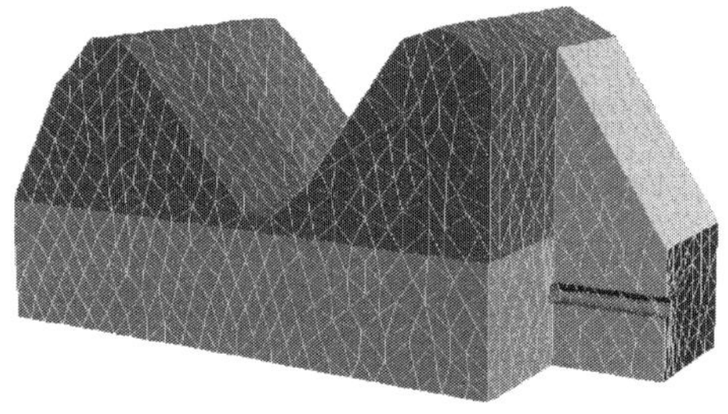

(d) 굴착진행 모식도(35m 굴진)

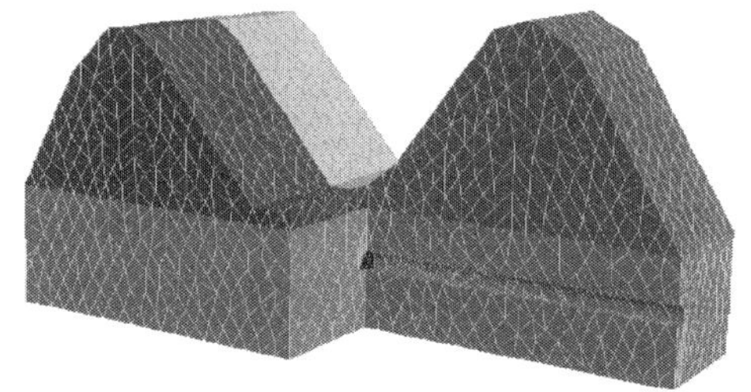

(e) 굴착진행 모식도(140m 굴진)

그림 7-10. 해석 모델링도 및 해석방법

다. 해석결과

(1) 터널 굴진방향에 대한 천단변위 발생 경향

- 그림 7-12에서 보듯이 본 해석의 지형인 경우는 터널굴착이 진행되는 동안 배사와 향사구조의 날개 부분에 근접한 100-150m 구간과 200~250m 구간에서 가장 응력집중이 클 것으로 예상됨

- Case 1의 경우 터널 종방향에 대한 천단부 수직 및 수평변위 결과를 분석한 결과, 배사와 향사구조의 날개 부분에 근접하는 터널 위치(터널굴착 100-150m 구간과 200~250m 구간)에서 천단 수직변위가 급격히 증가함
- Case 2의 경우는 Case 1에서와 같이 날개구조 부근에서 수직이나 수평변위가 증가하는 경향을 일정하게 보이지 않으며, 최대 발생변위도 Case 1에 비하여 작게 발생함

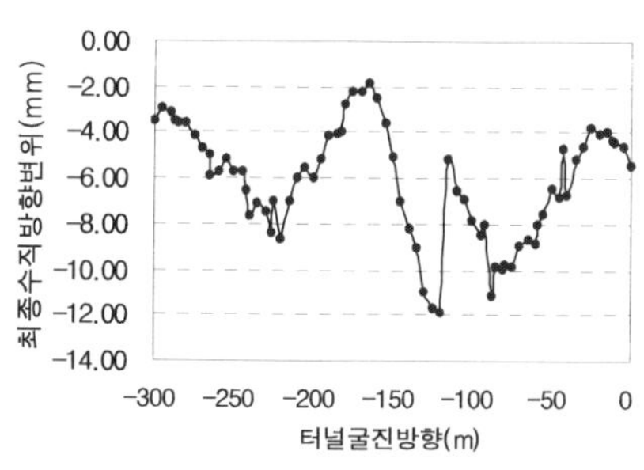

(a) Case 1 : 수직방향 변위

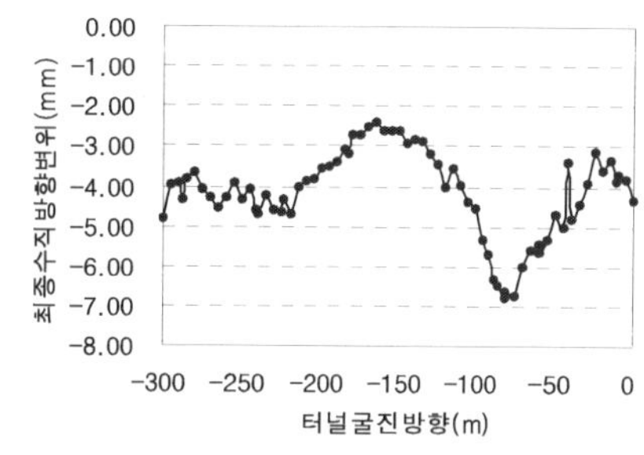

(b) Case 2 : 수직방향 변위

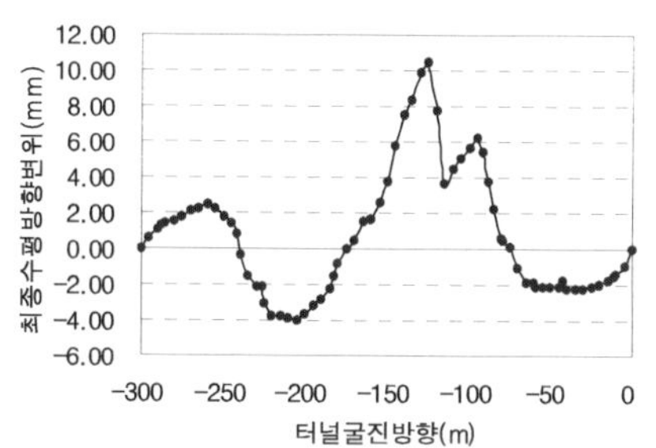

(c) Case 1 : 수평방향 변위

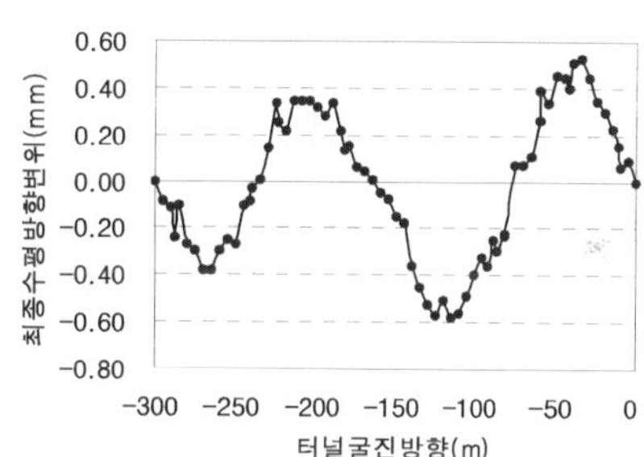

(d) Case 2 : 수평방향 변위

그림 7-11. 터널 굴진방향에 대한 천단변위 발생 경향

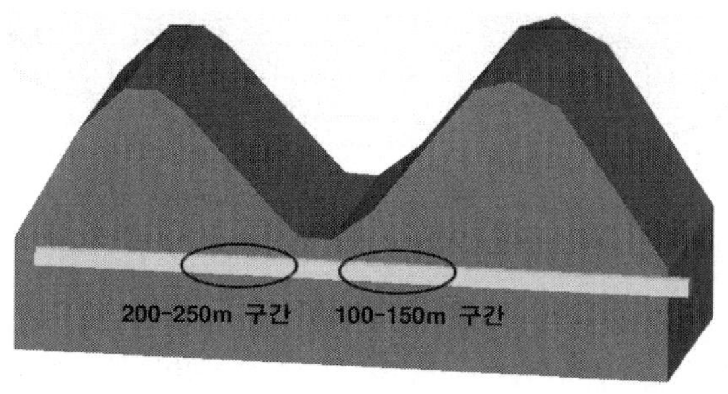

그림 7-12. 터널 굴진시 주요 위험구간

• 따라서 습곡지형의 경우 Case 1과 같이 초기응력을 지형기울기와 동일한 좌표축으로 입력하여 재현하는 것이 타당한 것으로 판단됨

(2) 터널 굴진방향에 대한 천단부 응력
• 앞서 언급한 대로 터널굴착이 진행되는 동안 배사와 향사구조의 날개 부분에 근접한

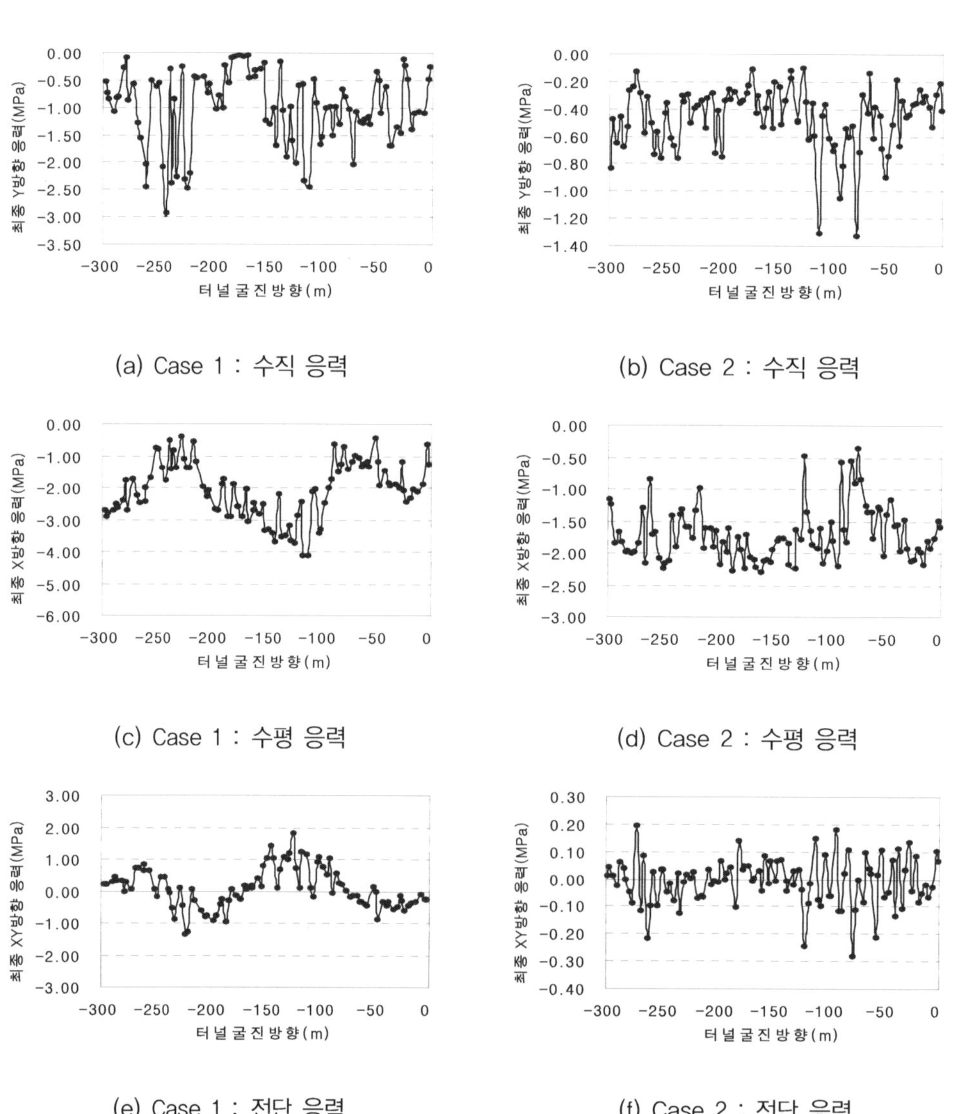

(a) Case 1 : 수직 응력　　　　(b) Case 2 : 수직 응력

(c) Case 1 : 수평 응력　　　　(d) Case 2 : 수평 응력

(e) Case 1 : 전단 응력　　　　(f) Case 2 : 전단 응력

그림 7-13. 터널 굴진방향에 대한 지반응력 발생 경향

100-150m 구간과 200~250m 구간에서 가장 응력집중이 클 것으로 예상됨
- Case 1의 경우 터널굴착에 따른 수직, 수평 및 전단응력 분포 양상을 분석한 결과, 날개구조에 근접하는 위치(터널굴착 100-150m 구간과 200~250m 구간)에서 응력값이 다른 구간에 비해 상대적으로 커 응력집중이 발생함을 알 수 있음(앞서 천단부 변위검토결과와 동일한 결과임)
- Case 2의 경우 Case 1에서와 같이 날개구조 부근에서 응력집중이 되는 경향을 보이지 않으며, 최대발생응력값도 Case 1에 비해 작게 발생함

(3) 검토 의견

- Case 1의 경우 3DEC을 이용한 3차원 습곡지형에 대한 터널 안정성 검토결과 터널 종방향에 대하여 배사와 향사구조의 날개구조와 교차하는 부분에서 천단변위가 크게 발생하였으며, 응력집중현상이 발생함
- 이는 습곡구조 주응력 분포형태에 기인한 결과로 판단됨
- Case 2의 경우 Case 1에서와 같이 날개구조 부근에서 응력집중이나 변위발생 증가가 발생하지 않으며, 변위 및 응력의 최대 발생값이 Case 1에 비해 작게 발생함
- 이는 습곡지형에서 Case 2와 같이 초기응력을 재현하여 불연속체 안정성 해석을 수행하는 경우 불안전측 설계로 인한 해석결과의 신뢰도가 저하될 수 있는 것으로 판단됨
- 따라서 습곡지형의 경우 Case 1과 같이 초기응력을 지반조사 결과에 근거한 특정방향으로 입력하여 재현하는 것이 합리적일 것으로 판단됨

7.4 결론 및 향후과제

본 고에서는 암반응력을 고려한 터널설계 사례를 검토·분석하여 합리적이고, 안정적인 지하구조물 설계 방안에 대하여 고찰하였다. 터널설계 사례로는 암반응력을 고려하여 암반분류 및 지보설계를 수행할 수 있는 Q-System 적용사례를 분석하였다. 국내 도로터널설계 프로젝트에 노르웨이 지반연구소 응용지질전문가가 참여하여 수행한 Q-System 분류 중, 특히 암반응력을 고려하는 입력변수인 SRF 산정과정을 상세분석하고, 그에 따른 표준지보설계 사례를 분석하였다. 다음은 터널 안정성에 대한 수치해석적 검토시 측압계수 크기 및 주응력 방향성을 매개변수로 한 해석을 수행하여 터널 안정성 해석시 개선사항에 대하여 검토하였으며, 그 결과를 요약하면 다음과 같다.

(1) Q-System에 의한 암반분류시 제안사항

- 국내에서는 시추자료로부터 Q-System 분류하는 경우 입력변수 SRF를 일반적으로 "적당한 응력" 항목에 해당하는 SRF = 1로 적용하고 있으나, 심도가 깊거나 높은 응력이 작용하는 지반 또는 Rock Burst가 예상되는 암반에서는 반드시 SRF 산정시 계획심도에서 암반응력 분포를 계산하여 SRF를 합리적으로 산정해야 할 것으로 사료됨

(2) 터널 안정성 해석시 제안사항

- 측압계수 크기를 변수로 한 2차원 연속체 해석결과 측압계수 크기에 따라 터널 주변 변위 및 응력이 상이하게 나타나므로 반드시 지반조사 결과를 반영하여 안정성 해석을 수행해야 하고, 특히 지반조건이 불량한 갱구부나 파쇄대 구간에서는 지반조사결과이외의 측압계수에 대한 해석을 수행하여 안전측 설계를 하는 것이 합리적이라고 판단됨
- 3차원 연속체 해석에 의해 터널 안정성 검토를 하는 경우 기존의 터널 진행방향과 일치하는 주응력방향을 고려하는 해석수행을 지양하고, 지반조사로부터 획득된 주응력분포 방향성을 고려하여 해석을 수행함으로서 터널 안정성 해석의 신뢰도를 제고해야 할 것으로 판단됨
- 불연속체 해석에 의한 터널 안정성 검토를 하는 경우, 특히 습곡지형과 같이 주응력분포 형태가 특정방향으로 정해진 경우는 그 방향성을 고려하여 초기응력을 재현한 후 터널 안정성 검토를 수행해야 할 것으로 판단됨

암반응력, 특히 측압계수 크기 및 주응력 방향성에 대한 상기의 제안사항은 우선적으로 지반조사결과의 신뢰도 확보를 전제로 한 것으로서 암반응력을 고려한 터널설계 이전에 반드시 신뢰도 높은 지반조사기법을 적용하여 합리적으로 현지 암반응력상태를 파악해야 할 것이다. 한편 터널설계시 안정성 검토를 위해 흔히 수행되는 수치해석기법은 일견 매우 정밀하게 보이나 실제 현장에서 발생하는 터널거동 메커니즘 중에 단지 일부만을 단순화하여 구현할 뿐이다. 따라서 최대한 현장상태를 고려한 안정성 검토를 수행하기 위해서는 단순히 측압계수 크기만을 고려하는 해석을 지양하고, 그 방향성을 반드시 고려해야 할 것으로 판단되며, 향후 실제에 가까운 현지 지반응력을 재현하기 위한 기법들에 대한 연구가 추가적으로 수행되어야 할 것이다.

Part.

06

대심도암반

1. 대심도에서의 암반역학적 문제

2. 대심도 암반의 터널 설계를 위한 지반 조사와 특성화

3. 대심도 암반특성의 모델링 및 해석에 대한 고찰

4. 암반특성을 고려한 터널 위험도 분석 및 설계사례

5. 과지압 암반 내 대규모 지하공동 안정성 문제 및 대책

01 대심도에서의 암반역학적 문제

▎박 의 섭

1.1 서 론

암반 내 지하공동의 굴착에 따른 공동의 안정성에 크게 영향을 미치는 파괴형태는 공동 굴착으로 인하여 발생하는 2차 응력이 암반 강도를 초과하여 발생하는 파괴와 단층이나 절리 등 암반에 존재하는 불연속면이 굴착 후 공동면에 의해 블록을 형성하고 자중에 의해 떨어지거나 미끄러지는 파괴로 크게 나눌 수 있다. 즉, 지하공동의 안정성은 공동 주위 암반에 작용하는 응력과 암반의 강도특성 또는 암반의 구조적인 특징에 따르게 됨을 말하는 것이고, 전자는 주로 초기현장응력이 큰 심부암반에서 일어나는 파괴형태이며, 후자는 주로 천부 암반에서 일어나는 파괴형태이다.

지하공동 설계시 공동의 파괴에 대하여 안정성 확보를 위한 중요한 문제로는 공동의 굴착시 공동 주위에 발생하는 최대주응력의 크기와 방향을 결정하는 것이며 임계응력이라 불리는 이 주응력은 공동이 인위적인 보강없이 안전하게 유지될 수 있도록 암반 강도보다 낮아야 하며 공동 주위에 발생하는 변위 또한 최대한 억제할 수 있도록 공동의 위치와 형태를 설계하여야 한다.

지하공동의 형상과 규모는 지질구조, 암반조건 및 건설방법 (굴착, 보강)에 따라 변화될 수 있으므로 과거에 사용해 오던 공동의 크기와 형상을 그대로 답습하는 관행을 탈피하고 지하공동이 갖고 있는 특수한 용도와 목적에 따라 대형화, 심부화 추세로 가고 있는 지하공동의 설계 개념을 수립하여야 한다.

1.2 암반역학적 Key Factor

1.2.1 핵폐기물 처분장에서의 암반역학적 key factor

스웨덴 핵폐기물 처분장 프로젝트에서 제시된 KBS-3 저장방식에서 암반역학적 요소에 의해 심각하게 영향을 받는 초기설계 결정사항은 다음과 같다.

(1) 현지응력상태에 관련된 지하공동의 심도

(2) 진입로 및 지원 시설물을 포함한 지하공동의 배치계획

(3) 지하공동의 형태와 크기

(4) 주 진입경로와 처분터널을 위한 시공방법(발파 또는 기계 굴착법)

(5) 현지응력상태에 관련된 진입 및 처분터널의 방향

(6) 역학적 안정성에 필요한, 처분터널과 처분공 사이의 암주(pillar) 간격

핵폐기물 처분장 주변의 암반은 다음 요소들에 의해 발생된 독특한 응력경로의 영향을 받는다(그림 1-1). 즉, 지하공동의 시공에 따른 굴착 거동, 버퍼(buffer)에서 발생한 팽창(swelling) 압력, 매립된 핵폐기물에서 발생된 열, 그리고 빙하작용에 의한 영향(glaciation)이 있다. 이와 같은 다양한 시나리오에 의한 지하공동의 하중은 재하/제하 조건 및 응력 회전을 유발하는 응력경로를 생성한다.

지하공동의 심도가 증가함에 따라(현지응력의 크기가 증가함에 따라), 기존 절리들은 밀착

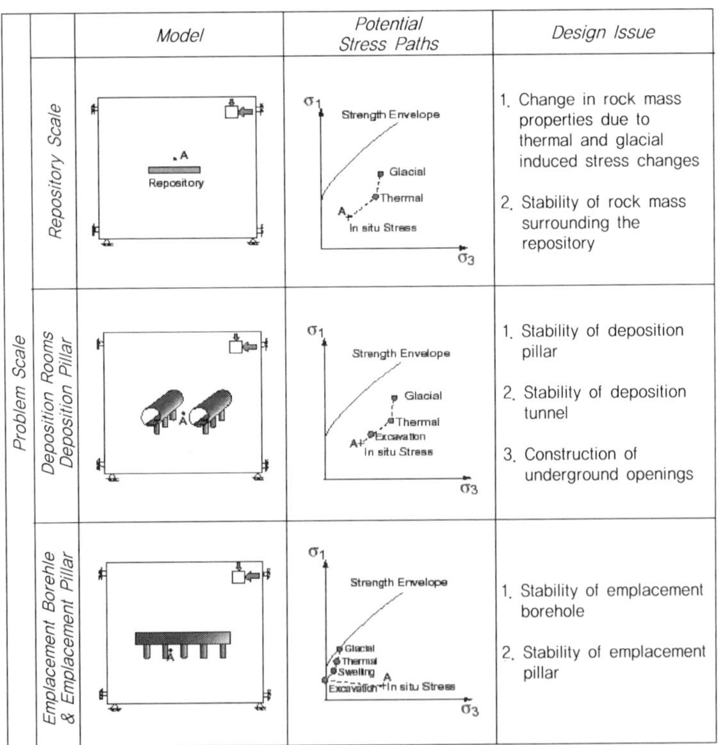

그림 1-1. 핵폐기물처분장의 성능평가와 관련된 암반역학적 설계문제의 예(Martin et al, 2001)

되기 시작하고, 파괴 과정은 취성화되면서 굴착 공동에 평행하게 발달하는 새로운 응력유도균열(stress-induced fractures)이 우세해진다. 경암 내 취성파괴를 특징짓는 중요 변수 중의 하나는 신선하거나 단단히 밀착된 절리암반을 통하여 이러한 응력유도 균열들이 시작되고 전달되는 데 필요한 응력 크기이다. 중간 심도에서는 초기엔 이러한 응력유도균열영역은 터널 주변에 국한되지만, 심도가 깊어짐에 따라 파괴는 굴착공동의 전체로 확장된다(그림 1-2).

　Martin(1999) 등은 응력유도 취성파괴(spalling)의 가능성을 정량화하고자, 다음과 같은 손상지수(Damage Index, D_i)를 사용하였다.

$$D_i = \frac{\sigma_{\max}}{\sigma_c} \tag{1-1}$$

여기서, $\sigma_{\max}$ 는 원형공동 경계면에서의 최대접선응력, σ_c 는 신선암의 일축압축강도이다.

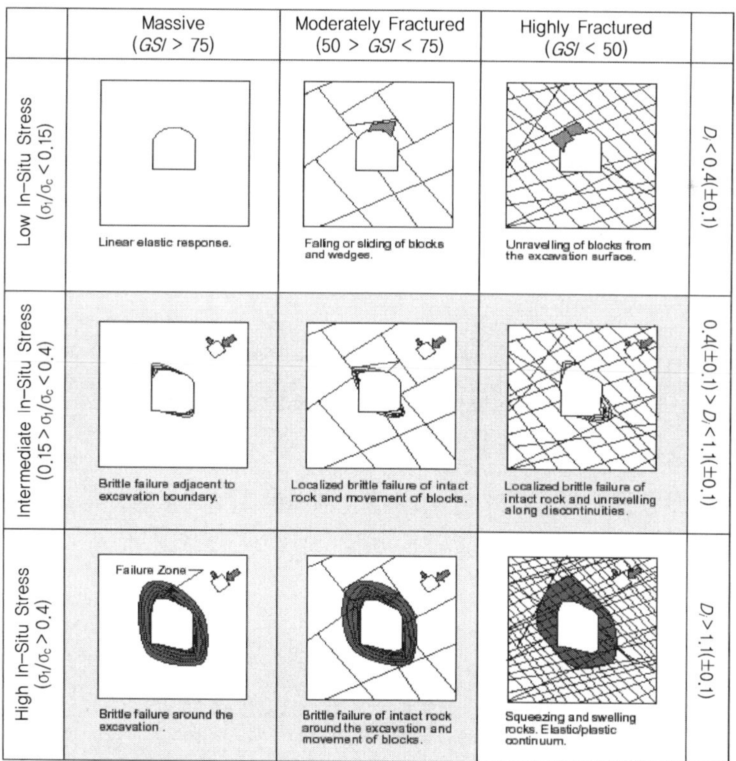

그림 1-2. 지하공동의 불안정과 파괴모드(Martin et al, 2001, modified from Hoek et al(1995))

D_i와 σ_1/σ_c비율간의 상호관계 (그림 1-2)에 의하면, 응력유도 spalling은 $D_i > 0.4$ or $\sigma_1/\sigma_c > 0.16$까지는 발생하지 않는 것으로 나타났다.

지하공동의 안정성을 평가하기 위해서는 다음 네 가지 변수가 높은 신뢰도를 갖도록 구해야 한다.

(1) 파괴모드가 구조적으로 조절된 자중유도 파괴일 때는, 불연속면들의 기하학적 형상 및 강도

(2) 파괴모드가 응력유도 슬래빙(slabbing)일 때는, 암반의 강도

(3) 균열이 시작되고 성장되는데 필요한 응력의 크기

(4) 현지응력의 크기, 방향 및 다양한 하중조건에 따른 응력 변화

1.2.2 노르웨이의 지하공동 설계지침

지하공간개발이 활발하게 수행되는 노르웨이에서는 지하공동 설계시 지질학적 및 역학적 성질들을 고려하기 위하여 이상적인 공동의 설계지침을 가지고 있다. 영구적인 지하공동의 설계에 고려되는 지침 중 공동의 위치, 공동의 축방향, 공동의 형상, 그리고 공동의 치수가 특히 중요시된다. 각각의 절차에서 고려되는 세부 내용은 다음과 같으며, 서로 연관성을 가지고 수행된다.

가. 공동의 위치

1) 공동의 심도

천부공동은 공동이 위치할 대상 암반이 지표에서 가까운 거리에 있으며 낮은 초기응력이 작용하는 위치로 분류한다. 매우 낮은 응력조건에서는 암반 내의 블록들이 내적으로 연결되는 능력이 감소되므로 공동의 천정을 아치형으로 굴착하여 얻을 수 있는 안정성 효과를 기대하기 힘들어, 암반 블록의 이동에 의한 불안정성 문제가 자주 발생한다.

이에 반하여 심부공동은 지표에서 먼 거리에 위치하는 암반으로 초기응력이 크거나 비등방적으로 나타나고 국부적으로 암반강도를 초과하는 응력이 나타날 수 있는 위치로 분류한다. 즉 이러한 응력조건하에서는 rock burst, squeezing 또는 응력에 관계되는 안정성의 문제가 발생할 수 있으며, 대략 수백 미터의 심도에서 나타나기 쉽다.

따라서 천부에 공동을 건설할 때는 공동 천정부가 자기지지능력을 충분히 나타낼 수 있도록 절리나 단층 등의 불연속면에 대하여 충분한 수직응력을 가할 수 있을 만큼 풍화되지 않은 overburden이 존재하는 곳에 공동을 위치시켜야 하고, 심부에 공동을 건설할 때는 굴착 후에

공동 주위에 작용하는 2차 응력의 크기가 최소화될 수 있도록 공동의 형태를 조절하는 것이
중요하다.

2) 대상 암반의 암질

공동의 설계시 단층, 절리, clay gouge, crushed zone 등의 연약층은 가능하면 적게 교차하
도록 설계하는 것이 중요하며 암질에 따라 공동의 단면 및 연장 등이 제한될 수 있다.

나. 공동의 축방향

암반에 존재하는 불연속면은 지하공동의 안정성 문제에 직접적인 영향을 미치므로 불연속
면의 방향과 특성을 종합하여 공동의 축방향을 결정하여야 한다. 일반적으로 공동의 장축방향
은 절리나 단층과 같은 불연속면의 주향 방향에 직교하도록 설계하는 것이 유리하다. 또한
깊은 심도에 위치하는 공동을 설계할 때는 암반에 작용하는 응력이 상당히 비등방적으로 나타
나므로 최대주응력의 방향이 고려되어야 한다.

다. 공동의 형상

암반은 불연속 물질로 구성되어 있기 때문에 압축응력에는 어느 정도 강하나 인장응력에는
매우 약하다. 또한 암반의 불연속면은 지하공동의 안정성 문제에 직접적인 영향을 미친다.
따라서 공동 설계의 기본적인 개념은 공동의 3차원적인 장축방향을 선택하는 것뿐만 아니라
공동 주위에 압축응력이 고르게 분배되도록 공동의 2차원적 단면형상을 설계하는 것이다.

라. 공동의 치수

공동의 이용목적에 적합한 공동의 용적을 얻기 위해서는 공동의 축방향 연장을 늘리는 방법
을 주로 사용하며, 공동의 단면 크기를 결정하는 특별한 기준을 사용하지는 않는다. 공동의
치수를 구하는 방법은 식 (1-2)와 같이 경험적 암반분류법인 Q값을 이용하여 무지보 공동의
최대 지간을 구하는 방법이 있다. Q값은 식 (1-3)을 이용하면 RMR 값으로 환산되므로 암질에
따른 무지보 최대 지간을 계산할 수 있다. 식 (1-3)에 의하면 암질이 나쁠수록 공동의 무지보
최대 지간이 감소함을 보여준다.

$$D = 2.1(Q)0.387 \qquad (0.001 \leq Q \leq 1)$$

$$D = 2.0(Q)0.66 \qquad (1 \leq Q \leq 1000) \qquad (1\text{-}2)$$

$$RMR = 9Log(Q)+44 \qquad (17 \leq RMR \leq 71) \qquad (1\text{-}3)$$

여기서, D는 무지보 최대 지간을 의미한다.

1.3 지하공동의 파괴모드

지하공동 주변의 암반은 낮은 반경방향의 구속과 벽면 가까운 곳에서의 접선방향의 재하 및 제하 조건을 초래하는 독특한 응력경로를 받기 쉽다. 그 결과, 굴착공동 주위의 암반강도는 낮은 구속압에서 우세한 파괴 메커니즘에 의해 좌우된다. 경암 내 지하공동의 안정성 문제는 크게 다음 두 가지 범주로 구분할 수 있다. 쐐기형태의 파괴를 유발하는 구조적으로 조정되는 자중에 의한 파괴와 스폴링(spalling)과 슬래빙(slabbing) 형태의 응력에 의한 파괴. 전자는 반경 및 접선방향 응력이 낮은 경우에 우세하고, 후자는 낮은 접선방향 응력이 암반 파괴를 유발할 때 우세하다. 즉, 구조적으로 조절된 파괴는 낮은 심도에서 매우 빈번하게 관찰되는 반면에, 슬래빙 파괴는 깊은 심도에서 주로 발견된다.

1.3.1 응력경로와 파괴모드

경암 내 지하공동 주변에는 기본적으로 2가지 뚜렷한 파괴모드와 이러한 파괴모드를 유발하는 다른 응력경로(stress path)가 존재한다는 것은 그림 1-3을 통하여 쉽게 알 수 있다.

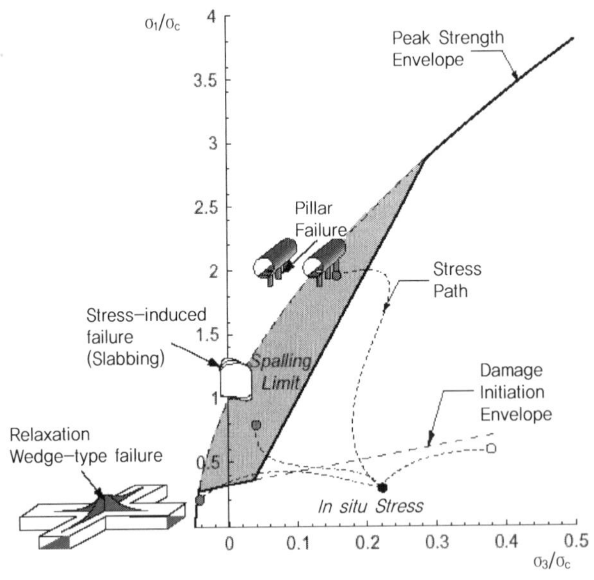

그림 1-3. 응력경로와 이에 따른 파괴모드

Martin(1999b) 등에 의해 제안된 응력경로와 이에 따른 파괴모드의 개념은 지하공동 주변의 지반조정문제의 가능성을 평가하는 데 사용되었다. 가능한 파괴모드를 평가하기 위해 응력경로를 이용하는 방법의 장점은 만약 응력경로가 바뀔 수 있다면, 그로 인하여 파괴 모드 또한 바뀔 수 있다는 것이다. 일반적으로 응력경로는 다음 요인들에 의하여 변경될 수 있다: 굴착 단계와 연속성, 굴착형태의 변경, 주응력방향에 대한 공동배열의 변화.

예를 들면, σ_2에 평행한 원형터널은 천정부의 스폴링을 유발하는 응력경로를 따르기 쉬운 반면, 동일한 방향으로 배치된 사각형태의 터널은 구조적으로 조절된 쐐기형태의 파괴를 유발할 수 있는 천정부의 이완을 가져오는 응력경로를 따르기 쉽다는 것이다.

1.3.2 구조적으로 조절된 파괴모드

상대적으로 낮은 심도의 절리 암반 내 지하구조물에서 가장 일반적인 파괴모드는 공동 천정에서 떨어지거나 측벽으로부터 미끄러지는 쐐기파괴와 관련이 있다(그림 1-4). 이러한 쐐기들은 층리면, 절리 등과 교차하는 구조적 특성에 의해 형성되고, 이로 인해 암반은 개별적이지만 서로 맞물린 부분으로 분리된다. 공동 굴착으로 자유면이 형성되면, 주변 암반으로부터의 구속이 제거된다. 가두어진 면이 연속적이거나 불연속면을 따라 암석 브리지(rock bridges)가 깨어지면, 이러한 쐐기들 중 일부가 표면으로부터 떨어지거나 미끄러질 수 있다.

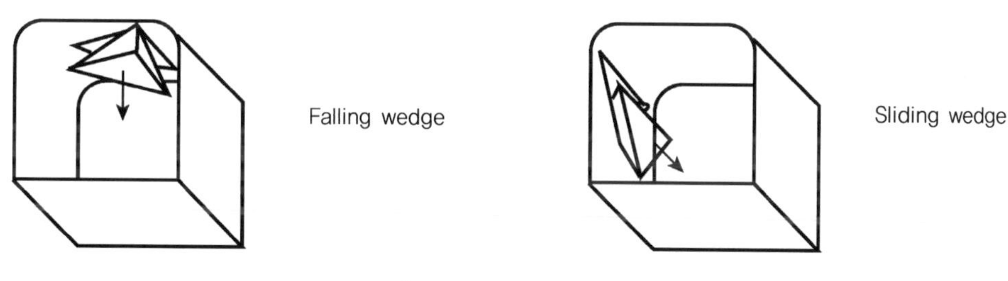

그림 1-4. 쐐기파괴의 형태

일반적으로 낮은 응력상태(심도 250m 이하)에 있는 암반의 거동은 손상지수가 0.4보다 적을 때(그림 1-2 참조), 탄성 거동을 보이므로 공동의 안정성은 암반 구조에 의하여 영향을 받는다. 따라서 최적의 터널 형상은 천정에서의 낙반 가능성을 감소시켜야 한다. Brady와 Brown(1993)은 터널 천정에서의 면을 따르는 미끄러짐은 다음 식에 의하여 평가될 수 있다고 하였다.

$$\sigma_{1f} = \frac{2c + \sigma_3\left(\sin 2\beta + \tan\left(1 - \cos 2\beta\right)\right)}{\sin 2\beta - \tan\varnothing\left(1 + \cos 2\beta\right)} \tag{1-4}$$

여기서, σ_3는 면에서의 최소주응력, c는 점착력, $\varnothing$ 는 마찰각, β는 σ_3에 대한 파괴면의 각도이다.

식 (1-4)로부터 구속 압력 σ_3가 구조적으로 조절된 안정성(structurally-controlled stability)에 큰 영향을 미침을 알 수 있다. 이로부터 최적의 터널형상은 터널 천정에 인접한 낮은 값의 σ_3 영역을 감소시켜야 한다. 그림 1-5는 아치형(arched)과 평평한(flat) 천정을 가진 터널 주변의 탄성주응력을 보여준다.

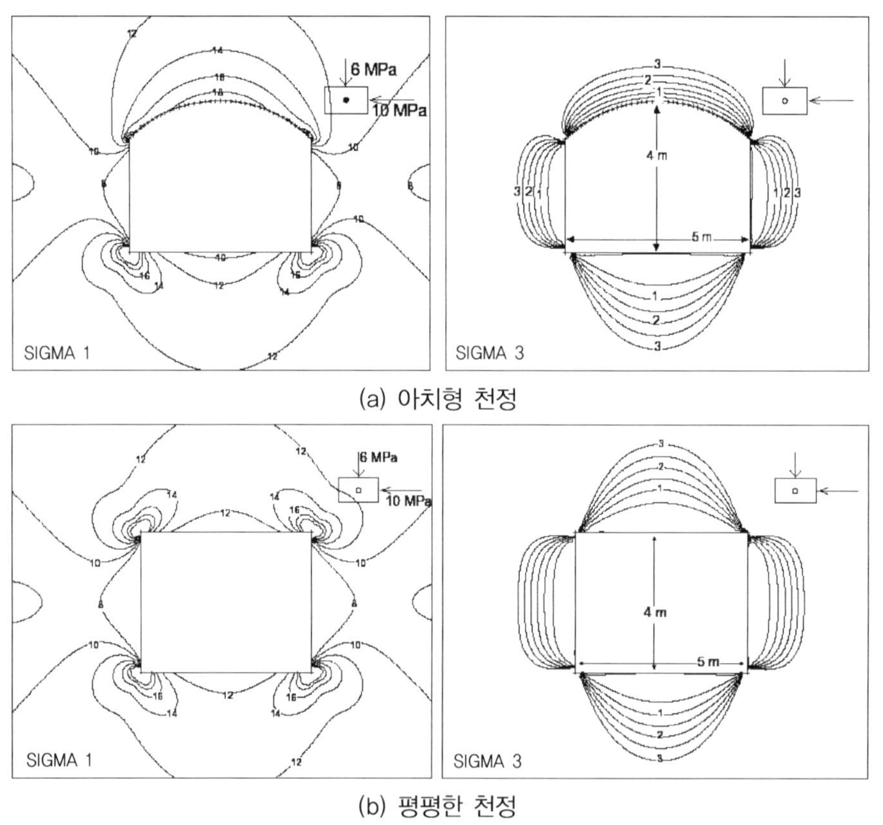

(a) 아치형 천정

(b) 평평한 천정

그림 1-5. 터널 천정의 형태에 따른 터널 주변의 탄성주응력 분포

일반적으로 구속의 손실(confinement loss)은 대규모 공동 주변에 있는 터널 천정의 상부 또는 복잡한 기하학적 형상이 존재하는 교차부에서 발생된다. 우세한 경사의 절리군에 의한

구속의 손실은 잠재적으로 불안정한 쐐기를 형성하게 된다.

응력의 안정화 효과는 오래전부터 알려져 왔으나, Diedrichs와 Kaiser(1999)는 아주 작은 구속응력조차도 이러한 쐐기들에게 상당한 영향을 미친다는 것을 보여주었다(그림 1-6 참조). 예를 들면, 높이: 폭의 비가 0.6:1인 쐐기의 경우 천정을 가로질러 작용하는 단지 1.5MPa의 수평응력에 의해서 폭 10미터 이상까지 안정화시킬 수 있다. 또한 교차부에서의 탄성변위는 초기 천정 변위의 1.5~2배에 이르는 것을 보여주었다. 따라서 교차부의 설계는 구조적 재해 평가를 위한 개별쐐기의 식별 또는 준-경험적 접근법에다가 이완(relaxation)을 고려하여야 한다.

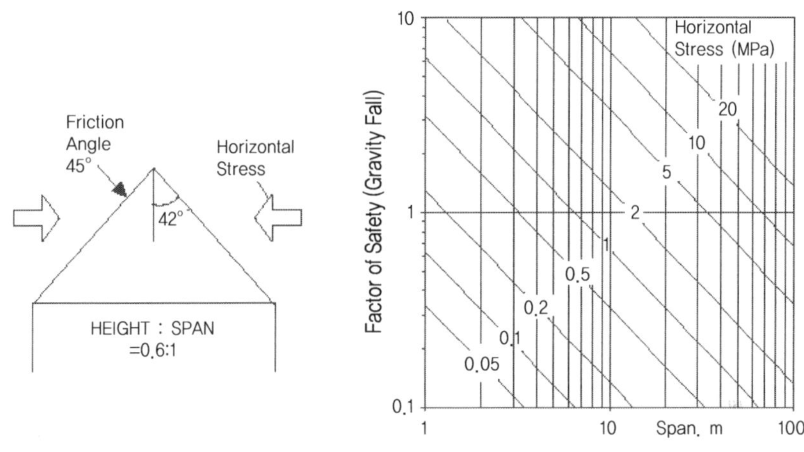

그림 1-6. 작은 크기의 봉압/수평응력이 쐐기 안정성에 미치는 영향

1.3.3 응력에 의한 취성파괴모드

가. 취성파괴의 개념

응력에 의한 취성파괴(spalling)에 대한 지하공동의 해석은 현지응력의 경계조건, 암반의 강도, 그리고 공동의 기하학적 형상에 관한 정보가 필요하다. 터널 경계응력이 손상개시한계를 초과할 때 취성암석에서 스폴링이 발생하기 때문에, 파괴는 그림 1-7에서 보여준 2개의 선형 파괴 포락선을 사용하여 예측할 수 있다. 그림 1-7을 살펴보면, 손상한계(damage threshold, m=0) 이하에서는 지하공동 주변의 암석이 손상을 받지 않고, 비교란(undisturbed) 상태로 존재한다. 손상한계를 넘어서면, 미소균열음(AE)이 관찰되고 손상이 축적되기 시작한다. 만약 구속이 없다면 이러한 손상은 공동 주변장의 표면에 평행한 균열을 가진 스폴링을 유발하

고, 현지암반의 강도는 실험실시험에서 예측한 값보다 현저히 낮게 된다. 만약 인장이 발생된다면, 암석 브리지의 인장파괴로 인하여 암석은 파괴된다.

따라서 지하공동을 위한 응력장(stress field)은 일반적으로 관찰된 다음 3가지 암반 반응으로 구분된다. 즉, 피해 없음(탄성), 스폴링 파괴, 그리고 인장 파괴를 말한다.

Martin(1999) 등은 손상개시한계(damage initiation threshold, m=0)의 개념은 탄성과 손상 암반간의 경계를 구분하는 데 사용 가능하며, 넓은 범위의 암반강도까지 적용 가능하다는 것을 보여주었다. 이 손상한계(m=0)는 미소균열음의 측정, 암반 변형의 현장계측, 또는 시추공 균열조사로부터 구해질 수 있다. Martin(1999) 등이 m=0가 단일 공동의 안정성 기준에 유효한 것을 보여준 반면, Diedrichs(1999)는 동일한 접근법이 다수의 교차 공동에서도 유효하다는 것을 보여주었다.

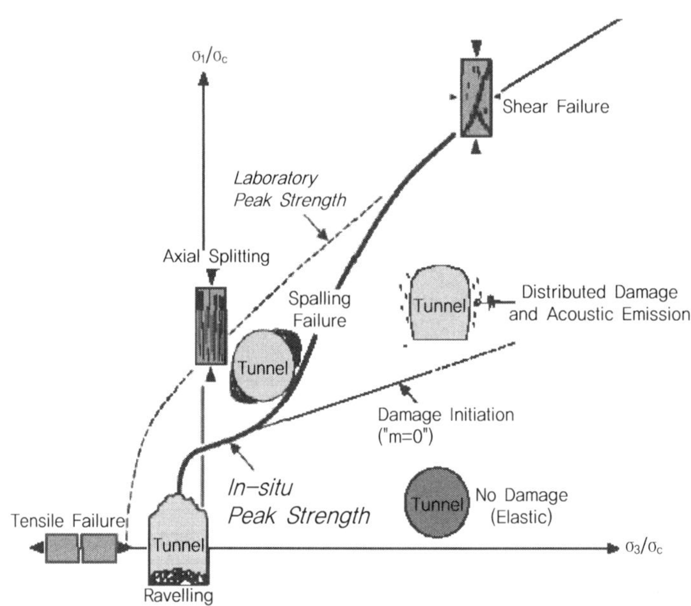

그림 1-7. 취성파괴의 파괴포락선 개념도(Diederichs, 1999)

나. 응력유도 스폴링의 심도

Hoek-Brown 파괴기준에서는 취성강도 포락선의 첫 부분이 취성강도변수(m=0, s=0.11~0.25)를 사용하여 맞추어진다. Hoek-Brown 식에 이러한 값을 대입함으로서 주응력 식은 다음과 같이 유도된다.

$$(\sigma_1 - \sigma_3) = K\sigma_3 \tag{1-5}$$

여기서, K는 암반의 함수 (결정질 암반의 경우, K = 1/3)이고, 이 항복기준은 지하공동 주변의 손상을 정의하는 데 적절하다.

Martin(1999a) 등은 파괴심도(depth of failure)와 응력크기(stress magnitude) 간의 경험적 관계를 식 (1-6)과 같이 제시하였다(그림 1-8).

$$\frac{d_f}{a} = 1.25\,\frac{\sigma_{\max}}{\sigma_c} - 0.5 \pm 0.1 \tag{1-6}$$

여기서, d_f는 파괴심도, a는 터널반경을 의미한다.

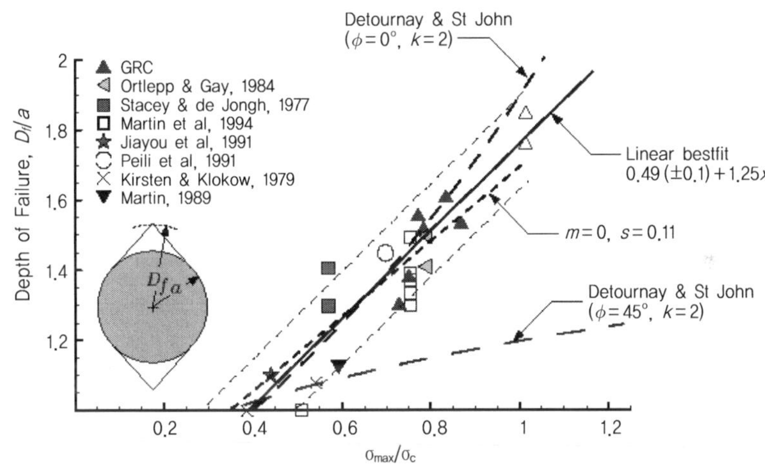

그림 1-8. 취성암반변수(m 또는 ϕ=0)를 이용한 예측치와 파괴심도자료의 비교

다. 취성파괴의 수치 모델링

그림 1-9는 Hoek과 Brown에 의해 제안된 구성모델과 Hoek-Brown 파괴기준을 사용한 수치해석결과와 캐나다 AECL의 URL 현장에서 수행된 Mine-by Experiment의 실제결과를 비교한 것이고, 그림 1-10은 Hajiabdolmajid(2000) 등에 의해 소개된 취성 점착력-마찰 모델 (brittle cohesion-friction model)을 사용하여 얻은 파괴형태이고, 이 모델은 소성변형률 (plastic strain)의 함수로서 점착력 약화(cohesion weakening)와 마찰각 강화(friction hardening) 관계를 표현한 것이다.

따라서 이 모델을 사용하여 다양한 암석에 대한 취성파괴를 모사하기 위해서는 각 암석별 점착력 약화와 마찰각 강화에 대한 소성변형률 한계를 구하여야 하므로, 이에 대한 다양한 실험실 시험을 수행할 필요가 있을 것으로 생각된다.

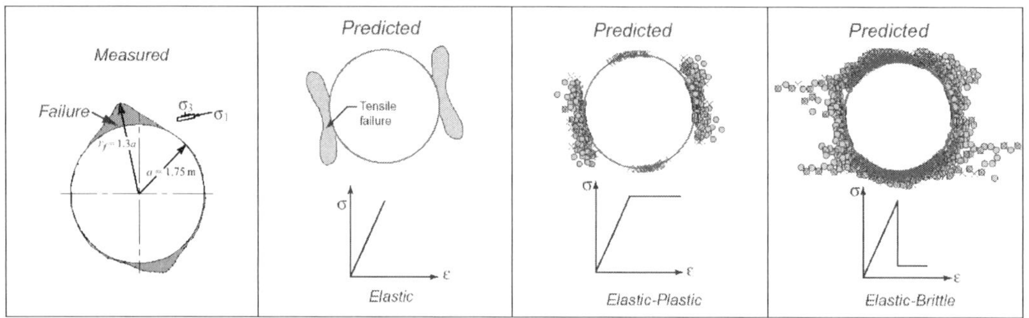

그림 1-9. Mine-by 시험터널에서 측정된 파괴형태와 Phase2D 내 다양한 구성모델에 따른 파괴예측

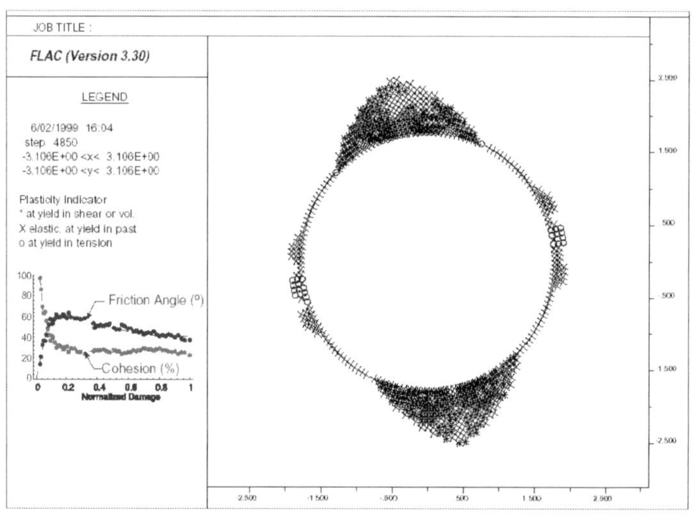

그림 1-10. 점착력-마찰 모델을 이용한 파괴예측

라. 터널 형태와 취성파괴

그림 1-11은 공동 폭에 대하여 정규화한 취성파괴의 깊이(Df/S)를 무차원 형태로 분석한 결과를 도시한 것이다. 이로부터 원형터널 주변의 취성파괴는 대략 심도 600m($\sigma_1 / \sigma_c \sim 0.12$)에서 시작되고 현지응력의 크기가 커짐에 따라 선형적으로 파괴깊이가 증가한다. 이에 반하

여 평평한 천정을 가진 터널은 심도 1000m 이하에서는 취성파괴가 시작되지 않음을 볼 수 있다.

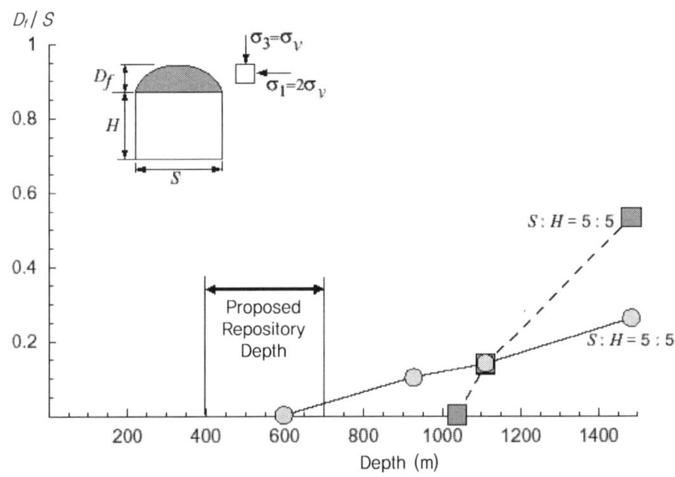

그림 1-11. 터널심도에 따른 터널 천정형태별로 정규화된 파괴심도

마. 터널 방향과 취성파괴

그림 1-12는 측정된 응력크기에 따른 최적의 터널방향을 결정하는 하나의 예를 보여준다.

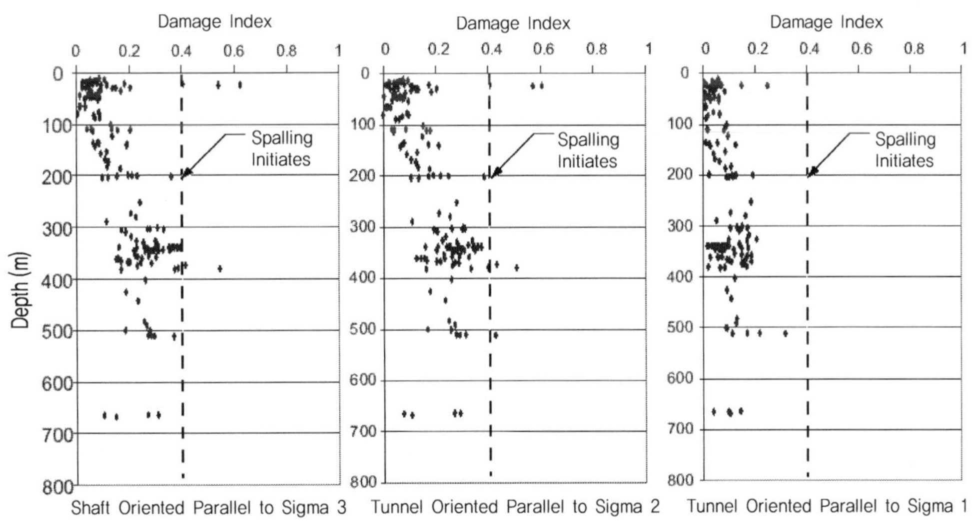

그림 1-12. 심도, 공동방향 및 손상간의 관계

그림에 의하면 수직갱과 300m 하부에서 σ_2에 평행한 수평터널에서 응력유도 파괴의 가능성을 보여주고 있으나, σ_1에 평행한 수평터널은 이러한 파괴 가능성이 거의 없다고 할 수 있다. 따라서 깊은 심도에 굴착되는 터널방향은 가급적 최대주응력 방향에 평행한 것이 취성파괴의 가능성을 최소화하는 데 유리하다고 할 수 있다.

1.4 결 론

지하공동이 위치하는 심부 암반의 역학적 물성과 현지응력의 조건에 따라 파괴모드가 달라지기 때문에 지하공동의 안정성을 평가하는 데는 어떤 특정한 파괴기준이 사용될 수 없다. 따라서 지하공간을 설계할 때는 심부 암반의 파괴모드를 우선적으로 고려하여 파괴기준을 선택하여야 한다. 이는 심부 암반의 역학적 특징과 현지응력의 조건 등을 충분히 감안하여 구조적인 파괴인지 아니면 응력에 의한 파괴인지를 판단하는 것이 중요하다는 것을 의미한다.

즉, 심부암반에 건설되는 지하공동의 형상과 규모는 지질구조, 암반조건 및 건설방법(굴착, 보강)에 따라 변화될 수 있으므로 과거에 사용해 오던 공동의 크기와 형상을 그대로 답습하는 관행을 탈피하고 지하공동이 갖고 있는 특수한 용도와 목적에 따라 대형화, 심부화 추세로 가고 있는 지하공동의 설계개념을 수립하여야 한다.

02 대심도 암반의 터널 설계를 위한 지반 조사와 특성화

┃ 윤 운 상

2.1 서 론

대심도 암반에 굴착되는 터널의 지반 조사와 특성화는 지표로부터의 심도의 문제로 인한 조사상의 어려움뿐만 아니라, 대심도 구간의 지중 응력에 따른 암반 및 연약대의 취성파괴(brittle failure) 및 스퀴징(squeezing)의 위험성을 내재하고 있으므로 이에 대한 검토가 반드시 필요하다. 사례 터널 구간에는 그림 2-1과 같이 최대토피고가 578m에 이르며 400m 이상의 심도를 가지는 대심도 암반 구간이 700m 이상에 달하고 있어 취성파괴의 우려가 존재한다.

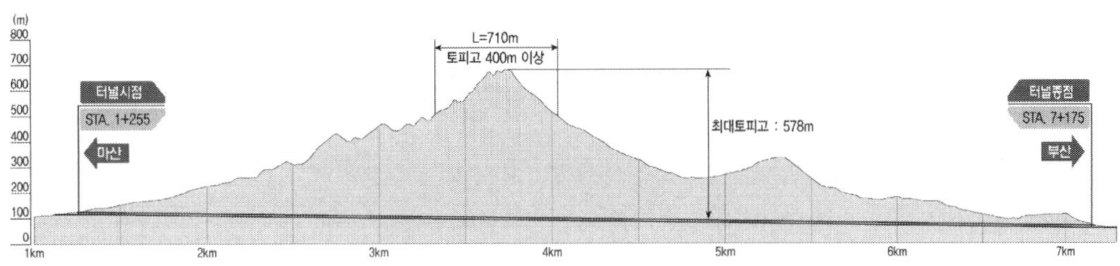

그림 2-1. 사례 터널의 종단면도

또한 터널 구간을 포함하여 진해-마산-창원 환상 구조선이 발달하고 있어 스퀴징 등 연성 파괴의 가능성도 배제하기 어려운 상태이다. 이 연구에서는 사례 터널의 대심도 구간 지질 및 지반 상태를 파악하기 위한 지반 조사를 수행하였으며, 대심도 구간에 분포하는 지반 조건을 특성화하고, 응력 조건을 분석하여 경암반의 스폴링 등 취성파괴 가능성과 단층 연약대의 스퀴징 가능성을 분석하였다.

2.2 대심도 구간의 지반 특성

2.2.1 환상 단층계

연구 지역은 장경 20km, 단경 15km의 화산함몰체와 연관된 타원형 환상선구조인 진해-마산-창원 환상선구조이 발달하고 있는 구간으로는 북동부에서 진례환상선구조와 간섭하고 있다(그림 2-2). 함몰구조는 화산활동에 의해 형성된 침하구조를 총칭하는 것으로 화산활동에 의해 형성된 함몰체는 주로 타원형 내지 원형의 환상구조를 가지며, 위성영상 및 음영기복도 상에서 환상의 지형기복을 보인다. 진해-마산-창원 환상 선구조는 1차 함몰구조 내 장경 7km, 단경 5km의 2차 환상의 화산함몰구조가 중첩되어 있으며 화산함몰과 연관된 환상단층계(정단층+주향이동단층)가 잘 발달하고 있다. 화산함몰구조의 정단층계는 평면상에서 동심원 구조를 가지며, 종단면상에서 계단형 구조를 보이고 있다. 주향이동단층계는 동심원의 중심방향으로 방사상 구조를 가진다. 정단층계는 하부로 갈수록 경사가 감소하는 점완단층 형태로서 터널계획심도에 간섭 영향은 미미할 것으로 사료되나, 주향이동단층은 고각의 단층으로 그 발달 심도가 깊어 터널 계획 심도까지 영향을 미칠 수 있어 주의할 필요가 있다.

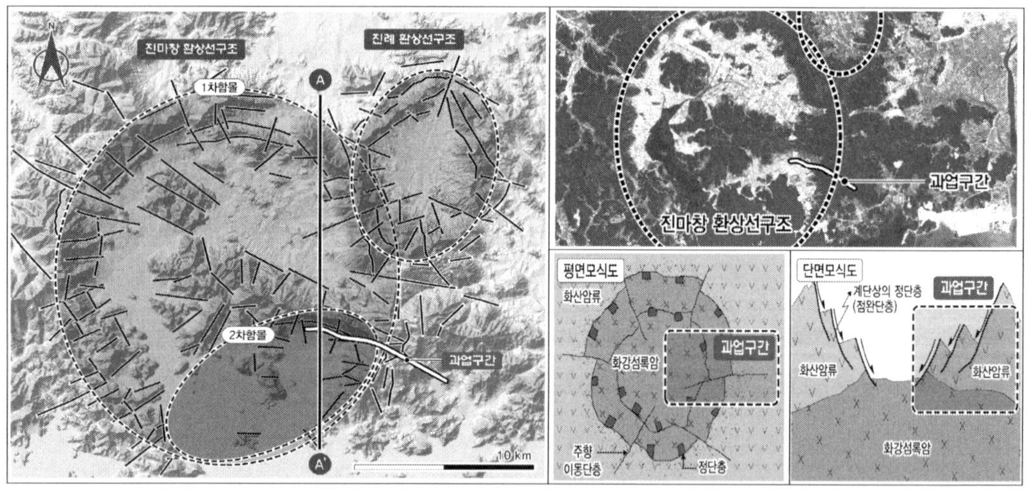

그림 2-2. 진해-마산-창원 환상 선구조

2.2.2 단층의 발달 상태

환상단층계 중 터널 대심도구간을 통과하는 단층(주향이동성)의 규모, 교차영향을 파악하는 걸 주요 목적으로 환상단층계 특성, 규모 및 위치파악을 통한 노선연관성 규명하였다. 이를 위하여 문헌자료 분석, 선구조 분석, 기존 중력탐사 분석, 지표지질조사를 수행하여 화산함몰 구조와 연관된 발달모델을 수립하고, 전기비저항탐사, 전자탐사, 대심도 Sounding (슐럼버저) 전기비저항, 대심도 시추조사를 수행하여 단층의 평면및 횡단분포 현황을 분석하여 교차 영향범위를 예측하였다. 기존 논문 및 문헌자료 분석을 통하여 환상단층계와 연관된 터널 교차 주향이동 단층의 존재를 인식하였으며, 기존 중력탐사자료 분석결과, 대심도구간 중력이상 대 발달 양상을 확인하였다.

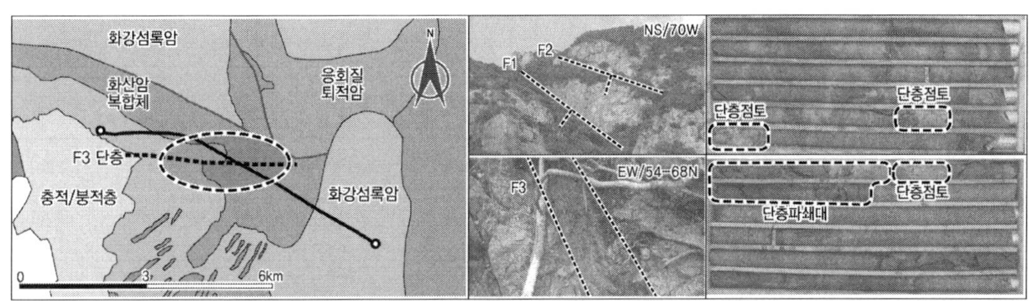

그림 2-3. 환상단층계 둥 주향이동성 방사상 단층 F3의 지표 및 시추 확인

특히 지표에서 정단층계(F1, F2)와 주향이동단층계(F3)가 동시에 발달하고 있는 것이 확인되었다. 이 중 주향이동단층계 F3 단층은 평면상 방사형구조, 종단상 직선형태를 보이며, 단층면의 경사가 하부까지 유지되어 터널계획심도에서의 교차가능성이 있는 것으로 파악되었다(그림 2-3).
이를 토대로 전기비저항 탐사(4개 교차 측선) 및 전자 탐사를 수행하였으며, 그 결과 각 총 5개소의 F3 단층을 지시하는 저비저항대가 확인되었다(그림 2-4). F3 단층은 대심도 시추 (심도 600m) TB-16 300m 인근에서 확인된 단층과 동일한 단층으로 단층 점토 30-50cm를 수반한 1.5-5m 두께의 단층으로서 그 방향은 EW/54~68N이며, 종단노선상에서 F3 단층의

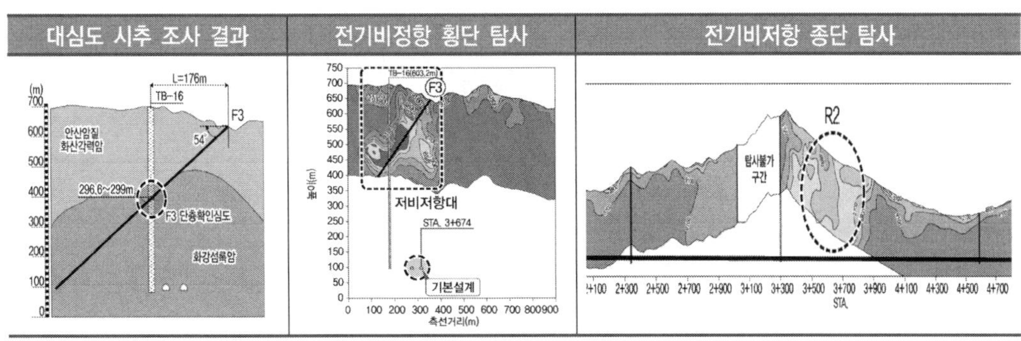

그림 2-4. 시추 및 탐사에서 확인된 F3 단층의 자세

겉보기 경사 산정결과, 35°로 분석되었다.

지표상에서 확인된 단층분포특성을 터널계획고에 연장한 결과, 마산방향은 STA. 3+225, 부산방향은 STA. 3+125 지점에서 교차하는 것으로 파악되어 터널 천단부 기준, L=100m 구간의 교차 영향범위 형성하는 것으로 분석되었다. 이러한 단층은 지표에서 해발 150m지점까지 단층이 확인되어 계획심도 교차가능성이 높은 것으로 생각된다(그림 2-5).

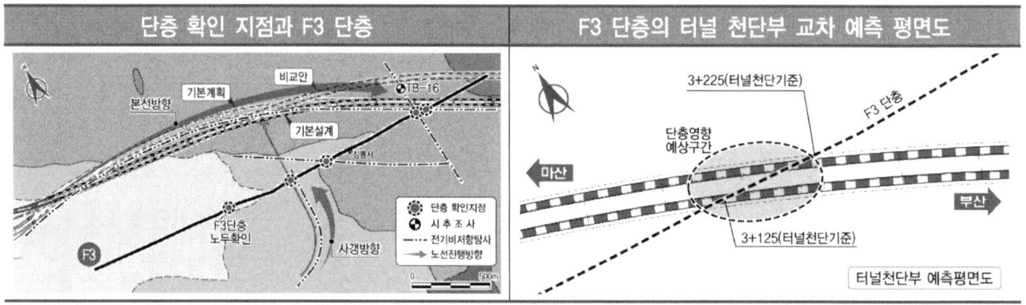

그림 2-5. F3 단층의 확인과 터널 천단부 교차 예측 평면

2.2.3 분포 암석의 특성

사례 터널에 분포하고 있는 암석은 주로 안산암질 암석과 이를 관입하고 있는 화강섬록암이며, 이중 대심도 구간에는 주로 화강섬록암이 분포한다(그림 2-6). 강도를 규제하는 석영 함량은 화강섬록암이 안산암(암산암질 화산암류)에 비해 높으나, 풍화취약광물 함량은 유사한 특징을 보인다(표 2-1).

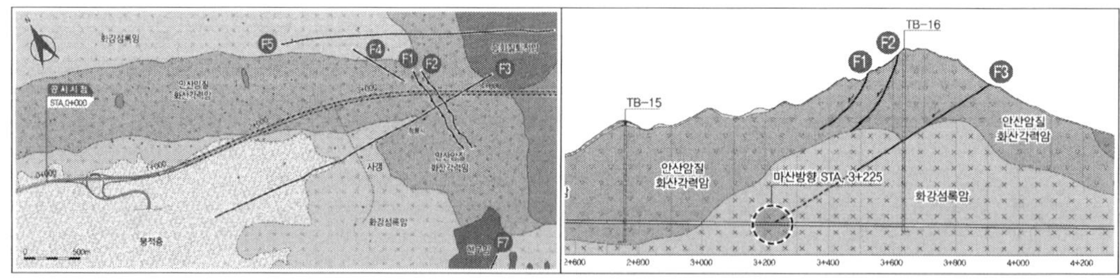

그림 2-6. 지질도 및 지질종단면도

암종별 공학적 특성을 파악하기 위한 기본물성 및 일축압축강도 측정 결과, 두 암종의 강도는 유사한 것으로 확인되었으며, 대부분 200MPa 이상의 높은 일축강도 특성을 보이고 있다(표 2-1).

표 2-1. 분포 암석의 기본 물성

구 분		화강섬록암(평균)	안 산 암
비 중		2.58~2.74(2.66)	2.68~2.86(2.78)
흡수율(%)		0.10~1.23(0.43)	0.03~0.45(0.24)
탄성파 속도 (km/sec)	V_p	1.98~5.89(4.89)	5.87~6.04(5.97)
	V_s	1.46~3.76(3.18)	3.75~3.88(3.80)
탄성계수($\times 10^3$MPa)		12~80(58)	66~93(80)
일축압축강도(MPa)		61~321(226)	88~325(230)
포아송비		0.21~0.33(0.27)	0.24~0.30(0.27)

2.2.4 지중 응력 조건

과업구간 내 암반의 초기 응력상태 파악 및 측압계수 산정을 위해 심도별 총11회 AE/DRA시험과 수압파쇄시험을 실시하였다(표 2-2).

표 2-2. 지중 응력 측정 결과

측정심도 (GL.-m)	측압계수			
	수압파쇄	AE	DRA	분포범위
0~100	1.60	1.76	1.63	1.60~1.76
100~200	1.01~1.52	1.17~1.92	1.19~2.02	1.01~2.02
200~300	–	1.40~1.42	1.49~1.67	1.40~1.67
300이하	–	1.07~1.29	1.10~1.32	1.07~1.32

AE/DRA시험에 의한 측압계수는 1.07~1.92 / 1.10~2.02로 분석되었다. 수압파쇄시험에 의한 초기응력 측정 결과에서 주 응력장 방향은 진북기준 N75°E로 측정되었으며, 심도별 측압계수 분석결과 200m 이내 심도 1.01~2.02, 200m 하부심도 1.07~1.67로 구분되는 경향을 보인

다. 따라서 심도별 적용 측압계수는 200m 이내 K0=1.5~2.0, 200m 하부 구간 K0=1.0~1.5로 산정하였다.

2.3 취성파괴 및 스퀴징 분석

2.3.1 취성파괴 영향 검토

일반적으로 고응력 조건에 있는 경암반의 경우, 현지 응력 조건에 따른 현지 암반 강도(in-situ strength)에 의해 취성파괴를 발생시키는 것으로 알려져 있다(그림 2-7). 암석의 취성파괴 예측을 위한 또 하나의 중요한 요소는 암석 자체의 역학적 메커니즘 즉, 응력에 따른 암석의 손상 특성을 파악하는 것이다. Diederichs et al.(2004)는 터널 주변부에서 취성파괴를 일으키는 응력은 0.3~0.5σ_c에 가깝다고 하였으며, 취성파괴 응력을 예측하기 위하여 FSR(field strength ratio)의 개념을 도입하였다. FSR은 암종, 입자크기, 광물조성 등에 따라 결정되고, 이 값은 암석 역학적으로 일축압축강도(UCS)와 균열개시응력(σ_{ci})의 비와 유사하다고 보고하였다.

사례 터널은 최대토피고 약 600m인 대심도 장대터널로서 대심도 특수시험을 수행하여 취성파괴 가능성 검토 및 대책을 마련할 필요가 있으며, 이에 따라 대심도 구간 현장조사 및 시험대심도 시추조사(최대 603m) 및 취성파괴 분석을 위한 특수 시험 등을 수행하였다.

Eberhardt et. al(1998)은 일축압축시험 조건에서 균열개시응력(σ_{ci})과 불안정균열발생응력(σ_{cd})을 응력-변형율 곡선과 AE측정을 이용하여 구하는 것이 효과적이라고 하였다. 또한

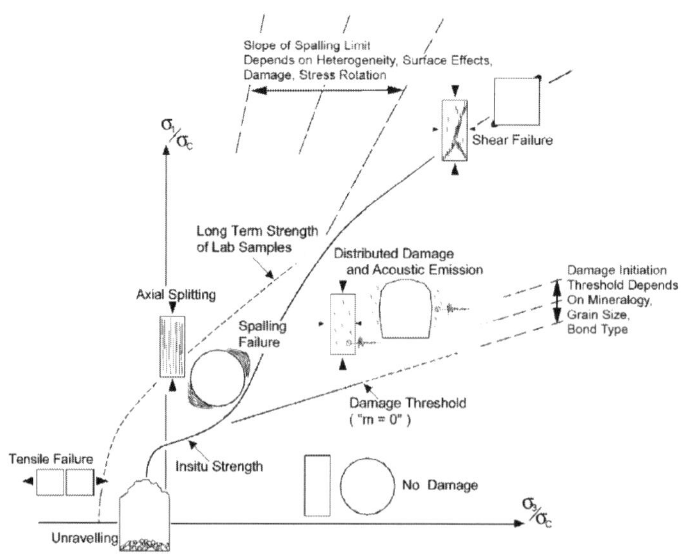

그림 2-7. 현지 암반 강도와 취성파괴

Martin & Chandler(1994)는 응력에 따른 변형율 분석을 통해 균열개시응력(σ_{ci}), 불안정균열 발생응력(σ_{cd}) 등을 결정할 수 있다고 보였었고 Lac du Bonnet 화강암으로 creep 시험을 실시한 결과 creep 응력이 $0.7\sigma_c$보다 클 경우 24시간 이내에 암석이 파괴되었으며 이 비율은 σ_{cd}와 σ_c의 비와 거의 일치한다고 하였다.

따라서 터널 시공지점의 지중응력과 구성 암석의 σ_{ci}나 σ_{cd}를 정확히 측정할 수 있다면 암석의 취성파괴에 대한 예측이 가능할 것으로 판단된다. 451m와 530m 심도에서 채취한 시료에 대한 AE 시험 결과를 이용하여 지중응력 측정 결과는 그림 2-8과 같다. 이 결과를 이용하여 측압계수가 1.0-3.0까지 변화할 때의 최대주응력에 대한 균열개시응력과 최재심도에서의 최대주응력의 비를 산출한 결과, 사례 터널과 같이 측압계수가 2 이내인 경우, 그 비가 2.1 이상인 것으로 분석되었다(표 2-3).

표 2-3. 대심도 구간 재료 특성과 응력 조건에 따른 응력-강도 비: σ_{ci}/S1, S1/S$_{ucs}$

재료 특성		현지응력 특성 (최대토피고 580m 지점)		σ_{ci}: 75MPa	σ_{ci}: 131MPa	S$_{max}$/S$_{ucs}$
구 분	적용값	측압계수	최대주응력(S1)	σ_{ci}/S1	σ_{ci}/S1	
단위중량	0.027MN/m^3	1.0	15.6	4.8	8.4	0.067
		1.5	23.5	3.2	5.6	0.102
일축압축강도	230MPa	2.0	35.2	2.1	3.7	0.154
		2.5	52.9	1.4	2.5	0.230
초기균열응력	75~131MPa	3.0	79.2	0.9	1.7	0.340

이와 함께, FSR(Field Strength Ratio) 평가를 실시하였다. FSR은 일축압축강도(Sucs)와 균열개시응력(Sci)의 비로 정의되며, 암종, 입자크기 등에 따라 결정할 수 있다. FSR 평가지표와 시험을 통해 최종 FSR은 0.46~0.53으로 산정되었다. 대심도구간 현지응력을 고려하여 분석한 결과 K$_0$가 2.5 초과일 경우에만 취성파괴 발생이 가능한 것으로 평가되었다. 이는

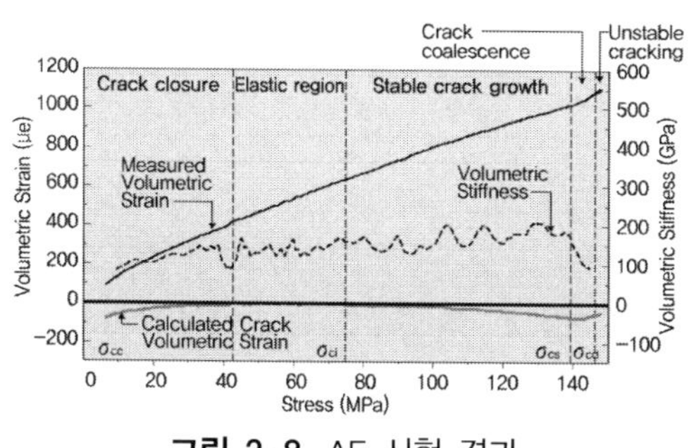

그림 2-8. AE 시험 결과

그림 2-9. 취성파괴 사능성 분석

사례 터널의 경우, 심도 600m 지점까지 K_0=1.0~2.0으로 파악되어 현지응력, 암석강도를 고려하면 취성파괴 발생 가능성이 적은 것으로 판단된다(그림 2-9).

2.3.2 단층대 squeezing 영향 검토

비교적 좁고 제한된 단층대(파쇄, 점토화 등 상대적인 불량지반)가 매우 양호한 암반(RMR 70 이상, Q 100 이상)을 통과하는 지반의 경우, 스퀴징이 발생할 수 있는 가능성이 존재한다. 이 사례에서는 비교적 깊은 심도에서 터널과 교차가 예상되는 F3 단층에 대해 그 영향을 검토하였다. 이를 위하여 F3 단층 암반에 대해 인접암반을 고려하지 않았을 경우와 고려하였을 경우에 대하여 아래 식에 의하여 Q값 평가를 실시하였다.

$$\text{Log } Q_m = (b \times LogQ_z + LogQ_r)/(b+1)$$

- Q_m : 연약대와 인접암의 평균 Q
- Q_z : 연약대의 Q
- Q_r : 주변암반의 Q
- b : 연약대 두께(<3m)
- 연약대와 터널축의 사이각(θ), b=2b, 3b, 4b로 입력

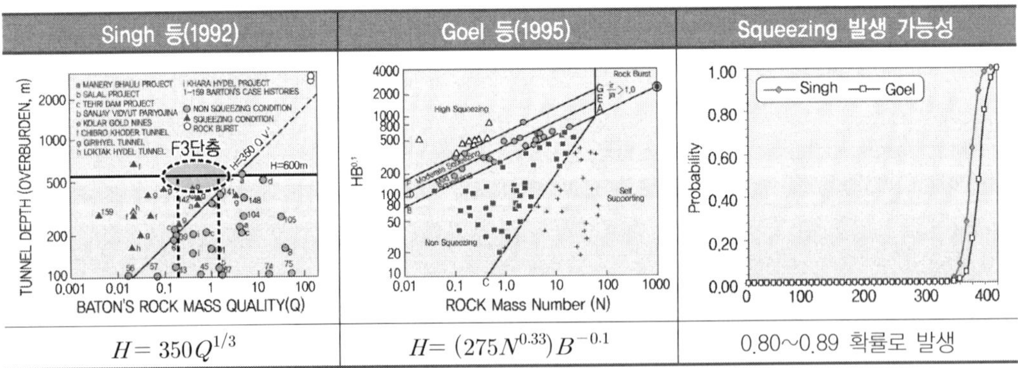

그림 2-10. F3 단층대의 스퀴징 검토

인접암반 상태를 고려하지 않았을 경우, F3 단층대(손상대 포함)의 Q값은 0.129로서 RMR 환산 IV 등급에 해당하며, 인접암의 평균 Q값 0.4~3.0, F3 단층 주변암반의 Q값 133~200, F3 단층 폭 3m를 상정하여 산정한 결과, Q값은 1.057로 RMR 환산 III 등급에 해당한다. 토피

고 300~600m에서의 단층은 현지암반응력상태 변화로 주변 파쇄대 및 손상대 구간 밀착되었을 것으로 고려한다면, 지표 또는 시추에서 관찰된 단층대보다 비교적 양호한 물성의 예측이 가능하다. 따라서 그림 2-10과 같이 F3 단층의 관찰되는 상태와 토피고만을 고려하면 Squeezing 발생 가능성이 존재하나, 터널 계획 심도에서의 단층 발달 상태를 예측하기 힘드므로, 시공 중 굴진면 매핑 및 전방 지반조사를 통해 단층대 특성을 상세 규명하여 대책 방안을 적용하는 것이 타당하다.

2.4 결 론

대심도 암반에 계획되는 터널의 설계에는 경암반의 취성파괴 또는 연약대의 스퀴징 등 높은 현지 응력 조건에 의한 변형을 고려하여야 한다. 그러나 대심도라는 조건은 지반 상태에 대한 합리적인 예측이 어려운 상황을 야기시키기 때문에 그 평가에는 어려움이 존재한다. 이 연구에서는 지표지질조사, 전기비저항 및 전자 탐사 등 물리 탐사, 대심도 시추 및 각종 시험 등을 이용하여 400m 이상의 대심도 구간의 지반 상태를 예측하고 평가하였으며, AE/DRA 및 수압 파쇄시험을 통하여 초기 응력수준을 파악하였다. 특히 대심도 구간의 암석 시료를 이용하여 AE 시험균열개시응력을 측정하고, FSR 평가를 시행하여 취성파괴가능성을 분석하고, 대심도 구간 내 발달이 예상되는 단층대에 대한 스퀴징 가능성을 검토하였다. 그 결과 취성파괴의 가능성은 매우 낮은 것으로 평가되었으나 단층대의 경우 스퀴징 가능성이 존재하므로 이에 대한 대비가 필요한 것으로 판단되었다.

03 대심도 암반특성의 모델링 및 해석에 대한 고찰

❘ 조 남 각

3.1 서 론

본 연구에서는 대심도 지하 공동주변에서 과지압으로 인하여 발생하는 암반의 균열팽창 및 파괴 거동 특성을 모사하기 위한 모델링 시 고려해야 할 중요한 문제점들에 대하여 검토하였다.

암반지반의 기존의 모델링 접근방법과 달리, 과지압으로 인한 암반 지반의 파괴양상은 암반 혹은 암석 고유의 불균질 및 불연속 특성으로 인하여 균열팽창, 강도저하, 구속압 예민성 등 매우 복잡한 양상을 보인다. 이러한 문제들로 인하여 지금까지 많은 연구자들이 수학적으로 든, 수치해석적으로든 또는 실험적으로든 과지압으로 인한 지반의 파괴거동을 모사해 보고자 끊임없이 시도해 왔으나, 워낙 복잡한 거동을 보이므로 대부분 부분적인 거동을 모사하는 데 만 성공했을 뿐 전반적으로 중요거동을 모사하는 데에 있어서는 아직도 많은 연구가 필요한 실정이다.

본 논문에서는 이러한 시도들을 연속체 역학적 관점, 파괴 역학적 관점 및 개별요소적 관점 에서 분석해 보고 각각의 접근방법이 갖고 있는 근본적인 한계점들에 대하여 논의해 보고자 한다. 더 나아가서 본 논문에서는 응력에 의한 암석의 거동을 점착력을 갖는 입자들의 집합체 로서 모사하는 기법 중의 하나인 점착입자해석(Bonded Particle Analysis) 프로그램인 PFC^{2D}(Particle Flow Code)를 이용한 모델링을 중점적으로 조명할 것이며, 이를 이용한 모델 링상의 문제점 및 향 후 전망에 대해서 논의해 보고자 한다.

3.2 대심도 과지압 구간 지하공동주변 암반의 파괴특성

3.2.1 대심도 과지압 구간 공동 굴착으로 인한 암반지반의 손상파괴 문제

대부분의 암으로 구성된 지반은 미시적으로든 거시적으로든 고유의 불연속 특성을 함유하 는 불균질한 구조적 특성을 갖고 있다. 일반적으로 낮은 응력이 발생하는 저심도 구간에서 발생하는 지하공동 주변의 암반지반과 관련된 안정성 문제는 절리 및 단층대의 발달로 발생하는 암반의 거시적 블럭거동과 관련한 구조적 거동이 주된 이슈가 된다. 그러나 높은 응력이 발생하는 대심도 구간의 지반에 있어서는 기 존재하는 불연속대가 높은 응력에 의하여 압축되므로, 이 경우 암반지반의 거동은 그림 2-1과 같이 거시적 블록거동보다는 무결암(Intact Rock)에서 관측되는 응력에 의한 미시균열(Micro Fracture) 파괴거동과 유사한 특성을 보여주게 된다.

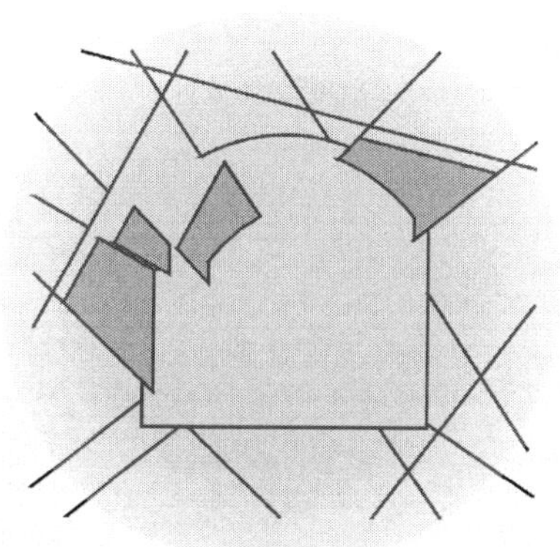
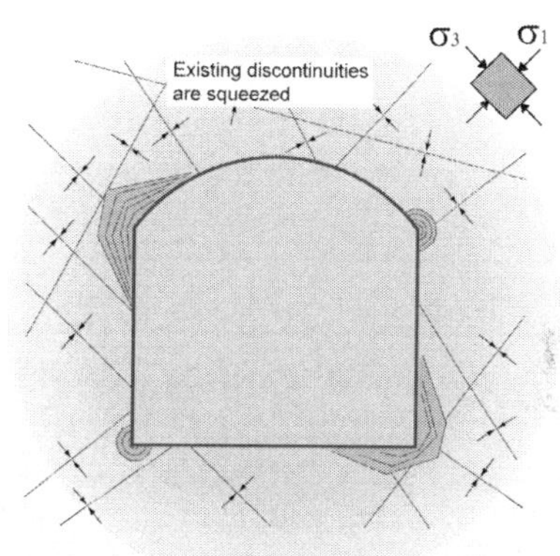

a) Structurally Controlled Gravity-driven Failure　　　b) Stress Induced Spalling Type Failure

그림 3-1. 지하공동 암반의 주요 파괴 메커니즘 (modified from Diederichs, 2000)

이러한 과지압 응력에 의한 지반의 파괴는 저심도 구간에서는 계곡부 등에서 연직 지중응력은 낮아도 지질학적으로 응력집중이 매우 많이 발생하고 측압이 상당히 높은 지반에 위치하는 지반 구조물 또는 고준위 방사성 폐기장, 대단면 석유비축기지 또는 대심도 석유 시추공의 경우와 같이 지하 200m 이상의 대심도로서 연직응력과 현장측압을 많이 받는 지반의 경우에 자주 발생되는 것으로 보고되고 있다.

대심도 지하공간 굴착의 경우에 있어서 상대적으로 불연속성이 적은 지반의 경우, 주요 파괴모드는 응력에 의한 인장균열이 우세하게 발생한다. 이러한 파괴모드는 공동의 굴착 면에 평행하게 집중되는 과도한 접선응력에 의해 야기되며, 이러한 응력은 압축응력임에도 불구하고, 실제 암석구조의 불균질성으로 인하여 내부적으로는 인장응력에 의한 인장균열을 발생시키게 된다. 무결암에서 조차도 미시적인 관점에서 볼 때, 기 존재하는 불연속 결함(flaw)들을 함유하고 있으며, 또한 각각의 암석의 입자는 각각 다른 강성 및 강도를 갖는 불균질 미시물성 (Micro Property)을 갖게 된다. 이러한 미시적 불균질성은 외력이 가해졌을 시 국부적인 인장 응력을 발생시키며 충분한 축차응력(Deviatoric stress)이 작용할 경우 균열발생과 함께 팽창하는 특성을 보여 궁극적으로는 거시적인 인장균열 파괴로 진전되게 된다. 대심도 지하공간의 과 응력 구간에서 관측된 결과를 보면, 이러한 미시균열에 의한 팽창은 전체적인 암반 볼륨의 팽창을 가져옴으로서, 손상된 균열영역 및 굴착면에서의 반경반향 변형을 증가시키게 된다. 이러한 균열 팽창에 의한 일련의 파괴과정은 암반역학에서는 "Spalling", "Dog earing" 등으로 일컬어졌으며, 석유공학에서는 "시추공 파쇄(Borehole breakout)"로 일컬어졌으며, 토목공학에서는 Terzaghi(1945)가 표현한 바와 같이, "Popping Rock"으로 불리어져 왔다.

과지압에 의한 공동주변 암반의 손상 및 균열은 지중 구조물의 안정성 및 사용성에 영향을 미치며, 최악의 경우 구조물의 붕괴로까지 이어질 수 있다. 표 2-1은 과지압과 관련한 대심도 지하공간의 암반 손상과 관련한 위험요소들의 예를 보여주고 있다.

표 3-1. 지하공동의 과지압 손상으로 인한 위험 요소들(modified from Cho, 2008)

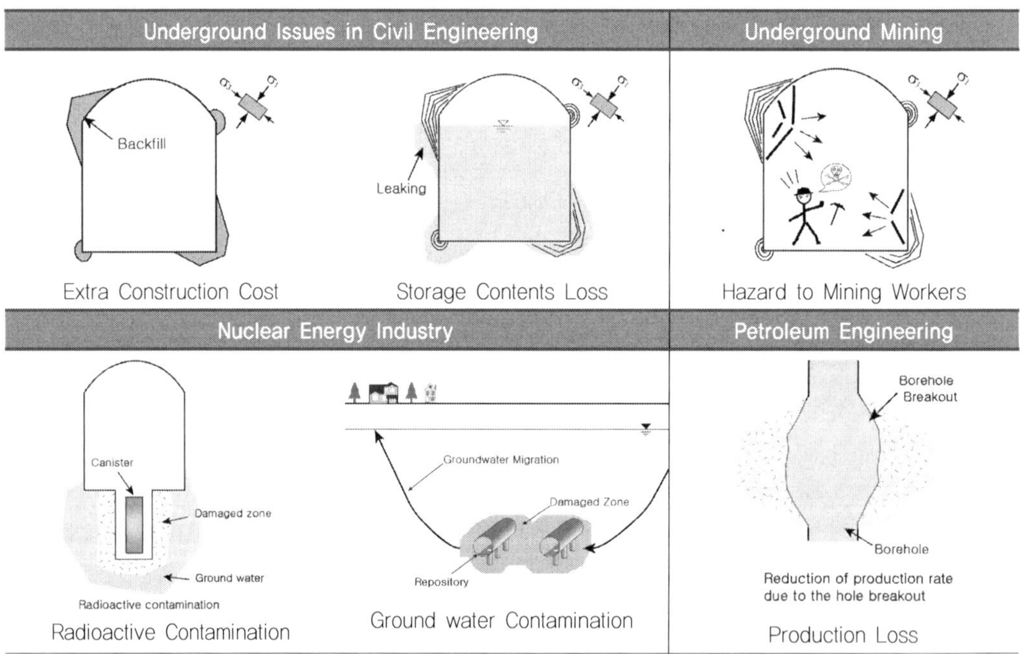

대규모 비축기지용 공동의 경우 암반손상으로 인한 여굴은 상당한 양의 콘크리트 충진을 요구하므로 공사비를 증가시키는 요인이 된다. 또한 공동 내 저장물의 손실로 인한 저장효율의 감소를 가져온다. 지하광산의 경우 과지압에 의한 지반손상은 Rock bursting 등과 관련하여 광산 노동자들의 인명에 큰 피해를 초래할 위험이 있으며, 방사성 폐기물 처리장의 경우 지반의 손상은 균열로 인한 지반의 투수성을 증가시켜, 지하수의 유동을 자유롭게 함으로서

방사성 물질의 오염노출 위험을 초래하게 된다. 석유산업에 있어서는 시추공의 파쇄로 인하여 생산량을 저하시키는 결과를 초래하게 된다.

따라서 암의 손상파괴와 관련한 명확한 파괴 메커니즘이 규명되어야 하고 설계단계에서 반영되어야 할 것이다. 이러한 사항들은 저장물의 손실을 줄이고 작업자들의 위험을 줄이게 될 것이며, 궁극적으로 공사비를 절감하는 데 도움이 될 것이다.

3.2.2 암반지반의 미세 균열팽창 메커니즘

일반적으로 대부분의 암석은 입자들의 집합으로 이루어져 있으며, 이들 입자들의 경계는 매우 불규칙한 면을 이루면서 접촉하고 있다. 이러한 불규칙한 입자 접촉면으로 인하여, 응력으로 인한 균열발생시 그것이 인장에 의한 것이든 전단에 의한 것이든 접촉면에서의 약간의 상대적인 거동만으로도 팽창이 발생하게 된다. 이러한 입자면의 불규칙성으로 인한 팽창은 균열의 끝단에서 응력집중을 일으키게 되며, 궁극적으로는 인장균열을 더욱 발달시키는 결과를 초래하게 된다. 새롭게 발달된 균열은 표면의 불규칙성으로 인하여 균열팽창을 심화시키게 되고 균열의 끝단에서 또다시 응력집중을 일으켜 결국, 이러한 확장균열과 관련한 일련의 팽창과정은 진행성으로 발달하게 되며, 따라서 균열팽창은 암석의 항복거동을 연구하는 데 있어서 가장 중요한 특징 중의 하나로 고려되어야 한다. 그럼에도 불구하고 현재까지 암석 모델링 연구에 있어서 그림 3-2에 보인 바와 같은 미시 균열성 팽창특성은 제대로 고려하지 못하고 있는 실정이다.

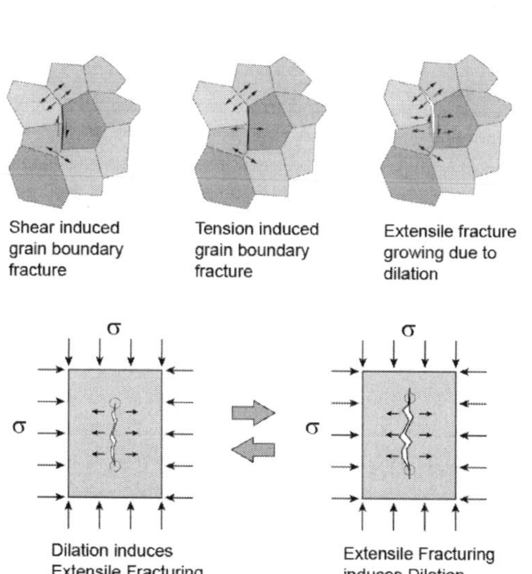

그림 3-2. 미시균열 팽창 메커니즘(after Cho, 2008)

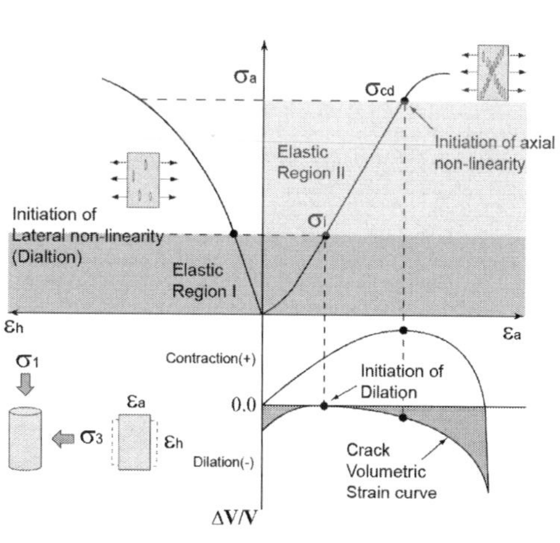

그림 3-3. 측 방향 균열팽창 거동(modified from Martin, 1997)

암석의 미시 균열팽창 과정은 기존의 실험실 암석 일축압축에서 얻어지는 응력변형 곡선을 통해서도 설명될 수 있다. 그림 3-3은 캐나다 Manitoba 지역의 대표적인 화강암인 Lac du Bonnet 화강암의 일축압축실험에 대한 전형적인 응력변형 곡선을 보여주고 있다. 그림 3-3에 보인 바와 같이 암석의 항복은 크게 두 가지 단계로 구별됨을 볼 수 있다.

첫 번째 항복 점은 일반적으로 응력-측방 변형율 곡선상의 균열개시 점으로 정의되며 일반적으로 일축압축강도의 30~50% 정도 선으로 알려져 있다. 또한 이 점은 전체 체적변형곡선에서 탄성변형곡선을 감함으로서 얻을 수 있는 균열체적변형 곡선의 변곡점과 일치함을 알 수 있다. 따라서 균열에 의한 팽창은 이 점에서 시작이 됨과 동시에 균열팽창으로 인한 비선형성이 보이기 시작한다. 암석의 특성상 균열에 의한 팽창이 개시되면 복구가 안되는 영구변형이 생기므로, 이 지점은 측 방향으로는 탄성영역에서 벗어나 항복이 개시되는 시점이 되지만, 축 방향의 응력-변형율 곡선은 여전히 탄성영역에 머물러 있게 된다. 두 번째 단계는 축 방향 비선형성이 발생하기 시작하는 단계이다. 이 점은 보통 일축 압축강도의 70~80% 정도 선에서 나타나며, 암 손상개시 점이라고 표현된다. 이 단계에서는 국부적인 균열영역이 형성되며, 더 나아가서 전단영역이 형성되기 시작하여, 이러한 전단에 의하여 시료전체의 팽창이 발생하기 시작하게 되는 시점이다. 그러나 이 경우 시료의 팽창은 미세균열에 의한 축 방향의 균열로부터 오는 것이 아닌 균열들의 연합에 의해 형성된 전단영역의 전단변형에 의하여 발생하게 된다.

3.2.3 현장 암반지반의 강도감소 메커니즘

균열팽창에 의한 측방변형에 의한 항복이 실험실 재료의 일축압축 강도로 간주될 순 없지만, 이러한 측방 균열팽창에 의한 항복은 대심도 굴착과 관련한 지반의 항복거동을 연구하는 데 있어서 매우 중요한 의미를 갖는다. 왜냐하면, 실제 관측결과의 예를 보면, 대심도 지하공간 굴착의 경우 공동 주변의 실제 암반 지반의 강도는 그림 3-4와 같이 실험실 측방 균열팽창 항복응력과 관련이 있기 때문이다. 그림 3-4에 보인 바와 같이 AE(Acoustic Emission)는 공동 벽면 주변 및 균열팽창 개시응력 부근에서 집중됨을 나타낸다. 따라서 암반지반의 팽창개시 기준은 현장강도 평가시 최소기준(Lower Bound)로서 평가될 수 있으며, 과지압 암반손상 및 팽창특성의 모델링과 더불어 무시할 수 없는 중요한 요소가 된다.

이러한 대심도 과지압 구간 지하공동주변 암반의 실제 현장응력 강도감소 현상은 Pelli et al.(1991), Martin(1997), Diederichs(2000) 등에 의해 지적되어 왔으며, 다음 크게 몇 가지 가능성을 설명할 수 있다.

첫째로 그림 3-5와 같이 원통형 시료의 경우 균열은 원주와 평행하게 발생하여 발생하며, 이렇게 발생한 균열팽창에 의한 변형은 균열에 의해 생성된 외부 링의 인장응력을 발생시키

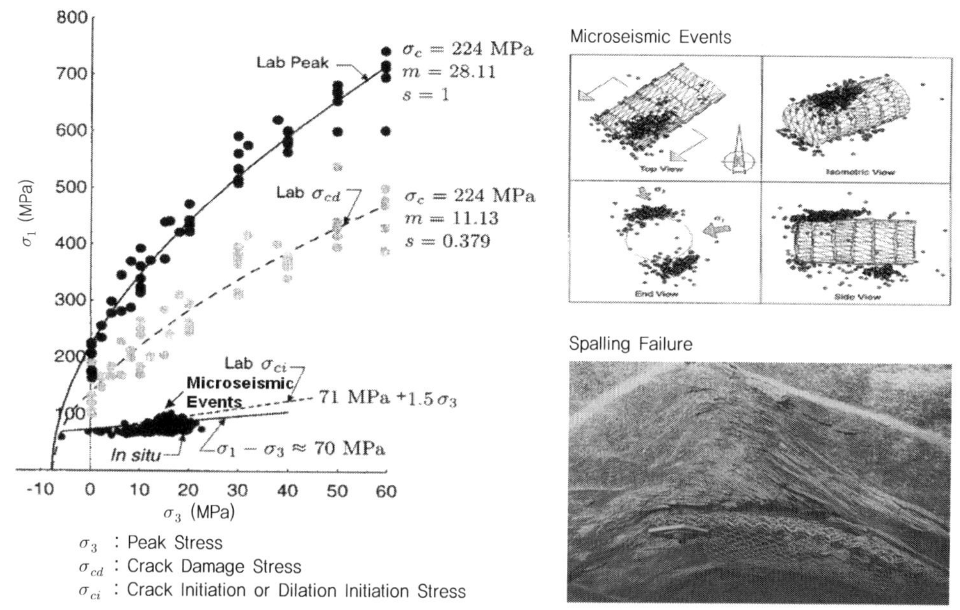

그림 3-4. 실험실 강도 곡선 및 Mine-by Experiment AE Event 관측결과(modified from Martin, 1997)

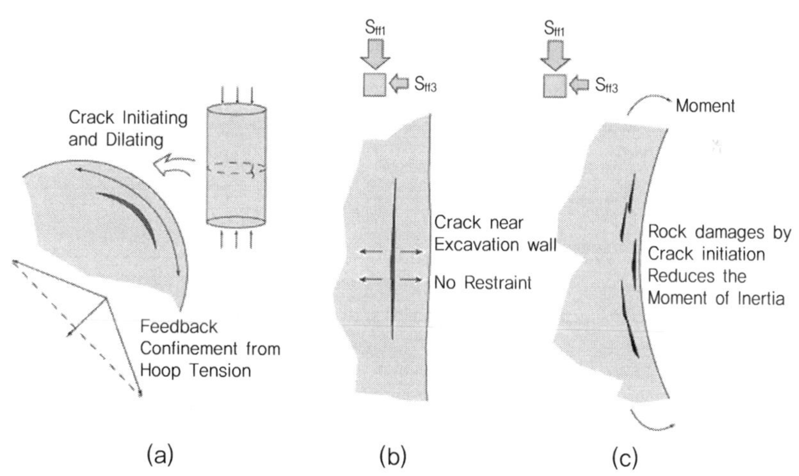

그림 3-5. 균열개시 시 원통형 시료와 현장 터널벽면에서의 파괴모드 비교(modified from Diederichs, 2000)

며, 이는 역으로 팽창을 구속시키는 결과를 가져오게 된다. 따라서 이러한 경우에는 균열이 불안정 진행성균열 확장(unstable fracture growth)으로까지 이어지지는 않게 된다. 반면 지하공간의 경우 발생한 균열은 보(beam)의 상태와 유사한 성격을 띄며, 모멘트의 영향에서 자유롭지 못하며, 구속효과가 적으므로 불안정 진행성균열 확장(unstable fracture growth)으로 이어져 궁극적으로는 스폴링과 같은 파괴양상을 띠게 된다.

두 번째로는 균열의 개시와 함께 팽창이 발생하면, 균열에 의해 팽창한 균열주변 지반의 구속응력은 거의 0으로 떨어지기 때문에, 그림 3-6에서와 같이 공동주변의 손상영역에서 실질적인 지반의 유효 구속압은 균열 전후로 감소하게 되며, 손상영역에서 멀어질수록 구속압은 급속히 증가하게 되는 양상을 띠게 된다. 따라서 균열로 인한 유효 구속압의 감소는 궁극적으로 암반 지반 내 균열에 의한 진행성 파괴를 촉진시키는 결과를 낳게 된다.

세 번째 원인은 기존 실내 실험의 응력경로와 현장응력 경로와의 상이점에 관한 문제이다. 그림 3-7에 보인 바와 같이 실내실험에 의한 응력경로는 지속적인 축차응력의 증가 혹은 감소를 따르는 매우 단순한 경로를 거치게 되는 반면, 현장의 응력경로는 굴착단계에 따라 응력의 증감이 반복이 되며, 또한 응력 축이 회전을 하게 된다. 인장균열은 항상 최대 주응력 방향과 평행하게 발생하므로 이러한 복잡한 응력경로는 궁극적으로 암반지반의 손상을 가속시키게 되는 결과를 가져오게 된다.

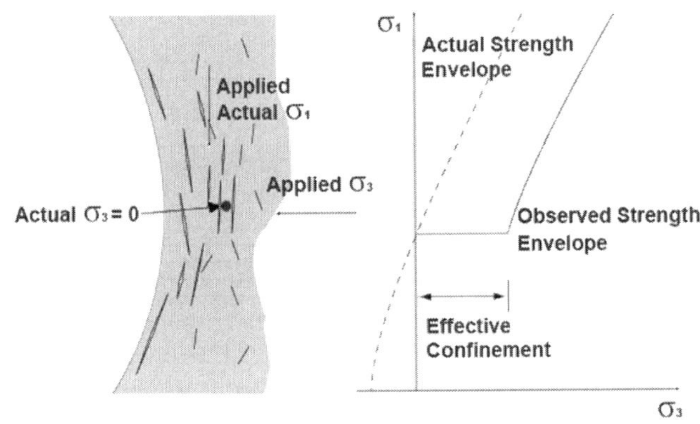

그림 3-6. 유효 구속압의 개념(after Diederichs, 2000)

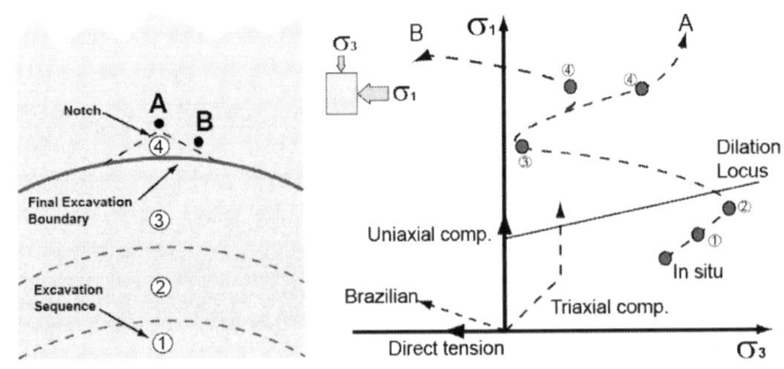

그림 3-7. 실험실 응력경로와 현장 응력경로의 비교

3.2.3 균열팽창에 대한 구속압의 효과

Terzaghi(1946)는 대심도 터널 굴착시 암반의 스폴링 파괴현상과 관련하여 "Popping Rock"에 대해 언급하면서 이를 억제하는 데 그렇게 많은 구속 지보압이 필요하지 않다고 언급하였다. 캐나다 Manitoba주 Pinawa, URL(Underground Research Laboratory)에서 수행했던 Mine-by experiment에서도 이와 매우 유사한 결과가 관측되었다. 그림 3-8은 Mine-by experiment에서 수행했던 직경 3.5m 원형터널의 스폴링 관측결과를 보여주고 있다.

그림 3-8에 보인 바와 같이 스폴링은 터널 천단부 근처에서 약 6개월에 걸쳐 단계적으로 관측되었으며, 반면 터널 하단부에서는 천단부의 스폴링 파괴양상과 비교시 상대적으로 적은 스폴링 파괴가 발생함이 관측되었다. 이러한 불일치성에 대해 당시 여러 가지 이견이 있었으나, 추후 터널 하부에 작업 대차가 지나다닐 수 있도록 쌓아놓은 약 1m 이하 두께의 터널버력을 제거한 후에 터널 천단부와 유사하게 스폴링이 발생됨이 관측되었다. 터널 하부의 터널버력을 구속압으로 환산시 약 20kPa 정도로 추정되었으며, 스폴링의 진행이 20kPa 정도의 매우 낮은 구속압에도 억제가 됨을 보여줌으로서 구속압에 매우 민감함을 보여주었다. 이러한 결과는 Read et al.(1997)이 수행했던 600m 시추공에 대한 현장시험에서 단지 수 미터 정도의 정수압만으로도 스폴링 발생이 억제되는 매우 유사한 결과를 보여주었다. 이러한 현장 관측결과들은 과지압에 의한 균열파괴가 약간의 구속압만으로도 충분히 관리가 되며, 균열의 진전을 억제할 수 있음을 보여주나, 이에 대한 구체적이고 정량적인 연구는 아직까지 부족한 실정이다. 서술한 바와 같이 대심도 과지압 구간의 지하공동 주변에 발생하는 대표적인 현상인 Spalling 파괴는 암반의 고유한 불균질 특성 및 균열팽창 등 여러 가지 다양한 요소들이

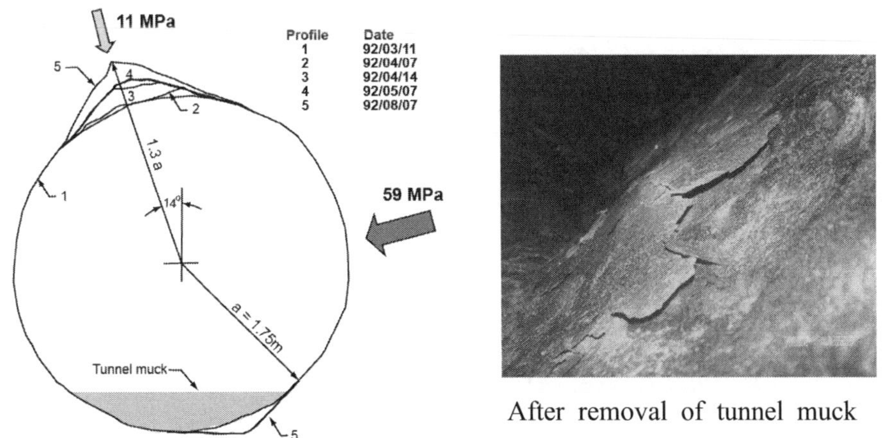

그림 3-8. Mine-by Experiment 관측결과(modified from Martin, 1997)

서로 얽혀 매우 복잡한 거동을 보인다. 이러한 거동을 제대로 모사하는 기법은 과거 수십년 간 해결해야 할 화두로 남아 있으며, 현재까지도 부분적인 성공만 이루었을 뿐이다. 다음 절에 서는 그동안 접근해 왔던 이에 대한 모델링 시도에 대하여 간략히 서술하고자 한다.

3.3 과지압 암반지반의 모델링 방법

3.3.1 연속체 해석에 의한 방법

가. 산술 해에 의한 모델링(Analytical Modeling)

응력에 의한 원형 터널 주변지반의 소성영역을 구하는 기존의 산술 해는 여러 공학자들에 의 해 시도되었으나 이들 대부분의 한계는 균등한(Uniform) 현장응력 조건인 경우에만 적용이 가 능하다는 데 있다. 이에 반하여 Detournay와 St. John(1988)은 균등하지 않은(Non-uniform) 현장응력 조건에 대하여 소성영역을 산정할 수 있는 산술 해를 식 (3-1)과 같이 구하였다.

$$R_o = \left[\frac{2}{K_p+1} \frac{P_o + \dfrac{q}{K_p-1}}{p_i + \dfrac{q}{K_p-1}} \right]^{\frac{1}{K_p-1}} \tag{3-1}$$

또한 소성경계의 최대 축과 최소 축은 식 (3-2)를 통하여 산정할 수 있다.

$$\frac{Major-axis}{Minor-axis} = \left(\frac{1+m}{1-m} \right)^{\frac{2}{K_p+1}}, \; S_o^l = \frac{K_p-1}{K_p+1}\left(P_o + \frac{q}{K_p-1} \right), \; m = S_o/S_o^l \tag{3-2}$$

여기서, $P_o = (\sigma_1 + \sigma_3)/2$, $S_o = (\sigma_1 - \sigma_3)/2$, $K_p = (1+\sin\phi)/(1-\sin\phi)$, q는 일축압축강 도, p_i는 내압이다.

그림 3-9는 식 (3-1)을 이용하여 Mine-by experiment의 현장 응력조건을 대입하여 암지 반의 손상영역과 내압과의 관계를 계산하여 플롯한 것이다. 그림 3-9에 따르면 소성 즉 암의 손상이 발생하지 않게 하기 위하여 가하도록 요구되는 내압은 약 4.0MPa로 산정된다. 앞서 설명한 현장관측 결과 20kPa의 작은 구속압에도 스폴링이 억제될 수 있다는 사실에 근거하면, 식 (3-1)로부터 계산된 내압은 상당히 과대평가 되는 결과를 가져와 실제 구속압과의 관계를 산정하는 데는 한계가 있다고 할 것이다.

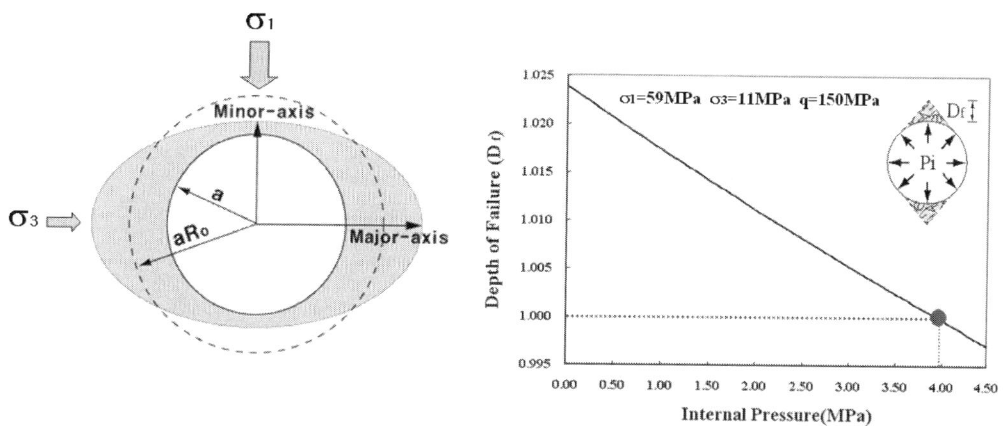

그림 3-9. Detournay와 St. John(1988)의 이론 해에 의한 과지압 손상영역 모델

나. Weak-Link 이론에 의한 모델링

연속체에 근거한 대부분의 모델링 접근 방법에 있어서 근본적인 가정 중의 하나는 변위장은
항상 연속이어야 한다는 것이다. 다시 말해서 연속체 조건하에서는 요소망을 형성하는 절점들
은 항상 다른 요소들과 공유되어야 한다는 것이다. 이러한 조건은 균열거동의 모델링시 평평
한 표면을 갖는 닫힌 균열에 대해서는 interface 요소 등을 적용하여 어느 정도까지는 모델링
이 가능하지만, 실제로 암석의 표면이 그렇게 평평하거나 부드러운 표면이 거의 관측되지 않
으며, 게다가 균열이 일단 열리면, 연속체에 대한 가정은 더 이상 유지할 수 없게 된다. 이러한
단점을 보완하고자 균열이 발생함에 따라 새로운 요소망을 업데이트 해주는 re-meshing 테
크닉을 이용한 방법도 제시되기도 하지만, 일단 모델링 하기가 매우 까다롭고 더군다나 팽창
을 유발하는 균열을 모델링 하는 데 충분치 않은 것으로 평가된다.

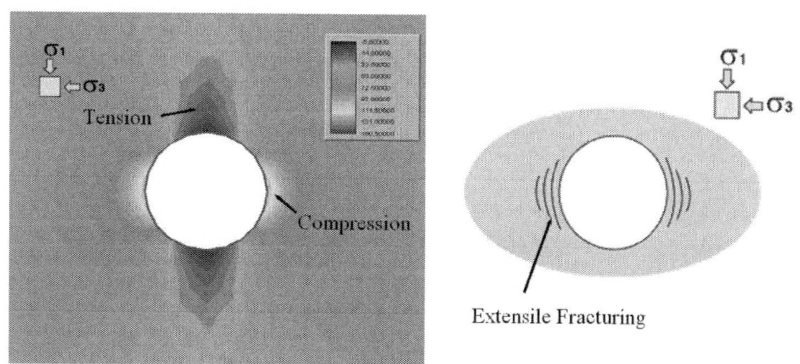

그림 3-10. 연속체 해석시 압축영역 내 발생하는 인장균열 문제

연속체 모델을 적용하는 데 있어서 또 다른 문제점은 지반의 모델링 시 각각의 요소에 동일한 물성치가 할당되기 때문에 그림 3-10에 보인 바와 같이 지반의 응력이 순수 압축상태에 지배될 때 지반 자체의 불균질 특성에 의해서 야기되는 국부 인장응력을 모사하기가 어렵다는 데 있다. 암석 혹은 암반의 불균질 특성에 의해 집중되는 국부 인장응력에 의한 인장파괴가 터널 벽면에서의 스폴링 파괴모드로 진전되는 주된 거동특성 중의 하나이므로 이에 대한 모사는 과지압 지반 모델시 간과할 수 없는 부분이다.

이러한 연속체 역학상의 단점을 보완하는 방법 중의 하나로서 Weak-Link 이론을 이용한 모델링 기법이 제시되어왔다. 이러한 방법은 지반의 불균질 특성을 모사하기 위하여 각각의 요소에 지반강도를 할당시 일률적으로 동일한 물성치를 부여하는 것이 아닌 일정한 확률함수 분포를 갖도록 분산시켜, 연약한 물성치를 갖는 요소에서 항복이 먼저 발생토록 유도시킴으로서 균열로 인한 진행성 파괴를 모사하도록 하는 기법이다. 이러한 확률 분포로서 많이 채택되는 함수는 Weibull 분포함수로서 다음과 같이 정의된다.

$$\phi(\sigma_c) = \frac{m}{\sigma_o}\left(\frac{\sigma_c}{\sigma_o}\right)^{m-1} \exp\left(\frac{\sigma_c}{\sigma_o}\right) \tag{3-3}$$

여기서, σ_o는 스케일 변수로서 요소의 평균 강도와 연관되며, m은 분포함수의 형성을 결정하는 상수로서 재료의 균질 정도를 정의하는 상수이다. 그림 3-11은 이러한 기법을 이용하여 개발된 프로그램인 RFPA^{2D}를 이용하여 Brazilian test를 모사한 결과를 보여주고 있다.

이러한 기법을 이용하면 지반의 균열파괴 양상을 모사하는 데 있어서는 어느 정도 성공적일 수 있으나, 그럼에도 불구하고 Detournay와 St. John(1988)의 결과와 같이 구속압에 대한 예민성, 균열팽창 특성 등을 모사하는 데는 연속체라는 근본적인 가정으로 인하여 아직까지

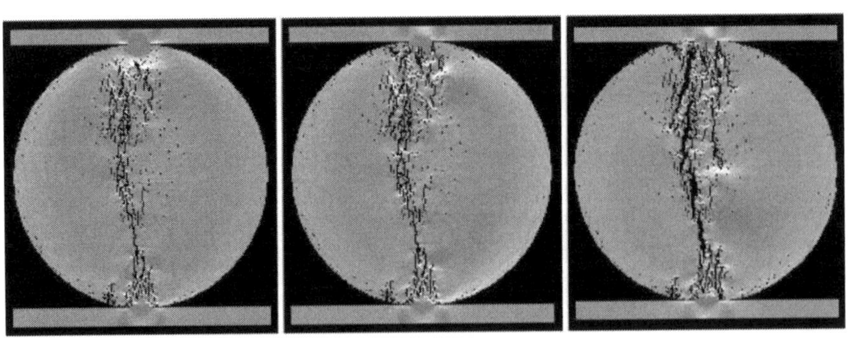

그림 3-11. Weak-Link 이론을 이용한 해석 예(RFPA^{2D}, after Tang et al., 2001)

한계가 있다고 볼 수 있다.

다. CWFS (Cohesion Weakening-Frictional Strengthening) 모델

Hajiabdolmajid(2002)는 암석재료의 최성파괴 특성을 모델링 하는 데 있어서 여러 가지 강도 요소들의 소성 변형율 의존성을 고려한 구성모델을 채택하였다. 그림 3-12에 설명한 바와 같이 CWFS 모델에서는 소성변형에 따라 재료의 강도 발현을 초기 점착강도의 손실과 마찰강도의 발현 두 부분으로 분리해서 고려하고 있다. 초기 점착강도는 균열의 개시로 팽창함에 따라 점진적으로 감소하기 시작하여 잔류강도까지 감소하게 된다. 이때의 최종 변형을 점착소성 변형으로 정의하고, 이어서 마찰강도가 최대로 발현되는 지점의 소성변형을 마찰소성 변형으로 정의한다.

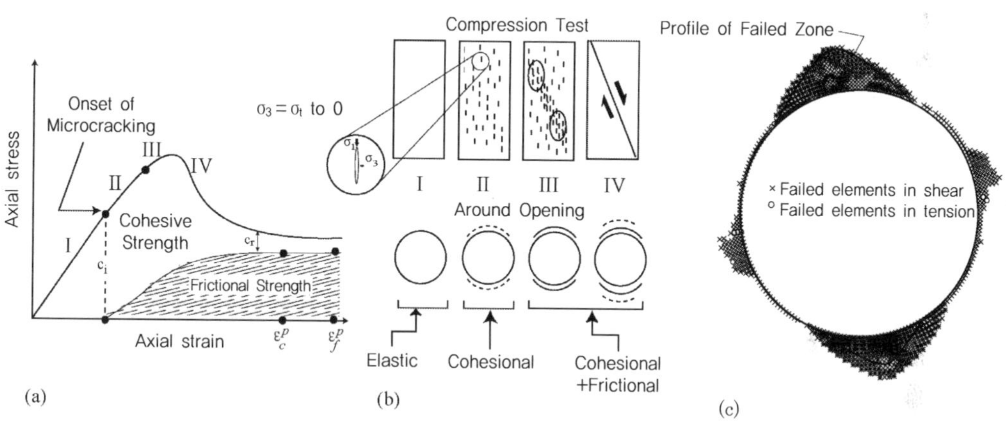

그림 3-12. CWFS 모델의 개(modified from Hajiabdolmajid, 2002)

CWFS에서는 이러한 강도요소의 감소 및 발현시점을 소성 변형율을 입력변수로 하여 재료의 거동을 정의하게 된다. 그림 3-12(c)에 보인 바와 같이 CWFS 모델을 이용하여 Mine-by experiment 관측 결과와 비교해 본 결과 손상영역이 상당히 잘 일치하는 것으로 나타났다. 그러나 CWFS 모델 또한 손상영역의 예측에 대해서는 성공적이나 기타 앞서 설명한 구속압이나 팽창성 등 암반 고유의 거동을 모사하는 데 있어서는 한계가 있다고 할 것이다.

3.3.2 균열역학(Fracture Mechanics) 응용 모델

균열역학에 대한 모델은 Griffith(1921, 1924)가 초기에 에너지 균형이론에 근거하여 인장 및 압축에 의한 모델을 제시한 이후 지금까지 수많은 모델들이 제시되었으며, 여전히 균열역학적 접근방법은 암석의 복잡한 거동을 이해하는 데 있어서 각광받는 연구주제이다.

그림 3-13에 보인 바와 같이 대부분의 균열모델은 일정한 각을 가지고 기울어져 있는 초기 결함(flaw) 또는 균열을 포함하고 있다는 가정하에 외력이 작용시 균열 면에서의 전단에 의하여 균열의 끝단에서 날개균열을 발생시키게 되는 메커니즘을 주된 골자로 하고 있다. 이러한 모델은 수학적으로 균열의 개시 및 전파 등 근본적인 균열거동을 이해하는 데 유용하므로 여러 균열거동 관련 연구에 많이 쓰여왔으나, 실무적으로 이러한 모델을 적용하는 데 있어서는 모델 자체의 근본적인 가정의 한계로 적용하기에 무리가 있다고 볼 것이다. 왜냐하면, 그림 3-12와 같은 모델은 거의 대부분 독립된 일개의 균열 또는 균열이 정규적으로 분포되어 그 위치 및 크기를 이미 알고 있는 균열에 대한 거동에 대해서만 적용 가능하기 때문에 실제의 암석 또는 암반에서처럼 불규칙 배열 및 방향성을 갖는 다양한 균열특성을 제대로 모사하기 힘들며, 더군다나 그림 3-13에서 보인 바처럼 균열의 시작이 전단에서부터 시작된다는 가정은 일반적으로 암석의 강도가 인장보다 전단에 강하다는 일반상식에 위배되는 가정이 된다.

따라서 종래의 균열 모델들은 결국 암석의 거동을 이해하기 위한 개념적, 해석적 모델로서 더 의미가 있으며, 초기 균열을 제외하고는 기본적으로 균질한 재료로서 가정되기 때문에 이러한 조건에서 균열의 확장 및 진전은 실제와 많은 차이가 있다고 할 것 이다.

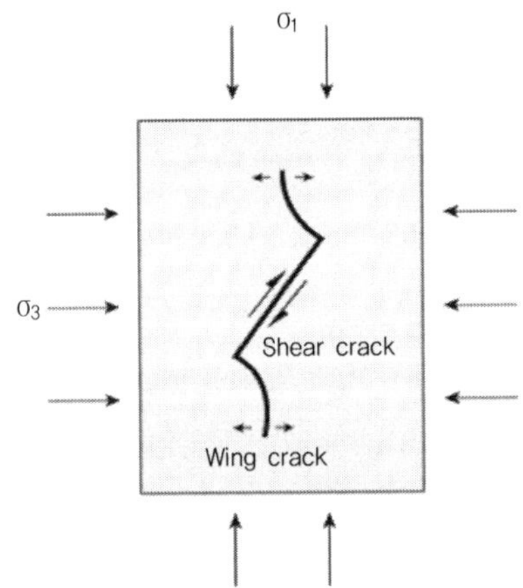

그림 3-13. 균열역학 모델(Fracture Mechanics Model)

3.3.3 불연속체 입자해석에 의한 접근방법

가. 입자 모델해석(Particle Flow Code)

PFC(Particle Flow Code)는 개별요소법(Distinct Element method, DEM)에 근거한 수치

해석 프로그램으로서 연속체 역학에 근거한 유한요소법과 같은 수치해석 기법과 달리 특별한 요소망의 생성 없이 일정한 크기의 (wall)요소로 구속된 경계 내에 생성되는 개개의 구형 (sphere element) 또는 원통형(disk element) 입자요소들을 사용하여 모델링 하는 기법이다. PFC 에서 사용한 개별요소기법은 입자요소들에서 외부 힘에 의해 발생하는 불균형력(unbalanced forces)을 수렴시키는 방법으로서 근본적으로 입자들의 움직임은 운동방정식에 근거한 동적 해석에 가깝다. 입자의 접점에 작용하는 기본 구성방정식은 기본적으로 강성모델(Stiffness model), 마찰모델(Slip model), 접착모델(Bonding model)의 세 가지 모델로 구성되어 있다. 강성모델은 접점력과 그 상대적인 변위간의 탄성적인 상관관계를 제공하며 마찰모델은 접점 에서의 연직 및 전단 접점력간의 관계에 영향을 줌으로서 인접한 두 입자는 서로 미끄러짐이 가능하도록 하는 역할을 제공한다. 한편 접착모델은 입자의 접점에 작용하는 인장, 압축 전단 응력 및 모멘트에 대한 저항 강도를 제공한다. 그림 3-14는 이러한 모델들을 적용했을 시 접 점에서의 입자거동에 대해 설명해 주고 있다.

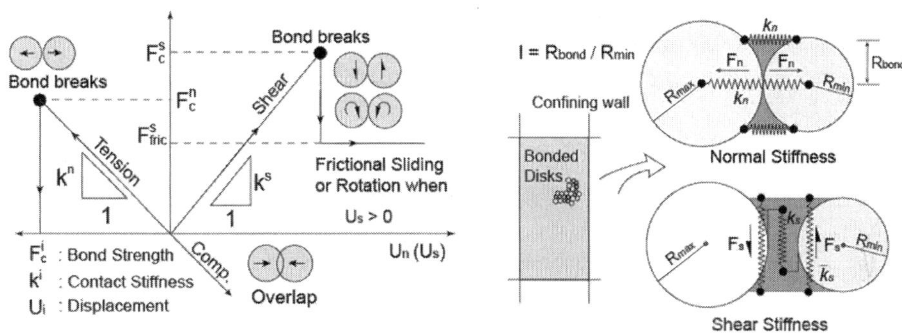

그림 3-14. PFC 입자모델 거동설명(modified from Potyondy and Cundall, 2004)

Diederichs(2000) 이러한 모델을 이용하여 압축하중을 받는 취성암석의 거동을 모사하는 데 성공적으로 적용하였다. 그러나 PFC에서 적용하는 입자모델은 기본적으로 원형입자 모델 을 채택한 바, 이러한 경우에 실제와 같은 균열 끝단부에서의 응력집중도를 보이는 데 한계가 있으며, 더군다나 균열에 따른 주변 접점들의 응력 재분배 결과는 진행성 균열을 확장시키는 데 있어서는 충분하지 않다는 한계를 드러내었다. 또한 인장강도와 압축강도의 비율이 일반적 인 화강암의 경우 1/24~1/30 정도임에 비해 PFC로 구한 비율은 그림 3-15에 보인 바와 같이 1/5 정도로 인장강도가 실제 강도보다 과대평가되는 경향을 보인다.

이러한 한계는 기본적으로 입자의 형상을 원형으로 가정함으로 발생하는 Trellise Cell(접점

력망)의 구조적 한계로 추정되며, 앞서 제기한 미세균열에 의한 팽창을 모사하는 데 있어서도 원형입자의 한계로 인하여 실제와 비교시 충분한 팽창특성을 보여주지 못하는 단점이 있다.

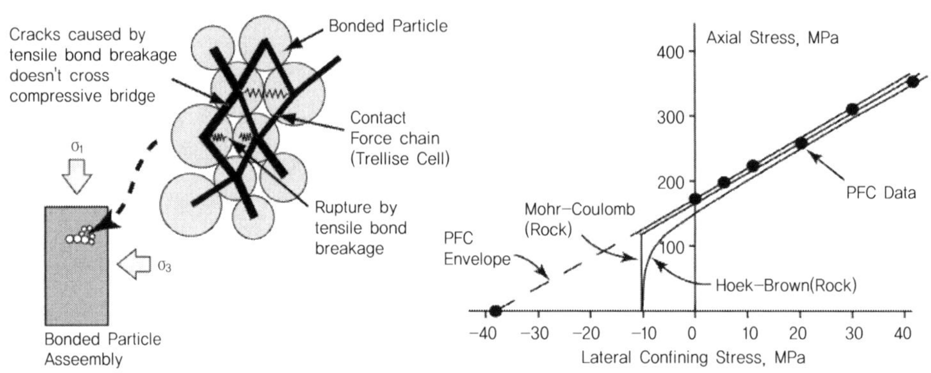

그림 3-15. (modified from Diederichs, 2000)

나. 불규칙 형상의 입자를 고려한 모델 (Clumped particle model)

기본적으로 PFC 2차원 해석의 경우, 입자는 유한한 크기의 원통형 입자요소나 단일 층의 구형(sphere)요소로 모델링 되도록 되어 있다. 원형 입자형상은 계산시간의 단축면에서 상당히 큰 효과가 있을 수는 있으나, 입자의 형상이 해석에 영향을 미치는 특별한 경우의 모델에는 적용성이 떨어질 수 있으므로 PFC에서는 클러스터(cluster)와 클럼프(clump) 개념을 도입하여 불규칙형상의 입자를 모델링 할 수 있다. 이러한 개념은 원형이나 구형형상의 입자들을 그룹으로 나눠서 내부적으로 강한 접착력을 줌으로서 실제 암석이나 조립토 등에서 보이는 불규칙한 형상에 대한 효과를 대체시켜주는 역할을 한다.

Cho et al.(2007)은 기존의 원통형 입자로 인하여 발생하는 인장강도의 과대평가, 균열팽창의 과소평가문제 등과 관련하여 각각의 미시 정수들에 대한 매개변수 연구를 수행한 결과 클럼프 기법을 이용한 불규칙형상의 입자모델이 암석의 거동을 모사하는 데 있어서 매우 효과적임을 보여주었으며, 이를 토대로 입자의 물성치를 Lac du Bonnet 화강암의 거동과 비교하여 캘리브레이션함으로서 실재 이 암석의 거동특성과 상당히 유사하게 일치시킬 수 있음을 보여주었다.

그림 3-16은 clump 기법을 이용하여 불규칙 형상의 입자를 모델링하는 과정을 보여주고 있으며, 그림 3-17은 이를 이용한 시뮬레이션 결과가 Lac du Bonnet 화강암의 파괴 포락선과 매우 잘 일치함을 보여주고 있으며, 그림 3-18, 3-19 또한 이들의 응력거동이 실제와 매우

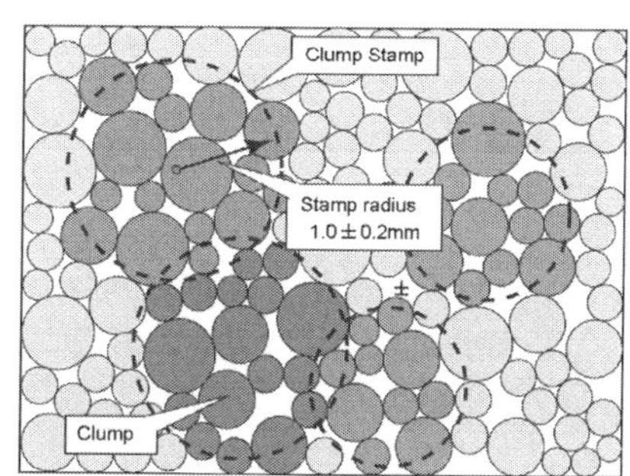

그림 3-16. Clump를 적용한 불규칙 형상의 입자 모델링 기법(after Cho et al., 2007)

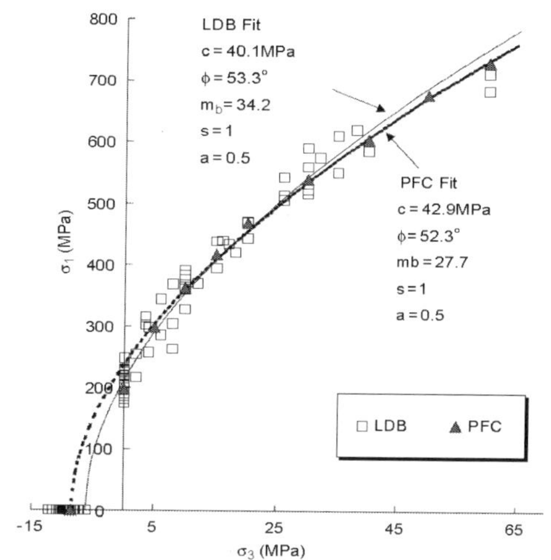

그림 3-17. Lac du Bonnet 화강암과 PFC모델에 의한 파괴 포락선 비교(after Cho et al., 2007)

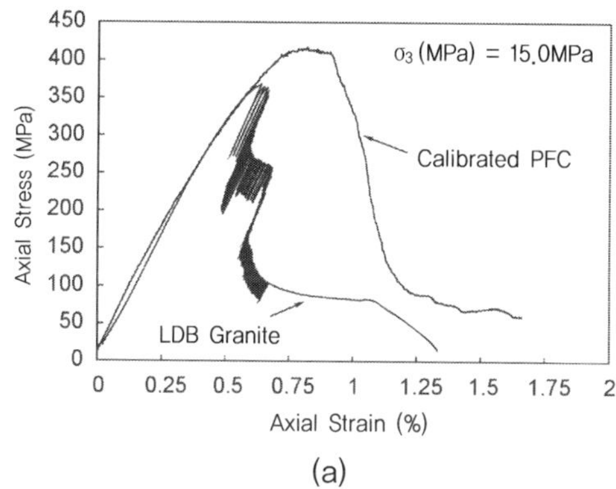

(a)

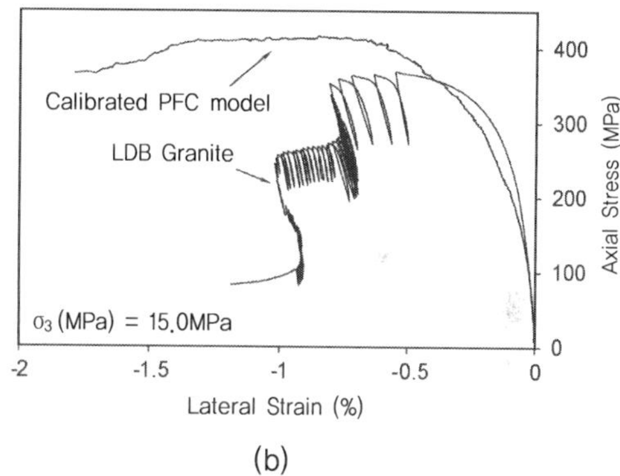

(b)

그림 3-18. PFC 모사결과와 실제 응력거동 비교 (a) 축 방향 응력거동 비교, (b) 측 방향 응력거동 비교 (after Cho et al., 2007)

유사하게 일치하고 있음을 보여준다.

Cho et al.(2007)이 제시한 모델링 기법은 기존의 입자해석 모델링에 있어서 해결하지 못했던 인장강도의 과대평가 부분 및 균열팽창 문제 등에 대한 방향을 어느 정도 제시했다는 데 있어서 의미가 있으나, 이 모델을 이용할 경우 기본적으로 clump로 이루어진 입자는 무한강도를 가지므로 실제랑 비교시 입자의 파쇄로 인한 거동특성을 모사하는 데는 한계가 있으며, 또한 실험실 응력경로에만 한정해서 모델링을 수행하였기 때문에, 앞서 설명한 바와 같은 과

지압 구간 대심도 지하공동 문제와 같은 실스케일의 문제와 더불어 구속압에 대한 예민성 등과 관련한 문제들을 적용하는 데 있어서는 연구가 더 진행되어야 할 사항이다.

3.4 결 론

본 연구에서는 대심도 지하 공동주변에서 과지압으로 인하여 발생하는 암반의 균열팽창 및 파괴 거동 특성을 모사하기 위한 모델링 시 고려해야 할 중요한 문제점들에 대하여 검토하였다.

암반지반의 기존의 모델링 접근방법과 달리, 과지압으로 인한 암반 지반의 파괴양상은 지반 고유의 불균질 특성으로 인하여 미세균열에 의한 팽창, 현장지반의 강도저하, 구속압의 영향 등 매우 복잡한 양상을 보인다. 본 논문에서는 이러한 시도들을 연속체 역학적 관점, 균열역학적 관점 및 개별요소적 관점에서 분석해 보았으며, 이들이 갖고 있는 근본적인 한계점들에 대하여 논의해 보았다.

응력에 의한 암반의 파괴거동에 있어서 인장 균열에 의한 팽창특성은 다른 어떤 특성보다 중요함에도 불구하고 이전의 접근방법에 있어서 대부분 간과되어왔다.

이러한 거동특성을 반영하는 기법으로서 PFC^{2D}(Particle Flow Code) 또는 기타 불연속체 해석을 이용하는 연구가 다각적으로 진행 중에 있으나, 앞으로 더 많은 연구가 뒷받침이 되어야 할 것으로 사료된다.

04 암반특성을 고려한 터널 위험도 분석 및 설계사례

| 김 영 근

4.1 서 론

최근 터널건설이 증가에 따라 미고결층, 석회암층과 같이 공학적으로 문제가 되는 구간에서의 터널을 시공하는 사례가 증가하고 있으며, 이러한 문제지층에서의 암반구조물을 설계하거나 시공하는 경우 대상지질이 가지고 있는 고유한 지질 및 암반특성으로 인하여 설계 및 시공상 많은 어려움을 겪고 있다. 특히 산악터널구간에서 장대터널이 시공되는 경우 토피고가 수백미터에 이르는 대심도 암반구간이 발생하게 되는 경우가 나타나고 있다.

대심도 암반의 경우 암반을 굴착함에 따라 암석강도 및 암반응력 등의 특성에 따라 Rockburst 등과 같은 취성파괴 및 Squeezing 등과 거동을 나타낼 수 있으며, 이러한 대심도 암반거동은 터널 및 지하공동 시공 중 위험요소로 작용하여 안정성에 심각한 영향을 줄 수 있다. 따라서 대심도 암반구간에 터널을 건설하는 경우에는 합리적인 설계 및 시공을 달성하기 위해서는 대심도 암반에 대한 지질 및 암반특성을 정확히 이해하는 것이 필요하며, 대심도 암반특성에 적합한 보강 및 시공대책을 수립하도록 하여야 한다.

또한 대심도 암반에서의 나타날 수 있는 위험도를 정량적으로 분석하고, 터널거동을 평가하고자 하는 연구가 활발히 진행되고 있다. 국내의 경우에도 대심도 암반에서의 위험특성에 대한 사례가 보고되고 있으며, 터널 설계시 대심도 암반특성에 대한 공학적인 검토를 수행하고 있다.

본 고에서는 대심도 암반구간에서의 위험도 평가 및 터널 설계사례를 검토하여, 대심도 암반특성을 고려한 터널구조물 설계시 합리적인 방안을 도출하고자 하였다.

4.2 대심도 암반특성을 고려한 위험도 평가

4.2.1 터널 특징

본 터널은 최대 토피고 600m 정도의 산악지역을 통과하는 도로터널로서 NATM 터널 연장은 L=6,050m이다. 그림 4-1에서 보는 바와 같이 대심도 구간으로는 토피고 250m 이상이 L=2,150m, 토피고 400m 이상이 L=805m로 나타났으며, 대심도구간 통과에 따른 터널의 안정성 예측과 이에 따른 시공 및 보강계획의 수립이 필요하였다.

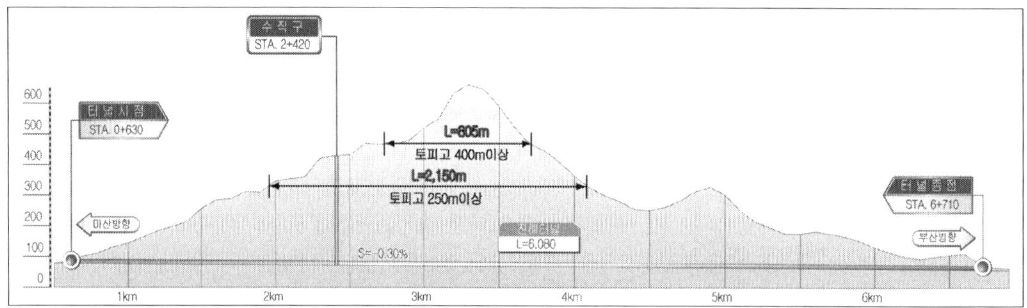

그림 4-1. 대상터널과 대심도 구간

일반적으로 대심도 암반을 통과하는 터널에서 발생할 수 있는 문제점은 대심도에서의 암반응력으로 인한 스퀴징(Squeezing), 록버스트(Rock Burst), 슬래빙(Slabbing) 및 스폴링(Spalling) 등으로 표 4-1에 개략적인 특징을 정리하였다.

표 4-1. 대심도 터널에서 발생 가능한 문제점

구 분		SQUEEZING	ROCK BURST	SLABBING / SPALLING
개 요 도				
특징	발생원인	• 토피가 높고 암반강도가 약한 경우(파쇄대 등 조우시)	• 암반에 축적된 에너지가 터널 굴착으로 방출되며 파괴	• 터널 굴착 후 암반이 판상이나 조각상으로 떨어지는 현상
	암반상태	• Static Load • High Confinement • elastic → plastic • 터널 내로 과다변위 발생	• Dynamic Load • Low Confinement • elastic • 암반 폭렬 및 seismic event	• Static Load • High Confinement • elastic → plastic • 암반 탈락
국내사례		솔안터널, 원효터널 등	–	SK석유비축기지
대 책		• 과굴착, 파일롯트 굴착 등 • 가축성지보재, 인버트 설치 등	• 지보재량 증가 • 굴진장 축소	• 지보재량 증가 • 숏크리트 조기타설

취성(Briteness) 파괴는 작은 변형률이 발생하는 동안 급격하게 지지력이 감소하여 소성변형을 보이지 않고 파괴되는 현상으로, 대심도 터널에서의 취성파괴 특성은 다음과 같다.

- Rockbrust : 굴착에 의해 주변암반으로 축적된 에너지가 급작스럽게 방출하면서 파괴유발
- Spalling / Slabbing : 굴착 후 막장이나 천단, 측벽의 암반이 시간에 따라 점차 판상(Slabbing)으로 떨어져 나가거나, 조각상(Spalling)으로 떨어져 나가는 현상

Squeezing 암반거동 특성은 터널굴착으로 유도되는 응력이 주변암반의 한계강도를 초과하여 작용하는 경우 내공변위가 크게 발생하여 터널붕괴 및 지보재 파괴유발하며, 층리면, 편리 등과 같은 불연속면 방향은 터널변위를 크게 발생시킬 뿐만 아니라 Squeezing 거동에 주요한 요인이 된다. 또한 연약암반의 변형률 및 강도특성과 관련이 있으며, 편마암, 운모편암, 석회질 암반에서 주로 나타나고 있다. Martin 등은 그림 4-2에서 보는 바와 같이 취성파괴의 가능

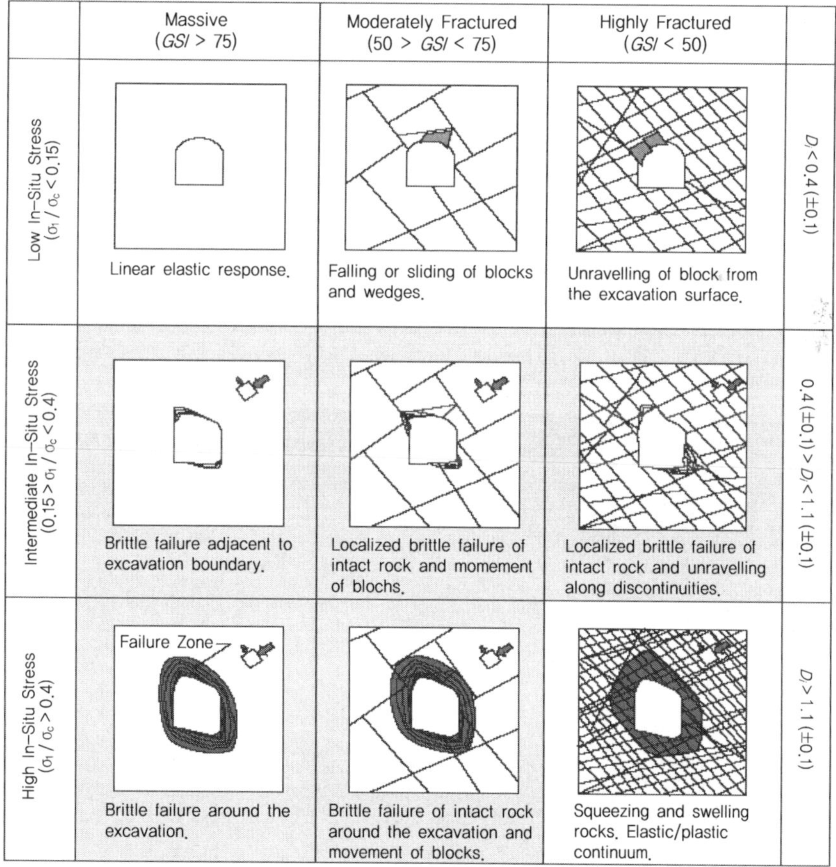

그림 4-2. 지하공동의 취성파괴 모드(Martin 등)

성을 정량적으로 평가하기 위하여 암반등급(GSI)와 현지암반 응력조건(In-situ Stress) 그리고 손상지수(Di)를 이용하였으며, 지하공동의 파괴모드를 정의하였다.

4.2.2 지반물성치 산정 및 검토

대심도 터널 건설에 따른 위험성 검토를 위한 지반물성치는 본설계 구간의 지반조사결과를 바탕으로 그림 4-3에서 나타난 바와 같이 본 구간에 인접한 건설현장의 지반조사결과(창원~부산간 도로건설공사, 소사~녹산간 도로건설공사, 의곡교차로~부산과학단지간 도로건설공사, 웅동~장유간 도로건설공사 등)를 참고하여 선정하였다(표 4-2).

표 4-2. 연속체 해석을 위한 지반물성치

구 분	단위중량 (kN/m³)	포아송비	변형계수 (MPa)	점 착 력 (MPa)	내부마찰각 (°)
암반등급 I	27.0	0.20	24,000	8.0	48.0
암반등급 II	26.0	0.22	16,000	5.8	43.0
암반등급 III	25.0	0.25	6,000	3.1	38.0
암반등급 IV	24.0	0.28	1,400	1.6	34.0
암반등급 V	23.0	0.31	470	0.2	31.0

그림 4-3에서는 보는 바와 같이 일축압축강도 및 지중응력계수는 국내 과잉 수평응력 분포 특성에 관한 연구(배성호 등, 2005) 결과를 활용하여 심도 15~310m의 110개 개별 시추공을 대상으로 540개의 시험구간을 선정하고, 과잉 수평응력장(심도 200m 이상의 영역에서 3.0에

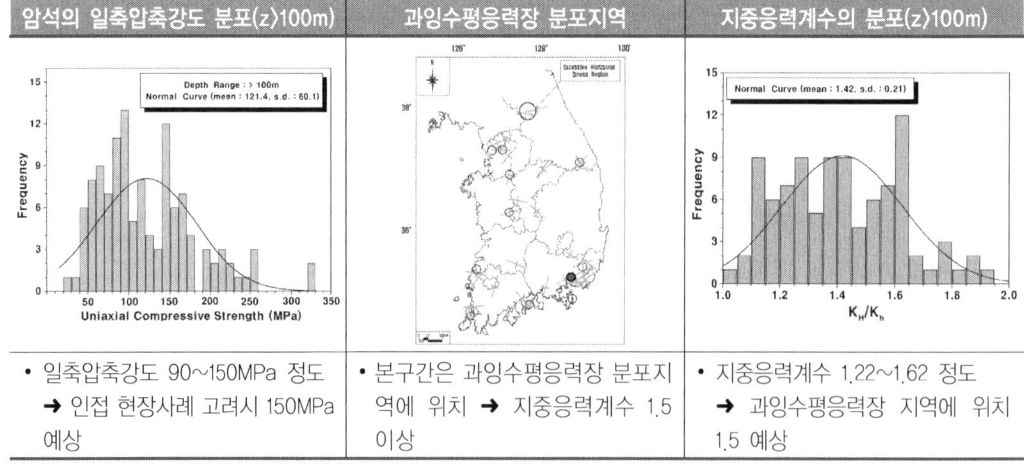

• 일축압축강도 90~150MPa 정도 ➜ 인접 현장사례 고려시 150MPa 예상

• 본구간은 과잉수평응력장 분포지역에 위치 ➜ 지중응력계수 1.5 이상

• 지중응력계수 1.22~1.62 정도 ➜ 과잉수평응력장 지역에 위치 1.5 예상

그림 4-3. 일축압축강도 및 지중응력계수

가까운 측압계수를 가지는 지역)을 참고하여, 본 구간은 과잉수평응력장에 해당할 것으로 예측하여 일축압축강도 150MPa, 측압계수 1.5를 가정하였다. 심도 100m 이상일 때 암석의 일축압축강도는 100~150MPa 정도의 분포를 보이며, 지중응력계수는 1.3~1.5 정도의 분포를 보이고, 취성파괴의 잠재적 위험성을 유발할 수 있는 범위는 심도 250m 이하 영역에서는 측압계수 1.5 이상인 것으로 판단하였다.

4.2.3 Squeezing 위험성 평가

가. Squeezing 발생사례 및 대책

1) 국내사례

구 분	변상원인 및 특징	보수 및 보강방법
산골터널	• 2개의 대규모 충상단층 존재 • 라이닝 측벽부 및 천단부 균열 및 누수	• 라이닝 배면 공동채움(폴리우레탄) • 인버트 콘크리트 설치 및 라이닝에 홈을 파고 강지보공 설치
원효터널	• 단층파쇄대와 조우(심도 140~450m) • 암반강도 부족에 의한 소성변형 가능성이 매우 큼	• 인버트 콘크리트 설치 • 강지보공 확대 적용
함탄층 터널 굴착시 터널거동 연구사례	• 함탄층 함유에 따른 터널변형 발생 • 함탄층 함유여부에 따라 최대 20배 정도의 내공변위 발생	• 상하 분할굴착 수행 • 가인버트 및 인버트 설치 필요

2) 유럽사례

구 분	변상원인 및 특징	보수 및 보강방법
오스트리아 Semmering 터널	• Squeezing으로 인한 지반변형이 2.0m 발생 • 과대내공변위 발생으로 인해 라이닝 균열발생	• 추가 굴착 및 인버트 단면 시공
프랑스 Isere–Arc 터널	• 지반조건은 압쇄상 세일 • 토피고 500m 이하 구간에서 최초 천단변형 발생 후 측벽변위 지속	• 굴착중 발생한 squeezing으로 전단면 굴착공법 구간을 선진도갱 굴착공법으로 변경
스위스 Gotthard 터널	• 시공 중 측벽부 최대변위 55cm 발생 • 천단부 1차 지보재 변형 유발	• 변형 여유량을 고려, U형 가축성 지보재 설치 • Expansion Shell Tube Rockbolt 설치
스위스 Gotthard 터널	• 지반조건은 연암 70%, 경암 30% • Squeezing 조건 중 'extreme'에 해당하는 매우 불량한 조건	• 변형량 및 단면 크기에 따라 록볼트 길이를 상황에 따라 조정 • 가축성 지보재 설치
오스트리아 Strenger 터널	• 석영질 편암 및 터널축 방향과 평행한 단층파쇄대 다수 존재 • 천단 및 내공변위가 각각 400mm, 600mm 정도 발생	• 격벽에 종방향으로 홈을 파내어 숏크리트를 세그먼트 개념으로 분할하고 홈 사이에 stress controller(yielding steel tube) 설치

3) 일본 및 대만

구 분	변상원인 및 특징	보수 및 보강방법
일본 중산터널	• 시공 중 측벽부 300~800mm 발생/으로 30mm 숏크리트 균열 발생 • 지반강도비($q_u/\gamma H$)가 매우 작고 팽창성이 심한 암반	• 전면접착식 록볼트 + U형 가축성 지보재 설치 • 건축한계 초과부분은 제거 후 숏크리트 재시공, 록볼트 추가시공
일본 배산터널	• 일축압축강도가 현저하게 낮고, 편압으로 인해 측벽부 소성변형 발생 • 측벽부 과대변위 발생으로 숏크리트 균열 및 록볼트 플레이트 변형 발생	• 윙리브가 부착된 지보공(H-200) 설치 • 인버트 조기폐합 실시 • 측벽부 록볼트 개수를 증가시키고 인버트+강재스트럿 재시공
찌요시 터널	• 시공 중 측벽부 200~320mm 발생이 1년여 동안 지속적 진행 • 지반강도비($q_u/\gamma H$)가 매우 작고 팽창성이 심한 암반	• 록볼트 길이 6m로 변경 및 추가 설치 • 강지보공(H-250)을 추가 설치, 숏크리트 두께 증가
미마키라하 터널	• 시공 중 측벽부 200~450mm 발생으로 4~5mm 숏크리트 균열 발생 • 지반강도비가 2.0 이하로 측벽부 편압으로 인해 소성변형 발생	• 록볼트 길이 변경 및 인버트 콘크리트 추가 설치 • 강지보공(H-150) 추가 설치 및 숏크리트 두께 12.5cm로 증가
나베타테-야마 터널	• 시공 중 최대변위 약 900m 발생 • Squeezing으로 인해 측벽부 숏크리트 균열 발생	• 강지보공(H-125) 및 숏크리트(12.5cm) 추가 설치 • 터널상반에 록볼트(4m, 16본) 추가 설치
대만 핑린터널	• RMR 값, 일축압축강도가 매우 낮아 불량한 지반 • 단층파쇄대와 교차하여 시공 중 변위 발생(최대 200mm)	• 록볼트 길이(6m) 및 숏크리트 두께(20cm) 변경 • 강지보공(H-100) 추가 및 인버트 단면 시공

위에서 조사한 Squeezing 발생과 이에 대한 대책공법 적용사례를 검토한 결과 Squeezing 발생구간에 적용 가능한 보강공법은 표 4-3에 나타낸 바와 같다.

표 4-3. Squeezing 발생구간 적용 가능한 보강공법

굴착공법 변경		지보재 보강	
대 책 공 법	적용성	대 책 공 법	적용성
• 굴착단면을 확대하여 변형여유량 확보	보통	• 강섬유 숏크리트 두께 증대(50mm → 100mm) 및 조기타설	양호
• 전단면 굴착 → 상하분할 굴착, 측벽선진도갱	양호	• 록볼트 길이 증대 : 3m → 6~12m	양호
• 인버트 폐합	양호	• H-beam → U형 가축성 지보재	보통

나. Squeezing 발생 가능성 평가

경험적 분석을 통한 Sqeezing 가능성 평가방법이 표 4-4에 정리되어 있다. 표에서 보는 바와 같이 Q값과 토피고, 터널심도 및 터널직경, 일축압축강도 등을 이용하는 방법 등이 있다.

표 4-4. 경험적 분석을 통한 Sqeezing 가능성 평가

구분	Q값과 토피고(H)를 이용한 방법 (Singh 등, 1992)	암반계수(N)을 이용한 방법 (Goel 등, 1995)	Competency Factor를 이용한 방법(Jethwa 등, 1984)
검토 방법	• 39개의 현장사례를 기초로 하여 Q값과 토피고 H의 상관관계 분석	• 99개의 사례로부터 터널 심도 H, 터널직경 B, 암반계수 N과 Squeezing 상관관계 분석	• Competency Factor (일축압축강도 / 토피고에 따른 응력비)를 이용하여 Squeezing 판단
관계식	$H = 350Q^{1/3}$(m)	$H = (275N^{0.33})B^{-0.1}$(m)	$N = \dfrac{\sigma_{cm}}{P_0} = \dfrac{\sigma_{cm}}{\gamma H}$
관련 도표			

본 구간에 대한 Squeezing 가능성 평가결과는 표 4-5에서 보는 바와 같다. 암반등급 I~III의 경우 토피고에 따라 적정한 강도를 확보하여 Squeezing의 위험성은 거의 없는 것으로 예상되었다. 또한 대심도 구간에 파쇄대가 위치하고 암반등급 IV 이하인 경우 Squeezing의 가능성이 일부 있음을 확인하였다.

보강대책으로는 대심도 구간에 파쇄대가 위치하고 Squeezing 가능성이 큰 경우에는 굴착공법 변경(분할굴착), 지보재 증대 및 인버트 폐합 적용하고, Squeezing 가능성이 작은 경우에는

표 4-5. 본 구간에 대한 Squeezing 가능성 평가

구 분		암반등급 I	암반등급 II	암반등급 III	암반등급 IV	암반등급 V
Q-Value		40	4	1	0.1	0.01
일축압축강도 σ_c (MPa)		150	100	80	50	30
응력감소계수 SRF		10	10	10	10	10
한계 토피 고 (m)	Singh 등	1,196	555	350	162	75
	Goel 등	1,467	727	458	212	98
	Jethwa 등	2,777	1,851	1,481	925	555
	평 균	1,813	1,044	763	433	243
검토의견		NON-SQUEEZING	NON-SQUEEZING	NON-SQUEEZING	파쇄대	파쇄대

지속적인 계측을 통해 변위 수렴여부를 monitoring하여 필요시 보강대책을 수립하도록 하였다.

4.2.4 취성파괴 가능성 평가

가. 취성파괴 사례 조사

국내에서는 대심도 터널 설계·시공사례도 부족할 뿐 아니라 그에 대한 연구가 충분히 이루어져 있지 않은 실정이다. 국내 대부분의 대심도 터널에서는 대심도 구간에서 별도의 대책을 마련하지 않고 시공되었다. 국내사례조사 결과, 암반의 일축압축강도가 135MPa 내외이며 측압계수가 커 Rockburst의 가능성은 매우 낮으며, Spalling의 가능성은 있으나 암반 강도가 양호하여 탄성변형 거동만 보였을 것으로 판단된다.

1) 국외사례(유럽)

터널명(국가)	암 종	UCS(MPa)	토피고(m)	측압계수	암석파괴 위치	대책공법
The Lotschberg base (Swiss, 2002)	화강암	100~200	1,000	0.36	• 막장과 벽면 (파괴깊이 : 1m)	• 숏크리트 • 록볼트+와이어메쉬
Zinkgruvan mine (Sweden, 1989)	화강암	215~265	500	6.50	• 천단 : 0.5~0.75m • 시공 중, 후 발생	• 록볼트+와이어메쉬
Kobbskaret tunnel (Norway, 1986)	편마암질 화강암	36~177	600	1.70	• 천단 : 0.2m • 시공 중, 후 발생	• 숏크리트 : 1~15cm • 록볼트+와이어메쉬 : 2.4~3.2m
Heggura tunnel (Norway, 1982)	편마암	62~210	670	1.40	• 어깨부, 바닥부 • 시공 중 발생	• 강섬유보강 숏크리트 : 1~15cm • 록볼트 : 2.4~3.0m

2) 국외사례 (일본)

터널명	암 종	UCS(MPa)	토피고(m)	측압계수	암석파괴 위치	대책공법
칸에츠 (1991)	석영섬록암, 호른펠스	200	500	–	• 막장천단~측벽	• 강섬유 보강 숏크리트 : 5cm • 록볼트, 강지보공(H-200)
가리사카 (1998)	화강섬록암, 호른펠스, 사암, 점판암	214	300	–	• 천단~측벽	• 강섬유 보강 숏크리트 : 10~15cm • 마찰식 록볼트 = 3m • 강지보공(H-150)
세이후 (2001)	화강암	170	200	1.2~2.0	• 막장면 근방천단	• 강섬유 보강 숏크리트 : 10cm • 마찰식 록볼트

3) 국내사례

터널명	암 종	UCS(MPa)	토피고(m)	측압계수	지보공	대심도 대책공법
배후령터널 (시공중)	화강암, 편마암	135	450	1.5~2.0	• 강섬유 보강숏크리트 : 5cm • 록볼트 : 5m	미적용
미시령터널 (2006)	화강암, 편마암	–	355	0.5~2.0	• 숏크리트 : 5cm • 록볼트	미적용
죽령터널 (2001)	화강암, 편마암	92~136	450	0.90~3.28	• 강섬유 보강숏크리트 : 5cm • 록볼트	미적용
원효터널 (시공중)	응화암, 안산암, 화강암	144~152	500	2.8	• 숏크리트 : 5cm • 록볼트	미적용

나. 취성파괴 위험성 평가

Rockburst에 대한 경험적 평가방법은 표 4-6에 정리되어 있으며, 각각의 방법에 의한 Rockburst 가능성을 평가한 결과는 표 4-7에 나타나 있다. 표에서 보는 바와 같이 SED에 의한 방법, B_i에 의한 방법 등이 암반 취성의 특성을 반영한 평가방법의 적용성이 더 높게 분석되었다. Rockburst 발생 가능성은 암반의 취성적 특성과 지중응력계수의 영향을 동시에 고려

표 4-6. 경험적 분석을 통한 Rockburst 발생 가능성 평가

구 분	변형에너지 밀도를 이용한 방법(Wang, 2001)	강도지수(RS_i)를 이용한 방법 (Hawkes, 1966)	응력지수(S_i)를 이용한 방법 (Nakano, 1974)	Rockburst 발생 가능성에 대한 새로운 규준 제안 (Lee 등, 2003)
검토방법	• 하중 재하상태의 암석시료에서 얻어지는 scale indexes값으로 평가	• 지하굴착시 잠재적 불안정성에 대한 암석의 강도지수(RS_i)를 제안	• 강도지수와 유사한 응력지수 (S_i) 제안	• 취성도(B_i) 및 일축압축강도 (UCS)와 SED와의 상관관계를 이용하여 새로운 규준 제안
관 계 식	$SED = \dfrac{\sigma_c^2}{2E}$	$RS_i = \dfrac{3\sigma_1}{\sigma_c}$	$S_i = \dfrac{\sigma_c}{\gamma H}$	$B_i = \dfrac{\sigma_c}{\sigma_t}$
관련도표	**SED(kJ/m³) / 발생여부** < 50 / 매우낮음 51~100 / 낮 음 101~150 / 보 통 151~200 / 높 음 > 200 / 매우높음	**RS_i / 발생여부** < 0.2 / 낮 음 0.2~0.4 / 보 통 0.4~0.6 / 현저함 0.6~0.8 / 높 음 0.8~1.0 / 매우높음 > 1.0 / 매우불안정	**S_i / 발생여부** < 2.0 / 매우높음 2.0~4.0 / 높 음 4.0~6.0 / 보 통 6.0~10 / 낮 음 > 10.0 / 매우낮음	**B_i / UCS(MPa) / 발생여부** < 4.3 / < 80 / 매우낮음 4.3~7.1 / 80~105 / 낮 음 7.1~9.9 / 105~130 / 보 통 9.9~12.7 / 130~155 / 높 음 > 12.7 / > 155 / 매우높음
과업구간 (등급 I)	468.75 (매우높음)	0.32 (보통)	9.8 (낮음)	B_i=9.6, UCS=150 (보통~높음)

하여야 하나, 이를 고려할 수 있는 방법은 없으며, Rockburst와 Spalling은 동시에 발생할 수 없으므로, Rockburst 발생 가능성과 Spalling 발생 가능성을 모두 검토한 후 선택적으로 결과를 취하여 예측하였다.

표 4-7. 경험적 분석을 통한 Rockburst 예측방법의 적용성 분석

터널명	토피고 (m)	UCS (MPa)	σ_i (MPa)	E (GPa)	SED		RS_i		S_i		B_i	
					결과	평가	결과	평가	결과	평가	결과	평가
칸에츠	500	200	10	77	259.7	매우 높음	0.20	보통	14.8	매우 낮음	20.0	매우 높음
가리사카	300	214	10	77	297.4	매우 높음	0.11	낮음	26.4	매우 낮음	21.4	매우 높음
세이후	200	170	12	72	200.7	매우 높음	0.10	낮음	31.5	매우 낮음	14.2	매우 높음
Lotschberg	1,000	200	10	77	259.7	매우 높음	0.41	현저함	7.4	낮음	20.0	매우 높음
Zinkgruvan	500	215	10	77	300.2	매우 높음	0.19	낮음	15.9	매우 낮음	21.5	매우 높음
Kobbskaret	600	177	12	77	203.4	매우 높음	0.27	보통	10.9	매우 낮음	14.8	매우 높음
Heggura	670	210	10	77	286.4	매우 높음	0.26	보통	11.6	매우 낮음	21.0	매우 높음

Spalling/Slabbing에 대한 발생 가능성 예측방법은 표 4-8에 정리되어 있다. 본 구간의 취성파괴 발생 가능성을 예측한 결과는 표 4-9에서 보는 바와 같이, 암반등급 I은 Rockburst, 암반등급 II 이하에서는 Spalling으로 나타났다.

표 4-8. Spalling/Slabbing 발생 가능성 예측방법

구 분	최대주응력과 일축압축강도비를 이용한 방법 (Ortlepp 등, 1972)	손상지수(D_i)를 이용한 방법 (Martin 등, 1999)
검토방법	• 최대주응력과(σ_1)과 일축압축강도(σ_c)의 관계식 제안 • $\sigma_1/\sigma_c \geq 0.2$인 경우 발생 가능성 높음	• 벽면경계의 최대접선응력(σ_{max})과 일축압축강도(σ_c)와의 관계식 제안 • $D_i \geq 0.4$인 경우 발생 가능성 높음
관 계 식	$$Spalling = \frac{\sigma_1}{\sigma_c}$$	$$D_i = \frac{\sigma_{max}}{\sigma_c}$$

표 4-9. 취성파괴 발생 가능성 예측결과

구 분		암반등급 I	암반등급 II	암반등급 III	암반등급 IV	암반등급 V
Rockburst	SED	146.1	69.4	45.7	31.3	22.5
	RS_i	0.324	0.486	0.608	0.972	1.620
	S_i	9.26	6.17	4.94	3.09	1.85
	B_i	16.67	12.50	11.43	8.33	6.00
Spalling	N	0.108	0.162	0.203	0.324	0.540
	Di	0.394	0.591	0.739	1.183	1.971

4.2.5 대심도 구간 위험도 평가결과

표 4-10에서 보는 바와 같이 대심도 구간 위험도 예측결과 대심도구간의 위험도 예측 결과 암반등급 I은 Rockburst, 암반등급 II~III은 Spalling, 암반등급 IV~V는 Squeezing 발생 가능성 있는 것으로 평가되었다. 심도 600m, 암반등급별 물성치는 주변 현장자료로부터 얻는 조건이므로 실제 위험도 예측을 위한 상세검토가 필요하며, 표 4-11에는 설계 및 시공방안이 정리되어 있다.

표 4-10. 대심도구간 위험도 발생 가능성 예측결과

구 분	암반등급 I	암반등급 II	암반등급 III	암반등급 IV	암반등급 V
Squeezing					
Rockburst					
Spalling					

표 4-11. 대심도구간 설계 및 시공방안

설 계 단 계	시 공 단 계	
	예 측 방 안	문제발생시 대책방안
• 경험적 분석방법에 의한 위험도 예측 • m_b=0 또는 CWFS(Cohesion Weakening Frictional Strengthening) 모델에 의한 안정성 평가 ➜ 단계별 대책 적용	• 지속적인 모니터링 : AE 계측, 변위 계측 등 • 막장 전방 탐사 : TSP 등 ➜ 설계조건과의 부합성	• 설계시 선정한 단계별 대책 적용 – Squeezing : 인버트 폐합, 지보재 증대 – Rockburst, Spalling : 와이어메쉬+록볼트 강섬유보강 숏크리트

그림 4-4에는 대심도 구간 위험도 분석 및 대책수립이 나타나 있다. 그림에서 보는 바와 같이 대심도 구간에서의 위험도를 크게 Squeezing, Rockburst 및 Spalling으로 구분하여 구

간별로 상세한 지반조사결과를 바탕으로 경험식 해석으로부터 발생 가능성을 예측하고, 문제
가 되는 경우에 구체적인 대책을 수립하여 안정성을 확보하게 되는 것이다.

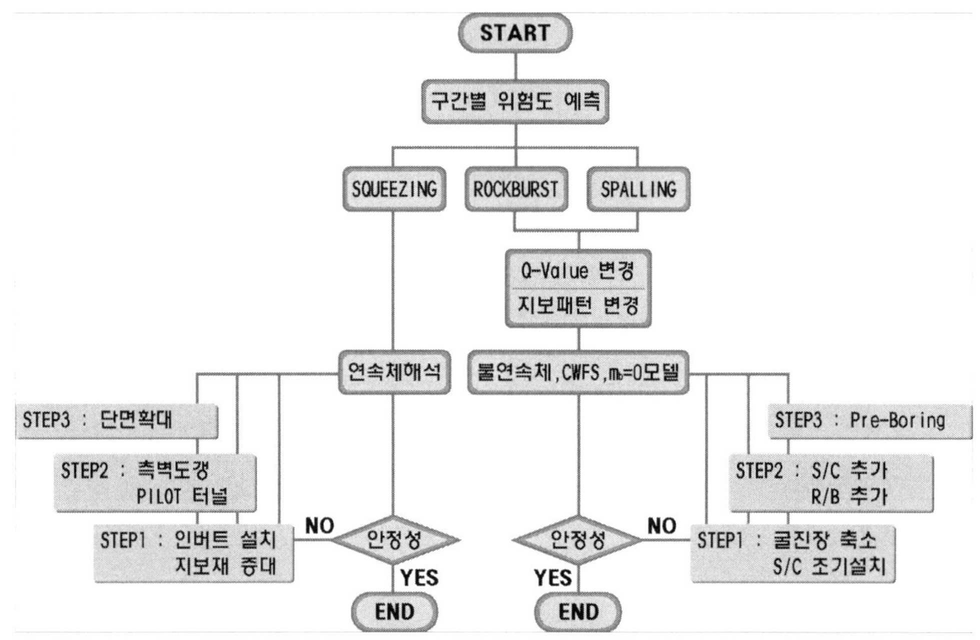

그림 4-4. 대심도 구간 위험도 분석 및 대책수립

먼저 구간별 위험도 예측은 터널 전구간에 대한 지반조사결과를 바탕으로 Squeezing,
Rockburst 및 Spalling에 대한 위험도를 평가한다. 표 4-12에는 구간별 위험도 예측결과의
예가 나타나 있다.

표 4-12. 구간별 위험도 예측 결과

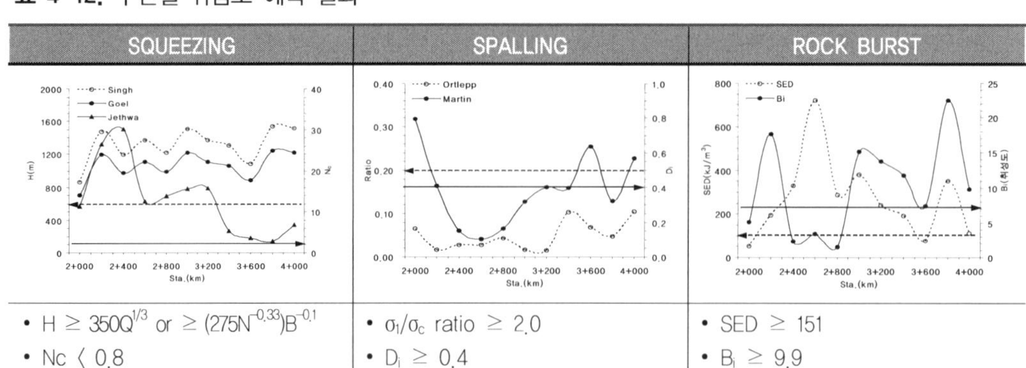

SQUEEZING	SPALLING	ROCK BURST
• $H \geq 350Q^{1/3}$ or $\geq (275N^{-0.33})B^{-0.1}$	• σ_1/σ_c ratio ≥ 2.0	• SED ≥ 151
• Nc < 0.8	• $D_i \geq 0.4$	• $B_i \geq 9.9$

과지압에 의한 취성파괴가 예측되는 구간은 별도의 암반분류 판단기준이 필요하다. 즉 취성파괴 예상구간에서는 Q-System을 재평가하도록 한다(Canadian Rockburst Support Handbook (Kaiser 등, 1996)). Q-System 항목 중 표 4-13에 나타난 바와 같이 SRF(Stress Reduction Factor)값을 최대접선응력(σ_{max})와 일축압축강도(σ_c)비에 따라 변경하도록 한다.

표 4-13. 취성파괴 예상구간에서의 Q-system의 재평가

구 분	SRF 변경 기준	
$\sigma_{max}/\sigma_0 \langle 0.3$	• SRF 변경 불필요	
$0.3 \leq \sigma_{max}/\sigma_0 \langle 0.45$	• SRF = 0.5~2.0 적용	
$0.45 \leq \sigma_{max}/\sigma_0 \leq 0.65$	• 파괴가능심도 = 0.0~0.3a(a=터널 반경 or 등가반지름) • SRF = 10배 증가	
$\sigma_{max}/\sigma_0 \rangle 0.65$	• 파괴가능심도 〉 0.3a • SRF = 100배 증가	

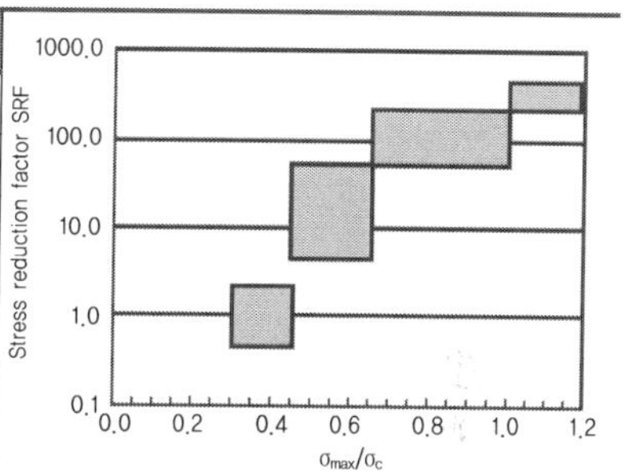

취성파괴를 수치해석적으로 파악하기 위해서는 CWFS(Cohesion Weakening Frictional Strenthening) 모델, m_b=0 모델을 적용하도록 한다. 표 4-14에 나타난 바와 같이 CWFS 모델은 변형률연화(strain softening) 모델(Hajiabdolmajid 등, 2002)이며, m_b=0 모델은 Hoek-Brown 파괴기준을 적용하고 m_b=0을 적용한 모델(Martin 등, 2001)이다.

표 4-14. 취성파괴를 위한 CWFS 모델의 비교

구 분	Mohr-Coulomb 모델	CWFS 모델
기본가정	• 재료의 강도를 결정짓는 하나의 전단파괴면(shear failure plane)이 존재 • 재료의 점착력과 마찰강도가 파괴과정에서 동시에 발현	• 재료에서 발생하는 소성변형률(plastic strain)에 따라 점착력과 마찰강도가 다르게 발현 • 점착력은 암석이 손상을 받음에 따라 약화되어 잔류 점착력으로 안정화되고, 이후에 마찰강도가 발현되기 시작
개 요 도	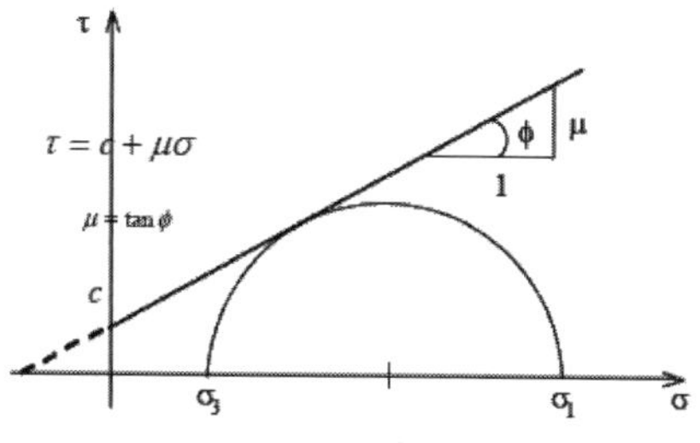	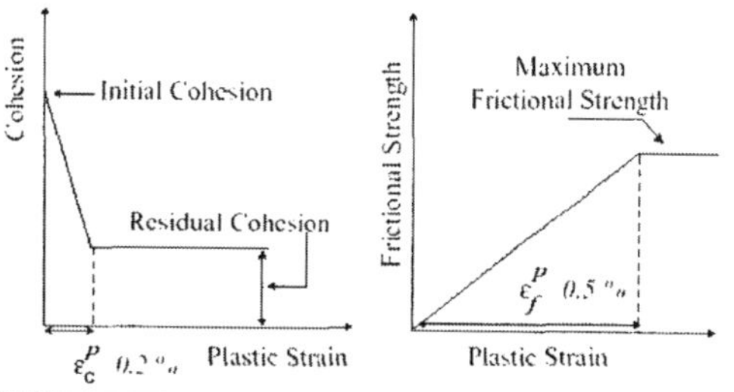

4.3 대심도 구간에서의 터널 거동평가 및 대책

4.3.1 대심도 F3단층대 거동평가 및 대책

Squeezing이 발생할 수 있는 한계심도와 터널 설치심도를 비교하여 개략적인 위험 정도를 평가하였다. F3단층대의 경우 Moderately Squeezing의 가능성이 있는 것으로 검토되어 상세 검토를 수행하였다. 그림 4-5에는 Squeezing 위험구간에 대한 분석내용이 나타나 있다.

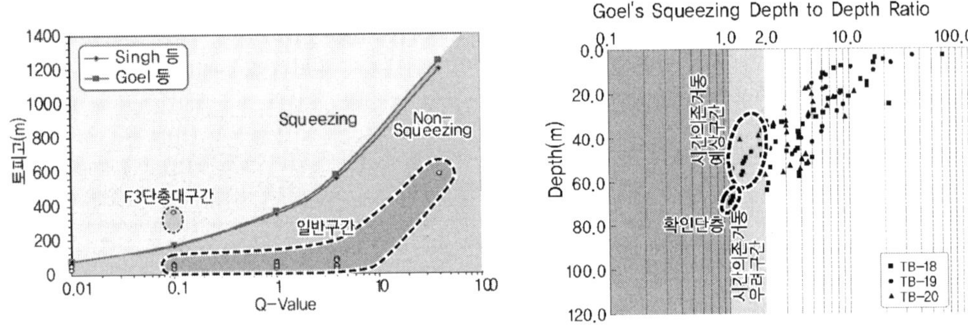

그림 4-5. Squeezing 위험 구간 분석

F3단층대의 지반 특성치만으로 예측한 스퀴징 가능성은 0.89로 가능성이 높은 것으로 나타났다. 그림 4-6에는 단층대 현황 및 수치해석결과가 나타나 있다. F3단층대와 터널이 사교하고, F3단층대의 폭이 3m 이내일 것으로 예상되어 실제적인 스퀴징의 영향은 없을 것으로 판단되지만, 시공 중 조사를 통해 단층대 위치 및 폭을 확인하고 필요시 보강토록 계획하였다.

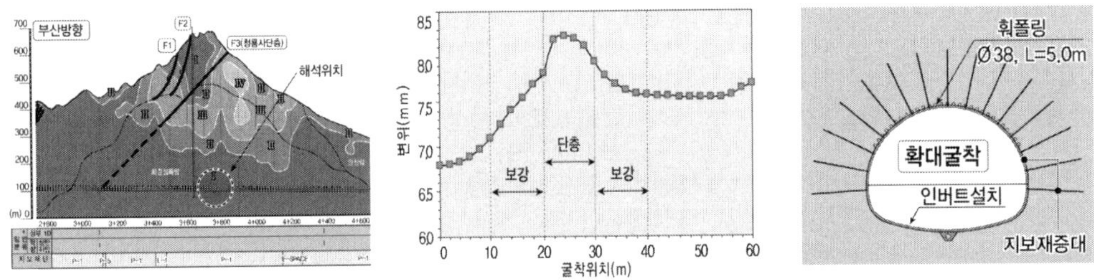

그림 4-6. 단층대 수치해석결과 및 보강대책

4.3.2 대심도 구간 취성파괴 분석 및 대책

가. 취성파괴 가능성 분석

그림 4-7에는 대심도 암반구간에서의 일축압축강도의 분포특성을 나타내었다. 그림에서 보는 바와 같이 평균일축압축강도는 238MPa로 매우 강한 강도를 보여주고 있다. 암석의 재료적 측면만을 고려하여 취성파괴 가능성 분석을 수행한 결과 취성파괴의 가능성이 높은 것으로 나타났다. 그림 4-8에서 보는 바와 같이 변형에너지 밀도(SED)는 0.85, 취성도(Bi)는 0.98로 나타나, 국부적인 응력집중이 발생할 경우 취성파괴가 발생할 가능성이 클 것으로 판단된다.

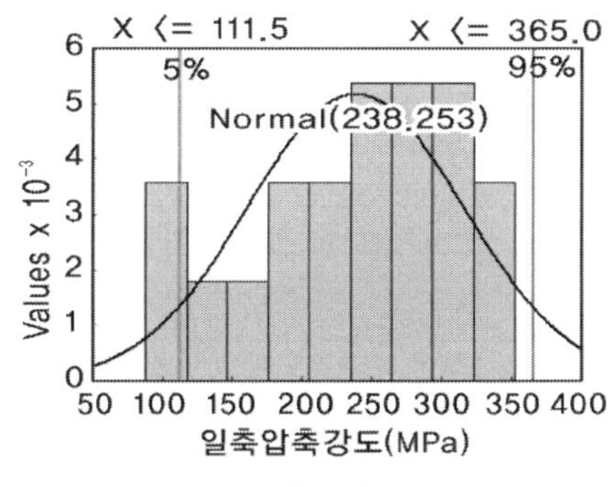

그림 4-7. 일축압축강도 분포

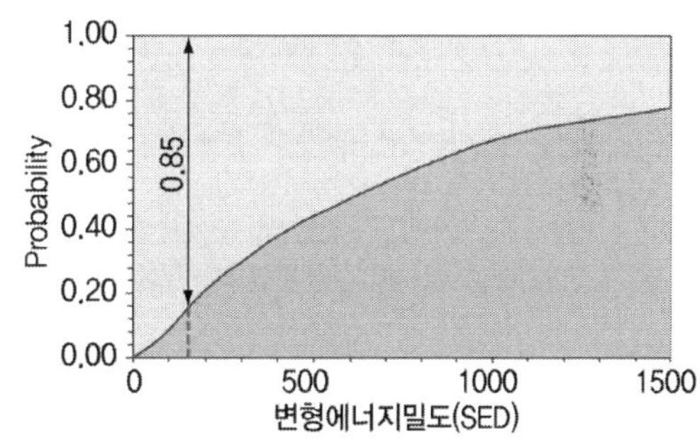

그림 4-8. 취성파괴 가능성 (SED)

그림 4-9에 나타난 바와 같이 응력적 측면에서 터널 굴착시 취성파괴의 발생 가능성을 분석한 결과 가능성은 0.11 이내로 낮은 것으로 분석되어 일반 지보패턴을 적용하고 시공 중 취성파괴 발생시 보강대책 및 변경 지보패턴 제시하였다.

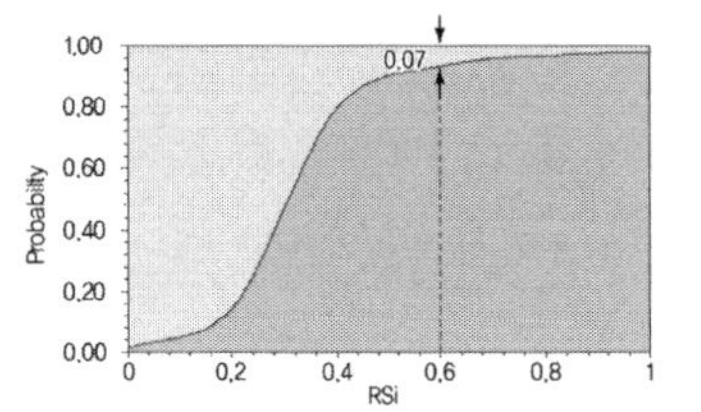

(a)강도지수(RSi)를 이용한 방법　　(b)최대주응력/일축압축강도　　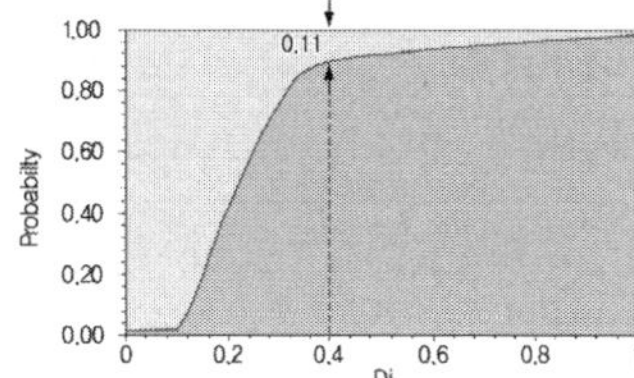(c) 손상지수(Di)를 이용한 방법

그림 4-9. 취성파괴의 발생 가능성 분석결과

가. 취성파괴 발생시 보강대책 수립

그림 4-10에는 취성파괴에 대한 저감대책과 그림 4-11에는 취성파괴에 대한 보강대책이

나타나 있다. 최대주응력과 최소 주응력의 차이가 클 경우 발생하므로 조기에 지보재를 설치하여 내압을 작용시키는 것이 적절하므로, 굴진장 축소로 지보재 조기 설치하고 숏크리트 파괴시 탈락 방지를 위해 강섬유보강 숏크리트를 적용하였다.

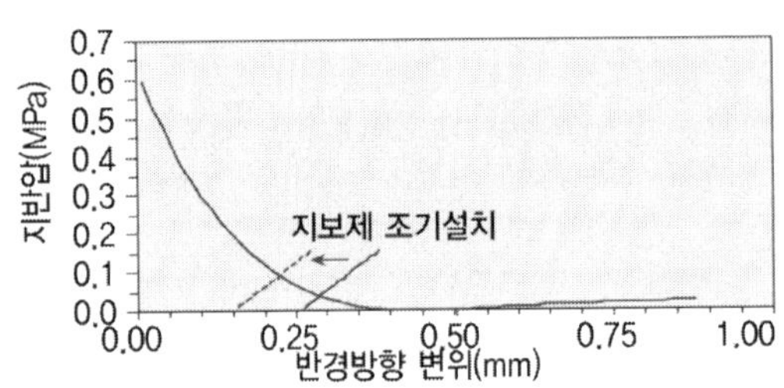

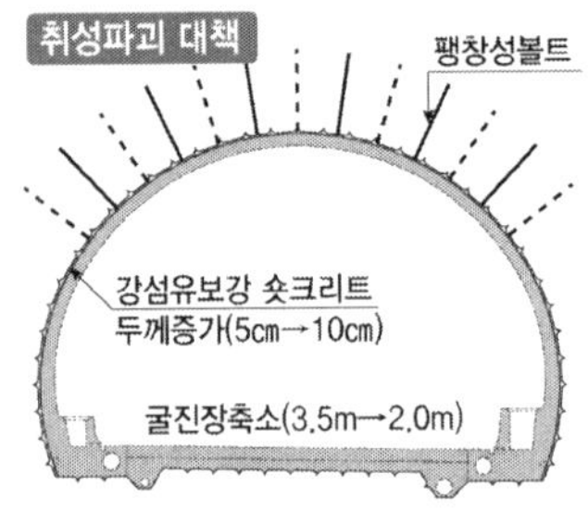

그림 4-10. 취성파괴 저감대책   그림 4-11. 취성파괴 보강대책

4.3.3 대심도 터널구간 지보패턴 설계

본 터널은 토피고가 600m 내외인 대심도 암반을 통과하는 터널로서 지반조사결과를 바탕으로 단층대가 통과하는 구간에 대한 스퀴징 가능성 및 대심도 구간에 대한 취성파괴 가능성을 다양하게 검토하였다. 검토결과 스퀴징 및 취성파괴의 가능성은 크지 않은 것으로 나타났지만, 터널 시공 중 안정성을 확보하기 위하여 이에 대한 대책을 수립하여 터널설계에 반영하였다.

그림 4-12에는 대심도 터널구간을 포함한 터널 전 구간에 대한 굴착 및 지보패턴도를 보여주고 있다. 구림에서 보는 바와 같이 시점부 및 종점부를 제외하고는 대부분의 암반등급이 매우 양호하여 지보패턴 P-1이 주를 이루고 있으며, 단층대 및 대심도 구간에 위험도 대책을 반영하였다.

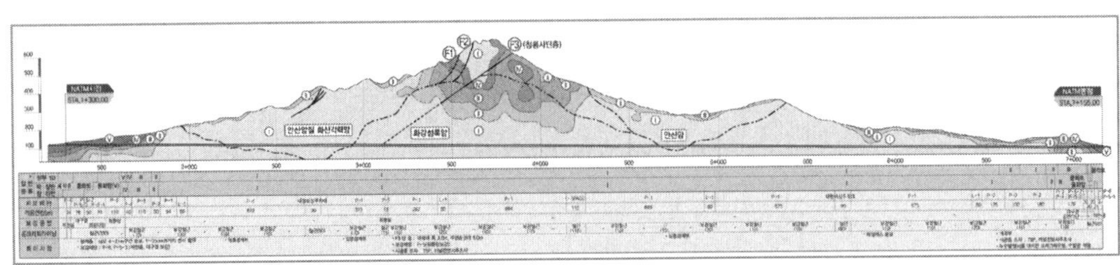

그림 4-12. 대심도 터널구간 지보패턴 설계

4.4 대심도 구간에서의 터널 거동 및 안정성 검토

4.4.1 최대심도구간 터널 안정검 검토

가. 해석개요 및 모델링

본 설계구간 중 터널 상부토피가 최대인 STA.3+745 구간에 대하여 2차원 수치해석을 수행하여 최대심도구간에서 터널의 안정성을 검토하였으며, 현장에서 적용하는 시공순서와 동일하게 해석순서를 적용하였다. 본 구간은 암반등급 I으로 최대심도 585m이다(그림 4-13).

해석구간에 측압계수($K_0 = 1.5$)를 적용하여 굴착단계별로 터널의 지반 변위 및 지보재 응력을 검토하였다. 요소의 분할수 및 크기로 인한 영향을 최소화하기 위하여 터널주변 영역의 요소망을 충분히 작게 하고 터널에서 멀어질수록 일정 비율로 요소크기를 증가시켜 모델링하였다(그림 4-14). 해석모델은 Mohr-Coulomb 탄소성 모델, Hoek-Brown mb=0모델이며 해석 프로그램은 FLAC-2D Ver. 4.0이다.

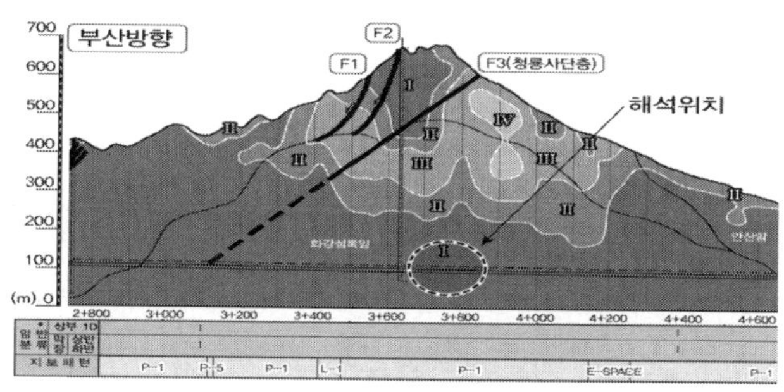

그림 4-13. 해석위치 및 지층개요도

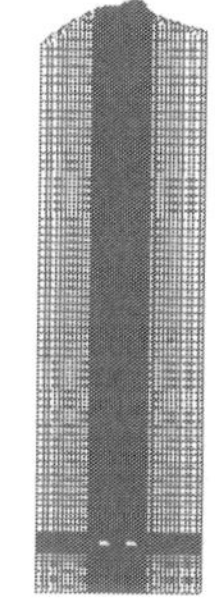

그림 4-14. 수치해석 적용 요소망

나. 해석결과

해석결과는 그림 4-15에서 보는 바와 같다. 소성 영역은 발생하지 않으며 최대 천단변위는 13.49mm, 최대 내공변위 12.17mm, 최대 휨압축응력은 5.19MPa, 최대 전단응력 6.73MPa로 모두 허용치 이내이므로, 최대심도 통과구간의 지보패턴 및 안정성에는 문제가 없는 것으로 나타났다.

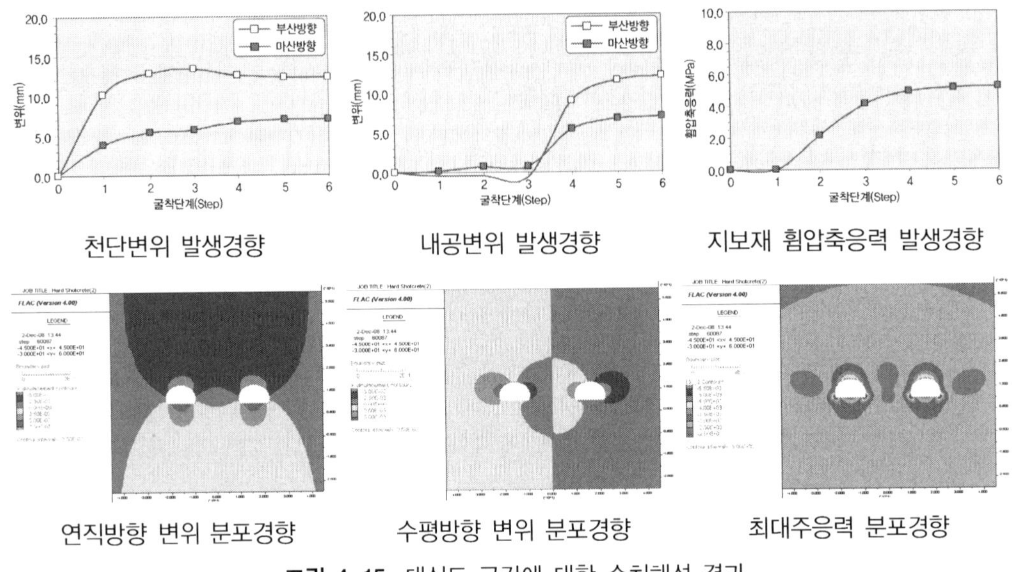

천단변위 발생경향   내공변위 발생경향   지보재 휨압축응력 발생경향

연직방향 변위 분포경향   수평방향 변위 분포경향   최대주응력 분포경향

그림 4-15. 대심도 구간에 대한 수치해석 결과

4.4.2 취성파괴영역 평가

가. 해석조건 및 모델링

대심도에 굴착되는 터널의 경우 높은 현지응력과 굴착에 따른 유도응력으로 인하여 터널 경계면에서 스폴링이나 슬래빙과 같은 취성파괴가 발생할 수 있다. 기존 Mohr-Coulomb 또는 Hoek-Brown 탄소성 모델의 구성방정식을 사용하여 취성파괴영역을 모사할 경우 V-notch 파괴형상을 예측할 수 없으므로 기존 Mohr-Coulomb 탄소성 모델과 Hoek-Brown m_b=0 모델을 비교하여 실제 터널 주변에 발생하는 취성파괴영역을 예측하는 데 적합한 모델을 채택하였다.

그림 4-16에서 보는 바와 같이 기존 Hoek-Brown 탄소성 모델과 Hoek-Brown m_b=0 모델을 비교·검토하여 취성파괴 발생 여부와 영역을 평가하였다. 측압계수를 매개변수로 하여 해

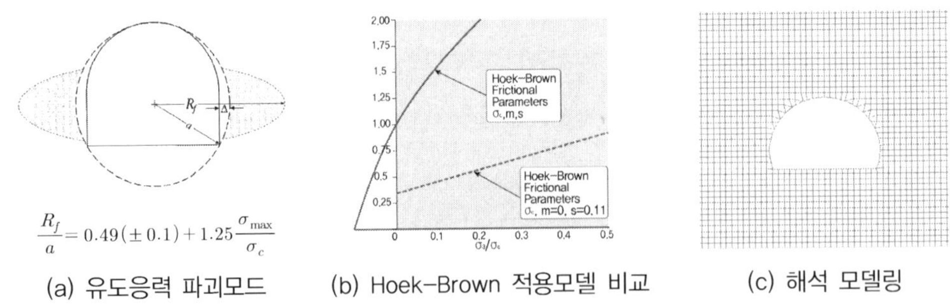

$$\frac{R_f}{a} = 0.49(\pm 0.1) + 1.25\frac{\sigma_{max}}{\sigma_c}$$

(a) 유도응력 파괴모드   (b) Hoek-Brown 적용모델 비교   (c) 해석 모델링

그림 4-16. 취성파괴에 대한 해석조건 및 모델링

석수행(K_0 = 1.0, 1.5, 2.0)하였으며, 적용모델은 Hoek-Brown 탄소성 모델과 Hoek-Brown m_b=0 모델이며, 적용 해석프로그램은 FLAC-2D Ver. 5.0이다.

나. 해석결과 분석

취성파괴의 주된 메커니즘은 전단파괴메커니즘이 아닌 확장파괴메커니즘으로 기존 Hoek-Brown 파괴기준모델로는 취성파괴영역을 평가할 수 없다. 취성파괴포락선은 Hoek-Brown 파괴포락선에 비해 낮게 형상되는데 이는 두 파괴메커니즘의 가정에 기인하며, 그 결과 낮은 구속압이 발생하는 경우 확장균열에 의한 취성파괴가 발생하게 된다. 따라서 대심도구간 안정성 해석시 취성파괴 여부를 파악하기 위해 brittle parameter(m_b=0) 모델을 적용하여야 한다. 그림 4-17에는 해석결과가 나타나 있다.

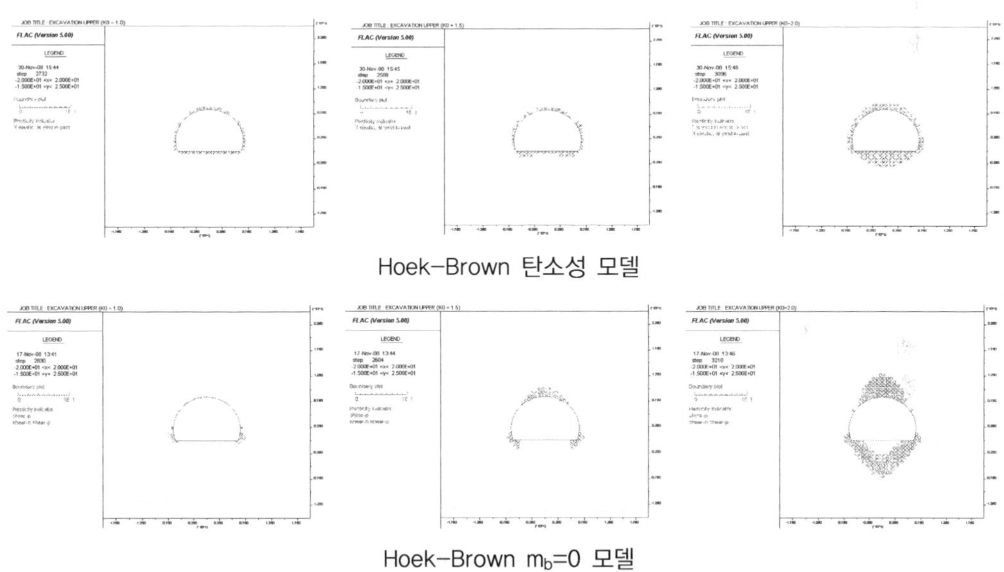

Hoek-Brown 탄소성 모델

Hoek-Brown m_b=0 모델

그림 4-17. 취성파괴영역에 대한 수치해석 결과

4.4.3 취성파괴(V-notch) 발생에 따른 터널거동 검토

가. 해석방법 및 조건

대심도에 건설되는 터널의 경우 높은 현지응력과 굴착에 따른 유도응력으로 인하여 터널경계면에서 취성파괴가 발생할 수 있다. 취성파괴에 의해 발생된 V-notch로 인해 터널 주변에 국부적인 응력집중이 발생할 가능성이 크다 할 수 있다. 터널형상과 현지응력방향에 의한 높은 응력집중현상으로 인해 취성파괴가 발생할 경우 발생된 V-notch 크기에 따른 터널 안정성

해석을 통한 터널거동을 검토하였다.

취성파괴시 발생하는 V-notch 크기 변화에 따른 터널안정성 해석을 수행하였다. 그림 4-18에서 보는 바와 같이 해석조건은 지반등급은 II등급, 측압계수는 $K_0 = 1.5$ 이며, 해석모델은 Mohr-Coulomb 탄소성 모델, 적용 해석프로그램 FLAC-2D Ver. 5.0이다.

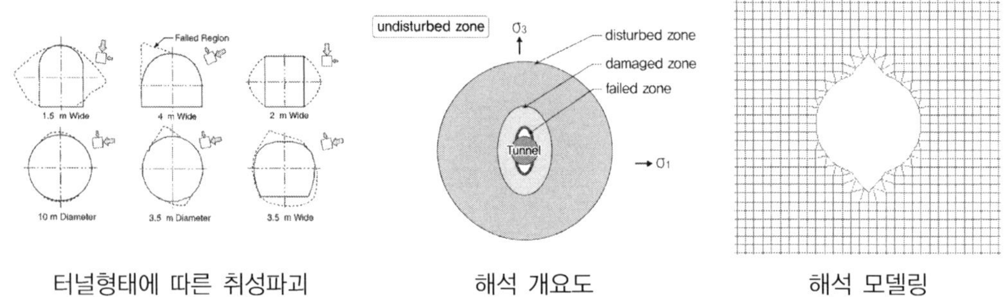

터널형태에 따른 취성파괴　　　해석 개요도　　　해석 모델링

그림 4-18. 취성파괴발생에 해석개요 및 모델링

나. 해석결과 분석

해석결과 V-notch 깊이가 증가할수록 변위 및 지보재 응력이 증가하는 경향을 나타냈다.

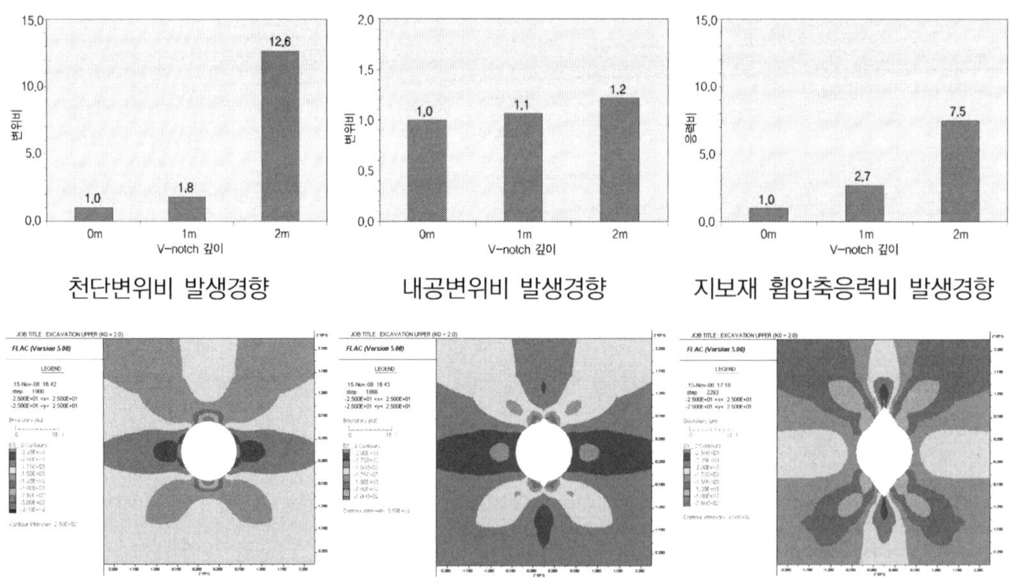

천단변위비 발생경향　　　내공변위비 발생경향　　　지보재 휨압축응력비 발생경향

최대응력분포경향(노치깊이 0m)　　최대응력분포경향(노치깊이 1m)　　최대응력분포경향(노치깊이 2m)

그림 4-19. 취성파괴발생에 대한 수치해석 결과

최대주응력 방향에 평행한 방향으로 터널을 굴착하는 것이 취성파괴의 가능성을 최소화하고 터널 안정성을 확보할 수 있을 것으로 판단된다. 그림 4-19에는 해석결과가 나타나 있다.

4.5 결 론

본 고에서는 대심도 암반구간에서의 위험도 평가 및 터널 설계사례를 검토하여, 대심도 암반특성을 고려한 터널구조물 설계시 합리적인 방안을 도출하고자 하였다. 그 검토결과를 요약하면 다음과 같다.

(1) 대심도 암반구간에 대한 스퀴징 발생 가능성을 정량적으로 평가하였다. 단층대가 통과하는 구간에 대한 스퀴징 가능성을 평가한 결과, 단층대와 터널이 사교하고, 단층대의 폭이 3m 이내일 것으로 예상되어 실제적인 스퀴징의 영향은 없을 것으로 판단되지만, 시공 중 조사를 통해 단층대 위치 및 폭을 확인하고 필요시 보강토록 계획하였다.
(2) 대심도 암반구간에 대한 취성파괴 발생 가능성을 정량적으로 평가하였다. 재료적 측면과 응력적 측면에서 터널 굴착시 취성파괴의 발생 가능성은 매우 낮은 것으로 분석되어 일반 지보패턴을 적용하고 시공 중 취성파괴 발생시 보강대책 및 변경 지보패턴 제시하였다.
(3) 대심도 구간에 대한 안정성 검토결과, 소성 영역은 발생하지 않으며 최대 천단변위, 최대 내공변위, 최대 휨압축응력, 최대 전단응력 모두 허용치 이내로 나타나 최대심도 통과구간의 지보패턴 및 안정성에는 문제가 없는 것으로 분석되었다.

국내 대표적인 대심도 암반구간에서의 터널구조물의 설계사례를 중심으로 위험도 평가 및 대책을 고찰하였는데, 이러한 자료들이 암반기술자들의 설계 및 시공업무에 활용되길 바라며, 향후 보다 합리적인 보강대책에 대한 체계적인 기술개발이 이루어져 한다.

05 과지압 암반 내 대규모 지하공동 안정성 문제 및 대책

| 이 대 혁

5.1 서 론

원유 비축기지 저장공동과 같이 상하로 긴 형상의 대규모 공동에서 측방향의 지압이 과도하게 작용하면 천정부의 응력집중과 측벽의 암반 변위가 크게 발생하여 저장공동의 불안정 요인이 된다. 특히 지압의 절대 크기가 암반 강도의 일정 비율 이상이 되면 응력 집중에 의한 암반의 취성파괴를 유발하고, 이러한 현상은 터널 굴착시 발생하는 파괴음과 굴착면에 평행한 형태로 암편이 탈락하는 취성파괴 현상을 동반한다. 통상적으로 이러한 상태의 암반을 과지압 암반이라 하며 터널 굴착에 따른 과지압 문제를 해소하고 터널의 안정성을 확보하기 위해서는 굴착 형상의 변경, 추가적인 보강, 특수 기능의 보강 공법 적용 등의 대책이 요구된다(Kaiser et al., 2000).

본 저장공동은 설계시 수행된 초기 지압 측정결과에 따라 일부 구간에서 과지압 현상이 발생할 수 있는 가능성이 예견되었으며, 실제로 진입터널 굴착시 일부 구간에서 popping과 spalling 현상이 발생하였다. 이에 따라 설계시 제시된 시방에 따라 저장공동과 인접한 지점에서 2회의 응력개방법에 의한 초기지압 측정을 수행하였으며, 저장공동 굴착시 과지압 구간으로 예상되는 지점에 대한 보강량 조정과 함께, 숏크리트에 대해 추가적인 계측이 실시되었다.

하지만 2004년 상반기에 저장공동의 bench II 굴착이 진행됨에 따라 수직구 인접 지점에서 내공변위와 숏크리트 응력의 급격한 증가와 함께, 몇 개소에서 아치부 숏크리트 균열현상이 관찰되었다.

이 글에서는 대규모 저장 공동 주변에서 과지압 현상에 대해 평가하고, 계측결과의 분석 및 저장공동의 안정성 해석을 실시하여 과지압 구간에 해당되는 지점의 저장공동의 안정성을 확보하기 위한 대책을 제시한 사례에 대해서 고찰한다. 특히 과지압 구간이 각 저장공동의 수직구가 연결되는 지점에 해당되므로, 추가 굴착에 따른 저장공동의 안정성을 확보하면서 최종적인 공동의 운영 목적에 부합하는 해결 방안을 제시하고자 하였다.

5.2 과지압 현상 및 구간 검토

5.2.1 과지압의 정의 및 초기지압 조건

현지 암반의 초기지압은 3방향의 주응력 성분으로 구성되는데, 일반적으로 수직응력은 지표면으로부터의 심도에 비례하여 그 크기가 결정되고, 수평면 상에서 두 방향의 주응력은 현지 암반의 과거 지질 구조적인 이력과 대규모 균열면의 존재 등에 의해 그 크기가 다양하게 추정된다. 터널심도가 매우 깊어 수직응력이 과다하거나, 지질 구조대와 관련하여 수직응력에 비해 수평응력이 과도하게 크거나, 최대 및 최소 수평응력의 값이 현저히 차이가 나는 경우가 발생할 수 있는데, 터널 굴착시에 이러한 현지응력의 조건이 응력 집중에 의한 불안정 요인을 야기할 때, 이를 과지압하 암반(highly stressed rock)이라 한다.

설계 단계에서 수압 파쇄법을 이용하여 초기지압을 측정한 AO-2공 및 AO-8 공을 포함하여, 과지압 현상이 진입터널 및 Gallery 굴착과 동시에 관찰된 2002년도 이후 응력개방법의 일종인 Leeman법을 이용하여 초기지압을 측정한 MCT(Main Construction Tunnel) 및 BWT 터널에서의 값들을 인근 비축기지 측정값과 비교하면 표 5-1과 같다(한국지질자원연구원, 2003. 7).

AO-8 및 MCT에서의 초기지압은 국내 다른 지역에서의 측정값과 비교하여 과지압이며, 측압계수 또한 평균 범주를 크게 벗어난다.

그림 5-1은 대규모 지하저장공동 C1 및 C2 저장공동에서 지압의 크기, 굴착시 과지압 구간이 발생한 범위(녹색 곡선), 굴착 후 안정화 단계에서 추가적인 암반 거동 및 응력 집중으로 인해 숏크리트 균열이 관찰된 구간을 나타낸다. 실시설계 단계에서는 수압 파쇄법에 의한 초기지압 측정결과를 고려하여 수평지압계수가 2.6 이상이 되는 범위를 추정하여 그림과 같이 직선으로 과지압 구간을 설정하였으나, 시공 중에 MCT와 BWT(Water Curtain Tunnel)에서 추가로 수행한 초기지압 측정결과를 고려할 때, 그 범위가 북쪽으로 확대될 것으로 예상되었고, 최대 수평응

표 5-1. 저장공동 부지 초기지압 측정 결과

시추공	GL(m)	σ_v (MPa)	σ_h(MPa)	σ_H (MPa)	K_h^-(MPa)	K_H^-(Mpa)	σ_H (dir)	비고
YB-2	−180	4.9	5.9	8.3	1.2	1.7	N83E	
B-12	−120	3.2	4.2	6.4	1.3	2.0	N87E	수압
AO-2	−305	8.2	5.3	7.0	0.65	0.85	N67E	파쇄법
AO-8	−155	4.2	7.0	12.4	1.67	2.95	N53E	
MCT	−150	5.53	4.5	16.8	0.8	3.1	N58E	응력
BWT	−188	8.89	7.98	16.01	1.11	1.8	N90.9E	개방법

* 저장공동 축 방향 N69W or N111E

력의 크기도 증가할 것으로 평가되었다. 실제 Gallery 및 Bench 1 굴착시에는 막장면과 주변 암반 관찰에 의해 녹색 곡선과 같이 그 범위가 확대되는 것으로 판단되었고, 이후 Bench 2 굴착시에 숏크리트 균열이 관찰된 영역까지 과지압 구간으로 설정하는 것이 타당할 것으로 판단된다.

초기응력 측정 분석 결과 본 부지에서 과지압의 요인이 되는 과도한 수평응력은 C1 및 C2 저장 공동 일부 구간에 국한하여 나타나고 있는 것으로 추정된다. C1 및 C2 저장공동은 N60~70E 방향으로 발달한 두 개의 구조대 사이에 위치하고 있으며, 시추공 AO-4와 AO-8 사이를 가로질러 N20~30W 방향의 구조대가 C1, C2 저장공동 영역을 구분하고 있으며, N70E 및 N100E 방향의 소규모 파쇄대가 존재하는 것으로 추정된다. 따라서 C1 및 C2 저장공동 동쪽 지점의 과지압 영역은 국부적인 지질 구조적인 요인에 의한 것으로서 국부적으로 발생하고 있는 것으로 판단된다.

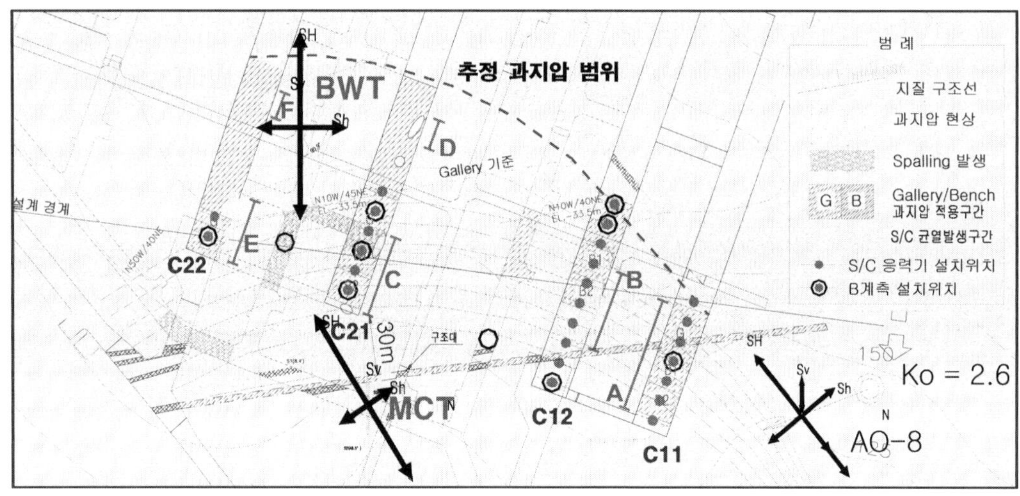

그림 5-1. 지하저장공동 굴착 중 과지압 구간(2004년 8월 현재)

5.2.2 균열 발생 영역 검토

과지압이란 단순히 암반 내 지압의 크기가 큰 경우를 의미하는 것은 아니며 굴착된 터널 주변의 암반이 지압 수준에 비하여 상대적으로 강도가 작을 경우이거나, 암반이 충분히 강한 경우일지라도 이러한 암반의 파괴를 유발할 정도로 충분히 큰 지압이 작용하는 경우 문제를 야기한다. 이와 관련한 과지압 현상은 크게 Spalling(취성파괴), Popping(찢어지는 파열음), Squeezing(팽창) 등이 있다. 저장공동 주변의 현상은 암반의 강도와 지압의 크기로 볼 때 취성파괴에 해당된다. 해외에서도 이러한 굴착 중 취성파괴 현상은 다수 보고되고 있다.

Bench 2 굴착과 함께 Spalling 현상으로 인해 C22 저장공동 Shaft구간에서 대규모 숏크리트 균열 및 탈락 현상이 발생하였으며, 굴착이 이미 완료되어 1~2개월의 시간이 흐른 상태에서 C21 및 C22 저장공동의 Gallery West 구간과, C12 Gallery East 구간에서도 숏크리트 균열이 관찰되었다. 이러한 숏크리트 균열은 모두 Gallery 천정부에서 발생하였으며 인장 균열 및 전단 균열이 다양하게 발생하였다. 과지압 구간 보강 대책으로서 실시설계 단계에서 암반등급 III, IV 등급에 대해 Gallery Arch부의 숏크리트 타설두께는 9cm, 15cm가 설계되었으나, 2002년 진입터널 굴진시 popping과 같은 과지압 현상이 다수 발생함에 따라 보강량을 15~24cm, 24cm로 조정한 바 있다.

현 상태에서 각 저장 공동에서 관찰된 주요 과지압 관련 현상을 표 5-2에 요약하였다(그림 5-2).

표 5-2. 주요 과지압 현상 발생 현황

구 간	Staion No.	주요 현상
A	C11 GE Sta 60~130m	파열음('02.9) 발생, 다량 부석 발생('03.4)
B	C12 GE Sta 60~110m	B2 굴착 후 천단 숏크리트 균열('04.7)
C	C21 GE Sta 5~35m	Spalling 발생('02.8-'02.9)
D	C21 GW Sta 20~GE5	B2 굴착 후 천단숏크리트 균열('04.7)
E	C22 GE Sta 11~35	천단 숏크리트 균열 Spalling('04.6.18)
F	C22 B1E30 부근	천단 숏크리트 균열('04.7)

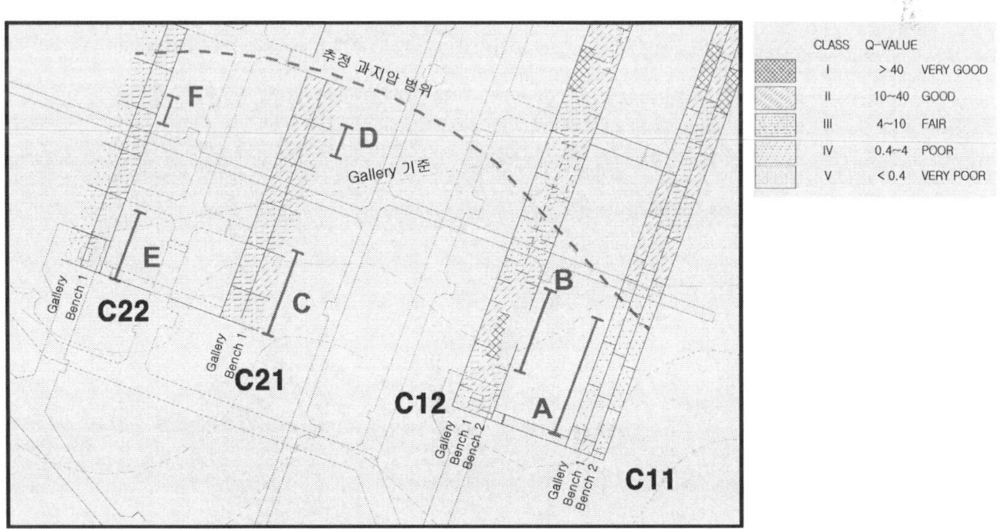

그림 5-2. C1 및 C2 저장공동 과지압 구간 암질 등급 분류표

설계단계에서 저장공동의 보강을 결정하는 암질 분류 기준은 대규모 저장공동 설계에 보다 효과적인 것으로 인정되고 있는 Q-system을 적용하였다. 저장공동 C1 및 C2 주변에서 Bench 2 굴착 완료시 굴착 단계별 암반 분류 결과를 도식화하면 그림 5-2와 같다. 대부분의 숏크리트 균열이 발생한 구간은 Gallery 암질 II∼III등급의 양호한 암반의 천단부에서 주로 발생하였다. 단, C22 Shaft 구간 (□ 표시)에서 발생한 균열은 Gallery 암질 IV등급의 암반에서 발생하였다. C22 Shaft 구간은 대규모 숏크리트 탈락 후 수행된 암반 지질도 작성으로부터 암반 벽면에 소규모 단층이 노출되었다는 사실을 알 수 있었다.

5.2.3 암반 취성파괴의 이론적 검토

2002년 과지압 구간 평가 당시 본 현장 암반의 취성파괴의 발생 가능성을 이론적으로 평가하

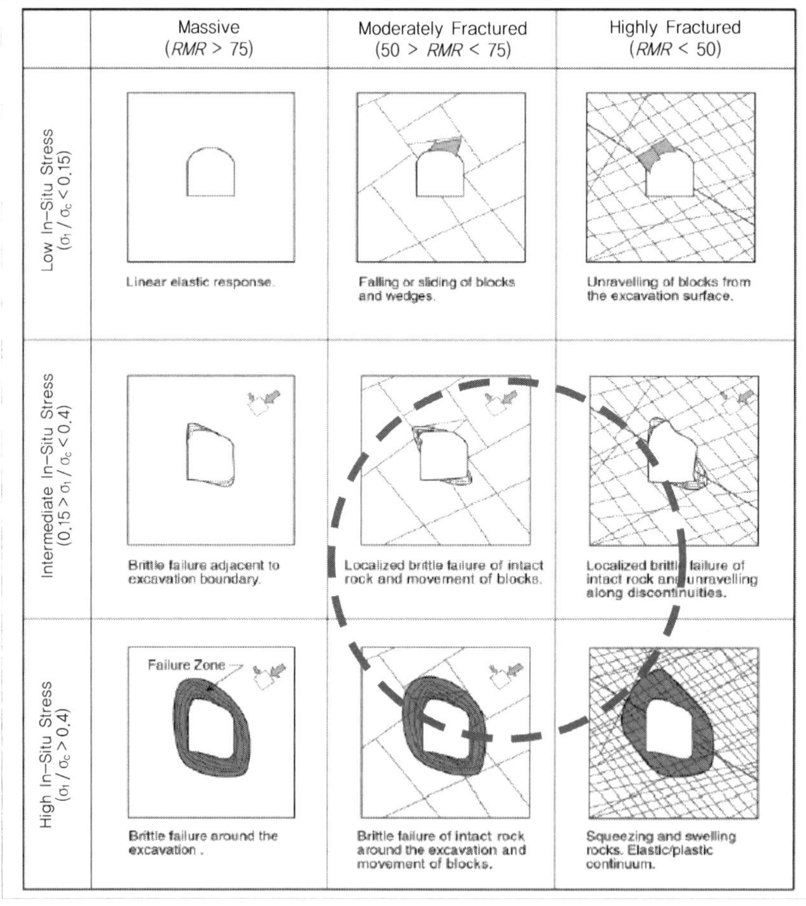

그림 5-3. 암질 및 응력 조건에 따른 취성파괴 양상의 변화(Martin, 1997)

기 위하여 캐나다 Martin 교수의 연구결과를 활용하였다(Martin, 1997, 1998). Martin은 암반의 취성파괴 사례를 암질 조건(RMR)과 응력조건에 따라 9가지로 분류한 바 있다(그림 5-3).

이 조건에 따라 RMR과 최대주응력 대비 일축압축강도비에 따른 저장공동 불안정성 및 취성파괴를 평가하였다. 현지암반의 일축압축강도 σ_{cm} = 94 MPa(실험실 시험값과 RMi로부터 추정), 현지암반의 초기지압 σ_1=16.8 MPa, σ_3=4.5 MPa (MCT 기준)을 토대로 σ_1/σ_{cm} 은 16.8/94 = 0.18이 되므로 그림 5-3에서 정가운데에 위치한다. 따라서 개략적인 검토 결과 II~III 등급의 양호한 암질의 암반에서 국부적인 취성파괴 및 블록거동이 가능하다고 평가되었다.

취성파괴 가능성에 대한 보다 상세한 진단을 위해 손상지수(Damage index) 기준(Martin et al., 1999)을 이용하여 본 대상 부지 암반 조건을 다시 평가하였다. 손상지수는 벽면 경계 접선응력(σ_θ)과 일축압축강도(σ_c) 비율로서 취성파괴는 손상지수가 식 (5-1)의 조건을 만족하는 경우 취성파괴 가능성이 높음을 의미한다.

$$\sigma_\theta/\sigma_c > 0.4 \tag{5-1}$$

벽면 경계 접선응력은 Hoek and Brown(1980)에 나온 공동 벽면 응력의 해석해를 통해 개략적으로 구하거나 수치해석적으로 상세하게 구할 수 있다. 해석해를 통한 식으로 계산한 결과 최대 접선응력은 63.0MPa로서 63.0/94 = 0.67 > 0.4로 역시 취성파괴 가능성이 있는 것으로 평가되었다. 이와 비슷한 개념으로 초기응력치들만을 이용하여 식 (5-2)의 Wiseman(1979) 응력집중식으로부터 평가할 수 있다 (Martin, 1997).

$$(3\sigma_1 - \sigma_3)/\sigma_c > 0.4 \tag{5-2}$$

이 경우 역시 45.9/94=0.49 > 0.4로서 취성파괴 가능성이 예견되었다. 취성파괴 영역의 손상 심도 역시 식 (5-3)을 이용하여 구할 수 있다(Martin, 1997).

$$\frac{R_f}{a} = 0.49(\pm 0.1) + 1.25\frac{\sigma_{max}}{\sigma_c} \tag{5-3}$$

여기서, a는 공동의 반지름(= 9m), σ_{max}는 최대접선응력(=45.9MPa)이고, R_f는 파괴 깊이로서 0.9m~1.8m로 건설용 진입터널(CT2)에서 관찰된 실제 파괴 깊이 사례와 유사하게 계산되었다.

검토 결과, II~III 등급 암반에서 과지압에 의한 취성파괴가 발생할 수 있으며, 아치부의 벽면에서 Spalling이 발생하는 깊이는 0.9m 정도로서 암반의 국부적인 취성파괴와 암반 블록의 이동이 발생할 것으로 평가된다. 특히 저장공동은 단계적으로 굴착이 이루어지면서 공동의 단면이 점차 커짐에 따라 천정부의 응력 집중이 증가하므로, gallery 굴착이나 bench I 굴착시에는 관찰되지 않았던 숏크리트 균열이 bench II 또는 bench III 굴착 이후 발생할 수 있다.

5.3 과지압 구간 현장 계측치 분석

과지압 구간의 현장계측 결과를 분석하였으며, 비과지압 구간에 비해 뚜렷한 거동의 차이를 확인하였다(한국석유공사 등, 2004). 그림 5-4와 그림 5-5에 과지압 구간 내에서 단계 굴착에 따른 대표적인 내공 변위 및 숏크리트 응력 증가 거동을 나타내었다. 암질이 상대적으로 불량한 C2 공동의 경우 Bench 2 굴착에 따라 상부 Bench 1 측벽의 내공변위는 비과지압 구간에 비해 급격한 증가를 보인다(그림 5-4, C21 Gallery East 구간 : Bench 2 굴착 후 Bench 1 내공변위 약 20mm 증가). 또한 Bench 2 굴착시 상부 Bench 1 측벽의 내공변위는 비과지압 구간에서 2mm 정도로 작게 측정되었지만, 과지압 구간 내인 C11 저장공동에서는 5mm로 측정되어 동일한 암질에서 약 2.5배 크게 변위가 발생하여서 뚜렷한 차이를 보였다.

그림 5-5에서 나온 것과 같이 숏크리트 균열 발생 구간에서는 Bench 2 굴착에 따라, 천단 숏크리트 응력이 크게 증가하였다(C12 GE sta.75m, +42kgf/cm^2, C21 GW sta.5m, +65

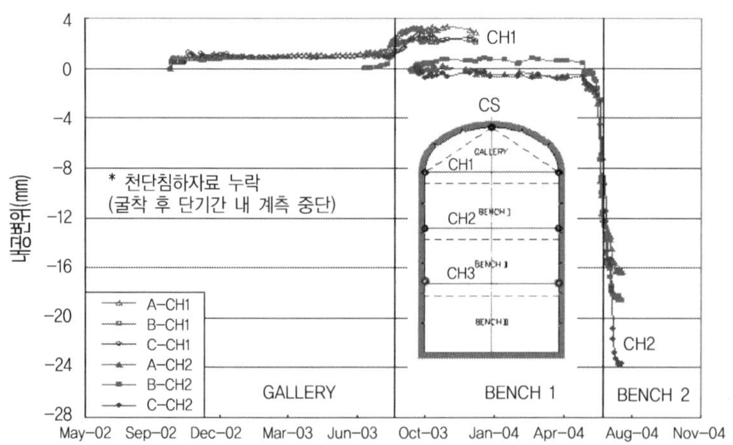

그림 5-4. 과지압 구간 굴착에 따른 전형적인 내공변위

kgf/cm^2). 이 지점은 막장에서 대략 40여m 떨어진 지점이다. 또한 C11 Cavern GE sta. 65-125m 구간은 Gallery 암질 IV등급으로서 균열이 발생되지 않았으나, 비교적 과다한 숏크리트 인장응력이 측정되었다.

이와 같이 Bench 단계 굴착에 따른 뚜렷한 숏크리트 응력의 증가 경향은 단계굴착으로 인해 측벽에 과도한 변위가 발생하면서 Gallery부 숏크리트에 과도한 응력이 증가된 것으로 생각된다.

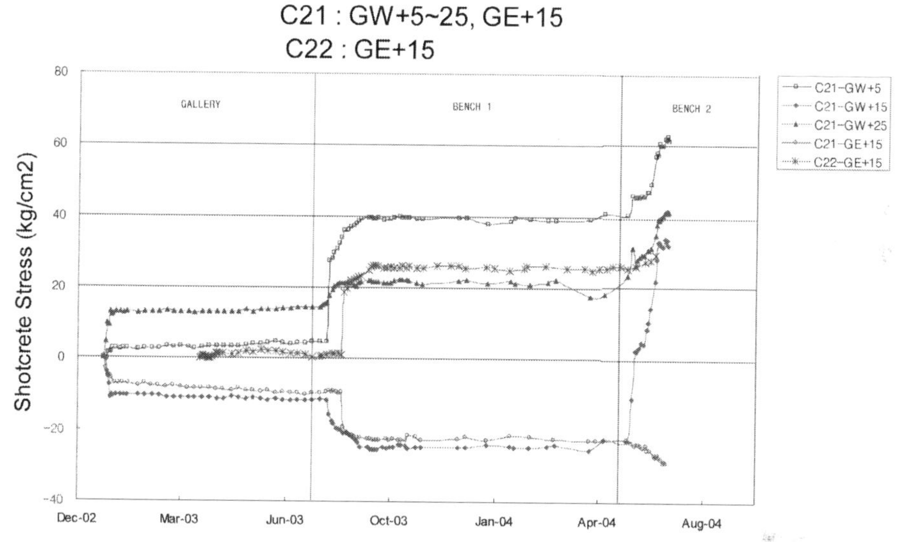

그림 5-5. 과지압 구간 굴착에 따른 전형적인 천단부 숏크리트 응력 변화

일반적인 내공변위 수준과 본 현장 과지압 구간 계측 자료의 수준을 비교하기 위해 Q 암반 분류 시스템에 표현된 적정보강량을 적용한 터널에서의 내공변위 통계 자료와 비교하여 내공변위 양상을 비교하였다.

일반적인 내공변위 수준과 본 현장 과지압 구간 계측 자료의 수준을 비교하기 위해 Q 암반 분류 시스템에 표현된 적정보강량을 적용한 터널에서의 내공변위 통계 자료와 비교하여 내공변위 양상을 비교하였다. Bench 1 굴착 이후 내공 변위 거동은 일반적은 통계치에 근접하는 거동을 보였다. 따라서 Bench 1 굴착시까지는 과지압에 의한 영향이 암반에 명시적으로 반영되지 않고 있음을 알 수 있다. 하지만 그림 5-6에 나타낸 바와 같이 Bench 2 굴착 이후 현장 내공 변위 자료들은 Station D와 E의 경우와 같이 일반치의 2.5배 이상 상회하는 내공 변위를 보이고 있다.

이외에도 록볼트 축력 및 지중변위 측정 결과 역시 과지압 구간에서 뚜렷한 이상 현상을 보여

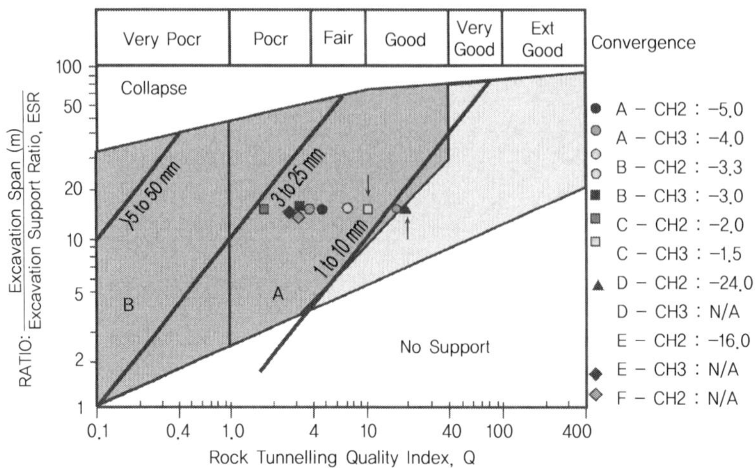

그림 5-6. Kaiser에 의해 제안된 Cavern 및 대규모 굴착 내공변위 계측 자료 통계치 및 과지압 구간 현장 계측치(Bench 2 굴착시까지)

일반 구간에 비해 큰 값들을 보였다.

5.4 과지압 구간 안정성 수치 해석

5.4.1 해석 조건

수치해석을 위해 과지압 구간 내 C2 Cavern Shaft 설치 위치를 포함하여 숏크리트 탈락 및 추가 균열이 주로 발생한 대표적인 아래의 4 단면을 설정하였다.

(1) C2 B1E109: C22 Cavern 내 Shaft가 설치될 위치
(2) C2 B1E100: C22 Cavern 내 굴착 형상 변경시 Pump Pit 연결터널 통과 단면
(3) C1 B1E150: C12 Cavern 내 추가 숏크리트 균열 발생 단면
(4) C2 B1E027: C21 및 C22 Cavern 내 숏크리트 균열 발생 단면

이들 각 단면들에 대해 원안설계 조건 및 고려 대안을 고려하여 2차원 연속체 및 불연속체 안정성해석을 실시하였다. 해석에 사용된 프로그램은 FLAC ver. 4.0과 UDEC ver. 3.1이다. 그림 5-7은 대표적인 연속체 및 불연속체 해석 모델을 나타낸다. 연속체 해석의 경우 각 굴착부 별 암반 등급 분류 결과를 이용하여 암층을 명시적으로 고려하였으며 불연속체 절리망은 Gallery 굴착 당시 절리망 조사를 이용하여 DIPS로 통계 처리한 후 확률적 절리 생성을 통해 현장 절리와 등가의 절리망을 구성하였다.

그림 5-7. 대표적인 해석 모델(좌: 2차원 연속체, 중간: 2차원 불연속체)

각 단면별 원안 설계 및 대안들에 대한 검토 과정을 통해 다양한 조합의 해석 Case들이 도출되었다. 표 5-3에 각 해석 Case들을 열거하였다. 굴착 대안들은 원설계안의 검토 이후 Shaft 부의

표 5-3. 안정성 해석 Case

종류	해석 ID	설 명	굴착 형상	대상구간
2차원 연속체	F0100	C2B1ESTA100 원설계 대로 굴착		
	F0109	C2B1ESTA109 수갱부 원설계 대로 굴착하고 Pump Pit 고려한 경우		C/E
	F0150	C1B1ESTA150 추가 균열부 원설계 대로 굴착		A/B
	F0027	C1B1ESTA027 추가 균열부 원설계 대로 굴착		D/F
	F1100	C2 STA100 굴착형상 변경한 경우		
	F2109	C2B1ESTA109 수갱부 굴착형상 변경하고 Pump Pit 고려한 경우		C/E
	F3109	C2 STA109 굴착형상 변경하고, Bench1 이하 Cablebolt 설치		

표 5-3. 안정성 해석 Case

종류	해석 ID	설 명	굴착 형상	대상구간
2차원 불연속체	U0109	C2 STA109 원설계 대로 Bench 3까지 굴착한 경우		C/E
	U0109	C2 STA109 굴착형상 변경하여 굴착한 경우		
	U4109	C2 STA109 굴착형상 변경하고 Bench 1이하 Cablebolt 보강		
	U6109	C2 STA109 굴착형상 변경하고 Bench 1이하 FRP 혹은 강관으로 보강		

안정성을 검토하는 과정에서 도출되어 안정성 해석에 포함되었다.

표 5-4. 해석에 사용된 암반 물성

암반등급		I	II	III	IV	V
RMR		100–81	80–61	60–41	40–21	20–1
Q		$>$40	10–40	10–4	4–0.4	$<$0.4
RMR	적용치	85	73	62	56	31
GSI	적용치	80	68	57	51	31
탄성계수	MPa	9.40E+4	2.80E+4	1.80E+4	1.35E+4	3.40E+3
포아송비		0.2	0.23	0.25	0.25	0.3
체적변형계수	MPa	5.222E+4	1.728E+4	1.200E+4	9.000E+3	2.833E+3
전단변형계수	MPa	3.917E+4	1.138E+4	7.200E+4	5.400E+4	1.308E+4
점착력	MPa	33	20	18	16.8	13
마찰각	Degree	54	48	45	40	37
단위중량	Kgf/m3	2700	2700	2700	2700	2600
인장강도	MPa	2	1.5	1.3	1	0

　　표 5-4에 나타낸 암반입력 물성치는 기 굴착된 부분의 현장 지반 조사 및 Q 시스템 암반등급 분류에 기초하고, 실시 설계 및 초기 응력 측정시 측정된 실험실 암석 시험 결과를 참조하여 암반등급을 GSI(Geological Strength Index) 분류값으로 환산한 후 Hoek-Brown 및 Mohr-

Coulomb 파괴 기준 및 현지 암반 물성 예측법(Hoek, 1998)을 이용하여 각 등급별 현지 암반의 물성을 구하였다.

암반 거동 모델은 모든 경우에 기본적으로 Mohr-Coulomb 탄소성 모델을 이용하였다. 하지만 이 경우 암질이 비교적 좋은 암반 등급(II, III 등급)에서의 취성파괴 현상을 정확히 모사하는 데 한계가 있다. 따라서 이에 대한 고려를 위해 암석의 취성파괴 현상을 잘 근사할 수 있는 것으로 알려진(Hajiabdolmajid et al., 2002) Cohesion Weakening-Friction Strengthening 모델(CW-FS)을 C1B1E150 단면에 적용하였다.

과지압 구간에서 현장 초기지압은 C2B1E027 단면을 제외한 모든 경우에 측압계수를 설계정수인 K0=2.6으로 적용하였다. C2B1E027 단면의 경우 K0=1.8을 적용하였다. 현장에서의 굴착 조건을 정확히 모사하여 지질보강도 상의 보강 현황을 동일하게 모사하였다. 3차원 효과 모사를 위한 하중 분담율을 표 5-5와 같이 적용하였다. Shaft 연결부와 Pump Pit의 경우 평면 변형율 상태가 아니므로 굴착 불균형력을 100%를 적용하면 비현실적이므로 3차원 해석 결과와 비교하여 하중분담율을 설정하였다

표 5-5. 해석에 적용된 하중분담율

Type 굴착 단계	II	III	IV	Shaft 연결부	Pump Pit
전단면굴착	70%	65%	60%	50%	30%
1차 S/C + Rockbolt	100%	85%	80%	65%	50%
2차 shotcrete		100%	90%	75%	60%
3차 shotcrete			100%	85%	

5.4.2 원안 대로 굴착시 주요 해석 결과

표 5-6. C1 공동의 주요 해석 결과

현재 상태	원안 굴착시(Bench 3)
– C1 Gallery 천단부에 최대 110kgf/cm^{2}의 과다 압축응력이 작용	– 양쪽 Cavern 모두 천단부에 20-30kgf/cm2의 추가적인 숏크리트 응력 증가 발생
– Gallery 및 Bench 측벽부는 과다 인장응력 발생	– Gallery 및 Bench 측벽부는 과다 인장응력 계속 유지됨
– 암반 손상지수는 0.4 이하지만 암반 및 지압의 불균질성을 고려시 국부적 취성파괴 가능	– 록볼트 축력 항복부가 Bench, 2, 3 쪽까지 확장됨
– Bench부 록볼트 축력이 공동 모두에서 크게 작용하여 Bench 1 지점에서 국부적으로 항복하중(10tonf)에 도달	– 취성파괴를 모델을 사용한 경우 C12 저장공동에서 천단부 취성파괴 확인

표 5-6은 해석을 통해 얻은 C1 공동의 주요 해석 결과를 나타내며 그림 5-8은 굴착단계별 Gallery부에 발생한 숏크리트 응력 변화를 보여준다. 현재 상태는 Bench2까지 굴착한 경우를

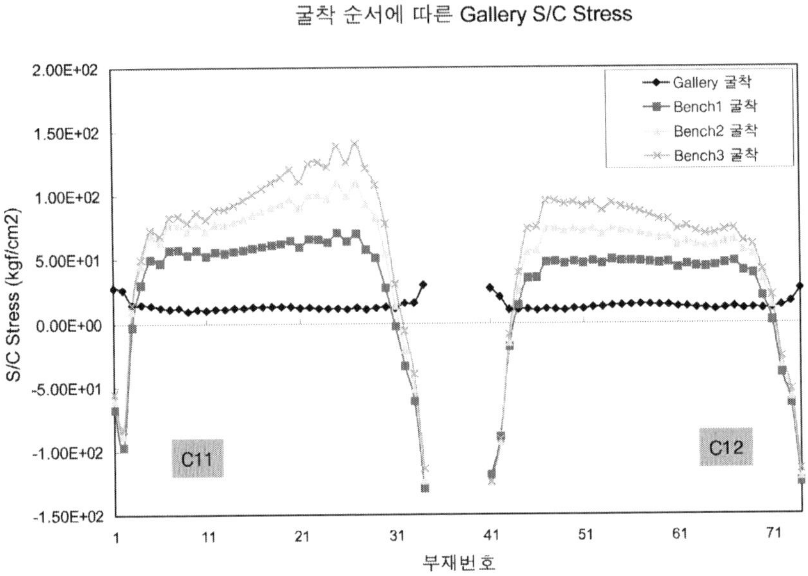

굴착 순서에 따른 **Gallery S/C Stress**

그림 5-8. C1 공동 굴착 단계별 따른 Gallery 숏크리트 응력 변화

의미한다. 수치해석을 통해 구한 천단 최대접선응력치를 이용하여 암반의 손상지수를 평가하였다. 실제 숏크리트 균열이 C12 cavern에 발생한 것은 과지압하 C11(IV 등급) 부에 비해 C12(II 등급) 부의 보강량이 상대적으로 작기 때문이며, Bench 3 굴착시 추가적인 숏크리트 응력 증가를 완화하기 위해 보강량을 늘릴 필요가 있음이 확인되었다. Mohr-Coulomb 모델을 사용하는 경우 암반 거동이 입력 물성치에 정비례하므로 일반적으로 암반등급이 낮은 경우에 거동이 불량하게 나타난다. 하지만 이 경우 저장공동의 안정성은 IV 등급 암반에서 가장 문제가 있는 것으로 해석되지만 앞서 언급했듯이 실제 과지압으로 인한 암반의 취성파괴는 암질이 양호한 II 또는 III 등급 암반에서 발생 가능성이 더 크다. 이러한 현상은 전통적인 M-C 모델로는 구현이 어렵다. 최근에 개발된 점착력 연화-마찰 강화 모델(Cohesion Weakening-Friction Hardening, CW-FS) 모델은 이러한 단점을 극복하기 위해 시도된 방법이다. 그림 5-9는 CW-FS 모델을 이용한 경우 갤러리부에 발달한 전단 균열 양상을 보여준다.

그림에서와 같이 이 모델을 이용한 경우 암질이 상대적으로 양호한 C12 공동에서의 균열 전파 가능성을 예측할 수 있다. 표 5-7에 C2 공동의 주요 해석 결과를 요약하였으며, 굴착 단계에 따른 C2 공동의 숏크리트 응력 변화를 그림 5-10에 나타내었다.

굴착 단계별 천단부 숏크리트 응력 증가 경향이 뚜렷이 나타나며 현장 계측치에서의 증가경향과 한 굴착 단계별 내공 변위 역시 현장 변위 계측치와 상응하는 결과를 보였다.

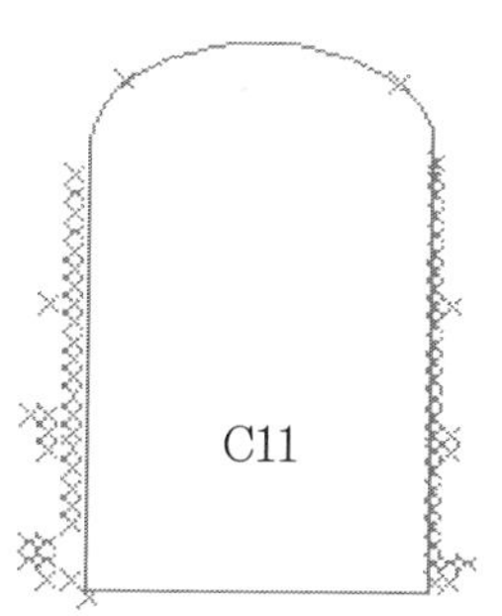
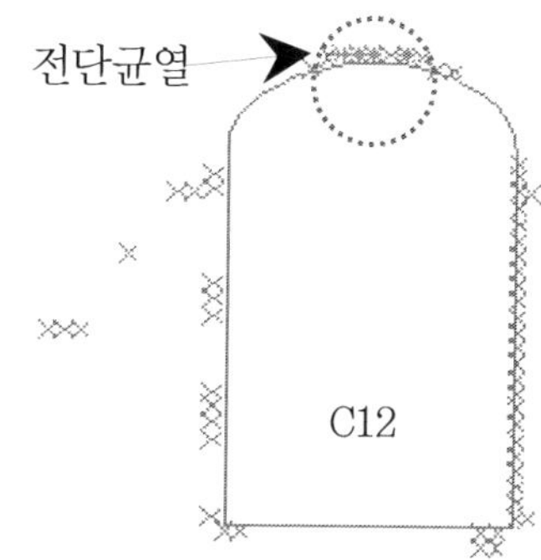

그림 5-9. CW-FS 모델(Hajiabdolmajid et al., 2002)을 고려한 경우 천단부 취성파괴 발생

표 5-7. C2 공동의 주요 연속체 해석 결과

현재 상태
- 천단부 숏크리트는 최대 87kgf/cm^{2}로 과다 압축응력 상태
- Gallery 아치부와 측벽 경계부에 과다 인장응력이 작용(-120kgf/cm^2)
- 암반손상지수 Di=0.42로서 취성파괴 가능
- 록볼트 축력은 모든 경우에 6ton 이하로 안정하게 나타남.

원안 굴착시
- Bench 굴착에 따라 C22 천단부 숏크리트 압축응력 증가량이 65kgf/cm^{2}로 응력집중 심화
- Bench 부 shotcrete 과다 인장응력 발생으로 숏크리트 인장균열 발생 가능
- 높은 측압과 절리 거동의 영향, 국부적인 암반 취성파괴와 결합되어 천단부 숏크리트부에 불안정성이 심화될 것으로 예측

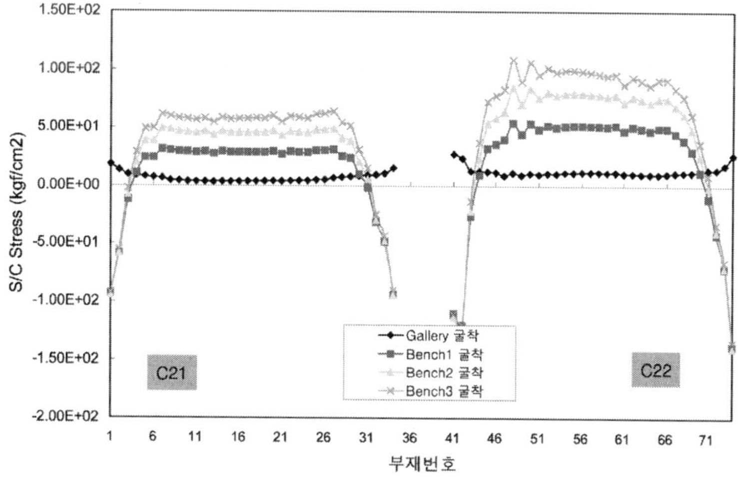

그림 5-10. C2 공동 굴착 단계별 따른 Gallery 숏크리트 응력 변화

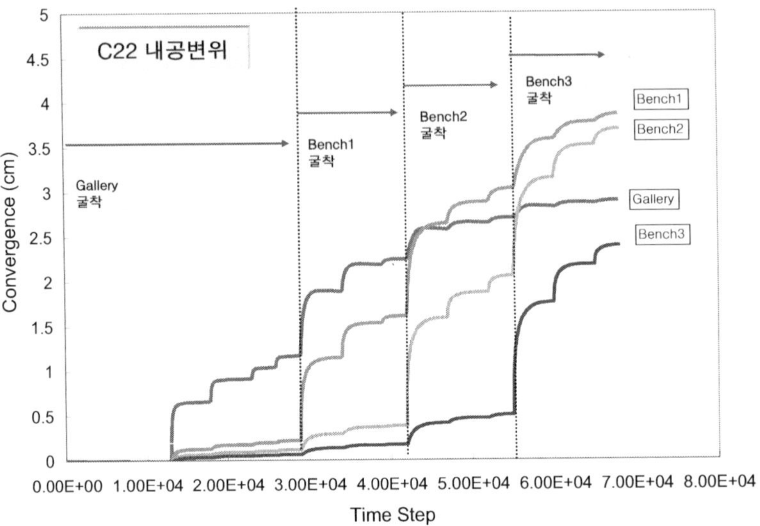

그림 5-11. 원안대로 굴착시 C22 공동 해석시 굴착단계별 내공 변위

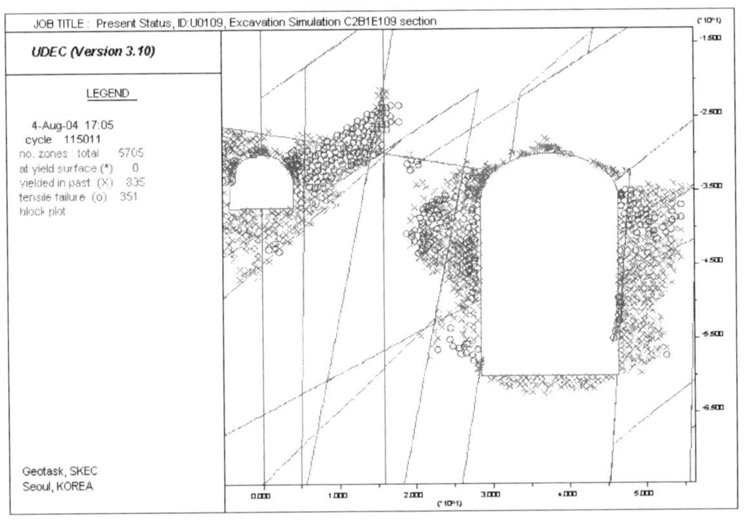

그림 5-12. C22 저장공동 주변 인장파괴 영역(동그라미 마크)

유사하게 나타나서 해석의 신뢰성을 확인할 수 있었다. 그림 5-11에 나와 있는 또한 해석을 통해 구불연속체 해석 결과 역시 연속체와 유사한 경향을 보였지만 절리 블록 이동의 영향으로 인해 절대 변위와 파괴 영역이 훨씬 더 크게 나타났다. 그림 5-12는 불연속체 해석 결과 C22 저장공동 주변의 인장파괴 영역을 나타낸다. Gallery 어깨부를 관통하는 단층으로 인해 진입터널부터 상당히 넓은 영역의 파괴영역이 발전하고 있음을 볼 수 있다.

5.4.3 대안 굴착 주요 해석 결과

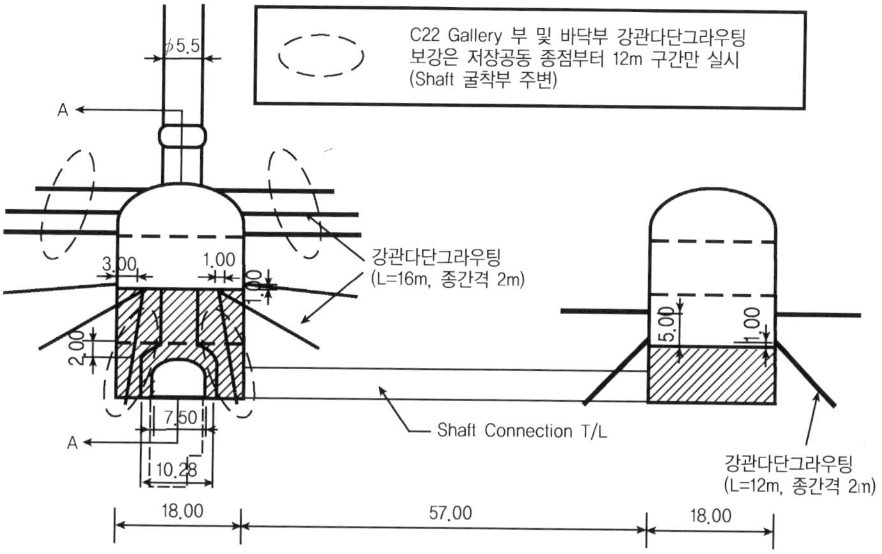

그림 5-13. C22 Shaft 부의 굴착형상 변경안

안정성 해석 결과로부터 현재 상태와 향후 Bench 3까지 굴착시 과지압으로 인한 영향으로 인한 공동의 불안정성이 증대될 것으로 예측되었다. 특히 C22 공동의 경우 Gallery부에 운영 shaft 및 Pump Pit가 통과하므로 더욱 안정성 문제가 중요하다. 따라서 다른 구간은 보강량 및 방법을 통해 문제를 해결할 수 있지만 이 구간의 안정성 확보를 위해 소규모 터널로 Shaft 부까지 진입하는 굴착형상 변경안이 고려되었다. 그림 5-13은 C22 공동 Shaft 진입부의 굴착형상 변경안의 모식도를 보여준다. 측벽부 안정성 증대를 위해 불연속면의 전단 저항을 증가시키기 위한 강관(혹은 FRP)을 이용한 보강이 제시되었다.

그림 5-14는 연속체 해석을 통해 구한 굴착형상 변경시(F2109)와 원안 설계시(F0100)의 천단 최종 숏크리트 응력을 비교한 것이다. F1100은 소터널 통과구간 직상부에서의 숏크리트 응력이다.

Shaft 연결부에서는 상부 터널부가 펌프 진입을 위해 굴착되어야 하므로 F1100>F2109>F0100 순으로 숏크리트 응력이 작게 발전하고 있음을 알 수 있다. 하지만 이 해석은 2차원 하중 분담율을 고려한 해석이므로 정확한 3차원 효과 고려를 위해서는 3차원 해석이 필요하며 이는 수원대에서 수행된 바 있다(한국석유공사 등, 2004).

불연속체 모델로 대안 굴착을 모사한 결과 원안 대비 천단 암반응력 집중이 10% 이상 감소하고 (Di=0.53→0.48) Gallery 록볼트 하중 및 숏크리트 탈락부 절리 이동이 안정되는 등 전반적인 개선효과를 확인할 수 있었다. 하지만 그림 5-15에 나타낸 것과 같이 측벽부 암반블럭 이동

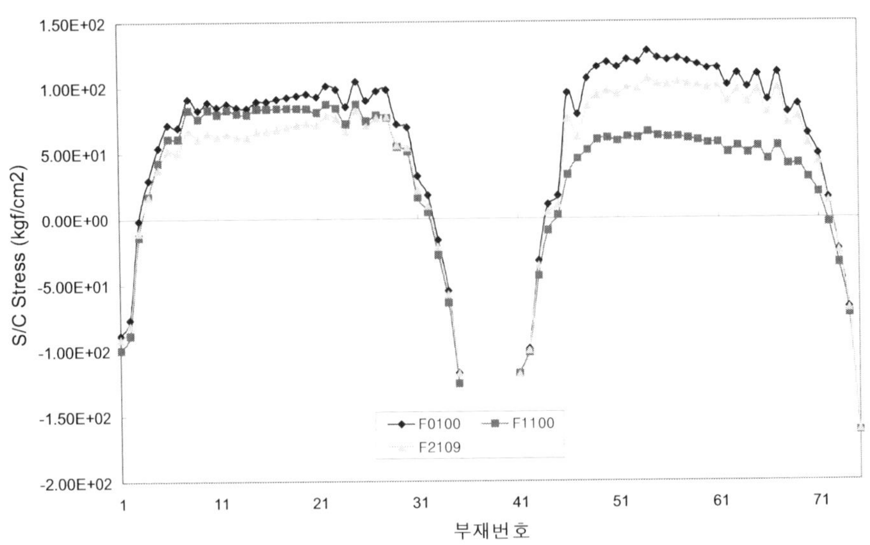

그림 5-14. 연속체 해석을 통한 대안 굴착시와 원안 설계시 최종 천단부 숏크리트 응력 비교

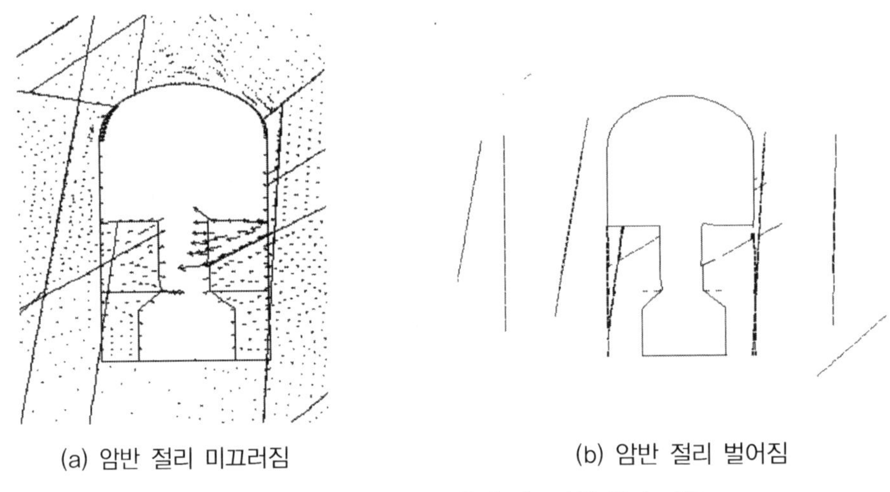

그림 5-15. C22 공동 대안 굴착시 대표적인 절리 거동

에 의한 미끄러짐과 벌어짐이 발생하였으며 숏크리트 응력이 여전히 과다하게 발생하였다. 이에 대한 대안으로서 측벽부에 대한 Cable Anchor를 통한 보강효과를 검토하였지만 절리거동에 대한 전단 저항성 부족으로 만족할 만한 결과를 얻지 못하였다. 그 이후 FRP 혹은 강관 다단을 그라우팅 형태로 측벽부 절리 블록에 고정하여 전단저항력을 높이기 위한 특수 보강 형태를 고려하였으며 이에 대한 대표적인 해석 결과를 그림 5-16에 나타내었다.

특수보강을 실제 FRP(강관) 물성을 이용하여 일반 보강요소(General Reinforcement)를 이

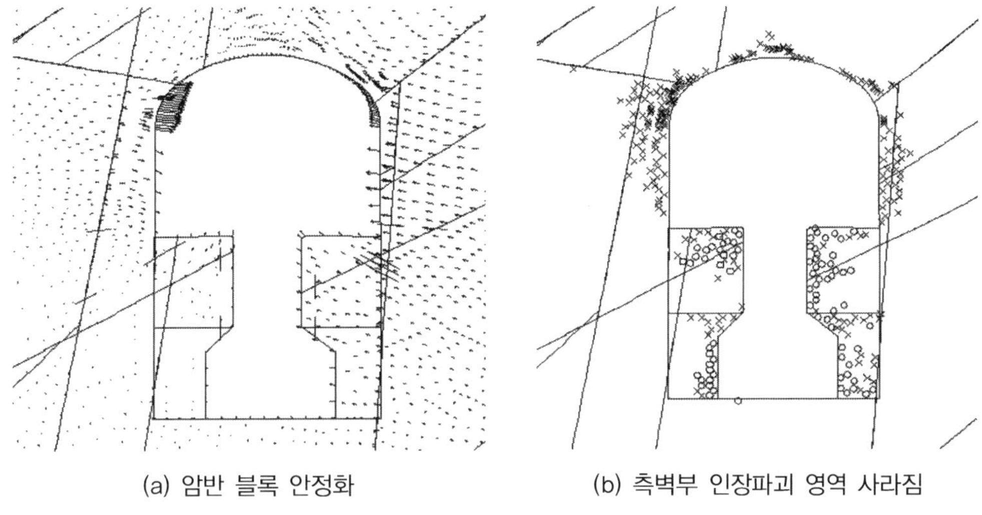

(a) 암반 블록 안정화   (b) 측벽부 인장파괴 영역 사라짐

그림 5-16. 불연속 모델로 검토된 강관(FRP)을 이용한 특수보강 효과

용하여 모사한 결과 Gallery 천단응력 집중이 원안 굴착 대비 40% 감소하고 모든 부분에서 파괴 기준 이내 안정화가 되었다. 또한 Bench 2 부분의 암반 블록 이동 및 록볼트 하중이 안정화되었으며 암반 인장 파괴 영역이 사라졌다.

5.5 보강 방안 검토

5.5.1 보강량 변경

앞에서 제안된 굴착형상 변경안은 C22 공동 Shaft 부에만 적용되었으며 다른 공동 위치에서는 탈락된 숏크리트 및 암반 균열부를 정리한 후 재보강하는 안이 추천되었다. 과지압에 의한 영향을 보강안에 명시적으로 고려하기 위해 캐나다 Rockburst 발생 암반에서의 보강 Handbook에 근거(Kaiser, 1996)하여 과지압을 고려한 숏크리트 및 록볼트 보강량 재평가하였다. Q-system에서 암반의 지압조건을 고려하는 항목인 SRF(Stress Reduction Factor)는 과지압 현상이 예측되지 않는 경우는 일반적인 심도 기준으로 그 값을 평가하고 있지만, 본 지역과 같이 수평 응력이 매우 크게 측정되어 과지압 현상이 예측되는 구간에 대해서는 별도의 판단 기준이 필요하다. 그림 5-17은 과지압 암반에서의 SRF 조정 지침이다.

위 지침에 의하면 응력비가 0.45~0.65일 경우 SRF는 통상 값보다 10배 증가되어야 하며, 파괴 가능 심도는 0~0.3 a(a:터널 반지름)가 되며, 응력비가 0.65 이상일 때는 SRF를 100배 증가시키고 파괴 가능 심도는 〉 0.3 a로 평가되어야 한다.

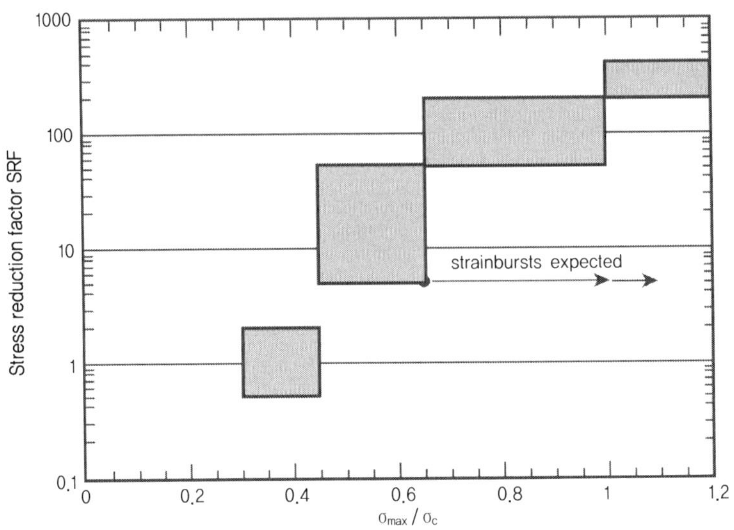

그림 5-17. 과지압 암반에서의 SRF 조정 지침 (Kaiser et al., 1996)

위 기준을 적용할 경우 본 현장 과지압 구간은 SRF가 20배 정도 증가되어야 하며 이를 적용하여 Q값 및 보강량을 등급별로 재산정하였다(그림 5-18).

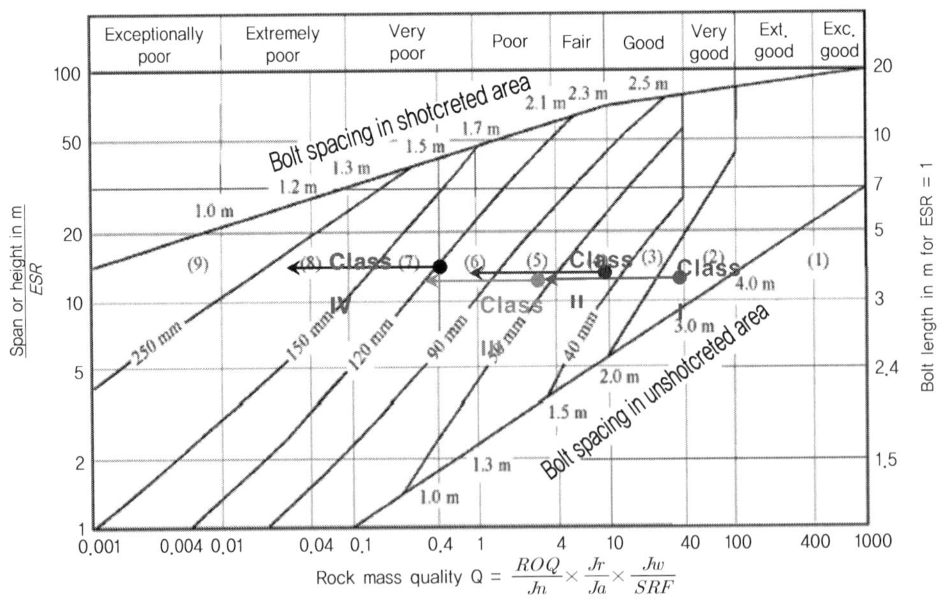

그림 5-18. SRF 값 변경에 따른 Q값의 조정 및 숏크리트 보강량 변화

또한 Unwedge를 이용하여 현장 절리 자료에 근거한 생성가능 절리블록의 크기 및 필요 록볼트 길이를 산정하였다. 또한 그림 5-19에서와 같이 변경된 Q값에 근거하여 록볼트의 설치 간격도 재산정하였다.

검토된 안을 기초로 변경된 보강 방안들을 정리하여 표 5-8에 나타내었다.

이외에도 정성적으로 취성파괴를 완화시키고 암반의 연성을 증대시키기 위해 와이어 메쉬와 같은 지보재를 도입하였다.

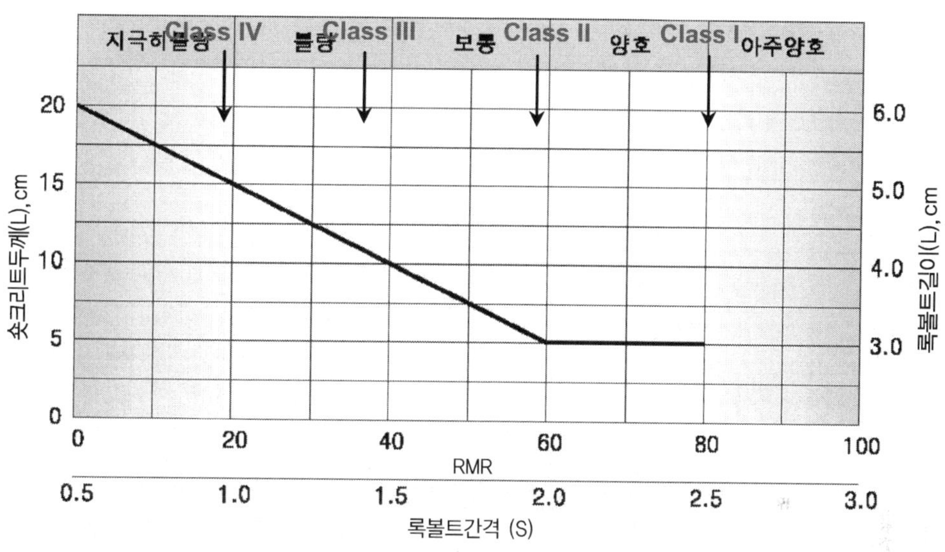

그림 5-19. 과지압 구간에서의 록볼트 간격 재산정

표 5-8. 균열 발생 후 재변경된 과지압 구간 보강 방안

암질등급 공종	과지압구간 변경안(2002)		2004년 재 변경안		비고
	록볼트	숏크리트	록볼트	숏크리트	
I	2.5 x 2.5m	6cm 강섬유	2.5 x 2.5m	6cm 강섬유	변경 없음
II	2.5 x 2.5m	6cm 강섬유	2.0 x 2.0m	9cm 강섬유	등급 하향
III	2.0 x 2.0m	9cm 강섬유	1.5 x 1.5m	12cm 강섬유	변경
IV	1.5 x 1.5m	18cm 강섬유	1.2 x 1.2m	24cm 강섬유	등급 하향
V	1.2 x 1.2m	24cm 강섬유	1.2 x 1.2m	24cm 강섬유	변경 없음

5.5.2 암반 미소파괴음 계측

위에서 구간별 보강공법 제안으로 안정성이 확보되리라 예상되지만, 보수보강이 이루어지지

않지만 여전히 과지압 구간에 속하는 저장공동 구간에 대해, 향후 Bench 3 굴착에 따른 불안정성을 사전에 예측하기 위해서는 공동 벽면 암반의 취성파괴 및 암반 블록의 미끄러짐으로 인해 발생하는 미소파괴음을 계측해야 할 것으로 판단되었다. 이는 숏크리트, 록볼트와 같은 지보재에 응력 및 하중이 크게 작용하기 전, 또한 내공변위로서 큰 변위가 측정되기 이전에 불안정성이 시작되는 초기에 암반 거동을 측정하는데 미소파괴음 측정이 적절하기 때문이다. 암반의 미소파괴 거동을 측정하기 위해서 암반의 미소파괴음(AE, Acoustic Emission) 자체를 측정하는 것이 바람직하나, 아직은 현장에 직접 적용하기는 곤란하다. 따라서 미소파괴와 동반되는 미소 탄성파 이벤트(Micro seismic event)를 직접 측정하는 방식으로 생각되어 시추공 내 삽입 가능한 가속도계(Accelerometer)를 추천하였다. 또한 잡음 등을 제거하여 3차원 위치추적이 가능한 Trigger 시스템을 동시에 구비하여 3차원 공간상에서 센서 배치를 제안하였다.

그림 5-20은 제안된 탄성파 이벤트 센서 설치 기본 개념도와 본 시스템이 캐나다 시험 공동에서 암반 취성파괴 모니터링에 사용된 예를 보여준다.

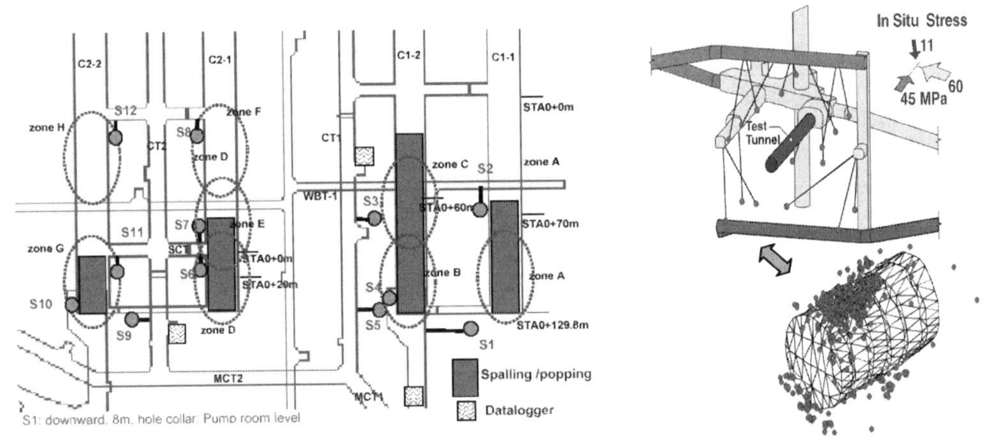

<table>
<tr><td>(a) 제안된 미소 탄성파 이벤트 센서 설치 개념도</td><td>(b) 캐나다 Test URL의 예</td></tr>
</table>

그림 5-20. 미소 탄성파 이벤트 센서 설치 개념도 및 적용 예

5.6 결 론

이 글에서는 국내에서 대규모 저장공동 건설시 실제 발생한 과지압 현상으로 인한 문제 및 특징을 살펴보았으며 문제 해결을 위한 검토 과정을 상술하였다. 현장 계측결과 분석을 통해 과지압 암반에서 일반 계측 항목들의 이상 징후들에 대해 확인할 수 있었다. 과지압을 받는

현재 암반 상태 및 원안 설계대로 굴착시의 수치해석을 통해 저장공동의 안정성을 평가하였으며 그 결과로서 새로운 굴착 대안 및 보강 방안이 마련되었다. 취성파괴의 불확실성을 감안한 상시적인 감시 도구로서 현장 미소탄성파 이벤트 계측이 제안되었다.

국내에서는 이때까지 과지압으로 인한 명시적인 피해나 문제 사례가 광범위하게 제기된 적이 없어서 경암반에서의 취성파괴 기구나 문제의 심각성 대해서 인식이 부족한 실정이다. 향후 장대터널의 건설 증가 등으로 대심도 암반에서의 암반공학적 응용이 빈번해질수록 과지압 문제가 발생할 가능성도 점점 많아질 것으로 예상된다. 통상적인 연속체나 불연속체 암반 안정성 해석으로는 이러한 경암반에서의 Spalling 현상과 같은 취성파괴 과정을 명확히 모사하는데 한계가 있다. 과지압하 암반 거동을 정확히 고려하고 과지압으로 인한 문제 발생시 다양한 대책을 위한 논의가 필요할 때이다.

참 고 문 헌

Part. 01

1. 편암 및 편마암의 지질 및 지질공학적 특성

박형동(2002) "이암과 셰일의 지질공학적 특성" 한국지반공학회 암반역학위원회 학술세미나 논문집, pp.20-30.

이병주(2002), "한반도의 제3기 분지와 포항분지 내 지질구조 연구" 한국지반공학회 암반역학위원회 학술세미나 논문집, pp.3-17.

Deere, D.U. and Deere, D.W., 1988, The rock qualitu designation (RQD) index in practice. In Rock classification systems for engineering purpose, (ed, L. Kirkaldie), ASTM Special Publication 984, 91-101, Philadelphia: Am. Soc. Test. Mat.

2. 편암 엽리구조의 생성원리 및 편암에서의 공학적 문제점

Choi, P.-Y., Kwon, S.-K., Hwang, H.-H. & Lee, S.R., 1999, Paleostress analysis of southeast Korea: tectonic sequence and timing of blorck rotation of the Pohang-Ulsan area, Grondwana Research. v.2, pp.532-537

Goodman, 1993, Engineering geology: rock in engineering construction. Wiley, 412p.

Park, R.G., 1997, Foundations of structural geology. Routledge, 202p.

Vernon, R.H., 2004, A practical guide to rock microstructures. Cambridge University Press, 594p.

4. 편암의 암석역학적 특성

송무영, 황인선, 1993, 한반도 중부권 지각물질의 구조와 물성연구(2) : 퇴적암류 코어 시료의 탄성파속도와 점재하강도 비교, 지질공학회지, Vol. 3, pp.21-37.

박형동, 1995, 암석의 공학적 이방성 측정을 위한 실험실내 P파 속도 측정기법에 대한 연구, 지질공학회지, Vol. 5, pp.237-247.

박철환, 박의섭, 박찬, 2008, 평면이방성 암석의 변형특성 모델연구, 터널과 지하공간, Vol. 18, 252-261.

Carmpin, S., R. Mcgonigle and D. Bamford, 1980, Estimating crack parameters from observations of P-wave velocity anisotropy, Geophysics, Vol. 45, 345-360.

Ramamurthy, T., Rao G. Venkatappa and J. Singh, 1993, Engineering behaviour of phyllites, Engin. Geol., Vol. 33, 209-225.

Dekoltz, E.Z., J.W. Brown and O.A. Stemler, 1996, Anisotropic of a schistose gneiss, Proc. 1st Congr. Int. Soc. Rock Mech., Lisbon, Vol. 1, 465-470.

McCabe, W.M. and R.M. Koermer, 1975, High pressure shear strength of anisotropic micaschist rock, Int. Jour. Rock Mech. Min. Sci & Geomech. Abstr. Vol. 12, 219-228.

Birch, F., 1961, The velocity of compressional waves in rocks to 10 kilo bars, Part 2, Journal of Geophysical Res., Vol. 66, 2199-2224.

McWilliams, J.R., 1966, The role of microstructures in the physical properties of rock, Testing techniques for rock mechanics, Am. Soc. Test Mat., STP 402, 175-189

Douglass, P.M. and B. Voigt, 1969, Anisotropy of granites, A reflection of microscopic fabric, Geotechnique, Vol. 19, 376-389.

Peng, S.S., 1976, Stress analysis of cylindrical rock discs subjected in axial double point-load, Int. Jour. Rock Mech. Min. Sci. & Geomech. Abstra. Vol. 13, 97-101.

5. 편암에서의 지반조사사례

대한지질공학회, 2004, 암반의 조사와 적용, pp. 1.2-1~49, 혜성문화사.

유영권, 송무영, 김도경, 한병현, 윤운상, 최재원, 2007, 터널 굴착 중 지질도 작성을 위한 기준 설정에 대한 연구, 대한자원환경지질학회, 대한지질공학회, 대한지질학회, 한국석유지질학회 공동학술발표회, 300~302.

Dearman, W.R. (1991) Engineering Geological Mapping.

IAEG, 1979, Classification of rock and soils for engineering geological mapping. Part I:Rock and soil materials. Bulletin of the International Association if Engioneering Geology, v. 19, pp.364-371.

6. 편마암과 편암 지층 내 사면설계의 신뢰성 개선

유병옥, 장현익 외 4인, 2006, 홍천 지역의 편마암 절토사면 붕괴유형 및 대책사례, pp.35~45, 한국지반공학회 가을학술발표회 논문집.

이병주, 신희순, 선우춘, 2006, 셰일 및 운모편암의 사면안전성에 미치는 영향, pp.1~11, 한국지반공학회 봄학술발표회 논문집.

조문섭, 김종욱, 1993, 춘천-홍천 지역 용두리 편마암 복합체내에 산출되는 남정석 : 변성구조적 의의, Vol. 2, pp.1~11, 한국암석학회지.

우익, 한병현, 2007, 춘천시 신북지역에 분포하는 운모편암의 물리적 풍화특성, Vol. 40, No. 6, pp. 771~784, 자원환경지질학회지.

홍경식, 2007, 강원도 춘천시 동면 일대의 구조지질 및 분포암석의 지질공학적 분류, 강원대학교 이학석사논문.

과학기술처, 1996, 한반도의 조구조 종합연구(I) :캠브리아기 및 고생대, KR-96(B)-5.

한국지반공학회, 1997, 지반공학시리즈 1, 지반조사결과의 해석 및 이용, 구미서관.

Aoki H, Matsukura Y, 2007 A new technique for non-destructive field measurement of rock-surface strength : an application of the Equotip hardness tester to weathering studies. Earth Surface Processes and Landforms, vol.32 (no.12)

Hack, R and Huisman, M, 1979, Estimating the intact rock strength of a rock mass by simple means. Bulletin of the International Association if Engioneering Geology, v. 19, pp.364~371.

Leith, C.J., 1965, The influence of geological factors on the stability of highway slopes, Society of Mining Engineers. pp.150~153

Barnett W., Guest A., Terbrugge P., and Walker D., 2001, Probabilistic pit slope design in the Limpopo metamorphic rocks at Venetia Mine, *The Journal of The South African Institute of Mining and Metallurgy*.

Nasseri, M.H.B., Rao, K.S., Ramamurthy, T, 2003, Anisotropic strength and deformation behavior of Himalayan schists, International Journal of Rock Mechanics & Mining Sciences 40 3-23.

FOUNTAIN L., DUNN, D. E., 1974, *Effect of anisotrophy on the coefficient of sliding. friction in schistose rocks*, Int. J. Rock Mech. Min. Sci. *11*, 459-464.

7. 편암지역 스러스트 단층대에서의 대단면 터널 보강 및 시공사례

지반기술자를 위한 지질 및 암반공학, 2009, 한국지반공학회 암반역학기술위원회.

소양댐 보조여수로공사 지질조사 보고서, 2007, 삼성물산(주).

소양댐 보조여수로공사 보강설계 보고서, 2007, 삼성물산(주).

Harding, T. P., Vierbuuchen, R. C. & Christie-Blick, N. 1985. Structural style, plate-tectonic settings, and hydrocarbon traps of divergent (transtensional) wrench faults. Strike-slip deformation, basin formation and sedimentation, Soc. Economic Paleo. & Mineral. 51-77.

Robert J. Twiss and Eldridge M. Moores. 1992. *STRUCTURAL GEOLOGY*. New York: W. H. Freeman. pp.106.

Ragan, D. M., 1985. Structural geology. an introduction of geometrical technique, Wiley, Chichester.

Sibson, R. H., 1977. Fault rocks and fault mechanism. J. Geol. Soc. (Lond.), 133, 191-213.

Part. 02

1. 화산암의 지질학적 특성

대한지질학회, 1996, 한국의 지질, 802p, 시그마프레스.

박기화, 이봉주, 한만갑, 김정찬, 기원서, 박원배, 김태윤. 2003, 제주도지질여행, p.179.

박준범, 권성택, 1993a, 제주도 화산암의 지화학적 진화; 제주 북부 지역의 화산층서에 따른 화산암류의 암석기재 및 암석화학적 특징, 지질학회지, 제29권, pp.39~60.

박준범, 권성택, 1993b, 제주도 화산암의 지화학적 진화(II); 제주 북부 지역의 화산암류의 미량원소적 특징, 지질학회지, 제29권, pp.477~492.

윤성효(1988) 포항분지 북부 (칠포-월포 일원)에 분포하는 화산암류에 대한 암석학적층서적 연구. 광산

지질, Vol. 21, pp.117~129.

2. 화산암의 지질학적 특성과 분포

백인성, 강희철, 허민, 양승영, 2006, 경상분지 남부에 발달된 유천층군 고성층: 산상 및 층성, 지질학회지 42, pp.483-505.

유인창, 최선규, 위수민, 2006, 한반도 동남부 백악기 경상분지의 형성과 변형에 대한 질의. 자원환경지질, 39, 129-149.

장기홍, 이유대, 이영길, 서승조, 오규영, 이창훈, 1984, 경상속 유천층군 기저의 부정합, 지질학회지, 20, 41-50.

장태우, 황상구, 이동우, 오인섭, 김학천, 김의홍, 1983a, 한국지질도 1:50,000 충무도폭 및 설명서, 한국동력자원연구소.

장태우, 강필종, 박석환, 황상구, 이동우, 1983b, 한국지질도 1:50,000 부산, 가덕도폭 및 설명서, 한국동력자원연구소.

정창희, 1986, 지질학개론.

Chang, K, H, 1975, Cretaceous stratigraphy of southeast Korea. JGS of Korea, 11, 1-23.

3. 화산암지역에서의 지반조사 사례

김동학, 황재하, 박기화, 송교영 (1998) 1:25만 부산 지질도폭, 과학기술부, 1-62.

김종환, 강필종, 임정웅 (1976) Landsat-1 영상에 의한 영남지역 지질구조와 광상의 관계연구, 지질학회지, 12, 79-89.

원종관, 강필종, 이상헌 (1978) 경상분지 구조해석과 Igneous pluton에 관한 연구, 지질학회지, 14, 79-92.

이창섭, 조태진 (2005) 암반풍화도에 따른 지질공학적 특성 저감효과, 한국암반공학회지, 15, 411-424.

장천중, 장태우, 김영기 (1993) 언양지역 양산단층 부근 단열의 기하학적 분석, 광산 지질, 26, 227-236.

최위찬, 류충열, 기원서, 이봉주, 이병주, 황재하, 박기화, 최영섭, 최성자, 최범영, 조등룡, 김복철, 송교영, 채병곤, 김원영 (1998) 양산단층을 고려한 설계기준지진의 재평가(최종보고서), 제1권, 한국자원연구소, 94-101.

최현일, 오재호, 신성천, 양문열 (1980) 울산지역 경상계 지층의 지질 및 지화학적 연구, 자원개발연구소, 1-76.

한국고속철도공단 (2003) 서울~부산간 경부고속철도 제12-4공구노반신설 기타공사 지반조사보고서, 1-656.

김종환, 문희수(1978) 3기층 퇴적암중 불석의 산출상태, 광산지질, 11, 59-68.

노진환(1989) 장기 지역 제3기층의 불석화 작용, 지질학회지, 25, 30-43.

노진환, 김수진(1982) 구룡포 지역의 제3기 응회암층에서 산출되는 불석광물에 관한 광물학적 및 성인적 연구.

Baynes, F.J. and Dearman, W.R. (1978) The relationship between the microfabric and the engineering properties of weathered granite, Bulletin of the International Association of Engineering Geology, 18, 91-100.

Gupta, A.S. (1997) Engineering behaviour and classification of weathered rocks, Ph.D Thesis, Indian Institute of Technology, Delhi, 157-174.

Harnois, L. and Moore, J.M (1988) Geochemistry and origin of the Ore Chimney Formation, a transported paleoregolith in the Grenville Province of Southern Ontario, Canada, Chemical Geology, 69, 267-289.

Hemley, J.J. and W.R. Jones (1964) Chemical aspects of hydrothermal alteration with emphasis on hydrogen metasomatism, Econ. Geol., 59, 538-569.

Irfan, T.Y. and Powell, G.E. (1985) Engineering geological investigations for pile foundation on a deeply weathered granitic rock in Hong Kong, Bull. Int. Assoc. Eng. Geol., 32, 67-80

Kang, P.C. (1979) Geological analysis of Landsat imagery of South Korea (I). Jour. Geol. Soc. Korea, 15, 109-126.

Le Bas, M.J., Le Maitre, R.W., Streckeisen, A., and Zanettin, B. (1986) A chemical classification of volcanic rocks based on the total alkali-silica diagram, J. Petrol., 27, 745-750.

Lumb, P. (1962) The properties of decomposed granite, Geotechnique, 12, 226-243.

Newberry, J. (1970) Engineering geology in the investigation and construction of the Batang Padang hydro-electric scheme, Malaysia, Quarterly Journal of Engineering, 3, 151-181.

Raj, J.K. (1985) Characterization of the weathering profile developed over a porphyritic biotite granite in Peninsular Malaysia, Bulletin of the International Association of Engineering Geology, 32, 121-129.

Suoeka, T., Lee, I.K., Huramatsu, M., and Imamura, S. (1985) Geochemical properties and engineering classification for decomposed granite soils in Kaduna district, Nigeria, Proceedings of the 1st International Conference on Geomechanics in Tropical Lateritic and Saprolitic Soils, Brasilia, 1, 175-186.

Schmid, R. (1981) Descriptive nomenclature and classification of pyroclastic deposits and fragments: Recommendations of the IUGS Subcommission on the Systematics of Igneous Rocks. Geology 9, 41-43.

Zielinski, R.A. (1980) Stability of glass in the geologic environment: some evidence from studies of natural silicate glasses. Nucl. Technology 15, 197-200.

4. 부산지역 화산암의 특성

김규한, 이진수, 1993, 경상퇴적분지 내에 분포하는 백악기 화산암류의 암석지구화학적 연구, 지질학회지, vol. 29, pp.84-96.

김상욱, 1986, 경상분지에서의 후기백악기 화성활동에 관한 연구, 이상만 교수 송수기념논문집, pp. 167-194.

김상욱, 이영길, 1981, 유천분지 북동부 백악기 화산암류의 화산암석학 및 지질구조, 광산지질, vol. 14, pp.35-49.

김종환, 1976, Landsat-1영상에 의한 영남지역 지질구조와 광상과의 관계 연구, 지질학회지, vol. 12, pp.79-89.

김진섭, 1990, 경상분지 동남부 일대에 분포하는 백악기 화산암류에 대한 암석학적인 연구, 지질학회지, vol. 26, pp.53-62.

김진섭, 윤성효, 1993, 부산 일원에 분포하는 백악기 화산암류의 암석학적 연구(I), 암석학회지, v.2, pp.156-166.

김혜숙, 김진섭, 문기훈, 2009, 부산 금정산의 계명봉과 장군봉 일대 백악기 화산암류에 관한 암석학적 연구, 암석학회지, v.18, pp.1-17.

대한지질학회, 1998, 한국의 지질, 시그마프레스.

윤성효, 상기남, 1994, 경상분지 남부의 백악기 화산암복합체의 콜드론구조 및 지질년대, 한국지구과학회지, vol. 15, pp.376-391.

윤성효, 김진섭, 김영라, 1994, 부산 일원에 분포하는 백악기 화산암류의 암석학적 연구(II), 한국지구과학회지, v.15, pp.90-105.

이상만, 김상욱, 진명식, 1987, 남한의 백악기 제3기 화성활동과 지구조적 의의, 지질학회지, v.23, pp.338-359.

장기홍, 1977, 경상분지 상부 중생계의 층서, 퇴적 및 지구조, 지질학회지, vol.13, pp.76-90.

장태우, 강필종, 박석환, 황상구, 이동우, 1983, 한국지질도 (1:50,000), 부산가덕도폭 및 설명서, 한국동력자원연구소.

정창희, 이대성, 엄상호, 장기홍, 1973, 한국의 지질계통 확립을 위한 조사연구, 과학기술처, R-73-51, 68p.

최정찬, 백인성, 2002, 황령산 산사태 원인 분석에 대한 연구, 지질공학회지, vol. 12, pp.137-150.

5. 경상계 화산암류의 화학적 풍화지수

김성욱 외(2004), "화강암 분포지역에서 화학적 풍화변질지수와 풍화등급의 비교" **한국지하수토양환경학회 춘계학술발표회**, pp.266-271.

최은경, 김성욱, 김홍석, 최풍곤(2007), "화강암류의 화학적 변질지수와 풍화등급 비교", **한국지반공학회 춘계 학술발표회논문집**, pp.782-791.

B. P., Ruxton(1968), "Measures of the degree of chemical weathering of rocks", **Journal of Geology** 76, pp.518-527.

D. E., Vogel(1975), "Precambrian weathering in acid metavolcanic rocks from the Superior Province, Villebon Township, South-Central Quebec", **Canadian Journal of Earth Sciences** 12, pp.2080-2085.

H. W., Nesbitt and G. M. Young(1982), "Early Proterozoic climates and plate motions inferred from major element chemistry of lutites", **Nature** 299, pp.715-717.

J. B., Gill(1981), "Orogenic andesites and plate tectonics", **Springer, Berlin,** 390p.

L., Harnois(1988), "The CIW index: a new Chemical Index of Weathering", **Sedimentary Geology** 55, pp.319-322.

M. J., LeBas, R. W. LeMaitre, A. Streckeisen, B. Zanettin and IUGS Subcommission on the Systematics of Igneous Rocks(1986), "A chemical classification of volcanic rocks based on the total alkali-silica diagram", **Journal of Petrology** 27, pp.745-750.

P. Reiche(1943), "Graphic representation of chemical weatjering", **Journal of Sedimentary Petrology** 13, pp.58-68.

T., Vogt(1927), "Sulitjelmafeltets geologi og petrografi", **Norges Geologiske Undersokelse** 121, pp.1-560.

U. S., De Jayawardena and E., IZawa(1994), "A new Chemical Index of Weathering for metamorphic silicate rocks in trophical regions: a study from Sri Lanka", **Engineering Geology** 36, pp.303-310.

6. 응회암 지역의 대규모 사면 붕괴 사례

박완서, 한용희, 노병돈, 한병현, 2006, 뒤채움부 절취에 따른 사면 붕괴사례연구, 한국지반공학회 사면 안정학술발표회.

삼성건설, 2006, 불목IC 사면안정 검토보고서, 삼성건설 토목ENG팀.

삼성건설, 2007, Sta.1+600 구간 사면안정 검토보고서, 삼성건설 건축ENG팀.

사면공학, 2007, 지반공학회.

토목기술자를 위한 지질 조사 및 암반분류.

Hoek. E and Bray, J., 1981. Rock Slope Engineering 3rd edition, Inst Min. and Metall, London.

Duncan C. Wyllie and Christopher W. Mah., Rock Slope Engineering 4rd edition Inst Min. and Metall, London.

7. 화산암 지역 터널붕락 구간에서의 지질 및 지반특성 조사

OO터널 붕락원인 및 복구대책 검토 보고서, 2008.

Part. 03

1. 풍화란 무엇인가?

Goodman, R. E.(1980), "Introduction to Rock Mechanics", Wiley, New York, p.478.

Lee, Su Gon(1973), "Weathering of Granite", Jour. Geol. Soc. Korea, Vol. 29, No. 4, pp. 396-413.

Kennan, P, S.(1973) Weathered granite at the Turlough Hill pumped storage scheme, Co.

Wicklow, Ireland. Quarterly Journal of Engineering Geology, Vol. 6, pp.177-180.

Rahn, J. R. L.(1973) The weathering of tombstones and its relationship to the topography of New England. Journal of Geological Education, Vol. 19, 197p.

3. 풍화암의 공학적 특성

대한지질공학회, 2004, 암반의 조사와 적용, pp. 1.2-1~49, 혜성문화사.

한국지반공학회, 1997, 지반공학시리즈 1, 지반조사결과의 해석 및 이용, 구미서관.

Dearman, W. R., 1974, Weathering classification in the characterization of rock for engineering purposes in British practice. Bulletin of International Association of Engineering Geology, v.9, pp.33-42.

IAEG, 1979, Classification of rock and soils for engineering geological mapping. Part I:Rock and soil materials. Bulletin of the International Association if Engioneering Geology, v. 19, pp.364-371.

ISRM, 1981, Basic geotechnical description of rock masses. International Journal of Rock Mechanics and Mining Science & Geomechanics Abstracts, v.22, pp.51-60.

Lee, S. G., 1993, Weathering of granite, Jour. Geol. Soc. Korea, v.29, pp.396-413.

Lee, S.G. and De Freitas, M.H., 1989, A revision of the description and classification of weathered granite and its application to granites in Korea, Quarterly Journal of Engineering Geology, v.22, pp.31-48.

4. 실내 풍화 가속 실험

HOEK E., BROWN E. T., 1997. Practical estimates of rock mass strength. International Journal of Rock Mechanics and Mining Sciences & Geomechanics Abstracts, vol. 34, N° 8, pp. 1165-1186.

ISRM, 1981, ISRM suggested method: rock characterization, testing and monitoring, London.

FOOKES P. G., GOURLEY C. S., OHIKERE C., 1988. Rock weathering in engineering time, Quarterly Journal of Engineering Geology, vol. 21, N° 1, pp.33-58.

Price J. and Velbel M. A., 2003. Chemical weathering indices applied to weathering profiles developed on heterogeneous felsic metamorphic parent rocks, Chemical Geology, 202, pp. 397-416.

Woo, I., 2003. Altérabilité de granites et gneiss de Corée du Sud-Conséquences sur la stabilitla long-terme des talus rocheux. Thesis of Centre de Géologie de l'ingénieur in Ecole des Mines de Paris, 205p.

5. 풍화대에서의 지반조사

윤운상, 김정환, 김학수, 1998, 암반시공을 위한 공학적 지질조사 및 암반평가시스템.

이수곤, 1994, 암반의 시공학적 분류, 토지개발기술 겨울호, pp.5-30.

ASTM, 1983, Standard Definitions of Terms and Symbols Relating to Soil and Rock Mechanics, American Society for Testing and Materials, Annual book of ASTM standards, Vol. 04.08, D 653-821, pp.170-198.

Bieniawski, Z. T. 1989, Engineering Rock Mass Classifications, John Wiley & Sons, New York, 251p.

IAEG, 1981, Rock and Soil Description and Classification for Engineering Geological mapping report, IAEG Commission on Engineering Geological Mapping, Bulletin of IAEG, No. 24, pp. 235-274.

ISRM, 1981, Suggested method for the quantitative description of discontinuities in rock mass, ISRM Suggested Methods, Pergamon Press, pp.3-52.

JSEG, 1992, Rock mass classification in Japan.

6. 풍화대에서의 터널 굴착 및 보강공법 설계 사례

대한터널협회(건설교통부 제정), 1999.10, 터널설계기준.

한국수자원공사, 2005.8, 소양강댐 보조여수로 설치공사 천이구간 변경설계 보고서.

한국지반공학회, 1998.11, 지반공학시리즈 터널.

한국철도시설공단, 2006.10, 중앙선 OO~OO간 복선전철 제O공구 OO터널 변경설계 보고서.

7. 풍화대 구간에서의 터널 시공 및 보강대책 사례

이내용, 김용일, 정한중, 김영근(2002), 이암/셰일지역에서의 터널 및 사면 시공시의 문제점, 2002년 특별세미나 논문집, 한국지반공학회 암반역학위원회, pp.58-65.

정헌철, 박치면, 이호(2004), 경주-감포간 국도건설공사 대안설계 사례, 지반구조물 설계·시공사례집, 한국지반공학회, pp.133-152.

경주-감포2 국도건설공사 터널설계보고서 및 지반조사보고서(2006), 건설교통부 부산지방국토관리청.

건설교통부(2005), 국도건설공사 설계실무 요령.

일본도로공단(2001), 설계요령 제3집.

8. 풍화대의 사면 붕괴영향 특성

건설교통부, 2003, 도로절토사면 유지관리지침, 건설교통부.

한국건설기술연구원, 2003, 2002년도 도로절개면 유지관리시스템 개발 및 운용, 건설교통부.

한국건설기술연구원, 2007, 2007년도 도로절토사면 유지관리시스템 운영업무, 국토해양부.

Part. 04

1. 암반분류의 역사와 공학적 의미

Bieniawski, Z.T. 1989. Engineering rock mass classifications: A complete manual for engineers and geologists in mining, civil and petroleum engineering. 251 p. J.Wiley.

Wickham, G.E., H.R. Tiedemann, and E.H. Skinner. "Support determination based on geologic predictions." Proc. Rapid Excav. Tunnelling Conf., AIME, New Yor, 1972, pp.43-64.

占中龍之, 1989. 암반의 분류와 적용, (주)쏘일테크 엔지니어링 역, 창우출판, 2001.

2. 합리적인 시추주상도 작성에 관한 소고

한국도로공사, 1996, 도로설계실무편람 토질 및 기초편, 35-50.

철도청건설본부, 2000, 지반조사 시행에 관한 세부기준, 8-12.

National Highway Institute, 1997, Subsurface Investigations, 4.1-4.35.

ASTM, 2002, Annual Book of ASTM Standards, 1251-1253.

3. 암질지수(RQD)

이희근·양형식 외, 1997, 응용암석역학, 서울대학교출판부, pp.122~131.

이정인 외, 1997, 암석역학을 이용한 터널설계, 구미서관, pp.129~131, pp.172~175.

허 전, 1985, 암석역학, 기전연구사, pp.36~40.

한국지반공학회, 2003, 지반조사결과의 해석 및 이용, 구미서관, pp.613~616.

윤지선 역, 1992, 토목지질공학, 구미서관, pp.184~189.

쏘일테크 엔지니어링 역, 2001년, 암반의 분류와 적용, 창우출판, pp.31~38.

윤지선 역, 1991, 암석·암반의 조사와 시험, 구미서관, pp.116~120.

신희순 외, 2000, 토목기술자를 위한 지질조사 및 암반분류, 구미서관, pp.204~209.

한국수자원공사 조사계획처, 1990, 지질공학적 분포특성의 적용을 통한 터널의 적정 설계 방안대책, pp.100~101, p.120.

조태진·여연규 공역, 2002, 경암굴착공동의 지보설계, 구미서관, pp.40~42.

한국암반공학회, 1998, 건설기술자를 위한 지반조사 및 시험기술, p.558.

신희순, 2000, 지반조사 및 시험결과 활용과 문제점, 한국암반공학회, pp.105~110.

Geotechnical Control Office, Cicil Engineering Services Department, Hong Kong, 1987, GUIDE TO SITE INVESTIGATION, Government of Hong Kong, p.295.

Geotechnical Control Office, Cicil Engineering Services Department, Hong Kong, 1987, GUIDE TO ROCK AND SOIL DESCRIPTONS, Government of Hong Kong, p.103.

Bhawani Singh·R.K.Goel, 1999, ROCK MASS CLASSIFICATION, ELSEIVER, pp.18~23.

4. RMR 분류방법 및 수정 방법의 고찰

Barton, N., R. Lien, J. Lunde, 1974, Engineering classification of rock masses for the design of tunnel support. Rock Mech. 6(4), pp.189-236.

Bieniawski, Z. T., 1973, Engineering classification of jointed rock masses. Trans. S. Afr. Inst. Civ. Eng. 15 (12), pp.335-344.

Bieniawski, Z. T., 1984, Rock Mechanics Design in Mining and Tunneling, A. A. Balkema, Rotterdam.

Bieniawski, Z. T. 1989, Engineering Rock Mass Classifications, John Willy & Sons.

Gonzalez de Vallejo, L. I., 1983, A new rock classification system for underground assessment using surface data. Proc. Int. Symp. Eng. Geol. Underground Constr., LNEC, Lisbon vol. 1 pp.85-94.

Gonzalez de Vallejo, L. I., 2003, SRC rock mass classification of tunnels under high tectonic stress excavated in weak rock. Eng. Geol. 69 pp.273-285.

Hoek, E., and E. T. Brown., 1980, Underground Excavation in Rock, IMM, London.

Kendorski, F., R. Cummings, Z. T. Bieniawski, and E. Skinner., 1983, Rock mass classification for block caving mine drift support. Proc. 5th Int. Congr. Rock Mech., ISRM, Melboume pp.B51-B63.

Laubscher, D. H., 1977, Geomechanics classification of jointed rock masses-mining applications. Trans. Inst. Min. Metall. 86 pp.A1-A7.

Laubscher, D. H., 1984, Design aspects and effectiveness of support systems in different mining situations. Trans. Inst. Min. Metall. 93 pp.A70-A81.

Lauffer, H., 1988, Zur Gebirgsklassifizierung bei Fräsvortrieben. Felsbau 6(3) pp.137-149.

Priest, S. D., and J. A. Hudson., 1976, Discontinuity spacings in rock. Int. J. Rock Mech. Min. Sci. 13 pp.135-148.

Romana, M., 1985, New adjustment ratings for application of bieniawski classification to slopes. Proc. Int. Symp. Rock Mech. in Excav. Min. Civ. Works, ISRM, Mexico City pp.59-68.

Serafim, J. L., and J. P. Pereira, 1983, Considerations of the geomechanics classification of Bieniawski. Proc. Int. Symp. emg. Geol. Underground Constr., LNEc, Lisbon vol 1, pp. II.33-II.42.

Unal, E., 1983, Design guidelines and roof control standards for coal mine roofs. Ph. D. thesis, Pennsylvania State University, University Park 355pp.

Weaver, J., 1975, Geological factors significant in the assessment of rippability. Civ. Eng. S. Afr. 17(12) pp.313-316.

Wickham, G. E., H. R. Tiedemann, and E. H. Skinner, 1972, Support determination based on geologic predictions. Proc. Rapid Excav. Tunneling Conf., AIME, New York, pp.43-64.

5. RMR 및 Q 분류시 Jw 선정방법에 관한 사례 연구

Barton, N.R., Lien, R. and Lunde, J.(1974), Engineering classification of rock masses for the design of tunnel support, Rock Mech. 6(4), 189~239.

Bieniawski, Z.T.(1989), Engineering rock mass classifications, New York: Wiley.

Goodman, R., D. Moye, A. Schalkwyk, and I. Javendel(1965), Groundwater inflow during tunnel driving, Engineering Geology 2:39.

Heuer, R. E.(1995), Estimating rock tunnel water inflow, Proceedings of the Rapid Excavation and Tunneling Conference, June 18-21, 1995.41.

Raymer, J. H.(2001), Predicting Groundwater Inflow into Hard-Rock Tunnels: Estimating the High-End of the Permeability Distribution, in 2001 Proceedings: Rapid Excavation and Tunneling Conference, edited by W. H. Hansmire and I. Michael Gowring, Society for Mining, Metallurgy, and Exploration, Inc., 2001.

SK Engineering & Construction, Geostock, SN Technigaz(2002), Fracture characterization from CSI results(TAE/R/D/1005A), TAEJON Pilot LNG Cavern.

6. 토공작업시 암반 굴착난이도 판정기준

전인식 (1997), "建設標準 품셈", 건설연구사, pp.95-101.

한국도로공사(1992), "도로설계요령(토공 및 배수)", pp.46-51

한국토지개발공사(1993), "암발파 설계 기법에 관한 연구", pp.81-90, pp.100-106, pp.166-167 p.240.

Atkinson, T. (1970), "Ground preparation by ripping in open pit mining", Min Mag, pp.458-469.

Church, H. K. (1981), "Excavation Handbook", Mcgraw-Hill Inc.

Saito T. and Abe M. (1979), "Study on Variation of Longitudinal Wave Velocity with Saturation in Various Rock Types", Rock Mechanics in Japan, p.44.

Singh, R. N., B. Denby, I. Egretli, and A. G. Pathon. "Assessment of Ground Rippability in Opencast Mining Operations." Min. Dept. Mag. Univ. Nottingham 38, 1986, pp.21-34.

Smith, H. J., "Estimating Rippability by Rock Mass Classification." Proc. 27th U.S.Symp. Rock Mech., AIME, New York, 1986, pp.443-448

安達徑治 : 土砂・軟岩・硬岩の區分判定方法, 第 13回 日本道路會議 一般課題論文集, 日本道路協會, pp.55-56, 1979.

7. 물리탐사에 의한 터널구간의 암반등급 산정

유광호(1995a), "다분적 암반분류를 위한 정성적 자료의 지구통계학적 연구 - I. 이론", 한국지반공학회지, 제11권, 제2호, pp.71-77.

유광호(1995b), "A Solution for order relation problem in multiple indicator kriging", 한국지반공학회지, 제11권, 제3호, pp.17-26.

박영진, 이석천, 이두화(2001), "다분적 지시크리깅을 이용한 미시추구간 암반등급 산정", 한국지반공학회 터널기술위원회 2001년 학술세미나, pp.1-17.

선우춘 외(2001), "암반분류방법간의 상관관계에 대한 고찰", 한국지반공학회 논문집, 제17권 4호, pp.127-134.

민경덕, 서정희, 권병두(1987), 응용지구물리학, 우성, pp.229-347.

손호웅 외(1999), 지반환경물리탐사, 시그마프레스, pp.305-412.

권형석 외(2001), "전기비저항과 암반등급의 상관관계에 대한 고찰", 2001년 한국지반공학회 춘계학술발표회, 한국지반공학회, pp.81-88.

김기석, 최호식, 조두희(2002), "설계·시공 일괄입찰 방식에서 지반조사의 역할과 방향", 2002년 한국지반공학회, 지반조사위원회 세미나, pp.35-46.

Ward, S.H.(1990), Resistivity and induced polarization method in Ward, S.H., ed., Geotechnical and environmental geophysics. Volume 1. Review and tutorial. Society of Exploration Geophysicists Investigations in Geophysics, No.5, pp.147-189.

신희순, 선우춘, 이두화(2000), "토목기술자를 위한 지질조사 및 암반분류", 구미서관, 491p.

Telford, W.M., Geldart, L.P.(1976), Applied Geophysics, Cambridge Univ. Press.

8. 미시추구간의 암반등급 산정 기법에 관한 연구

유광호(1998), "다분적 암반분류를 위한 정성적 자료의 지구통계학적 연구 - II. 응용," 한국지반공학회, 제 14 권, 제 1 호, pp.29-35.

유광호(1995), "다분적 암반분류를 위한 정성적 자료의 지구통계학적 연구 - I. 이론," 한국지반공학회, 제 11 권, 제 2 호, pp.71-77.

유광호(1995), "A Solution for Order Relation Problem in Multiple Indicator Kriging," 한국지반공학회, 제 11 권, 제 3 호, pp.17-26.

Alabert, F. G., (1987), Stochastic Imaging of Spatial Distributions using Hard and Soft Information, M.S. Thesis, Stanford University, p.185.

Alli, M.M., E.A. Nowatzki, and D.E. Myers (1990), "Probabilistic Analysis of Collapsing Soil by Indicator Kriging", Mathematical Geology, Vol. 22, No. 1, pp.15-38.

Baecher, G.B. (1978), "Analyzing Exploration Strategies", in: Site Characterization & Exploration, Proceedings, Specialty Workshop, Evanston, Illinois, pp.220-246.

Bardossy, A., I. Bogardi, and W. E. Kelly (1988), "Imprecise (Fuzzy) Information in Geostatistics", Mathematical Geology, Vol. 20, No. 4, pp.287-311.

Dubrule, O. and C. Kostov (1986), "An Interpolation Method Taking Into Account Inequality Constraints: I. Methodology", Methematical Geology, Vol. 18, No. 1, pp.33-51.

Journel, A.G. (1986), "Constrained Interpolation and Qualitative Information - The Soft Kriging Approach", Mathematical Geology, Vol. 18, No. 3, pp.269-286.

Journel, A.G. (1988), "Non-parametric Geostatistics for Risk and Additional Sampling Assessment," in: Principles of Environmental Sampling, Larry Keith (ed.), American Chemistry Society, pp.27-45.

Journel, A.G. (1989), Fundamentals of Geostatistics in Five Lessons, Short Course Presented at the 28th International Geological Congress, American Geophysical Union, Washington, D.C., p.40.

Kulkarni, R.B. (1984), "Bayesian Kriging in Geotechnical Problems," in: Geostatistics for Natural Resources Characterization, Part 2, G. Verly et al.(eds.), D. Reidel Publishing Company, pp.775-786.

Pannatier, Yvan (1996), Variowin Softwar for Spatial Data Analysis in 2D, Springer-Verlag, New York, USA. p.91.

Solow, A.R., (1986), "Mapping by Simple Indicator Kriging", Mathematical Geology, Vol. 18, No. 3, pp.335-352.

Vanmarcke, E.H. (1978), "Probabilistics Characterization of Soil Profiles", in Site Characterization & Exploration, Proceedings, Specialty Workshop, Evanston, Illinois, pp.199-216.

10. 한강 하저터널에서의 암반분류 및 평가사례

서울특별시 지하철 건설본부, 1991, 서울지하철 5호선 실시설계 보고서.

서울특별시 지하철 건설본부, 1990, 서울지하철 5-18공구 지질조사 보고서.

대덕공영주식회사, 1995, 서울지하철 5호선 5-18공구 한강하저터널 막장지반조사.

서울특별시 지하철 건설본부, 1994, 한강하저터널 특별안전진단보고서.

한국지반공학회 터널분과위원회, 1997, '97터널기술 Work Shop-II (정보화 시대의 터널기술의 위상).

Bieniawski, Z.T, 1986, Engineering rock mass classification, John Wiely Sons.

E. Heok & E. T. Brown, 1980, Underground Excavations in Rock, The Institution of Mining and Metallurgy, London.

11. 도로터널에서의 암반분류 및 통계분석 사례

Bienawski, Z.T., *Engineering Rock Mass Classifications*, 1989.

吉中龍之進, 櫻井春輔, 菊之宏吉, 암반분류와 그의 적용, 1989.

한국지반공학회, 토목기술자를 위한 암반공학, 2000.

(주)대우건설 기술연구소, 터널 합리화 시공을 위한 암반평가시스템 연구, 1995.

(주)대우건설 기술연구소, 터널 암반분류·평가 지침서, 1995.

증평~괴산간 도로확장 및 포장공사 실시설계보고서.

증평~괴산간 도로확장 및 포장공사 지질조사보고서.

김영근, 터널에서의 암반분류/평가와 적용사례, 한국지반공학회 토목공사에서의 암판정기술 논문집, pp.47~80, 2000.

Part. 05

1. 암반응력과 이의 측정에 관한 고찰

Aggson, J.R. and Kim, K., 1987, Analysis of hydraulic fracturing pressure histories: a comparison of five methods used to identify shut-in pressure, *Int. J. Rock Mech. Min. Sci. & Geomech. Abstr.*, Vol.24, pp.75-80.

Amadei, B., 1986, Analysis of data obtained with the CSIRO cell in anisotropic rock masses. CSIRO Division of Geomechanics, Technical Report No.141.

Amadei, B. and Stephansson, O., 1997, *Rock Stress and Its Measurement*, Chapman & Hall, London, 490p.

Bock, H. and Foruria, V., 1983, A recoverable borehole slotting instrument for in-situ stress measurements in rock, *Proc. Int. Symp. on Field Measurements in Geomechanics*, Balkema, pp.15-29.

Brown, D.W., 1989, The potential for large errors in the inferred minimum Earth stress when using incomplete hydraulic fracturing results, *Int. J. Rock Mech. Min. Sci. & Geomech. Abstr.*, Vol.26, pp.573-577.

Brudy, M. *et al.*, 1995, Application of the integrated stress measurements strategy to 9km depth in the KTB boreholes, *Proc. Workshop on Rock Stresses in the North Sea*, Trondheim, Norway, pp.154-164.

Burlet, D., Cornet, F.H. and Feuga, B., 1989, Evaluation of the HTPF method of stress determination in two kinds of rock, *Int. J. Rock Mech. Min. Sci. & Geomech. Abstr.*, Vol.26, pp.673-679.

Choi, S.O., 1997, Distribution pattern of in situ stress and its application to tunnel design, *J. Korean Society for Rock Mech.*, Tunnel and Underground Space, Vol.7, No.4, pp.323-333.

Cornet, F.H., 1986, Stress determination from hydraulic tests on pre-existing fractures, *Proc. Int. Symp. on Rock Stress and Rock Stress Measurements*, Stockholm, pp.301-312.

Cornet, F.H., 1993, The HTPF and the integrated stress determination methods, *Comprehensive Rock Engineering (ed. J. A. Hudson)*, Pergamon Press, Chapter 15, Vol.3, pp.413-432.

Duvall, W.I., 1974, Stress relief by center hole. Appendix in US Bureau of Mines Report of Investigation RI 7894.

Enever, J.R., 1993, Case studies of hydraulic fracture stress measurements in Australia, *Comprehensive Rock Engineering (ed. J. A. Hudson)*, Pergamon Press, Chapter 20, Vol.3, pp.498-531.

Enever, J.R., Walton, R. J. and Wold, M. B., 1990, Scale effects influencing hydraulic fracture and overcoring stress measurements, *Proc. Int. Workshop on Scale Effects in Rock Masses,*

Balkema, pp.317-326.

Fairhurst, C., 1964, Measurement of in situ rock stresses with particular references to hydraulic fracturing, *Rock Mech. Eng. Geol.*, Vol.2, pp.129-147.

Garritty, P., Irvin, R.A. and Farmer, I.W., 1985, Problems associated with near surface in-situ stress measurements by the overcoring method, *Proc. 26th US Symp. Rock Mech.*, pp.1095-1102.

Goodman, R.E., 1989, *Introduction to rock mechanics, 2nd. Ed.*, John Wiley & Sons, 562p.

Haimson, B.C., 1984, Pre-excavation in situ stress measurements in the design of large underground openings, *Proc. ISRM Symp. on Design and Performance of Underground Excavations*, British Geotechnical Society, pp.183-190.

Haimson, B.C., 1988, Status of in-situ stress determination methods, *Proc. 29th US Symp. Rock Mech.*, Balkema, pp.75-84.

Haimson, B.C., Lee, M.Y., Feknous, N. and Courval, P.D., 1996, Stress measurements at the Site of the SM3 Hydroelectric Scheme near Sept Iles, Quebec, I*nt. J. Rock Mech. Min. Sci. & Geomech. Abstr.*, Vol.33, No.5, pp.487-497.

Heim, A., 1878, Untersuchungen　ber den Mechanismus der Gebirgsbildung, *Anschluss and die Geologische Monographie der T　di-Windg　len-Gruppe*, Basel.

Herget, G., 1993, Rock stresses and rock stress monitoring in Canada, *Comprehensive Rock Engineering* (ed. J.A. Hudson), Chapter 19, Vol.3, pp.473-496.

Hoek, E. and Brown, E.T., 1980, *Underground Excavations in Rock*, Institute of Mining and Metallurgy, London.

Hudson, J.A. and Cooling, C.M., 1988, In situ rock stresses and their measurement in the UK-Park I. The current state of knowledge, *Int. J. Rock Mech. Min. Sci. & Geomech. Abstr.*, Vol.25, pp.363-370.

ISRM, 1987, Suggested methods for rock stress determination, *Int. J. Rock Mech. Min. Sci. & Geomech. Abstr.*, Vol.24, pp.53-73.

Kobayashi, S. *et al.*, 1991, In-situ stress measurement using a conical shaped borehole strain gage plug, *Proc. 7th Cong. ISRM*, Aachen, Vol.1, pp.545-548.

Leeman, E.R., 1959, The measurement of changes in rock stress due to mining, *Mining and Quarry Eng.*, 25, pp.300-304.

Leeman, E.R., 1971, The measurement of stress in rock: a review of recent developments (and a bibliography), *Proc. Int. Symp. on the Determination of Stresses in Rock Masses*, Lisbon, pp.200-229.

Leeman, E.R. and Hayes, D.J., 1966, A technique for determining the complete state of stress in rock using a single borehole, *Proc. 1st Cong. ISRM*, Lisbon, Vol.2, pp.17-24.

Martin, C.D., Read, R.S. and Lang, P.A., 1990, Seven years of in situ stress measurements at the URL, *Proc. 31st US Symp. Rock Mech.*, Balkema, pp.15-26.

Mayer, A., Habib, P. and Marchand, R., 1951, Underground rock pressure testing, *Proc. Int. Conf. Rock Pressure and Support in the Workings*, pp.217-221.

Merrill, R.H., 1967, Three component boreholes deformation gage for determining the stress in rock. US Bureau of Mines Report of Investigation RI 7015.

Mills, K.W. and Pender, M.J., 1986, A soft inclusion instrument for in-situ stress measurement in coal, *Proc. Int. Symp. on Rock Stress and Rock Stress Measurements*, pp.247-251.

Rockwell Hanford Operations, 1982, Site Characterization Report for the Basalt Waste Isolation Project, *Report DOE/RL 82-3*, Vol.2, 10.5-4.

Song, W.K. and Choi, S.O., 2003, In-situ stress measurements in an underground oil storage cavern using hydro-fracturing and overcoring methods, *Proc. of ISRM 2003- Technology roadmap for rock mechanics*, Vol.1, pp.1109-1112.

Stephannson, O., 1983, Rock stress measurement by sleeve fracturing, *Proc. 5th Cong. Int. Soc. Rock Mech. (ISRM)*, Balkema, pp.F129-137.

Sugawara, K. and Obara, Y., 1995, Rock stress and rock stress measurements in Japan, *Proc. Int. Workshop on Rock Stress Measurement at Great Depth, 8th Cong. ISRM*, Tokyo, pp.1-6.

Talobre, J.A., 1967, *La Mecanique des Roches*, 2nd Edn, Dunod, Paris.

Timoshenko, S.P., 1983, *History of Strength of Materials*, Dover Publications.

Te Kamp, L., Rummel, F. and Zoback, M.D., 1995, Hydrofrac stress profile to 9km at German KTB site, *Proc. Workshop on Rock Stresses in the North Sea*, NTH and SINTEF Publ., Trondheim, pp.147-153.

Terzaghi, K., 1962, Measurement of stresses in rock, *Geotechnique*, Vol.12, pp.105-124.

Terzaghi, K. and Richart, F.E., 1952, Stresses in rock about cavities, *Geotechnique*, Vol.12, pp.105=124.

Voight, B., 1971, Prediction of in-situ stress patterns in the Earth's crust, *Proc. Int. Symp. on the Determination of Stresses in Rock Masses*, Lisbon, pp.111-131.

Walker, J.R., Martin, C.D. and Dzik, E.J., 1990, Confidence intervals for in-situ stress measurements, *Int. J. Rock Mech. Min. Sci. & Geomech. Abstr.*, Vol.27, pp.139-141.

Worotnicki, G. and Walton, R.J., 1976, Triaxial hollow stresses in-situ, *Proc. ISRM Symp. on Investigation of Stress in Rock, Advances in Stress Measurement*, The Institution of Engineers, Australia, pp.1-8.

2. 수압파쇄시험에 의한 암반응력의 측정 및 해석에 관한 고찰

Aamodt, L. and Kuriyagawa, M., 1983, Measurement of instantaneous shut-in pressure in crystalline rock, *Proc. Hydraulic Fracturing Stress Measurements*, Monterey, National

Academy Press, Washington, DC, pp.139-142.

Amadei, B. and Stephansson, O., 1997, *Rock Stress and Its Measurement*, Chapman & Hall, London, p.490.

Chen, S.G. and Zhao, J., 1998, A study of UDEC modelling for blast wave propagation in jointed rock masses, *Int. J. Rock Mech. Min. Sci. & Geomech. Abstr.*, **35**, 93-99.

Choi, S.O. and Lee, H.K, 1995, The analysis of fracture propagation in hydraulic fracturing using artificial slot model, *J. of Korean Society for Rock Mech.*, Tunnel and Underground Space, Vol.5, pp.251-265.

Choi, S.O., 1997, Distribution pattern of in situ stress and its application to tunnel design, *J. Korean Society for Rock Mech.*, Tunnel and Underground Space, Vol.7, No.4, pp.323-333.

Cornet, F.H. and Valette, B., 1984, In situ stress determination from hydraulic injection test data, *J. Geophys. Res.*, **89**, pp.11527-11537.

Doe, T.W. et al., 1983, Determination of the state of stress at the Stripa Mine, Sweden, *Proc. Hydraulic Fracturing Stress Measurements*, Monterey, National Academy Press, Washington, DC, 119-129.

Goodman, R.E., 1976, *Methods of geological engineering in discontinuous rocks*, West publishing, St. Paul.

Gronseth, J.M. and Kry, P.R., 1983, Instantaneous shut-in pressure and its relationship to the minimum in-situ stress, *Proc. Hydraulic Fracturing Stress Measurements*, Monterey, National Academy Press, Washing-ton, DC, 55-60.

Haimson, B.C., 1988, Status of in-situ stress determination methods, *Proc. 29th US Symp. Rock Mech.*, Balkema, pp.75-84.

Haimson, B.C., Lee, M.Y., Feknous, N. and Courval, P.D., 1996, Stress measurements at the Site of the SM3 Hydroelectric Scheme near Sept Iles, Quebec, *Int. J. Rock Mech. Min. Sci. & Geomech. Abstr.*, Vol.33, No.5, pp.487-497.

Jaeger, C. and Cook, N.G., 1979, *Fundamentals of rock mechanics*, Chapman and Hall, London.

Kim, K. and Franklin, J.A. (coordinators), 1987, Suggested methods for rock stress determination, *Int. J. Rock Mech. Min. Sci. & Geomech. Abstr.*, 24, 53-73.

Konietzky, H., Te Kamp, L., Hammer, H., Niedermeyer, S., 2001, Numerical modelling of in situ stress conditions as an aid in route selection for rail tunnels in complex geological formations in South Germany, *Computers and Geotechnics*, **28**, 495-516.

Korea Power Engineering Company, Inc. Report, 1990, *Hydraulic fracturing stress measurements at Pyongtaek, Yosu, Goje, Korea*, 75p.

Lee, M.Y. and Haimson, B.C., 1989, Statistical evaluation of hydraulic fracturing stress measurement parameters, *Int. J. Rock Mech. Min. Sci. & Geomech. Abstr.*, 26, 447-456.

Ljunggren, C. and Nordlund, E., 1990, *A Method to Determine the Orientation of the Horizontal In-situ Stresses from Hydrofracturing Measurements in Inclined Boreholes*, Ph.D. Thesis, Lulea University.

Rummel, F., 1987, Fracture mechanics approach to hydraulic fracturing stress measurements, in *Fracture Mechanics of Rocks* (ed. Atkinson, B.K.), Academic Press, London, pp.217-239.

Song, W.K, Choi, S.O., Park, C., Sunwoo, C., 2003, In-situ stress measurements in an underground oil storage cavern using hydrofracturing and overcoring methods, *ISRM 2003 - Technology roadmap for rock mechanics*, South Africa, pp.1109-1112.

Sugawara, K. and Obara, Y., 1995, Rock stress and rock stress measurements in Japan, *Proc. Int. Workshop on Rock Stress Measurement at Great Depth, 8th Cong. ISRM*, Tokyo, pp.1-6.

Terzaghi, K., 1962, Measurement of stresses in rock, *Geotechnique*, Vol.12, pp.105-124.

Terzaghi, K. and Richart, F.E., 1952, Stresses in rock about cavities, *Geotechnique*, Vol.12, pp.105=124.

Tunbridge, L.W., 1989, Interpretation of the shut-in press-ure from the rate of pressure decay, *Int. J. Rock Mech. Min. Sci. & Geomech. Abstr.*, Vol.26, 457-459.

Witherspoon, P.A., Wang, J.S.Y., Iwai, K., Gale, J.E., 1980, Validity of cubic law for fluid flow in a deformable rock fracture, *Water Resour. Res.* **16**, 1016-1024.

Zhang, X., Last, N., Powrie, W., Harkness, R., 1999, Numerical modelling of wellbore behaviour in fractured rock masses, *J. Pet. Sci. & Eng.*, **23**, 95-115.

Zoback, M.D. and Haimson, B.C., 1982, Status of hydrau-lic fracturing method for in situ stress measurements, *Proc. 23rd US Symp. Rock Mech.*, Berkeley, SME/ AIME, 143-156.

최성웅, 1997, 현지암반 초기지압의 분포특성 및 암반터널설계에의 적용, *한국암반공학회지*, 제7권, 제4호, pp.323-333.

최성웅, 신희순, 박찬, 신중호, 배정식, 이형원, 박종인, 전한석, 1999, 유류비축기지 설계를 위한 대심도 경사공에서의 수압파쇄 초기응력 해석, *한국지반공학회지*, 제15권, 제4호, pp.413-418.

최성웅 외, 2003, *하저터널 설계를 위한 지반정수 산정연구*, (주)희송지오텍 보고서.

한국석유공사 보고서, 1999, *U-1 추가비축기지 조사설계 용역; 수압파쇄시험 결과보고서*, LG ENC(주) 및 SK건설(주).

한국자원연구소 보고서 KR-92-(B)-7, 1992, *수압파쇄에 의한 지압측정 및 균열제어기술개발연구*, 76p.

3. CISRO Hi Cell을 이용한 초기지압측정사례

송원경(1985), "공벽변형법에 의한 암반응력 측정연구", 석사학위논문, 서울대학교.

임한욱, 이정인(1991), "심도에 따른 암반 내 초기응력의 변화와 그 경향성", 터널과 지하공간, Vol. 1, pp.91-101.

Duncan Fama, M. E., Pender, M. J. (1980), "Analysis of the hollow inclusion technique for measuring in situ rock stress", Int. J. Rock Mech., Min. Sci. & Geomech. Abstr., 17, pp.131-146.

Walton, R. J., Worotnicki, G(1986), "A comparison of three borehole instruments for monitoring the change of rock stress with time", Proceedings of the International Symposium on Rock Stress and Rock Stress Measurements, Stockholm, pp.479-488.

Worotnicki, G(1993), "CSIRO triaxial stress measurement cell, Comprehensive Rock Engineering", Vol. 3-1, pp.329-394.

4. 공경변형법에 의한 초기응력 측정과 적용사례

이영남, 서영호, 김대영, 주광수(1996), "여천 비축기지 계측 및 굴착거동(최종보고서)", 현대건설(주) 기술연구소

이영남., 서영호, 김대영 외(1997), "고준위 방사성 폐기물 처분시스템 엔지니어링 연구-지하처분 모의 시험시설의 부지특성규명 연구-(최종보고서)", 한국원자력연구소

Hoe.k, E. and Brown, E. T. (1980), "Underground Excavations in Rock", The Institution of Mining and Metallurgy.

Bernard Amadei and Ove Stephansson(1997), "Rock stress and it's measurement"

Lee., Y. N., Yun, S. P. and Kim, D. Y. (1996), "Design and construction aspects of unlined oil storage caverns in rock", *Jour. of Tunnelling annd Underground Space Technology*, Vol. 11, No. 1, PP. 33-37.

Lee, Y. N., Suh, Y. H. and Kim, D. Y. (1996), "Deformability of metamorphosed andesitic tuff from plate loading test", *Proc. of the 2nd North American Rock Mechanics*, Vol. 2, pp. 1573-1580, Montreal, Canada

Lee., Y. N., Suh, Y. H., Kim, D. Y. & H. K. Nam (1995), "Three-dimensional behavior of large rock caverns", *8th International Congress on Rock Mechanics*, International Society of Rock Mechanics, pp.505-508, Tokyo, Japan

5. 시추코어를 이용한 현장 암반응력 측정법

Amadei. B. and Stephansson, O., 1997, Rock stress and its measurement, Chapman & Hall, London.

Toshihiko Kondo, Masakatsu Matsumoto and Mitsutoshi Tanimoto, 1978, Microwave and NMR studies of the structure and the conformational isomerization of 3,6-dihydro-1,2-dioxin, Tetrahedron Letters, Volume 19, Issue 40, pp.3819-3822.

Robert L. Kranz, 1979, Crack growth and development during creep of Barre granite, International Journal of Rock Mechanics and Mining Science & Geomechanics Abstracts, Volume 16, Issue 1, pp.23-35.

Yasuto Kuwahara and Mitiyasu Ohnaka, 1990, Characteristic features of local breakdown near a crack-tip in the transition zone from nucleation to unstable rupture during stick-slip shear failure, Tectonophysics, Volume 175, Issues 1-3, pp.197-220.

Irene L. Meglis, T. Engelder and E. K. Graham, 1991, The effect of stress-relief on ambient microcrack porosity in core samples from the Kent Cliffs (New York) and Moodus (Connecticut) scientific research boreholes, Tectonophysics, Volume 186, Issues 1-2, pp.163-173.

Park, P., Park, N., Hong, C., and Jeon, S., 2001, The Influence of Delay Time and Confining Pressure on In-Situ Stress Measurement Using AE and DRA, The 38th U.S. Rock Mechanics Symposium, pp.1281-1284, Washington D.C..

Seto, M., Utagawa, M. Katsuyama, K. and Kiyama, T., 1998, In situ stress determination using AE and DRA techniques, Int. J. Rock. Mech. Min. Sci. & Geomech. Abstr., Vol. 35:4-5, paper No. 102.

Paul Tapponnier and W. F. Brace, 1976, Development of stress-induced microcracks in Westerly Granite, International Journal of Rock Mechanics and Mining Science & Geomechanics Abstracts, Volume 13, Issue 4, pp.103-112.

Thiercelin, M.J. et al., 1986, Laboratory determination of in-situ stress tensor, Proc. Int. Symp. on Engineering in Complex Rock Formation, Beijing Pergamon Press, Oxford, pp.278-83.

M. Utagawa, M. Seto, K. Katsuyama, 1997, Estimation of initial stress by Deformation Rate Analysis(DRA), Int. J. Rock. Mech. Min. Sci. & Geomech. Abstr., Vol. 34:3-4, paper No. 317.

M. Seto, D.K. Nag and V.S. Vutukuri, 1999, In-situ rock stress measurement from rock cores using the acoustic emission method and deformation rate analysis, Geotechnical and Geological Engineering, vol. 17, pp.1-26.

K. Yamamoto, 1995, The rock property of in-situ stress memory: Discussions on its mechanism, Pro. of Int. Workshop on Rock Stress Measurement at Great Depth, pp.46-51.

6. 암반응력의 수치해석 모델링 기법

박상찬, 문현구, 1998, 지하공동의 형상과 규모가 공동의 안정성에 미치는 영향 연구, 한국지반공학회지, 14(1), pp.93-107.

배규진, 김창용, 신휴성, 홍성완, 1998, 지하생활공간 개발요소기술 연구-지반굴착 기술 분야(V), 한국건설기술연구원, p.274.

백승한, 문현구, 1998, 터널링에 의한 암반-지보 반응거동에 관한 연구, 한국암반공학회지, 터널과 지하공간, Vol. 8, No. 4, pp.321-331.

문상호, 문현구, 1999, 합리적인 측압계수 결정을 위한 인공신경 전문가 시스템의 개발, 한국지반공학회지, 15(1), pp.99-112.

문현구, 백승한, 박상찬, 1997, 합리적인 터널해석을 위한 요소기술 연구, 한국건설기술연구원, p.186.

이희근, 양형식, 1997, 응용암석역학, 서울대학교출판부, p.487.

한국자원연구소, 1997, 지하 저장공동의 최적 형상과 규모에 관한 모델 연구.

Amadei, B., 1996, Importance of Anisotropic When Estimating and Measuring Insitu Stress in Rock, Int. J. Rock Mech. Min. Sci. & Geomech. Abstr., Vol. 33, No. 3, pp.293-325.

Bandis, S.C., Lumsden, A.C. and Barton, N., 1983, Fundamentals of Rock Joint Deformation, Int. J. Rock Mech. Min. Sci. & Geomech. Abstr., Vol. 20, No. 6, pp.249-268.

Das, B.M., 1990, Principles of Geotechnical Engineering, PWS-KENT, p.665.

Goodman, R. E., 1989, Rock Mechanics, John Wiley & Sons, p.562.

Hoek, E. and Brown, E.T., 1980, Underground Excavation in Rock, Institution of Mining and Metallurgy, p.527.

Hoek, E., Kaiser, P.K. and Bawden, W.F., 1995, Support of Underground Excavations in Hard Rock, Balkema, p.527.

Obert, L. and Duval, W., 1967, Rock Mechanics and The Design of Structure in Rock, Wiley, New York, p.650.

Sheorey, P.R., 1994, A Theory for In Situ Stresses in Isotropic and Transversely Isotropic Rock, Int. J. Rock Mech. Min. Sci. & Geomech. Abstr., Vol 31, No. 1, pp.23-34.

Timoshenko, S.P. and Goodier, J.N., 1982, Theory of Elastisity, McGraw-Hill, p.567.

Wittke, W., 1990, Rock Mechanics, Springer-Verlag, p.1075.

7. 암반응력을 고려한 터널설계 사례

지반조사결과의 해석 및 이용, 한국지반공학회, 구미서관, 2003.

토목기술자를 위한 암반공학, 한국지반공학회, 구미서관, 2000.

터널의 이론과 실무, 한국터널공학회, 2002.

응용암석역학, 이희근, 서울대학교, 2000.

Engineering geology and rock engineering, Handbook No 2, Norwegian Group for Rock Mechanics.

Part. 06

1. 대심도에서의 암반역학적 문제

Hoek, Evert. (2000), *Practical Rock Engineering*, Course note.

Diederichs, M.S. (1999), *Instability of Hard Rockmass: The role of Tensile Damage and Relaxation*, Ph.D. Thesis, Dept. of Civil Engineering, University of Waterloo, Waterloo, Canada.

Diederichs, M.S. and Kaiser, P.K. (1999), "Tensile strength and abutment relaxation as failure control mechanisms in underground excavations", *Int.,J. Rock Mech. Min. Sci.*, 36(1):69-96.

Hajiabdolmajid, V., Martin, C.D. and Kaiser, P.K. (2000), Modelling brittle failure. *In proc.*

4th North American Rock Mechanics Symposium, Narms 2000 Seattle, pp. 991-998. A.A.Balkema, Rotterdam.

Martin, C.D., Kaiser, P.K. and McCreath, D.R. (1999), "Hoek-Brown parameters for predicting the depth of brittle failure around tunnels", *Can. Geotech. J.*, 36(1):136-151.

Martin, C.D., Christiansson, R. and Soderhall, J. (2001), Rock stability considerations for siting and constructing a KBS-3 repository - Based on experience from Aspo HRL, AECL's URL, tunnelling and mining. *Technical Report TR-01-38*, Swedish Nuclear Fuel and Waste Management Company, Stockholm, Sweden.

2. 대심도 암반의 터널 설계를 위한 지반 조사와 특성화

천대성, 박찬, 신중호, 전석원, 2006, 취성파괴에 대한 고찰, 터널과 지하공간, V16, pp.437-450.

Diederichs, M. S., Kaiser, P. K., Eberhardt, E., 2004, Damage initiation and propagation in hard rock during tunnelling and the influence of near-face stress rotation, Int. J. Rock Mech. Min. Sci., 41, 785-812.

Eberhardt, E., Stead, D., Stimpson, B., Read, R. S., 1998, Identifying crack initiation and propagation thresholds in brittle rock, Can. Geotech. J., 35, 222-233.

Hardy, H.R., 1977, Emergence of acoustic emision/microseismic activity as a tool in geomechanics, proc. of 1st Conference on Acoustic Emission/Microseismic Activity in Geologic Structures and Materials, The Pennsylvania Univ., Pa., Trans Tech Publication, pp.13-31.

Kaiser, E. J., 1950, A study of acoustic phenomena in tensile test. Doctorial Thesis, Technische Hochschule M nchen.

Martin, C. D. and Chandler, N. A., 1994, The Progressive Fracture of Lac du Bonnet Granite, Int. J. Rock Mech. Min. Sci., 31, 643-659.

Villaescusa, E., Windsor, C. R., Li, J., Baird, G. and Seto, M., 2003, Experimental Verification of AE In situ Stress Measurements. Swets & Zeitlinger, Lisse, ISBN 90 5809 639 4.

3. 대심도 암반특성의 모델링 및 해석에 대한 고찰

Cho N, Martin CD, Sego DC (2007) A clumped particle model for rock. *Accepted for publication in Int. J. Rock Mech. Min. Sci.*

Detournay E and St. John CM (1988) Design charts for a deep circular tunnel under non-uniform loading. *Rock Mechanics and Rock Engineering* 21(2):119-137.

Diederichs MS (2000) Instability of Hard Rock Masses : The Role of Tensile Damage and Relaxation. Ph.D. thesis. Dept. of Civil Eng., University of Waterloo. p.567.

Griffith AA (1921) The Phenomena of Rupture and Flow in Solids. *Philos. Trans. Roy. Soc. London, Series A, Math. Sci.* 221:163-198.

Griffith AA (1924) The Theory of Rupture. In Proc. First International Congress for Applied Mechanics, pp.55-63.

Hajiabdolmajid V, Kaiser PK, Martin CD (2002) Modeling Brittle Failure of Rock. *Int J Rock Mech Min Sci.* 39:731-741.

Pelli F, Kaiser PK, Morgenstern NR (1991) An Interpretation of Ground Movements Recorded during Construction of the Donkin-Morien Tunnel. *Can. Geotech. J.* 28:239-254.

Potyondy DO, Cundall PA (2004) A bonded-particle model for rock. *Int J Rock Mech Min Sci.* 41:1329-1364.

Read RS, Martino JB, Dzik EJ, Oliver S, Falls S, Young RP (1997) Analysis and interpretation of AECL's Heated Failure Tests. Tech. Rep. 06819-REP-01200-0070 R00, Ont. Hydro, Nuclear Waste Management Div., 700 Uni. Ave., Toronto, Ontario, Canada M5G 1X6.

Robert VP, Thomas LW, Terzaghi K (1946) Rock tunneling with steel supports Youngstown, Ohio. The Commercial shearing & stamping co.

Martin CD (1997) Seventeenth Canadian Geotechnical Colloquium : The effect of cohesion loss and stress path on brittle rock strength. *Can. Geotech. J.* 34:698-725.

Tang CA, Xu XH, Kou SQ, Lindqvist P-A, Liu HY (2001) Numericla Investigation of Particle Breakage as Applied to Mechanical Crushing - Part I : Single-Particle Breakage. *Int. J. Rock Mech. Min. Sci.* 38:1147-1162.

4. 암반특성을 고려한 터널 위험도 분석 및 설계사례

○○도로개설공사 터널설계보고서, 2009, 삼성물산(주).

○○도로개설공사 터널해석보고서, 2009, 삼성물산(주).

천대성, 박찬, 신중호, 전석원, 2006, 취성파괴에 대한 고찰, 터널과 지하공간, V16, pp.437-450.

Kaiser, P.K., McCreath, D.R., and Tannant, D.D., 1996, Canadian Rockburst Support Handbook, Geomechanics Research Centre, Laurentian University, Sudbury, Canada, 314p.

Martin C. D., 1997, The effect of cohesion loss and stress path on brittle rock strength, Can. Geotech. J. Vol. 34, pp.698-725.

Martin, C.D., Kaiser, P.K. and McCreath, D.R., 1999, "Hoek-Brown parameters for predicting the depth of brittle failure around tunnels", *Can. Geotech. J.*, 36(1):136-151.

Martin, C.D., Christiansson, R. and Soderhall, J., 2001, Rock stability considerations for siting and constructing a KBS-3 repository - Based on experience from Aspo HRL, AECL's URL, tunnelling and mining. *Technical Report TR-01-38*, Swedish Nuclear Fuel and Waste Management Company, Stockholm, Sweden.

5. 과지압 암반 내 대규모 지하공동 안정성 문제 및 대책

한국석유공사, SK건설(주), 수원대학교, 2004, ○○ 기지 과지압구간 안정성 평가 검토보고서.

한국지질자원연구원, 2003, ○○ 기지 초기응력 측정 연구.

Hajiabdolmajid, V., Kaiser, P. K., Martin, C. D., 2002, Modelling brittle failure of rock, Int. J. Rock Mech. & Min. Sci., Vol. 39, pp.731-741.

Hoek, E. and Brown E.T., 1980, Underground excavation in rock, Inst. Mining and Metallurgy, London.

Hoek, E. and Brown E.T., 1997, Practical Estimates of Rock Mass Strength, Int. J. Rock Mech. & Min. Sci. Vol. 34, pp.1165-1186.

Kaiser P.K., 1986, Construction methods for large rock caverns Trends and Innovations, General Report, Int. Symp. Large Rock Caverns, Finland,3 p.1877-1907.

Kaiser P.K., Diederichs, M.S., Martin, C.D.,2000, Underground works in hard rock tunnelling and mining, Keynote Lecture. at GEOENG 2000, Melbourne, Australia.

Kaiser, P.K., McCreath, D.R., and Tannant, D.D., 1996, Canadian Rockburst Support Handbook, Geomechanics Research Centre, Laurentian University, Sudbury, Canada, p.314.

Martin C. D., 1997, The effect of cohesion loss and stress path on brittle rock strength, Can. Geotech. J. Vol. 34, pp.698-725.

Martin C.D., Kaiser, P.K., McCreath, D.R., 1999, Hoek-Brown parameters for predicting the depth of brittle failure around tunnels. Canadian Geotechnical Journal 36 (1), pp.136-151.

편집위원

선우 춘

한국지질자원연구원 지구환경연구본부 책임연구원/영년직연구원

프랑스 Université Pierre et Marie Curie(Paris VI 대학) (박사)
서울대학교 자원공학과 (학/석사)
한국지구시스템공학회 이사 / 한국터널공학회 이사
한국화약발파공학회 감사, 편집부회장, 편집이사 역임
한국암반공학회 학술이사 역임
한국지반공학회 암석역학기술위원회 위원장
Tel: 010-3464-3235 / e-mail : sunwoo@kigam.re.kr

김 영 근

삼성물산(주) 건설부문 토목기술실 부장

서울대학교 공과대학 자원공학과 공학박사
지질 및 지반기술사 / 화약류관리기술사
한국암반공학회 이사 / 한국터널공학회 편집위원
한국도로공사, 철도시설공단, 시설안전공단 자문위원
한국지반공학회 암반역학기술위원회 간사
Tel: 010-3322-6749 / e-mail : babokyg@hanmail.net

윤 운 상

(주)넥스지오 대표이사

서울대학교 자연과학대학 지구환경과학부 이학박사
지질 및 지반기술사
대한지질학회 이사 및 대한지질공학회 이사
세종대학교 지구정보경학과 겸임교수
한국지반공학회 암반역학기술위원회 간사
Tel: 010-2463-2102 / e-mail : gaia@nexgeo.com

집필진

Part. 01	편암·편마암			
	1장	이병주	한국지질자원연구원 지질환경재해연구부 영년직연구원
	2장	박영도	희송지오텍 상무
	3장	노병돈	삼성물산 TA팀 기술위원
	4장	박 찬	한국지질자원연구원 지구환경연구본부 책임연구원
	5장	윤운상	넥스지오 대표이사
	6장	양인재	한국광해관리공단 석탄지역진흥본부 과장
	7장	김영근	삼성물산 토목기술실 부장
	8장	강인규	브니엘컨설턴트

Part. 02	화산암			
	1장	이병주	한국지질자원연구원 지질환경재해연구부 영년직연구원
	2장	윤운상	넥스지오 대표이사
	3장	이창섭	동해이엔지 대표이사
	4장	엄정기	부경대학교 에너지자원공학과 교수
	5장	김성욱	지아이 지반정보연구소
	6장	김영근	삼성물산 토목기술실 부장
	7장	신영완	하경엔지니어링 지반터널부 상무

Part. 03	풍화			
	1장	이병주	한국지질자원연구원 지질기반정보연구부 영년직연구원
	2장	노병돈	삼성물산 TA팀 부장
	3장	조용찬	한국지질자원연구원 지질환경재해연구부 선임연구원
	4장	우 익	군산대학교 해양시스템공학전공 조교수
	5장	윤운상	넥스지오 대표이사
	6장	신영완	하경엔지니어링 터널지반부 상무
	7장	김영근	삼성물산 토목기술실 부장
	8장	구호본	한국건설기술연구원 지반방재·환경연구실 책임연구원

Part. 04	암반분류			
	1장	박연준	수원대학교 토목공학과 교수
	2장	최성순	한라엔지니어링 지반부 상무
	3장	정남수	지오넥서스 대표이사
	4장	허종석	서영엔지니어링 지반터널부 이사
	5장	이대혁	SK건설(주) Geotask팀 부장
	6장	유병옥	도로교통기술원 수석연구원
	7장	김기석	희송지오텍 대표이사
	8장	유광호	수원대학교 토목공학과 교수
	9장	장석부	유신코퍼레이션 터널부 이사
	10장	박남서	산하이엔씨 대표이사
	11장	김영근	삼성물산 토목기술실 부장

Part. 05	암반응력			
	1장	박연준	수원대학교 토목공학과 교수
	2장	최성웅	강원대학교 에너지자원공학과 교수
	3장	김양균	코오롱건설 기술연구소 차장
	4장	김대영	현대건설 기술연구소 차장
	5장	전석원	서울대학교 지구환경시스템공학부 교수
	6장	신휴성	한국건설기술연구원 지반연구부 선임연구원
	7장	김영근	삼성물산 토목기술실 부장

Part. 06	대심도 암반			
	1장	박의섭	한국지질자원연구원 지하공간환경연구실 선임연구원
	2장	윤운상	넥스지오 대표이사
	3장	조남각	서영엔지니어링 지반터널팀 부장
	4장	김영근	삼성물산 토목기술실 부장
	5장	이대혁	SK건설 Geotask팀 부장

지반공학 특별간행물 5

지반기술자를 위한
지질 및 암반공학 2

초판인쇄 2011년 2월 21일
초판 2쇄 2012년 9월 10일
초판 3쇄 2023년 3월 10일

지 은 이 (사)한국지반공학회
펴 낸 이 김성배
펴 낸 곳 도서출판 씨아이알

책임편집 한지윤
디 자 인 송성용, 김미선
제작책임 윤석진

등록번호 제2-3285호
등 록 일 2001년 3월 19일
주   소 100-250 서울특별시 중구 예장동 1-151
전화번호 02-2275-8603(대표) 팩스번호 02-2265-9394
홈페이지 www.circom.co.kr

ISBN 978-89-92259-65-1 94530
정가 35,000원